西北工业大学精品学术著作
培育项目资助出版

飞行器制导控制系统
半实物仿真理论与技术

常晓飞　陈康　符文星　著

电子工业出版社·
Publishing House of Electronics Industry
北京·BEIJING

内 容 简 介

半实物仿真作为系统仿真技术的重要形式，具有无破坏性、可重复、安全、经济、可控等优点，可以达到节省研制经费、缩短研制周期、提高研制质量的目的，是制导控制系统研制过程中的重要检验步骤和评估手段，已经贯穿于制导控制系统研制的全寿命周期。

本书围绕制导控制系统半实物仿真的任务需求，按照半实物仿真系统的工程研制过程进行内容展开。本书从基本概念建立、总体方案设计、仿真模型构建、关键设备研制、仿真试验开展等层次，详细论述半实物仿真技术所涉及的相关理论和仿真设备。

本书可以供从事飞行器设计、制导控制系统研制、半实物仿真实验室建设的相关科研人员参考，也可以作为高等院校飞行器设计、制导控制系统设计、自动控制原理等专业的本科生及研究生的教材或教学参考书。

图书在版编目（CIP）数据

飞行器制导控制系统半实物仿真理论与技术 / 常晓飞，陈康，符文星著. —北京：电子工业出版社，2023.5

ISBN 978-7-121-45406-6

Ⅰ. ①飞… Ⅱ. ①常… ②陈… ③符… Ⅲ. ①飞行器－制导系统－半实物仿真系统②飞行器－飞行控制系统－半实物仿真系统 Ⅳ. ①V47

中国国家版本馆 CIP 数据核字（2023）第 062473 号

责任编辑：路　越　　　　　特约编辑：田学清
印　　刷：北京虎彩文化传播有限公司
装　　订：北京虎彩文化传播有限公司
出版发行：电子工业出版社
　　　　　北京市海淀区万寿路 173 信箱　　　　邮编：100036
开　　本：787×1092　　1/16　　印张：37.75　　字数：990 千字
版　　次：2023 年 5 月第 1 版
印　　次：2024 年 12 月第 3 次印刷
定　　价：159.80 元

凡所购买电子工业出版社图书有缺损问题，请向购买书店调换。若书店售缺，请与本社发行部联系，联系及邮购电话：（010）88254888，88258888。

质量投诉请发邮件至 zlts@phei.com.cn，盗版侵权举报请发邮件至 dbqq@phei.com.cn。

本书咨询联系方式：mengyu@phei.com.cn。

序

  制导控制系统作为各类飞行器的控制中枢，其性能优劣直接决定了飞行器的性能指标。半实物仿真是将部分产品实物引入仿真回路中的一种仿真技术，具有置信度高、试验可控、研制成本低等一系列优点，作为检验制导控制系统设计方案的重要手段，已经成为武器装备和各类飞行器研制过程中不可或缺的验证环节。

  本书以飞行器制导控制系统为仿真对象，综合地、系统地、详实地介绍了半实物仿真相关理论和关键技术。首先，在介绍仿真概念和相关理论的基础上，从多个维度论述了半实物仿真的设计方案，给出了典型的半实物仿真系统的结构组成；其次，针对半实物仿真系统中涉及的各类仿真装置，介绍各自的任务功能、系统组成、性能指标和关键技术，内容涵盖了仿真模型搭建、数据通信交互、实时模型解算、飞行姿态模拟、气动负载模拟、红外场景模拟、射频场景模拟和卫星导航模拟等各类设备；最后，为了更好地指导科研人员开展半实物仿真系统的研制和使用，详细给出了半实物仿真试验系统的试验方案、研制过程和评估方法。本书是目前国内关于半实物仿真技术的较为全面和系统的参考资料，也是相关学科和技术最新进展的总结凝练。

  本书作者所在的西北工业大学智能飞行器研究所团队，多年来一直从事飞行器半实物仿真的相关研究工作和教学工作，承担了国内众多科研院所的半实物仿真系统的研制工作，在方案设计、模型开发、设备研制、系统集成、试验开展等方面，具有深厚的理论功底和工程经验。几位作者不仅在本领域具有精深的学术造诣，而且能够深刻把握制导控制半实物仿真技术的发展方向，本书作为他们多年理论研究、教学工作和工程实践的系统总结，相关内容紧扣实际工程应用，有深刻的现实意义和应用价值。

  该书围绕制导控制系统的半实物仿真展开，全面深入地论述了半实物仿真所涉及的相关理论和关键技术，展现了作者们近年来的研究成果。全书涵盖了基本概念、总体方案、数学建模、关键设备、系统研制和试验实施等方面，内容丰富详实、描述清晰规范。该书既可以作为相关科研人员的重要参考，也可以作为相关专业研究生的参考教材。该书的出版，能够有效指导科研院所半实物仿真实验室的建设，不断提升半实物专用仿真设备的研制水平，有力支撑相关装备型号的科研生产，具有显著的科学研究意义和国防科研价值，呈现出广阔的应用前景。

中国工程院院士：刘永才

2023 年 4 月

前　言

制导控制系统作为飞行器的控制中枢，性能优劣直接影响飞行器的战技指标。随着作战模式的日趋多样和战场环境的日趋恶劣，制导控制系统的设计面临作战任务复杂多变、约束条件项目众多、各种干扰日趋显著、制导精度愈加精准和设计周期日渐缩短等问题。因此，迫切需要借助先进的系统仿真技术，考核系统设计结果，提升系统研制效率。

半实物仿真作为系统仿真技术的重要形式，具有无破坏性、可重复、安全、经济、可控等优点，可以达到节省研制经费、缩短研制周期、提高研制质量的目的，是制导控制系统研制过程中的重要检验步骤和评估手段，已经贯穿于制导控制系统研制的全寿命周期。

本书围绕制导控制系统半实物仿真的任务需求，按照半实物仿真系统的工程研制过程进行内容展开。本书从基本概念建立、总体方案设计、仿真模型构建、关键设备研制、仿真试验开展等层次，详细论述半实物仿真技术所涉及的相关理论和仿真设备。

本书通过分析系统、模型和仿真概念的具体内涵，从总体设计思想、功能层次划分、仿真网络框架等层次，引出典型半实物仿真系统组成方案。本书围绕制导控制半实物仿真参试部件的工作原理，针对运动、力、光、电、磁等物理特征，基于相似性原理及其实现方法，全面而系统地总结了半实物仿真中典型的物理效应模拟技术。本书对于制导控制系统中涉及的模型实时仿真、飞行姿态模拟、气动负载模拟、红外场景模拟、射频场景模拟和卫星导航模拟等技术，从功能任务、分类组成、性能指标、关键技术、典型代表等维度，详细介绍了各种典型物理效应仿真设备，对各种仿真设备的未来发展趋势进行了展望。本书针对半实物仿真系统的研制、集成、试验与评估等工作，介绍了仿真系统的研制过程和总体集成技术，给出了仿真的试验方案设计和过程管理内容，论述了试验数据分析和仿真结果评估方法。

本书共 11 章：第 1 章为飞行器制导控制系统半实物仿真总体概述，介绍了制导控制系统的定义和半实物仿真所涉及的相关概念和基本原理；第 2 章为飞行器制导控制系统半实物仿真总体方案，针对典型飞行器制导控制系统组成，给出了系统组成方案和设计架构；第 3 章为飞行器制导控制系统半实物仿真中的数学模型，给出了典型飞行器的动力学运动学模型、制导控制系统部件模型和一系列环境模型；第 4 章～第 10 章详细论述了半实物仿真系统中所涉及的各种关键仿真试验装置和相关专项技术，对各种装置的概念、原理和基本组成进行了介绍和说明；第 11 章为制导控制半实物仿真系统研制、集成、试验与评估技术。

本书撰写历时多年，相关内容是作者在总结团队多年的教学经验和科研工作的基础上撰写而成的，在撰写过程中得到了研究团队全体教师的大力支持和帮助。闫杰、孙力、于云峰、王民钢、梁志毅等老师作为作者的导师和长辈，在一系列科研活动中言传身教，将多年的科研经验毫不吝啬地传递给青年教师，其严谨求真的治学态度、实事求是的学术作风、国防报国的奉献精神，值得我们青年学者敬仰和学习。在本书的撰写过程中，几位老师基于多年从事飞行器设计和半实物仿真的科研经验，从本书架构组成到段落文字内容，进行了详实的指导并提出了深刻的建议。研究团队的尉建利、黄勇、张晓峰、许涛、张通、付斌、郭行、杨韬、董敏周、闫斌斌、张凯、杨尧、陈凯、李少毅、凡永华、孙嗣良、张明环等老师也为本书提供了大量素材和资料；研究团队的万士正、郭瑞生、胥锦程、吴自豪、马文慧、王志凯、李信淦、荣禄禄、王珂璇、蒋邓怀、姬晓闯、李跃楠、王乐、陈砚、张琳琳、焦佳玥、田浩东等研究生参与了资料收集和文字校对工作，在此一并表示感谢。

在本书的撰写过程中，得到了中国航天科技集团公司第九研究院第十三研究所的钟正虎研究员和刘军研究员，北京航天长征飞行器研究所的李涛高工，北京宇航系统工程研究所李强研究员、彭博研究员、洪蓓研究员、李文清高工和白云飞高工，航天科技集团创新研究院晁鲁静高工，北京航天自动控制研究所的刘蛟龙高工和孙宏云高工，中国空空导弹研究院吴根水研究员、罗绪涛高工和龚铮高工，中国兵器装备集团兵器装备研究所的崔瑞卿高工，四川航天技术研究院刘正敏研究员和张岳东研究员，中国飞行试验研究院的张洁研究员和潘翔宇高工、中国电子科技集团公司第三十八研究所黄丰生研究员，中航（成都）无人机系统股份有限公司唐勇研究员，陆军工程大学的杨锁昌教授和方丹博士，空军工程大学的周中良教授和伍友利副教授，中山大学的曾庆华教授和王涛教授等行业专家的热情指导和大力支持，对本书的内容提出了宝贵的意见和建议。作者借鉴或直接引用了有关专家和学者的论文和著作，在此一并致以衷心的感谢。

制导控制系统半实物仿真技术的研究对象组成复杂、任务目标需求多样、涉及学科专业众多、涉及约束条件繁杂，因此，限于篇幅和作者水平，疏漏和不当之处在所难免，恳请读者与专家批评指正。

作者于西北工业大学

2023 年 1 月

目　　录

第1章 飞行器制导控制系统半实物仿真总体概述

系统仿真技术是以相似原理、信息理论、计算机技术及其他相关领域为基础，以计算机和各种专用仿真设备为工具，利用一系列数学模型对实际的或者设想的系统进行试验研究的一门综合性技术。系统仿真技术作为分析和研究系统运动行为、揭示系统动态过程和内在规律的一种重要方法，是人们认识世界、了解世界、改造世界的重要手段，为进行系统的研究、分析、决策、设计提供了一种先进的方法。近年来，随着系统科学、控制理论的不断深入，计算机技术、信息技术、网络技术迅猛发展，机械精度、信号处理、计算机运算等能力不断提升，系统仿真技术有了很多突破性的进展，其应用深度和应用广度都有了极大的扩展，逐步形成了一门独立发展的综合性学科，并被广泛地应用在工程设计、科学研究、交通运输、武器研制和航空航天等领域，在国民经济建设中发挥了重要作用。

制导控制系统作为各类飞机、导弹、火箭、制导弹药等装备的核心器件，涉及图像处理、电磁信号、控制理论、嵌入式计算、机械结构等学科，其性能指标直接影响装备性能和作战使用。飞行器制导控制系统具有系统组成复杂、参数耦合性强、涵盖学科领域多、技术指标要求高等特点，并且研发过程是一个漫长而又复杂的过程。因此，系统仿真技术在制导控制系统研制中的应用是至关重要和必不可少的。

半实物仿真作为系统仿真技术的重要形式，是飞行器制导控制系统研制过程中的重要检验方法和评估设计性能和精度的有效手段。半实物仿真是制导控制系统研制过程中非常重要的环节，并且贯穿于制导控制系统研制的全寿命周期。在制导控制系统设计过程中，通过半实物仿真试验检查分系统和全系统的开、闭环特性，考核各分系统工作的协调性和正确性，评判控制器件性能和作战环境的适应性，评估系统的抗干扰能力，评价系统方案和参数设计，分析系统稳定性及各种交叉耦合的影响等，以达到优化系统设计，提高系统可靠性的目的，为飞行器的研制试验奠定成功基础。半实物仿真技术具有无破坏性、可重复、安全、经济、可控等优点，可以节省研制经费、缩短研制周期、提高研制质量，目前已经贯穿于制导控制系统的可行性论证、方案设计、工程研制、飞行试验、鉴定和定型、部署使用及训练等全寿命研制周期。

在本章中，将介绍飞行器制导控制系统半实物仿真所涉及的相关概念，包括制导控制系统的组成和功能、仿真的相关概念和基本原理及分类、半实物仿真的发展、作用和意义。

1.1 飞行器制导控制系统简介

飞行器利用惯性基准及其他导航方式，经过导航算法解算，获取当前位置；利用目标及环境散射/反射/辐射的多种探测信息，完成目标的发现、识别与跟踪；通过相关制导方案和控制算法，输出执行机构的控制指令，驱动发动机油门和舵面偏转，改变飞行器受到的力和力矩，从而控制飞行器的位置和姿态，完成设定的飞行任务或攻击任务。

制导控制系统在飞行器（特别是精确制导武器）系统中具有极其重要的地位和作用。近百年的飞行器发展历史表明，制导控制系统的分析与设计是决定飞行器系统功能和性能的关键环节。制导控制系统的性能，在很大程度上决定着飞行器的战技指标。因此，半实物仿真技术在飞行器和精确制导武器中的主要应用，就是围绕制导控制系统进行展开的，半实物仿真系统的总体方案和设备指标，均是针对参试的制导控制系统进行设计和制定的，因此，在学习半实物仿真系统相关概念之前，有必要对参试的制导控制系统进行简要了解。

在本节中，简要给出飞行器制导控制系统的定义、分类和组成。

1.1.1 制导控制系统的定义

首先给出制导控制系统的相关定义和任务功能，其主要任务功能包括制导和控制两部分。

在各类自主飞行器的飞行过程中，飞行器需要不断地测量飞行器实际飞行弹道相对于理想（规定）飞行弹道之间的偏差，或者测量飞行器与目标的相对位置及其偏差，并按照一定制导规律，计算出飞行器到达目标所必需的控制指令，以便自动控制飞行器，修正偏差，准确飞向目标。这个功能就是"制导"。

各类自主飞行器在飞行过程中，按照制导规律所要求的控制指令，驱动伺服系统工作，操作控制机构，产生控制力和力矩，改变飞行器的飞行路线和姿态，保证飞行器稳定地按照所需要的弹道飞行，直至击中目标。这个功能就是"控制"。图 1-1 所示为制导控制系统的基本组成。

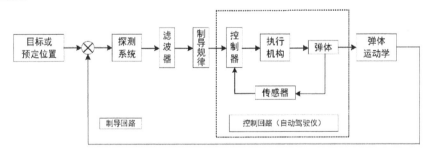

图 1-1　制导控制系统的基本组成

1.1.2 制导控制系统的分类

飞行器经过近百年的发展，根据飞行任务的不同，按照不同的工作原理和设备组成，形成了许多类型的制导控制系统。

1.1.2.1 制导系统的分类

根据导引信息的来源和工作原理的不同，可以将制导系统分为许多类型，制导系统的分类如图 1-2 所示。

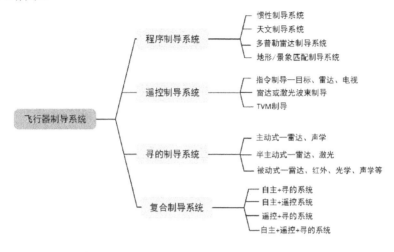

图 1-2 制导系统的分类

1）程序制导

程序制导也称为方案制导。在发射前将预定的运动规律装在飞行器上，飞行器根据程序指令运动。常见的程序制导方式有惯性制导、天文制导、地形/景象匹配制导、多普勒雷达制导、卫星制导等。程序制导一般用于攻击固定目标，如军事基地、雷达站等，早期的弹道导弹一般采用程序制导；另外，程序制导也可用于防空导弹和空空导弹的发射初始段，控制导弹到预定的空间位置。

2）遥控制导

遥控制导的制导信息先是从飞行器以外的制导站（地面站、载机或舰船）上获取的，然后发送到飞行器，控制飞行器按照预定导引规律飞向目标。在这种制导方式下，制导站同时测量目标和飞行器的运动状态，先计算出飞行器偏离预定路线的偏差，然后将偏差传递到飞行器，纠正飞行器飞行路线以命中目标。遥控制导包括雷达或激光波束制导、指令制导和 TVM 制导等。

3）寻的制导

寻的制导是指飞行器能够自主地搜索、识别、跟踪和攻击目标的制导方式。寻的制导是利用飞行器导引头探测接收目标辐射或反射的某种特征能量（电磁波、红外、可见光、激光、毫米波等），从而识别目标并跟踪目标，弹载信息处理系统根据飞行器—目标相对位置生成控制指令，实现对目标的精确攻击。寻的制导根据能源位置不同可以分为主动式寻的、被动式寻的、半主动式寻的三种。寻的制导可以实现作战飞行器"发射后不管"，是目前攻击移动目标的主要方式。

4）复合制导

复合制导是指在飞行器执行作战任务的过程中，将程序制导、遥控制导和寻的制导中的两种或多种制导方式，通过相互衔接、协调配合共同完成制导任务。复合制导可以将不同制导方式的优点结合起来，同时克服其固有缺陷，扬长避短，实现作战飞行器的高精度制导。复合制导一般可以划分为初制导、中制导、末制导三个阶段，以远程空空导弹为例，初始段为导弹发射后规避载机，采用程序控制；中段采用惯性导航+遥控指令修正；末段采用主动寻的控制。

1.1.2.2 控制系统的分类

飞行器控制系统的主要任务是稳定飞行器姿态并执行制导指令。飞行器空间的姿态用直角坐标系描述可以分为俯仰、偏航和滚转三个自由度。根据控制的通道数，控制系统可以分为单通道控制系统、双通道控制系统和三通道控制系统。单通道控制系统在作战飞行器以较大的角速度绕其纵轴旋转的情况下，用一对舵面和一个舵机来控制导弹的飞行；双通道控制系统必须有两对互相垂直安装的舵面和两个舵机控制飞行器俯仰和偏航的运动，并且由于大多数双通道控制系统都要求导弹相对其纵轴稳定，即不能绕其纵轴转动，因此还设有滚动稳定回路，滚动稳定回路的控制面一般是副翼或副翼舵；三通道控制系统可以采用三个控制通道，分别实现飞行器俯仰、偏航和滚转通道的控制。

1.1.3 制导控制系统的组成

飞行器的制导控制系统主要包括完成制导控制任务的相关硬件和软件系统。参照典型闭环控制系统的组成，可以将制导控制系统分为测量敏感装置、指令生成装置和控制执行装置。

1.1.3.1 测量敏感装置

测量敏感装置作为飞行器闭环控制中的传感器，用于测量飞行器目标在空间中的位置、速度和加速度，飞行器的姿态角、角速度，以及各种环境信息。对于这些物理量的测量，根据不同的制导控制方式可以在飞行器本身完成，也可以在飞行器其他地方（制导站）完成，通过数据链上传到飞行器。典型的器件包括导引头、惯性测量组件、卫星导航设备，以及其他类型的敏感器件。

1）导引头

导引头的主要功能是通过接收目标发射、反射或辐射的信息，完成目标的搜索、发现、识别和跟踪，测量目标相对于飞行器的视线角、视线角速率、弹目距离和速度等信息。常见的导引头包括主动雷达导引头、被动雷达导引头、红外导引头、电视导引头、激光导引头和复合导引头等。典型导引头示意图如图1-3所示。

（a）雷达导引头　　　　　　　（b）激光导引头　　　　　　　（c）红外导引头

图1-3 典型导引头示意图

2）惯性测量组件

惯性测量组件一般由多个陀螺仪和多个加速度计构成，分别用来测量飞行器在某个方向上的角运动变化和某个方向上的线运动变化。根据不同的工作原理，陀螺仪分为机电陀螺仪、激光陀螺仪、光纤陀螺仪、MEMS 陀螺仪等，如图 1-4 所示；加速度计也可分为浮子摆式加速度计、挠性支承摆式加速度计、压电式加速度计等，如图 1-5 所示。典型的战术制导导弹通常包含 3 个陀螺仪和 3 个加速度计，而运载火箭等高价值飞行器通常包含多套惯组作为冗余备份。

(a) 机电陀螺仪

(b) 光纤陀螺仪

(c) 激光陀螺仪

(d) MEMS 陀螺仪

图 1-4 典型陀螺仪示意图

(a) 浮子摆式加速度计

(b) 压电式加速度计

(c) 挠性支承摆式加速度计

(d) MEMS 加速度计

图 1-5 典型加速度计示意图

3）卫星导航设备

卫星导航设备通过接收导航卫星发射的电磁波信号，从中解调并译出卫星轨道参数和定时信息等，同时测出导航参数（距离、距离差和距离变化率等），计算得出飞行器的坐标位置（二维坐标或三维坐标）和速度矢量分量。根据导航卫星星座的不同，卫星导航系统分为 GPS 卫星导航系统、北斗卫星导航系统、伽利略卫星导航系统和 GLONASS 卫星导航系统等。

4）其他类型敏感器件

除了上述的传感器类型，飞行器根据飞行任务和飞行特点，还包含多种类型的敏感器件，用于获取自身和环境的各种信息。例如，不同类型的高度计，用于测量飞行器所在的飞行高度；气压表用于测量飞行器所处的气压信息；星敏感器或恒星敏感器通过敏感器星图，完成高精度空间姿态测量；地磁传感器通过测量飞行器当地地磁特征量，与地磁基准图进行匹配，实现精确定位。

1.1.3.2 指令生成装置

指令生成装置作为飞行器闭环控制中的控制器，接收传感器测量得到的飞行器本身信息和目标信息，通过导航解算获取自身的位置信息和姿态信息；基于传感器测量的相关参数，按照预先设定的制导规律生成飞行器的制导指令；根据设定的控制规律生成舵机控制指令，并输出给稳定控制执行系统。在不同的制导方案中，制导指令的生成可以在飞行器本身，或者来源于地面制导站。指令生成装置的典型器件是弹载计算机及其运行在其中的制导控制软件（包括信号滤波、导航算法、制导指令计算、控制指令生成和飞行时序等内容）。

1.1.3.3　控制执行装置

控制执行装置作为飞行器闭环控制中的执行机构，根据控制指令驱动相应的执行机构，从而改变飞行器受到的力和力矩，控制飞行器的位置和姿态。典型的执行机构包括动力装置、空气舵、燃气舵、推力矢量、直接力装置等。

1）动力装置

动力装置根据飞行器控制任务时序，用于产生飞行器的推力。根据工作原理分为航空发动机和火箭发动机。其中，航空发动机通过吸进空气作为燃料的氧化剂，按照不同的方式产生推力，从而改变飞行器速度大小。根据工作原理不同，航空发动机分为活塞发动机、涡喷/涡扇发动机、涡桨/涡轴发动机等。火箭发动机可以在不依赖空气的场景中，通过燃烧飞行器自身携带的燃料，产生飞行器的推力大小。根据能源形式的不同，火箭发动机可以分为固体火箭发动机、液体火箭发动机和核火箭发动机。

2）空气舵

空气舵主要是在飞行器上安装多个可偏转的操纵面，通过控制操纵面的偏转方向和角度，改变飞行器机体受到的力和力矩的大小和方向，达到控制飞行器运动的目的。根据舵机能源的不同，可以将舵机分为电动舵机、气动舵机、液压舵机等类型。

3）燃气舵

燃气舵是在发动机出口处安装操纵面，通过控制操纵面的大小和方向，来改变推力的大小和方向。

4）推力矢量

推力矢量是通过控制主推力相对于飞行器体轴的偏移，产生改变飞行器方向所需力矩的控制装置。

5）直接力装置

直接力装置一般是在飞行器横向截面内均匀安装一系列喷嘴，由喷流装置或组合发动机等喷出高速气流，根据作用力与反作用力的效果，产生所需的控制力和力矩，直接改变飞行器的姿态或轨迹。

1.1.4　制导控制系统的设计难度

通过飞行力学和空气动力学的知识可知，飞行器是一个具有非线性、强时变、强耦合和不确定等特征的被控对象；同时，其复杂多变的作战任务功能需求和高精度、高可靠的技术指标要求，使得其制导控制系统的设计，相较于其他工业自动化系统而言，显得更为复杂。制导控制系统的设计难度主要表现在其被控对象的复杂化和作战环境的多样化上，主要表现在以下几个方面。

- 飞行器动力学模型是一个非线性的微分方程组，纵向运动和侧向运动之间存在较强的耦合，特别是在大攻角机动时，控制系统通道之间存在复杂的相互作用。
- 飞行器的动力学特性与快速变化的飞行速度、高度、质量和转动惯量之间存在密切联系。
- 飞行器飞行距离远、飞行高度变化大，在整个飞行过程中，飞行器的质量、大气密度都发生显著的变化，直接导致动力学特性出现较大变化，并直接导致制导控制系统的被控对象模型变化较大。

- 飞行器空间运动、弹体与空间介质的相互作用和结构弹性引起的操纵机构偏转与机体运动参数之间存在一系列复杂联系。
- 控制装置元件具有非线性特性，如舵机的偏转角度、偏转速度、响应时间受到舵机结构及物理参数的限制，并且与飞行器飞行状态呈现较强的耦合关系。
- 在传感器输出中混有各类噪声，特别是在大过载的情况下，传感器的噪声可能被放大。
- 控制过程中面临各种类型的外在干扰影响，在飞行器飞行过程中，受到大气风场、目标诱饵等各种外在干扰。
- 工作条件面临诸多变化，各种各样的发射和飞行条件，如飞行高度、机体和目标在发射瞬间相对运动参数和目标发射以后运动的参数。

综上所述，飞行器的类型繁多、价格昂贵、作战环境和作战任务多变，并且要求极高的成功率，对系统的精度和可靠性均有极高的要求，这就使得飞行器制导控制系统设计变成一个较为复杂的问题，导致其制导控制系统组成复杂、参数耦合性强、涵盖学科领域多、技术指标要求高。为了更好地提高制导控制系统的研制效率，需要借助系统仿真这一强有力的工具，检验方案设计结果，改进系统设计方案。

1.2　制导控制系统仿真的相关概念

在飞行器的早期发展阶段，评估制导控制系统的设计方案、技术指标、控制性能和制导精度，往往都需要由实际飞行试验来确定。但采用飞行试验的方式来考核制导控制系统的设计方案具有很大的局限性，一方面，飞行试验规模大、时间长、技术复杂、成本高，如果限制了飞行试验的次数，就会因试验次数不足从而影响评估结果；另一方面，飞行试验所构建的任务场景，难以覆盖战术技术指标所要求的变化、复杂的作战环境和对抗条件，使得制导控制系统部分战技指标难以验证和评估考核。随着科学技术的进步，特别是计算机技术和电子技术的迅速发展，系统仿真技术作为继科学理论和实验研究之后的第三种认识改造世界的工具，已经发展成一门通用支撑技术，成为现代试验工程和科学研究的主要手段，被广泛应用于国防科研和国民经济各个领域。

系统仿真技术的发展与控制工程、系统工程及计算机技术的发展密切相关，并且在航空航天领域得到了广泛应用。航空航天等军事需求极大地促进了系统仿真技术的发展，而仿真技术的进步也有力地推动了飞行器的性能水平。目前，系统仿真作为武器装备研制的技术支撑和飞行试验的有益补充，受到武器装备研制单位的高度重视，广泛地应用在飞行器的可行性论证、方案设计、工程研制、定型鉴定、效能评估和作战使用等武器研制全寿命周期中。另外，系统仿真在飞行器研发中的应用，也大大促进了系统建模及仿真技术本身的快速发展。

下面介绍系统仿真的相关概念、基本原理、典型分类、一般过程和作用。

1.2.1　系统仿真的相关概念

首先给出系统仿真的基本概念，包括系统、模型和仿真等。

1.2.1.1 系统的基本概念

系统是一个内涵丰富的概念，国内外学术界从不同的角度提出了种种不同的看法和定义。在此，给出一个在系统仿真领域普遍接受的定义：系统是由相互联系、相互制约、相互依存的若干组成部分结合在一起形成的具有特定功能和运动规律的有机整体。

根据不同的分类原则，系统可以进行多种类型划分。根据系统是否由人类针对某种需要而建立的，可以将系统分为非工程系统和工程系统，非工程系统也称为自然系统，如大气运动系统、生态平衡系统、海洋系统等，是人类在长期的生产劳动和社会实践中逐渐认识世界而形成的；而工程系统如导弹姿态控制系统、计算机系统等，是人类根据某种需要，为实现预定功能而构成的系统。根据系统中起主要作用的状态随时间的变化，可以将其分为连续系统和离散系统。根据人们对系统内部特性的了解程度，可以将其分为白色系统、黑色系统和灰色系统。

1.2.1.2 模型的基本概念

模型是对实际系统特性的一种抽象描述形式，是系统本质在某个层面的表述，是人们对世界不断认知与理解，并经过多级转换、整合等相似过程而形成的一个信息集合体。模型具有与被研究系统相似的数学描述和物理属性，通过不同的形式，给出所研究系统的某种信息。通过正确的方法建立的数学模型，能够更加深刻描述系统的本质和内在的关系，更加集中地反映研究对象的主要特征和运动规律。系统模型分为物理模型和数学模型两大类。

1）物理模型

物理模型也称为实体模型，是根据系统之间的相似性而建立起来的实物模型。物理模型的种类有很多，如缩比模型（风洞试验中的导弹模型、飞机模型，试验池中的船体模型等）、部件原理样机（导弹导引头、飞控计算机、舵机）、直接模拟模型（如利用电学系统模型来研究力学系统/水力系统）。

2）数学模型

数学模型是通过理论分析推导和对研究对象所做的物理试验观察到的现象和实践经验所得出的一套反映对象运动规律的数学方程式。通过对数学模型的求解，揭示研究对象的内在规律和外在特性。根据数学方程式的性质，数学模型可以分为两大类：静态模型和动态模型。其中，静态模型主要包括代数方程、逻辑表达式等形式；动态模型包括用来描述连续系统的常微分方程、偏微分方程、状态方程和传递函数等形式，以及用来描述离散系统的差分方程、离散状态方程、脉冲传递函数和概率模型等形式。

1.2.1.3 仿真的基本概念

仿真就是根据系统分析的目的，在分析系统各要素性质及其相互关系的基础上，遵循相似理论和控制理论，建立能描述系统结构或行为过程的，且具有一定逻辑关系或数量关系的仿真模型，借助计算机和专用物理效应仿真设备，开展一系列仿真试验，并借助专家知识、统计方法对试验结果进行分析研究，以获得正确决策所需的各种信息。

仿真技术作为分析和研究系统行为、揭示系统运动规律的重要手段，在工程系统（航空、航天、机械、化工、电力、电子等）或非工程系统（交通、管理、经济、政治等）都得到了广泛应用。

1.2.1.4 系统仿真的三要素

作为一个系统仿真而言，不管是数字仿真还是半实物仿真，其仿真组成基本都可以划分为三要素：系统、模型和仿真平台。联系三要素的基本活动有数学建模、仿真建模和仿真试验及分析。仿真三要素及其联系活动如图 1-6 所示。对于不同的仿真类型，仿真平台各不相同；对于数字仿真，仿真平台通常为计算机及其运行软件；对于半实物仿真，仿真平台包含仿真计算机及其仿真软件、各种类型的仿真物理效应设备等。

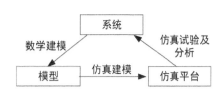

图 1-6 仿真三要素及其联系活动

联系三要素的三个基本活动分别如下。

- 数学建模：一直是研究的重点，技术成熟，包含抽象的公式、定理等，需要建模人员具有较高的专业知识和数学功底。
- 仿真建模：难点之一，主要借助相关软件，将数学模型转换为仿真模型，也称为二次建模，技术比较成熟，对建模人员的编程能力和工程经验要求较高。
- 仿真试验及分析：工作量较大，需要建模人员对任务需求和系统性能要有深刻的理解。

1.2.2 系统仿真的基本原理

经济有效的系统仿真之所以能够取代昂贵、危险、过慢或目前不可能实现的实际系统试验，其原因之一就是以相似性原理为其理论基础的。人们能对实际系统进行仿真，是基于客观世界本身所固有的相似性和人们对客观世界认识过程的相似性，这是系统仿真学科生存和发展的客观基础。

在制导控制系统半实物仿真中，数学模型的选择和推导，仿真系统的组成和设计，试验结果的处理和分析等一系列工作都是基于相似理论进行展开的。

1.2.2.1 相似性原理

相似性原理是指按照某种相似方法或相似规则对各种事物进行分类，获得多个类的集合，在每一个集合中选取一个具体事物并对它进行综合性研究，获得相关信息、结论和规律性的东西，这种规律性的东西可以方便推广到该类集合中的其他事物。相似性原理主要包括三个相似定理。

1）相似第一定理

相似第一定理是以现象相似为前提研究彼此相似的现象具有的性质，可以表述为彼此相似的现象，其相似准数的数值相同。这样，根据在与原型相似的模型上得出的相似准数的数值，就可得出原型上相应相似准数的数值，进而得出所研究的物理量的值，使得在模型上的试验结果就可推广到其他与之相似的现象上。根据相似现象的相似准数数值相同可确定出各物理量的相似常数之间的关系（模型定律），这是设计模型试验的依据。

2）相似第二定理

相似第二定理又称为相似逆定理，可以表述为凡是有同一特性的现象，当单值条件彼此相似，且由单值条件的物理量所组成的相似准则在数值上相等时，则这些现象必定相似。相似第二定理给出了现象相似的充分必要条件。假设两个运动系统的相似准则数值相同，则两个运动系统可以用符号完全相同的方程来表示。当两个运动系统的单值条件完全相同时，则得到的解是一个，即两个运动系统是完全相同的。若两个运动系统的单值条件相似，则得到的解是互为相似的，即两个运动系统是相似运动。若两个运动系统的单值条件既不相同又不相似，则仅是服从同一自然规律的互不相似运动。

3）相似第三定理

相似第三定理是关于现象相似的条件的，可以表述为自然规律的互不相似运动。当一个现象由 n 个物理量的函数关系来表示，且这些物理量中含有 m 种基本量纲时，可得到（$n-m$）个相似准则。描述这种现象的都是物理本质相同的现象，当单值条件相似，且由单值条件中的物理量组成的相似准则数值相同时，现象必定相似。根据这一定理判断出两个现象相似，就可把一个现象的研究结果应用到另一个现象上。

1.2.2.2 相似性方式

相似性理论在科学研究及工程设计中具有十分重要的作用，特别是在仿真试验领域，许多场景都需要应用相似概念和相似性理论。在此，对相似性方式进行简单归类。

1）几何相似

几何相似是指构建的物理模型是在被研究对象的几何尺寸上进行一定的放大或缩小而得到的。例如，风洞吹风试验的飞机模型、水池试验中的船舶模型等。类似的方式还包括时间相似、速度相似、温度相似等。

2）感觉相似

感觉相似主要包括运动感觉信息、视觉信息、音响信息、电磁信息等，主要是根据人或飞行器所敏感到的各种物理变量确定相似关系。例如，VR 虚拟现实、各类训练模拟器等。

3）性能相似

性能相似是指不同的问题可以用相同的数学模型来描述被研究对象的性能，即通过对其数学模型的求解，能够获取研究对象的某种性能指标或变化行为。

4）思维相似

思维是人脑对客观世界反映在人脑中的信息进行加工的过程，包括逻辑思维和形象思维等。逻辑思维相似主要应用数理逻辑、模糊逻辑、辩证逻辑等理论，通过对问题进行程序化，应用计算机来仿真人的某些行为。例如，专家知识库、模糊规则等。形象思维相似主要是应用神经网络等理论来模拟人脑固有的大规模并行分布处理能力，以模拟人脑的瞬时来完成对大量外界信息的感知与控制的能力。

5）生理相似

生理相似主要用于研究人体本身的生理运行机理。通过对分系统、分器官进行建模分析研究，从而推动现代医学、生物学的发展。

1.2.2.3 相似性理论应用所遵循的基本原则

目前，相似性理论已逐步发展成为一门独立的边缘学科，作为系统仿真和科学试验的重要理论基础，在应用相似性原理开展相关研究时，应遵循如下原则。

- 相似性理论是从系统的角度而非个别现象出发来研究相似问题的。
- 相似性理论把相似性问题从概念明确提升到数值确定，把定性分析与定量计算结合起来。

- 通过对不同系统间的相似特性研究，可以找出系统之间的相互关系。
- 通过找出各种系统存在相似性的原因，可研究相似性的形成过程和演变动力。

相似性理论从系统的角度出发，研究各种系统之间普遍存在的相似性、各种性质的共同性和差异性，揭示自然界中存在的各种相似系统的形成原理和演变规律。相似性理论是科学试验的基础，也是所有仿真研究的理论基础。

1.2.3　系统仿真的典型分类

目前，系统仿真已经服务于各行各业，呈现出多种表现形式和工作模式。按照不同的评价依据，系统仿真可以有多种分类方法。

1.2.3.1　按照仿真模型不同分类

根据仿真所用的模型不同，可以将仿真分为数字仿真、物理仿真和半实物仿真。

数字仿真（digital simulation）是将研究对象的数学模型转换为计算机仿真模型，在计算机上通过特殊的仿真软件，完成数学模型和相关问题的求解，实现研究对象和解决问题的目的。数字仿真具有较好的经济性、灵活性和通用性等特点，仿真结果的置信度主要由数学模型来决定。

物理仿真（physical simulation）是按照实际系统的物理属性，构造系统的物理模型并依此开展相关的试验研究。例如，飞机、导弹模型在风洞中进行的吹风试验；用电学系统模拟力学系统；导弹原理样机在地面进行试验等。物理仿真直观形象，仿真逼真度和置信度高，但模型成本高、通用性差、周期长、参数调整困难。

半实物仿真（hardware in the loop simulation）是将数字仿真和物理仿真结合起来的一种仿真技术，从英文字面理解就是"硬件在回路仿真"。在半实物仿真过程中，部分模型为数学模型，在仿真计算机中运行，部分模型为物理模型，直接接入仿真回路。半实物仿真比数字仿真更接近真实情况，同时可以解决物理仿真中一些难以模拟的状态，是一种重要的仿真手段。半实物仿真能够将难以考虑到的非线性因素和干扰因素直接引入仿真回路，具有较好的置信度，但需要构建多个仿真专用设备，建设成本较高，通用性较差，通常只能完成一类武器的仿真试验。

1.2.3.2　按照仿真所用的计算机不同分类

根据仿真所用的计算机不同，可以分为模拟计算机仿真、数字计算机仿真、模拟数字混合计算机仿真。

模拟计算机仿真中所有实际系统中的物理量，如速度、加速度、角度、角速度、位置等均按照一定比例变换为电压量，在模拟计算机上进行求解，系统中一个物理量随时间变化的动态关系转变为电压随时间的变化关系。数字计算机仿真通过数字计算机完成仿真计算，仿真中所有的物理量均以一定字长的二进制数表示。模拟数字混合计算机仿真是将模拟计算机和数字计算机通过 AD、DA 接口连接起来组成的数字模拟混合计算系统。

近年来，数字计算机及外围接口设备（AD、DA、DIO 等）发展迅速，使得数字计算机仿真成为目前主流的仿真方式，已经基本取代模拟计算机仿真和模拟数字混合计算机仿真。

1.2.3.3 按照被研究对象的特征不同分类

根据被研究对象的特征不同，可以将仿真分为连续系统仿真和离散事件系统仿真。连续系统仿真是指对变量随时间连续变化的系统的仿真研究。这类对象的数学模型包括连续模型（微分方程等）、离散时间模型（差分方程等）和连续—离散混合模型。离散事件系统仿真则是指对状态只在一些时间点上由于某种随机事件的驱动而发生变化的系统进行仿真试验。这类系统的数学模型常用流程图或网络图来描述。

1.2.3.4 按照仿真时间尺度不同分类

根据模型仿真时间与真实世界时间之间的相对关系，可以将仿真分为实时仿真和非实时仿真。当模型仿真时间与真实世界时间完全一致时，称为实时仿真，否则称为非实时仿真。其中，仿真时间比真实时间快的被称为超实时仿真，仿真时间比真实时间慢的被称为欠实时仿真。

1.2.4 系统仿真的一般过程

系统仿真过程是一个建立模型并通过模型解算来完成对研究对象分析和理解的过程。与软件开发类似，系统仿真可以分为若干阶段，其基本步骤如图 1-7 所示。

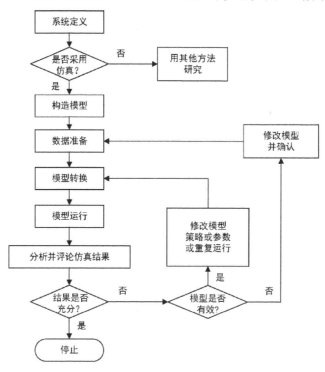

图 1-7　系统仿真的基本步骤

（1）系统定义：求解问题前，先要提出明确的准则来描述系统目标及是否达到的衡量标准，其次必须描述系统的约束条件，确定研究范围。

（2）构造模型：抽象真实系统并规范化，确定模型要素、变量、参数及其关系，表达约束条件；在构成环境时，需要注意以研究目标为出发点，模型性质尽量接近原系统，尽可能简化，易于理解、操作和控制。

（3）数据准备：收集数据，决定使用方式，进行数据完整性、有效性检验，用来确定模型参数。

（4）模型转换：根据选择的建模工具和仿真平台，采用计算机语言（高级语言或者专用仿真语言）描述数学模型。

（5）模型运行：获取被研究系统的信息，预测系统运行情况，一般是动态过程；需要反复运行以获得足够的试验数据。

（6）分析并评价仿真结果：仿真试验后，针对试验任务和试验目的，开展试验数据的分析处理，并形成相关的试验报告和结论。

1.2.5 制导控制系统研制中的系统仿真作用

飞行器工作环境的复杂性和任务要求的多样性，导致飞行器制导控制系统的设计工作是一个复杂的迭代过程，其研制过程存在涉及部门广、方案选型多、约束条件复杂、精度要求高、研制周期短、试验经费高等问题，是一项综合性、复杂性的系统工作。因此，迫切需求开展大量的测试和试验工作，用于优化设计方案、考核关键技术、验证技术指标、检测产品质量和评估作战方案。在引入系统仿真之前，飞行器性能的考核与验证主要通过实际飞行试验来完成。为了满足试验精度满足指标、试验内容覆盖实战情况等要求，就需要保证一定的试验弹道数量，从而大大增加试验经费、延长试验周期；否则，试验数目不足就会大大降低试验结果的可信度，严重时会导致错误的试验结论。因此，迫切需要借助系统仿真这一有力工具，辅助制导控制系统的研制工作。

系统仿真作为科研人员深入探究复杂系统运动机理、揭示系统动态过程和运动规律的一种重要的科学手段和方法，已广泛应用在航空、航天、航海、兵器等各个领域。目前，在飞行器制导控制系统的指标论证、方案设计、工程研制、飞行试验、试验定型、批量生产、作战使用等不同阶段，系统仿真均发挥着重要的作用。通过大量的数字仿真、半实物仿真、环境模拟试验等系统仿真手段，能够大大减少实际飞行试验数量，缩短武器系统研制周期、降低系统研制成本、提高系统研制效率。

目前，系统仿真已经贯穿于制导控制系统研制的全寿命周期。我国武器研制部门和军方也进一步认识到系统仿真的重要性，加强了仿真系统的建设要求，并明确了型号在各个研制阶段应该进行什么样的仿真试验。

图 1-8 所示为制导控制系统研制过程中不同阶段的仿真任务。

从图 1-8 中可以看出，在飞行器制导控制系统研制的各个阶段，系统仿真都能发挥其特有的作用。

- 指标论证阶段：构建未来作战环境下的战略战术运用仿真模型，通过论证模型开展数字仿真与指标计算，研究系统战术技术指标的合理性和总体方案的可行性；同时，建立消费仿真模型，分析研究战术技术指标变化对于武器效能与费用的影响，从而优化出切合国情需要与可能的战术技术指标和相应的技术途径。
- 方案设计阶段：根据上述制定的战术指标及要求，建立方案论证及设计的数字仿真模型，通过全数字仿真计算，对比各种方案对战术技术指标的满足程度、工程难易程度及研制周期与经费等内容，验证技术方案和关键技术攻关成果，并选定总体和分系统的主要性能参数，通过仿真验证系统设计的正确性、合理性，初步确定控制与制导规律和参数。

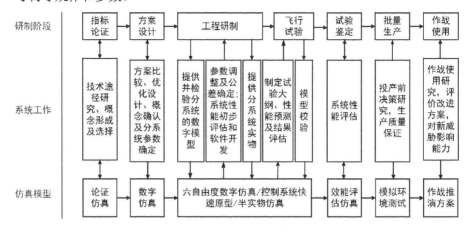

图 1-8　制导控制系统研制过程中不同阶段的仿真任务

- 工程研制阶段：在该阶段，仿真试验的目的是通过仿真来选择系统参数和验证系统设计。通过六自由度数字仿真、蒙特卡罗随机拉偏仿真、控制系统设计快速原型、半实物仿真等仿真手段，验证系统设计方案和优化设计指标、考核各分系统之间的协调性、评估系统工作的稳定性、可靠性、设计的合理性及抗干扰能力，全面检查与验证试验设计的正确性。利用上述仿真结果，对全系统进行功能和指标上的反复迭代优化，从而设计出满足总体要求的试验产品。

- 飞行试验阶段：通过仿真试验，研究在实际可能出现的各种干扰和偏差条件下，预测飞行试验可能结果，优化试验弹道，提供靶场试验需要的配套数据；当出现故障时，通过半实物仿真试验，在实验室环境下复现飞行试验状态，复现故障，并提出排除故障的技术措施，为验证故障归零、拟定改进措施提供依据。同时，通过飞行试验靶场外弹道测量、遥测、参试设备所采集的数据，来验证和修正系统参数，并用它来校验与修正数字仿真模型。

- 试验鉴定阶段：通过各种态势的系统仿真与模拟打靶，既可以减少为设计定型所需要进行的飞行试验次数，又可以全面验证武器系统性能，提供设计定型所需要的配套性能数据；通过大量的数字仿真进行统计打靶，对命中概率进行研究，特别是对在飞行试验中涉及不到的，如风、浪等自然环境，近程、远程、高空、低空等边界条件下的命中概率的统计。

- 批量生产阶段：通过半实物仿真和环境模拟试验，调整参数的公差范围，改进系统方案，优化生产工艺，降低制造成本，辅助完成生产批量抽检；并建立完整"六性"分析模型，完成系统"六性"设计的考核验证。

- 作战使用阶段：通过兵棋推演、LVC 仿真、体系对抗仿真，构建作战使用模型，结合部队实际使用数据，形成作战操作手册，并辅助人员装备训练。同时，根据实际使用情况和技术发展情况，对提供新的改进方案进行仿真分析研究。

在这些仿真阶段和仿真手段中，半实物仿真技术以控制论、系统论、相似原理和信息技术为基础，建立高置信水平的数学模型和半实物仿真试验环境，通过相关专用仿真设备将产品实物引入仿真回路中，具有高效、安全、可控、无破坏性、经济性、不受环境气候限制和可多次重复等特性，在制导控制系统研制中发挥着极为重要的作用，是制导控制系统研制全寿命周期中不可缺少的技术手段。

1.3　飞行器制导控制系统半实物仿真的概念及内涵

通过前面的介绍可知，系统仿真在飞行器制导控制系统研制过程中，能够极大地提高研制效率，缩短研制周期。特别是数字仿真试验，只需要基于仿真计算机构造并运行仿真模型就可以开展仿真试验，具有较好的经济性、灵活性和通用性，但数字仿真的置信度主要由数学模型来决定。为了保证数字仿真具有较高的精度，就需要仿真模型具有极高的置信度和精度。

近年来，随着军事作战场景的日趋复杂和军事任务的日趋多样，飞行器制导控制系统的结构组成越来越复杂，逐渐呈现出逻辑时序复杂、结构非线性、光机电高度融合等特点。随着系统部件建模难度增加，从而传统的单一的模型方法难以准确描述其工作特性，严重时导致数字仿真的精度难以满足性能评判的任务需求。为了更加全面地考核制导控制系统在复杂作战环境下的性能指标，可以通过将部分实物引入仿真回路的方式，避免建模不精确带来的误差影响，提升仿真系统质量和仿真结果的置信度。因此，建立有制导控制系统主要部件参与的半实物仿真系统是十分必要的，这对于制导控制系统性能和功能的测试、验证和研究，以及定型鉴定试验有着不可估量的作用。

在制导控制系统研制过程中，通过半实物仿真技术，能够在地面实验室环境下，最大限度地复现飞行器在空中的工作环境和工作状态，更加真实地考核真实部件的工作性能，更加全面地验证部件的设计合理性和工作协调性，仿真结果具有较高的精度和置信度。

经过数代科研人员的不懈努力，我国在飞行器制导控制半实物仿真技术方面得到了长足的发展，并取得了丰硕的研究成果，航空、航天、航海、兵器等工业部门建立了不同体制方案的半实物仿真系统，极大地推动了我国国防事业的迅速发展，也进一步促进了仿真技术的提升。目前，半实物仿真技术正向操作复杂化、规模化、体系化的方向发展，在装备型号研制、飞行试验鉴定、攻防对抗考核和人员装备训练等方面，发挥着越来越重要的作用。

在本节中，简要介绍半实物仿真的概念及组成、发展历史、关键技术和作用。

1.3.1　制导控制系统半实物仿真的概念及组成

下面介绍制导控制系统半实物仿真的相关概念、组成、特点和相似性要求。

1.3.1.1　制导控制系统半实物仿真的概念

半实物仿真是一种将数字仿真和物理仿真结合起来的一种仿真技术，其英文名为 hardware in the loop simulation，从字面理解就是"硬件在回路仿真"，即部分实物代替相应数学模型，通过专用仿真设备直接引入仿真回路中，从而构成闭环仿真回路。在半实物仿真系统中，将复杂抽象、难以用准确的数学理论模型描述的物理部件直接用实物代替，并与确切的数学理论描述的部分串联起来,构成仿真回路,进行硬件在回路的半实物仿真试验。

在制导控制系统半实物仿真中,数学模型部分通常为制导控制回路中的被控对象模型、相关环境模型和部分难以引入仿真回路的弹上部件模型,包括飞行器动力学模型、运动学模型、大气环境模型、地球重力模型、发动机模型和制导控制部件模型等;而实物装备主要包括典型的制导控制系统部件,如飞控计算机、导引头、卫星导航设备、惯性测量组件、舵机等设备。这些弹上实物通过一系列专用仿真设备,直接引入仿真回路中,能够避免建模不精确的因素、非线性因素和干扰因素,大大提高了仿真结果的精度和置信度。

1.3.1.2 制导控制系统半实物仿真的组成

由于精确制导武器的制导控制系统结构复杂,一些器件或分系统难以完全、准确地用数学模型来描述它们的物理过程和工作性能,而在半实物仿真中,这些分系统或部件可以用实物直接参与仿真,从而避免了建模的困难及建模误差带来的仿真误差。利用半实物仿真,还可以校准系统的数学模型,从而有效地检验制导控制系统的功能与性能,这些独特作用是数字仿真难以比拟的。

在构建半实物仿真系统时,主要根据参试设备的工作原理和运行特点,通过研制相应的仿真设备,模拟参试设备的工作环境和激励信号,实现信号的闭环传递,完成硬件在回路的闭环仿真。在精确制导武器、卫星、高速列车、汽车等半实物仿真的主要应用领域,参试对象的闭环控制器件和工作原理存在很大不同,导致不同对象的半实物仿真系统组成设备存在较大差异。但通过对半实物仿真系统中仿真设备的功能和类型进行分析,可以根据设备功能对其系统组成进行分类。

典型半实物仿真系统的组成如图 1-9 所示,除了参试部件和仿真模型,主要还包括五类设备。

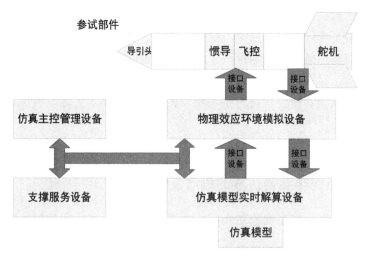

图 1-9 典型半实物仿真系统的组成

1)仿真主控管理设备

半实物仿真系统作为一个典型的分布式仿真系统,通常包含多台计算机执行不同的仿真任务。因此,为了更好地管理和调度整个仿真系统,半实物仿真系统通常需要一个主控管理设备，用于完成仿真系统的调度管理、任务推进、时钟同步和状态监控等任务。

2）仿真模型实时解算设备

在半实物仿真系统中，由于部分对象依然是通过数学模型来进行模拟的，因此，需要有专用的仿真设备完成相应数学模型的实时解算，该工作通常由专业的仿真计算机和仿真软件来完成。在仿真运行过程中，根据仿真主控管理设备发出的各种命令，完成数学模型的实时解算，通过相关的硬件接口与参试产品完成数据交互，实现闭环仿真。

3）物理效应环境模拟设备

为了将参试部件引入仿真回路中，需要根据参试设备的工作原理和仿真需求，研制相应的物理效应环境模拟设备，从而模拟参试对象的敏感信息、构造参试设备的运行环境、复现参试对象的工作状态。不同参试设备的工作原理和工作特性各不相同，使得不同的半实物仿真系统之间的差异主要体现在这里。对于飞行器制导控制系统半实物仿真而言，典型的物理效应环境模拟设备包括红外目标模拟器、射频信号模拟器、姿态模拟器、气动负载力矩模拟器、卫星导航模拟器等。

在半实物仿真中，只有尽可能真实地复现实物所处的包括目标运动、环境辐射等在内的复杂物理环境才能获得准确的试验数据，进而保证较高的仿真置信度。因此，物理效应环境模拟设备是半实物仿真系统中的关键设备，也是整个建设成本的主要支出。

4）信号通信及电气接口设备

半实物仿真作为一个典型的分布式仿真系统，包含多个仿真设备和各类参试产品。为实现制导控制系统的闭环仿真，必须将参试产品与仿真设备，以及各个仿真设备之间的信号连接起来，形成一个有机的整体。在仿真系统中，针对实际装备的型号类型和信号传递关系，通过各种信号通信网络和电气接口设备，完成各类信号的传输与通信。在飞行器制导控制系统半实物仿真中，典型的信号通信设备包括实时通信网络、以太网、电气信号板卡（模拟采集、模拟输出、离散数字输入与输出、串口通信 RS232/RS422/RS485、航空通信总线 1553B、ARINC429、LVDS 等）、电缆、接插件、调理机箱等。

5）支撑服务设备

为了完成支撑仿真试验的顺利开展，半实物仿真系统还需要一些支撑服务设备，包括试验数据存储记录、仿真曲线实时显示、三维场景态势显示、投影及音响系统、产品供电管理子系统等，用于实现仿真试验任务目标，提高仿真试验的展示度。

需要注意的是，不同对象控制回路的结构组成和器件工作原理各不相同，并且受到试验目的和建设经费的限制，使得不同类型的半实物仿真系统的组成也存在较大差异。因此，半实物仿真系统的组成应该围绕对象的特点和试验的目的，来具体展开设计。

1.3.1.3　制导控制系统半实物仿真的特点

在半实物仿真试验中，将复杂抽象、难以用准确的数学理论模型描述的物理部件直接用实物代替，并与确切的数学理论描述的部分串联起来，构成仿真回路，进行硬件在回路的半实物仿真试验，这提高了仿真结果的精度和置信度，并已经成为武器装备鉴定试验中的重要手段。

在制导控制系统半实物仿真中，利用转台、目标模拟器等仿真设备，接入制导控制系统的实物部件，形成仿真回路，以仿真其控制部件的工作状态，这样就组成了一个复杂的制导控制系统半实物仿真，从总体上准确地考核各种因素对制导控制系统工作性能的影响，全面地检验和评定制导控制系统设计的合理性和工作的协调性。

制导控制系统半实物仿真主要特点如下。

- 对于部分难以建立精确模型的弹上部件，直接以实物的形式引入仿真回路中，最大程度上避免了由于建模不精确带来的仿真误差。
- 通过引入部分实物，研究某些部件和环节特性对制导控制系统的影响，通过对比分析，进行器件选型，开展方案优化，提出改进措施。
- 将部分实物引入仿真回路中，进行制导控制系统的性能仿真，以检查各分系统是否满足设计指标，为控制系统的参数设计、总体误差分配提供条件。
- 利用半实物仿真校验数学模型的正确性和数字仿真结果的准确性，并通过仿真试验更加精确地完善描述系统本质的数学模型。
- 能够在实验室环境下，复现飞行器制导控制系统的工作环境和工作流程，全面验证系统的各个部件在工作状态下的系统性能，考核各个部件之间的工作协调性、接口适配性和信号连接性。
- 将半实物仿真试验和外场飞行试验相结合，可在小子样试验的条件下，以较高置信度进行系统的性能评估。
- 通过仿真与靶场试验的结合，设计最佳靶场试验方案，提高经济效益。
- 对各种状态下的飞行试验仿真和结果进行分析，进行故障复现查找出现故障的原因，为故障归零和系统改进提供依据。

1.3.1.4 制导控制系统半实物仿真中的相似性要求

在飞行器制导控制系统半实物仿真中，基于相似性理论完成数学模型的搭建、仿真系统的组成、仿真设备的研制、仿真数据的分析等工作。由于飞行器制导控制系统作为一个复杂系统，涉及数学、力学、机械、光学、电磁、电气等学科，因此，为了在实验室环境下，复现飞行器的工作环境和工作状态，构造虚拟的仿真试验环境，要求在搭建制导控制系统半实物仿真环境时，做到如下内容的相似。

1）仿真模型相似

仿真模型相似是指在仿真系统中，构建的数学模型必须能够准确反映所研究的飞行器的运动特征和性能指标。

2）时间流逝关系相似

在半实物仿真系统中，一个重要的要求就是仿真时间必须和真实世界时间一致，这对仿真模型的解算和各个设备之间的信号传输都提出了较高的要求。

3）部件安装关系相似

在半实物仿真系统中，参试产品的安装关系和连接关系必须和真实设备保持一致，包括惯性测量组件、舵机等产品部件。

4）信号连接关系相似

在半实物仿真系统中，仿真设备之间和仿真系统与参试设备之间的信号连接方式，以及信号流向关系，必须和真实产品之间的连接关系一致或类似。

5）姿态运动关系相似

在半实物仿真系统中，需要模拟飞行器在空间的姿态变化或弹目之间的相对角度关系，这就要求仿真设备能够复现飞行器在空间的姿态变化，保证姿态运动关系相似。

6）力学环境关系相似

为了更加逼真地模拟飞行器在空中的运动特性，通常需要在仿真系统中模拟飞行器的受力特性，特别是一些核心器件（如舵机、阀门等）在受力情况下，其工作特性会发生显著的变化。这就要求在地面环境下，能够较好地模拟这些核心器件的受力变化。

7）光学环境关系相似

飞行器制导控制系统中包含多个光学探测器件，如通过红外/可见光导引头获取目标信息，通过星光敏感器进行星光导航。为了将这些探测器件引入仿真回路中，需要在实验室环境下，构造特定的光学环境，包括可见光、红外、激光、视景、星空等内容。

8）电磁环境关系相似

飞行器包含部分电磁环境敏感器件，这就需要在实验室环境下，通过专用仿真设备，复现飞行器所处的电磁传播环境，为射频探测器件构造虚拟的射频目标信号。

在构建半实物仿真系统时，一定要在相似性原理的基础上，根据仿真对象的信号连接关系和部件的工作原理，利用多种分析方法构造相似环境和相似设备，从而揭示现实规律，解决实际问题。

1.3.2　制导控制系统半实物仿真的发展历史

半实物仿真技术的发展主要源于军事领域的研究和应用，早在 20 世纪 30 年代，出于培训飞行员的需求，美国研制了林克飞行训练器，拉开了半实物仿真技术发展的大幕。随着第二次世界大战中导弹等武器的出现，进一步推动了半实物仿真技术的迅猛发展。半实物仿真技术作为系统仿真技术的重要代表，以其有效性、可重复性、经济性、安全性等优点，在军事和民用等领域得到了广泛应用。

1.3.2.1　国外发展历史

国外的制导控制半实物仿真系统可以分为以下几个阶段。

1）20 世纪 40 年代中期—20 世纪 70 年代

20 世纪 40 年代中期—20 世纪 70 年代是半实物仿真技术的萌芽阶段，火力控制与飞行控制技术的研究促使了现代意义上的仿真技术的出现，同时世界上第一台通用电子模拟计算机的研制成功使得仿真技术在工程上有了实现的可能。随后关于宇宙飞船、卫星等姿态轨道控制等相关技术的进步使得仿真技术的进步更上了一层台阶。随着精确制导武器的出现，半实物仿真技术开始逐渐应用在精确制导武器的研制过程中。20 世纪 60 年代，美国陆军航空和导弹司令部在亚拉巴马州红石兵工厂建立了高级仿真中心（ASC），制导控制系统半实物仿真技术开始应用在各种型号的研制中。

2）20 世纪 70 年代中期—20 世纪 80 年代

20 世纪 70 年代中期—20 世纪 80 年代是半实物仿真技术的开始发展阶段，受武器装备发展的需要，计算机仿真技术得到了持续的发展，并且在其他领域也得到了广泛应用。此阶段半实物仿真技术也逐步实现了产业化，对后来的发展起到了重要的过渡作用，美国、英国等各国家也对相关技术进行了深入研究，并出现了一大批商业仿真公司和专业试验机构。

3）20 世纪 80 年代—20 世纪 90 年代末

20 世纪 80 年代—20 世纪 90 年代末以美国为首的发达国家，高度重视仿真技术的应用和发展，并将建模与仿真技术视为增强军事能力的重要技术。美国军队先后建成了红外制导半实物仿真系统及毫米波半实物仿真系统 MSS-2。20 世纪 80 年代初，随着军事需求与技术的发展，单项武器系统的仿真已不能满足武器装备发展的需要。军事部门开始考虑将已建成的、分散在各地的单武器平台仿真系统或仿真实验室，通过信息互联构成多武器平台的仿真系统，进行武器系统作战效能的研究。1983 年，美国国防部高级研究计划局（DARPA）首先提出并与陆军共同制订了一项合作研究计划——仿真组网（Simulation Network，SIMNET）计划，该计划将分散在各地的坦克仿真器同计算机网络联结起来，进行各种复杂作战任务的训练和演习。20 世纪 80 年代末，当 SIMNET 计划结束时，已形成了约 260 个地面装甲车辆仿真器，以及通信网络、指挥所和数据处理设备等互联的网络，节点分布在美国和德国的 11 个城市。为了大幅度增加仿真器的数量，美国军队在这一阶段逐步发展了异构型网络互联的分布式交互仿真（Distributed Interactive Simulation，DIS）系统。

4）20 世纪 90 年代末—21 世纪初

进入 20 世纪 90 年代以来，随着计算机、网络技术、图形图像技术、多媒体、软件工程、信息处理、自动控制等高新技术领域的快速发展，半实物仿真技术也得到了迅猛发展。半实物仿真作为一种研究、发展新产品、新技术的科学手段，它在航天、航空、船舶、兵器等与国防科研相关的行业中得到了全面的应用，并显示出了巨大的社会效益和经济效益。20 世纪 90 年代，针对扩展防空体系概念，美国陆军战略防御司令部及陆军导弹司令部，合作进行了"扩展防空仿真系统"（Extended Air Defense Simulation System，EADSIM）研制计划。EADSIM 是一个能用于攻防体系对抗研究的作战仿真系统，它连接美国本土、北约、英国、以色列等地的军事、工业部门，可给用户提供一个逼真的环境，用以分析准备建立的战术导弹防御系统，评估系统性能参数、作战过程及战术导弹防御系统的构成。1992 年，美国陆军航空与导弹司令部（Army Aviation and Missile Command，AMCOM）开发了一种非扫描激光二极管线列投影仪用于中波红外传感器的半实物仿真，这种导引头的传感器用了一种 16 元线列探测器，该线列探测器固定在弹体上，随着弹的运动（自转）扫描外部景象。1995 年，AMCOM 研制成功了当今最具挑战性的仿真系统，一套共孔径的毫米波和红外双模制导半实物仿真系统。同时，AMCOM 把半实物仿真生成的逼真战场环境运用在综合作战数字仿真中，结合先进的 M&S（Modeling and Simulation）与高性能计算机组成虚拟战场，对武器系统进行研制试验、鉴定与部队作战训练。1998 年，AMCOM 开发了可控激光点源投影仪（LPSR），一种只用一个强度可控的激光二极管模拟高强度点源目标的投影仪，它能够提供模拟的高温运动点源目标，用于验证信号注入和复杂的投影技术。随着科技的发展，亮电阻热辐射阵列投影仪、光学变焦投影仪、多频谱景象投影仪等设备也相继被研发出来。

5）21 世纪以来

进入 21 世纪以来，随着集成电路、信息产业和人工智能等技术的成熟，飞行器制导控制系统的组成愈加精密且复杂，制导控制系统所执行的任务也愈加多样，制导控制系统所面临的作战环境也愈加恶劣。这就对半实物仿真技术提出了更高的挑战。美国导弹防御局早在 2000 年时就进行过"2000 年军事对抗计划"分布式仿真，用于弹道导弹防御研究。2005 年，美国军队启动联合任务环境试验能力（Joint Mission Environment Test Capability，JMETC）项目，目标是提供分布式的真实、虚拟和构造试验资源结合的试验能力。2005 年，英国牛津大学的马克首次将风洞设施引入导弹半实物仿真系统，实现气动力/力矩的半实物仿真。为了满足战术导弹导引头技术的发展需求，导引头半实物仿真设施也开始向多模方向发展。美国陆军航空和导弹研究发展工程中心（Aviation and Missile Research Development and Engineering Center，AMRDEC）下属的系统仿真与研发部在 2006 年提出了发展多模导引头半实物仿真设施，经过几年建设，目前已具有远红外成像与半主动近红外激光制导的双模导引头半实物仿真能力，正在设计建设能同时进行红外成像与毫米波成像的双模导引头无回声暗室。近年来，美国导弹防御局每年都举行两三次的多武器半实物仿真设施联合作战仿真，通过联合半实物仿真试验对导弹防御预警探测系统性能、拦截弹和指控系统性能进行评估与验证。同时，利用分布式半实物仿真试验对实弹靶试进行复现，在验证仿真模型的同时，寻找实弹靶试失败的原因。例如，2013—2014 年分两部分进行的"地面集成测试-04"（Ground Test Integrated-04，GTI-04）就是一次全面评估导弹防御系统区域防御能力与拦截弹能力的测试，参加半实物仿真的装备武器包括 AN/TPY-2 前置模式预警雷达、末段高层区域防御系统（Terminal High Altitude Area Defense，THAAD）拦截弹、"宙斯盾"导弹防御系统和"标准-3"拦截弹。2016 年，NASA 建立了更为先进的导航半实物仿真试验系统，具备 X 射线脉冲导航、脉冲星/伽马射线导航、光学自主导航、星际飞行器间通信等仿真能力，以及多模/宽谱段导引头半实物仿真能力。在射频仿真方面，美国国家航空航天局建设了能精确模拟各类复杂目标的仿真系统和不同气候条件下的大型环境实验室，满足了战术导弹武器在复杂电磁环境下作战的评估验证需求。

1.3.2.2　国内发展历史

在我国，仿真技术的研究与应用发展迅速，并且越来越受到国家的重视。从 20 世纪 50 年代开始，自动控制领域就首先使用了仿真技术，面向方程建模和采用模拟计算机的数字仿真技术获得较普遍的应用，同时采用自行研制的三轴模拟转台的自动飞行控制系统的半实物仿真试验已经开始应用于飞机、导弹的工程型号研制中。

20 世纪 60 年代，国内相关科研院所在开展连续系统仿真的同时，已开始了对离散事件系统（如交通管理、企业管理）的仿真进行研究。20 世纪 70 年代，我国的训练仿真器获得迅速发展，我国自行设计的飞行模拟器、舰艇模拟器、火电机组培训仿真系统、化工过程培训仿真系统、机车培训仿真器、坦克模拟器、汽车模拟器等相继研制成功，在操作人员培训中发挥了很大作用。20 世纪 80 年代，我国建设了一批水平高、规模大的半实物仿真系统，如各种类型的导弹半实物仿真系统、歼击机半实物仿真系统、驱逐舰半实物仿真系统等，它们在武器型号研制中发挥了重大的作用。20 世纪 90 年代，我国开始对分布式交互仿真、虚拟现实等先进仿真技术及其应用进行研究，开展了较大规模的复杂系统仿真，由单个武器平台的性能仿真发展为多武器平台在作战环境下的对抗仿真。

进入 21 世纪以来，随着国家经济水平的蓬勃发展和国防事业的跨越发展，我国的仿真技术也得到了长足的进步。众多相关科研院所，先后建设多个飞行器型号半实物仿真实验室，包括微波目标环境仿真系统、惯性/光学复合制导仿真系统和多光路多波段可见光/红外成像仿真系统，开展了较大规模的复杂系统仿真。在半实物仿真设备和仿真软件等领域，也出现了一批具有国际先进水平的产品和设备，为我国运载型号和武器装备做出重大贡献。但是，在一些核心器件和工具软件上，国内与国外先进水平还存在一定差距。

1.3.3 制导控制系统半实物仿真中的关键技术

制导控制系统半实物仿真技术作为一个综合性的工程技术领域，涉及数学、计算机、光学、电子、机械、图像、射频等学科专业。一个典型的半实物仿真系统，从方案构想到交付使用，涉及一系列关键技术。下面就简要介绍制导控制系统半实物仿真中的若干关键技术。

1.3.3.1 半实物仿真系统总体设计技术

总体设计技术是指仿真系统的总体任务规划，总体设计技术工作贯穿于系统仿真工作的全寿命周期，是半实物仿真系统研制、建设、试验和分析的指导，其主要内容包括以下几个方面。

- 根据型号研制工作对系统仿真的需求提出仿真系统的建设目的和任务要求。
- 根据仿真系统的设计指标要求，拟订和优化仿真系统的方案，提出实际的布局、连接方式，以及实验室的规模及其设计要求。
- 对仿真系统各设备进行指标的分配，并提出各设备（硬件和软件）的研制任务书。
- 仿真试验方案和试验内容的规划与设计。
- 研制过程的总体技术协调。
- 系统对接联调和仿真系统维护技术研究。

半实物仿真系统的总体设计技术是构建半实物仿真系统的基础，要求设计人员能够根据参试设备的工作特性和仿真试验的任务目标，并考虑试验场地和研制经费等因素的限制，完成仿真系统的设备构成方案和节点任务规划，构建系统网络通信架构和通信协议，分解设备功能指标。

由于半实物仿真系统的规模和经费需求较大，这就要求半实物仿真系统具备一定的通用性和扩展性，能基本上适应一类型号的研制需求和后续设备的扩展需求。在确定仿真系统的研制指标要求和仿真系统方案时应充分考虑这一要求。

1.3.3.2 仿真模型实时解算技术

半实物仿真系统的一个核心问题就是仿真模型的实时解算，这也是半实物仿真与数字仿真的最大差异。在半实物仿真中，飞行器弹体环节、发动机、飞行环境等部分的数学模型是在仿真计算机中运行的，与制导控制系统产品实物进行信息通信交互，从而构成闭环仿真回路，这就要求仿真计算机上对这部分数学模型求解的时间历程必须与实物运行的时间历程同步，否则将导致仿真结果紊乱而得不出正确的结论。

为了实现仿真模型的实时解算，要求仿真模型的解算步长具有良好的可控性和可预测性。为实现这一点，一方面要求实时仿真计算机能够产生高精度的定时时钟，另一方面要求仿真模型的解算速度必须足够快，其计算耗时不能超过系统仿真步长。

定时精度要求，就是要求实时仿真机能够根据仿真对象的仿真步长，产生与真实时间一致的定时时钟，其定时精度和时钟抖动误差必须满足要求，主要涉及计算机操作系统和专业仿真软件等环境。目前，典型飞行器的仿真步长在毫秒级，实时仿真机的时钟精度要求通常在微秒级，这对操作系统和仿真软件等提出了极高的要求。

解算速度要求，就是要求仿真模型的解算速度必须足够快，每一步的运算耗时不能超过设定的仿真步长，这与仿真算法、建模工具、仿真软件、计算机硬件和对象模型复杂程度均有关系。为了实现这个要求，首先面临的问题就是算法的选择，合适的仿真算法能够保证实时仿真以足够的精度顺利完成试验任务；其次是计算机硬件计算水平，要求计算机的运算速度满足要求，这与计算机 CPU 的主频和内存配置相关；最后是与模型复杂程度相关，对于较为复杂的模型，需要考虑对其进行分割处理，在不同的仿真机内进行分布式计算。

1.3.3.3 仿真系统信号接口技术

制导控制系统半实物仿真作为一个典型的分布式仿真系统，包含多个仿真设备和各类参试产品。为实现制导控制系统的闭环仿真，必须将参试产品与仿真设备，以及各个仿真设备之间，通过相关硬件接口将各类信号连接起来，形成一个有机的整体。在半实物仿真系统中，包含多个参试产品和仿真设备，存在多种类型的数据信号和电气接口；并且仿真系统中通常还包含一些大型机电设备，使得实验室存在较为显著的电磁干扰。在这种情况下，如何将参试产品与仿真设备，以及各个仿真设备之间的信号连接起来，并保证通信的可靠性、实时性和准确性，是半实物仿真系统接口技术的基本任务。

对于半实物仿真系统而言，仿真系统的信号接口技术如下。

- 高速网络通信接口技术：完成不同仿真设备之间的信号传输，要求系统的传输时延在纳秒级，并具有较好的网络拓扑结构、抗过载能力和容错能力，保证不同设备之间的传输实时性。
- 丰富的电气接口能力：要求系统具备丰富的硬件接口能力，能够覆盖各类参试设备的电气接口，如模拟信号采集、模拟信号输出、数字电平输入/输出、串行通信 RS232/RS422/RS485、ARINC429、ARINC1553B 等。
- 高速高精度的转换能力：在半实物仿真系统中，模拟信号的采样和转换通常需要耗费较多的时间，为了保证系统电气信号的实时性和准确性，要求系统具备高速的模拟信号采集和模拟信号输出能力，即在选择硬件板卡或硬件通信接口时，应选择较高采样频率和数据位的板卡或芯片。
- 电气接口的抗干扰能力：在仿真系统中，经常会遇到电磁干扰和小信号传输的问题，这就需要半实物仿真系统具有良好的抗干扰性能。通常通过增加信号调理机箱，实现信号调理和抗干扰的要求，其中涉及隔离传输技术、差动输入/输出技术、屏蔽与接地技术等内容。在设计时，需要针对不同信号和不同干扰进行设计，保证信号采集和传输具有较高的抗干扰性能。

1.3.3.4 目标场景特性仿真技术

目标场景特性仿真技术主要用于模拟战场目标和周围环境的特征。在实际应用中，依据应用对象的工作波长或频率将目标场景特性仿真技术划分为红外场景仿真技术、视景仿真技术、射频场景仿真技术和激光场景仿真技术等。

由于目标和背景的红外辐射特性与本身的形状、表面温度和表面材料的红外光谱发射率密切相关，所以目标场景特性仿真技术主要用于模拟目标、背景的自身辐射特性。红外场景仿真技术通过红外成像来模拟目标本身和周围复杂背景的红外辐射特性，以及它们之间的对比度，并提供给红外探测系统进行在复杂背景中目标的探测和识别。

射频场景仿真技术主要模拟目标在雷达发射的电磁波照射下产生的回波特性，从而使雷达探测系统可以探测出目标的运动位置、速度等相关信息。射频目标特性的重要参数包括雷达散射截面（Radar Cross Section，RCS）、角闪烁、极化散射矩阵和散射中心分布等。

激光场景仿真技术主要通过研究目标在激光束照射下的反射特性，从而模拟目标反射激光回波信号的特征，为激光探测器提供目标空间位置等相关信息。

视景仿真技术作为一种环境仿真技术，是计算机技术、图形图像技术、光学技术、音响技术、信息合成技术、图形显示技术等高科技的综合运用。视景仿真技术是随着以上技术的进步而进步的，涉及三维建模技术、图形生成技术、动画生成技术和视景生成及显示技术和声音的输入/输出技术。

不同飞行器的探测制导体质存在很大差异，使得不同特性的目标场景仿真技术涉及诸多学科的多项技术，如目标红外辐射计算、大气红外辐射传输计算、目标三维模型构建、计算机图形三维引擎驱动、目标射频信号计算、激光反射特性计算等内容。

随着军事技术的发展，单一传感器的飞行器无法满足未来战场的作战需求，多传感器集成技术和信息融合技术广泛应用于军事技术中，可以大大提高作战效能，不同传感器组合实现优势互补，形成了一种全新的高性能制导体制。这些先进技术的研制经费高、研制周期长，使得成本低、可重复性和非破坏性的复合场景仿真技术成为武器研制的重要手段。目标场景特性仿真技术是目标探测系统、制导系统性能评价和测试过程中广泛应用的一种技术，通过目标场景特性仿真技术可以在实验室内再现实战环境下导引头或相关信息探测设备接收到的动态变化、与真实目标背景一致的目标场景或回波信号，从而完成制导系统跟踪目标或目标信息搜集的全过程仿真。

1.3.3.5　运动特性仿真技术

运动特性仿真技术主要用于模拟对象在空间的运动特性。根据飞行力学知识可知，飞行器的运动特性可以分为绕质心转动的角运动和质心的线运动，因此，飞行器的运动特性仿真也可以分为姿态运动模拟技术和质心运动模拟技术。姿态运动模拟技术又称为角运动仿真技术，主要用于实现在地面模拟飞行器在飞行过程中的姿态运动，复现飞行器在空中飞行时的三个姿态角变化。质心运动模拟技术包括线运动仿真技术和线加速度仿真技术，线运动仿真技术可以实现模拟运动体在空间的运动特性，线加速度仿真技术主要是通过专用的仿真设备，先模拟出期望的加速度指令，然后通过一套机械装置进行模拟，使得安装在其上的加速度表可以进行感应。

运动特性仿真主要通过机电液一体化的大型伺服控制系统来实现，涉及传感器件、机械结构、控制理论、能源系统、信号调理等内容。随着电动机和传感器技术的发展、计算机计算能力的提高、精密机械加工能力的进步和现代控制理论的应用，运动特性仿真设备正向着高灵敏度、高精度、宽频响和更易使用方向发展，也广泛应用在武器测试、卫星天线、汽车和飞行器模拟器、娱乐游戏等领域。

1.3.3.6　力矩负载特性仿真技术

在制导控制系统中，气动舵机、燃气舵、推力矢量等执行器件在工作过程中，受到负载力矩的影响，其工作状态与在空载情况下的工作状态存在较大差异。力矩负载特性仿真技术就是在实验室环境下根据飞行器当前的工作状态，完成力矩负载特性的加载，复现飞行器执行部件在空中飞行时的受力工作状态，考核器件在带载情况下的工作性能，这个设备通常为力矩负载特性模拟器。

力矩负载特性模拟器是一个机电液为一体的大型伺服控制系统，涉及机械结构、能源系统、传感器件、控制理论、信号调理等内容。但与传统的伺服控制系统相比，力矩负载特性仿真存在一个特殊的问题。负载力矩模拟器与舵机系统互为负载，导致负载力矩模拟器产生与舵机系统运动有关的铰链耦合干扰，即多余力矩问题。这个问题导致在开展力矩负载模拟器设计时，要将其与加载对象一起作为一个力矩加载系统，而不是当成一个性能固定的设备使用，这就大大提升了力矩负载模拟器的设计难度。

1.3.3.7　导航信号仿真技术

飞行器在飞行过程中，依靠各种导航器件获取相关信息，完成飞行器当前位置和姿态的解算。因此，在半实物仿真系统中，必须根据导航器件的工作原理研制相关仿真设备，根据飞行器当前状态模拟导航器件的敏感信号，在实验室环境下复现导航器件的工作环境。根据不同导航器件的工作原理，导航信号仿真技术可以分为卫星导航仿真技术、天文导航仿真技术、气压高度导航仿真技术和地磁导航仿真技术。

卫星导航仿真技术主要用于对卫星导航应用系统、各种卫星导航模块或软件提供近乎真实的卫星导航射频信号，实现卫星不在轨、室内及指定条件下的仿真测试。卫星导航仿真技术包括了卫星导航的数据仿真、卫星导航的射频信号仿真及测试结果评估等方面的技术。其中，卫星导航信号由卫星信号模拟器模拟产生，涉及的关键技术又包括高动态信号产生于精度控制、电离层延迟误差模拟、多径信号模拟、差分数据的产生等内容。

天文导航仿真技术能够较为精确地模拟星光传播特性和星敏感器的成像特性，同时模拟载体的位姿变化，从而精确验证天文导航方法及检验天文导航设备的系统特性。天文导航仿真技术包括星图模拟技术和星图识别技术。星图模拟技术要求快速、高效、可靠的星图识别算法，利用计算机在地面模拟生成的星敏感器实时拍摄的星空图片来实现地面研究，也便于调试和评价识别算法。星图识别技术可以实现星体质心提取及星图识别，同时解算出飞行器在本体坐标系的三轴姿态。

气压高度导航仿真技术主要指模拟飞行器上的气压高度表、马赫数表所工作的大气环境，通常模拟的是总压和静压两个环境参数。在实验室内一般通过改变固定容腔内的压力来模拟气压高度表和马赫数表所测量的压力变化量，从而完成气压高度表和马赫数表的半实物仿真试验。

地磁导航仿真技术主要完成磁空间模拟技术，它能够在实验室条件下动态模拟全球各地的地磁场强度，为地磁导航仿真系统提供在实验室条件下的验证，以极小的代价较为真实地模拟飞行器或卫星在飞行途中经历的地球磁场。地磁导航仿真系统引入了磁场仿真环境和磁传感器，为地磁导航提供了更加真实的仿真条件，能同时验证导航匹配算法和地磁匹配程度。

1.3.3.8　半实物仿真试验设计技术

半实物仿真试验可以提供闭环实验条件下武器系统性能的信息，可以得到飞行试验难以测量的数据，并可以进行重复试验。半实物仿真试验设计技术涉及仿真试验目的和要求、仿真试验的方案设计、内容及大纲编写、仿真与测试的流程、条件的设置、故障处理及结果分析等内容。

在半实物仿真试验设计技术中，其核心内容是完成试验方案的设计和试验数据的处理分析。试验方案主要根据飞行器的作战任务性能指标、仿真试验目的和仿真系统结构组成，规划出合理的试验方案，明确试验内容，确定试验状态，要求试验方案能够考核飞行器在各种误差影响下的性能约束，能够验证制导控制回路的接口匹配，能够满足对于系统指标开展效能评估的条件要求。而试验结果数据处理要求根据试验数据内容和仿真试验目的，开展试验数据的预处理、数据统计、假设检验、回归分析、聚类分析等数据统计处理工作，使得在有限的试验数据中最大限度地挖掘对象内部信息，完成试验预期目的。

系统仿真试验技术研究是系统仿真总体技术研究的重要组成部分，也是容易忽视和不被重视的部分。为了达到考核设计方案评估系统性能的试验目的，必须重视半实物仿真试验技术的研究工作。

1.3.3.9　校核、验证与确认技术

作为一个仿真系统，仿真结果的置信度直接影响仿真试验的效果。为了考核仿真结果的有效性，必须开展仿真的校核、验证与确认技术研究。模型校核、验证与确认技术是保证制导控制系统仿真的逼真度与置信度的基础，是开展仿真不可或缺的环节，也是保证和提高仿真置信度的有效途径。

半实物仿真系统是一个复杂的大系统，对其开展模型校核、验证与确认工作量较大，有必要着眼工程应用和工作效率来设计针对性强的实现过程，以达到节省资源、提高质量的目的。模型校核、验证与确认作为一个贯穿于仿真全阶段的研究工作，涉及统计方法、规则制定、评估理论、校核软件等内容。

1.3.4　半实物仿真在制导控制系统研制中的作用

半实物仿真技术作为一种仿真验证手段可以很好地验证飞行器姿态控制算法的合理性，将实物加入仿真系统中（舵机、导引头等）通过控制算法控制舵机舵面偏转，模拟飞行器姿态变化，同时可以根据得到的仿真结果来判断控制算法是否需要优化，在设计与试验阶段也可以通过半实物仿真技术来验证飞行器姿态控制算法的合理性。飞行器姿态控制是为了确认制导控制系统对各类实际作战条件的响应，建立脱靶距离的统计分析，以及确认作为复杂时变函数的制导系统的极限性能。对于飞行器制导控制系统的设计而言，飞行器制导控制的半实物仿真试验已贯穿于整个型号研制的全寿命周期。半实物仿真技术在制导控制系统的设计过程中的作用主要表现在以下几个方面。

1）更逼真地考核真实产品部件的性能影响

随着技术的不断进步，飞行器制导控制系统部件愈加复杂，出现了多种涉及光学、机械、电气、图像、信号处理、软件编写等专业技术的部件，难以构建出高精度的数学模型，导致数字仿真无法逼真翔实地考核部件性能对于制导控制精度的影响。而在半实物仿真中，将这些难以建模的部分以实物的形式连接到仿真系统中，可以避免针对其进行数学建模时带来的较大误差，更加逼真地考核真实产品部件的性能影响，最大限度地提高仿真结果的置信度。

2）更全面地评估复杂战场环境的干扰大小

随着作战模式的愈加多变和战场环境日益恶劣，复杂战争环境对于飞行器作战性能的影响愈加重要。如何考核各种战场环境和敌方作战干扰的影响，提升制导控制系统的抗干扰性能，是武器装备科研人员面临的重要工作。由于受到外场飞行试验条件的限制，一些特定的、复合的地形地貌或其他环境因素，在外场试验中是无法考核的；同时，一些敌方的典型目标或干扰模式，也是无法通过飞行试验的形式来考核的。因此，通过半实物仿真技术，能够在实验室环境下构造出虚拟的复杂战场环境，更加全面地评估复杂战争环境的干扰大小，验证系统的抗干扰算法，提升武器装备在实战情况下的作战能力。

3）更优化地开展外场飞行试验的科目设置

随着仿真技术的发展，飞行器制导控制系统的设计与鉴定已经逐步转变为通过大量仿真试验来分析设计，小批量的飞行试验进行鉴定的模式。通过半实物仿真试验，可以针对试验科目进行优化设计，以更小的试验弹道数据，更加全面地考核系统性能。同时，通过半实物仿真试验，可以将真实的飞控软件引入仿真回路中，通过一系列故障状态仿真与测试，判断制导控制系统中安全控制策略和故障处理软件的正确与否，为飞行试验区域的设置提供有效建议。

4）更精确地完成任务试验状态的故障归零

武器装备在飞行试验中，可能会出现一些在设计阶段难以考虑的情况，或者一些突发的故障情况，导致试验失败。在试验失败后，需要对故障原因进行定位分析改进，要求做到"定位准确、机理清楚、问题复现、措施有效、举一反三"。借助半实物仿真技术，可以在实验室环境下精确控制试验参数和试验条件，复现故障出现时刻的环境信息、敌方行动或故障问题，从而做到"问题复现"，并能够检验"措施有效"，更加精确地完成任务试验状态的故障归零，有效提升武器装备的研制质量。

5）更高效地推动武器装备型号的研制工作

半实物仿真为多快好省地设计分析制导控制系统提供了技术保障。通过在可控和可重复试验的实验室环境中的半实物仿真试验，可以检测出系统能达到的性能指标和受到的限制。由于试验条件能够覆盖已有环境场景的一个较宽的范围，因而得到的数据较之传统的系统测试方法得到的数据更加详细和完整。由于具有实时数据分析能力，仿真工作人员可以通过交替改变参数来暴露和探索事先未能预见到的现象。经过模型验证和确认有效的半实物仿真，为决策者提供可靠的信息资料，减少决策过程的盲目性和不确定性因素，从而更加高效地推动武器装备型号的研制工作，缩短研制周期，降低研制成本，提升研制质量。

1.4　本章小结

制导控制系统作为飞行器的控制中枢，其性能优劣直接影响飞行器的战技指标。借助系统仿真技术，能够有效地为了评估制导控制系统的设计方案，缩短研制周期，节省研制经费。而半实物仿真作为系统仿真技术的重要形式，借助专用仿真器件，将部分产品实物部件引入仿真回路中，能够避免建模不精确带来的误差影响，具有较高的精度和置信度，是飞行器制导控制系统研制过程中的重要检验方法，以及评估设计性能和精度的有效手段，并且贯穿于制导控制系统研制的全寿命周期。

在本章中，首先简要介绍了制导控制系统的相关定义、分类和组成，并且分析了制导控制系统的设计难度。由于飞行器制导控制系统的设计过程，组成结构复杂，约束条件众多，参数耦合性强，涵盖学科领域多，技术指标要求高，研制进度要求快速迭代，因此，必须借助系统仿真这一强有力的研究手段。然后，介绍了系统仿真的相关概念、基本原理、典型分类和一般过程，并详细介绍了系统仿真在制导控制系统各个研制阶段中的任务和作用。通过相关介绍可知，全数字仿真虽然使用简单、成本较低，但其仿真结果和置信水平受系统数学模型精度决定，当数学模型存在较大误差时，就需要借助半实物仿真技术来提高仿真结果的精度和置信度。最后，介绍了半实物仿真的概念，给出了制导控制系统半实物仿真的概念、组成、特点，介绍了其发展历史和关键技术，还介绍了半实物仿真在制导控制系统研制中的作用。

第 2 章 　飞行器制导控制系统半实物仿真总体方案

飞行器在制导控制系统半实物仿真中,为了将制导控制系统核心部件引入仿真回路中,需要根据对象特点和试验目的,研制众多物理效应仿真设备,通过实时网络和硬件接口,与参试部件构成一个统一总体。半实物仿真系统作为一个复杂的分布式仿真系统,涉及系统工程、仿真相似性原理、数学建模、计算机、光学图像、射频信号、机械结构、电气信号等专业,其设计难度大、经费高、任务需求多。因此,半实物仿真系统的总体方案设计就显得尤为重要。

半实物仿真系统总体方案设计利用制导控制系统专业知识和系统工程中的理论与方法,根据参试对象的工作原理和信号流向,结合试验目的和试验内容,考虑研制经费和试验场地等限制,提出仿真系统总体组成方案和仿真设备需求,完成仿真节点框架设计和仿真流程设计,明确节点调度机制和网络通信协议。在设计过程中,需要考虑扩展性、重构性、兼容性、经济性等要求,使得其能适应多个型号的仿真试验任务,以便节省研制经费、缩短研制周期、提升研制质量。

在本章中,首先,介绍半实物仿真系统总体方案的设计思想,通过设计难度分析,给出了方案设计的要求、内容和流程;其次,介绍典型制导控制系统半实物仿真的总体框架设计,给出了功能层次、运行阶段、事件消息和运行机制;然后,介绍几种典型制导控制系统半实物仿真的组成方案;最后,对本章内容进行了总结。

2.1　半实物仿真系统总体方案的设计思想

飞行器半实物仿真系统的研制工作是一项复杂的工程,涉及许多技术领域和科研部门,从系统需求的提出到详细方案的完成,中间要经过多轮讨论和迭代,才能形成合理可行的实施方案,确保系统研制工作的顺利进行。实践经验表明,这种涉及多个专业和大量人力的科研工作,必须拥有专业的知识基础、统筹的全局组织、科学的决策管理才能顺利完成。在本节中,将介绍飞行器半实物仿真系统总体方案的设计思想,包括设计的难度分析、要求、内容和流程。

2.1.1　半实物仿真系统总体方案设计的难度分析

半实物仿真系统的总体方案设计是一个复杂的设计工作,其面临试验对象组成复杂、任务目标多样、涉及专业众多、性能要求先进、设计约束繁多等困难。

2.1.1.1 对象组成复杂

制导控制系统的半实物仿真是围绕飞行器的制导控制系统进行相关设计的，主要包括导引头、惯导、卫星导航、高度表、地磁等各类传感器件，弹载/机载计算机和舵机、流量阀等各类执行部件。不同飞行器的组成结构存在很大差异，其设备指标、工作原理和操作流程也存在很大不同，这要求半实物仿真系统研制人员在进行方案设计时，必须对试验对象进行深入了解，掌握各种参试设备的工作原理、通信接口和信号流向等内容。

2.1.1.2 任务目标多样

半实物仿真在制导控制系统研制中，在不同阶段完成不同的仿真任务，并且不同的研制单位在构建半实物仿真系统时，其建设目的也各不相同。例如，一些红外导引头研制单位围绕单位主要业务来构造半实物仿真系统，只将红外导引头引入仿真回路中，重点考核导引头在各种干扰和诱饵情况下的抗干扰性能。因此，在设计半实物仿真系统时，必须深入了解研制单位的建设目的和试验内容。

2.1.1.3 涉及专业众多

半实物仿真系统包含多种类型的仿真设备，涉及控制、制导、计算机、图像、光学、机械、电气等专业。因此，半实物仿真系统的设计人员，要求具备多个学科的专业知识和丰富的工程经验。由于半实物仿真系统应该围绕试验对象进行展开，因此建议在组建半实物仿真系统总体方案设计团队时，应该以制导控制专业为牵头，并要求全面掌握对象、模型、控制、计算机等相关知识，同时针对不同的仿真系统，吸收液/气压、电动、机械、射频、光学、图像、基建等专业人才。

2.1.1.4 性能要求先进

在开展半实物仿真系统总体方案设计时，必须在满足试验任务需求的前提下，保证系统的指标具备一定的先进性。仿真系统关键设备性能指标应保证一定的设计裕量，使得实验室在未来一段时间内，能够满足型号发展的需求。但在进行方案设计时，需要考虑指标的均衡性和适应性，性能裕量的大小需要根据相关技术的发展趋势和进度进行选取，不宜追求单个设备、单项指标的最优，而应该从整体的角度确保仿真系统整体性能最优。

2.1.1.5 设计约束繁多

在半实物仿真系统方案设计时，必须考虑诸多因素的限制，如系统建设成本、工程进度、试验场地大小限制、供电供气要求、电磁兼容性等情况，提出合理可行的试验组成方案和分系统指标要求，在满足仿真任务的基础上，在性能、成本和周期之间要保持平衡。

除此之外，半实物仿真系统在进行总体方案设计时，还必须考虑实时性、兼容性、扩展性、安全性等问题，这些需求与前面的问题夹杂在一起，使得方案设计难度愈加复杂。因此，在开展半实物仿真系统总体方案设计时，必须高度重视总体框架的设计难度和项目实施的复杂性，相关设计工作围绕项目建设需求和参试对象特点进行展开，规划系统的使用方式和预期效果。切勿在不了解对象特点的情况下进行，这样会导致后期联调联试阶段增加大量工作，延长研制周期，增加建设经费，严重时会导致系统无法完成试验任务，使得系统无法使用，浪费大量的人力、物力、财力。

2.1.2　半实物仿真系统总体方案设计的要求

半实物仿真系统作为一个具体的分布式科研设备，在开展总体方案设计时，必须从工程实践的角度出发，针对仿真试验对象的特点和任务需求，在满足试验任务功能需求的基础上，保证系统的功能性、实时性、兼容性、扩展性、重构性、安全性、灵活性的要求。

2.1.2.1　半实物仿真系统的功能先进性要求

不同的研制单位和用户，对于半实物仿真系统的任务需求和半实物仿真系统的建设目的是不同的。通常情况下，飞行器总体论证单位侧重对武器系统总体方案和主要性能参数进行论证；制导控制部件生产单位主要围绕本单位研制的部件进行性能考核和指标评价；制导控制研制单位则主要进行系统设计方案论证、设计和主要系统及部件参数的设计验证、考核和验收；武器系统鉴定单位需要考核武器系统在各种条件下的性能是否都满足研制总要求，评估在设定战场条件下的作战性能。因此，构建半实物仿真系统时，必须在研制周期和研制经费的约束下，针对用户需求和参试对象特点开展总体方案设计，完成用户期望的任务功能。为了实现这一点，必须深入分析参试对象特点，按照相似性原理和相似关系，提出仿真设备的需求；同时，对仿真设备指标和可实现性进行论证分析，确保能够满足系统性能要求。需要注意的是，实物部件中的部分相似性关系，通常需要多个仿真设备配合实现，因此，在设计过程和指标分解过程中，一定要注意系统性能的均衡性和匹配性，在系统方案的复杂程度、关键技术的可实现性、项目总体建设成本、系统后期维护使用难度等方面进行综合比较，选取最优的实现方案。

2.1.2.2　半实物仿真系统的运行实时性要求

半实物仿真与数字仿真的最大区别，就是引入了部分产品实物到仿真回路中，这就对仿真系统的实时性提出了极大的要求。在半实物仿真中，仿真系统实时性是仿真任务实现和仿真结果可信的基础，是对仿真系统中所有设备提出的共同要求，特别是所有参与闭环信息流向的仿真设备，在设计和使用时必须满足实时性要求。为了实现这一需求，应主要关注以下三个方面的内容。

①高精度的定时时钟：仿真系统应具备高精度的定时时钟，要求模型解算和专用物理效应模拟设备功能均为实时运行，保证其仿真步长与物理时钟的一致性。作为制导控制系统的半实物仿真，由于对象仿真的飞行速度高、控制周期小，因此，系统的仿真步长通常在毫秒级，为了保证仿真精度，要求系统的时钟精度在微秒级，定时精度高，时钟抖动误差小。

②小且确定的传输延迟：作为一个包含多个部件和设备的分布式仿真系统，系统中包含大量的数据传输、信号转换等工作，为了减小数据传输延迟对于仿真结果的影响，必须采用高速实时网络和高速信号采集接口减小系统数据传输延迟。另外，必须选择可靠的传输网络，保证数据传输延迟的确定性，防止由于传输延迟的随机不确定性而仿真异常。需要注意的是，如果部分传输延迟是参试系统中的固有特性，则这部分传输延迟应与参试对象保持一致。

③全系统的同步一致：在分布式仿真系统中，由于各个仿真节点之间在每个仿真步长

中存在大量的数据交互，因此，要求整个系统的运行过程必须统一，在系统主控的调度下，一致有序地完成每一步的仿真计算和数据交互，否则，就会导致多次仿真结果不一致的现象，从而降低仿真系统的精度和置信度。

2.1.2.3　半实物仿真系统的系统兼容性要求

分布式仿真系统作为一个大型的仿真系统，其投资金额和建设规模相对巨大。因此，一套先进的制导控制系统半实物仿真环境，要求其在满足主要型号仿真试验需求的基础上，对其兼容性提出了一定的要求，即能够在一定范围内适应同一类型的多个型号的仿真试验需求。半实物仿真系统在总体设计时，针对一系列型号的工作特点和仿真需求，总结其型号之间的共性特点，归纳其型号之间的系统差异，包括数学模型、工作流程、电气通信、机械接口等内容。

各个仿真设备的指标，在仿真设备通用性的基础上，要求其性能指标能够满足具有一定范围的兼容性，能够在一定程度上覆盖相关型号的性能需求。在不同型号仿真时，通过更换相应的仿真模型、电气接口适配器和机械安装连接件等仿真部件，来满足不同系统仿真任务的使用要求，进而大幅降低仿真系统的建设成本和研制周期，提高系统的利用效率和经济性能。

2.1.2.4　半实物仿真系统的规模扩展性要求

对于制导控制系统半实物仿真而言，通常包含多个大型光机电仿真设备，使得其建设成本较高、建设周期较长。因此，受批复经费和场地环境等限制，许多半实物仿真系统采用分阶段建设。这就要求半实物仿真系统在构建时，必须考虑其扩展性要求。

半实物仿真系统的扩展性是指仿真系统和设备通过一定的经费投入和技术改造，能够在原有的基础上将系统和设备的性能、规模和适用范围进行扩展的能力。在当前系统建设受到成本预算紧张或研制进度严重制约时，总体方案设计应充分考虑系统的模块化程度，总体框架设计应充分规划预留的相应升级、扩展接口，以便在制约因素消除后继续进一步完善系统的建设，而尽量避免重复建设。

在进行扩展升级时，主要分为系统节点规模扩展和节点功能升级两部分内容。

由于仿真系统试验任务增加，需要在原有仿真系统中增加新的仿真设备，完成节点规模的扩展。这就要求在进行系统总体方案设计时，在网络架构形式、节点通信方式、系统同步机制和节点调度模式等方面，考虑到后续节点的加入要求。

随着计算机、电控测量、信号转换、建模软件等技术的快速发展，在仿真系统运行一段时间后，可以考虑采用新技术对原有部分设备进行升级，从而在单个系统部分设备或部分仿真节点不变的情况下，提升系统性能指标和仿真精度。这就要求各个分系统在设计时，在性能指标、研制经费和研制周期允许下，充分考虑系统中相关技术的未来发展趋势。

2.1.2.5　半实物仿真系统的模式重构性要求

在进行半实物仿真系统的设计时，应充分考虑系统仿真模式运行的可重构性和仿真系统使用的灵活性。

系统可重构性是指通过改变仿真系统的运行结构和工作方式，提高系统综合仿真的能力。在进行半实物仿真试验时，通常根据仿真的试验目的和仿真阶段的不同，将仿真系统规划为若干模式,如飞控计算机在回路闭环仿真、舵机在回路闭环仿真、飞控计算机+惯组测量组件在回路闭环仿真、全系统闭环仿真等,这就要求在进行总体规划时,对于不同的运行模式进行设计,使其能够根据任务需求进行工作模式重构,从而满足各种仿真运行要求。

另外,大系统闭环仿真、部件单独仿真和部件动态测试是分不开的,后两者对于前者试验中出现问题的分析、隔离是必不可少的。这就要求各个分系统在进行设计时,在不过分增加工作量和成本的基础上,考虑系统的重用性,使其能够在满足仿真任务需求的同时,具备一定的测试能力,从而提高整个系统的经济效率,节省科研经费。例如,三轴转台和卫星导航模拟器,可以具备性能测试模式,用于完成对惯性导航系统的部件仿真和动态测试。

2.1.2.6　半实物仿真系统的安全可靠性要求

为了将制导控制实物部件引入仿真回路中,需要构建一系列大型机电液一体化设备,这对系统的安全性和可靠性提出了较高的要求。

半实物仿真系统在进行总体网络架构和节点调度方式等内容设计时,应充分考虑系统的安全性。通过对节点协议和消息内容进行规划,使得系统主控能够实时监控各个节点的运行状态。当各个节点出现故障异常时,系统主控管理节点应能够第一时间做出响应,并通知各个节点进入异常处理模式,中止本次仿真试验,从而保证试验人员、参试部件和仿真设备的安全。需要注意的是,主控系统在进行节点监控时,应该能够充分覆盖节点故障的各种情况,即节点能够感知到自身故障从而进行主动上报的情况,以及节点系统已经死机无法上报故障的情况。

另外,在半实物仿真系统总体规划和系统研制过程中,应该严格按照质量工程的概念开展相关研制工作。在研制里程碑节点中,可以通过联席会议的方式进行评审,严格进行质量控制。对于系统软件代码编写、硬件电路设计制造、机械结构设计加工等环节,必须严格遵循相应的国家标准和行业规范,保质保量地完成系统的研制工作,提高系统的可靠性。

2.1.3　半实物仿真系统总体方案设计的内容

半实物仿真系统作为面向飞行器制导控制系统设计、验证和评估所建立的大型分布式仿真系统,其总体方案设计的优劣,直接关系到系统建设目的是否实现、系统研制过程是否顺利、系统研制成本是否可控。在进行半实物仿真系统的总体方案设计时,主要设计内容包括明确研制目的、设计组成方案、分配设备指标、规划网络架构、布局设备安装和策划使用方案等工作。

2.1.3.1　明确研制目的

由于半实物仿真系统在武器研制的不同阶段,可以发挥多种作用。因此,在进行总体方案设计时,一定要结合建设单位的总体情况和任务需求,明确仿真系统的研制目的,使得系统的研制方案和设计规划拥有统一的目标。在确定系统建设目标时,一定要明确本单位的科研任务,聚焦单位主业,切勿人云亦云、邯郸学步。

2.1.3.2　设计组成方案

半实物仿真系统的总体设计方案的一个重要工作就是根据系统研制目的,完成半实物仿真系统的组成方案。对于半实物仿真系统而言，其组成设备主要包括仿真主控管理、仿真模型实时解算、物理效应环境模拟、信号通信及电气接口，以及支撑服务设备等内容。

通过分析可知，仿真系统组成方案的差异主要体现在物理效应环境设备和信号通信及电气接口的类型和数目上。在构建半实物仿真系统总体方案时，需要根据仿真任务明确引入仿真回路的参试设备，继而确定了半实物仿真系统中的相似关系要求，而相似关系的数量和实现方案就决定了仿真系统的物理效应环境设备和信号通信接口关系，也就完成了系统组成方案设计。

2.1.3.3 分配设备指标

在对仿真对象进行了详细分析，明确了系统方案的基础上，总体设计的一个重要工作就是完成系统的指标分配。系统指标分配主要包括总体指标和各分项设备指标。

由于半实物仿真系统组成复杂、投资规模大、研制周期长，因此，在确定仿真系统的总体技术指标时，要充分考虑仿真系统的应用范围和试验任务，同时考虑系统扩展性和系统兼容性，相关指标应尽可能兼顾同类仿真对象的试验要求。

在明确了仿真系统的总体技术指标后，需要考虑仿真对象各组成部分的技术指标要求，按照一定的性能指标分配原则，确定仿真系统各分系统的技术指标。原则上，各分系统的技术性能越好对全系统越有益，但要考虑经济承受能力、工程进度和工程可实现性等因素。同时，需要注意各个分系统和参试设备是作为一个有机整体进行工作的，在分配指标时，一定要注意各个分系统之间的指标匹配性和指标适应性，特别是一些相似性能是依靠多个设备配合完成的情况。

2.1.3.4 规划网络架构

由于半实物仿真系统作为一个典型的分布式仿真系统，各个参试的设备之间通过通信网络来完成数据交互。因此，仿真网络架构规划也是仿真系统总体方案设计的一项重要内容。在仿真网络架构规划时，首先根据系统组成方案和性能指标要求，选择合适的网络连接形式；然后，结合仿真试验任务和参试对象的工作流程，确定网络组织架构和网络消息调度机制；最后，根据仿真对象和试验分析内容，规划仿真数据通信交互方式和通信协议。

2.1.3.5 布局设备安装

为了保证仿真系统的正常运行、使用维护方便和发挥设备最大功能，在进行半实物仿真系统总体方案设计时，必须基于系统组成方案，考虑场地限制，对设备安装布局和场地建设提出详细要求。在试验场地布局设计时，必须根据仿真设备的环境需求，并考虑仿真系统的安全性、维护性和扩展性，对实验室的动力、电气、照明、通风、供水、温度、节能与环保等内容开展详细方案设计。例如，高精度、高速旋转、重载等特殊仿真设施对于地基都会有特殊要求，在隔振、调平、质量、防护、稳定性等方面均需要拟定相应指标要求。一些大型设备的动力来源为液压，要求实验室具备液压能源供应。

2.1.3.6 策划使用方案

半实物仿真系统除了能满足系统全局闭环仿真要求，还应当满足系统局部和部件单独闭环仿真，以及动态性能测试的要求，这对于系统关键技术验证、系统故障分析、隔离和复现，保证产品研制质量方面具有重要的意义。

因此，在仿真试验系统组成方案后，应根据试验目的和任务需求，充分考虑系统的扩展性和重构性，完成系统总体使用方案的规划，明确试验运行模式，归纳试验操作流程，设计信号流向，给出仿真系统建设完成后的预期效果。

制导控制半实物仿真系统作为一个大型的分布式仿真系统，其组成结构复杂、涉及专业众多。因此，在进行总体方案设计时，必须根据试验目的和研制要求，考虑单位研制经费和研制周期，并积极听取相关专业人士的意见，形成详细的设计方案，邀请各方专家进行评审，确保总体方案的完整性和先进性。

2.1.4　半实物仿真系统总体方案设计的流程

利用系统仿真对系统进行仿真试验研究是一门综合性技术，其过程是一个由简到繁的系统工程，特别是复杂、综合系统的总体仿真研究，是一件难度很大的系统工程。因此，在进行总体方案设计时，应该遵循一定的工作流程开展方案设计工作。下面就结合多个项目的研制经验，初步给出半实物仿真系统总体方案的设计流程。

2.1.4.1　梳理对象特点

在开展半实物仿真系统总体方案之前，必须对参试对象的相关属性进行深入了解。深入理解参试对象的闭环工作方式，梳理信号流向图及其电气连接关系，明确参试部件的类型和工作原理，为仿真设备的选择提供输入参数。

2.1.4.2　选择参试设备

在确定参试部件后，就可以根据参试对象的工作原理，遵循相似性原理，提出仿真设备需求，并根据系统之间连接关系和连接方式，完成仿真设备的接口设计和电气连接件设计，继而得到仿真系统组成方案。

2.1.4.3　确定系统指标

在完成系统组成方案后，根据参试对象和任务需求，完成系统总体指标设计。根据参试部件的性能指标，确定各个参试部件的性能指标要求，继而开展分系统的方案设计。

2.1.4.4　布置设备布局

在完成分系统的方案设计后，就可以按照试验场地的约束，开展布局方案的设计，确定各个仿真设备的安装位置，明确电、气、液等动力管道的连接方式，规划通信电缆沟的布局位置。需要注意的是，在工程实践中，经常会遇到分系统设计方案与场地空间限制相冲突的情况，此时，需要根据场地空间限制，对分系统的设计方案进行迭代计算。

2.1.4.5　确定通信流程

在确定参试布局方案后，根据系统信号传输内容，选择网络通信方式，规划相关参试设备的网络通信接口，确定网络调度消息，分配网络数据地址。确保整个系统在仿真主控的管理调度下，能够统一有序地完成信号的传输和数据的交互。

2.1.4.6　规划试验流程

在完成系统组成方案后，结合参试对象的工作阶段，规划试验流程和试验模式，确保仿真系统能够正常有序地完成仿真试验，满足试验目的，保证试验人员、产品和设备的安全。

2.2 典型制导控制系统半实物仿真的总体框架设计

从典型的制导控制系统半实物仿真组成方案可以看出，半实物仿真系统通过实时通信网络，将多个物理效应设备和仿真机连接起来形成一个统一的整体，构成一个分布式仿真系统。而作为一个分布式系统，如何完成节点功能划分、网络框架、通信消息和调度机制的设计，是仿真系统总体框架设计的重点。

在本节中，首先，在给出分布式仿真框架的基础上，深入分析制导控制半实物仿真系统的仿真框架的特点和差异；然后，给出了一种典型半实物仿真系统的设计框架，包括运行阶段设计、事件消息设计、设备节点设计和运行机制设计等内容。该半实物仿真系统总体框架在作者团队建设的多个半实物仿真实验室中得到运用，有力地支撑了相关型号的科研生产任务，具有结构简单、实时性好、安全性高、扩展方便等特点。

2.2.1 分布式仿真框架发展历程

分布式仿真技术从 20 世纪 80 年代以来得到广泛关注和迅速发展。经过 30 多年的发展，先进仿真技术经历了 SIMNET（Simulation Network）、DIS（Distributed Interactive Simulation）、ALSP（Aggregate Level Simulation Protocol）、HLA（High Level Architecture）、TENA（Test and Training Enabling Architecture）等发展阶段。

2.2.1.1 SIMNET

1978 年 9 月，美国波林空军基地的上尉 Jack A. Thorpe 发表了一篇论文 "*Future Views：Aircrew Training 1980—2000*"，提出了联网仿真的思想，并且描述了联网仿真的功能要求，希望建立一种分布式的虚拟战场环境，不同的参训人员可以通过网络进行互操作，实现虚拟的对抗演练。虽然当时联网仿真所需要的技术还不成熟，但美国国防部（Department of Defense，DoD）接受了这一思想。1981 年，Jack A.Thorpe 被调到美国国防部高级研究计划局（Defense Advanced Research Projects Ageney，DARPA），在他的推动下，DARPA 于 1983 年和美国陆军共同制定了一项合作研究计划——SIMNET 计划。此计划要将分散在各地的多个地面车辆（如坦克、装甲车）仿真器用计算机网络连接起来，进行各种复杂任务的训练，演示验证实时联网的人在回路作战仿真和作战演习的可行性，达到降低训练成本、提高训练安全性及减小对环境的不良影响的目的。

经过 10 年的努力，SIMNET 计划取得了巨大的成功，连接了分布在不同场地的 250 个仿真器，不仅包含主战坦克、装甲车、雷达侦察车、战斗机等武器装备的仿真器，而且包含采用当时苏军战术的计算机生成兵力（Computer Generated Forces，CGF），最多时实体数达到了 850 个，实现了实体级的仿真互连和各仿真节点自治。它不仅在美国军队的训练中得到了广泛应用，获得了很好的训练效果，而且对美国军队的训练方式产生了根本性的影响。

2.2.1.2 DIS

1990 年，DARPA 将 SIMNET 计划移交给美国陆军仿真、训练与装备司令部（STRICOM），并将其更名为 DIS。在 SIMNET 计划之前，各种模拟器都是独立运行的。而从 SIMNET 计划开始，将多种仿真应用集成在一个虚拟环境中进行的分布式仿真，日渐成为仿真技术一个重要的发展方向。

1989 年 3 月，由美国中佛罗里达大学的仿真与训练研究所（Institute of Simulation and Training，IST）主办，召开了第一届 DIS 研讨会，并成立了工作小组，此后每年举行两次 DIS 研讨会。在 1992 年 3 月举行的第六届 DIS 研讨会上，美国陆军仿真、训练与装备司令部提出了 DIS 的结构，并着手制定 DIS 协议第 1 版。

随后，美国电气和电子工程师协会（Institute of Electrical and Electronics Engineers，IEEE）将 DIS 协议纳入自己的标准体系中。1993—1995 年，IEEE 发布了 1278.1～1278.5 系列标准，成为业界公认的 DIS 协议。

随着需求的发展，人们在研究过程中逐步发现，DIS 仍不是一项成熟和完善的技术，其体系结构存在诸多问题，主要表现如下。

（1）DIS 协议仅适于平台级实体的仿真，很难与整建制的仿真实体实现互操作。

（2）节点间采用广播方式进行通信，可扩展性差。当节点数量增加时，网络带宽的消耗成级数增长，同时对大量不相关的数据包的处理也浪费了宝贵的节点系统资源，大大限制了仿真的规模。

（3）只能进行实时仿真。各节点的虚拟时间必须同步推进，不但对时钟同步的要求高，而且不能适应离散事件的仿真。

由于先天不足，这些问题很难通过改进得到解决，必须对整个结构进行根本性的修改。

2.2.1.3　ALSP

1991 年 1 月，DARPA 提出了 ALSP，并于 1992 年 7 月开发了第一个正式投入使用的 ALSP 系统，用以支持军事演习。ALSP 的优点在于聚合级实体对网络带宽的要求较低，这也是聚合级仿真得到重视的原因。

但是，值得注意的是，ALSP 的应用范围远没有 DIS2.x 广泛，ALSP 的应用范围主要是针对离散事件和逻辑时间的仿真系统，应用局限于军事演习领域的构造仿真，不能实现与其他两类仿真（真实仿真和虚拟仿真）间的互操作。特别地，当 ALSP 系统与实时、连续、平台级的 DIS2.x 系统中的实体交互时，其聚合级的部队实体需要解聚成为单独的实体，在实时仿真时钟下实现与 DIS2.x 系统中实体的交互作用；完成交互之后，在适当时刻需要重新聚合成部队级的实体，在非实时仿真时钟下运行。实现这一交互过程在目前的 ALSP 体系结构和技术条件下是比较困难的。同时，ALSP 目前的体系结构在系统性和完备性方面还需要进一步发展和深入研究。

2.2.1.4　HLA

1995 年 10 月，美国国防部公布了"国防部建模与仿真主计划（The DoD Modeling and Simulation Master Plan，MSMP）"，并提出了六大目标。其中，第一个目标是"为建模与仿真提供一个通用技术框架（Common Technical Framework，CTF）"，这个目标又包括三个子目标，一是开发一种高层体系结构（HLA），以取代 DIS 标准；二是任务空间概念模型（Conceptual Models of the Mission Space，CMMS），为建立相容而权威性的模型描述提供一个公共的起点，以利于仿真部件的互操作和重用；三是制定数据标准（Data Standard，DS），为建模与仿真提供公共的数据表示方法。

通用技术框架的三部分密不可分。但是，HLA 是促进所有类型的仿真之间及其与 C4 I 系统之间的互操作、促进 MNS 组件重用的关键。美国国防部建模与仿真办公室（DoD Modeling and Simulation Office，DMSO）在 1997 年 2 月发布的"任务空间概念模型技术框架"详细定义了 CMMS 的组成部分、技术框架、知识存储和相关的开发支持及应用工具，并发布了"建模与仿真数据工程技术框架"，用于指导"建模与仿真"领域中的数据工程实践。

经过一系列用以验证 HLA 可行性、合理性的 HLA 原型系统的开发、运行及测试后，DMSO 于 1997 年发布了 HLA 规范 1.1 版，1998 年发展到 1.3 版，此后不再定义。2000 年 9 月，在 DMSO HLA 1.3 规范基础上制定的 1516、1516.1、1516.2/D5 成为正式的 IEEE 标准，该系列标准沿用至今，成为目前在世界范围内通用的 HLA 标准之一。

2.2.1.5 TENA

1970 年，美国国会为提高联合作战试验与评估能力，提出联合试验与评估（Joint Test and Evaluation）的概念。1994—1995 年，美国国防部先后提出"逻辑靶场"概念和"试验与训练使能体系结构（Test and Training Enabling Architecture，TENA）"技术。TENA 的设计为美国军队测试与训练靶场及其用户带来便捷的互操作性。通过使用大规模、分布式、实时的综合环境，TENA 的设计促进了基于采办的集成测试和仿真。综合环境综合了测试、训练、仿真和高性能计算，使用公共架构在"逻辑靶场"上可以实现真实的装备之间及其与仿真武器和兵力的交互，不论这些兵力实际存在于世界的哪个地方都可以被实现。

2005 年 12 月，TENA 在 JMETC 项目中被用来建立新的试验支撑基础设施原型，以支持与各军种分布试验能力、仿真和工业界的试验资源的连接，并被用来控制和分发视频数据。截至 2010 年 10 月，美国军队已建成 57 个互联互通分布式试验站，范围覆盖 63 个试验靶场和基地，构成了基于 TENA 的虚拟专用网，初步构建了联合任务环境下能力试验的基础设施，有力地支撑了美国军队联合任务条件下能力试验的开展。

目前，随着网络中心战的快速发展，美国国防部建模与仿真办公室和试验资源管理中心对试验与评估科学技术工程倡议在资源限制环境下使用 TENA 技术。这会显著增加在资源限制环境下的信息交换性能，来满足共同互操作架构的需求。

2.2.2 半实物仿真框架设计特点

制导控制系统半实物仿真通过特定的物理效应环境仿真设备，在实验室环境下，为弹上设备构建了逼真的仿真试验环境，通过相关硬件接口与实时解算的高精度、细粒度的飞行器数学模型连接，完成了导引头、惯导、飞控、舵机等实物设备的闭环仿真试验。制导控制系统半实物仿真虽然与用于多武器对抗作战仿真的分布式交互仿真系统在结构上具有一些共同的特点，但是制导控制系统半实物仿真的独有特点，使得它们之间存在着一定的差异。

2.2.2.1 系统规模相对较小

制导控制系统半实物仿真虽然作为一个分布式仿真系统，但系统规模相对较小，试验节点数通常为 10 个左右，并且通常位于同一个实验室内。因此，在进行网络设计时，不需要考虑地域上的分布性和大规模的节点交互。

2.2.2.2　节点耦合关系紧密

在制导控制系统半实物仿真中，除了视景演示子系统等部分设备，绝大部分设备还处于一个紧耦合的状态，多数子系统之间的数据传输关系为一个串联关系，即每个设备在当前的输入均作为其他设备的下一个输出。系统之间交互关系紧密，这对系统的同步性提出了较高的要求。

2.2.2.3　节点任务功能明确

半实物仿真的主要功能设备是一系列物理效应环境设备，这些设备通常为定制产品，采用不同的操作系统或软件平台进行开发；每个设备的任务功能相对明确，其输入/输出的接口关系相对固定（如三轴转台，其输入通常为三个框架角指令，其输出为三个框架角当前位置）。因此，在进行总体网络架构设计时，网络架构要简明扼要。

2.2.2.4　系统仿真步长很小

由于飞行器速度快（速度最快可达十几马赫）、动态特性好（瞬时角速度可达上百度每秒）等，因此，为了保证数学模型的解算精度，减小积分误差，要求仿真系统的仿真步长较小；由于仿真系统中包含了转台、负载台等高性能的机电设备，为了保证其控制的平稳性，要求指令相对平滑连续，这也向系统仿真步长提出了较小要求。目前，典型的制导控制系统半实物仿真，其仿真步长通常选择 0.5 毫秒或 1 毫秒，这对系统模型解算的实时性和数据交互的同步性均提出了较高的要求。

2.2.2.5　实时性要求较高

为了将各个实物部件引入仿真回路中，需要一系列专用的物理效应仿真设备，通过通信网络和硬件接口，与导引头、惯导、舵机等弹上部件协同工作，构成制导控制系统的闭环回路。系统交互的通信延迟直接串联到闭环回路中，影响到仿真系统的试验结果和置信水平。同时，系统接入了大量的产品实物，这就要求系统的仿真步长与真实世界的物理时间要严格一致。这些因素对于网络通信架构的快速性、实时性和同步性均提出了较高的要求。

2.2.2.6　安全性要求苛刻

在仿真系统中，包含了转台、负载台等一系列大型的机电液一体化设备，特别是一些极限偏差试验弹道，可能在使用时出现"飞车失控"的现象，造成人员及财产的损失。为了保证系统安全，一方面是仿真设备在设计时考虑各种安全措施，另一方面是在网络通信架构时，要求系统能够监控各个节点运行状态，能够在第一时间发现故障，中止本次仿真。

因此，在开展制导控制系统网络通信架构设计时，应该根据飞行仿真研究对象的具体特点来进行重新优化设计。

2.2.3　半实物仿真功能层次设计

由于制导控制系统半实物仿真的复杂性，一般需要涉及不同的学科专业、不同的职能部门、不同的研究层次。在此，为了更好地开展仿真系统总体方案设计，通过对系统任务和设计内容进行分析，来对系统功能进行层次划分。制导控制系统半实物仿真环境的功能层次设计如图 2-1 所示。

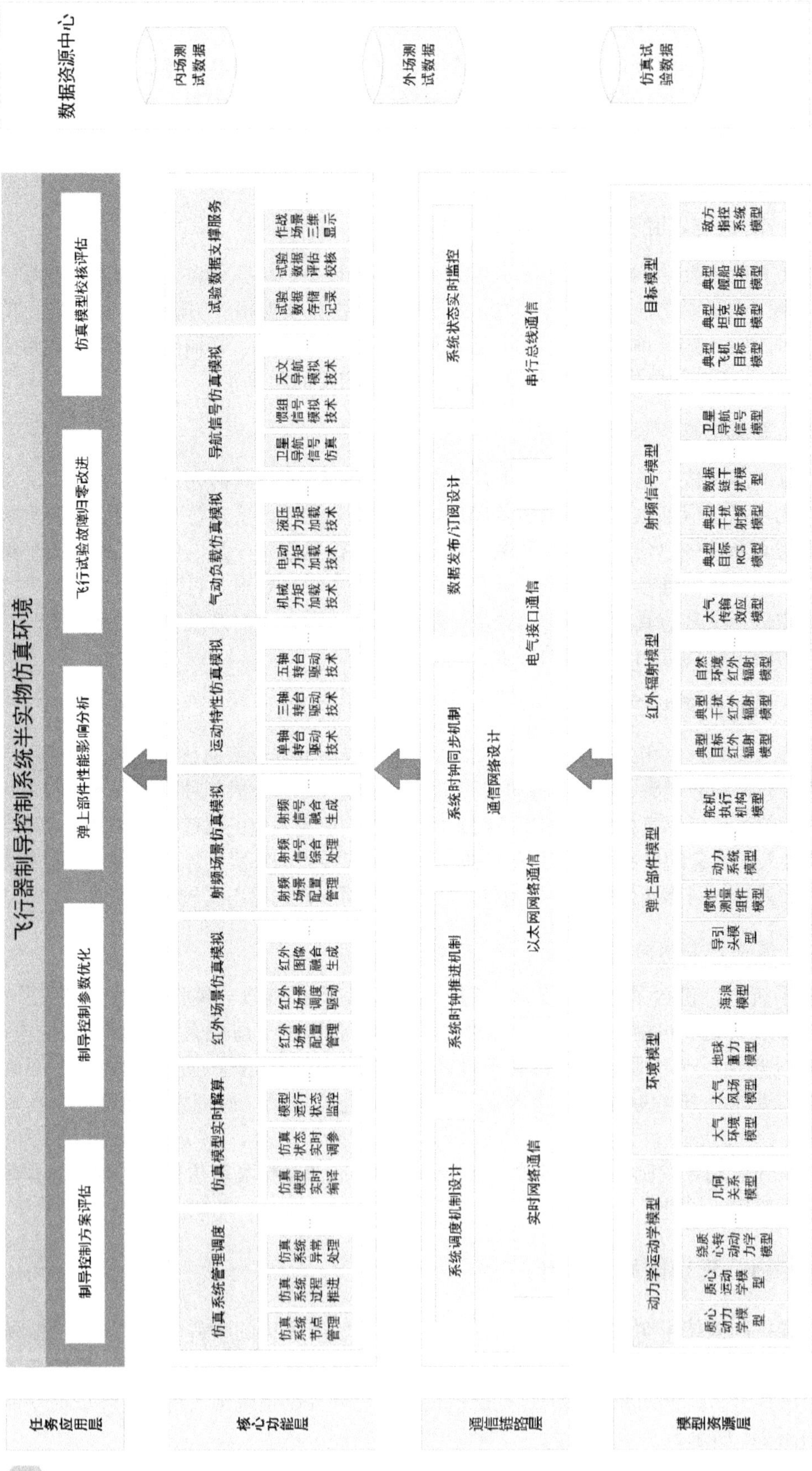

图 2-1 制导控制系统半实物仿真环境的功能层次设计

从图 2-1 中可以看出，制导控制系统半实物仿真环境，主要包括模型资源层、通信链路层、核心功能层和任务应用层，在试验数据中心的支撑下，完成制导控制方案评估、制导控制参数优化、弹上部件性能影响分析、飞行试验故障归零改进、仿真模型校核评估等试验任务。

2.2.3.1 仿真系统模型资源层设计

模型资源层是整个半实物仿真系统的基础，模型的准确程度和完备程度直接关系到仿真的置信水平，模型的接口关系和构建形式直接影响了仿真系统的架构和组织，模型的描述方式和搭建环境直接决定了仿真机的形式和类型。模型资源层主要完成各类仿真模型的建立和构造，主要包括飞行器动力学运动学模型、环境模型、弹上部件模型、红外辐射模型、射频信号模型和目标模型，涵盖飞行器作战过程所涉及的各项模型。

其中，飞行器动力学运动学模型主要用于描述飞行器的运动变化和姿态变化，根据制导控制系统输出的控制指令，完成气动计算、动力学计算和运动学计算，得到当前时刻的位置和姿态，为场景生产和仿真设备提供弹体数据来源。在搭建动力学模型时，首先选取相应的坐标系模型，然后受力分析，将研究对象受到的力在相应的坐标系下进行投影分解，基于牛顿第二定律和动量矩守恒定律，即可完成飞行器动力学运动学模型的推导。一个典型的飞行器动力学运动学模型，通常包含弹体参数计算、气动计算、质心动力学方程、质心运动学方程、绕质心转动动力学方程、绕质心转动运动学方程、补充几何关系方程。需要注意的是，由于不同的飞行器的飞行特征存在很大差异，其模型描述形式会存在一定的差异。

环境模型主要用于建立飞行器所在环境的数学模型，根据设定的时间、高度等状态，计算出飞行器当前位置姿态下的气压、音速、重力、风速、风向等参数，用于飞行器进行受力计算和环境影响分析，主要包括大气环境模型、大气风场模型、地球重力模型、海浪模型等。

弹上部件模型主要用于构建弹上相关部件的数学模型，包括导引头模型、惯性测量组件模型、动力系统模型、舵机执行机构模型。由于弹上部件的类型和工作原理差异较大，弹上部件模型的描述形式也存在很大不同。

红外辐射模型主要根据规划的作战任务，完成整个作战场景中的红外建模工作，为红外场景仿真提供数据来源，主要内容包括典型目标红外辐射模型、典型干扰红外辐射模型、自然环境红外辐射模型、大气传输效应模型。其中，典型目标包括各类飞机、坦克、舰船等，需要根据对象的外观、尺寸、材质和工作状态来计算飞行器的红外辐射大小及分布；典型诱饵包括红外点源诱饵弹、红外面源诱饵、红外烟雾等；自然环境红外辐射模型主要包括天空、深空、地物、海洋等因素；各项环境因素影响主要考虑晴天、雨、雪、雾等自然因素对于典型目标、自然环境等对象的红外辐射影响。

射频信号模型主要根据作战任务规划，完成作战场景中的各类射频信号计算工作，为射频目标模拟器、雷达电子战场景模拟等仿真设备提供模型基础，主要内容包括典型目标 RCS 模型、典型干扰射频模型、数据链干扰模型等。

目标模型主要是根据作战想定，完成仿真对象作战目标的数学运动模型。根据目标的类型，可以分为各类飞机、坦克、舰船等目标模型，要求能够基本反映目标的机动方式和运动位置。另外，在某些仿真条件下，还需要构建敌方作战体系的预警模型和指控系统模型等。

2.2.3.2　仿真系统通信链路层设计

通信链路层是整个系统的信号传输基础，以面向服务模式向基础平台服务层提供标准访问接口，实现可互操作的、实时的、面向对象的分布式系统应用的建立，支持应用层软件快速高效集成及系统运行，在保证安全的条件下完成信息传输的任务。通信链路层采用基于对象模型的信息传输模式，在半实物仿真系统运行过程中，各个参试单元资源和仿真模型之间的所有通信都依据对象模型定义实现资源间的互操作。通过采用基于发布/订阅的数据交换机制，并支持以动态加载模式扩展的远程资源访问接口，实现各个节点和设备之间的数据交互。通信链路层通过调用实时通信网络驱动、以太网通信网络驱动、串行总线通信驱动、电气接口通信驱动等，与各种仿真模型和实物部件完成数据交互和调用；并通过相关模块和函数向应用系统提供基本服务，主要包括系统调度机制设计、系统时钟推进机制、系统时钟同步机制、数据发布/订阅设计、系统实时监控等。

2.2.3.3　仿真系统核心功能层设计

仿真系统核心功能层设计是制导控制系统半实物仿真的核心，通过各种专用仿真设备完成仿真系统管理调度、仿真模型实时解算和物理环境效应模拟等任务，从而实现产品实物引入半实物仿真回路。仿真系统核心功能层主要提供仿真系统管理调度、仿真模型实时解算、红外场景仿真模拟、射频场景仿真模拟、运动特性仿真模拟、气动负载仿真模拟、导航信号仿真模拟、试验数据支撑服务。

仿真系统管理调度作为系统的管理核心，主要由仿真主控管理设备来实现，完成包括仿真系统节点管理、仿真系统过程推进、时钟消息同步推进、仿真系统状态监控、仿真系统异常处理等功能。仿真模型实时解算主要完成飞行器动力学运动学、环境和目标等数学模型的实时解算任务，通常由实时仿真机来实现，完成仿真模型搭建、仿真模型实时编译、仿真状态实时调参、实时模型运行控制、模型运行状态监控、模型数据交互等任务。红外场景仿真模拟主要完成半实物仿真系统的红外相似性模拟，通常由红外目标模拟器实现，用于为参试的红外导引头提供虚拟的红外场景，主要包括红外场景配置管理、红外场景调度驱动、红外图像融合生成等功能。射频场景仿真模拟主要完成半实物仿真系统的射频信号计算，主要为参试的雷达导引头、数据链装置和其他电子战装置提供射频信号，主要包括射频场景配置管理、射频信号综合处理、射频信号融合生成等功能。运动特性仿真模拟主要用于完成飞行器环境中的运动特性的相似性模拟，根据模拟的自由度数目，可以分为单轴转台、三轴转台、五轴转台等类型。气动负载仿真模拟主要完成飞行器仿真过程中的力矩特性模拟，根据加载力矩驱动形式，可以分为机械力矩加载技术、电动力矩加载技术和液压力矩加载技术等类型。导航信号仿真模拟主要完成仿真系统中的导航信号模拟，包括卫星导航信号仿真、惯组信号模拟技术、天文导航模拟技术等。试验数据支撑服务主要完成仿真系统的数据记录存储、过程曲线显示、试验结果统计评估、作战过程二维态势/三维场景显示等功能。

2.2.3.4　仿真系统任务应用层设计

基于制导控制系统半实物仿真，结合用户任务需求，通过界面设置和人机交互优化，制定仿真试验大纲和使用操作说明，完成相应的仿真应用任务，如制导控制方案评估、制导控制参数优化、弹上部件性能影响分析、飞行试验故障归零改进、仿真模型校核评估等仿真应用任务。其功能应用与仿真系统的建设目的和核心要求密切相关。

2.2.3.5　仿真系统数据资源中心设计

数据资源运维的数据主要包括内场测试数据、外场测试数据和仿真试验数据，根据数据类型的不同按照一定格式进行分类存储管理，为后续开展数据挖掘分析服务、模型置信度评估服务提供支撑。数据中心的使命任务为建立运行稳定、执行效率高的数据存储处理和服务中心，支撑半实物仿真的设计仿真试验工作。

2.2.4　半实物仿真运行阶段设计

对于制导控制系统半实物仿真，主要围绕参试的制导控制系统开展相关设计。因此，在设计半实物仿真系统的仿真流程时，必须考虑参试设备的工作流程，将两者相结合，通过一系列操作和通信确保各个参试设备能够进入闭环仿真回路中。

根据仿真推进同步机制和飞控状态流程，结合仿真试验设备的工作要求，将制导控制系统半实物仿真的运行过程分为三个阶段：仿真准备阶段、仿真运行阶段和仿真结束阶段。

2.2.4.1　仿真准备阶段

在飞行器发射之前，飞控系统需要经过多个准备工作才能进入发射流程。由于飞控系统作为整个飞行器的控制核心，其发射前需要经历一系列准备流程，包括上电、自检、参数装订、传递对准等工作，如果这部分工作没有完成，那么飞行器制导控制无法进入发射流程，也就没有办法开展闭环仿真工作。

同时，仿真系统涉及一系列仿真开始前的准备工作，如模型编译、模型下发、转台就位、引擎初始化等操作。在某些情况下，两个流程需要相互配合，才能完成仿真试验任务。例如，某些飞行器在发射前需要进行惯组初始对准，此时，必须将转台按照预定的发射角度旋转到位后，才能开始惯组对准工作。

在仿真总体框架设计时，需要针对发射前的飞控准备流程和仿真设备准备流程进行详细设计。因此，通常会设置一个仿真准备阶段，用于完成仿真设备和参试部件的准备工作。在该阶段中，通过仿真主控系统，发送不同的仿真控制消息，推动仿真任务执行。检测各个节点的任务完成情况，只有当节点完成任务之后，才能开始发送下一个仿真控制消息。各个节点在仿真消息的推进下，完成仿真试验初始参数，完成记录文件创建、三轴转台台体位置预置、初始导航信号输出、初始力矩加载、三维场景初始化等操作，并配合产品硬件，完成飞控上电、参数装订、惯组初始化、传递对准等弹上设备的准备工作。当完成本项消息规划任务后，向主控节点反馈任务完成消息，便于系统后续推进。

2.2.4.2　仿真运行阶段

在仿真准备之后，整个系统就可以进入仿真运行阶段。在该阶段，整个仿真系统由仿真主控管理子系统进行管理和调度推进。仿真主控管理子系统，按照设定的仿真步长定时发送仿真同步推进消息；当其他节点收到同步推进消息后，首先按照设定的仿真任务，从预订地址读取相关数据，然后执行模型计算、场景生成、转台驱动、信号输出等操作，最后将交互数据上传至其他节点，并反馈出系统完成或异常消息；仿真主控管理子系统在仿真过程中，监控各个节点的运行状态和反馈信息，一旦发生节点异常，就立刻向其他节点发送仿真应急中止命令，中止本次仿真，保护试验人员、参试产品、仿真设备的安全。

2.2.4.3　仿真结束阶段

在仿真过程中，当仿真模型触发停止条件或者到达预定的仿真时间时，仿真主控管理子系统会向各个节点发送仿真结束命令；在仿真过程中，当试验人员通过界面手动中止或者仿真主控管理子系统监控到部分节点出现超时或异常状态时，仿真主控管理子系统会向各个节点发送仿真中止命令，中止本次仿真试验。各个节点在收到仿真结束或仿真中止消息后，按照预定的程序完成参试产品的结束工作和仿真设备的结束工作，如完成转台复位、数据存储、软件重置等操作。

在试验完成之后，试验人员首先需要根据编制好的试验大纲和操作细则，完成试验数据的汇总、统计和归档等工作；然后按照规定的数据分析方法和评价指标体系，对试验数据进行统计分析处理，从而评估本次试验是否达到预期，为制导控制系统的改进和优化提供数据支撑和方向指导。

2.2.5　半实物仿真事件消息设计

在制导控制系统半实物仿真环境中，为了保证整个系统的统一调度，通常基于实时通信网络的数据交互和中断通信机制，采用事件消息机制进行信息交互。事件消息机制就是以事件（或消息）来触发程序运行的方法。在事件驱动的应用程序中，事件消息可以由仿真主控的消息来触发，也可以由用户界面操作触发，还可以由其他节点的消息来触发。每发生一次事件，将引发一条消息发送至仿真主控系统，仿真主控系统将该消息广播给各个试验节点，每个试验节点根据自身情况处理该条消息指令，进而采取适当的操作。在制导控制系统半实物仿真中，所有用户命令和节点产生的内部命令都被转化为事件消息，并以事件消息的形式在系统中流动，进而对各组件的行为产生控制。

为了让各个子系统能够正确识别来自系统的事件消息并做出响应，必须预先定义一系列标准的事件消息类型。在此，根据消息的类型，将其分为节点注册消息、系统控制消息和节点反馈消息，其中，系统控制消息又可以分为离散事件消息和连续推进消息。

2.2.5.1　节点注册信息

在半实物仿真试验时，不同的试验模式下参与试验的节点各不相同。在每种试验模式下，为保证试验的顺利进行和信号的闭环传递，要求在仿真试验前确保本次参与试验节点均已就位。因此，在正式进入仿真准备流程之前，需要进行一系列节点注册过程，主要包括试验节点参与消息、参与完成消息等，便于主控节点检查各个节点是否就位。

2.2.5.2　离散事件消息

离散事件消息主要包括仿真准备阶段的一系列事件消息和仿真结束或中止事件。这些事件消息均具有离散性、顺序性和单次性的特点。其中，离散性是指一些操作事件是突发性的，并不是连续产生的，并且每次发生之后，后续操作的时间未知；顺序性是指一些事件操作的执行前后有先后逻辑顺序，后一操作必须在前一操作完成的基础上执行，不能提前执行，否则会出现异常情况导致试验失败；单次性是指部分事件操作是单一事件，并不是重复发送的。在离散事件之后，通常需要主控管理系统检查各个节点的完成情况，确保任务事件完成后才能执行。

下面给出典型半实物仿真系统中的常用离散事件消息。

- **SM_PREPARE**：仿真准备消息。主控管理子系统需要根据仿真初始条件将导弹姿态角、角速度、目标方位角和舵机铰链初始值发送到实时网络；仿真设备在收到本消息后，一般完成仿真初始条件设置、数据文件读取、内存分配、飞控上电等任务。
- **SM_BINDING**：参试装订消息。仿真设备在收到本消息后，完成仿真模型的加载、飞控参数装订等任务。
- **SM_INITIALIZE**：仿真初始化消息。三轴转台、五轴转台、目标模拟器、负载模拟器、惯组模拟器等仿真设备在收到本消息后，从实时网络读取仿真初值，驱动设备到初始状态。例如，转台运行到初始姿态角、目标模拟器调整到初始距离和方位并生成初始图像、负载模拟器给舵机加载铰链力矩初值、惯组模拟器输出姿态角和角速度初值等。
- **SM_INITALIGNMENT**：初始对准消息。仿真节点在收到本消息后，通过一系列电气通信协议，通知参试设备进行惯组初始对准或发射前的目标锁定。该项消息必须在初始化消息完成后才能发送。
- **SM_START**：仿真开始消息。类似真实发射指令，各仿真设备在收到本消息后，仿真计数器清零，导引头和舵机解除锁定并转入伺服跟踪状态，飞控计算机开始工作。转台、目标模拟器、负载模拟器由静态定位模式转换为伺服跟踪模式。

另外，还需要定义仿真结束消息，用于控制仿真系统完成本次仿真试验。

- **SM_STOP**：仿真停止消息。各仿真设备在收到本消息后，停止仿真运行，将仿真设备控制到安全状态，断开设备闭环伺服控制；保存仿真数据到记录文件，清理内存，为下一次仿真做准备。
- **SM_EMERGENCY**：仿真应急停止消息。各仿真设备在收到本消息后，进入应急模式，迅速控制设备到安全状态，断开设备闭环伺服控制，确保设备和产品安全；保存仿真数据到记录文件，清理内存，为故障排除后继续进行仿真做准备。

需要说明的是，上述相关离散事件信息只作为工作参考，在开展半实物仿真系统设计时，需要根据具体的参试产品流程和仿真设备工作模式进行选择，有目的地增加或删减。

2.2.5.3　连续推进消息

连续推进消息主要用于仿真开始后的时钟同步任务。在仿真开始后，仿真主控管理子系统按照设定的仿真步长向网络中各个节点连续广播发送时钟同步事件消息，整个系统在收到该消息后，完成当前拍的数据收发、模型解算和数据处理。通过时钟同步消息，能够确保整个系统时钟的唯一性和整个数据交互的同步性，大大提高了仿真系统的精度和一致性。

- **SM_CONTINUE**：仿真运行消息。各仿真设备在收到本消息后，开始执行一步仿真计算任务，并将自身状态进行回传。

需要注意的是，作者认为半实物仿真与数字仿真的一个差异就是半实物仿真无法在仿真过程中完成暂停状态，是因为部分实物的时钟无法控制，部分仿真设备的运行状态无法保存并恢复。例如，飞控计算机或导航系统，其时钟由自身晶振来推进，无法由仿真系统进行控制；仿真转台在急停后，最多只能保持角度的一致，而暂停时刻的角速度、角加速度等物理特性无法复现。因此，系统没有设计仿真暂停消息和仿真重启消息。

2.2.5.4 节点反馈消息

节点反馈消息由各仿真设备发送，用于表征其目前的状态。仿真主控管理子系统根据各个节点的反馈状态信息，控制整个仿真系统的进程推进。常见的仿真设备状态消息如下。

- SM_OK：仿真设备正常，标明仿真设备处于正常，可以进行仿真试验。
- SM_ERROR：仿真设备故障，当仿真设备检测出自身在运行过程中出现异常状态时，如整数和浮点溢出、内存和存盘空间不够、中断异常、转台位置超限、力矩电动机故障灯，则通过该消息上报主控管理节点，中止本次仿真试验。
- SM_BUSY：仿真设备忙，标明仿真设备正在执行操作指令。该状态通常用于仿真准备阶段，当仿真设备收到离散事件消息后，先将自身状态设置为 SM_BUSY，然后开始执行相应操作，完成后再将自身状态设置为 SM_OK，通过这种方式，确保主控系统能够掌握各个节点的任务完成情况，确保试验按照规划顺序正常完成。

另外，参与试验的仿真设备除了需要向主控管理子系统反馈自身的运行状态，通常还需要反馈自身的"心跳"信息，表征自身节点处于正常状态，从而避免由于节点死机导致无法上报故障的情况。

2.2.6 半实物仿真设备节点设计

在半实物仿真中，包含多个仿真任务节点。这些仿真任务节点彼此间的地位是对等的，要针对复杂的交互关系来实现整个分布式仿真任务，就必须找到一种行之有效的调度管理机制，否则整个仿真系统的效率会变得非常低。在此，借鉴 1553B 总线的架构体系，可以对不同节点进行功能划分，从而完成仿真系统的节点任务规划和调度管理工作。

在 1553B 总线中，所有节点可以分为 BC、RT、和 BM 三种类型。其中，BC 节点是总线系统中的组织信息传输终端，负责总线的控制、管理和通信动作的发起；RT 节点是总线系统中的数据收发终端，对 BC 节点发出的有效命令字做出响应，并按照有效命令字所规定的方式进行操作；BM 节点是总线系统中指定接收且记录总线上传输的信息。该架构方式可以将多个仿真节点构成一个通信网络，并在统一的调度和控制下有序执行，具有较好的互操作性和规模的可扩展性。

在此，给出各个仿真节点的功能划分，主要包括主控管理节点、同步计算节点和监听客户节点。各个节点的功能和任务如下。

- 主控管理节点：作为整个系统的服务器和控制中枢，在仿真过程中发送仿真进程控制消息、控制系统的仿真步长、推动仿真时钟的前进和全系统的同步、监测各仿真节点的设备状态，确保整个仿真过程协调、有序进行。
- 同步计算节点：作为整个系统的任务执行节点，为保证系统的闭环运行，要求其时钟推进必须严格准时，任务执行必须严格同步；并且在整个运行过程中，同步计算节点必须在线，不能出现故障、超时、丢帧等情况。在制导控制系统半实物仿真环境中，各类物理效应模拟设备和数据记录均为同步计算节点。
- 监听客户节点：在半实物仿真中，还存在一类节点，该节点从实时网络读取仿真进程控制消息和仿真数据，而不向网络发布任何数据和仿真设备状态消息，相关数据也不进入闭环回路中。对于整个闭环系统，该节点是否在线、是否正常均不会影响仿真试验的顺利进行，仿真管理节点也不需要关心该节点的运行状态。在半实物仿真中，视景仿真节点就是该类节点。

2.2.7 半实物仿真运行机制设计

制导控制系统半实物仿真环境作为一个大型、复杂、综合性的仿真平台，倘若采用一般的模块组合、功能捆绑方式实现仿真过程，则势必导致仿真系统结构、时序和功能混乱，效率、速度和精度降低，难以完成复杂的仿真任务。在事件驱动机制原理的基础上，结合参试对象特点和仿真试验装置，设计合理可行的运行调度机制以高效、有序和准确地驱动仿真运行过程。

目前，制导控制系统半实物仿真环境中主要采用反射内存网络作为其实时网络，该网络提供了中断消息模式和反射内存地址分配等交互机制。在此，基于反射内存网络的通信模式，结合事件消息和节点设计特点，将各类消息进行分类，从而设计出一套简单便捷的交互运行机制。

在系统中，主控管理节点可以通过中断消息模式，向各个同步计算节点发送事件控制消息。各个同步计算节点通过内存地址的模式，上报自身的心跳信息和状态信息；主控管理节点在发送事件控制消息后，启动查询线程，定时读取规划好的节点状态地址，查询各个节点的运行状态；主控管理节点的消息循环管理机制，按照设定的任务时序和仿真步长，提示用户按照操作顺序完成不同事件消息的推进。

2.3 典型制导控制系统半实物仿真环境的组成方案

本节结合本团队多年的工作经验，给出典型制导控制系统半实物仿真环境的组成方案。从宏观上讲，一个典型的半实物仿真系统的组成可以分为仿真主控管理设备、仿真模型实时解算设备、物理效应环境模拟设备、信号通信及电气接口设备、支撑服务设备等类型。但在具体实现过程中，制导控制系统半实物仿真的组成与参试对象的制导体制、仿真试验的任务目的、研制经费和场地等因素密切相关，使得不同类型的精确制导武器半实物仿真系统存在较大差异。特别是不同制导体制的工作原理存在显著不同，使得在引入制导部件时，所需的物理效应模拟设备也会存在很大差异。因此，制导控制系统的半实物仿真环境的组成在很大程度上取决于飞行器采用的制导体制和目标探测方式。

在此，通过对目前常见的飞行器进行归纳分析，结合物理效应设备的特点，给出三种典型的制导控制系统半实物仿真的方案，包括程控制导半实物仿真系统、图像制导半实物仿真系统和射频制导半实物仿真系统，基本能够覆盖各类导弹、火箭、无人机等典型飞行器。设计人员在进行组成方案设计时，可以根据试验对象的特点选择不同的建设方案，并结合仿真任务、研制经费、建设周期等情况，对参试产品和仿真设备进行有目的的增减和组合。

2.3.1 程控飞行器半实物仿真系统组成方案

程控飞行器半实物仿真系统作为一个基础的组成方式，其仿真系统相对单一，成本相对较低，主要完成程控导弹、弹道导弹、制导火箭弹、无人机等飞行器制导控制回路的半实物仿真试验。通过扩展相关仿真设备，程控飞行器半实物仿真系统可以较为便捷地升级为图像制导或射频制导半实物仿真系统。因此，程控飞行器半实物仿真系统通常作为图像/射频制导半实物仿真系统的第一阶段建设任务进行设计实施。

2.3.1.1 程控飞行器仿真试验的参试对象及其工作特点

程控飞行器就是按照程序飞行，通常不携带或不使用导引头，按照设定的程序或给定的指令进行飞行，完成指定任务或攻击预先装订的目标位置。其典型代表包括运载火箭、制导火箭弹、早期的弹道导弹、防空导弹和空空导弹的发射初段，还有一类就是一些有特殊目的的试飞器。

在程控飞行器的仿真系统中，参试的弹上设备主要包括弹载计算机、陀螺仪、卫星导航设备、舵机等。下面分析各个参试设备的工作特点，按照相似性原理，规划出所需的仿真设备。

1）弹载计算机的工作特点

弹载计算机基于各种硬件通信接口，接收导引头、惯组、陀螺仪、加速度计、卫星导航接收机等各种弹上传感器采集得到的目标信息、环境信息和弹体信息，按照弹载计算机中预先存储的弹上软件，完成导航信息解算、制导指令计算和控制指令生成等任务，并通过相关硬件接口驱动发动机控制器、舵机控制器等执行器件，完成飞行器的制导控制任务。弹载计算机作为制导控制的核心和信息中枢，完成信息处理、控制算法、任务策略、控制输出等工作，其软件的正确性、功能的完备性、接口适应性均需要进行全面深入的考核验证，因此，应首先考虑将其引入仿真回路中。为了将弹载计算机引入仿真回路中，可以通过引入产品接口设备或在仿真机中增加相关硬件板卡，按照与弹载计算机一致的硬件接口类型和通信协议，模拟弹上传感器件和执行结构，完成弹载信息的传递和交互，从而实现弹载计算机在回路的闭环仿真。

2）陀螺仪的工作特点

陀螺仪作为重要的飞行器姿态传感器件，利用其定轴性和进动性的特点测量飞行器的角度运动，获取飞行器在惯性空间的姿态变化，将测量到的弹体角速度输出给飞控计算机用于导航计算和控制指令计算。飞行器的姿态角度作为导航计算中的重要参数，较小的偏差就会带来较大的位置解算误差；同时，陀螺仪作为一个典型的测量元器件，受到环境温度、工作时间、安装工艺等因素的影响，其输出结果存在较为显著的零偏、漂移、随机游走等误差因素，并且其误差模型难以精确建立。因此，为了考核真实陀螺仪性能及误差对于导航结果和控制指令的影响，需要将其产品实物引入仿真回路中。此时，根据其测量原理，为了将其引入仿真回路中，可以引入一个大型的机电设备，复现飞行器的姿态变化，为陀螺仪提供一个虚拟的物理效应环境。

3）卫星导航设备的工作特点

卫星导航设备通过接收导航卫星发射的电磁波信号，进行一系列信号处理与计算，得到飞行器的位置信息和速度信息等，并与惯导等其他导航设备进行组合，获取高精度的位置姿态信息。受星历误差、时钟误差、传播路径、大气效应、接收设备等因素的影响，卫星导航结果和飞行器实际位置之间会存在一定的差异。为了考核导航设备性能的影响，验证组合导航算法的结果及其对导航和控制的影响，需要将导航设备引入仿真回路中。在此，可以在实验室环境下，根据飞行器当前位置、速度等信息，按照设定的星历参数和误差参数，产生飞行器在当前状态下应该收到的卫星导航电磁信号大小，复现其卫星导航信号环境。

4）舵机的工作特点

飞行器在飞行过程中，通过控制舵面偏转的大小和方向，改变飞行器机体受到的气动力矩和气动力，从而达到姿态控制和位置控制的目的。舵机作为飞行器最重要的执行结构，其性能优劣直接影响制导控制系统的控制结果。一方面，舵机作为一个典型的机电液一体化的设备，存在显著的摩擦、死区、间歇等非线性因素，难以建立高逼真度的数学模型；另一方面，通过受力分析可知，舵面在飞行过程中会受到一定程度的气动力载荷，该气动力载荷会对舵机转动产生一定大小的铰链力矩，导致舵机在空载情况下和带载情况下的工作性能存在显著的差异。因此，为了更加真实地考核舵机在飞行状态下的工作性能，在引入舵机产品实物的同时，通过一定的机械设备，根据飞行器当前状态和舵偏大小，在指定的舵轴上计算出施加的铰链力矩大小，复现舵机在真实飞行状态下的力学环境和工作状态。

综上所述，为了将弹载计算机、陀螺仪、卫星导航设备和舵机系统引入仿真回路中，需要构建仿真机中的硬件通信接口、三轴转台、卫星导航模拟器、气动负载模拟器等物理效应仿真设备；并引入仿真主控管理、试验数据记录、三维视景显示和相关仿真设备，完成程控飞行器半实物仿真系统的组成方案设计。

2.3.1.2　程控飞行器半实物仿真系统的组成方案及工作流程

程控飞行器半实物仿真系统组成方案如图 2-2 所示。在该系统中，程控飞行器的惯性测量组件、卫星导航设备、弹载计算机和舵机系统作为产品实物，接入闭环仿真回路中。在试验时，各个参试产品之间按照实际的电气通信关系进行连接；惯性测量组件安装在三轴转台的台体框架中；四路电动舵机根据通道序号安装在气动负载模拟台台体上；惯组模拟器子系统和电气通信接口子系统与弹载计算机之间按照设定的电气连接关系进行连接；所有仿真子系统通过实时网络构成星形网络，完成试验数据交互。

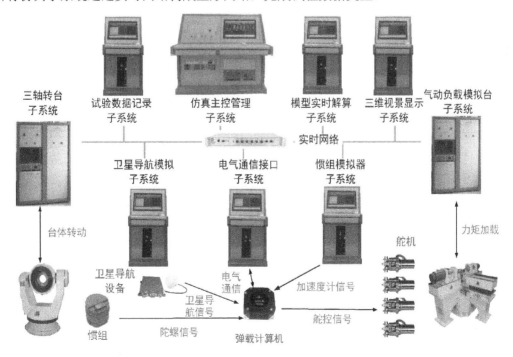

图 2-2　程控飞行器半实物仿真系统组成方案

从图 2-2 中可以看出，整个仿真系统为一个典型的分布式仿真系统，各个仿真设备之间通过实时网络进行连接。所有的仿真设备在仿真主控管理的调度下，按照设定的仿真步长实时推进，从而实现闭环仿真。各子系统的任务功能如下。

1）仿真主控管理子系统

仿真主控管理子系统的主要任务就是完成仿真试验状态的控制管理，包括仿真系统的准备、开始、应急中止和结束，并且为整个仿真系统提供时钟信号和同步推进信号。在仿真过程中，监控各个节点的运行状态，若某一节点出现异常，则应及时中止仿真任务，保证试验人员、参试产品和仿真设备的安全。

2）模型实时解算子系统

由于飞行器的弹体运动、气动特性无法用实物代替，必须通过仿真运算，完成动力学、运动学、气动计算、质量惯量计算、发动机推力和弹目运动关系的计算，求解出当前的姿态、位置、过载和铰链力矩等各项信息，为其他仿真设备提供输入信号。因此，模型实时解算子系统将仿真模型进行编译链接生成实时代码，根据仿真主控管理子系统发出的控制信息，完成模型实时代码的加载、运行、中止等操作；并通过相关硬件板卡的实时驱动模块，完成仿真数据的交互。

3）试验数据记录子系统

试验数据记录子系统的主要任务就是记录仿真过程中各个节点产生的仿真数据，在仿真过程中以曲线或数字的形式进行指示，便于试验人员及时观察弹道曲线。同时，将仿真数据完整保存到数据文件中，并提供丰富的数据分析功能，便于事后对仿真数据进行统计、对比、分析等操作。

4）三维视景显示子系统

三维视景显示子系统采用三维图形渲染技术，将仿真过程中的导弹、目标等各种对象的姿态、位置和执行动作等信息，以声、光、画等可视效果进行展示，构建整个攻击过程或飞行过程的三维虚拟场景，使得科研人员可以更加直观地掌握飞行过程。

5）三轴转台子系统

三轴转台子系统的主要任务是复现飞行器的俯仰、偏航和滚转三个通道的飞行姿态，为惯性测量组件的陀螺仪提供逼真的模拟姿态环境，使其感知与实际飞行过程中相同的姿态变化，输出正确的信号。

6）卫星导航模拟子系统

卫星导航模拟子系统用于模拟飞行器在飞行过程中收到的卫星导航信号。根据飞行器当前的位置和速度，按照设定的导航系统参数（如体制、频点、编码等），计算并输出该速度下的卫星导航电磁信号，使得在实验室环境下，考核验证飞行器的卫星导航设备的相关指标和导航算法的相关性能。

7）电气通信接口子系统

飞行器的弹载计算机除了接收惯组信号、导引头信号、卫星导航信号、输出舵控信号，还具有其他一些电气通信信号，用于与飞行器其他部件进行控制和通信。电气通信接口子系统的主要任务就是用于配合弹载计算机，模拟地测系统或发控系统或机载火控系统等，完成弹载计算机的数据通信，包括时统信号、串行加载、遥测记录、点火指令或起爆指令等。

8）惯组模拟器子系统

飞行器的运行可以分为三个质心方向的线运动和三个绕质心转动的角运动。其中，姿态运动利用三轴转台模拟，而质心运动无法在实验室条件下进行物理模拟，必须通过解算，为弹载计算机注入模拟的加速度计信号。惯组模拟器的主要任务是模拟真实的陀螺仪和加速度计，将仿真模型计算出的角速度和过载等信息，通过惯组模型进行转换计算，并经过信号调理，输出与惯组信号电气特征一致的信号，注入给弹载计算机，从而完成信号闭环仿真。

9）气动负载模拟台子系统

气动负载模拟台子系统用于模拟飞行器中作用于飞行器操作结构（舵机、翼面）上的空气动力相对于操纵机构转轴的负载力矩，使舵伺服系统可以在接近实际飞行条件下工作。同时，采集舵偏角供仿真模型进行闭环计算。根据参试舵机通道的不同，负载模拟台也分为四通道、六通道等类型。

2.3.1.3　程控飞行器半实物仿真系统的工作流程

程控飞行器半实物仿真系统在主控管理系统的调度下，按照设定的顺序有序执行，整个仿真系统的工作流程如下。

1）仿真准备阶段

仿真主控管理系统确认各个参试设备启动就绪后，通过实时网络向各个节点发送仿真准备消息。各个仿真设备收到消息后，根据仿真试验初始参数，完成记录文件创建、三轴转台台体位置预置、初始导航信号输出、初始力矩加载、三维场景初始化等准备工作。

2）仿真运行阶段

仿真主控管理系统在确认各个参试设备完成准备工作后，启动高精度定时时钟，通过实时网络按照设定的仿真周期向各个节点发送仿真运行消息，推动整个系统在统一的时钟下实时运行。在每个仿真步长中，各个仿真节点按照如下流程，完成数据交互和仿真任务。

- 仿真模型实时解算子系统根据气动负载模拟台采集的舵偏大小，完成飞行器气动力和气动力矩计算、推力计算，继而完成弹体动力学运动学模型解算，得到飞行器当前时刻的姿态、位置、速度、过载等信息，并将相关状态信息发布到实时网络中。
- 三轴转台根据收到的飞行器姿态信息，驱动台体转动，复现飞行器空中姿态变化。
- 安装在三轴转台上的陀螺仪，能感到转台台体框架的姿态变化，向弹载计算机输出测量到的陀螺仪信息。
- 卫星导航模拟器根据飞行器的位置速度信息，计算并输出当前状态下的卫星导航电磁信号。
- 弹载卫星导航接收设备，接收到模拟的导航电磁信号并进行计算，向弹载计算机输出计算得到的位置信息。
- 惯组模拟器根据收到的飞行器过载信息，计算并向弹载计算机输出当前状态下的加速度计电气信号。
- 弹载飞控计算机根据收到的陀螺仪信号、卫星导航信号和加速度计信号，按照设定的制导控制任务进行计算，输出舵控指令，驱动舵机进行转动。
- 气动负载模拟台根据飞行器当前的负载力矩信息，驱动力矩加载设备，完成气动负载的模拟。同时，采集舵面偏转，并传输给仿真模型实时解算节点。
- 三维视景显示子系统根据飞行器的位置、姿态等信息，完成三维场景引擎的实时驱动，以及各种音响、爆炸、火焰等特效的产生。

- 试验数据记录子系统根据设定的记录参数,通过实时网络接收飞行器相关状态信息,并完成数据存储记录、曲线实时绘制、状态参数刷新等任务。

在整个仿真运行过程中,仿真主控管理系统会监控各个节点的运行状态,一旦发生节点异常,就会立刻中止仿真任务,通过实时网络向各个节点发送仿真中止消息,从而保证人员、产品和设备的安全。

3)仿真结束阶段

当系统到达设定的仿真时间或仿真结束条件(如击中目标、落地等状态)后,仿真系统会向各个节点发送仿真结束消息。各个节点在收到仿真结束消息后,完成三轴转台复位、力矩伺服结束、产品下电、数据保存等操作,结束本次仿真试验任务。

2.3.2 图像制导飞行器半实物仿真系统组成方案

图像制导飞行器携带图像导引头,主动或被动地接收目标的红外辐射或图像信息,完成目标的识别、跟踪及攻击任务。典型的图像导引头包括红外制导、电视制导等,其中,红外制导依靠热源红外痕迹来跟踪目标;电视制导靠目标的外部轮廓与周围环境的相对运动来跟踪目标。图像寻的制导是目前近距空空格斗导弹、反坦克导弹、空面导弹、巡航导弹的主要制导方式。图像制导飞行器在程控飞行器半实物仿真系统的基础上,增加部分物理效应设备,从而实现图像导引头相关部件的闭环仿真。

2.3.2.1 图像制导飞行器仿真试验的参试对象及其工作特点

相对于程控飞行器而言,图像制导飞行器增加了图像导引头,通过导引头来获取目标的红外图像或可见光图像,从而完成目标识别并输出视线角速度信息。图像制导飞行器按照设定的制导律来完成制导指令计算,从而实现目标打击任务。

因此,在图像制导飞行器的仿真系统中,参试的弹上设备除了弹载计算机、陀螺仪、卫星导航设备、舵机,还新增了红外导引头或可见光导引头。下面分析这两类参试设备的工作特点,按照相似性原理,规划出所需的仿真设备。

1)红外导引头的工作特点

红外导引头是根据目标和背景的红外辐射能量不同,从而把目标和背景区别出来以达到导引目的的导引头,可以分为红外点源和红外成像两大类。目前,正在研制的各类红外制导武器均以红外成像为主。红外导引头主要包括红外探测器、伺服跟踪稳定回路、目标信号处理及导引信号形成等子系统。红外导引头先通过对红外探测器获取的红外场景图像进行处理,完成目标识别、目标跟踪、抗干扰算法等操作,得到目标在图像中的失调角信息,然后通过伺服跟踪回路,得到反映弹目相对关系的视线角速度。因此,为了将红外导引头引入仿真回路中,需要在实验室环境下,复现当前的弹目相对关系,并提供与真实红外导引头测量信息一致的红外辐射图像。

2)可见光导引头的工作特点

可见光导引头与红外导引头的工作原理基本一致,其主要区别在于其图像敏感器件为可见光范围。因此,需要提供与真实可见光导引头测量信息一致的可见光图像。

综上所述,为了将图像导引头引入仿真回路中,需要构建一套模拟弹目空间相对位置的机械台体设备,以及根据目标探测性能和导引头光学参数所决定的目标场景模拟设备。

2.3.2.2　图像制导飞行器半实物仿真系统的组成方案

图像制导飞行器的半实物仿真系统组成方案如图 2-3 所示，在该系统中，图像制导飞行器的图像导引头、惯性测量组件、卫星导航设备、弹载计算机和舵机系统作为产品实物，接入闭环仿真回路中。在试验时，图像场景模拟器和图像导引头按照弹目关系安装在五轴转台上，其他产品部件的安装和连接关系与程控飞行器的仿真系统类似。

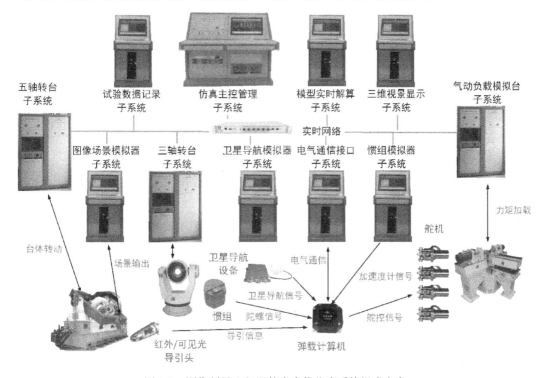

图 2-3　图像制导飞行器的半实物仿真系统组成方案

从图 2-3 中可以看出，为了引入红外/可见光导引头，需要新增五轴转台和红外/可见光图像场景模拟器两类仿真设备。两类设备的功能和任务如下。

1）五轴转台子系统

五轴转台子系统的主要任务是模拟导引头与目标之间的相对运动关系。导引头装配在五轴转台的三轴转台上，目标模拟器安装在两轴目标转台上，两者在安装时必须保证一定的空间几何位置关系要求。在仿真过程中，通过控制内部三轴转台的运动和两轴转台的运动，模拟弹目之间的相对变化，使得导引头能够完成目标的捕获、识别和跟踪，输出正确的目标视线角和视线角速度，供弹载计算机进行仿真计算。

2）图像场景模拟器子系统

图像场景模拟器子系统的主要任务就是生成图像导引头在飞行过程中测量到的图像场景信息。在仿真过程中，图像场景模拟器子系统能够根据设定的目标类型、目标工作状态、战场地形、自然环境、干扰方式等参数，基于实时计算出的弹目距离及相对运动关系，以及探测器的视场角等信息，实时生成探测图像信息，模拟目标、背景及干扰等战场态势在参试图像探测器中的探测图像，并通过图像场景模拟器硬件设备生成目标图像。

2.3.2.3　图像制导飞行器半实物仿真系统的工作流程

图像制导飞行器半实物仿真系统在主控管理系统的调度下,按照设定的顺序有序执行,仿真系统的工作流程如下。

1) 仿真准备阶段

仿真主控管理系统在确认各个参试设备启动就绪后,通过实时网络向各个节点发送仿真准备消息;各个仿真设备收到消息后,根据仿真试验初始参数,完成记录文件创建、三轴转台台体位置预置、初始导航信号输出、初始力矩加载、三维场景初始化、五轴转台台体位置预置、图像场景模拟器上电、图像引擎初始化等准备工作。

2) 仿真运行阶段

仿真主控管理系统在确认各个参试设备完成准备工作后,启动高精度定时时钟,通过实时网络按照设定的仿真周期向各个节点发送仿真运行消息,推动整个系统在统一的时钟下实时运行。在每个仿真步长中,各个仿真节点按照如下流程,完成数据交互和仿真任务。

- 仿真模型实时解算系统根据气动负载模拟台采集的舵偏大小,完成飞行器气动力和气动力矩计算、推力计算,继而完成弹体动力学运动学模型解算,得到飞行器当前时刻的姿态、位置、速度、过载等信息,并将相关状态信息发布到实时网络中。
- 五轴转台根据收到的飞行器姿态信息和弹目相对位置关系,驱动台体转动,复现飞行器与目标之间的相对角度关系。
- 图像场景模拟器子系统的软件首先根据收到的弹目关系和导引头框架角信息,按照设定的战场环境、气象条件、目标属性等参数,实时生成具有足够分辨率和对比度的红外/可见光动态目标场景图像。然后,注入红外场景生成装置或可见光场景生成装置,将计算机生成的目标场景视频信号,转换为相应波段的红外图像或可见光图像,经一系列光学回路投射到红外/可见光导引头。
- 安装在五轴转台的红外/可见光导引头,根据模拟的红外辐射图像/可见光图像,完成图像生成、目标识别、目标跟踪等操作,向弹载计算机输出视线角速度信息。
- 在每个仿真步长内,其他仿真设备的工作流程与程控飞行器半实物仿真的工作流程基本一致。

在整个仿真运行过程中,仿真主控管理系统会监控各个节点的运行状态,一旦发生节点异常,就会立刻中止仿真任务,通过实时网络向各个节点发送仿真中止消息,从而保证人员、产品和设备的安全。

3) 仿真结束阶段

当系统到达设定的仿真时间或仿真结束条件(如击中目标、落地等状态)后,仿真系统会向各个节点发送仿真结束消息,各仿真设备按照预定的程序完成相关结束工作。

2.3.3　射频制导飞行器半实物仿真系统组成方案

射频制导飞行器通过携带雷达导引头,主动或被动地接收目标反馈的雷达辐射特征,完成目标的识别、跟踪及攻击任务。根据辐射照射源位置的不同,射频制导飞行器可以分为主动雷达寻的制导、半主动雷达寻的制导和被动雷达寻的制导(反辐射),是目前远距空空导弹、防空导弹、反辐射导弹的主要制导方式。由于电磁波传输的特殊性,射频制导飞行器在进行半实物仿真系统规划时,需要针对实验室内电磁波无法自由传播的问题,构建专门的试验场地。

2.3.3.1　射频制导飞行器的对象及工作特点

相对于程控飞行器而言，射频制导飞行器增加了射频导引头，通过射频导引头来获取目标的发射或反射的射频电磁信号，完成目标识别并输出视线角、视线角速度、相对距离等信息。

因此，在射频制导飞行器的仿真系统中，参试的弹上设备除了弹载计算机、陀螺仪、卫星导航设备、舵机，还新增了雷达导引头。下面分析该参试设备的工作特点，按照相似性原理，规划出所需的仿真设备。

雷达导引头是集微波、电子、电气、精密机械为一体的复杂装置，主要包括接收天线、电子舱和伺服跟踪装置；接收天线收到目标反射或发射的电磁波信号，送至信号处理装置，对其进行判别；当识别出目标并且信噪比满足要求后，开始提取误差信号；驱动伺服跟踪装置完成目标的稳定跟踪。在此，为了实现雷达导引头的闭环接入，需要在实验室环境下，为其提供虚拟战场电磁环境信号。为了实现这个目标，一方面，要根据战场态势、目标类型、作战环境等情况，生成目标、背景、干扰的电磁信号；另一方面，需要在实验室环境下，模拟真实情况中电磁波可以自由转播的电磁环境。

2.3.3.2　射频制导飞行器半实物仿真系统的组成方案

射频制导飞行器半实物仿真系统组成方案如图 2-4 所示，在该系统中，射频制导飞行器的雷达导引头、惯性测量组件、卫星导航设备、弹载计算机和舵机系统作为产品实物，接入闭环仿真回路中。其中，雷达导引头安装在一个三轴转台上，与射频目标模拟器中的天线阵列，均安装在微波暗室中，其他产品部件的安装和连接关系与程控飞行器的仿真系统类似。

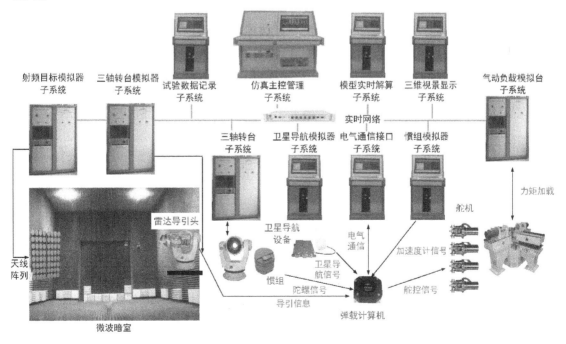

图 2-4　射频制导飞行器半实物仿真系统组成方案

从图 2-4 中可以看出，为了引入雷达导引头设备，不仅需要引入射频目标模拟器子系统，还需要开展实验室场地的基建工作，根据作战目标完成微波暗室的建设。两个系统的功能和任务如下。

1）射频目标模拟器

为了完成射频导引头的闭环接入，需要在实验室环境内，根据设定的作战条件、目标类型、当前弹目关系等参数，实时生成导引头所接收的雷达射频信号。这个设备就是射频目标模拟器，能够根据设定条件和各种参数，模拟包含多普勒距离、距离延迟、距离衰减、RCS 起伏等特性的目标回波，模拟地/海杂波、多路径等自然散射的电磁信号，模拟有源诱饵干扰、拖曳式干扰、自卫压制干扰、箔条等电子干扰信号，完整复现飞行器在飞行过程中雷达导引头所探测的各类电磁环境信号。

2）微波暗室

在实验室内开展射频制导半实物仿真时，射频目标模拟器输出的各类射频信号会被墙壁、天花板、地面不断折射，严重影响雷达导引头接收信号的有效性。为了在实验室环境下模拟雷达波在空中自由传播的环境，需要构造一个微波暗室，将射频天线阵列和参试导引头均置于其中，复现目标射频信号到达探测器的自由传播过程。

2.3.3.3 射频制导飞行器半实物仿真系统的工作流程

仿真系统在主控管理系统的调度下，按照设定的顺序有序执行，整个仿真系统的工作流程如下。

1）仿真准备阶段

仿真主控管理系统在确认各个参试设备启动就绪后，通过实时网络向各个节点发送仿真准备消息；各个仿真设备收到消息后，根据仿真试验初始参数，完成记录文件创建、三轴转台台体位置预置、初始导航信号输出、初始力矩加载、三维场景初始化、三轴导引头转台台体位置预置、射频目标模拟器上电、天线阵列初始化等准备工作。

2）仿真运行阶段

仿真主控管理系统在确认各个参试设备完成准备工作后，启动高精度实时时钟，通过实时网络按照设定的仿真周期向各个节点发送仿真运行消息，推动整个系统在统一的时钟下实时运行。在每个仿真步长中，各个仿真节点按照如下流程，完成数据交互和仿真任务。

- 仿真模型实时解算系统根据气动负载模拟台采集的舵偏大小，完成飞行器气动力和气动力矩计算、推力计算，继而完成弹体动力学运动学模型解算，得到飞行器当前时刻的姿态、位置、速度、过载等信息，并将相关状态信息发布到实时网络中。
- 导引头三轴转台根据收到的飞行器姿态信息，驱动台体转动，模拟飞行器的姿态变化。
- 射频目标模拟器子系统根据收到的弹目关系和弹目距离，按照设定的战场环境、气象条件、目标属性、杂波参数、干扰属性等参数，计算飞行器当前状态下的导引头测量到的射频信号，并驱动天线阵列，生成与实际飞行一致的射频电磁信号。
- 安装在导引头三轴转台的射频导引头，根据接收到的射频电磁信号，完成目标识别、目标跟踪等操作，向弹载计算机输出视线角速度信息、弹目距离等信息。
- 在每个仿真步长内，其他仿真设备的工作流程与程控飞行器半实物仿真的工作流程基本一致。

在整个仿真运行过程中，仿真主控管理系统会监控各个节点的运行状态，一旦发生节点异常，就会立刻中止仿真任务，通过实时网络向各个节点发送仿真中止消息，从而保证人员、产品和设备的安全。

3）仿真结束阶段

当系统到达设定的仿真时间或仿真结束条件（如击中目标、落地等状态）后，仿真系统会向各个节点发送仿真结束消息。

2.4　本章小结

制导控制系统半实物仿真是集成了计算机技术、网络技术、光电技术、机械伺服技术、信号处理技术多媒体技术和图形图像技术等领域，并以飞行器总体设计、飞行力学、空气动力学和自动控制等专业知识为基础，以相似理论与系统技术为依据，对真实或者在设计中的飞行器系统进行试验研究的一门综合性技术。半实物仿真系统的总体方案优劣，直接影响仿真系统的建设成败。

在本章中，首先分析了半实物仿真系统总体方案的设计难度，给出了设计要求，归纳了设计内容，梳理了设计流程。结合本单位多年工程经验，开展了典型的制导控制系统半实物仿真的总体方案设计，从回顾分布式仿真框架的发展历程出发，详细分析了制导控制系统半实物仿真的设计特点，以及与分布式仿真的差异所在；然后，将仿真系统任务功能分为模型资源层、通信链路层、核心功能层、任务应用层和数据资源中心，并分别介绍了不同层次之间的任务需求。在运行阶段设计中，结合试验任务和参试设备特点，将其分为仿真准备、仿真运行和仿真结束三大阶段。在事件消息设计中，将系统中的任务消息分为节点注册消息、离散事件消息、连续推进消息和节点反馈消息。参考总线通信架构，将仿真节点分为仿真管理节点、同步计算节点和监听客户节点，并给出了各个节点设备的任务功能；最后，基于实时通信网络工作模式和参试设备特点，给出了系统推进运行机制。

根据飞行器导引探测系统的不同，将飞行器分为程控飞行器、图像制导飞行器和射频制导飞行器三类，详细给出了每类飞行器的制导控制半实物仿真系统总体设计方案，包括节点构成和工作流程等内容。设计人员可以根据本单位参试对象的特点，选择不同的设计方案。

第3章 飞行器制导控制系统半实物仿真中的数学模型

数学模型是用数学符号、公式、图表等形式来刻画客观事物的本质属性及内在规律的数学结构，是描述系统某些特征本质的数学表达式。数学模型的建模过程就是将现实问题归结为相应的数学问题，并在其基础上利用数学的概念、方法和理论进行深入分析和研究，从而定性地或定量地刻画实际问题，并给未解决的现实问题提供精确的数据或可靠的指导。在飞行器制导控制系统半实物仿真中，为了构造闭环的仿真回路，需要构建大量的数学模型，涉及飞行器、制导控制系统器件、运行环境等内容。

在本章中，首先介绍仿真建模的基本原则和方法，然后介绍半实物仿真系统中常用的飞行器动力学运动学模型、制导控制系统器件模型和涉及的飞行环境模型。

3.1 仿真建模的基本原则和方法

仿真建模是仿真中一类特殊的建模活动，是建模人员通过对建模对象进行抽象、映射和描述来构造模型的行为。这种行为的目的在于赋予模型特定的功能，使模型成为便于人们认知和运用的事物或工具。仿真建模活动包含两个主要因素：主体因素和客体因素。主体因素是构造和运用模型的人，客体因素是建模对象及其所处的环境。仿真建模的定义是以相似理论为基础，根据用户对对象进行研究的需求，建立能揭示对象特性的概念模型、数学模型，并将其转化成能够在计算机运行的代码或程序的活动。

3.1.1 仿真建模的基本原则

仿真建模是以研究对象为起点，依据一定的原则建立模型的过程。在仿真建模的过程中，一般遵循如下原则。

1）目的原则

目的原则是首要原则。仿真建模一定要围绕研究问题的领域，依照研究对象的特征进行适当取舍，模型粒度的选择和模型的表现形式要符合研究的需求。

2）本体原则

在进行仿真建模时，应以研究对象为建模的起点，根据研究的需求抽象分析研究对象，基于研究对象的特征信息去构建模型的形式。在抽象时要充分体现建模对象的自身规律，避免让建模对象中的元素及元素的关系去适应先验的模型形式，要保留研究对象中元素之间的多向的固有联系，避免人为拆解模型要素而影响模型的多向性、整体性、有效性、可生长性，以致影响对问题的认识、表达和对模型的使用。

3）整体性原则

为便于把不同仿真模型集成为一个统一的闭环仿真系统，在建立研究对象各个组成部分的局部模型时，依据统一的认知理念和模型框架，遵循统一的描述规范和粒度要求，构建出各个局部模型，同时考虑模型的可组装性，建立标准规范的接口。

4）层次性原则

仿真建模的层次性原则体现在两个方面：一方面，建模的认知过程要分层次，先抽取对象的特征，再根据获取的特征信息构建模型；另一方面，研究对象的抽象过程也要分层次，要逐层构建，满足用户对不同层次模型的认知需求。

5）独立性原则

建立的模型应具有独立性，除研究需求所必需的信息联系外，各个模型之间相互耦合尽可能少，从而降低模型的复杂程度。

6）迭代性原则

由于对建模对象的认识不是一次就能完成的，模型需求要逐步满足，模型的可信性和可用性也要逐步完善。因此，仿真建模应遵循迭代性原则，不断完善和扩展模型。

3.1.2 仿真建模的主要方法

仿真建模是系统仿真中最基础和最核心的内容，其主要工作就是用简洁明了和恰如其分的数学描述，定性或定量地表达系统的稳态指标和动态特性。一般而言，仿真建模的方法主要包括分析法、测试法和综合法。

3.1.2.1 分析法

分析法也称为演绎法、理论建模或机理建模，根据系统的工作原理，运用一些已知的定理、定律和原理（如能量守恒定律、动量守恒定律、热力学原理、牛顿运动定律、各种电路定理等）推导出描述系统的数学模型。它是从一般到特殊的过程，并且将模型看成从一组前提下经过演绎而得到的结果。此时，试验数据只被用来进一步证实或否定建立的模型。

在制导控制系统半实物仿真建模过程中，飞行器的动力学运动学模型就是在一系列合理的假设条件下，基于牛顿运动定律和动量矩守恒定律，通过受力分析、分解投影、数学推导等操作，得到的一组常微分方程组。

3.1.2.2 测试法

由于系统的动态特性会表现在变化的输入/输出数据中，因此，通过测取系统在人为输入作用下的输出响应，或正常进行时系统的输入/输出记录，加以必要的数据处理和数学计算，从而可以估计出系统的数学模型，这种方法被称为测试法，也被称为归纳法、实验建模或系统辨识。该方法是从特殊到一般的过程，是从系统描述分类中最低一级水平开始的，并试图去推断较高水平的信息。在飞行器仿真建模过程中，气动数据的辨识、火箭发动机推力模型等建模过程，都是采用测试法建立的。

3.1.2.3 综合法

分析法是各门学科大量采用的，而且在建立数学模型的过程中必须进行一些假设与简化，否则所建立的数学模型过于复杂，不易求解。测试法不需要深入了解系统的机理，但需要设计一个合理的试验，以获得系统的最大信息量，但这点往往是非常困难的。因此，这两种方法在不同的应用场合各有千秋。在实际应用中，这两种方法应该是互相补充的。

在有些情况下可以将分析法和测试法结合起来，即运用分析法列出系统的理论数学模型，运用测试法来确定模型中的参数，这种方法被称为综合法。例如，有些控制系统的运动方程式可以用动力学分析法求出，模型描述的参数可以用测试法通过动态校准试验求得。这两种方法结合起来往往可以得到较好的效果，而且所求得的数学模型的物理意义比较明确。

在对制导控制系统的一些器件建模时，通常采用综合法来完成器件模型的搭建，先通过理论分析建立模型框架，然后通过测试法获取其中的参数。需要注意的是，在建模过程中，要获得一个满意的模型是十分不容易的，会受到客观因素和建模者主观意志的影响，所以必须对所建立的模型进行反复校验，以确保其可信性。

3.1.3 飞行器数学模型的组成

为了更好地研究飞行器的运动特性和控制方案的性能指标，需要构建较为完备的数学模型，主要包括飞行器动力学运动学模型、制导控制系统器件模型和飞行环境模型等内容。对于制导控制系统半实物仿真而言，飞行环境模型和动力学运动学模型都是通过数学模型的形式引入仿真回路中的；另外，根据仿真目的和参试设备不同，部分制导控制系统中器件也是以数学模型的形式引入仿真回路中的。因此，需要根据仿真目的，构建一系列数学模型，从而实现闭环仿真。

3.1.3.1 飞行器动力学运动学模型

飞行器的空间运动可视为变质量物体的六自由度运动，在开展飞行器动力学运动学建模时，以矢量方程对作用在飞行器上的力、力矩和飞行器自身之间的关系进行描述，建立无控飞行器数学模型，主要包括运动学方程、动力学方程、质量变化方程和角度几何关系方程。

其中，描述飞行器姿态变化及其质心运动的动力学方程包括飞行器的质心运动和绕质心运动的动力学方程，而描述飞行器姿态变化及其质心运动的运动学方程包括飞行器的质心运动和绕质心运动的运动学方程。当飞行器弹性效应显著时，还需要考虑飞行器的弹性模态建立弹性振动方程和测量方程。

在构建飞行器动力学运动学模型时，首先根据飞行器的飞行特点，建立合适的坐标系体系；然后对其进行受力分析和分解投影，根据牛顿第二定律和动量矩守恒定律等理论，建立动力学方程和运动学方程；最后补充相关角度运算关系和辅助计算方程，构成完整的动力学运动学模型。

3.1.3.2 制导控制系统器件模型

在进行制导控制系统半实物仿真中，由于部分系统组成中部分实物部件不会引入仿真回路，因此，需要构建相关器件的数学模型，并将其引入仿真回路。典型的制导控制系统器件模型，主要包括导引头模型、惯性测量组件模型、舵机模型、动力系统模型。

在构建各个制导控制系统器件模型时，需要根据仿真目的和仿真阶段，建立不同细粒度的数学模型，如指标级别的线性模型、指标级别的非线性模型、元器件级别的非线性模型等。一般情况下，典型制导控制系统器件模型可由器件生产厂商提供，也可以由总体通过测试评估建立。

3.1.3.3　飞行环境模型

在飞行过程中，飞行器不可避免地会受到飞行环境的影响。因此，在构建飞行器数学模型时，必须根据飞行器自身特点及飞行环境差异，搭建不同粒度的飞行环境模型，主要包括地球模型、大气模型、风场模型、海浪模型等。

在构建飞行环境模型时，一定要考虑飞行器的飞行特征，对环境模型的精细程度进行取舍。例如，近程导弹建模相对简单，因其飞行距离短、高度变化小，可以在大地水平假设的基础上进行建模；对于攻击范围较大的飞行器，需要考虑地球模型带来的影响；对于掠海反舰导弹，需要考虑掠海飞行段的海浪模型。

为了严格、全面地描述飞行器的运动，提供准确的运动状态参数，需要综合考量系统及工作环境的各方面因素，尽可能建立准确的飞行器数学模型描述飞行器的运动。下面简要介绍典型飞行器动力学运动学方程、典型制导控制系统部件的数学模型和飞行环境模型。

3.2　典型飞行器动力学运动学方程

飞行器在飞行过程中，主要受到重力、气动力和发动机推力等，还受到科氏力、离心力等小量的影响，在进行受力分析时，需要根据具体对象进行具体分析。将研究对象受到的力在相应的坐标系下进行投影分解，基于经典牛顿第二定律和动量矩守恒定律，完成飞行器数学模型的推导。

目前，飞行力学经过多年的发展，对于不同的飞行器已经形成了相对标准的动力学运动学方程模型，包括近程战术导弹、远程弹道导弹、滚转反坦克导弹、卫星等。科研人员在进行动力学运动学六自由度建模时，根据对象特点和总体提供气动数据定义，选择合适的六自由度动力学运动学模型，即可开展仿真验证。在此，根据目前国内外装备发展和飞行器特征，给出了几种典型飞行器的动力学运动学方程，主要包括近程飞行器、远程飞行器和滚转飞行器。

- 近程飞行器：飞行距离近、飞行时间短、高度变化小，在进行动力学建模时，可以假设大地为水平，重力加速度为常值，忽略地球自转、附加科氏力、离心力等因素的影响，典型代表包括近距空空导弹、近程防空导弹、反坦克导弹等。
- 远程飞行器：飞行距离远、飞行时间长、高度变化大，在进行动力学建模时，需要考虑地球重力差异、地球自转、附加科氏力、离心力，以及发射点经纬度和射向等因素对于飞行弹道和落点的影响，典型代表包括弹道导弹、巡航导弹、火箭等。
- 滚转飞行器：在飞行过程中始终处于低速滚转状态，使得根据弹体坐标系和速度坐标系之间关系所决定的攻角、侧滑角随弹体绕纵轴旋转而交变，导致飞行器动力学运动学模型具有特殊性和复杂性，需要建立特殊的坐标系，典型代表包括滚转反坦克导弹、小型防空导弹、火箭弹和制导炮弹等。

下面给出几种典型的飞行器动力学运动学方程数学模型，包括理论基础、坐标系描述、转换关系和推导过程。科研人员可以根据对象特点直接选择合适的数学模型。

3.2.1 飞行器动力学运动学方程的理论基础

在飞行器制导控制系统仿真建模中，需要科研人员熟练掌握物理、理论力学、飞行力学、计算方法等一系列基础学科中的相关专业知识，才能完成飞行器制导控制系统的数学建模工作。

在进行制导控制仿真设计时，为便于控制系统设计，通常将飞行器视为一个刚体，忽略热弹、气弹等问题，从而减小模型复杂程度，降低系统设计难度。由经典力学可知，任何一个自由刚体在空间的任意运动，都可以视为刚体质心移动和绕质心转动的合成运动，即决定刚体质心瞬时位置的三个自由度和决定刚体瞬时姿态的三个自由度。对于刚体，可以应用牛顿第二定律来研究质心的移动，利用动量矩守恒定律来研究刚体绕质心的转动。

设 m 表示刚体的质量，V 表示刚体的速度矢量，H 表示刚体相对于质心（O 点）的动量矩矢量，则描述刚体质心移动和绕质心转动的动力学基本方程的矢量表达式为

$$m\frac{\mathrm{d}V}{\mathrm{d}t} = F \qquad (3-1)$$

$$\frac{\mathrm{d}H}{\mathrm{d}t} = M \qquad (3-2)$$

式中，F 为作用于刚体上外力的主矢量；M 为外力对刚体质心的主矩。

需要注意的是，上述定律的使用是有条件的：第一，运动着的物体是常质量的刚体；第二，运动是在惯性坐标系下考察的。

对于实际飞行器而言，飞行器在高速飞行时，气动力和结构弹性的相互作用，可能会造成机体外形的弹性或塑性变形；同时，飞行器在飞行过程中需要通过燃烧燃料来产生推力，其质量也是在不断变化的。这就使得上述定律不能直接用于飞行器的动力学运动学建模，如果采用变质量动力学来研究，则会大幅提升数学模型的复杂程度。因此，在研究飞行器的运动规律时，为使问题易于解决，常采用"固化原理"，是指在任意研究瞬时，设把变质量系的飞行器视为虚拟刚体，把该瞬时在飞行器所包围的"容积"内的质点"固化"在虚拟的刚体上作为它的组成。同时，通常把影响飞行器运动的一些次要因素也略去，如弹体结构变形对运动的影响等。在这种情况下，在这个虚拟的刚体上作用有如下诸力：对该物体的外力（如气动力、重力等）、反作用力（推力）、科氏力（液体发动机内流动的液体由于飞行器的转动而产生的一种惯性力）、变分力（由火箭发动机内流体的非定态运动引起）等。

在采用了"固化原理"后，瞬时的变质量系的飞行器的动力学基本方程就可以写成常质量刚体的形式，把研究瞬时的质量 $m(t)$ 取代原来的常质量 m。研究飞行器绕质心转动也可以用同样的方式来处理。这样，飞行器动力学基本方程的矢量表达式可写为

$$m(t)\frac{\mathrm{d}V}{\mathrm{d}t} = F + P \qquad (3-3)$$

$$\frac{\mathrm{d}\boldsymbol{H}}{\mathrm{d}t} = \boldsymbol{M} + \boldsymbol{M}_P \tag{3-4}$$

式中，$\boldsymbol{P}$ 为飞行器发动机推力；$\boldsymbol{M}$ 为作用在飞行器上的外力对质心的主矩；$\boldsymbol{M}_P$ 为发动机推力产生的力矩（通常推力线通过质心，$\boldsymbol{M}_P = 0$）。

3.2.2　飞行器坐标系描述

在开始进行飞行器动力学运动学数学建模时，首先选取合适的坐标系。坐标系是飞行器运动方程组建立的基础，由于具体坐标系选取的差异，得到的运动方程组的具体形式和复杂程度也有所不同。坐标系的选取原则：既要清楚正确地描绘出物体的运动，又要使描述物体运动的运动方程组简单明了、清晰易懂。因此，在建立飞行器运动方程组时必须根据研究目标的运动特性和考虑因素进行坐标系的选择。

3.2.2.1　近程飞行器坐标系定义

在建立近程飞行器的数学模型时，为了准确定义相对位置的分量，简化飞行器运动方程的描述，使模型形式简单明了、便于求解和运算。针对已掌握的相关信息和飞行器的运动特点，选择合适的坐标系。在此引入地面坐标系、弹体坐标系、弹道坐标系和速度坐标系作为描述近程飞行器运动状态的基准。坐标系定义如下。

1）地面坐标系 $Axyz$

地面坐标系 $Axyz$ 与地球固连，原点 A 通常取飞行器质心在地面上的投影点，Ax 轴在水平面内，向目标为正；Ay 轴与地面垂直，向上为正；Az 轴按右手定则确定。

2）弹体坐标系 $Ox_1y_1z_1$

弹体坐标系也称为机体坐标系，其原点 O 取在飞行器的质心上；Ox_1 轴与弹体纵轴重合，向头部为正；Oy_1 轴在弹体纵向对称平面内，垂直于 Ox_1 轴，向上为正；Oz_1 轴垂直于 x_1Oy_1 平面，方向按右手定则确定。弹体坐标系与飞行器固连，是一个动坐标系。

3）弹道坐标系 $Ox_2y_2z_2$

原点 O 取在飞行器的质心上；Ox_2 轴同飞行器质心的速度矢量 $\boldsymbol{V}$ 重合；Oy_2 轴位于飞行器质心的速度矢量 $\boldsymbol{V}$ 的铅垂面内，且垂直于 Ox_2 轴，向上为正；Oz_2 轴按右手定则确定。弹道坐标系与飞行器质心的速度矢量 $\boldsymbol{V}$ 固连，是一个动坐标系。

4）速度坐标系 $Ox_3y_3z_3$

原点 O 取在飞行器的质心上；Ox_3 轴与飞行器质心的速度矢量 $\boldsymbol{V}$ 重合；Oy_3 轴位于弹体纵向对称平面内与 Ox_3 轴垂直，向上为正；Oz_3 轴垂直于 x_3Oy_3 平面，其方向按右手定则确定。速度坐标系与飞行器质心的速度矢量 $\boldsymbol{V}$ 固连，是一个动坐标系。

四个坐标系均由右手定则确定，其中地面坐标系是与地球固连的定坐标系，弹体坐标系是与飞行器固连的动坐标系，而弹道坐标系和速度坐标系均是与速度固连的动坐标系。

3.2.2.2　远程飞行器坐标系定义

由于远程弹道导弹或火箭的工作环境需要考虑地球自转、地球重力等因素的影响，因此，在建立动力学方程时，除了近程飞行器的坐标系，还需要引入若干新的坐标系，主要包括地心惯性坐标系、地心坐标系、发射坐标系、发射惯性坐标系、平移坐标系等。

1）地心惯性坐标系 $O_E x_I y_I z_I$

地心惯性坐标系的原点在地心 O_E 处，$O_E x_I$ 轴在赤道面内指向平春分点，$O_E z_I$ 轴垂直于赤道平面，与地球自转重合，指向北极，$O_E y_I$ 轴按右手定则确定。

2）地心坐标系 $O_E x_E y_E z_E$

地心坐标系的原点在地心 O_E 处，$O_E x_E$ 在赤道平面内指向本初子午线（通常取格林尼治皇家天文台所在子午线），$O_E z_E$ 轴垂直于赤道平面指向北极，$O_E y_E$ 按右手定则确定。由于 $O_E x_E$ 的指向随地球转动变化，故该坐标系为动坐标系。

3）发射坐标系 $O_1 xyz$

发射坐标系的坐标原点与发射点 O_1 固连，$O_1 x$ 轴在发射点水平面内指向发射瞄准方向，$O_1 y$ 轴垂直于发射点水平面指向上方，$O_1 z$ 轴按右手定则确定。由于发射点随地球旋转，故该坐标系为动坐标系。发射坐标系示意图如图 3-1 所示。

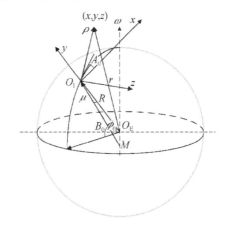

图 3-1   发射坐标系示意图

4）发射惯性坐标系 $O_A x_A y_A z_A$

飞行器在起飞瞬间，发射惯性坐标系原点 O_A 与发射点重合，各坐标轴与发射坐标系各轴也相应重合，飞行器起飞后，O_A 点及坐标系各轴方向在惯性空间保持不动。

5）平移坐标系 $O_T x_T y_T z_T$

平移坐标系的原点可以根据需要选择在发射坐标系原点或者飞行器质心，O_T 始终与发射坐标系原点或飞行器质心重合，但坐标轴与发射惯性坐标系各轴始终保持平行。

3.2.2.3   滚转飞行器坐标系定义

对于滚转飞行器而言，弹体坐标系的 $O y_1$ 轴和速度坐标系的 $O y_3$ 轴都在导弹的纵向对称面内，当弹体滚转时，纵向对称面就跟着滚转，导致攻角 α 和侧滑角 β 也将随之产生周期性交变，给研究导弹的运动带来诸多不便。为此在建立滚转导弹运动方程组时，除了要用到近程飞行器中所建立的地面坐标系 $Axyz$、弹体坐标系 $Ox_1 y_1 z_1$、弹道坐标系 $Ox_2 y_2 z_2$ 和速度坐标系 $Ox_3 y_3 z_3$，还要建立两个新的坐标系，即准弹体坐标系 $Ox_4 y_4 z_4$ 和准速度坐标系 $Ox_5 y_5 z_5$，同时重新定义准攻角和准侧滑角。借助所建立的滚转导弹运动方程组，在研究分析滚转导弹运动的特性和规律时，获得的攻角和侧滑角的变化规律更为直观。

1）准弹体坐标系 $Ox_4y_4z_4$

准弹体坐标系的原点 O 取在导弹的瞬时质心上；Ox_4 轴与弹体纵轴重合，向头部为正；Oy_4 轴位于包含弹体纵轴的铅垂面内，且垂直于 Ox_4 轴，向上为正；Oz_4 轴与其他两轴垂直并构成右手坐标系。

2）准速度坐标系 $Ox_5y_5z_5$

准速度坐标系的原点 O 取在导弹的瞬时质心上；Ox_5 轴与导弹质心的速度矢量重合；Oy_5 轴位于包含弹体纵轴的铅垂面内，且垂直于 Ox_5 轴，向上为正；Oz_5 轴与其他两轴垂直并构成右手坐标系。

关于飞行力学中其他坐标系的定义，可以参考 GB/T 14410.1—2008《飞行力学　概念、量和符号　第 1 部分：坐标轴系和运动状态变量》。

3.2.3　飞行器坐标系转换关系

一般情况下，在飞行器飞行过程中，各种受力根据力的作用方式不同分别定义在不同的坐标系中，发动机推力、重力和气动力作为作用在飞行器上的力被定义在不同坐标系上，需要根据具体的情况进行投影，将其分解到某一特定的可以表征飞行器运动特性的坐标系中，从而建立飞行器质心运动的动力学方程。

3.2.3.1　近程飞行器坐标系转换关系

在此给出四个坐标系之间的转换关系，如图 3-2 所示。利用坐标系之间角度关系可得任意两坐标系之间的转换矩阵，根据飞行器相关状态量的定义可以得到转换关系如下。

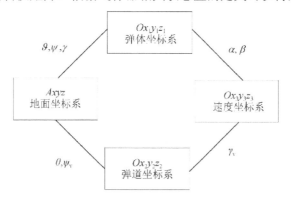

图 3-2　坐标系之间的转换关系

1）地面坐标系与弹体坐标系

为了描述地面坐标系与弹体坐标之间的相对关系，引入俯仰角 □、偏航角 ψ、滚转角 γ。其中，俯仰角 □ 为飞行器的纵轴 Ox_1 与包含弹体纵轴的铅垂面之间的夹角，定义纵轴在水平面之上俯仰角为正；偏航角 ψ 为飞行器的纵轴 Ox_1 在水平面上的投影与地面坐标系的 Ax 之间的夹角，定义由 Ax 逆时针转至弹体纵轴投影线时为正，反之为负；滚转角 γ 为飞行器的 Oy_1 与包含弹体纵轴的铅垂面之间的夹角。从弹体尾部顺着弹体纵轴向前看，若 Oy_1 位于铅垂面的右侧，则定义滚转角为正。

由地面坐标系以此转过 ψ、□、γ 得到相应的坐标转换矩阵：

$$L(\psi,\vartheta,\varphi)=\begin{bmatrix} \cos\vartheta\sin\psi & \sin\vartheta & -\cos\vartheta\sin\psi \\ -\sin\vartheta\cos\psi\cos\gamma+\sin\psi\sin\gamma & \cos\vartheta\cos\gamma & \sin\vartheta\sin\psi\cos\gamma+\cos\psi\sin\gamma \\ \sin\vartheta\cos\psi\sin\gamma+\sin\psi\cos\gamma & -\cos\vartheta\sin\gamma & -\sin\vartheta\sin\psi\sin\gamma+\cos\psi\cos\gamma \end{bmatrix}$$

$$（3-5）$$

2）地面坐标系和弹道坐标系

为了描述地面坐标系和弹道坐标系之间的相对关系，引入弹道倾角 θ 和弹道偏航角 ψ_v。其中，弹道倾角 θ 为飞行器质心的速度矢量 V 与水平面 xAz 之间的夹角，定义速度矢量在水平面之上为正；弹道偏航角 ψ_v 为飞行器质心的速度矢量 V 在水平面 xAz 上的投影线 Ox' 与 Ax 轴之间的夹角。沿 Ay 轴向下看，当 Ax 轴逆时针方向转到投影线 Ox' 上时，弹道偏航角 ψ_v 为正，反之为负。

以地面坐标系为基准，依次旋转 θ、ψ_v，得到相应的弹道坐标系转换矩阵如下：

$$L(\psi_v,\theta)=\begin{bmatrix} \cos\theta\cos\psi_v & \sin\theta & -\cos\theta\sin\psi_v \\ -\sin\theta\cos\psi_v & \cos\theta & \sin\theta\sin\psi_v \\ \sin\psi_v & 0 & \cos\psi_v \end{bmatrix}$$

$$（3-6）$$

3）速度坐标系与弹体坐标系

为了描述速度坐标系与弹体坐标系的相对关系，引入攻角 α 和侧滑角 β。攻角 α 为速度矢量 V 在纵向对称平面上的投影与纵轴 Ox_1 的夹角，当纵轴位于投影线的上方时攻角为正。侧滑角 β 为速度矢量 V 与纵向对称平面之间的夹角，若来流从右侧（沿飞行方向观察）流向弹体，则侧滑角为正。

以速度坐标系为基准，分别围绕相应的坐标轴进行两次旋转，依次转过 β 和 α，得到弹体坐标系相应的转换矩阵如下：

$$L(\beta,\alpha)=\begin{bmatrix} \cos\alpha\cos\beta & \sin\alpha & -\cos\alpha\sin\beta \\ -\sin\alpha\cos\beta & \cos\alpha & \sin\alpha\sin\beta \\ \sin\beta & 0 & \cos\beta \end{bmatrix}$$

$$（3-7）$$

4）速度坐标系与弹道坐标系

由于速度坐标系与弹道坐标系的纵轴均与速度矢量 V 重合，为确定两者相互之间的方位，引入速度倾斜角 γ_v，即位于飞行器纵向对称平面 x_1Oy_1 内的 Oy_3 轴与包含速度矢量 V 的铅垂面之间的夹角，得到相互之间的转换矩阵如下：

$$L(\gamma_v)=\begin{bmatrix} 1 & 0 & 0 \\ 0 & \cos\gamma_v & \sin\gamma_v \\ 0 & -\sin\gamma_v & \cos\gamma_v \end{bmatrix}$$

$$（3-8）$$

3.2.3.2 远程飞行器坐标系转换关系

在远程飞行器坐标系中，由于考虑了地球自转等因素，因此需要引入地心惯性坐标系、发射坐标系等内容。下面给出远程飞行器中相关坐标系的转换关系。

1）地心惯性坐标系与地心坐标系转换关系

欧拉角 Ω_G 为 O_Ex_I 与 O_Ex_E 之间的夹角，以地心惯性坐标系为基准，地心惯性坐标系与地心坐标系之间的转换矩阵如下：

$$E_{\mathrm{I}} = \begin{bmatrix} \cos \Omega_{\mathrm{G}} & \sin \Omega_{\mathrm{G}} & 0 \\ -\sin \Omega_{\mathrm{G}} & \cos \Omega_{\mathrm{G}} & 0 \\ 0 & 0 & 1 \end{bmatrix} \tag{3-9}$$

2）地心坐标系与发射坐标系转换关系

设地球为球体，定义经度 λ_0 和地心纬度 ϕ_0 表示发射点 O_1 在地表的位置，地心方位角 α_0 为过 $O_1 x$ 轴与过发射点的子午北切线的夹角。

先绕 $O_{\mathrm{E}} z_{\mathrm{E}}$ 轴反转 $(90° - \lambda_0)$，再绕新生成坐标系的 $O_{\mathrm{E}} x'$ 轴正转 ϕ_0，即可使 $O_{\mathrm{E}} y$ 与 $O_1 y$ 平行，此时再绕 $O_{\mathrm{E}} y$ 反转 $(90° + \alpha_0)$，则以地心坐标系为基准，地心坐标系与发射坐标系之间的转换矩阵如下：

$$G_{\mathrm{E}} = \begin{bmatrix} -\sin \alpha_0 \sin \lambda_0 - \cos \alpha_0 \sin \phi_0 \cos \lambda_0 & \sin \alpha_0 \cos \lambda_0 - \cos \alpha_0 \sin \phi_0 \sin \lambda_0 & \cos \alpha_0 \cos \phi_0 \\ \cos \phi_0 \cos \lambda_0 & \cos \phi_0 \sin \lambda_0 & \sin \phi_0 \\ -\cos \alpha_0 \sin \lambda_0 + \sin \alpha_0 \sin \phi_0 \cos \lambda_0 & \cos \alpha_0 \cos \lambda_0 + \sin \alpha_0 \sin \phi_0 \sin \lambda_0 & -\sin \alpha_0 \cos \phi_0 \end{bmatrix} \tag{3-10}$$

对于地球的椭球模型，发射点位置可用经度 λ_0 和地理纬度 B_0 确定，发射坐标系 x 轴方向以射击方位角 A_0 表示，以 B_0 和 A_0 分别代替 ϕ_0 和 α_0 即可获得转换矩阵。

3）平移坐标系或发射惯性坐标系与发射坐标系转换关系

假设地球为圆球，发射惯性坐标系在发射瞬间与发射坐标系重合，由于地球旋转，固连在地球上的发射坐标系在惯性空间的方位发生变化，即从发射瞬时到当前时刻的时间间隔为 t，发射坐标系绕地球转动角为 $\omega_{\mathrm{e}} t$。

将发射坐标系和发射惯性坐标系分别绕其 y 轴转动 α_0，再绕各自新侧轴转动 ϕ_0，从而获得坐标系 $O_1 \xi \eta \zeta$ 和 $O_{\mathrm{A}} \xi_{\mathrm{A}} \eta_{\mathrm{A}} \zeta_{\mathrm{A}}$，转换矩阵为

$$A = \begin{bmatrix} \cos \alpha_0 \cos \phi_0 & \sin \phi_0 & -\sin \alpha_0 \cos \phi_0 \\ -\cos \alpha_0 \sin \phi_0 & \cos \phi_0 & \sin \alpha_0 \sin \phi_0 \\ \sin \alpha_0 \cos \phi_0 & 0 & \cos \alpha_0 \end{bmatrix} \tag{3-11}$$

在发射瞬时，$O_1 \xi \eta \zeta$ 和 $O_{\mathrm{A}} \xi_{\mathrm{A}} \eta_{\mathrm{A}} \zeta_{\mathrm{A}}$ 重合且第二轴方向与地球自转轴方向一致，因此以 $O_{\mathrm{A}} \xi_{\mathrm{A}} \eta_{\mathrm{A}} \zeta_{\mathrm{A}}$ 为基准有转换矩阵如下：

$$B = \begin{bmatrix} 1 & 0 & 0 \\ 0 & \cos \omega_{\mathrm{e}} t & \sin \omega_{\mathrm{e}} t \\ 0 & -\sin \omega_{\mathrm{e}} t & \cos \omega_{\mathrm{e}} t \end{bmatrix} \tag{3-12}$$

则发射惯性坐标系与发射坐标系之间的转换矩阵如下：

$$G_{\mathrm{A}} = A^{-1} B A \tag{3-13}$$

将含有 $\omega_{\mathrm{e}} t$ 的正弦、余弦展开成幂级数，忽略三阶及以上各项，并将 ω_{e} 投影在地面坐标系，则

$$G_{\mathrm{A}} = \begin{bmatrix} 1 - \dfrac{1}{2}(\omega_{\mathrm{e}}^2 - \omega_{\mathrm{ex}}^2) t^2 & \omega_{\mathrm{ex}} t + \dfrac{1}{2} \omega_{\mathrm{ex}} \omega_{\mathrm{ey}} t^2 & -\omega_{\mathrm{ey}} t + \dfrac{1}{2} \omega_{\mathrm{ex}} \omega_{\mathrm{ez}} t^2 \\ -\omega_{\mathrm{ex}} t + \dfrac{1}{2} \omega_{\mathrm{ex}} \omega_{\mathrm{ey}} t^2 & 1 - \dfrac{1}{2}(\omega_{\mathrm{e}}^2 - \omega_{\mathrm{ey}}^2) t^2 & \omega_{\mathrm{ex}} t + \dfrac{1}{2} \omega_{\mathrm{ey}} \omega_{\mathrm{ez}} t^2 \\ \omega_{\mathrm{ey}} t + \dfrac{1}{2} \omega_{\mathrm{ex}} \omega_{\mathrm{ez}} t^2 & -\omega_{\mathrm{ex}} t + \dfrac{1}{2} \omega_{\mathrm{ey}} \omega_{\mathrm{ez}} t^2 & 1 - \dfrac{1}{2}(\omega_{\mathrm{e}}^2 - \omega_{\mathrm{ez}}^2) t^2 \end{bmatrix} \tag{3-14}$$

进一步近似化简有：

$$\boldsymbol{G}_{A}=\begin{bmatrix} 1 & \omega_{ex}t & -\omega_{ey}t \\ -\omega_{ex}t & 1 & \omega_{ex}t \\ \omega_{ey}t & -\omega_{ex}t & 1 \end{bmatrix} \tag{3-15}$$

3.2.3.3 滚转飞行器坐标系转换关系

在滚转飞行器动力学建模中，引入了准弹体坐标系和准速度坐标系，其中，主要用到准速度坐标系和地面坐标系的转换。下面给出相关坐标系之间的转换关系。

（1）地面坐标系与准弹体坐标系之间的关系及转换。

根据准弹体坐标系的定义，它相对地面坐标系的方位用俯仰角 ϑ 和偏航角 ψ 确定。地面坐标系与准弹体坐标系之间的转换矩阵 $\boldsymbol{L}(\vartheta,\psi)$ 可这样求得：首先将地面坐标系 $Axyz$ 与准弹体坐标系 $Ox_4y_4z_4$ 的原点及各对应坐标轴分别重合，以地面坐标系为基准，第一次绕 Ay 轴旋转 ψ 角，Ax 轴、Az 轴分别转到 Ax'、Az_4 轴上，形成过渡坐标系 $Ax'yz_4$；第二次绕 Oz_4 轴旋转 ϑ 角，最终形成准弹体坐标系 $O(A)x_4y_4z_4$。所以，转换矩阵 $\boldsymbol{L}(\vartheta,\psi)$ 为其相应的两个初等旋转矩阵的乘积，可写成：

$$\boldsymbol{L}(\vartheta,\psi)=\boldsymbol{L}(\vartheta)\boldsymbol{L}(\psi)=\begin{bmatrix} \cos\vartheta\cos\psi & \sin\vartheta & -\cos\vartheta\sin\psi \\ -\sin\vartheta\cos\psi & \cos\vartheta & \sin\vartheta\sin\psi \\ \sin\psi & 0 & \cos\psi \end{bmatrix} \tag{3-16}$$

$$\begin{bmatrix} x_4 \\ y_4 \\ z_4 \end{bmatrix}=\boldsymbol{L}(\vartheta,\psi)\begin{bmatrix} x \\ y \\ z \end{bmatrix} \tag{3-17}$$

（2）准速度坐标系与准弹体坐标系之间的关系及转换。

根据准速度坐标系和准弹体坐标系的定义，它们之间的关系由两个角度来确定，分别定义如下。

准攻角 α^*：导弹质心的速度矢量 V（Ox_5 轴）在铅垂面 Ox_4y_4 上的投影与弹体纵轴 Ox_4 的夹角。若 Ox_4 轴位于 V 的投影线的上方（产生正升力），则 α^* 为正，反之为负。

准侧滑角 β^*：速度矢量 V（Ox_5 轴）与铅垂面 Ox_4y_4 之间的夹角。沿飞行方向观测，若来流从右侧流向弹体（产生负侧向力），则所对应的准侧滑角 β^* 为正，反之为负。

准速度坐标系与准弹体坐标系之间的转换矩阵可以通过两次旋转求得，$\boldsymbol{L}(\alpha^*,\beta^*)$ 可直接写出：

$$\boldsymbol{L}(\alpha^*,\beta^*)=\boldsymbol{L}(\alpha^*)\boldsymbol{L}(\beta^*)=\begin{bmatrix} \cos\alpha^*\cos\beta^* & \sin\alpha^* & -\cos\alpha^*\sin\beta^* \\ -\sin\alpha^*\cos\beta^* & \cos\alpha^* & \sin\alpha^*\sin\beta^* \\ \sin\beta^* & 0 & \cos\beta^* \end{bmatrix} \tag{3-18}$$

$$\begin{bmatrix} x_4 \\ y_4 \\ z_4 \end{bmatrix}=\boldsymbol{L}(\alpha^*,\beta^*)\begin{bmatrix} x_5 \\ y_5 \\ z_5 \end{bmatrix} \tag{3-19}$$

（3）弹道坐标系与准速度坐标系之间的关系及转换。

由这两个坐标的定义可知，Ox_2 轴和 Ox_5 轴均与导弹质心的速度矢量 V 重合，所以，它们之间的关系用一个角度即可确定，定义如下。

准速度倾斜角 γ_v^*：准速度坐标系的 Oy_5 轴与包含速度矢量 V 的铅垂面 Ox_2y_2 之间的夹角。

转换矩阵 $\boldsymbol{L}\left(\gamma_v^*\right)$ 为

$$\boldsymbol{L}\left(\gamma_v^*\right) = \begin{bmatrix} 1 & 0 & 0 \\ 0 & \cos\gamma_v^* & \sin\gamma_v^* \\ 0 & -\sin\gamma_v^* & \cos\gamma_v^* \end{bmatrix} \tag{3-20}$$

$$\begin{bmatrix} x_5 \\ y_5 \\ z_5 \end{bmatrix} = \boldsymbol{L}\left(\gamma_v^*\right) \begin{bmatrix} x_2 \\ y_2 \\ z_2 \end{bmatrix} \tag{3-21}$$

（4）准弹体坐标系与弹体坐标系之间的关系及转换。

设滚转导弹的滚转角速度为 $\dot{\gamma}$。由于导弹纵向对称面 Ox_1y_1 随弹体以角速度 $\dot{\gamma}$ 旋转，因此，准弹体坐标系与弹体坐标系之间的关系及转换矩阵 $\boldsymbol{L}(\dot{\gamma}t)$ 可写成：

$$\boldsymbol{L}(\dot{\gamma}t) = \begin{bmatrix} 1 & 0 & 0 \\ 0 & \cos\dot{\gamma}t & \sin\dot{\gamma}t \\ 0 & -\sin\dot{\gamma}t & \cos\dot{\gamma}t \end{bmatrix} \tag{3-22}$$

$$\begin{bmatrix} x_1 \\ y_1 \\ z_1 \end{bmatrix} = \boldsymbol{L}(\dot{\gamma}t) \begin{bmatrix} x_4 \\ y_4 \\ z_4 \end{bmatrix} \tag{3-23}$$

（5）角参数 α、β 与 α^*、β^* 之间的关系。

当导弹绕其纵轴的自旋角速度 $\dot{\gamma} = 0$ 时，弹体坐标系 $Ox_1y_1z_1$ 和准弹体坐标系 $Ox_4y_4z_4$，速度坐标系 $Ox_3y_3z_3$ 和准速度坐标系 $Ox_5y_5z_5$ 分别是重合的；而当 $\dot{\gamma} \neq 0$ 时，由于纵向对称面 Ox_1y_1 随弹体一起旋转，因此角参数 α、β、γ_v 都将随弹体的旋转而周期交变。下面推导角参数 α、β 与 α^*、β^* 之间的关系：

$$\begin{bmatrix} x_5 \\ y_5 \\ z_5 \end{bmatrix} = \boldsymbol{L}^T\left(\alpha^*, \beta^*\right)\boldsymbol{L}^T\left(\dot{\gamma}t\right) \begin{bmatrix} x_1 \\ y_1 \\ z_1 \end{bmatrix} \tag{3-24}$$

其中，

$$\boldsymbol{L}^T\left(\alpha^*, \beta^*\right)\boldsymbol{L}^T\left(\dot{\gamma}t\right) =$$

$$\begin{bmatrix} \cos\alpha^*\cos\beta^* & \sin\beta^*\sin\dot{\gamma}t - \sin\alpha^*\cos\beta^*\cos\dot{\gamma}t & \sin\alpha^*\cos\beta^*\sin\dot{\gamma}t + \sin\beta^*\cos\dot{\gamma}t \\ \sin\alpha^* & \cos\alpha^*\cos\dot{\gamma}t & -\cos\alpha^*\sin\dot{\gamma}t \\ -\cos\alpha^*\sin\beta^* & \sin\alpha^*\sin\beta^*\cos\dot{\gamma}t + \cos\beta^*\sin\dot{\gamma}t & -\sin\alpha^*\sin\beta^*\sin\dot{\gamma}t + \cos\beta^*\cos\dot{\gamma}t \end{bmatrix}$$

$$\tag{3-25}$$

整理可得

$$\begin{bmatrix} x_3 \\ y_3 \\ z_3 \end{bmatrix} = \boldsymbol{L}^T\left(\alpha, \beta\right) \begin{bmatrix} x_1 \\ y_1 \\ z_1 \end{bmatrix} \tag{3-26}$$

$$L^{\mathrm{T}}(\alpha,\beta)=\begin{bmatrix}\cos\alpha\cos\beta & -\sin\alpha\cos\beta & \sin\beta \\ \sin\alpha & \cos\alpha & 0 \\ -\cos\alpha\sin\beta & \sin\alpha\sin\beta & \cos\beta\end{bmatrix} \tag{3-27}$$

为推导简单起见，设沿 Ox_1、Oy_1、Oz_1 轴分别为单位矢量。根据速度坐标系和准速度坐标系的定义可知，Ox_3 轴和 Ox_5 轴都与速度矢量重合。因此，单位列矢量 $[x_1,y_1,z_1]^{\mathrm{T}}=[1,1,1]^{\mathrm{T}}$ 分别在 Ox_3 轴和 Ox_5 轴上的投影结果必然相等。若视 α、β 和 α^*、β^* 为小量，则可以得到：

$$\begin{bmatrix}\alpha \\ \beta\end{bmatrix}=\begin{bmatrix}\cos\dot{\gamma}t & -\sin\dot{\gamma}t \\ \sin\dot{\gamma}t & \cos\dot{\gamma}t\end{bmatrix}\begin{bmatrix}\alpha^* \\ \beta^*\end{bmatrix} \tag{3-28}$$

或

$$\begin{bmatrix}\alpha^* \\ \beta^*\end{bmatrix}=\begin{bmatrix}\cos\dot{\gamma}t & \sin\dot{\gamma}t \\ -\sin\dot{\gamma}t & \cos\dot{\gamma}t\end{bmatrix}\begin{bmatrix}\alpha \\ \beta\end{bmatrix} \tag{3-29}$$

3.2.4　近程飞行器六自由度模型

对于近程飞行器而言，其飞行距离近、飞行时间短、高度变化小。因此，在进行动力学建模时，可以假设大地为水平，重力加速度为常值，忽略地球自转、附加科氏力、离心力等因素的影响。根据总体提供的气动力参数定义不同，可以将飞行器质心动力学方程建立在弹道坐标系或弹体坐标系中。下面给出两种形式的近程飞行器六自由度模型。

3.2.4.1　弹道坐标系下的动力学运动学方程

弹道坐标系下的动力学运动学方程的形式比较简单直观，是将飞行器的相关受力情况投影到弹道坐标系，并进行展开得到的，包括质心动力学和运动学、弹体绕质心转动的动力学和运动学，以及几何关系。

1）弹道坐标系下的质心动力学方程

在近程飞行器的飞行过程中，飞行器主要受到气动力、推力和重力的影响，将其投影分解到弹道坐标系中，得到弹道坐标系下的质心动力学方程：

$$\begin{cases}m\dfrac{\mathrm{d}V}{\mathrm{d}t}=P\cos\alpha\cos\beta-X-mg\sin\theta \\ mV\dfrac{\mathrm{d}\theta}{\mathrm{d}t}=P(\sin\alpha\cos\gamma_{\mathrm{v}}+\cos\alpha\sin\beta\sin\gamma_{\mathrm{v}})+Y\cos\gamma_{\mathrm{v}}-Z\sin\gamma_{\mathrm{v}}-mg\cos\theta \\ -mV\cos\theta\dfrac{\mathrm{d}\psi_{\mathrm{v}}}{\mathrm{d}t}=P(\sin\alpha\sin\gamma_{\mathrm{v}}-\cos\alpha\sin\beta\cos\gamma_{\mathrm{v}})+Y\sin\gamma_{\mathrm{v}}+Z\cos\gamma_{\mathrm{v}}\end{cases} \tag{3-30}$$

式中，P、X、Y、Z 分别为飞行器受到的发动机推力、气动阻力、气动升力和气动侧力，m 为飞行器质量大小，g 为飞行器所在高度的重力加速度大小，V 为飞行器速度大小，α、β、θ、ψ_{v}、γ_{v} 分别为攻角、侧滑角、弹道倾角、弹道偏航角和速度倾斜角。

2）弹道坐标系下的质心运动学方程

将飞行器速度在地面坐标系下进行投影分解，得到质心运动学方程：

$$\begin{cases} \dfrac{\mathrm{d}x}{\mathrm{d}t} = V\cos\theta\cos\psi_{\mathrm{v}} \\[2mm] \dfrac{\mathrm{d}y}{\mathrm{d}t} = V\sin\theta \\[2mm] \dfrac{\mathrm{d}z}{\mathrm{d}t} = -V\cos\theta\sin\psi_{\mathrm{v}} \end{cases} \tag{3-31}$$

式中，x、y、z 分别为飞行器在地面坐标系三个方向上的位置大小。

3）弹体绕质心转动的动力学方程

对于轴对称飞行器而言，可以忽略交叉转动惯量，根据动量矩守恒定律，得到弹体绕质心旋转的动力学方程：

$$\begin{cases} J_x \dfrac{\mathrm{d}\omega_x}{\mathrm{d}t} = M_x - (J_z - J_y)\omega_y\omega_z \\[2mm] J_y \dfrac{\mathrm{d}\omega_y}{\mathrm{d}t} = M_y - (J_x - J_z)\omega_x\omega_z \\[2mm] J_z \dfrac{\mathrm{d}\omega_z}{\mathrm{d}t} = M_z - (J_y - J_x)\omega_x\omega_y \end{cases} \tag{3-32}$$

式中，ω_x、ω_y、ω_z 分别为弹体绕质心转动的三个轴上的角速度大小，M_x、M_y、M_z 分别为飞行器受到的力矩在弹体坐标系三个轴上的投影大小，J_y、J_x、J_z 分别为飞行器在弹体坐标系三个主轴上的转动惯量。

4）弹体绕质心转动的运动学方程

根据飞行器的姿态角速度，可以完成姿态角的求解，得到弹体绕质心转动的运动学方程：

$$\begin{cases} \dfrac{\mathrm{d}\vartheta}{\mathrm{d}t} = \omega_y\sin\gamma + \omega_z\cos\gamma \\[2mm] \dfrac{\mathrm{d}\psi}{\mathrm{d}t} = \dfrac{1}{\cos\vartheta}(\omega_y\cos\gamma - \omega_z\sin\gamma) \\[2mm] \dfrac{\mathrm{d}\gamma}{\mathrm{d}t} = \omega_x - \tan\vartheta(\omega_y\cos\gamma - \omega_z\sin\gamma) \end{cases} \tag{3-33}$$

式中，ϑ、ψ、γ 分别为飞行器的俯仰角、偏航角和滚转角。

5）角度几何关系

补充的角度几何关系方程如下：

$$\begin{cases} \sin\beta = \cos\theta[\cos\gamma\sin(\psi - \psi_{\mathrm{v}}) + \sin\vartheta\sin\gamma\cos(\psi - \psi_{\mathrm{v}})] - \sin\theta\cos\vartheta\sin\gamma \\[2mm] \sin\alpha = [(\cos\vartheta\cos\theta\cos(\psi - \psi_c) + \sin\vartheta\sin\theta)\sin\vartheta \\[1mm] \qquad\quad - \sin\beta\cos\vartheta\sin\gamma - \sin\theta]/\cos\beta\cos\vartheta\cos\gamma \\[2mm] \sin\gamma_c = (\cos\alpha\sin\beta\sin\varphi - \sin\alpha\sin\beta\cos\gamma\cos\varphi + \cos\beta\sin\gamma\cos\varphi)/\cos\theta \end{cases} \tag{3-34}$$

3.2.4.2　弹体坐标系下的动力学运动学方程

在一些飞行器的仿真中，飞行器总体部门提供的气动力并没有建立在速度坐标系下，而是提供了弹体坐标系下的轴向力、法向力和侧向力；或者，飞行器的发动机推力模型或姿轨控发动机推力模型较为复杂，将其投影到弹道坐标系后，其描述形式较为烦琐。为了便于模型描述，可以在弹体坐标系下建立动力学运动学方程。

1）弹体坐标系下的质心动力学方程

如果飞行器总体部门提供的气动力在速度坐标系下描述，则弹体坐标系下的质心动力学方程如下：

$$
\begin{cases}
m\dfrac{\mathrm{d}V_{x1}}{\mathrm{d}t} = P_{x1} - X\cos\alpha\cos\beta + Y\sin\alpha - Z\cos\alpha\sin\beta - mg\sin\vartheta - \omega_y V_{z1} + \omega_z V_{y1} \\
m\dfrac{\mathrm{d}V_{y1}}{\mathrm{d}t} = P_{y1} + X\sin\alpha\cos\beta + Y\cos\alpha + Z\sin\alpha\sin\beta - mg\cos\vartheta\cos\gamma - \omega_z V_{x1} + \omega_x V_{z1} \\
m\dfrac{\mathrm{d}V_{z1}}{\mathrm{d}t} = P_{z1} - X\sin\beta + Z\cos\beta + mg\cos\vartheta\sin\gamma - \omega_x V_{y1} + \omega_y V_{x1}
\end{cases}
$$

（3-35）

式中，V_{x1}、V_{y1}、V_{z1} 分别为飞行器速度在弹体坐标系的投影，P_{x1}、P_{y1}、P_{z1} 分别为飞行器受到的推力在弹体坐标系的投影。

如果飞行器总体部门提供的气动力在弹体坐标系下描述，则弹体坐标系下的质心动力学方程会更为简单：

$$
\begin{cases}
m\dfrac{\mathrm{d}V_{x1}}{\mathrm{d}t} = P_{x1} - F_{x1} - mg\sin\vartheta - \omega_y V_{z1} + \omega_z V_{y1} \\
m\dfrac{\mathrm{d}V_{y1}}{\mathrm{d}t} = P_{y1} + F_{y1} - mg\cos\vartheta\cos\gamma - \omega_z V_{x1} + \omega_x V_{z1} \\
m\dfrac{\mathrm{d}V_{z1}}{\mathrm{d}t} = P_{z1} - F_{z1} + mg\cos\vartheta\sin\gamma - \omega_x V_{y1} + \omega_y V_{x1}
\end{cases}
$$

（3-36）

式中，F_{x1}、F_{y1}、F_{z1} 分别为飞行器受到的气动力在弹体坐标系的投影，即轴向力、法向力和侧向力。

2）弹体坐标系下的质心运动学方程

将弹体坐标系的速度投影得到运动学方程：

$$
\begin{cases}
\dfrac{\mathrm{d}x}{\mathrm{d}t} = V_{x1}\cos\vartheta\cos\psi + V_{y1}(-\sin\vartheta\cos\psi\cos\gamma + \sin\psi\sin\gamma) + V_{z1}(\sin\vartheta\cos\psi\sin\gamma + \sin\psi\cos\gamma) \\
\dfrac{\mathrm{d}y}{\mathrm{d}t} = V_{x1}\sin\vartheta + V_{y1}\cos\vartheta\cos\gamma - V_{z1}\cos\vartheta\sin\gamma \\
\dfrac{\mathrm{d}z}{\mathrm{d}t} = -V_{x1}\cos\vartheta\sin\psi + V_{y1}(\sin\vartheta\sin\psi\cos\gamma + \cos\psi\sin\gamma) + V_{z1}(-\sin\vartheta\sin\psi\sin\gamma + \cos\psi\cos\gamma)
\end{cases}
$$

（3-37）

3）弹体绕质心转动的动力学方程

弹体坐标系下的绕质心转动的动力学方程，与弹道坐标系下的方程一致。

4）弹体绕质心转动的运动学方程

弹体坐标系下的绕质心转动的运动学方程，与弹道坐标系下的方程一致。

5）角度几何关系

补充的角度几何关系方程如下：

$$\begin{cases} \sin\beta = \dfrac{V_{z1}}{\sqrt{V_{x1}^2 + V_{y1}^2 + V_{z1}^2}} \\[3mm] \tan\alpha = -\dfrac{V_{z1}}{V_{x1}} \\[3mm] \mathrm{tg}\,\theta = \dfrac{V_y}{\sqrt{V_x^2 + V_z^2}} \\[3mm] \mathrm{tg}\,\psi_c = -\dfrac{V_z}{V_x} \\[3mm] \cos\gamma_v = [\cos\gamma\cos(\psi-\psi_v) - \sin\theta\sin\gamma\sin(\psi-\psi_v)]/\cos\beta \end{cases} \tag{3-38}$$

3.2.5　远程飞行器动力学运动学模型

远程弹道导弹、巡航导弹或火箭等飞行器在飞行过程中，飞行距离远，飞行时间长。此时，一些短时间可以忽略的因素经过长时间的积累，就会对其飞行弹道产生影响。在对其进行六自由度数学建模时，需要考虑地球重力差异、附加科氏力、离心力、地球自转，以及发射点经纬度和射向等因素对于飞行弹道和落点的影响，这就使得远程导弹的六自由度模型相对复杂。由于推导过程较为烦琐，因此直接给出远程飞行器数学模型。关于补充坐标系和模型的详细推导过程，可以参考《远程火箭弹道学》等专著。

3.2.5.1　远程飞行器的质心动力学方程

下面给出远程飞行器的质心动力学方程。选择地面坐标系为描述火箭运动的参考系，该坐标系是定义在将地球看成以角速度 $\boldsymbol{\omega}_e$ 进行自转的两周旋转球体上的。首先用矢量描述飞行器的质心动力学方程，然后将微分方程投影到地面坐标系中进行求解。

$$m\begin{bmatrix} \dfrac{\mathrm{d}v_x}{\mathrm{d}t} \\[2mm] \dfrac{\mathrm{d}v_y}{\mathrm{d}t} \\[2mm] \dfrac{\mathrm{d}v_z}{\mathrm{d}t} \end{bmatrix} = \boldsymbol{G}_B\begin{bmatrix} P_{x1} \\ P_{y1} \\ P_{z1} \end{bmatrix} + \boldsymbol{G}_v\begin{bmatrix} -X_v \\ Y_v \\ Z_v \end{bmatrix} + \dfrac{mg_r'}{r}\begin{bmatrix} x+R_{ox} \\ y+R_{oy} \\ z+R_{oz} \end{bmatrix} + \dfrac{mg_{\omega_e}}{\omega_e}\begin{bmatrix} \omega_{ex} \\ \omega_{ey} \\ \omega_{ez} \end{bmatrix} -$$
$$m\begin{bmatrix} a_{11} & a_{12} & a_{13} \\ a_{21} & a_{22} & a_{23} \\ a_{31} & a_{32} & a_{33} \end{bmatrix}\begin{bmatrix} x+R_{ox} \\ y+R_{oy} \\ z+R_{oz} \end{bmatrix} - m\begin{bmatrix} b_{11} & b_{12} & b_{13} \\ b_{21} & b_{22} & b_{23} \\ b_{31} & b_{32} & b_{33} \end{bmatrix}\begin{bmatrix} \dot{x} \\ \dot{y} \\ \dot{z} \end{bmatrix} \tag{3-39}$$

式中，第一项为推力分量，第二项为气动力分量，第三项、第四项为地球引力分量，第五项为离心惯性力分量，第六项为附加科氏力分量。

1）推力分量

飞行器的推力分量在弹体坐标系中表示，将弹体坐标系的分量 P_{x1}、P_{y1}、P_{z1} 通过转换矩阵 $\boldsymbol{G}_B$ 投影到地面坐标系中，弹体坐标系到地面坐标系的转换矩阵 $\boldsymbol{G}_B$ 为

$$G_B = \begin{bmatrix} \cos\varphi\cos\psi & \cos\varphi\sin\psi\sin\gamma - \sin\varphi\cos\gamma & \cos\varphi\sin\psi\cos\gamma + \sin\varphi\sin\gamma \\ \sin\varphi\cos\psi & \sin\varphi\sin\psi\sin\gamma + \cos\varphi\cos\gamma & \sin\varphi\sin\psi\cos\gamma - \cos\varphi\sin\gamma \\ -\sin\psi & \cos\psi\sin\gamma & \cos\psi\cos\gamma \end{bmatrix}$$

$$(3\text{-}40)$$

2）气动力分量

将飞行器总体部门提供的速度坐标系下的气动力分量 X、Y、Z 通过转换矩阵 G_V 投影到地面坐标系中，速度坐标系到地面坐标系的转换矩阵 G_V 为

$$G_V = \begin{bmatrix} \cos\theta\cos\psi_v & \sin\theta\cos\psi_v & -\sin\psi_v \\ \cos\theta\sin\psi_v\sin\gamma_v - \sin\theta\cos\gamma_v & \sin\theta\sin\psi_v\sin\gamma_v + \cos\theta\cos\gamma_v & \cos\theta\sin\gamma_v \\ \cos\theta\sin\psi_v\cos\gamma_v + \sin\theta\sin\gamma_v & \sin\theta\sin\psi_v\cos\gamma_v - \cos\theta\sin\gamma_v & \cos\theta\cos\gamma_v \end{bmatrix}$$

$$(3\text{-}41)$$

3）地球引力分量

地球引力项 mg 可根据下式进行求解计算：

$$mg = mg'_r r^0 + mg_{\omega_e}\omega_e^0 \tag{3-42}$$

式中，$g'_r = -\dfrac{fM}{r^2}\left[1 + J\left(\dfrac{a_e}{r}\right)^2(1 - 5\sin^2\phi)\right]$，$g_{\omega_e} = -2\dfrac{fM}{r^2}J\left(\dfrac{a_e}{r}\right)^2\sin\phi$，$f$ 为万有引力系数，M 为地球质量，r 为弹道上任一点到地心的距离，ϕ 为飞行器星下点的地心纬度，J 为地球带谐系数，a_e 为地球平均半径。

任一点地心矢径为

$$r = R_0 + \rho \tag{3-43}$$

式中，r 为弹道上任一点的地心矢径，R_0 为发射点地心矢径，ρ 为发射点到弹道上任一点的矢径。

R_0 在发射坐标系上的三分量为

$$\begin{bmatrix} R_{0x} \\ R_{0y} \\ R_{0z} \end{bmatrix} = \begin{bmatrix} -R_0\sin\mu_0\cos A_0 \\ R_0\cos\mu_0 \\ R_0\sin\mu_0\sin A_0 \end{bmatrix} \tag{3-44}$$

式中，R_{0x}、R_{0y}、R_{0z} 分别为发射点地心矢径在发射坐标系的分量，A_0 为发射方位角，μ_0 为发射点地理纬度与地心纬度之差，即 $\mu_0 = B_0 - \phi_0$。

由于假设地球为一个两轴旋转椭球体，故 R_0 的长度可由子午椭圆方程求取，即

$$R_0 = \dfrac{a_e b_e}{\sqrt{a_e^2\sin^2\phi_0 + b_e^2\cos^2\phi_0}} \tag{3-45}$$

式中，R_0 为发射点到地心的距离，a_e 为地球赤道半径，b_e 为地球极半径，ϕ_0 为发射点的地心纬度。

地球自转角速度分量 ω_{ex}、ω_{ey}、ω_{ez} 和 ω_e 之间有如下关系：

$$\begin{bmatrix} \omega_{ex} \\ \omega_{ey} \\ \omega_{ez} \end{bmatrix} = \omega_e\begin{bmatrix} \cos B_0\cos A_0 \\ \sin B_0 \\ -\cos B_0\sin A_0 \end{bmatrix} \tag{3-46}$$

4）离心惯性力分量

下面给出离心惯性力在发射坐标系中的分量形式：

$$\begin{bmatrix} a_{\text{ex}} \\ a_{\text{ey}} \\ a_{\text{ez}} \end{bmatrix} = \begin{bmatrix} a_{11} & a_{12} & a_{13} \\ a_{21} & a_{22} & a_{23} \\ a_{31} & a_{32} & a_{33} \end{bmatrix} \begin{bmatrix} x + R_{0x} \\ y + R_{0y} \\ z + R_{0z} \end{bmatrix} \quad (3\text{-}47)$$

其中：

$$a_{11} = \omega_{\text{ex}}^2 - \omega_{\text{e}}^2$$
$$a_{12} = a_{21} = \omega_{\text{ex}}\omega_{\text{ey}}$$
$$a_{22} = \omega_{\text{ey}}^2 - \omega_{\text{e}}^2$$
$$a_{23} = a_{32} = \omega_{\text{ey}}\omega_{\text{ez}}$$
$$a_{33} = \omega_{\text{ez}}^2 - \omega_{\text{e}}^2$$
$$a_{13} = a_{31} = \omega_{\text{ez}}\omega_{\text{ex}}$$

5）附加科氏力分量

下面给出附加科氏力分量在发射坐标系中的分量形式：

$$\begin{bmatrix} a_{\text{cx}} \\ a_{\text{cy}} \\ a_{\text{cz}} \end{bmatrix} = \begin{bmatrix} b_{11} & b_{12} & b_{13} \\ b_{21} & b_{22} & b_{23} \\ b_{31} & b_{32} & b_{33} \end{bmatrix} \begin{bmatrix} \dot{x} \\ \dot{y} \\ \dot{z} \end{bmatrix} \quad (3\text{-}48)$$

其中：

$$b_{11} = b_{22} = b_{33} = 0$$
$$b_{12} = -b_{21} = -2\omega_{\text{ez}}$$
$$b_{31} = -b_{13} = -2\omega_{\text{ey}}$$
$$b_{23} = -b_{32} = -2\omega_{\text{ex}}$$

3.2.5.2　远程飞行器绕质心转动的动力学方程

考虑飞行器各个轴的转动惯量交叉项，将飞行器受到的各种力矩在弹体坐标系下进行分解，根据动量矩守恒定律，得到绕质心转动的动力学方程为

$$J_x \frac{\mathrm{d}\omega_{\text{Tx1}}}{\mathrm{d}t} - (J_y - J_z)\omega_{\text{Ty1}}\omega_{\text{Tz1}} - J_{yz}(\omega_{\text{Ty1}}^2 - \omega_{\text{Tz1}}^2) - J_{xz}\left(\frac{\mathrm{d}\omega_{\text{Tz1}}}{\mathrm{d}t} + \omega_{\text{Tx1}}\omega_{\text{Ty1}}\right) - J_{xy}\left(\frac{\mathrm{d}\omega_{\text{Ty1}}}{\mathrm{d}t} - \omega_{\text{Tx1}}\omega_{\text{Tz1}}\right) = \sum M_x$$

$$J_y \frac{\mathrm{d}\omega_{\text{Ty1}}}{\mathrm{d}t} - (J_z - J_x)\omega_{\text{Tx1}}\omega_{\text{Tz1}} - J_{xz}(\omega_{\text{Tz1}}^2 - \omega_{\text{Tx1}}^2) - J_{xy}\left(\frac{\mathrm{d}\omega_{\text{Tx1}}}{\mathrm{d}t} + \omega_{\text{Ty1}}\omega_{\text{Tz1}}\right) - J_{yz}\left(\frac{\mathrm{d}\omega_{\text{Tz1}}}{\mathrm{d}t} - \omega_{\text{Tx1}}\omega_{\text{Ty1}}\right) = \sum M_y$$

$$J_z \frac{\mathrm{d}\omega_{\text{Tz1}}}{\mathrm{d}t} - (J_x - J_y)\omega_{\text{Tx1}}\omega_{\text{Ty1}} - J_{xy}(\omega_{\text{Tx1}}^2 - \omega_{\text{Ty1}}^2) - J_{yz}\left(\frac{\mathrm{d}\omega_{\text{Ty1}}}{\mathrm{d}t} + \omega_{\text{Tx1}}\omega_{\text{Tz1}}\right) - J_{xz}\left(\frac{\mathrm{d}\omega_{\text{Tx1}}}{\mathrm{d}t} - \omega_{\text{Ty1}}\omega_{\text{Tz1}}\right) = \sum M_z$$

$$(3\text{-}49)$$

式中，ω_{Tx1}、ω_{Ty1}、ω_{Tz1} 分别为弹体相对惯性（平移）坐标系的转动角速度在弹体坐标系三个轴的分量。

3.2.5.3　远程飞行器的质心运动学方程

远程飞行器在发射坐标系下的质心运动学方程如下：

$$\begin{cases} \dfrac{\mathrm{d}x}{\mathrm{d}t} = v_x \\ \dfrac{\mathrm{d}y}{\mathrm{d}t} = v_y \\ \dfrac{\mathrm{d}z}{\mathrm{d}t} = v_z \end{cases} \tag{3-50}$$

式中，x、y、z 表示远程飞行器在发射坐标系下的位置。

3.2.5.4 远程飞行器绕质心转动的运动学方程

远程飞行器绕惯性（平移）坐标系转动角速度 $\boldsymbol{\omega}_{\mathrm{T}}$ 在弹体坐标系的分量为

$$\begin{cases} \dot{\varphi}_{\mathrm{T}} = \dfrac{1}{\cos\psi_{\mathrm{T}}}(\omega_{\mathrm{T}y_1}\sin\gamma_{\mathrm{T}} + \omega_{\mathrm{T}z_1}\cos\gamma_{\mathrm{T}}) \\ \dot{\psi}_{\mathrm{T}} = \omega_{\mathrm{T}y_1}\cos\gamma_{\mathrm{T}} - \omega_{\mathrm{T}z_1}\sin\gamma_{\mathrm{T}} \\ \dot{\gamma}_{\mathrm{T}} = \omega_{\mathrm{T}x_1} + \mathrm{tg}\,\psi_{\mathrm{T}}(\omega_{\mathrm{T}y_1}\sin\gamma_{\mathrm{T}} + \omega_{\mathrm{T}z_1}\cos\gamma_{\mathrm{T}}) \end{cases} \tag{3-51}$$

而弹体相对地球的转动角速度 $\boldsymbol{\omega}$ 与弹体相对惯性（平移）坐标系的转动角速度 $\boldsymbol{\omega}_{\mathrm{T}}$，以及地球自转角速度 $\boldsymbol{\omega}_{\mathrm{e}}$ 之间有下列关系：

$$\begin{bmatrix} \omega_{x_1} \\ \omega_{y_1} \\ \omega_{z_1} \end{bmatrix} = \begin{bmatrix} \omega_{\mathrm{T}x_1} \\ \omega_{\mathrm{T}y_1} \\ \omega_{\mathrm{T}z_1} \end{bmatrix} - \boldsymbol{G}_{\mathrm{B}} \begin{bmatrix} \omega_{ex} \\ \omega_{ey} \\ \omega_{ez} \end{bmatrix} \tag{3-52}$$

式中，根据发射坐标系的定义，$\boldsymbol{\omega}_{\mathrm{e}}$ 在发射坐标系内的三个分量为

$$\begin{bmatrix} \omega_{ex} \\ \omega_{ey} \\ \omega_{ez} \end{bmatrix} = \omega_{\mathrm{e}} \begin{bmatrix} \cos\phi_0\cos A_0 \\ \sin\phi_0 \\ -\cos\phi_0\sin A_0 \end{bmatrix} \tag{3-53}$$

考虑到地球转动 φ_{T}、ψ_{T}、γ_{T} 与 φ、ψ、γ 的联系方程为

$$\begin{cases} \varphi = \varphi_{\mathrm{T}} - \omega_{ez}t \\ \psi = \psi_{\mathrm{T}} - \omega_{ey}t\cos\varphi + \omega_{ex}t\sin\varphi \\ \gamma = \gamma_{\mathrm{T}} - \omega_{ey}t\sin\varphi - \omega_{ex}t\cos\varphi \end{cases} \tag{3-54}$$

3.2.5.5 远程飞行器绕质心转动的补充方程

为了完成动力学运动学方程闭合求解，需要补充相关方程，完成几何关系、速度、高度、地心纬度等参数的计算。

1）弹道倾角和弹道偏航角计算方程

弹道倾角 θ 及弹道偏航角 ψ_{v} 可由下式求解：

$$\begin{cases} \theta = \arctan\dfrac{v_y}{v_x} \\ \psi_{\mathrm{v}} = -\arcsin\dfrac{v_z}{v_x} \end{cases} \tag{3-55}$$

2）几何关系计算方程

弹体坐标系、速度坐标系及发射坐标系中的 8 个欧拉角已知 5 个，其余 3 个可由下面

3 个方向余弦关系得到：

$$\begin{cases} \sin\beta = \cos(\theta-\varphi)\cos\psi_{\text{v}}\sin\psi\cos\gamma + \sin(\varphi-\theta)\cos\psi_{\text{v}}\sin\gamma - \sin\psi_{\text{v}}\cos\psi\cos\gamma \\ -\sin\alpha\cos\beta = \cos(\theta-\varphi)\cos\psi_{\text{v}}\sin\psi\sin\gamma + \sin(\theta-\varphi)\cos\psi_{\text{v}}\cos\gamma - \sin\psi_{\text{v}}\cos\psi\sin\gamma \\ \sin\gamma_{\text{v}} = (\cos\alpha\cos\psi\sin\gamma - \sin\psi\sin\alpha)/\cos\psi_{\text{v}} \end{cases}$$

$$(3\text{-}56)$$

3）飞行速度计算方程

下面给出飞行速度计算方程，即

$$v = \sqrt{v_x^2 + v_y^2 + v_z^2} \tag{3-57}$$

4）高度计算方程

在仿真中，需要计算轨道上任一点距地面的高度 h。已知轨道上任一点距地心的距离为

$$r = \sqrt{(x+R_{0x})^2 + (y+R_{0y})^2 + (z+R_{0z})^2} \tag{3-58}$$

假设地球为一个两轴旋转体，则地球表面任一点距地心的距离与该点的地心纬度角 ϕ 有关。空间任一点矢量 r 与赤道平面的夹角，即该点在地球上星下点所在的地心纬度角 ϕ，该角可由空间矢量 r 与地球自转角速度矢量 ω_{e} 之间的关系求得，即

$$\sin\phi = \frac{(x+R_{0x})\omega_{ex} + (y+R_{0y})\omega_{ey} + (z+R_{0z})\omega_{ez}}{r\omega_{\text{e}}} \tag{3-59}$$

则对应于地心纬度 ϕ 的椭球表面距地心的距离可用下式求得：

$$R = \frac{a_{\text{e}}b_{\text{e}}}{\sqrt{a_{\text{e}}^2\sin^2\phi + b_{\text{e}}^2\cos^2\phi}} \tag{3-60}$$

当在理论弹道计算中计算高度时，可忽略 μ 的影响，因此，空间任一点距地球表面的距离为

$$h = r - R \tag{3-61}$$

5）地心纬度计算公式

由于地球模型为一个椭球体，因此，发射点的地心纬度和地理纬度并不一致，除了两极地区，地心纬度要比地理纬度的数值大一些。下面给出由地理纬度求解地心纬度的计算公式：

$$\phi = \begin{cases} B & B = \pm90° \\ \arctan\left(\dfrac{b_{\text{e}}}{a_{\text{e}}}\tan(B)\right) & B \neq 90° \end{cases} \tag{3-62}$$

从远程飞行器六自由度方程可以看出，由于考虑了地球自转、地球重力谐振模型、惯性离心力和附加科氏力等因素，数学模型较为复杂，详细推导过程参考相关文献。

3.2.6　滚转导弹动力学运动学模型

滚转导弹由于其特殊的运动形式，数学模型和控制方式与传统的三轴稳定飞行器存在一定差异。下面就参考相关专业书籍，给出滚转导弹的六自由度数学模型。

滚转导弹是指在飞行过程中，绕其纵轴低速（每秒几转或几十转）自旋的一类导弹，导弹滚转后可以改善发动机推力偏心、质量偏心、导弹外形工艺误差等干扰所造成的影响，减小无控飞行段的散布。其典型代表包括反坦克导弹、小型防空导弹和部分制导火箭弹等。

该类导弹通常采用斜置尾翼、弧形尾翼或起飞发动机喷管斜置等方式赋予导弹一定的滚转角速度。其主要特点是实现单通道控制，控制系统简单，导弹只需要一对操纵机构；利用其随纵轴旋转和操纵机构的换向，可获得俯仰和偏航方向的控制力，导弹可实现在空间任意方向运动；滚转导弹在飞行过程中，将产生马格努斯效应和陀螺效应，使纵向运动和侧向运动相互交连，导致俯仰运动和偏航运动不可能分开研究；导弹始终处于滚转状态，使得根据弹体坐标系和速度坐标系之间关系所决定的攻角、侧滑角将随同弹体绕纵轴旋转而交变，这也导致了飞行器动力学运动学模型的差异。

3.2.6.1 滚转导弹的控制力和控制力矩

在建立滚转导弹数学模型之前，需要了解滚转导弹的控制方式。滚转导弹一般采用单通道控制，同时实现控制俯仰和偏航运动的任务。在工程实践中，广泛采用脉冲继电式操纵机构（如摆帽、空气扰流片、燃气扰流片等）。下面以摆帽为例说明操纵力的产生方式。

假设控制系统理想工作，操纵机构是理想的继电式偏转，没有时间延迟存在。设导弹在开始旋转时刻，当弹体坐标系和准弹体坐标系相重合（$\gamma = 0$），操纵机构处于水平位置，操纵机构偏转轴（相当于铰链轴）平行于弹体的 Oy_1 轴，且规定产生的操纵力矩指向 Oz_1 轴的负向时，操纵机构的偏角 $\delta > 0$；反之，$\delta < 0$。

由于弹体本身具有低通滤波性，故只有脉冲调宽操纵机构产生的操纵力的周期平均值才能得到弹体的响应。当弹体滚转时，操纵力 F_c 随弹体滚转。若控制信号的极性不变，即操纵机构的偏摆不换向，则操纵力 F_c 随弹体滚转一周在准弹体坐标系 Oy_4 轴和 Oz_4 轴方向上的周期平均的操纵力为零。若弹体滚转的前半周期（$0 \leqslant \dot\gamma t < \pi$）控制信号，使 $\delta > 0$，而后半周期（$\pi \leqslant \dot\gamma t < 2\pi$）控制信号的极性改变，使 $\delta < 0$，则操纵力 F_c 随弹体滚转一周在 Oy_4 轴和 Oz_4 轴方向上投影变化曲线。操纵力 F_c 在 Oy_4 轴方向的周期平均值 F_{y_4} 达到最大，而沿 Oz_4 轴方向的周期平均值 $F_{z_4} = 0$，操纵力按如下公式求得：

$$\begin{cases} F_{y_4} = \dfrac{1}{2\pi}\left(\int_0^\pi F_c \sin\gamma \,\mathrm{d}\gamma - \int_\pi^{2\pi} F_c \sin\gamma \,\mathrm{d}\gamma\right) = \dfrac{F_c}{2\pi}\left[(-\cos\gamma)\,|_0^\pi + (\cos\gamma)\,|_\pi^{2\pi}\right] = \dfrac{2F_c}{\pi} \\ F_{z_4} = -\dfrac{F_c}{2\pi}\left(\int_0^\pi \cos\gamma \,\mathrm{d}\gamma - \int_\pi^{2\pi} \cos\gamma \,\mathrm{d}\gamma\right) = 0 \end{cases} \tag{3-63}$$

这就是说，当控制信号的初始相位为零时，弹体每滚转半个周期，控制信号改变一次极性。于是作用在导弹上的周期平均操纵力 $F(\delta)$ 为

$$F(\delta) = F_{y_4} + F_{z_4} = F_{y_4} \tag{3-64}$$

在上述条件下，周期平均操纵力总是与轴重合：

$$F(\delta) = F_{y_4} = \frac{2}{\pi}F_c F(\delta) = F_{y_4} = \frac{2}{\pi}F_c \tag{3-65}$$

如果控制信号的初始相位超前（或滞后）φ 角，那么周期平均操纵力也将超前（或滞后）φ。这时，周期平均操纵力 $F(\delta)$ 在准弹体坐标系 Oy_4 轴和 Oz_4 轴方向上的投影分别为

$$\begin{cases} F_{y_4} = F(\delta)\cos\varphi \\ F_{z_4} = F(\delta)\sin\varphi \end{cases} \tag{3-66}$$

将式（3-66）两端分别除以 $F(\delta)$，并令 K_y、K_z 分别成为俯仰指令系数和偏航指令系数：

$$\begin{cases} K_y = \dfrac{F_{y_4}}{F(\delta)} = \dfrac{F(\delta)\cos\varphi}{F(\delta)} = \cos\varphi \\ K_z = \dfrac{F_{z_4}}{F(\delta)} = \dfrac{F(\delta)\sin\varphi}{F(\delta)} = \sin\varphi \end{cases} \tag{3-67}$$

整理得：

$$\begin{cases} F_{y_4} = K_y \dfrac{2}{\pi} F_c \\ F_{z_4} = K_z \dfrac{2}{\pi} F_c \end{cases} \tag{3-68}$$

于是，F_{y_4}、F_{z_4} 分别相对于 Oy_4 轴、Oz_4 轴的操纵力的力矩为

$$\begin{cases} M_{cy_4} = K_z \dfrac{2}{\pi} F_c (x_P - x_G) \\ M_{cz_4} = -K_y \dfrac{2}{\pi} F_c (x_P - x_G) \end{cases} \tag{3-69}$$

式中，x_P、x_G 分别为弹体顶点至操纵力 F_c 的作用点、导弹质心的距离。

3.2.6.2　滚转导弹的动力学运动学方程

根据牛顿第二定律和动量矩守恒定律，考虑到滚转导弹的飞行特点，将飞行器受到的各种力投影到弹道坐标系中，建立质心动力学方程；将飞行器受到的气动力矩和控制力矩，投影到准弹体坐标系，建立绕质心转动的动力学方程；建立质心运动学方程和绕质心转动的运动学方程，就得到了滚转导弹的动力学运动学方程。下面就直接给出滚转导弹的动力学运动学方程，详细推导过程查看相关专业书籍。

1）弹体质心动力学方程

$$\begin{cases} m\dfrac{dV}{dt} = P\cos\alpha^*\cos\beta^* - X - mg\sin\theta + \dfrac{2}{\pi}F_c(K_z\sin\beta^* - K_y\sin\alpha^*\cos\beta^*) \\ mV\dfrac{d\theta}{dt} = P(\sin\alpha^*\cos\gamma_v^* + \cos\alpha^*\cos\beta^*\sin\gamma_v^*) + Y\cos\gamma_v^* - Z\sin\gamma_v^* - mg\cos\theta + \\ \qquad \dfrac{2}{\pi}F_c[K_y(\cos\alpha^*\cos\gamma_v^* - \sin\alpha^*\sin\beta^*\sin\gamma_v^*) - K_z\sin\gamma_v^*\cos\beta^*] \\ -mV\cos\theta\dfrac{d\psi_v}{dt} = P(\sin\alpha^*\sin\gamma_v^* - \cos\alpha^*\sin\beta^*\cos\gamma_v^*) + Y\sin\gamma_v^* + Z\cos\gamma_v^* + \\ \qquad \dfrac{2}{\pi}F_c[K_y(\sin\alpha^*\sin\beta^*\cos\gamma_v^* + \cos\alpha^*\sin\gamma_v^*) + K_z\cos\beta^*\cos\gamma_v^*] \end{cases} \tag{3-70}$$

2）弹体绕质心转动动力学方程

$$\begin{cases} J_{x4}\dfrac{d\omega_{x4}}{dt} = M_{x4} + M_{cx4} - (J_{z4} - J_{y4})\omega_{z4}\omega_{y4} \\ J_{y4}\dfrac{d\omega_{y4}}{dt} = M_{y4} + M_{cy4} - (J_{x4} - J_{z4})\omega_{x4}\omega_{z4} - J_{x4}\omega_{x4}\dot{\gamma} \\ J_{z4}\dfrac{d\omega_{z4}}{dt} = M_{z4} + M_{cz4} - (J_{y4} - J_{x4})\omega_{x4}\omega_{y4} + J_{y4}\omega_{y4}\dot{\gamma} \end{cases} \tag{3-71}$$

3）弹体质心运动学方程

$$\begin{cases} \dfrac{\mathrm{d}x}{\mathrm{d}t} = V\cos\theta\cos\psi_{\mathrm{v}} \\[2mm] \dfrac{\mathrm{d}y}{\mathrm{d}t} = V\sin\theta \\[2mm] \dfrac{\mathrm{d}z}{\mathrm{d}t} = -V\cos\theta\sin\psi_{\mathrm{v}} \end{cases} \tag{3-72}$$

4）弹体绕质心转动运动学方程

$$\begin{cases} \dfrac{\mathrm{d}\gamma}{\mathrm{d}t} = \omega_{x4} - \omega_{y4}\tan\vartheta \\[2mm] \dfrac{\mathrm{d}\psi}{\mathrm{d}t} = \dfrac{1}{\cos\vartheta}\omega_{y4} \\[2mm] \dfrac{\mathrm{d}\vartheta}{\mathrm{d}t} = \omega_{z4} \end{cases} \tag{3-73}$$

5）角度几何关系

$$\begin{cases} \beta^* = \arcsin[\cos\theta\sin(\psi-\psi_{\mathrm{v}})] \\[2mm] \alpha^* = \vartheta - \arcsin(\sin\theta/\cos\beta^*) \\[2mm] \gamma_{\mathrm{v}}^* = \arcsin(\tan\beta^*\tan\theta) \end{cases} \tag{3-74}$$

3.3 典型制导控制系统部件的数学模型

制导控制系统作为精确制导武器的核心系统，其性能优劣直接影响武器的战技指标。在设计制导控制半实物仿真方案时，根据总体方案和参试部件的不同，依然需要构建部分参试部件的数学模型。在本节中，结合典型制导控制系统的组成，给出主要制导控制系统部件的数学模型，包括探测系统、惯性测量器件、执行机构系统和动力系统。

3.3.1 探测系统数学模型

探测系统也称为导引头，是飞行器制导控制系统的核心部件，它的功能主要是搜索、发现、识别和跟踪目标，测量目标相对于导弹的视线角、视线角速度、弹目距离和速度等信息，对导弹的制导精度起着决定性的作用。

3.3.1.1 探测系统性能参数描述

由于不同的探测系统采用的工作原理和探测方式不同，因此，需要相关的性能指标来考核和评估系统的性能优劣。需要注意的是，不同体制的导引头，其性能指标各有不同。

1）最大跟踪场

最大跟踪场是指跟踪时瞄准线相对于弹轴允许偏转的最大角范围。它一般受稳定平台框架的限制。

2）最大跟踪角速度

最大跟踪角速度是指跟踪时允许视线偏转的最大角速度。它一般受跟踪系统执行机构角速度或角加速度的限制。追求大的跟踪角速度主要是为了满足全向攻击和攻击高机动目标的要求。

3）视场

视场是指导引系统光学观察的角范围，一般指光学视场。

4）捕获视场

捕获视场是指在搜索扫描情况下，探测系统能够满足捕获条件的视场。从捕获的需求出发，捕获视场越大越好，但从作用距离和抗干扰需求出发，捕获视场会受到限制。

5）帧频

帧频是指红外图像信息的帧重复频率，对于非成像系统来说，通常为调制频率。它是标志探测系统快速性的重要指标。空空导弹红外探测系统的帧频一般为 100～200Hz。

6）最大随动范围

最大随动范围是指导引系统在随动状态下允许瞄准线偏离弹轴的最大偏转角。足够大的随动范围主要是为了满足作战时载机占位与先视先射的要求。

7）最大作用距离

最大作用距离是指系统达到最低探测信噪比要求的探测距离。一般在规定目标、规定高度条件下分尾后和迎头两种情况。迎头作用距离更具有约束力。

8）虚警概率

虚警概率是指系统工作在内部实际噪声条件下截获时间与工作时间之比。当系统工作在自然背景下时，虚警概率将不能准确地用统计检测理论来计算，而只能在标明背景条件下实测其结果。

9）截获概率

截获概率是指当在捕获视场内有满足截获条件的真实目标存在时，系统截获目标的次数与目标出现次数之比。

10）导引信号输出特性

导引系统所输出的导引信号主要包括视线角速度、视线角加速度、离轴角、末端修正指令等。

11）系统去耦能力

当视线角速度为零，且弹体运动（俯仰、偏航及横滚）时，导引系统测出的目标视线角速度输出与弹体运动角速度之比。

12）工作波段

工作波段是指探测系统的响应波段，通常它用起始和截止波长来表征。对双色域或多光谱系统来说，它应分别表示每个响应波段的起、止波长。

13）空间分辨率

空间分辨率是指红外探测系统每个探测器单元的视场角。

14）系统分辨率

系统分辨率是指系统能识别出的两个理想点目标的最小空间角。它主要受光学系统成像质量、相对口径等因素的约束。

15）动态范围

动态范围是指系统在正常工作时最大信号不失真照度与系统灵敏度之比，一般为 80～120dB。

16）跟踪能力

跟踪能力是指在给定目标特性、给定离轴角条件下导引系统稳定跟踪目标的最大角速度。有的系统跟踪能力与离轴角有关。

17）跟踪角加速度

跟踪角加速度是指在提供阶跃驱动电流时跟踪系统单位时间内角速度的增加值。一般陀螺仪稳定平台的系统角速度正比于进动电流，角加速度很大；速率稳定平台的系统角加速度正比于驱动电流，角速度可以很大。

18）跟踪平稳性

跟踪平稳性是指导引系统在跟踪过程中，光轴围绕视线的偏离角的变化量和偏离角的变化速率。

19）跟踪精度

跟踪精度是指光轴与视线之间的误差角。影响跟踪精度的因素有稳态误差、动态误差和零位误差等。

20）跟踪对称性

跟踪对称性是指对于大小相同的视线角速度，同一通道两个方向上输出量之比，完全对称时跟踪对称性为1。

21）跟踪耦合系数

跟踪耦合系数是指在一个通道上有角速度输入时，另一个通道的输出与该通道的输出之比，理想情况下跟踪耦合系数为零。

22）系统响应时间

系统响应时间是指当给定一单位阶跃视线角速度输入时，跟踪角速度的输出达到90%时的时间。

3.3.1.2 探测系统分类及通用模型

导引头作为一种安装在精确制导武器上的目标探测跟踪装置，它的作用是测量飞行器偏离理想运动轨道的失调参数，利用失调参数形成控制指令，送给飞行器控制系统，去操纵飞行器按照期望的轨迹飞向目标。需要注意的是，不同的制导律对于导引头的输出需求各不相同。采用直接法导引时，失调参数是飞行器的纵轴与目标视线之间的夹角；当采用追踪法时，失调参数是飞行器的速度矢量方向与目标视线之间的夹角；如果当精确制导武器采用平行接近法或比例导引法导引时，失调参数则是目标视线转动的角速度。

1）导引头分类

导引头接收目标辐射或反射的能量，确定导弹与目标的相对位置及运动特性，形成引导指令。根据不同的划分原则，导引头可以分为多种形式。

按导引头所接收能量的能源位置不同，导引头可分为以下几种。

- 主动式导引头，接收目标反射的能量，照射能源在导引头内。
- 半主动式导引头，接收目标反射的能量，照射能源不在导引头内。
- 被动式导引头，接收目标辐射的能量。

按导引头所接收能量的物理性质不同，导引头可以分为以下几种。

- 红外导引头，根据目标和背景的红外辐射能量不同，把目标和背景区别出来以达到导引目的的导引头。红外导引头可以分为红外点源导引头和红外成像导引头两大类。红外点源导引头主要用于测量目标辐射和目标偏离光轴的失调（误差）角信号。红外成像导引头可获得目标辐射的分布特征。红外导引头具有制导精度高、抗干扰能力强的特点，具有"发射后不管"的能力，战场隐蔽性好，具有较强的识别目标要害的能力。

- 雷达导引头，利用目标自身或反射电磁波特性，发现目标、测量目标参数及跟踪目标的电子设备。雷达导引头选用微波波段电磁波，不受白天、夜间及气候环境的影响，全天候工作，且导引头自动寻的实现"发射后不管"。

- 激光导引头，利用目标漫反射的激光，捕获跟踪目标，导引导弹命中目标的制导技术。使用最多的是照射光束在弹外的激光半主动制导技术。激光导引头具有制导精度高、目标分辨率高、抗干扰能力强、结构简单、成本低的特点。但激光导引头的正常工作易受云、雾和烟尘的影响。

2）通用导引头二阶传递函数模型

对于导引头而言，由于不同类型导引头的工作原理存在较大差异，因此详细模型各不相同，在进行分析的时候，可以忽略内部细节和工作原理，将不同类型的导引头视为一个弹目视线角速度或弹目视线角的测量装置，这样就可以用一个二阶振荡环节进行描述，同时考虑一定的测量误差，得到传递函数为

$$\dot{q}_{\text{out}} = \frac{1}{T^2 s^2 + 2\xi T s + 1} \dot{q}_{\text{real}} + \Delta\dot{q} \tag{3-75}$$

式中，T 为速率陀螺仪时间常数，ξ 为速率陀螺仪的相对阻尼系数，$\Delta\dot{q}$ 为导引头测量噪声。

3.3.1.3　典型红外导引头非线性数学模型

红外导引头是用来探测目标、获得目标有关信息的系统，主要完成目标探测、目标识别、目标截获、误差信息监测、角跟踪及视线角速度测量、随动与搜索、抗干扰等任务。典型的红外导引头系统主要包括红外探测子系统、跟踪稳定子系统、目标信号处理子系统及导引信号形成子系统等。红外导引头系统基本组成框图如图 3-3 所示。

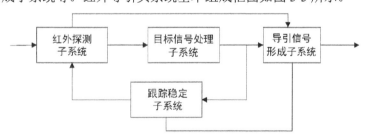

图 3-3　红外导引头系统基本组成框图

其中，红外探测子系统是用来探测目标、获得目标有关信息的系统。

目标信号处理子系统的基本功能是将来自红外探测器组件的目标信号进行处理，识别目标，提取目标误差信息，驱动伺服平台跟踪目标。

跟踪稳定子系统的主要功能是在红外探测子系统和目标信号处理子系统的支持下，跟踪目标和实现红外探测系统光轴与弹体的运动隔离，即空间稳定。红外导引头系统中用的跟踪稳定子系统可以概括地分为动力陀螺式和稳定平台式两大类。

导引信号形成子系统的基本功能是根据导引律从角跟踪回路中提取与目标视线角速度成正比的信号或其他信号，并进行处理，形成制导系统所要求的导引信号。

红外导引头是集光、机、电、精确控制等技术为一体的目标探测、跟踪与随动装置，因此，其详细模型涉及光路设计、图像处理、伺服跟踪等一系列内容。在进行制导律设计与六自由度仿真验证时，主要考虑导引头对于目标的跟踪性能，分析跟踪延迟和噪声误差对于制导回路的影响。

在此，给出一个典型的平台式红外导引头数学模型，该模型能够反映导引头的跟踪性能，并能够反映最大跟踪能力、瞬时视场、框架角的限制，还能够反映弹体姿态扰动的影响。典型平台式红外导引头数学模型如图 3-4 所示。

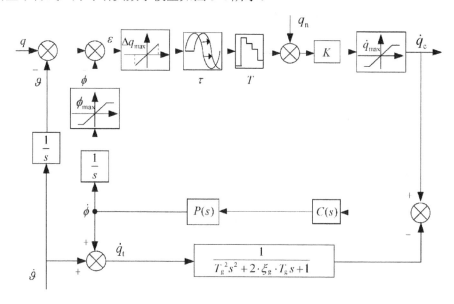

图 3-4 典型平台式红外导引头数学模型

图 3-4 中，q 为目标视线角；K 为跟踪回路控制增益；Δq_{max} 为导引头最大瞬时视场；$\dot{q}_{max}$ 为最大跟踪角速度；$\dot{q}_c$ 为目标视线角速度输出；$C(s)$、$P(s)$ 分别为稳定回路控制器和随动平台数学模型；ϕ_{max} 为框架角限制；T_g、ξ_g 分别为速率陀螺仪时间常数和阻尼系数；$\dot{\vartheta}$、$\dot{\phi}$ 分别为弹体扰动角速度和导引头框架角速度。

3.3.2 惯性测量器件数学模型

飞行器在飞行过程中，需要借助惯性测量器件，获取飞行器的姿态信息和位置信息。对于典型的精确制导武器，典型的惯性测量器件主要包括陀螺仪和加速度计。

3.3.2.1 惯性测量器件性能参数描述

不同的惯性测量器件，虽然其测量范围和工作原理各有不同，但有些通用指标依然用于描述器件性能。在制导控制系统设计时，需要基于相关指标参数进行仿真建模。

1）量程

测量器件的量程表征测量范围。加速度计和陀螺仪的测量范围分别取决于飞行器的机动能力与动态响应性能，机动能力由系统战技指标确定，动态响应性能可以通过飞行控制系统设计与仿真确定。

2）精度

测量器件作为弹上角速度和加速度的测量器件，精度直接影响导弹的导航精度和控制精度。通常用阈值、零偏稳定性（漂移）、零偏重复性、标度因数非线性、标度因数重复性等指标来衡量陀螺仪的精度，用零偏、零偏稳定性（漂移）、零偏重复性、标度因数非线性、标度因数重复性等指标来衡量加速度计的精度。

陀螺仪的精度对飞行控制系统的稳定性和动态响应性能产生一定影响，加速度计的精度对飞行控制系统的过载控制精度产生一定影响，飞行控制系统对惯性测量器件精度的要求可以通过设计与仿真确定。陀螺仪的精度对惯性导航系统的姿态精度造成影响，陀螺仪和加速度计的精度对惯性导航系统的位置精度造成影响。惯性导航系统对测量器件精度的要求可以通过导航精度误差分析确定。

3）频率特性

频率特性表征测量器件的动态响应能力，通常用带宽、幅值衰减、相位滞后等指标来衡量。测量器件频率特性在低频段的幅值衰减和相位滞后影响飞行控制系统刚体控制稳定裕度，因此低频段的频率特性主要取决于刚体稳定性要求；中、高频段频率特性影响弹性体稳定性能；高频段主要考虑全弹结构模态特性和抑制高频噪声的需求。

一般会对测量器件几个重要频率上的幅值衰减、相位滞后指标提出要求，总体而言，要求低频段幅值特性平稳、相位滞后小、高频段幅值特性快速衰减。

4）其他要求

惯性测量器件还需要满足可靠性、维修性、环境适应性、结构体积功耗等要求。

3.3.2.2　典型陀螺仪数学模型

陀螺仪是惯性测量装置最重要的器件之一，主要用于角运动的测量装置。在传统意义上，陀螺仪是指具有定轴性、规则进动性和陀螺效应的高速旋转机电器件。随着科学技术的发展，现代陀螺仪的概念已经不限于高速旋转的仪器，能够自主测量相对惯性空间角速度的各种类型的传感器都被称为陀螺仪。

下面介绍不同陀螺仪的工作原理和典型陀螺仪的数学模型。

1）陀螺仪的分类

根据工作原理进行划分，可以将其分为机电陀螺仪、光学陀螺仪和 MEMS 陀螺仪等。

- 机电陀螺仪主要是在传统机械陀螺仪的基础上，通过改进滚转轴承支架部件，减小干扰力矩，发展起来的各种机电陀螺仪，如液浮陀螺仪、气浮陀螺仪、磁浮陀螺仪、挠性陀螺仪和静电陀螺仪等。
- 光学陀螺仪利用光学的萨奈克（Sagnac）效应，取消了制造精度要求高和高速旋转的机械转子，提高了工作可靠性，降低了制造成本，典型代表包括采用谐振测量法的激光陀螺仪和采用干涉原理测量光程差的光纤陀螺仪。
- MEMS 陀螺仪是在硅片上制造的微陀螺仪，是根据科氏效应原理进行角运动测量的一种微机械系统，具有尺寸小、质量轻、功耗低、可大批量生产等优点，但其精度较低。

2）典型陀螺仪测量模型

在进行陀螺仪建模仿真时，可以将陀螺仪视为一个二阶振荡环节，其传递函数为

$$W_{nt}(s) = \frac{\theta(s)}{\omega_D(s)} = \frac{k_{nt}}{T_{nt}^2 s^2 + 2\xi_{nt} T_{nt} s + 1} \tag{3-76}$$

式中，k_{nt} 为陀螺仪的传递系数，T_{nt} 为速率陀螺仪时间常数，ξ_{nt} 为速率陀螺仪的相对阻尼系数。

3.3.2.3 典型加速度计数学模型

加速度计作为飞行器重要的敏感器件，主要敏感的是运动载体的视加速度（又称比力），即运动载体相对于惯性空间的绝对加速度与引力加速度的差值。基于加速度计测量结果，能够完成飞行器飞行速度、飞行距离和所在位置等导航参数的计算。加速度计基于牛顿第二定律进行载体视加速度的测量，不受外部无线电波的干扰，不需要与地面基地保持联系，不受气候和磁差的影响，是一种完全自主的测量。

1）加速度计的分类

根据加速度计的特点，按照不同的划分方法可以将其分为多种类型。例如，按照检测质量的位移方式分为线加速度计（检测质量作线运动）和摆式加速度计（检测质量绕支承轴转动）；按照支承方式可以分为宝石、挠性、气浮、液浮、磁悬浮等；按照输入轴数目，可以分为单轴、双轴和三轴。在进行命名时，通常综合集中不同分类方法来命名一种加速度计，下面介绍几种主要的加速度计。

- 挠性摆式加速度计属于力平衡式加速度计，由摆组件、永久磁铁、力矩器、信号器等组成，分为金属挠性杆和石英摆式两种，具有体积小、质量轻、结构简单、工艺性好、时间常数小、动态特性高等特点，可以满足中等导航精度的要求，但两种的量程都比较小。
- 振梁式加速度计是一种谐振形式的加速度计，具有结构简单、启动快、稳定性好、可靠性高等特点，但其抗过载能力较差，量程较小。
- 微机械加速度计是一种微电子技术和微机械技术相结合的惯性测量器件，具有体积小、质量轻、结构简单、成本低、可靠性高和抗冲击强等特点，但其精度较低。按照信号的检测方式，还可以细分为硅电容式、硅压阻式、硅压电式、电子隧道式等类型。

2）典型加速度计测量模型

同样，在进行加速度计建模仿真时，可以将加速度计视为一个二阶环节，其传递函数为

$$W_G(s) = \frac{k_{cg}}{T_{cg}^2 s^2 + 2\xi_{cg} T_{cg} s + 1} \tag{3-77}$$

式中，k_{cg} 为加速度计的传递系数，T_{cg} 为加速度计的时间常数，ξ_{cg} 为加速度计的相对阻尼系数。

3.3.3 执行机构系统数学模型

为了实现预期的制导控制任务，飞行器必须借助一定的执行机构完成控制指令。在飞

机和导弹中，常用的执行机构为舵机系统和直接力装置等。其中，直接力装置与火箭发动机类似，下面就主要介绍一下舵机系统的数学模型，包括舵机器件性能参数描述、舵机系统分类及通用模型，以及典型舵机的数学模型。

3.3.3.1　舵机器件性能参数描述

舵机作为制导控制系统的一个重要环节，性能将影响整个制导控制回路的性能，尤其对稳定控制回路来说，是产生相位滞后的主要环节。其典型性能指标如下。

1）传递系数

传递系数表征舵偏指令与舵偏角的对应关系。传递系数的精度会对系统的稳定性与动态响应性能造成影响，通常用传递系数误差来衡量传递系数的精度。传递系数指标的确定需要综合考虑飞行器最大舵偏角、弹上信号传输方式、硬件方案等因素。

2）零位

零位是指在指令为零的情况下舵面实际位置与零位基准间的绝对偏角，通常用机械零位和电气零位来衡量。舵面零位超出一定量值会引起差动副翼，给飞行控制系统带来干扰，影响控制精度。零位指标可通过飞行控制系统设计与仿真确定。

3）频率特性

频率特性表征舵机伺服系统的动态响应能力，通常用带宽、相移和谐振峰值等指标来衡量。带宽对飞行控制系统的动态响应能力、抑制干扰能力和弹性体稳定性造成影响；相移对飞行控制系统的刚体稳定性和弹性体稳定性造成影响；谐振峰值对飞行控制系统的弹性体稳定性造成影响。舵机伺服系统的频率特性直接影响飞行控制系统的开环频率特性，其指标要求可通过飞行控制系统设计与仿真确定。

4）负载能力

飞行器在飞行过程中，伺服系统需要在负载状态下快速、准确响应指令，驱动舵面偏转。负载大小取决于舵面几何形状、舵面偏转角、飞行器攻角等因素。对伺服系统负载能力的要求，体现在综合考虑整个飞行过程中舵面承受的气动负载变化的基础上，对其正操纵与反操纵能力的要求。

5）非线性特性

伺服系统传动装置各部分之间不可避免地存在间隙、摩擦等非线性因素。伺服系统的非线性特性对小信号指令下跟踪精度、动态特性等产生影响，导致飞行控制系统动态性能下降、稳定性降低。通常用位置回环衡量舵系统非线性特性，要求位置回环宽度小于一定的值。

6）最大舵偏角

最大舵偏角定义为舵面相对零位基准的最大偏转角度。伺服系统最大舵偏角必须满足飞行器机动能力要求的配平舵偏及在飞行过程中的动态舵偏需求，取决于飞行器的机动能力、调整比和动态舵偏需求。飞行器的机动能力由武器系统战技指标决定；调整比由气动外形和飞行状态决定；动态舵偏需求可通过飞行控制系统设计与仿真确定。

7）最大舵偏速度

最大舵偏速度定义为舵面偏转的最大角速度，是衡量伺服系统响应速度的重要指标。最大舵偏速度影响飞行控制系统响应过载和抑制干扰的快速性，舵偏速度饱和甚至影响系统稳定性。

8）其他要求

伺服系统还需要满足可靠性、安全性、维修性、环境适应性、结构尺寸等方面要求。

3.3.3.2　舵机系统分类及通用模型

舵机系统作为由许多部件组成的伺服机构，是制导控制系统的执行器件，其作用是根据控制信号操纵舵面偏转以产生操纵飞行器运动的控制力矩，从而实现对飞行器姿态和位置的控制。下面介绍舵机系统的分类及工作原理，以及典型的数学模型。

1）舵机系统分类

舵机系统一般由能源、控制驱动组合、执行机构三部分组成，按舵机采用的能源性质的不同，一般分为电动舵机、液压舵机和气动舵机。

- 电动舵机是以电力为能源的舵机，通常由电动机（直流或交流）、测速装置、位置传感器、齿轮传动装置和安全保护装置等组成。电动舵机的控制方式一般分为直接式和间接式。直接式控制方式是通过控制电动机的电枢电压或激磁电压，直接控制舵机输出轴的转速和转向；间接式控制方式是在电动机恒速转动时，通过控制离合器的吸合来间接控制舵机输出轴的转速与转向。

- 液压舵机是指以液压作为驱动能源的舵机，按其工作方式的不同可以分为直接推动舵面偏转的舵机（通常所指的液压舵机）与通过操纵液压助力器（又称液压主舵机）间接推动舵面偏转的电液副舵机两类。

- 气动舵机是以高压气作为工作介质的舵机，按其工作方式的不同可以分为闭环气动舵机系统和开环气动舵机系统。气动舵机系统主要由控制电路、电磁阀、执行机构等组成。

2）典型舵机系统线性传递函数数学模型

在制导控制系统设计中，为了简化设计难度，在控制系统设计初期，舵机系统通常用传递函数来描述，通常用一个振荡环节和一个纯延迟环节来描述舵机的动态特性，即

$$G_\delta(s) = \frac{\delta(s)}{u_c(s)} = \frac{K_\delta}{(T_\delta^2 s^2 + 2\xi_\delta T_\delta s + 1)} e^{-\tau_\delta s} \tag{3-78}$$

式中，G_δ 为舵机传递函数，$\delta(s)$ 为舵机偏转角度，$u_c(s)$ 为舵机指令，K_δ 为舵机传递系数，T_δ 为舵机时间常数，ξ_δ 为舵机阻尼系数，τ_δ 为舵机延迟。

气动舵机由于工作原理不同，传递函数可以视为一个一阶环节：

$$G_\delta(s) = \frac{\delta(s)}{u_c(s)} = \frac{K_\delta}{T_\delta s + 1} \tag{3-79}$$

3.3.3.3　电动舵机非线性数学模型

下面给出某型电动舵机的详细数学模型。该模型由控制电路、伺服电动机、减速器、PWM 功率放大电路、校正网络、电流反馈和位置反馈等部件组成。电动舵机组成及工作原理如图 3-5 所示，输入指令经校正网络、PWM 功率放大电路驱动伺服电动机转动，经减速器输出舵偏角 δ，同时带动位置反馈装置，位置反馈信号与输入指令比较综合，形成输出舵偏角与指令成比例的位置伺服系统。

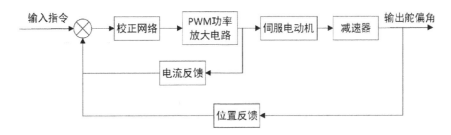

图 3-5　电动舵机组成及工作原理

典型电动舵机数学模型示意图如图 3-6 所示。

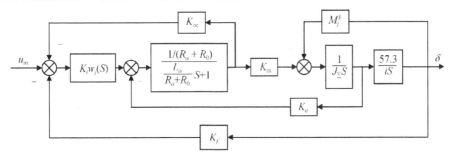

图 3-6　典型电动舵机数学模型示意图

图 3-6 中，R_a、L_a、R_0、S 分别为电动机电枢电阻、电感、电流取样电阻和算子符号；K_m、K_e、K_{oc} 分别为电动机的转矩系数、电势系数和电枢电流反馈系数；K_i、K_f 分别为电路的电压放大系数、舵偏角反馈系数；$J_{\sum}$、M_f^b 分别为舵机的总转动惯量、气动铰链力矩系数；i 为总减速比，$i = i_a \cdot i_b \cdots$。

$$J_{\sum} = J_m + \frac{J_1}{i_a^2} + \frac{J_2}{i_a^2 \cdot i_b^2} + \cdots \tag{3-80}$$

式中，$J_1, J_2, \cdots, J_m$ 为舵机各相应运动部件和电动机转子的转动惯量；$i_a, i_b, \cdots$ 为各级减速比。

3.3.3.4　气动舵机非线性数学模型

气动舵机是以压缩气体（空气、氮气、氦气等）或燃气作为能源的伺服机构，主要由综合放大器、力矩马达、气动伺服阀、气缸摇臂和反馈元件等组成。输入信号通过气动伺服阀控制流入气缸的气体的流量和压力来带动负载运动。

按照气源类型，气动舵机可分为冷气舵机和燃气舵机；按照伺服阀种类，气动舵机可分为滑阀式舵机、喷嘴挡板式舵机和射流管式舵机；按照控制方式，气动舵机可分为线性控制舵机和继电控制式舵机。虽然气动舵机的形式多样，但是动力学特性基本相同，可用统一的数学模型表示。典型气动舵机数学模型示意图如图 3-7 所示。

图 3-7 中，K_i、K_F、K_G、K_{GP} 分别为电路的电压放大系数、电磁力电流系数、气动放大器的流量系数和气动放大器的流量压力系数；K_n、V_0、T_0、p_0 分别为弹簧（或等效弹簧）刚度、气动或液压舵机工作腔的容积、温度（K）和压力；$k = c_p / c_V$ 为工作热容量的比热容，其中 c_p、c_V 分别为工质的比定压热容和比定容热容；R、A_h、L 分别为通用气体常

数、气动或液压舵机活塞的工作面积和摇臂长度；A_n 为喷嘴挡板气动放大器的挡板受喷嘴气流吹力的等效受力面积。

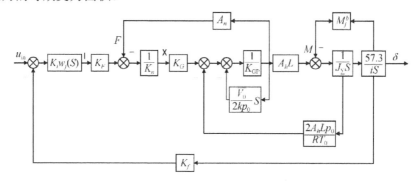

图 3-7　典型气动舵机数学模型示意图

3.3.4　动力系统数学模型

飞行器之所以能够在地球表面飞行，是因为需要动力系统将其速度提升到合适的大小。目前，飞行器的动力系统类型有很多，根据工作原理可以将其分为火箭发动机和航空发动机两大类型。其中，火箭发动机包括固体火箭发动机、液体火箭发动机、冲压发动机等；航空发动机包括活塞发动机、喷/涡扇发动机、涡桨/涡轴发动机等。

飞行器在飞行过程中，质量变化主要是由燃料消耗引起的，因此，在建立飞行器推力模型时，通常会搭建与之相关的质量变化模型。

3.3.4.1　动力系统性能参数描述

在构建发动机数学模型之前，需要了解发动机的典型参数，包括总冲、推力比冲、单位燃烧消耗率、推重比、质量比、单位推力。

1）总冲

发动机对工作时间的积分定义为发动机的总冲（单位：N·s）。

$$I = \int_0^{t_a} P \mathrm{d}t \tag{3-81}$$

式中，t_a 为发动机的工作时间，定义为发动机点火后推力上升到额定推力的10%（或5%）的那一点为起点，到发动机推力下降到额定推力的10%（或5%）的那一点为终点，从起点至终点的时间间隔。

总冲是飞行器根据其飞行任务需要对发动机提出的重要性能参数，总冲的大小决定了飞行器航程的长短或有效载荷的大小，是反映发动机工作能力大小的重要指标。

2）推力

发动机的推力是作用于发动机内外表面上作用力的合力，是发动机的主要性能参数之一。

飞行器在飞行时，吸气式发动机所产生的内推力扣除本身的头部附加阻力成为有效推力，如发动机外露，还要减去外皮阻力（包括摩擦阻力、波阻和底部阻力），称为净推力。净推力是吸气式发动机提供导弹飞行的可用推力。

3）比冲

发动机比冲是指消耗单位质量的推进剂所产生的冲量，也称为推进剂比冲（单位：

$N \cdot s \cdot kg^{-1}$），是发动机效率的重要指标，表征了推进剂能量的可利用性和发动机结构的完整性。发动机在整个工作阶段的平均比冲可用下式计算：

$$I_s = \frac{I}{m_F} \tag{3-82}$$

式中，m_F 为推进剂质量。

将每秒消耗 1kg 推进剂产生的推力，即推力与推进剂质量的消耗流量之比称为比推力，即

$$P_{sp} = \frac{P}{\dot{m}_F} \tag{3-83}$$

在固体火箭发动机实验中，精确测量火箭发动机流量较困难，通常利用实验中记录的推力时间曲线计算出总冲，再除以推进剂质量求得平均比冲，因此用比冲表示固体火箭发动机的性能参数。液体火箭发动机易于从实验中测得推进剂的每秒流量，故用比推力表示性能参数。

在航空发动机中，也有比冲的概念，是指每单位的推进剂质量的消耗流量所产生的推力大小，也称为燃料比冲，即

$$I_{sp} = \frac{P}{\dot{m}_F} \tag{3-84}$$

比冲是发动机的主要飞行性能参数，对导弹的飞行弹道有重要意义，因为它直接影响航程和速度增量。对于给定总冲的发动机，比冲越大，所需推进剂的质量就越小，因此发动机的尺寸和质量就可以减小；或者对于给定质量的发动机，比冲越大，导弹的射程或运载载荷就越大。

4）单位燃料消耗率

单位时间燃料消耗量与发动机推力之比（单位：$kg/(N \cdot h)$ 或 $kg/(N \cdot s)$），即

$$\eta = \frac{\dot{m}_F}{P} \tag{3-85}$$

由式（3-84）和式（3-85）可见，单位燃料消耗率与比冲互为倒数。它表示产生 1N 推力单位时间内需要消耗多少质量的燃料，是发动机工作过程经济性的一个标志。它与燃料或推进剂所含能量的高低、发动机类型和工作状态相关。同时，它的大小还取决于发动机工作过程组织的完善程度。

5）推重比

发动机的推力与发动机在当地所受重力之比称为发动机的推重比。它反映了动力装置的质量特性，对导弹的飞行性能和承载有效载荷的能力都有直接影响。因此，在对发动机的评价中，推重比是一个重要指标。

6）质量比

质量比是指推进剂质量与动力装置总质量（含装药质量）之比，即装药质量占动力装置总质量的比重。这反映了发动机结构的设计质量，体现了发动机的设计水平。

7）单位推力

在吸气式喷气发动机中，单位质量流量的空气产生的推力称为单位推力（单位：$N \cdot s \cdot kg^{-1}$），即

$$P_s = \frac{P}{\dot{m}_a} \tag{3-86}$$

在给定发动机尺寸和飞行状态后，单位推力越大，绝对推力也越大。

3.3.4.2 典型火箭发动机数学模型

火箭发动机就是利用冲量原理，在不依赖外界空气的情况下将自身携带的燃料变成高速射流，基于牛顿第三定律而产生推力。火箭发动机可用于航天器推进、火箭推进，以及导弹和火箭弹等武器。

1）火箭发动机分类

根据燃料的不同，火箭发动机主要包括固体火箭发动机和液体火箭发动机两大类型。

- 固体火箭发动机是以固体推进剂为燃料的火箭发动机，主要由固体推进剂药柱、燃烧室、喷管和点火装置等组成。其推进剂被做成一定形状的药柱装填在燃烧室中，药柱直接在燃烧室中点燃并燃烧，产生高温高压的燃烧产物由喷管高速喷出产生反作用推力。固体火箭发动机的突出优点在于结构简单，维护使用方便，操作安全，工作可靠，成本相对较低。固体火箭发动机的缺点在于比冲较低，性能受外界环境温度影响较大，工作时间较短，可调性（如推力大小的调节、方向的改变和多次点火方面）都比较差。

- 液体火箭发动机是使用液体推进剂的火箭发动机，利用推进剂在燃烧室内雾化、混合、燃烧产生的高温高压的燃气，经过喷管进行膨胀、加速后以超声速喷出产生推力。液体火箭发动机主要由推力室、推进剂及装载推进剂组元的贮箱、推进剂供应系统、阀门、调节器及发动机总装元件等组成。液体火箭发动机的缺点是本身的质量较小，特别是对于大推力、长时间工作的发动机，比冲高，可多次启动、关机及调节推力；发动机工作时间较长，推进剂本身的造价较低等。液体火箭发动机的缺点是推进剂输送、储存系统复杂，不便于长期储存，不便于维护使用等。

2）典型火箭发动机推力模型

在工程实践中，火箭发动机的模型主要有两种形式：一种是根据秒流量和压力等参数建立的计算模型；另一种是根据发动机地面试车数据建立的插值模型。

在建立理论计算模型时，由于火箭发动机与自由来流无关，因此推力 P 与飞行器的飞行速度无关，推力为

$$P = \dot{m}_F u_e + (p_e - p_a)A_e \tag{3-87}$$

式中，$\dot{m}_F$ 为秒推进剂的消耗量（kg/s）；u_e 为喷管出口截面处燃气流的速度（m/s）；A_e 为喷管出口截面面积（m²）；p 为压力，下标 e 和 a 分别表示出口气流和自由流的状态（Pa 或 N/m²）。

在工程实践中，根据发动机地面试车数据建立插值模型。在进行制导控制系统数学仿真和半实物仿真时，通常根据飞行器总体或动力系统设计方提供的数据搭建推力模型和质量下降模型，通常是一组随时间变化的推力曲线和质量曲线。对于一些受温度影响较大的发动机，发动机模型通常为随时间和温度变化的推力变化曲线，在使用时，通过对当前飞行时间和飞行环境温度进行插值来得到当前推力大小和质量变化。图 3-8 所示为两款火箭发动机地面试车数据模型。

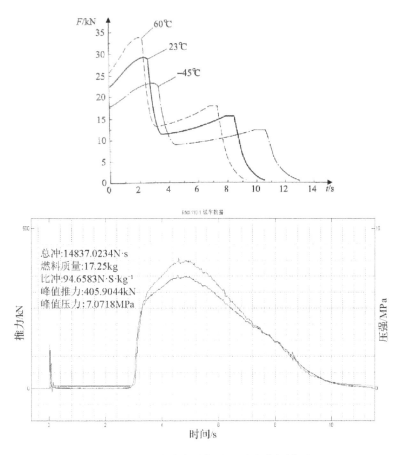

图 3-8　两款火箭发动机地面试车数据模型

3.3.4.3　典型航空发动机数学模型

航空发动机是一种高度复杂和精密的热力机械，作为飞机的心脏，不仅是飞机飞行的动力，也是促进航空事业发展的重要推动力，人类航空史上的每一次重要变革都与航空发动机的技术进步密不可分。

1）航空发动机分类

经过百余年的发展，航空发动机已经发展成为可靠性极高的成熟产品，正在使用的航空发动机包括涡轮喷气/涡轮风扇发动机、涡轮轴/涡轮螺旋桨发动机、冲压发动机和活塞式发动机等类型，被广泛用于各种用途的军用飞机、民用飞机、无人机和巡航导弹等飞行器。

- 活塞式发动机是最早使用的航空发动机，其工作原理是指活塞承载燃气压力，在气缸中进行反复运动，并依据连杆将这种运动转变为曲轴的旋转活动。其主要结构由气缸、活塞、连杆、曲轴、气门机构、螺旋桨减速器、机匣等组成。在第二次世界大战结束后，由于涡轮喷气发动机的发明而开创了喷气时代，活塞式发动机逐步退出主要航空领域。目前，活塞式发动机主要应用在轻型低速飞机和各种无人机上。
- 涡轮喷气发动机的结构由进气道、压气机、燃烧室、涡轮和尾喷管组成，战斗机的涡轮和尾喷管间还有加力燃烧室。其工作原理是在燃气发生器出口处安装了尾喷管，将高温高压燃气的能量通过尾喷管（推进器）转变为燃气的动能，使发动机产生反作用推力。涡轮喷气发动机具有加速快、设计简便等优点，但在低速下耗油量大，效率较低。

- 涡轮螺旋桨发动机，由螺旋桨、燃气发生器和减速器组成。其工作原理是在燃气发生器出口增加动力涡轮，涡轮螺旋桨发动机将燃气发生器产生的可用功大部分或全部从动力涡轮轴上输出，通过减速器驱动飞机的螺旋桨产生拉力。由于螺旋桨的直径较大，转速要远比涡轮低，并且结构复杂，制造成本高，所以适用速度不能太高。目前，涡轮螺旋桨发动机主要应用在中低速飞机或对低速性能有严格要求的巡逻、反潜或灭火等类型飞机上。

- 涡轮风扇发动机有内外两个涵道，在内涵通道燃气发生器出口增加动力涡轮，将燃气发生器产生的一部分或大部分可用功通过动力涡轮传递给外涵通道中的压气机。目前，民用客机都采用大涵道比的涡轮风扇发动机，而军用歼击机所用的涡轮风扇发动机则为带有加力燃烧室的小涵道比的涡轮风扇发动机。

- 涡轮轴发动机主要用于直升机动力系统，同样有进气道、压气机、燃烧室和尾喷管等基本组件，其特有的自由涡轮位于燃烧室后方，高能燃气对自由涡轮做功，通过传动轴、减速器等带动直升机的旋翼旋转，从而升空飞行。

2）典型航空发动机推力模型

与火箭发动机推力模型类似，航空发动机推力模型可以分为理论计算模型和试验数据插值模型两种类型。

航空发动机的理论计算模型的输出变量是其产生的推力，推力大小与来流的空气情况、燃料情况均相关。典型计算过程如下：

$$F = m_e V_e - m_0 V_0 + (p_e - p_0)A_e \tag{3-88}$$

式中，F 为发动机推力，单位为 N；m_e 为流出发动机的燃气质量，单位为 kg；V_e 为流出发动机的燃气速度，单位为 m/s；m_0 为进入发动机的空气质量，单位为 kg；V_0 为进入发动机的空气速度，单位为 m/s；A_e 为喷口截面积，单位为 m^2；p_e 为喷口气体压力，单位为 MPa；p_0 为外界大气压力，单位为 MPa。

在飞行过程中，式（3-88）等号右端自变量的变化都与发动机的转速相关，而发动机的转速又由发动机的供油量决定，因此式（3-88）可改写为如下形式：

$$F = f(m_f) \tag{3-89}$$

对式（3-89）等号两端进行拉普拉斯变换，并将发动机的动态近似为一个惯性环节，可以得到发动机数学模型的传递函数：

$$G(s) = \frac{F(s)}{m_f(s)} = \frac{K}{Ts+1} \tag{3-90}$$

传递函数的输入为发动机供油量 m_f，输出为发动机的推力 F。式（3-90）中惯性环节的增益 K 为发动机放大系数，表示供油量所产生的推力值；T 为发动机时间常数，表示供油量变化到发动机推力改变的时间延迟。

在进行制导控制系统仿真时，同样可以根据试车数据来搭建航空发动机的插值模型。其区别在于发动机的变化因素较多。例如，图 3-9 所示为美国 GE F404-400 型的发动机推力数据曲线，从图中可以看出，该型发动机推力大小与飞行速度和飞行高度相关。图 3-9 中，横坐标为马赫数，纵坐标为推力，曲线为不同高度的推力随马赫数的变化曲线。

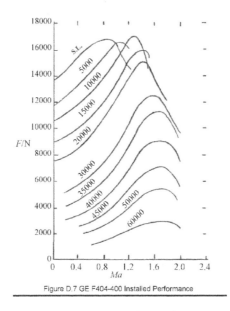

Figure D.7 GE F404-400 Installed Performance

图 3-9　美国 GE F404-400 型的发动机推力数据曲线

3.4　飞行环境模型

飞行器在地球大气层内飞行时，会一直受到地球引力和大气环境的影响，由于不同高度、不同经纬度下的大气重力、大气参数均有所变化，因此，为了全面考核飞行器在各种环境下的工作性能，评估环境因素对于控制性能和制导精度的影响大小，需要根据仿真任务需求，建立不同精细程度的环境模型。飞行环境模型主要包括地球重力场模型、大气参数模型、大气风场模型和地球海浪模型等。

3.4.1　地球重力场模型

所有飞行器在飞行过程中，都需要克服地球重力的影响。因此，在飞行器建模时，需要根据需求建立地球重力场模型，根据飞行器状态计算当前位置的重力加速度。

3.4.1.1　地球重力场模型简介

重力加速度是度量地球重力大小的物理量。按照万有引力定律，地球各处的重力加速度应该相等，但是由于地球的自转和地球形状的不规则，造成各处的重力加速度有所差异，与海拔高度、纬度和地壳成分、地幔深度密切相关。为了研究地球引力对于科研生产和人类生活的影响，科研人员建立了多种精度的地球引力模型，并广泛应用在大地测量学、地球物理学、地球动力学、地质学、海洋学、生物学、空间和军事等领域。

地球重力场模型是地球重力位的数学表达式，是一个逼近地球质体外部引力位在无穷远处收敛到零值的（正则）调和函数，通常展开成一个在理论上收敛的整阶次球谐或椭球谐函数的无穷级数，这个级数展开系数的集合定义为一个相应地球重力场模型。

1）地球重力场模型描述形式

地球内部质量分布的不规则性，导致地球重力场不是一个按简单规律变化的力场。但从总的趋势来看，地球非常接近于一个旋转椭球，因此可将实际地球规则化，称为正常地球，与它相应的地球重力场称为正常重力场。它的重力位称为正常位 U，重力称为正常重力 γ_0。某点的正常重力方向是正常重力场重力线的切线方向。

目前，地球重力场模型的描述方法主要包括两种。

一种方法是拉普拉斯方法。将地球引力位表示成球谐函数级数，取其头几个偶阶项作为正常位，并根据正常位求得正常重力，同它相应的正常地球是一个扁球，称为水准扁球。它的表面是一个正常位水准面。由于正常位是表示为级数形式的，所以随着选取的项数不同，扁球形状相应有所改变。

另一种方法是斯托克斯方法。先假设正常位水准面的形状是一个精确的旋转椭球，然后根据地球质量 M 和自转角速度 ω 求它的外部重力位和重力，这样得到的正常位是封闭形式的。相应的正常地球就是表面为正常位水准面的旋转椭球。

2）常用的地球重力场模型

目前，地球重力场模型已成为诸多学科和领域共同需求的基础资料。近 30 年来，随着卫星等测量手段的不断进步，构制地球重力场模型的机构已增至数十个，模型的种类、精度、分辨率都在不断增加和提高。模型的最高阶次迄今为止已高达 360，相应的位系数个数已由早期数十个增至现在 13 万多个。地球重力场的传统测量方法主要包括 3 种：地面重力观测技术、海洋卫星测高技术、卫星轨道摄动技术。

近些年来，随着利用卫星跟踪卫星（Satellite-Satellite Tracking，SST）技术和卫星重力梯度测量（Satellite Gravity Gradiometry，SGG）技术确定高精度全球重力场的计划的顺利实施，基于 CHAMP、GRACE 与 GOCE 新一代卫星重力探测计划的数据，构建了目前常用的地球重力场模型。典型代表包括基于 CHAMP 实测数据建立的全球重力场模型，如 EIGEN-CHAMP03S，基于 GRACE 卫星实测数据的 GGM02S、WHIGG-GEGM01S 等，基于联合观测数据的 EIGEN-CG01C、EIGEN-CG03C、EIGEN-GL04S1，被广泛应用在测绘、地球动力学解释、地震监测、海洋环境、导弹发射、水下导航等领域。

3.4.1.2　飞行器仿真常用的地球重力场模型

对于在轨卫星而言，微小的重力差异会对长时间在轨飞行的卫星带来较大轨道误差，并且轨道修正能力有限，因此，在开展卫星轨道仿真时，需要构建高精度的地球模型，研究长时间在轨情况下的轨道变化和控制能力。而对于大气层内飞行的飞行器而言，其飞行时间较短，且均具备较强的轨迹修正能力，因此，对于地球重力场模型的精细程度要求不高，主要考虑气动力的影响和变化。因此，在开展飞行器制导控制系统仿真时，对地球重力场模型的要求主要用于根据飞行器当前的位置信息，求取所在位置的重力加速度大小。在设计时，通常根据不同的仿真对象和仿真任务，选择合适的重力加速度计算模型。

1）常值重力加速度

对于近程空空导弹、反坦克导弹等武器，由于其飞行时间短、高度变化小，因此，重力变化的影响不大。在仿真计算时可以将重力加速度设置为 $g=9.8\mathrm{m/s^2}$，或者参照国际民用航空组织对标准大气的规定，选取平均重力加速度为 $g=9.80665\mathrm{m/s^2}$。

2）重力加速度随高度变化

对于一些高度变化比较大的飞行器，如防空导弹等，需要考虑地球重力随高度的变化，此时，可以将地球视为一个质量集中在质心的标准球体。

根据万有引力定律，高度 h 处的重力加速度计算公式为

$$g = g_0 \frac{R_0^2}{(R_0 + h)^2} \tag{3-91}$$

式中，$g_0 \approx 9.81\text{m/s}^2$；$R_0$ 为地球平均半径 $6371\,\text{km}$；h 为飞行器高度，单位为 km。

3）重力加速度随纬度变化

由于地球绕自转轴以大约 $0.25'/\text{s}$ 的角速度转动，飞行器受到的重力等于地球重力和由于地球自转引起的离心力的矢量和，因此不同纬度下的重力加速度大小是不同的。例如，在赤道处的重力加速度为 $9.78\,\text{m/s}^2$，在南北两极处的重力加速度为 $9.83\,\text{m/s}^2$。因此，对于一些纬度变化比较大的飞行器，可以根据地理纬度计算出当地的重力加速度大小。

$$g = g_0 \left(1 + 0.0052884 \sin^2 B - 0.0000059 \sin^2 2B\right) \tag{3-92}$$

式中，$g_0 \approx 9.81\text{m/s}^2$，$B$ 为地理纬度。

4）WGS84 地球模型中的重力加速度计算方法

在某些飞行距离长、距离比较远、精度要求比较高的飞行器仿真中，地球重力模型可以采用美国国防部在 1984 年构建的世界大地测量系统（WGS84）。在 WGS84 地球模型中，给出了椭圆地球表面处某一给定纬度处的理论重力加速度计算方法：

$$g = g_e \left(\frac{1 + k \sin^2 \mu}{\sqrt{1 - e^2 \sin^2 \mu}}\right) \tag{3-93}$$

其中：

$$k = \frac{c g_p}{a g_e} - 1$$

式中，μ 为纬度大小；a 为赤道半径，值为 6378137.0m；c 为地球极半径，值为 6356752.3142m；g_e 为赤道上的正常重力，值为 $9.7803253359\,\text{m}\cdot\text{s}^{-2}$；$g_p$ 为两极的正常重力，值为 $9.8321849379\,\text{m}\cdot\text{s}^{-2}$；$e$ 为第一偏心率，值为 0.081819190842622。

当求取飞行器在地球某一个高度时的重力加速度时，WGS 用截尾泰勒级数展开表示正常重力（g_h），经过整理，得到如下计算公式：

$$g_h = g + \left[1 - \frac{2}{a}\left(1 + f + q - 2f \sin^2 \mu\right) h + \frac{3}{a^2} h^2\right] \tag{3-94}$$

其中：

$$q = \frac{\omega^2 a^2 c}{\text{GM}}$$

式中，f 为地球扁平参数，值为 $1/298.257223563$；ω 为地球自转速率，值为 $7.292115 \times 10^{-5}\,\text{rad}\cdot\text{s}^{-1}$；GM 为地球引力常数，值为 $3.986004418 \times 10^{14}\text{m}^3\cdot\text{s}^{-2}$。

3.4.2　大气参数模型

飞行器在飞行过程中，主要操作力来源于气动力，由空气动力学和飞行力学的相关知识可知，气动力的大小与空气密度直接相关，并且对于一些浮空器而言，浮力大小与飞行器所在高度的大气压强和温度也密切相关。因此，在开展飞行器制导控制系统设计时，需要构建能够反映飞行器所在高度和位置的大气状态参数（压强、密度、温度及声速等）变化模型。

在实际大气中，各项大气状态参数的变化是复杂的，它们不仅随高度变化，而且与地理纬度、季节、昼夜及其他偶然因素有关。在进行控制系统设计时，为了评估大气参数对于制导控制性能的影响，需要根据任务需求，选择合适精度的大气模型，根据飞行器的经、纬、高和时间，计算其当地位置的大气参数。目前，在开展飞行器的制导控制系统建模时，常用的大气模型主要包括各种标准中规定的大气模型，以及来源于历史测量数据的实测数据模型。

3.4.2.1 大气参数的变化规律

地球大气是由多种气体组成的混合气体，受地球引力、大陆分布、地球自转等因素的影响，大气中的压强、密度和温度等参数，也会随着高度、纬度和季节等参数变化，并呈现出一定的变化规律。下面简要根据气体状态方程和流体静力学平衡方程导出大气变化规律。

根据物理学中相关内容可知，气体状态方程为

$$p = \frac{\bar{R}}{\mu} \rho T \tag{3-95}$$

式中，$\bar{R}$ 为通用气体常数，值为 8.31431 ± 0.31（J / mol·K）；μ 为气体分子数，在高度为 $0 \sim 90\text{km}$ 时取 $\mu = \mu_0 = 28.964$。由式（3-95）可以看出，大气参数（p、ρ、T）中的任意两个参数已知，可求出第三个参数。所以这三个参数中只有两个是独立的。

在实际使用中，气体状态方程常采用的形式为

$$p = Rg_0 \rho T \tag{3-96}$$

式中，$R = \dfrac{\bar{R}}{\mu g_0}$ 称为标准气体常数，$R = 29.27\text{N}\cdot\text{m}/(\text{kg}\cdot\text{K})$

1）温度随高度的分布规律

温度随高度的变化，在高度为 $0 \sim 80\text{km}$ 时可近似用一组折线来表示温度与高度的变化关系，可以用直线方程来描述各段的变化规律：

$$T(h) = T_0 + Gh \tag{3-97}$$

式中，T_0 为每一层底部的温度；G 为每一层的温度梯度；h 为距该层底部的高度。

显然，对于不同的层，温度梯度取值不同。例如，在对流层中，取 $G = 0.65\text{K} \times 10^{-2}/\text{m}$；在同温层中，取 $G = 0$。

2）气压随高度的分布规律

大气的实际压强 p 和气温一样，变化是复杂的。为了求得其标准分布，引入"大气垂直平衡"假设，即认为大气在铅垂方向是静止的，处于力的平衡状态。在此，参考相关资料，直接给出气压随高度的变化规律模型（详细推导过程可参考其他资料）：

$$p = p_0 e^{-\frac{1}{R} \int_0^H \frac{dH}{T}} \tag{3-98}$$

式中，p_0 为高度在零处的大气压强，H 为地势高度，相当于具有同等势能的均匀重力场中的高度。

3）密度随高度的分布规律

由气体状态方程可以推导出密度随高度的分布规律，如下所示：

$$\frac{\rho}{\rho_0} = \frac{T_0}{T} \mathrm{e}^{-\frac{1}{R}\int_0^H \frac{\mathrm{d}H}{T}} \tag{3-99}$$

3.4.2.2　常用的标准大气模型

在工程实践中，通常采用大气模型来计算指定位置的大气参数。大气模型包含了大气的各种参数值，模型中提供了温度、气压、密度和风等大气环境的各种数据和公式，是飞机、导弹、火箭等飞行器设计中的重要依据。大气模型的研究发展历史可以追溯到 19 世纪中期，经过多年的发展，各个国家、国际组织和众多科研机构已经制定和发布数十个大气模型。这些大气模型各有特点，适用的地区各有不同。

大气模型是大气结构和变化过程的数据、公式、表格和程序，通过对大量测量数据进行统计和理论分析而建立。标准大气是以实际大气特征的统计平均值为基础，并结合一定的数值计算所形成的计算模型，它反映了大气状态参数的平均状况。按照大气参数信息是否随纬度季节变化分为"标准大气"和"参考大气"；按照覆盖区域分为"全球大气模型"和"区域大气模型"；按照高度分为"低层大气模型""中层大气模型"和"热层大气模型"。

在飞行器设计过程中的不同阶段，设计人员可以根据其任务需求、飞行器的地理区域和高度范围，选择不同空域和特征的大气模型。下面介绍几种在飞行器设计过程中常用的大气模型。

1）美国标准大气模型

美国标准大气模型是由美国航空航天局、美国空军等机构联合起草和制定的，历经 1962 年、1966 年、1976 年等多个版本的完善和补充。美国标准大气模型是在无线电探空仪、火箭和卫星等手段得到的温度观测数据的基础上，对数据进行修正和拟合的，利用图表的形式提供了温度、压力、密度、声速、动态、运动黏度、热传导率等参数随高度的变化趋势。

需要注意的是，美国标准大气模型仅能代表全球平均值或中纬度地区（南北纬 45°）年平均值，并且模型中不包含大气风场的变化。

2）国际标准化组织大气模型

国际标准化组织大气模型是由国际标准化组织制定的，主要包括 ISO 2533—1975《标准大气》和 ISO 5878—1982《航空航天用参考大气》。

其中，ISO 2533—1975《标准大气》提供了在 0～80km 高度范围内随位势高度和几何高度变化的大气参数信息，包括温度、压力、密度、重力加速度、声速、动力黏度、运动黏度、导热系数、压力高度、空气数密度等参数。标准大气模型假设大气是理想气体，不受潮湿和灰尘的影响，模型近似于北纬 45°的年平均数值，在用于其他纬度和特定月份时，存在一定偏差。

ISO 5878—1982《航空航天用参考大气》提供了在 0～80km 高度范围内，随季节、经度、纬度和日期变化的大气参数垂直分布信息，包含北纬 15°年平均模型；北纬 30°、45°、60° 和 80°季节模型；北纬 60° 和 80°对流层和中间层冷暖模型等信息。该模型假设大气为理想气体，南、北半球模型的月份相差 6 个月，其数据和结构完全相同。另外，ISO 5878—1982《航空航天用参考大气》的附录中基于气球探空观测和圆形正态分布估计，给出了北半球 25km 以下 1 月份和 7 月份风场参数的平均值和标准方差；附录中基于探空观测所得相对湿度和温度的测量数据，给出了北半球 10km 以下 1 月份和 7 月份的大气湿度的参考值。

3）全球参考大气模型

全球参考大气模型是由美国国家航空航天局的马歇尔太空飞行中心环境部制定的，经过多年的修订，已经形成了一个系列，包括原始模型 1974—1975 版、修正模型 1976 版、修正模型 1980 版、GRAM—1986、GRAM—1988、GRAM—1990、GRAM—1995、GRAM—1999、GRAM—2007，最新发布的版本是 GRAM—2010。

全球参考大气模型能够计算任意高度、任意月份和任意位置的地球大气参数（包括温度、密度、压力、风场）的平均值和标准偏差，还能提供任意轨道、任意参数的统计偏差数据。美国国家航空航天局各个中心、众多政府部门、工厂和大学将其广泛应用到各种工程项目中，如航天飞机、X-37、国际空间站、Hyper-X 计划等。

全球参考大气模型的缺点是不能预测任何大气参数数据，并且没有考虑偶发的高纬度热层扰动、极光活动、高纬度平流层变暖扰动、厄尔尼诺现象等。但该模型允许用户将随机扰动的幅值进行调整，并且最新版本中允许用户自行添加密度、温度、压力和风的轮廓等信息，替代模型中原有的数据。

4）MSISE 大气模型

MSISE（Mass Spectrometer and Incoherent Scatter Empirical）模型是由 Picone 和 Hedin 设计开发的全球大气经验模型。MSIS 是指质谱仪和非相干散射雷达，标志 E 表示该模型从地面覆盖到逸散底层。该模型描述了从地面到热层高度范围内（0~1000km）的中性大气密度、温度等大气物理性质。该模型是在长时间的观测数据基础上建立起来并不断更新的，主要数据源为火箭探测数据、卫星遥感数据和非相干散射雷达数据等。模型是通过采用低阶球谐函数拟合大气性质随经纬度、年周期、半年周期、地方时的变化而建立的。最初的模型是 Hedin 等在 1977 年设计建立的，而后在 MSIS83、MSIS86 两个版本中得到改进，并在目前较为常用的 MSISE90 版本中,将高度范围由以前的 90~1000km 扩展为 0~1000km,现在较新的版本是由美国海军研究实验室进一步改进得到的 NRLMSISE00 经验大气模型。

MSIS 大气模型根据设定的时间、经度、纬度和高度等信息，能够得到中性大气温度和总体大气密度，以及氦原子、氧原子、氢原子、氮原子、氩原子等物理粒子的数量密度，主要用于在高空大气中的各项物理特性研究，以及近地航天器定轨预报等研究领域。

5）中国国家军用标准大气模型

GJB 365.1—1987《北半球标准大气》和 GJB365.2—1987《高度压力换算表》假定空气为理想气体，给出了温度、压强、密度、自由落体加速度、大气成分、声速、粒子碰撞频率、黏性系数、比重、热传导系数。这两个标准基本等同于 ISO 2533—1975《标准大气》。

GJB 366.1—1987《航空与航天用参考大气（0~80km）》、GJB 366.2—1987《大气风场（0~25km）》和 GJB 366.3—1987《大气湿度（0~25km）》三个标准提供了 0~80km 之间大气特性参数随时间和空间的变化，基本等同于 ISO 5678—1982《航空航天用参考大气》。

GJB 5601—2006《中国参考大气（地面~80km）》由中国人民解放军总参谋部大气环境研究所起草，于 2006 年发布，可用于中国人民解放军及各个研究所进行航空器、航天器及运载工具和导弹等武器装备的设计和试验，以及军事气象保证及相关科学研究工作。该标准给出了中国北纬 15°~50°、东经 75°~130°,5°×5°共 46 个经纬格点，地面~80km 高度内规定几何高度上的大气参数值，在 10km 内间隔 0.5km，10~30km 间隔 1km，30~80km 间隔 2km。根据几何高度和设定的经度、纬度，可以获取大气温度、压力、湿度、密度、风速大小和方向、风垂直切变强度等参数的月平均值和年平均值，并在该标准的附录中给出各项大气参数的统计、计算公式，以及几何高度和位势高度的对应表。

6）其他大气模型

目前，国际上各个国家、国际组织和众多科研机构还发布了其他大气模型。比较典型的包括 ICAO 7488《国际民航组织标准大气手册》，该手册主要用于低层大气。

AFGL-TR-86-0110《大气成分剖面（0～120km）》、AFGL-TR-74-0052《气候因素极限包络》、AFGL-TR-85-0129《18～80km 全球参考大气》、AFGL-87-0226《70～130km 大气层结构模型》，这些模型主要用于中层大气模型。

另外，用于热层大气的模型包括 Jacchia 热层大气模型和马歇尔工程热层模型。其中，Jacchia 热层大气模型包括 Jacchia J70《热层和外大气层经验温度剖面静态模型（90～2500km）》、Jacchia J71《热层和外大气层经验温度剖面静态模型（90～2500km）》、Jacchia J77《热层温度、密度和成分：新模型（90～2500km）》等版本，是美国海军和空军空间目标定轨预报的标准模型。《马歇尔工程热层模型》包括 1988 年和 2002 年等版本，适用于 90～2500km 高度。

3.4.2.3　简化的标准大气计算公式

在进行弹道分析计算中，若将标准大气表的上万个数据输入计算机中，工作量及存储量均是很大的。如果能使用公式计算大气温度、密度、压强、声速等参数，既能节省许多内存容量，又不必进行大量的插值运算，可节省大量计算机时间。杨炳尉在《标准大气参数的公式表示》一文中给出了以标准大气表为依据，采用拟合法得出从海平面到 91km 的标准大气参数计算公式。运用该公式计算的参数值与原表之值的相对误差小于万分之三，可以认为利用这套公式进行弹道分析计算是足够精确的，可代替原标准大气表。

标准大气表用 Z 表示几何高度，它与地势高度 H 有下列换算关系：

$$H = Z / (1 + Z / R_0) \tag{3-100}$$

式中，$R_0 = 6.356.766 \text{km}$。

计算大气表参数的公式是以几何高度 Z 进行分段的，每段引入一个中间参数 W，它在各段代表不同的简单函数。各段统一选用海平面的值作为参照值，以下标 sl 表示，各段大气参数计算公式如下。

1）$0 \text{km} \leqslant Z \leqslant 11.0191 \text{km}$

$$
\begin{aligned}
W &= 1 - H / 44.3308n \\
T &= 288.15W \text{（K）} \\
p / p_{sl} &= W^{5.2559} \\
\rho / \rho_{sl} &= W^{4.2559}
\end{aligned}
\tag{3-101}
$$

2）$11.0191 \text{km} \leqslant Z \leqslant 20.0631 \text{km}$

$$
\begin{aligned}
W &= \exp[(14.9647 - H) / 6.3416] \\
T &= 216.650 \text{（K）} \\
p / p_{sl} &= 0.11953W \\
\rho / \rho_{sl} &= 0.15898W
\end{aligned}
\tag{3-102}
$$

3）$20.0631\text{km} \leqslant Z \leqslant 32.1619\text{km}$

$$W = 1 + [(H - 24.9021) / 221.552]$$
$$T = 211.552W \ (\text{K})$$
$$p / p_{\text{sl}} = 0.025158W^{-34.1629}$$
$$\rho / \rho_{\text{sl}} = 0.032722W^{-35.1629}$$

$$(3\text{-}103)$$

4）$32.1619\text{km} < Z \leqslant 47.3501\text{km}$

$$W = 1 + [(H - 39.7499) / 89.4107]$$
$$T = 250.350W \ (\text{K})$$
$$p / p_{\text{sl}} = 2.8338 \times 10^{-3} W^{-122011}$$
$$\rho / \rho_{\text{sl}} = 3.2618 \times 10^{-3} W^{-13.2011}$$

$$(3\text{-}104)$$

5）$47.3501\text{km} < Z \leqslant 51.4125\text{km}$

$$W = \exp[(48.6252 - H) / 7.9233]$$
$$T = 270.654 \ (\text{K})$$
$$p / p_{\text{sl}} = 8.9155 \times 10^{-4} W$$
$$\rho / \rho_{\text{sl}} = 9.4920 \times 10^{-4} W$$

$$(3\text{-}105)$$

6）$51.4125\text{km} < Z \leqslant 71.8020\text{km}$

$$W = 1 - [(H - 59.4390) / 88.2218]$$
$$T = 247.021W \ (\text{K})$$
$$p / p_{\text{sl}} = 2.1671 \times 10^{-4} W^{122011}$$
$$\rho / \rho_{\text{sl}} = 2.5280 \times 10^{-4} W^{11.2011}$$

$$(3\text{-}106)$$

7）$71.8020\text{km} < Z \leqslant 86.000\text{km}$

$$W = 1 - [(H - 78.0303) / 100.2950]$$
$$T = 200.590W \ (\text{K})$$
$$p / p_{\text{sl}} = 1.2274 \times 10^{-5} W^{17.0816}$$
$$\rho / \rho_{\text{sl}} = 1.7632 \times 10^{-5} W^{160816}$$

$$(3\text{-}107)$$

8）$86.000\text{km} < Z \leqslant 91.000\text{km}$

$$W = \exp[(87.2848 - H) / 5.4700]$$
$$T = 186.870 \ (\text{K})$$
$$p / p_{\text{sl}} = \left(2.2730 + 1.042 \times 10^{-3} H\right) \times 10^{-6} W$$
$$\rho / \rho_{\text{sl}} = 3.6411 \times 10^{-6} W$$

$$(3\text{-}108)$$

9）在 0～91 km 时的声速公式为

$$a = 20.0468\sqrt{T} \ (\text{m} / \text{s})$$

$$(3\text{-}109)$$

3.4.3　大气风场模型

受太阳辐射、地球自转等因素的影响，大气始终处于流动的状态。大气风场的变化对飞行器的影响是多方面的，主要有气动载荷变化、风载荷变化、风切边、风振和阵风干扰等形式，特别是在飞行器速度较低时，或在飞行器尺寸较大时，风场的影响尤为明显，严重时会导致重大飞行事故。在航天方面，1995 年在"亚太 2 号/CZ-2E"火箭发射爆炸事故调查结果中指出两个可能的事故原因：一个是在冬季高空切边风条件下，卫星与运载火箭的特殊链接方式出现谐振，造成卫星局部结构破坏；另一个是在冬季高空切边风条件下，运载火箭整流罩局部结构遭到破坏。在航空方面，对于飞行器影响较大的是风切变和大气紊流，据不完全统计，在过去的二十年里，一共发生了 38 起与风切变有关的民航事故。根据美国国家运输安全委员会的资料可知，在对发生在 20 世纪末的 12 年内的 729 次民航飞机安全事故的统计中可以发现，有关大气紊流的飞行事故约 183 起，占比 25%以上。因此，在进行制导控制系统设计时，必须考虑大气风场环境对于飞行器性能及其制导控制系统的影响。

下面首先介绍风的含义和大气风场的变化特性，然后介绍一下常用的风场模型。

3.4.3.1　风的含义及其变化特性

下面简要介绍风的含义和风场的变化特性。

1）风的含义

在气象学上，将空气运动的水平分量称为风，将垂直分量称为垂直对流。风用风速矢量 V_w 来表示，它的模称为风速，表示单位时间内空气在水平方向移动的距离，单位为 m/s；它的方向用风向来表示，风向是指风的来向，如北风的含义是指从北向南吹的风。气象上表示地面风的风向，一般用 16 个方位来表示。

为了更加精确地表示风向，风的来向常用风向角 a_w 表示，其定义为以北为零，顺时针方向旋转到风的来向，所得的角度。

在进行飞行器设计时，通常将风分解到经向和纬向两个方向进行考虑。

$$u = V_\mathrm{w} \sin\left(a_\mathrm{w} - 180^\circ\right)$$
$$v = V_\mathrm{w} \cos\left(a_\mathrm{w} - 180^\circ\right) \tag{3-110}$$

式中，u 表示风矢量的纬向分量，西风为正，即向东为正；v 表示风矢量的经向分量，南风为正，即向北为正。

根据纬向分量和经向分量求解风速的公式为

$$V_\mathrm{w} = \left(u^2 + v^2\right)^{\frac{1}{2}} \tag{3-111}$$

风向角的求解可以根据经向、纬向的情况分为 5 种：

$$
\begin{aligned}
&u = v = 0 \\
&u = 0, v < 0 \qquad a_\pi = 0^\circ, 360^\circ \\
&u = 0, v > 0 \qquad a_\pi = 180^\circ \\
&u < 0 \qquad a_\pi = \frac{\pi}{2} - \arctan\left(\frac{v}{u}\right) \\
&u > 0 \qquad a_\pi = \frac{3\pi}{2} - \arctan\left(\frac{v}{u}\right)
\end{aligned} \tag{3-112}
$$

2）风场的变化特性

大气风场中的风速大小和方向，会随着高度、经纬度和时间的不同呈现出周期性和随机性变化，并且海陆分布山谷、丘陵等不同的地形地貌，也会对风场造成影响。目前，大气流动主要分布在对流层和平流层，其中，对流层中显著的空气对流会使风场产生剧烈的变化，而平流层的风场主要受大气环流影响，变化过程相对平稳。

根据风场变化周期的长短，将其分为随纬度季节的长周期变化和随昼夜变化的短周期变化。风场的长周期变化主要受全球大尺度大气环流的影响，随纬度、高度和季节呈现一定周期的规律变化，并且与地域相关。例如，中国是典型的季风国家，风速随季节呈现明显的变化规律。而风随昼夜的变化是由太阳辐射热所引起的大气膨胀和收缩产生的，同时与太阳和月球的潮汐，以及地物地貌有关。

3.4.3.2　大气风场模型建立方法及分类

目前，国内外在研究变化风场对飞行器动态特性的影响时，模拟变化风场大致有五种方法：大气动力学数值仿真法、飞行品质规范推荐的典型风模型、实测风场数据、最坏风模型法和工程模拟方法。其中大气动力学数值仿真法通过建立并求解流体力学微分方程来得到流场的数值解，方法复杂，计算量大；飞行品质规范推荐的典型风模型形式过于简单，可用来校核飞行品质，无法用来研究变化风场影响下的飞行危险性；实测风场数据真实，但成本高，数据存储量大，目前主要用于常值平稳风模型的建立；最坏风模型法不能满意地代表真实风场，主要用于考核极限情况下的飞行器性能；工程模拟方法的实质就是从各种风场中气流的流动特点出发，用简单成熟的流体力学方程来描述气流的流动规律，方法简单直观，能突出主要的物理参数的影响。

下面主要介绍基于工程模拟方法建立的几种风场模型。根据风速剖面的分解方式，把风场在风模型的建立中分为平均风、风切变、大气紊流和阵风四种表现形式。参考 GB/T 14410.9—2009《飞行力学　概念、量和符号　第 9 部分：大气扰动模型以及其他相关文献和规范》，给出各种风场模型的概念和常用的风场模型。

3.4.3.3　平均风模型

在进行飞行器仿真时，常用常值风、定常风和平均风来评估稳定风场对于飞行器飞行过程的长周期影响。其中，常值风是指风速矢量不随时间和空间变化的风模型；定常风是指风速矢量不随时间变化的风模型；平均风通常是指特定时间段内风速的平均值，其大小是随着时间和空间不断变化的，是风速的基准值，也被称为准定常风或准稳定风。其表达式为

$$\overline{V_{\mathrm{w}}} = \frac{1}{T}\int_0^T V_{\mathrm{w}}\mathrm{d}t \tag{3-113}$$

式中，V_{w} 为风速矢量；T 为参考时间间隔值。

在工程实践中，平均风模型可以通过直接设定风速大小和风向，来评估飞行器在常值风下的飞行性能；也可以根据目标区域指定月份的风场数据，来建立随高度变化的风速风向插值表；或者参考 GJB 366.2—1987《大气风场（0～25km）》和 GJB 5601—2006《中国参考大气（地面～80 km）》进行构建。

另外，对飞行控制系统进行考核验证时，可采用最恶劣平均风来验证控制系统结构参数和控制性能。其中，最恶劣平均风风速大小可采用飞行地区的最大风速值，或采用 GJB 1172.14—1991《军用设备气候极值　空中风速》给出的中国各个高度的风速极值（见表 3-1）。

在仿真时，风向根据仿真需求，可以设定为迎风、逆风和侧向等类型。

表 3-1　GJB 1172.14—1991《军用设备气候极值空中风速》给出的中国各个高度的风速极值

几何高度/km	风速/（m/s）	月份/月	地点
1	49	12	射阳
2	62	7	锦州
4	72	10	敦煌
6	112	10	宜昌
8	113	1	成山头
10	122	12	通辽
12	134	3	大陈岛
14	138	5	野马街
16	128	5	野马街
18	105	3	红原
20	91	2	太原
22	95	2	太原
24	109	10	榆林港
26	102	2	伊宁
28	104	2	伊宁
30	141	2	伊宁

3.4.3.4　风切变模型

风切变是一种常见的大气现象，指风向、风速在水平或垂直方向突然变化。在航空气象学中，把出现在 600m 以下空气层中的风切变称为低空风切变，是目前国际航空和气象界公认的对飞行有重大影响的天气现象之一，是飞机在起飞和着陆阶段的"无形杀手"。

在飞行器飞行过程中，风切变的出现造成飞行器的气动力出现短时间的突变，对于飞行器的姿态变化产生强烈的扰动作用。根据飞机相对于风向的不同情况，把风切变分为顺风切变、逆风切变、侧风切变和垂直风切变四种形式。其中，顺风切变指的是飞行器在起飞或着陆过程中，风在水平方向上的变化量对于飞行器来讲是顺风，该类风切变令飞行器的对空速度降低，所受升力也随之降低，飞行器下沉，危害较大；逆风切变指的是风在水平方向上的变化量对于飞行器来讲是逆风，该类风切变会提高飞行器的对空速度，增大飞行器所受升力，提升飞行器运行高度，危害相对较轻；侧风切变指的是飞行器从一种侧风或无侧风状态进入另一种明显不同的侧风状态，使飞行器发生侧滑、滚转或者偏转，危害较大；垂直风切变指的是飞行器在运行过程中，突然受到自上而下的下冲气流的情况，该类风切变的强度很大，发生突然，使飞行器突然下沉，危害极大。

切变的强度以单位水平距离或单位高度距离风速变化量来表示。其中，水平风切变强度通常以 1km 距离风速变化量来表示，垂直风切变强度通常以 30m 高度差的风速变化量来表示。

目前，被航空界公认的评定标准主要是以对航空器安全飞行所造成的损害程度为参照，分别对水平风的垂直切变强度和垂直风的切变强度进行分类。表 3-2 给出了水平风的垂直切变强度标准。

表 3-2　水平风的垂直切变强度标准

强度标准	节/30m	数值标准/(m/s)/30m	1/s	对飞行器危害
轻度	<4	0~2	0~0.07	飞行器航迹和空速稍有变化
中度	5~8	2.1~4	0.08~0.13	对飞行器操纵造成很大困难
强烈	9~12	4.1~6	0.14~0.2	有使飞行器失去操纵的危险
严重	>12	>6	>0.2	会造成严重的危害

下面针对微下冲气流、低空急流、锋面流动三种典型的风切变，采用工程化模型的方法，建立起能够描述风切变现象最本质机理及运动过程的简化的数学模型。

1）微下冲气流模型

微下冲气流对飞行器的运动会产生较大的影响，其对飞机起飞降落段的影响很大，容易造成飞行事故。其流体动力学模型化方法是把风切变场视为不可压、无黏、无旋，且不考虑温度变化。在此，选用较为简便的涡环法构建微下冲气流模型。

Woodfield 和 Wood 最早提出了涡环原理模型。其基本原理是在高度 H_i 和水平方向 x_i 上布置一系列强度 Γ_i 的涡环，为了满足边界上风速为零的条件，在 $(-H_i, x_i)$ 上再布置一系列相应的镜像涡环，当赋予 Γ_i 不同值时，可按需要诱导出微下冲气流的流场。

大多数情况下，关心的是对飞行器纵向运动特性的影响，此时可采用微下冲气流的二维模型。Swolinsky 提出了二维微下冲气流的 n 个涡对模型。

单个直线涡的诱导速度与半径 r 和时间 t 的关系为

$$V(r,t) = \frac{\Gamma_0}{2\pi r}\left(1 - e^{\frac{-r^2}{4vt}}\right) \tag{3-114}$$

式中，Γ_0 为第 $t=0$ 时的涡强度，v 为流体表面运动黏性系数，考虑到涡的耗散作用，t 为涡的持续时间。n 个直线涡所诱导的水平和垂直风分量为

$$\begin{cases} u(r,t) = \sum_{i=1}^{n} \frac{\Gamma_{0i}H_i}{2\pi r_i^2}\left(1 - e^{\frac{-r_i^2}{4vt}}\right) \\ w(r,t) = \sum_{i=1}^{n} \frac{\Gamma_{0i}x_i}{2\pi r_i^2}\left(1 - e^{\frac{-r_i^2}{4vt}}\right) \end{cases} \tag{3-115}$$

式中，$H_i = H - H_0$，$x_i = x - x_{i0}$，$r_i^2 = x_i^2 - H_i^2$。

这样就可以利用式（3-115），再根据表 3-3，得到二维微下冲气流模型。

表 3-3　微下冲气流的涡对分布

涡对号	x_{i0}	H_{i0}	Γ_{i0}
1	−8000	±1000	±18000
2	−7000	±1000	±18000

涡对号	x_{i0}	H_{i0}	Γ_{i0}
3	−6000	±1000	±18000
4	−5000	±1000	±18000
5	−4000	±1000	±18000
6	−3000	±1000	±18000
7	−2000	±1000	±30000
8	−1000	±1000	±45000
9	0	±1000	±45000

在其他参数中，$v = 15.0 \mathrm{m}^2 / \mathrm{s}$，$t = 900 \mathrm{s}$。

2）低空急流模型

低空急流是指对流层下层（包括地面边界层）中的强风带。从影响发射飞行器飞行的角度考虑，低空急流可规定为具有如下特征的气流：出现在对流层下层中的一支准管状的狭长的强风带；强风带中心的风速最大，强风带中心（称为低空急流轴）的上下和两侧具有一定强度的风切变。低空急流出现的高度为 $1 \sim 2 \mathrm{km}$ 或 $2 \sim 3 \mathrm{km}$，也可出现在 $300 \sim 700 \mathrm{m}$，甚至更低的高度上。

根据大量的观测统计，边界层急流风剖面有两种类型：第一类表现在距地面某一高度上有一个最大风速值；第二类表现为风速连续增加，但从某一高度起风速增加得相对缓慢。

低空急流模型可按低空平均风剖面和平面自由射流的速度剖面的叠加原理建立。按流体力学原理，自由射流的水平速度分量 $u(x, H)$ 相对最大射流速度 $u_{\max}(x)$ 的关系为

$$\frac{u(x, H)}{u_{\max}(x)} = 1 - \mathrm{th}^2 \left(k \frac{H}{x} \right) \tag{3-116}$$

假设沿水平方向 x 的速度分布是均匀的，则又可以写成

$$\frac{u(x, H)}{u_{\max}(x)} = 1 - \mathrm{th}^2 \left(C_s \frac{H - H_s}{H_s} \right) \tag{3-117}$$

式中，H_s 为表征对称分布的自由射流的最大速度的高度；C_s 为形状因子。

C_s 用来描述最大风速出现的高度 H_s 和射流垂直方向宽度 B 之间的关系。射流宽度是指 7% 最大速度所限定的速度范围，关系式为

$$B = 4 \frac{H_s}{C_s} \tag{3-118}$$

以地面边界层急流模型为例，把自由射流的速度分布叠加到边界层指数模型上，就可得到地面边界层急流的垂直速度剖面为

$$u(x, H) = u_R \left(\frac{H}{H_R} \right)^m + u_s \left[1 - \mathrm{th}^2 \left(C_s \frac{H - H_s}{H_s} \right) \right] \tag{3-119}$$

式中，H_R 为参考高度，u_R 为参考高度的风速大小，两者根据任务进行设置。将式（3-119）稍做变化就得到第二类边界层急流模型：

$$u(x,H) = \left\{ u_R + u_s \left[1 - \text{th}^2 \left(C_s \frac{H - H_s}{H_s} \right) \right] \right\} \left(\frac{H}{H_R} \right)^m \qquad (3\text{-}120)$$

需要注意，射流部分特别是低于最大速度下的射流分量，也受地面边界层的影响。

3）锋面流动模型

锋面在气象学中是指两种不同物理性质特征的空气团之间的分界面。在地面边界层和对流层顶以下的自由大气中，产生强烈风垂直切变的最常见的一种气象条件就是锋。作为经验规则，有人提出，当锋面两侧的地面气温差≥5℃或锋线移动速度≥56 km/h（约为15.56 m/s）时，就可以产生较强的风垂直切变。

建立锋面流动模型有流面分支解方法和涡叠加方法。由于前面已有计算微下冲气流的基础，这里我们仍采用涡叠加方法，风场速度分量的计算公式与式（3-104）相同。锋面流动模型的涡对分布如表3-4所示。

表3-4　锋面流动模型的涡对分布

涡对号	x_{i0} / m	H_{i0} / m	Γ_{i0} /（m²/s）
1	-8000	±1500	±10
2	-6500	±1500	±10
3	-5000	±1500	±10
4	-3500	±1500	±10
5	-1500	±300	±10
6	-1000	±300	±10
7	-500	±300	±6
8	0	±300	±6
9	500	±300	±6

在其他参数中，$v = 15.0 \text{m}^2/\text{s}$，$t = 900\text{s}$，$H_R = 500\text{m}$。

3.4.3.5　离散阵风/突风模型

在考虑大气短周期小尺度风场变化对于飞行器的影响时，一种常用的风场模型是离散阵风模型。在相当短的时间内，风速相对于规定时段平均值的短暂正负变化的风称为阵风。

1）阵风的定义及指标

阵风的特性表现为相对于平均风的偏差，以 W 表示。突风定义为阵风相对于平均风的偏差量，则阵风表示为

$$W（阵风）= \overline{W}（平稳风）+ \Delta\omega（突风） \qquad (3\text{-}121)$$

最大阵风峰值相对于规定时段风速平均值的偏差，称为阵风的振幅。在阵风振幅到达瞬时风速时，即阵风振幅与平均风速之和，称为阵风最大振幅。从阵风开始到达阵风振幅的时段，称为阵风形成时间；从阵风振幅至阵风结束的时段，称为阵风衰减时间。一个阵风从开始到结束的时段，称为阵风持续时间。发生在阵风时段中的阵风的数目称为阵风频数。

2）常用的离散阵风模型

在工程应用上，阵风/突风模型一般根据实测资料统计确定，按突风模型的剖面几何形

状，可以分为矩形、梯形、三角形、正弦形和"1-consine"形等。下面介绍几种常用模型。

三角形阵风模型的表达式：

$$W = \begin{cases} \dfrac{y}{d_m} W_{max} & (0 \leqslant y < d_m) \\ \dfrac{2d_m - y}{d_m} W_{max} & (d_m \leqslant y \leqslant 2d_m) \end{cases} \tag{3-122}$$

梯形阵风模型的表达式：

$$W = \begin{cases} \dfrac{y}{h} W_{max} & (0 \leqslant y < h) \\ W_{max} & (h \leqslant y < 2d_m - h) \\ \dfrac{2d_m - y}{d_m} W_{max} & (2d_m - h \leqslant y \leqslant 2d_m) \end{cases} \tag{3-123}$$

全波长"1-consine"形模型的表达式：

$$W = \begin{cases} 0 & (y < 0) \\ \dfrac{W_{max}}{2}\left(1 - \cos\dfrac{\pi y}{d_m}\right) & (0 \leqslant y \leqslant 2d_m) \\ 0 & (y > 2d_m) \end{cases} \tag{3-124}$$

半波长"1-consine"形模型的表达式：

$$W = \begin{cases} 0 & (y < 0) \\ \dfrac{W_{max}}{2}\left(1 - \cos\dfrac{\pi y}{d_m}\right) & (0 \leqslant y \leqslant d_m) \\ 0 & (y > d_m) \end{cases} \tag{3-125}$$

另外，美国 NASA 使用了一种复合模型，是由梯形模型和"1-consine"形模型复合得到的，被广泛用于航天器的弹道考核中。

$$W = \begin{cases} \dfrac{W_{max}}{2}\left\{1 - \cos\left[\dfrac{\pi}{30}(y - H_{ref})\right]\right\} & (0 \leqslant y < h) \\ W_{max} & (h \leqslant y < 2d_m - h) \\ \dfrac{W_{max}}{2}\left\{1 - \cos\left[\dfrac{\pi}{30}(y - H_{ref} - 2d_m)\right]\right\} & (2d_m - h \leqslant y < 2d_m) \end{cases} \tag{3-126}$$

式中，W 为飞行位置 y 上所对应的阵风速度；W_{max} 为阵风的幅值；H_{ref} 为参考高度位置；d_m 为阵风层的厚度，也被称为阵风尺度，通常取值为 25～150m，或取（2～3）W_{max}；h 为梯形阵风前、后缘阵风速度由 0 增至 W_{max} 所经历的气层厚度。相关研究资料表明：阵风的数值与平均风速大小无关，仅与湍流强度和高度相关。阵风层的尺度反映了阵风在飞行器上的作用时间。

3.4.3.6　大气紊流连续模型

大气总处于湍流运动状态，大气紊流就是发生在大气中的湍流。湍流运动的基本特征是速度场沿空间和时间分布的不规则性。在风出现的同时往往伴随着紊流，紊流在风速剖线中表现为叠加在平均风上的连续随机脉动。与阵风相比，紊流是风场随机连续的变化。

由于实际中大气紊流现象十分复杂，为研究问题方便，需要抓住其主要特征把大气紊流适当地加以理想化。

- 假设大气紊流的统计特性既不随时间变化（认为紊流是平稳的）也不随空间变化（认为紊流是均匀的）。
- 假设大气紊流的统计特性不随坐标系的旋转变化，即与方向无关。
- 假设大气紊流是 Gauss 型的，即速度大小服从于正态分布。
- 处理紊流对飞行器飞行影响时，可以把大气紊流"冻结"，这个假设称为泰勒（Taylor）冻结场假设。

目前，工程上常常根据实测数据确定紊流运动的经验谱函数。常用来描述大气紊流的模型有 Dryden 模型和 Von Karman 模型，详细推导过程请参见相关参考文献。

Dryden 模型的纵向和横向频谱函数描述如下：

$$
\begin{aligned}
&\Phi_{uu}(\Omega) = \sigma_u \frac{L_u}{\pi} \times \frac{1}{1+\left(L_u\Omega\right)^2} \\
&\Phi_{vv}(\Omega) = \sigma_v \frac{L_v}{\pi} \times \frac{1+12\left(L_v\Omega\right)^2}{\left[1+4\left(L_v\Omega\right)^2\right]^2} \\
&\Phi_{ww}(\Omega) = \sigma_w \frac{L_w}{\pi} \times \frac{1+12\left(L_w\Omega\right)^2}{\left[1+4\left(L_w\Omega\right)^2\right]^2}
\end{aligned}
\tag{3-127}
$$

Von Karman 模型根据理论和测量数据，导出大气紊流的能量频谱函数。其紊流分量频谱描述如下：

$$
\left.
\begin{aligned}
&\Phi_{uu}(\Omega) = \sigma_u \frac{L_u}{\pi} \times \frac{1}{\left[1+\left(aL_u\Omega\right)^2\right]^{5/6}} \\
&\Phi_{vv}(\Omega) = \sigma_v \frac{L_v}{\pi} \times \frac{1+(8/3)\left(2aL_v\Omega\right)^2}{\left[1+\left(2aL_v\Omega\right)^2\right]^{11/6}} \\
&\Phi_{ww}(\Omega) = \sigma_w \frac{L_w}{\pi} \times \frac{1+(8/3)\left(2aL_w\Omega\right)^2}{\left[1+\left(2aL_w\Omega\right)^2\right]^{11/6}}
\end{aligned}
\right\}
\tag{3-128}
$$

式中，L_u、L_v、L_w 分别为纵向、侧向和横向的紊流尺度；σ_u、σ_v、σ_w 分别为纵向、侧向和横向的紊流强度。

3.4.4　地球海浪模型

海洋是舰船和舰载武器，如鱼雷、反舰导弹、无人飞行器、潜射导弹、舰载机和其他舰载飞行器的主要运动环境。这些飞行器的使用条件、运动和受力状态都与海面起伏（海况）有关。例如，海浪直接影响潜射导弹的出水姿态；海浪起伏使得掠海飞行器具有碰海的危险；海浪的高低会作为噪声，直接引入定高掠海飞行的飞行控制系统中。因此，了解和掌握海洋的状况及海面的运动规律，建立海浪影响模型，对于各类舰船、飞行器的设计实验和使用都具有重要的意义。

海浪是指有水—汽界面的周期运动，它由风作用产生和成长，以重力为恢复力，在海面自由传播，其周期介于 1～30s。海浪无论是在时间上还是在空间上，都具有不规则性和不重复性。平稳随机过程要求过程的统计特性不随时间改变，而对于海浪而言，当处于成长期时，海浪浪高的方差（能量）显然会增加；当处于衰减期时，浪高的方差又会降低，因而它不符合平稳随机过程中的条件。但对充分发展的海浪，在一段时间内，认为它是平稳随机过程还是足够精确的。

下面介绍海浪模型的相关概念、常用的海浪谱模型和海浪谱对于飞行器的影响变换。

3.4.4.1　海浪的相关概念

在介绍海浪模型之前，需要了解海浪的要素定义和海况的定义。

1）海浪的要素定义

某固定点处波面随时间变化的连续记录曲线如图 3-10 所示。

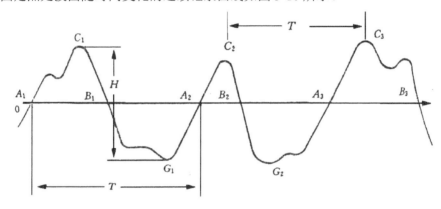

图 3-10　其固定点处波面随时间变化的连续记录曲线

图 3-10 中，A_1、A_2、A_3 为上跨零点，B_1、B_2、B_3 为下跨零点；C_1、C_2、C_3 为相邻上跨零点和下跨零点之间的显著波峰；G_1、G_2、G_3 为相邻上跨零点和上跨零点之间的显著波谷；m_1、m_2、m_3 为波面廓线的极值点。

下面给出有关海浪的几个常用概念。

- 波高：相邻显著波峰与显著波谷间的垂直距离，即图 3-10 中 C_1 到 G_1 的距离，用 H 或 H_{sw} 表示。

- 平均波高 $\bar{H}$：在一个连续记录中，所有波高的平均值，即

$$\bar{H} = \frac{\sum_{i=1}^{N} H_i}{N} = \frac{n_1 H_1 + n_2 H_2 + \cdots + n_i H_i}{n_1 + n_2 + \cdots + n_i} = \frac{n_1 H_1 + n_2 H_2 + \cdots + n_i H_i}{N} \tag{3-129}$$

- 均方根波高：

$$H_{rms} = \sqrt{\frac{1}{N} \sum_{i=1}^{N} H_i^2} \tag{3-130}$$

- 有效波高 $H_{1/3}$：将所有连续测得的波高按大小排列，取总个数的 1/3 个大波波高的平均值，即

$$H_{1/3} = \frac{3}{N}\sum_{i=1}^{N/3} H_i \tag{3-131}$$

- 类似的还有 1/10 部分的大波波高和 1/p 部分的平均波高。

$$H_{1/10} = \frac{10}{N}\sum_{i=1}^{N/10} H_i \tag{3-132}$$

$$H_{1/P} = \frac{P}{N}\sum_{i=1}^{N/p} H_i \tag{3-133}$$

- 周期：相邻两个显著波峰（如 C_2、C_3）或相邻两个上跨零点（如 A_1、A_2）之间的时间间隔称为波的周期，用 T 或 T_{sw} 表示。
- 波长：在空间波系中，相邻两个显著波峰（或波谷）之间的水平距离称为波长，用 λ 或 λ_{sw} 表示。
- 波速：单位时间内波形传播的距离称为波速，用 c 表示。
- 波向：波浪传来的方向称为波向。
- 波峰线：在空间波系中，垂直于波向的波峰连线称为波峰线。

2）海况的定义

海浪与风密切相关，在风作用下海面出现浪花、波形等情况，以海况等级进行定义。风的大小用风级给出，如蒲福风级，而在风作用下生成的风浪，用波高、波长和周期等表示，用浪（涌）级给出。风、浪和海况虽然密切，但不可混为一谈。

目前，各国的浪级标准差别较大，表 3-5 给出了我国国家海洋局规定的浪级标准。

表 3-5 我国国家海洋局规定的浪级标准

浪级	名称	浪高/m
0	无浪	0
1	微浪	<0.1
2	小浪	$0.1 \leqslant H_{\frac{1}{3}} < 0.5$
3	轻浪	$0.5 \leqslant H_{\frac{1}{3}} < 1.25$
4	中浪	$1.25 \leqslant H_{\frac{1}{3}} < 2.5$
5	大浪	$2.5 \leqslant H_{\frac{1}{3}} < 4.0$
6	巨浪	$4.0 \leqslant H_{\frac{1}{3}} < 6.0$
7	狂浪	$6.0 \leqslant H_{1/3} < 9.0$
8	狂涛	$9.0 \leqslant H_{\frac{1}{3}} < 14.0$
9	怒涛	$H_{\frac{1}{3}} \geqslant 14.0$

3.4.4.2 常用的海浪谱模型

海浪谱是海浪平稳随机过程的能量在频域中的分布形式，它体现了海浪内部的结构，以及波幅和频率之间的关系。

目前，获得海浪谱有三种方法。

（1）根据定点记录，先计算波面升高的自相关函数 $R(\tau)$，然后通过傅里叶变换，得到

谱密度函数 $S(\omega)$ ；

（2）观测波高相对频率的分布，由此推算能量沿频率的分布，即 $S(\omega)$ ；

（3）通过固定时间对海面进行立体拍摄，可得到瞬时波浪特性，先计算关于波数的谱密度函数 $S(K)$ ，再根据波浪理论，求得 $S(\omega)$ ，即

$$S(\omega) = \frac{2\omega}{g} S(K) \tag{3-134}$$

目前，已提出许多海浪谱，其一般形式可表示为

$$S(\omega) = A\omega^{-p} \exp(-B\omega^{-q}) \tag{3-135}$$

式中，指数 $p = 5\sim6$ ， $q = 2\sim4$ 。变量 A 和 B 中包含风要素（风速、风时、风区）或浪要素（波高、周期）。

此种形式的谱的主要优点是结构简单、使用方便。 ω^{-p} 随 ω 增加而减少，对谱的高频部分影响较大，而指数部分由 0 迅速增加到 1，使谱在 $\omega = 0$ 处为零。

在上述一般形式中， p 、 q 、 A 和 B 四个参数便于调整，具有较大的"弹性"来反映外部因素对谱的影响。此种谱形的主要缺点是理论根据不充分，因而在很大程度上是经验性的。下面就给出几种工程上常用的海浪谱模型描述。

1）纽曼（Neuman）谱

纽曼谱是根据观测得到的在不同风速下波高与周期的关系，并在一定假设下推导出来的，其形式为

$$A^2(\omega) = c\frac{\pi}{2} \times \frac{1}{\omega^6} \times \exp\left(-\frac{2g^2}{u^2\omega^2}\right) \tag{3-136}$$

式中， $c = 3.05\text{m}^2/\text{s}^5$ ， u 为在海面上 7.5 m 高度处的风速。

纽曼谱适用于充分成长的风浪。

2）皮尔逊-莫斯柯维奇（Pierson-Moskowitz，P-M）谱

莫斯柯维奇于 1964 年对在北大西洋上 1955—1960 年的观察资料进行了 460 次的谱分析，并经过详细整理后，得到如下有因次谱式：

$$S(\omega) = \frac{\alpha g^2}{\omega^5} \exp\left[-\beta\left(\frac{g}{u\omega}\right)^4\right] = \frac{A}{\omega^3} \exp\left(-\frac{B}{\omega^4}\right) \tag{3-137}$$

式中，无因次常数 $\alpha = 8.10\times10^{-3}$ 、 $\beta = 0.74$ 、 $A = 8.1\times10^{-3}g^2$ 、 $B = 0.74(g/u)^4$ ， u 使用的是海面上 19.5m 高度处的风速。这就是著名的 P-M 谱，它代表了充分成长的风浪。从此，P-M 谱代替了纯经验的 Neuman 谱，目前采用的大多数标准波谱都是基于 P-M 形式建立起来的。

由于受 Neuman 谱的影响，海浪计算中的风速一般采用海面以上 10m 处的风速 u_{10} 。它与高度 z 处的风速 u_z 有以下换算公式：

$$u_z = u_{10}\left[1 + \frac{\sqrt{c_{10}}}{K}\ln\frac{z}{10}\right] \tag{3-138}$$

式中， K 为 Karman 常数，取值为 0.4； c_{10} 为对应于 u_{10} 的海面切向阻力系数。其计算方法有很多，Pierson 推荐 Sheppard 经验公式，为 $c_{10} = (0.80 + 0.114u_{10})\times10^{-3}$ 。

但需要注意的是，由于 P-M 谱仅包含一个参数 u ，因此其无法表征复杂的海浪情况。

3）ITTC 双参数谱

国际拖曳水池会议（International Towing Tank Conference，ITTC）对 P-M 谱进行了改进，得到了 ITTC 谱：

$$S(\omega) = \frac{A}{\omega^5} \exp\left(-\frac{B}{\omega^4}\right) \tag{3-139}$$

其中，$A = 8.1 \times 10^{-3} g^2$；$B = 3.11 / (H_{1/3})^2$，$H_{1/3}$ 为三一平均波高，也称为有义波高。有义波高与风速关系为 $u = 6.85\sqrt{H_{1/3}}$。

采用单一参数（有义波高）表达波谱，可以消除各种波谱之间参数不同所带来的差异，但依然具有一定的局限性，对于复杂海浪表征程度不够。

后来，ITTC 建议采用双参数标准波能谱，采用有义波高 $H_{1/3}$ 和特征周期 T_1 来表征海浪运动，该谱也是从 P-M 谱演变而来的，其参数为

$$\begin{cases} A = \dfrac{173 H_{1/3}^2}{T_1^4} \\[2mm] B = \dfrac{691}{T_1^4} \\[2mm] T_1 = 2\pi \dfrac{m_0}{m_1} \end{cases} \tag{3-140}$$

式中，m_0 表示海浪谱对原点的零阶矩；m_1 表示海浪谱对原点的一阶矩。因为缺乏海浪的特征周期，所以可以近似地选取观测的平均周期。

于是得双参数谱为

$$S(\omega) = \frac{173 H_{1/3}^2}{T_1^4 \omega^5} \exp\left[-\frac{691}{T_1^4 \omega^4}\right] \tag{3-141}$$

$$\omega_p = 4.85 T_1^{-1}$$

与单参数谱相比，双参数谱考虑两个参数，因此，更具有工程使用价值。

4）国家科委海浪谱

我国于 1966 年国家科委组织有关单位提出海浪谱如下：

$$A^2(\omega) = \frac{c}{\omega^5} \exp\left[-\left[\frac{\bar{\omega}}{\bar{\omega}}\right]^2\right] = \frac{c}{\omega^5} \exp\left[-\frac{2 \times 46}{\omega^2 H \times \frac{1}{3}}\right] \tag{3-142}$$

式中，$c = 1.48 \text{m}^2 \cdot \text{s}^{-4}$；$\bar{\omega} = 2\pi / \bar{T}$，$\bar{T}$ 为平均周期；谱峰对应的频率 $\omega_p = 0.993 / \sqrt{H_{1/3}}$。

国家科委海浪谱已被交通运输部用于港口工程技术规范。

5）理论风浪频谱

我国物理海洋学家文圣常教授经过多年研究，提出了理论风浪频谱为

$$\begin{cases} S(\omega) = 0.0111 H^2 T P \exp\left[-95 \ln \dfrac{P}{a} (b\omega - 1)^{12/5}\right] & \omega \leqslant 6.58/T \\[3mm] S(\omega) = 0.0194 H^2 T \dfrac{a}{(b\omega)^m} & \omega > 6.58/T \end{cases} \tag{3-143}$$

式中，$a = c/e(\eta)$，$c = 6.77 - 1.088P + 0.013P^2$，$e(\eta) = \dfrac{5.813 - 5.137\eta}{1.307 - 1.426\eta}$；$P = 95.3\left(\dfrac{H}{T^2}\right)^{1.35}$；

$b = 0.175T$；$m = \alpha(\alpha - \eta)$，$\eta = 0.626\dfrac{H}{d}$，$d$ 为海水深度，H 为浪高；T 为周期。

在深海区域，即 $d \geqslant H$，$\eta = 0$，则上述各个参数变为 $a = c/e$、$c = 6.77 - 1.088P + 0.013P^2$、$e = \dfrac{5.813}{1.307} = 4.44759$、$P = 95.3\left(\dfrac{H}{T^2}\right)^{1.35}$、$b = 0.175T$、$m = 4$。

3.4.4.3 海浪谱对于飞行器的影响变换

综上所述，海浪谱是从对固定点的观测资料求得的。如果在运动体（如舰船、飞行器等）上对海浪进行观察，海浪的频率将发生变化，这就是表现频率，或视在频率，在船舶工程中，称之为遭遇频率。图 3-11 所示为飞行器与海浪的相对运动示意图。

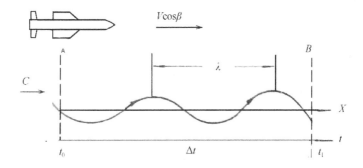

图 3-11　飞行器与海浪的相对运动示意图

设海浪频率为 f，单位为 Hz，传播速度为 c，单位为 m/s，波长为 λ，单位为 m。若飞行器的运动速度为 V，航向角为 β，则从飞行器上看到的海浪频率为

$$f_{\mathrm{m}} = \frac{V\cos\beta}{\lambda_{\mathrm{m}}} + \frac{c}{\lambda} \tag{3-144}$$

因为 $\lambda_{\mathrm{m}} = \lambda = \dfrac{g}{2\pi f^2}$，$c = \dfrac{g}{2\pi f}$。

所以：

$$f_{\mathrm{m}} = \frac{-V\cos\beta + c}{\lambda} = \frac{-2\pi f^2 V\cos\beta}{g} + f \tag{3-145}$$

或

$$\omega_{\mathrm{m}} = \omega - V\frac{\omega^2}{g}\cos\beta \tag{3-146}$$

根据能量守恒定律有

$$\int_0^{\omega} S(\omega)\mathrm{d}\omega = \int_0^{\infty} S(\omega_{\mathrm{m}})\mathrm{d}\omega_{\mathrm{m}} = m_0 \tag{3-147}$$

即

$$S(\omega)\mathrm{d}\omega = S_{\mathrm{m}}(\omega_{\mathrm{m}})\mathrm{d}\omega_{\mathrm{m}} \tag{3-148}$$

所以

$$S_m(\omega_m) = S(\omega)\frac{d\omega}{d\omega_m} \tag{3-149}$$

又

$$d\omega_m = \left(1 - \frac{2V\omega}{g}\cos\beta\right)d\omega \tag{3-150}$$

故得

$$S_m(\omega_m) = \frac{S(\omega)}{1 - \dfrac{2V\omega}{g}\cos\beta} \tag{3-151}$$

这就是所要求的以 ω_m 为变量的新谱。

若已知飞行器的频率特性为 $H(\omega_m)$，则其对海浪的影响（输出谱密度函数）为

$$S_0(\omega_m) = \left|H(\omega_m)\right|^2 S_m(\omega_m) \tag{3-152}$$

$S_0(\omega_m)$ 又称为输出过程的真谱。

3.5　本章小结

在制导控制系统半实物仿真中，飞行器的弹体环节、部分制导控制器件和飞行环境等模型，依然是通过数学模型来完成其相关信号解算的。因此，数学模型是系统仿真和半实物仿真的基础，模型的正确与否和精度，直接关系到仿真结果的置信度和精度。

在本章中，介绍了典型制导控制系统半实物仿真中所涉及的数学模型。首先，介绍了仿真建模的基本原则和主要方法；其次，针对飞行器的动力学运动学方程，介绍了模型推导的理论基础，给出了坐标系描述及其转换关系，并根据不同飞行器的飞行特征，给出了近程飞行器、远程飞行器和滚转导弹的动力学运动学方程；再次，针对典型的制导控制系统结构组成，逐一介绍了不同器件的类型、指标和数学模型，涉及探测系统、惯性测量器件、动力系统部件和执行机构部件等；最后，给出了典型飞行环境的数学模型，包括地球重力、大气参数、大气风场和海浪模型等，基本能够满足各类飞行器的仿真建模需求。

第4章 仿真模型实时解算技术

在飞行器制导控制系统的研制过程中，首先通过理论推导和机理分析，完成飞行器相关数学模型构建；然后，经过代码编写和软件开发，将数学模型转换为可以在计算机中进行运行的仿真模型；最后，按照设定的相关条件，利用计算机对仿真模型进行求解，来完成飞行器相关性能的考核与验证。因此，在完成相关对象数学模型构建之后，需要通过一系列解算方法，完成仿真模型的求解，这也是利用计算机开展仿真计算的一项重要工作。

在半实物仿真系统中，除了参试实物部件，还包含研究对象的大量模型，如飞行器的动力学运动学模型、大气环境模型，以及类似发动机部件等难以引入回路的部件模型。这些模型同样需要利用计算机来完成仿真解算。但与一般的计算机数字仿真不同，在半实物仿真系统中，由于部分产品实物的引入，为了保证全系统信号传递的同步性和时空一致性，要求半实物中的模型解算必须实时完成，即模型解算的仿真步长必须与真实世界的自然时间完全同步。为了达到这一特殊要求，对整个仿真模型的解算时间响应提出了苛刻的要求。因此，在仿真系统总体设计、仿真设备硬件选型、操作系统实时能力、模型解算算法、软件架构与调度等相关方面，都需要考虑实时性能，这也是半实物仿真与一般数字仿真的重要区别之一。

在本章中，首先介绍仿真模型的解算算法，包括动力学常微分方程的数值积分方法、制导控制系统传递函数的离散化方法，以及环境模型和气动数据的插值求解方法；其次，介绍半实物仿真的实时特性分析，包括半实物仿真中的时间定义、时间特性分析、实时性能约束；再次，介绍仿真模型实时解算技术总体概述，包括仿真计算机的任务及功能要求、仿真计算机的发展历程、仿真计算机的分类方法、仿真计算机的系统架构，以及常用的仿真建模途径；然后，介绍实时操作系统技术概述，包括 Windows 操作系统实时性能分析、实时操作系统的相关概念、实时操作系统的性能要求、实时操作系统的性能评价、实时操作系统的典型代表、VxWorks 实时操作系统简介、RTX 实时操作系统简介，以及 QNX 实时操作系统简介；最后，介绍几种典型实时仿真系统解决方案。

4.1 仿真模型的解算算法

通过第 3 章的介绍可知，在进行飞行器制导控制系统仿真时，数学模型主要包括以常微分方程形式描述的动力学模型、以传递函数描述的制导控制器件模型，以及以数据形式描述的环境模型和气动数据。这些连续系统模型在计算机中进行求解时，通常无法采用解析的方法进行解算，必须对其进行离散转换处理。下面就介绍采用数值积分方法求解常微分方程和直接采用离散化方法处理传递函数，以及几种常用的插值求解方法。

4.1.1　动力学常微分方程的数值积分方法

数字计算机在解算飞行器飞行仿真中的微分方程时不能用解析法解算，需要用数值积分方法解算。为了便于数字计算机解算，数值积分方法通常以若干个差分代数方程替代一个微分方程，以差分方程的解算近似微分方程的解算。此类数值步骤以初始条件开始，在逐次离散的时间步长上解算差分方程。

常用的数值积分方法根据利用的积分步长数值的个数，可以分为单步法和多步法两类。单步法又称为自启式方法，仅在当前积分步长使用因变量的数值来计算下一步长的数值，即在计算 t_{n+1} 时刻的近似值 y_{n+1} 时，只需要知道 t_n 时刻的近似值 y_n。而多步积分法不仅使用当前积分步长的因变量，也使用上一个或多个步长的数值，最初的数个积分间隔依赖自启式方法计算，即当计算 y_{n+1} 时，不仅需要知道 y_n，还需要知道 y_{n-1}、y_{n-2} 等。

另外，数值积分方法根据积分方程能否被显式解算，将其分为显式法和隐式法。例如，显式单步法的递推式一般形式为

$$y_{n+1} = y_n + h\phi(t_n, y_n, h) \tag{4-1}$$

而隐式单步法的递推式一般形式为

$$y_{n+1} = y_n + h\phi(t_n, y_n, y_{n+1}, h) \tag{4-2}$$

从式（4-1）和式（4-2）可以看出，当用隐式单步法解算时，需要用其他方法预先计算方程右端的 y_{n+1}。

4.1.1.1　单步法

单步法主要包括欧拉（Euler）法和龙格-库塔（Runge-Kutta）法。

1）欧拉（Euler）法

欧拉法是一种最简单的显式单步法。对如下所示的常微分方程：

$$\begin{cases} \dot{y} = f(t, y) \\ y(t_0) = y_0 \end{cases} \tag{4-3}$$

应用欧拉法进行数值计算的递推公式如下：

$$y_{n+1} = y_n + hf(t_n, y_n) \tag{4-4}$$

将 $y(t_{n+1})$ 进行泰勒（Taylor）展开，得到下式：

$$y(t_{n+1}) = y(t_n + h) = y(t_n) + h\dot{y}(t_n) + \frac{1}{2!}h^2\ddot{y}(\xi_n) \tag{4-5}$$

式中，$t_n < \xi_n < t_{n+1}$，略去 h^2 项，再以 y_n 代替 $y(t_n)$ 就得到欧拉公式。

欧拉法的几何意义如图 4-1 所示。由于区间 $[t_n, t_{n+1}]$ 内积分在数值上等于曲线 $f(t, y)$、$t=t_n$、$t=t_{n+1}$ 和 t 轴所围成部分的面积值，当 h 很小时，可用矩形面积近似代替曲边梯形面积，则

$$y(t_{n+1}) \approx y_n + hf(t_n, y_n) = y_{n+1} \tag{4-6}$$

这种近似所造成的误差如图 4-1 所示。另外，由于欧拉法只需要知道初始值 y_0 就能递推计算，不需要其他信息，因此它是一种自启动的算法。

欧拉法的优点是结构简单、几何意义明显，缺点是求解精度低。

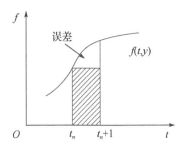

图 4-1　欧拉法的几何意义

2）龙格-库塔（Runge-Kutta）法

欧拉法截断误差大的主要原因是其在推导过程中仅取了泰勒展开式的前两项，所以截断误差的量级为 $O(h^2)$，如要进一步提高数值计算精度，必须在泰勒展开式后多取几项，但这样一来，就必须计算函数 $y(t)$ 在展开点的高阶导数，使用起来很不方便。为了解决这个问题，德国数学家 Runge 和 Kutta 两人先后提出了用函数 $y(t)$ 的一阶导数 $f(t,y)$ 几个点上值的线性组合来近似代替 $y(t_{n+1})$ 在某一点的高阶导数，然后用泰勒展开式确定线性组合中的加权系数。这样既可避免计算高阶导数，又可提高数值积分的计算精度，这就是龙格-库塔法的基本思想。

首先，将函数 $y(t_{n+1})$ 按照泰勒展开式展开，可得：

$$y(t_{n+1}) = y(t_n) + h\dot{y}(t_n) + \frac{1}{2}h^2\ddot{y}(t_n) + \cdots + \frac{1}{p!}h^p y^{(p)}(t_n) + O(h^{p+1}) \tag{4-7}$$

略去小项 $O(h^{p+1})$，用 $y_n^{(k)}$ 代替 $y^{(k)}(t_n)$，k 为 $1,2,\cdots,p$。可得 p 阶泰勒展开式为

$$y_{n+1} = y_n + h\dot{y}_n + \frac{1}{2}h^2\ddot{y}_n + \cdots + \frac{1}{p!}h^p y_n^{(p)} \tag{4-8}$$

式中，$y_n^{(k)}(k=1,2,\cdots,p)$ 根据复合函数求导法则，计算公式为

$$\begin{cases} \dot{y}_n = f(t_n, y_n) \\ \ddot{y}_n = \dot{f}(t_n, y_n) = (f_t + ff_y)|_{(t_n, y_n)} \\ \dddot{y}_n = \ddot{f}(t_n, y_n) = (f_{tt} + 2f_{ty}f + 2f_{yy}f^2 + f_t f_y + f_y^2 f)|_{(t_n, y_n)} \\ \cdots \end{cases} \tag{4-9}$$

显然，P 阶泰勒展开式的截断误差为 $O(h^{p+1})$。

龙格-库塔法的一般形式为

$$\begin{cases} y_{n+1} = y_n + h\phi(t_n, y_n, h) \\ \phi(t_n, y_n, h) = \sum_{k=1}^{r} c_k K_k \\ K_1 = f(t_n, y_n) \\ K_k = f(t_n + a_k h, y_n + h\sum_{j=1}^{k-1} \beta_{kj} K_j), k = 2,3,\cdots,r \end{cases} \tag{4-10}$$

式中，c_k、a_k、β_{kj} 均为待定常数。式（4-10）中计算了 f 在 r 个点处的函数值，所以称式（4-10）为 r 阶龙格-库塔法。

下面给出常用的龙格-库塔法计算公式。其中，二阶龙格-库塔法包括多种形式：欧拉预估-校正法、中间点法、休恩（Heun）法等，其截断误差为 $O(h^3)$。

欧拉预估-校正法的计算公式为

$$\begin{cases} y_{n+1} = y_n + \frac{h}{2}(K_1 + K_2) \\ K_1 = f(t_n, y_n) \\ K_2 = f(t_n + h, y_n + hK_1) \end{cases} \tag{4-11}$$

中间点法的计算公式为

$$
\begin{cases}
y_{n+1} = y_n + hK_2 \\
K_1 = f(t_n, y_n) \\
K_2 = f(t_n + \dfrac{h}{2}, y_n + \dfrac{h}{2}K_1)
\end{cases}
\tag{4-12}
$$

休恩（Heun）法的计算公式为

$$
\begin{cases}
y_{n+1} = y_n + \dfrac{h}{4}(K_1 + 3K_2) \\
K_1 = f(t_n, y_n) \\
K_2 = f(t_n + \dfrac{2}{3}h, y_n + \dfrac{2}{3}hK_1)
\end{cases}
\tag{4-13}
$$

三阶龙格-库塔法的计算公式如下，其截断误差为 $O(h^4)$：

$$
\begin{cases}
y_{n+1} = y_n + \dfrac{h}{6}(K_1 + 4K_2 + K_3) \\
K_1 = f(t_n, y_n) \\
K_2 = f(t_n + \dfrac{h}{2}, y_n + \dfrac{h}{2}K_1) \\
K_3 = f[t_n + h, y_n + h(-K_1 + 2K_2)]
\end{cases}
\tag{4-14}
$$

四阶龙格-库塔法的计算公式如下，其截断误差为 $O(h^5)$：

$$
\begin{cases}
y_{n+1} = y_n + \dfrac{h}{6}(K_1 + 2K_2 + 2K_3 + K_4) \\
K_1 = f(t_n, y_n) \\
K_2 = f(t_n + \dfrac{h}{2}, y_n + \dfrac{h}{2}K_1) \\
K_3 = f(t_n + \dfrac{h}{2}, y_n + \dfrac{h}{2}K_2) \\
K_4 = f(t_n + h, y_n + hK_3)
\end{cases}
\tag{4-15}
$$

龙格-库塔法的特点如下：

- 计算精度高。龙格-库塔法计算精度取决于步长 h 的大小及方法的阶次。对于四阶龙格-库塔法，其截断误差正比于 h^5，另外四阶龙格-库塔法计算量仅比二阶龙格-库塔法大 1 倍，但计算实例表明：为达到相同的精度，四阶龙格-库塔法的 h 可以比二阶龙格-库塔法的 h 大 10 倍，所以总的计算量仍比二阶龙格-库塔法小，因此一般系统常用四阶龙格-库塔法。
- 计算步长 h 在计算过程中可根据精度要求进行在线调整。为了检查所选步长 h 是否满足计算精度的要求，一般可通过两种不同的步长进行计算，即在第一次计算后，再用上一次步长的一半计算一次，比较这两次计算结果。如果两次计算结果差的绝对值满足计算精度的需求，则不需要调整计算步长 h，否则，将步长减半，重复以上过程，直到满足精度要求为止。这种方法的依据是每一步的截断误差值和前后两次所得之值的误差是成比例的。

- 可以自启动。由于龙格–库塔法在计算 y_{n+1} 时只用到 y_n，所以属于单步法。同时已知初值 y_0 后，就可以进行递推计算，所以可以自启动。

4.1.1.2　多步法

单步法在计算 y_{n+1} 时，只用到前一步的信息。为了提高精度，需要重新计算多个点处的函数值，如龙格–库塔法，导致计算量较大。多步法能够充分利用前面已求得的多步信息，从而提高插值精度。多步法中最常用的是线性多步法，它的计算公式中只出现 y_{n+1}，y_n，$\cdots$，y_{n-r} 及 $f(t_{n+1}, y_{n+1})$，$\cdots$，$f(t_{n-r}, y_{n-r})$ 的一次项。其一般形式为

$$y_{n+1} = \sum_{i=0}^{r} \alpha_i y_{n-i} + h \sum_{i=-1}^{r} \beta_i f(t_{n-i}, y_{n-i}) \tag{4-16}$$

式中，α_i、β_i 均为常数，$f_k = f(t_k, y_k)(k = n+1, n, \cdots, n-r)$。若 $\beta_{-1} = 0$，则该方法为显式多步法，若 $\beta_{-1} \neq 0$，则该方法为隐式多步法。

在构造线性多步法的计算公式时，常采用泰勒展开式，基本思想是先将线性多步法的计算公式在 t_n 处进行泰勒展开，然后与 y_{n+1} 在 t_n 处的泰勒展开式比较，要求它们前面的项重合，求得参数 α_i 和 β_i。下面给出几种常用的多步法计算公式。

1）亚当斯（Adams）显式方法

亚当斯显式方法的递推计算公式如下：

$$y_{n+1} = y_n + \frac{h}{24}\left[55f(t_n, y_n) - 59f(t_{n-1}, y_{n-1}) + 37f(t_{n-2}, y_{n-2}) - 9f(t_{n-3}, y_{n-3})\right] \tag{4-17}$$

因为 $\beta_{-1} = 0$，所以该方法称为 Adams 显式方法，为四阶公式。由于其积分区间在插值区间 $[x_{n-3}, x_n]$ 外面，该方法又称为四阶 Adams 外插公式。其局部截断误差为

$$R_{n+1} = \frac{251}{720}h^5 y_n^{(5)} + O(h^6) \tag{4-18}$$

2）亚当斯–莫尔顿（Adams-Moulton）隐式方法

亚当斯–莫尔顿隐式方法的递推计算公式如下：

$$y_{n+1} = y_n + \frac{h}{24}\left[9f(t_{n+1}, y_{n+1}) + 19f(t_n, y_n) - 5f(t_{n-1}, y_{n-1}) + f(t_{n-2}, y_{n-2})\right] \tag{4-19}$$

由于积分区间在插值区间 $[x_{n-2}, x_{n+1}]$ 内，所以又称为 Adams 内插公式。其局部截断误差为

$$R_{n+1} = -\frac{19}{720}h^5 y_n^{(5)} + O(h^6) \tag{4-20}$$

3）米尔尼（Miline）方法

米尔尼方法的递推计算公式如下：

$$y_{n+1} = y_{n-3} + \frac{4}{3}h[2f(t_n, y_n) - f(t_{n-1}, y_{n-1}) + 2f(t_{n-2}, y_{n-2})] \tag{4-21}$$

米尔尼方法为四阶四步显式方法。其局部截断误差为

$$R_{n+1} = \frac{14}{45}h^5 y_n^{(5)} + O(h^6) \tag{4-22}$$

4）哈明（Hamming）方法

哈明方法递推计算公式如下：

$$y_{n+1} = \frac{1}{8}(9y_n - y_{n-2}) + \frac{3}{8}h[f(t_{n+1}, y_{n+1}) + 2f(t_n, y_n) - f(t_{n-1}, y_{n-1})] \tag{4-23}$$

哈明方法为四阶三步隐式方法。其局部截断误差为

$$R_{n+1} = -\frac{1}{40}h^5 y_n^{(5)} + O(h^6) \qquad (4\text{-}24)$$

4.1.1.3 预估-校正法

一般而言，同阶的隐式方法比显式方法的精度更高，而且数值稳定性也好。但其右端包含未知项，很难解出 y_{n+1}，需要用迭代法求解，这样又增加了计算量。因此，在实际计算中，通常先用显式方法求出 $y(x_{n+1})$ 的预测值，再用隐式方法对预测值进行校正，求出 $y(x_{n+1})$ 的近似值 y_{n+1}。这种方法就称为预估-校正法。在使用预估-校正法时，必须要求显式公式和隐式公式的阶次一致。

下面介绍几种常用的预估-校正法。

1）欧拉预估-梯形校正法

最简单的预估-校正法是采用欧拉预估-梯形校正法校正的。

$$\begin{cases} y_{n+1}^{(0)} = y_n + hf(t_n, y_n) & \text{预估} \\ y_{n+1}^{(i+1)} = y_n + \dfrac{h}{2}\Big[f(t_n, y_n) + f(t_{n+1}, y_{n+1}^{(i)}) \Big] & \text{校正} \end{cases} \qquad (4\text{-}25)$$

其步骤是先用式（4-25）中欧拉公式预估初值 $y_{n+1}^{(0)}$，然后用梯形公式求得 $y_{n+1}^{(1)}$，将 $y_{n+1}^{(1)}$ 代入梯形公式进行第二次迭代，得到 $y_{n+1}^{(2)}$，重复迭代过程，直到 $\left| y_{n+1}^{(i+1)} - y_{n+1}^{(i)} \right| < \varepsilon$，即得到数值解，$\varepsilon$ 是设定的允许误差。

2）二阶亚当斯预估-校正法

相似地，也可以用二阶亚当斯显式公式和隐式公式组成预估-校正法，即

$$\begin{cases} y_{n+1}^{(0)} = y_n + \dfrac{h}{2}[3f(t_n, y_n) - f(t_{n-1}, y_{n-1})] & \text{预估} \\ y_{n+1}^{(i+1)} = y_n + \dfrac{h}{12}\Big[5f(t_{n+1}, y_{n+1}^{(i)}) + 8f(t_n, y_n) - 12f(t_{n-1}, y_{n-1}) \Big] & \text{校正} \end{cases} \qquad (4\text{-}26)$$

3）四阶亚当斯预估-校正法

四阶亚当斯预估-校正法的预估公式和校正迭代公式为

$$\begin{cases} y_{n+1}^{(0)} = y_n + \dfrac{h}{24}[55f(t_n, y_n) - 59f(t_{n-1}, y_{n-1}) + 37f(t_{n-2}, y_{n-2}) - 9f(t_{n-3}, y_{n-3})] & \text{预估} \\ y_{n+1}^{(i+1)} = y_n + \dfrac{h}{24}\Big[9f(t_{n+1}, y_{n+1}^{(i)}) + 19f(t_n, y_n) - 5f(t_{n-1}, y_{n-1}) + f(t_{n-2}, y_{n-2}) \Big] & \text{校正} \end{cases}$$

$$\qquad (4\text{-}27)$$

4）米尔尼预估-哈明校正法

米尔尼预估-哈明校正法预估公式、修正公式和校正迭代公式为

$$\begin{cases} y_{n+1}^{(0)} = y_{n-3} + \dfrac{4}{3}h\big[2f(t_n, y_n) - f(t_{n-1}, y_{n-1}) + 2f(t_{n-2}, y_{n-2}) \big] & \text{预估} \\ \tilde{y}_{n+1}^{(0)} = y_{n+1}^{(0)} + \dfrac{112}{121}\big(y_n - y_n^{(0)} \big) & \text{修正} \\ y_{n+1}^{(i+1)} = \dfrac{1}{8}(9y_n - y_{n-2}) + \dfrac{3}{8}h\big[f(t_{n+1}, y_{n+1}^{(i)}) + 2f(t_n, y_n) - f(t_{n-1}, y_{n-1}) \big] & \text{校正} \end{cases} \qquad (4\text{-}28)$$

在实际使用时，通常可以先使用龙格-库塔法进行自启动，然后用预估-校正法进行迭

代计算。龙格-库塔法计算量大，但能够自启动（这是它的优点）；哈明法不能自启动，但迭代计算量比较少。因此，把这两种方法的优点结合起来，其效果比较理想。

4.1.1.4　数值积分方法的选择原则

在进行求解飞行器动力学常微分方程时，数值积分方法的选择非常重要。但究竟如何选择才能达到最佳，需要综合考虑计算精度、速度、数值解的稳定性、自启动等因素的影响。下面就对这些影响因素进行简单介绍。

1）精度要求

影响数值积分精度的误差主要有三类：截断误差、舍入误差和累积误差。其中截断误差同数值积分方法的阶次有关，阶次愈高，截断误差愈小，同时减小步长可以减小每一步的截断误差；舍入误差与计算机的字长有关，字长愈长，舍入误差愈小；累积误差是截断误差和舍入误差累积的结果，它与积分时间长短有关，一般积分步长愈小，累积误差愈大（在一定积分时间下）。所以在一定积分方法条件下，若从总误差考虑则必定有一个最佳步长值。

2）计算速度

计算速度决定于计算的步数及每一步积分所需要的时间，而每一步的计算时间与积分方法有关，它主要取决于计算导数的次数。例如，四阶龙格-库塔法每一步中要计算四次导数，花费时间较多。为加快计算速度，在积分方法已定的条件下，应在保证一定精度的前提下尽量能选用大步长，以缩短积分时间。

3）数值解的稳定性

数值积分方法实际上就是将微分方程转化成差分方程进行求解。对一个稳定的微分方程组，经过变换得到的差分方程不一定稳定，不同的积分方法有不同的稳定域。

4）自启动问题

在应用数值积分方法时，若可以直接从微分方程的初值开始，直接进行递推计算，就属于自启动。单步法就属于这种类型，而多步法除了初值，还需要以前时刻的值，所以无法自启动，而是需要用另外一种自启动方法启动后再应用多步法积分。

4.1.2　制导控制系统传递函数的离散化方法

在制导控制系统仿真建模中，各种敏感器件和执行机构均是采用传递函数来进行描述的。在进行仿真解算时，可以采用离散化方程对其进行转换，继而直接得出其数学模型的差分方程，便于在计算机中采用迭代算法直接求解。

本节主要介绍几种常用的连续系统模型离散化方法：离散相似法、双线性替换法和根匹配法。

4.1.2.1　离散相似法

下面介绍一下如何采用离散相似法完成线性连续系统传递函数的离散化转换。

1）基本原理

为了将连续系统离散化，需要在其输入/输出端加上一个周期为 T_s 的采样开关，要求输出在采样时刻的值与 $y(t)$ 在同一时刻的值相等。

显然，如果仅仅简单地在原系统的输入/输出端增加一个虚拟开关，则 $y^*(t)$ 和 $y(t)$ 在采样时刻是不可能相同的，因为 $u^*(t)$ 仅在采样时刻才有输入，在其他时刻输入为零。为了使连续模型的输入在经过采样开关以后尽可能与 $u(t)$ 保持一致，必须在采样开关后增加一个保持器，其目的是使输入信号在采样间隔仍保持连续性。增加保持器前后的连续系统结构如图 4-2 所示。由于保持器并非理想滤波器，它总有幅值衰减和相位滞后，因此 $\tilde{u}(t)$ 和 $u(t)$ 不可能完全相等，其近似程度取决于采样周期 T_s 和保持器的特性。

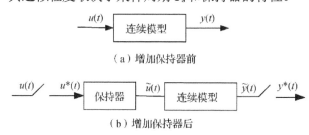

（a）增加保持器前

（b）增加保持器后

图 4-2　增加保持器前后的连续系统结构

对图 4-2（b）中的系统，易知从 $u^*(t)$ 到 $y^*(t)$ 的传递函数为

$$G(z) = \frac{Y(z)}{U(z)} = Z[G_h(s) \cdot G(s)] \tag{4-29}$$

式（4-29）中，$G_h(s)$ 为保持器传递函数，$G(s)$ 为连续模型传递函数。对式（4-29）取 Z 反变换可以得到连续模型的差分方程。

2）常用的保持器

保持器的任务是解决各采样点之间的插值问题，将离散模拟信号 $u^*(t)$ 转换成连续模拟信号 $\tilde{u}(t)$。保持器的实质是一个外推器，根据过去采样的离散值，外推得到两次采样时刻之间的信号数值。常用的保持器有零阶保持器、一阶保持器、三角形保持器等。下面分别介绍其特性。

零阶保持器也称为常值外推器。它在两次采样时刻之间，保持信号为前一采样时刻的值。其时域表达式为

$$\tilde{u}(nT_s + \Delta t) = u(nT_s) \quad 0 \leqslant \Delta t < T_s, n = 0,1,2,\cdots \tag{4-30}$$

其传递函数为

$$G_0(s) = \frac{1 - \mathrm{e}^{-sT_s}}{s} \tag{4-31}$$

将其进行 Z 变换可得：

$$G_0(z) = \frac{z-1}{z} \times Z\left[\frac{G(s)}{s}\right] \tag{4-32}$$

式中，$G(s)$ 为待变换的连续模型传递函数。

一阶保持器根据前两个采样时刻的值进行外推，其时域表达式为

$$\tilde{u}(nT_s + \Delta t) = u(nT_s) + \frac{u(nT_s) - u[(n-1)T_s]}{T_s}\Delta t \qquad 0 \leqslant \Delta t < T_s, n = 1,2,\cdots \tag{4-33}$$

其传递函数为

$$G_1(s) = T_s(1 + sT_s)\left(\frac{1 - \mathrm{e}^{-sT_s}}{sT_s}\right)^2 \tag{4-34}$$

将其进行 Z 变换可得：

$$G_1(z) = \left(\frac{z-1}{z}\right)^2 Z\left[\frac{(1+sT_s)G(s)}{T_s s^2}\right] \qquad (4\text{-}35)$$

为了降低保持器的相位滞后，有时也用到三角形保持器。其时域表达式为

$$\tilde{u}(nT_s + \Delta t) = u(nT_s) + \frac{u[(n+1)T_s] - u(nT_s)}{T_s}\Delta t \quad 0 \leqslant \Delta t < T_s, n = 1,2,\cdots \quad (4\text{-}36)$$

由于在计算中所用的 $u[(k+1)T]$ 在采样时刻不能得到，所以常用滞后一步的三角形保持器，如下式所示：

$$\tilde{u}(nT_s + \Delta t) = u[(n-1)T_s] + \frac{u(nT_s) - u[(n-1)T_s]}{T_s}\Delta t \quad 0 \leqslant \Delta t < T_s, n = 0,1,2,\cdots \quad (4\text{-}37)$$

传递函数为

$$G_2(s) = \frac{1}{T_s}\left(\frac{1 - e^{-sT_s}}{s}\right)^2 \qquad (4\text{-}38)$$

将其进行 Z 变换可得：

$$G_2(z) = \left(\frac{z-1}{z}\right)^2 Z\left[\frac{G(s)}{T_s s^2}\right] \qquad (4\text{-}39)$$

3）离散化模型的建立方法

具体离散化的方法如下：

- 对要离散化的连续系统选用适当的虚拟开关采样周期和保持器类型。
- 将保持器传递函数与连续系统传递函数串联后进行 Z 变换，得到脉冲传递函数。
- 对脉冲传递函数进行 Z 反变换得到差分方程。

由于差分方程可直接用来编写计算程序，因此就实现了连续系统模型的离散化。

4）采样周期对离散化模型的影响

由前面的介绍可知，采用离散相似法对连续系统模型进行离散化时，引入了虚拟采样开关。采样开关的采样周期对模型的离散化过程会带来什么样的影响呢？下面就进行具体分析。

根据香农（shannon）采样定理，如果输入信号 $u(t)$ 为有限带宽时，则当采样频率为 ω_s 时应满足如下条件：

$$\omega_s \geqslant 2\omega_n \qquad (4\text{-}40)$$

$u(t)$ 可以从采样信号 $u^*(t)$ 中完整地恢复过来。其中 ω_n 为输入信号的最高频率。但是，香农采样定理仅给出了采样周期选择的原则，并没有给出选择采样周期的具体计算公式。

显然，采样频率 ω_s 越大，对输入信号的信息获取的越多，其恢复效果越好。但是，采样频率过大，将增加不必要的计算负担。反之，如果采样频率选的过小，则会给输入信号恢复带来较大误差，甚至有可能使得仿真结果发散。

在实际的仿真应用过程中，大系统的模型一般是由多个环节组成的，对每个环节而言，其输入信号就是前一个环节的输出信号，因此其输入信号的频带与系统的响应有关。

5）保持器特性对离散化模型的影响

理论上，当采样周期满足香农采样定理时，如果引入为理想滤波器，则输入信号可以被完整地还原出来。但实际上，理想滤波器是不可实现的，实际应用的滤波器如前面介绍

的零阶保持器、一阶保持器、三角形保持器等，均不同程度地造成信号幅值和相位的变化。下面分别分析其特性。

零阶保持器能够完全还原阶跃信号，但随着信号频率的增加，零阶保持器带来的相移也随之增大，尤其在系统中引入零阶保持器进行离散化的环节较多时，有可能导致系统离散化模型稳定性变差，甚至发散。通过缩小采样周期可以降低零阶保持器的相移，但会使计算量增加。

一阶保持器能够完全还原斜坡信号。同时对信号的幅值造成的幅值损失小于零阶保持器，而相位滞后则大于零阶保持器。

一般情况下，采用三角形保持器的精度要比采用零阶保持器的精度高，因为三角形保持器更逼近原来的输入信号。但是，若输入信号为阶跃信号，采用三角形保持器则会使信号产生较大失真，这时应当采用零阶保持器，以提高它的精度。所以，在实际建立离散化模型时，应根据不同的信号形式采用相适应的保持器，这样才能保证离散化模型的精度。

另外，由于每引入一次保持器，总会带来一定程度的信号失真，所以从提高离散化模型的精度考虑，应尽量减少离散化环节。

4.1.2.2 双线性替换法

由自动控制系统理论可知，传递函数和脉冲传递函数分别是描述连续系统和离散系统最重要的方法。替换法的基本思想是先根据 s 域到 z 域的映射关系，直接将 s 域的变量 s 映射到 z 平面上，由此得到与连续系统传递函数 $G(s)$ 相对应的脉冲传递函数 $G(z)$，然后通过 Z 反变换得到系统的差分方程，实现对连续系统传递函数的离散化。

根据 Z 变换理论，s 域到 z 域变换的最基本映射关系为

$$z = e^{sT_s} \tag{4-41}$$

式（4-41）也可以表示为

$$s = \frac{1}{T_s} \ln z \tag{4-42}$$

将式（4-42）直接代入连续系统的传递函数 $G(s)$，就可以得到脉冲传递函数 $G(z)$。显然，这样得到的 $G(z)$ 是非常复杂和难以求解的，因此，在实际工程应用中，常对式（4-42）进行简化近似处理，下面介绍最常用的双线性变换（Tustin 变换）方法。

将 $\ln z$ 展开为幂级数：

$$\ln z = 2\left(u + \frac{1}{3}u^3 + \frac{1}{5}u^5 + \cdots \right) \tag{4-43}$$

式中，$u = \dfrac{z-1}{z+1} = \dfrac{1-z^{-1}}{1+z^{-1}}$。

取级数展开式第一项，略掉高阶项可得：

$$s = \frac{2}{T} \cdot \frac{1-z^{-1}}{1+z^{-1}} \tag{4-44}$$

式（4-44）即通常所说的双线性变换式，又称为 Tustin 变换。

4.1.2.3 根匹配法

通过引入补偿器，采用离散相似法可以得到精度和稳定性都比较满意的离散化模型，

但是补偿器的参数 λ、γ 需要通过参数寻优的方法才能得到,计算过程比较复杂。在需要快速得到仿真结果,同时对仿真精度要求不高的情况下,是否能寻求一种新的离散化方法,能够以较大步长仿真,又能保证离散模型的稳定性和一定的仿真精度,这就是本节要介绍的一种连续系统模型的离散化方法:根匹配法。

根匹配法的基本思想就是要使离散化模型的动态特性和稳态值与原连续系统保持一致。那么怎样才能保持一致呢?通过控制理论可知,系统的动态特性与系统的零点、极点分布密切相关,而系统的稳态值与增益相关。具体地,只要离散化后的模型与原连续系统模型的零点、极点分布和增益相同,就能实现与原连续系统模型的动态特性和稳态值保持一致。由于零点和极点分别为传递函数分子、分母的根,故称这种方法为根匹配法。

例如,连续系统:

$$G(s)=\frac{s+b}{s+a} \qquad (4\text{-}45)$$

具有一个极点 $s_p=-a$;一个零点 $s_r=-b$。根据 s 域到 z 域的转化关系 $z=\mathrm{e}^{T_s}$,转化后的离散模型的脉冲传递函数 $G(z)$ 应具有相匹配的极点 $z_p=\mathrm{e}^{s_pT_s}$ 和零点 $z_r=\mathrm{e}^{s_rT_s}$。离散化后的模型为

$$G(z)=\frac{K(z-z_r)}{z-z_p}=\frac{K\left(z-\mathrm{e}^{s_rT_s}\right)}{z-\mathrm{e}^{s_pT_s}} \qquad (4\text{-}46)$$

式中,K 为待定的增益系数,可以根据离散化前后模型的稳态值不变的原则计算得到。

具体来讲,根匹配法建立离散化模型的步骤如下:
- 求取系统传递函数的零点和极点。
- 转换关系式,分别将原系统零点、极点一一对应确定在 z 平面上的零点、极点,并由此确定仿真模型脉冲传递函数。
- 在输入作用下,应用终值定理,先分别确定原系统和仿真模型的终值(稳态值),然后根据终值一致的原则确定增益系数。
- 分母阶数 n 大于分子阶数 m,可再附加零点,以提高模型精度。

由于离散化模型和原连续系统模型具有相同的极点,所以只要原连续系统模型稳定,离散化模型必然稳定,与采样周期 T_s 的大小无关,因而可以实现较大步长的仿真,这是根匹配法的最大优点。但必须注意的是,根匹配法只适用于线性系统。

4.1.3　环境模型和气动数据的插值求解方法

在前面介绍中,飞行器工作的环境模型,如大气参数、大气常值风场等参数,常常采用随高度变化的数据进行表示;飞行器总体提供了气动力系数,通常为与飞行器飞行高度、攻角、舵偏参数等相关的多维数据;这些数据通常只包含若干数据点,在使用时,需要根据飞行时间、飞行高度和飞行状态参数对数据进行插值处理。插值的数学概念是指在离散数据的基础上补插连续函数,使得这条连续曲线通过全部给定的离散数据点。插值是离散函数逼近的重要方法,利用它可以通过函数在有限个点处的取值状况,估算出函数在其他点处的近似值,是数值微分、数值积分、常微分方程数值解等数值计算的基础。

目前，工程上最常用的插值方法为代数多项式。用多项式建立插值函数的方法主要有两种：一种是任意阶多项式插值，它主要有多项式、拉格朗日和牛顿插值三种基本的插值公式；另一种是分段多项式插值，包括分段线性插值、三次样条插值。

4.1.3.1　任意阶多项式插值

1）多项式插值公式

多项式插值是求几个已知数据点的 $n-1$ 阶多项式，即 $P_{n-1}(x) = A_1 + A_2 x + \cdots + A_n x_{n-1}$，它是一个由单项式基本函数 $x_0, x_1, \cdots, x_{n-1}$ 的集合来定义的多项式，由已知 n 个点 (x, y) 构成的集合，可以使多项式对应的方程函数经过这些数据点，从而为 n 个未知系数 A_i 写出 n 个方程，这 n 个方程组成的方程组的系数矩阵为范德蒙（Vandermonde）矩阵。

虽然这个过程直观易懂，但它都不是建立多项式插值最好的办法，因为范德蒙矩阵有可能是病态的，这样会导致单项式系数不确定。另外，单项式中的各项可能在大小上有很大的差异，这就导致了多项式计算中的舍入误差。

2）拉格朗日插值公式

假设有 n 个数据点 (x_1, y_1)，$\cdots$，(x_n, y_n)，对于每一个 $1 \leqslant k \leqslant n$：

$$L_k(x) = \frac{(x-x_1)\cdots(x-x_{k-1})(x-x_{k+1})\cdots(x-x_n)}{(x_k-x_1)\cdots(x_k-x_{k-1})(x_k-x_{k+1})\cdots(x_k-x_n)} \tag{4-47}$$

则定义 $n-1$ 阶多项式：

$$P_{n-1}(x) = y_1 L_1(x) + \cdots + y_n L_n(x) \tag{4-48}$$

这个多项式就是拉格朗日插值公式。而给定 n 个数据点，求出一个 $n-1$ 阶（准确地说，不超过 $n-1$ 阶）多项式，使得这个多项式对应的函数经过这 n 个数据点的过程就叫拉格朗日插值。

将任何一个数据点 (x_k, y_k)，其中 $1 \leqslant k \leqslant n$，代入拉格朗日多项式 $P_{n-1}(x)$ 中，很明显 $P_{n-1}(x_k) = 0$。

与多项式插值公式相比，拉格朗日插值公式有 2 个重要优点：首先，建立多项式插值公式不需要求解方程组；其次，拉格朗日插值公式的估计值受舍入误差的影响要小得多。拉格朗日插值公式结构紧凑，在理论分析中很方便，但是，当插值节点增加、减少或其位置变化时，全部插值函数均要随之变化，从而整个插值公式的结构也将发生变化，这在实际计算中是很不方便的。

3）牛顿插值公式

为了克服上述拉格朗日插值公式的缺点，提出了牛顿插值公式。

给定 n 个点，定义 $n-1$ 阶多项式：

$$\begin{aligned} P(x) = {} & f[x_1] + f[x_1\ x_2](x-x_1) + \\ & f[x_1\ x_2\ x_3](x-x_1)(x-x_2) + \\ & f[x_1\ x_2\ x_3\ x_4](x-x_1)(x-x_2)(x-x_3) + \cdots + \\ & f[x_1\cdots x_n](x-x_1)\cdots(x-x_{n-1}) \end{aligned} \tag{4-49}$$

这个多项式就是牛顿插值公式。

式（4-49）中，各项的系数可以由下面对应公式计算得到：

$$f[x_k] = f(x_k)$$

$$f[x_k \ x_{k+1}] = \frac{f[x_{k+1}] - f[x_k]}{x_{k+1} - x_k}$$

$$f[x_k \ x_{k+1} \ x_{k+2}] = \frac{f[x_{k+1} \ x_{k+2}] - f[x_k \ x_{k+1}]}{x_{k+2} - x_k} \qquad (4\text{-}50)$$

$$f[x_k \ x_{k+1} \ x_{k+2} \ x_{k+3}] = \frac{f[x_{k+1} \ x_{k+2} \ x_{k+3}] - f[x_k \ x_{k+1} \ x_{k+2}]}{x_{k+3} - x_k}$$

其他各项系数，以此类推。

牛顿插值公式相对于拉格朗日插值公式具有承袭性的优势，当需要提高近似值的精确度而增加节点时，它不必重新计算，只要在后面再计算一项均插即可，减少了计算量。

4.1.3.2　分段多项式插值

分段多项式插值就是对每一个分段区间 (x_i, x_{i+1}) 分别进行插值，最后所得插值函数为分段函数。

1）分段线性插值

分段线性插值是最简单的一种插值方案，将每两个相邻的节点用直线连起来，如此形成的一条折线就是分段线性插值函数。当计算 x 点的插值时，只用到 x 左右的两个节点，计算量与节点个数 n 无关，而拉格朗日插值与 n 值有关。分段线性插值中 n 越大，分段越多，插值误差越小。

假设两个节点为 (x_1, y_1) 和 (x_2, y_2)，则该区间上的一次线性方程为

$$P(x) = \frac{x - x_2}{x_1 - x_2} f(x_1) + \frac{x - x_1}{x_2 - x_1} f(x_2) \qquad (4\text{-}51)$$

分段线性插值运算量较小，只用到 x 左右的两个节点，计算量与节点个数 n 无关，但 n 越大分段越多，插值误差就越小。由于已知点的斜率是不变的，所以插值结果不光滑，存在角点。

2）三次样条插值

分段线性插值方法虽然简单，易于实现，但该方法具有如下缺点：一是使得曲线不能显示连接主干点间的凸状弧线；二是使得从曲线导出远期曲线时会形成人为的"尖头"。因此，可以采用样条法来构造曲线。样条法是用一条平滑曲线来对各插值节点进行拟合的方法。它是通过构造多项式（一个或一组不同阶多项式）来形成一条把所有插值节点连接起来的平滑曲线。一般常常选择三次曲线（根据三次样条插值函数所得的曲线）进行拟合。

样条函数的定义。设区间 $[a,b]$ 上给定一个节点划分 $a = x_0 < x_1 < \cdots\cdots < x_{n-1} < x_n = b$，如果存在正整数 k 使得 $[a,b]$ 上的分段函数 $S(x)$ 满足：

- 在 $[a,b]$ 上有 $k-1$ 阶的连续导数。
- 在每个小区间 $[x_i, x_{i+1}]$ 上是次数不大于 k 的多项式。

则称分段函数 $S(x)$ 是节点集的 k 次样条函数。

下面给出三次样条插值函数。如果函数 $f(x)$ 在节点 x_0，x_1，…，x_n 处的函数值为 $f(x_j) = y_j, j = 0,1,\cdots,n$，并且关于这个节点集的三次样条函数 $S(x)$ 满足插值条件 $S(x_j) = y_j, j = 0,1,\cdots,n$，则称这个三次样条函数 $S(x)$ 为三次样条插值函数。

如果 $S(x)$ 是 $f(x)$ 的三次样条插值函数，则其必满足：

- 插值条件：$S(x_j) = y_j, j = 0,1,\cdots,n$ 。
- 连续性条件：$\lim\limits_{x \to x_j} S(x) = S(x_j) = y_j, j = 1,\cdots,n-1$ 。
- 一阶导数连续性条件：$\lim\limits_{x \to x_j} S'(x) = S'(x_j) = m_j, j = 1,\cdots,n-1$ 。
- 二阶导数连续性条件：$\lim\limits_{x \to x_j} S''(x) = S''(x_j), j = 1,\cdots,n-1$ 。

其中，因为 $S(x)$ 在每个小区间上是一个小于三次的多项式，故有四个未知系数；$S(x)$ 有 n 个分段，从而有 $4n$ 个未知系数；但插值条件与样条条件仅给出 $4n-2$ 个条件，无法定出 $4n$ 个未知系数，还差 2 个条件。因此，这 2 个条件需要用边界条件给出。

边界条件是我们对插值多项式在两个端点的状态进行的一定约束条件，常用的边界条件主要包括以下三种。

第一边界条件是由区间端点处的一阶导数给出的，即

$$\begin{cases} S'(x_0) = m_0 = f'(x_0) \\ S'(x_n) = m_n = f'(x_n) \end{cases} \tag{4-52}$$

第二边界条件是由区间端点处的二阶导数给出的，即

$$\begin{cases} S''(x_0) = M_0 = f''(x_0) \\ S''(x_n) = M_n = f''(x_n) \end{cases} \tag{4-53}$$

其中，有一种特殊情况为区间端点处的二阶导数恒为 0，这种特殊情况称为自然边界条件，即

$$\begin{cases} S''(x_0) = M_0 = 0 \\ S''(x_n) = M_n = 0 \end{cases} \tag{4-54}$$

第三类又称周期边界条件，即如果函数 $f(x)$ 是以 $b-a$ 为周期的函数，则由区间端点处的函数值或导数值满足周期条件给出：

$$\begin{cases} S(x_0 + 0) = S(x_n - 0) \\ S'(x_0 + 0) = S'(x_n - 0) \\ S''(x_0 + 0) = S''(x_n - 0) \end{cases} \tag{4-55}$$

三次样条插值的整体光滑性有提高，相比于分段线性插值而言更接近工程实际情况，因此应用广泛，但其误差估计较困难，而且它的求解代价很大，其精确度受端点条件影响很大。

在条件有限的情况下，构造固定阶数的插值多项式可能会是一种更简单的方法。当要反复计算逼近值时，推荐用牛顿插值。对表格数据的常规插值，推荐使用分段线性插值；如果插值的总体平滑很重要，应该考虑三次样条插值或三次 Hermite 插值；同时当表格数据构成函数的导数不存在时，推荐使用三次样条插值。

4.2 半实物仿真的实时特性分析

从理论上讲，仿真是在一个真实的时空环境中构造出的一个虚拟时空，并将仿真模型置于该虚拟时空环境中运行的过程。其中，时间是仿真中的一个基本概念，仿真时间的一致性

是仿真时空一致性问题中不可缺少的一环，是决定仿真品质的主要因素。尤其是在半实物仿真系统中，由于部分实物的引入，在模拟对象的闭环回路中，部分环节的时间属性无法人为控制，为保证闭环模型的时间一致性，就要求各系统模型的仿真时间必须保持一致。

实时作为一种时间标尺的概念，对系统的响应时间有严格的要求。半实物仿真区别于一般数字仿真的重要难点之一就是仿真模型的实时。为了分析半实物仿真中时间特性，需要明确仿真系统中相关时间类型的定义，分析半实物中的时间约束和特点，研究实时控制的性能要求，给出实时性的评价指标。

4.2.1　半实物仿真中的时间定义

为了分析半实物仿真中的时间特性，需要明确半实物仿真系统中的若干时间概念。在此，给出在半实物仿真系统中的一些时间概念，分别是自然时间、仿真时间、机器时间、仿真步长、帧计算时间。

1）自然时间

自然时间（Real Time）是指自然界客观存在的真实时间。自然时间也称为实际时间，指真实流逝的自然时间。自然时间是独立存在的，不需要其他物理设备或软件产生，均匀且连续地流逝，可以进行无限小的量化描述。同时，自然时间是我们不能控制的时间，其具有唯一性。

2）仿真时间

仿真时间（Simulation Time）是指仿真模型运行时由仿真系统产生的在仿真世界中的虚拟时间，也称为虚拟时间或仿真模型时间。目前各类仿真均采用计算机仿真，从机理上是一种离散仿真，因此，仿真时间是一种间断离散的时间描述，是在仿真系统控制下推进的，其最小量化单位为设定的仿真步长。仿真时间是完全可以控制的，通常由系统仿真精度需求和仿真对象特点决定。仿真系统就是通过对仿真时间的控制来实现对仿真过程的控制。

3）机器时间

机器时间（Machine Time）是指仿真系统根据仿真计算机的时钟物理部件产生的时间计数器所折算的时间。机器时间也称为物理时间，是通过特殊的电子设备对自然时间的感知和模拟，产生一系列"固定频率"的信号脉冲技术来获得的，它是间断的、近似均匀的。典型的机器时间是引入专门的高频晶体振荡器电路，通过对振荡器电路产生的固定频率电子脉冲计数得到的。机器时间的物理特性具有双重特性：一方面是离散特性，机器时间不是连续推进的，而是以固定的脉冲振荡周期进行单位递增的，一般情况下，高频晶体振荡器电路的脉冲周期是相对固定的，是可以准确得到但不可控制的；另一方面是偏差特性，考虑到振荡器电路的频率偏差和漂移，其振荡周期的真实值和标称值是有一定差别的，但仿真系统对物理部件产生的脉冲拥有解释权，因此机器时间又是可以部分校正的。在半实物仿真系统中，机器时间的最小离散周期，是由计算机硬件性能和操作系统来决定的。

4）仿真步长

目前的仿真均采用数字计算机进行实现，所有连续模型在进行计算时，都需要进行离散化采样。而仿真步长（Step Time）就是整个模型的基础采样时间，是连续状态变量的积分步长，也是系统在推进仿真时间的相邻两拍之间的时间间隔。在仿真中，各个子系统或模块的采样时间均为仿真步长的整数倍。仿真步长的选取直接影响最终的仿真结果，理论上仿真步长越小，系统的采样频率越高，离散系统对于原有连续系统的模拟精度越高，但太小的仿真步长会导致仿真速度较慢。因此，在进行计算机仿真时，必须根据对象特点和仿真任务需求，选择合适的仿真步长。

5）帧计算时间

帧计算时间（Frame Computing Time）是指计算机在完成每个仿真步长时的计算任务所需要的自然时间，也称为帧计算耗时。帧计算时间与计算机硬件性能、模型复杂程度、计算调度机制、解算算法等因素有关。在半实物仿真中，帧计算时间作为一个描述仿真系统计算能力的一项指标，直接影响了半实物仿真系统的最小仿真步长，也影响了仿真系统的精度。

在计算机仿真的早期阶段，大量的仿真采用的是模拟计算机，由于仿真模型是直接由模拟计算机的物理部件构造的，因此仿真模型的时间特性和模拟计算机的时间特性是一致的。随着计算机仿真进入数字计算机阶段，仿真模型不再由计算机的物理部件来直接构造，而是由软件编码实现，仿真模型的解算也由模拟器件的"硬"计算转变为代码的"软"计算。因此，仿真模型的时间不再直接取决于计算机的物理器件，而是取决于仿真模型计算的软件实现，成为仿真应用程序可以控制的一个具体变量。

4.2.2 半实物仿真中的时间特性分析

在给出时间定义之后，就需要根据半实物仿真的特点，分析仿真系统中的时间推进机制，并对其时间特点进行分析。

4.2.2.1 半实物仿真中的时间推进机制

为了保证仿真结果的逼真度，仿真系统必须进行仿真时间的控制。一方面，仿真系统必须保证系统中所有仿真模型都维持仿真虚拟时空的一致性，即在任一时刻，所有的仿真模型对仿真时间都必须有一致的认同，这一要求是任何仿真系统都必须满足的；另一方面，仿真系统要恰当地处理仿真的虚拟时空和现实的自然时空之间的关系。在第1章的仿真分类中，根据仿真时间和自然时间（真实世界时间）的比例关系，将仿真分为超实时仿真、欠实时仿真和实时仿真。

在数字仿真中，全部仿真对象的模型均由计算机进行计算，通过计算机仿真软件，有序推进仿真步长；这些仿真模型构成一个闭环的仿真回路，所有模型完全在虚拟的时空中运行。此时仿真的虚拟时空和真实世界没有信息交互，仿真时间和自然时间也不需要有任何约束。在仿真时，只需要在虚拟的时空内保证全系统的时钟统一，就能保证系统的仿真精度。

在半实物仿真中，只有一部分对象的仿真模型是由仿真计算机完成的，其虚拟时空内的运行时间是由计算机控制的仿真时间；而参试的实物部件，其工作在自然时空中，其时间属性为自然时间，无法人为改变或控制。此时，自然时空的对象就融入仿真的虚拟时空中，为了保证整个闭环回路的时钟统一，就要求仿真计算机中仿真模型的仿真时间，必须和自然时间保持完全一致。

在半实物仿真系统中，整个仿真系统是按照仿真步长进行离散推进的。首先根据对象特点和任务需求选择合适的仿真步长；然后，在仿真计算机中，通过控制机器时间，产生设定仿真步长的定时周期；最后，在每个周期内，完成仿真模型的解算、仿真时钟的推进、信号传输与交互。通过精确控制仿真计算机的定时器响应，实现机器时间与自然时间的同步推进，从而实现仿真时间和自然时间的同步。

图 4-3 所示为半实物仿真系统中的时间推进过程，在仿真机中产生高精度的定时响应，严格控制机器时间，使其与自然时间一致。

需要注意的是，在每个定时周期内都需要进行仿真计算，这就要求每个周期内的帧计算时间不能超过仿真步长大小，否则会引起系统超时，从而引起仿真误差，严重时导致仿真失败。

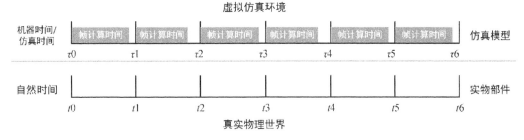

图 4-3　半实物仿真系统中的时间推进过程

4.2.2.2　半实物仿真中的时间特点分析

在精确制导武器的半实物仿真系统中，通过控制机器时间的推进，来实现仿真系统的实时性。在控制机器时间进行实时运行时，系统具有如下特点。

1）理想性

根据机器时间的定义，机器时间是由高频晶体振荡器电路和计数器进行计算得到的，但任何一个电路均包含一系列误差，导致其定时器在时间属性上会出现轻微抖动，与真实世界的自然时间之间存在一定偏差。但在半实物仿真试验时，通过多种手段，保证机器时间的定时误差远小于仿真步长时（通常小于几个数量级），就可以忽略这一部分偏差，认为机器时间是理想时间，而不需要进行校正。这对于持续时间较短的精确制导武器半实物仿真，该假设是合理的。

2）唯一性

在半实物仿真系统中，通常包含各类仿真试验设备和弹载计算机等，由于计算机晶振时钟的差异，因此每个计算机自身的机器时间并不同步。如果每个计算机均按照自己的机器时间进行推进，则会导致各台计算机的时钟并不统一，产生仿真数据错拍的现象。为保证整个系统的时钟统一，避免数据错拍带来的仿真精度下降，需要对全系统的时钟进行同步。目前，常用的方法是采用一个时钟源作为全系统的唯一机器时钟，来推动全系统的时钟进行每一帧的迭代计算，该时钟源可以采用仿真主控管理阶段或仿真计算机的实时操作系统，也可以是单独的外部高精度时钟源。需要说明的是，为保证与真实使用场景一致，弹载计算机通常不需要进行时钟同步操作，依然按照自身固有的机器时间进行计算推进。

3）离散性

在半实物仿真中，数字仿真模型一般是连续系统模型，而连续系统模型的仿真是采用数值积分方法进行的，仿真时间也是以"积分步长"为单位进行等步长推进的。因此，机器时间的产生和推进，主要是通过产生高精度定时器来实现的，在定时器响应中完成仿真时间的累加和仿真模型的解算，因此，机器时间的属性呈现离散的特点，最小间隔是设定推进的仿真步长。

4.2.3　半实物仿真中的实时性能约束

在给出若干时间定义和推进过程之后，就要结合半实物仿真中的时间特点和任务需求，分析半实物仿真中的时间控制要求，给出实时控制评价指标。

4.2.3.1　半实物仿真中的实时控制要求

实时性作为半实物仿真中的重要指标，为了实现高精度的定时器响应，需要对仿真计算机的软件和硬件均提出一系列要求。

1）计算速度

仿真模型的解算速度是实时仿真的基础，为了避免出现帧周期计算时间超过仿真步长而导致超时现象，要求计算机的硬件必须有较高的计算性能，且能够在规定的时间内，完成模型解算、数据转换和硬件通信等任务。该性能主要针对的是计算机硬件能力。

2）定时精度

对于半实物仿真系统的高速计算能力只是实时仿真的基础，最重要的是时间的可控性和确定性，即要求仿真系统在规定的时间内予以响应的能力。为了评价实时系统的可控性和确定性，可以提出定时精度的指标进行评价。要求仿真系统对于每帧之间的定时误差小于一定范围，并且多帧之间的时钟差具有较好的稳定性。如果不能对响应时间进行精确控制，则可能会出现仿真系统两帧之间的自然时间间隔并不固定、运行一帧的自然时间长短不一的现象，在与产品实物进行数据交互时，导致产生错帧或丢帧的情况。该性能主要针对操作系统和仿真软件。

4.2.3.2　半实物仿真中的实时评价指标

为了评价仿真系统的实时仿真能力，考核仿真系统的计算性能和时钟控制精度，需要提出若干指标。

1）最小仿真步长

由于仿真步长的大小与连续系统仿真解算精度密切相关，因此，在设定半实物仿真系统时，必须首先明确仿真系统的最小仿真步长。需要注意的是，该仿真步长并不是实时操作系统的最小定时响应时间，其选取原则与仿真对象的特点、仿真精度要求、弹载计算机控制周期、积分离散方法等因素有关。

2）帧最大计算耗时

在构建系统模型、硬件选型和仿真步长之后，为了避免仿真过程中由于计算超时而出现错帧的情况，需要分析计算仿真全过程中的最大帧计算时间，判断是否大于设定的最小仿真步长。该指标大小与仿真模型计算任务、计算机处理运算能力、模型解算处理方法等因素有关。在设计时，通常要求帧最大计算耗时小于最小步长的80%。如果帧最大计算耗时过大，则需要重新调整仿真步长的大小，或者降低模型计算的复杂程度，或者更换计算机硬件能力，或者将仿真任务分割到多个计算节点。

3）帧同步误差

在半实物仿真中，定义仿真计算机的两帧定时响应之间的自然时间与设定仿真步长的偏差为帧同步误差。该项指标主要由仿真操作的实时控制性能决定。在设定时，通常要求系统的最大帧同步误差小于某一数值。

4）时间累积误差

为了描述仿真系统与真实世界之间的时间误差，可以定义在一段时间内，系统仿真时间（累积的机器时间）与自然时间之间的偏差为时间累积误差。需要注意的是，计算机晶体振荡器电路和操作系统实时控制能力的偏差，会导致机器时间响应与自然时间存在一定偏差，假如该偏差一直是正向偏差或负向偏差，那么经过多帧之后，累积误差就会形成一个较大的误差量，因此，需要用该指标来描述仿真全过程下的时钟累积误差。

4.3 仿真模型实时解算技术总体概述

仿真模型实时解算技术以数学理论、相似原理、信息技术、系统技术及其应用领域有关的专业技术为基础，以计算机和各种仿真软件为工具，通过一系列数学方法和软件工具完成数学模型到仿真模型的转换和对仿真模型的实时运行控制，通过各种硬件接口设备完成仿真模型与参试部件和其他设备的信号传递与交互。仿真模型实时解算技术涉及计算机技术、操作系统、硬件驱动、网络通信、数学方法等，是一门利用计算机对数学模型进行计算描述的综合性技术。

在半实物仿真系统中，主要通过仿真计算机来完成研究对象中的仿真模型的实时解算和数据交互任务。因此，仿真计算机作为仿真模型实时解算技术的具体实现，包含相关硬件装置和软件算法，是半实物仿真系统中的最重要仿真设备之一，也是计算机仿真的一个重要研究内容。仿真计算机的发展与计算机的发展相辅相成，高速的计算能力和严格可控的时间需求不断推进计算机软硬件水平的迭代更新。从某种程度上讲，仿真模型实时解算技术的研究，也基本等同于实时仿真计算机技术的研究。

在本节中，首先对仿真计算机的任务和功能要求进行分析，然后简要回顾一下仿真计算机的发展历程，给出仿真计算机的组成分类和系统架构，最后介绍了常用的仿真建模工具。

4.3.1 仿真计算机的任务及功能要求

下面分析实时仿真计算机的任务和功能要求。

4.3.1.1 仿真计算机的任务要求

实时仿真计算机的主要功能包括仿真模型的实时解算和电气信号的通信传输。

1）仿真模型的实时解算

实时仿真计算机的首要任务就是根据设定的仿真步长大小，产生高精度的定时器时钟响应，在定时器响应函数中，根据各项参数和状态进行数学模型一个仿真步长的参数计算，从而完成研究对象仿真模型的实时解算。

2）电气信号的通信传输

实时仿真计算机的另外一个重要任务，就是需要通过一系列硬件接口，与参试产品部件和其他仿真设备进行通信。一方面，将模型解算得到的飞行器姿态、过载、弹目相对位置关系注入给飞控计算机或其他仿真设备；另一方面，获取舵偏信息以用于气动计算，从而构成闭环仿真。因此，要求实时仿真计算机具有实时环境下的丰富硬件通信接口能力。

4.3.1.2 仿真计算机的功能要求

仿真计算机作为现代计算机的重要应用领域之一，当用于半实物仿真时，对其性能有严格的要求。根据实时仿真计算机的任务要求，从几个方面介绍一下半实物仿真系统对于仿真计算机提出的特殊要求。

1）实时性要求

由于半实物仿真需要接入产品实物，因此，半实物仿真与一般数字仿真的最大区别在于对仿真的实时性要求，即要求仿真时钟和物理时钟严格同步，也即要求仿真系统能够产生与自然时间严格一致的定时器时钟响应，该时钟响应的偏差和抖动必须严格可控，必须在允许的误差范围内。

目前，仿真计算机的实时性主要是通过运行实时操作系统来实现的。

2）计算速度要求

仿真系统对于计算速度的要求主要体现在要求仿真模型的运算必须在规定的时间内完成。目前，飞行器的半实物仿真系统的仿真步长主要选择 1ms，即要求在 1ms 时间内必须完成包括仿真模型计算、模拟信号转换（AD/DA）和数字信号（RS-232/422、MIL-STD-1553B 等）通信、网络通信等所有任务，由于模拟信号转换和数字信号通信一般耗时较长，这样，留给仿真模型计算的可用时间一般要小于 0.5ms。而飞行器六自由度数学模型一般由上百阶的微分方程、代数方程、传递函数、状态方程等组成，且包含大量的插值运算，要在小于 0.5ms 的时间内完成一次运算，这就对仿真计算的速度提出了严格的要求。

近年来，由于计算机硬件水平发展迅速，普通的台式计算机的主频已经可以达到 3GHz 以上，基本满足常规飞行器六自由度实时仿真计算的需求。但对于规模更大、处理复杂的数学模型，则需要采用并行计算的方法实现。

3）外部接口要求

半实物仿真的一个重要任务就是引入部分产品实物，通过硬件接口完成电气信号交互，从而构成闭环回路。因此，实时仿真计算机的一个重要特征就是要具有与参试产品部件相匹配的硬件接口。目前，仿真计算机的硬件接口主要包括两种，一种是与产品部件直接通信的电气接口，包括模拟信号、数字电平、串行通信等类型；另一种是与其他仿真节点进行通信的网络接口，包括反射内存网和以太网等类型。

4）仿真软件要求

在实时仿真计算机中，需要借助相关软件完成实时仿真任务。仿真软件的主要功能是完成仿真模型搭建、实时代码编译、仿真运行控制、仿真过程管理等功能。目前，仿真软件既有专用的仿真软件，也有基于通用编程软件进行自定义开发的软件。

4.3.2 仿真计算机的发展历程

仿真计算机是用计算机系统去模仿现实世界的物理系统、各种动力学连续系统的仿真工具，是武器系统和航天飞行器系统设计、试验、定型、检验的重要手段，是半实物仿真系统中的核心设备。仿真计算机在航空、航天、兵器、交通、能源、化工等领域的大型和超大型实时仿真中，有着独特的重要作用。仿真计算机的发展，基本伴随着计算机技术的发展，大致经历了模拟仿真计算机、数字仿真计算机、混合仿真计算机和全数字仿真计算机等阶段。

4.3.2.1 模拟计算机崭露头角

20 世纪 40 年代，第二次世界大战的爆发促进了航空、电子技术和核技术的发展，使军事工程技术和基础科学更加紧密结合起来。武器系统通常比一般的工业生产系统更加复杂，敌对双方的激烈竞争不容许武器系统按传统的方法，即研究、设计、生产、试验、定型的方法进行。此时，仿真技术作为一项关键技术应运而生。模拟计算机作为仿真工具，大大加速了武器系统的开发。

1946 年，第一台能够模拟导弹、飞机飞行轨迹等物理现象的模拟计算机在美国问世，其诞生开创了仿真计算机的新纪元。1948 年，第一台商业模拟计算机出现，并于 20 世纪 50 年代实现了商品化。20 世纪 50 年代和 20 世纪 60 年代初是模拟计算机发展的黄金时期，成就了如 Applied Dynamics Inc.（ADI）、Aritma、Beckman Instruments Inc.、Electronic Associates Inc.等行业巨头，也涌现了大量的模拟计算机，在这个时期，数字仿真计算机开始出现，但发展缓慢。

4.3.2.2 混合计算机大浪淘沙

尽管模拟计算机取得了巨大的成功，但也暴露出数据精度不够、实现插值函数困难、不能满足数字控制系统需求等问题。20 世纪 50 年代末，随着导弹等武器系统的研制，对于仿真技术的需求，诞生出数模混合计算机，出现了混合模拟计算机、混合计算机等形式。

20 世纪 60 年代至 20 世纪 70 年代中叶是混合计算机的鼎盛时期，在这个时间里，众多的混合计算机也经历了一个大浪淘沙的过程。模拟计算机比较有代表性的混合计算机有 SIMSTAR、HRS-100 和 WAT 1001 等。SIMSTAR 由美国 EAI 公司于 1983 年研制成功，它采用线性和数字集成电路，将混合计算技术与多处理机技术相结合，构成了一种全自动编排、高性能运算的混合仿真计算机；HRS-100 是苏联（USSR）科学学院于 1971 年研发的一种专门为科学和技术研究工作服务的混合计算机，该系统能针对复杂动力学系统进行建模，以实时、超实时（加快时间比例尺）模式进行仿真，并能有效地解决大范围内的科研任务中的问题。

4.3.2.3 数字计算机快速崛起

进入到 20 世纪 70 年代，随着数字计算机的快速发展，特别是小型通用机的大量进入以及数字仿真算法和高级仿真语言的发展，混合计算机的性能价格比逐步下降。美国 ADI 公司在 1978 年研制出全数字计算机 AD10，并于 1980 年推出模块程序系统 MPS-10，从而形成 SYSTEM10，它的诞生标志着全数字仿真新时代的来临。

为了克服 SYSTEM10 的缺点，满足复杂且对精度和时间要求苛刻的问题的实时仿真要求，ADI 公司在 1985 年推出了 AD100 仿真计算机和 SYSTEM100 系统。作为全数字仿真计算机的里程碑代表，SYSTEM10 和 SYSTEM100 在 20 世纪 80 年代—20 世纪 90 年代享誉全世界。与此同时，作为高性能计算机系统解决方案和关键时间应用软件的世界领先供应商的美国并行计算机公司（Concurrent Computer Corporation），推出了同构型的多处理机仿真计算机系统 MAXION。此外，还有 CRAY-IS、IBM 3033、FPS-164 和 HP 1000 等系统的相继出现。

为了满足我国航空、航天对于仿真计算机的迫切需求，国防科技大学在 1985 年研制成功了我国第一台全数字仿真计算机"银河仿真 I 型计算机（YH-F1）"，填补了国内空白。

1993 年成功研制了"银河仿真 II 型计算机（YH-F2）"，其整体性能达到世界先进水平。在 20 世纪末，银河系列仿真计算机，广泛应用在我国航空、航天、兵器等领域，为我国导弹、火箭、无人机的研制，以及核电站控制系统的设计等方面发挥了巨大的贡献。

4.3.2.4　数字计算机全面繁荣

进入 20 世纪 90 年代，特别是 21 世纪以来，伴随着通用计算机的快速发展和普及，数字计算机也呈现出百花齐放、全面繁荣的局面。仿真计算机逐渐形成了以超大型专用计算机和小型通用计算机为代表的两种形式。

一方面，超级计算机是一种超大型专用计算机，通常由数百、数千甚至更多的处理器（机）组成，具有很强的计算和处理数据的能力。其主要特点表现为高速度和大容量，配有多种外部和外围设备及丰富的、高功能的软件系统。作为一个国家科技发展水平和综合国力的重要标志，超级计算机主要用于国家高科技领域和尖端技术研究中需要进行大量运算的研究工作，如天气预测、气候研究、运算化学、分子模型、物理模拟、密码分析、生物医药、社会分析等领域。

另一方面，伴随着微电子技术、大规模集成电路技术、精简指令集计算机技术、分布与并行处理技术、仿真算法与软件的迅速发展，小型通用计算机在计算性能、存储能力、硬件接口等方面，出现了质的飞越，已基本能够满足日常实时仿真的计算需求；出现了以 dSPACE、Opal-RT、Concurrent 为代表的一大批仿真软件公司，针对实时仿真任务需求，推出了多种仿真平台软件，使得科研人员可以基于通用操作平台和通用计算机完成仿真建模和仿真试验。

目前，对于飞行器制导控制系统半实物仿真而言，主要以小型通用计算机为主。

4.3.3　仿真计算机的分类方法

实时仿真计算机作为计算机的一个特殊类型，可以按照计算机工作原理进行分类，将其分为模拟仿真计算机、数字仿真计算机和混合仿真计算机。

4.3.3.1　模拟仿真计算机

模拟仿真计算机是根据相似性原理，用连续变化的模拟电压表示被运算变量的一种模拟计算装置。它主要由运算部件、控制部件、排题板、输入/输出部件等构成，模拟仿真计算机是基于不同物理系统在数学描述上的相似性进行设计开发的，它将具有各种数学特征的模拟电路，组成各种典型的基本运算部件（如加法器、乘法器、积分器和函数产生器等），通过这些运算部件的连接组成仿真模型。在进行仿真运算时，各部分的连接和监控分别由排题板和监控系统实现。模拟仿真计算机的优点是各运算部件直接连接并行工作，运算速度高，实时性好；输入/输出为模拟电压，便于连接实物。其主要缺点是输入/输出范围有限，运算精度不高，逻辑处理和存储能力有限。

这种模拟仿真计算机主要出现在早期，目前已基本退出。

4.3.3.2　数字仿真计算机

数字仿真计算机是一种用"0"和"1"断续变化的电脉冲数码串表示系统状态及数字并进行运算的数字式计算装置。它主要由运算处理器（CPU）、存储器（内存和硬盘）、输入/输出设备和控制器组成。仿真数学模型按照一定规则和算法，采用某种计算机编程语言或仿真建模工具进行编写和构建。其优点是计算精度高，有良好的存储和逻辑判断能力，通用性强，人机友好等。但对于半实物仿真而言，不便于连接实物，需要增加专门的接口设备。另外，数字仿真计算机在实时算法、实时软件等方面，还存在一定缺陷。但近年来，随着并行处理、仿真算法和专用仿真软件的迅速发展，数字仿真计算机已成为主流。

4.3.3.3　混合仿真计算机

在 20 世纪 60 年代—20 世纪 70 年代，针对模拟仿真计算机和数字仿真计算机各自的优缺点，发展了一种混合仿真计算机。其中，模拟部分用于求解常微分方程数学模型中的高频部分，并连接实物部件；而数字部分用于管理、监控、处理结果等，并完成如存储、逻辑比较和高精度运算等任务，这样，就可以兼顾运算速度和运算精度的要求了。

随着微电子技术和计算机技术的迅猛发展，计算机运算速度、存储容量、并行能力和性能价格比均有较大的变化。目前，模拟仿真计算机已退出人们的视野，数字仿真计算机日益彰显其优越性，已逐渐成为仿真计算机的主流。特别是随着完善、廉价的小型通用计算机进入市场，以及数字仿真算法和高级仿真语言研制的进展，混合仿真计算机的性能价格比逐步下降，逐渐退出市场，天平逐渐向数字仿真计算机倾斜。目前，各类实时仿真计算机主要采用数字计算机形式。

4.3.4　仿真计算机的系统架构

目前，制导控制系统半实物仿真的实时仿真计算机主要通过运行实时操作系统的数字计算机来实现。根据仿真模型建模平台与实时操作运行环境之间的所在关系，实时仿真计算机的系统架构可分为一体式和上下位机式两种形式。

4.3.4.1　一体式仿真计算机

一体式仿真计算机是指同一硬件平台上实现了仿真模型的建模和仿真模型的实时运行任务。这种架构中，在硬件上采用了多 CPU 并行运算的工作机制，在软件上利用实时操作系统来保障仿真模型实时运行能力。该种方案最突出的优点是系统结构紧凑，使用方便，工作稳定可靠，尤其在仿真模型的调试运行方面提供了很好的支持；但仿真建模平台需要运行在实时环境下，或者是仿真平台的专用仿真软件，对用户而言使用门槛较高。

目前，该类方案主要有两种形式，一种是直接基于实时操作系统完成建模与仿真运行；另一种是基于通用操作系统的实时扩展方案进行实现。前一种形式的代表性仿真计算机是美国 Concurrent 公司的 Power 系列仿真计算机产品，以及美国 ADI 公司的 AD−RTS 系列。仿真厂商可以根据用户的需求定制完整的仿真产品配置，向用户提供厂家自主研制的软件建模工具和自主开发的相应硬件 I/O 接口，系统的软硬件配合紧密，尤其在软件调试上给予了用户很大的方便性；但其 I/O 接口的适应面不宽，用户对接口的特殊要求厂家无法给予充分的满足，系统硬件接口的二次开发能力差。后一种形式是国内一些科研院所基于 RTX或 RT-Linux 实时环境进行开发的实时仿真环境。

4.3.4.2　上下位机式仿真计算机

采用上下位机式仿真计算机，其仿真模型的建模平台和仿真模型的实时运行平台采用相对独立的上下位机物理结构。通常情况下，上位机采用通用计算机并安装通用操作系统，运行仿真建模软件，实现应用程序的编写、任务设计及图形用户界面等实时性较低的任务；下位机为专用计算机、嵌入式实时平台或通用计算机，运行实时操作系统，完成模型运算、数据采集、控制指令下发等实时任务。上下位机中分别安装专用仿真软件的控制端和运行端，两者通过网线进行连接，通过专用仿真软件，完成仿真模型的编译、链接、加载和运行控制。

目前，较多的商用仿真平台采用上下位机式，如德国 dSPACE 公司的 dSPACE 实时仿真平台、加拿大 opal-RT 公司的 RT-LAB 仿真平台等。该形式的优点是建模工具和仿真软件均运行在通用操作系统中，用户使用门槛低，但系统结构较为复杂。

4.3.5 常用的仿真建模途径

模型是仿真的基础，建模是对客观事物（包括实体、自然环境、人的行为）的抽象描述。在完成研究对象的数学建模后，需要借助相关仿真工具软件，将数学模型转换为仿真模型，以便于在计算机中完成解算。目前在工程实践中，飞行器或精确制导武器常用的仿真建模工具主要有两种类型：一种是基于专用建模软件进行数学建模；另一种是基于通用的编程建模软件工具，完成模型搭建工作。其中，通用的编程建模软件工具又可以分为以 MATLAB 为代表的图形化仿真建模工具和以 C 语言为代表的文本编程语言建模工具。

4.3.5.1 专用建模软件

在早期的专用实时仿真计算机中，为了完成仿真模型的编译和运行控制，仿真厂商提供了与其配套的专用建模工具。用户在使用专用实时仿真计算机时，需要在其配套的专用建模环境中，完成动力学模型的构建、差分方程的编写和硬件驱动的调用。

1980 年，ADI 公司为 AD10 配置了模块程序系统 MPS-10，从而形成了完整的全数字仿真计算机系统 SYSTEM10。1986 年，ADI 公司推出了配置 ADSIM 的 AD100，把全数字仿真计算机系统提上了一个新的台阶。ADSIM 严格遵循美国仿真计算机专家小组提出的连续系统仿真语言 CSSL 标准，是一种功能强大的、面向连续动力学系统的仿真建模语言，能够直接面向方程，通过状态空间法建模，从而使动力学系统的分析和设计过程大大简化。

国防科技大学为银河仿真 II 型计算机配置的一体化建模仿真软件——YFSIM，采用非过程性的建模语言、非过程编码及自动排序等技术，由编译程序自动安排程序编码的执行顺序，标志可能存在的代数环位置，并保证全部变量在它们被使用之前已经计算且在时间上能够相互匹配。此外，编译程序还采用了较多的优化手段来优化程序的执行，并充分发挥了多处理机的并行处理能力。YFSIM 是一个块结构的仿真建模语言软件，一个基于 YFSIM 开发的完整程序可以包括 DYNAMIC、REGION、FUNCTION、MODEL、SIMEXEC、INTEXEC、FORTRAN 等程序模块或其中的一部分；它具有丰富的函数库、模型库；支持含有广泛外部硬件的复杂硬件回路的半实物仿真；它提供了多种仿真执行控制框架，具有优化的函数生成工具，拥有直观的图形功能，具备友好的程序设计环境及方便灵活的人机交互界面；它将程序和数据严格区分开来，用户不但可以静态修改程序参数，而且可以动态修改程序参数。

随着计算机技术的发展，在飞行器半实物仿真领域，越来越多的科研院所采用通用计算机和通用操作系统作为系统平台；同时，随着图形建模软件的模型库的不断完善和面向对象的通用编程语言的发展，更多的仿真软件厂商选择以通用语言为主，以降低用户的使用门槛，提高软件的通用性。尽管如此，专用仿真语言作为一种有效的建模工具，依然有一定的市场份额。一方面，专用仿真语言能够实现更为复杂的仿真模型，其仿真程序的组织安排更为灵活，这是图形建模软件无法比拟的；另一方面，许多专用的编程语言在语言的特点上提供了对特定应用领域的支持。因此，在一些超级计算机或专用仿真平台上，专用仿真语言依然有一定的应用空间。

4.3.5.2　基于图形化编程语言软件的仿真建模工具

在飞行器制导控制系统的设计中，涉及飞行力学、经典控制原理、现代最优控制、信号处理、滤波估计、图像处理、射频信号处理、试验数据分析等知识，其研制过程是一个非常复杂和不断迭代的过程。目前，在制导控制系统设计过程中，MATLAB 作为当前国际控制界最流行的面向工程与科学计算的高级语言，在飞行器制导控制系统的分析、仿真和设计方面都有非常广泛的应用，在方案论证、控制回路设计和制导回路详细设计，以及仿真验证试验等不同的研制阶段中都发挥了重要的作用。而半实物仿真作为检验制导控制系统的重要手段，为了保障在科研过程中建模工具的一致性，出现了以 MATLAB 为建模工具的实时仿真平台。

MATLAB 作为当今世界科学研究和工程领域中广泛使用的控制系统设计工具，为设计人员提供了系统设计、系统测试、系统仿真、数据分析一体化的先进的系统开发与设计环境。设计人员基于 MATLAB 仿真评估，能够做到边设计、边分析、边试验，大大提高了工程设计与型号研制的效率和质量。在飞行器研制过程中，控制系统设计人员基于飞行器线性模型完成控制系统设计后，需要将其代入非线性模型中，考核并验证控制系统结构的合理性，评估并优化控制系统参数。在 MATLAB 环境下，飞行器的非线性模型主要是通过SIMULINK 仿真环境来完成搭建的。

SIMULINK 是 MATLAB 最重要的组件之一，它提供了一个动态系统建模、仿真和综合分析环境，能够方便快捷地描述线性系统和非线性系统，支持单速率或多速率的仿真任务，可以实现连续系统、离散系统和混合系统的建模与仿真。用户基于 SIMULINK 的工作环境，不需要编写大量的程序代码，只需要通过鼠标操作，即可完成复杂的非线性模型的搭建工作。

但 SIMULINK 作为一种"解释性"语言，部分模块在每步执行过程中均需要调用MATLAB 编译器来进行"解释"，从而大大降低模型的解算效率；同时，MATLAB 主要运行在通用操作系统中，无法精确控制运行时钟，从而导致系统的实时性很差。在对基于SIMULINK 开发的仿真模型进行实时解算时，通过调用 MATLAB 软件的 RealTimeWorkshop 工具，对 SIMULINK 模型进行编译链接，生成实时代码。

由于 MALTAB/SIMULINK 软件在仿真建模领域的广泛应用，目前，众多仿真厂商基于 MATLAB 建模工具，推出了多种实时仿真系统解决方案，通过集成相关硬件驱动，修改MATLAB 编译模板，从而实现 MATLAB/SIMULINK 模型到实时代码的一键转换。

4.3.5.3　基于文本编程语言软件的仿真建模工具

仿真建模的编制过程从本质上讲，就是把现实世界中的物理实体映射为软件代码对象，并赋予对象相应的属性和与外界的接口动作。面向对象编程语言作为一类以对象为基本程序结构单位的程序设计语言，指用于描述的设计是以对象为核心的，而对象是程序运行时刻的基本成分。它设计的出发点就是为了能更加直接地描述客观世界中存在的事件（及对象）和它们之间的关系。因此，面向对象的编程语言在仿真领域中得到了广泛应用。

建模人员基于面向对象的编程语言，在实时操作系统环境下，围绕对象特点直接进行代码编写，实现数学模型向实时代码的转换。面向对象编程的建模方法，语言表现方式灵活，非常方便实现一些复杂的逻辑控制和流程控制。同时，作为通用的编程语言，具有丰富的函数库资源，齐备的硬件接口驱动，以及多种链接工具和调试工具，能够大大简化仿真程序编制人员的工作，直接提高了建模的效率，其优点在建立大规模系统的仿真模型时表现得更为突出。

目前，在一些科研院所中广泛采用面向对象编程语言的建模方法，根据对象模型特点和硬件接口需求，在实时操作环境下，基于通用编译工具环境完成软件框架、响应调度、解算算法、数据处理、逻辑比较、硬件驱动、时钟推进等任务的代码编写，实现对象仿真建模到实时代码的转换。

4.3.5.4　几种建模工具的对比

通过这几种建模工具的比较，专用建模语言虽然效率较高，但具有一定的学习门槛，目前主要应用在专用仿真计算机上。

以 MATLAB/SIMULINK 为代表的图形化建模，为设计人员提供了系统设计/系统测试/系统仿真/数据分析一体化的先进的系统开发与设计环境。在进行飞行器仿真建模时，具有简单直观、拥有大量数学库和控制算法库等优点，同时具有大气模块、地球模块、风场模块等的支持，结果查看方便快捷，但其缺点是算法流程控制较差，执行效率较低，对实时解算的支持力度不够，需要借助第三方的专业软件才能完成实时仿真。目前，较多的实时仿真计算机厂商选择 MATLAB/SIMULINK 作为建模工具平台，从而屏蔽模型对象的具体细节问题，将模型检查、仿真算法等功能交给 MATLAB 来完成；并且能够利用 MATLAB/SIMULINK 在仿真建模分析领域的巨大市场占有率，降低系统推广成本。

以 C 语言为代表的面向对象编程语言建模方法，具有丰富灵活的控制流程和数据结构、简洁而高效的语句、清晰的程序结构和良好的移植性。在进行仿真建模时，其优点是能够控制仿真步长，并具有良好的外部接口能力，缺点是需要自建大量的数学库，用于求解积分、插值等计算，数据处理和显示绘图相对不便。在一些科研院所中，由于大量的仿真任务具有一定的承袭性，因此，科研人员可以非常方便地利用前期积累的软件框架、仿真算法、硬件驱动等资源，能够较为方便地实现仿真模型的实时任务。

4.4　实时操作系统技术概述

通过对半实物仿真系统实时特性的分析可知，在制导控制半实物仿真系统中，为了实现仿真模型的实时解算，要求系统能够产生严格同步、高度精确的定时时钟，在时钟响应中完成模型代码的解算。实时操作系统作为实时仿真计算机的一个软件运行环境，其目的就是对于外部响应迅速进行处理，控制系统内所有任务协调的并发运行，从而产生精准可控的等间隔消息响应。

实时操作系统负责管理各种系统资源和协调所有内部任务的并发执行，为应用软件的运行提供了一个良好的基础平台。因此，实时操作系统的性能优劣和方案选型，在很大程度上决定了实时仿真计算机的工作性能。目前，实时操作系统不仅广泛应用在实时仿真计算机中，也广泛应用在各种形式的嵌入式平台，在航空、航天、工业控制、信息处理、交通运输、智能仪器等领域发挥着重要作用。

在本节中，首先分析通用操作系统在面临实时计算任务时的不足；然后给出实时操作系统的任务、发展历程、性能需求和评价指标；最后介绍半实物仿真系统常用的几种实时操作系统。

4.4.1　Windows 操作系统实时性能分析

Windows 操作系统以其友好的用户界面、强大的功能、便捷的操作和广泛的应用范围等特点，是目前通用计算机中装机量最为广泛、最为普及的操作系统。对于系统仿真而言，使用 Windows 操作系统进行软件开发和仿真建模，具有如下特点：

- Windows 平台拥有较强的性能和较低的价格，具有较好的扩展性和兼容性。
- Windows 平台的界面和操作流程被广大技术人员熟知。
- Windows 平台提供了多种强大的开发工具和应用程序，如 Microsoft Visual Stadio 系列开发平台，并提供了多种开发调试工具。
- Windows 平台提供了功能强大的图像化（GUI）接口支持。
- Windows 平台支持极其丰富的软件资源和应用程序。
- Windows 平台提供了众多廉价、可靠的第三方硬件及驱动支持，目前，几乎所有的商用货架板卡均会提供 Windows 环境中的驱动程序，大大简化了设计人员的开发难度。

因此，在半实物仿真系统中，如果能够在基于 Windows 环境下，完成高精度定时时钟，则可以大大降低系统的开发难度和建设成本。本节中就围绕 Windows 操作系统，分析其实施操作系统的不足，并以常用的定时器创建方法为例，具体说明 Windows 环境下的精确定时能力。

4.4.1.1　Windows 环境的实时性难点分析

尽管在 Windows 操作系统下进行仿真模型的开发具有很多便利，但由于 Windows 操作系统作为一种优先级抢占和轮转调度式操作系统，并不是针对实时任务需求进行开发研制的，因此，其诸多固有问题限制了实时仿真任务的开展。

1）线程优先级太少

Windows 操作系统虽然采用多任务机制，并且提供了线程优先级的控制。但 Windows 操作系统给定的线程只能拥有 5 个级别的优先级等级，使得众多线程必须在相同优先级下运行，执行时间的可预测性差。

2）消息任务易被打断

Windows 环境的任务交互主要基于消息机制，任何事件的完成都是通过在消息队列排队中完成的。当系统资源被无限期占用，或是系统定时器中断被更高优先级的中断所占用时，系统便不能实时中断。

3）不透明、不确定的线程调度机制

Windows 操作系统的任务调度机制不能够保证实现优先级集成问题，在对线程进行调度管理时采用抢占方式，内部的时间管理函数并不能实现等间隔的时间控制。因此，在使用时，仿真任务时间可能会受到其他事件的阻塞。

4）优先级倒置问题

在 Windows 操作系统中，中断的处理过程分为两个阶段。首先，操作系统通过非常短的中断服务程序（Interrupt Service Routine，ISR）进行一些基本的响应，以后的工作由一个延迟过程调用（Deferred Procedure Call，DPC）。虽然 ISR 按照优先级以抢占方式运行，但 DPC 却是按照排队方式以 FIFO 形式执行的，这就会造成优先级较低的线程能阻止较高的优先级线程的运行，使得 Windows 操作系统对异步事件的响应不能满足时间期限。

5）通信和同步机制不具备实时特征

Windows 操作系统虽然提供了任务之间的功能强大的通信与同步机制，但这些机制并不具备实时特征。例如，对互斥量，我们得到的平均时间花费为 35μs，但最大的时间花费为 670μs，而且互斥量是按 FIFO（先入先出）次序排列的而不是按优先级排列的，这对实时应用是一个大的缺陷。

6）文件处理时间不确定

在 Window 操作系统中，每个任务进程都有它们自己的内存空间，这是通过虚拟内存机制和分页系统来实现的。虽然对于商业应用，这种机制的作用是巨大的，但对于需要在可预测的时间限制内响应外部事件的实时系统，系统从磁盘得到内存页的时间则是不可预知的。

4.4.1.2　Windows 环境的常用定时方法分析

仿真计算机的主要任务就是产生精确的高精度时钟响应，下面就以在 Windows 环境下，Microsoft Visual Stadio 开发平台提供的多种关于定时响应方法为例，详细分析和评价其是否满足制导控制系统中的半实物仿真定时要求。

1）基于 WM_TIMER 消息的定时器响应

在 Windows 操作系统中，最为便捷的定时器就是利用 WM_TIMER 消息映射机制，该定时器是建立在计算机的硬件和 BIOS 中系统定时器扩展的基础上的，它通过 Intel 8253/Intel 8254 定时器芯片周期性地向应用程序发送 WM_TIMER 消息，使引用程序周期性地获取 CPU 的使用权。

在使用时，首先调用 SetTimer()函数，设置定时器的序号、时间间隔和回调函数，需要注意的是，时间间隔的单位为毫秒；然后在应用程序中增加系统定时响应函数 OnTimer()或自定义定时器响应函数（需要在 SetTimer()函数中指定），并在该函数中添加相应的处理语句，用来完成到达定时时间的操作，如数据读取、模型解算、信号传输等操作；在期望停止定时或程序退出时，需要销毁该定时器。销毁方法是通过调用 KillTimer()函数进行销毁，参数为定时器的序号。

在早期的操作系统中，Intel 8253 定时器每隔 54.259ms 产生一次中断，其定时器时钟分辨率为 55ms；后来，Windows 操作系统对 Intel 8253/Intel 8254 定时器芯片进行了重新编程，定时器的分辨率最大为 10ms 或者 15.6ms，具体取决于硬件和驱动程序。

Intel 8253/Intel 8254 定时器的最大问题是系统的优先级很低，在消息队列排队处理时，通常只有在其他的消息处理完后才能被处理，在其他进程或线程被大量占用的情况下，系统定时器将很难保持稳定的触发周期；此外，如果当前 WM_TIMER 消息没有被处理，定时器又触发了新的 WM_TIMER 时，原有消息就会被舍弃。这些因素导致 Intel 8253/Intel 8254 定时器无法实现高精度定时时钟，因此主要用于界面刷新等对定时精度不高的场合。

2）利用多媒体定时器实现高精度定时器

为了提供更高精度的定时服务，Windows 操作系统在多媒体扩展库 Mmsystem.dll 中提供了一个多媒体定时器。该定时器不依赖消息机制，通过调用底层 API 函数产生一个独立的线程，在一定的中断次数到达后，直接调用预先设置的回调函数进行处理一个固定周期系统执行的任务（如定时采样、仿真模型运算、数据发送和接收），而不必等待应用程序的消息队列为空，从而保证定时器的实时响应，是一种很理想的高精度定时器。

在使用多媒体定时器前，需要添加 Mmsystem.h 和 Winmm.lib 到软件工程文件中。其使用方法包括设置定时器分辨率、创建定时器事件、声明定时器事件的回调函数、删除定时器和分辨率等操作。

- 设置定时器分辨率：在使用多媒体定时器之前，应先获得系统定时器的设备能力，通过 timeGetDevCaps()函数获取定时器设备驱动程序所支持的最小分辨率和最大分辨率；然后，判断期望定时间隔是否在分辨率范围内，若超出范围则系统不支持设定分辨率；若处在范围内则调用 timeBeginPeriod()函数，设定程序所需要的定时器解析度的最低值。
- 创建定时器事件：通过 timeSetEvent()函数设置定时器的延迟时间、时间精度、回调函数、回调数据和事件触发方式。其中，常用的事件触发方式有 TIME_ONESHOT（事件仅触发一次）和 TIME_PERIODIC（每隔一定时间触发一次）。定时器创建成功，函数返回值为定时器序号，否则返回 NULL。
- 声明定时器事件的回调函数：在回调函数中添加定时任务。注意，如果定时器中任务超时，则会引起定时器函数的中断再入，引起程序异常甚至程序崩溃；此时，可以在回调函数中利用 PostMessage()函数向定时器事件的窗口发送 TIME_MSG 消息，系统功能在 TIME_MSG 消息响应 OnTimeMsg()函数中实现，但这就不能保证定时任务时钟间隔的精确性了。
- 删除定时器和分辨率：在定时器的任务完成后，要及时删除，否则占用太多内存，系统会越来越慢。首先调用 timeKillEvent()函数删除定时器事件，然后用 timeEndPeriod()函数删除定时器的分辨率。

多媒体定时器对于实现高精度定时是一种较为理想的工具。但是，多媒体定时器的定时精度是建立在对系统资源消耗之上的。因此，在使用时必须注意以下几点：多媒体定时器的设置分辨率不能超出系统许可范围；在使用完定时器以后，一定要及时删除定时器及其分辨率，否则系统会越来越慢；多媒体定时器在启动时，将自动开辟一个独立的线程，在定时器线程结束之前，注意一定不能再次启动该定时器，不然将迅速造成死机。

虽然多媒体定时器能够达到 1ms 的定时精度，但大量实测数据表明，定时间隔在 20ms 以上的定时任务中，精度可保持在 1ms 左右；定时间隔为 7～20ms 时，精度要视 Windows 系统的整体工作量和应用程序的任务而定，误差为 1～3ms；7ms 以下的软件定时一般难以实现，因为 Windows 操作系统本身的刷新任务及其消息循环等系统开销需要占用时间，并且该方法占用了系统大量宝贵的资源，随着程序的运行，系统速度会变慢，而且当定时信号由用户提供或需要更高的中断频率时，这种方法就不能实现了。

3）在高优先级任务线程中查询开机后时间

除了上述两种常用的定时器响应来实现高精度定时的方法，用户还可以创建一个高优先级的任务线程。该线程可以设置为一个死循环，在循环内不断查询计算机启动后的时间，当判断时间到达设定的时间间隔后，即执行数学模型的解算、数据处理、信号发送等任务操作，从而实现高精度的定时响应。

Windows 操作系统提供了 GetTickCount()函数来获取操作系统启动后到现在所经历的毫秒数，用户可以在查询线程的死循环里面，两次调用做差即可获得毫秒级别的定时精度。需要注意的是，该定时器的最小精度为 18ms，并且由于其返回值是以 32 位的双字类型 DWORD 存储的，因此，若系统运行时间超过 49.71 天，则该函数返回值会归零。

4）在高优先级任务线程中查询 CPU 时间戳

在 Pentium 系列及其兼容 CPU 的内部，存在一个 64 位的二进制时间戳计数器。该计数器按照 CPU 的主频计数，只需要知道计数器的数值和 CPU 时钟信号周期（CPU 主频），即可获取自系统启动以来的时间。通过两次做差可以得到分辨精度为纳秒的时间间隔，或者获取高精度的运算耗时。

在使用时，首先调用 QueryPerformanceFrequency()函数获取 CPU 内部定时器的时钟频率，即 CPU 的主频，单位为 Hz；然后调用 QueryPerformanceCounter()函数可以获取 CPU 内部计数器的数值大小，其参数为计数器的大小；在获取 CPU 主频和计数器数值之后，即可以获取定时间隔。例如，某 CPU 的主频为 2.43GB，调用 QueryPerformanceFrequency()函数得到的结果就是 2 430 040 000，获取计数器的大小为 12 150 200，系统启动后的时间为 12 150 200/ 2 430 040 000=0.005s，这样即可获取高精度的计时间隔。

需要注意的是，在多核处理器中，由于不同的 CPU 之间的晶振会有轻微差异，所以要确保在同一个 CPU 上获取开始时间和结束时间，此时可以调用 SetThreadAffinityMask()函数来设置线程运行在指定的 CPU 中。

从理论上，该方法能够实现精度为 1ms 的时钟响应，但由于 Windows 操作系统优先级管理的问题，查询任务依然面临被打断的情况。因此，该方法主要用于一些对时钟精度要求并不严格的定时任务中，对于半实物仿真这种强实时性要求，难以保证定时时钟的稳定性和可控性。

通过对 Windows 环境下几种常用的定时方法分析可知，其定时精度难以保证为毫秒精度的量级。在飞行器的半实物仿真系统中，目前主流的仿真步长为 1ms，并且随着飞行器飞行速度和动态性能的不断提升，需要的仿真步长会越来越小。因此，作为一个通用操作系统，在进行半实物仿真系统的数学模型的解算和运行时，其实时性得不到可靠的保证。因此，为满足仿真系统对于实时性的要求，通常需要对操作系统进行实时扩展，或者借助专门的实时操作系统。

4.4.2　实时操作系统的相关概念

实时操作系统（Real-Time Operating System，RTOS）是指调度系统中的一切可利用的资源，使得系统中所有的实时任务能在规定的截止时间范围内执行完成，协调和控制所有实时任务的一致运行，并且当外部事件或者数据处理请求产生时，能够在规定的时间内处理完成，并且能快速做出响应的系统。它运行在实时仿真计算机的操作系统中，是仿真模型实时解算的重要组成部分。

按照对外部事件响应时间不同，实时操作系统分为硬实时操作系统和软实时操作系统，两者的主要区别是对时限的响应结果。

- 硬实时操作系统指系统要有确保的最坏情况下的服务时间，即对于事件的响应时间的截止期限（Deadline）是无论如何都必须得到满足的，在规定的时限内必须完成指定操作，如果错过了规定的时限，则意味着系统失效，可能导致灾难性后果，如飞行控制系统等。
- 软实时操作系统就是那些从统计的角度来说，一个任务能够得到有确保的处理时间，到达系统的事件也能够在截止期限到来之前得到处理，但违反截止期限并不会带来致命的错误，如实时多媒体系统就是一种软实时操作系统。

在本书中，实时操作系统均指硬实时操作系统。

4.4.3 实时操作系统的性能要求

对于通用操作系统，其目的是方便用户管理计算机资源，追求系统资源最大利用率。实时操作系统是在启动仿真计算机之后运行的，仿真程序是在此运行环境上执行的特定任务。实时操作系统依据各个任务的具体要求，进行消息处理、任务调度和资源管理等工作。从性能上看，实时操作系统与其他操作系统的根本差别体现在实时性上。在实时计算中，系统的运行结果是否正确不仅取决于计算结果本身，还取决于产生结果的时刻。因此，实时操作系统不仅要解决任务是如何完成的，还要解决任务在规定的时间范围内及时完成的问题。为了满足这一要求，对实时操作系统的响应时间特性和任务功能都有诸多要求。

4.4.3.1 实时操作系统的响应时间特性要求

在实时计算中，时间作为最重要的因素，是实时系统管理和控制的首要资源。而对于实时操作系统，其"实时"的概念并不单纯指运行速度"快"，而是指系统的时间响应特性。实时性的衡量标准不是系统的平均响应时间，而是最坏情况下的响应时间。各类实时任务不仅要满足相互之间的时间约束，还要遵从各自的相对时间约束和绝对时间约束，在有限的时间内完成任务的分配、调度和执行。具体而言，就是当一个任务需要被执行时，在实时操作系统下该任务不但可以快速地被响应、运行，而且可以精确地知道何时被响应。因此，实时操作系统的响应时间应当具备快速性、可预测性和可维护性。

- 快速性是指系统对外部事件的响应速度快，并且具有极高的运算能力和快速的响应能力。
- 可预测性是指系统在设计阶段就能对实时任务的执行时间进行分析和判断，确定能否及如何满足任务的时限要求。不仅要求硬件延迟的可预测性，还要求软件系统的可预测性，包括应用程序的响应时间是可预测的，以及操作系统的可预测性，以保证应用程序执行时间的有界性。只有实时操作系统在时间上对外部事件的响应是可确定的，才能保证实时操作系统设计的时限要求。
- 可维护性是实时操作系统具有时间运行的可靠性和灵活性。任何不可靠因素和系统的一个微小故障，或某些关键任务超过截止时间，都可能造成无法挽回的严重后果，因此，实时操作系统应有多级的故障检测机制和恢复方法；同时可以根据任务进行有效裁剪，以便适应不同的任务场景。

4.4.3.2 实时操作系统的任务功能要求

对于仿真计算机而言，要求系统的操作系统为实时操作系统，就是指一个在不可预测的外部事件达到后，在可预测的时间内及时响应的操作系统。为了满足这个特性，必须有一些基本的要求。

1）满足时间期限

当一个事件按照中断方式到来时，系统能在预先定义的时间期限内做出响应，一个实时操作系统必须提供最坏情况的性能优化。

2）多任务

由于真实世界事件的异步性，能够运行许多并发进程或任务是很重要的。多任务提供了一个较好地对真实世界的匹配，因为它允许对应于许多外部事件的多线程执行。系统内核合理分配 CPU 给这些任务以获得并发性，并满足相关任务的时间期限。

3）抢占调度

真实世界的事件具有继承的优先级，在分配 CPU 的时候要注意到这些优先级。基于优先级的抢占调度，任务都被指定了优先级，在能够执行的任务（没有被挂起或正在等待资源）中，优先级最高的任务被分配给 CPU 资源。为保证实时性能，当一个高优先级的任务变为可执行态时，它会立马抢占当前正在运行的较低优先级的任务，这就要求实时操作系统内核必须能够提供大量的线程优先级供任务选用。

4）快速灵活的任务间的通信与同步

在一个实时系统中，可能有许多任务作为一个应用的一部分执行。系统必须提供这些任务间的实时且功能强大的通信机制，内核也要提供为了有效地共享不可抢占的资源或临界区所需的同步机制。

5）方便任务与中断之间的通信

尽管真实世界的事件通常作为中断方式到来，但为了提供有效的排队、优先级和减少中断延迟，通常希望在任务级处理相应的工作，所以需要在任务级之间存在通信。

6）精度足够高的可编程时钟和定时器

因为实时程序常常需要进行各种复杂而精确的时间控制，要求其分辨率在微秒级，可控、可数、可读/写，以便为帧时间测量和外界实物的同步提供实时同步控制和通信。另外，由于对实时内核要求的增加，因此必须考虑对内核不断增加的复杂功能的要求。

4.4.3.3　实时操作系统的特点分析

在实时操作系统中，各个任务根据其重要性和紧迫性的不同，都被指定相应的优先级，并以此为关键依据动态地切换任务，以确保系统对实时性的要求。通过分析，实时操作系统主要具有如下特点。

1）实时性

实时操作系统对于其所产生的结果有着严格的时间约束，只有符合时间约束的结果才被认为是有效的。在实时操作系统中，每个任务都有自己的截止时间，任务务必在截止时间到来之前完成，从而保证系统所产生的结果在时间上是正确的。时间约束是实时计算过程中最重要的约束，计算结果的时序正确性和逻辑正确性二者缺一不可。

2）可靠性

可靠性主要包括系统正确性和系统健壮性两个方面。系统正确性是指系统产生的结果在数值上和时间上都满足系统的要求，系统健壮性是指即便实时操作系统的运行出现了异常，或者实际的外部环境与预期的外部环境有差别，实时操作系统仍然能够处理这些意外情况，保持可预测和可控制的状态，安全地带错运行，以及平缓地容错和修复出错后的系统，从而保证系统能够长时间平稳可靠地工作，不会因为一些突发的干扰事件而轻易陷入瘫痪。尤其是在国防控制系统、电力控制系统、航空航天系统等对系统可靠性要求极高的实时应用场景中，任何一个细微的错误或超时，如果不能得到及时补救，都可能引起无法挽回的灾难性的后果，所以可靠性成了实时操作系统至关重要的指标。高可靠性要保证即使在最坏的情况下，系统仍然能够正常地运行，或者平缓地应对危机。

3）并发性

实时操作系统一般都具有若干个外部输入端口，为了能够并发地处理来自不同输入端口的外部信号，系统就必须具备多任务并发处理的机制。在目前的实时系统中，都会同时存在多个需要执行的任务，而且任务也是随机到达的。如果多个外部事件同时发生，实时操作系统就必须启动多个任务同时应对每一个外部事件的请求。因此，合理的多任务处理机制成为了实时操作系统不可缺少的一部分。

4）安全性

实时操作系统作为整个实时系统的支撑软件，为应用程序的正常运行提供了一个基础性的环境。实时操作系统要管理各种软件资源和硬件资源。如果操作系统自身有安全隐患，那么对于整个系统来说是非常危险的。安全性的保障要从系统软件级着手提供安全保障措施，调整调度策略，防范来自外部的恶意攻击，降低实时操作系统潜在的危险。

5）可确定性

实时操作系统的所有操作都必须控制在一个事先设定的限度内。这就要求系统对外部的输入信号的响应必须是可以预测的，无论在任何情况下，系统都能够严格地满足系统的时间约束要求。在系统超负荷时，系统仍然能够通过一种可预测的方式来平缓地将系统性能进行降级处理。为了保证可确定性，系统在设计阶段就对实时任务的运行时间进行预判，决定如何满足实时任务的时间约束。可确定性一方面表现为预测在规定时间内有多少外部事件发生，另一方面表现为预测系统资源的需求。

除了以上主要特点，实时操作系统还有可剪裁性、可扩充性等特点。

4.4.4　实时操作系统的性能评价

实时操作系统主要通过中断任务方式来处理各种事件。系统对任务的优先级设置，反映了事件的重要程度；实时操作系统的调度策略保证了高优先级的事件能得到及时响应。高性能实时操作系统需要在外部事件复杂频发的环境中，及时响应并有效处理重要的输入信息，保证系统高效、稳定的大吞吐量处理能力。为了评价操作系统的性能指标，需要分析影响实时操作系统性能的相关因素。

4.4.4.1　实时操作系统的性能影响因素

实时操作系统的性能与计算机系统体系架构及操作系统设计特点有很大的关系，下面介绍一下在实时操作系统中，对于实时性能的主要影响因素。

1）多进程调度

进程（Process）是现代操作系统最基本的抽象之一，一个进程就是处于执行期的程序。在支持多任务的实时操作系统中，进程调度（Scheduling）是一个全局性的、关键性的问题，它对系统的总体设计、实现及各方面的性能都有着决定性的影响。

实时操作系统均采用基于优先级的任务抢占（Preempt）策略，高优先级进程可以抢占低优先级进程，因而大大提高了系统对外界请求的响应能力。但为了维护系统的安全性，保证内核关键数据的一致，操作系统内核设计为不可抢占（Non-Preemptive）方式，即当计算机处于核心态（Kernel Mode）运行的原子操作时，内核代码中频繁使用关中断操作，从而导致系统无法对外部中断做出响应。此时的内核是不可抢占的，即使有再紧急的进程也无法得到调度的机会。这就为系统的运行大大增加了不可预测的成分，进而给时间确定性带来不确定的影响。

2）内存管理

内存管理是实时操作系统实现多任务调度的基础，大大提高了系统的整体性能，但给实时操作系统的实时性能带来了不确定性因素。

当今的处理器为了减少访问内存的时间，普遍采用了存储器缓冲技术，主要体现在高速缓存（Cache）技术和旁路转换缓冲（Translation Look aside Buffer，TLB）技术。因为内存存取速度同 CPU 主频相比是很慢的，而 CPU 每执行一条指令都要访问一次或多次主存，所以 CPU 总要处于等待状态，大大降低了计算机系统的效率。因此，在 CPU 和主存储器 DRAM（动态存储器）之间设计一级或两级容量较小但速度很高的存储器，通常由 SRAM（静态存储器）构成。SRAM 采用了与 CPU 相同的半导体工艺，存取速度快很多，甚至可以达到与处理器同步。根据"访问局部性原理"，CPU 在短时间内要访问的数据多集中在某几个固定的簇上。从宏观上来看，访问局部性原理的意义可以简单地理解为 CPU 要访问的数据绝大多数都可以在 Cache 中命中，因而极大地提高了系统的性能。

3）中断和异常

现代实时操作系统中的中断有两种类型，一种是由 CPU 外部产生的，称为外部中断（Interrupt）；另一种是由 CPU 本身在执行程序的过程中产生的，称为异常（Except），是由专设的指令，如 X86 中的"INT n"在程序中有意安排产生的。CPU 对中断和异常的响应过程基本一致：在执行完当前的指令以后，或者在执行当前指令的中途，就根据中断源所提供的中断向量（Interrupt Vector）和中断向量表寄存器 IDTR 保存的中断向量表基地址，找到与之对应的中断门（Interrupt Gate），再通过中断门中包含的地址信息确定中断服务程序在内存中的入口地址并调用该服务程序。

中断服务机制中断处理程序要在处理器的核心态运行。为了维护操作系统内核关键数据的一致性，在内核处运行某些关键代码（Critical Region）或者访问临界资源（Critical Resource）时，频繁地采用关中断操作。在内核的关中断区域，中断是被屏蔽的。即使此时有外部中断也得不到响应，增加了实时任务或者外部事件的响应延迟。

4.4.4.2 实时操作系统的主要评价指标

对实时操作系统进行性能评价是一件比较复杂的事情，作为系统主要特征的实时性能，受到很多指标的影响。下面根据实时操作系统的特性和一般工作原理，给出主要评价指标。

1）系统调用延时

系统调用延时是指系统内核执行常用系统调用所需的平均时间。实时操作系统一般支持多种常用的系统调用，如任务/文件/信号量的创建/删除、优先级的设置/获取等操作。其中，各项系统基本调用在不同情况下的执行时间不尽相同。例如，任务队列是否为满对任务处理时间的影响，以及阻塞或非阻塞条件对信号量获取操作时间的影响等。通过对综合样本的有效选取，可以较为全面地得出系统基本调用的平均时间。

2）上下文切换时间

上下文切换时间也称为任务切换时间，定义为系统在两个独立的、处于就绪态，并且具有相同优先级的任务之间切换所需要的时间。它包括三个部分，即保存当前任务上下文的时间、调度程序选中新任务的时间和恢复新任务上下文的时间。产生任务切换的原因可以是资源可得、获取信号量等。切换所需的时间主要取决于保存任务上下文所用的数据结构和操作系统采用的调度算法的效率。任务切换过程增加了应用程序的额外负荷。CPU 的内部寄存器越多，额外负荷就越重。任务切换所需要的时间取决于 CPU 有多少寄存器需要入栈。因此，实时内核的性能不应该以每秒钟能做多少次任务切换来评价。上下文切换时间是系统实时性能的一个重要指标，通常约为 1μs。

3）中断延迟时间

中断延迟时间是指从接收中断信号到操作系统做出响应，并完成进入中断服务例程所需要的时间。这段时间包括两个部分：系统最大关中断时间和硬件开始处理中断到执行总中断服务体首条指令前的时间。其中，后者时间大小主要由硬件决定，一般小于 1μs，因此，中断延迟时间的大小主要取决于系统最大关中断时间，典型的硬实时操作系统的系统关中断时间通常为几微秒。因为在关中断时间内，系统不能对其他任何优先级的中断做出响应，所以要尽量减少中断处理程序的执行时间，并避免出现阻塞调用。具体的中断处理工作可以在系统开中断后通过任务方式进行。减小系统的最大关中断时间，可以更快地对外部事件做出响应，从而有效提高系统的整体实时性能。

4）中断响应时间

中断响应时间是指从中断触发到中断处理函数中开始执行首条指令的时间。此指标中包含了中断延迟时间，由四部分组成：最大关中断时间、保护 CPU 内部寄存器的时间、总中断服务体的执行时间，以及从总中断服务体转到用户中断处理函数入口的时间。中断响应时间与中断延迟联系紧密，可作为判定系统实时性能的指标。通常在硬实时操作系统中，中断响应时间比中断延迟多几微秒。

5）任务抢占时间

任务抢占时间即系统将控制权从低优先级的任务转移到高优先级的任务所花费的时间。通常实时操作系统都具有内核可抢占的功能特性，保证了在任务切换后，系统总是执行就绪队列中优先级最高的任务。引起任务切换的事件有很多，如高优先级任务的等待资源得到释放和信号量获取成功等。它和任务切换时间有些类似，但是任务抢占时间通常花费时间更长。在操作系统高速运行时，需要对大量外部事件进行处理，处理中会频繁引起任务切换。因此，任务切换时间也是影响系统实时性能的一个重要指标。

6）信号量混洗时间

信号量混洗时间是指从一个任务释放信号量到另一个等待该信号量的任务被激活的时间延迟。在实时操作系统中，通常有许多任务同时竞争某一共享资源，基于信号量的互斥访问保证了任一时刻只有一个任务能够访问公共资源。信号量混洗时间反映了与互斥有关的时间开销，因此也是衡量实时操作系统的实时性能的一个重要指标。

7）死锁解除时间

死锁解除时间是指系统解开处于死锁状态的多个任务所花费的时间。死锁解除时间反映了实时操作系统解决死锁的算法的效率，在一定程度上表征了时间的可控性。

8）数据包吞吐率

数据包吞吐率是指当一个任务通过调用实时操作系统的函数，把数据传输到另一个任务去时，每秒可以传输的字节数。该指标在一定程度上表征实时系统的运算速度。

4.4.5 实时操作系统的典型代表

实时操作系统是一个能够在指定的时间内实现预期功能，并且对于各种事件做出及时响应的操作系统。这就要求系统能够保存和处理系统控制所需要的大规模数据，从而在事先设定的时间范围内识别和处理离散的事件。目前，国际上有数十家软件开发商涉足实时操作系统研发，市场上有多达上百种实时操作系统，广泛应用在各种嵌入式平台。下面将对其中几种主流实时操作系统进行简要介绍。

1）VxWorks 系统

VxWorks 系统是美国 WindRiver 公司开发的闭源产品，是目前嵌入式系统领域中使用最广泛、市场占有率最高的嵌入式实时操作系统。VxWorks 系统由 400 多个相对独立的、短小精悍的目标模块构成，同时对于研发人员可根据具体应用的需要来选择合适的模块进行裁剪系统内核和配置系统功能。该实时操作系统在它的调度器中提供了基于优先级的进程调度、进程之间同步与通信、外部中断的处理（中断控制器）、定时/计数器和内存管理等功能，它的内核完全符合 POSIX（可移植操作系统接口）规范的内存管理，以及多处理器控制的程序，并且具有简单易懂的用户接口，在核心方面甚至微缩到 8KB。由于其可靠性和卓越的实时性被广泛采用在通信、航空、航天等实时性要求极高的领域。

2）Windows CE 系统

Windows CE 系统是一种紧凑、高效、可伸缩的操作系统，具有多线程、完整优先级、多任务、完全抢占的特点，它的模块化设计方法允许它对于从掌上电脑到专用的工业控制的电子设备进行定制化开发。使用该系统平台可使开发商以灵活而可靠的方式创建出新一代具备较低内存占用水平的 32 位移动设备，可以轻松实现 Windows 与 Internet 之间的无缝化集成。

3）QNX 系统

QNX 系统是一种分布式嵌入式实时操作系统，具有实时、微内核、基于优先级、消息传递、抢占式多任务、多用户、容错能力强等特点。QNX 系统内核非常小巧，QNX4.x 大小约为 12KB，仅提供 4 种服务：进程调度、进程间通信、底层网络通信和中断处理，其进程在独立的地址空间运行。灵活的结构可以使用户根据实际需求，将系统配置成微小的嵌入式操作系统，或者是包括多个处理器的超级虚拟机操作系统。

4）μC/OS-II 系统

μC/OS-II 系统是由美国的 Jean J.Labrosse 于 1998 年推出的基于 C 语言和少量汇编语言编写的实时操作系统内核，该内核是代码开源的、基于优先级的、多任务抢占式的强实时操作系统内核，具有体积小、可裁剪、抢占式、可固化、方便移植、实时多任务内核等特点。μC/OS-II 系统具有良好的持续发展能力、高性能的内核和友好的用户开发环境，使其迅速在嵌入式实时操作系统领域占据一席之地。该系统经过极为严格地系统可靠性测试，拥有美国航空管理局的认证，因此，广泛地应用在通信、军事、航空、航天等高精尖技术及实时性要求极高的领域中，如卫星通信、军事演习、导弹制导、飞机导航等。

5）RT-Linux 系统

RT-Linux 系统是由美国新墨西哥州的 FSMLabs 公司开发的、利用 Linux 开发的面向实时和嵌入式应用的操作系统。RT-Linux 系统是一个双内核结构实时操作系统，底层是一个硬实时操作系统内核，提供基于优先级抢占的调度算法，实时任务直接运行在实时内核之上。该系统为了利用 Linux 操作系统提供的丰富资源，把 Linux 操作系统作为一个具有最低优先级的实时任务运行在实时内核之上，实时内核负责处理硬件信息，接管中断，这样既实现了硬实时性，又可以获得 Linux 核心提供的一切服务。到目前为止，RT-Linux 系统已经成功地应用于航天飞机的空间数据采集、科学仪器测控和电影特技图像处理等任何场景，在电信、工业自动化和航空、航天等实时领域也有成熟应用。

6）RTX 系统

RTX（Real-Time eXtension）系统是由美国 Ardence 公司（现 IntervalZero 公司）开发的扩展 Windows 实时性能的产品，RTX 系统充分利用了 Windows 良好的可扩展性体系结构，增加了一个实时的子系统 RTSS，修改和扩展了硬件抽象层（Hardware Abstract Layers，HAL），从而实现高精度定时响应。

7）FreeRTOS

FreeRTOS（Free Real Time Operating System）是一款为小型嵌入式系统设计的、可裁剪的嵌入式操作系统，具有内核可裁剪、实时性高、微内核结构、扩展性强等特点。其可移植层代码用符合 MISRA 标准的纯 C 语言编写，只有少量与硬件相关的代码用汇编语言编写，因此具备极强的可移植的能力。其体系结构主要包括任务管理模块、时间管理模块、任务间同步与通信模块、内存分配管理模块、协同例程管理模块等。作为一个轻量级嵌入式实时操作系统，凭借其开源和完全免费的优势，满足了大多数中小型嵌入式系统对 RTOS 的需求，已经成功移植到数十个不同的硬件体系结构上。

8）eCos

eCos 是一种嵌入式可配置操作系统，其英文全称为 embedded Configurable operating system。它是一个源代码开放的可配置、可移植、面向深度嵌入式应用的实时操作系统。该操作系统最大特点是配置灵活、采用模块化设计、核心部分由不同的组件构成，包括内核、C 语言库和底层运行包等。每个组件可提供大量的配置选项（实时内核也可作为可选配置），使用 eCos 提供的配置工具可以很方便地配置，并通过不同的配置使得 eCos 能够满足不同的嵌入式应用要求。

9）µCLinux 系统

µCLinux 系统是一个完全符合 GNU /GPL 公约的项目，完全开放源代码，现在由 Lineo 公司支持维护。µCLinux 系统最大的特征就是没有内存管理单元（MMU），专门针对无存储器管理单元的中低档 CPU，并且专为嵌入式系统做了许多小型化的工作。这就使得 µCLinux 系统的内核同标准的 Linux 系统的内核相比非常小，但是它仍保持了 Linux 系统的主要优点，如稳定性、良好的移植性、强大的网络功能、出色而完备的文件系统支持，以及标准丰富的 API 等。

10）LynxOS

LynxOS 是由 Lynx 公司于 1988 年推出的第一个版本，它是一款规模可扩展的、支持分布式的嵌入式实时操作系统。LynxOS 的调度内核是基于优先级抢占式的，以线程作为调度和运行的基本单位。LynxOS 拥有众多特点：遵循 POSIX.1a、POSIX.1b 和 POSIX.1c 标准；支持线程概念，提供 256 个全局用户线程优先级；拥有一个基于 Motif 的用户图形界面；提供与工业标准兼容的网络系统和应用开发工具等。

目前，实时操作系统被广泛应用在嵌入式系统中，用于一些定制的实时任务。但在仿真计算机中，要求系统不仅具备良好的时间控制性能，还需要具备丰富的硬件接口。通过对目前主流的实时仿真方案进行统计分析，在飞行器制导控制半实物仿真系统中，应用较多的实时操作系统包括 VxWorks、QNX 和 RTX 等形式，下面将对这几种实时操作系统进行详细介绍。

4.4.6　VxWorks 实时操作系统简介

VxWorks 系统是美国 WindRiver 公司提供的商业实时操作系统，是一个专为实时嵌入式系统设计的操作系统。它能够为程序设计人员提供高效的实时多任务调度、中断管理、实时的系统资源和实时的任务间通信等操作。VxWorks 系统以良好的可靠性和卓越的实时性广泛应用于通信、军事、航空、航天等高精尖及实时性要求极高的领域中。美国的 F-16、FA-18 战斗机、B-2 隐形轰炸机、爱国者导弹、"勇气"号和"机遇"号，以及国际空间站都使用了 VxWorks 系统作为其标准嵌入式计算机的操作系统。

4.4.6.1　VxWorks 系统的体系架构

VxWorks 系统的基本结构如图 4-4 所示。最上层是与硬件无关的软件，应用程序通过 VxWorks 系统的库函数和 I/O 系统完成与硬件相关代码的接口，硬件相关代码完成和硬件的数据交换。VxWorks 系统应用程序在执行过程中首先完成硬件相关代码，其中板级支持包（BSP）和硬件驱动代码是底层开发的核心。硬件相关代码完成后，VxWorks 系统和硬件之间的接口也就完成了，在此基础上即可进行应用程序的开发。

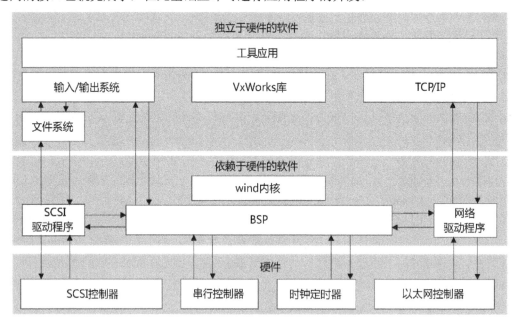

图 4-4　VxWorks 系统的基本结构

4.4.6.2　VxWorks 系统的组成

VxWorks 系统由多个功能模块组成，各模块协作配合，完成系统的进程调度和事件管理等任务。

1）高性能实时内核（Wind Kindle）

VxWorks 嵌入式实时操作系统的内核被称为 Wind。Wind 提供了中断驱动和基于优先级抢占的调度方式，用于完成任务管理、事件和异步信号服务、信号量服务、消息队列服务、内存管理、中断服务程序、时钟管理和定时服务、出错异常处理等操作。

Wind 提供信号量作为任务间同步和互斥的机制。在 Wind 核中有几种类型的信号量，它们分别针对不同的应用需求：二进制信号量、计数信号量、互斥信号量和 POSIX 信号量。所有的这些信号量是快速和高效的，它们除了被应用在开发设计过程中，还被广泛应用在 VxWorks 高层应用系统中。对于进程间通信，Wind 核也提供了如消息队列、管道、套接字和信号等机制。

2）板级支持包（Board Support Package，BSP）

板级支持包作为实时操作系统与目标硬件环境的中间接口，为 VxWorks 系统提供了访问硬件的手段。板级支持包集成了系统中与硬件相关的大部分功能，主要针对与硬件及中断相关的寄存器进行正确的配置，为软件提供相应的设备管理，解决硬件初始化和与硬件相关的设备驱动的问题。板级支持包对各种板子的硬件功能提供了统一的软件接口，它包括硬件初始化、中断的产生和处理、硬件时钟和计时器管理、局域和总线内存地址映射、内存分配等，从而屏蔽了底层硬件的多样性，使得操作系统不需要直接面对具体的硬件环境，而是面向板级支持包所提供的逻辑上抽象的硬件环境。

3）文件系统（File System）

VxWorks 系统支持四种文件系统：dosFS、rt11FS、rawFS 和 tapeFS。VxWorks 系统提供的快速文件系统适合实时系统应用，它包括几种支持使用块设备（如磁盘）的本地文件系统。这些设备都使用一个标准的接口，从而使得文件系统能够被灵活地在设备驱动程序上移植。另外，VxWorks 系统也支持 SCSI 磁带设备的本地文件系统。VxWorks I/O 体系结构甚至支持在一个单独的 VxWorks 系统上同时并存几个不同的文件系统。

4）I/O 系统（I/O System）

VxWorks 系统提供了一个快速灵活的与 ANSIC 兼容的 I/O 系统，包括 UNIX 标准的缓冲 I/O 系统和 POSIX 标准的异步 I/O 系统。

5）网络系统（NetWork Subsystem）

VxWorks 系统提供了强大的网络功能，实现与许多其他的主机系统通信。所有的 VxWorks 系统都遵循标准的 Internet 协议，并且兼容 4.3BSD 和 SUN 公司的 NFS。在这种广泛协议地支持下，任务可以完成文件远程存取和远程过程调用。通过以太网，采用 TCP/IP 协议和 UDP/IP 协议在不同的主机之间传送数据。

6）实时保护进程（Real Time Process，RTP）

实时保护进程用于解决内核保护与实时性和确定性之间的矛盾。用户可以根据需要动态地创建/删除实时保护进程或仅将一部分程序运行在实时保护进程中。实时保护进程可以随时动态加载运行外部程序，每个实时保护进程完全独立，程序在实时保护进程内部出现的任何错误都被限制在实时保护进程内部，删除实时保护进程时，自动释放所有资源。

实时保护进程与其他多进程操作系统不同的是，VxWorks 系统的实时保护进程具有完全的静态确定性，提供保护功能的同时可以提供最高的实时响应确定性和快速性，并且可以提供完全的存储错误检测和存储报告功能。动态链接库和共享数据区功能也同时提供。实时保护进程与 VxWorks 系统原有的更高性能实时任务一起构成保护性和实时性兼备的超级设备平台。

4.4.6.3　VxWorks 系统的实时任务管理

VxWorks 系统中的任务有点类似于 Windows 操作系统中的进程概念，都是系统运行中的实体。整个系统与所有应用任务共享一个地址空间，都运行在系统模式下。在进行任务切换时不需要进行虚拟地址空间的切换，并且任务间可以直接共享变量，而不需要通过内核在不同的地址空间复制数据，在系统调用时不需要在核心态和用户态之间切换，相当于函数直接调用。

VxWorks 系统实时微内核提供了基本的多任务应用环境，任务的调度是通过系统调度器使用任务控制块的数据结构（TCB）来实现的。任务控制块用来描述任务的各项特征参数，包括任务的当前状态、优先级、要等待的事件或资源、任务程序码的起始地址、初始堆栈指针等信息。

在 VxWorks 系统中，各种任务之间的通信机制可采用多种方式实现，包括①共享内存，主要是数据的共享；②信号量，用于基本的互斥和任务同步；③消息队列和管道，单 CPU 的消息传送；④软信号（Signals）；⑤ Socket 和远程过程调用，用于网络间任务消息传送。

4.4.6.4　VxWorks 系统的驱动开发

在 VxWorks 系统应用程序中，系统访问设备都是通过 I/O 系统操作的，应用程序所看见的设备都是以文件名或文件描述符的形式存在的，而设备驱动程序则与这两者无关。设备驱动程序与 I/O 系统的通信都是通过设备描述符和设备 ID 来实现的。VxWorks 的 I/O 系统与设备驱动程序关系示意图如图 4-5 所示。

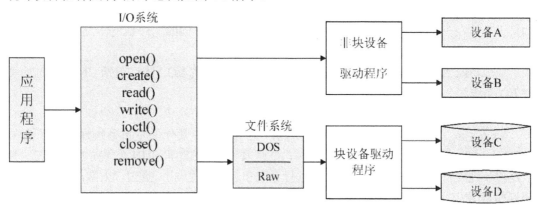

图 4-5　VxWorks 的 I/O 系统与设备驱动程序关系示意图

在 VxWorks 系统中，I/O 系统提供了与设备无关的用户接口，应用程序可以通过标准的接口（open()、create()、read()、write()、ioctl()、close()、remove()）访问设备驱动程序。应用程序与设备之间是通过三张表来进行关联的：文件描述符表、设备列表和设备驱动程序表，实现上面的操作关系就是通过这三张表完成的。

4.4.6.5　VxWorks 系统的开发环境

风河 WorkBench 是风河公司推出的一款开放式、基于 Eclipse 平台发展出的设备软件开发环境，不仅继承了原有的 Tornado 集成开发平台的优点，而且拥有更强大的功能扩展。该系统提供了非常有效的方式去开发实时应用程序，而不必过多依赖目标系统。风河 WorkBench 组件示意图如图 4-6 所示。

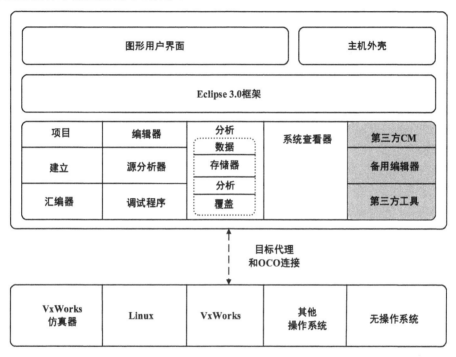

图 4-6　风河 WorkBench 组件示意图

风河 WorkBench 的主要优势如下。

1）交互界面个性化定制

WorkBench 为用户提供了良好的交互界面，在项目开发过程中，用户可以将图形工具或者任何必需的功能通过标准结构集成在同一个开发环境中，这样可以大大方便用户的工程调试。

2）功能覆盖产品开发周期

强大的功能扩展，涉及产品的整个开发周期：在一个完整的嵌入式软件开发过程中，系统开发包括了从开始的硬件启动、板上硬件驱动开发，到工程应用程序开发，再到后来的功能测试、验证，以及最后的硬件固化阶段，如此之多的开发环节使得开发工具的使用种类繁多。WorkBench 结合所有开发环节，从根本上解决了用户开发使用开发环境多的问题，从而使得用户拥有了更快更好的开发速率。

3）调试环境支持多种形式

WorkBench 强大的调试环境使得其支持多任务同时调试，同时 VxWorks 系统在多种 CPU 上的运行也可以在该环境下进行完美调试。WorkBench 不仅仅适用于 VxWorks 系统的开发，同时可完成 Linux 的嵌入式系统开发。在开发过程中，可以建立多目标及多连接的方式同时调试多个任务，使得调试开发变得更加方便。

4）调试方法快捷便利

在开发过程中，用户可以根据当前编写的应用程序中的某一个模块进行调试，这样大大减少了整个工程的编译及下载过程，而只将小模块先进行编译然后下载至目标板中就行了，这可大大加快编译速度，缩短开发周期。同时在调试过程中，WorkBench 提供了丰富多样的可视化工具对系统硬件进行查看，如寄存器、变量、内存等，这使得用户在开发工程中很容易就观察到自己系统中内存泄漏等问题。

4.4.6.6　VxWorks 系统的特点分析

VxWorks 系统是一个优秀的实时操作系统，其主要特点如下。

- 高效的代码和良好的可裁剪性，VxWorks 系统采用微内核（Wind 核）结构，微内核可裁减至几十 KB，对于资源相对紧张的嵌入式系统具有非常好的适应性。
- 丰富的接口资源和大量的第三方产品为 VxWorks 系统的广泛应用奠定了坚实的基础。
- 良好的移植性，VxWorks 系统支持包括 X86 系列、POWERPC 系列、SPARC 系列、ARM 系列、MIPS 系列等流行的 CPU，可适应于不同的硬件平台。
- VxWorks 系统提供 POSIX 1003.1b（对应旧标准 1003.4）标准规定的大部分接口，使得对已有系统的移植变得非常容易。
- 良好的开发环境，VxWorks 系统有一个非常优秀的集成开发环境 WorkBench。

4.4.7　RTX 实时操作系统简介

在前面介绍过，Windows 操作系统具有友好的人机交互界面，支持广泛的应用程序，是目前应用最为广泛的通用操作系统。但由于自身体制缺陷，其难以满足实时计算对于高精度定时时钟的需求。而 RTX 系统的出现，则弥补了这一缺点。

RTX（Real-Time Extension）是美国 Ardence 公司（现 IntervalZero 公司）开发的基于 Windows 操作系统的实时解决方案，是目前 Windows 平台最为常用的纯软件的硬实时扩展子系统。RTX 系统没有对 Windows 操作系统进行任何封装或修改，而是通过在 HAL 层增加实时扩展来实现基于优先级的抢占式任务调度。RTX 系统实时程序的线程优先于所有 Windows 线程，提供了对 IRQ、I/O、内存的精准控制，提供了微秒级别的定时精度，从而实现高精度定时器响应，能确保实时任务的可靠执行。两个操作系统有机衔接、互相配合形成了强大的实时软件的开发环境。

基于 RTX 系统开发实时应用程序，既继承了 Windows 等操作系统的优秀人机界面，又有可利用的丰富的第三方软、硬件开发编程资源，而且使得这些系统具有极好的、实时的调度用户所需要的任务功能。RTX 已经广泛应用于既要求图形 Windows 等高级任务，又需要实时任务的场合，如航空航天、军事测控、分布式实时仿真、实时数据采集测量、运动控制和数控设备等领域。

4.4.7.1　RTX 系统的体系架构

RTX 系统中没有对 Windows 操作系统进行任何封装或修改，是在 Windows 的硬件抽象层 HAL（Hardware Abstract Layer）基础上扩展生成的一个实时部分，并在此基础上构造出实时子系统 RTSS（Real-Time SubSystem）。RTX 系统修改 HAL 的目的首先是在两个进程之间设置了中断隔离，HAL 通过控制处理器级的中断屏蔽来满足这些条件，当 RTSS 线程运行时，系统屏蔽 Windows 一切中断隔离和错误报告，确保实时进程的优先执行权；其次提升了时钟和定时器的分辨率，Windows 的定时器精度为 1ms，修改之后精度能够达到 100ns，可以实现高精度的时间控制；最后它还提供了关机程序管理，当 Windows 操作系统正常关机时，RTSS 可以不受影响继续执行，当 Windows 操作系统出现蓝屏等非正常状态时，RTSS 的关机处理进程可以清空一切复位硬件，并可以向用户发出警告切换到备用状态。

在基于 RTX 系统的实时应用中，实时任务工作在内核层。Windows 任务工作在用户层，在实时子系统下 RTSS 进程的所有任务的优先级高于 Windows 下进程的任务。在 RTX 任务中，可以通过 I/O 接口对外部设备直接进行访问，同时，在 RTX 系统中支持高分辨率的时钟定时器，能够对外部中断事件 IRQ、内存等资源进行精确控制。在 Windows 和 RTX 系统交互方面，RTX 系统提供了多个 API 函数，便于用户在 Windows 环境下完成实时进程的调用和监控；同时，通过共享内存和 IPC 对象等手段，运行在 Windows 操作系统和 RTX 系统的两个程序，可以在不影响系统性能的情况下，完成数据共享和事件同步。因此，RTX 系统与 Windows 的关系类似于共生关系，两者共同配合，完成设定的实时运算任务。

RTX 系统与 Windows 操作系统的运行体系框架如图 4-7 所示。

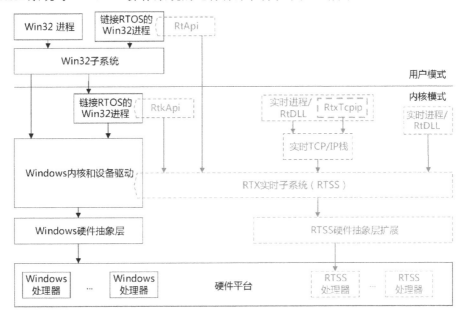

图 4-7　RTX 系统与 Windows 操作系统的运行体系框架

4.4.7.2　RTX 系统的性能分析

RTX 系统作为一种基于 Windows 平台的纯软件硬实时扩展子系统，提供了精确的时钟控制和线程控制，实时中断响应能力、直接的硬件操作和丰富的软件开发，从而满足用户对于系统的实时性要求。

1）定时时钟精度

在定时器方面，RTX 系统提供快速精准的实时硬件抽象层定时器，它完全依赖于硬件时钟的粒度和响应。在 RTX 系统下的时钟是一个测量过去时间的指定时间间隔的计数器，它以

100ns 为计数单位。RTX 系统提供了三种类型的时钟，分别为 Clock_1、Clock_2 和 Clock_3，其定时器响应是一个隐式的线程，当定时器定时时间到达时，RTSS 会发出通知，线程接到通知后会调用在定时器创建时指定的处理程序。目前，RTX 定时器时钟精度为 100ns，最低定时器周期为 1μs。定时器间隔支持 1μs、10μs、20μs、50μs、100μs、200μs、500μs 和 1000μs。

同时，RTX 支持 30kHz 持续中断触发频率，中断响应延迟小于 10μs。

2）线程管理机制

线程管理及其任务切换是影响实时系统性能的重要环节。RTX 系统通过在 HAL 层增加实时 HAL 扩展来实现基于优先级的抢占式的实时任务的管理和调度，允许 RTX 系统实时程序的线程优先于所有 Windows 线程。实时 HAL 扩展提供了 RTX 系统的中断管理机制，而且能够直接访问 I/O 硬件端口和内存。这些机制保证了 RTX 系统线程始终占据优先权，确保实时任务的 100%可靠性。

RTX 系统提供了抢占和轮循两种调度算法，支持 997 个独立的进程，每个进程支持无限多个线程；线程具有 256 个优先级，并且进程、线程、中断和定时器都可以设置优先级；支持系统之间高速切换，确保线程切换的时间为 500ns～2μs。

3）进程交互机制

RTX 系统支持实时进程和非实时进程间通信和同步。通过 RTSS 程序的特殊共享内存，可实现 RTX 进程与 Windows 进程的数据交互。实时程序 RTSS 支持进程间通信（Inter-Process Communication，IPC）对象，如事件、信号量和互斥量等形式，使得实时程序和非实时程序实现简单和标准的通信和同步。

RTX 系统中的信号量、事件、互斥量和内存对象等的内存分配，都在非分页内存池（non-paged pool）内，这样进程在运行过程中不会被置换出内存，保证了其对外部事件响应的确定性，从根本上去掉了由使用虚拟内存而可能缺页产生的延迟。

4）实时硬件通信

为了提高实时环境下对于硬件操作的实时性，RTX 系统支持对 I/O、内存等硬件的直接操作。在 RTX 系统环境下，硬件板卡一般采用 I/O 地址和内存地址映射两种方式，RTX 系统提供了多个输入/输出函数，直接操作 I/O 端口与内存。用户可以根据厂家说明书或自研板卡设计情况，直接操作板卡的寄存器地址，从而实现硬件板卡的打开、配置、数据读写、关闭等功能。由于这些操作是在 RTX 系统下对硬件的直接访问，不会受到 Windows 操作系统的影响，所以实时性得到了很大的提高。

另外，RTX 系统为以太网通信提供了实时通信协议 RT-TCP/IP。RT-TCP/IP 支持以太网协议 4（IPv4）和以太网协议 6（IPv6），支持众多的通用网卡和虚拟网卡，支持 Winsock 通信方式，从而满足基于 RTX 系统对实时性和确定性的要求。

5）系统开发方式

RTX 系统提供了丰富的 RTX API 函数，便于开发人员方便快捷地完成任务代码开发。RTX API 函数和 Windows API 名字、功能很接近，仅仅是加了前缀 Rt，使得设计人员能够快速掌握和理解。RTX 支持动态链接库，所有在 RTSS DLL 中的静态和全局变量都可以为链接到其上的任何 RTSS 进程所共享。

RTX 系统支持的 Visual Studio 开发环境，以及 Visual Studio 中几乎所有的 C Runtime API 和 C++ STL，设计人员可以在开发环境中直接新建 RTSS 实时任务工程，从而生成 RTSS 实时任务可执行程序。

6）安全保障机制

RTX 系统可以先捕获到 Windows 关机或者蓝屏信息，然后清理或复位硬件资源、切换到备份系统、发出警告信息或者一直运行到任务结束。需要注意的是，当 Windows 关机或蓝屏时，RTX 系统就不能再调用 Windows 服务，如向 Windows 申请分配内存服务。

另外，RTX 系统提供异常处理机制（Structured Exception Handler），可以处理如除零、堆栈溢出、内存访问错误等异常，可以大大提高 RTX 系统应用程序的健壮性。

4.4.7.3　RTX 系统的软件开发

由于 RTX 系统是一套基于 Windows 操作系统的实时操作系统，相关软件开发都是在 Windows 环境下完成的，因此，能够在单机上确保实时性能并且做到系统软件拥有良好的人机交互能力，特别适合任务中包含实时要求和人机交互要求的应用场合。

1）软件架构设计

在进行基于 RTX 系统下的软件开发时，根据软件的各项功能按照运行时间特性要求进行有效划分，通常情况下分为非实时任务程序（Win32 进程）和实时任务程序（RTSS 进程）。

非实时任务程序主要完成系统功能要求中对于时间特性要求不高的部分，如实时任务开始前的参数设置、文件选择等，实时任务过程中的过程控制、曲线绘制、状态显示等，实时任务结束后的数据保存、数据分析、报表生成等。非实时任务程序可以在 Windows 环境的多种编程开发平台中进行，如 Visual Studio、Labwindows/CVI、QT 等编程环境。在开发时，主要通过加载 RTX 系统提供的 RtApi.dll 链接库，完成共享内存创建、RTSS 进程管理、事件消息响应等操作。

实时任务程序主要完成系统功能中对于事件特性要求苛刻的环节，如仿真运行的模型解算、测量系统中的数据采集、伺服控制系统中的数据采集与控制指令计算输出等。实时任务程序可以在 Visual Studio 中进行开发，RTX 系统提供了 Visual Studio 的标准开发工具，用户通过调用 RTX 系统提供的 API 函数，完成定时器的创建、共享内存的打开、进程创建、时钟获取等操作。实时任务程序经过编译，生成后缀名为.rtss 的实时进程，可以被非实时任务程序进行调用和控制。

基于 RTX 环境开发的实时任务程序的软件框架如图 4-8 所示。实时任务程序和非实时任务程序之间，通过共享内存来完成两者之间的数据交互，通过事件互斥量来完成两者之间的任务同步。

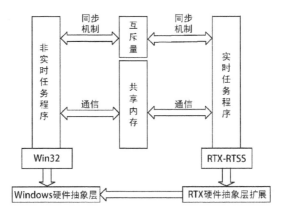

图 4-8　基于 RTX 环境开发的实时任务程序的软件框架

一个基于 RTX 系统开发的典型实时任务程序,其交互流程如下:在非实时任务程序中,首先完成共享内存和同步事件的创建,并将相关参数赋值给共享内存;然后,基于 RTX API 函数,调用 RTSS 程序,开始实时任务,通过事件响应和程序调用,读取或修改共享内存中的数据,从而完成实时系统和非实时系统之间的数据交换。当仿真任务结束时,调用相关函数来关闭 RTSS 实时进程,并释放共享内存和事件变量。而在实时任务程序中,首先在主函数中打开共享内存或同步事件,读取共享内存中的相关参数;然后,通过相关函数,完成定时器时钟的创建。在定时器响应中,通过一系列 RTX API 函数和其他代码,完成数据采集、模型计算、指令输出等实时任务代码,并通过共享内存和同步事件,完成与非实时任务程序的数据交互和任务同步。

2)共享内存交互

RTSS 共享内存对象是非页式物理内存区域,可以映射到进程的虚拟地址空间。当一个共享内存对象有了名字后,其他的进程就可以进行内存映射了。通过句柄和虚拟地址来访问共享内存对象。通过对共享内存中的数据进行分配,可以实现数据的交互,并且保证两者不会发生冲突。

共享内存的创建和使用主要采用下面两个函数。

- RtCreatcSharedMemory:创建一个物理内存的命名区域,其他进程可以通过用共享内存对象的名字来映射共享内存对象。该函数返回一个共享内存句柄,以及设定一个共享内存基地址的存储地址。
- RtOpenSharedMemory:该函数打开一个命名的物理映射对象,得到共享内存的指针地址。

3)线程互斥控制

互斥量对象(Mutexes)是一种同步对象,当它不属于任何线程时,它的状态是受信的;当互斥量被一个线程拥有时,它处于非受信状态。因此,互斥量仲裁独占访问共享资源,可用于实现进程与进程间的同步,保证在同一时刻只有一个进程能够访问共享数据。

事件互斥主要采用下面函数实现。

- RtCreateMutex:该函数创建一个 RTSS 互斥量。对这个新创建的互斥量对象,返回一个句柄。
- RtOpenMutex:该函数返回命名的 RTSS 互斥量的句柄。
- RtReleaseMutex:该函数用于释放一个 RTSS 互斥量的所有权。

4)事件同步对象

事件对象是同步对象,其状态可通过调用 RtSetEvent 或 RtPulseEvent 明确地被设置为受信状态。事件对象的两种类型:Manual-reset event 和 Auto-reset event。当一个特殊事件发生时,可以采用事件对象向其他线程发送信号,触发某种特定操作。

事件同步对象的主要函数如下。

- RtSetEvent:该函数用于设置指定事件对象的状态为受信状态。
- RtPulseEvent:该函数用于提供单一的操作,来设置(信号化)指定事件对象,在释放适当数量的等待线程后,将事件重置(设置为无信号状态)。
- RtResetEvent:该函数将指定事件对象的状态设置为无信号。
- RtWaitForSingleObject:将系统设置为等待状态,直到指定对象处于受信状态或超时时间间隔到期,才跳出等待。

- RtCreateEvent：该函数用于创建一个命名的或未命名的事件对象。

5）时钟线程控制

实时系统需要大量的操作系统时间服务请求。RTX 系统中与时钟和定时器相关的函数如下。

- RtGetClockTime：该函数用于获得指定时钟的当前值，得到一个单位为 100ns 的 64 位时间值。
- RtSetClockTime：该函数用于设置一个指定时钟的当前值。
- RtGetClockResolution：该函数用于获得一个指定时钟的分辨率。
- RtGetClockTimerPeriod：该函数用于获得一个指定时钟的最小定时器周期。
- RtGetRtssTimeAsFileTirne：该函数用于获得 RTSS 时间的当前值。
- RtSetRtssTirneAsFileTime：该函数用于设置 RTSS 时间的最新值。

4.4.7.4　RTX 系统的驱动开发

硬件板卡的设备驱动程序是应用程序与底层硬件之间的通信桥梁。在 Windows 操作系统中，多数厂商提供了其板卡驱动程序，来配置和管理其数据处理的各种信息，在调用驱动函数时，需要从顶层开始，层层穿越，跨越用户模式和内核模式，才能访问硬件，导致效率低下，无法满足实时通信的需求。而在 RTX 系统下，实时任务程序基于 RTX 系统内核访问 RTX 系统硬件扩展层，通过操作板卡寄存器地址的形式对硬件进行直接访问。

其中，寄存器是板卡上具有特定功能的内存存储，是板卡与用户之间的软件接口，其中比较重要的包括 PCI 配置寄存器与板卡功能寄存器。

- PCI 配置寄存器标识了该板卡的所有有用信息，其中，DeviceID 和 VendorID 用于表示板卡型号；基地址寄存器用于存放寄存器映射的基地址，基地址是板卡功能寄存器的起始地址，用户可以根据基地址和偏移地址计算板卡上所有功能寄存器的地址。
- 板卡功能寄存器是板卡功能的软件接口，通过对这些寄存器读取或写值，即可完成与之对应的功能。在开发驱动时，需要根据厂家相关手册，获取功能寄存器的具体功能说明和地址分布。

总之，RTX 系统中 PCI 板卡驱动的开发实质就是利用 RTX 系统函数操纵板卡上的寄存器，通过对这些寄存器进行读写，从而完成板卡的参数设置、数据交互和运行控制等任务。下面就给出 RTX 环境下的驱动开发过程和相关调用函数。

1）设备导入

首先需要将板卡导入 RTX 系统中。在 RTXProperties 控制面板增加板卡在 RTX 系统下的硬件支持，然后在 Windows 设备管理器中更新设备驱动，将其转换为 RTX 系统下的设备。只有将设备纳入 RTX 系统的管理下才能在 RTX 系统下使用设备。

2）板卡查找

在开发 RTX 板卡驱动时，需要首先完成板卡查找，获取板卡的相关寄存器地址。为了获得指定板卡的 PCI 配置空间内存，RTX 系统为编程人员提供了 RtGetBusDataByOffset 函数。该函数的参数有总线类型、PCI 总线编号、插槽编号，传入正确参数即可获得 PCI 配置空间的参数。在执行任务时，根据厂家提供的 DeviceID 和 VendorID 两个参数，即可判断该板卡是否为指定板卡。如果遍历所有总线和所有总线插槽仍无结果，则搜寻该板卡失败。

3）地址映射

在获取完板卡相关寄存器信息后，就得到相关硬件设备功能的物理地址。由于 RTX 系统不支持物理地址的直接访问，因此需要进行地址映射操作，将相关物理地址映射为驱动应用程序操作时读写的虚拟地址。

一般映射有 I/O 映射和内存映射两种方式。硬件厂商提供的板卡寄存器说明书中会说明该设备地址映射方式。如果没有说明，那么可以采用下面两种方法判断：①每个基地址寄存器所占的地址一般是 4 个字节，共 32 位，如果最后一位是 1 则表示该设备的地址映射方式为 I/O 映射，如果为 0 则表示该设备的地址映射方式是内存映射；②I/O 映射的基地址一般比较短，实际只占用了 32 位中的低 16 位。而内存映射的基地址就比较大（一般都是32 位占满）。这两种方法仅供参考，最终的映射方式以生产厂家的解释为准。

通过 RtTranslateBusAddress 函数和 RtMapMemory 函数，将硬件的读写内存和端口的物理地址，映射为虚拟地址进行操作；利用 RtEnablePortIo 函数来启动端口 I/O。

4）任务操作

在得到虚拟地址后就可以对寄存器进行读写操作。这些操作是在得到设备生产商提供详细的产品寄存器资料的基础上进行的。

根据板卡生产厂商提供的相关寄存器信息，RtAttachInterruptVectorEx 函数负责挂接 BIOS分配的中断资源和用户定义的中断响应函数；利用 RtReadPortUchar、RtReadPortUshort、RtWritePortUchar 和 RtWritePortUshort 等函数，完成寄存器的读取和数据写入，实现参数配置、信号采集、数据发送、板卡关闭等任务功能。

4.4.7.5　RTX 系统的特点分析

专用实时系统专业性要求高、开发工具缺乏、应用支持软件少、实际使用难度较大、应用面较窄，使得其在应用推广方面有很大的局限性。而 RTX 系统作为 Windows 平台的纯软件的硬实时扩展系统，相对于其他专用实时系统，在开发和使用时具有许多特点。

1）集成度高

专用实时操作系统主要采用上下位机的架构，而 RTX 系统将硬实时操作系统和 GUI高级特性集成在同一硬件平台上。与上下位机通过以太网进行数据交换的方式相比，系统采用共享内存进行数据交互，实时性更强，控制指令响应更为及时。系统使用标准的 X86平台，不需要开发下位机硬件，降低了硬件费用，同时维护和升级的成本更低。另外，系统可以采用一种开发工具完成实时代码和人机交互代码的编写，而不需要两组开发人员，这在某些方面也降低了开发成本和维护成本。

2）开发界面友好

RTX 系统将开发环境直接嵌入到用户熟悉的 Microsoft Visual Studio 中，用 RTX 系统提供的向导即可方便地生成 RTX 环境下的设备驱动和应用程序，学习成本较低，开发调试简单，大大缩短了开发周期。同时，RTX 系统提供与 Win32 环境兼容的实时编程接口（API），便于用户在 Windows 操作环境下完成人机交互的软件开发，利用 Windows 下强大的 GUI工具在很短的时间内完成高质量的界面显示，并通过共享内存和事件等通信机制，方便快捷地实现数据交换和同步。

3）实时性好

RTX 系统在实时进程运行时，屏蔽一切 Windows 中断和错误报告，以上措施去掉了由线程切换、中断调度而产生的延迟，从而保证了高精度定时时钟的精度。

4）可靠性高

RTX 架构是对于 Windows 操作系统的一个扩展，而不是对 Windows 的封装，也不影响和修改 Windows 的底层架构。由于这种分离性，RTX 实时操作系统确保了基于 RTX 的应用不会因为 Windows 的死机或蓝屏而受到影响。

4.4.8 QNX 实时操作系统简介

QNX 实时操作系统是一种商用的、遵从 POSIX 规范的、类 UNIX 操作的硬实时操作系统，是业界公认的 X86 平台上最好的嵌入式实时操作系统之一。由加拿大 QSSL 公司（QNX SoftwareSystemLtd.）于 1980 年开发，2004 年被哈曼国际工业集团并购；2010 年被黑莓手机制造商 RIM 并购。它具有独一无二的微内核实时平台，建立在微内核和完全地址空间保护基础之上，实时、稳定、可靠。虽然 QNX 本身并不属于 UNIX，但其提供了 POSIX 的支持，使得多数传统 UNIX 程序在微量修改（甚至不需要修改）后即可在 QNX 上面编译与运行。因此，得到非常广泛的应用，涉及产品有工业控制系统、医疗器械、车用远程信息处理装置、网络路由器、安全与国防系统，以及其他任务或生命关键性的应用。

4.4.8.1 QNX 实时操作系统的体系架构

QNX 实时操作系统采用了基于消息通信的客户机/服务器（C/S）体系结构，由系统微内核和一系列协作进程组成。其中，微内核仅执行最基本最核心的服务，如进程调度、进程间通信、底层网络通信和中断处理。所有操作系统的高级功能都是由运行在用户空间的一组可选的协作进程完成的，如驱动、应用程序都运行在有内存保护的安全的用户空间，并可以进行模块化设计，根据系统任务进行裁剪。

在 QNX 实时操作系统中，一系列协作进程被当成普通用户进程来对待。通过内核调用，用户空间的进程就可以使用内核提供的功能。微内核在整个系统中担当软件总线的作用，允许用户按照自己的需求加载或卸载一些操作系统模块。

QNX 实时操作系统的系统架构图如图 4-9 所示。

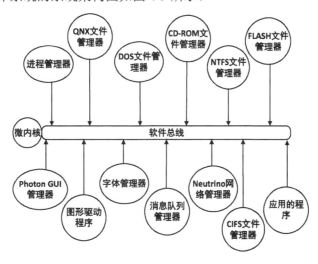

图 4-9 QNX 实时操作系统的系统架构图

从图 4-9 中可以看出,整个系统是由一组在微内核管理下的相互协作的进程构成的,所有进程之间相对平等,并均在独立的地址空间运行;进程之间的通信通过微内核提供的 IPC 机制完成。因此,这种系统架构更像一个"团队",还有等级严格的层次结构。这种模块化的设计思路,使得其可以灵活增减以满足各种资源受限下的能力需求。

1)QNX 实时操作系统的微内核结构

QNX 实时操作系统的微内核结构是它区别于其他操作系统的显著特点。一个微内核操作系统由一个极微小的内核构成,它为一组相互协作的进程提供最低限度的服务,进而由这些进程提供高级的系统功能。微内核独立处于一个被保护的地址空间,而驱动程序、网络协议、文件操作、应用程序等都处于独立的程序地址空间。微内核仅提供了最基础的服务和管理功能,其他高级服务或任务可由选择的系统进程提供,微内核只负责提供进程通信服务,主要用来将微内核和服务进程捆绑在一起。

QNX 实时操作系统的微内核非常小,只提供四种基本服务:进程调度、进程间通信、底层网络通信和第一级中断处理。

- 进程间通信(IPC):微内核监督管理消息路由,以及代理(Proxy)和信号(Signal)的 IPC。
- 底层网络通信(Low-Level Network Communication):微内核负责不同节点间消息的分发。
- 进程调度(Process Scheduling):微内核调度器决定哪个进程将会执行。
- 第一级中断处理(First-Level Interrupt Handling):所有的硬件中断和故障都将在第一时间传递到微内核,然后传递到适当的驱动或系统管理器。

设计微内核操作系统不仅仅将系统自身减小,它还包含了系统功能实现方式的改变,其关键是模块化,即整个系统由一组微内核管理下的相互协作的进程实现,用户可以根据功能按照模块化功能来自定义服务进程。

因此,QNX 实时操作系统的微内核设计和模块化架构使得系统在扩展性和健壮性方面大大提高,从而帮助客户以极低的成本创建高度优化和可靠的系统。

2)QNX 实时操作系统的服务进程

除了由微内核提供的服务,所有的 QNX 服务还都是通过标准的 QNX 进程来提供的。QNX 实时操作系统的系统进程包括进程管理器(Procee Manager)、文件系统管理器(File System Manager)、设备管理器(Device Manager)和网络管理器(NetWork Manager)。

其中,进程管理器是 QNX 实时操作系统中第一个和唯一一个资源管理器,其在微内核的基础上实现进程创建、进程记账、内存管理、进程环境继承和路径名空间管理。

除此之外,用户自定义进程、设备驱动等服务是通过标准的进程提供的,因此扩展较为容易。QNX 实时操作系统中系统服务进程和应用进程的区别是操作系统服务进程的工作是为了应用程序管理资源,并为应用进程提供各种相关的系统服务支持。

4.4.8.2　QNX 系统的进程通信

作为典型的实时多任务环境,当几个进程需要并发运行时,操作系统必须提供相应机制来帮助进程进行相互间的通信,进程间通信(IPC)是影响系统性能的关键。QNX 的消息传递机制不仅允许进程之间互相传递数据,还为多个进程的运行提供了一种同步手段,在消息的发送、接收和响应过程中,进程的状态将随之不断发生变化。通过掌握进程的状态和优先级，微内核可以有效地对所有的进程进行统一调度，以实现对资源最大限度的利用，特有的消息传递机制有助于系统为应用程序提供更好的运行效率和更高的可靠性。

QNX 微内核提供进程之间通信的手段有多种，包括消息传递、共享内存、代理、信号、信号灯等。各种通信方式在使用时，应根据不同的场合和任务进行选择。

1）消息传递

消息（Message）传递是一个将若干字节数据封装在一起组成的数据包，允许从一个进程发送至其他进程，以实现两个进程间的同步，即发送进程（将一直等到对方进程接收）。该方法主要适用于客户机/服务器模式的进程间通信，通过在通信的两个线程间建立通道（Channel），利用 MsgSend、MsgReceive、MsgReply 函数实现对数据的同步访问。

消息传递不仅允许进程互相传递数据，还提供几个进程同步执行的方式，为了保证消息传递按期望的过程同步进行，在消息传递的过程中 QNX 自动进行了优先级反转。另外，当进程发送、接收和应答消息时，经历了不同的状态变化。微内核结构可以根据已知进程的状态和优先级，尽可能高效地安排所有进程以充分利用 CPU 资源。

QNX 实时操作系统是第一个利用消息传递作为进程间通信的基本方式的商业操作系统。这个操作系统拥有贯穿整个系统的消息传递方法的能力。

2）共享内存

QNX 实时操作系统为了在不同进程间提供使用共享内存（Shared Memory）的通信方法，其在主存中分配了一个共享内存段，并将该内存段分别映射到进程各自的地址空间中，这样多个进程就可以共享它们的部分虚拟地址空间。各个进程通过使用各自映射后得到的指针来直接访问共享内存区域，完成数据的读写，实现彼此的直接通信。在共享内存时通常需要信号灯来实现锁机制，以确保数据的正确性。

3）代理

代理（Proxy）是一种非阻塞的进程间消息传递通信方式，特别适用于事件通知的场合，即发送进程不需要与接收进程发生交互作用。

4）信号

信号（Signal）用于进程之间异步通信的传统方法。信号是一个事件发生的信息标志，不带有其他信息，如一个进程通知另一个进程中某一异步事件、人机交互时发出的引起主机注意的信号等。

5）信号灯

信号灯（Semaphore）用于生成锁机制，常用在协调多个进程的同时要占用相同资源的场合。

4.4.8.3　QNX 实时操作系统的资源管理

QNX 实时操作系统中资源管理微内核与进程管理器协同配合，创建多个 POSIX 进程，实现系统的资源管理。主要工作如下。

- 进程管理：管理进程的建立、销毁和进程的属性；
- 内存管理：负责内存保护、动态链接库、共享内存管理；
- 路径名空间管理：管理系统内各资源可能要用到的路径名空间；
- 设备管理：管理系统内的各设备以及设备的添加和删除。

a

1）进程管理

QNX 实时操作系统的资源管理中的首要职责是动态创建新进程。进程管理包括进程的建立、销毁和属性。一个进程从创建到结束将经历如下四个阶段：创建、装入、运行、结束。与此相关的原语包括 spawn()、fork()、exec()等。其中，fork()为 POSIX 所定义的原语，用于创建一个与调用它的进程具有相同内存映像的新进程；exec()也是 POSIX 所定义的原语，用于在调用进程的原有内存映像基础上建立一个新进程的内存映像；spawn()是 QNX 实时操作系统特有的原语，用于创建一个新进程的同时使该进程称为调用进程的一个子进程，既可用于在本机环境中创建本地新进程，又可用于在网络中的任何节点上创建新进程。

在 QNX 实时操作系统中，一个进程总是处于就绪、阻塞、暂停、等待阻塞和死亡这五种状态之一。其中，就绪状态就是处于就绪状态的进程已准备好被使用；阻塞状态指系统处于发送阻塞、接收阻塞、回答阻塞、信号阻塞、信号灯阻塞等状态；暂停状态是处于暂停状态的进程表示它已收到一个暂停信号，在暂停状态被解除之前，该进程不能使用 CPU，解除暂停状态的唯一办法是发送一个继续信号或者通过一个信号来结束该进程；等待阻塞状态是处于等待阻塞状态的进程表示已调用了等待函数，在等待它的一个或多个子进程返回；死亡状态表示该进程已结束运行。

为了便于判断进程状态，QNX 实时操作系统提供了在 shell 中调用 ps 及 sin 实用程序和在应用程序中调用 qnx_psinfo 函数两种办法。为了便于判断整个操作系统状态，QNX 实时操作系统提供了在 shell 中调用 sin 实用程序和在应用程序中调用 qnx_osinfo 函数两种办法。ps 是 POSIX 定义的实用程序，在命令脚本中使用 ps 便于将该脚本程序移植到其他系统中使用。而 sin 则是 QNX 实时操作系统特有的实用程序，它可以提供 ps 实用程序不能提供的 QNX 特殊信息。

2）内存管理

QNX 实时操作系统为了提高应用程序的鲁棒性，为应用程序提供了内存保护功能。在多任务场景下，某个进程访问了未明确声明的或未授权的空间，内存管理单元（Memory Management Unit，MMU）会通知操作系统进行出错处理。一个典型的内存管理单元将物理内存分为大小的页。处理器通过访问保存在系统空间的页表，将虚拟地址空间转化为物理地址空间。

在 QNX 实时操作系统的完全保护模式下，系统将镜像中的代码全部复制到新的虚拟空间，同时启用硬件内存管理单元，初始化页表映射，从而给进程管理器提供了一个正确的、使能的初始运行环境。进程管理器获得控制权后，根据实际需求更改映射表。在完全保护模式下，每一个进程都会分配到自己私有的虚拟地址空间，进程切换和消息传递所带来的性能损耗会随着两个私有空间寻址的复杂化而增大。

3）路径名空间管理

在 QNX 实时操作系统中，硬件 I/O 资源没有包含在内核中，而是通过一些动态启动的资源管理器来管理。在其他资源管理器执行之前，进程管理器"拥有"整个路径名空间的管理权。进程管理器允许其他资源管理器通过一个标准的 API 来接手其想管理的那一部分路径名空间，同时拥有相应的职权域。进程管理器建立并管理一个前缀树，用来跟踪这些拥有各种各样的部分路径名空间的进程。

这种方式的命名空间管理允许 QNX 实时操作系统保留 POSIX 标准中设备和文件读写的语义，同时可以为嵌入式系统提供各种服务。通过在传统的文件名空间上实现单独的职权域，QNX 实时操作系统总体功能中的很多部分可以用运行时可选的方式实现。由于资源管理器进程在微内核空间之外存在，所以在运行时动态地增加和删除，就不需要重新连接内核来包含不同层次的任务。这种在大小上的灵活性允许 QNX 实时操作系统易于按应用程序的需要而放大或缩小。

4）设备管理

设备管理不仅提供了 POSIX 兼容的设备控制，还带有一些适于实现通信协议的实时扩展。设备管理进程可以动态地启动并与设备驱动程序连接，如不再使用可以从内存中除去。

在 QNX 实时操作系统中设备管理具有不同于其他操作系统的明显特点。例如，QNX 实时操作系统不要求设备驱动中断处理程序，只能存在于内核空间中，QNX 实时操作系统提供了一个系统调用，用来允许用户进程去连接一个用户进程内的中断处理程序，此中断处理程序处理内核中的某个中断向量，即该中断处理程序可以被内核调用来响应物理中断。由于处理程序位于用户进程中，它可以访问这个有中断响应功能的进程的所有地址空间。

通过中断处理程序驻留在内核之外的方式，用户可以在一个运行的系统中动态地增加或删除中断处理程序。由内核处理的第一层次的中断处理也照顾了嵌套和共享的中断，而不强加硬件依赖的细节和用户写中断处理程序的复杂性。微内核提供外部的中断处理程序是允许一个资源管理器与单体内核可提供的性能水平相匹配的基础。

QNX 实时操作系统的设备管理的特点使系统易于扩展。设备驱动程序在用户级进程中存在，开发者可以从这个基本的优势中获利：开发功能的扩展与开发用户级进程一致。事实上，在 QNX 实时操作系统内部使用的开发工具是运行在全屏幕、源代码级的调试器下的资源管理器，所以调试一个新的文件管理进程和调试一个程序一样方便。

4.4.8.4　QNX 实时操作系统的进程调度

进程调度的任务是决定如何把 CPU 资源分配给执行中的各个进程。用怎样的策略决定哪个就绪的进程使用 CPU，以及正在使用的进程需要放弃使用的 CPU，这些都是进程调度的关键问题。在 QNX 实时操作系统中，为了保证在限定的时间内执行完指定的功能，用户必须对进程进行一定的控制。在 QNX 实时操作系统中，提供了控制进程执行的手段，让用户能够设定及改变进程的优先级，并让用户能够选择进程调度算法。

1）进程调度时机

在 QNX 实时操作系统中，微内核的调度进程在遇到下面的情况时将进行调度决定：正在运行的进程被阻塞；一个进程被解除了阻塞；正在运行的进程的时间片已被用完；一个正在运行的进程被其他更高优先级的进程抢占。

在多核系统中，多个 CPU 运行的线程的调度规则和单个 CPU 中运行的线程的调度规则相同。

2）进程优先级

在 QNX 实时操作系统中，每个进程都被分配了一个优先级。调度程序在选择下一个运行进程时，将检查每个处于待运行状态的进程优先级，具有最高优先级的进程将被首先选择运行。当多个进程的优先级相同时，按照当前的进程调度算法轮流使用处理器。

在 QNX 实时操作系统中，分配给进程的优先级大小为 1（最低）到 31（最高）。一个新进程将继承其父进程的优先级作为其默认优先级；由操作系统 shell 程序启动的应用程序，其优先级一般为 10。当需要判断一个进程的优先级时，可调用 getprio 函数。当需要设置一个进程的优先级时，可调用 setprio 函数。

3）进程调度方法

为了满足不同应用的需要，QNX 实时操作系统提供了四种调度方法。

- 先进先出调度方法：一个被选择进入运行的进程将继续它的运行直到自动放弃运行或被一个优先级更高的进程打断运行。两个具有相同优先级的程序可以使用 FIFO 调度来保证对一个共享资源的互斥使用。
- 循环式调度方法：一个被选择进入运行的进程将继续它的运行直到自动放弃运行或被一个优先级更高的进程打断运行，或用完了自己的时间片。
- 适应式调度方法：一个进程的优先级会在运行中发生变化。如果该进程在用完了自己的时间片时仍未被阻塞，那么它的优先级将被减 1；如果该进程被阻塞，那么将立即恢复其原来的优先级。除此之外，适应式调度方法与循环式调度方法一样。
- 零星调度方法：QNX 实时操作系统对于非周期和零星任务提供该调度方法。采用的是基于服务器的零星事件调度，使用一个带宽预留服务器专门调度零星事件。

在 QNX 实时操作系统中，每个进程都可以用上面四种方法之一来进行调度，这些调度方法只适用于两个或更多个具有相同优先级并处于 READY 状态的进程。当需要判断一个进程的调度方法时，可调用 getscheduler 函数。当需要设定一个进程的调度方法时，可调用 setscheduler 函数。

4.4.8.5　QNX 实时操作系统的驱动开发

对于 QNX 实时操作系统，一个重要的任务就是通过硬件资源完成电气信号的传输与交互。在 QNX 实时操作系统中，所有的设备（硬件设备或虚拟设备）通称为资源，均由资源管理器管理。QNX 实时操作系统中的资源管理器与操作系统内核的分离的特点，使得其驱动原理与在其他操作系统下的设备驱动程序有所不同。

在 QNX 实时操作系统下，系统用一种非常灵活的运行机制：名字空间分配将资源管理器与其客户端进行绑定。资源管理器对于所要管理的资源都赋予一个特定的路径名，并向进程管理器进行注册。

在 QNX 实时操作系统中，板卡驱动开发的步骤如下。

1）获取硬件资源权限

一个线程如果想要对硬件进行端口操作，那么它必须具有适当的权限，必须调用 ThreadCtl 函数来保证线程可以访问硬件板卡端口。如果不调用这个函数，系统就会对其提供默认的保护而使用户无法访问。

得到权限之后，还必须通过 mmap_device_io 函数进行端口地址的映射，只有这样才能获取设备的资源。

2）PCI 相关函数

在 QNX 实时操作系统中提供了丰富的 PCI 操作函数，用于查找资源，读写 PCI 配置寄存器。

根据板卡的设备号和厂家号，使用 pci_find_device 函数来查找 PCI 设备，在使用时，遍历查找所有的 PCI 插槽，直到匹配为止。

找到板卡设备以后可以先利用 pci_attach_device 函数把 pci_dev_info 函数与设备联接，然后读出内存与端口的基地址和中断资源。

3）资源管理器的交互机制

在 QNX 实时操作系统中，通过调用 dispatch_create 函数来实现用户函数与资源管理器的交互，资源管理器可以通过这个函数为用户函数提供消息分发。

4）设备驱动程序与应用程序的接口

驱动程序不但要完成对硬件的操作，还要与操作系统进行数据的传输，在驱动程序加载以后，用户程序就可以像操作文件一样操作设备，如使用 devctl 函数作为应用程序与驱动程序的接口。

4.4.8.6　QNX 实时操作系统的特点分析

QNX 是一个分布式、多用户、多任务的嵌入式实时操作系统，被广泛应用到电信系统、航天仪器、工业自动化等方面。其特点如下。

1）微内核

作为一个真正的微内核操作系统，QNX 实时操作系统的微内核只提供调度、进程间通信、初始中断句柄等基本服务，其他服务如文件系统、驱动、协议栈、应用程序，都运行在安全的有内存保护的用户空间，并可根据用户需求进行组合与剪裁。

2）保护机制

QNX 实时操作系统为所有软件模块提供内存保护。这些模块包括文件管理器、协议栈、图形子系统、各种驱动程序，各自在独立且受保护的空间运行，在模块与内核之间解耦，因此不会因某个问题使系统崩溃；QNX 实时操作系统具有可靠的系统更新的特性，可在不停机的状态下动态地添加或删除某个程序，并且具有自保护的特性，系统任何部分失效可通过重启恢复，不会影响内核或者其他部分运行。

3）实时性

多种基于优先级的抢占式调度算法使 QNX 实时操作系统能够实现实时任务调度和预测任务响应时间，确保不论系统负载如何，高优先级任务总是能按时完成。

4）透明的分布式解决方案

QNX 实时操作系统中的透明分布式系统替代了传统的需要进行处理器间通信的分布式系统结构，能够显著地减少分布式系统开发的时间和成本。透明分布式系统使用统一的消息进行节点之间的动态连接，无论是运行在一个 CPU 还是多个 CPU 上的任务都始终保持通信状态。

5）符合 POSIX 标准

QNX 实时操作系统提供完整的 IEEE 的 POSIX 支持，包括实时扩展和线程。因此可以方便地移植程序，并实现代码重用，减少程序开发的时间和成本。

6）安全性

为确保安全和保护资源，QNX 实时操作系统采用分区解决方案，保证临界程序拥有确定的 CPU 时间和内存以支撑其正确运行，并可拒绝服务企图独占计算资源的系统软件。

7）可扩展性

系统规模大或小只依赖于要选用的组件，利用内置的多重处理技术来发挥多核处理器的能力，利用内置的透明分布式处理技术来简化容错集群的设计。

4.5 典型实时仿真系统解决方案

实时仿真系统作为半实物仿真系统的核心部分，运行实体对象和仿真环境的数学模型和程序。作为计算机的重要应用场景，实时仿真计算机中对于计算速度、时钟控制精度、逻辑时序、线程管理等一系列特殊要求，也在推动计算机技术、微电子技术和软件技术的迅猛发展。目前，实时仿真计算机技术广泛应用于航空、航天、核能、水利、电力、化工等领域，是复杂的大工业系统和大工程系统不可缺少的重要手段，是一个国家综合国力的标志之一。

鉴于 MATLAB/SIMULINK 软件在飞行器制导控制系统设计领域的广泛应用，已经成为"默认"的通用数字仿真环境和建模工具。因此，国内外很多仿真厂商基于 MATLAB 建模工具研制实时仿真系统解决方案，一方面利用 MATLAB 中丰富的算法模块和数据处理模块，并将模型建模、逻辑运算等模型检查交由 MATLAB 来完成，从而屏蔽不同用户模型对象的具体细节问题，降低了不同行业、不同院所推广的难度；另一方面，不需要用户专门学习建模语言，降低学习使用门槛，并能够利用 MATLAB/SIMULINK 在仿真建模分析领域的巨大市场占有率，降低系统推广成本。

在本节中，简要介绍几种目前国内外较为主流的实时仿真系统解决方案。

4.5.1 iHawk 并行计算机仿真系统

美国 Concurrent 公司推出的 iHawk 并行计算机仿真系统是具有高实时特性的实时仿真系统，该仿真系统包含对称多处理器计算机平台、实时操作系统、实时开发工具和应用软件。系统用 Concurrent 公司自主研发的 POWER MAX 实时 UNIX 操作系统，支持双处理器或四处理器应用，可以满足各种严苛的实时环境要求。在软件方面，以 MATLAB/SIMULINK 软件作为前端建模工具，并可兼容 C/C++、Ada 和 Fortran 等手工编程建模方式，应用领域覆盖系统架构设计、功能设计、快速原型、半实物仿真测试等阶段。iHawk 支持紧耦合多处理器/多核处理器、多级超大可配置全局/局部缓存/内存、高速大吞吐前端处理和标准外部总线，以及微秒级高精度定时同步系统，实现远距离高精度时钟同步，广泛地应用到航空、航天、汽车等实时仿真及测试领域。

4.5.2 EuroSim

荷兰 DutchSpace 公司推出 EuroSim 仿真平台，可应用于从系统建模、分析、离线仿真到实时仿真的全过程。对仿真系统进行模块化设计，具有较强的可重用性。采用 Client/Server 结构，便于扩充仿真系统成为分布式实时网络系统。EuroSim 仿真平台运行在 UNIX、Linux 或者 Widows NT 操作系统下，支持 MATLAB 等第三方工具。该平台不支持仿真过程的在线参数修改，且对专用板卡驱动程序开发困难，对硬件直接操作困难。

4.5.3 Speedgoat

半实物仿真与测试平台 Speedgoat 是由瑞士 Speedgoat 公司开发的一套基于 SIMULINK/

xPCTarget 的半实物仿真与测试的软硬件平台。Speedgoat 的系统解决方案能够保证客户在完整的基于模型的设计流程中持续验证其设计，这些流程包括需求规范、离线仿真、快速控制原型（RCP）、硬件在环（HIL）仿真和部署等环节。Speedgoat 目标机专门设计与SIMULINK 环境共同使用，提供桌面、实验室环境及现场环境下的实时仿真系统。通过与MathWorks 的紧密合作，实现了 MathWorks 产品系列与 Speedgoat 的无缝工作流程。Speedgoat 拥有超过 200 种 I/O 模块，可以为大多数 I/O 接口需求提供解决方案。Speedgoat所有的目标机都具有高度可配置性和可扩展性，并支持多核 Intel CPU 和 SIMULINK 可编程 FPGA。Speedgoat 产品广泛应用于各个行业，如能源、汽车、医疗设备、电力电子、机器人和海洋装备等行业。

4.5.4　VeriStand

VeriStand 是美国 NI 公司推出的一款开放的实时测试和仿真软件。它支持多种模型开发环境，包含 SIMULINK、LabVIEW、MapleSim、FORTRAN/C/C++等。用户通过它能够实时编辑用户界面、控制和显示仿真模型参数、监控和管理仿真模型和实时系统。

基于 VeriStand 的实时仿真平台由上位机和实时仿真机组成。上位机为普通计算机，运行在 Windows 操作系统和 SIMULINK、LabVIEW、VeriStand 等软件环境，下位机为 NI 的PXI 机箱，安装 PharLap 系统和运行 VeriStand 引擎，两者通过以太网连接。

4.5.5　dSPACE

dSPACE（digital Signal Processing And Control Engineering）实时仿真系统是由德国dSPACE 公司开发的一套基于 MATLAB/SIMULINK 的控制系统在实时环境下的开发及测试工作平台。dSPACE 实时系统拥有具备高速计算能力的硬件系统和方便易用功能强大的软件环境，实现了和 MATLAB/SIMULINK 的无缝连接，能够把基于 MATLAB/SIMULINK搭建的仿真模型一键下载到 dSPACE 的控制板卡中，利用软硬件把数学模型内部的信号转化并输出，从而能够控制系统快速原型和半实物仿真任务。基于 dSPACE 实时仿真系统进行控制系统设计开发与验证，能够缩短产品的研发周期，降低产品的开发成本，被广泛应用于汽车、自动驾驶技术、机器人、航空、航天等领域。

4.5.6　RT-LAB

RT-LAB 实时仿真平台是由加拿大 Opal-RT 公司推出的一套实时仿真系统，可以让设计者将基于 MATLAB/SIMULINK 和 MATRIXx/SystemBuild 等图形化建模工具所搭建的动力学系统和数学模型，通过上位机和多处理器目标机的模式，在实时仿真平台上运行，并可通过 Windows 窗口对目标机的整个运行过程进行实时监控，并且提供在线修改参数的功能，从而方便实现实时测试、控制系统快速原型、半实物仿真等实时工作。目前 RT-LAB 仿真工具已经被广泛应用在导弹控制、航空、工业控制、电力系统、汽车设计等领域。

4.5.7　YH-AStar

YH-AStar 是由国防科技大学研制的，它以直观方便、先进友好的一体化建模、仿真与分析软件 YHSIM 4.0 为核心，以通用计算机和专用 I/O 系统为基础，构成了可适应于不同规模连续系统数学仿真和半实物仿真的具有不同型号、不同档次的仿真机系列产品，并支持 SBS、VMIC 等实时网组网，能够建立分布式半实物实时仿真系统。

4.5.8 KDRTS

KDRTS 是由国防科技大学在独立研制完成 GPRTSS 后的新一代产品。KDRTS 是单机结构的半实物仿真系统，它既保留了专用仿真机实时半实物仿真的优势，又兼顾了通用性和可扩展性，特别是通过对国际通用仿真建模软件进行大胆创新，成功地解决了一般通用操作系统难以用于实时仿真的关键性难题。尤其值得一提的是，KDRTS 通过采用"平台+组件"的软件架构思想，已实现了一个类似 SIMULINK 的图形化建模环境，目前正在不断完善中。KDRTS 现已在几个型号武器系统的研制中得到具体应用。

4.5.9 海鹰仿真工作站

海鹰仿真工作站系列产品是中国航天科工三院三部为满足飞行器实时仿真需求研制的实时仿真机系列产品。

早期的海鹰仿真工作站（HY-RTS）系列产品以通用计算机、Windows NT 操作系统和专用 I/O 系统为基础构成。2015 年，针对飞行器全寿命周期实时仿真需求，中国航天科工三院三部完成了第四代海鹰仿真工作站——高性能一体化实时仿真平台的研制。该实时仿真平台突破了仿真平台通用体系结构、通用仿真建模、仿真强实时运行控制、仿真实时通信等关键技术，帧周期控制能力达到 0.3 ms，支持 MATLAB/SIMULINK 模型、C/C++模型的开发与集成，提供图形化界面资源和方便易用的配置工具，支持常用板卡和常用的 I/O 板，如 AD、DA、DIO、RS-422、1553B、光纤反射内存卡等 PCI 总线设备，通过高速光纤网络与其他仿真设备进行实时数据通信，通过通用适配器与外部被试设备进行互联互通，已经在航天、航空、船舶、兵器等工业部门得到了广泛应用。

4.5.10 HiGale

HiGale 系统是由北京经纬恒润科技股份有限公司开发的一套基于实时半实物仿真技术的控制系统开发及测试的工作平台。HiGale 系统支持由 MATLAB、SIMULINK、Stateflow 构建数学模型的实时运行。通过 HiGale Target 软件，从数学模型到代码生成、编译和下载过程实现了高度自动化，其板卡驱动库（RTD）实现了数学模型与硬件平台之间的无缝连接，用户只需要通过对话框对板卡驱动进行勾选性配置即可实现仿真控制信号的输入/输出，并且可以对实时平台中运行的数学模型进行变量观测、在线调参、数据记录等操作。平台提供了一系列高性能、高可靠的软硬件产品，满足了控制系统的快速原型及半实物仿真测试等应用。

4.5.11 HRT1000

HRT1000 是由北京华力创通科技股份有限公司开发的主、副机结构半实物仿真系统，主机为计算机，副机（目标机）可根据用户需求进行配置。HRT1000 系统支持用户基于 MATLAB/SIMULINK 进行图形化模型设计，并利用 RTW 工具自动生成目标代码；目标机基于 VxWorks RTOS 提供实时代码运行环境。HRT1000 将 SIMULINK 图形建模工具与 VxWorks 实时目标机集成起来，提供了一个高易用性、高可靠性，且强实时性的设计、仿真、验证平台。

4.5.12　RTMSPlatform

RTMSPlatform 是由西北工业大学开发的一套实时模型解算仿真方案。该方案基于 RTX 实时系统，以 SIMULINK 为模型开发工具，能够快速地将 SIMULINK 模型转化为 RTX 环境下的实时模型，通过一键操作自动完成模型的编译链接，而不需要对模型进行修改和操作，同时具备了数据实时存储、曲线在线显示等功能。另外，针对制导控制系统中武器半实物仿真和快速原型的任务需求，集成了典型飞行器的各种数学模型，覆盖精确制导武器目前采用的各项硬件通信接口，可以方便地完成飞行器或精确制导武器的闭环分布式仿真和单个部件的快速原型测试。

4.6　仿真模型实时解算技术未来发展趋势

随着仿真技术的发展和实际应用的需求，仿真模型实时解算技术的应用场景得到了较大的延伸，不再局限于传统的研制仿真，已经发展到服务于系统的生产、装备和使用的全寿命周期。同时，仿真模型实时计算技术的应用领域也得到了极大的扩展，不再局限于传统的航空、航天、兵器、船舶等军事技术领域，高速铁路、车辆交通、电力电子、通信等领域也对实时仿真产生了较大的需求。

作者认为，随着未来应用场景和仿真任务的日趋复杂化和多样化，仿真模型实时解算技术在模型接口、计算能力、并行计算、仿真架构等方面，都面临着一系列挑战。

（1）在模型接口方面，随着科学对象研究程度的逐渐深入，仿真面临着不同学科、不同专业的联合仿真的迫切需求，这就要求仿真系统具有良好的模型接口设计，能够集成或兼容多个学科的不同类型模型，实现异构异类模型的集成仿真。

（2）在计算能力方面，要求仿真计算机具有越来越强的运算速度，特别是随着人工智能技术在各行各业中的快速发展，大量的矩阵运算极度消耗计算资源。因此，要求仿真计算机在建设成本的约束下，不断提升计算能力。

（3）在并行计算方面，随着作战任务场景的日趋复杂和集群作战的实战应用，要求仿真系统从传统的单一对象仿真，逐渐扩展到集群仿真和体系对抗。因此，要求系统具备较好的并行计算能力，能够推动多个节点同步运行，并且保障各个对象模型的实时数据交互。

（4）在仿真架构方面，随着数字孪生、LVC 仿真、云仿真等新型仿真概念的不断涌现，在解决这类问题的实时仿真需求时，选用什么架构形式，也是仿真模型实时解算技术需要思考的问题和探索的方向。

4.7　本章小结

在本章中，首先介绍了制导控制系统中三类模型的解算方法，分别是针对动力学常微分方程的数值积分方法，针对制导控制系统传递函数的离散化求解方法，针对环境模型和气动数据的插值求解方法。

其次，分析了制导控制系统半实物仿真中涉及的时间特性，给出了自然时间、仿真时间和机器时间等时间概念定义；分析了时间推进机制和时间特点；并探讨了半实物仿真对于实时性能的约束条件和评价指标。

再次，分析了仿真模型实时解算技术的相关概念，包括实时仿真计算机任务和功能要求、发展历程、分类方法和组成架构；并对比分析了几种常用的仿真建模工具。

然后，对于仿真模型实时解算中关键的实时操作系统技术，分析了 Windows 操作系统的不足，给出了实时操作系统的相关概念、性能要求、评价指标和典型代表，并对常用的 VxWorks、RTX、QNX 三种操作系统进行了介绍。

最后，介绍了几种典型的实时仿真系统解决方案，并对仿真模型实时解算技术的未来发展趋势进行了展望。

第 5 章　半实物仿真系统中的通信接口技术

半实物仿真作为一个典型的分布式仿真系统，包含多个专用仿真设备和计算机控制节点，以及各类参试产品。为实现制导控制系统的闭环仿真，必须将参试产品与仿真设备，以及各个仿真设备之间的信号连接起来，形成一个有机的整体。

在一个典型的半实物仿真系统中，各种数据和信号的采集、传输、通信等形式多样、类型复杂，而且这些设备未必都集中在同一个实验室内。如何将参试产品与仿真设备，以及各个仿真设备之间的信号连接起来，并保证通信质量，是半实物系统接口技术的基本任务。在本章中，首先简要介绍一下仿真系统中通信接口技术，然后介绍一下仿真通信网络接口技术和仿真系统与参试产品之间的通信接口技术。

5.1　仿真系统中通信接口技术概述

半实物仿真系统中设备和接口种类繁多，涉及模电、数电、通信、计算机等学科，并且出于仿真系统实时性、精确性和可靠性的要求，对仿真系统中的通信接口提出了较高的技术要求。这就要求仿真系统的设计人员，深刻掌握相关的电气知识和计算机网络知识，全面了解制导控制系统的电气连接关系。

下面就给出半实物仿真系统中通信接口的类型、任务要求和性能要求。

5.1.1　半实物仿真系统中通信接口的类型

在半实物仿真系统中包含多种通信接口形式，按照不同的标准可以进行多种分类，如按照电气特性可以分为模拟信号、数字信号等；按照通信中每次传送的数据位数，可以分为并行通信和串行通信等；根据是否参与闭环仿真分为实时通信和非实时通信。在此，根据通信接口连接关系，可以将其分为仿真设备之间的通信接口和仿真设备与参试产品的接口两类。

5.1.1.1　仿真设备之间的网络通信

通过对制导控制半实物仿真系统的总体组成方案可知，仿真系统包含多台由计算机进行控制的专用仿真设备，各个设备或子系统之间通过通信网络进行连接，完成各个设备之间的数据交互和信号传输。由于仿真系统中通常会存在多家设备制造商或多种计算机操作系统的情况，因此，为保证各台计算机之间的数据通信正常，需要根据仿真设备特点和任务需求制定合理可行的通信协议，对数据格式、同步方式、传送速度、传送步骤、检验纠错方式和控制字符定义等问题做出统一规定，要求参试的各个仿真设备必须共同遵守，从而实现不同设备、不同系统间的数据交互。

仿真过程必须是一个实时仿真过程，如果在仿真过程中出现计算、数据通信和关键信号处理等超时现象，轻则降低仿真结果的置信度，重则导致整个仿真试验的失败，甚至会损坏产品和设备。因此，如何选择和设计仿真设备计算机之间通信网络的形式和结构，保证各个设备之间数据交互的实时性，是半实物仿真系统接口技术中的重要内容。

5.1.1.2 仿真设备与参试产品之间的电气通信

在制导控制系统半实物仿真试验中，为了实现制导控制系统的闭环仿真，需要通过相关的电气接口，与参试的飞控计算机、舵机、导引头等产品部件进行信号通信，从而将相关的弹上实物引入仿真回路中，从而构成闭环仿真系统。在进行仿真系统与参试产品之间电气接口设计时，必须严格匹配真实产品的接口类型、电气特征和引脚定义。

目前，制导控制系统产品实物的对外接口主要包括模拟信号、数字信号、串行信号和并行信号等。对于模拟信号和数字信号的采集与输出，一般都先采用高速或超高速数模转换或模数转换，然后经过整形、滤波、放大和隔离等措施，保证信号传输的有效性和实时性。对于串口信号和并行信号，要保证其传输过程中受到干扰较小，降低误码率。在半实物仿真系统中由于转台、负载台等强电设备的存在，实验室的电磁环境相对恶劣，因此，需要保证信号在这种环境下的正常工作，使其电气噪声不被引入仿真回路中。

在工程实践中，仿真设备与产品部件的连接关系，主要根据仿真系统连接关系和参试部件的电气接口形式进行设计和制造。在仿真设备的计算机端，选择合适的数据采集卡并安装在仿真设备的计算机中；在参试产品部件端，选择与产品相匹配的电气接插件形式。两者之间，根据接口连接关系制作专用的通信电缆，根据信号电气特征进行合理的信号调制，并且编制匹配产品实物的数据通信协议。

5.1.2 半实物仿真系统中通信接口的任务要求

从物理的角度来看，通信接口是一种电气器件和电缆。从逻辑的角度来看，通信接口是一种满足信息传输，实现信息交换的通道。通信接口使仿真系统和参试产品连接起来，以实现相互间高效、可靠的数据交互。通信接口部件本身提供的是信息交换的环境和条件。在制导控制半实物仿真系统中，通信接口的主要任务要求如下。

1）发送工作命令

仿真系统作为一个统一任务载体，需要在设定的指令下执行统一的操作，如仿真开始、仿真继续、仿真中止、仿真结束等操作。因此，需要通过仿真接口，完成仿真任务指令的发送和下达，保证整个系统在统一的任务指令下有序地完成相关任务。

2）传递仿真数据

在制导控制仿真系统中，实时仿真计算机需要通过相关接口，将解算的飞行器状态信息实时传递给其他仿真节点和参试产品，驱动相关设备运行，并通过相关接口，从其他仿真或参试产品中，获取舵偏信息用于动力学模型的实时解算中。

3）监控状态信息

在仿真系统中，为保证系统有序进行，仿真系统需要通过相关接口，监控各个参试产品和仿真设备的运行状态，一旦发生节点异常或故障，就立刻终止仿真，保证人员、产品和设备的安全。

4）接收记录数据

在仿真系统中，需要通过相关接口接收各个仿真设备产生的各种仿真试验数据，以及弹上产品的各种信息，并进行存储记录，便于仿真结束后进行查看分析。

5.1.3　半实物仿真系统中通信接口的性能要求

在理想情况下，半实物仿真系统的通信接口必须无损失、零延时、没有衰减、没有噪声干扰地完成信息传递和数据交互。但实际上，任何信号的传输都存在一定的时间延迟。根据信号种类，数字信号易于实现信号的无损传递，并具备较好的抗干扰性，但存在显著的数据传输延迟；模拟信号的实时性较好，但信号衰减和干扰的问题比较严重。因此，应根据系统中的接口类型，有针对性地采取措施，尽量保证信号转换和数据传输的性能。

目前，半实物仿真系统中包含多种类型的通信接口，尽管不同类型的电气特征和工作模式各不相同，但依然可以提出一系列性能的共性要求。

1）实时性

半实物仿真的核心就是实现模型与实物的直接连接，这就要求仿真时钟必须与自然时钟一致。因此，接口设计中首先要考虑的就是满足实时性的要求。通过提高信号传输的高速性和可预测性，保证数据之间传递的实时性，从而减少通信延时对仿真系统的影响。对于模拟信号，实时性体现在模拟信号和数字信号的转换速度上，目前基本上都可以做到微秒级，因此模拟信号的实时性一般不存在任何问题。但是，对于数字信号，尤其是在采用标准通信协议时，信息传输的实时性必须仔细考量。此时的实时性由两方面来决定，一是协议的本身特性，如传输速率等；二是待传输信息数据量的大小。

2）准确性

为保证半实物仿真试验的置信水平，仿真系统必须达到一定的精度，而信号通信的精度是保证仿真精度的基础。因此，在选用模拟信号采集板卡和数字通信协议时，应选取合适的转换精度和信号采集精度，从而保证系统的精度满足试验要求。

3）抗干扰性

半实物仿真系统中包含转台、负载台等具有较强电磁干扰特性的装置，实验室的电磁环境相对恶劣，因此，必须保证信号在这种环境下的正常工作，使其电气噪声不被引入仿真回路中。对于模拟信号，由于信号本身的特性，其较容易受到外部干扰的影响，从而造成传输信息的改变，因此，在使用模拟信号作为接口时，如何最大限度地抑制干扰的影响是其设计的关键。对于数字信号，通常的概念是其具有较强的干扰抑制能力，信息传输的精度不存在任何问题。但是，随着数字信号传输频率的不断提高，目前有的信号已达几十兆赫兹或几百兆赫兹，此时的数字信号也较易受到外部干扰的影响。因此，通信接口在设计时，必须仔细考虑系统通信接口的抗干扰性，否则将严重影响半实物仿真试验的精度和置信水平。

4）可靠性

高可靠性是对任何系统设计的基本要求。半实物仿真系统一般由多种参试设备和被测部件构成，一般都是高精度、高性能的产品，并且价格比较昂贵，因此，要求系统接口可靠，尤其是数字信号在传输时确保可靠性，降低误码率，以确保仿真设备的参试部件的安全。

5）可维护性

在系统接口设计和加工时，必须保证仿真系统接口具有良好的可维护性，即易于检测、易于装卸、便于维修。在各种维修时应尽量减少专用工具的使用。

6）牢固性

在进行仿真试验时，接插件和接口电缆经常会进行移动和拔插，会受到挤压、弯曲和扭转等损伤，因此，要求接口电缆和接插件具有足够的机械强度，对于焊接点应有相应的机械支撑保护部件。

5.2　仿真通信网络接口技术

半实物仿真系统作为典型的分布式仿真网络，包含多台具有独立功能的计算机及其外部设备，需要通过通信线路连接起来，在网络管理软件及网络通信协议的管理和协调下，实现资源共享和信息传递的计算机系统。目前，在仿真系统中，用于完成各个计算机之间通信任务的网络形式主要包括基于 TCP/IP 协议构建的以太网，以及基于反射内存构建的实时通信网络。在本节中，首先介绍一下计算机网络的一些基本概念、拓扑结构和性能评价指标；然后重点介绍一下目前常用的两种通信网络形式。

5.2.1　仿真通信网络的相关概念

为了了解仿真系统中的网络组成和网络架构，需要掌握仿真通信网络的相关概念、拓扑结构和性能评价指标。

5.2.1.1　仿真通信网络的相关概念

仿真通信网络中的相关概念如下。

1）节点、链路和通路

每一种网络结构都由节点、链路和通路等组成。

- 节点：又称为网络单元，它是网络系统中的各种数据处理设备、数据通信控制设备和数据终端设备。通常把与网络连接的计算机称为主机。
- 链路：两个节点间的连线，可分为物理链路和逻辑链路两种。物理链路指实际存在的通信线路，逻辑链路指在逻辑上起作用的网络通路。
- 通路：指从发出信息的节点到接收信息的节点之间的一串节点和链路，即一系列穿越通信网络而建立起的节点到节点的链。

2）网络协议

在计算机网络中，数据交换必须遵循事先约定好的规则。而网络协议就是为进行网络中的数据交换而建立的规则、标准或约定。协议的组成通常包括语法、语义和同步。

- 语法是指数据与控制信息的结构或格式。
- 语义是指需要发出何种控制信息、完成何种动作和做出何种响应。
- 同步是指事件实现顺序的详细说明。

3）通信类型

在计算机网络中，主机与主机之间的通信方式通常可以分为两大类：客户/服务器方式（Client/Server 方式，C/S 方式）和对等方式（Peer-to-Peer 方式，P2P 方式）。

- 客户/服务器方式：客户和服务器都是指在通信中涉及的两个应用进程，其描述的是进程之间服务与被服务的关系。客户是服务的请求方，服务器是服务的提供方。
- 对等方式：两个主机在通信时并不区分哪一个是服务请求方还是服务提供方，只要两个主机运行了对等连接软件，它们就可以进行平等、对等的连接通信。

5.2.1.2　仿真通信网络的拓扑结构

计算机通信网络的拓扑结构主要包括星形拓扑、总线拓扑、环形拓扑、树形拓扑、网形拓扑和混合形拓扑等类型，网络通信的拓扑结构示意图如图 5-1 所示。

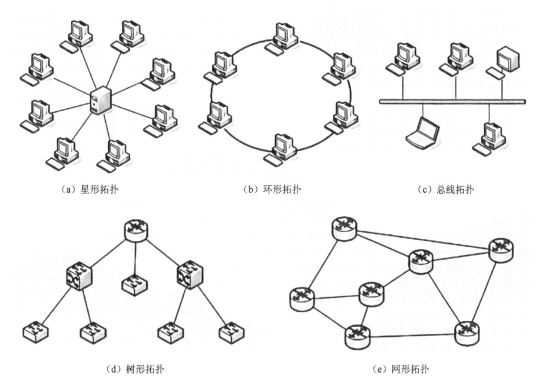

（a）星形拓扑　　　　　（b）环形拓扑　　　　　（c）总线拓扑

（d）树形拓扑　　　　　　　　（e）网形拓扑

图 5-1　网络通信的拓扑结构示意图

1）星形拓扑

星形拓扑是由中央节点和通过点到点通信链路接到中央节点的各个站点组成的。中央节点执行集中式通信控制策略，因此中央节点相当复杂，而各个站点的通信处理负担都很小。星形拓扑采用的交换方式有电路交换和报文交换，尤其以电路交换更为普遍。这种结构一旦建立了通道连接，就可以无延迟地在连通的两个站点之间传送数据。

星形拓扑结构的优点包括：①结构简单，连接方便，管理和维护都相对容易，而且扩展性强；②网络延迟时间较小，传输误差低；③在同一网段内支持多种传输介质，除非中央节点故障，否则网络不会轻易瘫痪；④每个节点直接连到中央节点，故障容易检测和隔离，可以很方便地排除有故障的节点。其缺点在于：①安装和维护的费用较高；②共享资源的能力较差；③一条通信线路只被该线路上的中央节点和边缘节点使用，通信线路利用率不高；④对中央节点要求相当高，一旦中央节点出现故障，整个网络就会瘫痪。

星形拓扑结构是目前应用最广泛的一种网络拓扑结构。

2）总线拓扑

总线拓扑结构采用一个信道作为传输媒体，所有站点都通过相应的硬件接口直接连到这一公共传输媒体上，该公共传输媒体即总线。任何一个站点发送的信号都沿传输媒体传播，而且能被所有其他站点接收。因为所有站点共享一条公用的传输信道，所以一次只能由一个设备传输信号。通常采用分布式控制策略来确定哪个站点可以发送信号，发送站先将报文分组，然后逐个依次发送这些分组，有时还要与其他站点来的分组交替地在媒体上传输。当分组经过各站点时，其中的目的站会先识别到分组所携带的目的地址，然后复制下这些分组的内容。

总线拓扑结构的优点包括：①总线结构所需要的电缆数量少，线缆长度短，易于布线和维护；②总线结构简单，又是无源工作，有较高的可靠性；③传输速率高；④易于扩充，增加或减少用户比较方便，结构简单，组网容易，网络扩展方便；⑤多个节点共用一条传输信道，信道利用率高。其缺点在于：①总线的传输距离有限，通信范围受到限制；②故障诊断和隔离较困难；③分布式协议不能保证信息的及时传送，不具有实时功能。

3）环形拓扑

在环形拓扑中各节点通过环路接口连在一条首尾相连的闭合环形通信线路中，环路上任何节点均可以请求发送信息。请求一旦被批准，就可以向环路发送信息。环形网中的数据可以是单向传输的也可以是双向传输的。由于环线公用，一个节点发出的信息必须穿越环中所有的环路接口，信息流中的目的地址与环上某节点的地址相符时，信息被该节点的环路接口接收，而后信息继续流向下一环路接口，一直流回发送该信息的环路接口节点为止。

环形拓扑的优点包括：①电缆长度短。环形拓扑网络所需的电缆长度和总线拓扑网络的电缆长度相似，但比星形拓扑网络的电缆长度要短得多；②当增加或减少工作站时，仅需要简单地连接操作。其缺点在于：①节点的故障会引起全网故障。这是因为环上的数据传输要通过接在环上的每一个节点，一旦环中某一节点发生故障就会引起全网的故障；②故障检测困难。这与总线拓扑相似，因为不是集中控制的，故障检测需要在网上各个节点进行；③环形拓扑结构的媒体访问控制协议都采用令牌传递的方式，在负载很轻时，信道利用率相对来说就比较低。

4）树形拓扑

树形拓扑可以认为是多级星形结构组成的，只不过这种多级星形结构是自上而下呈三角形分布的，就像一棵树一样。树的最下端相当于网络中的边缘层，树的中间部分相当于网络中的汇聚层，而树的顶端则相当于网络中的核心层。它采用分级的集中控制方式，其传输介质可有多条分支，但不形成闭合回路，每条通信线路都必须支持双向传输。

树形拓扑的优点包括：①易于扩展。这种结构可以延伸出很多分支和子分支，这些新节点和新分支都能容易地加入网内；②故障隔离较容易。如果某一分支的节点或线路发生故障，则很容易将故障分支与整个系统隔离开来。其缺点在于：各个节点对根的依赖性太大，如果根发生故障，则全网不能正常工作。从这一点来看，树形拓扑结构的可靠性类似于星形拓扑结构的可靠性。

5）网形拓扑

在网形拓扑中，节点之间有许多条路径相连，可以为数据流的传输选择适当的路由，从而绕过失效的部件或过忙的节点，使得其不受瓶颈问题或失效问题的影响。

网形拓扑的优点包括：①节点间路径多，碰撞和阻塞少；②局部故障不影响整个网络，可靠性高。其缺点在于：①网络关系复杂，建网较难，不易扩充；②网络控制机制复杂，必须采用路由算法和流量控制机制。

6）混合形拓扑

混合形拓扑是将两种单一拓扑结构混合起来，取两者的优点构成的拓扑。一种是星形拓扑和环形拓扑混合成的"星-环"拓扑，另一种是星形拓扑和总线拓扑混合成的"星-总"拓扑。在混合形拓扑结构中，汇聚层设备组成环形或总线拓扑，汇聚层设备和接入层设备组成星形拓扑。

混合形拓扑的优点包括：①故障诊断和隔离较为方便，一旦网络发生故障，并诊断出哪个网络设备有故障，就将该网络设备和全网隔离；②易于扩展，要扩展用户时，可以加入新的网络设备，也可以在设计时，在每个网络设备中留出一些备用的可插入新站点的连接口；③安装方便，网络的主链路连通汇聚层设备，通过分支链路连通汇聚层设备和接入层设备。其缺点在于：①需要选用智能网络设备，实现网络故障自动诊断和故障节点的隔离，网络建设成本比较高；②像星形拓扑结构一样，汇聚层设备到接入层设备的线缆安装长度会增加。

5.2.1.3　仿真通信网络的性能评价指标

在仿真通信网络的性能评价中，可以参考计算机网络的相关性能指标。

1）速率

通信网络中的速率指的是连接在计算机网络上的主机在数字信道上传送数据的速率，也称为数据率（Data Rate）或比特率（Bit Rate），它是计算机网络中重要的性能指标，其单位为 bit/s（比特每秒）。

2）带宽

在计算机网络中，带宽用来表示网络的通信线路所能传送数据的能力，因此网络带宽表示在单位时间内从网络中的某一点到另一点所能通过的"最高数据率"，其单位为 bit/s（比特每秒）。

3）吞吐量

吞吐量表示在单位时间内通过某个网络（或信道、接口）的数据量。吞吐量经常用于对现实世界中网络的一种测量，以便知道实际上到底有多少数据量能够通过网络。显然，吞吐量受网络带宽或网络额定速率的限制。

4）时延

时延是指数据（一个报文或分组）从网络（或链路）的一端传送到另一端所需要的时间。时延是一个很重要的性能指标，也称为延迟或迟延。网络时延主要包括发送时延、传播时延、处理时延、排队时延等。

- 发送时延：主机或路由器发送数据帧所需要的时间，也就是从发送数据帧的第一个比特算起，到该帧的最后一个比特发送完毕所需要的时间。因此，发送时延也称为传输时延。发送时延的计算公式为发送时延=数据帧长度（bit）/信道带宽（bit/s）。由此可见，对于一定的网络，发送时延并非固定不变，而是与发送的数据帧长度成正比，与信道带宽成反比。
- 传播时延：电磁波在信道中传播一定距离所需要的时间，其计算公式为传播时延=信道长度（m）/电磁波在信道上的传播速率（m/s）。电磁波在网络传输媒体中的传播速率比在自由空间的传播速率要略低一些。

- 处理时延：主机的处理时间，主机或路由器在收到分组时要花费一定的时间进行处理，如分析分组的首部，从分组中提取数据部分，进行差错检验或查找适当的路由等，这就产生了处理时延。
- 排队时延：分组在经过网络传输时，要经过许多的路由器。但分组在进入路由器后要先在输入队列中排队等待处理。在路由器确定了转发接口后，还要在输出队列中排队等待转发，这就产生了排队时延。排队时延的长短通常取决于网络中的通信量和信息处理策略。

5）往返时间（RTT）

在计算机网络中，往返时间也是一个重要的性能指标，它表示从发送端发送数据开始，到发送端收到来自接收端的确认（接收端收到数据后便立即发送确认）总共经历的时间。

6）利用率

利用率有信道利用率和网络利用率两种描述。信道利用率指某信道有百分之几的时间是被利用的（有数据通过），完全空闲的信道的利用率是零。网络利用率是全网络的信道利用率的加权平均值。

5.2.2 TCP/IP 通信技术

TCP/IP 通信技术主要指 TCP/IP 协议，是一种传输控制/互联网协议。美国国防部在 20 世纪 60 年代末为高级研究计划局网络（ARPAnet，Internet 的前身）开发了 TCP/IP 协议。TCP/IP 协议迅速流行要归功于它的低成本、可在不同的平台间进行通信的能力和它开放的特性。"开放"的意思是软件开发人员可以自由地使用和修改 TCP/IP 协议的核心。TCP/IP 协议已成为建立计算机局域网、广域网的首选协议，已成为主流的工业标准和国际标准。

5.2.2.1 TCP/IP 协议分层模型

在 TCP/IP 协议中，把开放式系统互联（Open System Interconnection，OSI）中一些层次进行了抽象整合，分为物理层、数据链路层、网络层、传输层和应用层。下面介绍一下各个分层的作用。

1）物理层

物理层是电信号的传递方式，如早期以太网采用的同轴电缆、现在以太网通用的网线（双绞线）、光纤等都属于物理层的概念。物理层的能力决定了网络的最大传输速率、传输距离、抗干扰性等。

2）数据链路层

数据链路层主要完成网卡设备的驱动、帧同步、冲突检测、数据差错校验等工作。

3）网络层

网络层主要负责相邻计算机之间的通信，其任务主要包括三方面：处理来自传输层的分组发送情况、输入数据报，以及处理路径、流控和拥堵塞等问题。

4）传输层

传输层让应用程序之间实现通信，主要有 TCP、UDP 两种协议。

5）应用层

应用层类似 OSI 中的会话层、表示层及应用层。其包括 HTTP（应用层）、HTML（表示层）、E-Mail、FTP、SSH 等。

TCP/IP 协议分层模型与 OSI 参考模型比对如图 5-2 所示。

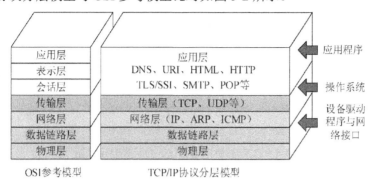

图 5-2　TCP/IP 协议分层模型与 OSI 参考模型比对

5.2.2.2　TCP/IP 协议通信过程

下面简要介绍一下 TCP/IP 协议的通信过程。

1）TCP/IP 协议数据封包

在 TCP/IP 协议通信中，传输层及其以下的机制由内核提供，应用层由用户进程提供，应用程序对通信数据的含义进行解释，而传输层及其以下处理通信的细节，将数据从一台计算机通过一定的路径发送到另一台计算机。当应用层数据通过协议发到网络上时，每层协议都要加上一个数据首部，称为封装，其中不同的协议层对数据包有不同的称谓，在传输层称为段（Segment），在网络层称为数据报（Datagram），在数据链路层称为帧（Frame）。数据封装成帧后发到传输介质上，到达目的主机后每层协议再剥掉对应的首部，最后将应用层数据交给应用程序处理。TCP/IP 协议数据包的封装纵向示意图和 TCP/IP 协议数据包的封装横向示意图分别如图 5-3 和图 5-4 所示。

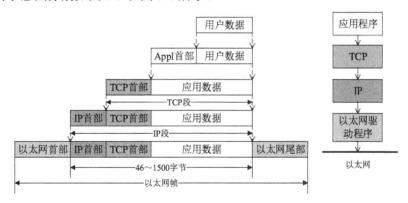

图 5-3　TCP/IP 协议数据包的封装纵向示意图

2）通信过程

在网络通信过程中，将发出数据的主机称为源主机，接收数据的主机称为目的主机。当源主机发出数据时，数据在源主机中从上层向下层传送。源主机中的应用进程先将数据交给应用层，应用层加上必要的控制信息就成了报文流，向下传给传输层。传输层将收到的数据单元加上本层的控制信息，形成报文段、数据报，再交给网络层。网络层加上本层的控制信息，形成 IP 数据报，传给数据链路层。数据链路层将网络层传下来的 IP 数据报组装成帧，并以比特流的形式传给网络硬件（物理层），数据就离开源主机。

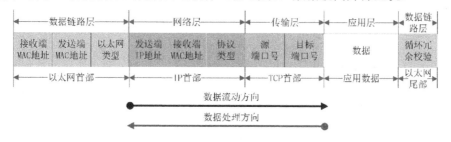

数据链路层			网络层			传输层		应用层	数据链路层
接收端 MAC地址	发送端 MAC地址	以太网类型	发送端 IP地址	接收端 MAC地址	协议类型	源端口号	目标端口号	数据	循环冗余校验
以太网首部			IP首部			TCP首部		应用数据	以太网尾部

数据流动方向

数据处理方向

图 5-4　TCP/IP 协议数据包的封装横向示意图

通过网络传输，数据到达目的主机后，按照与源主机相反的过程，在目的主机中从下层向上层进行拆包传送。首先由数据链路层接收数据，依次剥离原来加上的控制信息，最后将源主机中的应用进程发送的数据交给目的主机的应用进程。TCP/IP 协议通信过程示意图如图 5-5 所示。

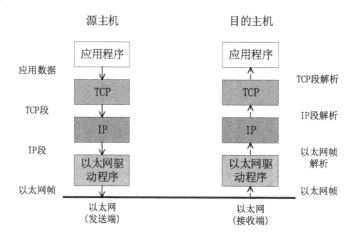

图 5-5　TCP/IP 协议通信过程示意图

TCP/IP 协议的基本传输单位是数据报，TCP 协议负责把数据分成若干个数据报，并给每个数据报加上报头，报头上有编号，以保证目的主机能将数据还原为原来的格式。IP 协议在每个报头上再加上接收端主机 IP 地址。如果在传输过程中出现数据失真、数据丢失等情况，TCP 协议则会自动请求重新传输数据，并重组数据报。可以说，IP 协议保证数据的传输，TCP 协议保证数据传输的质量。TCP/IP 协议数据在传输时每通过一层就要在数据上加个报头，其中的数据供接收端同一层协议使用，而在接收端，每经过一层就要把用过的报头去掉，这样可以保证传输数据的一致性。

5.2.2.3　TCP/IP 协议中的核心协议

1）IP 协议

IP 协议是 TCP/IP 协议的核心，IP 层接收由更低层（数据链路层，如以太网设备驱动程序）发来的数据报，并把该数据报发送到更高层——TCP 层；相反，IP 层也把从 TCP 层接收来的数据报传送到更低层。需要注意的是，IP 协议数据报是不可靠的，因为 IP 协议并没有进行任何事情来确认数据报是按顺序发送的或者没有被破坏。IP 协议数据报中含有发送它的主机的地址（源地址）和接收它的主机的地址（目的地址）。

2）TCP 协议

如果 IP 协议数据报中有已经封好的 TCP 协议层数据报，那么 IP 协议层将把它们向上传送到 TCP 协议层。TCP 协议层将数据报排序并进行错误检查，同时实现虚电路间的连接。TCP 协议层数据报中包括序号和确认，所以未按照顺序收到的数据报可以被排序，而损坏的数据报可以被重传。TCP 协议层将它的信息送到更高层的应用程序，应用程序轮流将信息送回 TCP 协议层，TCP 协议层便将它们向下传送到 IP 协议层，设备驱动程序和物理介质，最后到接收端。

5.2.2.4　TCP/IP 协议特点及不足

TCP/IP 协议是目前使用最为广泛的互联网通信协议，具备如下特点。

- 协议标准是完全开放的，可以供用户免费使用，并且独立于特定的计算机硬件与操作系统。
- 独立于网络硬件系统，可以运行在广域网，更适合互联网。
- 网络地址统一分配，网络中每一设备和终端都具有唯一地址。
- 高层协议标准化，可以提供多种多样的可靠的网络服务。

以太网是一种总线式网络，采用载波侦听多路访问/冲突（碰撞）检测（Carrier Sense Multiple Access/Collision Detect，CSMA/CD）协议进行传输控制。各个节点采用二进制指数后退（Binary Exponential Back-off，BEB）算法处理冲突，具有排队延迟不确定的缺陷，每个网络节点要通过竞争来取得信息包的发送权。通信时节点监听信道，只有发现信道空闲时，才能发送信息；如果信道忙碌则需要等待。信息开始发送后，还需要检查是否发生碰撞，信息如果发生碰撞，则需要退出重发，因此无法保证确定的排队延迟和通信响应的确定性，不能满足实时仿真、工业控制在实时性上的要求，甚至在通信繁忙时，还存在信息丢失的危险。

虽然基于 TCP/IP 协议的互联网协议在传输速率上已经达到千兆、万兆的级别，但由于在传输过程中存在数据收发的不可预测性和传输延迟的不确定性，因此，不能直接用于半实物仿真系统的闭环仿真。在制导控制系统半实物仿真中，通常只用于一些非闭环的数据传输，如模型下发、视景显示、数据传输等。

目前，在某些弱实时系统的搭建中，一些科研人员基于 RTX 环境下的 RT-TCP/IP 技术，实现数据的实时传输。

5.2.2.5　RT-TCP/IP 技术简介

RT-TCP/IP 技术是一种基于 RTX 实时系统对底层网卡实时支持的技术。为了实现更好的实时性能，RTX 增加了对底层网卡驱动的实时支持，并且在 RTSS 子系统中建立独立于 Windows 环境的 TCP/IP 协议栈，并将其进行部分修改和封装，同时对每一帧数据报的大小进行限制，使其更适合于实时系统的数据传输。通过 RT-TCP/IP 技术，以太网传输的实时性和可靠性得到了较大的提高。

1）RT-TCP/IP 实时网络工作原理概述

RTX 对传统的 TCP/IP 协议在实时性上进行了修改，建立了实时通信协议 RT-TCP/IP，在 RTSS 子系统下的 RT-TCP/IP 协议栈提供了网络连接和数据处理的功能，并在 RTSS 子系统下提供了底层网卡的实时支持。RTX 为了尽可能简化 RTX 与 Windows 下的网络程序应用开发过程，根据面向对象软件设计理论和方法，提供了 Windows Sockets 2.0（Winsock 2）规范下的系统 API 供开发人员使用，使得使用者不需要面对传输协议，就可以在实时 RTSS 子系统下借助实时网络驱动（RTND）使用物理传输层。因此，只需要知道 RTSS 子系统与 RT-TCP/IP 协议上下层的接口，就可以独立编译出实时网络通信应用。

使用 RT-TCP/IP 协议的网络，其协议核心内容在层次结构的下三层，即网络接口层、IP 层和传输层，而这三层功能一般是由操作系统的内核来实现的。RT-TCP/IP 协议在 RTSS 子系统中为 RTX TCP/IP 协议堆栈提供了确定的处理进程，提供的应用程序编程接口与最新版本的 Windows Sockets 2.0 规范一致，并且为 RTX 应用增加了网络容量。RT-TCP/IP 协议提供的 RTX TCP/IP 协议堆栈通过运行在 RTSS 子系统下的以太网驱动访问传输层。在 RTSS 子系统之上 RT-TCP/IP 协议还提供了一个完整的堆栈和网络驱动，并且可以通过 RTSS 子系统进程提供的 Winsock API 接口进行访问。在进行 RT-TCP/IP 协议的通信程序开发过程中，Win32 和 RTSS 共享一个公共的网络应用编程接口（API），所以 RT-TCP/IP 协议的应用程序在编译和运行之前可用于 Win32 程序的开发和调试，大大减少了开发工作量。

当程序运行时，RT-TCP/IP 协议堆栈使用多线程完成任务。每个线程的优先级能进行独立设置。同时，RT-TCP/IP 协议堆栈主要部分使用一个定时器线程处理所有与 TCP/IP 协议时间有关的函数。每个网卡使用两个线程，一个中断服务线程处理所有与中断有关的程序和一个接收线程进行所有与接收有关的处理。这些线程的优先级设置在很大程度上依赖于 RT-TCP/IP 协议线程的时间关键性和系统上一些其他线程的运行情况。

需要说明的是，RT-TCP/IP 协议需要专门的网卡支持和对应的网卡驱动。

2）RT-TCP/IP 协议栈结构

RT-TCP/IP 协议栈本身由缓冲区系统、定时系统和几个服务线程构成（见图 5-6）。缓冲区系统用来在相关堆栈启动后动态分配内存，每个堆栈分配的内存大小取决于套接字和接收队列的大小，以及设备提前分配的接收缓冲区大小。定时系统主要用于管理时间堆栈，为内部程序运行提供定时。中断服务线程（IST）是 RT-TCP/IP 协议栈中接口驱动程序的一部分，当网卡发出中断信号时，中断服务线程工作，先识别并应答接收中断，然后给接收线程进行标记。接收线程先等待中断服务线程通知的到来，一旦接收到新的数据报，接收线程就立即被中断服务线程标记，并开始处理下一个来自设备的数据报。

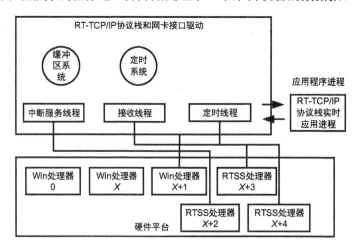

图 5-6　RT-TCP/IP 协议栈结构

5.2.3　反射内存通信技术

半实物仿真系统作为一种典型的分布式实时仿真系统，包含多个分系统组成的复杂仿真系统。在仿真过程中，各分系统之间通过通信网络，用来数据通信、数据共享和信号交互等任务。为保证整个闭环半实物仿真系统的实时性，要求通信网络必须为实时网络。实时网络最重要的特点就是其通信的确定性和可预测性，就是说实时网络中各节点间数据传输的时间是确定的，即可预测的。

目前，在分布式仿真试验网络支持方面，虽然计算机网络技术得到了快速发展，传统的以太网达到万兆级的传输速率，但是由于以太网传输协议开销的不确定性，很难满足网络传输的实时性要求。而共享内存光纤网络采用特殊的技术，具备了很强的支持强实时仿真的数据传输能力和实时测控能力，越来越受到人们的青睐。由于共享内存网络所有的工作都是由硬件自动实现的，没有软件上额外的开销，再加上采用光纤传输介质，因此可以达到数十兆字节的数据传输率和百纳秒级的传输延迟，特别是这种共享内存网络的数据延迟是可以被确定的，这是传统的以太网技术难以比拟的。

目前，市场上的共享内存网络技术产品主要有 Systran 公司的共享 RAM 公共网络（SCRAMNet+）、SBS 公司的广播内存网络（Broadcast Memory Network）和 Abaco 公司的 VMIC 反射内存网络（Reflective Memory Network）。其中，VMIC 反射内存网络具有传输速度快、传输数据量大、通信协议简单易用、仿真机负载轻、软硬件平台适应性强、可靠的传输纠错能力、支持中断信号传输等特点，被广泛用于搭建半实物仿真系统的实时通信网络。

5.2.3.1　反射内存系统的发展历程

反射内存系统（Reflective Memory System，RMS）的提出主要是用来解决在多计算机环境中数据通信的高效互联问题的。1985 年，Gould Electronics 公司设计了第一个较为完善的反射内存 RM/MC（Reflective Memory/Memory Channel）系统，并申请了专利。RM/MC 系统是基于 64 位同步 RM/MC 总线，由 8 个处理节点组成的。RM/MC 系统的总线仲裁采用循环同步仲裁算法。RM/MC 系统配置本地内存页作为反射（共享）或私有（非共享）使用。RM/MC 系统一开始被设计用来满足网上交易过程的应用需求，随后又被广泛应用在决策支持、分布式数据库管理系统。

1989 年，Encore Computer 公司收购了 Gould Electronics 公司，之后反射内存系统在 1990 年开始用于实时系统，并与一些大学开展合作，不断改善 RM/MC 系统，并提出了 RMS for PC、RM/MC++。1994 年，东京大学提出了复制共享内存，每个节点维护一个全局的本地内存空间，广播写到所有节点。1995 年，VME Microsystems International 公司开始生产 VMIC RFM 系列反射内存产品，1996 年，Digital Equipment 公司设计了一个基于 PCI 的内存通道。经过多年发展，提供反射内存产品的公司主要有 VMIC、SBS 和 Systrans 三家，但是 VMIC 公司的反射内存产品在长期的竞争中逐渐胜出，并成为市场主流，VMIC 网络已逐渐成为反射内存网络的代称。

2001 年，VMIC 公司被通用电气公司和日本 Fanuc 公司合作投资的 GE Fanuc 公司收购，VMIC 网络板卡及设备成为 GE 智能平台旗下产品；2006 年，GE Fanuc 公司收购了 SBS 公司，VMIC 产品逐渐占据市场绝大部分份额；2015 年，GE Fanuc 公司将包含 VMIC 产品的嵌入式系统部门出售给 Veritas Capital 公司，成立了 Abaco 系统公司。尽管所属公司一再发生变化，但 VMIC 产品以其使用方便，协议简单，实时性好等一系列优点，得以在公司的收购中始终保留下来，典型产品代表主要包括 5565 系列板卡和 5595 系列交换机。

目前，国内一些科技公司和科研院所，也推出了多款反射内存网络产品，并广泛应用于仿真系统实时网络的搭建工作。

5.2.3.2　反射内存网络的工作原理

反射内存网络是一种高速、实时、确定性的实时网络，能支持不同操作系统和不同总线架构的节点计算机在可预测的时间内实时获得数据，可以较好地解决半实物仿真试验系统中数据传输的实时性问题，提高网络数据的传输速率及纠错能力。

反射内存网络主要是由反射内存网卡通过光纤传输介质连接而成的。每个网络节点由每台计算机插入一块反射内存网卡构成。有些反射内存网卡可物理安装或者连接到各种计算机总线上，包括 VME、PCI/PCI-X、CompactPCI、PCI Express 等。反射内存网络可在每个节点的板载双端口共享存储器中保存整个共享内存的独立备份，而每个节点享有充分且不受限制的访问权限。每个节点的板上存储器在整个共享内存上拥有地址，当数据写入本地反射内存时，高速同步逻辑将其传输到网络上的其他节点，则网络上的所有节点计算机都会在几个微秒内在同一地址拥有相同数据。通过这种方式，所有的节点读写网络上的数据就如同读写本机内存上的数据一样快速方便，并且能透明并确定地传送消息或者数据块到其他的节点。同时，整个数据传输映射过程是通过硬件操作自动完成的，使得系统传输延迟大大减小，再加上采用光纤传输介质，因此可以实现数十兆字节的数据传输率和百纳秒级的数据传输延迟，更重要的是这种网络的传输延迟是确定的和可以预期的，这是传统的以太网技术所难达到的。反射内存网络将数据的打包、发送等操作转换为内存读写操作，使用简单高效，主机负载轻、软硬件平台适应性强。

另外，反射内存网络提供了三个中断同步功能，各个节点通过对反射内存网卡中断功能、中断向量及其优先级的定义，实现网络中各计算机之间的同步通信；并且为了保证传输数据的正确性，反射内存板卡通过奇偶校验位检查提供了错误监控及错误通报功能，同时为了解决单次数据传输失败造成的通信异常，数据传输采用冗余模式（冗余度为 2）进行，即每次传输数据时都传两份，当第一份出错时，使用第二份，从而有效地提高了数据传输的可靠性。反射内存网络工作原理示意图如图 5-7 所示。

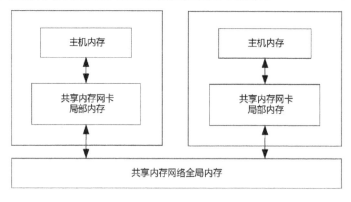

图 5-7　反射内存网络工作原理示意图

5.2.3.3　反射内存网络的指标性能

反射内存网络的主要产品包括 VMIPCI-5565 反射内存网卡和 VMIACC-5595 反射内存交换机。其中，VMIPCI-5565 反射内存网卡安装在网络计算机中，用于实现对共享内存数据的快速访问；VMIACC-5595 反射内存交换机为用户提供了星形拓扑网络的网络中心节点交换功能。

另外，还有 VMIVME-5565 反射内存网卡，适用于 VME 总线；以及 VMIPMC-5565 反射内存网卡，适用于 PMC 总线。同属一个系列的三种反射内存网卡是兼容的，可以任意组合集成到同一个网络中，基于不同总线的反射内存网卡能够支持不同形式的工作站、计算机、嵌入式控制器和 PLC 等实时共享内存数据。

反射内存网络的主要性能指标如下。

- 工作方式：双端口共享内存。
- 连接方式：环形光纤连接或星形光纤连接。
- 共享内存大小：128MB/256MB 的 SDRAM。
- 波特率：2.12 Gbaud。
- 通信速率：43MB/s（4 个字节的包）到 174MB/s（64B 的包）。
- 最大节点数：256。
- 最大距离：多模光纤的连接距离可达 300m，单模光纤的连接距离可达 10km。
- 节点延迟：400～750ns。
- 出错概率：1864005.17 年/错误。
- 动态包的大小：从 4 到 64 字节数据。
- 错误检测：基于奇偶校验位检查的错误监控及错误通报功能。
- 抗干扰性：冗余传输模式，用于抑制额外错误。
- 传输方式：支持中断、查询和 DMA 数据传输三种模式。
- 总线支持：PCI、VME、MultiBus、CompactPC 等。
- 操作系统：Windows NT、Solaris、SGI IRIX、VxWorks 等。

反射内存网络的主要产品示意图如图 5-8 所示。

（a）VMIPCI-5565 反射内存网卡

（b）VMIACC-5595 反射内存交换机

图 5-8　反射内存网络的主要产品示意图

5.2.3.4 反射内存网络的系统构建

反射内存网络主要基于 VMIPCI-5565 反射内存网卡和 VMIACC-5595 反射内存交换机进行构建。在连接时，各个节点的板载共享内存包含两个端口（TX 端口和 RX 端口），通过光纤进行连接，从而构成一个环形拓扑/星形拓扑网络。

反射内存网络最多支持 256 个网络节点进行数据交互。在组网前，需要对所有反射内存网卡进行统一编址，以便反射内存网络形成连续的共享空间而不会发生地址冲突。对反射内存网卡的编址工作是通过物理跳线实现的，即通过卡上跳线 S2 设置其在网络中的唯一 ID 号。跳线 S2 有一排 8 个小开关，用这些小开关即可完成统一编址，编码方式按照二进制的方式进行排列。例如，当 8 个小开关全部打开时，地址编号为 B00000000，对应的反射内存网卡为节点 0；仅当第 1 个打开时，地址编号为 B00000001，对应的反射内存网卡为节点 1；仅当第 8 个打开时，其地址编号为 B00100000，即 0x80。

另外，当反射内存网络采用星形拓扑结构时，各个板卡需要通过光纤连接到 VMIACC-5595 反射内存交换机。当节点超过 8 个时，需要通过级联两个交换机的形式，扩充整个网络容量。图 5-9 给出了如何通过 3 个 VMIACC-5595 反射内存交换机，将 20 个网络节点进行组网的连接示意图。

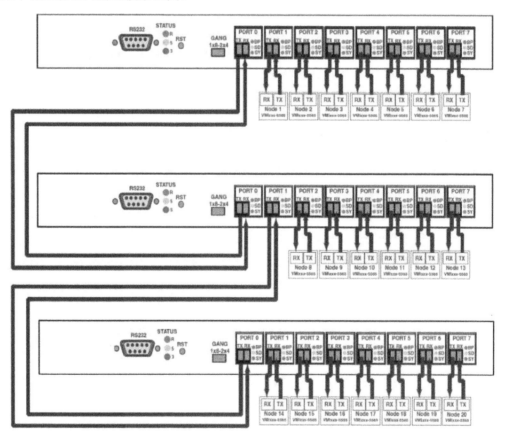

图 5-9　反射内存网络的多台交换机进行级联扩展的连接示意图

5.2.3.5　反射内存网络的使用方法

在反射内存网络中，将反射内存网卡安装在参与网络通信的每个节点计算机上，各个节点之间通过光纤进行连接。由于所有的节点读写网络上的数据就如同读写本机内存上的数据，因此，使用反射内存网络主要在于数据地址的分配。目前，反射内存网卡主要支持128MB 或 256MB 的数据，为保证系统通信的顺利进行，防止出现数据读写冲突，需要对每个网络节点的数据交互，进行科学、合理和严格的地址分配。

在进行反射内存网络地址分配时，主要通过仿真系统的接口控制文件定义好所有需要使用内存空间的数据变量地址，同类数据连续分配地址单元，以便其他节点的计算机可以用直接内存访问方式一次性快速读取大量数据。同时，由于节点上的计算机在某个时刻写到某一内存地址段的多个数据会在下一仿真周期以新的结果刷新此段数据，因此，为了保证其他计算机节点读到该地址段的数据是同一帧的数据，需要为这段数据定义专门的地址单元，标志该段数据的读写状态。

需要注意的是，在反射内存空间地址分配时，所分配的空间应大于所需要传递的数据长度，并有一定的余量，应按照单个数据的字节数和数据段的个数来仔细计算所需的存储空间。并且，在每次仿真开始前应清空反射内存中原有的数据，以防误操作对仿真设备造成损坏。

5.3　仿真系统与参试产品之间的通信接口技术

在制导控制半实物仿真系统中，参试产品部件通常是指以弹载计算机为核心，以及与其通信的测发控系统、电源设备、舵机、惯性测量、导引头等实物部件。实物产品部件与仿真系统之间，以及实物产品部件与弹上产品之间，都需要通过各种电气通信接口，完成不同类型和功能的信号传递。目前，制导控制系统中的各种电气接口的种类多样、类型繁多，主要包括模拟信号、数字电平信号、串行通信信号、ARINC 429 信号、MIL-STD-1533B信号、CAN 总线信号和 LVDS 信号等。

目前，半实物仿真系统的实现方式一般采用相关采集卡来完成信号的采集与输出，通过计算机的标准总线，如 ISA、PCI、USB 总线等，完成弹上电气信号与仿真系统计算机之间的信息交互。下面就逐一介绍半实物仿真系统中常用的电气接口。

5.3.1　模拟信号接口技术

模拟信号是指用连续变化的物理量表示的信息，其信号的幅度、频率、相位都随时间进行连续变化，或在一段连续的时间间隔内，其代表信息的特征量可以在任意瞬间呈现为任意数值的信号，其中主要包括模拟信号采集（A/D）、模拟信号输出（D/A）接口。模拟信号接口一般使用电压或电流方式传输，在通常情况下，以电流方式传输的抗干扰性能要比以电压方式传输的抗干扰性能好。

5.3.1.1　A/D 转换技术

模拟信号到数字信号的转换过程（A/D 转换）是指对原始的电压信号或电流信号进行

数字近似（用 N 位的数字信号代码来量化表示原始信号），它需要用一个时钟和一个模数转换器来实现。时钟决定信号波形的采样速度和模数转换器的变换速率。

1）A/D 转换的基本原理

A/D 转换过程需要经过信号的采样、信号的保持、信号的量化与信号的编码四个基本步骤。

信号的采样是在时间上对连续信号进行离散，即按照特定的时间间隔在原始的模拟信号上逐点采集瞬时值。根据奈奎斯特（Nyquist）定理可知，采样频率过低会导致信息丢失，严重时会导致信息失真，无法使用。信号的保持是采取其瞬时值后要在原位置保持一段时间。信号的量化是将连续幅度的抽样信号转换成离散时间、离散幅度的数字信号，量化的主要问题就是量化误差。信号的编码是将量化后的信号编码成二进制代码输出。需要说明的是，这些过程有些是合并进行的，如采样和保持就是利用一个电路连续完成的，量化和编码也是在转换过程中同时实现的，且所用时间又是保持时间的一部分。

在 A/D 转换过程中，根据其工作原理的不同，可以分为积分型、逐次逼近型、并行比较型/串并行型、Σ-Δ 调制型、电容阵列逐次比较型及压频变换型。

2）A/D 转换的主要技术指标

对于 A/D 转换过程，需要若干评价指标来评判转换的精度和效果。科研人员根据产品要求和技术指标，来选择相应的采集板卡。下面给出 A/D 转换的常用评价技术指标。

- 分辨率（Resolution）：指模拟信号采集时能够区分的最小模拟信号大小，通常是转换后的数字量最小单位所代表的模拟信号大小。在工程应用中，通常用位（bit）作为分辨率单位，当分辨率为 n 位时，即表征了此时能够测量到模拟信号的最小变化为测量范围与 2^n 的比值，它反映了 A/D 转换对于模拟信号的分辨能力，位数越大，分辨率越高。目前，常用的 A/D 板卡的指标为 12 位、14 位和 16 位。
- 量程（Range）：指允许输入信号的量程，通常是±10V。
- 转换时间和转换速率（Conversion Rate）：指完成一次 A/D 转换所需的时间，及其时间倒数。积分型 A/D 转换时间是毫秒级，属于低速 A/D；逐次比较型 A/D 转换是微秒级，属于中速 A/D；全并行/串并行型 A/D 转换可达到纳秒级。其中，转换速率的常用单位是 Ksps 和 Msps，表示每秒采样千次和每秒采样百万次。
- 量化误差（Quantizing Error）：指由于 A/D 的有限分辨率而引起的误差，即有限分辨率 A/D 的阶梯状转移特性曲线与无限分辨率 A/D（理想 A/D）的转移特性曲线（直线）之间的最大偏差。通常是 1 个或半个最小数字量的模拟变化量，该指标与转换器的分辨率和满量程范围有关。
- 偏移误差（Offset Error）：指输入信号为零但输出信号不为零时的值，可外接电位器调至最小。
- 满刻度误差（Full Scale Error）：指满刻度输出时对应的输入信号与理想输入信号值之差。
- 线性度（Linearity）：指实际转换器的转移函数与理想直线的最大偏移，不包括量化误差、偏移误差和满刻度误差。

其他指标还有绝对精度（Absolute Accuracy）、相对精度（Relative Accuracy）、微分非线性、单调性和无错码、总谐波失真（Total Harmonic Distotortion，THD）和积分非线性。

另外，对于模拟信号采集板卡，还有一个重要的指标就是通道数目，指板卡能够提供的模拟采集通道个数。

5.3.1.2　D/A 转换技术

D/A 转换就是将离散的数字量转换为相应的连续性的模拟量，主要依靠 D/A 转换器来实现。

1）D/A 转换的基本原理

D/A 转换的基本原理是按二进制数中各位代码的数值，首先将每一位数字量转换为相应的模拟量，然后将各模拟量叠加，其总和就是与数字量成正比的模拟量。

D/A 转换器的基本电路通常由 4 部分组成：参考电源、电阻网络、电子转换开关和运算放大器。D/A 转换器的转换原理图如图 5-10 所示。

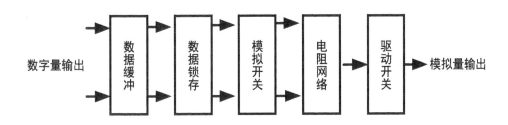

图 5-10　D/A 转换器的转换原理图

2）D/A 转换的类型

D/A 转换器可以按输出信号是电流还是电压、能否进行乘法运算等进行分类。大多数 D/A 转换器由电阻阵列和 n 个电流开关（或电压开关）构成。按数字输入值切换开关，产生正比于输入的电流（或电压）。此外，也有为了改善精度而把恒流源放入器件内部的。一般来说，由于电流开关的切换误差小，大多采用电流开关型电路，电流开关型电路如果直接输出生成的电流，则为电流输出型 D/A 转换器，而电压开关型电路为直接输出电压型 D/A 转换器。

3）D/A 转换的主要技术指标

下面给出 D/A 转换的主要技术指标，其中部分指标的功能和含义与 A/D 转换的相同或相似。

- 满量程（Full Scale）：指当输入量为最大值，即所有位全为 1 时的模拟量输出。需要说明的是，满量程是一个理论值，可以趋近，但永远达不到；如果是电流输出，满量程则用 IFS 表示，如果是电压输出，满量程则用 VFS 表示。
- 分辨率（Resolution）：指当输入数字量最低有效位（LSB）发生变化时，D/A 转换器输出的模拟量的变化量；该指标反映了输出模拟量的最小变化值，其大小取决于转换器的位数和转换器的量程。
- 建立时间（Setting Time）：指先前输入的数字量为满刻度并已转换完成，输出为满刻度，从此时起，再输入一个新的数字量，直到输出达到该数字量所对应的模拟量所需的时间；一般而言，电流输出型的建立时间较短，电压输出型的建立时间主要取决于运算放大器的响应时间。根据建立时间的长短，可以将 D/A 转换器分为超高速

（<1 μs）、高速（10～1 μs）、中速（100～10 μs）、低速（≥100 μs）。

- 精度（Accuracy）：指由于 D/A 转换器的引入而使输出与输入之间产生的误差，通常用相对转换精度和绝对转换精度来描述。其中，相对转换精度是指在满量程已校准的情况下，在整个量程范围内，对应于任一输入数码的模拟量输出与它的理论值之差；绝对转换精度是指对应于满量程的数字量，实际输出和理论值之间的误差，通常由增益误差、零点误差、非线性误差及噪声等引起。
- 线性度（Linearity）：指实际转换特性曲线与理想特性曲线之间的最大偏差，用于描述 D/A 转换过程中输出的模拟量按比例关系的变化程度。通常用满量程的百分数表示。

5.3.1.3 模拟信号的信号调理技术

目前，模拟信号的采集与输出，主要通过在计算机内部安装模拟信号采集板卡（A/D 板卡）和模拟信号输出板卡（D/A 板卡）来完成。但在实际使用中，由于模拟信号容易受到干扰，以及模拟信号板卡输入/输出范围有限等，因此为了保证模拟信号的有效传输，通常会通过设计信号调理机箱，完成信号调理、零点校正、量程转换、误差修正等操作，这些操作被称为信号调理，相应的执行电路被称为信号调理电路。

在制导控制系统半实物仿真中，模拟信号的调理内容主要包括放大、衰减、隔离、过滤、多路复用等。

- 放大：其主要作用是提高输入信号电平以更好地匹配模/数转换器（ADC）的范围，从而提高测量精度和灵敏度。此外，使用放置在更接近信号源或转换器的外部信号调理装置，可以通过在信号被环境噪声影响之前提高信号电平来提高测量的信号—噪声比。
- 衰减：指与放大相反的过程。通过信号衰减降低了输入信号的幅度，从而使得经过调理的信号处于 ADC 范围之内。当待测量电压超出板卡测量范围时，衰减是十分必要的。
- 隔离：其信号调理设备通过使用变压器、光或电容性的耦合技术，不需要物理连接即可将信号从它的源传输至测量设备。除了切断接地回路，隔离也阻隔了高电压浪涌和较高的共模电压，从而既保护了操作人员也保护了昂贵的测量设备。
- 过滤：其作用是在一定的频率范围内去除噪声。几乎所有的数据采集应用都会受到一定程度的 50Hz 或 60Hz 的噪声（来自电线或机械设备）。大部分信号调理装置都包括了为最大限度抑制 50Hz 或 60Hz 的噪声而专门设计的低通滤波器。
- 多路复用：通过多路复用技术，一个测量系统可以不间断地将多路信号传输至一个单一的数字化仪，从而提供了一种节省成本的方式来极大地扩大系统通道数量。多路复用对于任何高通道数的应用是十分必要的。

5.3.2 数字输入/输出接口技术

数字输入/输出接口信号是指幅值被限制在有限个数值之内的数字电平信号。最常使用的数字信号为二进制信号，仅有 0 和 1 两个电平。在制导控制系统中，弹载设备中常用的数字电平信号有各种模块的自检信号，导引头稳定捕获信号、点火信号、分离信号、时统信号等。弹载设备根据相关电平完成状态的切换或判断。

在半实物仿真系统中，制导控制系统中的开关信号和电平信号，经过电平转换电路后，与计算机中标准的数字电平输入/输出（DI/DO）数据采集卡连接，以 DI 和 DO 的方式进行采集和控制。

5.3.2.1　数字输入信号

弹载设备使用多路数字输入信号，数字输入信号经过光电耦合器的隔离后，送往弹载计算机的 I/O 接口。数字输入信号电路原理图如图 5-11 所示。

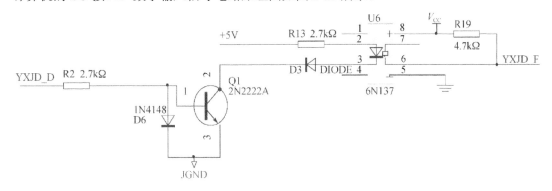

图 5-11　数字输入信号电路原理图

带有光耦隔离的数字输入信号主要有电气分离信号、导弹发射离梁信号、稳定截获信号等。电气分离信号在弹内计算机上经过一个负载电阻接高电平，并在载机上强制接地，当导弹与载机发生相对运动时，该连接线缆被切断，电气分离信号由低变高。当导弹继续向前运动直至完全离开载机时，离梁信号会产生一个有效电平。由于这两种信号发生的跳变都与机械结构相关，因此采用该光耦隔离电路，防止信号的跳变对弹上控制器的信号造成影响。稳定截获信号由导引头稳定跟踪到目标时，通过前端线缆给出，一般情况下导引头距离弹内计算机有一定的距离，通常也采用光耦隔离电路。

5.3.2.2　数字输出信号

数字输出信号由弹载计算机的 I/O 引脚输出，经过光电耦合器的隔离后输出至外部设备。数字输出信号电路原理图如图 5-12 所示。

带有光耦隔离的数字输出接口主要用于舵机的 PWM 控制信号的输出和热电池的点火信号。由于电动机驱动电路段的电流较大，而且有较强的电磁干扰，因此需要对弹上控制器的输出控制信号进行光耦隔离。然而在热电池点火期间，电池的电压迅速增加，电动机工作时电池的电流波动较大，因此对热电池点火信号的隔离也是必要的。

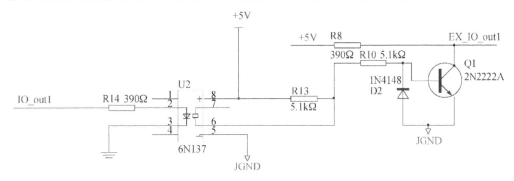

图 5-12　数字输出信号电路原理图

5.3.3 串行通信技术

在电气数据通信技术中，串行通信是指数据一位位地顺序传送，只要用一对传输线就可以实现通信，优点是线路简单、传输距离较远，缺点是相对于并行通信其传输速度相对较慢，但是随着技术的提升，串行通信也可以达到一个较高的通信速率。

串行通信根据是否发送时钟信号可以分为串行异步通信和串行同步通信。其中，串行同步通信以数据块（帧）为传输单位，在传输过程中，双方使用同一时钟，其中，分为外同步（单独一根时钟传输线）和自同步（时钟信号和数据混合编码）两种形式。同步通信的数据传输效率和传输速率较高，但硬件电路比较复杂。串行异步通信指通信双方各自的时钟，在传输时，数据、控制状态信息都使用同一根信号线进行传输，以字符为单位进行传输。通信双方按照共同的通信协议进行通信，包括传输速率、信息格式、同步位、数据校验和错误处理等。

目前，串行通信接口标准有 RS232、RS422 和 RS485，它们在飞行器制导控制系统中得到了非常广泛的应用。本节就主要介绍一下串行通信的相关概念和几种典型的串行通信接口。

5.3.3.1 串行通信的相关概念

下面简要介绍一下串行通信的基本概念。

1）串行通信的通信协议

在串行通信中，通信协议是对数据传送方式的规定，其内容包括数据格式定义和数据位定义等内容，为保证数据的正确编码和解析，通信双方必须遵从统一的通信协议。在异步串行通信中，每个字符传送格式（见图 5-11）也就是传送一个字符的数据内容，规定有起始位、数据位、奇偶校验位、停止位等。

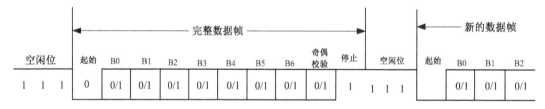

图 5-13　异步串行通信协议的字符传送格式

- 起始位：在通信线上没有数据被传送时处于逻辑 1 状态。当发送设备要发送一个字符数据时，首先发出一个逻辑 0 信号，这个逻辑低电平就是起始位。起始位通过通信线传向接收设备，接收设备检测到这个逻辑低电平后，就开始准备接收数据位信号，起始位所起的作用就是设备同步，通信双方必须在传送数据位前协调同步。
- 数据位：其位于起始位之后，其个数可以是 5 个、6 个、7 个或 8 个。这些数据位被接收到移位寄存器中，构成传送数据字符。
- 奇偶校验位：其位于数据位之后，主要用于有限差错检测。通信双方约定一致的奇偶校验方式，如果选择偶校验，那么组成数据位和奇偶位的逻辑 1 的个数必须是偶数；如果选择奇校验，那么逻辑 1 的个数必须是奇数。

- 停止位：其位于通信协议的最后，是一个字符数据的结束标志，可以是 1 位、1.5 位或 2 位的高电平。接收设备收到停止位之后，通信线便又恢复逻辑 1 状态，直至下一个字符数据的起始位到来。

另外，波特率也是串行通信中的重要参数，该参数是衡量数据传送速率的指标，用来表示数据信息传送的速度。

在异步串口通信中，要求接收设备和发送设备保持相同的传送波特率，并以每个字符数据的起始位与发送设备保持同步。起始位、数据位、奇偶校验位和停止位的约定，在同一次传送过程中必须保持一致。

2）串行数据传输方式

在串行通信中，串行数据传输是在两个通信端之间进行的。根据数据传输方向的不同有如下三种方式，包括单工通信、半双工通信和全双工通信。三种典型串行数据传输方式如图 5-14 所示。

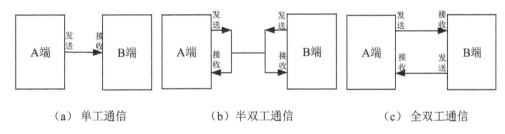

（a）单工通信　　　　　（b）半双工通信　　　　　（c）全双工通信

图 5-14　三种典型串行数据传输方式

- 单工通信：这种方式只允许数据按照一个固定的方向传输，数据不能从 B 端发送到 A 端，在这种方式中一方只能发送，而另一方只能接收。
- 半双工通信：数据能从 A 端传输到 B 端，也能从 B 端传输到 A 端，但是不能同时在两个方向上传输，每次只能有一个端发送、一个端接收。通信双方可以轮流进行发送和接收。
- 全双工通信：这种方式是指通信线路的两端都能同时发送和接收的通信方式。两个工作端能够发送和接收，数据可以同时在两个方向上传输。全双工通信相当于把两个方向相反的单工通信组合在一起，而且它需要两路传输线。

5.3.3.2　串行通信接口标准 RS232 简介

RS232 接口（又称 EIARS-232）是美国电子工业协会（Electronic Industry Association，EIA）联合贝尔系统公司、调制解调器厂家及计算机终端生产厂家于 1970 年共同制定的一个用于串行通信的接口标准，其全称为"数据终端设备（Data Terminal Equipment，DTE）和数据通信设备（Data Communication Equipment，DCE）之间串行二进制数据交换接口技术标准"，该标准对串行通信接口的电气特性、信号线功能都进行了明确规定。其中，RS（推荐标准）为英文"Recommended Standard"的缩写，232 位标识号。RS232 经过了多个版本修改，目前主要使用的 C 版本，也就是 RS232C 标准，这也是目前最常用的一种串行通信形式。在本书后续中，若无特殊说明，RS232 则均指 RS232C 标准。

1）RS232 信号线功能

RS232 的功能特性定义了 25 芯标准连接器中的 20 根信号线，其中 2 根地线、4 根数据线、11 根控制线、3 根定时信号线，剩下的 5 根线作为备用或未定义。

目前，在工程实践中常用的只有 9 根信号线，主要包括 6 根联络控制信号线，以及 2 根数据线和 1 根地线。

联络控制信号线主要用于描述信息控制状态。

- 数据发送准备好（Data Set Ready，DSR）：有效（ON）状态表明 MODEM 处于可以使用的状态。
- 数据终端准备好（Data Terminal Ready，DTR）：有效（ON）状态表明数据终端处于可以使用的状态。

这两个设备状态信号有效，只表示设备本身可用，并不说明通信链路可以开始进行通信了，能否开始进行通信要由下面的控制信号决定。

- 请求发送（Request To Send，RTS）：用来表示 DTE 请求 DCE 发送数据，即当终端准备要接收 MODEM 传来的数据时，使该信号有效（ON 状态），请求 MODEM 发送数据。它用来控制 MODEM 是否要进入发送状态。
- 允许发送（Clear To Send，CTS）：用来表示 DCE 准备好接收 DTE 发送来的数据，是与 RTS 信号相对应的信号。当 MODEM 准备好接收终端传来的数据，并向前发送时，使该信号有效，通知终端开始沿发送数据线发送数据。

这对 RTS/CTS 请求应答联络信号用于半双工 MODEM 系统中发送方式和接收方式之间的切换。在全双工系统中，因配置双向通道，故不需要 RTS/CTS 联络信号。

- 接收线信号检出（Received Line Signal Detect，RLSD）：用来表示 DCE 已接通通信链路，告知 DTE 准备接收数据。当本地的 MODEM 收到由通信链路另一端（远地）的 MODEM 送来的载波信号时，使 RLSD 信号有效，通知终端准备接收，并且由 MODEM 将接收下来的载波信号解调成数字量数据后，沿接收数据线 RxD 送到终端。此线也叫作数据载波检出（Data Carrier Detect，DCD）线。
- 振铃指示（Ring Indicator，RI）：当 MODEM 收到交换台送来的振铃呼叫信号时，使该信号有效（ON 状态），通知终端，已被呼叫。

两条数据线用于传输数据，具体功能如下。

- 发送数据（Transmitted Data，TXD）：通过 TXD 终端将串行数据发送到 MODEM（DTE→DCE）。
- 接收数据（Received Data，RXD）：通过 RXD 终端接收从 MODEM 发送来的串行数据（DCE→DTE）。
- 信号地（Signal Ground，SG）：信号逻辑地线，无方向。

上述控制信号线何时有效，何时无效的顺序表示了接口信号的传送过程。例如，只有当 DSR 和 DTR 都处于有效（ON）状态时，才能在 DTE 和 DCE 之间进行传送操作。若 DTE 要发送数据，则预先将 DTR 置成有效（ON）状态，等 CTS 上收到有效（ON）状态的回答后，才能在 TXD 上发送串行数据。这种顺序的规定对半双工的通信线路特别有用，因为半双工通信才能确定 DCE 已由接收方向改为发送方向，这时线路才能开始发送。

2）RS232C 信号机械接口及连接方式

早期的接口采用 25 个引脚的 DB25 连接器，后来简化为 DB9 连接器，从而成为事实标准，其接口的引脚定义如表 5-1 所示。

表 5-1　RS232C DB9 接口的引脚定义

引脚定义	名称	名称缩写	信号方向	说明
1	Data Carrier Detect	DCD	从 DCE 至 DTE	数据载波检测
2	Received Data	RXD	从 DCE 至 DTE	接收数据线
3	Transmitted Data	TXD	从 DTE 至 DCE	传送数据线
4	Data Terminal Ready	DTR	从 DTE 至 DCE	数据终端准备好
5	Signal Ground	SG	—	信号逻辑地线
6	Data Set Ready	DSR	从 DCE 至 DTE	数据设备（DCE）准备好
7	Request To Send	RTS	从 DTE 至 DCE	请求发送
8	Clear To Send	CTS	从 DCE 至 DTE	允许发送
9	Ring Indicator	RI	从 DCE 至 DTE	振铃指示

在工程实践中，有时只需要用到 RXD、TXD 和 SG 三根电线即可。在相同接口和不同接口形式进行连接时，要求接收数据针脚（或线）与发送数据针脚（或线）相连，彼此交叉，信号地对应相连。当双方都是 DB9 接口时，双方的引脚 2、3 交叉连接，即本方的引脚 2 与对方的引脚 3 相连，引脚 3 与对方的引脚 2 相连，双方的引脚 5 直连。当双方都是 DB25 接口时，双方的引脚 2、3 交叉连接，引脚 7 直连。当一方是 DB9，另一方是 DB25 时，双方的 2、3 引脚交叉连接，DB9 中的引脚 5 与 DB25 中的引脚 7 直连。

3）RS232C 信号电气特性

为了确保正确发送二进制数据和正确执行设备控制，RS232C 标准为数据和管制信号提供了电压标准及范围。不同信号线上的电压表示不同的含义。

对于在 TXD 和 RXD 数据线上传输的数据信息而言，逻辑 1（MARK）的有效电压为-3～-15V，逻辑 0（SPACE）的有效电压为+3～+15V；对于在 RTS、CTS、DSR、DTR 和 DCD 上传输的控制信号而言，信号有效、接通、ON 状态、正电压等控制状态的有效电压为+3～+15V；信号无效、断开、OFF 状态、负电压等控制状态的有效电压为-3～-15V。在-3～+3V 的电压无意义，低于-15V 或高于+15V 的电压也认为无意义，因此，在实际工作时，应保证电压为-3～-15V 或+3～+15V。

4）RS232C 的不足之处

RS232C 是现在主流的串行通信接口之一。由于 RS232C 接口标准出现较早，难免有不足之处，主要有以下四点。

- 接口的信号电平值较高，易损坏接口电路的芯片。RS232C 接口任何一条信号线的电压均为负逻辑关系。逻辑"1"为-3～-15V，逻辑"0"为+3～+15V。噪声容限为 2V，即要求接收器能识别高于+3V 的信号作为逻辑"0"，低于-3V 的信号作为逻辑"1"。TTL 电压为 5V 时，电平为逻辑正；TTL 电压为 0 时，电平为逻辑负。与 TTL 电平不兼容故需要使用电平转换电路方能与 TTL 电路连接。
- 传输速率较低，在异步传输时，比特率为 20kbit/s。
- 接口使用一根信号线和一根信号返回线与地线构成共地的传输形式，这种共地传输容易产生共模干扰，所以抗噪声干扰性弱。
- 传输距离有限，最大传输距离标准值为 15.24m，实际上也只能用在 15m 左右。

5.3.3.3　串行通信接口标准 RS422 简介

RS422 由 RS232 发展而来，是为了弥补 RS232 的不足而提出的。为改进 RS232 通信距离短、速率低的缺点，RS422 定义了一种平衡通信接口，将传输速率提高到 10Mbit/s，传输距离延长到 4000 英尺，约 1219m（速率低于 100kbit/s），并允许在一根平衡总线上连接最多 10 个接收器。RS422 是一种单机发送、多机接收的单向、平衡传输规范，被命名为 TIA/EIA-422-A 标准。

1）RS422 信号电气特性

为适应高速数据传输的需要，RS422 的数据信号采用差分传输方式，也称为平衡传输方式。RS422 采用两对双绞线传输，在每对双绞线中，一根命名为 A，一根命名为 B。差分电路能够分辨 200 mV 以上的电位差，并且能够使得将传输中混入的干扰和噪声相互抵消，大大减弱地线干扰和电磁干扰的影响。在 RS422 中，一对双绞线之间的电压差的正电平在+200mV～+6V 时，表示逻辑 "1"，当负电平在-200 mV ～-6V 时，表示逻辑"0"。

同时，由于采用单独的发送和接收通道，因此在传输过程中不必控制数据方向，各装置之间任何必需的信号交换均可以按软件方式（XON/XOFF 握手）或硬件方式（一对单独的双绞线）进行。

RS422 需要一个终接电阻，位于传输电缆的最远端，要求其阻值约等于传输电缆的特性阻抗。在短距离传输时可不需要终接电阻，即一般在 300m 以下不需要终接电阻。由于接收器采用高输入阻抗和发送驱动器比 RS232 更强的驱动能力，故允许在相同传输线上连接多个接收节点，最多可接 10 个节点，即一个主设备（Master），其余为从设备（Salve），从设备之间不能通信，所以 RS422 支持点对多的双向通信。

2）RS422 引脚分配及定义

RS422 在传输数据时，需要两对双绞线（4 线传输），另外，通常还有一根电源线和一根信号地线，共 6 根线。RS422 接口的引脚定义如表 5-2 所示。在连接时，数据线交叉连接，电源线和信号地线直连。需要注意的是，表 5-2 中的序号与引脚没有对应关系，具体引脚需要根据板卡和设备的具体情况来确定。

表 5-2　RS422 接口的引脚定义

序号	名称	作用	备注
1	GND（Signal Ground）	地线	—
2	TXA	发送正	TX+或 A，必连
3	RXA	接收正	RX+或 Y，必连
4	TXB	发送负	TX-或 B，必连
5	RXB	接收负	RX-或 Z，必连
6	+9V	电源	—

3）RS422 的特点

RS422 的最大传输距离为 4000 英尺（约 1219m），最大传输速率为 10Mbit/s。其平衡双绞线的长度与传输速率成反比，在 100kbit/s 速率以下，才可能达到最大传输距离。一般在 100m 长的双绞线上所能获得的最大传输速率仅为 1Mbit/s；在 12 m 的传输距离时，可以达到最大传输速率为 10Mbit/s。弹载设备中由于通信距离较近，通常将数据线长度减小，可以获得较大的通信速率。

RS422 通过两对双绞线可以进行全双工工作，接收和发送互不影响，但单点对多点的方式只能进行单向通信。

5.3.3.4　串行通信接口标准 RS485 简介

RS485 是一个定义平衡数字多点系统中的驱动器和接收器的电气特性的标准，该标准由电信行业协会和电子工业联盟定义，是 1983 年在 RS422 的基础上制定的，增加了多点双向的通信能力，以及发送器的驱动能力和冲突保护特性，并扩展了总线共模的范围。使用该标准的数字通信网络能在远距离条件下和电子噪声大的环境下有效传输信号。

1）RS485 连线方式

RS485 有两线制和四线制两种连线方式，四线制只能实现点对点的通信，现在很少采用，现在多采用的是两线制连线方式，这种连线方式为总线式拓扑结构，在同一总线上最多可以挂接 32 个节点。

在低速、短距离、无干扰的场合可以采用普通的双绞线，在高速、长线传输时，则必须采用阻抗匹配的 RS485 专用电缆，而在干扰恶劣的环境下还应采用铠装型双绞屏蔽电缆。

在使用 RS485 接口时，对于特定的传输线路，从 RS485 接口到负载其数据信号传输所允许的最大电缆长度与信号传输的波特率成反比，这个长度数据主要受信号失真及噪声等因素影响。理论上，通信速率在 100kbit/s 及以下时，RS485 的最长传输距离可达 1200m，但在实际应用中传输的距离也因芯片及电缆的传输特性而有所差异。在传输过程中可以采用增加中继的方法对信号进行放大，最多可以加 8 个中继，也就是说理论上 RS485 的最大传输距离可以达到 10.8km。如果确实需要长距离传输，则可以采用光纤为传播介质，收发两端各加一个光电转换器，多模光纤的传输距离为 5～10km，而采用单模光纤可达 50km 的传输距离。

2）RS485 引脚分配及定义

RS485 四线接口的引脚定义和 RS485 两线接口的引脚定义如表 5-3 和表 5-4 所示。

表 5-3　RS485 四线接口的引脚定义

序号	名称	作用	备注
1	TDA-/Y	发送 A	TXD+/A，必连
2	TDB+/Z	发送 B	TXD-/B，必连
3	RDA-/A	接收 A	RXD-，必连
4	RDB+/B	接收 B	RXD+，必连
5	GND	地线	不连

表 5-4　RS485 两线接口的引脚定义

序号	名称	作用	备注
1	Data-/B/485-	发送正	必连
2	Data/A/485+	接收正	必连
3	GND	地线	不连
4	+9V	电源	不连

3）RS485 的特点

RS485 收发器采用平衡发送和差分接收，因此具有抑制共模干扰的能力，加上收发器具有高的灵敏度，能检测到低达 200mV 的电压，故传输信号能在千米以外得到恢复。因此，在要求通信距离为几十米到上千米时，可以广泛采用 RS485 串行总线。

另外，使用 RS485 总线组网，只需要一对双绞线就可以实现多系统联网构成分布式系统，其设备简单、用于多点互连时非常方便，可以省掉许多信号线，其允许最多并联 32 台驱动器和 32 台接收器。

需要注意的是，RS485 采用半双工工作方式，任何时候只能有一个端口处于发送状态，因此，发送电路必须由使能信号加以控制。另外，每台控制器设备必须串行连接下去，不可以有星形连接或者分叉。如果有星形连接或者分叉，则干扰较大，有可能导致通信不畅。

5.3.3.5　串行通信接口标准 RS232/RS422/RS485 对比

串行通信接口标准 RS232/RS422/RS485 性能对比如表 5-5 所示。

表 5-5　串行通信接口标准 RS232/RS422/RS485 性能对比

参数		RS232	RS422	RS485
工作方式		单端	差分	差分
通信方式		全双工	全双工	4 线全双工、2 线半双工
节点数		1 发 1 收	1 发 10 收	1 发 32 收
最大传输速率		20kbit/s	10Mbit/s	10Mbit/s
最大传输电缆长度		50 英尺，约 15m（9600bit/s）	4000 英尺，约 1219m（9600bit/s）	4000 英尺，约 1219m（9600bit/s）
最大驱动输出电压		±25V	−0.25～+6V	−7～+12V
驱动器输入信号电平（负载最小值）	负载	±5～±15V	±2.0V	±1.5V
驱动器输入信号电平（空载最大值）	空载	±25V	±6V	±6V
驱动器负载阻抗		3～7kΩ	100Ω	54Ω
摆率（最大值）		30V/μs	不涉及（N/A）	不涉及（N/A）
接收器输入电压范围		±15V	−10～+10V	−7～+12V
驱动器输入门限		±3V	±200mV	±200mV
接收器输入门限		3～7kΩ	4kΩ（最小）	≥12kΩ
驱动器共模电压		N/A	−3～+3V	−1～+3V
接收器共模电压		N/A	−7～+7V	−7～+12V
抗干扰能力		弱	强	强

5.3.4　ARINC429 通信技术

ARINC429 总线标准是美国航空无线电公司在 1978 年发布的机载数据总线标准，其目的是规范机载设备数字接口的电气性能、物理结构，以及通信传输协议。该标准分别规定了航空应用领域的电子通信设备与其应用系统间数据相互传输的格式等要求。ARINC429 在目前航空应用领域的电子通信设备中有广泛的应用，是最常使用的机载通信总线之一。

5.3.4.1　ARINC429 总线的传输方式与电气特性

下面介绍一下 ARINC429 总线的传输方式和电气特性。

1）ARINC429 总线的传输方式

ARINC429 总线的传输方式是一种 point-to-point 的单向传输方式，在一条总线上只允许存在单个发送器，每个发送器最多可对应 20 个接收器。ARINC429 总线连接方式如图 5-15 所示。

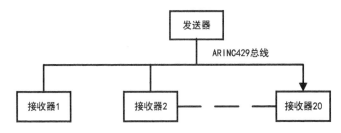

图 5-15　ARINC429 总线连接方式

在实际的系统应用中，数据由上位机中的发送端经总线传输至对应设备的接收端，完成一次数据传输，通常由一对单向双绞屏蔽线完成。连接设备要求既具有发送功能，又具有接收功能。当要求的目标设备之间存在双向传输需求时，在发送和接收方向上都需要配备一条单独的传输总线作为支持。

ARINC429 总线传输速率分为两种，高速工作状态下传输速率为 100kbit/s，低速工作状态下传输速率为 12.5kbit/s。在通常情况下，高速数据传输速率较多地应用在军用领域上，而低速数据传输速率通常使用在民用领域上。

2）ARINC429 电气特性

ARINC429 总线上的额定传输电压为 10±1V，由于信号以差分形式出现，因此双绞线的每一条线上的信号电压维持在 5V 左右。两条信号双绞线上传输的信号相位差为 180°，信号经过双极性调零方式，信号按照两条信号线的电压差的范围来表示，最终得到的混合信号可能有三种状态，如表 5-6 所示。

表 5-6　ARINC429 信号电气特性

序号	电压差范围	电平	状态
1	7.25～11V	高电平	HI
2	−0.5～0.5V	中电平	NULL
3	−11～7.25V	低电平	LO

在数据传输时，线路的负载电压由实际电路的布线长度及与总线互连的接收器数量决定。ARINC429 收发器的数据发送格式为脉冲发送，通过单个脉冲的宽度表示 1bit 有效数据。在传输过程中，相邻的 2 位数据之间需要至少保持 4bit 时间周期来完成字间隔功能。

5.3.4.2　ARINC429 数据字格式和编码规则

ARINC429 数据字由 32 位二进制位构成，是在总线传输的最小数据单元。数据字根据功能或者编码规则不同可以划分为如下 5 种类型数据：二进制补码数据（BNR 数据）、二进制编码的十进制数据（BCD 数据）、离散数据（DISC 数据）、维护数据和 AIM 数据（确认字和 ISO #5 字符数据）。其中，BNR 数据和 BCD 数据属于数字数据，占了所有 ARINC429 编码数据的 90%以上，其中 BNR 数据又占了 80%的 ARINC429 编码数据。这两种数据主要用于表示需要传输的数据量，如飞机高度、飞机经纬度、飞机航速等信息。根据系统应用需要，可能一个数据量既用 BCD 方式编码又用 BNR 方式编码，并使用了不同标号来区分。而在离散数据中的 11～29 位可以相对自由编码，如表示系统某设备的开关状态，或者包含一个 BNR 编码字域等。而在维护数据中的 11～29 位则是用来表示系统某些组件状态的。至于最后一种 AIM 数据则是用 11～29 位传输 ISO #5 字符数据的。ARINC429 字格式如图 5-16 所示。

32	31～30	29～11			10～9	8～1
PARITY	SSM	数据 ──▶ MSB	◀── 填充	◀── 离散量 LSB	SDI	LABEL

图 5-16　ARINC429 字格式

从图 5-16 中可以看出，一个 32 位的数据字按照功能不同被划分为 5 个子区域，从低位到高位分别为 LABEL 域、SDI 域、DATA 域、SSM 域、PARITY 域。ARINC429 总线当传输数据字时，在其数据域没有被完全填充的情况下，数据字段中的末位用二进制"0"填充。或者对于 BNR 和 BCD 数字数据，其末位用有效数据填充。

- LABEL 域：信息标识位，占数据字的第 1～8 位。其用途是区别数据类型和相关参数。最高位 8 位为最低有效位，第 1 位为最高有效位。编码方法为第 1～2 位为最高有效数字，第 3～5 位为一个有效数字，第 6～8 位为最低有效数字。同一个 LABEL 号对于不同 LRU 设备表示不同用途。数据字的数据类型和用途由第 1～8 位的 LABEL 号和第 3 位 16 进制 LRU 设备号唯一决定。
- SDI 域：源/目标识别位，占数据字的第 9～10 位。主要用于辨识在有多个接收端的传输系统中，数据传输的目的子设备，或者用于多发送系统中的对源系统（发送端）的识别。当在字母/数字（ISO 5#字符）数据中或者根据数字（BNR/BCD）数据所需的分辨率要求必须将第 9 位和第 10 位用作有效数据时，位号第 9 位和第 10 位不用来表示数据源/目标识别功能。
- DATA 域：数据域，占数据字的第 11～29 位。
- SSM 域：信号/状态矩阵域，占数据字的第 30～31 位，SSM 域可以用于记录数字数据的符号（正/负）、硬件设备状态（故障/正常）、运行模式（功能测试）或者数据字内容（验证的/非计算数据）的有效性。对于 BCD 和 BNR 编码数据，SSM 域表示的含义不同。对于 BNR 数据字，SSM 域也包括第 29 位。
- PARITY 域：奇偶校验位，占数据字的第 32 位，用于接收设备判断数据字的有效性。ARINC429 总线中数据字使用的是奇校验，即 32 位数据字中含有奇数个 1。

5.3.4.3　ARINC429 总线特点

ARINC429 总线具有抗干扰能力强、通信效率高、数据传输稳定、连线简单、可靠性高、成本低、与现有的航空电子系统兼容性好等一系列优点。

- 抗干扰能力强。以差动输出的对称（平衡）方式工作，用双绞屏蔽线传输数据，具有较好的抗干扰能力。

- 通信效率高。一条总线上可以有 20 个接收器，并且在数据传输中接收与发送相互独立。挂载设备较少，避免了挂载设备过多造成仲裁响应时间增多等影响总线通信效率的弊端，使得信息传递有充裕的时间保证。
- 数据传输稳定。ARINC429 总线传输速率有一定的限制，数据字定长，属于点对点的传输。信息位宽取决于总线的工作速度。

5.3.5　MIL-STD-1553B 总线通信技术

1553B 总线是 MIL-STD-1553B 总线的简称，它的全称为飞机内部时分制命令/响应式多路复用数据总线，目前，广泛应用在航空、航天、船舶等领域。在 20 世纪 60 年代之前，飞机机载电子系统没有标准的通用数据通道，各个电子设备单元之间连接需要大量的电缆。而随着机载电子系统的不断复杂，这种通信方式所用的电缆将会占用很大的空间和重量，而且对传输电缆的定义、装配、测试也非常复杂，难以满足飞机性能发展的需求。为了解决这一问题，美国 SAE A2K 委员会在军方和工业界的支持下，在 1968 年决定开发标准的信号多路传输系统，并在 1973 年公布了 MIL-STD-1553 标准，在 1980 年进行了局部修改和补充，形成了目前使用的 1553B 标准。该标准作为美国国防部武器系统集成和标准化管理的基础之一，被广泛应用于飞机综合航电系统、外挂物管理与集成系统，并逐步扩展到坦克、舰船、航天等相关系统，并被广泛应用于美国和欧洲的海陆空三军，而且正在成为一种国际标准。我国也在 1987 年颁布了相应的 GJB289 A—1997《数字式时分制指令/响应型多路传输数据总线》，在我国飞机综合航电系统、装甲车辆综合电子系统、舰船综合电子系统等领域得到了广泛应用。

5.3.5.1　MIL-STD-1553B 总线组成及工作模式

MIL-STD-1553B 总线由数据总线、终端或子系统组成。通过分时传输（TDM）方式，实现在系统中任意两个终端间相互交换信息。其中，终端是使数据总线和子系统相连接的电子组件，子系统为从多路数据总线上接收数据传输服务的装置或功能单元。

根据终端的工作模式不同，可以将终端分为三种类型：总线控制器（BC）、远程终端（RT）和总线监视器（BM）。

- 总线控制器（Bus Controller）：总线系统中的组织管理终端，负责总线的控制、管理和通信动作的发起。在任务时刻，总线上只能有一个终端对总线系统实施控制。终端执行总线控制操作时，负责发送命令、参与数据传输、接收状态响应和检测总线系统。
- 远程终端（Remote Terminal）：总线系统中的数据收发终端，对总线控制器发出的有效命令字做出响应，并按照有效命令字所规定的方式进行操作。当命令字符合规定，且命令字中的终端地址与本远程终端的专用地址或公用地址（系统采用广播操作时）相符时，远程终端才承认该指令有效。
- 总线监视器（Bus Monitor）：总线系统中用于接收且记录总线上传输的信息，并有选择地提取信息以备后用的终端。主要用于监听和记录总线上传输的各种命令和数据，不参与任何总线传输。如果系统给它指派过专有地址，则总线监视器只响应含有其专有地址的消息，而不响应其他消息。

在使用时，1553B 总线采用命令/响应式传输的操作方式。只有当总线控制器发出命令后，远程终端才能做出响应。

5.3.5.2 MIL-STD-1553B 传输方式和电气特性

1553B 的数据传输采用曼彻斯特 II 型码进行编码，具有双向传输特性，其传输速率为 1~4Mbit/s，传输方式为半双工方式。信号以串行数字脉冲编码调制（PCM）形式在数据总线上传输。逻辑"1"为双极编码信号 1/0，即一个正脉冲接着一个负脉冲，逻辑"0"为双极编码信号 0/1，即一个负脉冲接着一个正脉冲。MIL-STD-1553B 信号电气特征如图 5-17 所示。

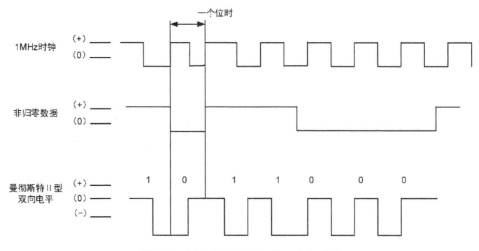

图 5-17 MIL-STD-1553B 信号电气特征

1553B 总线使用屏蔽双绞线作为传输介质，互连线由主电缆和短截线组成。主电缆的最长长度一般不超过 100m，两端使用与其传输阻抗匹配的总线终端电阻进行端接。如果主电缆的长度过长，则需要考虑传输延时和传输线的影响，1m 电缆的信号传输延时为 5.3ns。

1553B 总线采用多冗余度总线拓扑结构，以总线拓扑结构连接最多 31 个 RT 终端设备。基本的 1553B 总线拓扑图如图 5-18 所示，各个 1553B 终端都是通过短截线连接到总线上的，总线的两端必须连接总线终端电阻。

短截线是将 1553B 终端设备连接到主电缆的电缆。短截线的最大长度取决于它与主电缆的连接方式，在直接耦合方式下，短截线长度不超过 0.3m；在间接耦合方式下，短截线的长度不超过 6m。

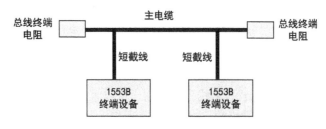

图 5-18 基本的 1553B 总线拓扑图

5.3.5.3 MIL-STD-1553B 数据格式

1553B 总线以异步方式进行总线数据传输，总线传输数据由信息流组成，包含一条或多条 1553B 消息，每条消息最少包含 2 个消息字，最多包含 32 个消息字。每个消息字的长度均为 20 位，包含 3 位同步字头、16 位消息位和 1 个奇偶校验位。其中，同步字头和奇偶校验位主要用于确定总线的数据字格式和数据错误。消息字共有 3 种类型的字组成：命令字、数据字和状态字，在不同类型的消息字中，消息位的含义各不相同。MIL-STD-1553B 总线的字格式如图 5-19 所示。

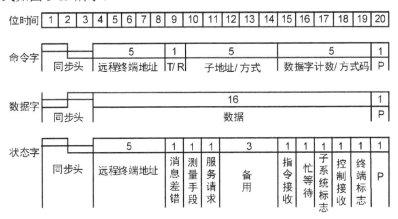

图 5-19 MIL-STD-1553B 总线的字格式

1）1553B 命令字格式

命令字由 3 位同步头字段、5 位远程终端地址字段、1 位发送/接收位（T/R）字段、5 位子地址/方式字段、5 位数据字计数/方式码字段和 1 位奇偶校验位（P）组成。

- 同步头：一个无效的曼彻斯特波形，当其宽度为 3 位时，前 1.5 位的波形为正，后 1.5 位的波形为负，如果紧跟同步头后的位是逻辑 0，那么同步头的后半部分有两个位时的表观宽度。
- 远程终端地址：紧跟同步头后的 5 位为远程终端地址。每个远程终端被指定为一个专有地址，从十进制地址 0 到十进制地址 30 均可采用，但尽量不采用十进制地址 0 作为远程终端的专有地址。十进制地址 31（11111）为所有远程终端的公用地址，供系统采用广播操作时使用。
- 发送/接收位（T/R）：要求远程终端进行的操作，逻辑 0 指定远程终端进行接收操作，逻辑 1 指定远程终端进行发送操作。
- 子地址/方式：用来指定远程终端的子地址，或者作为总线系统进行方式控制时的标记。十进制 1（00001）到 30（11110）用于指定子系统地址。十进制 0（00000）和 31（11111）不能用于指定子系统地址，而是用于方式码控制，表示此时数据字计数/方式码字段的内容为方式码。
- 数据字计数/方式码：该字段用来指定远程终端应发送、接收的数据字的个数或方式码。在任何一条消息内最多可以发送或接收 32 个数据字。全 1 表示十进制计数 31，而全 0 表示十进制计数 32。
- 奇偶校检位：最后一位用于前 16 位数据的奇偶校验。

2）1553B 数据字格式

数据字由 3 位同步头字段、16 位数据字段和 1 位奇偶校验位字段组成。

- 同步头：一个无效的曼彻斯特波形，当其宽度为 3 位时，前 1.5 位的波形为负，后 1.5 位的波形为正。如果该同步头的前位和后位为逻辑 1，则同步头的表观宽度为四个位时。
- 数据：包含 16 位数据。
- 奇偶校验位：数据字的最后一位用于前 16 位数据的奇偶校验。

3）1553B 状态字格式

状态字由 3 位同步头字段、5 位远程终端地址字段、1 位消息差错字段、1 位测量手段字段、1 位服务请求字段、3 位备用字段、1 位指令接收字段、1 位忙等待字段、1 位子系统标志字段、1 位控制接收字段、1 位终端标志字段及 1 位奇偶校验位（P）字段组成。

- 同步头：同步头与命令字同步头相同。
- 远程终端地址：该字段有 5 位，为发送状态字的远程终端的地址。
- 消息差错：表示远程终端刚接收到的消息中有一个或多个字没有通过有效性测试。逻辑 1 表示消息有差错，逻辑 0 表示消息无差错。
- 测量手段：在所有条件下总置为逻辑 0，该字段为可选字段，用来区分是指令字还是状态字。如果被使用，则在指令字中的相应位置为逻辑 1。
- 服务请求：该字段为逻辑 1 时表示本远程终端有服务请求，要求总线控制器启动与本远程终端或子系统有关的预操作。当与同一远程终端相连的多个子系统同时要求服务时，必须采用单独的数据字来识别不同的请求服务子系统。直到所有的请求都处理完后，状态字中的"服务请求位"复位为逻辑 0，表示无服务请求。该位只用于在发生异常情况时的触发数据发送操作，而不用于周期性的数据传输服务。
- 备用状态：状态字的第 12、13、14 位为备用，可以将它们置为逻辑 0。
- 指令接收：状态字的第 15 位为逻辑 1，表示本远程终端接收到的有效指令字是广播指令字。当未采用广播方式时，置为逻辑 0。
- 忙等待：状态字的第 16 位为逻辑 1，表示远程终端处在忙状态，不能按照总线控制器的指令要求将数据移入子系统或从子系统取出数据。此时在响应发送指令时只发出它的状态字。逻辑 0 表示不处在忙状态。
- 子系统标志：用来向总线控制器指出存在子系统故障状态，且警告总线控制器本远程终端提供的数据可能无效。如果与一个远程终端相连的几个子系统都呈现故障状态，则应将它们各自的信号进行"或"逻辑操作，形成状态字中的子系统标志位，并将事先准备好的一个数据字中的相应位赋值为 1，记录它们的故障报告，用于进行进一步检测、分析。逻辑 1 表示有子系统故障，逻辑 0 表示无子系统故障。该位为可选位。
- 控制接收：若置为逻辑 1，则用来表示本远程终端接收动态总线控制的命令。若置为逻辑 0，则表示本远程终端不接收动态总线控制的命令。该位为可选位。
- 终端标志：状态字的第 19 位为终端状态标志功能。逻辑 1 表示本远程终端内部存在故障，请求总线控制器干预。逻辑 0 表示不存在故障。该位为可选位。
- 奇偶校验位：最后一位用于前 16 位数据的奇偶校验。

5.3.5.4　MIL-STD-1553B 消息格式

1553B 协议规范提供了两种信息格式，数据信息和控制信息。数据信息在总线通信中传输时，BC 终端可以发出控制信息，用于通知一个或者多个终端系统接收信息。消息格式包括两类消息、10 种格式，所有的消息格式都是基于前面所述的三种字类型的。

1）1553B 中的消息传输格式

在 1553B 总线协议中，共包含 6 种消息传输格式。

- 总线控制器向远程终端的传输：总线控制器发出一个接收指令字及规定数目的数据字到远程终端，该远程终端在核实消息之后，发回一个状态字给总线控制器，指令字和数据字以没有字间间隔的连续形式发出。

- 远程终端向总线控制器的传输：总线控制器向指定的远程终端发出一个发送指令字，该远程终端在核实指令字之后，发回一个状态字给总线控制器。状态字和数据字以没有字间间隔的连续形式发出。

- 远程终端向远程终端的传输：总线控制器向远程终端 A 发出一个接收指令字，紧接着向远程终端 B 发出一个发送指令字，远程终端 B 在核实指令字之后，首先发送一个状态字，然后发送规定数目的数据字。状态字和数据字以没有字间间隔的连续形式发出。远程终端 B 发出的数据传输结束时及远程终端 A 在接收到规定数目的数据字之后，分别按规定响应状态字。

- 不带数据字的方式指令：总线控制器使用方式码表中规定的方式码向远程终端发出一个发送指令字，该远程终端在核实指令字之后，回送一个状态字。

- 带数据字的方式指令（发送）：总线控制器使用规定的方式码向远程终端发出一个发送指令字，该远程终端在核实指令字之后，首先回送一个状态字，然后回送一个数据字。状态字和数据字以没有字间间隔的连续形式发送。

- 带数据字的方式指令（接收）：总线控制器使用方式码表中规定的方式码向远程终端首先发出一个发送指令字，然后发送一个数据字。指令字和数据字以没有字间间隔的连续形式发送。该远程终端在核实指令字和数据字之后，回送一个状态字。

2）1553B 中的广播消息传输格式

在 1553B 总线协议中，共包含 4 种广播消息传输格式。

- 总线控制器向各远程终端传输（广播）：总线控制器首先发出一个远程终端地址字段为 11111 的接收指令字，然后发出规定数目的数据字，指令字和数据字以没有字间间隔的连续形式发送。具有接收广播指令能力的各远程终端在核实消息之后，按照规定在状态字中将广播指令接收位置位，但不回送状态字。

- 远程终端向各远程终端传输（广播）：总线控制器首先发出一个远程终端地址字段为 11111 的接收指令字，然后使用远程终端 A 的专有地址向远程终端 A 发出一个发送指令字。远程终端 A 在核实指令字之后，首先回送一个状态字，然后回送规定数目的数据字。状态字和数据字以没有字间间隔的连续形式发送。具有接收广播指令能力的各远程终端（除远程终端 A 之外）均在核实消息之后，按照规定在状态字中将广播指令接收位置位，但不回送状态字。

- 不带数据字的方式指令（广播）：总线控制器发出一个含有方式码（按方式码表规定）的且远程终端地址字段为 11111 的发送指令字。具有接收广播指令能力的各远程终端在核实指令字之后，按照规定在状态字中将广播指令接收位置位，但不回送状态字。

- 带数据字的方式指令（广播）：总线控制器首先发出一个含有方式码（按方式码表规定）的且远程终端地址字段为 11111 的接收指令字，然后发出一个数据字。指令字和数据字以没有字间间隔的连续形式发送。具有接收广播指令能力的各远程终端在核实消息之后，按照规定在状态字中将广播指令接收位置位，但不回送状态字。

5.3.5.5 MIL-STD-1553B 消息间隔

下面给出 1553B 的消息间隔、终端响应时间和最小无响应超时等概念。

1）消息间隔

总线控制器不发出无字间间隔的连续消息。消息之间的最小间隔时间为 4.0μs。该时间是指从前一个消息最后位的中间过零点到邻接的消息中指令字同步头的中间过零点的时间。

2）终端响应时间

远程终端响应有效指令字的间隔时间为 4.0～12.0μs。该时间是指从状态字之前的最后一个字的最后一位的中间过零点到状态字同步头中间过零点的时间。

3）最小无响应超时

总线控制器在一路总线上启动传输时，测量由它发出的最后一个字的最后一位的中间过零点起，到期望的状态字同步头的中间过零点的时间。当该时间超过 14.0μs 时，进行无响应超时处理。

5.3.5.6 MIL-STD-1553B 连接要求

对于 1553B 中的电缆连接要求，主要包括电缆电气特征要求和耦合方式要求。

1）1553B 连接的电气特征要求

1553B 的数据总线包括电缆和支线，其中，支线用于将终端或子系统中的终端接口与主电缆相连。总线中的主电缆和支线均应是带护套的、双绞屏蔽电缆，其线间分布电容不超过 100.0pF/m，每米应不少于 13 绞，电缆的屏蔽层覆盖率应不低于 75.0%。在 1MHz 的正弦波作用下，电缆的标称特性阻抗 Z_0 应为 70.00～85.00Ω。电缆的功率损耗不超过 0.05dB/m。主电缆的两个端头应各接一个阻值等于所选电缆标称特性阻抗（1+2.0%）Z_0 的电阻器。

2）1553B 连接的耦合方式要求

在 1553B 连接中，耦合方式主要包括两种：直接耦合和变压器耦合。

- 直接耦合：指通过短变压器耦合截线，连接总线主电缆和终端的耦合方式。短截线长度应不超过 0.3m。在飞机或导弹上，这种直接耦合短截线应尽可能避免使用。
- 变压器耦合：指终端通过短截线及耦合变压器连接到主电缆上，短截线的长度应不超过 6m。

5.3.5.7 MIL-STD-1553B 总线特点

1553B 总线是一种集中式的时分串行总线，其主要特点是分布处理、集中控制和实时响应。1553B 总线采用双冗余通道管理，保证总线在传输数据时有很好的容错性和故障隔离,容错性主要包括容错机制、对错误的定位和检测、错误隔离、防错机制和错误纠正功能等,这一系列的容错机制保证系统更加稳定可靠。综上所述,1553B 总线在通信过程中主要有以下几个特点。

(1)实时性好:总线在数据传输过程中采用高速传送元器件,数据传输速率为 1Mbit/s,是 ARINC429 总线传输速率的 100 倍。

(2)容错能力非常强:1553B 总线具有很强的差错控制措施,这个与它的硬件设计是密不可分的,再加上特有的方式命令,使得在数据传输过程中能够及时响应传输过程中的错误,对于每一次错误反馈都有严格的纠错方法,避免数据错误传输。当远程终端向总线控制器发送一条消息时,总线控制器在规定时间内响应远程终端的需求,会给远程终端发送一个状态字返回,如果传输消息有错误,总线控制器就拒绝发回状态字,并告诉总线消息传输失败,返回特有的方式命令。

(3)总线效率高:总线形式的拓扑结构对总线效率的要求比较高,1553B 总线对消息传输时间、响应时间、应答时间、消息传输间隔、消息传输长度等都进行了明确规定,避免无效消息的传输,因此传输效率很高。

(4)特殊的组网提高总线传输效率:1553B 总线采用线性局域网络进行子系统组网,合理的拓扑结构使得 1553B 总线成为航空系统或地面车辆系统中分布式设备的理想连接方式。1533B 总线强制要求在每次传输过程中必须设定响应时间、传输时间、每条消息传输的长度,这样使得 1533B 总线的传输效率大大提高。另外,线性拓扑结构可以大大降低子系统的级联,提升设备控件和机身本身质量,便于后期维护,易于增加或删除节点,提高设计灵活性。

(5)电气保障性能好:1553B 总线传输采用总线耦合方式,传输线路采用电气屏蔽,每个节点都能够安全地与网络隔离,减少了潜在的损坏计算机等设备的可能性。

(6)良好的器件可用性:1553B 总线器件的制造工艺满足了大范围温度变化和军标的要求,能满足航空航天和船舶等各种恶劣环境的操作。

(7)可确定性好:1553B 总线的命令/响应的协议方式使得总线传输过程中传输时间和命令响应时间是可以确定的,设计的每个环节响应结果也是可以确定的。

(8)可靠性高:双向传输通道,且是主备模式,在通信过程中可以自动切换达到冗余容错能力,大大提高了系统的可靠性。

5.3.6 CAN 总线通信技术

CAN(Controller Area Network)是德国为解决汽车中众多的控制与测试仪器之间的数据交换而制定的一种串行通信协议。CAN 总线是一种有效支持分布式控制和实时控制的串行通信网络。CAN 总线具有数据传输速率高、实时性强、可靠性高、结构简单、可操作性好等优点。由于 CAN 总线具有卓越的特性和极高的可靠性,特别适合工业过程监控设备的互连,因此越来越受到工业界的重视,成为一种国际标准(ISO11898)。目前,CAN 总线被广泛应用于一些战术武器的制导控制系统中。

5.3.6.1 CAN 总线传输方式及电气特性

CAN 总线上用"显性"(Dominant)和"隐性"(Recessive)两个互补的逻辑值表示"0"和"1",当在总线上出现同时发送显性位和隐性位时,其结果是总线数值为显性。CAN 总线收发器如图 5-20 所示，CANH 和 CANL 为 CAN 总线收发器与总线之间的两个接口引脚，信号是以两线之间的"差分"电压形式出现的。CAN 收发器负责逻辑电平和物理信号之间的转换，将逻辑电平转换成物理信号或者将物理信号转换成逻辑电平。

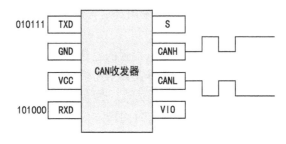

图 5-20　CAN 总线收发器

CAN 总线的电气特性包含 ISO11898 和 ISO11519-2 两个标准，两者的电气特性不同。CAN 总线电气特性如表 5-7 所示。

表 5-7　CAN 总线电气特性

物理层	ISO11898		ISO11519-2	
电平	显性	隐性	显性	隐性
CANH/V	3.50	3.00	4.00	1.75
CANL/V	1.50	3.00	1.00	3.25
电位差/V	2.00	0	3.00	−1.50

5.3.6.2　CAN 总线数据格式

下面给出 CAN 总线的数据格式，包括数据格式构成、数据帧结构等内容。

1）CAN 总线数据格式构成

参照 ISO/OSI 标准模型，CAN 总线通信分为数据链路层和物理层。

CAN 总线的通信参考分层如表 5-8 所示。

表 5-8　CAN 总线的通信参考分层

协议层	对应 OSI 模型	说明
LLC	数据链路层	涉及报文滤波、过载通知和恢复管理
MAC		复杂报文分帧、仲裁、应答、错误检测和标定
物理层	物理层	在不同节点之间进行位的实际传输

数据链路层中逻辑链路控制子层 LLC 的主要功能是为数据传送和远程数据请求提供服务的，确认由 LLC 子层接收的报文实际已被接收，并为恢复管理和通知超载提供信息。MAC 子层主要规定传输规则，即控制帧结构、执行仲裁、错误检测、出错标定和故障界定。在一个网络内，要实现不同节点间的数据传输，所有节点的物理层必须是相同的。

CAN 总线的报文传送与通信帧结构在数据传输中，发出报文的节点称为该报文的发送器，节点在报文进入空闲状态前或丢失仲裁前恒为发送器。如果一个节点不是报文发送器，并且总线不处于空闲状态，则该节点为接收器。在 CAN 总线协议中使用两种逻辑位表达方式，当总线上的 CAN 控制器发送的都是隐性位时，此时总线状态是隐性位（逻辑 1），当总线上有显性位出现时，隐性位总是让位于显性位，即总线上是显性位（逻辑 0）。

报文传输有 4 种不同类型的帧：数据帧、远程帧、错误帧、过载帧。数据帧和远程帧具有标准帧及扩展帧 2 种格式。

2）CAN 总线数据帧结构

以 CAN 2.0B 的数据帧为例，它由 7 种不同的位域组成：帧的起始域、仲裁域、控制域、数据域（长度可为 0）、CRC 域、应答域、帧的结束域。标准帧和扩展帧的主要区别在于标识符的长度，具有 11 位标识符的帧称为标准帧，而包括 29 位标识符的帧称为扩展帧。CAN 2.0B 的报文滤波以整个标识符为基准。CAN 2.0B 的数据帧结构如图 5-21 所示。

（1）帧的起始域：标注数据帧的起始，它由单个"显性"位构成，在总线空闲时发送，在总线上会产生同步作用。

（2）仲裁域：标准帧与扩展帧的仲裁段格式不同。在标准帧中，由 11 位标识符（ID28～ID18）和远程发送请求位（Remote Transmission Request，RTR）组成，RTR 位为显性位表示数据帧，隐性位表示远程帧。标识符由高至低次序发送，且前 7 位（ID28～ID22）不能全为隐位。在标准帧中，标识符后面是 RTR 位。在扩展帧中，仲裁段包括 29 位标识符、代远程请求位（Substitute Remote Request，SRR）、标识符扩展位（Identifier Extension Bit，IDE）、RTR 位。其标识符由 ID28～ID0 组成，ID28～ID18 为基本 ID，ID17～ID0 为扩展 ID。在扩展帧中，基本 ID 首先发送，随后是 SRR 位和 IDE 位，扩展 ID 的发送位于 SRR 位之后。SRR 位是隐性位，它替代标准帧的 RTR 位的位置并被发送。IDE 位属于扩展帧的仲裁段和标准帧的控制段。

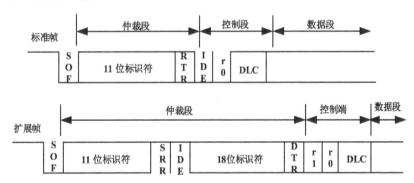

图 5-21　CAN 2.0B 的数据帧结构

标准帧中的 IDE 位为显性位，而扩展帧中的 IDE 位为隐性位。标识符用于提供关于传送报文和总线访问的优先权信息，其数值越小，表示优先权越高，发生冲突时优先发送。当标准帧与扩展帧发生冲突，而扩展帧的基本 ID 同标准帧的标识符一样时，标准帧优先于扩展帧。

（3）控制域：标准帧的控制域结构和扩展帧的控制域结构不同。标准帧的控制域由 6 位构成，前 2 位为保留位，包括 IDE 位和 r_0；后 4 位为数据长度码，表示数据域中数据的字节数，必须在 0～8 变化。扩展帧的控制域由 6 位构成，前 2 位为保留位，包括 r_1 和 r_0；后 4 位为数据长度码，同标准帧。

（4）数据域：由被发送数据组成，数目为控制域中决定的 0～8 个字节，首先发送最高有效位 MSB。

（5）CRC 域：包括 CRC（循环冗余码校验）序列（15 位）和 CRC 界定符（1 个隐性位），用于帧校验。

（6）应答域：由应答间隙和应答界定符组成，共 2 位。

（7）帧的结束域：由 7 位隐性位组成，此期间无位填充。

5.3.6.3　CAN 总线特点

CAN 总线是一个多主总线，各节点都有权向其他节点发送信息，其主要特点如下。

- 通信速率为 5kbit/s/10km、1kbit/s/40km，节点数为 110 个，每个节点均可主动传输，通信介质可以是双绞线、同轴电缆或光纤。
- 可以采用点对点、全局广播发送接收数据。
- 可实现全分布式多机系统，且无主从之分，每点均可主动发送报文，可方便构成多机备份系统。
- 采用非破坏性总线优先级仲裁技术，当两个节点同时向网上发送信息时，优先级低的节点主动停止发送数据。
- 支持四种报文帧：数据帧、远程帧、出错帧、超载帧。采用短帧结构，传送时间短、受干扰概率低。
- 采用 CRC 校验及其他校验措施，保证了极低的信息出错率。
- 具有自动关闭功能，当接点错误严重时，自动切断与总线的联系，以不影响总线的工作。

5.3.7　LVDS 通信技术

LVDS（Low Voltage Differential Signaling）是一种低振幅差分信号技术，最早是由美国国家半导体公司（National Semiconductor）提出的一种高速信号传输电平，它使用幅度非常低的信号（约 350mV）通过一对差分 PCB 走线或平衡电缆传输数据。LVDS 使用双绞线或同轴电缆作为通信介质，同样可以采用加入驱动电路和均衡电路的方法来实现远距离传输。由于电压信号幅度较低，而且采用恒流源模式驱动，因此只产生极低的噪声，消耗非常小的功率，甚至无论频率高低，功耗几乎都不变。此外，由于 LVDS 以差分方式传送数据，所以不易受共模噪声影响。

LVDS 在下列两个标准中进行了定义：IEEE P1596.3（1996 年 3 月通过），主要面向 SCI（Scalable Coherent Interface），定义了 LVDS 的电特性，还定义了 SCI 协议中包交换时的编码；ANSI/EIA/EIA-644（1995 年 11 月通过，2001 年进行修订），主要定义了 LVDS 的电特性，并制定了 655Mbit/s 的最大速率和 1.823Gbit/s 的无失真媒质的理论极限速率。在两个标准中都指定了与物理媒质无关的特性，这保证了 LVDS 能成为多用途的接口标准，被广泛应用在高速传输领域。在航空航天领域，LVDS 被广泛应用在测控系统的高速数传、SAR 雷达侦察接收和高速数字图像传输等方向。

5.3.7.1　LVDS 的工作原理

LVDS 技术的核心是采用极低的电压摆幅高速差动传输数据，来实现点对点或一点对多点的链路连接。LVDS 接口的驱动电路原理图如图 5-22 所示。

从图 5-22 中可以看出，在整个 LVDS 电路中包括三个重要的组成部分：前端的 LVDS

驱动器、后端的 LVDS 接收器和一个终端匹配阻抗。其中，终端匹配阻抗通常为 100Ω。驱动器由一个高精度电流源（电流通常约为 3.5mA，不超过 4mA）通过一组 NMOS 晶体管控制电流流过一组差分信号线组成；接收器一般为高直流输入阻抗，全部的驱动电流都流过终端匹配电阻，在接收器输入端产生约 350mV（最大 400mV）的电压。

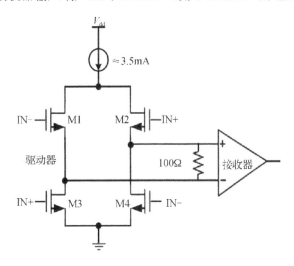

图 5-22　LVDS 接口的驱动电路原理图

在 LVDS 驱动器开始工作的时候，M2 和 M3 的栅极收到高电平，即逻辑表现为"1"，所以 M2 导通，M3 断开，而 M1 和 M4 的栅极为低电平，即逻辑表现为"0"，所以 M1 晶体管导通，M4 晶体管关断。电流源 3.5mA 的电流流经 M1、M3 和终端匹配电阻，所以在终端匹配电阻两端产生一个正的 350mV 的电压降，同理得到当 M2 和 M3 的栅极收到低电平时，即逻辑表现为"0"，所以 M2 导通，M3 关断，而 M1 和 M4 的栅极为低电平，即逻辑表现为"1"，所以 M1 晶体管关断，M4 晶体管导通。电流源 3.5mA 的电流流经 M2、M4和终端匹配电阻，所以在终端匹配电阻两端产生一个负的 350mV 的电压降，从而形成一个具有正负电压差为 350mV 的差分电路，实现将数字信号转换成模拟信号的目的。随着驱动电路状态的反转变化，流经终端匹配电阻的电流方向也随着改变，在接收端产生高、低逻辑状态的变化。

在 ANSI/EIA/EIA-644 标准中，定义了它的驱动器和接收器的电气参数，如表 5-9 所示。

表 5-9　ANSI/EIA/EIA-644 标准中规定的 LVDS 主要电气参数

参数	意义	最小值	最大值
驱动器直流电平规范			
V_{OD}	差分输出电压	250mV	450mV
V_{OS}	输出偏置电压	1.125V	1.375V
ΔV_{OD}	V_{OD} 变化量绝对值	—	50mV
ΔV_{OS}	V_{OS} 变化量绝对值	—	50mV
I_{sa}，I_{sb}	输出电流	—	24mA
T_r	V_{OD} 输出上升时间	0.26ns	1.5ns
T_f	V_{OD} 输出下降时间	0.26ns	1.5ns

续表

参数	意义	最小值	最大值
接收器直流电平规范			
I_{in}	输入电流	—	20μA
V_{th}	阈值电压	—	±100mV
V_{in}	输入电压范围	0V	2.4V
V_{is}	输入偏置电压	0.05V	2.35V

5.3.7.2 LVDS 的主要应用构型

LVDS 主要有三种拓扑应用结构，包括点对点、多分支、点对多点等形式，LVDS 的连接方式如图 5-23 所示。

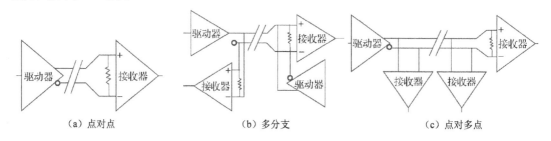

（a）点对点   （b）多分支   （c）点对多点

图 5-23　LVDS 的连接方式

1）点对点连接方式

点对点连接方式是标准的 LVDS 的主要构型。在电缆的远端只需要一个端接电阻，而驱动器则始终位于相对的另一端。如果采用这种构形而且需要进行双向通信，则需要单独实现一条路径（2 对）。以连线的加倍为代价，可以实现同时传输和共享总线的吞吐量的倍增。

2）双向点对点连接方式

双向点对点连接方式是通过一对双绞线实现双向的半双工通信（在任意时刻差分信号仍然只能往一个方向传输数据）。

3）点对多点连接方式

点对多点的连接方式，只有当驱动器位于总线的终端时，才建议在最远端接收端侧终止信号总线；而当驱动器位于总线其他位置时（如总线中间），则需要在总线的两端终止信号总线。这种方式应用于传输距离较短的场合。

对于双端端接的应用而言，由于输出驱动电流增大，因此必须采用中间带有驱动的双向点对点或者点对多点等形式。

5.3.7.3 LVDS 接口特点

与其他传输接口相比，LVDS 接口有更优秀的性能（见表 5-10）。与同样有差分模式传输信号的 RS-422 和 PECL 相比，传输速率更快、灵敏度更高、成本更低且功耗更小；与最常见的 TTL 接口相比，LVDS 在高速、低抖动及对共模特性要求较高的数据传输系统中的应用有着巨大的优势。因此，LVDS 被广泛应用在高速数据传输系统中。

表 5-10　常用数据传输接口性能比较

参数	RS-422	PECL	TTL	LVDS
输入电压摆幅（典型值）	±2V	±800mV	2.4V	±350mV
接收器输入阈值	±200mV	±200mV	1.2V	±100mV
速度	<30Mbit/s	>400Mbit/s	<100Mbit/s	>400Mbit/s
驱动器传输延迟（最大值）	11ns	4.5ns	NA	1.7ns
接收器传输延迟	30ns	7.0ns	NA	2.7ns
动态功耗	低	高	高	最低
噪声	低	低	高	低
综合成本	低	高	低	低

LVDS 的主要特点如下。

1）低功耗特性

LVDS 器件采用 CMOS 工艺实现，能够提供较低的静态功耗；同时，LVDS 采用恒流驱动的方式，即随着工作的频率增加，其电源电流依然保持平坦，这就限制跳变期间产生的任何尖峰电流，使得 LVDS 在高频工作条件下，依然保持较低的功耗。同时，恒流驱动输出还能容忍传输线的短路或接地，而不会产生热问题。

当恒流源的驱动电流为 3.5mA 时，负载（100Ω 终端匹配）的动态功耗仅为 1.225mW，仅为 RS422 动态功耗的七十五分之一。

2）高速传输能力

由于 LVDS 逻辑状态间的电压变化仅为 300mV，因而能非常快地改变状态。另外，LVDS 的恒流源模式、低摆幅输出的工作模式决定着 LVDS 具有高速驱动能力。在相关标准中，推荐的最高数据传输速率是 655Mbit/s，而理论上，在一个无衰耗的传输线上，LVDS 的最高数据传输速率可达 1.923Gbit/s。

3）较低电磁噪声

LVDS 产生的电磁干扰低。这是因为低电压摆幅、低边沿速率差分信号，以及恒流驱动器的 I_{cc} 尖峰只产生很低的辐射。在传输通路上的高频信号跳变产生辐射电磁场，场强正比于信号携带的能量，通过减小电压摆幅和电流能量，LVDS 把该场强降到最小；差分驱动器引入了奇模式传输，在传输线上流过大小相等、极性相反的电流，电流在该线对内返回，使面积很小的电流回路产生最低的电磁干扰；当差分传输线紧耦合时，串入的信号作为共模电压出现在接收器输入的共模噪声中，差分接收器只响应正负输入之差，因此当噪声同时出现在 2 个输入中时，差分信号的幅度并不受影响。共模噪声抑制也同样适用于其他噪声源，如电源波动、衬底噪声和接地回跳等。

4）良好的抗干扰性能

LVDS 采用差分信号进行传输，由于其噪声以共模的方式在一对差分线上耦合出现，并在接收器中相减，可消除噪声对信号的影响，因此具有较强的抗共模噪声能力。

5）较高的可靠性

LVDS 驱动器和接收器之所以能实现热插拔，是因为恒流驱动解决了损坏问题。接收器具有的故障保护功能，可以防止在输入引脚悬空时产生输出振荡。另外，LVDS 能容忍传输线通路微小的阻抗失配，只要差分信号在紧耦合的传输通路中通过平衡不连续处，信号仍能保持其完整性。

6）较低成本

LVDS 器件可采用经济的 CMOS 工艺制造；采用低成本的 CAT3 电缆线和连接器即可达到很高的速率；由于功耗较低，电源、风扇和其他散热开销大大降低；LVDS 产生极低的噪声，噪声控制及 EMI 等问题减小；LVDS 可集成于 ASIC 内，只需要简单的终端电阻，并且这些电阻也可以集成到芯片中，相对于为每条传输线配备多个电阻和电容元件，这些将大大降低所需的费用。另外，LVDS 芯片往往把串行化器和解串行化器集成在一起，来实现多个 CMOS 信道和一个 LVDS 信道的复用转换，以提高信号速率，降低功耗，减少系统开销。与并行互连相比，大约能减少 50% 的电缆、连接器和面积费用。

5.4　通信接口技术的未来发展趋势

随着电气技术和网络技术的发展，半实物仿真系统中的通信接口有以下几大发展趋势。

1）高带宽

随着弹载飞行控制计算机硬件能力的提升，以及各类高性能传感器的引入，对半实物仿真系统中的数据传输能力提出了较高的要求，要求系统具备较高的带宽和传输速率。目前，各类网络通信接口和电气接口的传输速率，已经到达了 Gbit/s 的级别。

2）高精度

对于各类弹载电气接口，采集精度就是衡量其性能的最重要的指标，要求系统能够准确传输各种参数，是半实物仿真系统的精度基础。

3）抗干扰性能

各类电气传输过程中，要求系统具有良好的抗干扰性能，能够在各种电磁环境下保证系统的传输性能和传输精度。

5.5　本章小结

通信接口是半实物仿真系统中的主要组成设备，用于完成全系统的信号传输和数据交互，是实现产品实物闭环仿真的必要装置，其通信速度、精度和可靠性直接影响最终的仿真试验结果。

在本章中，概述了仿真系统中的通信接口技术发展现状、应用前景和主要接口形式。首先，介绍了仿真网络通信接口技术，简要阐述了通信接口的类型和对通信接口的要求。接着，针对半实物仿真系统中常用的两种网络通信接口，即 TCP/IP 协议和 VMIC 通信，分别对基本工作原理和优缺点进行了分析。其次，考虑到半实物仿真系统中接入的弹载设备，分别对弹载设备中数字信号和模拟信号接口电路进行分析，给出了常用的解决方案。再次，针对弹载设备常用的通信技术，如串口通信、ARINC429 通信、1553B 通信、CAN 总线通信、LVDS 通信进行了介绍。最后，对通信接口的未来发展趋势进行了展望。

第6章　姿态运动特性仿真技术

惯性测量技术作为目前唯一具有自主、实时、连续、隐蔽、不受干扰的特点，无时间、地点、环境限制的运动信息感知测量方式，在航天、航空、航海、火炮、测绘、地质勘探、石油钻井、交通导航等军事和民用领域有着广泛应用。陀螺仪作为惯性测量系统的重要组成部分，其对一个国家的工业、国防和其他高科技的发展具有十分重要的战略意义。随着国防和空天技术领域对高精度惯性测量系统的迫切需求，如何提高陀螺仪的测量精度，研究并分析陀螺仪性能对于导航精度和控制指标的影响，成为广大惯性导航部件研制厂商和飞行器设计人员的重要研究工作。

为了开展陀螺仪的测量与仿真验证，需要在实验室环境下，通过专用仿真测试设备模拟载体在惯性空间的姿态运动特性，为陀螺仪引入虚拟的物理效应环境，这类姿态运动特性仿真设备被称为转台。

转台作为检测和评价陀螺仪的专用设备，以控制论、相似原理、系统技术和信息技术为基础，利用计算机和专用物理设备为工具，复现载体在惯性空间的姿态运动，主要用来标定惯性导航元件的技术指标，验证惯性导航元件的可行性和可靠性，具有良好的可控性、无破坏性、安全性、不受气象条件和空域场地限制等优点，目前在航空、航天和国防等领域已得到了广泛应用。

在本章中，首先分析陀螺仪的工作特性，然后介绍姿态运动仿真的概念及分类，最后介绍姿态模拟器的关键技术内容研究，并给出姿态运动特性仿真的未来发展趋势。

6.1　陀螺仪工作特性分析

陀螺仪作为重要的惯性测量器件，在载体内部测量载体相对于惯性空间的角运动，以牛顿力学和动量矩为基础，通过确定载体的初始状态参数，基于陀螺仪建立空间导航坐标系，结合加速度计测量得到载体运动加速度，并得到载体当前的位置、速度、姿态等参数。作为惯性导航系统的核心器件，陀螺仪的精度直接决定了惯性导航系统的结果。

但陀螺仪作为一种复杂的高精度传感测量设备，在工作过程中，一方面部分器件特性原理会形成复杂的内部噪声；另一方面，外界环境的温度变化、磁场扰动、轻微振动和其他随机干扰都会影响其输出，这些因素叠加在一起，导致陀螺仪输出发生漂移，降低测量精度。在飞行器制导控制系统中，陀螺仪的测量误差是随时间增长而不断累积的，造成飞行器的姿态解算和运动方向出现偏差，特别是运动方向偏差导致的位置误差，随飞行时间的不断累加，导航精度严重降低甚至失效，造成"谬以毫厘，失之千里"的结果。因此，在制导控制系统设计过程中，必须考虑陀螺仪性能对于导航精度和控制结果的影响。但陀螺仪的误差原因多样，表现形式复杂，难以建立精确的陀螺仪漂移误差模型。因此，科研人员提出了采用仿真转台的方式，将其陀螺仪实物引入仿真回路中，分析陀螺仪各项误差因素和现象对于控制性能和导航精度的影响，从而避免由于建模不精确带来的影响。

在介绍姿态运动特性仿真技术之前，有必要对陀螺仪的工作原理、误差表现和误差起因形式进行介绍。

6.1.1 陀螺仪的工作原理

早期的陀螺仪是用高速回转体的动量矩敏感壳体相对惯性空间绕正交于自转轴的一个或两个轴的角运动检测装置。而随着测量技术的发展，利用其他原理制成的角运动检测装置起同样功能的也称为陀螺仪。目前，主流的陀螺仪类型包括光纤陀螺仪、激光陀螺仪和MEMS 陀螺仪。其中，光纤陀螺仪和激光陀螺仪属于光学陀螺仪，其原理基于萨奈克（Sagnac）效应，MEMS 陀螺仪属于振动陀螺仪，其原理基于科氏力（Coriolis force）效应。

6.1.1.1 光纤陀螺仪工作原理

光纤陀螺仪是一种基于萨奈克效应的光学陀螺仪。主要部件为萨奈克干涉仪，由光源发出的光束，通过分束器一分为二，分别从光纤线圈的两端耦合进光纤敏感线圈，分别沿顺、逆时针方向传播，并回到分束器处叠加产生干涉。当该环形光路相对惯性空间静止时，顺、逆时针的光程是相等的。当陀螺仪载体以一定角速度相对于惯性参考系进行旋转运动时，由于姿态运动的存在，沿顺、逆时针方向传播的两束光产生光程差，而由光程差引起相位差，从而只要测出相位差，就可知该环路相对于惯性空间的旋转角速度。光纤陀螺仪具有结构简单、性能稳定度高、动态范围大、瞬时响应快、可承受过载大和寿命长等优点。

6.1.1.2 激光陀螺仪工作原理

激光陀螺仪是一种以萨奈克效应为基础的光学陀螺仪，它与常规机械式转子陀螺仪的根本区别在于激光陀螺仪的工作原理是建立在量子力学基础上的，而常规机电陀螺仪的工作原理是建立在经典牛顿力学基础上的。激光陀螺仪采用以双向行波激光器为核心的量子光学仪表，依靠环形行波激光器对惯性角速度进行感测，获得载体的角速度输出。激光陀螺仪是一种固态陀螺仪，没有常规机电陀螺仪的机械转子，因此不需要支承技术。与传统的常规机电陀螺仪相比，激光陀螺仪具有性能稳定、抗干扰能力强、动态范围大、启动快、精度高、可靠性好、直接数字输出等优点，但其生产需要严格的气体密封和精密加工，而且装配工艺复杂。

6.1.1.3 MEMS 陀螺仪工作原理

MEMS 陀螺仪是一种基于科氏力效应的微机电振动陀螺仪。科氏力是指旋转物体在径向运动时所受到的切向力。MEMS 陀螺仪的基本原理是基于科氏力定理检测科氏加速度，并根据科氏加速度与旋转速率的关系实现角速度的测量。MEMS 陀螺仪通常安装有两个方向的可移动电容板，径向的电容板加震荡电压迫使物体进行径向运动，横向的电容板测量由于横向科氏力运动带来的电容变化，因此最后通过计算电容变化获取陀螺仪载体的姿态运动角速度。MEMS 陀螺仪具有体积小、功耗低、成本低、质量轻、易集成及生产批量大等优点，但其精度较低，漂移现象明显。

6.1.2　陀螺仪的误差表现

由于陀螺仪自身性能不稳定、产生各种寄生效应和环境的随机干扰，因此会出现陀螺仪输出发生漂移、零偏、随机游走等误差现象，严重影响测量性能。陀螺仪误差可以分为确定性误差和随机性误差。其中，确定性误差属于系统误差，主要包含零偏误差、轴失准误差、不正交误差、刻度因素误差、温度敏感误差等；而随机性误差主要包含了量化噪声、角速率随机游走、角度随机游走、速率斜坡、偏置不稳定性等因素。

对于确定性误差，理论上可以通过标定实验完全去除。但对于随机性误差，由于误差形成的机理非常复杂，没有明确的规律且随外界环境变化而变化，不能用常规的方法补偿修正，且无法完全消除，因此是制约陀螺仪精度提高的主要因素。由于这些噪声通常是不随时间变化的确定性函数，因此不能像确定性信号那样可以由数学表达式进行精确描述和表征，只能用它的各种统计平均量来表征。目前，陀螺仪随机误差的特性主要采用随机过程的统计函数来表征，包括概率分布函数或概率密度函数、均值函数和方差函数、自相关函数或自协方差函数、功率谱密度函数等。

6.1.2.1　陀螺仪的量化噪声

陀螺仪的量化噪声是由在陀螺仪中各类数字电路的量化操作引起的，采样、量化、编码等操作会导致输出值与真实值之间存在微小差别。量化噪声通常代表了陀螺仪的最小分辨率水平。电路中 A/D、D/A 转换器的性能会影响量化噪声的大小。量化噪声的功率谱密度为

$$S_{\Omega_Q}(f) = 4Q^2 f_{\mathrm{s}} \sin^2\left(\frac{\pi f}{f_{\mathrm{s}}}\right) \approx \frac{(2\pi f Q)^2}{f_{\mathrm{s}}} \quad f < \frac{f_{\mathrm{s}}}{2} \tag{6-1}$$

式中，Q 为量化噪声系数；f_{s} 为采样频率。

6.1.2.2　陀螺仪的角度随机游走

陀螺仪角速率白噪声积分导致角度随机游走，该误差项是评价光学陀螺仪精度的重要指标，它主要由光子自发辐射、电子噪声、散粒噪声和高频噪声造成。角度随机游走通常用陀螺仪输出的白噪声表示，其功率谱密度为

$$S_{\Omega_N}(f) = N^2 \tag{6-2}$$

式中，N 为角度随机游走系数。

6.1.2.3　陀螺仪的角速率随机游走

陀螺仪角加速度白噪声的功率谱密度为

$$S(f) = K^2 \tag{6-3}$$

式中，K 为角速率随机游走系数。

角加速度白噪声的积分造成了角速率随机游走。依据随机过程通过积分器前后的功率谱关系，得到角速率随机游走的功率谱密度为

$$S_{\Omega_K}(f) = \left(\frac{K}{2\pi f}\right)^2 \tag{6-4}$$

角速率随机游走误差来源较为复杂，可能是具有长相关时间的指数噪声的极限情况，

也有可能是由陀螺仪内部晶振的老化效应引起的。

6.1.2.4　陀螺仪的零偏不稳定性

陀螺仪零偏是指当载体处于静止状态下时，陀螺仪依然有输出的情况，该输出值的大小被称为陀螺仪零偏。如果零偏基本不变的话，可以通过算法进行修正；但受放电组件、电路闪烁噪声和环境噪声的影响，陀螺仪输出信号的零偏会随时间发生波动，该现象称为陀螺仪的零偏不稳定性。

零偏不稳定性是一种低频噪声，反映陀螺仪输出信号的零偏随时间的波动情况，其功率谱密度与频率成反比，又称$1/f$噪声。其表达式为

$$S_{\Omega_B}(f) = \begin{cases} \dfrac{B^2}{2\pi f} & f \leqslant f_c \\ 0 & f > f_c \end{cases} \qquad (6\text{-}5)$$

式中，f_c为截止频率；B为零偏不稳定性系数。

6.1.2.5　陀螺仪的速率斜坡

速率斜坡是一种确定性误差，主要表现在光学陀螺方面。产生速率斜坡的主要原因：在光学陀螺仪中的光源光强在很长时间内具有缓慢、单调的变化，外界环境温度缓慢变化，或者测量平台在某方向上有非常小且持续性的加速度。

6.1.3　陀螺仪的误差起因

陀螺仪作为一种高精度精密光机电装置，涉及微机械工艺、微机械材料、集成电路、光学器件、物理等。由于器件自身的不稳定性、各种寄生效应、环境的随机干扰，因此陀螺仪出现各种误差现象。下面给出陀螺仪的误差起因分析。

6.1.3.1　陀螺仪的自身器件

由于受加工工艺限制，陀螺仪内部的部分器件无法达到理想的精度或要求，因此出现了一系列误差漂移现象。其中，不同类型的陀螺仪，由于工作原理和制作工艺的差异，自身误差的产生原因也会各有不同。

- 加工工艺：在部分 MEMS 陀螺仪中，由于加工工艺的不足引起挠性轴不对称、材质分布不均匀等问题，因此内部产生干扰力矩，陀螺仪的性能欠佳。
- 电路噪声：系统检测电路中最主要的噪声为量化噪声，A/D、D/A 转换器的性能直接影响量化噪声的大小。放大电路中存在一定的非线性误差，同时，电路工作产生的热噪声、电子噪声等也会影响陀螺仪输出结果。
- 光源噪声：在光纤陀螺仪或激光陀螺仪中，光的相干效果会受到光源波长、功率、频谱的微小变化的影响；并且经耦合器返回光源的相干光会与输出光之间形成二次干涉，同时相干光会干扰光源发射状态，产生二次激发，改变输出光强和波长。这些光学因素均影响光学陀螺仪的测量性能。
- 探测器光子散粒噪声：在光学陀螺仪中，光子散粒噪声是探测器光电转换中形成的一种白噪声。它会导致陀螺仪非互易性相位差测量的不确定性，限制陀螺仪的测量精度。
- 光纤的背向反射：在光学陀螺仪中，光路中的背向反射主要发生在光学元件之间的

光纤熔接点、尾纤耦合点和尾纤空端上。由于存在波导与光纤纤芯的折射率不同、光纤熔接不理想等问题,光路中传输的光会产生背向反射,反射光与主光波之间形成干涉,影响主光波相位,造成相位误差。

6.1.3.2　陀螺仪的寄生效应

由于陀螺仪不同的工作原理,受物理寄生效应的影响,也会引起陀螺仪的漂移和噪声。下面介绍几种陀螺仪寄生效应现象。

- 双折射效应和偏振:在光纤陀螺仪中,双折射效应会使光射入光纤后的传输偏振态发生改变。光纤中光的偏振态变化、偏振交叉耦合产生偏振噪声,使陀螺仪输出发生漂移。
- 克尔效应:在光纤陀螺仪中,若顺、逆时针传输的两束光具有不同光强,则克尔效应表现为入射光光强对光纤折射率有一个非线性干扰,使顺、逆时针光路的传输特性不再相同,产生非互易性相位差。
- Shupe 效应:在光纤陀螺仪中,当光纤环中存在位置不对称的温度扰动时,两束反向传输的光经过这段光纤后将产生非互易性相位差,它与萨奈克效应的相位差无法区分,使光纤陀螺仪输出产生温度漂移,降低测量精度。
- 朗缪尔流动效应:在激光陀螺仪中,工作气体的增益放电过程会产生一种引起激活气体流动的效应,称为朗缪尔流动效应,它可以引起一定的零偏。朗缪尔流动效应主要包括两部分因素,一是由于直流放电的电子轰击引起的增益原子的流动,从阴极指向阳极,沿截面有近似均匀的朗缪尔流速分布;二是由于阳极聚集的增益原子向低密度的阴极扩散,具有抛物形流速分布。

6.1.3.3　陀螺仪的环境因素

陀螺仪在工作中,受到重力、温湿度、电路磁场、机械振动、电场噪声等环境因素的影响,也会引起输出噪声和测量偏差。

- 温度影响:温度作为陀螺仪最大的环境影响因素,直接影响陀螺仪的性能。对于光纤陀螺仪,温度变化易导致光纤环的折射率、环圈热膨胀系数、环圈形状和尺寸等参数发生改变,引发标度因数不稳定。而对于 MEMS 陀螺仪,硅材料热稳定性能欠佳,也容易受到环境温度的影响。
- 磁场因素:光纤陀螺仪会受到磁场干扰。当一束线偏振光沿磁场方向通过介质时,偏振面会发生旋转,该现象称为法拉第效应或磁光效应,表明光的传输受磁场影响。在磁场干扰下,两束反向传输的光发生偏振面旋转,产生相位误差。
- 机械振动:对于光纤陀螺仪、激光陀螺仪和 MEMS 陀螺仪,外在环境的机械振动,同样会对输出产生严重影响。
- 重力加速度:对于框架式陀螺仪,其结构特点在工作过程中受重力加速度产生的干扰力矩作用影响更为明显。

6.2　姿态运动仿真的概念及分类

陀螺仪作为惯性测量组件的重要组成部件,其测量结果用于确定飞行器的飞行姿态和速度方向。而随着时间的积累，飞行器姿态角度的轻微偏差，将会严重影响飞行器位置的计算精度。因此，为了分析陀螺仪误差对于导航性能的影响，必须建立精确的陀螺仪的误差模型。但通过前面的分析可知，陀螺仪的误差表现形式多样，特别是随机误差特性，其描述方式和建立过程相对复杂；并且不同的误差现象的背后，包含着自身器件、寄生效应和环境等因素。这使得在工程实践中，很难精确地建立出陀螺仪的误差模型。

因此，为了考核陀螺仪性能对于飞行器控制性能和导航精度的影响，需要在实验室环境下，根据陀螺仪的工作模式，构造一个逼真的姿态模拟环境，复现飞行器在空中姿态变化，从而将真实的产品部件引入仿真回路中，避免模型不精确带来的影响。

这项技术被称为姿态运动仿真技术，这种设备通常称为转台。该技术主要通过一系列光、机、电装置，驱动机械框架运动，根据输入指令复现飞行器在空中的姿态变化，为陀螺仪的工作验证提供一个物理效应环境设备。

6.2.1 姿态模拟器的任务及工作原理

转台作为一种用于对惯性器件进行姿态角位置、角速率和动态特性校准的专用测量装置，其主要任务是通过转台各运动框架的旋转运动，模拟陀螺仪载体在运动中的姿态角变化，复现飞行器角运动变化规律。通过仿真试验，获取真实陀螺仪在实际飞行弹道下的输出状态，评估和考核真实陀螺仪性能对于飞行器的导航精度、制导精度和控制性能的影响，检测和发现设计中存在的问题，不断进行优化设计和改进，达到总体设计的性能指标要求，为后续改进和再设计提供各种参考依据。

转台的工作原理是通过一系列机械结构、驱动轴承和传感器件，构造一个机电液一体化的大型伺服控制装置。根据控制指令，驱动台体框架进行转动，使得框架的转动角度或角速度等状态能够跟随输入指令的任意变化而变化，复现陀螺仪载体在运动过程中的姿态变化，从而使得安装在转台框架上的真实陀螺仪部件，敏感测量到变化的姿态角速度。

6.2.2 姿态模拟器的发展历程

转台作为重要的陀螺仪性能测量装置和仿真设备，对于航空航天技术的发展至关重要。世界各军事强国都投入了大量的人力、物力来从事转台的研制。总体来说，美国作为世界上研制转台最早、科研实力最为雄厚的国家，其转台技术在品种、数量、精度、自动化控制方面一直处于世界领先水平，欧洲的一些国家研制的转台的质量和性能紧随其后。中国在这二十年来技术突飞猛进，转台规模和性能指标正在逐步赶上来。

6.2.2.1 姿态模拟器的国外发展历程

世界上第一部转台在1945年由美国麻省理工学院仪器仪表实验室研制成功，型号为A型，采用普通滚珠轴承，以交流力矩电动机驱动，角位置测量元件采用滚珠与微动开关；A型转台受限于当时的测量元件和驱动器件的水平，其精度仅达到角分级，未投入实际使用。后续经过改进后，采用精密齿轮系代替直接驱动式，研制成B型和C型转台；在20世纪60年代研制出了D型转台，支撑方式采用精密锥形滚珠轴承，转角的读取方式采用光电测角系统，并投入了工程应用。

进入到20世纪60年代后，世界各国研究人员加强了对转台的关键部件的研究，如轴承、马达和反馈检测元件等，获得了很好的进展，研发出适用于转台的新型元件。例如，液压马达空气轴承、液压轴承和高精度的检测元件，进而促进转台水平的进一步发展。也就是在这个时期，各国成立了一批专注于转台制造的公司，如美国的 CGC 公司、美国的 Carco 公司、法国的 Wuilfert 公司、瑞士的 Acutronic 公司。

20 世纪 70 年代末，仿真转台的设计开始采用计算机控制技术。20 世纪 80 年代，高精度仿真转台开始采用直流力矩电动机和光电轴角编码器。进入 21 世纪以来，随着计算机技术和电子技术的发展，高性能电动机、低摩擦轴承、实时控制系统、现代控制方法、计算机辅助设计等技术逐步引入转台研制中，转台的性能指标和可靠性得到大幅提高。目前，美国仍在飞行仿真转台的研究和制造的世界最高水平，它无论是在制造数量、转台种类，还是精度、性能等方面都超越其他国家，德国、俄罗斯、法国、瑞士、英国等紧随其后，研究水平也处于世界前列。

6.2.2.2　姿态模拟器的国内发展历程

我国对仿真转台的研制起始于 20 世纪 60 年代，虽然起步比美国晚了二十年，但近年来发展较快，正逐步缩小与美国、德国等发达国家的差距。我国早期的转台，由于采用齿轮减速方案，性能与国外的差距很大。20 世纪 70 年代，成功研制出仿真转台直驱式电液伺服摆动马达和无刷力矩伺服电动机，各项指标达到了 20 世纪 70 年代末的世界先进水平，为研制高性能仿真转台奠定了基础。

进入 21 世纪后，随着大功率力矩电动机、高精度高分辨率测角元件、精密轴承等器件的技术突破，计算机辅助设计、计算机实时控制等技术的大规模使用，我国转台技术有了长足的发展，开始出现多种多样的转台。同时，相应转台的生产厂家也开始逐渐增多，转台的指标随着科技发展和生产厂商的激烈竞争也一直稳步上升，目前基本接近世界先进水平。

在国内转台研制厂商中，比较有代表的是中国航天科技集团公司第九研究院第十三研究所、中国航空工业集团公司、北京航空精密机械研究所（303 所）、中国运载火箭技术研究院 102 所、中国船舶重工集团公司研究所（710 所）、哈尔滨工业大学、西北工业大学、南京航空航天大学等单位。

6.2.3　姿态模拟器的系统组成

飞行姿态模拟器作为一套复杂的机电液一体化大型仿真设备，其系统组成主要可以分为机械台体、伺服控制和驱动能源系统三个部分。

6.2.3.1　机械台体部分

机械台体是飞行模拟器的主体结构部分，主要包括底座框架、支撑轴承、轴系结构、辅助结构等部分。在进行机械结构设计时，需要综合考虑尺寸、重量、惯量、刚度、动态、稳定性、制造工艺性等要素。

1）底座框架

底座框架用于安装转动轴承、驱动电动机及部分伺服控制元件，是整个转台系统的支撑结构。底座框架的形状和结构需要根据实验任务和载荷特点进行设计。根据其外观形状的不同，框架可以分为封闭的 O 型、敞开式的 U 型和 T 型三种形式。底座框架是仿真转台最关键的零件之一，其框架精度和机械特性在很大程度上决定了转台系统的最终精度和性能，其中外框是整个机械结构系统的薄弱环节所在。在底座框架设计时，框架材质、截面形状、成型工艺、热处理及加工工艺等方案的选择，是台体设计的关键问题，设计是否合理得当，直接影响整个系统的刚度、固有频率、精度和重量等性能指标。通常情况下，要求框架具有刚度高、重量轻、惯量小的特点。

2）支撑轴承

转台的转动轴系等装置通过转台轴承与基座相连，同时承受轴向、径向载荷和倾覆力矩的作用，其静刚度直接影响台面的几何精度和动态特性。常用的转台轴承主要可以分为机械轴承、空气轴承等类型。其中，机械轴承多采用成对（配对制造、配对使用）有预紧力的自润滑高精密角接触球轴承，具有结构简单、动静刚度变化小、定位和旋转精度高、抗卸载能力强等特点；空气轴承通常以恒压气体为润滑介质，气浮轴套和气浮轴之间无直接接触，具有摩擦系数小、运行精度高、启动力矩小、运行平稳等特点。

3）轴系结构

轴系结构主要包括轴承、转轴、蜗轮和刹紧装置等，是实现转台各个零部件有机联系的关键。轴系设计主要涉及刚度、强度、材质、结构形状等问题。刚度、强度问题是轴系设计的普遍内容；结构形状设计取决于工艺性和相关局部功能。在转台设计中轴常采用中空结构，一方面空心结构便于通过电缆线，以消除导线浮动带来的系统干扰力矩；另一方面减小重量和转动惯量，有利于提高系统共振频率。

4）辅助结构

为了便于转台使用，机械台体中还包括一系列辅助结构，典型代表包括机械限位保护装置和机械锁。机械限位保护装置通常采用缓冲式挡块机构，在发生机械碰撞时能有效吸收能量，起缓冲作用，从而有效地保护设备。机械锁是为了方便用户在进行被测件安装时或转台空闲时，将转台框架锁定在某一固定位置。当机械锁锁定时，转台的伺服驱动系统无法上电，从而避免人员误操作而损伤转台。机械锁通常采用机械插销方式，在转台内轴水平状态时对内框进行锁定。

6.2.3.2 伺服控制部分

伺服控制系统作为转台的控制核心，主要由测量器件、伺服电动机、伺服驱动器、运动控制器、控制软件等组成。伺服控制系统通过接收控制指令，经实时控制软件和控制律计算后，输出控制信号给相应框架的驱动装置，驱动伺服电动机工作，带动台体进行转动。伺服控制系统通常由彼此独立的若干套控制系统组成，分别控制每个框架运动，其组成和工作原理基本相同，只是参数和器件选型有所差异。

1）测量器件

测量器件主要是以一定精度和规律将某种待测物理特征变换为电信号或其他所需形式的信息输出的一种装置。对于转台而言，主要用于测量转台旋转的角度和角速度等物理量，典型器件包括测速电动机、光电编码盘、电位计、磁编码器、感应同步器和旋转变压器等。由于整个伺服控制系统的各种参数都是由传感器得到的，因此测量器件的精度直接决定了系统控制的最小分辨率，也在一定程度上决定了系统的稳态精度和控制精度。

2）伺服电动机

伺服电动机是指在伺服系统中控制机械器件运转的发动机。伺服电动机通过控制速度，可以将电压信号转化为转矩和转速以驱动控制对象。

3）伺服驱动器

伺服驱动器用来转换电功率并驱动电动机运动，它是伺服系统的心脏。一般通过位置、速度和力矩三种方式对伺服电动机进行控制，实现高精度的传动系统定位。

4）运动控制器

运动控制器是指以中央逻辑控制单元为核心，以传感器为信号敏感器件，以电动机和执行单元为控制对象的一种控制装置。它把实现运动控制的底层软件和硬件集成在一起，使其具有电动机控制所需的各种速度、位置控制功能，这些功能可以通过计算机方便调用。其主要任务是产生控制命令并使系统输出信号跟随参考信号。

5）控制软件

转台的控制软件与仿真计算机进行通信，接收飞行器当前的姿态信息，并通过运动控制器接收转台各种状态信息，对试验的各轴角位置数据进行处理，并绘制运动曲线；监控各轴的运动参数，实时进行安全性评估；按照设定的控制算法，进行各轴控制律运算，控制转台正确运动。典型控制软件主要包括人机交互、状态获取、控制响应、指令计算、安全保护、曲线绘制和数据存储等功能模块。

6.2.3.3 驱动能源系统

驱动能源系统主要为伺服机构提供动力和能源，主要包括电力驱动和液压驱动两种类型。

电动转台的能源系统相对简单，只需要有稳定的额定电压和各种变流或稳流装置。液压能源系统结构比较复杂，需要独立的能源，以及高压油泵、油箱、蓄压器、各种减压阀、安全阀和补偿器等辅助器件。液压能源系统要求系统在额定供油压力下，为伺服阀和液压马达提供足够的流量，并在使用过程中，保持油液的清洁、油温的恒定不变。

6.2.4 姿态模拟器的分类

目前，姿态模拟器已发展为多个系列和类型，按照能源类型、驱动方式、模拟维度、结构形式和使用模式划分为不同的类型。

6.2.4.1 按照能源类型分类

根据系统所采用的伺服系统能源种类的不同，可以将飞行姿态模拟器划分为电动、液压、复合驱动等类型。

1）电动转台

电动转台是以电力驱动模拟器框架进行运动的。一般有两种驱动方式，直流力矩电动机和交流力矩电动机。它的特点是能源系统简单，并且可以实现连续回转、价格低廉、使用操作方便，但负载能力较小，频带较窄。

2）液压转台

液压转台以液压伺服系统作为动力来源。液压系统的优点是液压马达输出力矩比较大，在同样功率条件下，液压马达的体积和重量仅为电动机的12%～20%，所以适用于大负载仿真转台和小负载但通频带很宽的高频响仿真转台。液压转台的优点在于转动惯量较小、加速性能较好、系统响应速度快、扭矩大，且输出受外界负载的影响较小，频带较宽；但系统包含了较为复杂的液压系统，结构复杂，不易维护。

3）复合驱动转台

根据某些飞行器的特殊需求，出现了复合驱动的姿态模拟器，将电力和液压两者相互配合，满足特殊要求的仿真试验要求。例如，有的飞行器是自旋稳定控制的，要求飞行器绕其纵轴连续旋转。因此，要求仿真试验中转台的内环架也能连续旋转。然而，由于连续旋转的台体中进行油液流动存在一定难度，因此将模拟器的内环架采用电力驱动方式，满足特殊要求的仿真试验要求，具有液压姿态模拟器的特点，提高了使用灵活性。

目前，仿真转台多采用电动机驱动方式，但对于那些要求高频响、大负载的仿真转台，仍需要采用液压驱动方式或采用新式的电液混合驱动方式。

6.2.4.2 按照驱动方式分类

无论对于单一的液压驱动或电动机驱动，还是对于电液混合驱动，其驱动方式都可以分为直接驱动方式和间接驱动方式。

1）直接驱动方式

直接驱动方式是指将电动机或液压马达输出轴直接与转台的框架结构的轴固连起来，这样有利于提高系统的动态性能和精度，但是其低速性能基本取决于驱动器件本身的低速特性。因此，对于要求低速性能较好的仿真转台，采用此方式进行驱动时需要考虑驱动器件的输出特性能否满足要求。

2）间接驱动方式

间接驱动方式是指将电动机或液压马达输出轴经减速器后再与转台框架结构的轴连接起来。这种做法一方面可提高系统的超低速性能，另一方面用小力矩电动机可驱动大的负载力矩。但是由于存在齿轮啮合间隙和齿面磨损后精度丧失等问题的存在，因此会影响系统的精度和稳定性。

目前，国内外转台大多采用直接驱动方式。

6.2.4.3 按照模拟维度分类

按照台体能够模拟的姿态维度，可将姿态模拟器划分为单轴转台、两轴转台、三轴转台和多轴转台。

1）单轴转台

单轴转台只有一个转动通道，模拟载体绕某一弹体轴的转动。通常用于测试传感器件、寿命试验或有某项专门目的的试验。

2）两轴转台

两轴转台具有两个控制通道，能够模拟空间两个方向的转动，两个方向可以是共轴或正交。两轴转台一般用于导引头的测试系统或其他设备的性能测试。

3）三轴转台

三轴转台具有三个独立转动的框架，能够模拟飞行器在空间的姿态变化。三个框架的布局与飞行器在空间运动的坐标系紧密相关，是半实物飞行试验中用途最广、性能要求最高的设备之一。

4）多轴转台

多轴转台在一般情况下是为了满足某些特殊要求而设计的。例如，对于图像导引头的仿真，就需要研制五轴转台。它采用的是传统的三轴转台加两轴转台的结构，内部的三轴转台用于模拟飞行器的姿态运动；两轴转台的回转中心和三轴转台的回转中心重合，相对其进行俯仰运动和偏航运动，用于模拟目标响度与弹体的水平视线和高低视线方向的相对运动。

6.2.4.4　按照结构形式分类

三轴转台可以按照台体结构划分为立式转台和卧式转台两种形式。

1）立式转台

立式转台的结构特点是外环框架垂直向上，对应飞行器的航向角运动，转动范围较大，适用于航向角运动范围大的飞行器仿真。在使用时，弹载设备安装在内环框架中，内环框架模拟飞行器的滚转运动，中环框架模拟飞行器的俯仰运动，外环框架模拟飞行器的偏航运动。

立式转台的外框结构多数为音叉式，中框架为 U 型，而内框架结构多数为圆盘式。音叉式结构的主要优点有两个：一个是前方和上方敞开，便于装卸和观察参试产品；另一个是当转台在实现方位和俯仰运动过程中，框架处于不同位置时，框架自身重力引起的静态变形小，这一点对设计高精度仿真转台有利。缺点也有两个：一个是存在重力偏载问题，为解决这一问题，常利用机械配重的方法解决，而这又加大了转台的负载，给驱动电动机增加了负担；另一个是音叉式结构不封闭的外框架动态刚度偏低。

2）卧式转台

卧式转台的结构特点是外环框架为水平方向，适用于俯仰角运动范围大的飞行器仿真。在使用时，内环框架模拟飞行器的滚转运动，中环框架模拟飞行器的偏航运动，外环框架模拟飞行器的俯仰运动。

卧式转台的外框架为 O 型结构，其两端分别支撑在刚度很高的两个立柱上，用两个电动机驱动。卧式转台的优点有两个：一个是外框架的 O 型结构设计，使外框架的机械结构刚度很高，有利于提高转台外环的固有频率，便于控制系统的设计与实现；另一个是由于外框架用两个电动机同步驱动，电动机输出力矩大，因而重力偏载力矩占的比例较小。其主要缺点是当外框架轴向尺寸较大时，弯曲刚度低，在重力作用下的弯曲变形不容忽视。

需要注意的是，三轴转台作为飞行姿态模拟器的最常用的转台形式，这两种结构分别对应了惯性坐标系向机体坐标系旋转的两种旋转关系，立式转台的旋转次序是偏航→俯仰→滚转，即"2—3—1"模式，卧式转台的旋转次序是俯仰→偏航→滚转，即"3—2—1"模式。

6.2.4.5　按照使用模式分类

转台根据其使用模式可以分为飞行仿真转台、惯性测试转台、武器装备转台。

1）飞行仿真转台

飞行仿真转台主要用在制导控制系统半实物仿真中，在实验室环境下，模拟飞行器的姿态变化或弹目之间的角度关系变化，主要形式包括三轴仿真转台和五轴仿真转台，重点关注转台对于控制指令的动态跟踪能力。

2）惯性测试转台

惯性测试转台主要用于提供高精度的角度运行环境、角速度运行环境和测试功能，模拟方式主要包括角度模拟和角速度模拟，主要形式包括单轴转台或双轴转台，主要用于惯性导航系统陀螺仪、导引头器件的检测和标定，重点关注转台对于角度或角速度的控制精度。

3）武器装备转台

武器装备转台主要用于武器装备系统中，根据控制指令驱动框架运动，实现对其安装载荷的姿态控制，常见的包括随动转台、光电跟踪转台，主要要求其具有较好的动态性能和环境适应性。

常见的转台结构形式如图 6-1 所示。

（a）立式单轴　　　（b）卧式单轴　　　（c）立式双轴　　　（d）卧式双轴

（e）立式三轴　　　（f）卧式三轴　　　（g）立式多轴　　　（h）卧式多轴

图 6-1　常见的转台结构形式

6.2.5　姿态模拟器的主要技术指标

飞行仿真转台作为一种在高精尖设备研究领域有着重要应用的半实物仿真设备，对于飞行器、导弹等的设计研发起着关键作用。由于不同飞行器的任务载荷和飞行弹道各不相同，其对姿态模拟器的性能要求也各有不同，而不同的性能要求直接决定了姿态模拟器的价格和优劣。为了评估不同厂家的转台优劣，需要提出一系列的技术指标，用于评判转台设备的性能高低。姿态模拟技术研究经过多年发展，行业内普遍认可的技术指标主要体现在负载能力、运动范围、跟踪性能和控制精度四个方面。需要注意的是，不同的应用任务对于转台的性能需求也各不相同，在选择转台时，应根据应用场景和参试对象，来选择合适的性能指标。

下面就简要介绍转台的主要技术指标。

6.2.5.1　负载能力指标

转台的负载能力主要由参试部件的需求决定。参试部件的类型和用途决定了转台的结构形式，而参试部件的重量与尺寸等参数决定了转台的规模大小。

1）负载安装尺寸和安装要求

负载安装尺寸是指允许安装的产品的最大尺寸。安装要求是指需要安装的产品类型，如导引头、雷达搜索天线，或弹上控制仪器、惯性测量组件等负载所需的特殊要求，如视界条件等。这些条件表征了转台的负载适用范围。

2）负载条件

负载条件主要包括转台内框所允许的负载重量范围、转动惯量，以及负载所承受的静阻力和刚度，这些指标直接影响伺服系统中功率元件和电动机的选择。

6.2.5.2　运动特性指标

转台的运动特性通常用于描述转台的不同台体框架的转动范围和转动能力，主要由被模拟对象运动特性和仿真应用目的决定。

1）转角工作范围

转角工作范围是指各个框架的转动范围。对于一般的仿真转台，通常不需要其连续旋转，典型工作范围可以设置为俯仰框±90°、偏航框±180°、滚转框±180°；而用于惯导测试的转台一般要求三框均可连续旋转。但用于旋转弹体仿真时，要求转台的内框进行连续旋转；而用于防空、反舰、战略导弹仿真时，可能会要求其偏航通道为±360°。

2）最大角速度

最大角速度是指转台能够达到的最大角速度，一般选取参试设备的载体在该转动方向上的最大转动角速度的 1.2～1.5 倍。

3）最大角加速度

最大角加速度是指转台能够达到的最大角加速度，一般选取参试设备的载体在该转动方向上的最大转动角加速度的 1.2～1.5 倍。

6.2.5.3　跟踪性能指标

跟踪性能指标主要用于描述伺服控制系统的动态响应和控制精度，主要由转台的应用场景和精度要求决定。

1）频带宽度

转台伺服控制系统的频带宽度表征了系统不衰减的（或衰减在允许的误差范围内）响应输入信号的能力。该指标有多种评价体系，在工程上常用的是"-3db、90°相移"和"双 10 带宽指标"。

- -3db、90°相移：指伺服系统跟踪指令在幅值衰减 3dB 时或相位滞后 90°的范围内的频率大小。
- 双 10 带宽指标：指转台跟踪标准正弦信号，要求跟踪输出的幅值变化在±10%内，并且相位变化在±10°内的频率大小。类似的还有双 5 指标和双 3 指标。

通常，"-3db、90°相移"频带宽度指标限定了系统的工作频段，而"双 10"指标则表征了系统在多宽的频率范围内具有限定范围的动态跟踪误差。

2）最小平稳角速度

最小平稳角速度是指转台所能达到的最低平稳角速度，该项指标是表征转台跟踪平稳性的重要指标。大量的仿真试验证明，低速平稳性的优劣直接影响仿真结果的准确性。若转台的低速平稳性不好，则旋转角速度会产生周期性突变，容易被参试的惯组部件敏感到这种速度脉动，引起飞行控制系统的附加震荡，从而影响仿真试验结果的准确性和可信性。衡量这一指标是否满足要求，可根据参试陀螺仪的灵敏度来确定，即转台最小平稳角速度小于陀螺仪的灵敏度，也就是说该速度不会被陀螺仪敏感。

3）伺服系统动态范围

伺服系统动态范围是指转台某个框架的最大转动角速度和最小可控角速度之比，其动态范围越宽，表示系统能跟踪输入信号的能力越强。

6.2.5.4 控制精度指标

控制精度主要用于描述转台各框架轴的转角控制精度和三个框架间的安装精度。转角控制精度一般从稳态误差和静态误差两方面体现出来，其中稳态误差主要由系统跟踪给定信号产生，静态误差主要由执行元件和负载的摩擦、伺服阀和放大器的死区、滞环、零偏、零漂等非线性及测量元件的误差引起。安装精度主要由安装结构、机械设计、加工工艺和装配水平等因素决定。

1）静态控制精度

伺服控制系统的静态控制特性是标志系统在稳定状态下位置和速度的精确程度，其数值的大小主要由参试产品的最小角度、角速度来确定。此外，还有角位置分辨率的指标，是指转台位置反馈元件所能分辨的最小角位置，基本上要比角度控制精度高一个数量级。

2）重复性控制精度

重复性控制精度是指在同一常值信号多次输入情况下，每次实际输出值之差的平均值。该指标用来保证系统静态精度的稳定性。

3）回零控制精度

回零控制精度是指当给定的常值输入去掉之后，系统恢复到零位初始态的精确度。该项指标也用来保证系统静态精度。

4）零位漂移精度

零位漂移精度是当系统在常值输入作用下，在一定时间范围内，位置漂移额定值的误差，常以此来衡量元件性能的稳定性。

5）速度误差

速度误差是当输入以匀速规律运动时，在稳定情况下，实际输出值与理想输出值之间的偏差。尤其是在小信号的斜坡输入作用下，速度误差的大小是标志系统性能优劣的重要指标之一。常常以此指标来评定伺服控制的低速平滑特性。

6）安装精度指标

转台的安装精度是指转台安装调试后，各轴之间的安装精度主要有不相交度和不垂直度两个指标。不相交度是指俯仰、偏航和滚转三个轴的不相交度，根据参试产品和转台结构的复杂性进行确定，一般要求指标不超过 1mm。不垂直度是指俯仰、偏航和滚转三个轴的不垂直度，根据参试产品和转台结构的复杂性进行确定，一般要求指标不超过 10″。

6.3 姿态模拟器的关键技术内容研究

转台作为一个大型的机电液一体化仿真设备，涉及机械、电气、控制、动力、计算机等专业知识，在研制过程中，需要开展机械机构设计、电气伺服设计、控制软件设计等设计工作。

在本节中，将围绕转台研制过程中的诸多关键技术，包括机械台体设计、结构特性分析、电气伺服控制系统选型、伺服控制方法、校准标定技术和控制软件实现等内容进行展开介绍,并以某型电动三轴转台为例,介绍转台的设计过程。

6.3.1　姿态模拟器的机械台体设计

转台的机械台体结构主要由多个转台框架和底座两大部分组成,主要完成负载安装和实现轴系回转运动。通常情况下,多轴转台的框架轴相互垂直或平行,负载安装在与内框固连的托板上。内框轴支撑在中框架上,中框架支承在外框架上,从而构成了内、中、外三个回转自由度的万向框架,其中,每个框架包含了独立的驱动装置和轴承结构。

作为支撑负载器件和伺服控制的机械装置,台体的结构、外形和精度直接影响了转台的性能指标。在进行机械台体结构设计时,在满足系统对机械台体的精度指标要求的前提下,需要根据多种参试载荷的安装需求,考虑体积、重量、惯量、刚度和制造工艺等因素,从而实现较小的转动惯量和较大的结构刚度。

6.3.1.1　姿态模拟器的台体框架设计

转台的台体框架是转台机械结构中的重要部分,用于支撑转动轴承和驱动电动机,并用于安装配平系统、限位装置、锁紧装置及微调装置等辅件。在进行台体框架设计时,应充分考虑用户的使用场景和框架的精度要求、结构形式、材料、热处理和加工工艺性等因素,要求设计的台体框架具备高刚度、轻量化和长期稳定等特性。在选择加工材料时,在满足机械系统使用要求的前提下,应尽量选用成本低廉的材料,主要包括铸铁、结构钢、铝合金、复合材料等。

1)转台框架设计

根据参试载荷的使用需求,并考虑转台结构形式,可以将框架分为 O 型、U 型和 T 型三种形式。

其中,O 型结构对称性好、整体刚度大、易于实现整圈旋转、结构简单、紧凑、体积小、结构频率高,适于高速旋转,一般用于内框架和中框架。而 U 型和 T 型结构对称性较差、整体刚度较差、结构复杂、体积大,并且需要考虑配重问题,适用于低速摆动运动,一般用于外框架和中框架,但 T 型有时用于内框架,便于部件安装。

通常情况下,框架多采用封闭腔型薄壁结构形式,其材质选择具有刚度大、质量轻、稳定性好、加工方便、无磁、铸造工艺与热处理工艺成熟等优点的铸造铝合金。为提高台体自身刚度,根据台体的精度指标、动态指标、框架受力情况、框架的变形情况等,对框架的壁厚和具体结构形式进行了优化设计,可以在腔体内部布置大量与受载方向一致的纵向隔板。需要注意在结构设计中,应根据有限元刚度和强度优化设计的结果,对框架的局部薄弱环节进行加强,在载荷集中部位配置加强筋或增加厚度,从而保证不出现局部薄弱的现象。

2)转台基座设计

转台的基座通常采用筒形空腔结构,并在其内部合理分布加强筋。材料通常采用铸铁,具有刚度强度大、稳定性好、吸振性好、加工方便、铸造工艺与热处理工艺成熟等优点,同时可以降低转台的重心,便于用户使用。

另外,为便于转台的安装与搬运,在转台基座下面应设计多个可调地脚,便于转台台体在地基上的安装与调平,并可通过地脚螺栓将台体与地基固连。台体基座上还应安装有多个吊环，便于台体搬运。

6.3.1.2 姿态模拟器的转动轴系设计

转动轴系是转台精度和运动性能的基础，其主要功能是支撑机械转子，降低其在运动过程中的摩擦系数，并保证其回转精度。为了保证支撑的可靠性，转台的轴系通常采用精密向心推力轴承挑选配对使用，配对时应尽量使每对轴承的径向跳动规律相同，跳动量差尽可能小，从而将轴承的径向跳动对轴线角晃动量的影响降至最小，并通过加预紧和合理装配进行调整，保证轴系的刚度和精度。

转台支承系统的刚度不仅影响台面的静力变形，同时影响切削稳定性和零件的加工精度。转台的转动部分（转轴、蜗轮和刹紧装置等）通过转台轴承与基座相连，其转台轴承同时承受轴向、径向载荷和倾覆力矩的作用，因此，转台轴承的静刚度直接影响台面的几何精度和动态特性。

在设计选型时，要求轴承摩擦力小，可承受较大径向力和部分轴向力，能够达到较高转速。在设计时，首先，根据轴承工作条件，选择轴承基本类型、公差等级和游隙；然后，根据轴承的工作条件、受力情况和寿命要求，通过计算来确定轴承型号；最后，验算所选轴承的额定载荷、极限转速和工作寿命。

常用的转台轴承包括单排四点接触球轴承、双排球轴承、交叉圆柱滚子轴承和三排圆柱滚子组合轴承等类型。

6.3.1.3 姿态模拟器的辅助结构设计

为了保证转台的正常使用，在转台机械机构上还需要增加一系列辅助结构，包括安装台面、机械限位、调平机构、锁紧机构等。

1）安装台面设计

为便于被测器件的安装，转台的内框通常会采用 O 型或 T 型结构，并通过安装台面，以便于适应不同的产品装配需求。安装台面通常采用铝合金材料、薄壁盘面形式，通过合理分布加强筋，从而提高台面刚度和强度，并在台面上合理分布多个螺纹安装孔，便于被测器件安装。

同时，通常要求台面附近提供约定类型和数目的接插件插座，其内部通过导电滑环与台体下方的插座进行连接，从而实现对参试器件供电和信号传输。

2）机械限位设计

转台中轴的运动有角度运动范围要求，所以为了防止工作异常超出转角范围而导致参试产品损坏，通常要求转台具有机械限位装置。

机械限位通常采用缓冲式挡块机构，在发生机械碰撞时能够有效吸收能量，起到缓冲作用，从而有效保护设备。缓冲器的选型要求在其行程范围内能够有效地吸收转动体的转动动能，使转动体停止转动，同时考虑最大撞击行程角在一定的范围内，以保证撞击时对缓冲器产生的侧向力不破坏缓冲器。

3）调平机构设计

调平机构主要用于三轴转台与地基之间的连接。调平机构通常采用楔型调平支脚，由上垫铁、中垫铁、下垫铁、调整螺栓、地脚螺栓组成。

调平支脚安放在转台的下方，要求调平支脚能够克服中垫铁与上垫铁及下垫铁接触面之间的摩擦阻力，同时能够通过地脚螺栓将转台固定在地基上。

4）锁紧机构设计

为了方便试验人员安装参试器件和检测台体，转台通常需要一系列的锁紧装置。目前，锁紧装置通常采用电磁锁形式，主要由衔铁和轭铁组成，轭铁通电时电磁锁瞬间吸合。电磁锁采用直流电源供电，具有功率小、锁紧力矩大、安全、锁紧时偏移小、漏磁小、发热小、锁紧力矩大等特点。

6.3.2　姿态模拟器的结构特性分析

转台作为一个高精密的机电液一体化装置，包含众多零件装置和机械结构，良好的台体机械结构特性是保证转台运行精确和可靠性的基础。为了提高转台性能，保证机械结构装置运行的可靠性和稳定性，需要在完成机械台体结构初步设计后，开展结构特性分析。根据分析结果，对设计方案进行改进和完善，保证台体机械结构具有较高的刚度和期望的模态。

6.3.2.1　机械台体结构特性分析的含义

机械台体的结构特性分析是研究机械结构在载荷作用下的内力大小和形变特征，其工作主要包括机械结构的静力学分析和动力学分析。

机械结构静力学分析的主要任务是求解在固定不变的载荷作用下，机械结构的位移和应力分布，不考虑惯性、阻尼特性和随时间变化的载荷，但允许有稳定的惯性载荷重力和离心力作用。

机械结构动力学分析的主要任务是求解机械结构在载荷作用下没有达到静力学意义的平衡状态，或者在弹性力的作用下，机械结构在平衡位置附近进行有规律的振动情况，主要是计算结构部件和系统的固有频率及振型。在分析动力学问题时，由于位移和应力等都是时间的函数，不仅需要考虑结构的刚度，而且应该考虑其惯性和阻尼特性。

由于转台台体和框架均为典型的机械结构，包含大量的板、轴和机械连接件，在运行过程中，一方面承受各种外部载荷，另一方面内部连接之间也存在各种应力作用。为保证机械结构的正常工作，达到预期的目的，需要对机械主要结构件进行特性分析，这是研究系统可靠性、寻求最佳结构设计方案的重要手段。

6.3.2.2　机械台体结构特性分析的方法

由于机械结构本身形状的多样性和载荷系统的复杂性，以往进行结构特性分析时采用的经典力学方法，往往带有局限性。近年来，随着计算机处理能力的不断增强、数值求解方法的不断优化、力学求解方法的不断完善，具有可以求解结构形状和边界条件下任意力学问题的有限元分析法，已经成为一种最成功、最广泛的方法。

1）有限元分析法的基本概念

有限元分析法（Finite Element Method）是求解数学物理问题（复杂微分方程）的一种数值计算近似方法。它发源于固体力学，以后迅速扩展到流体力学、传热学、电磁学、声学等其他物理领域。

有限元分析法的目的：针对具有任意复杂几何形状变形体，完整获取在复杂外力作用下它内部的准确力学信息，即求取该变形体的三类力学信息（位移、应变、应力）。在准确进行力学分析的基础上，设计人员对所设计对象进行强度（Strength）、刚度（Stiffness）等方面的评判，以便对不合理的设计参数进行修改，以得到较优化的设计方案；再次进行方案修改后的有限元分析法，以最后的力学评判和校核，确定出最后的设计方案。

有限元分析法的基本思想：把连续的待求解对象划分为有限个互不重叠的单元；在每个单元内，选择一些合适的节点作为求解函数的插值点，将微分方程中的变量改写成由各变量或其导数的节点值与所选用的插值函数组成的线性表达式，借助变分原理或加权余量法，将微分方程离散求解；求解完成后，基于相关单元的求解，按照一定的方法进行组合，来获取待求解对象的近似求解。

根据所采用的权函数和插值函数的不同，有限元分析法可以分为多种类型。根据权函数进行划分，可以分为配置法、矩量法、最小二乘法和伽辽金法等；根据计算单元网格的形状进行划分，可以分为三边形网格、四边形网格和多边形网格等；根据插值函数的精度进行划分，可以分为线性插值函数和高次插值函数等。

有限元分析法解决问题的基本步骤如下。

①问题定义。

在开展有限元分析之前，需要根据实际问题，建立研究对象的模型，获取研究对象的几何形状、材料特性和边界条件等对象性质。

②求解域离散化。

在对研究问题进行求解时，经常很难从整体上分析对象系统。此时，需要把求解域分解成具有不同有限大小和形状且彼此相连的有限个单元组成的离散域，这个过程被称为离散化，也称为有限元网格划分。通过求解域的离散化，将空间连续问题转化为由一些基本单元组成的离散问题。在有限元分析法中，单元越小/网格越细，则离散域的近似程度越好，计算结果也越精确，但计算量也会大幅增加。因此，求解域的离散化是有限元分析法的主要内容。

③确定状态变量及控制方法。

一个具体的物理问题通常可以用一组包含问题状态变量边界条件的微分方程式表示，为适合有限元求解，通常将微分方程化为等价的泛函形式。

④单元推导。

对单元构造一个适合的近似解，即推导有限单元的列式，其中包含选择合适的单元坐标系，建立单元试函数，以某种方法给出单元各状态变量的离散关系，从而形成单元矩阵或刚度矩阵。

为保证问题求解的收敛性，单元推导有许多原则要遵循。对工程应用而言，重要的是应注意每一种单元的解题性能与约束。例如，单元形状应以规则为好，畸形时不仅精度低，而且有缺秩的风险，从而导致问题无法求解。

⑤总装求解。

将基本单元组装成一个近似系统，在几何形状和性能特征方面可以近似地代表研究对象。通过分析近似系统，可以了解研究对象的性能特征。在总装过程中，要求单元函数的连续性满足一定的连续调节。

⑥结果显示。

在求解完成后，借助一些图像化显示工具对分析结果进行显示，如物体形变、温度变化、应力分布等内容，使得计算结果更加直观。

2）常用的有限元分析软件

有限元分析法作为一种强有力的数值分析方法，在转台这种大型复杂结构难以得到精确解析解，以及这些结构的研究费用十分昂贵甚至不可能进行时，其具有独特的应用价值。有限元分析法使得设计人员在设计阶段就能通过有限元仿真分析，形象地了解整个设计方案在受载后的应力变形和动力特性，评估设计质量，寻找最佳的设计方案，将使结构设计质量发生质的飞跃。目前，有限元分析软件类型很多，如 ANSYS、ABAQUS、PATRAN、MARC、SolidWorks、UG、Pro/E 等，在选择时，应根据分析内容选择合适的分析软件。

ANSYS 软件是美国 ANSYS 公司研制的有限元分析软件，其主要功能是融结构、热、流体、电磁、声学于一体的大型通用有限元软件，广泛用于一般工业及科学研究。ANSYS 软件中结构分析模块能够进行结构静力学分析和结构动力学分析，其中，结构静力学分析用来求解静态外载荷引起结构的位移和应力等，惯性及阻尼的时间相关作用对结构响应的影响不显著的问题，并且可以考虑结构的线性及非线性行为。结构动力学分析用来求解随时间变化的载荷对结构或部件的影响问题，求解瞬态动力、模态（包括模态循环对称）、预应力模态、谐波响应、响应谱及随机振动等问题。

在利用 ANSYS 软件开展机械结构的有限元分析时，其计算步骤基本为首先构建三维模型；然后导入分析软件后进行网格划分、指定部件材料等操作；最后开始进行方程求解，获取结构应力和应变的分布。

6.3.2.3 机械台体结构特性分析的内容

在机械台体结构特性分析中，主要工作包括机械结构的应力大小和应变分布、谐振频率和模态计算、螺钉强度校核计算等分析内容。

1）应力大小和应变分布

在转台结构设计过程中，首先需要对台体主要受力部件（轴、框架、支架等）进行受力分析，计算其惯性载荷、重力不平衡载荷和摩擦载荷等内容，确定各部件最恶劣受力情况；然后对各部件强度、刚度、应力等状态进行计算，获取各个受力部件的应力大小和应变分布。某型转台外框的应力分析和应力分析结果如图 6-3 所示。

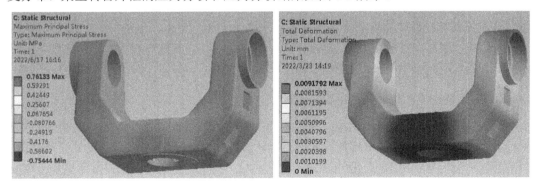

图 6-3 某型转台外框应力分析和应力分析结果

根据计算结果，检查设计的机械结构中是否存在应力集中现象，判断应变大小是否超出范围，从而确定各部件最佳结构形式和尺寸，并进行优化设计，从而保证机械结构的安全性和可靠性。

2）谐振频率和模态计算

模态参数是力学系统运动微分方程的特征值和特征矢量，在机械结构特性分析时，需要重点关注机械结构的固有频率和振型。由于机械结构受迫振动时的动力响应与结构的动力特性密切相关，分析机械结构的动力特性，一方面，要求主要结构的谐振频率避开在实际运行条件下可能的激振频率范围，从而避免由于结构共振影响机械结构损坏；另一方面，要求转台振型应尽量光滑，避免有突变。Carco 公司总结出两条有效的经验：①强耦合结构共振频率应设计为转台最大工作频率或负载相关干扰（如偏载）频率的5～7倍；②弱耦合结构共振频率应设计为转台最大工作频率或负载相关干扰(如偏载)频率的2.5～4倍。

通过计算转台机械结构的模态大小，可以发现转台结构动力学特性存在的缺陷，并找到影响转台可信性的原因及解决办法。

3）螺钉强度校核计算

在转台机械结构中，多个机械部件之间会通过螺钉进行连接。在转台运动过程中，螺钉会受到选择扭矩和机构重量形成的剪切力，如果超过了螺钉的预紧力矩或结构强度，则可能导致螺钉飞出或折断，从而造成转台损坏甚至人员伤亡。因此，在进行转台设计时，需要计算螺钉在承载的情况下所需的预紧力，保证连接处接触面摩擦力能传递负载最大动态运动所需的力矩和克服内框重量形成的剪切力。

经分析计算，转台台体中大负荷受力的螺钉主要分布在中轴与中框架连接处、中轴与电动机转子座的连接处、外轴与外框架连接处、外轴与外电动机转子座连接处。为保证转台机械结构的安全性和可靠性，必须在设计时对上述螺钉进行强度校核计算。

6.3.3 姿态模拟器的电气伺服系统选型

转台作为一个姿态模拟设备，根据模拟维度的不同，包含多个独立的伺服控制系统，分别驱动不同的框架进行转动。在运行时，仿真软件根据需要的姿态控制指令解算出控制伺服电动机的控制量，并发送给多轴运动控制器。多轴运动控制器接收控制计算机指令和运动轴系的反馈，通过控制策略运动后控制伺服电动机带动执行机构（电动机减速器或电动缸），并完成相关框架的角度运动的控制。

对于转台而言，电气伺服系统是整个转台的控制核心，其框架设计、部件选型、信号处理等环节，直接影响整个转台的控制精度和运行性能。

6.3.3.1 转台电气伺服系统的组成框架

从硬件组成上来看，转台的电气伺服系统主要由控制系统（包含计算机、伺服控制软件、运动控制卡、数据采集卡等器件）、信号调理转换电路、功率放大和驱动、驱动机构、测角装置、电源装置和供电系统等组成（见图6-4）。其中，运动控制卡、数据采集卡等安装在控制计算机中，与信号调理转换电路、功率放大和驱动、供电电源等设备一起，集成在电控机柜中；而驱动机构、测角装置及相关电缆，则安装在转台台体框架内。

对于不同型号的转台，其伺服系统基本框架与此基本类似，其差异主要在于控制软件的设计、控制算法的形式、驱动电动机的选型和测角装置的选择等方面内容。

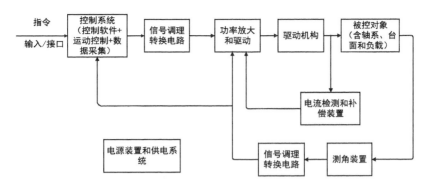

图 6-4　典型的转台单通道电气伺服系统的组成

6.3.3.2　转台电气伺服系统的驱动机构

驱动机构是转台设计的重要组成部分，作为转台电气伺服系统的执行部件，其选型和性能将影响系统的最终功能、精度等特性。在进行选型设计时，期望驱动机构具备控制方便、定位精度高、可靠性好、响应快、换向性能好、维护简单等优点。在进行驱动机构设计时，需要从物理尺寸、力矩大小、功率匹配、质量特性等方面进行综合选型。根据转台驱动能源不同，驱动机构主要分为液压驱动机构和电动机驱动机构。

1）液压驱动机构

液压伺服系统分为机械液压伺服系统、电液伺服系统和气液伺服系统等类型，它们的指令信号分别为机械信号、电信号和气压信号。其中，电液伺服系统作为目前液压伺服的主要方式，通过使用电液伺服阀，将小功率的电信号转换为大功率的液压动力，从而实现一些重型机械设备的伺服控制，是目前液压转台的主要形式。液压驱动机构主要由电液伺服阀、液压马达等装置组成。

电液伺服阀是电液控制系统的核心部件，在电液控制系统中置于电信号与液压信号的衔接位置。

液压马达是将液体的压力转为机械能的转换装置，输出转矩和转速。按照结构，可以分为齿轮式、叶片式和轴向柱塞式等主要形式。

- 齿轮式液压马达结构简单、价格便宜，常用于高转速、低转矩和运动平稳性要求不高的场合。
- 叶片式液压马达转动惯量小、动作灵敏、容积效率低、机械特性软，适用于中速以上、转矩不大、要求启动、换向频繁的场合。
- 轴向柱塞式液压马达容积效率高、调整范围大，且低速稳定性好，

2）电动机驱动机构

电动伺服系统采用电力作为能量来源，具有使用方便、维护简单等特点，主要由伺服驱动器和伺服电动机等部件组成。

伺服驱动器作为驱动伺服电动机运转的传动单元，根据控制指令变化自身的电流和功率，完成能量转化，通过位置、速度和力矩三种方式对伺服电动机进行控制，实现高精度的传动系统定位。在选型设计时，要求伺服驱动器应能提供足够的电功率，具有相当宽的频带和尽可能高的效率。伺服驱动器主要包括交流伺服驱动和直流伺服驱动。

伺服电动机根据驱动器的输出指令，精确完成角度、速度的旋转控制。常用的伺服电动机主要有直流伺服电动机、交流伺服电动机、步进电动机、直流力矩电动机等类型。

- 直流伺服电动机具有体积小、转矩大、功率重量比大、功率体积比大、稳定性好等优点，缺点是维护性不好、散热性不高。
- 交流伺服电动机具有可靠性高、维护要求低、易散热等优点，且转子转动惯量小，快速性好，功率体积比更大。交流伺服电动机保留了一些直流伺服电动机的优点且克服了某些局限性，但在低速过程中的稳定性不高。
- 步进电动机转子的运动位移取决于脉冲的个数，而脉冲的频率则决定了电动机的速度，优点是误差不会长期积累，但是它的最大缺点就在于容易失步，特别是在大负载和高速的情况下，失步现象更容易发生。
- 直流力矩电动机具有较大的转矩，调速范围宽，精度高，线性度好，而且运行速度平稳，具有快速响应能力，可以适应复杂的速度变化，具有较大的过载能力，可以确保运行速度不受负载冲击的影响。

需要注意的是，伺服驱动器和伺服电动机，其功率和接口必须相匹配。

6.3.3.3　转台电气伺服系统的测角元件

测角系统作为伺服控制系统的输入，其测量精度是保证转台整体精度的基础。测角系统主要包括测角元件、位置编码和数据处理等。其中，测角元件作为测角系统的信息来源，其传感器性能直接影响整个测角系统的分辨率、精度和工作稳定性。转台采用的测角元件具有适用于静动态测角、高精度、易数字化、便于信号转换和处理等特点。目前常用的器件包括旋转变压器、感应同步器和光电编码器等，常用的伺服系统测角元件如图 6-5 所示。

（a）旋转变压器　　　　　　　（b）感应同步器　　　　　　　（c）光电编码器

图 6-5　常用的伺服系统测角元件

1）旋转变压器

旋转变压器是一种输出电压随转子转角变化的信号元件，主要由定子和转子组成，其中定子绕组作为变压器的原边，接收励磁电压；转子绕组作为变压器的副边，通过电磁耦合得到感应电压。旋转变压器的原边、副边绕组随转子的角位移发生相对位置的改变，因而其输出电压的大小随转子角位移而发生变化，其电压幅值与转子转角成正弦、余弦函数关系，或保持某一比例关系，或在一定转角范围内与转角呈线性关系。根据转子电信号引进引出方式，旋转变压器可分为有刷旋转变压器和无刷旋转变压器。根据磁极数目的不同，旋转变压器可以分为两极绕组和四极绕组等类型。

2）感应同步器

感应同步器是基于两个平面形绕组的互感随位置不同而变化的原理，来进行直线测量或转角测量的，主要由基板、绝缘层、平面绕组层和保护层四部分组成，分为测量距离的直线感应同步器和测量角度的圆感应同步器等类型。由于感应同步器输出电信号很微弱，因此，需要配备变换电路对信号进行处理，其基本方式包括双相激磁单相输出鉴相型、单相激磁双相输出鉴相型、双相激磁单相输出鉴幅型和单相激磁双相输出鉴幅型等。

　　3）光电编码器

　　光电编码器又称为光电码盘，是通过光电转换把位移量变换成"数字代码"形式的电信号，主要由光源、码盘、光学系统及电路等部分组成。码盘是在不透明的基底上按二进制码制成明暗相间的码道，相当于接触编码器的导电区和不导电区，作为该传感器的主要器件，其制作精度决定器件精度。当光源通过大孔径非球面聚光镜形成狭长的光束照射到码盘上时，由码盘转角位置决定位于狭缝后面的光电器件与输出的信号；输出信号经放大、鉴幅（检测"0"或"1"电平）、整形，必要时加纠错和寄存电路，再经当量变换，最后译码显示。

　　按照工作原理的不同，光电编码器可分为增量式和绝对式两类。

- 增量式编码器是将位移转换成周期性的电信号，再把这个电信号转变成计数脉冲，用脉冲的个数表示位移的大小。
- 绝对式编码器的每一个位置对应一个确定的数字码，因此它的测量结果只与测量的起始和终止位置有关，而与测量的中间过程无关。

6.3.3.4　转台电气伺服系统的运动控制

　　运动控制通常是指在复杂条件下将预定的控制方案、规划指令转变成期望的机械运动，实现机械运动的精确位置控制、速度控制、加速度控制、转矩控制或力的控制。

　　运动控制单元是指以中央逻辑控制单元为核心，以传感器为信号敏感元件，以电动机和执行单元为控制对象的一种控制装置。它把实现运动控制的底层软件和硬件集成在一起，使其具有电动机控制所需的各种速度、位置控制功能，这些功能可以通过计算机方便调用。通常情况下，运动控制单元的主要功能包括控制算法实现、模数转换、数模转换、与主控计算机模块通信等功能。

　　目前，多数转台的运动控制单元主要采用商用运动控制卡或自研的集成控制电路来实现。

6.3.4　姿态模拟器的伺服控制方法

　　转台伺服控制方法的设计，就是在确定了台体结构、驱动方式、测量元件等硬件后，选择合理的控制结构和先进的控制算法，最大限度地挖掘闭环控制系统的潜力，使转台的性能达到或者超过设计指标。

　　目前，转台常用的伺服控制方法包括经典的 PID 控制、引入前馈的复合控制、自适应控制等。在此，具体的设计过程和算法设计不进行过多赘述，仅给出转台动力学模型、电动机模型和控制方案。

6.3.4.1　三轴转台框架数学模型

　　三轴转台能够同时模拟飞行器的三个姿态变化，是一种最为常用的姿态模拟器设备。在此，以三轴立式转台为例，给出三轴转台各个框架的转动动力学方程。

　　在三轴转台中，每个框架连同其控制器构成一个随动系统，各自围绕自身的框架轴进行转动。但在实际工作中，三轴运动并不是彼此独立的，而是相互耦合、相互影响的。具体表现就是由于陀螺效应的存在，当内框或中框以较高的速度进行旋转时，会给中框框架或外框框架带来力矩干扰。这就使得三轴转台的控制面临较为复杂的对象。

在此，假设转台的三个框架在初始情况下是正交的，给出三轴转台框架运动的数学模型。

假设惯性坐标系为 $Oxyz$，内框、中框和外框的坐标系分别为 $Ox_iy_iz_i$、$Ox_my_mz_m$ 和 $Ox_oy_oz_o$；内框相对其周围坐标系 $Ox_iy_iz_i$ 的转动惯量分别为 J_{x_i}、J_{y_i}、J_{z_i}；中框（不包括内框架）相对其固联坐标系 $Ox_my_mz_m$ 的转动惯量分别为 J_{x_m}、J_{y_m}、J_{z_m}；内框相对于 Ox_i 的转动惯量为 $J_内$；中框（包括内框角）相对于 Oy_m 的转动惯量为 $J_中$；外框（包括内、中框角）相对于 Oz_o 的转动惯量为 $J_外$。

设三个框架坐标系的初始与惯性坐标系重合。令外框坐标系 $Ox_oy_oz_o$（连同内、中框架）绕其 Oz_o 轴逆时针转动角度 γ；中框坐标系 $Ox_my_mz_m$（连同内框架）绕其 Oy_m 轴逆时针转动角度 β；内框坐标系 $Ox_iy_iz_i$ 绕其 Ox_i 轴逆时针转动角度 α，形成非正交配置。

经推导可得三轴转台的一般动力学方程为

$$M_{x内} = \ddot{\alpha}J_{x_i} - \ddot{\gamma}J_{x_i}\sin\beta - \dot{\beta}\dot{\gamma}[J_{x_i}\cos\beta + (J_{z_i} - J_{y_i})(\cos^2\alpha\cos\beta - \sin^2\alpha\cos\beta)] + \dot{\gamma}\sin\alpha\cos\alpha\cos^2\beta(J_{z_i} - J_{y_i}) + \dot{\beta}(J_{y_i} - J_{z_i})\sin\alpha\cos\alpha \tag{6-6}$$

$$M_{y中} = \ddot{\beta}J_中 + \ddot{\gamma}(J_{y_i} - J_{z_i})\sin\alpha\cos\alpha\cos\beta + \dot{\alpha}\dot{\beta}(J_{z_i} - J_{y_i})\sin^2\alpha + \dot{\alpha}\dot{\beta}[J_{x_i} - (J_{y_i} - J_{z_i})(\cos^2\alpha - \sin^2\alpha)]\cos\beta + \dot{\gamma}^2(J_{x_m} - J_{z_m} - J_{x_i} + J_{y_i}\sin^2\alpha + J_{z_i}\cos^2\alpha)\sin\alpha\cos\alpha \tag{6-7}$$

$$M_{z外} = \ddot{\gamma}J_外 - \ddot{\alpha}J_{x_i}\sin\beta + \ddot{\beta}(J_{y_i} - J_{z_i})\sin\alpha\cos\alpha\cos\beta + \dot{\beta}\dot{\gamma}[2J_{x_i} + (J_{z_i} - J_{y_i})(\sin^2\alpha - \cos^2\alpha) - J_{y_i} - J_{z_i} + 2J_{x_m} - 2J_{z_m}]\sin\alpha\cos\alpha + \dot{\alpha}\dot{\beta}[(J_{y_i} - J_{z_i})(\cos^2\alpha - \sin^2\alpha) - J_{x_i}]\cos\beta + \dot{\alpha}\dot{\gamma}(J_{y_i} - J_{z_i})\sin(2\alpha)\cos^2\beta + \dot{\beta}^2(J_{z_i} - J_{y_i})\sin\alpha\cos\alpha\sin\beta \tag{6-8}$$

以上三个方程即三轴转台的数学模型。

若内框、中框完全对称，即 $J_{x_i} = J_{y_i} = J_{z_i} = J_i$；$J_{x_m} = J_{y_m} = J_{z_m} = J_m$，则上述动力学方程可简化为

$$M_{x内} = \ddot{\alpha}J_{x_i} - \ddot{\gamma}J_{x_i}\sin\beta - \dot{\beta}\dot{\gamma}J_i\cos\beta \tag{6-9}$$

$$M_{y中} = \ddot{\beta}J_中 + \dot{\alpha}\dot{\gamma}J_i\cos\beta \tag{6-10}$$

$$M_{z外} = \ddot{\gamma}J_外 - \ddot{\alpha}J_{x_i}\sin\beta + \dot{\alpha}\dot{\beta}J_i\cos\beta \tag{6-11}$$

由上面转台的数学模型的推导可以看出，三轴转台是一个非线性、强耦合的复杂系统。其中，本轴以外的加速度项为惯性力矩耦合项，转速相乘项为框架的陀螺效应。从简要模型可以看出，即使在中框、内框完全对称的情况下，耦合关系仍不能完全消除，这就使得其转台控制方案设计面临较大的问题。

6.3.4.2 直流力矩电动机数学模型

直流力矩电动机具有运行可靠、维护简便、振动小、结构紧凑等优点，是电动伺服转台的主要选型方案之一。在此，给出直流力矩电动机的数学模型：

$$\frac{\theta(s)}{U_a(s)} = \frac{1/K_e}{s(\tau_m s + 1)(\tau_e s + 1)} \tag{6-12}$$

式中，θ 为被控电动机角度位置；U_a 为电枢两端的电压；K_e 为反电动势系数；τ_m 为电动机的机电时间常数；τ_e 为电动机的电磁时间常数。

6.3.4.3 转台单通道伺服控制方案

转台的每个框架均为一套独立的伺服控制系统，其差异主要在于被控框架的动力学模型和控制参数。转台的伺服控制方案在设计时面临诸多约束，要求在保证系统稳定的前提下，综合考虑系统的动态性能和静态性能指标；同时，还要考虑抑制各种控制干扰和部分中间状态的约束条件。

目前，转台伺服控制系统的控制变量主要采用位置伺服控制，主要包括位置单回路控制系统、位置+速度双回路控制系统或者位置+速度+电流三回路控制系统。

1）位置单回路控制系统

位置单回路控制系统仅包含位置控制一个回路，主要采用 PI 控制器来保证系统的动态稳定，消除系统静差，但该结构的动态性能不是很好，对外部扰动抑制能力差，对摩擦等非线性干扰大的控制场合作用有限。它的结构简单，只需要位置反馈信息，系统成本低，适用于控制精度要求低的伺服控制系统。

2）位置+速度双回路控制系统

位置+速度双回路控制系统采用位置环为外环，速度环为内环的控制系统结构。引入速度回路可以提高系统增益，提高系统稳定性，让伺服系统更平稳，但由于需要增加速度传感器及其外围电路，因此系统的成本较高。对于稳定平台伺服控制，速度回路的作用是通过减小外部因素的影响，从而保持伺服系统的稳定。但由于不能充分发挥伺服电动机的过载能力，不能获得最好的动态性能，因此对扰动的抑制能力有限。

3）位置+速度+电流三回路控制系统

位置+速度+电流三回路控制系统采用位置环为外环，速度、电流环为内环的结构。引入电流回路可以有效地利用电动机的过载能力，保证伺服系统在加减速过程中电动机能提供最大的输出扭矩。采用这种多回路控制器设计时，通常采用的方法是由内到外的设计步骤，可以使控制系统的设计大为简化，每一步只需要处理整个系统中的一部分；此外，还可以用限制相应参考信号的方法对每个中间变量进行限幅；而且将控制回路逐一接入，使得现场调试工作大为简化。位置+速度+电流三回路控制系统在伺服系统中应用广泛，大多成熟稳定高精度的伺服系统均采用三回路控制系统。下面就介绍一下该方案中各个回路的任务功能。

- 电流控制回路：对于电动伺服控制系统而言，电流控制回路就是在速度控制回路内再增加一个电流反馈传感器和电流校正网络，构成电流闭环控制系统，以改变速度回路控制对象的特性。在电动机进行动态运行时，在不超过过载电流的情况下，电流控制回路能保证快速提供相适应的大电流，输出大的电磁转矩，从而加快动态响应时间。当电动机发生超载或者堵转的时候，电流控制回路还能起到限流保护的作用。

- 速度控制回路：其主要任务是控制电动机在给定速度下运动，它是实现控制系统动态运动的关键环节。为了给系统快速准确的位置控制提供良好的基础和条件，要求速度控制回路具备较大的调速范围、较强的抗干扰性、良好的动态响应速度。

- 位置控制回路：指在一定的速度和加速度条件下，实现控制系统要求的稳态及性能指标，实现电动机的位置精确控制。闭环控制系统可以减小在电动机位置到达需要位置时快速停止所产生的位置误差，从而提高准确性能。

6.3.5 姿态模拟器的校准标定技术

姿态模拟器主要用于陀螺仪的检测、标定和仿真评估等场景，作为一种惯性导航系统检测和试验装置，在一定程度上是判断惯性器件性能、准确度和质量的依据，实质上起到了计量标准的作用，是陀螺仪性能指标测量与考核的重要途径和环节。因此，随着惯性导航和制导控制对于高精度陀螺仪的需求日益增加，对于转台精度提出了很高的要求，其精度的高低直接影响惯性元件、惯性导航系统和惯性设备等的精度。因此，在转台研制完成后，必须对转台进行校准标定，保证转台的精度和测量的置信度。

6.3.5.1 转台校准标定技术的内容

对于转台系统，其校准和标定的主要任务是对其相关技术指标进行测量，评估其是否满足技术指标要求。由于转台的主要任务是完成角度或角速度的模拟，转台的校准标定的主要内容包括角度、角速度、运动性能、安装精度等相关指标的测量。

1）角度测量

角度测量主要通过一系列测量工具，按照一定的测量方法，完成角位置定位误差、角位置定位重复性、角位置分辨率、角位置定位稳定性等角度指标的测量。

2）角速度测量

角速度测量主要通过一系列测量工具，在一定的时间内，完成角度的走位，通过对角度的测量与计算，得到角速度的相关指标，包括角速度相对误差、角速度平稳性、角速度分辨率等内容。

3）运动性能测量

运动性能测量要求转台完成一定形式和规律的角度运动，测量整个运动过程中转台实际角位置与指令角位置之间的偏差，通过计算求取其运动跟踪性能指标，包括频率误差、幅值误差、相位误差等内容。

4）安装精度测量

安装精度测量主要通过一系列角度测量仪器，完成转台安装精度相关的指标测量，主要包括转台自身的组装精度和转台安装面的精度，常见的测试内容包括转台轴线垂直度、转台轴线相交度、轴线回转倾角误差、安装基准面平面度、安装基准面与转台轴线的平行度等。

另外，对于一些安装方位有要求的转台，还需要通过方位镜等装置，确定转台水平位置的中轴指向（通常要求为正东或正北）。此时，需要对引北镜反射平面与引北轴轴线方位的垂直度，以及引北直角棱镜反射法线与引北轴轴线方位垂直度进行测量。

6.3.5.2 转台校准标定技术中角度的测量方法

从转台校准标定内容可以看出，转台的校准标定工作主要是各种角度的测量和后续的数据处理。转台校准技术的发展其实就是角度测量技术的发展。目前，角度测量技术主要包括机械式测角技术、电磁式测角技术和光学系统测角技术等。

1）机械式测角技术

机械式测角技术是根据机械分度定位原理发展而来的。它的优点是结构简单、工艺性好、性能可靠、对环境要求低等。机械式测角技术的典型代表是多齿分度盘，但是多齿分度盘存在由于齿数无法无限增加而细分受到限制的缺点。相应的解决方法就是利用差动细分技术，从原理角度进行分析，利用差动细分技术能够实现提高多齿分度盘精度。但是，同轴度难以保证、齿盘结构复杂、加工制造存在困难等导致难以实现提高多齿分度盘精度。目前，机械式测角精度基本为 $0.1''$～$0.5''$。

2）电磁式测角技术

电磁式测角技术具有精度高、对环境变化不敏感、维护简单、寿命长等优点。该类技术对测角分度范围进一步扩大，分辨率也进一步提高。电磁式测角技术主要代表是感应同步器测角法和圆磁栅测角法。

- 感应同步器测角法原理是利用电磁感应将位移变化量转化成电信号变化量，感应同步器在工作时多个节距同时工作，有平均效应作用，可以获得较高的分度精度。感应同步器测角方案的技术比较成熟，精度可以达到 $\pm 1''$ 左右，已经应用在许多精密转台上。
- 圆磁栅测角法是把已经录制好磁信号的圆磁栅和被测转台连接在一起，圆磁栅随被测转台旋转，通过检测电路进行处理，拾取磁头将圆磁栅的角位移信息拾取出来。按信号拾取的方式不同，可以分为静态拾取磁头和动态拾取磁头两种类型。

3）光学系统测角技术

光学系统测角技术的高精确、高灵敏度和非接触性等优点让其成了解决高精转台校准的一种有效途径，目前，已经成为国内外角度测量技术领域发展的热点领域和主流方向，测量精度已经可以达到 $0.1''$～$0.01''$ 的量级。光学系统测角技术主要包括光学自准直测角法、激光干涉测角法、激光跟踪仪法、圆光栅角测量法等。

- 光学自准直测角法采用自准直仪和多面棱体的组合来进行测量，自准直仪发射平行光，经正多面棱体工作面反射回自准直仪，得到该角位置的数值，与起始角位置数值的差值就是该角位置上的角位置误差。
- 激光干涉测角法利用主要激光干涉仪，配合多齿分度台、角度干涉镜和反射镜进行测量。将多齿分度台固定在被测转台台面上，把反射镜放在多齿分度台上，激光头发射的激光经角度干涉镜射到反射镜上，经反射镜返回到激光头。
- 激光跟踪仪法采用激光跟踪仪与其目标反射镜进行测量，主要原理是反射镜放在被测的转台台面上，激光跟踪仪发射的激光经过反射镜反射后返回激光跟踪仪得到测量数据。激光跟踪仪可以实现连续测量。
- 圆光栅角测量法采用计量圆光栅（包括标尺光栅和指示光栅）进行测量，该器件是在玻璃或金属表面的圆环形区域上刻有若干均匀分布的、透光和不透光相间的莫尔条纹的圆分度器件。在测量时，标尺光栅栅线与指示光栅栅线之间有一个很小的夹角，把标尺光栅安装在被测轴上，同被测轴一起进行回转运动，指示光栅固定不动，会产生明暗相间的莫尔条纹。光栅读数头中有光电敏感器件，通过光栅读数头把这种莫尔条纹的明暗相间的变化转换成电信号输出。

转台作为一种高精度测量仪器设备，其运行精度直接决定陀螺仪产品标定结果和飞行弹道仿真效果。因此，转台研制完成和交付使用后，必须按照规定的方法和仪器，对相关指标进行标定校准。关于转台设备的详细标定方法，可以参考 GJB 1801—1993《惯性技术测试设备主要性能试验方法》、JJF 1210—2008《低速转台校准规范》、JJF 1669—2017《三轴转台校准规范》等一系列标准规范。

6.3.6 姿态模拟器的控制软件设计

转台作为一个复杂伺服控制系统，在完成框架角度控制任务的同时，还需要完成数据通信、界面显示、人机交互、数据存储、逻辑保护等功能，这些功能主要是通过控制软件实现的。因此，转台的控制软件的优劣直接决定了最终的使用效果。目前，多数转台的控制软件，均是各个转台研制厂商根据任务需求进行定制开发的。

6.3.6.1 转台控制软件功能需求分析

在进行转台控制软件的开发前，需要开展需求分析，明确软件功能。通过分析，转台控制软件的主要功能如下。

1）伺服控制功能

转台框架的伺服控制是转台的核心功能，控制软件通过数据采集模块获取当前各个框架的状态信息，根据指令与位置偏差，按照设定的控制方法，完成各个驱动轴系的指令运动。因此，要求转台控制软件按照计算机控制的思想原理，通过对设计的伺服控制算法进行离散化处理，在定时中断中实现控制指令的计算。通常情况下，需要将该部分功能运行在实时环境下，保证控制算法的性能。

同时，为了便于转台研制人员根据负载特性和工作模式对控制器参数进行调整改进，要求软件具备良好的调参功能，能够安全可靠、方便快捷地实现控制参数的调整。

2）模式管理功能

转台作为一个大型仿真设备，通常具备多种工作模式，要求软件具备工作模式的管理与切换功能。在使用时，转台通常可以分为空闲等待模式、本地单机模式和组网仿真模式。

系统在启动后或完成本轮试验后，进入空闲等待状态，软件根据状态信息继续更新界面，等待操作人员的界面操作或其他节点发送来的各种工作指令。

在本地单机模式中，软件根据用户选择的指令模式和参数大小，实时计算每一时刻的指令大小，主要分为位置控制和速度控制。位置控制通常要求转台按照一定规律的位置指令进行运行，包括指定位置、正弦信号等形式；速度控制通常要求转台按照一个给定的速度平稳运行。为了便于操作和设置，要求软件具备本地单机模式下的指令参数选择和设置功能。

在组网仿真模式中，转台框架指令来源于其他节点（通常来源于仿真计算机），转台按照该指令进行随动运行。在组网仿真试验时，通过反射内存等通信接口，完成仿真主控管理子系统的控制指令响应、节点状态上传，并根据控制指令，完成伺服工作模式的切换。

通常情况下，伺服工作模式分为两个阶段，即仿真开始前的达位模式和仿真开始后的随动模式。

- 达位模式：在仿真开始前，转台接收系统设置的初始姿态，根据当前的框架位置，按照预定的角速度大小实时计算位置控制指令大小，将各轴框架平稳运行到期望的角度位置，到达期望位置后，给出反馈信息，提醒试验人员到达指令位置，可以进行后续的仿真操作。

- 随动模式：在仿真开始后，转台进入随动模式，此时转台每一时刻的指令均来源于仿真计算机计算得到的飞行器姿态信息，在判断指令未超限的情况下，通常按照其最大控制能力进行跟随，使得其运行曲线能够最大限度跟踪上框架指令。

3）逻辑管理功能

转台作为一个复杂的机电液一体化设备，其必须按照一定的逻辑顺序进行操作。为了保证系统正常运行，控制软件必须具备转台的操作逻辑管理功能。转台的逻辑控制主要分为操作逻辑管理和仿真试验管理等。在操作逻辑管理中，通过软件界面，逐一完成转台的上电管理、电动机控制使能、框架零位寻找等操作，在软件设计时，必须通过人机交互设计，保证操作顺序正确执行。

4）安全保护功能

转台属于大功率精密机电系统，机电结构比较复杂，载荷一般也比较精密，所以系统可靠性问题必须给予重视。在运行过程中，元器件异常、电气结构故障、控制指令超限等情况，都有可能导致转台台体飞车等故障状况，从而对人员、部件和设备造成危害。因此，转台系统需要有一套完备的保护措施，主要包括硬件方面的急停装置和软件方面的安全保护。

软件的安全保护功能主要包括转台启动时的自检和运行过程中的巡检。在软件启动时，需要采集各种硬件状态，判断是否正常，如果正常，就能够进入下一步操作；若出现异常，则根据反馈状态进行故障定位，并给出提示信息。在运行过程中，软件的安全保护主要包括故障信号处理和指令限位保护等工作。对于故障信号处理，要求软件通过硬件接口获取传感器、供电电源、执行电动机等部件的信息，全程实时监控设备运行的状态，一旦出现状态异常，就应判断故障严重程度，并执行预定的故障处理策略。限位保护功能是指通过设置位置限幅、速度限幅和加速度限幅等约束条件，并根据当前状态执行相应的应急处理策略，当检测到的位置指令超限时，停止系统运行并执行归零保护策略；当由指令位置计算得到的速度或加速度超限时，停止系统运行或在一个时间段范围内按照最大能力跟踪角度控制指令。

5）数据通信功能

转台系统中包含众多传感器件和执行机构，并需要与其他节点进行数据通信。因此，系统必须具备各种通信接口功能。数据通信模块主要包括信号采集模块、指令输出模块、网络通信模块。在设计时，应根据硬件选型方案和数据通信协议，完成传感器信号采集、网络数据通信和控制指令输出等功能。

6）状态显示功能

在转台运行过程中，为了便于试验人员及时掌握转台运行状态，要求对转台相关数据进行可视化显示。显示的内容主要包括控制指令、框架位置和系统状态。通常情况下，转台的不同框架的运行指令与实际位置以实时曲线和指示框的形式在软件主界面进行显示，而系统运行状态以状态灯的形式进行显示，主要包括三个框架的上电状态、使能状态、寻零状态，便于试验人员及时掌握转台的运行状态。

7）数据存储功能

为了便于试验人员事后分析数据或排除故障，要求转台在运行过程中，将运行时间、控制指令、实际位置、控制器参数、系统状态、运行日志等以文件形式进行保存；并且要求具备数据回读功能，以及完备的指标计算、数据分析、图表输出等功能，能够在软件中进行数据查看、曲线对比和结果分析。

6.3.6.2 转台控制软件组成架构设计

转台控制软件作为一个大型机电设备的计算机控制系统，为了完成控制解算、保证系统安全，要求系统具备很强的实时性能。因此，转台的控制软件架构通常包含两部分，分别运行在实时环境和 Windows 环境。在实时环境下，完成数据采集、信号交互、指令计算、应急处理等强实时功能；在 Windows 环境下，完成人机交互、参数调整、状态显示、数据存储等弱实时或非实时任务。

目前，国内多个转台研制厂商的实时代码运行环境主要包括以下几种：RTX 实时环境、LabVIEWRT 实时环境、QNX 实时环境、嵌入式实时环境等。一方面，要求控制内核能对任意时刻发生的中断进行及时响应；另一方面，通过一个具有时间确定性的定时器，在定时回调函数中完成转台框架的伺服控制指令的周期计算任务。目前，转台的主流控制周期基本在 0.5ms 左右。

1）软件层次设计

基于软件思想，采用从上而下的方法，可以将转台控制软件分为管理层、任务层和链路层。转台控制软件层次设计如图 6-6 所示。

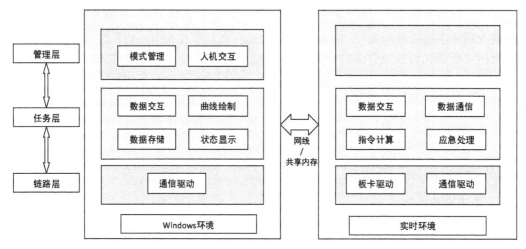

图 6-6　转台控制软件层次设计

在管理层中，主要是在 Windows 环境下，完成系统的人机交互、模式管理、参数配置和实时任务的启动与关闭。

在任务层中，Windows 环境主要完成非实时任务，主要创建定时器或线程，通过相关交互模式（网线/共享内存）完成数据交互、曲线绘制、数据存储、状态显示等弱实时操作。而在实时环境下，通过高精度定时器产生固定时间间隔的定时周期回调函数，完成数据交互、转台状态数据更新、转台控制指令计算、应急故障处理等强实时操作。

在链路层中，主要提供相关板卡和通信接口在 Windows 和实时环境下的驱动程序，支撑任务功能模块，完成数据交互。

2）软件模块设计

按照面向对象的方法，完成软件功能模块的设计，如图 6-7 所示。

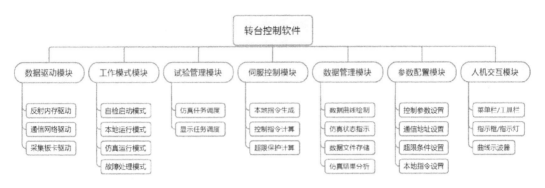

图 6-7　转台控制软件功能模块设计

其中，各个模块功能任务如下。

数据驱动模块：提供各种板卡在不同环境下的驱动接口，完成网络通信指令接收、上/下位机数据交互、传感器数据采集和控制指令信号输出等功能。

工作模式模块：主要完成不同工作模式下的逻辑操作，包括自检启动模式、本地运行模式、仿真运行模式和故障处理模式。在每种模式下，系统的运行流程和操作响应各不相同。

试验管理模式：主要完成试验任务中各种工作线程和定时器的管理，根据用户界面操作或仿真控制阶段，完成相关线程或定时器的启动、挂起、关闭等操作。

伺服控制模块：系统运行性能的核心，主要在实时环境的定时器响应中完成相关操作，具体包括根据设置参数完成本地模式下的框架角度指令生成；基于设置的控制参数、根据传感器获取状态信息进行框架运动控制指令计算；根据控制指令和运行状态进行超限指令保护和故障状态判断等任务。

数据管理模块：主要完成转台运行状态和指令数据的界面显示、文件存储、文件载入、数据分析、指标计算等操作。

参数配置模块：主要通过一系列人机交互界面，完成软件相关参数的设置与配置文件管理，主要包括控制参数设置、通信地址设置、角度限幅和速度限幅条件设置、本地模式指令参数设置等。

人机交互模块：集成相关软件操作控件，用于用户操作、状态显示和曲线绘制。

6.3.6.3　转台控制软件运行流程设计

软件系统主要完成转台伺服仿真任务，是一个多任务的实时系统，系统按照一定的流程，通过一系列消息循环机制来相互协调工作，共同完成框架伺服控制任务。

在此，软件运行流程主要分为主程序和实时进程两个内容。

1）软件主程序运行流程

转台控制程序在 Windows 环境下的主程序软件运行流程图如图 6-8 所示，软件主程序运行在 Windows 环境下，主要用于完成系统的工作模式管理、操作逻辑管理、运行状态显示、试验数据存储、人机界面交互等任务。

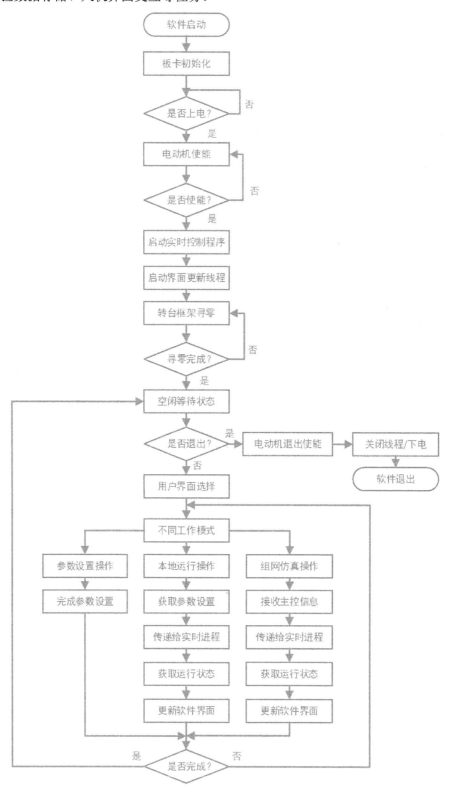

图 6-8　转台控制程序在 Windows 环境下的主程序软件运行流程图

2）软件实时进程运行流程

转台控制程序软件实时进程运行流程图如图 6-9 所示，软件主程序主要运行在实时环境下，通过高精度定时器完成系统的运行状态数据采集、伺服控制指令计算、安全保护及应急处理、伺服控制输出等任务。

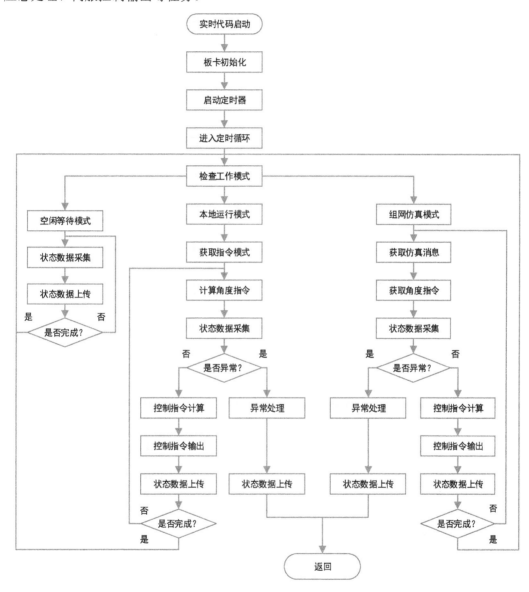

图 6-9　转台控制程序软件实时进程运行流程图

6.3.7　某型三轴转台的设计过程

下面以某型三轴转台为例，介绍典型转台的研制过程。

6.3.7.1　典型转台的设计过程

转台作为一个复杂的大型机电设备，其研制方案主要针对性能、费用、技术风险和整个半实物仿真系统性能进行折中考虑。

在进行方案设计时，通常从内框开始，按照由内而外的顺序展开。其研制过程大致可以分为如下阶段。

1）需求定义

在需求定义阶段，主要根据用户需求说明，明确参试设备的类型、尺寸、重量和电缆接口，确定框架转动角度范围、速度范围和角速度范围，以及导电滑环的规模，从而确定系统的基本架构。

2）总体规划

在总体规划阶段，根据参试设备的要求，完成能源驱动形式、转台框架形式，并根据以往经验，初步完成转台规模和价格的估算。

3）器件选型

根据总体规划、负载特性和转动性能指标，开展各个部件的选型工作，包括伺服电动机、测量器件、转动轴承等核心部件。

4）结构设计

根据选型规模，初步完成机械结构的设计与规划，并考虑安装、限位、调平、锁紧等机构的设计。

5）特性分析

开展系统模态设计，计算框架和台体的应力大小和应变分布，获取系统的谐振频率，根据分析结果，对机械结构和框架进行优化。

6）电控设计

根据电动机选型，完成伺服电控系统的选型与设计，包括各种驱动器、供电设置、电缆和接插件设计，以及机柜的安装设计。

7）控制设计

根据计算的转动惯量和电动机型号，建立伺服系统数学模型，开展伺服控制系统设计，评判伺服控制指标是否满足性能要求。

8）加工制造

根据设计方案，开展机械台体加工与安装，电气部件的设计与焊接，电控系统的装配与上架。

9）软件开发

根据系统运行要求，考虑使用人员的需求意见，开展转台控制软件的开发与调试。

10）联调联试

在完成装配后，进行全系统的软硬件联调联试，确保各项功能满足要求。

11）标定测试

根据研制要求和验收大纲，对涉及的技术指标进行一系列标定测试，确保系统满足合同指标要求。

6.3.7.2　某型转台技术指标

下面给出某型转台转动的功能要求和技术指标，其功能要求主要包括：

- 三轴转台具有速率模式、位置模式、仿真模式等工作模式。
- 在位置模式下，可根据设定参数控制转台框架平稳运行到并稳定在指定的角位置，而且满足规定的角位置精度要求。

- 在速率模式下，可控制转台框架按规定的角速率平稳持续运行，且满足规定的角速率精度要求。
- 在仿真模式下，转台可接收来自仿真机的偏航、俯仰和滚转指令，控制转台对仿真机指令进行跟踪，且达到规定的动态品质要求。满足实时仿真系统 1ms 周期的实时要求。

某型转台转动技术指标如表 6-1 所示。

表 6-1　某型转台转动技术指标

技术指标	内框（滚转）	中框（俯仰）	外框（偏航）
转台结构形式	T 型	O 型	U 型
转角范围	连续	±90°	连续
位置控制精度	10″	3″	2″
最大角速度	1200°/s	500°/s	500°/s
最小角速度	0.001°/s	0.001°/s	0.001°/s
最大角加速度	1800°/s²	1300°/s²	1300°/s²
频率响应	10 Hz（双十指标）	8 Hz（双十指标）	8 Hz（双十指标）
最大负载重量	20kg		
最大负载尺寸	Φ300mm×300mm		
安全保护	机械、电气限位	电气限位	电气限位
控制模式	速度、位置、仿真	速度、位置、仿真	速度、位置、仿真
技术指标	内框（滚转）	中框（俯仰）	外框（偏航）
三轴相互垂直度	不大于 10″		
三轴不相交度	不大于 0.2mm		
结构动态响应	自然频率大于 50Hz		
三轴机械刻度	最小刻度内环 0.5°，中外环 1°		
水平/垂直调整	各框架上有调整/测试基准面		
起重/搬运	转台起重/搬运方便		
可靠性指标	一次连续工作时间≥8h； 平均无故障时间≥1000h		
控制柜	立式标准机柜（颜色待定）		
导电滑环	40 环（5A，20 环；1A，20 环），单芯屏蔽		

6.3.7.3　某型转台设计方案

三轴转台主要用于模拟飞行器在空间的俯仰、偏航和滚转三个姿态角的变化，根据技术指标要求，三轴转台由转台机械台体和转台测控电气系统组成。

根据参试设备需求和仿真弹道特点，转台台体选用 U-O-T 型结构形式。其中，转台内轴为滚转轴，连续旋转，采用台面结构；中框为俯仰轴，在±90°范围内转动，采用机械、电气限位保护；外框为偏航轴，连续旋转。基座底部有水平调整机构，用于转台水平调整，同时基座上还装有 4 个吊环，便于台体的吊装搬运。

转台控制系统采取"主控管理计算机+运动目标计算机+高性能运动控制模块+功率驱动模块+直驱伺服电动机+高精度测角模块"方案，采用电流环、速度环、位置环三环控制的方式，这种方式既能保证系统良好的稳态精度，又能保证良好的动态品质。转台测控电气系统由伺服电动机、驱动模块、测角模块、运动控制模块等部分组成。转台三个轴上均装有伺服电动机和高精度光电角度编码器，与运动控制模块组成完善的闭环伺服系统，完成转台的角运动功能。台体与测控机柜之间通过若干根电缆连接，系统的测控机柜采用标准19寸机柜，转台测控电气系统中除电动机、测角元件、检测敏感元件装在转台台体上外，其他部分装在测控机柜中。

　　某型转台台体效果图和某型转台机柜效果图如图6-10和图6-11所示，图中尺寸单位为mm。

图6-10　某型转台台体效果图

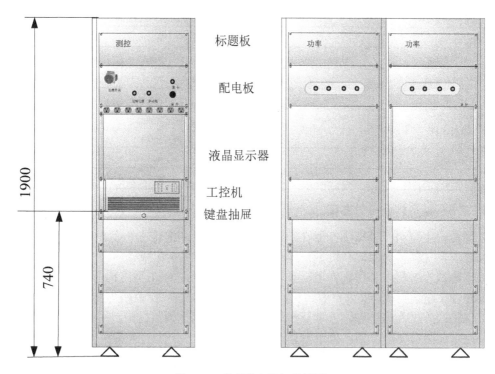

图6-11　某型转台机柜效果图

6.4 姿态运动特性仿真的未来发展趋势

姿态运动特性仿真技术，经历了几十年的研制历程，其技术趋势始终朝着"高频响、超低速、宽调速、高精度"方向发展。

1）高频响

转台的动态特性会对整个仿真回路的动态特性有直接的影响，为了减小这种影响，需要拓宽转台频带，使得转台的各个框架均能在较宽的频带内复现输入信号。实现高频响的关键是执行元件、控制元件、框架系统和控制系统的设计。对于执行元件而言，要求电动机或马达满足最大力矩和最小时间常数的要求；对于控制元件而言，要求控制电路响应满足要求；对于框架系统而言，要求机械框架具有足够的动态刚度，其一阶振荡的频率值要与驱动元件的固有频率相匹配；对于控制系统而言，要求采用高频响的控制电路、较小的控制周期和先进的控制方法。

虽然理论上频带越宽，就可以近似认为伺服系统在相当宽的频带范围内无惯性环节，但在实际设计时，过宽的频带也会导致伺服系统响应各种高频干扰，使得系统的抗干扰能力减弱，影响了系统的稳定性；另外，也会导致较高的研制成本。因此，在进行转台研制时，伺服系统频率响应特性的确定应该以所模拟的飞行器的特性和转台本身的自然特性为依据，选择一个合理可行的频响带宽。

2）超低速

低速性能是评价转台整体性能好坏的重要指标之一。低速平稳性的好坏，直接关系到制导控制半实物仿真的仿真置信度。如果转台低速平稳性不好，则会引起其模拟的姿态角速度发生周期性的突变，导致安装在转台上的陀螺仪敏感到速度脉动，对控制系统发出错误信号，引起系统输出结果错误，产生严重的仿真误差，使得试验结果分析复杂化，严重时将会使整个仿真试验无法进行。良好的低速性能不但给简化系统机械结构的复杂程度、实现系统的宽调速创造了条件，而且能使设备仪器的功效得到充分发挥，大大提高其实际应用价值。

伺服系统的低速平稳性主要取决于系统在小信号下工作的非线性因素，如轴承精度、机械摩擦、电动机死区等。

3）宽调速

调速范围是指转台各个框架运动的最大角速度与最小角速度的比值。转台系统的动态范围宽，表明系统能快速跟踪输入量的变化，对输入量的缓慢变化也能很好反映。这就要求既能满足最大速度要求，又能使低速信号输入平稳。转台系统的动态范围与其执行元件的调速范围对应，主要取决于电动机本身特性和驱动系统的设计。

4）高精度

转台作为一个考核姿态敏感器件的测量设备，其精度要求始终是一项重要指标，通过对于系统精度的追求，以确保仿真试验的静态性能。评价转台的精度，主要包括位置控制精度和框架安装精度。其中，影响位置控制精度的主要因素有位置环中元件的死区、磁滞、摩擦力矩、偏载力矩等，测量反馈元件起主导作用。框架安装精度主要是指框架的垂直度和相交度，主要由部件的加工和装配精度、轴承的运动精度、框架的变形程度和校正修正方法等因素决定。

6.5 本章小结

陀螺仪作为一种重要的惯性测量元件，主要完成飞行器的姿态测量、位置导航和控制计算。由于陀螺仪具有较为显著的误差特性，因此，必须在实验室环境下，通过姿态模拟技术，考核真实陀螺仪性能对于导航精度和控制性能的影响。

姿态模拟技术通过驱动台体框架，实现期望角度的控制，被广泛应用在机械加工、工业制造、惯导研制、系统仿真、武器装备、娱乐休闲等领域。

在本章中，首先简要介绍了陀螺仪的工作原理和误差表现，分析了其误差起因，从而引出姿态模拟器的研制必要性；其次，介绍了姿态模拟器的主要任务、工作原理、发展历程、系统组成和技术指标等内容；再次，从机械台体设计、结构特性分析、电气伺服选型、伺服控制方法、校准标定技术和控制软件设计等方面，详细论述了姿态模拟器的关键技术；最后，对姿态运动特性仿真的未来发展趋势进行了展望。

第7章　气动负载仿真技术

舵机是飞机、导弹、火箭等各类飞行器进行控制的重要执行机构。当飞行器在空中按照设定的轨迹进行飞行时，控制系统通过计算给出期望的舵控指令，控制舵面偏转的方向和大小，从而改变飞行器受到的气动力和气动力矩大小，继而实现飞行器姿态和速度的控制目的。因此，舵机系统的性能优劣和工作状态，直接影响飞行器的系统指标、动态品质和作战任务。随着飞行器性能指标的不断提高，对飞行器舵机系统的性能要求愈加严格，这就要求必须进行深入系统的研究，考核舵机性能对于飞行品质的影响。

为了分析舵机部件对于制导控制系统控制性能的影响，需要建立舵机系统的数学模型并将其代入仿真回路中。但在实际工程实践中，舵机作为一个典型的机电/机电气/机电液一体化的复杂设备，受制造工艺、安装误差、材料结构等因素的影响，舵机系统中往往不可避免地存在死区、间隙、零位误差、摩擦干扰等非线性因素；同时，舵面在摆动过程中要承受空气铰链力矩的作用，并且这个力矩与飞行器的飞行姿态、攻角、马赫数、舵面摆角等因素呈非线性关系，使得舵机性能在带载情况下显著下降。这些非线性因素，经过叠加混合，对舵机系统的静态、动态响应和稳定性产生复杂的影响，使得难以建立精确的舵机数学模型，导致仿真结果置信度下降。因此，为了更加全面和真实地考核舵机性能对于制导控制系统的影响，需要在仿真回路中引入真实的舵机部件，并且同时复现舵机系统在空中的气动负载情况。

气动负载仿真技术作为飞行器半实物仿真的重要内容，在实验室环境下，通过特殊的加载装置，完成当前飞行状态下的负载力矩加载，复现飞行器在空中飞行过程中的舵面负载特性，考核舵机系统设计方案和性能指标，评估舵机系统在实际带载情况下的工作特性对于飞行器制导控制性能的影响，在航空航天、车辆、船舶等领域有着广泛的应用。

在本章中，首先介绍气动负载模拟器的任务、组成及分类，然后给出典型的设备性能指标，针对气动负载模拟器的多余力矩这一关键技术问题进行介绍，最后以某型电动式负载模拟器为例，详细介绍其设计过程和设计方案。

7.1　舵机气动负载力矩简介

舵机系统作为一种典型的伺服控制系统，根据飞行器控制系统计算出的舵控指令，操纵舵面发生偏转以改变控制力矩大小，从而实现对飞行器姿态和位置的控制。

7.1.1　舵面气动负载的组成

飞行器在大气层飞行过程中，作用在舵面的空气动力形成了舵面的负载，这种负载相对于舵机输出轴是一种反作用力矩，主要由惯性力矩、阻尼力矩、铰链力矩（包括攻角铰链力矩和舵面铰链力矩）等项构成。在飞行器进行机动飞行时，这些力矩随飞行状态的变化而变化。

通过对舵机输出轴进行受力分析，可以得出力矩平衡关系如下：

$$M_z = J\ddot{\delta} + K_{\dot{\delta}}\dot{\delta} + K_{\delta}\delta + K_{\alpha}\alpha + \cdots \tag{7-1}$$

式（7-1）中方程右侧分别为惯性力矩、阻尼力矩、舵面铰链力矩和攻角铰链力矩，式（7-1）中各项符号如下：

M_z 为舵机输出的主动力矩，单位为 N·m；

J 为折算到舵机输出轴上的转动惯量，单位为 N·m²；

$\ddot{\delta}$ 为舵面偏转的角加速度，单位为 rad/s²；

$K_{\dot{\delta}}$ 为折算到舵机输出轴的舵面气动阻尼系数，单位为 N·ms/rad；

$\dot{\delta}$ 为舵面偏转的角速度，单位为 rad/s；

K_{δ} 为折算到舵机输出轴的舵面铰链力矩系数，单位为 N·m/rad；

δ 为舵面偏转的角度，单位为 rad；

K_{α} 为攻角铰链力矩系数，单位为 N·m/rad；

α 为飞行攻角，单位为 rad。

负载力矩是影响舵机系统稳定性和操作性的主要因素，舵机系统的操作机构由于受到负载力矩的影响，会呈现复杂的非线性特性，这种非线性特性相对复杂，难以用数学方程准确描述，使得其特性与不带载荷时的特性存在一定差异，如控制精度、死区、响应速度等指标。

在负载力矩中，舵面铰链力矩是主要的负载力矩，它与飞行器飞行速度、空气密度和姿态角等状态有关。当飞行器飞行状态变化较大时，负载力矩也会呈现较大起伏。因此，在研究舵机系统性能时，需要重点分析铰链力矩的变化对于舵机系统的影响。

7.1.2　舵面铰链力矩对于控制系统的影响

铰链力矩的大小直接影响飞行器的操作性能，对于采用自动驾驶仪的导弹或火箭而言，舵机推动操纵面需要用的功率在一定程度上取决于铰链力矩的大小。另外，当飞行器速度发生显著变化时，会导致舵面气动压心在一个较大范围内移动，使得铰链力矩也发生较大变化，严重时会导致铰链力矩的极性发生变化，产生反操纵现象，严重影响飞行器性能。铰链力矩的极性与舵面气动压心的位置有关，如果舵面的气动压心位于舵轴的前方，则铰链力矩的方向将与主动力矩的方向相同，从而引起反操纵现象。如果舵面转轴离舵面气动压心比较近，那么当压心发生变化时，舵机就有可能成为静不稳定系统，以致出现反操纵现象。

相关研究分析表明：反操纵现象引起舵机频带降低，直流增益增大，从而影响控制系统稳定裕度；随着舵机反操纵铰链力矩增加，电动舵机的系统稳定性和快速性下降，严重时会导致控制失稳，使得飞行器失去控制。

7.1.3　决定舵面铰链力矩大小的因素分析

舵面的铰链力矩主要由舵面气动力矩决定，由于绕舵面的气流很复杂，舵面的铰链力矩受到很多因素的影响，包括舵面形状和尺寸大小、飞行姿态和舵偏大小、舵面缝隙效应、飞行速度和雷诺数等因素。

1）舵面形状和尺寸大小

舵面载荷的分布规律与舵面形状和尺寸大小有关。通过对舵面流体力学进行分析可知，舵面流动既有弦向分速，也有展向分速，并且在大攻角下舵面流动还存在边界层分离现象，导致气动载荷（压强差）在舵面上不同位置的分布是不同的。因此，在设计飞行器舵面时，合理巧妙的舵面形状，有利于压力中心范围集中，改变铰链力矩的大小。

2）飞行姿态和舵偏大小

舵面的铰链力矩大小与飞行姿态，特别是与飞行器的攻角和舵偏密切相关，相关的风洞试验和数值计算文献中均有体现。一般来说，铰链力矩随攻角的增大在一定范围内基本呈线性变化，铰链力矩随舵面偏角的增大而增大。

3）舵面缝隙效应

舵面与安定面之间缝隙的不同会导致舵面铰链力矩明显变化。相关研究结果表明，随着舵面和安定面之间的缝隙宽度增加，上下表面的串流加大，导致舵面铰链力矩系数出现变化。

4）飞行速度和雷诺数

马赫数和雷诺数对舵面铰链力矩也有一定的影响。一般来说，在亚音速和超音速情况下，马赫数对舵面铰链力矩影响不明显，在跨音速情况下，舵面铰链力矩随马赫数变化明显。在可变雷诺数风洞中进行的铰链力矩试验研究表明，在小攻角、小偏角度情况下，雷诺数对铰链力矩的影响不大。

通过上述分析可知，舵面的负载力矩，特别是铰链力矩，其影响因素众多，对舵机性能影响复杂。因此，在进行半实物仿真时，不仅需要将舵机实物引入仿真回路，还需要考虑舵机在真实飞行受力情况下的工作状态。只要这样，才能更加真实地考核舵机性能对于制导控制回路的影响。

7.2 气动负载仿真的概念及分类

负载仿真技术是一种用来模拟现实工况中可测或不可测的各种力和力矩的加载技术，通过一套特殊的机电液一体化设备，模拟参试部件在真实的受力状态和工作环境下。利用负载模拟技术开展产品性能的测试和仿真，对产品实物部件破坏性小，具有更好的操作性；可以全天候不间歇地工作，具有更大的经济效益。因此，负载仿真技术被广泛运用在航空航天、船舶、汽车等领域。在航空航天领域，用于模拟飞行器在不同飞行高度和速度下的舵面受到的负载力矩，或发动机摆动喷管在不同工作状态下受到的阻尼力矩；在船舶领域，用于模拟潜艇天线所受海水的载荷，也用于模拟船舶在不同航向、浪级条件下受到的横摇力矩；在工业领域，用于模拟采矿机的牵引力和刹车力矩，也可用于挖掘机、农机具在作业时受到的土壤阻力，还可以用于模仿生物机械手臂在进行不同的运动时其仿真机械肌肉的作用力。因此，对负载仿真技术的研究既具有现实的经济意义又具有深远的战略意义。

关于负载仿真技术的研究是一项复杂工作，涉及系统动力学、液压传动、电气工程、控制理论和计算机控制技术等学科的综合内容。负载模拟器作为一个相当复杂的机电液一体化的复合系统，是一个强耦合、时变的非线性受控对象，因此受到了仿真和控制领域众多学者的重视，其方案设计与工程实现一直是伺服控制领域的一个前沿课题。

在本节中，围绕制导控制半实物仿真系统中的气动负载模拟器，介绍其主要任务、工作原理、系统组成、典型分类、发展历程和主要技术指标。

7.2.1　气动负载模拟器的任务及工作原理

舵机气动负载模拟系统用来模拟舵机装置在实际飞行过程中所受载荷的仿真设备。在制导控制半实物仿真系统中，负载模拟器的主要任务就是在实验室环境内，对舵机装置进行静动态加载试验，模拟舵机系统在飞行过程中受到的负载变化，更加真实地考核舵机的工作特性。通过气动负载模拟器，可以在实验室条件下，最大限度模拟舵机的真实工作环境，考核舵机系统的结构材料强度、控制精度、响应速度和系统可靠性等性能指标，校验舵机系统的数学模型，分析舵机在实际状态下的工作性能对于飞行器制导控制的影响。

在半实物仿真系统中，负载模拟器与参试舵机通过连接装置进行连接，两者均为一个闭环伺服系统。舵机系统通常为一个位置伺服系统，根据飞行控制系统给出的舵偏控制指令，通过驱动电动机和传感器件，完成舵面角度的闭环控制。而负载模拟器系统为一个力矩加载伺服系统，通过力矩加载装置和位置力矩传感器件，借助连接装置，完成设定力矩的加载。在工作过程中，舵机系统跟随指令信号进行主动运动；力矩加载系统要跟随舵机系统一起运动，同时要对其进行力矩加载，两者相互作用，相互影响，互为负载。

气动负载模拟器作为一个典型的机电液一体化伺服控制装置，其简要的工作原理如下：气动负载模拟器通过接收仿真模型实时解算子系统计算输出的当前状态下的气动铰链力矩，或者根据软件界面设定的参数来计算当前加载力矩大小，作为力矩闭环控制的输入信号；通过伺服放大装置，驱动力矩加载电动机带动舵轴转动，实现铰链力矩的加载；通过一系列力矩传感器，获取当前的力矩加载大小并传递给控制器或控制计算机中，按照设定的伺服控制算法，实现力矩闭环反馈控制；气动负载模拟器通常也包括一系列的角度测量器件，用于测量舵机的实际偏转角度，一方面用于力矩闭环的伺服控制算法，提高力矩加载精度，另一方面将测量的舵偏数据通过实时网络传递给仿真模型实时计算子系统，用于飞行器模型中的气动力计算。气动负载模拟器工作原理如图 7-1 所示。

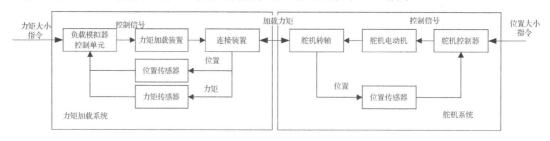

图 7-1　气动负载模拟器工作原理

7.2.2　气动负载模拟器的发展历程

负载模拟器是飞行仿真设备的重要组成部分，在航空航天、车辆、船舶等领域有着广泛应用。负载模拟器不仅用于制导控制系统的半实物仿真中，也用于舵机系统的生产测试中。

7.2.2.1　气动负载模拟器的国外发展历程

负载模拟器系统的研究起源于国外，从 20 世纪 60 年代起，世界各个国家就开始进行研究，最初的加载系统为机械式加载系统。随着电子技术和液压技术的不断发展，20 世纪 70 年代初，日本学者池谷光荣首先研制了电液式负载模拟加载系统原理样机。该电液式负载模拟加载系统原理样机采用两个压力传感器来测量加载油缸两腔的压力，以其压力差值反馈代替力反馈。此外，还分别采用了 PID 控制、解耦控制、模型参考自适应控制等方法。通过分析、实验得出结论：若加载梯度越大，则频带越宽；提高油源压力、选用压力对流量不敏感的伺服阀等措施都对提高加载系统的频宽有利。

随后，由于军事方面的需要，各国相继研制了用来模拟作用在导弹舵面的时变空气动力铰链力矩的气动负载模拟器。1979 年，气动负载力矩模拟器在美国开始应用到导弹性能的测试试验中。它主要由伺服阀、伺服液压缸、伺服放大器、压力传感器、蓄压器和电位计等部件组成。

美国 CARGO 公司研制了 S105 系列空气动力扭矩加载系统，共有七个型号，其技术指标主要包括最大角速度为 $600°/s$；最大摆角为 $±45°$；最大力矩为 $464\,N\cdot m$；扭矩精度为 $1.16\,N\cdot m$；频响（-90°相移）为 50Hz～60 Hz。

美国波音（BOEING）公司生产了 CSAL 型导弹舵面空气动力舵力矩负载模拟器。该产品由四个加载通道组成，由双叶片摆动式电液伺服马达、应变片式扭矩传感器、测量马达角位移的旋转式电位计和与舵机轴相连的联轴节等部分组成，采用了数字及模拟两套控制器，控制模型包括力反馈模型及位置反馈模型。其最大输出扭矩为 $±137\,N\cdot m$；最大舵偏角为 $±45°$；转动惯量为 $2.769×10^{-3}\,kg\cdot m^2$；加载精度为 $±0.69\,N\cdot m$，0.5%；最大速度为 $700°/s$；频率响应为 50Hz（相移-90°，加载力矩为 $4.3\,N\cdot m$）。

瑞士 CONTRAVES 公司生产制造了 ADFL-2 型导弹空气动力舵负载模拟器。其由双叶片马达、应变式扭矩传感器及电位计式位置传感器组成，它的四个通道分别由两个控制柜实现控制。其最大运动角速度为 $400°/s$；扭矩传感器精度为 $5.3\,N\cdot m$，0.3%；最大输出力矩为 $1810\,N\cdot m$；扭矩分辨率为 $4.4\,N\cdot m$，0.24%；频宽为 100Hz。

韩国高等技术研究院的有关学者也对负载模拟器进行了研究，该负载模拟器加载输出轴通过力矩弹簧、力矩传感器和舵位置系统输出轴相连，构成被动式的电液式负载模拟器。其模拟器采用了模糊控制方法，在提高系统的频响方面取得了一定的效果。

7.2.2.2　气动负载模拟器的国内发展历程

自 20 世纪 70 年代以来，我国科研工作者相继展开了对负载模拟器的研制。目前，在国内航空航天科研院所得到了广泛的应用，为推动国防装备的进步提供了完备的试验装置。

北京航空精密机械研究所（航空部三零三所）与某空军基地合作，于 1987 年完成了 3-4FM 型导弹气动负载模拟器的研制。它由双叶片摆动马达、应变片式扭矩传感器、测速电动机及旋转电位计等部件组成。其主要指标：最大加载力矩为 $±250\,N\cdot m$，最大舵偏角为 $±40°$，加载精度为 $1.2N\cdot m/rad$，频宽为 9 Hz（相移-10°，幅值变化±10%，有扰）。

洛阳空空导弹研究院在 1988 年自行设计了一台导弹舵面空气动力负载模拟器，采用两个直线油缸形成力偶对舵机进行加载，采用了压力流量电液伺服阀，并在舵机与加载驱动轴之间串联了一个低刚度的弹簧扭杆，以消除多余力矩。其主要指标：最大扭矩为±250 N·m，最大摆角为±45°，频宽为 10 Hz（无扰情况下，双十指标），117 Hz（-90°相移）。

北京航空航天大学在 1990 年为航天部二院研制了一台 YCK-I 型导弹空气动力负载模拟器，它包括四个独立的加载通道，每个加载通道均由摆动式叶片马达、应变片式扭矩传感器、电位计等组成。

西北工业大学在 1998 年为航天部三院三部研制了一套 6 通道负载模拟器，该设备的主要技术指标如下：最大输出力矩为 160 N·m，最大舵偏角为±25°，最大角速度为 200°/s，加载精度为 0.5%，零位死区≤0.5 N·m，多余力矩下降幅度为 80%（8 Hz 输入），有扰时系统频宽为 10 Hz（相移-10°、幅值误差 10%）。

哈尔滨工业大学在 2005 年研制了 ET106B 型负载模拟系统，用来模拟空间飞行器在飞行过程中舵机所受到的空气力载荷，其主要技术指标如下：最大输出力矩为±50 N·m，力矩加载精度为 0.2%，最大舵偏角为±30°，最大角速度为 400°/s。负载模拟系统主要包括永磁同步电动机、旋转变压器、扭矩传感器和刚性法兰等，控制系统采用集中控制方式。

目前，随着工业基础和科研水平的不断提升，国内在负载模拟器领域的相关指标已基本接近世界先进水平，但在多余力矩消除、大力矩、高频宽等高端要求上，还存在一定的差距。

目前，国内对负载模拟器研究较多的单位主要包括西北工业大学、哈尔滨工业大学、北京航空航天大学、南京航空航天大学、中国民航大学、中北大学等。

7.2.3 气动负载模拟器的系统组成

气动负载模拟器用于完成力矩的伺服加载，因此，其组成与典型的伺服控制系统类似，主要包括机械台体、动力驱动和伺服控制，三个部分之间通过专用电缆进行连接、交互和通信。

其中，机械台体作为支撑机构，用于安装集成力矩加载电动机、传感器件、参试产品，实现力矩加载装置的运动。主要包括基座、轴系、电动机/马达安装夹具、连接轴、测量元件、机械限位撞块等部件。

动力驱动为力矩加载装置提供动力输出，包括电动机驱动、液压驱动等方式，其中，液压驱动包含部件较多，如液压泵源、管路、流量阀及各种油路控制装置；而电动机驱动相对简单，主要包括隔离变压器等设施，负责将三相 380V 电源进行隔离变压，转换为三相 220V 的电源给相关驱动控制器供电。

伺服控制系统作为气动负载模拟器的控制中心，包括各种力矩和角度传感器件、驱动放大单元、控制器、控制计算机及其控制软件、逻辑判断部件和电子安全保护部件等，主要完成负载台的性能检测、操作控制、显示记录和安全保护等功能。

需要注意的是，对于不同类型的负载模拟装置，其具体组成方案会存在一定差异。

7.2.4 气动负载模拟器的分类

负载模拟技术被广泛应用在不同领域，试验任务和参试对象的不同，使得负载模拟器的分类也存在较大差异。经过几十年的发展，气动负载模拟器出现了多种类型和用途。下面就给出气动负载模拟器的分类,设计人员在选择方案时,应选择适合自身任务的负载模拟器类型。

7.2.4.1 按照加载对象是否运动进行分类

负载模拟器按照加载对象是否运动,可分为被动加载式和主动加载式两种类型。

1)主动加载式负载模拟器

在飞机、汽车、轮船等大型装置进行生产制造时,需要对其结构和材料进行静、动强度试验,此类装置为主动加载式装置,它以承载对象在作用过程中始终保持静止状态为前提,可称为静止加载或主动加载。由于承载对象静止不动,不会给加载系统的设计带来干扰影响,所以主动加载式负载模拟器的结构比较简单,控制方案也相对容易,加载系统对于给定的控制指令能够实现较准确的跟踪,加载力矩和加载精度指标也较高。材料疲劳试验装置和结构强度测量装置就是应用该系统的典型例子。

2)被动加载式负载模拟器

当需要对具备主动运动的承载对象进行加载时,如舵机、起落架、摆动喷管等系统进行加载,这类加载被称为运动加载或被动加载。在此类加载系统中,承载对象通常为一个位置伺服控制系统,其运动与否和运动规律由其自身决定,而加载系统不仅要跟随承载系统运动,还需要同时完成力矩的加载,两者互为载荷、互为干扰。由于承载对象运动的干扰,加载系统的结构复杂、分析和设计都比较困难,其加载精度和频带指标也相对较低。

两类加载系统的实质区别是承载对象是否存在独立于加载系统的自主运动。在本书中,如没有明确说明,负载模拟器均为被动加载式负载模拟器。

7.2.4.2 按照驱动方式的不同进行分类

加载力矩的能量来源方式,是决定负载模拟器结构和指标的重要内容。根据气动负载模拟器的驱动方式进行划分,负载模拟器可以分为机械式、电液式、电动式和气动式等,其区别主要在于加载机构的动力装置分别采用了机械装置、液压缸/马达、电动机/电动缸、气动缸/马达。不同的驱动方式,使得负载模拟器的结构、指标、成本存在较大差异,在进行负载模拟器方案选择时,应根据对象特点和任务需求,选择合适的类型。

1)机械式负载模拟器

机械式负载模拟器是世界上最早出现的舵机加载系统,一般利用扭簧、弹性钢板、挠性杆等弹性器件的变形产生的弹性力来模拟工作负载,利用质量块或惯量盘充当惯性负载的角色,还可以利用一些带有摩擦的机械结构来充当机械负载的角色。

机械式负载模拟器通过扭簧、弹性钢板或挠性杆等弹性装置与承载系统相连,依靠承载系统自身运动带动弹性装置产生扭转,继而使承载系统在主动运动时产生相应的反作用力,从而完成对被测设备的加载。这类负载模拟器在运行时给被测对象提供了所需求的阻力,在某种程度上考察了被试件的性能,且这类加载系统结构简单,加载精度非常高,而且由于采用的是一个动力源,所以也不存在力矩干扰和多余力矩,分析起来也较为简便。

图 7-2 所示为典型的机械式负载模拟器原理框图。

机械式负载模拟器的结构简单、生产成本较低,但此类模拟器的加载力矩大小完全取决于弹性装置的扭转刚度和承载对象的转角大小。由于在每次试验时,弹性装置的扭转刚度通常为定值,因此机械式负载模拟器无法实现任意力矩函数指令的加载,其加载形式完全取决于承载对象的运动方式（如当承载对象静止时的加载力矩为常值，当承载对象进行正弦运动时的加载力矩呈正弦变化），所以在应用上存在一定局限。随着电液式、电动式负载模拟技术的兴起，机械式负载模拟技术正逐步被替代，目前，机械式负载模拟器主要用于加载函数相对固定的舵机测试系统。

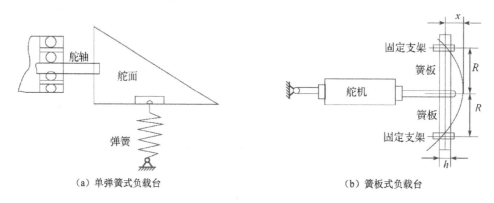

（a）单弹簧式负载台　　　　　　　　　（b）簧板式负载台

图 7-2　典型的机械式负载模拟器原理框图

2）电液式负载模拟器

随着自动化程度的提高，人们开始尝试不断改善机械式负载模拟器，研制出了能实现任意力矩函数加载的电液式负载模拟器。电液式负载模拟器用复杂的高压油源动力结构作为加载执行机构，代替了机械式加载结构，从而对被加载的对象实施加载了一种被动式加载方式。

电液式负载模拟器的出现弥补了机械式负载模拟器不能实现任意力矩函数加载的缺陷，且具有很多自身独特的优点，如能实现任意力函数的加载，加载功率大、加载力矩大、抗干扰能力强和可靠性强等，工作频宽高、输出能力强，而且在频率特性上也有着较为明显的优势。

不过，电液式负载模拟器也有一些难以掩盖的劣势，如机械结构复杂、体积较大，对加工工艺敏感，作动器的摩擦力较大（不适合小载荷工作），需要辅助设施多（油泵、泵站和相应的油路支持），参数受环境、时间及系统工作状况影响大，并存在压力波动、伺服阀死区等干扰，维护困难，最重要的是多余力矩的出现在很大程度上影响了加载系统的加载精度。目前，液压加载系统主要适用于高频、大幅值、直线加载的场合。典型电液式负载模拟台的组成结构如图 7-3 所示。

图 7-3　典型电液式负载模拟台的组成结构

3）电动式负载模拟器

近年来，随着电力电子技术与电动机制造水平的快速发展，逐步出现了电动式负载模拟器。它采用伺服力矩电动机取代了压力马达/液压缸和弹簧板，来实现对承载系统的力矩加载。早期多采用异步电动机和直流电动机，近年来随着永磁材料的发展，永磁同步电动机以响应快、惯量低、转矩-惯量比高等优点，得到了广泛应用。

由于其力矩加载装置采用了伺服电动机来取代复杂的液压马达/液压缸，因此，电动式负载模拟器在结构上要比电液式负载模拟器简单很多，而且体积也有所减小，具备使用方便、污染小、维护简便、工作噪声小、环境要求低等特点。另外，采用电动机伺服系统，使得系统对于小信号跟踪能力强、加载分辨率高，系统特性稳定，受环境因素影响小。

但是，电动式负载模拟器也存在自身的一些问题，如加载力矩不高，特别是在高速运行和进行摆动加载时，这类负载模拟器的缺点更是暴露无遗。所以它一般适用于一些加载精度高、加载力矩小的直线加载场合。

作者所在团队研制的电动式负载模拟器，如图 7-4 所示。

（a）大力矩电动式负载模拟器   （b）小力矩电动式负载模拟器

图 7-4　典型的电动式负载模拟器

4）气动式负载模拟器

气动加载系统是一种比较新的加载系统，它的工作介质为空气，具有成本低廉、较高的功率-重量比、简单易操作、易维护等优点。由于气体本身具有压缩性，当用于瞬时机构（如舵面展开机构，降落伞的展开机构）加载时可以吸收火药爆炸瞬间对加载系统带来的冲击，所以气动加载系统很适合对瞬时执行机构进行加载。但是，相对于液压和电动加载，气体的非线性比较强，并且气动系统的强非线性导致气动负载模拟器的多余力矩比较复杂。

不同类型的负载模拟器特点对比如表 7-1 所示。

表 7-1　不同类型的负载模拟器特点对比

	机械式	电液式	电动式	气动式
能否主动加载	不能	能	能	能
加载精度	高	低	较高	低
响应速度	—	快	快	快
参数稳定性	好	差	好	差

	机械式	电液式	电动式	气动式
控制难度	—	高	低	高
结构	简单	复杂	较复杂	复杂
成本	低	高	较高	较低
维护难度	低	高	较低	较低

7.2.4.3 按照加载梯度的不同进行分类

在负载模拟系统中，承载系统的转角大小与加载力矩之间的关系，被称为力矩加载梯度，根据加载梯度是否能够动态变化，可以将负载模拟器分为定梯度式和随动式。

1）定梯度式负载模拟器

定梯度式负载模拟器根据承载对象偏角和加载力矩的数学关系推出一个近似的关系式，利用这个关系式对加载结果通过仿真计算进行修正和补偿。通常情况下，定梯度加载系统只能完成某一梯度力矩的加载，即加载力矩大小正比于舵面转角；当进行不同梯度的力矩模拟时，需要更换不同力矩系数的加载设备。定梯度式负载模拟器适用于飞行弹道相对平滑、负载力矩近似正比的舵偏的飞行器，也可以用于舵机的性能测试，考核舵机在该梯度负载力矩情况下的工作性能。机械式力矩加载器属于这种加载方式，基于弹性元件在受扭矩情形下的受力特性，通过简单的机械弹性结构实现对舵机的定梯度力矩加载。

2）随动式负载模拟器

在实际飞行过程中，飞机或导弹的机动飞行使得舵面气动力载荷不仅是舵面转角的函数，还是与空气参数、飞行器姿态、飞行马赫数和时间坐标相关联的复杂的非线性函数。从载荷谱中可以看出，传统意义上的气动力矩与舵机角位移成正比的定梯度加载已经不能满足试验任务需求，需要一种能够提供随导弹飞行状况变化的负载模拟器，根据仿真模型中解算的当前负载力矩大小，完成力矩的加载，这就称为随动式负载模拟器。随动式负载模拟器有两种基本方案：一种是利用扭矩传感器输出力矩信号作为反馈回路，构成力矩控制系统；另一种是以电位计或其他测角元件作为反馈信号，构成位置式控制系统。

7.2.4.4 按照加载装置运动状态的不同进行分类

在模拟加载系统中，按照加载电动机的运动状态可以分为旋转式和直线式。

1）旋转式负载模拟器

当承载对象进行直线运动时，旋转式负载模拟器将电动机输出的力矩通过减震弹簧扭杆作用到摆杆上转化为力，经摆杆将圆周运动转换为直线运动，将力作用到承载对象上。

2）直线式负载模拟器

直线式负载模拟器直接将电信号转化为直线运动，不需要任何中间转化装置便可以提供直线运动。因此，系统结构简单、运行可靠、效率高，在驱动装置中无机械磨损。

7.2.5 气动负载模拟器的主要技术指标

尽管国内外对负载模拟器的研究已有多年，但随着负载模拟器应用的扩展和不同行业用户对负载模拟器的指标需求侧重点不同，至今还没有形成较为统一的评价指标。从负载模拟器的设计初衷和发展方向来看，虽然其性能指标因行业和用途的不同而有所不同，但其核心的任务和指标要求还是共同的，并且作为负载模拟器来说，准确跟踪载荷谱应是其最终目标。至于具体产品的指标，可根据用户的要求增加相应的项目。通过全面了解负载模拟器的频域和时域响应在实践中存在的扫频特点，归纳整理出了气动负载模拟器的一些主要技术指标，主要包括结构性能指标、静态加载指标和动态加载指标。

7.2.5.1　气动负载模拟器的结构性能指标

结构性能指标主要包括结构布局、安装尺寸、负载惯量、最大转动角速度和输出轴的转角范围等。这部分性能指标主要由参试舵机的性能指标和飞行器结构布局决定。在进行方案设计和指标选取时，应根据参试对象的特点进行选择和设计。

1）结构布局

结构布局主要包括通道数目和通道布局。

其中，加载通道数目是指负载模拟器有几个加载通道，主要与型号的舵面设置有关，如典型的导弹包含四路舵面，因此，需要研制四通道负载力矩模拟器。

通道布局是指多路加载装置的摆放形式，通常为"一字"布局、"十字"布局或"星形"布局，"一字"布局是指各个加载通道单独摆放，此时，要求参试的舵机必须从弹体上拆卸下来，独立安装。而"十字"布局或"星形"布局是指多个加载通道，按照舵机在飞行器的安装位置进行摆放，此时，参试的舵机可以直接安装在弹体/机体上，也可以单独安装。

2）安装尺寸

安装尺寸是指舵机的安装尺寸，一般情况下，为保证负载模拟器能够适应不同的弹径、不同尺寸的舵机安装，要求各个通道之间预留出足够的空间和可调范围，允许一定尺寸范围的舵机进行安装。

另外，对于采用"十字"布局等形式的负载模拟器，必须根据十字中心的调整范围，规定参试产品允许弹身/机身尺寸的范围。

3）负载惯量

在进行负载模拟器设计时，如果完全按照导弹实际飞行中舵面承受的载荷大小和压力中心的位置来设计，那么负载模拟器的结构设计是非常困难的，所以通常不采用在舵面上加载的方式，而是采用等效的方法将舵面上承受的载荷加到舵轴上，即采用舵轴加载方式来设计负载模拟器。

按舵轴加载方式设计负载模拟器时，先去掉舵面，然后将负载力矩加到舵轴上。这种操作虽然可以大大简化负载模拟器的结构设计，但是舵面及其他部分的转动惯量对于负载模拟器的影响是不可忽视的，因为它要降低舵机系统的快速性和稳定性。

为了考虑负载惯量的影响，一般的措施是附加一个等效的惯量盘，也称为质量模拟器。惯量盘的惯量大小为舵面绕舵轴的转动惯量，与负载模拟器活动部分绕其输出轴的转动惯量之差。为了满足不同导弹型号半实物仿真试验的需求，可将惯量盘做成多种规格，以备选用。

4）最大转动角速度

负载模拟器的最大转动角速度是指参试的舵机等承载装置所允许的最大转动角速度，该项指标主要由飞行器的弹道特性和舵机指标决定，在进行设计时必须根据对象特点进行选定。该项指标的大小会影响伺服系统的设计，如伺服阀流量的确定或测速电动机的选用等。

5）输出轴的转角范围

在进行负载模拟器设计时，需要规定负载模拟器的输出转角范围。该项指标与负载模拟器和舵机系统之间的连接方式有关。如果按照刚性连接方式，那么两者的转角范围保持一致即可，也就是最大舵偏角，即负载模拟器输出轴的转角范围。但作为刚性连接时，对二者轴线的重合度有较高的要求，否则容易引起机械故障。

为降低对二者轴线重合度的要求，工程实践中通常采用弹性连接方式，在舵机系统和舵面负载力矩模拟器的输出轴之间加上一个弹性联轴节。在这种情况下，舵面负载模拟器输出轴的转角范围一般大于舵轴的转角范围。

结构性能指标与参试的舵机系统及飞行器弹道参数是密切相关的，研制者能比较容易地按使用单位的要求设计出以上指标。

7.2.5.2 气动负载模拟器的静态加载指标

静态加载性能是指承载设备处于静止情况下，只有加载部件工作时的控制性能，其主要目标是较高的加载分辨率、较高的响应精度、较高的定位准确度和提高克服零位死区的能力。在进行测试时，通常是在承载对象不运动或运动速度很低的情况下检测的，这时给加载机构一个输入信号，依据得到的力矩响应的大小来判断负载模拟系统的静态加载性能。力矩加载的静态指标主要包括最大加载力矩、输出轴角位置精度、力矩静态加载精度等。

1）最大加载力矩

最大加载力矩是指负载模拟器的最大加载能力，即能够模拟和复现飞行器在飞行过程中受到的最大铰链力矩，是表征性能的一个重要指标。一般根据参试舵机的性能指标和飞行器的工作状态而定，通常要求最大加载力矩为舵机最大负载的 1.2～1.5 倍。

2）输出轴角位置精度

角位置精度也称为零位死区或系统分辨率，是加载机构、控制器、测量元件等器件误差的综合体现，其大小直接影响力矩加载的准确程度，并决定了角位置测量元件的选择，是仿真试验精度分析的一项依据。

目前，国外在空载情况下，其水平角位置精度达到±0.05°。但在系统仿真试验过程中，负载模拟器与舵机系统相互连接，并且互为有源负载，互相影响，所以还应当考虑带载条件下角位置精度。在带载条件下，负载模拟器的输出轴在小角度范围内，角位置允许误差一般为理论值的 10%左右；在大角度范围内，其允许误差为理论值的 7%左右。

3）力矩静态加载精度

力矩静态加载精度定义为负载模拟器输出力矩的实际值与其理论值接近的准确程度，静态加载精度是体现加载系统性能的重要指标，是负载模拟器静态加载性能指标的基本要求。

力矩静态加载精度的计算方法是负载模拟器的输出力矩与指令力矩之差的绝对值除以指令力矩大小。

力矩静态加载精度的测试方法：令舵机输入指令为零，向负载模拟器输入设定的指令力矩，测得其实际加载力矩大小，从而计算出静态加载精度。该指标表示了气动负载模拟器静态力矩加载的准确程度，一般可取为 0.5%～5%。

7.2.5.3 气动负载模拟器的动态加载指标

由于在飞行器的实际飞行中，舵面的空气动力载荷不仅是舵面转角的函数，还是与空气参数、飞行器姿态、飞行马赫数和时间坐标相关联的复杂的非线性函数，这就要求在实际工程中负载模拟器要适应不同的载荷谱；同时，舵机在加载过程中不断运动，对加载系统而言是一个复杂的外在干扰。因此，对于负载模拟器，一个重要的考核就是评估其在各种干扰和指令频谱情况下的动态加载指标。

负载模拟器的动态加载指标主要包括动态加载精度、动态频率响应、加载梯度、多余力矩消除率等。

1）动态加载精度

评价负载模拟器性能的一个重要内容就是考核系统跟踪载荷谱时的伺服精度。为了满足半实物仿真的要求，要求负载模拟器能以相当高的精度模拟舵机所承受的各种负载力矩。动态加载精度用于评价负载模拟器输出力矩复现其输入力矩函数（计算机输入的力矩函数）的准确程度，在实际运用中，通常采用跟踪误差来描述，其定义为当承载舵机在工作频段内以最大角速度运动时，负载模拟器动态跟踪误差绝对值的最大值与设计最大输出力矩之比的百分数，计算公式为

$$\varepsilon = \frac{\max\left|\left(M_0(Y) - M(Y)\right)\right|}{\left|M_{0\max}\right|} \times 100\% \tag{7-2}$$

$$\varepsilon < \varepsilon_0$$

式中，$M_0(Y)$ 为指令力矩；$M(Y)$ 为实际加载力矩；$M_{0\max}$ 为设计最大输出力矩；ε 为跟踪误差；ε_0 为允许的跟踪误差。

动态加载精度的指标大小主要由负载模拟器的最大设计输出力矩和舵机速度决定，目前，国内外舵面负载力矩模拟器的跟踪误差一般在 0.5%左右。相比于静态加载精度，动态加载精度能够评价当系统受到干扰和扰动情况下的输出力矩跟踪输入的控制指令信号的能力，因此，在实际工程中更重视系统的动态加载精度。

负载模拟器的动态跟踪误差主要分为两部分：一部分是多余力矩干扰引起的误差；另一部分是加载系统对加载指令的跟踪误差。在半实物仿真中，当加载指令和舵机的运动规律都是较为复杂的函数曲线时，较高的跟踪伺服精度较大地增加了系统的设计难度。

2）动态频率响应

动态频率响应是负载模拟器动态加载的重要指标之一，主要用于表征系统不衰减的（或衰减在允许的误差范围内）响应输入信号的能力。

对于负载模拟器来说，可分为有扰和无扰两种情况。其中，国外一般采用系统无扰频宽来考核系统动态频响，其指标含义为系统力矩输出闭环传递函数的相角滞后 90°和幅值衰减到 3dB 所对应的频率，反映了负载模拟器系统加载潜能的大小。而国内一般采用有扰加载频宽，主要采用"双十"指标或"双五"指标，其中，"双十"指标是指在承载舵机正常运动时，系统输出力矩相比于加载力矩指令，其幅值变化不大于 10%和相角变化不大于10°的最高频率，反映了负载模拟器系统的加载能力。

有扰和无扰两种情况相比，无扰频宽注重加载系统自身的控制能力，有较好的通用性。对于被动式加载系统，有扰频宽更能反映实际工况。但因多余力矩的存在，有扰频宽和加载梯度有关，加载梯度大，多余力矩占有量小，系统的频带宽，反之亦然，所以有扰频宽必须是在特定加载梯度下的频宽。

3）加载梯度

加载梯度是给定的力矩载荷谱与舵机角位移的函数关系，若此函数为线性的，则加载梯度为线性加载梯度，否则称为函数加载梯度。一般技术指标给定的加载梯度是指线性加载梯度。

4）多余力矩消除率

多余力矩是指当负载模拟器力矩指令输入为零，舵机按自身的运动规律运动时负载模拟器的力矩输出。多余力矩是被动式负载模拟器的主要特征，多余力矩的存在几乎影响加载系统的所有动态控制性能。由于它是限制加载质量的主要因素，因此，多余力矩消除率自然就成了加载系统动态性能的重要指标之一。

评价负载模拟器多余力矩消除程度的指标主要有两种描述，一种是用经过减少后剩余多余力矩的绝对值来刻画的；另一种是用多余力矩消除率来描述的，其定义为消扰前后的多余力矩之差与消扰前多余力矩的百分比，该指标反映了系统消除多余力矩的程度和系统抵抗强运动干扰的能力。

多余力矩与承载对象的实际工作动态有关，所以需要知道是在哪一种因素不变时的多余力矩消除程度，如可以用最大速度下的消除率来度量电液式负载模拟器的多余力矩消除程度。

关于多余力矩的定义、产生机理和补偿方法，将在7.3节中进行详细介绍。

7.3　气动负载模拟器的多余力矩问题

气动负载模拟器与转台一样，均为一个大型的机电或机电液一体化伺服控制设备，两者均涉及机械、电气、控制、动力、结构、计算机等专业，需要开展一系列的设计工作。但相对于转台或其他伺服控制装置，负载模拟器系统中由于承载对象的主动运动，在控制过程中产生了特殊的多余力矩现象，再加上负载模拟器中大量存在的摩擦、死区等非线性特征，负载模拟器的设计难度大大增加。

其中，由于加载系统和承载系统是靠联轴器等中间机械环节连接在一起的，加载系统在跟踪加载力矩指令信号运行时，会受到承载系统主动运动引起的干扰，产生多余力矩问题从而影响系统运动。只要承载对象和加载对象之间存在机械连接，多余力矩就是无法避免的。但飞行器在实际飞行过程中并不存在这个机械连接环节，所以系统的多余力矩越小，仿真精度就越高。

大量的研究结果和工程实践表明：负载模拟器中存在的许多技术问题都与多余力矩有关，多余力矩的存在几乎影响加载系统的所有动态控制性能，多余力矩干扰的引入和系统的参数变化影响会使系统的稳定性变坏、频宽变低，大大降低了加载电动机对给定载荷曲线的跟踪精度。因此，如何有效克服多余力矩是负载模拟器的重要研究内容。国内外学者针对多余力矩问题进行了广泛的研究，提出了许多克服多余力矩的理论和方法，主要包括结构补偿方法和控制补偿方法两大类方式。

在本节中，将介绍多余力矩的定义、产生机理、控制难点和常用的补偿方法。

7.3.1　多余力矩问题的相关概念

下面对多余力矩的定义和产生机理进行介绍。

7.3.1.1　多余力矩问题的定义

负载模拟器的主要任务是完成指令力矩的输出，实际的输出加载力矩和加载力矩指令之间的差值被称为加载误差，其大小与舵机的位置扰动、伺服阀的零漂和死区、加载液压缸的摩擦力、系统的参数变化、传感器的测量精度、电子控制器的性能、加载系统的滞后和干扰等因素有关。

多余力矩可以从广义和狭义上分别进行定义。从广义上来讲，引起加载误差的所有力矩均为多余力矩。但在引起误差的力矩当中，来自承载系统的外部强位置干扰引起的扰动力矩，对加载系统控制性能的影响最为强烈，并且与引起误差的其他力矩又有本质的差别。因此，从狭义上来讲，多余力矩是指由于承载系统主动运动而引起的加载系统的力矩输出，这也是目前工程实践的常用描述。

在进行多余力矩测量时，把力矩加载指令设为零，承载系统按照给定的指令运动，此时力矩传感器的输出即多余力矩。

7.3.1.2　多余力矩问题的产生机理及特性分析

克服多余力矩干扰是提高负载模拟器控制性能的关键，分析多余力矩的产生机理及其特点是抑制多余力矩的前提。

负载模拟器是典型的被动加载系统，舵机作为承载对象，它既按自身规律运动，又通过连接环节拖动加载系统同它一起运动，这种运动的趋势导致了对加载系统产生一种力作用，即多余力，多余力对于加载系统产生的力矩大小，即多余力矩。负载模拟器在启动阶段、工作阶段和换向阶段，多余力矩均会对负载模拟器的工作性能带来影响。

通过相关科研人员对于负载模拟系统的建模和分析可知，多余力矩的大小与承载对象的运动速度、加速度均有关系，但电液式负载模拟器和电动式负载模拟器的多余力矩具体产生过程略有不同。下面就针对两类负载模拟器，分析其三个阶段的多余力矩特性。

1）电液式负载模拟器的多余力矩特性分析

对于电液式负载模拟器而言，与承载对象速度有关的多余力矩是强制流量和黏性力在加载液压缸两腔形成的负载压力产生的，与加速度有关的多余力矩是直接作用在加载液压缸活塞上的惯性力，其中，强制流量是多余力矩产生的主要因素。

- 启动阶段：在舵机系统启动瞬间，如果采用零开口伺服阀，加载液压缸两腔均被封死，只有加载液压缸的内泄漏排出少许流量，两腔之间才形成极大的压力差，由此形成巨大的力为瞬态多余力。当控制系统通过力传感器检测到此力信号并给出相应伺服阀控制指令信号时，伺服阀阀口打开，从加载液压缸高压腔释放流量，向加载液压缸低压腔输入流量，使加载液压缸两腔的压力差减小。由于信号的传递和伺服阀控制作用的滞后，释放这部分流量具有一定的滞后，因此零开口伺服阀在启动瞬间将产生压力冲击现象。

- 工作阶段：当舵机系统正常运动时，舵机缸活塞杆会拖动加载液压缸活塞杆运动，在加载液压缸时两腔产生强迫流量，伺服阀则要始终保持某一开口状态以释放强迫流量，由于伺服阀释放的流量滞后于强迫流量，因此舵机系统的运动速度越快，形成的强迫流量越大，压力差形成的越大，多余力矩也越大。

- 换向阶段：当舵机系统发生运动换向时，液压腔中的强迫流量也跟着换向，此时，伺服阀仍保持在原来的开口状态，继续从液压缸高压腔释放流量，向低压腔输入流量，这将产生油液倒灌现象，加剧了加载液压缸两腔的强迫流量和启动时一样也会产生压力冲击，而伺服阀要经历回程、封闭和开启的全过程才能释放强迫流量，可见舵机系统换向时的多余力矩将比启动时的多余力矩还要大。

2）电动式负载模拟器的多余力矩特性分析

电动式负载模拟器的多余力矩问题，主要是由于力矩加载系统运行时的力矩电动机会产生反电动势，引起内部电磁力矩的变化而引起的。在计算时，可以根据力矩电动机转矩平衡方程，求出此时多余力矩的大小。

- 启动阶段：负载模拟器启动前，加载电动机和舵机均处于静止状态，此时多余力矩为零。假设舵机开始进行顺时针转动，电动机电枢被迫顺时针转动，从而产生反电动势。反电动势作用于电枢，产生电枢电流，进而产生电磁转矩。此电磁转矩方向为逆时针，与电动机运动方向相反，即瞬态多余力矩。
- 工作阶段：在舵机和加载系统正常运行的状态下，被加载对象舵机产生角位移信号，将多余力矩引入系统中，这时加载系统为了抵消多余力矩，电动机的电枢电压会产生相应的变化，但是因为存在信号的滞后，加载电动机的控制电压与其反电动势之差会随着电动机速度的增大而增大，相应的舵机的速度也会加快，多余力矩也会相应变大。
- 换向阶段：当承载对象舵机发生运动换向时，电枢反电动势也会跟随换向。但电动机运动的惯性和控制信号的滞后，使得加载电动机不会瞬间完成电枢电压的反向，从而导致二者之差很大，使得多余力矩会大幅增加。只有当电枢电压换向后，多余力矩才会逐步消除。

7.3.2 多余力矩问题的特点分析及影响分析

多余力矩问题作为负载模拟器的特殊问题，直接影响了系统性能。为了更好地消除多余力矩，需要对多余力矩特点进行分析，并就其对控制系统的影响方式进行分析。

7.3.2.1 多余力矩问题的特点分析

通过大量科研人员对于多余力矩模型的计算分析可知，多余力矩的特点主要表现在强扰动、强耦合、强时变、超前性等特点，使得其负载模拟器的控制难度大大增加。

- 强扰动：多余力矩是直接作用于输出端的强扰动，直接叠加在力矩输出口，影响速度快，使得反馈控制来不及抑制。
- 强耦合：多余力矩具有强耦合性，由于舵机电动机和加载电动机连接在一起，双方互为负载。多余力矩的特性不仅与转矩加载系统有关，还与舵机角位置系统的结构参数有关，体现出了一种强耦合的性质。同一套负载模拟器对于不同性能的舵机，其多余力矩特性也有所不同。
- 强时变：多余力矩的大小和方向随承载对象运动状态（频率、幅值、启动，换向）的变化而变化。
- 超前性：加载对象随着承载对象进行被动运动，导致输入力矩滞后多余力矩，因此，多余力矩具有超前特性，并且多余力矩表达式中存在微分项，使得其相角上存在一个90°的超前特性，并使得多余力矩大小随承载对象的扰动频率的加快而增大。

这些特性使得加载力矩的消除难度增大，严重影响负载模拟器的性能指标。

7.3.2.2　多余力矩问题对负载模拟器性能的影响

强扰动、强耦合、强时变、超前性的多余力矩特点，严重限制了负载模拟器的使用场景，大大降低了系统的性能指标，具体表现在如下内容。

1）严重影响加载系统的控制性能

负载模拟器的舵机系统和加载系统之间是近似刚性连接在一起的，当舵机主动运动时，必然对加载系统产生强位置扰动，引起多余力矩。其数值随着位置扰动速度和加速度的增大而增大，在起动和换向时更为严重。多余力矩的存在将给系统带来一系列不良影响，如系统频带变窄、加载精度降低、加载灵敏度降低等。

2）难以实现动态指令的精确加载

负载模拟器要求加载系统复现飞行器在飞行过程中舵面所受空气动力力矩，一般情况下，此力矩信号为随着飞行状态和时间任意变化的函数。在仿真过程中，需要精确复现该函数，要求加载系统为高阶无静差系统，但多余力矩的存在，特别是其微分特性使加载系统高阶无静差很难实现，特别是对于高动态飞行器，其舵机运动频率较高，使得力矩复现效果更差。

3）导致系统结构复杂多变

负载模拟器的实际被加载对象是各种飞行器的舵机，对于不同型号的舵机必然引起加载系统结构参数的变化，尤其是由舵机系统主动运动引起的多余力矩的补偿控制环节参数的变化。对于负载模拟器来说，加载对象特性变化是一个非常复杂而且棘手的问题，必须对加载系统加以调节，保持所需的加载精度和响应特性，这就使加载系统的控制变得更加复杂和困难。

4）难以保证小加载梯度时的系统灵敏度

负载模拟器的加载系统控制性能与加载梯度有直接关系，在小加载梯度情况下，多余力矩对加载系统的影响变得更加显著，如果多余力矩消除不彻底，在加载力矩中占有较大比例，就会使加载系统的分辨率降低，加载灵敏度难以保证，甚至淹没加载信号，使系统无法实现正常加载。

7.3.3　多余力矩问题的常用补偿方法

通过分析可知，在负载力矩动态加载过程中，由舵机运动引起的多余力矩会严重影响系统的加载精度，使系统的稳定性变坏、频宽变窄、加载灵敏度降低，因此必须设法对其进行抑制。目前，多余力矩的抑制方法主要包括结构补偿方法和控制补偿方法两类方式。

7.3.3.1　多余力矩问题的结构补偿方法

结构补偿方法也被称为被动补偿方法，从加载系统的硬件（机械）结构入手，通过增加辅助环节来消除舵机系统扰动在加载系统中引起的多余力矩。该类方法具有稳定性好、可靠性高的优点，但对加工和安装精度要求较高。

从结构设计角度抑制多余力矩的方法又可分为两类：一类是在系统机械结构设计及元件选择时，针对影响多余力矩的个别环节和参数进行合理选择和修正，其本质是通过增大液压或机械结构的滤波作用，在结构上减小被加载对象运动给加载系统带来的干扰，由于补偿原理的局限性，这类补偿只能消除部分多余力矩，且灵活性差，如安装连通孔、缓冲弹簧校正、蓄压器校正等；另一类是设法通过液压或机械方式消除加载系统的位置扰动，理论上可以达到完全消除多余力矩的目的，这类方法结构复杂、系统造价高和高频时同步控制实现困难，如双阀流量补偿、同步反向补偿、位置同步补偿等方法。

1）蓄压器校正方法

蓄压器校正抑制多余力矩的方法是西北工业大学 508 教研室提出的［见图 7-5（a）］。其工作原理是在加载缸的两腔分别连接一个蓄压器，当承载缸带动加载缸运动时，加载缸的两腔压力发生变化，这时压力升高腔向所连接的蓄压器释放一部分流量，而压力降低腔则从所连接的蓄压器补充一部分流量。这种方法的缺点是校正状态与加载梯度有关，而加载梯度又根据载荷谱的不同而变化，这就限制了这种方法的通用性。另外，这种方法也降低了加载系统的快速性。

2）双阀流量补偿控制方法

双阀流量补偿控制方法的原理是在加载系统执行机构的两腔相对于加载伺服阀处并联一个流量补偿伺服阀。通过控制流量补偿阀阀口的开启量，由流量补偿阀提供与轴转速成比例的流量，抵消一部分强迫流量对加载系统的影响，达到减少多余力矩的目的，使加载伺服阀能够在接近主动式加载状态下进行工作。其中，流量补偿阀的指令信号可由加载侧角速度传感器给出，也可以由舵机侧的角速度传感器给出。根据在系统方框图的不同走向，前者被称为"双阀反馈补偿方案"，后者被称为"双阀前馈补偿方案"。需要注意的是，在双阀反馈补偿方案中的两个伺服阀要匹配合理，否则会影响消除多余力矩的效果。

3）同步反向补偿方法

同步反向补偿方法的原理是用一个补偿缸和加载缸并联，且活塞运动方向与加载缸运动方向相反，用补偿缸来吸收或补充由于承载对象位置扰动引起的强迫流量。在理论上，只要保证加载缸和补偿缸活塞的运动速度相同，就可以完全消除多余力矩干扰。当然，采用这种补偿方案不但在结构上增加了一套同加载缸相同的补偿缸，而且要求驱动系统使补偿缸活塞运动速度与加载缸活塞的运动速度完全同步。在现实中，要做到同步反向，除使两活塞运动的频率和初始相位方向相反外，还应使活塞运动的幅值和面积成反比，还要求两油缸具有相同的动态特性，并且具有相同的输入信号，这在工程实际中难度较大。

4）缓冲弹簧校正方法

缓冲弹簧校正方法的原理是在承载对象和加载系统之间的机械连接处加一个弹性环节［见图 7-5（b）］，调节承载对象与加载系统之间的连接刚度，延缓舵机系统位置运动对加载系统的干扰作用，从而减小多余力矩。选择适当的连接刚度，可在一定的范围内使多余力矩幅值衰减，相位滞后。这种方法对克服多余力矩的高频分量有效果，但是不适用于非线性加载系统，而且增加的缓冲弹簧降低了加载系统的机械固有频率，对加载系统的频宽有影响，会降低系统的快速性。

5）安装连通孔方法

安装连通孔方法的原理是通过可调节流孔将执行元件两腔连通［见图 7-5（c）］，从而起到减小多余力矩的作用。无连通孔零开口流量阀的压力-流量特性曲线比较平直，压力对流量变化敏感，很小的流量变化就会引起很大的压力变化；安装连通孔后，零开口流量阀的压力-流量曲线变化较大，压力受流量变化影响较小，此外，其压力-流量曲线的汇交点离开横轴，负载曲线簇与横轴有一系列交点，可以极大地降低多余力矩的数值，这样可以提高控制系统前置增益，减小系统跟踪误差并提高系统对干扰的抑制能力。安装连通孔的缺点是使功率损失加大、受温度影响较大，且压力-流量特性曲线弯扭，线性度差，在高频时容易引起自激震荡。

6）采用同步马达方法

同步马达方法由加载马达（内马达）和同步补偿马达（外马达）两部分组成［见图 7-5（d）］，两马达径向套装在一起构成套装组合马达结构。加载马达的缸套在同步马达的控制下可以跟随舵机运动，使加载马达和舵机形成相对静止状态，即加载马达的被动运动产生的强迫流量被同步马达的跟随运动吸收；如果同步马达的控制信号取自舵机转角，则只要保证同步马达的动态响应速度和同步控制精度（包括位置精度和速度精度），就可以保证加载马达的缸套和舵机同步转动，消除由于舵机位置扰动在加载马达中产生的多余力矩。其工作原理在于使原来由加载马达独自承担的加载和运动任务，分别由新结构中的加载马达和同步马达来承担，使被动加载系统近似于主动加载方式，从而消除多余力矩的干扰。但存在系统复杂（需要额外增加一套电液位置伺服系统，并且加载马达需要专门设计）及承载侧运动幅度较大时多余力矩可能反而增大等难以克服的缺点。

典型结构补偿方法的原理图如图 7-5 所示。

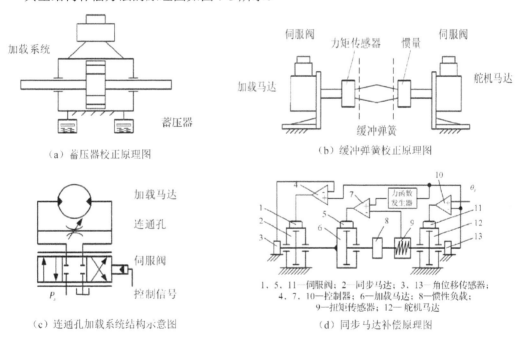

（a）蓄压器校正原理图

（b）缓冲弹簧校正原理图

（c）连通孔加载系统结构示意图

（d）同步马达补偿原理图

1、5、11—伺服阀；2—同步马达；3、13—角位移传感器；4、7、10—控制器；6—加载马达；8—惯性负载；9—扭矩传感器；12—舵机马达

图 7-5 典型结构补偿方法的原理图

7.3.3.2 多余力矩问题的控制补偿方法

控制补偿方法也称为主动补偿方法，首先通过某种途径预测强迫流量/力矩电动机或多余力矩，然后依靠控制策略实现主动补偿。

根据如何对待和处理多余干扰的方式不同，可以将控制补偿多余力矩的方法分为两类：一类按照扰动补偿的思想，为多余力矩设计独立的补偿环节，代表性方法有结构不变性原理、速度同步补偿和多变量解耦控制；另一类则将加载系统的所有扰动作为一个整体予以考虑，代表性方法有鲁棒控制、内模控制、干扰观测器、智能控制等。

1）结构不变性原理

采用结构不变性原理抑制多余力矩的方法是北京航空航天大学自动控制系在 20 世纪 70 年代末提出来的。从物理概念上来讲，就是利用双通道使干扰对系统的作用正、反相消的原理，保证被控量不受此外干扰作用影响［见图 7-6（a）］。利用控制理论中的前馈控制思想，首先确定外部干扰的形式和引入的方式，然后计算所要施加的控制作用，预先加以补偿，可以大大减少外部扰动带来的影响。

从理论上来讲，只要被加载对象的速度获取绝对准确，以及设计的补偿环节与实际系统模型完全匹配，就可以完全消除由强迫流量引起的多余力矩干扰。但在实际系统中，存在各种测量噪声和传输延迟，使得难以获取准确的速度信号。同时，补偿环节中的高阶微分项，在物理上难以实现。另外，考虑到伺服阀动态特性、电液式负载模拟器本身具有的非线性和时变特性的影响等，仅靠采用结构不变性原理难以完全消除多余力矩。所以，在工程实践中，只能将补偿环节简化为常数，实现近似补偿，而且补偿环节不具鲁棒性。虽然如此，近似实现结构不变性原理的补偿环节可以在低频位置扰动情况下消除多余力矩的绝大部分，而且其结构简单、实现容易和利用的全部是系统的可测输出特点，使得其在工程上得到了较好的应用，并且基于结构不变性原理派生出很多控制补偿方法。

2）多变量解耦控制方法

多变量解耦控制方法克服多余力矩的工作原理是将加载系统看成是多变量系统，取加载对象和承载对象的输入信号为输入量，加载系统和对象系统的输出信号为输出量，引入解耦控制器，应用前馈控制的原理，解除控制回路的耦合，设计合适的解耦器参数来消除多余力矩。工程上有两种解耦方式，一种是 P 正规结构解耦，另一种是 V 正规结构解耦。P 正规结构解耦信号噪声低，且解耦调节器的微分作用较弱，模型噪声较小，输出波形较好，但因解耦调节器与承载对象有关，所以当承载对象更换时，解耦调节器也需要重新设计；V 正规结构解耦信号由速度传感器检测出来，测量噪声大，且解耦调节器的微分作用明显，模型噪声较大，输出波形较差。

多变量解耦控制方法不仅需要知道加载系统的准确数学模型，而且要知道被加载系统的准确数学模型。因此，系统模型的不确定性和被加载对象的不可知性限制了这种抑制方法的应用。

3）双回路同步补偿方法

双回路同步补偿方法是在加载系统中增加了一个位置补偿环节［见图 7-6（b）］，将舵机系统的输出信号引到力函数发生器，产生加载系统所需的指令信号，同时将舵机的输入指令信号引到加载系统，使加载油缸主动与舵机一起运动，达到消除多余力矩的目的。这种辅助同步补偿方法要求已知承载对象的输入信号，并要求补偿系统的特性与承载对象的特性相同或相近。

由于承载对象经常变化，其数学模型不易准确掌握，有时补偿系统和承载系统之间的差异是非常大的，所以，虽然两者受同一信号控制，但两者的运动并不会完全相同。为此，需要再将施力系统和承载对象运动之差反馈到施力系统，使其同步。双回路同步补偿方法对抑制多余力矩有一定的效果，但是位置补偿环节与加载系统之间还存在耦合，二者之间相互作用，相互影响，限制系统性能指标的进一步提高。

4）基于扰动观测器的补偿方法

基于扰动观测器的补偿方法是一种广泛应用于机电系统的控制方法。该方法是利用系统的输入/输出信号通过加载模型的标称逆模型，观测出系统的等效输入干扰，并通过低通滤波器将等效补偿输入到控制输入端，实现干扰的抑制，同时使系统近似于标称模型，提高系统的鲁棒性。该方法具有计算量小，实时性好，不需要额外的传感器等优点。

基于扰动观测器的设计方法通常为双回路结构：内回路补偿器抑制系统的等效输入干扰，使实际系统变成给定的标称模型，并满足鲁棒性要求；外回路控制器满足性能指标要求。扰动观测器只是在低频段将负载模拟器系统近似为标称模型，这方便了系统外回路控制器的设计，但系统在中高频段存在的干扰和不确定性等因素没有被考虑，所以不能保证系统高频时的性能；而且当采用鲁棒内回路的混合灵敏度方法设计观测器的权函数时，其物理意义不太明确。

5）鲁棒控制方法

为了弥补对数学模型的过分依赖，并综合考虑参数变化、模型变动和外来干扰等不确定性，要求加载系统具有较好的鲁棒性和稳定性。鲁棒控制理论以基于状态空间模型的频率设计方法为主要特征，对系统的频域特性进行整形，同时考虑系统的抑制扰动特性和鲁棒性要求，是解决控制对象模型不确定性和外界扰动不确定性问题的有效方法。加载系统进行鲁棒控制设计时，被加载的运动干扰被看成外部干扰的一部分，把最大扰动情况成为系统的扰动抑制指标，并结合系统对指令跟踪和不确定性抑制的要求来设计反馈控制器，通过提高加载系统的鲁棒性来消除多余力矩的影响。

鲁棒控制是针对系统中存在一定范围的不确定性而设计的控制器，使闭环系统保持稳定的同时，保证一定的动态性能品质。它包括基于性能指标优化的控制理论（h∞控制）和基于分析系统稳定性的鲁棒性分析和设计（μ理论）两类方法。相关研究结果表明，该控制器对补偿加载系统多余力矩有很好的控制效果，可以大大提高加载系统的鲁棒性和跟踪性能，比较理想地抑制了多余力矩。但是该方法中权函数选取较为困难，依赖于设计人员的经验，只能在允许的不确定性界内保证系统的鲁棒性和稳定性，只能优化单一的h∞范数，而且控制器阶数高，算法复杂，工程实践难度较大。

6）定量反馈控制方法

定量反馈控制方法是一种建立在定量反馈理论（Quantitative Feedback Theory，QFT）上的鲁棒控制设计方法。它是一种频域设计方法，当控制对象在 Bode 图中能表示成一些幅值和相位曲线时，利用这些反馈信息量，应用定量反馈理论就可以简单地设计出一个控制器和前置滤波器，使得控制对象具有期望的鲁棒性。但该方法将舵机扰动和模型的不确定性等因素进行综合考虑，具有较大的保守性。

7）内模控制方法

内模控制作为一种独特的控制系统结构，采用被控对象的内部模型和反馈修正的先进控制策略。其设计思路是将对象模型与实际对象并联，设计控制器逼近模型的动态逆控制器，并通过附加反馈低通滤波器以增强系统的鲁棒性 [见图 7-6（c）]。

内模控制不需要深入了解工作过程的内部机理，也不需要通过复杂的系统辨识模型，将量测或参数估计得到的脉冲响应值作为模型使用，通过内模控制器的作用，实现多余力矩的抑制和消除。内模控制具有良好的跟踪调节性能、鲁棒性，能消除不可测干扰的影响，且结构简单、设计简便，在线调节参数少，因而被广泛应用于抑制控制系统扰动问题。

8）智能控制方法

传统控制策略都是基于被控对象精确模型的控制方式，为了控制必须建模，而且往往仅考虑线性模型结构，忽略系统中的非线性因素。电动加载系统在一定程度上存在饱和、间隙、摩擦及弹性形变等非线性因素，这使系统控制器设计的难度和复杂程度加大。这些复杂性都难以用精确的数学模型来描述，所以传统控制方法难以解决这些问题，引入智能控制策略已成为一种趋势。

典型控制补偿方法的原理图如图 7-6 所示。

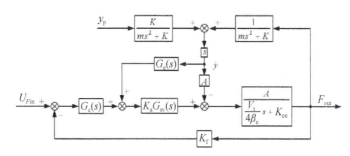

（a）结构不变性原理框图

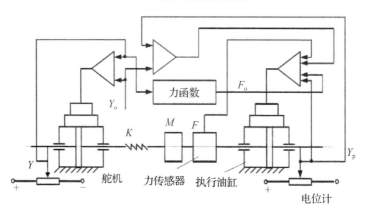

（b）双回路同步补偿方法原理图

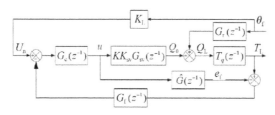

（c）内模控制方法原理图

图 7-6　典型控制补偿方法的原理图

综上所述，结构补偿方法结构比较复杂、成本高。但由于多余力矩是外部强扰动，而结构补偿方法不易受外界因素影响，抗干扰的能力较强，因此，这种补偿方法更趋合理性。与之相比，控制补偿方法成本低、调节和控制比较方便，但由于多余力矩具有微分特性，要想实现对多余力矩的有效补偿，补偿网络往往需要含有高阶微分环节，这在物理上是难以实现的，而且易受高频噪声的干扰，所以一般仅能实现近似补偿。但随着计算机技术的飞速发展和滤波算法的应用，高阶微分噪声的问题也在逐步得到解决。

7.4　某型电动式负载模拟器的设计过程

近年来，随着电力电子器件的发展、电动机制造水平的提高，以及伺服控制技术的改进，电动伺服系统在结构、体积、稳定性和控制灵活性等方面都有了较大提升。电动式负载模拟器以其小信号跟踪能力强、加载精度高、污染小、可靠性高、易维护等优点，逐渐成为负载模拟器的重点发展方向之一。

作者所在团队，从 1994 年开始进行负载模拟器的研制。1994 年与空空导弹研究院合作研制双通道电液式负载模拟器系统，用于空空导弹半实物仿真。1998 年，为中国航天科工集团第三研究院研制了一套六通道负载模拟系统。2007 年，为中国航空工业某研究所研制成功了单通道最大加载力为 50000N 的电液式直线负载力矩模拟系统。2014 年，为中国航空工业某研究所研制了最大加载力矩为 1500Nm 的四通道电动式直线负载模拟系统。经过二十多年的发展，已经为国内众多科研院所和高校研制成功了几十套负载模拟器，有力支撑了国防事业的发展和型号装备的研制工作。

下面基于本单位的相关研制经验，对某型电动式负载模拟器的设计过程进行简要介绍。

7.4.1　某型电动式负载模拟器的功能要求及技术指标

某型电动式负载模拟器主要是中国航天科工集团某研究所研制的，根据甲方任务要求，主要完成某型飞行器舵面力矩特性的模拟和闭环仿真试验。

下面给出某型电动式负载模拟器的功能要求、技术指标、结构要求和性能要求。

7.4.1.1　某型电动式负载模拟器的功能要求

根据甲方试验任务和参试对象特点，给出负载模拟器的功能要求：
- 某型电动式负载模拟器一方面跟踪舵机的运动，同时接收力矩指令并据此对舵机施加相应的力矩载荷，模拟舵机所受的铰链力矩、惯性力矩等的作用。
- 某型电动式负载模拟器需要具备力矩输出轴端（舵机侧）的偏转角度测量功能。
- 某型电动式负载模拟器由不少于 4 个独立力矩加载台组成，每个加载台上具有一个加载通道，可沿力矩输出轴方向前后移动。
- 具有本地控制和远程控制功能。
- 具有本地急停和远程控制急停切换功能。
- 具备接收并响应外部时钟同步信号的功能。

7.4.1.2　某型电动式负载模拟器的技术指标

某型电动式负载模拟器的技术指标如表 7-2 所示。

表 7-2　某型电动式负载模拟器的技术指标

项目		指标
某型电动式负载模拟器	最大可持续加载力矩	不小于 300Nm
	最大转角	不小于±35°

项目			指标
某型电动式负载模拟器	最大偏转角速度		300°/s
	加载精度		不大于 1Nm
	频带宽度		
	频带宽度 1	$\Delta A/A<5\%$，$|\Delta\Phi|<5°$	不小于 5Hz
		$\Delta A/A<10\%$，$|\Delta\Phi|<10°$	不小于 10Hz
		$-3dB$、相移$-90°$	不小于 15Hz
	频带宽度 2	$\Delta A/A<5\%$，$|\Delta\Phi|<5°$	不小于 8Hz
		$\Delta A/A<10\%$，$|\Delta\Phi|<10°$	不小于 15Hz
		$-3dB$、相移$-90°$	不小于 25Hz
	频带宽度 3	$\Delta A/A<5\%$，$|\Delta\Phi|<5°$	不小于 10Hz
		$\Delta A/A<10\%$，$|\Delta\Phi|<10°$	不小于 20Hz
		$-3dB$、相移$-90°$	不小于 25Hz
	加载通道数目		4 个
	力矩输出轴在水平面可平移距离		X 轴可移动 200mm
	联轴器移动范围		Z 轴±1mm、Y 轴±1mm
	力矩输出轴测角精度		优于 0.1°
惯量负载模拟盘	转动惯量范围		不小于 0.3kg·m²
	转动惯量最小调节步进		0.01kg·m²
配套假舵机	机械假舵机	数量	1 个
		与某型电动式负载模拟器直接机械固连，不转动	
	电动假舵机	数量	1 个
		最大偏转角度	不小于$\pm35°$
		最大偏转角速度	300°/s
		角位置控制精度	优于 0.1°
		频带宽度（$|\Delta A/A|<10\%$、$|\Delta\Phi|<10°$）	不小于 15Hz

7.4.1.3 某型电动式负载模拟器的结构要求

下面给出某型电动式负载模拟器的结构要求。

- 力矩加载通道的平移采用带有预紧力的滚动导轨作为支承和导向，要求平移的直线性精度高，移动便利。
- 力矩加载通道的力矩输出轴可以通过上下左右方向位置微调机构与舵机刚性连接。
- 力矩加载通道的结构设计和重量等，要充分考虑可拆分性、可移动性、可维修性，以及参试舵机和惯量负载模拟盘安装的便捷性。
- 力矩加载通道的力矩输出轴用机械限位的方式限定输出轴的旋转范围，机械限位位置连续可调，且具有减缓冲击的能力。
- 各输出轴设有角位置刻度盘及零位标志。
- 力矩加载通道的力矩输出轴可方便固定在 0° 位置。
- 力矩加载台体结构设计要考虑必要的安全保证措施。

7.4.1.4　某型电动式负载模拟器的性能要求

下面给出某型电动式负载模拟器的性能要求。

- 系统加载力矩在加载范围内都应满足技术指标要求。
- 从系统力矩加载输出轴向参试舵机（或者配套假舵机）转轴看去，某型电动式负载模拟器加载力矩的正方向应符合右手螺旋定则，并在各通道上加以标注和标识。
- 具备大、中、小三种负载模拟能力，可适应不同运动特性与转动惯量的参试舵机，并保证加载异常情况下参试舵机和人员的安全。
- 在参试舵机位置发生突变、某型电动式负载模拟器力矩指令发生突变时，系统需要保证良好的稳定性和动态力矩伺服性能。
- 系统应具有线性加载的功能，即可根据测得的舵机转角和用户设定的线性加载系数，主动对参试舵机施加力矩影响。
- 系统应具有可人为干预的紧急停止按钮，以及可外部自动控制的紧急停止接口。
- 具备外部时钟同步信号接收接口，型号需要与实验室时钟同步环境匹配。
- 系统应具有加载电动机工作温度监测和显示功能，以及温度异常报警功能。
- 系统控制周期应选取在 1ms 以下。
- 系统关键件、易损件及自研硬件板卡等，应提供备件。
- 系统危险部位必须有醒目标记，具有危险报警检测功能。
- 系统人机工程和计算机操控界面的设计应便于用户长时间操作使用。
- 系统控制软件应具有设置力矩输出限值、转角限值的功能，用户可根据需要限定力矩输出范围和转角范围；具有修正力矩零漂、修正转角零位的功能；具有数据采集及后处理功能，可以完成数据显示、曲线显示等功能；具有设备逻辑控制功能，可监控设备的启动、运行和关闭流程，对会造成危害的操作发出警告，避免人为差错导致设备损坏；保存数据应符合用户要求。
- 为了方便设备的检修、维护，通过软件、硬件实现系统自动巡检、应急处理、故障报警、故障定位等功能，电控部分故障定位要达到板卡级，同时，在系统关键部位设置必要而充分的测试点；系统控制软件应进行充分测试后，方可交付用户使用。软件测试包括功能测试、逻辑控制测试、异常处理测试等内容。
- 设备控制柜内部件要求布局合理，留有足够的空间便于拆装更换，应做到在维修故障部位时不拆卸、不移动其他部分。

7.4.2　某型电动式负载模拟器的总体方案规划

某型电动式负载模拟器由四个力矩加载通道构成，每一个通道由力矩电动机、连接机构、扭矩传感器、旋转编码器和舵机样件及安装台架组成。

下面给出系统的工作原理分析、结构组成设计和工作流程设计。

7.4.2.1　某型电动式负载模拟器的工作原理分析

某型电动式负载模拟器采用力矩闭环控制方式。计算机接收指令加载力矩信号，经过运算得到控制信号，由 D/A 输出，并由电动机控制器控制加载电动机运动，并通过力矩传感器和传感器放大器得到力矩反馈信号，形成力矩闭环，使加载系统按指令要求给舵机施加加载力矩，实现加载力矩的伺服控制。某型电动式负载模拟器的原理框图如图 7-7 所示。

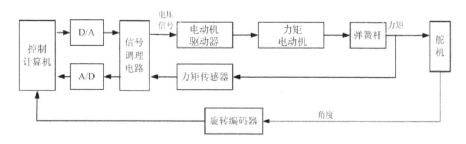

图 7-7　某型电动式负载模拟器的原理框图

某型电动式负载模拟器系统工作原理如下。
- 控制计算机设定加载模式和加载力矩值（或接收仿真指令力矩），给出驱动信号。
- 采用高精度力矩传感器并配合高精度数据放大器获得输出力矩信号，形成控制系统闭环，经与驱动信号比较得到调节误差。
- 对调节误差进行数字 PID 运算，获得数字控制信号。
- 数字控制信号经 D/A 转换给出模拟控制信号，输出到通道控制机箱。
- 模拟控制信号经由前置放大、功率放大后输出到交流伺服电动机，给出力矩输出。
- 交流伺服电动机输出的力矩经传动系统加载到被测舵机上。

7.4.2.2　某型电动式负载模拟器的结构组成设计

某型电动式负载模拟器在结构组成上，主要包括四个力矩加载台体和一个电控机柜。四个加载台体通过专用电缆与电控机柜进行连接，完成设备供电、测量信号接收和控制信号发送等任务。

1）机械台体组成方案

某型电动式负载模拟器机械台体由四个台体组成，呈一字形摆放。某型电动式负载模拟器单通道结构图如图 7-8 所示。

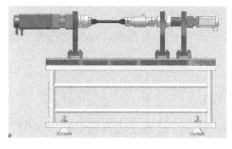

图 7-8　某型电动式负载模拟器单通道结构图

图 7-8 中，机械台体上的产品部件从左到右分别为加载电动机、弹簧扭杆、力矩传感器、转动惯量模拟件、角位置传感器和舵机安装连接件。加载电动机的作用是提供加载力矩。弹簧扭杆作用是在加载系统和舵机系统的机械连接处加一个弹性环节，调节承载对象和加载系统之间的连接刚度，从而减小多余力矩，同时为定加载模式提供所需的刚度系数。弹簧扭杆的右端连接力矩传感器和角位置传感器，分别为加载系统提供力矩信号和舵机角位置信号。转动惯量模拟件通过在旋转轴上加装惯量盘，来模拟舵面的转动惯量，惯量盘为圆环形。

2）电控系统组成方案

某型电动式负载模拟器的电控机柜主要包括控制机箱、工控计算机系统、电源机箱、隔离变压器等部件。电控机柜包含两块控制面板,分别是系统控制面板和供电控制面板。

系统控制面板分为两个区:一个是数显表显示区;另一个是系统控制按钮区。在数显表显示区,包括多个数显表,用于实时显示力矩传感器的测量值、电压值、电动机电流值等。系统控制按钮区域包含多个电控按钮,其中,"总电源"钥匙开关用于负责整个电控柜的供电,扭动此开关将给加载系统接通三相 380V 动力电和单相 220V 交流电;"电源"按钮开关用于对控制机箱进行供电控制;"通道选择"按钮用于进行单通道或任意通道的组合仿真试验;"应急"按钮用于系统在异常情况下的处理,当按下该按钮后,系统进入硬件应急处理模式,在该模式下,系统不接收指令加载力矩,按零加载力矩方式工作,负载模拟器不给舵机施加力矩,使舵机相当于处在自由运动状态,从而保障人员和产品的安全。

7.4.2.3 某型电动式负载模拟器的工作流程设计

负载模拟器作为一个大型机电液一体化设备,如果操作不当,则会对人员、产品和设备的安全带来一定的隐患。除了制定严格的操作规范流程,在进行系统设计时,还需要在硬件和软件上进行考虑,通过合理的工作流程设计,防止由于误操作带来的风险。

在某型电动式负载模拟器的设计中,其工作流程如图 7-9 所示。工作流程的重点在于自检过程、上电和断电的顺序,以及试验前的准备工作。系统自检是指在系统启动后,通过一系列操作,检测各个模块工作是否正常,包括系统通信是否正常、供电设备是否正常、传感器件回传数据是否正常,以及限位开关等保护措施是否正常工作等。确认系统可以正常工作后,才能开始试验。上电顺序是加载控制器上电要先于伺服驱动器上电,当加载控制器完全启动后,再给伺服驱动器上电。这样做是让控制器输出的控制信号电压稳定后,可以控制伺服驱动器的启停,系统预设的保护措施也能发挥作用。断电顺序与上电顺序正好相反,先给伺服驱动器断电,再给控制器断电。

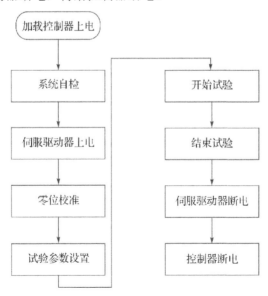

图 7-9 某型电动式负载模拟器系统工作流程

7.4.3 某型电动式负载模拟器的硬件设计选型

硬件系统是负载模拟器的硬件平台,是实现系统诸多功能和控制方法的根基。某型电动式负载模拟器的硬件设计选型的主要工作，是根据系统指标和总体方案，完成相关硬件部件的指标计算和型号选型，具体包括机械结构设计、加载电动机选型、传感器件选型、电控系统设计等内容。

7.4.3.1 某型电动式负载模拟器的机械结构设计

机械结构作为负载模拟器的承载装置，用于安装加载电动机、传感器件、被测舵机等装置。其主要设计内容包括机械台架、弹簧扭杆和联轴器。

1）机械台架设计

加载试验台架是某型电动式负载模拟器机械部分的主体结构，用于将各个机械部件组合在一起，其整体结构通常采用低碳钢板焊接而成，通过多道工序加工而成，从而保证了加工精度。在设计时，要求保证各部件安装组合位置精确，结构简单，误差尽可能小。

机械台架包含三个支座，分别是加载电动机支座、旋转编码器支座和产品支座（或模拟舵机支座），三个支座均固定在直线导轨上，用于不同试验产品的位置调节，同时采用组合加工，保证支座中心的高一致。为方便舵机安装和拆卸，支座与台面的连接采用导轨+滑块方式，在每个支座两边安装有锁紧装置，通过手动扭转小转轮，使锁紧装置与台面接触，形成摩擦力保证支座的稳定性。当需要移动支座时，手动旋转锁紧装置即可。

2）弹簧扭杆设计

弹簧扭杆在加载系统中起到力矩缓冲的作用，如果没有弹簧扭杆，加载电动机与舵机的连接刚度非常大，一个十分微小的角度差值都将产生很大的力矩值，则很容易损坏力矩传感器甚至是舵机；而且会产生较大的多余力矩效应，使得控制性能变差。因此，引入弹簧扭杆是非常必要的。

弹簧扭杆通常是截面为圆形或方形的等直杆，利用其扭转变形实现力矩加载。一般采用热轧弹簧钢制造，常用材料为硅锰和铬镍钼等合金钢，其优点为重量轻、结构简单，缺点为加工要求较高。

在设计时，根据材料性质和力矩大小，选择合适的弹簧扭杆长度和直径。扭杆扭矩 T 的计算公式为

$$T = \frac{0.141Ga^4}{l}\varphi \tag{7-3}$$

式中，G 为弹簧扭杆材料的切变模量；a 为扭杆方形截面边长；l 为扭杆的长度；φ 为杆件两端相对转角。

（3）联轴器设计

联轴器是用来将加载装置和舵机转动轴牢固地连接起来，一同旋转，并传递运动和扭矩的机械部件，是加载系统力矩传导非常重要的一环。联轴器能否良好地传递力矩将关系着加载力矩输出的准确与否。为了满足系统性能要求，要求联轴器具有高传动精度、高灵敏度、自动补偿径向、角向和轴向偏差的特点。

在负载模拟器系统中，常用的联轴器包括膜片联轴器和波纹管联轴器两种类型。

- 膜片联轴器由膜片和轴套组成，膜片和轴套之间一般采用销钉紧固，使得轴套和膜片之间不会存在反冲，膜片之间有时会加一层刚性元件以提高联轴器的刚度。膜片联轴器的优势是没有齿轮的啮合，不会产生相对滑动，制作方便，不易损坏；但是其刚度逊色于波纹管联轴器，力矩传导的偏差较大。

- 波纹管联轴器上下两个毂之间是采用波纹状的圆管以焊接或黏接的方式连接的，联轴器的输入端是夹紧结构，利用夹紧螺钉提供预紧力。输出端是胀紧结构，采用胀紧螺钉膨胀和管体紧固。波纹管联轴器具有工作可靠、结构紧凑的特点。其弹性较好，但是能够传导的力矩范围较小，力矩过大，联轴器可能会打滑，造成力矩传导效果变差。为了提高其力矩范围，在联轴器的上下两端分别使用螺钉紧固。

目前，常用的联轴器大多已标准化或规格化，在设计时，根据传递力矩大小、安装尺寸、安装方法、工作环境、误差运行范围等因素，进行型号选型。

7.4.3.2　某型电动式负载模拟器的加载电动机选型

一个性能良好的电动式负载模拟器应该具备足够的抗干扰能力，既能跟随舵机被动运动，又能准确、快速地按照载荷谱进行加载。电动机作为系统的执行机构，把电能转换为系统需要的能量形式，是加载系统中最重要的设备。为了获得快响应、高加载精度的电动式负载模拟器，选择合适的加载电动机及驱动器显得非常关键。

1）加载电动机类型选择

随着电动机性能的提升和应用场合的多样化，不同的应用场合需要综合考虑电动机的各项参数，如电动机的输出载荷范围、转速、体积、控制方式、载荷精度等，这些都促成电动机研究的细分化、多样化。目前，电动机类型主要包括伺服电动机、步进电动机、力矩电动机等，其中，伺服电动机控制精细、功率稳定；步进电动机采用脉冲开环控制、结构简单、成本低；力矩电动机特点在于力矩控制、可恒转矩输出。因此，在进行电动机选型时，在满足性能要求的基础上，考虑电动机的大小、控制方式等因素，根据不同场合选择合适的电动机类型。

对于负载模拟器，承载对象为旋转电动舵机，通常需要力矩形式载荷，侧重于力矩控制，因此主要采用的电动机类型为力矩电动机。力矩电动机多为扁平结构，转矩、转速输出曲线平缓，力矩波动小，主要分为直流力矩电动机和交流力矩电动机。其中，直流力矩电动机具有机体轻巧、力矩波动小等特点，适用于要求用小体积、轻重量、动力输出大和高精度定位的机械设备等，但是直流电动机长期使用存在电刷磨损现象，需要定期更换，并且需要较为复杂的交流电源转换装置。而交流力矩电动机采用笼式转子结构，靠增多极对数获得低的转速，主要运行在大负载、低转速状态的机械装置，也可短期或长期运行在堵转状态的设备。

在本系统中，综合考虑性能指标、技术路线和研制成本等因素，本系统选择交流力矩电动机作为加载电动机。与直流力矩电动机相比，交流力矩电动机无电刷和换向器，可靠性高，转动惯量小，快速性较好；同时，交流力矩电动机具有成本低、相同功率下体积小、寿命长等优点。

2）减速结构需求分析

在进行负载模拟器的电动机选型时，通常有两种方案：高速小惯量电动机和低速大力矩电动机。高速小惯量电动机通过减速机构，使得加载力矩与电动机输出力矩相匹配。这种方式有较高的加速性，但在模拟载荷频繁变向的情况下，齿轮间隙会给系统带来很多不利因素，对加载精度有较大影响，不利于降低多余力矩；低速大力矩电动机具有较高的力矩转动惯量比，采用直接传动方式，消除了齿轮减速器带来的不利影响，但是加速性有所不及。另外，这种方案的力矩电动机体积规模较大，从而引入较大的转动惯量。

在本系统中，综合考虑系统性能和整体结构协调，采用高速小惯量电动机+减速器配合的技术方案。减速器通常可以采用精密行星减速器，该类型减速器在轴上设计了滚针轴承支撑，增强了扭矩刚度；输出轴的两端有高精度、低游隙的轴承支撑，增大了系统的承载能力；采用斜齿轮传动，一定程度下减小下间隙，并且降低了噪声；采用法兰连接方式，可以与选择的电动机紧密连接。

需要注意的是，减速器的引入虽然加强了系统的带载能力，但是也不可避免地引入了机械间隙，在设计时需要考虑如何消除间隙对加载性能的影响。

3）加载电动机指标估算

在明确负载模拟器的类型之后，需要根据负载模拟器的性能指标，计算所需的功率大小和转矩需求，从而确定电动机型号。在选择时，通常可以首先按照功率进行估算，然后根据动态品质进行校核复算。

首先就是按照功率进行选择，即要求电动机具有足够的功率来驱动负载。如果要求电动机在峰值转矩下以最高的转速不断地驱动负载，则电动机的功率可按下式来估算：

$$P_{M} = (1.5 \sim 2.5)\frac{T_{p}\omega_{p}}{1020\eta} \tag{7-4}$$

式中，P_{M} 为电动机需求功率；T_{p} 为负载峰值转矩；ω_{p} 为负载最高角速度；η 为传动效率。

当电动机长期连续地、周期性地工作在变负载条件下时，通常应按负载均方根功率来估算。此时，T_{p} 为负载方根转矩，ω_{p} 仍然为负载最高角速度。对电动机进行初步估算之后，就可以选择电动机，使其额定功率大于需求功率即可。

在完成功率需求计算后，还需要按照动态品质来对功率进行校核。

当输入信号为 $r(t)$，输出为 $c(t)$ 时，系统的误差则为 $e(t) = r(t) - c(t)$。它们对应的傅里叶变换为 $E(j\omega) = R(j\omega) - C(j\omega)$。当 $\omega = \omega_{c}$ 时，由开环对数幅频特性 $20\log|C(j\omega)/E(j\omega)|$ 可知，在系统线性范围内有 $|E(j\omega_{c})| = |C(j\omega_{c})|$。

当系统以角频率进行正弦运动时，在系统线性范围内（系统允许的最大误差内），系统的输出可写成 $c(t) = e_{m}\sin\omega_{c}t$，输出的角加速度：

$$\frac{d^{2}c(t)}{dt^{2}} = -e_{m}\omega_{c}^{2}\sin\omega_{c}t \tag{7-5}$$

此时，对应 ω_{c} 正弦输出的最大角速度为 $e_{m}\omega_{c}^{2}$，必须满足 $\omega_{k} \geq -e_{m}\omega_{c}^{2}$，其中 ω_{k} 为所选伺服电动机带动负载所能产生角加速度的极限值。只有满足了上述条件，选型电动机才能达到系统动态品质所需的通频带。

在实际系统中，为了满足系统的动态品质，还应满足：

$$\omega_{k} \geq \sqrt{2}\omega_{c} \tag{7-6}$$

否则，应该重选电动机，或者减小系统允许的最大误差 e_{m}。

初选电动机之后，一系列技术数据，如额定转矩、额定转速、额定电流等，均可以由产品目录直接查到。

4）电动机驱动器型号选型

伺服电动机驱动器是伺服电动机的直驱部件，通过控制电动机的旋转角度和运动速度，实现对电动机的工作运行控制，与力矩电动机一起构成了整个伺服控制系统的执行机构。

用于驱动交流电动机的伺服驱动器主要分为两大类，一类是以矢量控制为控制算法的变频器，主要代表厂家有西门子、松下和国产的三科等，主要用于宽范围调速系统和伺服系统。另一类是以直接转矩控制为核心控制技术的，以 ABB 公司为代表，主要用于需要更快转矩响应的控制系统中。两类驱动器都需要估算磁通和转矩，在矢量控制中，把磁通的误差输出给 PID 作为反馈量，经过运算输出电流控制量；直接转矩控制把误差作为伺服驱动器的给定信号，通过查表确定输出的矢量电压，不需要进行坐标变换和电流环控制。两者的基本控制结构相同，理论基础也有相同之处。所不同的只是控制方案的不同，导致控制性能的差异，在具体使用时，要根据应用场景选择合适的驱动器。

5）选型方案

在某型电动式负载模拟器中，综合各方面性能指标和影响因素，负载模拟器执行机构拟选用松下交流伺服电动机和驱动器+新宝减速器。两款伺服电动机选型示意图如图 7-10 所示。

（a）松下伺服电动机和驱动器　　　　　　　　（b）新宝减速器

图 7-10　两款伺服电动机选型示意图

7.4.3.3　某型电动式负载模拟器的传感器件选型

在某型电动式负载模拟器中，包含多种力矩传感器和位置传感器，用于测量当前力矩大小和舵偏大小，其器件性能直接影响系统的检测精度和控制精度。

1）扭矩传感器

扭矩传感器用于采集加载电动机输出轴上的力矩，是加载系统动态调节、精准出力的唯一依据。在负载模拟器系统中，主要采用力矩闭环控制，反馈信号主要来源于扭矩传感器，系统为了实现动态闭环，扭矩传感器必须能够精确测量动态力矩，并且响应足够快、延迟短、误差小。

目前，扭矩传感器主要有电感式、电位计式和金属应变片式等类型。在本系统中，选用金属应变片式扭矩传感器，该传感器的核心部件为粘贴在弹性元件上的电阻应变敏感元件。在其工作过程中，弹性元件在外力的作用下发生变形，与之相连的应变片的阻值将发生变化。其通过转换电路输出电压信号，电压信号的变化将反映被测力矩值的大小。应变片式扭矩传感器具有扭矩检测迅速、数据精度较高、设计容易实现，因此广泛应用于工业测试和控制领域；但该类型传感器输出信号较弱，对工作电压精度要求高，因此需要在电控系统中，针对其信号特点，专门设计高精度信号调理电路和电源电路。

另外，在结构设计时，要求转矩传感器易拆卸、好安装，便于后续装配。同时，由于传感器随着使用的时间延迟，其可能会出现转矩负载不准的情况，因此在后续使用过程中，每隔一段时间就需要重新校验。

2）旋转编码器

在某型电动式负载模拟器中，负载模拟器需要通过测角元件来采集舵面偏角，不仅用于半实物仿真系统中闭环计算，同时用于伺服力矩的闭环控制，因此，要求系统具备较高的测角精度。目前，负载模拟器系统通常采用旋转编码器作为测角元件。旋转编码器按角度计算方式可以分为增量式和绝对式两种类型。

- 绝对式编码器：该类型编码器内部设计码盘结构，不同的角度位置会有明暗刻线，刻线的密度和间隔决定编码器的分辨率。编码器依据自身的采样频率，读取当前时刻明暗刻线的状态，转化为二进制数据，二进制的位数决定编码器的精度。由于绝对式编码器任一位置对应唯一二进制码，通过比较被测对象初始码值和采集码值，即可得出被测对象的转动角度。绝对式编码器抗干扰能力强，但其自身不能实现多圈计数。

- 增量式编码器：相比于绝对式刻线与位置一一对应，此类型编码器通过计数脉冲实现角度计算。当编码器转过一定角度时，系统采集移位脉冲，角度的单位变化量决定编码器的分辨率。由于增量式编码器只是累加脉冲数，因此可以实现多圈计数。当传感器断电时，传感器内部会自动保存当前脉冲数，但是如果传感器被意外触碰产生转动，则当前采集值作废，另外由于增量式采集脉冲，容易受到电磁干扰等，可靠性不如绝对式采集脉冲的可靠性高。

为了保证加载系统角度测量的抗干扰能力和可靠性，某型电动式负载模拟器选取绝对式旋转编码器。

某型电动式负载模拟器的传感器件选型如图 7-11 所示。

（a）扭矩传感器　　　　　　　　　　　　　　　（b）旋转编码器

图 7-11　某型电动式负载模拟器的传感器件选型

7.4.3.4　某型电动式负载模拟器的电控系统设计

电气控制部分是实现系统控制功能的硬件承载，其主要作用是通过将各种传感器件获取的信号进行信号整理，经过计算机中的数据采集板卡注入控制软件中；并将解算得到的控制信号处理并输出到驱动设备和执行机构中。电气控制系统主要由工业控制计算机（包含各种数据采集板卡、通信板卡和运动控制板卡）、系统电源、系统控制单元、信号调理装置和伺服驱动系统组成。通常情况下，按照功能模块构成信号机箱，安装在电气控制柜中。某型电动式负载模拟器电气控制系统总体框图如图 7-12 所示。

1）计算机信号采集系统

计算机信号采集系统主要包括控制计算机及安装在计算机内部的数据采集板卡。

计算机是运行负载模拟器软件的平台，具有加载的指令设定、加载数据的处理、控制算法实现、数据图像化处理和数据存储回调等功能。在此，选用工业控制计算机作为计算机平台，相比普通计算机，该工业控制计算机具有较好的稳定性和可靠性，有较高的防磁、防震、防冲击能力，同时具备较多的计算机板卡安装槽位。

数据采集是指将传感器检测的温度、扭矩、力、角度等模拟量转换成计算机可以处理的数字量，数据采集板卡是实现高精度数据采集的有效器件。系统通过 A/D、I/O 等板卡将传感器检测的物理量输入计算机软件中，经过负载模拟器软件存储、计算、分析、显示等，按照设定算法将输出信号通过 D/A 板卡传递至驱动设备，进而控制电动机等执行机构。数据的采集和处理是多种技术相互融合，而数据采集的精度和速度又取决于各部分的综合性能，任一环节的缺陷都会产生"木桶效应"，影响数据的采集精度和系统综合性能。因此，合理选择数据采集板卡对系统的整体性能具有重要意义。数据的高精度采集是系统控制算法有效的基本保证。

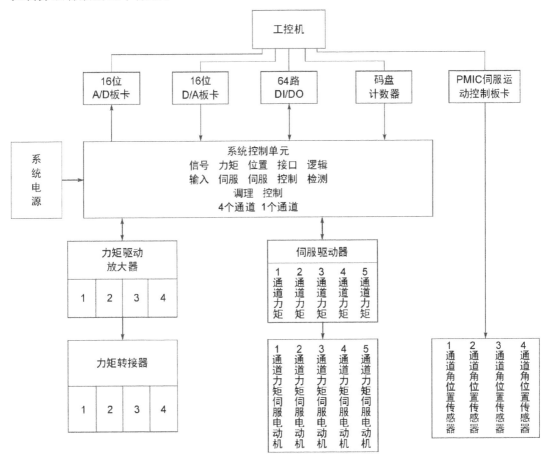

图 7-12　某型电动式负载模拟器电气控制系统总体框图

在选择硬件板卡时，主要根据硬件接口通道数目、电气信号类型和调整、板卡工作可靠性和价格等因素共同分析。另外，考虑到负载模拟器通常在实时操作系统下完成信号的采集、计算和输出，因此，要求这些板卡具备系统指定实时系统的板卡驱动。

2）信号调理单元

在负载模拟器的电气控制系统设计中，一个重要的任务就是对信号进行调理，完成放大、滤波、整形等工作。一方面是系统中电源和各电器环节均存在电磁干扰，这些干扰信号严重影响系统的加载精度和控制精度，如果不消除干扰信号，则系统无法正常采集数据、控制电动机。这些干扰包括电源干扰、线路干扰、电磁泄漏干扰等类型，其中，电源干扰主要来源于供电电源中的纹波和噪声；线路干扰按其传输途径包括差模干扰和共模干扰。差模干扰指线间电压干扰，共模干扰指对地电压干扰。另一方面，扭矩传感器的信号较为微弱，也需要对其进行放大、整形处理，便于后期进行计算处理。

在进行信号调理时，主要根据调理任务、电气信号路数、频率特征、噪声类型进行设计，通过一系列包含模拟电路和数字电路的信号调理板，完成信号的处理。

3）信号控制单元

为了保证系统安全的冗余性，某型电动式负载模拟器在硬件上增加了信号控制单元。它主要由运算放大器、隔离运算放大器及各种逻辑芯片构成。它的输入量来自信号调理板的 D/A 信号，经过运算放大器和隔离运算放大器放大输出给伺服驱动器。每个通道在工作时受到逻辑电路的控制，只有在多个逻辑控制电平均正常工作时，通道才能输出控制电压，这些逻辑控制信号主要包括：系统准备好、没有应急故障、有通道运行命令、没有通道力矩超限、没有通道电压超限和通道伺服驱动器正常工作。

4）机柜设计

机柜用于系统设备的集成安装，一方面要求机柜美观大方，安装方便，便于运输；另一方面，为保证系统具有良好的电磁抗干扰性能，要求在对机柜进行内部走线时，将强电线路和弱电线路分开，以免强电信号对弱电信号（如传感器采集信号）产生较大的干扰；同时，将试验台架和控制机柜内的信号地与强电柜壳体共同接地，电动机驱动器壳体接地，从而抑制干扰信号的辐射。

7.4.4　某型电动式负载模拟器的软件方案设计

在某型电动式负载模拟器中，控制软件发挥着协调系统内各个设备有序工作的核心作用，与硬件系统协同完成试验任务。本系统基于 C 语言开发平台，采用 RTX 环境作为实时计算运行环境，软件采用面向对象编程技术，模块化设计，确保控制过程的功能性、可靠性，以及软件的用户界面友好性、可扩展性、易维护性等主要特性。

7.4.4.1　某型电动式负载模拟器软件需求分析

根据某型电动式负载模拟器的技术要求进行分析可知，负载模拟器软件主要完成整个舵机加载系统的试验参数配置、加载控制、数据监控和数据分析等功能。通过负载模拟器软件系统的配置，使得负载模拟器系统既可以单独作为一个测试设备对舵机的空载和带载能力进行测试，同时可以作为一个半实物仿真子节点，加入制导控制半实物仿真的大回路中进行联合仿真。具体功能包括以下几个部分。

1）工作模式配置

通过软件界面可以完成多种测试模式的配置和参数选择，加载台系统支持的运行模式如下。

- 静态加载模式：参试舵机处于闭环状态，用户输入期望的指令信号，如正弦波或梯形波，软件系统根据相应的加载梯度产生控制指令，控制力矩电动机产生期望的加载力矩。

- 动态加载模式：参试舵机处于正弦波或梯形波运动状态，软件系统根据相应的加载梯度产生控制指令，控制力矩电动机产生期望的加载力矩。
- 仿真模式：在半实物仿真中，参试舵机根据飞行控制计算机的控制指令执行舵面偏转，软件系统根据由仿真计算机发出的力矩加载指令，结合当前系统运行状态计算控制指令，控制力矩电动机产生期望的加载力矩。

2）运行过程控制

加载台软件能够根据选择的工作模式对加载台的工作过程进行调度，实现加载台系统零力矩、力矩加载、停止加载等状态之间的切换。

3）力矩加载控制

加载台软件通过对 PID 及前馈校正器等控制算法的实现，根据试验过程中的力矩指令信号，进行力矩电动机控制电压的计算，完成对舵机系统的力矩实时加载。

4）硬件板卡驱动

加载台软件在进行力矩加载控制时，需要通过模拟量输入板卡获取加载在舵机上的实际力矩，通过编码器脉冲计数板卡获取舵机的实际位置和通过模拟量输出板卡输出控制电压，这些对硬件板卡的操作都需要在实时环境下完成。

5）运行状态监控

加载台软件在力矩加载过程中对各加载通道的状态进行实时监控，实时显示加载在舵机上的力矩和舵机的运动角度，一旦发现通道出现力矩超限或输出超限，就进入应急模式，停止力矩加载，保护设备的安全，同时向用户发出警告消息。

6）加载数据记录

在加载过程中，加载台系统会产生大量的加载数据，要求加载系统软件具有数据记录功能，根据要求实时显示并记录仿真过程中产生的所有数据，并提供数据分析、浏览、对比工具，便于对仿真数据进行事后的查看对比和统计分析。

7）仿真数据交互

在进行仿真加载测试过程中，加载台软件通过实时网络驱动，按照规划的通信协议，与其他仿真子节点进行实时数据通信，获取力矩指令信号，并上传实际加载力矩和舵偏大小。

7.4.4.2　某型电动式负载模拟器软件框架设计

在负载模拟器中，控制软件根据采集得到的当前力矩大小和舵偏位置信号，按照设定的控制方法，计算得到伺服电动机的控制指令。为了保证闭环伺服控制系统的精确性，要求其计算过程必须实时完成。目前，负载模拟器的算法实时性保证主要采用两种方式：一种是将控制算法通过嵌入式硬件来实现；另一种是通过实时操作系统来实现。

在本系统中，考虑到系统通用性和调整便利性，软件框架基于 Windows+RTX 方案进行设计。负载模拟器软件平台主要包括人机交互程序设计和实时控制程序设计两部分。其中，人机交互程序在 Windows 操作系统环境下，主要用于人机交互、参数设置、曲线显示、数据记录等非实时工作；实时控制程序运行在 RTX 实时环境下，主要完成数据采集、算法计算、安全保护等强实时工作。两者之间，通过 RTX 共享内存来完成数据交互和指令下发。

某型电动式负载模拟器的软件框架如图 7-13 所示。

采用 Windows+RTX 方案，能够充分在 Windows 环境下丰富显示控件和存储资源，界面熟悉、操作简单；同时，RTX 作为实时系统，使得整个系统的控制算法周期在 0.5ms 内，从而保证系统控制精度。

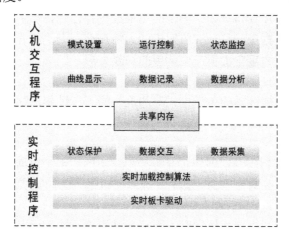

图 7-13 某型电动式负载模拟器的软件框架

7.4.4.3 某型电动式负载模拟器软件流程设计

按照系统工作流程和软件需求，构建软件运行流程。某型电动式负载模拟器软件运行流程图如图 7-14 所示。

软件启动之后，首先进行系统自检和参数加载，然后等待用户界面操作，完成参数配置、本地测试、组网仿真和数据分析等任务操作。

1）参数配置流程

试验人员选择参数配置后，软件进入参数配置界面，试验人员根据需求，对控制参数大小、网络通信地址、保护参数范围等参数进行修改，修改完成后，单击保存按钮，完成配置文件的保存；试验人员也可以通过加载按钮，加载之前的配置文件。确认无误后，单击应用按钮，退出参数配置，返回软件主界面。

2）本地测试流程

负载模拟器具备本地测试的功能，主要根据参数设置完成期望力矩的加载。用户选择本地测试模式后，首先完成测试指令参数的设置，包括力矩大小、曲线形式、梯度大小、测试时间等参数；确认无误后，单击测试开始按钮，软件将相关指令通过共享内存下发给实时控制程序，并启动 RTX 实时进程；在 RTX 实时控制程序中，在每个控制周期内完成控制任务。

在每个控制周期内，运行在 RTX 环境下的实时控制软件首先通过硬件板卡的实时驱动，获取当前力矩大小和位置信息；然后，根据相关信息进行状态判断。如果状态异常，则执行关闭操作并退出实时进程。如果状态正常，则根据设置参数和当前状态，计算出控制指令。通过硬件驱动，完成控制指令的输出。通过共享内存，将当前的力矩状态和加载状态传递给 Windows 环境下的人机交互操作；最后，通过实时进程判断运行状态，如果已经到达停止条件，则执行结束操作，关闭实时进程。在实时控制程序工作时，运行在 Windows 环境下的人机交互软件，根据共享内存的数据，完成试验数据的曲线绘制、试验数据的存储记录等操作。

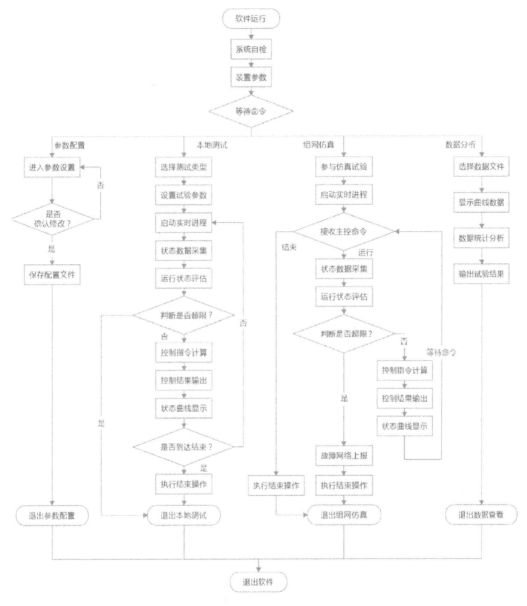

图 7-14　某型电动式负载模拟器软件运行流程图

3）组网仿真流程

负载模拟器的一个重要任务就是作为一个仿真设备节点，接入制导控制系统的闭环仿真回路中。用户选择组网仿真模式后，单击参与仿真测试开始按钮，软件通过反射内存将参与仿真标志上传给仿真管理系统，并启动 RTX 实时进程；在 RTX 实时控制程序中，在每个控制周期内，根据仿真主控发出的控制命令，完成控制任务。

在每个仿真周期中，运行在 RTX 环境下的实时控制软件首先通过反射内存网卡的实时驱动，获取仿真主控管理系统的控制指令，根据控制指令，执行不同的操作。

如果系统运行状态是仿真运行指令，则通过硬件接口获取当前力矩大小和位置信息。

根据相关信息进行状态判断。如果状态异常，则通过反射内存网卡，上报节点故障，执行关闭操作并退出实时进程。如果状态正常，则根据反射内存网卡中的力矩指令和当前状态，计算出控制指令。通过硬件驱动，完成控制指令的输出，通过共享内存，将当前的力矩状态和加载状态传递给 Windows 环境下的人机交互操作。另外，实时程序代码通过硬件板卡获取舵偏大小，并通过实时网络反馈给仿真模型，用于闭环仿真计算。

如果系统运行状态是仿真结束指令，则执行结束操作，关闭实时进程。在实时控制程序工作时，运行在 Windows 环境下的人机交互软件，根据共享内存的数据，完成试验数据的曲线绘制、试验数据的存储记录等操作。

4）数据分析流程

试验人员进入数据分析界面后，首先，通过界面操作和文件检索，选择之前存储的试验数据。软件读取试验数据，并进行曲线绘制和状态显示；然后，试验人员利用软件提供的多种分析统计工具，对试验数据进行统计分析处理；最后，在分析完成后，通过软件操作，完成分析报告的输出。完成相关操作后，退出数据分析界面，返回软件主界面。

7.4.4.4 某型电动式负载模拟器软件模块设计

某型电动式负载模拟器软件具有良好的人机交互系统，采用了模块化的结构，包括参试设置功能、试验任务管理功能、软件运行功能、板卡实时驱动功能、数据处理/存储/复显功能等。主要分为以下几个模块。

1）数据监控模块

数据监控模块主要分为数据曲线显示、状态监控和信息显示三个子模块。其主要功能是便于用户对系统进行控制，实现了解试验状态、判断故障来源、计算当前力矩大小的功能，同时设置有安全保护模块保证系统的可靠性。通过实时监控指令力矩曲线和反馈力矩曲线，可以分析系统的力矩控制效果。状态监控子模块可以给出负载模拟器是否处于正常工作状态、载荷是否超差、角位移波动是否过大等，一旦出现超限自动报警，信息显示子模块就将显示试验的进度和相关的提示。

2）参数设置模块

参数设置模块主要包括控制指令参数设置、传感器标定参数设置和安全参数设置等。在控制指令参数设置时，系统提供了不同力矩范围的加载模式，在更换弹簧扭杆之后，软件也为不同模式提供了控制参数修改的功能。传感器标定参数设置通过采集多组数据计算传感器零偏和增益，经设置后保存到系统配置文件中。此外，还能够通过界面设置报警门限、角位移范围、力矩范围等安全参数，当系统出现异常状况时触发相应的安全策略，从而保护试验设备和操作人员的安全。

3）试验控制模块

试验控制模块是该测控软件总体设计的核心，主要分为本地测试模式和组网仿真模式。在不同的仿真模式下，包含不同的操作顺序和控制逻辑，其差异主要在于实时控制程序中的代码工作策略。在本地测试模式中，力矩指令是由软件根据界面设置进行计算得到的，而在组网仿真模式中，力矩指令是软件通过反射内存网络获取当前状态下的加载力矩指令大小。

4）板卡驱动模块

各种硬件板卡是负载模拟器与加载台硬件系统之间的接口，为了完成闭环仿真，要求每个板卡提供 RTX 环境下的实时驱动。每个板卡驱动模块，包括板卡打开、板卡配置、数据采集、指令输出和板卡关闭等子模块。

　　5）数据处理模块

　　数据处理模块主要包括当前数据存储、历史数据浏览、数据统计分析和打印报表输出四个子模块。数据存储子模块将试验过程的数据永久存储并存放到指定位置，数据包括力矩指令数据、加载力矩数据、实时角度数据、记录用时和其他试验内容信息等。历史数据浏览子模块是加载之前的历史数据，对数据进行重新回放显示的功能。数据统计分析子模块是指软件提供丰富的数据统计功能，包括野值点剔除、数据拟合、时域统计和频域分析等功能。打印报表输出子模块是指数据曲线打印，报表中同时还可对试验的相关信息进行设置，包括试验人员、试验时间、被试舵机信息等。

7.4.5　某型电动式负载模拟器的数学模型推导

　　为了便于控制系统设计和仿真验证评估，需要建立某型电动式负载模拟器的精细数学模型，通过仿真计算，评估控制算法的有效性，获取系统控制性能指标。根据系统组成方案可知，某型电动式负载模拟器的数学模型主要包括交流伺服电动机、非线性环节、弹簧扭杆、力矩加载系统、PWM 驱动器、参试舵机系统和引入舵机环节的全系统。

　　下面给出各个环节的数学模型及其推导过程，最后给出全系统耦合模型。

7.4.5.1　交流伺服电动机数学模型

　　在某型电动式负载模拟器中采用交流伺服电动机，交流伺服电动机是一个动态系统，其特点是存在非线性和耦合性，并采用矢量控制方式。对于该动态系统，一般在数学建模中考虑采用坐标变换的方案达成对其电压、电流和磁通量等相关变量的有效解耦。

　　为了便于后续数学建模，通常采取下述假设情形简化交流伺服电动机内部复杂的电磁关系：

- 电动机内三相定子绕组两两之间相差 120° 电角度，呈中心对称分布；
- 定子电流在相关圆周场内表现为正弦分布；
- 不考虑磁场内存在的高次谐波；
- 定子绕组上排列的反电动势波形视为正弦波；
- 转子、定子绕组之间的互感可以通过转子角位置的相关正弦函数表达；
- 不考虑磁饱和、磁滞和涡流损耗等因素构成的影响；
- 电动机工作条件为理想状态，其参数不受温度、工作频带等影响。

若摩擦系数 $B=0$，则得到 d 轴、q 轴坐标系上交流伺服电动机的状态方程为

$$\begin{bmatrix} \dfrac{\mathrm{d}i_d}{\mathrm{d}t} \\[2mm] \dfrac{\mathrm{d}i_q}{\mathrm{d}t} \\[2mm] \dfrac{\mathrm{d}\omega_\mathrm{f}}{\mathrm{d}t} \end{bmatrix} = \begin{bmatrix} -\dfrac{R}{L} & P_\mathrm{n}\omega_\mathrm{f} & 0 \\[2mm] -P_\mathrm{n}\omega_\mathrm{f} & -\dfrac{R}{L} & -\dfrac{K_\mathrm{e}}{L} \\[2mm] 0 & \dfrac{K}{J} & -\dfrac{B}{J} \end{bmatrix} \begin{bmatrix} i_d \\ i_q \\ \omega_\mathrm{f} \end{bmatrix} + \begin{bmatrix} 0 \\ K_\mathrm{p}K_\mathrm{s}K_\mathrm{V}/L \\ 0 \end{bmatrix} V_\mathrm{in} + \begin{bmatrix} 0 \\ 0 \\ -\dfrac{1}{J} \end{bmatrix} T_\mathrm{g} \quad (7\text{-}7)$$

式中，i_d、i_q 为 d 轴电流和 q 轴电流，单位为安培（A）；ω_f 为转子转动角速度，单位为 rad/s；R 为电动机三相绕组等效电阻，单位为欧姆（Ω）；L 为等效 d 轴、q 轴电感，对于

表面磁钢交流无刷电动机，通常认为两者相等；J 为折算到电动机轴的负载转动惯量，单位为 $\mathrm{kg \cdot m^2}$；B 为摩擦系数；P_n 为电动机极对数；K_p 为电流控制增益；K_s 为逆变驱动电路等效增益；K_V 为给定输入到 i_q 的比例系数；K 为力矩系数；K_e 为反电动势系数；T_g 为负载阻力矩，单位为 $\mathrm{N \cdot m}$；V_in 为输入信号电压，单位为伏特（V）。

从式（7-7）能够发现，d 轴、q 轴坐标系方面的变量构成对应的耦合联系，使得电动机控制器的设计工作存在很大难题。以往引入准矢量控制器方案，依靠提升电流控制器增益，从而达成良好的跟踪效果，获取近似线性化的理想解耦控制效果。在此，引入电流反馈设计，交流伺服电动机矢量控制系统结构图如图 7-15 所示。

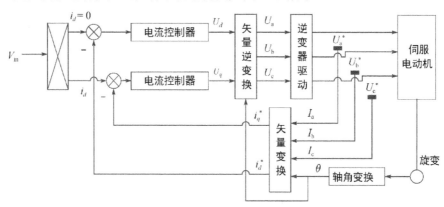

图 7-15　交流伺服电动机矢量控制系统结构图

从图 7-15 中可以看出，具有与伺服电动机相同极对数的旋转变压器和电动机同轴连接，在检测出转子位置和旋变的角位置输出信号，与电动机的三相电流进行 Clarke 变换后，可得到反馈电流 i_d^* 和 i_q^*。当直轴电流 $i_d = 0$ 时，令 q 轴电流指令 i_q 与输入指令电压 V_in 成正比，则输出电磁转矩和交轴电流 i_q 构成对应的正相关，控制 q 轴电流即可实现调整实际力矩的效果。该阶段的 $\left| i_q - i_q^* \right|$ 经电流控制器，依据转子具体位置对其进行矢量逆变换运算，即可获得基础的三相控制电压 U_a、U_b 和 U_c，从而通过逆变器驱动电动机转动。当 $i_d = 0$ 时，只分析 i_q-U_q 回路，此时有：

$$\begin{bmatrix} i_q \\ \dot{\omega}_\mathrm{r} \end{bmatrix} = \begin{bmatrix} -\dfrac{R}{L} & -\dfrac{K_\mathrm{e}}{L} \\ \dfrac{K}{J} & -\dfrac{D}{J} \end{bmatrix} \begin{bmatrix} i_q \\ \omega_\mathrm{f} \end{bmatrix} + \begin{bmatrix} K_\mathrm{p}K_\mathrm{s}K_\mathrm{V}/L \\ 0 \end{bmatrix} V_\mathrm{in} + \begin{bmatrix} 0 \\ -\dfrac{1}{J} \end{bmatrix} T_\mathrm{g} \tag{7-8}$$

从 V_in 和 T_g 到角速度输出 ω_f 的传递函数为

$$\omega_\mathrm{f} = \frac{K_\mathrm{p}K_\mathrm{s}K_\mathrm{V}K}{(R+Ls)(Js+D)+K_\mathrm{e}K} V_\mathrm{in} + \frac{R+Ls}{(R+Ls)(Js+D)+K_\mathrm{e}K} T_\mathrm{g} \tag{7-9}$$

那么在 V_in 和 T_g 至相关角度输出 θ_f 的基础传递函数为

$$\theta_\mathrm{f} = \frac{K_\mathrm{p}K_\mathrm{s}K_\mathrm{V}K}{s[(R+Ls)(Js+D)+K_\mathrm{e}K]} V_\mathrm{in} + \frac{R+Ls}{s[(R+Ls)(Js+D)+K_\mathrm{e}K]} T_\mathrm{g} \tag{7-10}$$

由上述可得交流伺服电动机模型原理框图，如图 7-16 所示，其归入二阶系统的范畴，图中 K_p 是电流环控制器。

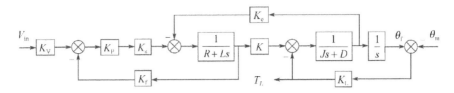

图 7-16 交流伺服电机模型原理框图

7.4.5.2 非线性环节数学建模

某型电动式负载模拟器作为一个复杂的力矩伺服系统,很多非线性因素会对其产生影响,如机械摩擦、齿轮间隙、电气参数摄动等,这些因素可能导致实际输出力矩与指令力矩间存在一定误差,降低系统的加载精度。由于本系统采用小惯量交流伺服电动机,通常加载力矩过大,电动机经常工作在过载状态下使电动机参数出现波动,产生非线性环节。在本系统中,主要对摩擦和齿隙这两个非线性因素进行分析。

1)某型电动式负载模拟器中的摩擦因素分析

在交流伺服电动机和加载系统中,由于采用小惯量高速伺服电动机,需要在输出轴引入减速器环节。减速器转子轴承是一个产生摩擦的环节,通常分为线性的黏滞摩擦和非线性的库仑摩擦,而线性摩擦已包含在系统的线性模型中,这里不进行考虑,而库仑摩擦导致转子输出产生死区的特性。通过对实际系统进行测试,测试结果表明非线性摩擦力为恒值。

2)某型电动式负载模拟器中的齿隙因素分析

齿隙是机械传动时常见的非线性因素,在齿轮和随动机构的接合处均存在齿隙。在电动式负载模拟系统中,安装在电动机输出轴与弹簧扭杆连接端的减速器齿隙,导致两者输出相角存在一定滞后,可建立减速器齿隙模型。某型电动式负载模拟器中减速器齿隙示意图如图 7-17 所示,其中 θ_m 为电动机输出轴端角位移,θ_t 为弹簧扭杆在减速器侧位移,2α 为减速器齿隙大小。

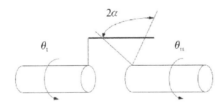

图 7-17 某型电动式负载模拟器中减速器齿隙示意图

假设轴的扭转角度为 $\theta = \theta_m - \theta_t$,力矩输出和轴的转角成正比,而转角可以表示为电动机输出角位移和实际齿隙的差,则输出位移和扭转角的关系式为

$$\theta = \begin{cases} \theta_m + \alpha, & \theta_m < -\alpha \\ 0, & |\theta_m| < \alpha \\ \theta_m - \alpha, & \theta_m > \alpha \end{cases} \tag{7-11}$$

因此,当连接轴刚度为 T 时,减速器齿隙的死区模型的力矩传递表达式为

$$T = T\theta = \begin{cases} T(\theta_m + \alpha), & \theta_m < -\alpha \\ 0, & |\theta_m| < \alpha \\ T(\theta_m - \alpha), & \theta_m > \alpha \end{cases} \tag{7-12}$$

相较另一种常用的齿隙迟滞模型，齿隙死区模型考虑到连接刚度产生的影响，描述了减速器齿轮传递过程中的力矩关系，能够较全面地反映出齿隙的本质特点。当输入信号通过死区时，可将输出信号分解为输入信号与方波信号，方波的方向与输入信号方向相反，频率相同。某型电动式负载模拟器中齿隙因素的死区分解示意图如图 7-18 所示。

图 7-18 中，实线表示伺服电动机输入力矩波形，虚线表示力矩通过死区后的输出波形，方波表示扰动，即死区大小可以表示为输入波形与扰动波形的差值。实际操作中，输出力矩由于受到安装及零件误差等因素的影响，不可避免地存在恒值干扰，因此又将死区分解为对称死区和恒值干扰之和。某型电动式负载模拟器中齿隙因素的不对称死区示意图如图 7-19 所示。

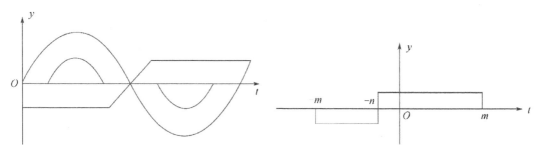

图 7-18　某型电动式负载模拟器中齿隙因素的
死区分解示意图

图 7-19　某型电动式负载模拟器中齿隙因素的
不对称死区示意图

对以上方波进行傅里叶级数分解可得到：

$$f(x) = \frac{n}{m} + \sum_{N=1}^{\infty} \left(A_N \cos \frac{N\pi x}{m} + B_N \sin \frac{N\pi x}{m} \right) \tag{7-13}$$

其中：

$$A_N = \frac{2\alpha}{N\pi} \sin \frac{N\pi n}{m}, \quad B_N = \frac{2\alpha}{N\pi} \left(\cos \frac{N\pi n}{m} - \cos N\pi \right) \tag{7-14}$$

则

$$f(N) = \sqrt{A_N^2 + B_N^2} = \frac{2\sqrt{2}\alpha}{N\pi} \sqrt{1 - \cos N\pi \cos \frac{n}{m} N\pi} \tag{7-15}$$

式中，N 为谐波次数，各次谐波幅值可通过对输出曲线 FFT 分析后计算对比其所占基波幅值的比例得到，根据各次谐波的幅值即可计算出死区的大小。

因此，可将减速器非线性影响简化为单一的死区环节，得到含有非线性死区环节的力矩执行机构端系统框图，如图 7-20 所示，其中 θ_f 为伺服电动机输出力矩，D 为减速器的非线性死区环节。

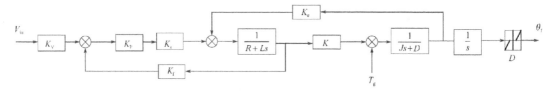

图 7-20　某型电动式负载模拟器中含有非线性死区环节的力矩执行机构端系统框图

7.4.5.3 弹簧扭杆数学建模

弹簧扭杆作为连接加载系统和舵机的核心元件之一，自身的转动惯量相对偏小，所以在建模时可不考虑弹簧扭杆的质量和力矩传递时的机械损耗，近似认为加载系统输出转角和舵机输出转角之差对弹簧扭杆造成的形变与通过弹簧扭杆传递的力矩构成基础的线性关系，即

$$T_f = K_L (\theta_f - \theta_m) \tag{7-16}$$

式中，T_f 为加载系统输出力矩；K_L 为弹簧扭杆刚度系数；θ_f、θ_m 分别为加载系统输出转角和舵机输出转角。

弹簧扭杆刚度设计是加载系统研究的重要问题。增大刚度系数可以提高系统的最大频带，但过大的刚度系数会造成舵机位置运动带来的多余力矩增加，影响系统稳定性；相对地，减小刚度系数能提高系统稳定性，但会增加系统延迟，令跟踪信号相位滞后，对系统频带产生影响。

7.4.5.4 力矩加载系统数学建模

在某型电动式负载模拟器中，力矩加载系统的力矩平衡方程为

$$T_L = V_{in} \cdot K_m = T_f + J \frac{d\omega_f}{dt} + D\omega_f \tag{7-17}$$

$$\omega_f = \frac{d\theta_f}{dt} \tag{7-18}$$

$$\omega_m = \frac{d\theta_m}{dt} \tag{7-19}$$

式中，T_L 为力矩加载电动机的负载力矩（$N \cdot m$）；J 为力矩加载电动机转动惯量（$kg \cdot m^2$）；ω_f、ω_m 分别为力矩加载电动机和舵机的旋转角速度；D 为摩擦系数。

可得力矩加载系统数学模型原理框图，如图 7-21 所示。

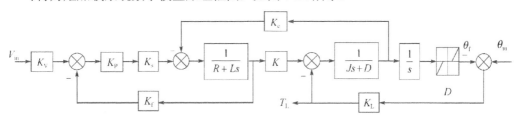

图 7-21 某型电动式负载模拟器中力矩加载系统数学模型原理框图

考虑到舵机输出转矩构成的影响，实际的数学表达式为

$$T_f = \frac{K_L K_p K_s K_V K}{s[(R+Ls)(Js+D)+K_e K]+K_L(R+Ls)} V_{in} - \frac{s[(R+Ls)(Js+D)+K_e K]K_L}{s[(R+Ls)(Js+D)+K_e K]+K_L(R+Ls)} \theta_m \tag{7-20}$$

式（7-20）将舵机输出转角简单看成一种对加载系统的位置干扰，实际舵机的位置特性和加载系统输出力矩特性之间有强烈的耦合作用，因此需要对舵机进行分析，在考虑舵机特性的情况下建立整个伺服系统模型。

7.4.5.5 PWM 驱动器的数学建模

PWM 脉宽调制驱动器是伺服电动机驱动的常用方式，与其他驱动装置相比具有下列优点。

- 主电路线路简单，需要用的功率器件较少，可同时调节电压和频率，结构简单。
- 转矩脉动小，系统的调速范围宽，稳态精度高。
- PWM 系统的调频带宽为 1～10kHz，且驱动装置电压增益不随输出电压变化而变化，因此加速性好，线性系统的失真度较低。
- 功率开关器件导通损耗小，装置效率高。

从整体结构上来看，交流 PWM 驱动器可以分为交-直-交和交-交两大类，这里采用交-直-交 PWM 驱动器，先将交流电源通过整流器转换成直流，通过逆变器转换成频率和幅值可控的交流电信号。某型电动式负载模拟器中交-直-交 PWM 变压变频器工作原理框图如图 7-22 所示。

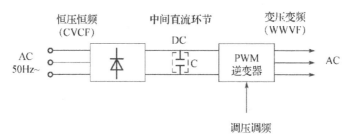

图 7-22 某型电动式负载模拟器中交-直-交 PWM 变压变频器工作原理框图

图 7-22 中，左侧整流桥将工频交流电转化为电压恒定的直流电；右侧逆变器再将直流电转化为可控的交流电，其中存在的滤波环节，是为控制直流电压脉动而设定的。逆变器可实现对直流电源的调整，通过固定频率实现接通/断开的效果，令正负电压的占空比对平均输出电压造成影响，最终起到电压和电流的放大作用。某型电动式负载模拟器中 PWM 控制电压波形示意图如图 7-23 所示。

在一个开关周期 T 内，电压方程为

$$U_\mathrm{m} = \begin{cases} +U, & 0 \leqslant t < t_1 \\ -U, & t_1 \leqslant t < T \end{cases} \tag{7-21}$$

某型电动式负载模拟器中 PWM 逆变器输入/输出特性曲线如图 7-24 所示。

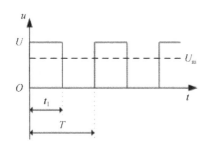

图 7-23 某型电动式负载模拟器中
PWM 控制电压波形示意图

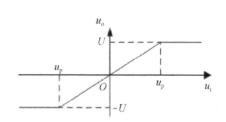

图 7-24 某型电动式负载模拟器中
PWM 逆变器输入/输出特性曲线

PWM 输入/输出特性为

$$K_\text{W} = \frac{u_\text{m}}{u_\text{i}} = \frac{U}{u_\text{p}} \tag{7-22}$$

即

$$U = K_\text{W} u_\text{m} \tag{7-23}$$

式中，u_i 为输入 PWM 驱动模块的电信号，u_p 为 PWM 脉冲调制电路三角波电压的峰值，U 为对电动机输出的控制电压信号。

参照 PWM 驱动器基础原理，在输入控制电压存在变化的情况下，输出电压要求等待后续的周期才能变化，从时间的角度分析，可归入纯滞后环节的范畴，延迟特性为开关时间滞后于 PWM 的一个方波周期。实际的传递函数可以写成：

$$G_\text{p}(s) = K_\text{W} \frac{1 - \mathrm{e}^{-Ts}}{s} \tag{7-24}$$

加入 PWM 驱动器环节后，某型电动式负载模拟器中交流伺服加载系统控制框图如图 7-25 所示。

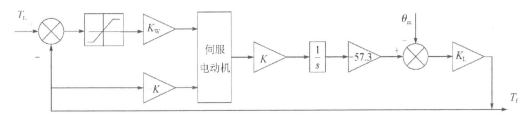

图 7-25　某型电动式负载模拟器中交流伺服加载系统控制框图

图 7-25 中，K 为减速器减速比，这里取 1/35。值得说明的是，此处电动机的输出角度乘以 57.3 是由于本系统中电动机模型的输出角度单位为弧度，而舵机的输出角度单位为角度，弹簧扭杆刚度系数的单位为 Nm/°，故必须将弧度化为角度；其乘以−1 是力矩正方向的定义导致的。

7.4.5.6　参试舵机系统的数学建模

在某型电动式负载模拟器中，参试舵机与加载系统相互耦合，舵机的工作特性直接影响负载模拟器的控制性能。为了详细分析舵机模型，需要构建参试舵机的数学模型。

电动舵机通常选用小力矩直流电动机作为力矩执行机构，某型电动式负载模拟器中参试舵机的开环系统原理框图如图 7-26 所示。

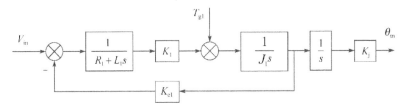

图 7-26　某型电动式负载模拟器中参试舵机的开环系统原理框图

式中，V_in 为输入信号电压（V）；θ_m 为输出转角；L_1 为直流电动机电感；R_1 为等效电阻；K_1 为力矩系数；K_e1 为电动舵机反电动势系数；J_1 为舵机转动惯量（kg·m²）；K_j 为减速器的减速比；T_{g1} 为加载系统带来的扰动力矩，由于减速器作用实际这里 $T_{g1} = T_f K_j$。

考虑到电动舵机是位置伺服系统，从而得到闭环系统原理框图，如图 7-27 所示。

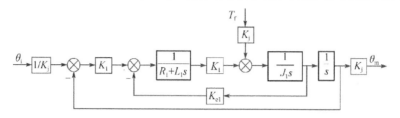

图 7-27　某型电动式负载模拟器中参试舵机闭环系统原理框图

图 7-27 中，K_I 为位置环控制器。

由舵机指令位置 θ_i 到舵机输出转角 θ_m 的系统传递函数为

$$\frac{\theta_m}{\theta_i} = \frac{K_I K_1}{L_1 J_1 s^3 + R_1 J_1 s^2 + K_{e1} K_1 s + K_I K_1} \tag{7-25}$$

同样可得加载系统输出力矩 T_f 到舵机输出转角 θ_m 的系统传递函数为

$$\frac{\theta_m}{T_f} = \frac{K_j^2 (R_1 + L_1 s)}{L_1 J_1 s^3 + R_1 J_1 s^2 + K_{e1} K_1 s + K_I K_1} \tag{7-26}$$

因此，电动舵机输出转角 θ_m 为

$$\theta_m = \frac{K_I K_1}{L_1 J_1 s^3 + R_1 J_1 s^2 + K_{e1} K_1 s + K_I K_1} \theta_i + \frac{K_j^2 (R_1 + L_1 s)}{L_1 J_1 s^3 + R_1 J_1 s^2 + K_{e1} K_1 s + K_I K_1} T_f \tag{7-27}$$

7.4.5.7　引入舵机环节的全系统数学模型

在建立力矩加载系统和承载舵机系统的数学模型后，就可以构建全系统的数学模型。由图 7-21 和图 7-27 可得舵机环节的整体加载系统，如图 7-28 所示。

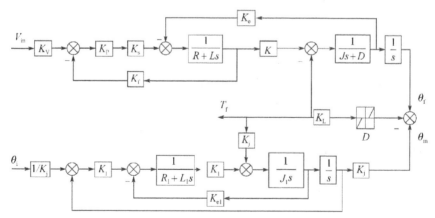

图 7-28　某型电动式负载模拟器中包含舵机的全系统数学模型

图 7-28 中，从 V_{in} 到 θ_f 为交流伺服电动机系统框图，从 θ_i 到 θ_m 为电动舵机系统框图，其中齿隙死区输入为加载系统与舵机系统输出轴的角位置差，输出为弹簧扭杆端的角位移。

由此得到考虑舵机特性情况下加载系统数学模型为

$$T_{\mathrm{L}}(s) = \frac{K_{\mathrm{T}}K_{\mathrm{L}}U(s) - K_{\mathrm{L}}s[JLs^2 + (JR+DL)s + (K_{\mathrm{e}}K_{\mathrm{T}}+DR)]\theta_{\mathrm{m}}(s)}{JLs^3 + (JR+DL)s^2 + (LK_{\mathrm{L}}+K_{\mathrm{e}}K_{\mathrm{T}}+BR)s + RK_{\mathrm{L}}} \tag{7-28}$$

$$= G_1(s)V_{\mathrm{in}} - G_2(s)\theta_{\mathrm{m}}(s)$$

其中：

$$G_1(s) = \frac{K_{\mathrm{T}}K_{\mathrm{L}}K_{\mathrm{P}}}{(Ls+R)K_{\mathrm{L}} + s[K_{\mathrm{e}}K_{\mathrm{T}} + (Js+D)(Ls+R)]} \tag{7-29}$$

$$G_2(s) = \frac{s[K_{\mathrm{e}}K_{\mathrm{T}} + (J_1 s+D)(Ls+R)]K_{\mathrm{L}}}{(Ls+R)K_{\mathrm{L}} + s[K_{\mathrm{e}}K_{\mathrm{T}} + (Js+D)(Ls+R)]} \tag{7-30}$$

从上述模型可知，电动加载系统是一个双输入单输出系统，故其输出扭矩与两部分相关：加载系统的控制电压信号 V_{in} 和舵机的位置信号 θ_{m}。其中，θ_{m} 作为对系统的干扰信号，势必会对输出转矩 T_{f} 造成扰动，扰动大小为 $G_2(s)\theta_{\mathrm{m}}(s)$，即多余力矩。

在构建全系统数学模型之后，就可以据此开展控制系统设计，对比分析各种控制算法的优缺点。首先通过仿真计算，确定控制系统的结构框图和参数大小；然后就可以通过软件编程，实现负载模拟器的控制；最后通过对实际系统的控制考核，校核数学模型，为后续改进提供基础。

7.4.6　某型电动式负载模拟器的设计结果

在经过方案设计、硬件加工、电路装配、软件开发、系统联调联试等一系列研制工作后，某型电动式负载模拟器交付给使用单位。经双方协商讨论，形成了验收测试大纲，对系统中的各项性能指标进行了测试。目前，该设备已完成交付使用，为某型飞行器的研制提供了良好的试验环境。某型电动式负载模拟器实物图如图 7-29 所示。

（a）加载台体

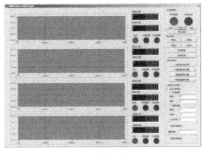

（b）软件界面

（c）电控机柜

图 7-29　某型电动式负载模拟器实物图

7.5 气动负载仿真技术的未来发展趋势

随着飞行器性能的不断提升和飞行环境的日趋复杂，对负载模拟器的加载精度、响应速率、控制效率等方面均提出了更加苛刻的标准；同时，随着电动机伺服技术、数控技术、现代控制理论等技术的发展，推动负载模拟器技术不断提高。未来气动负载模拟器技术发展的趋势主要表现如下。

1）更准的力矩加载精度

随着飞行器制导精度的不断提高，需要更加准确地考核和评估负载力矩对于控制性能的影响，这就要求负载模拟器具有更加精细的力矩加载精度。

为了实现这个目标，需要更加有效地消除负载模拟器的多余力矩，但由于负载模拟器本身原理上的局限性，这个问题一直没有得到彻底解决。因此，如何采用结构补偿、控制补偿或其他补偿方式彻底消除多余力矩或提高消扰的有效性，既是过去、现在，也是未来研究负载模拟器的主要任务。

2）更高的加载频带范围

随着飞行器的动态响应越来越快，因此，对于负载模拟器的精度要求也越来越高、频率响应也越来越大。因此，在多余力矩扰动的影响下，如何提高系统的频带响应，也一直是负载模拟器的发展趋势。

3）更大的加载力矩范围

随着飞行器的飞行速度不断升高和机动能力的不断提升，要求负载模拟器具有更大的加载力矩模拟范围。一方面，较高的飞行速度和瞬时的机动动作，导致对于负载模拟器的最大模拟力矩的要求不断增加；另一方面，在较长时长的巡航段中，飞行器处于一个近似稳定的状态，舵面负载力矩处于一个较小的量级。这就要求系统既能够提供较短时间的大力矩负载模拟能力，也能够提供较小的负载力矩，这对负载模拟器的加载力矩范围提出了更高的要求。

4）更广的系统应用范围

随着飞行器对控制性能要求的逐渐提高和高超音速飞行器的出现，要求多方面考虑舵机所受到的各种力矩。新型的负载模拟器应具有弯矩-转矩联合加载的功能，即能同时模拟飞行器所受的转矩和弯矩作用。

5）更小的系统设备规模

随着伺服电动机技术的发展，要求负载模拟器设备规模逐渐简洁，使用简单、维护方便、工作环境需求较少，并且整体造价较低，运行费用较低。

7.6 本章小结

舵机作为飞行器重要的执行机构，在飞行过程中受到组成复杂、动态变化的负载力矩，导致舵机性能受到较大影响。为了考核气动负载对于系统的影响，需要在实验室环境下，借助气动负载模拟器，复现舵机系统所受的各种负载，从而全面检测和考核舵机系统在实际负载条件下的动态特性、控制精度和系统可靠性，将产品实物的测试和试验转化为实验室条件下的预测性试验研究。

在本章中，对气动负载模拟器进行了全面的概述，包括其设备任务、工作原理、发展历程、系统组成和系统分类，并给出了负载模拟器的主要技术指标。

针对气动负载模拟器中最为关键的技术难点：多余力矩问题进行了展开分析。首先给出了多余力矩的定义、产生机理和特性分析；然后深入分析了多余力矩的特点和对于控制系统的影响；最后从结构补偿和控制补偿两个方面，介绍了典型的多余力矩补偿方法。

以作者所在团队研制的某型电动式负载模拟器为例，详细介绍了其研制方案，给出了系统功能要求和技术指标；从工作原理、结构组成、工作流程等方面给出了系统总体方案；从硬件设计选型、软件方案设计等角度，详细介绍了负载模拟器的系统组成和开发流程。

第8章　红外场景实时仿真技术

红外制导技术作为精确制导武器和战略防御武器系统中的重要制导方式，以其高精度、高灵敏度、高分辨率、高帧频（凝视红外成像技术特有）、抗干扰性强、可自动识别目标甚至目标的要害部位、可昼夜工作等特点，在各种战术武器和探测装置中得到了广泛应用。目前，随着战场环境日趋多样、复杂和恶劣，给红外制导武器带来强有力的挑战。为了考核红外探测系统和抗干扰性能，需要借助相关设备将红外导引头或红外探测装置引入仿真回路中。

红外场景实时仿真技术是为红外制导系统的研究设计和型号发展直接服务的，为适应红外制导系统研制工作的需求，红外场景实时仿真技术应运而生。在实验室内，通过引入的目标/环境模拟器生成设定战场的虚拟目标/环境场景，把红外制导系统中的探测器、伺服装置、图像处理板的实物引入仿真回路中，充分考核与验证飞行器的目标识别能力和抗干扰性能。

在本章中，拟从红外制导技术入手，介绍红外场景实时仿真的相关概念，对红外场景建模中的目标、背景、干扰的计算方法进行介绍，给出红外目标模拟器的发展分类、技术指标及典型设备代表。

8.1　红外制导技术简介

红外制导也常被称为热制导或追热制导，红外导引头利用红外探测器，通过感应、追踪目标发出的与周遭环境的红外线信号强度差异来找确定目标的位置与动向。在本节中，主要介绍参加仿真试验的红外导引头及红外制导技术。

8.1.1　红外制导技术的特点及发展历程

经过几十年的发展，红外制导技术已广泛应用于空空导弹、地空导弹、空地导弹、反坦克导弹等，据不完全统计，目前世界各国装备的各种战术导弹，至少有 60%采用红外导引头，并取得了良好的作战效果。

根据对目标的处理方式不同，红外制导技术可以分为红外点源制导和红外图像制导两大类型。红外制导技术发展历程如图 8-1 所示。

从图 8-1 中可以看出，经过多年的发展，红外制导从早期的红外点源逐步转向红外成像，目标信息愈加丰富，抗干扰能力越来越强。

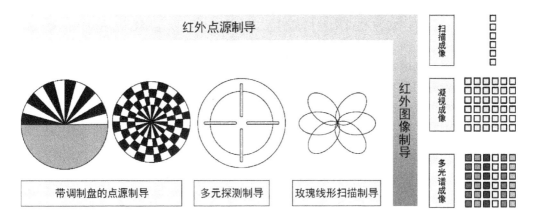

图 8-1　红外制导技术发展历程

8.1.2　红外制导的工作原理

红外制导可以分为红外点源制导和红外成像制导，两者的工作原理略有差异。

8.1.2.1　红外点源制导

红外点源寻的是指红外导引头对目标红外特性进行探测时，把探测目标作为点光源处理，不考虑目标红外辐射分布和形状。基于目标与背景都有张角很小的特性，利用空间滤波等背景鉴别技术，把目标从背景中识别出来，得到目标的位置信息，达到跟踪目标的效果。红外点源制导工作框图如图 8-2 所示。

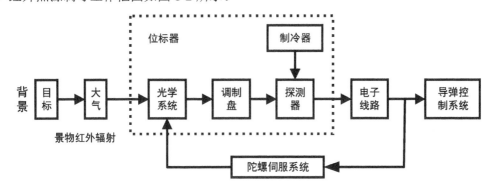

图 8-2　红外点源制导工作框图

红外点源制导的发展主要经历了调制盘式点源制导系统和非调制盘式点源制导系统两个过程。

1）调制盘式点源制导系统

调制盘是一种由透明和不透明的栅格区域组成的圆盘，是能对红外辐射进行调制的部件，置于光学系统的焦平面上，目标像点就落在调制盘上。当目标像点和调制盘有相对运动时，就会对目标像点的光能量进行调制，调制以后的目标辐射功率是时间的周期性函数，如方波、梯形波或正弦波调制。调制后的信号波形，随目标像点尺寸和调制盘栅格之间的比例关系而定，可以分为调幅式、调频式和调相式等类型。

2）非调制盘式点源制导系统

基于探测器阵列，通过让目标成像点按照某种运动规律扫描运动实现对目标能量的调制和角度信息的获取，这种方式称为非调制盘式。该方式可以克服盲区的存在，有效提高目标能量的利用率。常见的非调制盘式点源制导系统有"十"字形、"L"字形和玫瑰线形扫描系统。美国的"毒刺"防空导弹即采用玫瑰线形扫描的制导方案。

由于红外点源制导系统没有考虑目标的形状特征，仅以辐射能量强度作为目标判别，因此容易被敌方释放的诱饵干扰，面对纷繁复杂的战场环境，红外点源制导存在先天缺陷。因此，随着技术的发展，出现了红外成像制导方法。

8.1.2.2 红外成像制导

红外成像制导是将目标作为图像处理的制导方式，通过探测目标和背景间的微小辐射强度差异或辐射频率差异，从而形成红外辐射分布图像。其基本原理是将景物表面温度的空间分布情况变成按时序排列的电信号以可见光的形式表现出来，或将其数字化的形式存储到弹上图像处理系统中。弹上图像处理单元按照设定的目标识别和跟踪算法，对获取得到的目标及背景的红外图像进行预处理和图像识别，区分出目标、背景等信息。跟踪处理单元形成的跟踪窗口的中心按预定的跟踪方式跟踪目标图像，并把误差信号送到陀螺伺服系统，控制导引头继续瞄准目标。红外成像制导工作框图如图 8-3 所示。

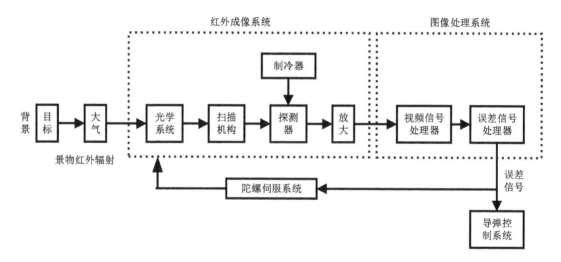

图 8-3　红外成像制导工作框图

根据成像方式不同，红外成像制导技术主要有两种：一个是以美国 AGM-65D 为代表的多元红外探测器线阵扫描成像制导系统，即红外扫描式成像系统；另一个是以美国"AIM-9X"和"海尔法"为代表的多元红外探测平面阵列成像系统，即红外凝视成像系统。

1）红外扫描式成像系统

红外扫描式成像系统按照扫描方式划分为光机扫描成像系统、电子束扫描成像系统和固体自扫描成像系统。

- 光机扫描成像系统利用一个固定的小型红外探测单元接收辐射，通过改变入射扫描反射镜的偏转角度，实现对大视场范围的顺次扫描，由光学系统、探测器、信号处理电路、扫描器等单元组成，按照扫描器所在位置可分为物方扫描和像方扫描，按照扫描方式可分为串联扫描、并联扫描和串并联扫描。
- 电子束扫描成像系统采用各种真空类型的摄像管构成图像采集器，景物空间的整个观察区域在摄像管的靶面上同时成像,通过电子束检出。

- 固体自扫描成像系统采用各种面阵固体摄像器件,每个单元对应景物空间的一个相应小区域,对整个视场内的景物辐射同时接收,并通过阵列中各个单元器件的信号顺序采样来实现景物图像的分解。

2)红外凝视成像系统

红外凝视成像系统是指系统所在要求覆盖范围内,用红外探测器面阵充满物镜焦平面的方法实现对目标的成像。由于取消了扫描机构,从而实现了系统的结构简化和体积缩小,在提高系统可靠性的同时,改善系统性能。

红外成像制导具有抗干扰、识别能力强、空间分辨率制导精度高、探测距离远、全天候作战和适应能力强等优点,从而具备自动探测、识别和锁定目标的能力,因此,红外成像制导能够实现"发射后不管"的作战能力。

8.1.3　红外制导面临的挑战及发展趋势

随着军事技术的发展,红外制导武器的打击目标、作战环境和任务使命也在不断地发生变化。目前,红外制导武器面临着打击目标多样化、作战环境复杂化、任务使命扩大化等发展趋势,这些趋势对红外制导技术提出了一系列全新的挑战,也推动红外制导技术在体制、频段、理论、结构等方面不断发展创新。

1)打击目标多样化

目标的种类构型、运动特性、活动空间、辐射特性、偏振特性、光谱特性等方面呈现多样化的趋势。例如,空中目标的种类构型由常规的空中飞机逐渐扩展为战术导弹、弹道导弹、巡航导弹、掠海反舰导弹、无人飞机等。而目标的特征属性逐渐由常规目标扩展为隐身、隐蔽、遮蔽、时敏、高速、机动、变轨、低空、高空、空间、临近空间等。

2)作战环境复杂化

精确制导系统的工作环境、生存环境、电磁环境,以及目标的周边环境变得更加复杂。一方面,敌我双方均大量采用了红外诱饵、激光欺骗、强光攻击、烟幕遮掩、光电伪装和隐身措施等高强度的光电对抗措施;另一方面,要求红外制导武器在由云、雨、雾、光、云层背景及海面背景、地面复杂地形、植被背景等复杂的光电环境中应用,这使得红外导引头面临的战场环境日趋复杂。

3)任务使命扩大化

精确制导系统的作战使命出现多向分化和范围扩展的趋势,以满足现代信息化战争,以及应对多种威胁和执行多样化任务的需要。例如,兼具执行对地攻击作战能力的空空导弹,兼具防空和低层反导能力的防空导弹。

这些挑战,一方面不断推进红外制导的新技术、新方法的发展;另一方面,也使得许多导弹显露出对实战的目标与环境估计不足,从而导致实战命中率远远低于设计指标,对复杂战场环境适应能力较差。而通过实弹打靶试验评估红外成像导引头性能,存在试验周期长、成本高且样本不足、环境无法可知可控等问题,难以全面评估其复杂环境适应能力和新技术新方法的可行性。因此,必须在实验室环境下,根据作战需求和作战环境,构造一个逼真的红外战场仿真环境,高效可控地验证红外制导的方法和性能。

8.2 红外场景动态仿真技术总体概述

红外场景动态仿真技术是以红外辐射计算模型与成像信号转换模型为理论基础的，将目标、背景、大气环境及红外成像系统作为广义的系统整体进行考虑，基于计算机及图形处理硬件，利用三维图形学技术构建整个作战场景，基于红外辐射计算理论，再现红外成像链的每个环节，准确、实时地渲染出各种条件下的红外图像特征，生成期望的红外场景图像。借助不同类型的红外辐射动态生成设备，通过定制的光学传输回路，产生探测器所能探测到的红外辐射分布。

红外场景实时仿真研究包含目标与背景光学特性描述、大气环境辐射传输、成像系统各组成模块的物理建模等方面的专业基础，涉及虚拟现实技术、计算机技术、图形处理与图像生成技术、立体影像与多媒体技术、微电子信息、机械设计、光学回路设计、红外热物理等专业技术，是一门利用系统模型对实际的或设想的系统进行试验研究的综合性技术。

8.2.1 红外场景动态仿真的发展

20 世纪 50 年代，随着 PbS 探测器的研制成功，产生了第一代红外非成像制导导弹，并在空空导弹、空地导弹、反坦克导弹和反舰导弹中广泛应用，红外场景仿真也随之产生和发展。20 世纪 60 年代初，出现了第一代红外目标仿真，采用平行光管法模拟目标红外特征。第一代红外目标仿真器只能产生单一的一维运动的点源目标，有很大的局限性；后续又发展出红外目标与背景缩比模型直接成像法，可以同时模拟红外目标和背景。20 世纪 70 年代中期，欧美等军事强国相继研制出各种非成像红外目标与环境仿真装置，主要有红外椭球大屏幕光学投影装置（美国波音公司）、复合扩束式光学投影装置（美国红石基地）、地形/目标与环境模型和六自由度平台装置（美国红石基地、波音公司、制导研制中心等）、五轴转台式红外仿真装置（美国卡柯公司）和动态红外干扰仿真装置（美国陆军白沙靶场）。1978 年，美国红石基地对它的复合扩束式红外仿真装置进行了局部改进，以满足第三代肩射式防空导弹 STINGER/POST 双色制导导弹仿真的要求。

近年来，红外制导逐渐从点源制导转向图像制导，这就要求红外场景仿真能够根据战场态势生成高逼真度的红外场景图像。随着计算机、图像学、微电子等技术在近三十年的跨越式发展，出现了一大批新型的红外图像场景仿真设备和专用的红外场景计算软件，广泛地应用在航空、航天、兵器等领域。由英国宇航研发中心研制的红外景象投射器系统采用 512×512 热电阻阵列，在阵列驱动单元的控制下，能产生十分清晰的红外图像；美国的 Santa Barbara Infrared 公司研发的半实物仿真平台，其驱动系统能够同时驱动 512×512 电阻阵列，解决了扫描式驱动时产生的阵列同步问题，使得对于驱动信号的控制更加便捷。在国内，中国科学院上海技术物理研究所、中国空空导弹研究院、中国航天科技集团公司第八研究所、西北工业大学、哈尔滨工业大学、中国兵器工业第 203 研究所也开展了红外仿真理论研究与仿真设备的研制，并建立了一批高水平的红外仿真实验室。随着目前战场红外场景的愈加恶劣，对于武器抗干扰能力的要求愈加提高，这也对红外场景动态仿真提出了更高的要求。

8.2.2　红外场景动态仿真的任务

红外场景动态仿真是红外制导飞行器半实物仿真系统的核心部分之一，它将计算机图像生成器产生的图像数据转换为红外物理辐射，并通过光学系统投射到被测系统的光学入瞳处，用以模拟系统在工作时的红外场景，供被测系统进行探测和识别，进而对系统的捕获跟踪能力和抗干扰能力等进行测试。红外场景动态仿真系统能够根据设定的目标类型、目标工作状态、战场地形、自然环境、干扰方式等参数，基于实时计算出的弹目距离及相对运动关系，以及探测器的视场角等信息，实时生成红外辐射，模拟目标、背景及干扰等战场态势在参试红外探测器中的红外辐射图像。

红外场景动态仿真是指在时间、空间、光谱和辐射量等方面，对设定场景的红外辐射分布的一种模拟。它并不要求仿真结果的辐射与实际景物的辐射完全相同，但它追求两者在红外成像系统观察下的等价效果。为了实现这一目标，要求红外场景动态仿真系统基于"相似性"原理，在如下方面做到仿真场景与真实场景一致。

1）态势特性

红外场景动态仿真系统生成的红外场景，应与设定的战场态势一致，包括目标类型及数量、战场自然环境等内容。要求仿真系统能够根据参试对象的作战任务，能够设置多种目标类型、地形场景、气象条件、干扰方式等参数。

2）运动特性

红外场景动态仿真系统生成的红外场景，应能够复现弹目相对运动关系，包括目标-导弹视线角和角速度、接近速度和横向速度、背景、干扰相对目标的运动、目标位置和姿态的运动，以及目标的机动。在半实物仿真系统中，运动特性的模拟可能由多台仿真设备配合完成。

3）几何特性

红外场景动态仿真系统生成的红外场景，在参试的红外导引头探测器中，所成像点或图像的形状、尺寸必须和真实目标形成的图像尺寸一致。这就要求建立精确的目标三维模型，并根据弹目距离和相对姿态关系进行动态的变化。

4）辐射特性

红外场景动态仿真系统生成的红外场景，需要在参加试验的红外导引头探测器上形成与真实场景一致的红外辐射响应，包括红外频谱波段、能量大小等。为了实现这一目标，要求能够精确计算设定目标在不同工作状态、环境因素下的红外辐射大小，并考虑设定弹目距离中的大气传输效应影响。

8.2.3　红外场景动态仿真的分类

在工程实践中，根据是否生成红外场景图像，也可以将红外场景动态仿真分为红外点源仿真和红外图像仿真；根据是否产生真实的红外辐射，可以将红外场景动态仿真分为红外辐射式仿真和红外信号注入式仿真。

8.2.3.1　红外点源仿真和红外图像仿真

在红外制导武器发展初期，红外探测器将目标视为一个点源进行处理，因此，早期的红外目标模拟器均以红外点源式为主，主要根据作战态势生成红外点源目标即可。而随着红外图像制导技术的发展，红外点源目标模拟器无法满足逼真和细化的红外场景图像仿真需求。随着计算机技术及图像生成技术的发展，出现了红外图像仿真技术，根据战场态势信息生成期望的红外场景图像。

红外点源目标模拟器主要依靠机电装置和光学回路设计，通过控制黑体温度和光阑大小，产生期望的红外点源辐射，具有辐射控制精度高、成本较低等特点，目前主要用于红外导引头的跟踪性能测试等环节。对于红外点源目标模拟器，将会在 8.4 节中进行专门介绍。下面所述的红外场景动态仿真系统，均指红外图像仿真。

8.2.3.2 红外辐射式仿真和红外信号注入式仿真

红外信号注入式仿真是将等效红外场景在红外导引头探测器上的响应信号直接注入红外探测器的信号处理硬件，通过红外场景生成软件，根据目标、背景及干扰计算生成的红外图像信号，经过整流罩、光学系统和探测器的数学模型转换后，通过图像注入接口，直接注入红外导引头的信号处理硬件中，用于进行图像处理及目标识别等操作。而红外辐射式仿真是将等效的红外目标与环境以辐射的形式输入红外导引头实物，在红外场景生成软件产生期望的红外图像信号后，经过红外辐射场景动态生成装置，产生真实的红外辐射信号，以辐射的形式输入红外导引头实物，供其进行探测和识别。

红外辐射式仿真与红外信号注入式仿真相比，红外信号注入式仿真不需要红外场景生成设备，具有高效费比、易于实现多波段复合制导仿真、更改升级相对简单的优点，但无法考核真实的导引头光学系统、探测器系统和伺服跟踪系统，仿真置信度相对较低，因此，主要用于研究红外图像处理算法，考核红外制导武器的抗干扰能力。而红外辐射式仿真能够避免导引头光学系统、探测器等用数学模型带来的误差，仿真置信度较高，缺点是仿真装置的研制成本高、维护和仿真运行费用高，系统升级改造困难，因此，主要用于全系统仿真验证。

由于红外辐射式仿真中的相关关键技术基本涵盖了红外信号注入式仿真的相关内容，因此，在本书中，主要围绕红外辐射式目标模拟器进行相关内容的展示。

8.2.4 红外场景动态仿真的组成

红外场景仿真设备主要可以分为软件和硬件两部分。软件根据设定的作战场景和弹目信息生成红外场景图像；硬件负责将红外图像引入真实的导引头设备中。其中，根据是否产生真实红外辐射的需求，软件功能和硬件组成均有较大差异，同时，在红外辐射式仿真中，由于工作原理的差异，不同红外辐射场景动态生成装置也存在较大的差异。红外场景仿真的系统组成如图 8-4 所示。

从图 8-4 中可以看出，对于红外辐射式仿真设备而言，整个系统包括红外场景生成计算机、红外图像导引头、红外辐射动态生成装置等子系统。在红外场景生成计算机中，运行红外场景生成软件，包含目标模型、干扰模型、背景模型、零距离红外辐射计算、大气传输效应计算等内容，它的主要任务是根据仿真计算机生成出的目标位置和姿态，根据设置的目标类型、作战环境和干扰方式，生成预期的红外目标图像；红外场景驱动板卡根据红外图像内容驱动相应的红外辐射动态生成装置生成红外图像，以红外辐射的形式传递给光学回路及探测器。

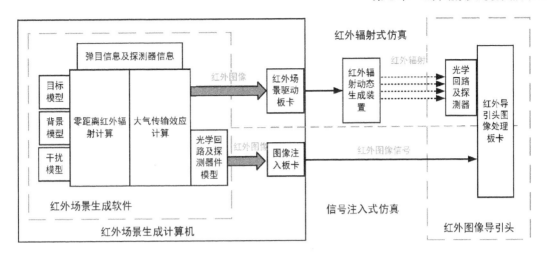

图 8-4　红外场景仿真的系统组成

红外注入式仿真设备由于不包含红外辐射场景动态生成装置，其结构相对简单。红外图像生成软件根据目标信息和设置生成红外图像后，经过光学系统及探测器系统模型，通过图像注入板卡直接注入红外导引头图像处理板卡中。

8.3　红外场景建模计算技术

为了实现红外场景的动态仿真，需要根据设定条件和仿真数据，生成与真实战场态势一致的红外场景图像。如何在实验室中真实地复现战场环境是一个融合科学深度和工程技术难度的复杂问题。真实的红外制导武器战场环境是在一个地表和近空间三维空间中，包含多种不同物理属性的地物场景或空间场景。场景的红外辐射主要取决于场景温度分布和材质属性，除了场景自身的红外辐射，还包含场景反射的太阳辐射和天空背景辐射；同时，离开场景表面的红外辐射在到达红外探测器之前，受到路径上大气和气溶胶的影响，大气和气溶胶对场景的红外辐射既有衰减作用又有加法作用，整体上降低场景的对比度。因此，红外场景辐射计算涉及辐射能量计算、大气传输等环节，同时受到地形结构、地物属性、大气构成、天气状况、观测几何等因素影响，各个环节、各种因素相互交叉、相互作用。各个环节物理模型是否客观真实、战场环境基础数据是否齐备、场景几何建模和温度场计算时有限元划分粒度是否足够细致、场景热平衡方程组求解过程是否最优，这一切都影响着红外场景动态仿真的逼真程度和制导控制半实物仿真的置信度。因此，基于目标环境特性的红外场景建模技术，是红外场景动态仿真的基础。

8.3.1　红外场景建模计算的方法及步骤

红外场景建模计算是以红外物理为理论基础，以计算机技术、三维建模计算、图形处理与图像生成技术、大气传输物理、与其应用领域相关的专业技术等各学科交叉研究为重点，构造真实或设想的红外场景的一门综合性技术。

8.3.1.1　典型的红外场景建模计算的方法

红外场景建模计算的方法主要包括外场实测统计、红外辐射理论计算、红外辐射经验估算，以及多种方法相结合的综合方法。

1）基于外场实测统计的红外场景建模方法

基于外场实测统计的红外场景建模方法，是针对各种不同的目标背景和作战场景，首先利用辐照度仪、热像仪，乃至红外成像导引头，进行大量的外场测量，获取不同条件下的实测数据；然后，将测量结果整理成各种形式的数据库，并进行归纳、总结，建立不同目标的运动特性数据库、目标的几何特征和热辐射特性数据库、各种背景数据库、各种典型干扰的数据库等；最后，根据使用要求把有关图像从相应数据库中取出，利用图像合成方法生成要求的红外图像。

该方法获得的模型比较理想、真实和可靠，但要耗费巨大的人力、物力、财力和时间，并且由于受试验次数、战场环境和天气状况等限制，想要得到覆盖到各种复杂条件和环境下的景物红外图像是比较困难的，此外，很多包含敌方目标的军事应用和场景中的红外图像难以获取，这也是外场实测统计方法的不足。

2）基于红外辐射理论计算的红外场景建模方法

基于红外辐射理论计算的红外场景建模方法是基于原子、分子理论、燃烧理论和化学反应动力学和热传导过程的方程。首先，充分考虑目标表面结构、材料参数、内热源和外热源、大气参数等因素的影响，根据热平衡的原理，建立一系列热平衡方程；然后，采用数值计算方法联立求解数学方程组，得到目标、环境随时间变化的红外灰度分布热像。

该方法的优点是普适性好，温度精确度比较高，缺点是要求明确知道目标的结构、材料的各种参数、环境的各种参数、各种边界计算条件，需要较高配置的计算机硬件和编制较复杂的软件，并且计算量随考虑物理过程的复杂性、单元划分数量的增加而快速增加，并对人员专业素质、软件应用能力等有较高要求。因此，不适合要求实时、快速的场合，但可以作为辅助手段进行提前计算。

3）基于红外辐射经验估算的红外场景建模方法

经验估算方法首先根据大量的统计数据和直观推测对目标表面赋以温度值，然后根据红外辐射理论给出的各种经验公式，结合工程应用中的各种初始条件，求得计算结果。该方法计算简单，可以帮助人们确立数量的概念，以便深入分析问题；但较少考虑目标的外热源、材料参数和大气参数等对目标表面温度的影响，主观因素较大，模型计算不够精确。

4）综合方法的红外场景建模方法

综合方法是指理论建模、经验建模和实测建模相结合的一种方法。首先，采用简化计算方法，忽略某些次要因素的影响，对一些较为复杂的物理、化学过程，不再加以详细考虑，直接代以实际测量值或经验值根据其热物理特性与热分布区域进行目标的划分，对各种主要的环境因素采用简化处理；然后，基于实测数据开展模型的校核校验，修正模型中的部分参数。综合方法能够在保证模型置信度的前提下，计算所需的参数数量和对参数的精度要求大大降低。

8.3.1.2　红外场景建模计算的步骤

为了获得真实的符合物理规律的仿真效果，仿真过程必须是对真实成像过程的一个完整描述。通过对红外成像过程进行分析可知，红外探测器输出的红外图像是由包含目标信息的红外场景经过大气传输，再被探测器系统接收后进行处理而生成的，这一过程涉及了"目标—背景—大气—成像传感器"等相互联系的复杂系统，红外场景建模计算必须全面、准确地描述这些环节和它们之间的联系。

根据对红外成像过程各个单元与整个过程的模拟要求，红外场景仿真的工作主要涉及目标与背景三维表面红外辐射特征建模与生成、零视距的本征红外辐射实时生成、大气辐射传输效应建模与仿真等方面。红外场景建模计算流程如图 8-5 所示。

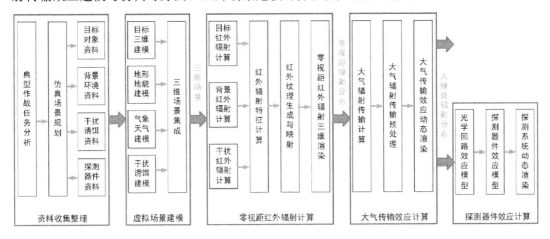

图 8-5　红外场景建模计算流程

1）资料收集整理

仿真场景是对客观世界的反映，红外场景的建模过程就是真实环境和物体的数字化过程，因此，在进行建模之前，必须对仿真对象和真实环境的数据进行收集、采集和处理。首先对参试的飞行器的作战任务和仿真试验目的进行分析，明确打击目标、工作环境、影响因素等内容；然后规划出典型的作战场景和资料精度需求；最后开展目标对象、背景环境、干扰诱饵、探测器件等资料的收集与整理工作。

2）虚拟场景建模

在完成资料收集整理工作后，需要在计算机中借助不同三维场景建模软件，完成三维虚拟场景的构建，主要包括目标三维建模、地形地貌建模、气象天气建模、干扰诱饵建模等工作，并根据作战态势和仿真条件，完成三维场景模型的集成。

3）零视距红外辐射计算

红外辐射计算是红外场景建模的核心和基础，涉及大量的专业基础知识，主要基于热平衡理论和热传导过程方程，首先根据气象状况、目标与背景的材料、结构分布、热特性参量、热状态等参数计算其表面宏观均值温度，结合景物的纹理统计特征仿真其微观温度场分布，完成目标与背景的红外辐射特征建模；然后根据红外理论，建立综合考虑景物表面自身发射、散射和透射的辐射计算模型，计算与绘制给定观察角度、波段范围、空间分辨率下，零视距离处景物表面向外发射的本征红外辐射。

4）大气传输效应计算

零视距红外辐射经大气传输到红外成像系统，传输过程中由于气溶胶粒子的吸收和散射会造成能量的衰减。在此，按照设定的大气参数条件，利用大气辐射传输模型，计算景物本征红外辐射经大气到达视点过程中的衰减和大气路径辐射叠加，获取到红外探测器件入瞳处的辐射分布。

5）探测器件效应计算

到达探测器件入瞳处的红外辐射经红外成像系统接收，进行光电转换，引入了成像系统的相关效应，导致成像质量下降。因此，红外注入式仿真中需要考虑成像系统的影响，主要考虑光电成像系统中光学系统、红外探测器、电路系统等对辐射信号的影响。

由以上步骤可以看出，在利用红外场景建模计算时，需要综合考虑景物的几何特征、光学特性、气象条件、材质物理特性、热状态历史、红外辐射特征、大气效应、成像光学系统和探测器效应等因素对景物红外图像的影响。由此可见，红外场景建模计算的实现具有较高的难度和计算复杂度。下面就针对红外场景计算的不同环节，进行相应的介绍。

8.3.2 典型作战场景三维建模方法

创建场景三维模型是实现红外场景动态仿真的关键技术，是整个红外场景建模计算的基础。在红外场景动态仿真过程中，红外场景中的模型是实际或想象中的物体场景模拟再现。因此，场景建模是生成红外图像的前提工作，模型的构造质量直接决定了生成图像与真实成像的"几何一致性"，影响红外场景的真实感、沉浸感和置信度。

在开展作战场景三维建模时，主要根据选用的红外仿真引擎，在选用的三维建模软件中，构造出典型物体目标和环境背景。其中，物体目标一般包括建筑物、车辆、飞机、舰船等几何形状规则的物体和云层、烟雾、飞机尾焰等不规则物体；环境背景主要包括海洋、陆地、天空和太空环境。对于不同的景物，其模型建立的方式一般也是有差异的，需要根据其自身特点采取不同的方法。

8.3.2.1 环境场景建模方法

在红外场景中，典型红外场景的环境建模内容主要包括地形建模和海浪建模，而天空背景和太空背景相对简单，主要考虑其背景辐射即可。

1）地形建模

地形建模是环境建模中非常重要的一项建模内容，主要任务是在构建飞行器的运动范围内，红外探测器敏感到的地形地貌。其主要内容是首先构建地形轮廓海拔高度数据模型，然后在地形数据上面设置合理的纹理信息。

地形数据主要是指按照等距网格存储地形的高度数据，其获取方法有以下几种：

- 采用大地测量的方法直接从地形上测出高程。
- 利用航空摄影测量照片，采用数字高程判断仪读取高程。
- 利用卫星摄影测量照片，读取高程数据（遥感）。
- 从小比例尺普通等高线地图上读取高程数据。
- 从现有的军用地图数据库提取所需区域的地形高程数据。

在工程实践中，通常采用的数据格式有美国国防部地图局的数字地形高程数据（Digital Terrain Elevation Data，DTED）和美国地理勘测局的数字高程模型（Digital Elevation Model，DEM）等。

需要注意的是，在进行地形地貌数据建模时，必须根据仿真系统总体框架的兼容性选择地形数据的格式，并根据仿真目的和仿真对象选择地形地貌数据的分辨率精度。例如，在进行空空导弹时，地形数据就可以很粗略；在进行空地导弹时，地形数据就需要精细许多，要求能够大致反映地面的真实变化；而对坦克等地面运动物体的仿真时，地形数据的分辨率就需要很高，这样才能保证真实反映地形的变化。

2）海浪建模

在进行海洋场景的实时动态红外仿真时，海浪不能静止，而要实时运动，即海浪随着时间推移能够不断运动变化，海面各点的高度是不断变化的。为了真实地模拟海浪，将海浪作为单一波来处理是不可行的，通常认为海浪是由不同状态下的组成波叠加而成的。海浪建模就是用数学方法和计算机技术描述海洋的波动效果，将海洋表面的各种复杂多变的自然景物和现象表现出来。目前，海浪建模方法大致分为基于流体力学、基于海浪谱、基于几何造型、基于动力模型的建模方法。

- 基于流体力学的建模方法：主要通过求解流体动力学方程来模拟海浪。首先给定各种初始条件、边界条件参数，经过一系列简化处理，求解纳维-斯托克斯（Navier-Stokes）方程，最后在该方程的限制下产生海浪模型，常用的方法包括拉格朗日法和欧拉法。基于流体力学的建模方法计算精度高，但求解偏微分方程组过程复杂，计算烦琐、耗时，仿真效率很低，因此难以实时模拟海浪。

- 基于几何造型的建模方法：通过人为设置海浪的各种属性参数值，根据海浪的几何形状，采用数学中的三角函数或是二次函数等参数方程来表现海浪表面，从而在计算机上体现海浪的几何形态，模拟真实的海浪。常用方法包括凹凸映射、Stokes 模型、Peachy 模型、Gerstner 模型。该方法计算简单，实时性好，但真实性主要由人工参数设置决定，置信度较低。

- 基于动力模型的建模方法：主要从运动的角度来模拟海浪，除了让模拟的海浪外形比较接近真实的海浪，还更加侧重于海浪中水分子和水分子所处的单元空间的运动状态。海浪的外形和运动状态常用单个水分子和水分子所处的单元空间来表示，主要方法有粒子系统和元胞自动机。该方法的真实性严重依赖粒子数的数量，粒子数过少会导致海浪真实感不足，粒子数过多虽然能够提高真实性，但是计算量过大。

- 基于海浪谱的建模方法：通过长期实践观察而得到的一种统计海浪谱，利用该海浪谱计算高度场，计算得到的高度场与真实的海面模型吻合。基于海浪谱的海面建模常用的反演算法包括线性过滤法和线性迭代法。该算法数据来源于长期的海洋学观测结果；无复杂方程，计算简单，能够较好地兼容运算的实时性和结果的置信度。

海浪谱所依据的理论是随机过程理论，其研究侧重于统计不同情况下的海浪运动性质。海浪的运动可以认为是具有平稳性和各态历经性的随机过程。海浪谱是统计意义上对海面的近似描述，不仅给出了海浪的外部特征，而且指出了海浪内部是由哪些波来构成的。模拟海浪时使用比较多的海浪谱有 Pierson-Moskowitz 谱、JONSWAP 谱和 Phillips 谱。这些谱都有自己特有的函数形式，函数中的某些变量可以用来表示海浪的成长形式。

8.3.2.2　规则物体建模方法

在红外场景建模中，需要根据作战任务构造大量的实体模型，包括建筑物、坦克、装甲车、飞机、军舰等对象。对于这些具有明显几何轮廓规则的目标，建立其几何模型主要有两种方式。第一种是图片提取法，在得到图像数据后，提取不同景物各自的三维结构信息，基于这些信息建立各自的模型；第二种是软件生成法。图片提取法原理简单，生成的图像更接近真实的图像，但是要进行图像数据的采集，如果获得的数据信息不够，那么可能会使得生成的模型不完整，为了获得丰富的试验数据，就需要进行大量实际的试验，其工作量大、耗时长、成本高。软件生成法利用常见的三维建模工具对目标进行建模，如Multigen Creator、3ds Max 等。这些三维建模软件基于一些基本的几何单元，如圆柱体、立方体等，通过叠加组合和几何变换，如移动、旋转、压缩等方式来组成各种不同的几何景物。利用软件生成法大大简化了开发的过程与复杂程度，减少了开发的时间。

目前，在工程实践中，主要根据对象真实的几何数据采用三维建模软件来构造其几何模型。在建模过程中，需要根据仿真需求选择合适的物体特征点数目。因为表征物体的特征点的多少直接影响物体建模的精确程度，所以特征点过多虽然会增加精确度，但是也会增加计算复杂度。

8.3.2.3 不规则对象建模方法

在红外场景中，还涉及一些大量不规则对象的建模，如云层、火焰、烟雾等，这些对象的形状不规则并且实时变化，因此，很难用三维几何建模的方式来描述和生成。目前，在构成不规则对象的方法中，常用的是分形算法和粒子系统理论。其中，分形算法需要大量的迭代过程，计算量大，在仿真系统中实时性很差。

粒子系统理论的基本思想是定义一定数量的、具有多种属性并处于动态变化中的粒子来形成不规则的景物，用于描述物体特征的常用粒子属性主要包括其生命周期、形状、RGB值、透明度、运动方向与速度等，并且，其大部分的属性都能定义为随时间而变化的值。构成物体的粒子要经历产生、活动、死亡三个阶段，在某一时刻所有存在着的粒子集就构成了该不规则物体。其一般步骤如下。

- 初始化过程：根据粒子生成方式，在每一帧产生一些新的粒子，并为新产生的粒子定义属性。
- 遍历过程：如果某个粒子的生命周期时间到达，则将其从系统中删除。
- 特性更新过程：对粒子属性根据预定义的过程进行更新。
- 渲染与显示过程：获取上一步中更新得到的粒子状态，调用相应的图形绘制函数将其显示出来。

粒子产生可以设定在一定的空间范围内，并依据粒子发射源的尺寸、发射源形状（包括矩形平面、圆平面、球体表面等）和粒子集合在发射时的分布规律（包括均匀分布、高斯分布、球形分布等）来决定。构成物体的粒子数量对模糊物体的密度有着重要影响，对于实时形成的物体，其组成粒子是处于动态变化中的，一部分随生命周期到达而结束，另一部分又随之产生来进行补充。

需要说明的是，本节只是简单介绍红外三维场景建模的方法，该方法与可见光视景仿真中的建模方法基本一致。但两者不同的是，在红外场景仿真中，在完成目标的三维建模后，首先需要根据其材质特点完成红外辐射计算，然后在其表面添加相应的纹理图像，该纹理图像为可见光下的材质，最后将该纹理图像与红外材质属性相关联。红外材质包含物体的热属性和光学属性，能够被传感器识别并计算。

下面就介绍一下典型场景的红外辐射计算方法。

8.3.3　红外辐射计算的理论基础

物体以电磁波或光子传递能量的过程称为辐射。辐射是物体的固有属性，任何物体（包括固体、液体和气体）因受热、电子撞击、光的照射和化学反应等，都会引起物质内部分子、原子等粒子运动状态的变化，产生各种能级跃迁，从而向外发出辐射能。当物体温度高于绝对零度时，由于物体内部微观粒子的热运动状态改变所激发出的辐射能称为热辐射。

红外辐射计算，涉及辐射能量、辐射功率、辐射强度、发射率、吸收率等相关物理概念，需要运用基尔霍夫定律、普朗克定律、维恩位移定律、斯特藩–玻尔兹曼定律和兰贝特余弦定律等一系列热辐射基础理论，并涉及大气吸收、大气反射、大气湍流影响等相关衰减理论。经过科研人员多年的不断研究和努力，目前已经建立起了一套比较完整的红外辐射理论体系。下面对一些理论基础进行简要介绍。

8.3.3.1　红外辐射单位的物理含义

下面给出常用的红外辐射单位的物理含义。

1）辐射能

红外辐射的实质是电磁辐射，所以它具有电磁能量。而红外辐射的总能量被称为辐射能，它的符号为 Q_e，单位为焦耳（J）。

2）辐射能密度

辐射能密度是指在单位体积内所包含的辐射能总量，符号为 W_e，单位为焦耳每立方米（J/m^3），表达式为 $W_e = \partial Q_e/\partial V$。

3）辐射能通量

辐射能通量又称为辐射通量或辐通量，是指在单位时间内物体通过某一面元的辐射能总量，符号为 ϕ_e，单位为瓦（W），表达式为 $\phi_e = \partial Q_e/\partial t$。

4）辐射通量密度

辐射通量密度是指通过单位面积内的辐射能通量，单位为瓦每平方米（W/m^2）。根据发射或者接收红外辐射，所采用的名称又有所不同。习惯上把物体发射的辐射通量密度称为出射度，符号为 M_e，表达式为 $M_e = \partial \phi_e/\partial A$；物体接收辐射时的辐射通量密度称为辐照度，符号为 E_e，表达式为 $E_e = \partial \phi_e/\partial A$。

5）辐射强度

辐射强度是辐射源在某方向上单位立体角内所发射的辐射通量，符号为 I_e，单位为瓦每球面度（W/sr），表达式为 $I_e = \partial \Phi_e/\partial \omega$。多数辐射源在不同方向上的辐射强度会不同，它反映了辐射源在某方向上发射红外辐射的本领。

6）辐射亮度

辐射亮度是指面辐射源在其表面法线方向上单位立体角、单位面积内所发射的辐射通量，符号为 L_e，单位为瓦每球面度每平方米（$W/sr \cdot m^2$）。当接收辐射面与辐射源表面法线夹角为 θ 时，辐射亮度的表达式为 $L_e = \partial I_e/\partial A\cos\theta$。它反映了辐射源在某一方向上发射辐射的集中程度。

8.3.3.2 红外辐射基础理论

下面简要介绍一下红外辐射的一些基础定律。

1）透射、反射、吸收定律

一般来说，当辐射源发射的红外辐射入射到一个物体表面时，将会发生透射、反射和吸收三种物理现象。不同的物体对红外辐射的透射、反射和吸收的能力是不同的，即使相同的物体在不同状态下（如温度）也不相同，分别用透射率、反射率和吸收率来描述物体的相应能力。透射率是物体对红外辐射的透射量与入射量之比，用 τ 表示，它反映物体对红外辐射的透射能力；反射率是物体对红外辐射的反射量与入射量之比，用 ρ 表示，它反映物体对红外辐射的反射能力；吸收率是物体对红外辐射的吸收量与入射量之比，用 a 表示，它反映物体对红外辐射的吸收能力。透射率、反射率和吸收率都是比值，所以它们都是无量纲的。同时，这三个物理量又都是波长和温度的函数，所以它们有相对某一特定波长的光谱值和各种波长的平均值两种表示形式，分别记为 $X_{\lambda T}$ 和 X_T（ X 表示 τ 、 ρ 或 a ）。根据能量守恒的原则，物体对红外辐射的透射、反射和吸收，与入射的红外辐射大小相等，即物体的透射率、反射率和吸收率之和为1。

黑体是指能够全部吸收入射的辐射能的物体，其吸收率 $a=1$ ，反射率和透射率均为零。黑体是一个理想化的概念，真正黑体在自然界中是不存在的，通常说的黑体是指黑体模拟器。常用的黑体模拟器是一种温度可控的电加热腔体，腔壁上开一小孔。如果能够保持腔壁温度恒定，小孔的面积比腔壁内表面的面积小得多，且腔壁的内表面发射率足够高，就可以将通过小孔发出的辐射视为黑体辐射。

2）基尔霍夫定律

基尔霍夫定律是德国物理学家基尔霍夫1859年提出的传热学定律，是在热平衡条件下介质的基本性质，用于描述物体吸收率与发射率之间的关系。基尔霍夫定律可表述为在同样的温度下，各种不同物体对相同波长的光谱出射度与光谱吸收率的比值都相等，这个比值仅与辐射波长和温度有关，并且等于该温度下黑体对同一波长的光谱辐射出射度。

3）普朗克定律

1990年，德国物理学家普朗克综合了维恩公式和瑞利-金斯公式，利用内插值法引入了一个常数，结果得到一个公式，而这个公式与试验结果精确符合，这就是普朗克公式，即普朗克定律：

$$M_{\lambda T} = \frac{2\pi h c^2}{\lambda^5 \left(e^{ch/k\lambda T} - 1 \right)} = \frac{c_1}{\lambda^5 \left(e^{c_2/\lambda T} - 1 \right)} \tag{8-1}$$

式中， $M_{\lambda T}$ 为黑体的光谱辐射出射度（ $W/(m^2 \cdot \mu m)$ ）； $h = 6.6262 \times 10^{-34} \, W \cdot s^2$ 为普朗克常数； $k = 1.3806 \times 10^{-23} \, J/K$ 为玻尔兹曼常数； c 为光速（m/s）； $c_1 = 3.7418 \times 10^{-16} \, W \cdot m^2$ 为第一辐射常量； $c_2 = 1.4388 \times 10^{-2} \, m \cdot K$ 为第二辐射常量； λ 为辐射波长（ μm ）； T 为温度（K）。

4）斯特藩-玻尔兹曼定律

1879年，玻尔兹曼观察到黑体全辐射出射度与其绝对温度的四次方成正比关系。他推导了这一关系，得出著名的斯特藩-玻尔兹曼定律。定律表达式为

$$M_b = \int_{\lambda_2}^{\lambda_1} M_\lambda d\lambda = \int_{\lambda_2}^{\lambda_1} \frac{c_1}{\lambda^5 \left(e^{c_2/\lambda T} - 1 \right)} d\lambda = \int_0^\infty \frac{c_1}{\lambda^5 \left(e^{c_2/\lambda T} - 1 \right)} d\lambda = \sigma T^4 \tag{8-2}$$

式中，$\sigma = 5.67 \times 10^{-8} \, \text{W} \cdot \text{m}^{-2} \cdot \text{K}^{-4}$，为斯特藩-玻尔兹曼常数。该表达式也证实了黑体的辐射仅依赖于自身辐射的波长及温度，与材质无关。

受篇幅影响，在此对于红外辐射的理论基础不进行过多展开，有兴趣的可以参考相关资料文献。

8.3.4　典型背景红外辐射计算方法

红外图像制导通过区分目标和背景之间的辐射强度差异或辐射频率差异，完成目标的识别与跟踪。因此，背景红外辐射特征研究是红外场景建模的重要内容，根据典型红外制导武器的作战任务和背景所在地理位置高度的不同，可以将背景的研究分为天空背景、地物背景和海洋背景。

在进行背景建模时，天空背景中的特征相对比较简单，主要是太阳辐射和天空背景辐射；而海洋背景的特征相对复杂，主要包括海洋的本征辐射，以及对太阳辐射和天空辐射的反射；地物背景最为复杂，与地形、地貌、时令、季节有密切关联，上述背景类型及其特征的描述，主要在基于不同对象间辐射特征的差异，对背景图像进行分析时，应进行不同的处理。

8.3.4.1　天空背景红外辐射计算方法

天空辐射的主要组成包括太阳辐射和天空背景辐射。

1）太阳辐射计算

太阳作为距离地球最近的球形炽热的恒星天体，是地球表层及大气中能量的主要来源。由于地球与太阳之间的距离远远大于地球的半径，所以可认为太阳辐射到地球的光是辐照度均匀的无数平行光，则其光谱能量在空间方向上也可以认为是均匀分布的。太阳能的波长分布可以用一个黑体辐射来模拟，可以等效为一个温度为 5900K 的黑体辐射。当太阳与地球的距离为标准地球距离时，太阳在地球大气层外产生的总辐射照度为 $1353 \, \text{W/m}^2$（太阳常数），地球环绕太阳公转。由于公转轨道呈椭圆形，日地之间的距离则是随着地球在轨道的不同位置而不断改变的，这也就意味着地球上某点获得的太阳辐射强度也随着日地之间距离的改变而改变，且其辐射强度始终与日地之间的距离的平方成反比。太阳辐射的波段范围很宽，地球大气上界 99% 以上的太阳辐射光谱辐射主要集中在波长为 $0.275 \sim 5 \, \mu\text{m}$，其中在可见光范围（$0.4 \sim 0.76 \, \mu\text{m}$）、红外线（$>0.76 \, \mu\text{m}$）和紫外线（$<0.4 \, \mu\text{m}$）分别占 50%、43% 和 7%，最大能量在波长为 $0.475 \, \mu\text{m}$ 处，即其辐射能量主要集中于可见光和红外短波波段范围内，所以通常又将太阳辐射称为短波辐射。

太阳辐射是一个与纬度、季节、时间和大气特征等相关的函数，其在地球上的辐射照度一方面与太阳光线和地平面的夹角（太阳高低角）有关，不同地区和时令的太阳高度角各不相同；另一方面，太阳辐射在透过大气层直达地球表面的过程中会产生一定的衰减，在传输过程中，不仅要受到大气中的气体分子、水汽和灰尘的散射和吸收作用，还要受到大气中主要气体，如氧气、臭氧、水汽和二氧化碳等分子的吸收和反射，致使到达地面的太阳辐射显著衰减。综上所述，太阳辐射的计算过程相对复杂。

在进行计算时，可以将地面中太阳辐射分为太阳直射和太阳散射。其中，太阳直射是来自太阳、方向不变的光束辐射；而太阳散射是指来自整个天空，由于大气的反射和散射，其方向发生变化的那部分太阳辐射。

单元表面接收的太阳直射辐射计算公式为

$$L_{sd} = q_0 P^m \sin h \cos \theta + q_0 P^m \cos h \sin \theta \qquad (8\text{-}3)$$

式中，q_0 为太阳常数，其值为 $1353\,\mathrm{W/m^2}$；P 为设定地区、设定时刻的大气透明度；$m=1/\sin h$，为大气质量；h 为太阳高低角，由日期和地理条件决定；θ 为单元表面的倾斜角，当表面为水平面时，其为零。

单元表面接收的太阳散射辐射计算公式为

$$L_{sr} = \frac{1}{2} q_0 \sin h \frac{1-P^m}{1-1.14\ln P} \cos^2 \frac{\theta}{2} \qquad (8\text{-}4)$$

2）天空背景辐射计算

天空背景辐射主要是来自大气成分的辐射，可以分为晴空和有云两种情况。晴空条件下的天空背景辐射主要包括天空中大气分子的热辐射，以及气体分子和气溶胶粒子对太阳的散射，而有云条件下的天空背景辐射主要包括云对太阳的散射及自身的热辐射。

另外，天空背景辐射也与昼夜关系密切相关。在白天，天空背景的红外辐射是散射太阳光和大气热辐射的组合，而在夜间，因为没有太阳光的散射作用，其辐射主要变成了大气的热辐射，主要取决于大气的发射率、温度及大气中水蒸气、臭氧和二氧化碳的含量等因素。由于大气本身温度相对较低，而大气对阳光的散射作用主要在小于 $3\mu m$ 的波长范围内，因此在近红外波段范围内大气辐射的能量非常小，中红外波段范围内的大气辐射的能量则比近红外波段范围内的大气辐射的能量大一点，而在长波条件下，大气的自身热辐射相对于前两个波段所占比重较大。所以，在 $8\sim12\mu m$ 波长范围内，天空的红外辐射一般都很大。

在此，给出晴天条件下，大气长波辐射的计算公式为

$$q_{\text{sky\_infra}} = \varepsilon \sigma T_a^4 \left(a + b \sqrt{e_a'} \right) \qquad (8\text{-}5)$$

式中，ε 为大气发射率；σ 为斯特藩-玻尔兹曼常数，$\sigma = 5.67 \times 10^{-8}\,\mathrm{W/m^2 \cdot K^4}$；$T_a$ 为大气气温；a 和 b 为经验常数，其中，$a=0.61$，$b=0.05$；e_a' 为近地面层水蒸气压，它是大气气温 T_a 和相对湿度 Rh 的函数，可以根据改进的马格纳斯公式进行求取：

$$e_a' = Rh \times 6.108 \times \mathrm{e}^{17.269 \times \frac{T_a - 273.15}{T_a - 35.86}} \qquad (8\text{-}6)$$

在有云覆盖的情况下，需要考虑云层对于大气长波辐射的影响，修正后的计算公式为

$$q_{\text{sky\_infra}}' = \left(1 + c + cc^2\right) q_{\text{sky\_infra}} \qquad (8\text{-}7)$$

式中，c 的值由云的类型决定；cc 为云的覆盖率（0.2～0.04）。

考虑到大气透过率，最终的大气长波辐射值为 $q_{\text{sky\_infra}}' \times \tau$，其中，$\tau$ 为大气透过率。

8.3.4.2　地物背景红外辐射计算方法

地物背景包括土壤、草地、灌木丛、林冠、农作物及各类地面建筑（机场、道路、桥梁、建筑物）等，其辐射特征直接影响了红外探测系统对于地面典型目标的识别效果。不同地物类型的热物理参数不同，与空气、阳光在进行热作用过程中温度变化规律也不相同，从而导致表面温度的差异化。地物背景辐射特征的影响因素较为复杂，与地表类型、短波吸收率、长波发射率、太阳辐照度、大气温度、空气湿度、风速和周围环境等因素相关。

在此，给出裸露地表及低矮植被地貌的红外辐射特征计算方法。

1）裸露地表及低矮植被地貌红外辐射特征

由于地表直接暴露在空气中，与环境之间存在复杂的热量交换过程。地表的热平衡示意图如图 8-6 所示，从图中可以看出，地表辐射交换过程较为复杂，其内容主要包括：地表会吸收太阳的短波辐射和大气的长波辐射；由于地表自身具有一定温度，它本身也不断向外辐射热量；地表与上方的空气不断地进行热量和质量交换，即由于空气与地面之间温差的存在，地面与空气之间存在着对流换热（显热交换）；由于空气湿度和地表含湿量的变化，水分在地面不停地进行蒸发或凝结，从而引起地面和空气之间的热量交换（潜热交换）；由于土壤中存在温度梯度，有一部分热量通过导热传向了地表内部。地表表面的换热边界条件可用如下的地表热平衡描述：

$$E_s + E_l + M_g + H + EL + G = 0 \tag{8-8}$$

式中，E_s 为地表单位面积所吸收的太阳短波辐射；E_l 为地表单位面积所吸收的大气长波辐射；M_g 为地表自身辐射；H 为显热交换；EL 为潜热交换；G 为地表向下的导热量。

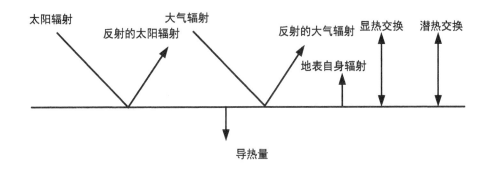

图 8-6　地表的热平衡示意图

裸露地表和低矮植被地表，可采用相同的公式计算太阳短波辐射、大气长波辐射和自身辐射。

地表接收的太阳短波辐射 E_s 由下式确定：

$$E_s = (1 - \rho) E_e \tag{8-9}$$

式中，ρ 为地表表面的反射率（短波）；E_e 为到达地表的太阳辐射，包括直射辐射、散射辐射和周围地物反射的太阳辐射三部分。

地表接收的大气长波辐射 E_l 可由下式确定：

$$E_l = \varepsilon \sigma T_a^4 \left(a + b \sqrt{e_a} \right) \tag{8-10}$$

式中，ε 为地表发射率；σ 为斯特藩-玻耳兹曼常数；T_a 为大气温度；e_a 为大气水压力；a 和 b 为经验常数，其中 $a = 0.73$，$b = 0.06$。

地表自身辐射可根据斯特藩-玻耳兹曼定律计算，即

$$M_g = \varepsilon \sigma T_g^4 \tag{8-11}$$

式中，T_g 为地表温度。

由于植被地表和裸露地表与空气间的显热交换和潜热交换机理不同，因此，地表热平衡公式中的显热交换和潜热交换必须分别按植被情况进行计算。

2）裸露地表的显热交换和潜热交换计算方法

显热交换主要是由于周围空气间的对流环绕引起的，它要受到空气的物性与温度、地表的温度、风速和海拔高度等因素的影响，可由下式计算：

$$H = \rho_a C_p C_D v_a \left(T_a - T_g\right) \tag{8-12}$$

式中，ρ_a 为空气密度；C_p 为空气定压比热；T_a 为参考高度处的大气温度；T_g 为地表表面处的温度；C_D 为拖曳系数，$C_D = 0.002 + 0.006(z/5000)$，$z$ 为海拔高度；v_a 为风速。

地表及其内部含有水分，在地表不可避免地会出现水分的蒸发和凝结过程，会吸收和放出大量热量。因此，潜热交换中必须考虑受地物水分和湿度等因素的影响。潜热交换过程受空气的物性、温度、比湿、地表的温度、地表含湿量、风速和海拔高度等因素的影响。潜热热量交换的计算公式为

$$EL = \rho_a L C_D u_D \left(q_a - q_g\right) \tag{8-13}$$

式中，L 为汽化潜热；q_a 为参考高度处的大气比湿；q_g 为地表处的大气比湿。

q_g 和 q_a 分别为

$$q_g = W_s q_{sat}\left(T_g\right) + \left(1 - W_s\right) q_a, \quad q_a = q_{sat}\left(T_a\right) RH \tag{8-14}$$

式中，$q_{sat}\left(T\right)$ 为饱和比湿；RH 为相对湿度；W_s 为地表含水量。

$$W_s = W_g + \frac{1}{2} \times \frac{P - E_g}{\rho_g D_n} z_q \tag{8-15}$$

式中，P 和 E_g 分别为降水率和地表水蒸发率；ρ_g 为水密度；D_n 为地表水扩散率；W_g 为某一厚度为 z_q 的土壤层中湿润度的平均值。

地表水蒸发率可按下式计算：

$$E_g = \frac{1}{L} \cdot \frac{\rho_a c_p}{\gamma} \cdot \frac{\omega_s e_s\left(T_s\right) - e_a}{R_a + R_{surf}} \tag{8-16}$$

式中，$e_s\left(T_s\right)$ 为地表温度下的空气饱和水气压；R_{surf} 为地表阻力；R_a 为地表空气动力学阻力。

3）植被地表的显热交换和潜热交换计算方法

对于植被地表，地表与植被层、植被层与植被层中的空气、植被层中的空气与植被层上方的大气之间存在着复杂的热量和水分的传递，明显不同于裸露地表，因此其显热交换和潜热交换的计算方法也是完全不同的。

对于植被地表，显热交换为

$$H = \rho_a c_p \frac{T_a - T_c}{R_{ac}} \tag{8-17}$$

式中，T_c 为植被层温度；R_{ac} 为植被层空气动力学阻力。

$$R_{ac} = \frac{\ln^2\left(\dfrac{z_a - d}{z_c}\right) + 1.5\ln\left(\dfrac{z_a - d}{z_c}\right)}{k^2 u_a} \tag{8-18}$$

式中，z_a 为参考高度；k 为卡尔曼常数；d 为零平面位移，$d = 0.56h$；z_c 为植被层粗糙度参数。

对于植被地表，其潜热交换为

$$EL = \frac{R_n(1-\tau)\Delta + \rho_a C_p(e_a - e_c^*)/R_h}{\Delta + \gamma(R_{ac} + R_c)/R_h} \tag{8-19}$$

式中，γ 为干湿表常数（$\gamma=0.066\text{kPa/℃}$）；e_a 为参考高度处的空气水气压；e_c^* 为平均植被层温度下的空气饱和水气压；R_c 为植被层气孔阻力，与植被层叶面指数、叶子含水量及光照有关；Δ 为空气温度下的饱和水蒸气压力曲线的斜率；R_n 为植被层上方的净辐射，$R_n = (1-\alpha)E_e + (\varepsilon_a - \varepsilon_c)\sigma T_a^4$；$R_h$ 为长波辐射和热量传递的等效空气动力学阻力：

$$R_h^{-1} = R_{ac}^{-1} + (\rho_a C_p/4\varepsilon_c\sigma T_a^3)^{-1} \tag{8-20}$$

式中，ε_a 为大气发射率；ε_c 为植被层的表面发射率。

植被层气孔阻力 R_c 可用下式计算：

$$R_c = \frac{1000\left[1+\left(-\frac{\psi_1}{230.8}\right)^{5.51}\right]}{0.5\text{LAI} + 0.021R_n(1-\tau_c)} \tag{8-21}$$

式中，ψ_1 为叶片水势；τ_c 为通过率；LAI 为植被的叶面积指数。

$$\tau_c = \frac{1}{(0.05 + 0.0021R_n)\text{LAI}} \tag{8-22}$$

$$\text{LAI} = \bar{A}ab \tag{8-23}$$

式中，$\bar{A}$ 为叶面平均面积；a 为叶面密度；b 为植被高度。

8.3.4.3　海洋背景红外辐射计算方法

海洋背景红外辐射不仅包括海面自身的本征红外辐射，还包括海面对周围环境辐射、太阳辐射、天空辐射、周围物体辐射的反射。其中，海面自身的红外热辐射受到海水绝对温度和海面发射率的影响。海面对外界环境的反射辐射包括海面对太阳辐射的反射辐射和海面对天空辐射的反射辐射，其中主要受到海面反射率的影响。

1）海面的发射率计算

海洋表面发射率影响海面的本征辐射能量。目前，在研究海面发射率时，根据不同的发射率计算模型可以分为漫射灰体发射率模型、平静海面发射率模型和粗糙海面发射率模型。

漫射灰体发射率模型是将海面视为灰体进行处理，假设海面自身热辐射在空间均匀分布，不考虑发射率随方向和波长的变化关系，此时海面上各小面元在各个方向上的发射率都是相同的。根据灰体发射率的性质，将海面发射率视为一个常数，即 $\varepsilon_{sea} = 0.98$。

平静海面发射率模型忽略海面波动的影响，当探测器高度一定时，观测到不同海面位置的发射率是不同的，海面的发射率与探测器视线和海面法线之间的夹角有关，在这种情况下海面各点的发射率可以由经验公式 $\varepsilon_{sea} = 0.98[1-(1-\cos\theta)^5]$ 描述，式中，θ 为探测器视线方向与海面法线之间的夹角，即观测角。

粗糙海面发射率模型考虑到海面的波动情况，由于受海风和重力的影响，因此海洋表面布满波浪，此起彼伏的波浪对海面的发射率和反射率都会造成影响。由于受海面粗糙度的影响，不能把海面当成一个整体来计算发射率，需要将海面分成多个小面元，每个小面元都以各自的角度向探测器辐射能量，而探测器接收到的红外辐射能量是这些小面元的辐射能量总和。因此，可以用一个平均有效发射率来描述粗糙海面的发射特征。通过研究每个小面元的发射率和粗糙海面坡度分布来确定这个平均有效发射率。经过一系列推导，可以得到粗糙海面的平均发射率为

$$\bar{\varepsilon}_{\mathrm{sea}}\left(\theta_{\mathrm{e}},\varphi_{\mathrm{e}}\right)=\frac{1}{\pi\sigma^2\cos\theta_{\mathrm{e}}}\int_0^1\int_0^\pi\left[1-\rho_\lambda\left(\chi\right)\right]\cos\chi\mathrm{e}^{-\frac{\tan^2\theta_{\mathrm{n}}}{2\sigma^2}}\sec^4\theta_{\mathrm{n}}\mathrm{d}\varphi_{\mathrm{n}}\mathrm{d}\cos\theta_{\mathrm{n}} \quad (8\text{-}24)$$

式中，$\bar{\varepsilon}_{\mathrm{sea}}\left(\theta_{\mathrm{e}},\varphi_{\mathrm{e}}\right)$ 为海面小面元中心观测点的平均发射率；$\left(\theta_{\mathrm{e}},\varphi_{\mathrm{e}}\right)$ 为海面辐射能量的发射方向；$\rho_\lambda\left(\chi\right)$ 为平静海面的反射率；χ 为发射方向与海面小面元法线之间的夹角；σ^2 为海面的坡度概率分布方差，用于描述海面的粗糙程度，在海平面上方高度为 12.5m 处，当风速小于 14m/s 的情况下，σ^2 与风速具有线性函数关系，可以表示为 $2\sigma^2=0.003+0.00512v$，v 为海面风速。

对于粗糙海面，由于受海风和重力的影响，造成海面波浪此起彼伏，入射光线的辐射能量可能会被泛起的波浪遮挡，造成能量损失，这部分能量无法被探测器接收，从而在探测器视线方向上出现黑色阴影。因此，针对这种情况引入了遮挡因子 $S\left(\theta_{\mathrm{e}}\right)$，其计算公式为

$$S\left(\theta_{\mathrm{e}}\right)=\frac{\pi\sigma^2\cos\theta_{\mathrm{e}}}{\int_0^1\int_0^\pi\cos\chi\sec^{-4}\theta_{\mathrm{n}}\mathrm{e}^{-\frac{\tan^2\theta_{\mathrm{n}}}{2\sigma^2}}\mathrm{d}\varphi_{\mathrm{n}}\mathrm{d}\cos\theta_{\mathrm{n}}} \quad (8\text{-}25)$$

在考虑遮挡因子对海面发射率的影响后，粗糙海面的平均发射率为

$$\bar{\varepsilon}_{\mathrm{sea}}\left(\theta_{\mathrm{e}},\varphi_{\mathrm{e}}\right)=\frac{S\left(\theta_{\mathrm{e}}\right)}{\pi\sigma^2\cos\theta_{\mathrm{e}}}\int_0^1\int_0^\pi\left[1-\rho_\lambda\left(\chi\right)\right]\cos\chi\mathrm{e}^{-\frac{\tan^2\theta_{\mathrm{n}}}{2\sigma^2}}\sec^4\theta_{\mathrm{n}}\mathrm{d}\varphi_{\mathrm{n}}\mathrm{d}\cos\theta_{\mathrm{n}} \quad (8\text{-}26)$$

对三种海面发射率模型进行分析比较可以得出：漫射灰体发射率模型最为简单，但忽略了观测方向和波长对发射率的影响，与海面真实情况相比存在较大误差，仅适合于定性分析海面辐射问题。平静海面发射率模型考虑海面发射率与观测角之间的关系，可以较为准确地描述海面发射率的变化规律，但是忽略了海浪和海风对发射率的影响。粗糙海面发射率模型考虑到多种影响发射率的因素，加入了遮挡因子，但是数学表达式较为复杂，基于实时计算的数据对红外海面进行仿真时对硬件设备要求较高。在工程应用中，可以选择平静海面发射率模型与粗糙海面发射率模型相结合的方法进行计算。

2）海面的反射率计算

由于海面具有很好的反射特性，因此其反射率较大地影响了海面对外界环境的反射辐射能量。对于平静海面，由于没有海浪之间的遮挡作用，因此可以把海面反射视为镜面反射；对于粗糙海面，需要考虑波浪、海面风速、遮挡等因素对海面反射率的影响，此时海面反射表现为方向反射。对于海面反射率的计算，主要考虑平静海面反射率模型和粗糙海面反射率模型两种情况。

平静海面反射率模型是将海洋表面视为镜面进行处理，通过菲涅耳公式来描述光在不同折射率介质下的传播行为，平静海面的反射率可以表示为

$$\rho=\frac{1}{2}\left(\left|\rho_\perp\right|^2+\left|\rho_\parallel\right|^2\right) \quad (8\text{-}27)$$

式中，$\rho_\perp$ 为菲涅耳反射系数在垂直方向上的极化分量，$\rho_\parallel$ 为菲涅耳反射系数在水平方向上的极化分量。根据光线入射角、反射角与介质的折射率可得：

$$\rho_\perp = \frac{n_2\cos\theta_i - n_1\cos\theta_r}{n_2\cos\theta_i + n_1\cos\theta_r}, \quad \rho_\parallel = \frac{n_1\cos\theta_i - n_2\cos\theta_r}{n_1\cos\theta_i + n_2\cos\theta_r} \tag{8-28}$$

式中，θ_i 为入射角；θ_r 为反射角；n_1 为海面大气的折射率，可以通过相关公式或大气模型进行求取；n_2 为海水的复折射率，与波长和盐度相关。在工程计算时，根据不同的波长范围选择不同的数据，对于波长为 $3\sim5\,\mu m$ 的情况，取 $n_2 = 1.345$，对于波长为 $8\sim12\,\mu m$ 的情况，取 $n_2 = 1.198$。

粗糙海面反射率模型主要考虑海面粗糙度对光线的影响，根据光的反射类型，主要分为三类反射：镜面反射、漫反射和方向反射。其中，镜面反射是指光线照射到光滑介质表面，入射角和反射角大小相同，反射能量聚集于同一个方向。漫反射是指光线照射到凹凸不平的介质表面，反射光线射向不同的方向，并且在各个方向的能量分布不同。方向反射是指介于镜面反射和漫反射之间的反射现象。在海洋场景中，通过方向反射可以较为准确地描述海面的反射特性。下面给出粗糙海面反射率随方向变化的函数关系：

$$fr(\theta_i, \varphi_i, \theta_r, \varphi_r) = \frac{\pi P(z_u, z_v)\rho(\omega)}{4\cos\theta_r\cos^4\beta} \tag{8-29}$$

式中，θ_i 为入射方向天顶角；φ_i 为入射方向方位角；θ_r 为反射方向天顶角；φ_r 为反射方向方位角；$P(z_u, z_v)$ 为海面坡度概率分布函数；ω 为平静海面反射率模型中的入射角；β 为小面元与海面小面元笛卡儿直角坐标系 XOY 平面的夹角。

3）海面的本征红外辐射计算

在计算海面的本征红外辐射时，可以把海面假设为灰体进行计算，由普朗克公式可得：

$$M_{\lambda bb} = \frac{2\pi hc^2}{\lambda^5}\cdot\frac{1}{e^{hc/(\lambda K_B T)}-1} = \frac{c_1}{\lambda^5}\cdot\frac{1}{e^{c_2/(\lambda T)}-1} \tag{8-30}$$

式中，$M_{\lambda bb}$ 为黑体的光谱辐射出射度，单位为 $W/(m^2\cdot\mu m)$；h 为普朗克常数 $h = 6.626069934\times10^{-34}\,J\cdot s$；$c$ 为光速；K_B 为玻尔兹曼常数，$K_B = 1.38\times10^{-23}\,J/K$；$\lambda$ 为波长，单位是 μm；T 为绝对温度，单位为 K；c_1 为第一辐射常数，$c_1 = 2\pi hc^2 = (3.7415\pm0.0003)\times10^8\,W\cdot\mu m^4/m^2$；$c_2$ 为第二辐射常数，$c_2 = hc/K_B = (1.43879\pm0.00019)\times10^4\,\mu m\cdot K$。由于海水具有无间断运动、比热容大、导热能力快等特点，即使外界环境条件发生较大变化，它的温度变化依然缓慢。因此将海水温度当成定值处理，通过对普朗克公式进行积分得到海面的本征红外辐射亮度为

$$L_{sea} = \int_{\lambda_1}^{\lambda_2}\frac{1}{\pi}M_{\lambda bb}d\lambda = \int_{\lambda_1}^{\lambda_2}\frac{1}{\pi}\cdot\frac{c_1}{\lambda^5}\cdot\frac{1}{e^{c_2/(\lambda T_{sea})}-1}d\lambda \tag{8-31}$$

式中，λ_1 和 λ_2 分别为海面红外辐射的波段积分上限和下限。

得到辐射亮度后，将其与前面计算得到的海面发射率相乘，从而得到海面发射的本征红外热辐射。

4）海面对太阳辐射的反射计算

太阳作为一个高温辐射体，在中波和短波范围内的红外辐射较强，同时太阳对海洋背景而言是不可缺少的辐射源。由于太阳与地球的距离远大于地球的半径，在通常情况下，将太阳的入射光线视为平行光对地球进行照射，其辐射能量均匀分布在地球表面。由于粗糙海面对太阳入射光产生方向反射，在反射方向上海面的红外辐射能量激增，出现"波光粼粼"的现象。

如果要计算某一波段内的太阳辐射出射度，则可以利用普朗克黑体辐射公式进行积分计算：

$$M_{sun} = \int_{\lambda_1}^{\lambda_2} \frac{1}{\pi} M_{\lambda bb} d\lambda = \int_{\lambda_1}^{\lambda_2} \frac{1}{\pi} \cdot \frac{c_1}{\lambda^5} \cdot \frac{1}{e^{c_2/(\lambda T_{sun})} - 1} d\lambda \qquad (8\text{-}32)$$

式中，T_{sun} 为太阳的绝对温度，可以设置为 5700K。

在实际的计算过程中，会有很多因素影响太阳的辐射能量，包括太阳的高度角、海拔高度、经纬度、大气环境等，可以借助专用的大气辐射计算软件进行计算。

在获得太阳辐射在海面产生的辐射照度后，根据海面反射率，即可计算得到海面对太阳辐射的反射辐射能量。

5）海面对天空辐射的反射计算

红外场景中的天空辐射主要受季节、经纬度信息、气象变化的影响。针对某一区域，天空背景的红外辐射来自半球空间内的辐射总和。在白天情况下，天空背景辐射主要包括大气分子热辐射和气体粒子对太阳辐射的散射；在夜晚情况下，由于没有太阳辐射的影响，天空背景辐射主要来源于大气分子热辐射。同时，不同波段条件下天空背景的红外辐射能量也不同。根据环境辐射的强弱，在波段小于 3μm 时，天空背景的红外辐射主要来源于太阳辐射，此时大气分子热辐射较弱；在 3～5μm 波段内，天空背景的红外辐射能量最小；在波段大于 5μm 时，天空背景的红外辐射能量主要来源于大气分子热辐射。

天空背景的红外辐射和太阳的红外辐射不同，对于某一片海域，它受到的天空辐射来自该区域所在的半球空间。对于计算半球空间内的天空背景辐射能量，需要对半球入射到海面某点的天顶角和方位角进行积分运算，获得所有方位对海面的红外辐射贡献，并将其与海面的反射率相乘，得到海面对天空辐射的反射辐射能量。其计算表达式如下：

$$L_{r\_sky} = \varepsilon_{sea} \int_{\lambda_1}^{\lambda_2} \int_0^{\pi} \int_0^{\frac{\pi}{2}} L_{sky}(\theta, \varphi) \cos\theta \sin\theta d\lambda d\theta d\varphi \qquad (8\text{-}33)$$

式中，L_{r_sky} 为海面对天空背景的反射辐射亮度，$L_{sky}(\theta, \varphi)$ 为观测方向上的天空辐射亮度值，θ 为观测方向天顶角，φ 为观测方向方位角。

通常情况下，利用积分的方法计算半球空间内的天空辐射较为复杂，并且运算量巨大，在实时仿真时由于受计算机硬件性能的限制，该方法难以应用于实时计算场景。经过科研人员反复试验证明，在精度要求不高的情况下，可以使用 45°天顶角下的天空背景红外辐射代替整个半球空间内的天空辐射能量。

8.3.5 典型目标红外特征计算方法

红外制导武器通过敏感目标发出的红外辐射信号差异，实现目标识别跟踪等操作。因此，红外场景建模的重要工作就是建立典型目标的红外辐射模型，典型目标红外特征计算得精确与否，很大限度上决定了红外场景仿真的性能和精度。

对于红外制导武器，典型的打击目标包括飞机、坦克、装甲车、舰船等。下面就介绍一下典型目标的红外特征计算方法。

8.3.5.1 装甲车红外辐射计算方法

坦克和装甲车作为一种重要的地面装备，一直是作战双方重点打击的典型目标。从红外辐射特性角度出发，坦克及车辆的辐射特性主要包括如下部分：①发动机、散热器、传动装置等发热部件；②发动机高温废气与尘土混合形成的热烟尘；③射击后的炮管或枪管产生的热辐射；④车辆装甲，包括内部热源的辐射，以及来自天空、地面和太阳等背景的反射辐射。需要注意的是，不同的坦克型号、观察方位、坦克状态、阳光照射、作战环境下坦克的红外辐射特性，存在较大差异。例如，由于金属装甲具有较高的热传导性，所以白天阳光照射的部位，其温度比周围背景的温度高，而长时间未受到阳光照射的阴影部位，其温度比周围背景的温度低，向阳处的温度通常会比背阴处的温度高 5～10℃；又例如，当坦克高速行驶时，由于发动机高速运转，发动机排出的高温废气与坦克履带卷起的尘土混在一起，形成了大片的热烟尘，这些热烟尘虽然可使从尾向观测的坦克红外图像变得不清楚，但它呈现了较高的红外辐射温度，这也是坦克及装甲车显著的红外特征。

下面给出坦克及装甲车的典型红外辐射计算方法，将其分为车体装甲红外辐射计算、车轮与履带的红外辐射计算和炮管红外辐射计算。

1）车体装甲红外辐射计算

坦克及装甲车在一定的环境中，不断以辐射、对流和传导方式与外界环境发生热量交换。在此，设定车辆与环境的热量交换处于相对平衡状态，给出装甲车的热平衡方程。

$$E_Q + E_K + E_{M-G} + E_{engine} = E_C + E_R + E_G + E_A \tag{8-34}$$

式中，E_Q 为目标表面接收来自太阳的热辐射能量；E_K 为目标吸收来自天空及云层的热辐射能量；E_{M-G} 为目标吸收来自地面背景的太阳反射和地面背景自身的辐射能量；E_{engine} 为由发动机发出的热量；E_R 为目标表面以辐射形式向外散失的能量，其计算公式为 $E_R = A_k \varepsilon \sigma (T_M^4 - T_a^4)$，其中，$A_k$ 为目标表面的面积，ε 为目标表面发射率，σ 为斯特藩-玻耳兹曼常数，T_M 为目标装甲车表面温度，T_a 为环境温度；E_G 为目标吸收能量，考虑到瞬时过程，可以忽略该项；E_A 为目标表面传导能量，相比强烈的内热传导和辐射，表面热传导项可以忽略；E_C 为目标表面与大气对流的热量交换，其计算公式为 $E_C = A_k h(T_M - T_a)$，其中，h 为目标表面与大气之间的对流换热系数。由于坦克结构复杂、表面形状各异，不同部位的对流换热系数存在一定差异。在此，根据坦克各部分的实际形状，将车体部件进行如下简化：将炮塔看成半球体，炮管看成圆柱体，车体的其他装甲部分看成平板，即可计算坦克各部位的对流换热系数。

对于炮塔（半球体）的对流换热系数，近似采用气体掠过圆球情况下的经验关系式来计算，即

$$h = Nu_D k / D, \quad Nu_D = 2 + (0.4Re_D^{1/2} + 0.06Re_D^{2/3})Pr^{0.4}(\mu_\infty \mu_s)^{1/4} \tag{8-35}$$

式中，Nu 为努塞尔因子；Re 为雷诺数；Pr 为普朗特数；μ 为动力黏度；特征尺度 D 为球体外直径；k 为气体的导热系数。

对于炮管（圆柱体），看成气体掠过圆柱体，按如下经验关系式进行计算：

$$Nu_D = hD / k = CRe_D^m Pr^{1/3} \tag{8-36}$$

式中，特征尺度 D 为圆柱体外直径；C 和 m 均为相关系数，与物体形状和流动情况相关。对于圆柱体而言，当流动情况为层流时 $C=0.48$、$m=1/4$，当流动情况为过渡时 $C=0.0445$、$m=1/4$，当流动情况为湍流时 $C=0.1$、$m=1/3$。

对于车体外表面装甲的其他部分，对流换热系数的计算公式如下：

$$h = 0.7331|T_M - T_a| + 1.9v + 1.8 \tag{8-37}$$

式中，v 为坦克行驶速度与风速的矢量和。

在实际过程中，发动机作为坦克的内热源，向外表面传热有两种形式，即通过金属结构件的热传导和发动机辐射。将此热传递考虑为一个稳态的过程，用等效热阻来计算这个过程。面片相对于内热源（发动机）的等效热阻为

$$R_{\mathrm{N}} = \frac{L_{\mathrm{N}}}{k \cdot A_{\mathrm{N}}} = \frac{1}{k}\int_0^{L_{\mathrm{N}}}\frac{1}{A(l)}\mathrm{d}l, \quad A_{\mathrm{N}} = \frac{L_{\mathrm{N}}}{\int_0^{L_{\mathrm{N}}}\frac{1}{A(l)}\mathrm{d}l} \tag{8-38}$$

式中，L_{N} 为内热源中心到表面面片中心的距离；k 为综合导热系数，它是空气和金属导热系数的综合值；A_{N} 为表面面片相对于内热源的有效面积；$A(l)$ 为距内热源 l 处表面面片的有效横截面积。在实际计算过程中，由于面片相对于发动机与它的距离来说是很小的，可以进行如下简化：将面片沿发动机中心和面片中心方向上的投影面积作为 A_{N}，将发动机中心到表面面片中心的距离作为 L_{N}，计算得到面片的等效热阻。

根据传热学的傅里叶定律，可以得到：

$$E_0 - E_{\mathrm{engine}} = A_k \frac{T_{\mathrm{M}} - T_0}{R_{\mathrm{N}}A_{\mathrm{N}}} = A_k k \frac{T_{\mathrm{M}} - T_0}{L_{\mathrm{N}}} \tag{8-39}$$

式中，E_0 为发动机的导热热量，T_0 为发动机温度。

通过求解热平衡方程，可得到车体装甲的温度分布场。根据普朗克定律，即可得到所需波长范围内的红外辐射强度。

2）车轮与履带的红外辐射计算

坦克在运动时，车轮、履带部分因摩擦生热而使这部分成为坦克的一个显著的红外辐射特征。对于匀速前进的坦克，其车轮、履带的热平衡方程为

$$E_{\mathrm{Q}} + E_{\mathrm{K}} + E_{\mathrm{M-G}} + E_{\mathrm{wheel}} = E_{\mathrm{C}} + E_{\mathrm{R}} + E_{\mathrm{G}} + E_{\mathrm{A}} \tag{8-40}$$

式中，E_{G} 为车轮外表面向轮轴方向的导热量，计算公式为 $E_{\mathrm{G}} = -\lambda\,\mathrm{d}T/\mathrm{d}x\,A_k$，$\lambda$ 为材料导热系数，$\mathrm{d}T/\mathrm{d}x$ 为温度梯度。E_{wheel} 为车轮与履带因摩擦而产生的热量，即

$$E_{\mathrm{wheel}} = A_k \eta \frac{\mu P v}{A_{\mathrm{tatal}}} \tag{8-41}$$

式中，P 为每一个车轮所承受的质量；η 为摩擦生热中被车轮所吸收的百分比；v 为坦克行进的速度；μ 为滚动摩擦系数；A_{tatal} 为每一个车轮外表面的面积；A_k 为所考察的面片的面积。通过式（8-40），可以求解出车轮外层的温度，履带及轮轴的计算方法与此类似。

3）炮管红外辐射计算

炮管在发射炮弹时，因炮弹出膛时的剧烈摩擦而使炮管温度陡升，从而使得炮管成为坦克或装甲目标显著的红外特征。设发射炮弹的质量为 M、出膛速度为 V、能量转换效率为 η_1，若每分钟发射 n 发炮弹，则炮管每一面片得到的热量（每秒）为

$$E_{\mathrm{shoot}} = \frac{A_k}{A_{\mathrm{shoot}}}\cdot\frac{1}{2}MV^2\cdot\frac{1-\eta_1}{\eta_1}\cdot\frac{n}{60} \tag{8-42}$$

式中，A_{shoot} 为炮管的外表面的面积。

炮管的稳态热平衡方程为

$$E_{\mathrm{Q}} + E_{\mathrm{K}} + E_{\mathrm{M-G}} + E_{\mathrm{shoot}} = E_{\mathrm{C}} + E_{\mathrm{R}} \tag{8-43}$$

式中，除 E_{shoot} 外，其余项含义同上，解方程可求得炮管的温度。

求得坦克、装甲车各部分的温度后，计算出对应的辐射强度，即可得到其在红外图像中的灰度图像。

8.3.5.2　飞机红外辐射计算方法

根据现有理论和试验研究成果，飞机作为一种具有内热源的典型红外目标，各部件因物理材质的不同而呈现不同的红外辐射特性。飞机的红外辐射主要可以分为自身辐射和环境散射。其中，自身辐射主要包括发动机尾喷管、发动机尾焰、飞机蒙皮、机身散热部件、雷达天线罩等，其中前三种为主要成分；而环境散射主要是指机身机翼的蒙皮对于直射太阳的反射。下面根据机身部件各自特有的物理材质，研究其红外辐射特性，并根据红外辐射基本理论建立其红外辐射强度模型。

1）发动机尾喷管红外辐射

发动机尾喷管的红外辐射强度与发动机的类型、温度、喷管面积和工作状态有直接关系。在进行红外辐射计算时，暴露出的发动机尾喷管是一个被热气流加热的圆柱形或截锥形热金属腔体，在红外辐射主要分布的 1～5μm 波段范围内，可以将其视为一个辐射系数较高（e=0.8～0.9）的灰体辐射。在计算时，根据温度大小和尾喷管面积计算其辐射强度。目前，典型发动机的红外辐射强度范围大致为 1000～1500W/sr（W 为热辐射功率，sr 为热辐射通量，W/sr 为热辐射强度）。

2）发动机尾焰红外辐射

发动机尾焰是指发动机燃烧时，特别是加力飞行燃烧时拖起的长长的高温火焰（尾焰）或者一般的高温排气，其主要成分是水蒸气和二氧化碳。尾焰的辐射光谱与尾焰成分、温度、压力等参数有关。尾焰属于选择性辐射体，具有不连续的线状或带状光谱，在不同波长上辐射通量有较大的起伏，主要分布在 2.8μm 和 4.4μm 红外光谱波段周围。飞机发动机在非加力状态下，尾焰辐射同尾喷管热辐射相比是小的，但它是飞机侧向辐射和前向辐射的主要来源之一；飞机发动机在加力状态下，尾焰辐射成为飞机的主要辐射源。在计算时，可以将尾焰视为一个锥体，根据锥体高度和发动机喷口面积求取其截面积，根据截面积和尾焰温度来计算红外辐射强度。

3）飞机蒙皮红外辐射

飞机蒙皮红外辐射是指机身、机翼全表面的辐射，主要包括蒙皮对于直射太阳的反射和高速飞行时的气动加热现象。蒙皮辐射可以认为是辐射系数不高的灰体辐射，与蒙皮材料、热传导函数、蒙皮温度及表面结构等因素有关。其中，蒙皮温度 T_M 与马赫数 Ma 的关系可按照下式进行计算：

$$T_M = T_0 \left(1 + k \frac{\gamma - 1}{2} Ma^2 \right) \tag{8-44}$$

其中，T_0 为环境温度；γ 为空气比热比，一般取 1.4；k 为热恢复系数，其值取决于附面层中气流的流场，层流取 0.82，紊流取 0.87。相关实测数据表明，当飞机速度大于 $2～3Ma$ 时，蒙皮的平衡温度将会上升到 420～580K，此时尾焰温度下降，蒙皮辐射便成为喷气式飞机前半球的主要辐射源。另外，从亚音速到 $3Ma$ 的速度区间内，蒙皮辐射的能量主要分布在 8～14μm 波段，其次在 3～5μm 波段。

4）飞行环境引起的红外辐射

飞机反射的太阳光辐射主要集中在近红外（1～3μm）和中红外（3～5μm）波段内；

而飞机对地面和天空热辐射的反射主要集中在远红外（8～14μm）和中红外（3～5μm）波段内。

8.3.5.3 舰船红外辐射计算方法

海面目标主要是指各种海面舰艇，如航空母舰、巡洋舰、驱逐舰、运输舰等。由于舰船是形状复杂的大目标，其红外辐射温度分布与舰船型号参数（如外形、结构布局、材料和涂层）、舰船工作状态、环境参数（如地理纬度、季节、时间、太阳光辐射、天空和海面背景辐射、气温、风速等）等因素有关。

对于典型的水面舰船目标而言，其主要红外辐射来源于船体本身的热辐射，以及对于环境因素的反射辐射。其中，烟囱和动力舱部位相对于海洋背景具有较高的红外辐射；舰船的其他部分大多数由金属板构成，甲板及上层建筑的红外辐射主要受太阳辐射和天空辐射的影响，船舷呈倒三角形，主要受到来自海面的反射辐射。需要注意的是，由于构成甲板及船舷的金属板具有良好的热传导性和较小的比热比，在白天阳光的照射下，温度升高较快，因此其温度高于海水温度；但在夜间，舰船甲板和船舷的温度近似海面气温，且要低于夜间海水温度。

另外，与坦克、飞机等典型目标不同，大多数现代舰船的推进系统依靠螺旋桨提供舰船运动动力，船舶螺旋桨的特殊结构导致舰船在海面运动时，舰船尾部会产生一定的波纹分布，这种被观测到的痕迹被称为舰船尾迹。检测、追踪舰船尾迹特性是分辨舰船目标的非常有效的途径，特别是如今军事舰船越来越多地使用隐身材料或其他红外辐射降低手段，使得红外探测系统难以辨识船体。

下面给出典型舰船的船体红外辐射计算、舰船尾迹红外辐射计算和舰船开尔文波红外辐射计算。

1) 舰船的船体红外辐射计算

舰船热交换平衡方程是描述其系统变化过程的能量平衡方程，也是分析其状态变化的根本方程。在工程计算时，通常进行一定简化处理，可以将舰船表面的热传导视为一维的热传导，并把舰船表面离散成很多个微小单元，对每个单元进行计算求解热平衡计算，可以得到舰船的温度分布和红外辐射分布。舰船的热交换平衡方程与坦克等目标的计算方程基本一致。

$$E_Q + E_K + E_{M-G} + E_{engine} = E_C + E_R + E_G \tag{8-45}$$

式中，E_Q 为舰船吸收的太阳热辐射能量，$E_Q = \alpha_i E\cos\theta_i$；$E$ 为太阳辐射照度；α_i 为每个微面元的材料对太阳的吸收率；θ_i 为每个微面元法线与太阳光入射方向夹角；E_K 为舰船吸收来自天空及云层的热辐射能量，$E_K = \varepsilon_i \sigma T_{sb}^4$，其中 ε_i 为每个面元材料室温下的发射率，σ 为斯特藩-玻耳兹曼常数，T_{sb} 为天空背景辐射温度；E_{M-G} 为舰船吸收的来自海面的反射和海面自身的辐射能量，计算方法与天空辐射类似；E_{engine} 为由舰船动力装置等产热设备发出的热量，在实际计算时可以根据统计测量获取其典型温度范围；E_C 为舰船表面与环境对流交换的辐射能力，$E_C = k(T_M - T_a)$，其中 k 为散热系数，k 值与风速和舰船速度有关，T_M 为面元温度，T_a 为周围气温；E_R 为舰船表面以辐射形式向外散失的能量，$E_R = \varepsilon\sigma(T_M^4 - T_a^4)$；$E_G$ 为舰船内能的增加，稳态情况下假设为零。

2）舰船尾迹红外辐射计算

舰船在海面航行时会形成长达数千米的热尾迹，在海况平静的情况下可存在数小时不会散去。热尾迹的特性研究对于反舰武器有重要意义。舰船产生热尾迹主要有两种情况：一种是舰船的螺旋桨将处于底层的海水搅动至海面，由于海水的温度在稳态时具有分层效果，当将底层水体搅动至水面时，会使尾迹的温度明显有别于周围海水；另一种是航行器有时会主动排放冷却水，对海面表层的温度分布形成差异。一般情况下，尾迹宽度可达 1～2.6 倍船宽，1～20 倍船长，随舰船速度的不同可能数字还会更大，并且只要海面的温度结构满足垂直温度梯度分布，运动的舰船都会产生这种红外探测器能观测的尾迹。

对舰船尾迹的红外辐射研究，首先计算热尾迹随船体运动距离的形态分布，然后求解其发射率，获取尾迹的温度分布。

3）舰船开尔文波红外辐射计算

舰船在海面上运动时，会在船后留下"V"形的波动分布，该规律的高度场分布称为开尔文波。稳态的开尔文波高度分布与船体长度、宽度、吃水深度和船速都有关系。船体速度越大形成的稳态开尔文波的高度均值越大。开尔文波的规律分布特性也成为遥感探测识别船体目标的重要特征，因此在红外场景的仿真中高精度表现出舰船在海面上运动时产生的开尔文波有重要意义。

对于开尔文波的红外辐射计算，首先要计算开尔文波高度场，获取舰船运动情况下的波浪起伏；然后，将其细分若干微小面元，求解其发射率，继而完成热平衡方程的求解，得到舰船运动过后的温度场分布和红外辐射分布。

8.3.6 典型红外干扰辐射计算方法

随着战场环境的愈加恶劣，红外制导武器在作战使用时面临着诸多红外人工干扰因素。人工干扰主要通过人在作战环境中设置相应干扰样式，对目标形成遮蔽或能量压制，降低红外探测设备对目标的探测、识别和跟踪能力，降低红外制导武器的制导精度，并最终影响武器的作战效果。因此，在进行红外场景仿真中，需要针对不同的红外干扰模式，计算其红外干扰辐射大小，从而考核制导武器的抗干扰性能。

目前，针对红外探测系统的干扰，主要包括点源红外诱饵、面源红外诱饵和红外烟雾。下面针对不同的诱饵工作方式，给出典型红外辐射计算方法。

8.3.6.1 点源红外诱饵辐射计算方法

红外诱饵弹是作战飞机或舰船等为了保护自身安全而对红外制导导弹采取的一种干扰手段。典型作战方式是，当飞机或舰船发现敌方发射红外制导导弹时，抛射出一枚或多枚点燃的发光弹，由于红外诱饵弹在红外波段（如近红外 $1\sim3\,\mu m$ 和中红外 $3\sim4\,\mu m$）的辐射强度分别比飞机或舰船等大 3～5 倍，因而红外诱饵弹把来袭的导弹引开，使其"脱靶"，从而达到保护飞机或舰船等的作用。点源红外诱饵以点辐射源的形式干扰红外制导导弹，评价其性能的主要参数是辐射强度、光谱分布和有效燃烧时间。

目前，点源红外诱饵辐射变化特性主要以试验测试数据为基础，通过对大量燃烧单元的点燃试验，获得诱饵弹辐射强度随投放高度的变化曲线、随投放速度的变化曲线和随时间变化的动态辐射强度曲线。利用红外探测器件实测诱饵干扰弹近距动态燃烧的图像形体随时间变化的曲线，并依据朗伯余弦定律中辐射强度、辐射亮度及视线方向投影面积的关系获得诱饵干扰的辐射亮度曲线。

下面给出一种点源红外诱饵的计算方法。

红外诱饵弹在飞行过程中，在强气流的作用下，诱饵弹损失的大部分辐射能量与标准条件（处于静止状态，燃烧不受气流影响）下诱饵弹辐射之间的关系为

$$I_d = d_w I_d^{std} \tag{8-46}$$

式中，d_w 为气流影响因子，表示诱饵弹辐射强度受飞行马赫数的影响关系；I_d^{std} 为标准条件下的红外诱饵辐射强度。其计算公式为

$$I_d^{std} = \frac{1}{4\pi} \dot{m} H_c F_{\lambda_1 - \lambda_2} d_r \tag{8-47}$$

式中，$\dot{m}$ 为诱饵弹的质量燃烧速度，质量燃烧速度与诱饵弹药柱外形有关；H_c 为单位质量诱饵弹药剂燃烧时产生的热量，对于不同配比的药剂可通过试验数据获得，一般典型情况为 $15000\,J/g$；d_r 为静态辐射系数，一般取值为 0.75；$F_{\lambda_1 - \lambda_2}$ 为 λ_1 和 λ_2 波段内的辐射效应，其计算公式为

$$F_{\lambda_1 - \lambda_2} = \frac{M_{\lambda_1 - \lambda_2}}{M} = \frac{1}{\varepsilon \sigma T_d^4} \int_{\lambda_1}^{\lambda_2} \frac{c_1}{\lambda^5} \times \frac{\varepsilon_{\lambda_1 - \lambda_2}}{e^{c_2 / \lambda T_d} - 1} d\lambda \tag{8-48}$$

红外诱饵弹辐射强度是随燃烧时间、高度、速度、质量燃烧速度等物理量变化而实时变化的，其计算模型较为复杂。在工作中，根据诱饵弹类型、工作参数等条件，按照时间推进，计算出诱饵弹的辐射强度。

在获得红外诱饵弹的辐射强度后，可以基于固体火焰模型概念，将高温燃烧的诱饵火焰近似为发热球体，火焰球体的大小与诱饵燃烧状态有关。辐射亮度计算公式为

$$L_d = \frac{I_d}{\pi r_d^2} \tag{8-49}$$

式中，I_d 为诱饵弹辐射强度；r_d 为诱饵球体的半径。在给定仿真诱饵参数条件下，诱饵弹带内辐射亮度随燃烧时间 t 变化，预先以 t 为时间索引，计算好诱饵弹的辐射强度和辐射面积，即可计算辐射亮度。

8.3.6.2 面源红外诱饵辐射计算方法

随着作战双方红外对抗技术的不断升级，逐渐出现了面源红外诱饵。面源红外诱饵在连续投放后，在被保护目标附近形成大面积红外辐射云团，其辐射强度、光谱特征与被保护目标相似，在敌方红外探测器上形成与目标相似的红外辐射场和空间热红外轮廓图，从而歪曲目标热轮廓，使得目标红外图像的灰度、面积等识别特征均发生较大变化，从而欺骗红外成像制导导弹，继而使弹偏离被保护目标。面源红外诱饵目前使用的材料主要有自燃液体材料、低温燃烧烟火材料、自燃箔片等，其中应用最多的是自燃箔片材料。自燃箔片材料是一种表面多孔合金材料（SMD），采用铁铝合金脱铝法制备。当暴露在空气中与氧气接触后，会立即发生氧化还原反应，形成大面积红外云团，辐射过程是自燃的，属于冷燃烧。由于合金材料反应时能够更好地模拟载机的羽烟温度和辐射光谱，可以很好地改善点源红外诱饵在辐射光谱、辐射强度、空间形状与载机存在的明显差异，有效对抗红外成像制导导弹。

面源红外诱饵模型包括诱饵运动模型和诱饵辐射模型。诱饵运动模型表征从飞机高速平台投放后面源质心的运动规律，以及有效载荷的空间扩散规律。诱饵辐射模型表征从飞

机高速平台投放后辐射面源的形状、辐射亮度分布、辐射光谱随时间的变化规律。由于面源红外诱饵由一千多个箔片组成，因此面源红外诱饵的红外辐射特征和运动特征主要由箔片的红外辐射和运动决定。箔片的运动特性与箔片的大小、形状、空气阻力和初速度等有关。箔片的红外辐射强度与箔片配方、起燃时间和持续时间等有关。

1）面源红外诱饵箔片运动模型

假设面源红外诱饵的箔片在扩散过程中只受气动力和重力的作用，考虑到箔片的对称性，其气动侧力可忽略不计。在航迹坐标系下建立诱饵箔片的动力学方程：

$$\begin{cases} m\dfrac{\mathrm{d}V}{\mathrm{d}t} = X - mg\sin\theta \\[2mm] mV\dfrac{\mathrm{d}\theta}{\mathrm{d}t} = Y\cos\gamma_v - mg\cos\theta \\[2mm] mV\cos\theta\dfrac{\mathrm{d}\psi}{\mathrm{d}t} = -Y\sin\gamma_v \end{cases} \quad （8\text{-}50）$$

式中，θ 为箔片航迹俯仰角；γ_v 为速度滚转角；ψ 为航向角；m 为箔片质量；X、Y 为气动力。

红外诱饵箔片的受力示意图如图 8-7 所示，在箔片旋转过程中，所受力矩主要由升力产生。其力矩方程在速度坐标系可表示为

$$\begin{cases} J\boldsymbol{\omega} = Y_a x_F\cos\alpha - M_d \\[2mm] J = mR^2/4 \end{cases} \quad （8\text{-}51）$$

式中，Y_a 为速度坐标系中的箔片升力；R 为箔片半径；J 为转动惯量；ω 为角速度；M_d 为气动阻尼力矩；x_F 为气动中心距离箔片中心的距离。

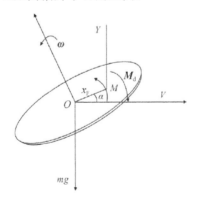

图 8-7　红外诱饵箔片的受力示意图

2）面源红外诱饵箔片燃烧模型

箔片内部能量随时间的变化等于通过化学反应产生的热量加上箔片内部通过传导进行交换的热量，再减去通过对流和辐射与环境空气交换的热量，表示为

$$AL\rho C_p\dfrac{\partial T}{\partial t} = \int_0^z \Delta H k(T)SC\mathrm{d}z + AL\dfrac{\partial}{\partial z}\left(\lambda_e\dfrac{\partial T}{\partial t}\right) - \\ Ah_a\big(T(L) - T_a\big) - A\sigma\varepsilon\big(T^4(L) - T_a^4\big) \quad （8\text{-}52）$$

式中，A 为箔片面积；ρ 为箔片密度；C_p 为比热容；ΔH 为反应焓；$k(T)$ 为温度 T 下的速度常数；S 为箔片表面积；C 为氧气浓度；λ_e 为箔片有效热传导率；h_a 为箔片空气对流热

交换系数，可表示为

$$h_a = 0.664 \frac{Re^{\frac{1}{2}} Pr^{\frac{1}{3}} K_a}{L} \tag{8-53}$$

式中，Pr 为普朗特数。其计算公式为

$$Pr = \frac{C_p \mu}{K_a} \tag{8-54}$$

假设箔片内部的热传导相对于其他热交换过程可以忽略，则能量平衡公式可以简化为

$$AL\rho_s C_p \frac{\partial T}{\partial t} = A \int_0^z \Delta H \rho_s S_s k_s \mathrm{d}z + A h_a (T - T_a) - A\sigma\varepsilon (T^4 - T_a^4) \tag{8-55}$$

积分求解得到稳定状态下箔片表面的温度解，解为下式的正根：

$$\frac{\Delta H D_k \phi \tanh(\phi) C(L,T)}{L} - h_a (T - T_a) - \sigma\varepsilon (T^4 - T_a^4) = 0 \tag{8-56}$$

计算得到箔片的峰值辐射强度为

$$I_{\text{peak}} = \frac{\sigma\varepsilon (T^4 - T_a^4)}{\pi} \tag{8-57}$$

8.3.6.3 红外烟雾辐射计算方法

红外烟雾作为一个典型的红外干扰方式，通常由烟（固体微粒）和雾（液体微粒）组成，通过多种途径来干扰敌方的红外探测系统。一方面，红外烟雾颗粒对目标发出的红外辐射产生反射吸收、散射作用，使得透过烟雾到达成像探测器的目标辐射能量减少，使光学成像导引头无法对目标清晰成像；另一方面，红外烟雾干扰自身有较强的辐射能力且温度较高，烟雾的自身辐射掩盖或遮蔽了目标的辐射，使光学成像导引头只能观测到烟雾的能量，无法对目标进行成像。红外烟雾对目标局部遮蔽，影响了目标被探测、识别的概率。

1）红外烟雾影响机理

通过红外烟雾干扰对光学成像导引头的影响机理分析，红外烟雾干扰的表征要素主要有烟雾透过率、烟雾的自身红外辐射、烟雾遮蔽有效时间、烟雾对目标的面积遮挡比等。

烟雾透过率：该参数表征红外辐射穿透烟雾的能量比，能够综合反映烟雾对目标辐射的反射、吸收、散射作用，是烟雾干扰表征的主要因素之一。烟雾的透过率越低，目标的红外辐射被烟雾反射、吸收和散射的部分越多，到达光学成像导引头探测的能量越少。当到达红外探测器的辐射能量低于探测器灵敏阈值时，认为目标被烟雾遮蔽。

烟雾的自身红外辐射：烟雾由不同大小的气溶胶颗粒组成，且大部分烟雾属于热烟雾，确定烟雾自身辐射也是表征其特性的要素之一。烟雾自身温度的高低，对光学成像导引头的影响也有很大差别，与环境温度基本一致的冷烟雾的自身辐射特性相对较弱，热烟雾刚形成时温度较高，自身的红外辐射较强。在有效遮蔽的时间内，影响干扰效果的主要因素包括自身辐射吸收特性和散射特性。

烟雾遮蔽有效时间：烟雾干扰形成后受到风速、风向等环境因素影响，对目标遮蔽的面积大小不是恒定不变的，从干扰形成到失效的持续时间是表征烟雾效果的要素之一，持续时间越长，干扰效果越明显。

烟雾对目标的面积遮挡比：目标的面积遮挡比反映目标被烟雾干扰的遮蔽程度，用目

标被烟雾遮挡部分的面积与目标面积之比进行度量。烟雾将目标全部遮挡时称为完全遮蔽，烟雾只是对目标的一部分有遮蔽作用时称为部分遮蔽。在烟雾部分遮蔽目标时，光学成像导引头理论上可以依据目标裸露的部分特征，通过识别算法完成对目标的探测和识别。

烟雾干扰的影响效果在不同的温度、湿度、风速、风向等环境条件下，也会存在很大的差异。例如，风速和风向会改变烟雾的浓度、厚度、持续时间，降低烟雾的温度，影响烟雾干扰的效果。

2）红外烟雾辐射模型

从微观角度来看，烟雾内部由大量的固体颗粒及燃烧气体分子组成。其红外辐射是由组成烟雾的大量分子或粒子之间的热运动产生的，每个分子或粒子都可以看成是在平衡位置振动处的谐振子。当入射辐射的频率与谐振子的固有频率相等时，谐振子会产生辐射吸收的现象，这就是烟雾对入射红外辐射能量的吸收作用。烟雾本身所吸收的红外辐射能量还会转化为自身的辐射能量，造成自身的红外辐射强度有所提高。对于烟雾的散射机理，从微观角度来说，入射的辐射能量会使得烟雾中的所有带电粒子产生谐振运动，谐振运动则会产生次声波，对各个方向进行辐射能量的发射，从而使得入射辐射的能量被削弱，这就是烟雾的散射机理。从宏观角度来说，散射是入射辐射在烟雾内部传输时遇到烟雾内部的气体分子和微粒，气体分子和微粒的介质存在不均匀性，使得入射辐射的传输改变其原有方向，偏离光轴，使射线传播方向上的辐射能量衰减。一般来说，散射对辐射衰减的作用比吸收对辐射衰减的作用弱，随着波长的增大，散射衰减的能力也就越弱。然而在某些特定的大气窗口内，大气的吸收能力很弱，此种情况下散射作用就成了辐射能量衰减的主要原因。由于烟雾的扩散性质，其内部的温度、压强、密度等状态参数分布不均，且烟雾的运动不规律、外形不规则，因此其是一种非均匀的气溶胶流体，想要对其红外辐射特性进行精确的定量计算十分困难。

在进行建模计算时，需要计算烟雾透过率和来自烟雾的辐射及散射。烟雾透过率取决于烟雾自身的成分和烟雾浓度，以及烟雾形状分布及质量消光系数。

烟雾透过率可以用光学厚度表示，即

$$\beta(\lambda,s)=\int_0^s \alpha(\lambda;s')c(s')ds'=\alpha_{OBS}CL_{OBS} \tag{8-58}$$

$$\tau_{OBS}=\exp(-\alpha_{OBS}CL_{OBS}) \tag{8-59}$$

式中，α_{OBS} 为质量消光系数，是构成烟雾的粒子群成分、规模和形状所决定的固有属性；C 为烟雾的密度；L_{OBS} 为视线上烟雾路径的长度；τ_{OBS} 为沿视线积分的总质量浓度。

烟雾辐射除了来自烟雾自身发射辐射，还包括来自烟雾外部的辐射散射，如太阳辐射、天空背景辐射和战场环境中其他辐射源的辐射。

8.3.7　红外场景大气传输效应计算

目标、诱饵及背景发出的红外辐射，在进入红外导引探测系统之前，一般都会穿过一定距离的大气，大气介质会对传输路径内的红外辐射产生散射和吸收。其中，大气中的水蒸气、二氧化碳和臭氧等分子会对某些波段的红外辐射吸收作用，分子、气溶胶引起粒子散射作用，大气湍流也会对红外辐射产生抖动现象。红外辐射在大气中传输受到的影响非常复杂，大气对红外辐射影响程度的大小取决于引起吸收和散射的分子类型、浓度，大气中悬浮微粒的大小、浓度和沿红外辐射传输路径上各点的温度和压强等。因此，在完成目标、背景及干扰的零视距辐亮度之后，必须计算大气传输效应，并考虑红外辐射在大气传输中的衰减作用，以及大气自身辐射的加入。

根据采用的数学模型不同，通常可将大气辐射传输计算方法分为三类，即吸收系数法（逐线法）、谱带模型法和半经验法。吸收系数法最严格，在准确获知了分子吸收和发射的谱线参数后，能够得到很好的结果，但这个方法对光谱参数依赖性很强，并且计算量大。谱带模型法用得较广，已建立起来的有爱尔沙斯模型、随机模型、随机爱尔沙斯模型及准随机模型等。把谱带模型法和经验参数结合起来的方法（或在实测数据基础上建立起来的方法）称为半经验法，这一方法的特点是把透过率用函数的解析形式表示出来，再代入适当的参数进行求解。另外，还有其他一些经验方法，都各有特色，它们分别适合于不同分子和不同光谱区域。

下面给出一种简单的大气辐射传输效应计算方法。

8.3.7.1　大气辐射传输效应的影响机理

目标发出的辐射在到达红外传感器前，会受到部分气体分子的吸收和悬浮颗粒的散射，从而影响红外辐射大小，使得辐射功率在传输过程中发生衰减。虽然吸收、散射机理不同，但其作用结果均可以用大气透过率进行描述，大气透过率 $\tau_a(\lambda,x)$ 可用布格定律描述：

$$\tau_a(\lambda,x)=\exp[-\sigma(\lambda)\cdot x] \tag{8-60}$$

式中，$\sigma(\lambda)=\alpha(\lambda)+\gamma(\lambda)$ 为衰减系数，其中 $\alpha(\lambda)$ 为吸收系数，$\gamma(\lambda)$ 为散射系数。

从大气辐射理论可知，红外辐射在大气中的传输主要与三个方面因素有关：大气气体分子的吸收；大气对红外辐射的散射；气象条件（云、雾、雨、雪）的衰减，在此分别用 $\tau_1(\lambda,x)$、$\tau_2(\lambda,x)$、$\tau_3(\lambda,x)$ 表示这三种因素的影响大小，则

$$\tau_a(\lambda,x)=\tau_1(\lambda,x)\cdot\tau_2(\lambda,x)\cdot\tau_3(\lambda,x) \tag{8-61}$$

1）大气气体分子的吸收

在组成大气的多种气体和悬浮粒子中，对作用距离在 20 km 以内的红外系统，只需要考虑水蒸气（H_2O）和二氧化碳（CO_2）两种微量气体的吸收作用，即

$$\tau_1(\lambda,x)=\tau_{H_2O}(\lambda,x)\cdot\tau_{CO_2}(\lambda,x) \tag{8-62}$$

计算 $\tau_{H_2O}(\lambda,x)$ 和 $\tau_{CO_2}(\lambda,x)$，可分别通过有效可降水分 ω_e(cm) 和有效传输路程 x_e(km) 来确定，并对气体分子在不同海拔高度传输过程中的值进行修正。下面分别给出了水平传输情况下的计算公式和倾斜传输情况下的修正公式为

$$\begin{cases}\omega_e=\omega_0\cdot H_r\cdot\exp(-0.5154\cdot H)\cdot x\\ x_e=\exp(-0.313\cdot H)\cdot x\end{cases} \tag{8-63}$$

$$\begin{cases}\omega_e=\omega_0\cdot H_r\cdot\dfrac{\exp(-0.5154\cdot H_1)-\exp(-0.5154\cdot H_2)}{0.5154\cdot\cos r}\\ x_e=\dfrac{\exp(-0.313\cdot H_1)-\exp(-0.313\cdot H_2)}{0.313\cdot\cos r}\end{cases} \tag{8-64}$$

式中，ω_0 是在一定温度下，空气相对湿度为 100% 时每千米大气中的可降水分；H_r 为大气相对湿度；H 为水平传输时探测器与目标的海拔高度；H_1、H_2 分别为倾斜传输时探测器与目标的海拔高度；r 为天顶角（地面法线与辐射传输方向的夹角）。

在考虑大气分子对红外辐射纯吸收的情况下，利用 ω_e 和 x_e 的计算结果查表，得到 $\tau_{H_2O}(\lambda,x)$ 和 $\tau_{CO_2}(\lambda,x)$，从而求出 $\tau_1(\lambda,x)$。

2）大气对红外辐射的散射

大气对红外辐射的散射包括大气分子散射和微粒散射。由于大气中悬浮粒子的材料、大小和密度等详细资料很难确定，为了方便求解，这里采用标准气象能见度 D_v 确定的试验数据来计算 $\tau_2(\lambda,x)$，即

$$\tau_2(\lambda,x) = \exp\left[-\frac{3.91}{D_v}\cdot\left(\frac{0.55}{\lambda}\right)^q\cdot x\right] \tag{8-65}$$

式中，D_v 为气象能见度；λ 为红外辐射波长；q 为与 D_v 有关的系数。

3）气象条件的衰减

由于气象（雨、雪、雾）粒子尺寸通常比红外辐射波长大得多，所以其产生非选择的辐射散射。对于决定与其强度相关的雨、雪的衰减系数，可采用在 $10.6\mu m$ 波长下得到的经验公式：

$$\alpha_{雨} = 0.66\cdot J_{雨}^{0.66} \tag{8-66}$$

$$\alpha_{雪} = 6.5\cdot J_{雪}^{0.7} \tag{8-67}$$

式中，$\alpha_{雨}$ 和 $\alpha_{雪}$ 分别为雨、雪的衰减系数，单位为 km^{-1}；$J_{雨}$、$J_{雪}$ 分别为与气象条件有关的雨、雪强度，单位为 mm/h。

由此可得到气象条件的衰减：

$$\tau_3(\lambda,x) = \tau_{雨}(\lambda,x)\tau_{雪}(\lambda,x) = \exp\left[-(\alpha_{雨}+\alpha_{雪})\cdot x\right] \tag{8-68}$$

4）大气透过率的计算

在计算大气透过率 $\tau_a(\lambda,x)$ 过程中，为使问题简化，这里采用大气窗口通带的平均透过率来进行计算。设大气窗口为 $[\lambda_1,\lambda_2]$，则该窗口的透过率为

$$
\begin{aligned}
\tilde{\tau}_a(\lambda,x) &= \frac{1}{\lambda_2-\lambda_1}\cdot\int_{\lambda_1}^{\lambda_2}\tau_a(\lambda,x)\mathrm{d}\lambda \\
&= \frac{\mathrm{d}\lambda}{\lambda_2-\lambda_1}\left\{\frac{1}{2}\left[\tau_a(\lambda_1,x)+\tau_a(\lambda_2,x)\right]+\sum_{i=1}^{n-1}\tau_a(\lambda_1+i\cdot\mathrm{d}\lambda,x)\right\}
\end{aligned} \tag{8-69}
$$

式中，$\mathrm{d}\lambda$ 为光谱间隔，$n=\mathrm{d}\lambda/(\lambda_2-\lambda_1)$，$n$ 为整数，n 越大 $\tau_a(\lambda,x)$ 的精度越高。

8.3.7.2 常用的大气传输效应计算软件

随着近代物理和计算机技术的发展，大气辐射传输计算方法由 20 世纪 60 年代的全参数化或简化的谱带模式发展为目前的高分辨率光谱透过率计算，由单纯只考虑吸收的大气模式发展到散射和吸收并存的大气模式，且大气状态也从只涉及水平均匀大气发展到水平非均匀大气。目前，美国先后开发了 LOWTRAN（Low Resolution Transmission）、MODTRAN（Moderate Resolution Transmission）、HITRAN（Hight Resolution Transmission）、FASCODE（Fast Atmospheric Spectral Code）等软件，在目标探测、遥感计算等领域得到广泛应用。在计算精度方面，计算的透过率与布格定律偏离的绝对误差分别为 LOWTRAN 将超过 7%，MODTRAN 小于 3%，FASCODE 小于 1%。

在工程实践中，为保证计算精度和实践效率，通常借助上述几种专业软件预先计算出

设定场景的各种典型高度和距离下的大气透过率，然后在实时仿真中进行插值计算来获取给定条件下的数据，从而进行大气衰减的修正。

1）LOWTRAN

LOWTRAN 是由美国空军基地地球物理管理局（AFRL/VS）开发的一个低分辨率的大气辐射传输软件，它最初是用来计算大气透过率的，后来加入了大气背景辐射的计算。LOWTRAN 软件以 $20cm^{-1}$ 的光谱分辨率计算（最小采样间距为 $5cm^{-1}$），从 $0\sim50000cm^{-1}$（$0.2\sim\infty\mu m$）的大气透过率、大气背景辐射、单次散射的阳光和月光辐射、太阳直射辐照度等内容，LOWTRAN 软件考虑了连续吸收、分子、气溶胶、云、雨的散射和吸收，地球曲率及折射对路径及总吸收物质含量计算的影响。

在 LOWTRAN 中，大气模式包括 13 种微量气体的垂直廓线，六种参考大气模式定义了温度、气压、密度，以及水汽、臭氧、甲烷、一氧化碳和一氧化二氮的混合比垂直廓线。LOWTRAN 软件用大气模式计算水、臭氧、一氧化二氮、甲烷、一氧化碳、氧气、二氧化碳、一氧化氮、氨气和二氧化硫的透过率。

LOWTRAN 的缺点在于：在中红外波段使用的地外太阳辐射有效数字仅两位，引起中红外波段太阳辐照度有 3%的阶梯状不连续；在单层大气的计算中多次散射的算法的边界不好定义，太阳多次散射的算法不能用到天顶角大于 $80°$ 的情况；仅适用于计算在低分辨率到中等分辨率时处于局地热平衡的低空大气辐射传输，不适合超过 $30km$ 的高空计算。

2）MODTRAN

MODTRAN 是在 LOWTRAN 的基础上改进而成的，其目的在于改进 LOWTRAN 的光谱分辨率。它的主要改进包括发展了一种 $2cm^{-1}$ 光谱分辨率的分子吸收算法和更新了对分子吸收的气压温度关系的处理，同时维持了 LOWTRAN 的基本程序和使用结构。新的带模式参数范围覆盖了 $0\sim17900cm^{-1}$。而在可见光和紫外这些较短的波长上，仍使用 LOWTRAN 的 $20cm^{-1}$ 分辨率。在 MODTRAN 中，分子透过率的带模式参数在 $1cm^{-1}$ 光谱间隔上计算。

3）FASCODE

对于涉及激光这类非常窄的光学带宽的辐射传输问题，需要由 FASCODE 提供高分辨率的计算。FASCODE 是 AFRL/VS 开发的大气传输计算软件。该软件模型假定大气为球面成层分布，每一大气层的各种光谱线采用最佳采样；计算模型中涉及了大气中氮分子带（$2020\sim800cm^{-1}$）和氧分子带（$1935\sim1760cm^{-1}$）的连续吸收效应；也计算了水汽自然展宽的远翼（$0\sim2000cm^{-1}$）贡献和两个臭氧扩展带的连续吸收效应。计算程序对所包含的模型大气做出最佳分层以达到辐射出射度或透过率计算中的特定精度。另外，FASCODE 考虑了非局部热力学平衡的选择，给出了振动的布局和振动温度的高度分布函数，并可以进行逐根光谱线的计算，因此用它研究精确的单色波长和激光大气传输问题是非常适合的，但其计算非常耗时。

除了上述三个最常使用的大气辐射传输计算软件，还有由 AFRL/VS 开发的 SENTRAN，该模型软件与 LOWTRAN 非常相似，外加了一些简单的场景特征参数（如可选择景物光谱发射率，双向反射分布函数）；有美国陆军开发的 EOSAEL，该模型具有 LOWTRAN 的部分功能，外加有激光传输软件和战场气溶胶模型；而由美国 PRA 公司开发的 MOSART 软件与 MODTRAN 非常类似。在选择计算软件时，应根据仿真任务和对象特点，选择合适的大气传输效应计算软件。

8.3.8　典型红外场景建模软件

从 20 世纪 80 年代开始，经过 30 多年的发展，人们对红外仿真理论的认识不断加深，做了许多有益的补充和修正。同时，随着计算机技术的进步，红外场景仿真的技术手段也不断发展，经过长期的实践和经验积累，已经形成了一批功能较为完善的红外场景仿真软件，并成功实现了商业化。下面就几款典型的软件进行简单的介绍。

1）红外建模与分析（IRMA）

美国空军研究实验室军品管理局（AFRL/MN）从 1978 年开始研究开发 IRMA（InfraRed Modeling and Analysis）平台，是针对包括多传感器融合系统在内的仿真工具，具有模拟红外、可见光、紫外、毫米波、激光雷达传感器的配准图像的能力，主要是为战术武器的研究与应用提供高分辨率、基于物理的红外目标与背景特征图像，广泛地应用在美国国防部、NASA、交通运输部、学术界和工业界。IRMA 拥有三个基本特征通道：被动探测模型通道（包括红外、被动 MMW、Near IR、紫外波段）、激光雷达通道与雷达通道。每个通道采用共同的场景描述来保障多传感器仿真图像的配准。

IRMA 所有通道使用的目标、背景几何体都采用基于三角形面片的模型，被动与激光雷达通道还支持二次曲面描述的物体。每个小面片建立了材质标示用以表示目标或背景的各波段电磁特性分布，并可根据材质标示索引热辐射、反射、散射和纹理等特性。对红外仿真的被动通道，IRMA 可划分为独立的 ENVIO、PASSIVE/PPASSIVE 与 SSW 模块。ENVIO 模块用于热辐射计算，采用一维热传递计算目标与背景的表面温度。PASSIVE/PPASSIVE 模块是无偏振/椭圆偏振特征下的图像生成器，读入温度后基于 z-buffer 进行辐射图像渲染，计算了热辐射、环境（太阳、天空、地面）的反射与散射、大气路径辐射与衰减、传感器光谱效应和传感器空间效应等特征。SSW 模块提供了与用户输入和灵活性相关的传感器效应模拟，如系统响应度和数字化等。另外，IRMA 涉及的大气特征是采用基于 MODTRAN 软件的 PLEXUS 模块来生成的。

2）数字成像和遥感图像生成模型（DIRSIG）

DIRSIG 是由美国罗切斯特理工大学数字成像和遥感实验室开发的基于物理原理的合成图像生成系统，它能产生从可见光波段到红外波段的仿真图像，该系统能够产生宽谱段的多光谱图像和超光谱图像。DIRSIG 最初用来生成简单的热辐射图像，到 20 世纪 90 年代初开始使用光线追迹算法进行场景仿真，能够进行光谱仿真，考虑了探测器的光谱响应特性。20 世纪 90 年代中期，加入了超光谱仿真功能，并引入了空间范围光谱反射率的波动来产生材质纹理。接着加入了透射材质仿真功能，能够仿真光穿过植被、伪装网、烟雾和云层的效果。考虑了传感器的线扫描和推扫对图像质量的影响。1999 年，DIRSIG 获得了美国政府批准，开始向政府相关部门及其供应商提供仿真服务。

模型采用了光线追踪的渲染方法，可以形成阴影和反射效果，计算结果较为准确，但同时光线追踪算法计算速度较慢，不能用于实时图像生成。温度预测采用 THERM 一维热传导模型计算，无法计算内部含有活动热源（发动机等）的物体温度。

3）舰船红外模型和海军威胁对抗仿真器（ShipIR/NTCS）

ShipIR/NTCS 是一款用于预测在海面背景环境下舰船的红外辐射特性的软件，由 Davis

Engineering 公司为加拿大国防部开发。该软件包括一个通用的成像导引头模型和红外诱饵施放模型，以模拟舰船的诱饵投放战术和红外制导导弹之间的攻防对抗。模型的舰船红外辐射特性组件（ShipIR）由几个子模型组成，包括天空红外辐射模型、大气传输传播和复杂海面反射模型、烟羽轨迹及辐射模型、红外诱饵和导弹攻击子模型。利用 AutoCAD 构建目标模型，并采用三维热传导模型来计算温度场分布。

1995 年，北约试验研究小组决定采纳 ShipIR 作为北约舰船仿真的标准，同时美国海军研究实验室采用 ShipIR 作为它们的舰船红外辐射特性和电子战研究的红外特征预测工具。ShipIR 考虑了目标与背景间的多次反射辐射对温度计算和最终接收到的辐射的影响，提高了天空辐射模型的分辨率；同时，海面反射模型考虑了海面与空气温度差对海面粗糙度的影响，增加了舰船表面温度降低到露点温度以下时，大气中水汽的冷凝传质对温度预测的影响；并且更新了与风相关的对流模型，考虑了云层对辐射计算的影响。

4）Vega 仿真软件

Vega 是 MultiGen-paradigm 公司开发的用于虚拟现实、实时视景仿真、声音仿真，以及其他可视化领域的应用软件。Vega 软件包含多个功能模块，其中，SensorVision 是传感器图像仿真模块，SensorWorks 用于增加对实际传感器效果的模拟。在用于红外仿真时，主要利用 SensorVision 模块，该模块对辐射计算进行了大量的简化，因而能够实现实时渲染仿真。但其给出的仿真结果只是一个灰度值，无法获取真实的红外辐射数据。另外，利用 SensorVision 模块进行红外仿真时还需要调用 Vega 软件的其他两个模块，它们是纹理材料图生成器（Texture Material Mapper，TMM）和大气工具（MOSART Atmospheric Tool，MAT）。TMM 模块用来生成可见光纹理到材质的映射，SensorVision 模块在仿真过程中需要用到此映射结果。TMM 模块设定目标模型纹理和物体材质的映射，确定模型中物体的真实材质。TMM 模块的计算结果为后缀.tmm 的文件夹，跟纹理文件同名。MAT 模块可以计算大气透射率、大气背景辐射、太阳或月亮直射辐射，以及相关物质的辐射特性，生成相应的数据库，以提供红外成像仿真过程调用。SensorVision 读取.tmm 和.mat 文件，计算场景中的红外辐射强度，并将辐射强度量化为灰度值，从而得到场景的红外视图。在 SensorVision 的辐射计算包含环境光反射、太阳光/月光反射、大气路径衰减，以及大气层辐射。最后 SensorWorks 接收 SensorVision 生成的图像，对传感器的光学和探测器效应进行仿真，实现更加逼真的传感器模拟。

5）JRM 红外仿真

美国 JRM Tech 公司的 JRM 是基于物理计算、结合实验室和现场实际测试数据的红外场景特性建模和仿真软件，可以生成紫外、可见光、红外及合成孔径（SAR）高分辨率实时图像，其仿真的光学波段为 0.2～25μm，已被美国空军、海军、陆军、国防部高级研究计划局（DARPA）、国防部建模与仿真办公室等用户采用。JRM 主要由材质数据库（Material Library）、材质分类工具（GenesisMC）、大气与信号处理工具（SigSim）、传感器建模工具（SenSim）、实时渲染引擎（OSV）等组件及用于半实物仿真的 CHIMAERA 系统等组成。JRM 仿真红外图像的过程是首先用 GenesisMC 对遥感图像或普通物体图像进行分类，结合材质数据库所提供的发射率、反射率等材质属性，完成背景与目标的热特征纹理生成与映射，其中背景与目标的几何模型可采用通用的 CAD 软件构造。SigSim 包含环境影响下的一维热传递温度特征计算、基于 MODTRAN 的大气效应计算、红外辐射与反射计算等模块；SenSim 模拟了从光电或红外传感器的调制传递函数（MTF）、探测器采样效应、噪声、非均匀性、盲元等探测器效应；上述模块在运行时链接库被集成在基于 GPU 的实时渲染引擎 OSV 中，用户则基于 OSV 开发特定的仿真应用。

6）欺骗光电仿真系统（CAMEO-SIM）

英国 Insys 公司开发的 CAMEO-SIM（CAMouflage Electro Optic-SIMulation System）是一个基于物理模型、用于光学波段（0.4～14μm）的仿真工具，最初主要是为研究伪装、隐蔽和欺骗等光电对抗手段产生的高拟真度图像，现已发展为可进行飞机、海洋等更宽泛领域的应用。CAMEO-SIM 用通用的 CAD 软件来创建三维场景，物体的几何面片上贴有纹理，纹理则关联着物体的表面光谱反射率、光散射参数（如 BRDF）、太阳辐射吸收特性、热传导特性和密度等属性。CAMEO-SIM 基于物理的气象模型是借助 MODTRAN 实现的，物体表面温度则采用热力学模型来计算。CAMEO-SIM 使用射线追踪法进行三维辐射渲染，虽然因此无法实时渲染，但可以生成包括阴影等复杂现象在内的高真实红外图像。

7）多传感器战场建模工作台（SE-WORKBENCH）

SE-WORKBENCH 是由法国 OKTAL-SE 公司开发的，用于多传感器仿真和合成环境仿真的集成化仿真软件。它可以提供光电领域（可见光、红外、微光夜视、激光）、电磁领域、声呐领域的仿真。目前 SE-WORKBENCH 已经在法国、德国、韩国和瑞典等国家的国防部分得到了广泛应用。该软件包含多个功能模块，SE-WORKBENCH-IR 模块由不同的组件构成，包括地形和场景的建模、材质分类、大气仿真、温度场计算、场景渲染和传感器仿真。SE-AGETIM 模块是基于地理信息系统的地形生成工具，SE-PHYSICAL-MODELER 模块可以进行材质属性编辑并实现与几何模型的关联，SE-CLASSIFICATION 模块用于对可见光纹理进行分类，SE-ATMOSPHERE 模块用来进行大气参数计算，计算内核为 LOWTRAN 和 MODTRAN。SE-THERMAL 采用一维热传导模型计算给定的气象条件和时刻物体的温度分布情况。SE-SCENARIO 模块用于构建场景仿真集合体，它集成了地形、目标、大气、热属性、传感器和运动轨迹等。SE-WORKBENCH 的渲染方式有 SE-RAY-IR 和 SE-FAST-IR 两种。SE-RAY-IR 是基于光线追迹的渲染核，能够生成高真实感的仿真图像，用于非实时渲染；SE-FAST-IR 渲染引擎为 OpenGL，渲染方法为光栅法，以加快渲染速度，实现实时渲染。

8）VIRSuite 红外仿真

澳大利亚国防科学与技术组织（DSTO）的 VIRSuite 是一个基于物理模型的实时场景仿真框架，为精确制导武器的半实物仿真、台式测试与评估提供可见光、红外和激光雷达图像。VIRSuite 具有良好的扩充性，从 VIRPaint、VIRParticle、VIRScene、VIRPolar 等主要模块进一步扩展为包含 VIRTerrainBuilder、VIRCube 等模块。利用这些模块，VIRSuite 从场景建模与设计、场景实时仿真两个阶段来完成红外图像的生成。首先，在场景建模与设计阶段，利用 VIRTerrainBuilder 与 VIRPaint 模块，为目标与背景的几何模型赋予温度、发射率、反射率等属性；利用 MODTRAN 软件计算大气参数；利用 VIRCube 模块计算天空背景、太阳、云等环境辐射；利用 VIRParticle 计算尾焰、诱饵等动态变化的半透明辐射体；上述成果将根据用户想定的空中、地面或海洋等场景类别进行集成，完成场景设计。其次，在场景实时仿真阶段，在基于 GPU 的红外辐射渲染引擎 VIRScene 中，载入各种物体，根据运动模型更新位置、姿态等信息。最后，进行物体、海/陆、天空、太阳、云、尾焰、诱饵等场景对象的红外辐射计算。在叠加大气效应后，输出用于红外投射器或算法研究的定量辐射图像，输出也可以用于 VIRPolar 验核工具进行不同观察角度的特征分析。

8.4 红外辐射场景动态生成技术

红外辐射场景动态生成装置，作为红外场景仿真中的重要硬件组成，将生产的红外场景图像转换为红外辐射能量，投射到参试红外探测器的焦面上，为其提供模拟目标和环境的红外物体。与注入式红外仿真相比，辐射式红外仿真能够引入红外导引头的光学回路、探测器件和伺服跟踪回路，具有更高的仿真精度。

在本节中，将介绍一下红外辐射场景动态生成装置的发展及分类、主要技术指标，以及典型的红外辐射场景动态生成装置的工作原理、系统组成和关键技术。

8.4.1 红外辐射场景动态生成装置的发展及分类

1969 年，美国陆军夜视与光电实验室就利用在黑体上覆盖目标掩膜来合成红外图像。这种方法能够模拟的目标和背景温度差最大为 4℃。1980 年，在法国 Vincent Bly 成功研制出世界上第一个红外辐射场景动态生成装置以来，美国陆军航空和导弹司令部（AMCOM）所属的高级仿真中心（ASC）、埃格林空军基地（Eglin AFB）的空军研究实验室（AFRL）、陆军试验与鉴定司令部（ATEC）所属的红石技术试验中心（RTTC）、美国休斯飞机公司、英国宇航公司、法国军事电子技术中心等代表欧美武器系统仿真领域的最高技术水平的仿真实验室均投入巨资开展红外目标模拟器技术的研究，并提出了多种红外辐射生成的实现方案。在国内，中国科学院上海技术物理研究所、昆明物理研究所、西北工业大学、哈尔滨工业大学、长春光机所、中国兵器工业集团第 205 研究所、中国兵器工业集团第 211 研究所等相关科研单位，也对不同类型的红外辐射场景动态生成装置的相关技术进行了跟踪研究，但受限于技术封锁、工艺水平、资金情况，还与国外有着不小的差距。

红外辐射场景动态生成装置的发展历程如图 8-8 所示。

根据不同的红外辐射产生机理，可以将红外辐射场景动态生成设备分为不同类型，其系统组成存在较大差异，适用于不同的仿真参试对象。从红外辐射产生传输的角度，将其分为发射型、透射型、反射型和激光型。

8.4.1.1 发射型红外辐射场景动态生成装置

发射型的特征是辐射源位置在物面上，通过调节单个像素点的温度，改变整体热辐射来生成所需红外图像。典型代表包括布莱盒、MOS 电阻阵列、IR-CRT 等，它通过不同的产生原理，直接产生红外辐射的图像信号。

1）布莱盒

布莱盒（Bly cells）最早由法国的 Bly 于 1980 年研制成功，是由一个位于真空盒中的黑化薄膜构成的，可见光图像通过盒一侧的窗口投射到薄膜上，膜片一侧吸收入射光后被加热，在另一侧产生相对应的红外辐射图像，并通过盒的另一侧的窗口投射出去。由于膜片非常薄，因而热容量低，所以其响应时间短，能满足一定的帧速。侧向热传导低，可以保持一定的空间分辨率，但是，它的温度范围显然是非常有限的。目前，布莱盒响应速度慢，温度范围小，转换效率低，仿真温度只能达到 25℃，温度响应速度约为 20ms。

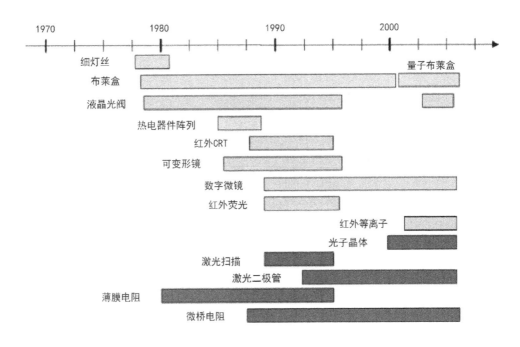

图 8-8　红外辐射场景动态生成装置的发展历程

2）MOS 电阻阵列

MOS 电阻阵列是在微机械加工技术的基础上发展起来的，每个 MOS 电阻阵列包含若干个微机械加工单元。当有电流流过 MOS 电阻阵列中辐射单元的电阻时，电阻就会产生热量，使辐射单元辐射出相应强度的红外线，在 MOS 电阻阵列内集成有控制流过电阻电流的传输控制电路，控制每个单元内电阻的发热温度，使不同单元的辐射强度不同，从而可以模拟物体发出的红外特性。单元的辐射强度由以下几个因素决定：单元的填充因子、电阻温度、单元的辐射率。

MOS 电阻阵列的单元结构主要有硅桥电阻结构、薄膜电阻结构和悬浮薄膜电阻结构三种形式，如图 8-9 所示。

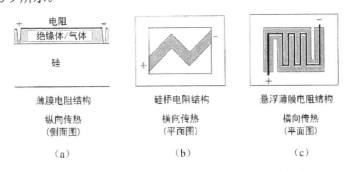

图 8-9　不同类型的 MOS 电阻阵列的微结构分类示意图

薄膜电阻阵列是一种早期的电阻阵列，电阻单元放在聚酰亚胺绝缘层上，下面是硅基底。电阻阵列的温度控制的响应速度和功耗均通过聚酰亚胺绝缘层的厚度控制。硅基底中包含多路复用和寻址电路。基于该技术的 TPS3 模拟器，阵列规模达到 256×256，温度范围超过 17℃，响应速度小于 3 ms，薄膜电阻阵列可加热到 300～400℃。

硅桥电阻阵列基于硅显微加工技术，通过在硅基片上进行刻蚀形成。片上电路放在电阻单元旁边，因此整个阵列的填充率较低只能达到 5%～10%。整个阵列的性能有了很大的提高，温度范围可达 1000～1200K，响应速度可达 1ms。填充率低使得发射率较低，特别是中波波段。填充率低也使得热散布值较低，系统对功耗的要求较高。

悬浮薄膜电阻阵列由于辐射和传导表面尺寸是等效的，电阻产生的热一方面产生有效的红外辐射，另一方面通过绝缘层流到硅衬底和衬底下的热沉。虽然此结构很容易实现较高的占空比，但由于像元与像元之间没有一定的隔离，像元间的热串扰很明显，从而影响了所产生图像的质量，而且衬底散热是此结构的最大问题，因此悬浮薄膜电阻的性能也将受到限制。

最新的悬浮薄膜电阻阵列采用三维工艺，突破了前两代在一个平面内加工电阻单元和电路的理念，将薄膜结构的发热单元架空并悬浮在电路的上方。它的电阻微辐射源由两条细长的"腿"支撑着的低热导率介质膜淀积的电阻材料构成，并采用表面微机械加工技术将单元电路放在辐射源下面来实现占空比的提高。低热导率的介质膜能够有效降低单元功耗；由两条细长的"腿"支撑着悬空的薄膜结构能够很好实现单元间的热隔离；将单元电路放在辐射源下面能够有效提高占空比。由于微桥和电路分别处于两个层面，互不干扰，极大地提升了占空比，也大大提高了电阻阵列的性能。这些新工艺使得模拟温度可达 500℃，帧速率可达 200Hz，同时做到了低功耗、低串音。

美国圣巴巴拉红外公司（Santa Barbara Infrared Inc）作为业界领先者，不断推进电阻阵列的发展和升级。目前，美国军方使用的电阻阵列规模已达到 2048×2048，中波表观温度模拟范围为 150～750 K，长波表观温度模拟范围为 150～650 K，温度分辨率为 0.02 K，帧频可达 200 Hz 以上。

中国科学院上海技术物理研究所从 20 世纪 90 年代开始就研发电阻阵列红外目标模拟器，最初只是局限在根据国外的公开文献进行仿制，但是随着我国半导体集成电路技术的高速发展，以及对技术的理解消化，中国科学院上海技术物理研究所的研制工艺有了很大提高，先后研制成功 64×64、128×128、256×256 等规模的器件（见图 8-10），逐步形成了与国内微电子工艺水平相适应的技术路线，器件研发的速度也在逐渐加快。

3）IR-CRT

IR-CRT 的工作原理类似于可见光 CRT 显像管，红外阴极射线管通过电子枪向红外荧光屏幕发射电子，导致屏幕上温度分布不均，进而改变屏幕的红外辐射分布，通过控制电子枪发射电子的数量和改变屏幕上的发光材料，可以实现对红外辐射强度的精确控制。采用帧频和余辉时间匹配的方式来解决图像匹配问题，当红外成像系统一定时，IR-CRT 荧光材料的余辉时间太短将造成图像不连续或闪烁，余辉时间增长将增加观察图像的稳定性，但长到一定程度后又会出现图像拖尾现象。

在国内，昆明物理研究所开展了大量研究工作，并且已研制出可见光/中波红外、近红外/长波红外复合显示器件。

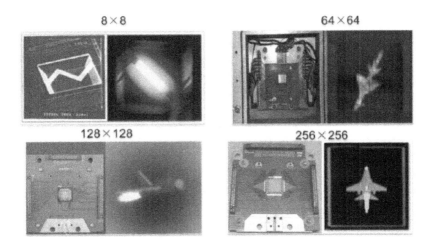

图 8-10　国内 MOS 电阻阵列的发展过程

8.4.1.2　透射型红外辐射场景动态生成装置

透射型红外辐射场景动态生成装置主要利用具有特殊传输特性（如热色效应）的导热材料，通过特殊手段（如可见光照射、电子束或激光束扫描）改变导热材料的红外透过率，将一侧均匀照射的红外光于另一侧按照灰度等级显现红外景象。其典型代表包括红外液晶光阀、光子晶体等。

1）红外液晶光阀

红外液晶光阀是一种能够将可见光图像（带灰度等级按红外场景要求进行编辑）按照相应辐射灰度等级转换成红外图像的器件，该器件主要基于近年来开发的 MIS 型单晶硅液晶光阀图像转换器展开设计。其工作原理：首先，光栅偏振器将外部黑体发射的红外辐射进行极化；然后，将可见光图案照射在具有高阻抗的硅光电导结构上得到空间调制电压，通过该电压控制液晶分子的取向，液晶分子在电场的作用下重新排列并改变双折射性质；最后，利用液晶分子的取向控制输出辐射，从而模拟真实的场景辐射。这种方法的特点是有极好的空间分辨率、无闪烁、驱动简单，但帧速较慢、制作工艺复杂、难度大。

休斯研究实验室（Hughes Research Laboratories，HRL）在红外液晶光阀的研制方面处于领先地位，它研制出的液晶光阀的温差可达到 30℃，显示帧频可达到 30～50Hz，空间分辨率为 5～20lp/mm，现已经在法国、空军基地等地得到应用。我国的红外液晶光阀也在快速发展，西安应用光学研究所等单位开展相关关键技术攻关，不断对其进行改进优化。单晶砷化镓红外液晶光阀的构成及外围系统如图 8-11 所示。

2）光子晶体

高温光子晶体红外辐射场景动态生成装置主要利用光子晶体通过自身结构实现对光波的调制和带阻滤波的特性，达到对光子晶体的光通量的控制。高温光子晶体阵列中单个像元的结构，最上层是可以耐高温的钨制作的光子晶体，中间是发热体，光子晶体和发热体利用两条"腿"支撑起来。利用光子晶体可以制作多波段的模拟器，发射率高，功耗较低。

这种结构也是透射型和自发射型的结合。某型光子晶体像元结构示意图如图 8-12 所示。

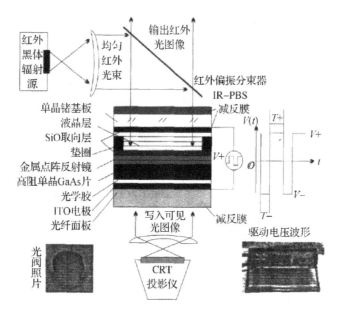

图 8-11　单晶砷化镓红外液晶光阀的构成及外围系统

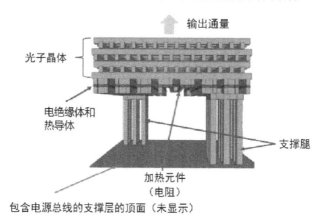

图 8-12　某型光子晶体像元结构示意图

8.4.1.3　反射型红外辐射场景动态生成装置

反射型红外辐射场景动态生成装置主要利用数字微镜器件（Digital Micromirror Device，DMD）配合红外光源实现，其核心器件是数字微镜阵列，由许多小反射镜组成的阵列，其中每个小反射镜都是可以进行独立控制的像元。数字微镜阵列内部集成有驱动电路，当有黑体辐射投射到内部时，产生红外图像数据的计算机就通过驱动电路对其进行空间强度调制，并将黑体辐射投到被测红外系统的光学焦面上。数字微镜阵列可以调制较宽光谱读出光，生成高对比度的图像，但其制作工艺非常复杂。

在国外，Texas Instrument 公司和 OPTRA 公司处于领先水平，在国内，中国科学院上海技术物理研究所、中国兵器工业集团第 205 研究所、中国兵器工业集团第 211 研究所和哈尔滨工业大学等也开始研究动态红外目标模拟器技术。

8.4.1.4　激光型红外辐射场景动态生成装置

激光型红外辐射场景动态生成装置是指利用激光束的扫描在传感器中形成红外图像。它利用激光二极管作为光源，由线列铅盐激光二极管、高速光学扫描仪和驱动电路组成。通过配合探测器积分时间调节激光二极管光辐射能量的强度，模拟真实的红外场景。当激光二极管阵列的景象扫过焦平面阵列时，在每个探测器上产生相应的能量，从而产生红外景象。

早期采用单一激光器作为光源，利用二维扫描实现整个场景辐射的输出，还利用线列激光器和一维扫描输出二维图像的结构。激光型红外辐射场景动态生成装置的特点是高帧频、温差分辨率高，同时可以利用扫描实现大幅面高分辨率的场景辐射输出，并且由于输出光源数量有限，其均匀性也容易控制。其缺点是它的空间均匀性和在扫描系统中的应用均不够理想，成像质量也需要进一步提高。

8.4.1.5　红外辐射场景动态生成装置对比分析

上述几种红外辐射场景动态生成装置，由于其工作原理不同，其技术指标和特点也各有差异。激光二极管具有高帧频的特点，但空间均匀性和成像质量不够理想；红外液晶光阀有很好的空间分辨率，在帧频、温度范围和动态范围方面存在一定局限性；IR-CRT 存在帧频低和闪烁的问题；DMD 投影成像能进行精确的黑体模拟，但仍存在闪烁及转换效率低等问题；MOS 电阻阵列具有高帧频、模拟温度范围宽、无闪烁等特点，但存在较严重的非均匀性；而其他技术也有各种各样的局限性或者处于发展阶段，导致这些技术目前应用不多，未能得到推广使用。同时，由于不同的红外探测器，其工作波段和作战场景各不相同，因此，对设备性能指标的需求也有所差异。在设计选型时，应根据参试部件的工作特性选择合适的红外辐射场景动态生成装置，并不存在某种器件可以适应所有应用场合的情况。目前，在工程实践中，由于性能和制造工艺等因素，很多目标器在红外仿真技术的进化过程中已逐渐被淘汰或者冷落。

根据国内外实验室的试验和近几年的工程使用情况来看，MOS 电阻阵列、IR-CRT 和 DMD 微反射镜三种类型的红外辐射场景动态生成装置，得到了比较广泛的应用，并取得了较好的试验效果。

8.4.2　红外辐射场景动态生成装置的主要技术指标

红外辐射场景动态生成装置作为红外目标模拟器的硬件装置，其主要性能参数直接决定了整个模拟系统的总体性能。由于红外辐射场景动态生成装置的类型比较多，如何评价该类设备的性能优劣，需要一些指标来进行考核。下面介绍几个重要的红外辐射场景动态生成装置的评价指标。

红外辐射场景动态生成装置的主要性能参数包括温度参数、光学和光谱特性参数、空间和时间特性参数、辐射特性等。需要注意的是，对于不同类型的红外辐射场景动态生成装置，由于其工作原理存在较大差异，因此，各自会有一些与产品特性相关的专属技术指标，用于评价该产品的技术特性。

8.4.2.1 红外辐射场景动态生成装置的温度属性指标

温度属性指标表征了设备能够模拟场景的温度范围，主要包括温度分辨率、动态范围等，均与等效黑体辐射温度有关。等效黑体辐射温度是指导引头实际接收的信号辐射温度，即把整个投射系统（包括光学系统）看成一个等效黑体，依据其在该波段内的辐射能量大小计算出的温度，又称为表观辐射温度。

1）表观辐射温度

表观辐射温度是指红外辐射场景动态生成装置生成的辐射空间分布，表观辐射温度范围大小是目标模拟器反映真实目标和背景能量分布能力的评价指标，表观辐射温度范围越大，目标模拟器模拟真实图像的能力越强。

2）温度范围

温度范围是指红外辐射场景动态生成装置能够模拟的实际温度范围。根据普朗克定律，在红外探测器的工作波段范围内，红外辐射场景动态生成装置辐射面上的辐射能量的空间分布可以等效为温度的空间分布，该温度可以称为表观辐射温度。为了模拟辐射能量的分布与变化，红外辐射生成装置必须具有一定的表观温度变化区间，即温度范围。需要注意的是，模拟器的温度范围不仅取决于红外探测器的工作波段，也与要模拟环境和辐射生成装置的工作原理相关，不同种类的红外辐射动态生成装置，其温度范围指标存在较大差异。

3）温度分辨率

温度分辨率是指在给定的温度范围内，红外辐射场景动态生成装置所能产生的最小温度差别。在不同的温度范围内，对温度的分辨率的要求也不同。由于红外辐射场景动态生成装置的目标与背景位于同一辐射面上，所以，模拟目标与背景的最小温差与红外辐射场景动态生成装置在室温附近的温度分辨率一致。

4）动态范围

动态范围是指在一定的温度范围内，红外辐射场景动态生成装置所能达到的最大温度和最小温度之间的比值。它可以用灰度级来表示。红外辐射场景动态生成装置的动态范围与温度范围有关，温度范围越大，动态范围越大。

8.4.2.2 红外辐射场景动态生成装置的辐射属性指标

辐射属性指标主要用于描述红外辐射场景动态生成装置模拟的红外辐射波段的属性。

工作波段是指红外辐射场景动态生成装置所模拟的红外线的波长区间，该指标必须和参试导引头的工作波段一致。目前，常用的红外光谱波段有中红外波段（3～5μm）和长红外波段（8～12μm）。由于实际的红外投射器并不是理想的，即它产生的辐射率比等效黑体源的辐射率低，投射器发射源与所模拟的目标（黑体）相比必须工作在更高的温度下。通过普朗克定律，投射器光谱辐射将会向较短波长漂移。如果这个漂移很大，那么在某些情况下，即在被测单元具有光谱识别能力的情况下，可能需要使用光学滤波器。

8.4.2.3 红外辐射场景动态生成装置的空间及时间属性指标

空间和时间属性指标主要用于描述红外辐射模拟场景在空间的尺寸精度和频率大小。主要指标包括空间分辨率、帧频、闪烁和填充因子。

1）空间分辨率

空间分辨率是指辐射面纵横向上总的微元数，也是红外景象的极限分辨率。红外辐射场景动态生成装置产生的红外图像可以看出表观温度沿辐射面的二维分布，装置只能独立改变辐射面上某一微元的红外辐射，因此，辐射面上总的微元数就是模拟器的空间分辨率，也就是极限分辨率。

2）帧频

帧频是指动态图像生成装置产生的红外景象的刷新频率，生成的红外图像的帧频由视频处理电路的速度、驱动电路处理速度和镜片的翻转速度决定。对于 MOS 电阻阵列之类的"连续"属性的红外场景动态生成装置，帧速的高低决定生成图像的连贯性，帧速越高，所生成的图像越连贯，仿真效果就越好。但对于类似 DMD 微反射镜阵列的"离散"属性的红外场景动态生成装置，其帧频需要与被探测器的帧频相匹配，这就需要在辐射场景动态生成装置和红外探测器之间引入同步机制。

3）闪烁

闪烁是指红外辐射场景动态生成装置中各帧信息间的衰减趋势。如果在下一帧信息写入之前一直保持原有写入信息不变，则称这种器件为"无闪烁"器件。从实际应用目的出发，MOS 电阻阵列可以认为是无闪烁的。

4）填充因子

填充因子是指像元的光敏面与总的像素单元面积之比。填充因子在很大程度上影响红外辐射场景动态生成装置的等效黑体辐射温度，在很多时候，填充因子与材料的温度范围、时间常数相互制约，因此应该根据实际需要，对这些参数进行折中处理。

8.4.2.4 红外辐射场景动态生成装置的图像精度属性指标

图像精度属性指标主要用于描述红外辐射场景动态生成装置模拟的红外图像的精细程度，包括非均匀性、图像畸变等。

1）非均匀性

在进行设计时，研制方和用户均希望在产生相同的辐射强度时，所有的像元辐射度能够一致变化，但在实际中受加工工艺等因素的影响，每个辐射单元或多或少都有不同的输入/输出响应关系，导致多个辐射单元之间出现一定的非均匀性。非均匀性是指当输入的红外辐射均匀强度分布时，红外辐射场景动态生成装置在不同区域上生成的红外辐射强度差异，是描述像元辐射强度变化的一致性的参数，即同一帧图像在每个像元输入相同的驱动信号时，输出辐射强度的同一性的描述。该指标也可以采用均匀性进行评价，它决定红外辐射的生成质量，理论上越小越好。在工程中，一般要求设备的非均匀性要小于百分之几。

2）图像畸变

图像畸变是指产生的红外图像相对于理想图像在空间形状上出现的差异，包括线性畸变和几何失真度。该项指标是评价图像目标模拟器成像质量的重要指标之一，理论上越小越好。综合考虑实现方案和现有技术水平，通常要求红外辐射场景动态生成装置的几何畸变指标小于百分之几。

8.4.2.5 红外辐射场景动态生成装置的光学特性

红外辐射场景动态生成装置的光学特性，主要是指装置与参试部件之间的光学回路的匹配性，主要包括光学视场、光学口径、出瞳距等技术指标。

1）光学视场

光学视场是红外辐射动态生成装置中的光学回路的视场角，即以光学仪器的镜头为顶点，以被测目标物像可通过镜头最大范围的两条边缘构成的夹角。视场角的大小决定了光学仪器的视野范围。在设计时，该指标必须和参试的红外导引头的视场角相匹配，考虑到红外探测系统在实际测试中可能存在一定范围的抖动和角度转动，因此，光学视场角通常选择略大于参试的红外导引头。

2）光学口径

光学口径是指红外辐射动态生成装置中的光学系统的镜头口径大小，在设计时，该指标必须和参试的红外导引头的视场角相匹配，即两系统之间需要满足光瞳衔接原则，这样既可以提高红外辐射能的利用率，又可以避免杂散光进入被测红外系统。同时，为保证在一定装调误差及活动范围内，投影系统出射的红外光线依然能充满被测系统的入瞳，投影光学系统的出瞳需要大于被测系统的入瞳。

3）出瞳距

出瞳距是指红外辐射场景动态生成装置中的光学系统最后一面顶点到出瞳平面与光轴交点的距离。该指标通常由导引头与红外辐射场景动态生成装置在五轴转台上的相对安装位置决定，为了满足光瞳衔接原则，光学系统出瞳必须与被测红外探测系统入瞳重合，同时能够保证目标模拟系统和红外探测系统之间有工作间隔，以免发生碰撞。

8.4.2.6 红外辐射场景动态生成装置的其他属性指标

此外，红外辐射场景动态生成装置还包括系统接口类型、重量、尺寸等部分指标。

1）重量、尺寸

重量、尺寸指标是指整个系统的重量大小和尺寸大小，特别是指安装在五轴转台台体上的部分。如果设备过大或过重，则会导致系统无法安装使用。

2）接口类型

接口类型是指红外辐射场景动态生成装置与红外场景计算工作站之间的图像接口形式，该指标由系统总体方案和数据传输速率等要求决定，会影响红外场景软件的驱动开发和红外辐射场景动态生成装置的硬件接口设计。

8.4.3 红外点源目标模拟器

红外点源目标模拟器采用黑体产生红外热源，通过控制光学回路改变其光斑能量大小，用于模拟真实战场环境中的点目标。通过转台系统的配合，能够在实验室环境下模拟接近真实目标辐射光谱、辐射能量、大小和运动特性的点目标，被广泛用于红外点源导引头的仿真和红外图像导引头的性能测试领域，用于检测红外寻的系统的灵敏度、捕获概率、跟踪特性、视场范围等指标。与目前主流的红外图像目标模拟器相比，红外点源目标模拟器在工作原理、组成结构、软件任务等方面均存在很大差异。

由于目前红外点源目标模拟器在红外导引头测试系统依然有较大的应用场景，下面就给出典型红外点源目标模拟器的系统组成、工作原理和技术指标。

8.4.3.1　红外点源目标模拟器的系统组成

红外点源目标模拟器能够模拟指定的红外波段、不同大小和不同距离的点源红外目标，能动态地控制目标的红外辐射强度及其在导引头视场内的位置，实现了对红外目标运动特性的模拟。其主要组成可以包括光学系统、电气控制系统和机械结构。

其中，光学系统包括高温黑体、光路调整、镜头、摆镜、快门、平行光管等器件。高温黑体作为模拟目标的辐射源，其黑体温度主要根据目标模拟器出瞳处的辐照度来确定。光路调整系统包括各种滤光片、可变光阑、固定光阑等，完成红外辐射信号的波段、能量、大小等特征的调制。平行光管用于产生平行光束。另外，一些包含干扰模拟的系统，还具有干扰摆镜，用于实现干扰位置的模拟。

电气控制系统包括各种驱动器件、控制器件、温度传感器和位置传感器，主要完成高温黑体的温度调整、各种可变光阑的控制，保证输出的辐射信号转换符合期望的设定目标。

机械结构主要用于支撑光学系统和电气控制系统，主要考虑光学系统的轴线一致性。其内部的电动机、变速箱及轴承等机械结构在装配时应该确保各部件自身光学系统的严格对准。

需要注意的是，不同要求的红外点源目标模拟器，其光学回路和电气控制回路的具体组成各不相同。

8.4.3.2　红外点源目标模拟器的工作原理

红外点源目标模拟器主要通过高温黑体产生期望的红外辐射，通过一系列电气控制和光学回路，产生期望的红外辐射，模拟出各种目标（干扰）运动轨迹及诱饵释放情况。某型红外点源目标模拟器的工作原理框图如图 8-13 所示。

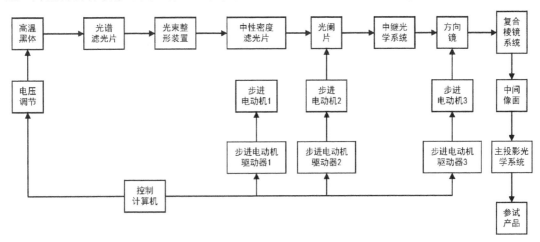

图 8-13　某型红外点源目标模拟器的工作原理框图

某型红外点源目标模拟器的工作过程如下：温度可调的高温黑体发出的红外辐射，经过光谱滤光片后得到 3～5μm 波段的红外辐射；光束整形装置将黑体发出的光会聚，提高了能量的利用率；中性密度滤光片在圆周方向上的光谱透射比不同，控制不同的透射比部分进入光路,得到不同辐射强度的目标;控制光阑片旋转得到不同大小的光斑,模拟不同尺寸的目标。从光阑孔射出的光进入中继光学系统,形成会聚光,投射到方向镜上;转动方向镜调整光线的方向,控制目标在导引头视场内的位置,模拟目标以不同方向、不同速度、不同能量在导引头视场中运动;光束经方向镜的反射进入复合棱镜系统,复合棱镜系统将多路目标复合进导引头的视场内,为导引头提供主目标和干扰目标。中间像面处于投影光学系统的焦平面上,调节中继光学系统和中间像面,使整个光学系统性能达到最佳;中间像面上的光斑经过主投影光学系统,形成平行光投射到参试产品的入瞳处,实现远距离目标的模拟。

8.4.3.3　某型红外点源目标模拟器的技术指标

下面给出某型红外点源目标模拟器的技术指标,该目标模拟器通过两个黑体,利用离轴抛物镜系统组成二路平行光源,运用一个摆镜组成干扰源,通过合成镜后会聚成二路合成光,从而实现目标和诱饵的不同运行特性的模拟。

- 目标源黑体:50～800℃黑体,连续可调,数量一套。
- 干扰源黑体:50～1200℃黑体,连续可调,数量一套。
- 温度分辨率:1℃。
- 温度稳定性:±0.5℃。
- 黑度:0.98±0.01。
- 升温时间:常温至600℃之间的升温时间不大于5min。
- 工作波段:3～5μm。
- 有效口径:≥Φ120mm。
- 焦距:650mm。
- 光学效率:>80%。
- 平行度:<0.1mrad。
- 视场:4°×4°。
- 渐晕:无。
- 视场光阑孔径:至少提供8挡不同的光阑孔径,其中有3挡图案光阑,能够满足模拟远距、中距和近距目标形式的测试要求,光阑孔可方便手动切换。
- 干扰和目标都采用中心分离方式,干扰的投放时刻、分离速度和方向可独立设置。
- 干扰或目标最大能量比为1～100。
- 干扰和目标在分离工程中,产品视场内干扰无能量损失。
- 目标和干扰黑体具有延时断电保护系统,定时时间不小于5h。

某型红外点源目标模拟器的设计方案及实物图如图8-14所示。

红外点源目标模拟器为红外导引头的性能考核提供了一个精确、可控和可重复的测试环境,使得红外导引头的设计和评估变得更加准确、合理,并且节省了大量的试验费用。红外点源目标模拟器作为红外导引头测试系统中的关键部件,可以在实验室环境下,模拟出接近真实目标辐射光谱、辐射能量、大小和运动特性的红外点目标。

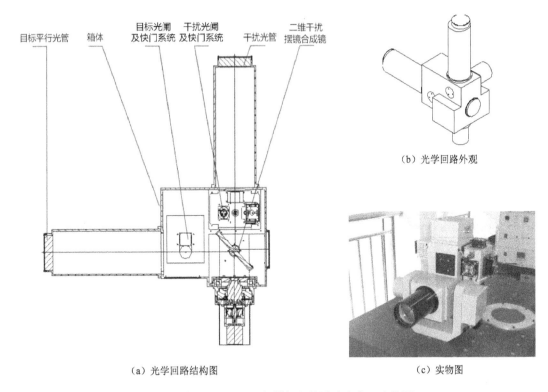

（b）光学回路外观

（a）光学回路结构图　　　　　　　　　　　　　　　（c）实物图

图 8-14　某型红外点源目标模拟器的设计方案及实物图

8.4.4　基于 MOS 电阻阵列的红外辐射场景动态生成装置

电阻阵列是在微机械加工技术的基础上发展起来的，每个电阻阵列包含若干个微机械加工单元。当有电流流过电阻阵列中辐射单元的电阻时，电阻就会产生热量，使辐射单元辐射出相应强度的红外线，在电阻阵列内集成有控制流过电阻电流的传输控制电路，控制每个单元内电阻的发热温度，使不同单元的辐射强度不同，从而可以模拟物体发出的红外特性。MOS 电阻阵列具有低功耗、大温度范围、高分辨率、高占空比等特点，被广泛用于空空导弹和防空导弹的武器仿真中。

8.4.4.1　基于 MOS 电阻阵列的红外辐射场景动态生成装置的系统组成

基于 MOS 电阻阵列的红外辐射场景动态生成装置是一个围绕 MOS 电阻阵列芯片而展开的一套精密光机电设备。基于 MOS 电阻阵列的红外辐射场景动态生成装置组成原理图如图 8-15 所示。

从图 8-15 中可以看出，基于 MOS 电阻阵列的红外辐射场景动态生成装置主要包括 MOS 电阻阵列芯片、逻辑控制驱动器、环境控制系统、光学回路、机械壳体、供电系统，以及相关的电缆、接插件及机械安装设施。主要部件的功能如下。

1）MOS 电阻阵列芯片

MOS 电阻阵列红外模拟器的核心就是 MOS 电阻阵列芯片，它是由许多微小的电阻元集成在不良导热体基片上组成的。将其在显微镜下观察，可以看到许多微小的电阻阵列，每个电阻阵列即构成了红外图像中的一个像素点。每个阵列由一个微辐射体和一组像素控制电路组成，二者水平铺设在像素区域内，共同分配一个像素面积。MOS 电阻阵列芯片及其微观结构如图 8-16 所示。

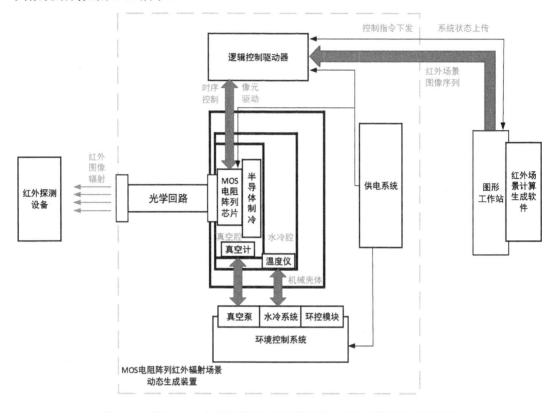

图 8-15　基于 MOS 电阻阵列的红外辐射场景动态生成装置组成原理图

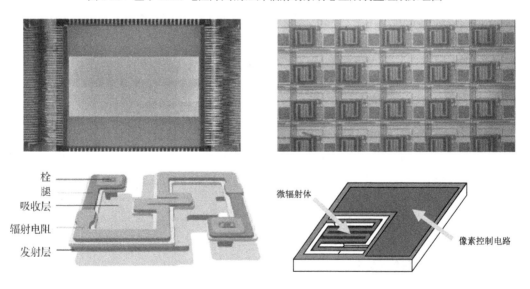

图 8-16　MOS 电阻阵列芯片及其微观结构

2）逻辑控制驱动器

逻辑控制驱动器的主要任务是完成控制指令的接收、红外图像序列的接收、系统状态的上传、电子阵列的时序控制和像元驱动等操作。逻辑控制驱动器收到红外场景图像序列后，对数据进行缓冲和转换等操作，形成可以驱动电阻阵列辐射单元的模拟电压；同时系统会产生时序信号控制电阻阵列的选址电路来选中各个辐射单元；当 MOS 电阻阵列中各辐射单元被选中，并被加载模拟电压后，就会产生相应的温度变化，从而模拟出实际目标的辐射特性。逻辑控制驱动器控制数据接收、数据传输、数据转换等功能的有序执行，决定系统能否正常运行。

3）环境控制系统

环境控制系统主要包括真空泵、水冷系统及其控制电路等，其主要任务是完成 MOS 电阻阵列的环境控制。MOS 电阻阵列在使用过程中，由于红外场景的图像在不断变化，因此，MOS 电阻阵列上每个像素点的温度也需要进行快速调整。温度过高会损害器件寿命甚至损坏器件；温度过低容易在 MOS 电阻阵列的红外透射窗口凝结水雾，同样会损坏器件。

在工程实践中，电阻阵列的底面与一个半导体制冷器的冷端面紧耦合，热端面连着一个密闭的容器，通过水循环将半导体制冷器的热量带走；在半导体的冷端面上装有测温传感器，通过控温回路使电阻阵列底板的温度保持在一个相对稳定的范围内，确保电阻阵列动态红外景象产生器不至于因热量而产生光晕。

4）光学回路

光学回路的主要目的是将电阻阵列发出的红外热辐射转变成平行光以模拟无穷远处目标发出的红外辐射。在设计光学回路时，必须根据参试的红外探测器的光学属性进行设计，两者必须匹配。

5）机械壳体

机械壳体可以分为三层，分别是外部的包装壳体、内部的真空腔体和冷却腔。其中，真空腔体提供一个用干燥氮气净化的真空密闭环境，这样既可以消除环境中的水分、二氧化碳和其他杂质在红外波段内的吸收，又抑制了阵列芯片的老化及气流对图像产生的不稳定。冷却腔用于半导体制冷芯片组热端进行散热，设有进出水口，可通入水流进行散热。

8.4.4.2 基于 MOS 电阻阵列的红外辐射场景动态生成装置的工作原理

MOS 电阻阵列的工作原理比较简单，当电流流过电阻元时，产生热量和红外辐射。依据普朗克定律，辐射能量的大小由电阻的温度、占空因子和辐射率决定。随着微电子技术和 CMOS 工艺的发展，在硅片上制造大规模的微型电阻阵列，每个电阻单元构成一个像素点，可以被单独选址并施加不同的驱动电流。同时，每个电阻单元在设计上都尽量与周围的单元进行隔热化处理，并且芯片辅以半导体制冷器件和水冷装置进行散热，这样，通过控制不同电阻单元的驱动电流就能产生动态的、温度可变的红外图像。

MOS 电阻阵列基本单元的原理图如图 8-17 所示。R 为热敏元电阻，当电流通过时产生热量，从而产生红外辐射。热敏元电阻通过两条细长的"腿"与 MOS 电阻阵列的衬底相连，这两条"腿"起着电传导和热传导的作用。单元电路布置在热敏元电阻的下面，一方面是电阻阵列的衬底，另一方面主要完成像元选通、驱动和在一帧时间内保持热敏元电阻温度的任务。T_1 和 T_2 均为 PMOS 场效应管，其中 T_1 为列地址选通管，作为列选通需要，T_2 为放大驱动管，用来给热敏元电阻进行加热。C 为保持电容，列信号选通后，在给热敏元电阻加热的同时对 C 进行充电，当列选通信号失效后，通过 C 放电维持给 R 加热，使得热敏元电阻在一帧时间内保持温度基本不变。选通信号 V_G 的负电压加载 T_1 的栅极，使 T_1

开通，加热行模拟信号 V_S 通过开通 T_1 加到 T_2 的栅极，使流过 R 的电流发生变化，R 的温度变化，热敏元电阻最终与环境和衬底达到热平衡，并产生红外辐射。当选通信号 V_G 无效后，存储在电容 C 上的电荷经 T_1 的漏电阻缓慢放电，在放电的过程中，T_2 可继续维持对热敏元电阻 R 进行加热，使得 R 在一帧的时间内温度基本保持稳定。

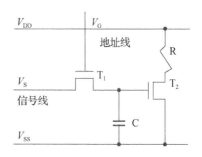

图 8-17　MOS 电阻阵列基本单元的原理图

8.4.4.3　基于 MOS 电阻阵列的红外辐射场景动态生成装置的关键技术

国产电阻阵列的研发始于 20 世纪 90 年代，经过三十年的发展，逐步形成了与国内微电子工艺水平相适应的技术路线，器件研发的速度也在逐渐加快。但与国外相比，受制于理论基础和芯片技术的限制，性能仍处于较低水平，远不能满足国内快速发展的仿真测试需求。下面简要介绍基于 MOS 电阻阵列的红外辐射场景动态生成装置的关键技术。

1）大面阵的 MOS 电阻阵列设计及制造技术

由于红外探测器是对红外场景空间进行抽样成像的，因此，要求模拟真实红外场景的红外辐射场景动态生成装置的空间分辨率必须是探测系统的两倍以上才能够满足奈奎斯特采样准则，这样才能保证探测器达到较好的探测效果。由于当今的红外成像探测器正在向大面阵发展，所以对红外辐射场景动态生成装置的空间分辨率的要求越来越高。

目前，为实现大面阵的 MOS 电阻阵列红外辐射场景动态生成装置，其研究路线可以分为两种途径：一种是研制大面阵的 MOS 电阻阵列，突破 512×512 和更大规模的芯片研制及制造技术。另一种是基于目前的 256×256 尺寸的芯片，通过驱动同步和光学拼接，实现大面阵的红外场景模拟生成。

但无论采用哪种技术途径，均涉及微电子学、电子学、机械、光学、传热学、真空技术、低温技术等领域，技术攻关难度大，需要国内多个优势单位进行联合攻关。

2）MOS 电阻阵列高性能实时驱动技术

随着红外制导导引头的工作帧频的提升，以及 MOS 电阻阵列芯片规模的扩大，导致数据交互规模有了大规模增加，对逻辑控制驱动器的设计提出了较高的要求。要求逻辑控制器能够高速完成数据的接收、处理和驱动，从而实现在大尺寸图像阵列的情况下，完成图像数据的实时处理，从而满足 200Hz 以上的高帧频性能需求。

在进行工程设计时，驱动系统技术性能的高低，在很大程度上取决于图像数据传输电路和驱动控制电路中逻辑电路的设计。在此，给出一种高性能实时驱动的方法。

- 在图像数据传输电路中，可以采用 FPGA+双端口 ROM 的形式，通过解决计算机写数据与 FPGA 读数据之间的时钟域耦合，以及图像数据格式转换等一系列关键问题，提升图像处理效率。
- 在图像数据传输电路与驱动控制逻辑电路之间，采用光纤通信和高速串口，提升传输速率。
- 在驱动控制逻辑电路，在接收控制指令和图像数据后，根据规定的电阻阵列扫描帧频驱动图像 DAC 变换器工作。为了缓冲高速图像数据流，引入高速 FIFO；并采用流水线逻辑设计方法，将图像数据传输、电阻阵列驱动刷新等时间进行并行处理，保证了高图像刷新频率。

3）MOS 电阻阵列非均匀性校正技术

MOS 电阻阵列非均匀性一直是困扰和阻止 MOS 电阻阵列发展与使用的关键问题，因此，为此如何有效地解决 MOS 电阻阵列的非均匀性问题已经成为整个系统设计的一个难点。经分析，导致 MOS 电阻阵列生成热图像非均匀性的因素很多，通过大量的试验和测试，验证其总体表现为器件响应的不均匀和背景电平的不均匀，总结产生红外图像非均匀性的原因大致有以下几点。

- MOS 电阻阵列自身的非均匀性：器件在生产时引入的非均匀性，它是导致图像非均匀性的主要因素。它包括器件光敏面积的不均匀，MOS 多路开关效率的不均匀等。
- MOS 电阻阵列暗电流的非均匀性：器件暗电流的不均匀，导致器件探测单元背景电平不均匀。并且 D/A 转换器通道间直流串扰、D/A 转换器非线性和通道间输出非均匀性均会引起热图像不均匀，并产生图像动态噪声。
- 闪烁噪声（$1/f$ 噪声）引起的器件响应不均匀：不同探测单元闪烁噪声不均匀，导致其响应不均匀；MOS 电阻阵列行间闪烁噪声也会引起响应的不均匀。
- MOS 电阻阵列响应的非线性：MOS 电阻阵列响应存在一定程度的非线性，且不同探测器单元非线性特性不均匀；MOS 电阻阵列各单元电热性能差异，引起发热不均匀；MOS 电阻阵列衬底吸热不均匀也会引起图像不均匀。

目前，在工程实践中，作者所在团队对于非均匀性的处理主要是通过非均匀性校正算法来实现的。其校准步骤：首先，构建包含标准测温红外热像仪、热像仪图像采集系统、红外光学准直仪、MOS 电阻阵列电源、驱动及控制系统、光学操作平台等设备在内的校准系统；然后，在 MOS 电阻阵列中覆盖矩阵栅格，建立线性修正表格；最后，通过采集校正后数据建立补偿表格，迭代这个修正过程完成校正补偿工作。

某型 MOS 电阻阵列非均匀性校准前后对比图如图 8-18 所示，从图中可以看出，经过校准后，整个系统的均匀性得到了较大的提高。

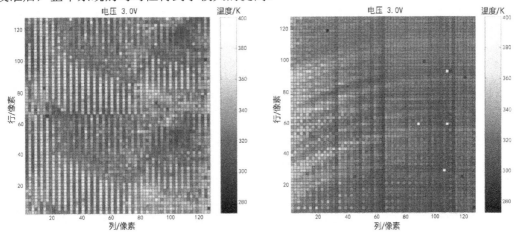

（a）校准前热图　　　　　　　　　　　　　　（b）校准后热图

图 8-18　某型 MOS 电阻阵列非均匀性校准前后对比图

8.4.4.4 某型基于 MOS 电阻阵列的红外辐射场景动态生成装置的技术指标

作者所在团队长期以来一直从事红外仿真设备的研制，与上海技术物理研究所合作，研制了多套基于 MOS 电阻阵列的红外辐射场景动态生成装置，相关设备在国内的空空导弹和防空导弹的仿真试验和科研测试中得到了广泛应用，有力地支撑了相关武器装备的研制工作。下面给出作者所在团队研制的某型基于 MOS 电阻阵列的红外辐射场景动态生成装置的主要技术指标。某型 MOS 电阻阵列红外目标模拟器实物图如图 8-19 所示。

- 阵列像元数：256×256。
- 帧频：200 帧/s。
- 光谱范围：3～14μm。
- 等效黑体辐射温度动态范围：273～550K。
- 视场：≥6°（与探测器匹配）。
- 出瞳距离：≥500mm（与探测器匹配）。
- 出瞳直径：≥80mm（与探测器匹配）。
- 温度分辨率：0.5K（100℃）。
- 温度控制精度：0.5K（100℃）。
- 温度稳定度：≤0.5℃/h（模拟温度≤100℃）。
- 非均匀性：≤10%（以℃计算，未修正）。
- 封装：真空封装。
- 芯片必须经过冲击试验，量级：≥10g。
- 外形尺寸：500mm×3000mm 左右。
- 器件重量：<35kg。

图 8-19 某型 MOS 电阻阵列红外目标模拟器实物图

8.4.4.5　基于 MOS 电阻阵列的红外辐射生成装置的性能特点

对于基于 MOS 电阻阵列的红外辐射生成装置而言，每个像元的温度在没有被驱动电流驱动的时候始终保持不变，只有施加驱动电流才会产生热辐射，同时由于散热装置的存在，电阻单元会达到一个热平衡状态。一旦驱动电流停止，热量就会迅速被带走；电流发生改变时电阻单元会重新达到一个热平衡状态从而产生另一种不同强度的辐射。由于采用加热后辐射红外线的工作原理，MOS 电阻阵列是一种从工作方式上最接近真实物体产生红外辐射的器件，从仿真的角度而言，MOS 电阻阵列这种直接红外辐射型的器件比其他原理的器件更符合仿真概念。

其优点在于：

- 低功耗。
- 大温度范围为 273～800K，红外特性集中在高温段，非常适合模拟高温物体，如飞机尾喷口、发动机尾烟，坦克的发动机、履带等高温红外特性。
- 高频率，现有频率可达到 200 帧/s。
- 高占空比。
- MOS 电阻阵列是驻留型的红外场景动态生成装置，无闪烁现象，不需要同步电路，可以单独使用。
- 图像温度范围可调，且容易控制，可生成动态逼真的红外图像。
- 辐射波段宽 2～14μm，可以模拟中波和长波两个大气窗口的红外物理特性。

但是，MOS 电阻阵列也存在着自身的不足，其缺点在于：

- 设计思想比较原始，电路庞杂，工艺要求高，技术难度大。
- 分辨率较低，对于复杂场景的模拟效果不足。
- 具有较强的非线性和非均匀性，使用时需要进行非线性和非均匀性修正。
- 目前它的帧频最高只能达到 200 Hz，原因是电阻元的热时间常数为 5ms，限制了帧频的进一步提高。
- 制冷要求较高，密封复杂，成品率较低，连续使用时间较短。

8.4.5　基于 DMD 微反射镜阵列的红外辐射场景动态生成装置

DMD 器件是由美国德州仪器公司于 1987 年发明的反射式空间光调制器，DMD 器件是由成千上万个采用微机械工艺制作的二维铝反射镜组成的。20 世纪 90 年代美国光科学公司（OSC）将 DMD 器件应用于红外目标场景仿真器的研制中，并研制了一系列相关产品。作为反射式空间光调制器，DMD 器件应用于红外目标场景仿真系统中具有分辨率高、响应速度快、像素无坏点、图像线性度和非均匀性好等优点，因此得到了快速的发展应用与深入的研究。

8.4.5.1　基于 DMD 微反射镜阵列的红外辐射场景动态生成装置的系统组成

基于 DMD 微反射镜阵列的红外辐射场景动态生成装置是一个围绕 DMD 微反射镜阵列芯片而展开的一套精密光机电设备。其组成原理图如图 8-20 所示。

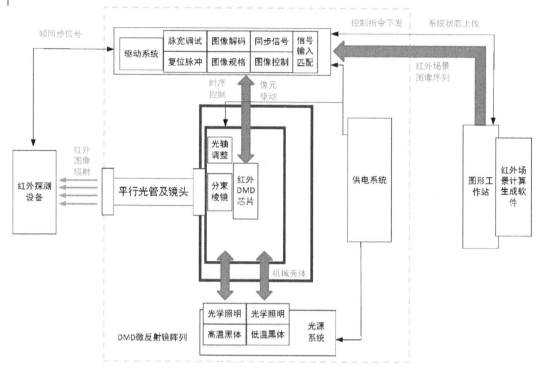

图 8-20　基于 DMD 微反射镜阵列的红外辐射场景动态生成装置组成原理图

从图 8-20 中可以看出，基于 DMD 微反射镜阵列的红外辐射场景动态生成装置主要包括 DMD 微反射镜阵列、信号处理及驱动控制系统、光源系统、投影光学系统、机械壳体、供电系统，以及相关的电缆、接插件及机械安装设施。其中，主要部件的功能如下。

1）DMD 微反射镜阵列

基于 DMD 微反射镜阵列的红外辐射场景动态生成装置的核心器件是美国德州仪器公司生产的数字微镜装置（Digital Micromirror Device，DMD），该装置由一组集成在 CMOS 存储器上的可旋转的铝制微镜面阵列构成。微镜阵列（DMD）器件照片和每个微反射镜单元结构如图 8-21 所示。每一个像素上都有一个可以转动的微镜，镜片可以围绕对角轴线摆动，微镜的位置不同，反射光的出射角度就不同。通过调节微镜的反射角度，可实现调制反射红外辐射，进而得到红外图像。

图 8-21　微镜阵列（DMD）器件照片和每个微反射镜单元结构

2）信号处理及驱动控制系统

信号处理及驱动控制系统是基于 DMD 微反射镜阵列的红外辐射场景动态生成装置的控制中枢，主要包括图像接口、图像转换、图像解码、图像规格化、帧同步调整、信号脉宽调制变换、黑体控制和像素驱动等模块。其主要任务是接收输入的红外场景视频信号，将其变换为红外动态图像转换器的驱动信号；接收同步信号，完成积分时间同步调整，保证成像系统所观察到的红外热成像无假灰度现象与闪烁现象；控制高温黑体与低温黑体的温度，使高温黑体与低温黑体达到指定温度并恒定，同时对腔体和冷光阑温度进行控制。

3）光源系统

由高温黑体、低温黑体、照明光学镜头等设备共同组成红外光源系统，用以模拟场景中背景和目标的真实红外辐射特性。黑体的温度不同，对应的红外辐射分布也不同。因此，可以用黑体的温度变化来对应不同物体表面红外辐射能量的分布，黑体的温度范围由红外探测系统的工作波段和实际背景目标温度范围决定。

4）投影光学系统

投影光学系统的主要部件是光学准直部件，包括平行光管和一系列镜头，主要完成对 DMD 芯片的光学合成与准直，并产生平行光，用以模拟无穷远目标发出的红外辐射。光学准直部件与被测设备的光学系统必须相匹配，其视场角与产品的视场角相同，模拟器的出瞳与产品的入瞳基本重合。

5）机械壳体

机械壳体主要用于集成和保护整个系统的电气回路和光学系统，并提供相关机械接口，用于系统在转台上的安装。

8.4.5.2 基于 DMD 微反射镜阵列的红外辐射场景动态生成装置的工作原理

DMD 是一种基于半导体基底的快速反射式数字光开关，它是一组集成在 CMOS 存储器上的可旋转的铝制微反射镜面阵列。DMD 微反射镜结构分解图如图 8-22（a）所示，每个微反射镜单元都有一个独立的结构，主要包括信号存储单元、电极和铰链、反射镜三部分。微反射镜镜片通过下端支柱固定在轭架的隐藏轭上，隐藏轭与铰链相连，可供微反射镜在一定角度范围内偏转，同时微反射镜的复位也依赖铰链的扭力。轭架下层的偏置-复位总线可通过支柱为其对应的微反射镜镜片提供偏置和复位电压，整个机械结构及一对地址电极被共同集成在一个 CMOS 地址电路上。当信号存储单元有数字信号写入时，会为寻址电极和镜片加上相应的偏置/复位电压，镜片在静电力的作用下向地址电极偏转，直到与地址电极接触为止。

每个微反射镜都相当于一个数字光开关，能够旋转±12°。从图 8-22（b）中可以看出，当微反射镜翻转到+12°时，反射光线进入光线投影镜头，代表微反射镜的"开"状态；当微反射镜翻转到-12°时，反射光线远离光线投影镜头，代表微反射镜的"关"状态；同样，当微反射镜不翻转时反射光线也无法进入光线投影镜头中。微反射镜的翻转状态是由对应的 CMOS 存储单元内的数据决定的，当有数据加载到 CMOS 存储单元的时候，微反射镜在寻址电极的驱动下，根据存储的数据信息进行对应的翻转。对于一些复杂的高逼真度场景仿真需求，通过光路设计，分别引入高温黑体和低温黑体，当微反射镜像素偏转到+12°方向时，高温黑体（光源）的辐射通过微反射镜反射后透过投影镜头形成亮像素；而当微反射镜像素偏转到-12°方向时，低温黑体（光吸收器）的辐射通过微反射镜反射后透过投影镜头形成暗像素。因此，高温黑体辐射对应亮目标图像的显示，而低温黑体辐射对应暗背景图像的显示。

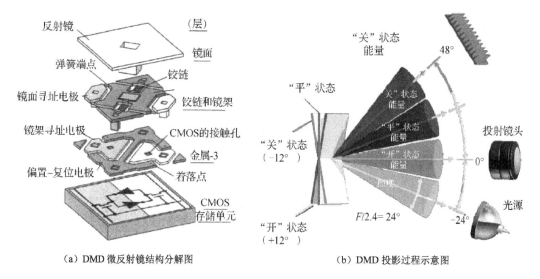

（a）DMD 微反射镜结构分解图　　　　　　　（b）DMD 投影过程示意图

图 8-22　DMD 微反射镜阵列工作原理

DMD 器件输入为代表亮度灰度等级的图像数据，而输出为代表图像信息的红外辐射信息。它的灰度等级是通过二进制脉冲宽度调制（PWM）实现的，即在与之对应的红外探测器光积分时间内，微反射镜像素反射高温黑体辐射的时间越长则对应像素的亮度越高。实际微反射镜图像显示驱动电路在一帧时间内使微反射镜开关的次数是相同的。"开"状态即微反射镜反射高温黑体辐射，次数越多则该像素对应的灰度值越大，像素也就越亮。因此，对于红外场景生成软件生成的红外灰度图像，通过控制每一个微反射镜在一帧中的开关次数，就能得到原图对应的灰度等级的红外辐射图像。

8.4.5.3　基于DMD 微反射镜阵列的红外辐射场景动态生成装置的关键技术

基于 DMD 微反射镜阵列的红外辐射场景动态生成装置是融合了光学、材料、信息处理、自动控制、微机械电子和微纳加工等学科知识的产物，下面简要介绍一下系统的关键技术。

1）DMD 光学窗口更换

美国德州仪器公司生产的 DMD 芯片，主要针对可见光波段的应用，DMD 微反射镜镜片的玻璃窗口无法透射红外波段光束。因此，在应用于红外波段时，需要将 DMD 微反射镜窗口材料更换为红外窗口材料，使其能够透射红外光束。在进行 DMD 微反射镜镜片更换过程中，通常基于严苛环境和精细操作流程，依托实验室微纳加工工艺，完成 DMD 芯片光学窗口的无损更换。

2）光源系统设计

光源系统作为基于DMD 微反射镜阵列的红外辐射场景动态生成装置的红外辐射之源，其工作性能对目标模拟系统最终投影景象的清晰度、对比度等有着非常大的影响。光源系统的任务主要包括两类：一类是光源性能要求，整个红外目标模拟系统的有效光辐射全部来自光源，整个系统的工作波段、工作稳定性、温度范围直接由红外光源的工作性能决定，而且光源需要有良好的可控性；另一类是光束整合要求，光源的初始光线呈发散状态，一般无法满足调制器件对光源的均匀度的要求，需要经过光路设计整合来减小其发散角度，使照射到 DMD 每个微反射镜上的光束孔径角一致，以保证对 DMD 照明的均匀性。

3）同步电路设计

对于凝视面阵型红外探测器，由于探测器与微反射镜存在频差，因此需要外部同步信号后才能实现红外探测系统与微反射镜之间的稳定图像传输。在使用时需要从红外成像系统视频输出端引出一路标准模拟或者数字信号作为微反射镜信号外同步电路输入信号。但是，不同导引头的频率不同，需要调整或者设计相应的同步电路。由于 DMD 像素的灰度是通过微反射镜转动的时间脉冲调宽方式实现的，只能与凝视面阵红外探测器匹配使用，而且必须保证 DMD 显示与红外探测器采样二者之间严格实现帧同步。通常需要从红外探测器整机中引出能够反映其光采集帧相位的同步信号。在 DMD 信号处理电路中有专门的同步电路，其作用是接收外同步信号，按照外同步信号的相位关系从图像存储器中读出图像信号用于 DMD 器件的图像显示。可以通过同步电路精密调整 DMD 图像刷新和外同步信号间的相位值，可以补偿由图像显示或信号处理造成的相位变化。同步电路是 DMD 图像信号处理中的关键环节，其稳定性直接关系到 DMD 图像的稳定显示。

4）光学回路无热化设计

红外辐射场景动态生成装置的内部黑体光源会释放大量热量，长时间工作会因热传导和热吸收导致整个光学引擎部分温度升高，从而影响光学系统并产生热漂移现象。所以在设计光学回路时，无热化是需要解决的关键技术。目前，实现光学回路无热化的方式主要有机械被动式和光学被动式。机械无热化原理是通过采用不同膨胀系数的材质搭配设计机械结构的，温度变化时改变镜片间的空气间隙，消除镜片变形及折射率随温度变化的影响，采用这种无热化方式机械设计难度较大，结构复杂，无热化效果不理想，成像系统还需要采取微调焦的方法使成像清晰。光学无热化方式消除温度影响，其原理是根据不同温度下的镜片形变、折射率变化及空气间隙变化，优化镜头结构，这种方法无热化效果好，不需要微调焦，且简化了机械结构，使系统达到最优状态。一般采用正负光焦度搭配，使不同温度折射率系数的光学材料搭配方法消除温度变化带来的影响，并使用计算机软件优化结构，使用高次非球面、衍射面，简化红外光学耦合系统结构，进一步消除像差、减小温度影响。

8.4.5.4　某型基于 DMD 微反射镜阵列的红外辐射场景动态生成装置的技术指标

基于 DMD 微反射镜阵列的红外辐射场景动态生成装置具有分辨率高、能量输出集中、图像稳定、图像亮度非均匀性小、几何畸变小、可分辨温差小等优点，主要用于模拟红外复杂地面场景。

下面给出作者所在团队研制的红外辐射场景动态生成装置的技术指标和实物照片，其实物照片如图 8-23 所示。

- 工作波段：3～5μm。
- 像元数：1400×1050。
- 帧频：45～100Hz 帧连续可调。
- 可模拟的温度范围：室温～300℃。
- 最小温度分辨率：≤0.2℃（100℃）。

- 温度稳定性：<0.2℃／h（100℃）。
- 最高对比度：$(E_{MAX}／E_{MIN})>200$（中波）。
- 灰度级：≥256 级。
- 视场：9°（±0.2°）（圆视场）。
- 出瞳口径：90mm。
- 出瞳直径：500mm。
- 图像畸变：<1%。
- 图像各种像差弥散：0.5 像元。
- 图像非均匀性：>95%。
- 输入信号：VGA、标准 PAL 格式视频信号。
- 整机头部重量尽量小：≤20kg。
- 尺寸：总长度<500mm，镜桶直径<Φ300mm。
- 抗过载能力：>8g。

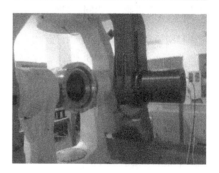

图 8-23　某型基于 DMD 微反射镜阵列的红外辐射场景动态生成装置实物照片

8.4.5.5　基于 DMD 微反射镜阵列的红外辐射场景动态生成装置的性能特点

对于基于 DMD 微反射镜阵列的红外辐射场景动态生成装置而言，其灰度图像控制方式是通过 DMD 微反射镜镜片的反转次数来实现的；同时，其整个系统的模拟温度范围和灰度等级是由黑体温度确定的，因此，具有较好的线性灰度等级，以及辐射能量的稳定性和定量化特点。

其优点在于：

- 固有的数字性质使噪声极低。
- 精确的灰度等级，大动态范围。
- DMD 反射器件具有较高的光效率。
- 大于 90%的填充因子。
- 具有图像细节分辨率高；中波分辨率可达到 512TVL；使用 0.95 英寸芯片时，水平分辨率可到达 1024TVL。
- 输出能量集中；中波波段的能量辐射出射度强，能量远大于 IR–CRT 型红外辐射生成装置，可模拟的背景温度高达 400℃。
- 图像稳定，图像亮度非均匀性小，图像几何畸变小，可分辨温度精度高。
- 灰度等级与探测器的积分时间相关，当探测器的积分时间较长时，可以达到较高的灰度等级。
- 基于 DMD 微反射镜阵列的红外辐射场景动态生成装置目前主要应用是与中波低温 HgCdTe 探测器和长波非制冷面阵探测器匹配，匹配效果较好。

但是自身存在着一些不足，其缺点在于：

- 基于 DMD 微反射镜阵列的红外辐射场景动态生成装置是一种开关方式的模拟器，只能与凝视型的探测器进行匹配使用，并且使用的时候需要同步电路。
- 在长波波段，其分辨率、能量较低，并且由于 DMD 微反射镜镜片结构单元的尺寸与入射光波长相当，DMD 器件的衍射现象会更严重，系统成像对比度下降严重。
- 其模拟场景的灰度等级是由其镜片反转的积分时间决定的，随着探测器的工作帧频逐步提高，会导致积分时间减少，从而降低了模拟场景的灰度等级范围。

8.5　红外场景仿真的未来发展趋势

随着红外制导武器的不断进步和红外战场场景的日趋恶劣，红外场景仿真的发展也应该满足不断提高的红外制导武器的仿真需求。红外场景仿真追求的是更高的分辨率、更高的帧频、更逼真的目标/干扰/背景红外特性和更多样化的目标信息。

首先就是扩展分辨率。

随着制导武器探测器的像元数不断提高，探测能力不断加强，对模拟生成的目标细节就提出了更高的要求，而制约模拟生成的红外图像精细度的主要因素就是模拟器的阵列规模。现阶段，国内应用最成熟的红外目标模拟器是电阻阵列，工程经验已比较丰富，但目前国内使用的 256×256 规模的电阻阵列为 128×128 以下规模像元数的制导武器提供仿真目标还勉强可用，但对分辨率更高的红外成像制导武器来说，已远远不能满足试验要求。

然后就是扩展更逼真的红外特性。

现有的电阻阵列的红外辐射可以看成是灰体辐射，而 DMD 的辐射源就是黑体，两者的辐射能量都受温度的限制，而中/短波双色成像制导武器需要对中、短波能量进行对比，从而计算出目标或干扰的温度，一般来说，干扰弹的温度远远大于飞机尾焰的温度，以美国军队的 F16 为例，其尾喷等效温度不超过 900K，飞机蒙皮温度更低，而干扰弹的等效温度可达 2000~2300K。在实验室中模拟如此高温是不现实的。只有采用相对模拟的方式，即只模拟短波/中波能量比，而不去模拟绝对的中、短波能量值。对电阻阵列来说目前最高等效黑体温度只达到 600K 左右，这时短波/中波的能量比不到 0.1，而干扰的短波/中波能量比达到 4 倍左右。因此，需要采用一定的手段衰减中波，让短波/中波双色达到双色成像制导武器可以分辨目标/干扰的程度。

最后就是扩展更丰富的目标信息。

偏振是光的基本特性之一，任何目标在反射和发射电磁辐射的过程中都会表现出由自身特性和光学基本定律所决定的偏振特性。目前，大多数探测器包括人眼都只能感觉到光波的波长和强度，却忽略了光的偏振信息。偏振成像模拟可以模拟目标的偏振态信息，为探测、制导系统提供具有偏振信息的仿真目标。

8.6 本章小结

红外制导方式作为重要的探测装置，面临日益严重的对抗手段和日趋复杂的战场环境。为了在实验室环境中更好地考核和验证探测器件性能、评估目标识别算法，迫切需要针对作战需求，为红外探测装置提供逼真的虚拟红外场景。

在本章中，简要介绍了参与试验的红外制导装置，包括其技术特点、工作原理和面临的挑战；对红外场景仿真技术的发展、任务、分类和组成进行了详细介绍。对于红外场景仿真，本书将其分为软件方面的红外场景建模技术和硬件层次的红外辐射场景动态生成装置进行介绍。

在红外场景建模技术中，在介绍了红外场景建模的内容、方法和步骤后，补充相关基础知识；对天空、地物、海面等典型背景红外辐射，飞机、坦克、舰船等典型目标红外特征，以及诱饵和烟雾等典型红外干扰辐射等内容进行了详细介绍；并介绍了大气传输效应的计算方法和常用计算软件；最后，介绍了一些目前常用的红外场景仿真软件。

在红外辐射场景动态生成装置中，首先介绍了红外辐射场景动态生成装置的发展及分类，对其关键技术指标进行了描述；然后，针对红外点源目标模拟器、红外 MOS 电阻阵列、红外 DMD 微反射镜阵列等典型的红外辐射场景动态生成装置进行了介绍，包括其系统组成、工作原理、关键技术和典型技术指标及性能特点；最后，对红外场景仿真的未来发展趋势进行了展望。

第9章 射频电磁环境动态仿真技术

射频制导技术作为精确制导武器的重要制导方式，通过接收目标发射或反射的雷达射频信号，完成目标的识别、定位、跟踪等任务，具有探测距离远、不受天气条件影响等特点，被广泛应用在防空导弹、空空导弹、反舰导弹、反辐射导弹等武器型号中。根据照射源的位置不同，可以分为主动雷达寻的制导、半主动雷达寻的制导和被动雷达寻的制导。目前，随着作战双方大量采用各类电子干扰装置，雷达寻的武器面临着日益复杂的电磁环境。为了考核与验证雷达制导系统的抗干扰能力，研究分析电子战设备或射频干扰的性能，需要借助相关设备和试验环境，将射频导引头引入仿真回路中。

射频场景仿真技术作为射频制导武器、雷达、电子战装置研制中的重要手段，在实验室环境下，构建电磁波自由传播的空间场景，通过相关射频信号生成装备，将雷达导引头、雷达接收天线、电子战对抗装置等产品实物引入仿真回路中，充分考核验证射频装置的探测性能或雷达导引头抗干扰能力。

在本章中，拟从雷达制导技术入手，介绍电磁场景动态仿真的相关概念，对电磁场景建模中的目标、背景、干扰的计算方法进行介绍，给出射频目标模拟器的发展及分类、技术指标及典型设备代表，并对微波暗室的相关概念进行介绍。

9.1 雷达制导技术简介

雷达是英文 Radar 的音译，源于 radio detection and ranging 的缩写，意思为无线电探测和测距，即用无线电的方法发现目标并测定它们的空间位置。雷达发射电磁波对目标进行照射并接收其回波，由此获得目标至电磁波发射点的距离、距离变化率（径向速度）、方位、高度等信息。

在精确制导武器的作战过程中，利用弹上设备接收目标反射或辐射的无线电波信号，实现对目标的跟踪并形成制导指令，导引飞行器飞向目标的制导方式被称为雷达制导。在本节中，主要介绍雷达制导技术和参加仿真试验的雷达导引头的相关概念。

9.1.1 雷达射频制导的发展及分类

自第二次世界大战以来，雷达制导导弹一直处于不断发展中，被广泛应用在防空武器、空空武器、反舰武器等作战装备上。在国外，一方面，十分重视雷达新技术的研究，大力研制更先进的防空制导雷达，以使防空导弹在未来战争中完成要地防空、野战防空、舰船防御等任务；另一方面，利用电子技术的优势，把制导雷达技术进一步应用到其他不同武器（反辐射导弹、反坦克导弹、炮弹和巡飞弹）上，从而打击各种野战战场目标（雷达、装甲坦克）。

根据制导指令产生方式的不同，雷达制导又可分为雷达指令制导、雷达波束制导和雷达寻的制导。目前，雷达寻的制导已经成为精确制导武器的重要导引方式。

9.1.1.1 雷达指令制导及其分类

雷达指令制导是利用雷达跟踪目标、导弹，测定目标、导弹的运动参数的指令制导系统，其中制导指令是由地面的制导站计算并生成的，通过数据链形式传递给导弹。根据使用的雷达数量分为单雷达指令制导系统和双雷达指令制导系统。

1）单雷达指令制导系统

单雷达指令制导系统只用一部雷达观测导弹或目标，或者同时观测导弹和目标，获得相应数据，以形成指令信号，进而对导弹做出相应控制。导弹在发射前，目标跟踪雷达不断跟踪目标，首先测出目标的位置参数，然后传输到指令计算机，算出导弹的预计弹道、目标与导弹相遇点和时间，进而确定出导弹发射方向和时间。当跟踪导弹时，可用于地对地导弹，攻击的目标是固定的，可以预先知道其精确位置。由于目标和发射点位置已知，导弹的弹道可预先计算出来。导弹在发射后，导引雷达不断跟踪导弹，测出导弹的瞬时运动参数，将这些参数输入指令计算机与预先计算弹道比较后算出弹道偏差，再根据偏差形成修正指令发射给导弹，导弹接收到指令后做出相应动作改变方向，使其实际弹道与预计弹道吻合，最终命中目标。当同时跟踪导弹和目标时，可用于地对空导弹，雷达安装两部独立的接收机，同时跟踪两个目标，分别接收来自目标和导弹的信号，将跟踪雷达所获得的目标和导弹的数据输入指令计算机，计算机根据这些数据算出导弹偏离预定弹道的偏差，并且形成相应的指令信号，利用指令发射机把指令信号发送到导弹上。

2）双雷达指令制导系统

双雷达指令制导系统用两部雷达分别跟踪目标和导弹。目标跟踪雷达不断跟踪目标，测出目标运动参数，并将这些参数输入指令计算机；导弹跟踪雷达用来跟踪导弹，测出导弹位置、速度等运动参数，并将这些参数输入指令计算机。与单雷达指令制导系统相比，除了跟踪导弹和跟踪目标的雷达波束分开，基本的工作过程大致相同。但是由于导弹跟踪雷达的波束扫描区域是跟随导弹移动的，导弹就不需要被限制在跟踪目标的雷达波束扫描区域内飞行，因此，制导系统可采用较为理想的导引方法导引导弹，从而提高制导精度。

9.1.1.2 雷达波束制导及其分类

雷达波束制导是制导站的引导雷达发出雷达引导波束，导弹在雷达引导波束中飞行。雷达波束制导一般分为单雷达波束制导和双雷达波束制导。波束制导主要用于防空导弹和早期的空空导弹等领域。

1）单雷达波束制导

单雷达波束制导由一部雷达同时完成跟踪目标和导引导弹的任务。在制导过程中，雷达向目标发射无线电波，目标反射的回波被雷达天线接收，通过天线送入接收机，接收机输出信号，直接发送给目标跟踪装置，目标跟踪装置驱动天线转动，使波束等强信号线跟踪目标转动。单雷达波束制导由于采用一部雷达制导导弹和跟踪目标，因此要求导弹发射装置必须发射到雷达波束中，而为了提高制导精度，波束要尽可能窄，这就很难保证导弹在波束内飞行，而且这种波束制导系统只能用于三点法制导，不能采用前置角法，因而导弹的弹道比较弯曲，制导误差较大。

2）双雷达波束制导

采用跟踪目标和跟踪导弹两个雷达工作，一部雷达跟踪目标，另一部雷达引导导弹，解决了导弹飞行弹道与跟踪目标波束的限制问题。双雷达波束制导可用三点法和前置角法引导导弹，但是系统必须同时有测距装置，使得双雷达制导设备比单雷达制导设备复杂。

9.1.1.3　雷达寻的制导及其分类

雷达寻的制导是利用弹载雷达导引头，接收目标反射或发射的电磁波并进行信号处理，从而实现对目标的搜索、截获及跟踪，从而将飞行器引向目标，是目前最主要的雷达制导方式。根据电磁波的照射源位置不同，雷达寻的制导可以分为主动雷达寻的制导、半主动雷达寻的制导和被动雷达寻的制导。

1）主动雷达寻的制导

在主动雷达寻的制导系统中，弹载探测设备装有发射和接收装置，发射装置向目标方向发射信号，接收装置接收目标的反射信号，从中获取目标信息，并由弹载计算机完成控制信号，操纵导弹飞向目标。主动寻的制导不需要导弹以外的其他设备参与制导，具有"发射后不管"或"交接班后不管"的自主制导能力；导弹越接近目标，对目标的角位置分辨能力越强，从而具有较高的制导精度。其缺点在于，受弹上体积、质量和功率限制，弹载雷达发射机功率小，作用距离近，且容易受噪声干扰机的影响。目前，主动寻的制导主要用于先进的空空导弹、防空导弹和反舰导弹中，典型代表包括意大利的"奥托马特"反舰导弹、美国的"捕鲸叉"反舰导弹、以色列的"伽伯列"反舰导弹、美国的 AIM-120 空空导弹、法国的"米卡"空空导弹、欧洲的"流星"空空导弹等。

2）半主动雷达寻的制导

半主动雷达寻的制导由地面或飞机上的照射器向目标方向发射电磁波，导弹上的雷达导引头接收目标反射的电磁波，并以此来探测和跟踪目标。其特点是制导精度高、全天候能力强、作用距离较大；与主动式雷达寻的制导相比，减小了弹上的发射机，可以减小设备的重量和降低成本。但是半主动雷达寻的制导要依赖外部雷达对目标的照射，抗干扰能力差，并且由于在制导过程中外部雷达要一直照射目标，这样就增大了提供照射源的雷达车或飞机等被打击的危险。目前，使用这种制导方式主要包括防空导弹和部分空空导弹，典型代表有美国的"霍克"地空导弹、"不死鸟"空对空导弹、"爱国者"防空导弹。

3）被动雷达寻的制导

被动雷达寻的制导是在弹上载有高灵敏度的宽频带接收机，利用目标雷达、通信设备、干扰机等辐射的微波波束能量及寄生辐射电波为信号源，捕获、跟踪目标，提取目标位置信息，从而控制导弹命中目标。被动雷达寻的制导，由于本身不辐射雷达波，也不用照射雷达，因此其隐蔽性好，对于敌方的雷达、通信设备及其载体有很大的威胁，是电子战的有力武器之一。采用这种制导方式的主要为反辐射导弹，典型代表有美国的"哈姆"反辐射导弹、以色列的"哈比"反辐射无人机等。

雷达寻的制导作为精确制导武器研制的重要方向和主要在研装备，在本书中，如果不进行特殊说明，则均以雷达寻的制导为研究对象。

9.1.2 雷达导引头的分类及组成

雷达导引头主要包括天线罩、天线、信号处理电路、伺服系统和供电系统等装置。其中，天线罩是导引头天线的保护装置，它既要保证导弹的气动力特性，适应导弹的气动加热、使用环境和机械强度的要求，又要保证发射和接收射频电磁能量时有最大的透过系数和最小的同步误差。供电系统将来自导弹或载机的供电，变换成导引头各分组件工作所需的、经过二次稳压的各种规格（电压和电流）的电源。而天线和信号处理电路则随着雷达导引头的体制不同，存在较大的差异。

下面针对几种不同的雷达寻的体制，介绍雷达导引头的组成。

9.1.2.1 主动雷达导引头的组成及其工作过程

主动雷达导引头具有"发射后不管"（或"交接班后不管"）和波形自适应等能力，尽管受到安装空间及能源功率的限制，雷达导引头的功率孔径较小，制约了其探测作用距离，但主动雷达导引头依然是战术导弹末端寻的的一种优选体制。经过多年的发展，主动雷达导引头的代表主要包括脉冲主动导引头、准连续波主动导引头、脉冲多普勒主动导引头、相控阵主动导引头和合成孔径主动导引头。

1）脉冲主动导引头

脉冲主动导引头在反舰导弹中得到了广泛应用。在早期的脉冲主动导引头中，采用矩形包络固定载频脉冲信号，探测距离较近，距离分辨率较低。为了增大探测距离，提高探测分辨率，选用大时宽带宽积信号，利用脉冲压缩技术，获得高幅值的窄脉冲信号。该类导引头通过对脉冲信号进行检测与时延测量，在实施距离跟踪的基础上，实时提取目标的相关信息，因此也称为时域处理导引头。

脉冲压缩主动导引头简化框图如图 9-1 所示。它由天线、数字信息处理机和伺服系统等组成。

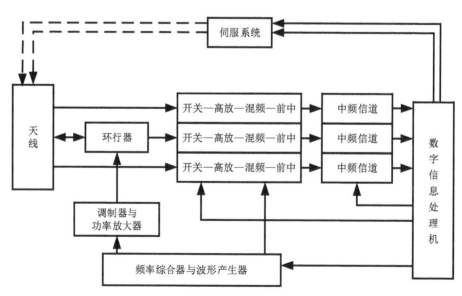

图 9-1 脉冲压缩主动导引头简化框图

脉冲压缩主动导引头的天线为单脉冲天线，目前较多采用平板阵列天线。发射机由频率综合器、波形产生器、调制器与功率放大器组成。功率放大器有三种可选类型：行波管功率放大器、速调管功率放大器和固态功率放大器。接收机可以采用和通道、方位差通道和俯仰差通道各自独立的三通道接收机，也可以采用共用通道接收机。信道中的开关是封闭/选通门，一方面是用来封闭发射脉冲的泄漏信号进入接收信道，另一方面是用来选通回波脉冲。数字信息处理机通常是一个多功能数字信息处理系统，完成信号检测、信息提取、指令形成和逻辑管理。伺服系统可以采用液压伺服系统或电动机伺服系统。

目前，随着数字信息处理机功能的日益完善，以及数字技术在微波与中频领域的应用，脉冲主动导引头的数字化程度不断提高，数字化的信息处理机、频率产生器、信号综合器、中频信道、伺服系统等已经逐步取代模拟系统，单片微波集成电路（Monolithic Microwave Integrated Circuit，MMIC）和片上系统（System On Chip，SOC）已成为导引头电子舱的主要器件。

2）准连续波主动导引头

准连续波主动导引头具有下视探测低空来袭目标的能力，是防空导弹主动导引头的常用体制。该类导引头采用高重复频率相参脉冲信号，进行谱线检测与多普勒测量，在实施速度跟踪的基础上，实时提取目标的角信息，因此，也称为频域处理导引头。

在准连续波主动导引头中，通常用窄带滤波器作为速度门对中心谱线实施跟踪，根据多普勒跟踪回路的不同闭合方式，可构成不同的相参处理组态。准连续波主动导引头通常采用倒置型组态，其相参基准有两种基本形式：一种以发射机主振频率为基准给出接收机相参本振频率；另一种以接收机本振信号频率为基准给出相参发射信号频率。

按照相参处理组态和测角方式，可构成多种形式的主动寻的方案。准连续波主动导引头原理框图如图 9-2 所示，导引头采用外环式相参处理组态，且在中频信道中设置了速度门，由数字信息处理机提取多普勒频率并实施速度跟踪。角信息由振幅和差单脉冲测角系统提取，测角通道采用经典三通道形式。

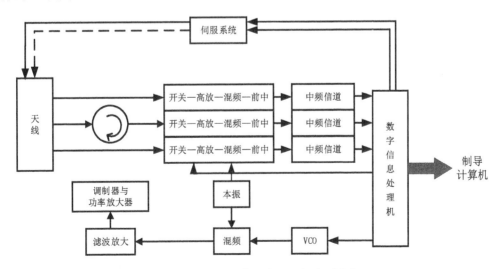

图 9-2 准连续波主动导引头原理框图

3）脉冲多普勒主动导引头

脉冲多普勒（Pulse Doppler，PD）主动导引头是集时域处理与频域处理为一体的主动导引头，能够同时提取距离和速度信息，并在距离跟踪和速度跟踪的基础上，提取目标的角信息，是目前雷达型空空导弹的一种主要形式。

脉冲多普勒主动导引头接收信道的基本方案与采用的信号形式有关。高速小型化可编程数字处理器（Digital Signal Processor，DSP）已成为现代脉冲多普勒雷达导引头信号处理系统的主要部件，快速傅里叶变换已取代了模拟滤波器组，成了多普勒滤波的最佳方法。

典型脉冲多普勒主动导引头的硬件配置与其他形式的主动导引头基本相同，由天线系统、发射机、接收机、信号与信息处理机和位标器等系统组成，如图 9-3 所示。

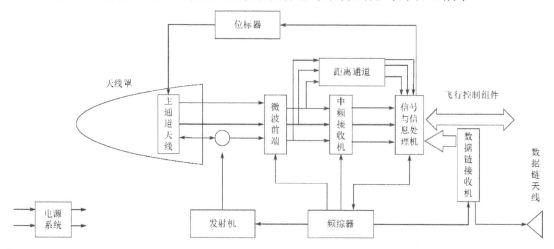

图 9-3　脉冲多普勒主动雷达导引头的结构框图

主通道天线是导引头收/发探测信号的关键组件，它将发射机输出的微波能量向特定的空域辐射，同时接收目标的微弱回波信号。位标器是组成导引头天线空间稳定、角度指示、空域搜索和对目标进行角度跟踪的装置。微波前端首先对接收到的微波信号进行处理，主要包括限幅、选通、低噪声放大、混频和前置中频放大，然后将信号送给中频接收机；中频接收机对三路中频信号进行选通、放大和 A/D 变换，将变换后的数字信号送给信号与信息处理机进行处理；信号与信息处理机对中频接收机送来的三路数字信号进行处理，得到目标和电磁环境的有关信息，导引头工作程序根据这些信息进行分析和逻辑运算，形成控制指令，控制导引头的工作模式、工作波形、抗干扰逻辑，控制频率综合器（简称频综器）、同步器和位标器完成速度、距离和角度跟踪回路的闭合；信号与信息处理机接收来自修正指令接收装置的信息并进行译码，完成与导弹飞行控制组件的信息交换。频综器以信号与信息处理器给出的直接数字频率合成（Direct Digital Synthesis，DDS）信号为基频，产生导引头工作所需的连续波探测信号、主通道本振信号、修正通道本振信号、自检信号、调制脉冲、选通脉冲、同步脉冲等视频脉冲信号。频综器在信号与信息处理机的控制下工作。发射机对来自频综器的连续波探测信号进行调制和放大，形成探测信号，并将其反馈给主通道天线装置。

4）相控阵主动导引头

相控阵雷达即相位控制电子扫描阵列雷达，是由大量相同的辐射单元组成的雷达面阵，每个辐射单元在相位和幅度上独立控制，能得到精确可预测的辐射方向图和波束指向。雷达在工作时发射机通过馈线网络将功率分配到每个天线单元，通过大量独立的天线单元将能量辐射出去并在空间进行功率合成，形成需要的波束指向。因此，被广泛用于地面预警、预警机和机载火控等领域。相控阵雷达导引头作为导引头体制发展的一个新领域，打破了以往机械扫描雷达导引头固定波束形状、固定波束驻留时间、固定扫描方式、固定发射功率和固定数据率的限制，具有灵活的波束指向及驻留时间、可控的空间功率分配及时间资源分配等特点，从而扩展导引头的信息获取量，提升导引头的探测能力和探测精度，提高导引头的使用效率，增强对抗目标实施的自卫干扰，是当今世界上最前沿、最复杂的雷达导引头之一，目前，正在向 Ka 波段（35GHz）、W 波段（94GHz）发展。

根据相控阵天线的不同，相控阵主动导引头可分为无源相控阵导引头和有源相控阵导引头两种，它们的实现方法和性能差别很大。相控阵雷达导引头组成框图如图 9-4 所示。无源相控阵导引头采用了和传统导引头基本一样的集中发射机和接收机，不同的是每个天线单元都有一个移相器和衰减器，可以进行天线口面幅度和相位分布的调整，实现电扫描和方向图的捷变，同时取消机械伺服系统。有源相控阵雷达导引头同样取消机械伺服系统，具有电扫描和方向图捷变能力，天线系统采用强制馈电方式，每个天线单元都有单独的 T/R 组件、移相器和衰减器，T/R 组件在移相器和衰减器之前直接和天线连接，每个发射模块的功率直接由天线单元辐射，形成空间功率合成的方向图，导引头的功率不受天线系统和双工器的限制，只受弹上电源的约束，可以最大限度地提高发射功率；同样，噪声系数比无源相控阵导引头和传统导引头有较大的降低，由于接收机数目和天线单元一样多，总功耗一般是传统主动雷达导引头总功耗的 1/3～1/5。从总的性能上来看，有源相控阵导引头在性能上远远优越于无源相控阵导引头和传统的导引头。但是，有源相控阵导引头也有许多新的技术问题需要研究，如散热问题、在狭小空间中自校准系统的设计问题、天线的结构强度和天线阵面的加工精度问题、密集的控制线路和高频通道混合布局问题等。

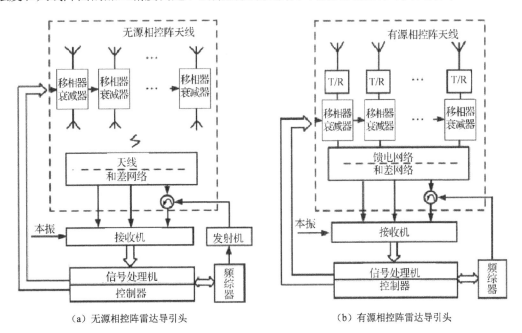

（a）无源相控阵雷达导引头　　　　　　　（b）有源相控阵雷达导引头

图 9-4　相控阵雷达导引头组成框图

5）合成孔径主动导引头

合成孔径主动导引头利用合成孔径原理，通过对载体飞行过程中不同位置的回波按阵列回波进行综合处理，提高宽带雷达的方位分辨率，可在能见度极差气象条件下得到高分辨率雷达图像，具备全天时、全天候、高分辨、大幅宽等特点，在灾害监测、环境监测、海洋监测、资源勘查、农作物估产、测绘和军事等方面的应用上具有独特的优势。随着信号处理技术的不断进步和处理器件性能的迅速提高，弹载合成孔径主动导引头制导技术已成为合成孔径主动导引头制导技术应用的重要方面。

合成孔径主动导引头制导技术实质上是数字式景象匹配区域相关制导技术，以区域地貌为目标特征，利用导弹上成像传感器获得的目标周围特征图像或导弹飞向目标沿途景物图像，与预存在导弹上的基准图在计算机中进行匹配比较，从而得到导弹相对于目标或预定弹道的纵向或横向偏差，并将导弹引向目标。目前，主要应用于弹道导弹、巡航导弹和空地导弹等对地打击任务中，是提高中远程攻击武器的末段制导精度的有效方法之一。合成孔径雷达工作过程示意图如图 9-5 所示。在平飞段弹道，弹载合成孔径雷达采用前侧视（设定擦地角和侧视角）聚焦方式工作，天线波束照射区形成的侧视带落在基准图区域之中。基准图区域应覆盖侧视带的可能范围。基准图区域长度与平飞段弹道的长度相当，基准图区域宽度取决于实际弹道相对于理论弹道的最大偏移。合成孔径雷达探测装置在录取实时图像之后，与基准图进行匹配处理，获取导弹与地表参照物的相对位置关系，从而确定导弹与目标的相对位置，得到精确制导信息，控制导弹沿末段弹道飞向目标。

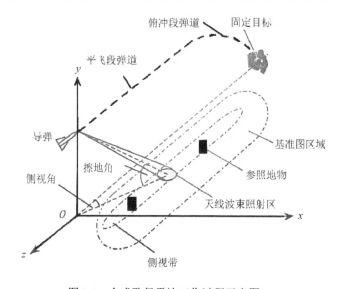

图 9-5 合成孔径雷达工作过程示意图

合成孔径主动导引头工作原理为雷达是从距离、速度和角度（方位和俯仰）三个途径分辨目标的。距离分辨率主要受脉宽制约，脉冲压缩技术使雷达的距离分辨率不受发射脉冲宽度的限制。速度分辨率主要受探测目标回波时间的制约，现代谱估计理论为不受探测时间的限制、提高速度分辨率奠定了基础。角度分辨率主要受天线波束宽度的制约，合成孔径技术为提高雷达的方位分辨率提供了一条有效途径。合成孔径雷达工作原理示意图如图 9-6 所示。

图 9-6 中，导弹水平飞行侧视地面上的 E 点处的散射体，从散射体进入波束到离开波束期间，弹上处理设备对回波信号进行积累处理。可以证明：用一个孔径为 D_A 的真实天线的运动来等效构成一个长天线，若满足一定条件就可以在运动方向上获得一个等效的大天线孔径 D（合成孔径）。

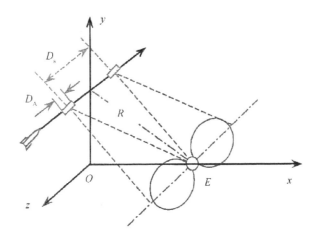

图 9-6　合成孔径雷达工作原理示意图

9.1.2.2　半主动雷达导引头的组成

在采用半主动寻的制导的导弹武器系统中，地面、舰艇或飞行器上的照射雷达向目标发射照射信号，目标散射照射信号，弹上的导引头接收目标散射信号，从中提取目标信息。半主动雷达导引头主要包括连续波半主动导引头、间断连续波半主动导引头等类型。

1）连续波半主动导引头

连续波半主动导引头是半主动导引头的基本形式，它是一种相参导引头，广泛应用于防空导弹。它主要利用多普勒效应，在频域上区分地海杂波与目标信号，在实现微弱信号检测的同时，有效地提取制导信息，历经半个多世纪的发展，连续波半主动导引头技术日趋完善，目前正朝着高精度、数字化与模块化的方向发展。

三通道形式的连续波-单脉冲半主动导引头的结构框图如图 9-7 所示。其中，连续波是指信号形式，单脉冲是指测角体制。单脉冲测角信道可以是经典的和通道、方位通道和俯仰通道并列的三通道形式，也可以是正交调制-共道复用-同步解调式的单通道形式。

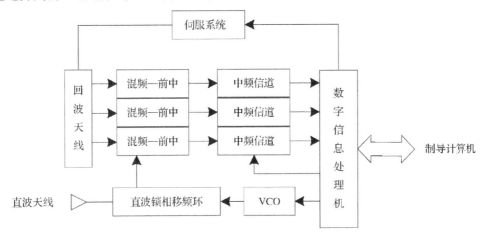

图 9-7　三通道形式的连续波-单脉冲半主动导引头的结构框图

2）间断连续波半主动导引头

间断连续波半主动导引头是采用间断照射方式的半主动寻的系统，可以实现对多目标的时分照射和跟踪,使武器系统具备攻击多目标的能力。间断连续波半主动雷达导引头原理框图如图 9-8 所示。

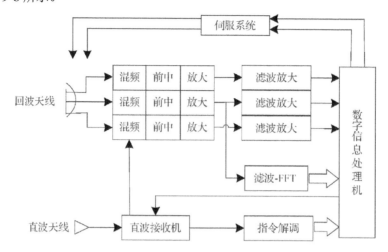

图 9-8　间断连续波半主动雷达导引头原理框图

在间断半主动寻的系统中,制导站在照射期间按照一定程序给每发导弹发送识别编码与修正指令,导引头直波接收机从直波天线中提取约定的识别编码与指令信息。直波接收机还从照射信号中提取频率基准,这是制导末段间断连续波半主动导引头截获目标的基础。回波天线采用典型三通道单脉冲体制,并配置了滤波-FFT 搜捕通道。

9.1.2.3　被动雷达导引头的组成

被动雷达导引头是被动无线电测向原理在精确制导武器中的应用,其实质是一部无源雷达,以敌方雷达或辐射源辐射的电磁波信号为制导信息进行导引、跟踪直至命中摧毁目标辐射源。被动雷达导引头主要用于对敌方地面雷达、预警机等强电磁辐射目标进行打击,因此,也称为反辐射导引头。

被动雷达导引头由天线、接收机、角跟踪回路、信号参数选择、抗干扰系统、控制系统组成(见图 9-9),主要采用单脉冲测角和比相测角体制。其工作原理为被动导引头天线侦察到目标雷达辐射出的信号,经接收机将侦察到的雷达送至信号处理机,对信号进行侦察鉴别,一旦判定为雷达目标信号并且达到信噪比要求,就截获目标雷达信号,提取出截获到的雷达信号,通过对雷达信号处理,截获到目标雷达的角度信息,并将目标雷达角度信息反馈给控制系统,控制系统根据接收到的雷达角度信息来控制天线一直指向目标,实现角度跟踪。

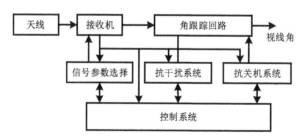

图 9-9　被动雷达导引头组成框图

若导弹偏离了目标，则上下两波束信号不等，形成误差信号，两路误差信号分别进行脉冲放大变换和检波积分，变成直流信号。接着对直流信号进行坐标变换，把垂直平面及水平平面的误差信号变成与俯仰和航向两对舵面相对应的控制信号，经差分放大器送至舵机的电磁圈，并控制舵机进行相应动作。

9.1.3　雷达测量的基本工作原理

为了开展射频目标的仿真计算与信号生成，需要了解参试雷达的工作原理。下面简要介绍一下雷达测量的基本工作原理。

典型雷达的测量过程主要是雷达发射机发射射频信号，射频信号照射到目标后反射，反射回波被雷达接收机接收。目标散射特性示意图如图 9-10 所示。

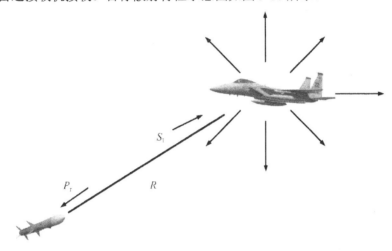

图 9-10　目标散射特性示意图

设雷达发射功率为 P_t，雷达天线的发射增益为 G_t，假设雷达传播路径均为真空，且认为雷达辐射为空间全向的，那么距离雷达天线 R 处的目标照射功率密度 S_1 为

$$S_1 = \frac{P_t G_t}{4\pi R^2} \tag{9-1}$$

雷达发射电磁波照射到目标后其特性将产生散射回波。散射回波功率的大小与目标所在点的照射功率密度 S_1 和目标的散射特性有关。目标的散射特性通常使用雷达散射截面 σ（其量纲是面积）来表征，在不严格的意义上可以认为雷达散射截面相当于目标在该处的有效接收照射面积。假定目标可将接收到的功率无损耗地辐射出来，则可得到由目标散射的功率（二次辐射功率）为

$$P_2 = \sigma S_1 = \frac{P_t G_t \sigma}{4\pi R^2} \tag{9-2}$$

又假设目标散射功率 P_2 是均匀的全向辐射，则在雷达天线处收到的回波功率密度为

$$S_2 = \frac{P_2}{4\pi R^2} = \frac{P_t G_t \sigma}{\left(4\pi R^2\right)^2} \tag{9-3}$$

如果雷达接收天线的有效接收面积为 A_r，那么在雷达接收机得到的回波功率为 P_r，而

$$P_r = A_t S_2 = \frac{P_t G_t \sigma A_r}{\left(4\pi R^2\right)^2} \tag{9-4}$$

由天线设计理论可知，天线接收增益 G_r 和有效接收面积 A_r 之间有以下关系：

$$G_r = \frac{4\pi A_r}{\lambda^2} \tag{9-5}$$

式中，λ 为无线电波波长，雷达接收机通过天线得到的回波功率可写成如下形式：

$$P_r = \frac{P_t G_t G_r \lambda^2 \sigma}{(4\pi)^3 R^4} \tag{9-6}$$

或者写成：

$$P_r = \frac{P_t A_t A_r \sigma}{4\pi \lambda^2 R^4} \tag{9-7}$$

单基地脉冲雷达通常收发共用天线，即 $G_t = G_r = G$，$A_t = A_r = A$，整理可得：

$$P_r = \frac{P_t A^2 \sigma}{4\pi \lambda^2 R^4} \tag{9-8}$$

由式（9-8）可以看出，雷达接收的回波功率 P_r 反比于目标与雷达间的距离 R 的四次方，这说明雷达反射的功率经过往返双倍的距离路程后能量衰减很快。如果想要发现目标，那么雷达接收到的功率 P_r 必须超过接收机的最小可检测信号功率 P_{min}；如果 P_r 正好等于 P_{min}，则认为此时是雷达可检测该目标的最大作用距离 R_{max}。超过这个距离的目标由于散射回来的信号功率 P_r 进一步减小，就不可能被检测出来，两者的关系式可以为

$$P_r = P_{min} = \frac{P_t \sigma A^2}{4\pi \lambda^2 R_{max}^4} = \frac{P_t G^2 \lambda^2 \sigma}{(4\pi)^3 R_{max}^4} \tag{9-9}$$

或

$$R_{max} = \left[\frac{P_t \sigma A^2}{4\pi \lambda^2 P_{min}}\right]^{\frac{1}{4}} \tag{9-10}$$

或

$$R_{max} = \left[\frac{P_t G^2 \lambda^2 \sigma}{(4\pi)^3 P_{min}}\right]^{\frac{1}{4}} \tag{9-11}$$

式（9-10）和式（9-11）是雷达距离方程的两种基本形式，它表明了最大作用距离 R_{max} 与雷达参数和目标辐射特性间的关系。在式（9-10）中 R_{max} 与 $\lambda^{1/2}$ 成反比，而在式（9-11）中，R_{max} 却与 $\lambda^{1/2}$ 成正比。这是当天线有效面积不变而波长增加时天线增益下降，导致最大作用距离减小；当天线增益不变而波长增加时，则要求天线有效面积增加，其结果是作用距离加大。雷达的工作波长是雷达系统的主要参数，它的选择将影响发射功率、接收灵敏度天线尺寸、测量精度等。

雷达基本方程虽然给出了最大作用距离和各参数间的定量关系，但其未考虑设备的实际损耗和环境因素，并且方程中还有两个不可能准确获知量（目标有效反射截面积和最小可检测信号功率），因此雷达基本方程只能作为一个估算的公式。

此外，雷达测量总是存在噪声和其他干扰，加之复杂目标的回波信号本身也是起伏的，因此雷达接收机输出的目标信号是一个随机量。这样雷达的最大作用距离也不是一个确定

值而是一个统计值，不能简单地说雷达最大作用距离是多少，应当是在一定虚警概率和发现概率的情况下说明。

9.1.4 雷达导引头面临的挑战及发展趋势

随着现代军事技术的发展，现代战争向着全方位、多层次、立体化、多兵种合作作战的方向快速发展，战场环境变得日益复杂，各种隐身目标、反辐射武器、有源/无源干扰设备不断涌现，作战地形地貌复杂多变，使得传统的雷达导引系统面临着威胁和挑战。同时，随着电子器件和射频技术的迅猛发展，新型雷达体制、复合导引头不断出现。这些挑战和发展，对于雷达导引头的研制提出了更高的要求。

1）雷达导引头面临的电磁环境日益恶劣

随着雷达、导航、通信、侦察、指挥控制和电子对抗等装备、设备乃至武器的大量使用，战场电磁辐射的密度、强度、频宽、体制、变化规律都发生了深刻变化。各种电磁辐射源的发射频谱越来越宽，功率越来越强，射频制导武器所处的战场电磁环境日益恶劣。

一方面，敌我双方始终进行着持续的电磁对抗行为，不断地对敌方进行侦察、监视，并使用压制、欺骗、摧毁等方式对敌方设备实施干扰，同时不断地从信息传输、处理的各个环节对抗对方实施的干扰行为。这些行为给雷达导引头的作战使用性能带来了严重影响。

另一方面，在射频制导武器飞向目标的过程中，雷达导引头不仅接收目标的回波信号，还有来自其他辐射源和电子设备的辐射信号，以及环境中各种物体（地面、海面、云层）的散射信号，甚至一些自然界中的辐射信号也在雷达的接收范围内。在雷达体制不断发展和辐射源频谱不断增宽的趋势下，雷达电磁环境中的信号数量也将日趋密集。

2）雷达导引头的技术体制不断更新

随着射频电子技术、集成电路技术和人工智能技术的迅猛发展，有力地推动了新概念、新体制雷达系统的发展，未来雷达导引头必将是数字化、软件化、信息化和智能化的系统，具有探测复杂、目标能力强、抗干扰能力强、复杂环境能力适应强、探测精度高等显著特点。

一方面，雷达导引头在工作体制、工作波段和波形设计方面，不断进步和发展。在工作体制方面，正在向多模复合方式发展，如主动+半主动、红外+毫米波等体制，使得导引头能够具备多种体制的优点；在工作波段方面，不断向高的波段发展，毫米波雷达以其工作频率高、频带宽、测量精度高、反隐身性好等优点，是目前雷达导引头的发展重点方向；在波形设计方面，向工作射频的频率捷变和脉冲重复频率方向发展，能够有效提高系统抗干扰、抗杂波和抑制目标角闪烁的能力。

另一方面，随着人工智能技术和信息处理技术的发展，雷达导引头越来越多地采用各种先进的智能信息处理方法，不断提高反隐身、抗杂波、抗干扰的性能。在反隐身方面，采用长时间相参积累技术、检测前跟踪技术、基于贝叶斯估计的粒子滤波技术、深度学习的弱小信号检测技术等方法，不断提高弱小特征目标的检测能力；在抗杂波方面，采用基于统计学、散射理论和非线性分析的地海杂波的目标检测处理、基于杂波环境感知的智能杂波抑制技术等方法，不断提高杂波背景下的检测性能；在抗干扰方面，采用基于多波形组合频率捷变技术的多维信息融合技术、基于随机有限集的抗干扰技术和基于环境感知与深度学习的智能抗干扰技术，不断提升复杂电磁环境下的对抗能力。

这些新的挑战和技术发展，不断推动相关技术的快速进步，大幅提升雷达导引头的性能，同时对雷达导引头的性能考核与测试手段提出了更高的要求。

传统的外场试验方法在构建复杂电磁环境的需求下，面临诸多不足，主要表现在：由于较大型的电子装备数量有限，难以逼真地模拟战场上密集的信号环境；外场试验受气象和地理条件影响较大，难以生成精确可控的期望射频信号；外场电磁试验面临着工作波段和信号波形被泄密的风险。

为了研究雷达导引头新技术、新方法在复杂电磁环境下的工作性能，迫切需要在实验室环境下，根据作战需求和作战环境，构造一个性能逼真、高效可控的射频电磁试验环境。

9.2 射频电磁环境仿真技术总体概述

射频电磁环境仿真技术以信号处理为理论基础，将整个战场的复杂电磁环境视为研究对象，针对参试雷达导引头的工作波段和工作体制，开展目标、杂波、干扰等对象的电磁辐射计算；并基于射频信号生成装置和天线阵列，产生期望的射频辐射信号；在特殊的微波暗室环境下，模拟射频雷达导引头在工作流程中接收到的各类射频信号，全面考核雷达导引头在复杂电磁环境下的作战性能和干扰能力。

射频电磁环境仿真技术研究包含电磁学、物理学、微电子、计算机等专业学科，涉及目标辐射计算、大气传输效应、射频信号生成、高频信号处理等专业技术，同样是一门利用系统模型对实际的或设想的系统进行试验研究的综合性技术。

9.2.1 射频电磁环境仿真的发展

国外的射频仿真技术始于二十世纪五六十年代，早期的射频仿真技术普遍采用机械式射频目标模拟器，这种目标模拟器采用伺服系统驱动目标信号的辐射单元，通过机械运动的方法体现目标与雷达导引头之间的空间角度运动，结构简单、成本较低，但精度不高。

20世纪70年代中期至80年代末，出现了以机电混合式射频目标模拟器和微波阵列式射频目标模拟器为代表的射频仿真技术。

机电混合式射频目标模拟器是机械式射频目标模拟器的改进，它采用小型阵列，通过控制小型阵列上的辐射阵元来模拟目标的角闪烁，从而在满足大视场角要求的同时，大大减少阵列单元数。它可以模拟目标的角闪烁，也可以在小角度范围内模拟多目标及复杂背景。

微波阵列式射频目标模拟器以美国陆军高级仿真中心射频仿真系统的建立为主要标志，其突出的特点是开发了微波阵列式仿真技术。阵列式射频目标模拟器是一种电子控制式的射频目标模拟器，通过控制天线阵列上的辐射阵元来模拟目标和环境的状态，其主要优点是便于模拟目标的角闪烁特性，而且可以模拟多目标、复杂目标和复杂背景。

在这个时期，美国、英国、日本等世界先进国家先后建立了功能不同、规模不一的射频仿真实验室，如美国的陆军高级仿真中心、美国波音公司的雷达末制导仿真实验室、美国雷锡恩公司的"爱国者"制导实验与仿真系统和后来的主动式寻的导弹的射频仿真系统、美国马丁·玛丽埃塔公司的导弹雷达制导实验室、英国的 RAE 导弹制导仿真实验室，以及日本防卫厅第三研究所的仿真实验室等，这些世界先进射频仿真实验室的建立，进一步推动了射频仿真技术发展。

20 世纪 90 年代是射频仿真技术的高级发展阶段，1994 年美国陆军高级仿真中心第二个毫米波仿真实验室的建立代表了当时射频仿真技术发展的最高水平，1995 年之后射频仿真扩展到多模仿真及雷达电子对抗仿真等方面，使射频仿真技术进一步向纵深和广度发展。

国内的射频仿真技术的研究始于 20 世纪 80 年代中期，多家相关的研制单位结合国内技术和应用对象，有针对性地建立了微波阵列式或机电混合式射频目标模拟器的射频仿真实验室。上海航天技术研究院建立了国内第一个大面阵射频寻的射频仿真试验系统，中国航天科工集团第二研究院建立了寻的制导系统射频仿真实验室，中国航天科工集团第三研究院建立了海鹰射频仿真实验室，西北工业大学建立了大型反辐射射频仿真实验室，均用于射频制导武器的研制和试验。同时，国内很多高校，如南京航空航天大学、西北工业大学、西安电子科技大学等也开展了射频仿真技术领域的研究，在射频仿真技术方面进行了多年的探索，取得了一定的科研成果。

9.2.2 射频电磁环境仿真的任务

射频电磁环境仿真是雷达制导飞行器半实物仿真的核心工作，其主要任务是根据设定的作战场景和对象特性，模拟生产射频制导飞行器在飞行过程中的复杂电磁环境，考核和验证雷达导引头的相关技术和工作性能。具体要求主要包括：

- 在理想环境（无杂波、无干扰）下，验证雷达导引头的静态技术参数，如灵敏度、动态范围、测量精度等指标。
- 在末制导系统中运行雷达导引头的工作流程，验证雷达导引头的动态性能。
- 在杂波环境（主瓣杂波、副瓣杂波、镜像杂波等形式）中运行导引头的工作流程，验证雷达导引头的抗杂波性能。
- 在干扰环境（压制性干扰、欺骗性干扰）中运行雷达导引头的工作流程，验证雷达导引头的抗干扰性能。

复杂电磁环境仿真是时间、空间、幅值、相位等方面对导引头接收到的射频信号的一种模拟，要求射频场景环境仿真系统能够实现"复现"实战情况下的雷达导引头回波信号，即要求"复现"雷达回波信号的产生、传输和处理过程。基于"相似性"原理，在如下方面做到在仿真场景中与在真实场景中一致。

1）态势特性

模拟产生的复杂电磁环境应与设定的战场态势一致，包括目标类型及数量、战场自然环境等内容。要求系统根据参试对象的作战任务，能够设置多种目标类型、地形场景、气象条件、干扰方式等参数。

2）运动特性

模拟产生的复杂电磁环境应与设定的弹目关系保持一致，包括目标-导弹视线角和角速度、接近速度和横向速度；背景、干扰相对目标、位置和姿态的运动，以及目标的机动。在射频电磁环境仿真系统中，运动特性的模拟主要通过天线阵列和三轴转台共同配合来完成实现。

3）频率特性

当雷达导引头与目标之间存在相对运动时，由于受多普勒效应的影响，目标回波的载频出现多普勒频移，因此，必须模拟出回波信号的频率变化。

4）时间特性

目标回波脉冲相对于发射脉冲在时间上有一定延迟，时延的大小反映了目标相对于雷达的距离。因此，在进行信号模拟生成时，必须根据弹目距离模拟出时间延迟特性。

5）幅值特性

由于目标对雷达波的散射作用，只有一部分能量沿着雷达波的入射方向反射回天线。幅度衰减的程度在很大程度上取决于目标的雷达散射截面（Radar Cross Section，RCS）。RCS是入射角的函数，在空中目标随时间的变化不断引起偏航、滚转、俯仰等运动变化，因此雷达接收到的回波信号在一定范围内有随机的起伏噪声存在，称为幅度噪声（或幅度闪烁）。同时，各种杂波和干扰也会对回波信号的幅值产生影响。这就要求模拟生成的射频信号在幅值特性上，与真实的目标、干扰、杂波等信号的幅值变化特性保持一致。

6）相位特性

目标具备不同的外形结构，使得目标对入射波形成了多个散射中心。这样，目标的回波可以认为是各散射中心不同相位反射波的叠加。目标姿态的变化，使得目标回波相位的偏移量是随时间起伏变化的，这就是相位角噪声（或角闪烁）。同时，各种杂波和干扰也会对回波信号的相位产生影响。这就要求模拟生成的射频信号在相位特性上，与真实的目标、干扰、杂波等信号的相位变化特性保持一致。

9.2.3 射频电磁环境仿真的分类

为了考核雷达导引头在复杂电磁环境下的工作性能，需要进行信号级别的仿真验证，要求生成的射频信号包含目标、回波、杂波和干扰等信号的幅度信息和相位信息，复现射频信号从发射、传输、反射、杂波与干扰信号叠加，以及在接收机内进行的滤波、抗干扰、信号处理直至门限检测这一全过程为止。在工程实践中，根据是否生成真实的无线电射频信号，将其分为注入式射频仿真和辐射式射频仿真。

9.2.3.1 注入式射频仿真

注入式射频仿真是指计算出的射频脉冲信号，主要采用馈线和必要的射频控制器件，等效模拟天线的指向特性和信号的幅相特性，并通过馈线实现参试雷达导引头和试验设备之间的信号传输。根据参试雷达导引头的测向体制不同，准确控制送到接收机各端口信号之间的幅度、相位或时间关系，可以模拟不同的信号到达角。在注入式射频仿真中，雷达导引头的发射天线和接收天线的实物不接入仿真回路，而是以数学模型的形式引入。

注入式射频仿真的优点是能形成密集的动态环境，且对实验室环境要求不高，并且使用灵活，调整方便；其缺点是不够逼真，因为模拟信号跨过被测设备的天线直接加到接收机，天线的特性只能利用模拟方式来实现，增加了模拟的失真程度。

9.2.3.2 辐射式射频仿真

辐射式射频仿真是指计算出的射频脉冲信号，通过天线辐射到空间，经由雷达导引头的接收天线注入被测设备接收机。为了保证室内环境下射频信号的自由传播，需要搭建微波暗室设施，并将试验设备和参试导引头安装在微波暗室的适当位置，参试设备和仿真设备之间采用信号空馈的形式实现信号互动。在辐射式射频仿真中，雷达导引头的整个舱段均以实物的形式引入仿真回路中。

辐射式射频仿真的优点是模拟信号经过与真实环境相同的通道进入了参试雷达导引头，因而信号传输过程逼真，置信度高。其缺点是试验设备建设成本较高，参数更改相对困难；并且，受天线数目和暗室空间等试验环境限制，弹目之间的角度关系模拟范围受限。

需要注意的是，注入式射频仿真和辐射式射频仿真，两者各有特点，相互补充，它们共同构成了雷达导引头地面试验和评估的支撑技术。

9.2.4 射频电磁环境仿真的组成

根据射频电磁环境仿真的类型不同，其射频仿真设备也存在较大差异。射频电磁环境仿真的系统组成如图 9-11 所示。

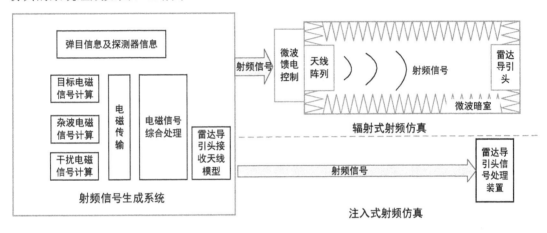

图 9-11 射频电磁环境仿真的系统组成

从图 9-11 中可以看出，无论是哪种形式的射频电磁环境仿真系统，均需要根据弹目信息及探测器信息，完成典型目标、背景杂波和干扰的电磁信号计算，经过电磁信号综合处理后，生成射频信号。与注入式射频仿真不同，辐射式射频仿真由于生成辐射传播的电磁信号，需要引入天线阵列和微波馈电控制系统，并在微波暗室内完成相关试验任务。

从系统可以看出，为实现雷达导引头的闭环接入，主要引入的仿真设备包括射频场景模拟器和微波暗室。其中，射频场景模拟器主要根据仿真要求，生成雷达导引头工作所需的目标与环境模拟射频信号，主要包括射频信号生成系统、天线阵列及馈电系统、校准系统等设备；微波暗室主要用于为射频信号的传播提供自由空间环境。

9.3 复杂电磁环境的射频信号计算技术

为了实现雷达制导的射频电磁环境仿真，需要根据设定条件和仿真数据生成与真实的复杂电磁环境战场态势一致的射频信号。随着信息化战争时代的到来，各种电子战设备和干扰设备被广泛应用，战场电磁环境日趋复杂：在构成上表现为类型众多、影响各异；在空间上表现为无形无影、无处不在；在时间上表现为变幻莫测、密集交叠；在频谱上表现为无限宽广、拥挤重叠；在能量上表现为密度不均、跌宕起伏；在样式上表现为数量繁多、波形复杂。这种复杂程度，使得雷达导引头仿真中的射频信号计算，成为一个融合科学深度和工程技术难度的重要问题，这也是射频制导仿真和复杂电磁环境仿真的理论基础和仿真前提。

在现代战争中，雷达导引头在作战过程中，会收到各类目标和环境发射或反射的各种电磁信号。在本章中，首先将围绕射频电磁环境仿真中的射频信号计算问题，通过分析作战环境和雷达导引头工作状态，引出复杂电磁环境射频计算的主要内容；然后，详细介绍典型目标、典型杂波、典型射频干扰等信号的数学模型和计算方法，并给出大气传输损耗的影响计算方法。

需要说明的是，由于射频信号的计算是一项极具专业性和理论性的工作，因此，本书中只给出了一些典型场景射频信号的常用计算方法，关于复杂电磁环境射频信号的深入理论，还需要读者查阅相关专业书籍或论文。

9.3.1 复杂电磁环境计算的主要内容

射频电磁环境是指在特定作战空间内人为辐射电磁信号和其他电磁信号的总和，是各种电磁辐射源辐射电磁信号的综合结果。在雷达导引头的半实物仿真中，主要围绕雷达制导武器的典型作战场景和打击目标，基于雷达导引头的工作波段和工作体制，开展相关复杂电磁环境的计算；通过对模拟的导引头发射信号进行幅度、延迟、多普勒频率和频率噪声调制，产生目标模拟信号和噪声干扰模拟信号；通过射频天线阵列，向参试的雷达导引头辐射期望的目标回波信号和诱饵干扰信号。

目前，随着作战环境日趋复杂恶劣，敌我双方均采用了大量的电子战装备和干扰装备，使得射频制导武器面临复杂的电磁作战环境。在这种复杂电磁环境下，雷达导引头的接收信号主要包括目标回波信号、杂波干扰信号和射频干扰信号等内容。下面介绍几种信号的相关概念。

9.3.1.1 目标回波信号

目前，采用雷达制导的精确制导武器主要包括反舰导弹、防空导弹和空空导弹等，其攻击的目标主要包括敌方的各类作战飞机、导弹和各种水面舰船目标。在研究目标特性时，需要根据作战武器的对象特点，开展目标雷达散射截面计算，建立目标的辐射特性模型。

在使用时，可以根据目标相对于雷达分辨单元的关系，将其分为点目标和延伸目标。点目标指实际尺寸与雷达分辨单元相比很小的一类物体，点目标的后向散射特性一般用雷达散射截面来表征。目标的雷达散射截面除了与目标本身的特性有关，还与目标姿态、雷达波长和极化方式有关。因此，当目标处于运动状态，或雷达的波长或极化方式发生变化时，目标雷达散射截面会随之起伏。当目标尺寸大于雷达分辨单元时，该目标为延伸目标。这时，仅有雷达散射截面不能完整描述该目标，还需要表征目标辐射特征的空间特性。简单的做法是将延伸目标看成由几个互不干涉的可单独分辨的散射中心组成，对每个散射中心看成一个孤立的点目标来建模。近年来，随着宽带雷达目标成像与识别技术的发展，对于延伸目标的高分辨率回波建模与仿真也在逐渐增多。

9.3.1.2 杂波干扰信号

雷达制导的反舰导弹、防空导弹和空空导弹，当攻击舰船、低空目标时，雷达导引头接收到的回波信号不仅包含目标信息，还会收到地面/海面/建筑/云层/鸟群等环境因素产生的回波信号，这些信号会直接影响目标检测性能，对导引头的目标检测、识别、跟踪等过程产生很大影响。因此，将除了特定目标，一切散射体与雷达发射信号发生作用后的雷达回波称为杂波干扰。

通常情况下，杂波对导引头的干扰机理主要是抬高噪声基底，淹没目标回波或形成虚假信号。杂波的干扰强度取决于杂波的强弱、目标回波的强弱和目标的运动速度。其中，杂波的强弱，通常取决于地形地貌/海况、风向风速、导弹飞行的擦地角和导引头的工作频率等因素。因此，杂波的建模与计算涉及因素和条件众多，计算难度大。在工程实践中，通常在数学上将杂波干扰描述为具有随机变化特性的概率密度函数和杂波功率谱。

在工程实践中，根据杂波信号的来源，可以将杂波分为地杂波、海杂波和气象杂波等。

1）地杂波

地杂波是一种面杂波，当雷达工作时所发射的探测信号接触到地面或地面上存在的各种干扰物时会产生回波信号，此回波信号称为地杂波。地杂波的功率谱密度与雷达可探测到的杂波区域的大小、地面接收到杂波时的后向散射系数和入射角相关。相关研究结果表明，地杂波由一些存在雷达天线探测到的区域面积内的各种散射单元的集合的回波构成，因此一般地杂波的幅度特性符合高斯分布特性。

2）海杂波

海杂波是指从海洋表面散射的回波，由于海洋表面状态不但与海面的风速风向有关，还受到洋流、波浪和海洋表面温度等各种因素的影响，所以海杂波不但与雷达的工作波长、极化方式和电波入射角有关，还与不同的海情、雷达电磁波极化方式、风向等因素密切相关。通常采用高斯分布表示海杂波的概率分布，用瑞利分布表示其幅度的概率密度分布。随着雷达分辨率的提高，人们发现海浪杂波的概率分布已偏离了高斯分布，出现了更长的拖尾。因此，需要采用对数正态分布、韦伯分布和非高斯分布等分布模型来描述其幅度概率密度函数。

3）气象杂波

气象杂波属于体杂波，主要包括云、雨和雪的散射回波。影响气象杂波强度的因素有很多，如雷达天线波束照射的体积、散射体性质信号的距离和分辨率的大小。从散射体的性质方面来看，气象杂波产生的强度与散射体的状态有关，大气中存在的大量微粒在接收到雷达信号后产生散射而形成了气象杂波。一般气象杂波的幅度分布同地杂波一样满足瑞利分布特性，其功率谱选用高斯模型来模拟仿真。但气象杂波受风的影响，在计算其功率谱时会多增加一个平均多普勒频率，其大小与风向和风速有关。

9.3.1.3　射频干扰信号

射频干扰信号是利用电子设备反射、散射、吸收和辐射雷达电磁波，使被干扰雷达不能正确检测和跟踪目标，从而达到影响雷达正常工作的目的。射频干扰分为无源干扰和有源干扰，其中无源干扰是指使用除目标以外物体对雷达波进行反射、折射、吸收或散射等所产生的干扰；有源干扰是用特别制作的产生干扰信号的设备，由人主动进行操作，发射出一种特别的电磁波，从而干扰或欺骗敌方的射频探测设备，具体又可以分为有源压制干扰和有源欺骗干扰。典型射频干扰形式及战术使用方式如表 9-1 所示。

表 9-1 典型射频干扰形式及战术使用方式

干扰分类	干扰样式		干扰主要参数
有源压制干扰	噪声干扰	瞄准式	有效辐射功率、带宽
		阻塞式	
		扫频式	有效辐射功率、扫频速度
有源欺骗干扰	距离欺骗	距离波门拖引	拖引速度、拖引方式、有效辐射功率
		距离假目标	距离关系、有效辐射功率
	速度欺骗	速度波门拖引	拖引速度、拖引方式、有效辐射功率
		多普勒闪烁	闪烁范围、有效辐射功率
	角度欺骗		调制范围、有效辐射功率
无源干扰	箔条干扰	冲淡式	冲淡个数、雷达散射截面
		质心式	箔条方位、雷达散射截面
	无源重诱饵		雷达散射截面、散射特性
组合干扰	以上各种干扰方式的组合应用		

下面介绍几种常用的射频干扰形式。

1）有源压制干扰

有源压制干扰的本质是一种复杂多变的电磁波噪声信号，它的频率、幅度、相位是随机变化的，按照频谱特性一般分为阻塞式、瞄准式和扫频式三大类，每种干扰方式又有不同的波形形式。噪声干扰发射装置通过发射高功率或类似噪声的频率，将导引头接收端的信号完全淹没在干扰频率中，使有用信号产生失真、信号检测概率降低、虚警概率增加和测量精度降低。连续波噪声干扰可以在时域、频域和空域产生干扰效果，是最常用的干扰形式。

2）有源距离/速度欺骗干扰

有源欺骗干扰是指目标接收到敌方的发射信号后，目标携带的干扰机重新发出与发射信号中心频率相近的干扰信号，但该干扰信号与真正目标在频移、调制波形和时延上会有差异，而雷达则会接收到目标的干扰信号，将其误认为是真正目标回波，所以雷达导引头对虚假目标回波进行处理，即干扰起到了作用。其主要包括距离欺骗和速度欺骗两种类型。

3）有源角度欺骗干扰

有源角度欺骗干扰对导引头角度跟踪支路实现有效干扰的方式取决于导引头的测角方法。主要利用信道间失配和通道幅相不平衡产生角误差。在敌方导引头天线波束内，产生两个或多个干扰源，角度闪烁使得天线波束摆动，造成目标分辨力减低，测角误差增大。有源角度欺骗干扰适用于单脉冲体制和 SAR 体制的聚束和条带模式，适用于静止目标和运动目标，能够对雷达的成像、搜索和跟踪造成类似于点目标的干扰效果。

4）无源箔条干扰

无源箔条干扰是人为地把数量巨大的金属箔条以不定的概率施放在不同的位置，干扰箔条多为半波偶极子，这些偶极子对电磁波谐振具有很强散射能力，使得射频信号受到剧烈的散射，从而产生强回波影响真实目标的检测，形成虚假目标。

无源箔条干扰主要包括质心式箔条干扰和冲淡式箔条干扰。质心式箔条干扰主要应用在单脉冲模式下的跟踪阶段，在与目标同一个跟踪单元内施放箔条弹，使得敌方雷达在相同的跟踪单元中同时检测到箔条和目标，从而跟踪能量合成中心，造成干扰效果，其中，中心的坐标与箔条 RCS 和目标 RCS 有关；冲淡式箔条干扰主要应用在单脉冲模式下的搜索阶段，在离目标较远处（但要在雷达搜索范围内）施放多枚箔条弹，伪造几个虚假目标，这是为了使正在搜索目标的雷达搜索到箔条，降低搜索到目标的概率，从而进入跟踪箔条的阶段。无源箔条干扰能达到理想的效能指标，并且成本低廉，制造方法简单、容易使用且研发周期快，能对多个方向、工作频率、模式和类型的多部雷达产生干扰，并且不需要雷达系统的参数值。

9.3.2　典型目标回波信号计算

为了准确模拟目标在雷达导引头中的回波信号特征，要求能够模拟出目标的距离信息和速度信息。首先，需要计算出目标的回波信号大小，目标的距离电压系数受目标雷达散射截面、天线增益、距离及传播衰减因子的影响；目标的多普勒频率同目标与雷达的位置和相对速度有关；目标的延迟时间与相对距离有关。因此，要全面准确计算出目标回波信号大小，需要分别建立与目标雷达散射截面、目标起伏、回波信号形式、目标航迹、目标运动速度等参数有关的数学模型。在生成信号时，首先计算目标的雷达信号大小，然后根据实验室环境的参数设置，通过射频信号进行调制，实现目标回波信号的模拟。其中，距离的模拟可以由信号延时技术实现，速度的仿真通过对雷达信号的多普勒频移控制实现，而目标雷达散射截面、目标起伏等特性则是根据数学模型对信号幅度进行实时控制来实现的。

下面给出目标雷达散射截面的概念、统计建模方法、确定性建模方法和试验测量建模方法，最后给出在实验室环境下，目标雷达回波信号的计算方法。

9.3.2.1　目标雷达散射截面的概念

雷达散射截面（RCS）表征了目标在雷达波照射下所产生回波强度的一种物理量，是雷达入射方向上目标散射雷达信号能力的度量。其定义为在单位立体角内目标朝接收方向散射的功率与从给定方向入射于该目标的平面波功率密度之比的 4π 倍。

由雷达方程可知，雷达检测到的目标回波强度和这个面积的大小成正比。其计算公式为

$$\sigma=4\pi \lim_{R\to\infty} R^2 \frac{\left|\boldsymbol{E}^{\mathrm{s}}\right|^2}{\left|\boldsymbol{E}^{\mathrm{i}}\right|^2}=4\pi \lim_{R\to\infty} R^2 \frac{\left|\boldsymbol{H}^{\mathrm{s}}\right|^2}{\left|\boldsymbol{H}^{\mathrm{i}}\right|^2} \tag{9-12}$$

式中，$\boldsymbol{E}^{\mathrm{i}}$ 为入射电磁波在目标处的电场强度（V/m）；$\boldsymbol{H}^{\mathrm{i}}$ 为入射电磁波在目标处的磁场强度（A/m）；$\boldsymbol{E}^{\mathrm{s}}$ 为目标散射波在导引头接收处的电场强度（V/m）；$\boldsymbol{H}^{\mathrm{s}}$ 为目标散射波在雷达导引头接收处的磁场强度（A/m）；R 为目标到观测点的距离（m）。

由于 $\left|\boldsymbol{E}^{\mathrm{s}}\right|^2$ 和 $\left|\boldsymbol{H}^{\mathrm{s}}\right|^2$ 表示散射波功率密度（单位面积上的散射波功率），因此 $4\pi R^2\left|\boldsymbol{E}^{\mathrm{s}}\right|^2$ 或 $4\pi R^2\left|\boldsymbol{H}^{\mathrm{s}}\right|^2$ 表示散射波在半径为 R 的整个球面上的总散射功率。假设目标在各个方向有相同的散射波强度，且等于在入射方向的散射强度。由此可见，目标雷达散射截面的意义：当目标各向同性散射时，单位面积散射功率与入射波功率之比。这个比值具有面积（m²）的量纲，它的大小表示目标截获了多大面积的入射波功率，并将它均匀散射到各方向而产

生了大小为 E^s、H^s 的散射场。在 RCS 的定义式中，$R \to \infty$ 意味着目标处的入射波和观测点处的散射波都具有平面波的性质，因而消除了距离 R 对雷达散射截面的影响。

目标 RCS 是一个十分复杂的物理量，它既与目标的几何参数和物理参数有关（如目标的尺寸、形状、材料和结构等），又与入射电磁波的参数有关（如频率、极化、波形等），同时与目标相对于观测点的姿态角有关。当观测点处的雷达为双基地体制工作时，雷达截面还与由入射射线和散射射线构成的双站角有关。

目前，目标 RCS 特性的研究方法主要分为理论分析和实际测量两种路线，而理论分析又可以分为统计建模和确定建模等方法。其中，统计建模是基于实测 RCS 数据进行统计分析而获取的计算目标 RCS 的公式，其计算简单但精度较低；确定建模是构造目标的三维几何模型，按照电磁辐射的方法，获取目标在导引头工作频率下，不同方位和俯仰角度时的 RCS 特性，其计算精度较高但运算较为复杂。

9.3.2.2 目标雷达散射截面的统计建模方法

由于雷达需要探测的目标十分复杂且多种多样，很难准确地得到各种目标截面积的概率分布和相关函数。因此，可以采用一个接近且合理的模型来估计受到的目标 RCS 起伏的影响，并进行数学上的分析。

统计建模方法就是结合特定 RCS 分布的概率密度函数和相关特性，利用相关算法生成符合这些概率分布和相关特性的随机数来模拟 RCS 数据。较为常见的 RCS 统计模型有施威林模型、莱斯模型及对数正态分布模型等。

1）施威林模型

在进行目标雷达散射截面的统计方法中，提出最早且比较常用的起伏模型是施威林模型。施威林模型假设目标 RCS 起伏具有扫描间或脉冲间的统计独立性，将其分为瑞利分布下的慢起伏和快起伏，以及卡方分布下的快起伏和慢起伏，即施威林 I～IV 型起伏模型。

施威林 I 型用于描述慢起伏、瑞利分布的目标，即假设 RCS 幅值起伏是一个扫描间按瑞利分布起伏的非相干脉冲链；施威林 II 型用于描述快起伏、瑞利分布的目标，即假设 RCS 幅值起伏是一个脉冲间按瑞利分布起伏的非相干脉冲链。两者的区别在于，施威林 II 型目标 RCS 在仿真时，假定脉冲与脉冲间的起伏是统计独立的，两者模型的概率分布密度一致，均为

$$p(\sigma) = \frac{1}{\bar{\sigma}} \exp^{-\left(\frac{\sigma}{\bar{\sigma}}\right)} \tag{9-13}$$

式中，$\bar{\sigma}$ 为目标截面积起伏全过程的平均值。

施威林 III 型用于描述慢起伏、卡方分布的目标，即假设 RCS 幅值是一个扫描间按卡方分布起伏的非相干脉冲链；施威林 IV 型用于描述快起伏、卡方分布的目标，即假设 RCS 幅值起伏是一个脉冲间按卡方分布起伏的非相干脉冲链。两者模型的概率分布密度一致，均为

$$p(\sigma) = \frac{4\sigma}{\bar{\sigma}^2} \exp\left[-\frac{2\sigma}{\bar{\sigma}}\right] \tag{9-14}$$

施威林 I、II 型，适用于复杂目标是由大量近似相等单元散射体组成的情况，许多复杂目标的截面积如飞机就属于这一类型。施威林 III、IV 型，适用于目标具有一个较大反射体和许多小反射体，或者一个大的反射体在方位上有小变化的情况。

2）莱斯模型

雷达散射截面的莱斯分布模型的概率密度函数为

$$p(\sigma)=\frac{1}{\psi_0}\exp\left(-s-\frac{\sigma}{\psi_0}\right)I_0\left(2\sqrt{\frac{s\sigma}{\psi_0}}\right) \quad \sigma>0 \tag{9-15}$$

式中，s 为稳定体的 RCS 值与多个瑞利散射子组合的平均 RCS 值的比值；ψ_0 为 σ 瑞利分布部分的平均值；I_0 为第一类修正零阶贝塞尔函数。

采用莱斯模型来描述对象时，通常仿真目标由两部分构成：一个强的稳定散射体和多个弱散射体的组合。当 $s=0$ 时，莱斯模型就演变为施威林 I 型和 II 型的情况，即无稳定体情况；当 $s=+\infty$ 时，即非起伏目标。莱斯分布模型中 s 值表示稳定体在整个组合体目标中的权重，且 s 可以是非正整数。

3）对数正态分布模型

雷达散射截面的对数正态分布模型的概率密度函数为

$$p(\sigma)=\frac{1}{\sigma\sqrt{4\pi\ln\rho}}\exp\left(-\frac{\ln^2\left(\sigma/\sigma_0\right)}{4\ln\rho}\right) \quad \sigma>0 \tag{9-16}$$

式中，σ_0 为 σ 的中值；ρ 为 σ 的平均中值比，即 $\bar{\sigma}/\sigma_0$（$\bar{\sigma}$ 为平均值）。对数正态分布同样具有 2 个统计参数 σ_0 和 ρ，分别是平均值 $\bar{\sigma}=\sigma_0\rho$ 和方差 $\sigma^2=\left(\bar{\sigma}\right)^2\left(\rho^2-1\right)$。

对数正态分布模型用于仿真的目标，认为目标是由不规则形状的电大尺寸散射体组合构成的。

在目标运动过程中，其位置和自身姿态相对于雷达导引头来说都在时刻变化，因此其瞬时 RCS 和其角闪烁也是不断变化的。在实际仿真试验中十分准确地表述这一变化的过程几乎不可能。考虑到目标运动过程中的摆动和旋转，因此，在使用上述起伏模型时，将瞬时 RCS 的变化表述为其平均值的随机变化。

9.3.2.3 目标雷达散射截面的确定性建模方法

雷达散射截面的确定性建模方法根据各种电磁散射理论研究目标产生散射场的各种机理，并利用各种近似计算方法和计算机技术定量预估各种情况下目标的 RCS 特征。由于不同目标的几何形状、表面材质等特征存在诸多不同，目标 RCS 求解的复杂性和数值计算工作量大大增加。目前，典型目标的电磁散射特性计算模型主要分为两个阶段：目标的几何建模和电磁散射计算。

1）目标的几何建模

几何建模是目标电磁散射界面确定性建模的前提和基础，是对目标几何外形的数值描述，其建模的精确程度直接影响电磁散射建模的精度。几何建模的主要工作包括目标外形几何构建、目标网格生成和目标的边缘模型生成，其中，目标外形几何构建主要按照图纸、照片等相关资料，在相关的 CAD 软件（如 CATIA、Pro/E、UG 等）中完成目标三维模型的构建；目标网格生成主要基于目标的三维 CAD 模型，利用 CAD 软件完成模型的修复与网格离散优化，生成满足电磁计算所需的离散网格模型；目标的边缘模型生成主要根据网格模型的拓扑关系提取自然棱边，为边缘绕射计算提供输入。

2）电磁散射计算

电磁散射计算是电磁散射截面确定性建模的核心，其计算精度和效率是电磁散射建模的决定性因素。在计算时，必须根据雷达导引头的相关参数（频段、带宽、极化等）进行计算。由于雷达散射截面正比于散射波功率，因此求解电磁波散射的所有方法在原则上都可用于 RCS 理论分析。

随着电磁学的不断进步，出现了许多针对目标外形、尺寸、材料的 RCS 计算方法。这些方法基本可以分为两种：精确解析方法和近似计算方法。在实际应用中，利用波动方程和边界条件求散射场级数解的精确解析法只能用于形状简单的目标，如球和圆柱等；而利用矩量法或其他数值方法求解散射场积分方程的方法，则往往受计算机内存容量和运算速度的限制而只能适用于电尺寸不大的目标。因此，在工程实践中，主要采用高频电磁散射计算的近似计算方法。

高频电磁散射计算方法一般可归纳为两类：一类基于射线光学的方法，包括几何光学（Geometrical Optics，GO）方法、几何绕射理论（Geometrical Theory of Diffraction，GTD）方法等；另一类基于波前光学的方法，包括物理光学（Physical Optics，PO）方法、物理绕射理论（Physical Theory of Diffraction，PTD）方法、等效边缘电磁流（Equivalent Edge Currents，EEC）方法等。从工程上来看，基于波前光学的近似方法具有更广泛的适用性。

采用波前光学方法时，对于目标的一次反射和绕射计算，可以通过 PO 方法和 EEC 方法进行计算，而对目标内的多次散射（多次反射、多次绕射等），可结合射线光学方法，采用射线光学理论计算电磁波在目标内的能量传播，采用波前光学方法计算目标的散射场，即 GO/PO 方法和 GO/EEC 方法，也称为射线弹跳（Shooting and Bouncing Ray，SBR）方法。

下面简要介绍几种方法的基本概念。

- 几何光学（GO）方法：最古老和最简单的高频近似计算方法，利用一些定理（如反射定理、折射定理、费马原理）来确定光线轨迹或射线的路径。GO 方法射线管内的场强是由相应的场强定理计算得到的。在 GO 方法中，几何光学射线（入射场）照射散射体表面后，由相应的反射定理确定的路径继续向前传播，直至其离开散射体。远区散射场可以通过对射线积分得到。尽管 GO 方法简单，但仅适用于平板和圆柱这种平的或单弯曲表面，以及光滑表面的计算，在源区、焦散区等区域，存在较大误差。

- 几何绕射理论（GTD）方法：GTD 方法主要针对 GO 方法的宽角失效的问题进行改进。利用绕射系数计算从而得到精确绕射场，但 GTD 方法存在两个问题，首先，计算的绕射系数在反射和阴影边界为无穷大，需要加以修正；其次，GTD 方法仅仅能计算 Keller 锥上的散射场，在焦散区的计算也是错误的。

- 物理光学（PO）方法：PO 方法计算得到的散射场实际上就是对感应场的近似积分，由于感应场是有限值，则散射场也是有限值，这种方法很好地解决了在平表面和单弯曲表面 RCS 出现无限大的问题。PO 方法不但计算效率高，计算精度也比 GO 方法高，所以 PO 方法得到了广泛的应用。但是，PO 方法也存在不足，对于交叉极化的回波 PO 方法不能应用，并且 PO 方法也不能应用到光滑的双重弯曲物体。除此之外，由于没有考虑表面边缘的散射，PO 方法的结果可能会不正确，特别是散射方向与镜面反射方向所形成的角度越大，结果越不正确。

- 物理绕射理论（PTD）方法：PTD 方法利用物理光学和边缘两部分的散射共同构成散射场，而边缘的散射是通过二维尖劈问题的严格解来计算的，从而进一步提升 PO 方法的计算精度。PTD 方法计算的绕射场在阴影和反射边界为有限值，所以 PTD 方法基本优于 GTD 方法。但该方法的主要局限是在 Keller 锥上的散射方向有所不足。

- 等效边缘电磁流（ECC）方法：在劈边缘位置假设某种线电磁流，使其在自由空间的辐射场与劈绕射场相同，这个电磁流就称为劈边缘的等效电磁流。它并非实际存在的电磁流，因为它随着入射方向、观察方向的变化而异。因此，只是一种数学处理手段。它根据这样一个事实，当通过一个辐射积分对任意有限电流分布的远区绕射场求和时，将得到一个有限的结果。

- 射线弹跳（SBR）方法：在目标内面与面之间的多次散射是目标的重要散射机理。在高频情况下，电磁波在物体表面发生反射时遵循几何光学的反射定律。GO/PO 方法基于目标电磁波的光学传播特性，在"能量传递"计算时，采用 GO 方法确定电磁波的弹射，在电磁波照射到目标可见区域时，采用 PO 方法计算可见区域电磁波的散射能量。采用 GO/PO 方法计算目标多次反射的关键问题是确定电磁波在目标内传递过程（多次反射）的电磁波特征量的变化，包括电磁波传播方向、场强、极化、相位等。

随着数值方法在电磁场领域的广泛应用，以及大型计算机的出现，关于电磁场问题的理论研究和分析方法取得了前所未有的突破性进展，获得了大量的有实用价值的结果。随着科学领域不断日新月异的发展和相互渗透，研究的范围越来越广，研究的对象越来越复杂，从而使不同方法之间的界限逐渐变得模糊。于是，在模糊的边界区又派生出新的分支。近年来，相继出现了区域分裂法（Domain Decomposition Method，DDM）、时域有限差分（Finite Difference Time Domain，FDTD）法、时域有限元法（Finite Element Method in Time Domain，TD-FEM）、梅（MEI）方法、渐进波形变换估计（Asymptotic Waveform Evaluation，AWE）、快速多极子（Fast Multipole Method，FMM）和各种计算方法相结合形成的混合法。

9.3.2.4　目标雷达散射截面的试验测量建模方法

基于大量试验数据开展雷达散射截面计算也是研究目标雷达特征的一个重要手段。通过对各种目标雷达散射特性进行实际测量，不仅可以获取对基本散射现象的了解，检验理论分析的结果，而且可以获得大量的目标特征数据，建立目标特性数据库。RCS 测量分为缩比模型测量、全尺寸目标静态测量和目标动态测量等方式。随着微波测试仪器日新月异的进步，除了常规的室内、室外 RCS 测量，还出现了一系列新的测量方法，如利用抛物面紧缩场进行缩比测量，利用距离波门的时间分离法和利用角度滤波的空间分离法以提高信噪比，利用极窄脉冲高分辨系统和逆合成孔径技术进行目标闪烁点识别的二维和三维成像测量，以及利用时域测试系统测试目标的瞬态响应等先进测试技术。这些新的方法已经发展到一定成熟的阶段，测量误差小于 1dB，而且正在向更高的测试精度和更完善的测试功能发展。

9.3.2.5　目标雷达回波信号的计算方法

在实验室环境下，为了逼真地复现雷达导引头在作战飞行过程中收到的电磁信号，需要首先模拟雷达导引头目标收到的回波信号，要求生成的模拟回波信号在幅度、频率、延迟等方面与真实目标信号一致。

通常采用的方法就是利用射频场景模拟器，对目标回波信号延迟模型、多普勒频率模型和幅度控制模型按照一定的更新周期进行计算生成。其中，用延迟模型计算结果驱动延迟设备对发射信号进行延迟调制;用多普勒频率模型计算结果驱动频率源产生所需调制频率,对模拟的雷达导引头发射信号进行频率调制;用幅度控制模型的计算结果驱动功率控制设备产生所需功率的信号,送至阵列系统的目标等效位置向导弹辐射信号,形成模拟目标回波信号。下面给出目标回波信号的幅度控制模型、多普勒频率模型和延迟模型。

1)目标回波信号的幅度控制模型

为了在仿真环境中真实反映目标信号能量变化,应保证雷达导引头接收到的距离 R_m 处的目标模拟信号功率 E_t' 与作战环境中雷达导引头接收到的距离 R_t 处的目标信号功率 E_t 一致。

在作战环境中,雷达导引头接收到的目标回波信号功率 E_t 为

$$E_t = \frac{P_t G_t^2 \sigma_t \lambda^2}{(4\pi)^3 R_t^4 L} \tag{9-17}$$

式中,P_t 为雷达导引头发射功率;σ_t 为目标 RCS;R_t 为导弹与目标之间的距离;L 为雷达导引头系统损耗。

而在仿真试验环境中,雷达导引头接收到由仿真系统产生的目标回波信号功率 E_t' 为

$$E_t' = \frac{P_{tm} G_m G_t \lambda^2}{(4\pi R_m)^2} \tag{9-18}$$

式中,P_{tm} 为仿真系统产生的目标回波信号功率;G_m 为仿真系统阵列天线增益;G_t 为雷达导引头天线增益;λ 为雷达导引头工作波长;R_m 为雷达导引头与阵列天线之间的距离。

根据相似性原理,利用式(9-17)和式(9-18)即可得到仿真系统应产生的目标回波信号功率 P_{tm} 为

$$P_{tm} = \frac{P_t G_t^2 \sigma_t R_m^2}{4\pi R_t^4 L G_m} \tag{9-19}$$

仿真系统在阵列目标位置上产生的目标回波信号幅度为

$$A_{tm} = \sqrt{P_{tm}} = \sqrt{\frac{P_t G_t^2 \sigma_t R_m^2}{4\pi R_t^4 L G_m}} \tag{9-20}$$

2)目标回波信号的多普勒频率模型

目标多普勒频率是由导弹速度、目标速度、导引头工作波长和导弹与目标的几何关系决定的。因此,为了在实验室中模拟出多普勒频率特征,需要描述出目标与导弹之间的几何关系。

典型作战场景中导弹、目标与诱饵的相对运动关系如图9-12所示。

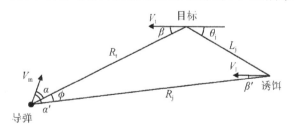

图9-12　典型作战场景中导弹、目标与诱饵的相对运动关系

图9-2中,V_m 为导弹速度;V_t 为目标速度;α 为导弹速度与弹目连线的夹角;β 为目

标速度与弹目连线的夹角；α' 为导弹速度与导弹诱饵连线夹角；β' 为诱饵速度与诱饵导弹连线的夹角；l 为诱饵与目标之间的距离，θ_j 为诱饵相对于目标飞行方向的角度。

根据多普勒效应原理，得到目标回波信号多普勒频率 f_d 为

$$f_d = \frac{2(V_m \cos\alpha + V_t \cos\beta)}{\lambda} \tag{9-21}$$

3）目标回波信号的延迟模型

在仿真环境中，目标回波信号的延迟 τ 为

$$\tau = \frac{2R_t}{c} - \tau_1 \tag{9-22}$$

式中，c 为光速；τ_1 为仿真系统的固有延迟（含设备延迟和空馈延迟）；R_t 为弹目距离。

9.3.3　典型杂波干扰信号计算

杂波产生机理复杂，依赖于许多因素，包括雷达本身的工作状态（如入射角、发射频率、极化、分辨率等）和背景情况（如地面植被情况、地面粗糙度、海况、风速、风向等），其通常为一个随机过程，很难完整并精确地进行描述。因此，在典型雷达杂波的研究中，通常用幅度谱与功率谱来描述杂波特征。

在本节中，首先，给出地海杂波的等效介电参数模型；然后，给出常用的杂波幅度分布模型和杂波功率谱分布模型；最后，给出典型的杂波信号模拟生成方法。

9.3.3.1　典型的地海杂波的等效介电参数模型

不同的地面情况或海况，其地面接收到杂波时的后向散射系数存在较大差异，该项参数直接影响杂波信号的强弱。在此，给出典型的海面和地面等效介电参数模型。

1）海面等效介电参数模型

海面是一个随机、动态的粗糙表面，其电磁散射是一个与多种参量有关的复杂现象。一种普通海水相对介电常数的计算方法是采用双 Debye 海水介电常数模型，该模型取决于海水的温度、盐度和电磁波频率，与泡沫、浪花无关，适用范围为 10MHz～10000GHz，计算公式可表示为

$$\varepsilon_{sea}(T,S) = \varepsilon_\infty + \frac{\varepsilon_s(T,S) - \varepsilon_1(T,S)}{1+[if/f_1(T,S)]} + \frac{\varepsilon_1(T,S) - \varepsilon_\infty(T,S)}{1+[if/f_2(T,S)]} + i\sigma(T,S)/2\pi\varepsilon_0 f \tag{9-23}$$

式中，T 为温度，单位为℃；S 为盐度，单位为%；f 为入射电磁波的频率，单位为 GHz；$f_{i=1,2}(T,S)$ 为 Debye 相关频率，单位为 GHz；σ 为海水的电导率；ε_∞ 为频率无限大时的介电常数；$\varepsilon_\infty(T,S)$ 为静态介电常数；$\varepsilon_0 = 8.854\times10^{-12}\,F/m$ 为自由空间的介电常数。其中，参数 $\varepsilon_1(T,S)$、$\varepsilon_\infty(T,S)$、$f_1(T,S)$ 等均为海水温度和盐度的函数。

考虑到实际海面风带动涌浪并卷入空气形成水下气泡，此时利用混合介质等效介电常数可以修正海水介电常数，采用 Maxwell-Garnett 模型，即

$$\varepsilon_{eff} = \varepsilon_{sea} + \frac{3f(\varepsilon_{bubble} - \varepsilon_{sea})/(\varepsilon_{bubble} + 2\varepsilon_{sea})}{1 - f(\varepsilon_{bubble} - \varepsilon_{sea})/(\varepsilon_{bubble} + 2\varepsilon_{sea})} \tag{9-24}$$

$$\varepsilon_{bubble} = \varepsilon_{sea}\left[1 - \frac{3V(\varepsilon_{sea}-1)}{2\varepsilon_{sea}+1+V(\varepsilon_{sea}-1)}\right] \tag{9-25}$$

式中，$f=7.757\times10^{-6}\times U_{10}^{3.321}$ 为海水中气泡经验公式，U_{10} 为海面 10m 处的风速；ε_{sea} 为双 Debye 海水介电常数；$\varepsilon_{\text{bubble}}$ 为气泡介电常数；V 为气泡的占空比，根据海况进行选择，通常可以取值为 0.95。

2）地面等效介电参数模型

地杂波的产生与地形、地貌有密切关系，地形越粗糙、杂波越严重。典型地面杂波的计算，需要地表的粗糙度和介电常数参数。对于裸土、沙地和草地等典型自然地表，其介电常数可以通过测量来获得；而对于水泥、沥青混凝土路面等由混合材料构成的地表，需要通过等效介电常数模型来获得。

沥青混凝土路面的等效介电常数模型可以用修正的线性模型计算，即

$$\varepsilon_{\text{ac}} = 1.1996\left(\theta_a\varepsilon_a + \theta_{as}\varepsilon_{as} + \theta_s\varepsilon_s\right) - 3.4354 \tag{9-26}$$

式中，θ_a、θ_{as}、θ_s 分别为空气、沥青、骨料的体积比；ε_{ac}、ε_a、ε_{as}、ε_s 分别为沥青混凝土、空气、沥青、骨料的介电常数。

水泥路面的等效介电常数模型可以用修正的线性模型，即

$$\varepsilon_{\text{cr}} = 0.6233\left(\theta_a\varepsilon_a + \theta_c\varepsilon_c + \theta_s\varepsilon_s\right) + 1.6265 \tag{9-27}$$

式中，θ_a、θ_c、θ_s 分别为空气、净浆、骨料的体积比；ε_{ac}、ε_a、ε_c、ε_s 分别为沥青混凝土、空气、净浆、骨料的介电常数。

典型地表在 X 波段和 Ku 波段的介电常数如表 9-2 所示。

表 9-2　典型地表在 X 波段和 Ku 波段的介电常数

典型地表	X 波段介电常数	Ku 波段介电常数
干燥裸土	(6.07,1.46)	(5.8,1.6)
湿裸土	(16.31,5.55)	(14.10,6.2)
沙地	(2.6,0.012)	(2.53,0.005)
草地	(3.5,1.0)	(2.7,0.4)
旧水泥混凝土	(8,0.47)	(7,0.32)
新水泥混凝土	(15,2.2)	(13,2.0)
沥青	(4.8,0.035)	(4.5,0.030)
剥落沥青混凝土	(3,0.035)	(2.8,0.028)
湿沥青混凝土	(10,0.27)	(8.5,0.22)
干沙地	(2.5,0.005)	—
潮湿土壤	(3.2,0.19)	—

另外，还有几种典型地表在 3GHz 下的介电常数，如雪的介电常数为(1.2,0.0003)；冰的介电常数为(3.2,0.0009)；肥沃干土的介电常数为(2.44,0.001)。

9.3.3.2　常用的杂波幅度分布模型

杂波的幅度谱是指幅度满足特定的模型，即特定的概率密度函数。在不同地形或海情下，杂波的幅度谱具有不同的分布特征，主要包括瑞利分布、对数正态分布、韦伯分布和 K 分布。

1）瑞利（Rayleigh）分布

瑞利分布是雷达杂波中最常用的一种幅度分布模型，适用于描述气象杂波、低分辨力

雷达的地杂波和海杂波。对于低分辨雷达（脉冲宽度大于 0.5μs）或高分辨率雷达在入射角较大（$\varphi > 5°$）时，杂波的幅度分布通常满足瑞利分布。这是因为如果不考虑地面的强反射体，那么地杂波是由大量在空间连续分布且相互独立的反射体回波合成的，在这些反射体中没有一个占主导地位，根据中心极限定理可以推导出此时杂波的幅度分布模型即高斯型，其包络服从瑞利分布。

瑞利分布的概率密度函数（PDF）表达式为

$$p(x) = \frac{2x}{a^2} \exp\left[-\left(\frac{x}{a}\right)^2\right] \quad x > 0 \tag{9-28}$$

瑞利分布的累计概率密度函数（CDF）表达式为

$$C(x) = 1 - \exp\left[-\left(\frac{x}{a}\right)^2\right] \tag{9-29}$$

它的 n 阶矩表达式为

$$M_n = a^2 \Gamma\left(1 + \frac{n}{2}\right) \tag{9-30}$$

式中，$\Gamma(\cdot)$ 为伽马函数；a 为形状参数。

利用最大似然估计方法进行计算，参数 a 的最大似然估计量为

$$\hat{a} = \frac{1}{N}\sum_{i=1}^{N} X_i^2 \tag{9-31}$$

式中，N 为样本个数；X_i 为每个样本的观测值。

2）对数正态（Log-Normal）分布

随着雷达分辨率的提高，瑞利模型已经不能满足实际需要。在雷达分辨率较小或海情级数较高的条件下，杂波分布函数的尾部会有一条较长的曲线。除了分布函数与瑞利分布函数相差较大，两者的后向散射系数也有较大差距，此时杂波幅度更符合对数正态分布。对数正态分布适用于低入射角（$\varphi \leqslant 5°$）条件下的复杂地形的地杂波数据或者平坦区高分辨率的海杂波数据。

对数正态分布的概率密度函数（PDF）表达式为

$$p(x) = \frac{1}{x(\pi a)^{1/2}} \exp\left\{-\frac{(\ln x - m)^2}{a}\right\} \quad x > 0 \tag{9-32}$$

对数正态分布的累计概率密度函数（CDF）表达式为

$$C(x) = 1 - \frac{1}{2}\text{erfc}\left\{-\frac{\ln x - m}{a^{1/2}}\right\} \tag{9-33}$$

它的 n 阶矩表达式为

$$M_n = \exp\left(nm + 0.5n^2 a\right) \tag{9-34}$$

式中，$\text{erfc}(\cdot)$ 为余误差函数。

利用最大似然估法计算参数 a 的最大似然估计量为

$$\hat{m} = \frac{1}{N}\sum_{i=1}^{N} \ln X_i \tag{9-35}$$

$$\hat{a} = \frac{2}{N} \sum_{i=1}^{N} \left(\ln X_i - \hat{m} \right) \tag{9-36}$$

3）韦伯（Weibull）分布

在近距离杂波严重情况下，很可能会出现强幅度的杂波，且关于幅度的概率密度函数尾部会有一条很长的曲线，在此种情况下应用韦伯分布函数进行模拟。

韦伯分布的概率密度函数（PDF）表达式为

$$p(x) = \frac{p}{q} \left(\frac{x}{q} \right)^{p-1} \exp \left[-\left(\frac{x}{q} \right)^p \right] \quad x > 0 \quad p > 0 \quad q > 0 \tag{9-37}$$

韦伯分布的累计概率密度函数（CDF）表达式为

$$C(x) = 1 - \exp \left[-\left(\frac{x}{q} \right)^p \right] \tag{9-38}$$

韦伯分布的 n 阶矩表达式为

$$M_n = q^n \Gamma \left(1 + \frac{n}{p} \right) \tag{9-39}$$

式中，q 为尺度参数；p 为形状参数。

最大似然估计法估计参数表达式为

$$\hat{p} = \left\{ \frac{6N}{\pi^2 (N-1)} \left[\frac{1}{N} \sum_{i=1}^{N} \left(\ln X_i \right)^2 - \left(\frac{1}{N} \sum_{i=1}^{N} \ln X_i \right)^2 \right] \right\}^{1/2} \tag{9-40}$$

$$\hat{q} = \exp \left(\frac{1}{N} \sum_{i=1}^{N} \ln X_i + 0.5772 \hat{p}^{-1} \right) \tag{9-41}$$

4）K 分布

上文的统计分布函数均是在一个点上进行统计建模的，而且只适用于单脉冲模式，并未考虑杂波在空域和时域上的联系。为了将不同脉冲间的关系体现在模型中，科研人员建立了 K 模型。该模型中含有相关时间相异的两个变量：一个是慢变分量，表示快变分量的平均电平，它有一个长时间的去相关周期，不受频率捷变的影响，它除了表征海杂波的平均电平，还表征海杂波幅度的周期变化；另一个是快变分量，来自各分辨单元的回波有短时间的去相关周期，并且可通过频率捷变由脉冲到脉冲完全去相关，通常也称为斑点分量，服从瑞利分布。K 模型对于海面杂波适用度较高，尤其是在概率较小的地域面积内。

K 分布的概率密度函数（PDF）表达式为

$$p(x) = \frac{2}{a \Gamma(v+1)} \left(\frac{x}{2a} \right)^{v+1} K_v \left(\frac{x}{a} \right) \tag{9-42}$$

K 分布的累计概率密度函数（CDF）表达式为

$$C(x) = 1 - \frac{2}{a \Gamma(v+1)} \left(\frac{x}{2a} \right)^{v+1} K_{v+1} \left(\frac{x}{a} \right) \tag{9-43}$$

K 分布的 n 阶矩表达式为

$$M_n = \frac{2^n a^n \Gamma(0.5n+1) \Gamma(0.5n+v+1)}{\Gamma(v+1)} \tag{9-44}$$

式中，a 为尺度参数；v 为形状参数；$K_v(\cdot)$ 为第二类修正 v 阶贝塞尔函数。

9.3.3.3　常用的杂波功率谱分布模型

杂波的功率谱用于反映杂波序列之间的关系。对精度较低的早期雷达，经过观察和测量，许多数据表明功率模型可看成高斯模型；但对精度较高的现代雷达，因为雷达的波束范围很小和擦地角很小，所以功率模型不可看成高斯模型，而是近似看成柯西模型或立方模型，与高斯模型相比，该类型功率模型会有更长的拖尾，且在高频段幅度比高斯模型大很多。

1）高斯分布

高斯模型是由 Barlow 给出的，是被使用次数最多的模型之一。其功率谱密度函数表达式为

$$s(f) = \exp\left(-\left(1.665\frac{f}{f_{-3dB}}\right)^2\right) \tag{9-45}$$

式中，f_{-3dB} 为功率谱取 $-3\,dB$ 处的频率。

2）柯西分布和立方分布

由于高斯模型无法精确地模拟函数尾部具有一条较长曲线的分布，需要建立能够精确模拟此种情况的全极点模型，其功率谱密度函数表达式为

$$s(f) = \frac{1}{1+(f/f_{-3dB})^n} \tag{9-46}$$

当 $n=2$ 时，为柯西分布，也称为马尔可夫分布；当 $n=3$ 时，为立方分布。

上述高斯谱和 n 次方谱不但适用于地面杂波，也适用于雨杂波和箔条杂波。

9.3.3.4　常用的杂波信号模拟生成方法

杂波信号的起伏变化是对一个相关的具有一定概率分布的函数序列进行调制的过程，在工程实践中，雷达杂波信号的模拟实质上就是产生这样一个具有一定概率分布的数据序列。由于每种杂波类型都具有不同的杂波特性，因此应根据具体情况的不同来确定采用哪种功率谱模型及概率分布。目前，有很多能够形成符合设计要求的功率谱函数和概率密度分布函数模拟出的杂波序列的算法，其中比较有代表性的方法主要是基于非线性变化的零记忆非线性变换（Zero Memory Nonlinearity，ZMNL）法和基于随机序列调制的球不变随机过程（Spherically Invariant Random Process，SIRP）法。

1）零记忆非线性变换法

零记忆非线性变换法的基础思想如下：首先生成相互关联的随机过程，且该随机过程的类型为高斯；然后进行非线性变换，得到了非高斯随机过程，但该随机过程仍相互关联。此种方法能够被应用必须基于如下前提：对于非线性变换，需要得到输入端的自相关函数和输出端的自相关函数之间的变换函数。零记忆非线性变换法的基本原理示意图如图 9-13 所示。

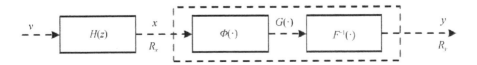

图 9-13　零记忆非线性变换法的基本原理示意图

图 9-13 中，v 为服从正态分布的白噪声序列，$H(z)$ 为线性系统，序列 x 的自相关函数是 R_x，序列 y 自相关函数是 R_y，$G(\cdot)$ 为 ZMNL 变换，$G(\cdot)$ 能使序列 y 满足所需的幅度模型，$H(z)$ 能使序列 y 满足所需的功率谱模型。

零记忆非线性变换法是在模拟杂波中使用频率最高的方法，能够实现绝大多数的分布模型。该方法实现简单并且速度也快，但是有时自相关函数之间的变换函数难以找到，并且也会受到功率谱的约束。

2）球不变随机过程法

球不变随机过程法的基础思想如下：首先生成具有相关性的服从正态分布的随机过程，再用随机序列进行调制，且随机序列满足特定的基于点变量的概率密度函数。球不变随机过程法的基本原理示意图如图 9-14 所示。

图 9-14 中，$Y(k)$ 是均值为 0 且满足正态模型的序列，由满足正态模型的白噪声 $W(k)$ 通过线性系统 $H(f)$ 后生成，$X(k)$ 是输出序列，其功率谱密度必须是瑞利变量的混合函数，$S(k)$ 是具有 $X(k)$ 的幅度模型的非负实平稳序列，$S(k)$ 和 $Y(k)$ 不相关，即球不变随机过程法可以独立控制 $X(k)$ 的幅度概率特性和功率谱特性。

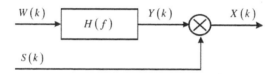

图 9-14　球不变随机过程法的基本原理示意图

球不变随机过程法的仿真精度更高，并且与幅度谱和功率谱的拟合度也较好。但该方法受到随机过程阶数和自相关函数的影响，计算速度较慢。

零记忆非线性变换法和球不变随机过程法均可以产生相参杂波和非相参杂波。对于瑞利模型、对数正态模型、韦伯模型，由于比较容易找到很好的零记忆非线性变换关系，因此适用于零记忆非线性变换法；对于 K 模型，采用球不变随机过程法的效果较好。

9.3.4　典型射频诱饵干扰计算

射频干扰是利用反射、散射、吸收和辐射雷达电磁波，干扰敌方雷达的检测能力和跟踪性能。下面给出几种常用的射频诱饵干扰计算方法，主要包括有源压制干扰、有源欺骗干扰和无源箔条干扰等。

9.3.4.1　有源压制干扰信号计算方法

射频有源压制干扰主要利用高功率信号，在时域、频域及变换域都能覆盖目标电磁信号，覆盖了雷达接收机需要的有用信息，使得敌方雷达无法有效接收目标回波，从而达到电子压制干扰的目的。压制干扰的优点在于不需要预知敌方的雷达体制和信号参数就能达到干扰效果，缺点在于需要干扰机具有较大的功率。根据不同的分类依据，可以对压制干扰进行分类。例如，根据调整内容可分为调幅式、调频式和调相式；根据带宽的不同可分为瞄准式、阻塞式和扫频式。目前，噪声调幅干扰主要采用的是瞄准式，噪声调频干扰多采用阻塞式和扫频式。

下面给出调幅式有源压制干扰模型和调频式有源压制干扰模型，并给出有源压制干扰的带宽要求，最后给出在实验室内有源压制干扰的信号调制方法。

1）调幅式有源压制干扰的数学模型

噪声调幅干扰是指载波的幅度随调制噪声的变化而变化，其计算公式为

$$J(t) = \left[U_0 + U_n(t)\right]\cos\left[2\pi f_j t + \phi(t)\right] \tag{9-47}$$

式中，U_0 为直流偏置，是一个常值；$U_n(t)$ 为调制噪声，均值为 0、方差为 σ_n^2、取值范围为 $(-U_0, +\infty)$；$\phi(t)$ 为相位函数，服从 $[0, 2\pi]$ 的均匀分布，且与 $U_n(t)$ 相互独立；f_j 为载波中心频率，为一个常数，且远大于 $J(t)$ 的谱宽。

该信号的均值 $E\left[J(t)\right]$ 为

$$E\left[J(t)\right] = \frac{1}{2\pi}\int_0^{2\pi}\left[U_0 + U_n(t)\right]\cos\left(2\pi f_j t + \varphi_j\right)p\left[U_n(t)\right]\mathrm{d}U_n(t)\mathrm{d}\phi = 0 \tag{9-48}$$

自相关函数 $R_J(\tau)$ 为

$$R_J(\tau) = \frac{1}{2\pi}\int_0^{2\pi}\int_{-U_0}^{\infty}\int_{-U_0}^{\infty}\left[U_0 + U_n(t)\right]\cos\left(2\pi f_j t + \phi\right)\left[U_0 + U_n(t+\tau)\right] \cdot$$

$$\cos\left[2\pi f_j(t+\tau) + \phi\right]p\left[U_n(t), U_n(t+\tau)\right]\mathrm{d}U_n(t)\mathrm{d}U_n(t+\tau)\mathrm{d}\phi \tag{9-49}$$

$$= \frac{1}{2}\left[U_0^2 + R_n(\tau)\right]\cos 2\pi f_j\tau$$

式中，$R_n(\tau)$ 为自相关函数，服从调制噪声 $U_n(t)$。

功率谱 $G_J(\omega)$ 为

$$G_J(\omega) = \frac{1}{4}\left[U_0^2\delta(f - f_j) + U_0^2\delta(f + f_j) + G_n(f - f_j) + G_n(f + f_j)\right] \tag{9-50}$$

式中，$G_n(f) = \int_{-\infty}^{+\infty}R_n(\tau)\mathrm{e}^{-\mathrm{j}2\pi f\tau}\mathrm{d}\tau$ 表示调制噪声的功率谱密度。

由调幅干扰的原理可以看出，噪声调幅干扰数据在时域上的均值为 0，功率为半边带功率，即

$$P = R_J(0) = \frac{U_0^2}{2} + \frac{R_n(0)}{2} = \frac{U_0^2}{2} + \frac{\sigma_n^2}{2} \tag{9-51}$$

噪声调幅式有源压制干扰在时域上幅度较为稳定，生成干扰比较方便，且对雷达具有压制作用，是主流的压制干扰类型。由于调幅式有源压制干扰的调制系数往往有一定的限制，并且信号带宽跟其他类型的干扰信号相比很窄，主要用于瞄准式干扰。噪声调幅瞄准式干扰也容易被雷达接收机识别并抑制，因此这种压制干扰更适用于特定体制的雷达和场合。

2）调频式有源压制干扰的数学模型

噪声调频式有源压制干扰在时域上有恒定值，频率随机变化，其数学模型为

$$J(t) = U_j\cos\left[2\pi f_j t + 2\pi K_{\mathrm{FM}}\int_0^t u(s)\mathrm{d}s + \varphi_j\right] \tag{9-52}$$

式中，U_j 为信号幅度，f_j 为中心频率，K_{FM} 为调频斜率，$u(t)$ 为瞬时频率，呈高斯分布且均值为 0，φ_j 为 $[0, 2\pi]$ 的均匀分布。

噪声调频式有源压制干扰的功率估计为

$$P_J = \frac{U_j^2}{2} \tag{9-53}$$

其均值 $E[J(t)]$ 为

$$E[J(t)] = U_j E\{\cos[\theta(t) + \phi]\} = 0 \tag{9-54}$$

自相关函数 $R_J(\tau)$ 为

$$
\begin{aligned}
R_J(\tau) &= U_j^2 E\{\cos[\theta(t) + \phi]\cos[\theta(t) + \tau] + \phi\} \\
&= \frac{U_j^2}{2}\cos(2\pi f_j \tau) E\{\cos[e(t+\tau) - e(t)]\} - \\
&\quad \sin(2\pi f_j \tau) E\{\cos[e(t+\tau) - e(t)]\}
\end{aligned}
\tag{9-55}
$$

式中，$\theta(t) = 2\pi f_j t + 2\pi K_{FM}\int_0^t u(t')\mathrm{d}t' = 2\pi f_j t + e(t)$，$e(t) = 2\pi K_{FM}\int_0^t u(t')\mathrm{d}t'$。并且当 $u(t)$ 为正态过程时，$e(t)$ 也是正态过程，两者都满足均值为 0。

噪声调频式有源压制干扰在正频率区的功率谱公式：

$$
\begin{aligned}
G_J(\omega) &= 4\int_0^\infty R_J(\tau)\cos\omega\tau\mathrm{d}\tau = U_j^2\int_0^\infty \cos[\omega_j - \omega\tau]\mathrm{e}^{-\sigma^2(\tau)/2}\mathrm{d}\tau \\
&= U_j^2\int_0^\infty \cos[\omega_j - \omega\tau]\exp\left[-2m_{fe}^2\Delta\Omega_n\int_0^{\frac{\Delta\Omega_n}{2}}\frac{1-\cos\Omega\tau}{\Omega}\mathrm{d}\Omega\right]\mathrm{d}\tau
\end{aligned}
\tag{9-56}
$$

式中，$\Delta\Omega_n = 2\pi\Delta F_n$，$m_{fe} = \dfrac{K_{FM}\sigma_n}{\Delta F_n} = \dfrac{f_{de}}{\Delta F_n}$ 为有效调频指数，$f_{de} = K_{FM}\sigma_n = \Delta F_n m_{fe}$ 为有效调频带宽。上面的积分式只有在 $m_{fe} \gg 1$ 或 $m_{fe} \ll 1$ 时才能近似求解。

当 $m_{fe} \gg 1$ 时，干扰的功率谱可写为

$$G_J(f) = \frac{U_j^2}{2} \times \frac{1}{\sqrt{2\pi}f_{de}}\mathrm{e}^{-\frac{(f-f_j)^2}{2f_{de}^2}} \tag{9-57}$$

干扰带宽为

$$\Delta f_j = 2\sqrt{2\ln 2}f_{de} = 2\sqrt{2\ln 2}K_{FM}\sigma_n \tag{9-58}$$

当 $m_{fe} \ll 1$ 时，干扰带宽为

$$\Delta f_j = \frac{\pi f_{de}^2}{\Delta F_n} = \pi m_{fe}^2\Delta F_n = \frac{\pi K_{FM}^2\sigma_n^2}{\Delta F_n} \tag{9-59}$$

噪声调频式有源压制干扰在时域上幅度变化范围基本固定，并且由于调频不受限制，所以可以实现比较大的干扰带宽。相比于调幅干扰，可以更加方便大功率发射。正是基于以上的优点，噪声调频干扰是压制式干扰技术中重要干扰技术之一。

3）有源压制干扰的带宽要求

前文提到，有源压制干扰按照带宽进行分类，一般可分为瞄准式、阻塞式和扫频式。带宽作为压制干扰信号的重要参数，当面对不同的压制类型时，其带宽需求各不相同。

瞄准式有源压制干扰的带宽要求为

$$f_j \approx f_s, \Delta f_j = (2 \sim 5)\Delta f_r \tag{9-60}$$

瞄准式有源压制干扰带宽较窄，因此发射信号的功率较小，需要预先知道雷达体制和频率，才能更加精准地干扰并产生较强的功率谱密度。如果无法对雷达的体制和频率有精

确的认知，瞄准式有源压制干扰的效果就会大打折扣。

阻塞式有源压制干扰的带宽要求为

$$\Delta f_j > 5\Delta f_r, f_s \in \left\{ f_j - \frac{\Delta f_j}{2}, f_j + \frac{\Delta f_j}{2} \right\} \tag{9-61}$$

阻塞式有源压制干扰具有信号生成快、装备易制造的特点，但是功率密度较低，并且对于干扰机的功率有较高的要求。

扫频式有源压制干扰的带宽要求为

$$\Delta f_j = (2 \sim 5)\Delta f_r, \ f_s = f_j(t), \ t \in [0,T] \tag{9-62}$$

扫频式有源压制干扰的带宽非常大，有固定的扫频范围和周期，可以使各个频带上的雷达都能受到干扰，甚至超出雷达干扰接收机的范围，当超出接收范围时则在时域上不存在干扰信号。扫频式有源压制干扰的功率密度非常高，并且中心频率具有周期性。

4）有源压制干扰的信号调制方法

在仿真实验室环境下，有源压制噪声的产生方法是利用射频场景模拟器，对具有一定值域范围的噪声模型、幅度控制模型和有效干扰周期模型按照一定的更新周期进行计算。其中，用噪声模型的计算结果驱动频率源产生分布在一定带宽内噪声的频率信号，并用该频率信号对模拟的导引头发射信号进行频率调制；用幅度控制模型和有效干扰周期模型的计算结果驱动功率控制设备，根据需要施加或关断干扰，并产生施加干扰时所需功率的干扰信号，形成模拟的压制干扰信号。

为了在仿真环境下真实反映压制干扰信号的能量变化，应保证导引头接收到的距离 R_m 处的压制干扰信号功率 E'_{jr} 与作战环境中导引头接收到的距离 R_t 处的压制干扰信号功率 E_{jr} 一致。

导引头接收到由仿真系统产生的压制干扰信号功率 E'_{jr} 为

$$E'_{jr} = \frac{P_{jm} G_m G_t \lambda^2}{(4\pi R_m)^2} \tag{9-63}$$

式中，P_{jm} 为仿真系统产生的压制干扰信号功率；G_m 为仿真系统阵列天线增益；G_t 为导引头天线增益；λ 为导引头工作波长；R_m 为导引头与阵列天线之间的距离。

在作战环境中，导引头接收到的压制干扰信号功率 E_{jr} 为

$$E_{jr} = \frac{P_j G_j G_t \lambda^2}{(4\pi R_t)^2 L} \cdot \frac{B_r}{B_j} \tag{9-64}$$

式中，P_j 为干扰发射功率；G_j 为干扰天线增益；B_r 为导引头接收机带宽；B_j 为压制干扰信号带宽，R_t 为导弹与干扰机之间的距离；L 为导引头系统损耗。

根据相似性原理，结合两者，可得到仿真系统产生的有源压制干扰信号功率 P_{jm}，即

$$P_{jm} = \frac{P_j G_j G_t \lambda^2}{(4\pi R_t)^2 L} \cdot \frac{B_r}{B_j} \cdot \frac{(4\pi R_m)^2}{G_m G_t \lambda^2} = P_j G_j \cdot \frac{B_r}{B_j} \cdot \frac{R_m^2}{G_m R_t^2 L} = J_{JM} \cdot B_r \cdot \frac{\sigma_t R_m^2}{G_m R_t^2 L} \tag{9-65}$$

式中，J_{JM} 为压制干扰等效功率面积比量化表征因子，其计算公式为

$$J_{JM} = \frac{P_j G_j}{\sigma_t B_j} \tag{9-66}$$

仿真系统产生的有源诱饵噪声干扰信号幅度为

$$A_{\mathrm{jm}} = \sqrt{P_{\mathrm{jm}}} = \sqrt{J_{\mathrm{JM}} \cdot B_{\mathrm{r}} \cdot \frac{\sigma_{\mathrm{t}} R_{\mathrm{m}}^2}{G_{\mathrm{m}} R_{\mathrm{t}}^2 L}} \qquad (9\text{-}67)$$

仿真系统产生的压制干扰信号调制频率 f_{dj} 为 $\left[-\dfrac{B_{\mathrm{j}}}{2}, \dfrac{B_{\mathrm{j}}}{2}\right]$，区间上服从一定规律分布的随机变量，根据压制干扰类型进行选取。

干扰与目标的相对位置根据实际情况和仿真实验室阵列关系，通过坐标转换进行获取。

9.3.4.2　有源欺骗干扰建模方法

欺骗干扰是指目标接收到敌方雷达的发射信号后，目标携带的干扰机重新发出与发射信号中心频率相等的干扰信号，但该干扰信号与真正目标在频移、调制波形和时延上会有差异，而敌方雷达导引头则会接收到目标的干扰信号，将其误以为是真正目标回波。

有源欺骗干扰主要包括距离拖引欺骗干扰和速度拖引欺骗干扰，下面介绍一下两者的数学模型及其信号调制方法。

1）距离拖引欺骗干扰的使用方法及数学模型

距离拖引欺骗干扰是指人为改变干扰回波的斜距信息，使其与目标的斜距信息不同，从而使雷达跟踪上虚假目标回波，起到诱骗作用；干扰回波的斜距信息一直改变，使雷达距离波门一直跟随着干扰回波移动，直至与目标的距离较大；在维持一段时间后，停止发射干扰信号，这会导致雷达失去跟踪的"目标"。

具体使用过程如下。

- 停拖期：目标接收到制导雷达的发射信号后，目标携带的干扰机不断发出满足以下条件的干扰信号，延迟时间固定且极小（通常值为150ns）；干扰回波的强度应比目标回波的强度稍微大一些（能够确保制导雷达距离波门跟随虚假目标回波且不易被雷达识破），维持发射信号一段时间（该时间取值通常大于接收机的处理时间，大部分情况时间要求大于或等于 0.5s），使制导雷达距离波门同时跟随真假目标信号。

- 拖引期：当制导雷达的距离波门稳定随虚假目标回波改变后，每当目标获取到制导雷达发射信号，就按照固定规律慢慢使干扰信号回到雷达的时间变大，此时干扰信号的拖动速率必须比距离波门的拖动速率最大值还小，拖引直至目标信号距离波门较远时结束。

- 保持期：目标信号距离波门较远时，还需要干扰机持续使用固定的距离信息调制干扰信号，使跟踪波门能持续跟随虚假目标。

- 关闭期：当干扰信号距离波门目标相差多个波门宽度时，干扰机应立刻结束工作状态，但需要在一段时间内结束干扰信号的发射。这种情况会使跟踪波门中均无真假目标信号，导弹会被迫又开始进行搜索。利用这段时间，目标经过调整快速离开波束照射区域，令敌方导弹完全失去目标。

距离拖引欺骗干扰的信号模型如下：

$$J(t) = U_n \cos\left[(f_0 + f_{\mathrm{d}})\left(t - \frac{2R(t)}{c} - \Delta t(n)\right)\right] \qquad (9\text{-}68)$$

式中，U_n 为干扰回波的振幅；f_0 和 f_{d} 分别为目标回波的多普勒频率和载波中心频率；$R(t)$

为 t 时刻导弹与目标的相对距离；c 为光速；$\Delta t(n)$ 为干扰机施加的延后时间。

假设拖引干扰分为干扰速度不变和干扰匀加速度这两种情况，得出雷达和假目标之间的距离函数 $R(t)$ 的计算公式为

$$R(t)=\begin{cases} R_0 & 0\leqslant t<t_1,\ 停拖期 \\ R_0+v_f\left(t-t_1\right) 或 R_0+a_f\left(t-t_1\right)^2 & t_1\leqslant t<t_2,\ 拖引期 \\ R_T & t_2\leqslant t<t_3,\ 保持期 \\ 干扰关闭 & t_3\leqslant t<T_f,\ 关闭期 \end{cases} \qquad (9\text{-}69)$$

式中，R_0 为雷达与目标之间的实时斜距；R_T 为干扰信号拖引距离波门的最后保持斜距；v_f 和 a_f 分别为拖引速度和拖引加速度。

干扰信号施加的时间延迟 $\Delta t(t)$ 为

$$\Delta t(t)=\begin{cases} 0 & 0\leqslant t<t_1,\ 停拖期 \\ \dfrac{v_f\left(t-t_1\right)}{c} 或 \dfrac{a_f\left(t-t_1\right)^2}{c} & t_1\leqslant t<t_2,\ 拖引期 \\ 0 & t_2\leqslant t<t_3,\ 保持期 \\ 干扰关闭 & t_3\leqslant t<T_f,\ 关闭期 \end{cases} \qquad (9\text{-}70)$$

2）速度拖引欺骗干扰的使用方法及数学模型

速度拖引欺骗干扰是指人为改变干扰回波的速度信息，使其与目标的速度信息不同，从而使雷达跟踪上虚假目标回波，起到诱骗作用；干扰回波的速度信息一直改变，使雷达速度波门一直跟随着干扰回波移动，直至干扰的多普勒频率与目标的多普勒频率之差为雷达系统的最大频率差；在维持一段时间后，停止发射干扰信号，从而造成敌方雷达失去跟踪的"目标"。

具体实现过程如下。

- 停拖期：目标接收到敌方的发射信号后，目标携带的干扰机重新发出满足如下条件的干扰信号——多普勒频率和目标相等。该条件能够确保雷达速度波门同时跟踪上真假目标回波，将持续发射干扰信号，这一过程维持 0.5～2s。
- 拖引期：当敌方雷达的速度波门稳定跟随虚假目标回波后，干扰假目标以速率 f_v 运动使真假目标的多普勒频率慢慢分开，令敌方雷达速度波门一直跟随速度信息不断改变的干扰信号，此时干扰信号的拖动速率必须小于速度波门的拖动速率的最大值，并拖引直至目标速度与速度波门相差较大时结束。
- 保持期：该阶段需要干扰机持续使用固定的速度信息调制干扰信号，使敌方雷达的速度波门能持续跟随虚假目标。
- 关闭期：在干扰机结束工作状态之后，并且结束时间应该比雷达系统的等候时间长，这种情况会使跟踪波门中均无真假目标信号，导弹会被迫又开始搜索。但要找到目标会花费一些时间，利用这段时间，目标调整方向快速离开波束照射区域，从而令导弹完全失去目标。

与距离拖引干扰相似，速度拖引干扰将被跟踪的假目标的多普勒频率渐渐增加，使其与真实目标回波的多普勒频率差距较大，导致速度波门无法跟随真实目标。

$$J(t)=U_n \cos\left[\left(f_0 + f_d + \Delta f\right)\left(t - \frac{2R(t)}{c}\right)\right] \tag{9-71}$$

式中，U_n 为干扰回波的振幅；f_0 和 f_d 分别为目标回波的多普勒频率和载波中心频率；Δf 为目标信号和干扰信号的多普勒频率之差；$R(t)$ 为 t 时刻导弹与目标的相对距离；c 为光速。

目标回波的多普勒频率和干扰回波的多普勒频率之差 Δf 的计算公式如下：

$$\Delta f = \begin{cases} 0 & 0 \leqslant t < t_1, \text{停拖期} \\ \dfrac{2v_f}{\lambda} \text{ 或 } \dfrac{2a_f(t-t_1)}{\lambda} & t_1 \leqslant t < t_2, \text{拖引期} \\ \dfrac{2v_f}{\lambda} \text{ 或 } \dfrac{2a_f(t_2-t_1)}{\lambda} & t_2 \leqslant t < t_3, \text{保持期} \\ \text{干扰关闭} & t_3 \leqslant t < T_f, \text{关闭期} \end{cases} \tag{9-72}$$

式中，v_f 和 a_f 分别表示速度欺骗干扰模拟的拖引速度和拖引加速度；λ 为雷达发射信号的波长。

3）有源欺骗干扰的信号调制方法

在仿真实验室环境下，有源欺骗噪声的产生方法是利用射频场景模拟器，对欺骗干扰信号延迟模型、欺骗多普勒频率模型和幅度控制模型按照一定的更新周期进行计算。其中，用延迟模型计算结果驱动延迟设备对模拟按照一发射信号进行延迟调制；用欺骗多普勒频率模型计算结果驱动频率源产生所需调制频率，对模拟的导引头发射信号进行频率调制；用幅度控制模型的计算结果驱动功率控制设备产生所需功率的干扰信号，并送至阵列系统的干扰等效位置，向导弹方向辐射诱饵欺骗干扰信号。

为了在内场仿真环境真实反映诱饵欺骗干扰信号的能量变化，应保证导引头接收到的距离 R_m 处的诱饵欺骗干扰信号功率 E'_{jr} 与作战环境中导引头接收到的距离 R_j 处的诱饵欺骗干扰信号功率 E_{jr} 一致。

在实验室环境下，导引头接收到由仿真系统产生的诱饵欺骗干扰信号功率 E'_{jr} 为

$$E'_{jr} = \frac{P_{jm}G_mG_t\lambda^2}{(4\pi R_m)^2} \tag{9-73}$$

式中，P_{jm} 为仿真系统产生的诱饵欺骗干扰信号功率。

在作战环境中，导引头接收到的诱饵欺骗干扰信号功率 E_{jr} 为

$$E_{jr} = \frac{P_jG_jG_t\lambda^2}{(4\pi R_m)^2 L} \tag{9-74}$$

式中，P_j 为欺骗干扰发射功率；G_j 为干扰天线增益。

根据相似性原理，结合式（9-73）和式（9-74），得到仿真系统产生的有源诱饵欺骗干扰信号功率 P_{jm}，即

$$P_{jm} = \frac{P_jG_jG_t\lambda^2}{(4\pi R_t)^2 L} \cdot \frac{(4\pi R_m)^2}{G_mG_t\lambda^2} = P_jG_j \cdot \frac{R_m^2}{G_mR_t^2 L} = J_{TDE} \cdot \frac{\sigma_t R_m^2}{G_mR_t^2 L} \tag{9-75}$$

式中，J_{TDE} 为有源欺骗干扰等效功率面积比，用于干扰能量量化表征因子，其计算公式为

$$J_{\text{TDE}}=\frac{P_j G_j}{\sigma_t} \tag{9-76}$$

仿真系统产生的有源诱饵噪声干扰信号幅度为

$$A_{jm}=\sqrt{P_{jm}}=\sqrt{J_{\text{TDE}}\cdot\frac{\sigma_t R_m^2}{G_m R_t^2 L}} \tag{9-77}$$

有源诱饵欺骗干扰信号多普勒频率 f_{dj} 为

$$f_{dj}=\frac{2V_{jm}}{\lambda} \tag{9-78}$$

式中，V_{jm} 为有源诱饵欺骗干扰速度；V_{tm} 为弹目相对接近速度，其计算公式为

$$V_{jm}=\begin{cases} J_{\text{TDV}} V_{tm}, & V_{tm}>V_{jm}\\ \dfrac{V_{tm}}{J_{\text{TDV}}}, & V_{tm}\leqslant V_{jm} \end{cases} \tag{9-79}$$

式中，J_{TDV} 为有源诱饵欺骗干扰速度量化表征因子。

$$J_{\text{TDV}}=\frac{\min(V_t\cos\varphi, V_{j\Sigma})}{\max(V_t\cos\varphi, V_{j\Sigma})} \tag{9-80}$$

式中，V_t 为目标飞行速度；φ 为目标速度与弹目视线的夹角；$V_{j\Sigma}$ 为导引头接收到的假目标合成速度。

仿真系统产生的有源诱饵欺骗干扰信号延迟 τ_j 为

$$\tau_j=\begin{cases} \dfrac{R_t+R_j+l}{c}+\tau_{j1}-\tau_1, & \text{对于侦收设备位于载体上的情况}\\ \dfrac{2R_j}{c}+\tau_{j1}-\tau_1, & \text{对于侦收设备位于诱饵上的情况} \end{cases} \tag{9-81}$$

式中，R_j 为诱饵与导弹之间的距离；l 为诱饵与目标载体之间的距离；τ_{j1} 为侦收和诱饵设备产生的固有延迟；τ_1 为仿真系统的固有延迟（含设备延迟和空馈延迟）。

9.3.4.3 无源箔条干扰建模方法

箔条干扰通过人为地把数量巨大的金属散射体以不定的概率施放在不同的位置上，这些金属散射体会对照射信号产生强烈的散射作用，从而形成强回波影响真实目标的检测，形成虚假目标。箔条干扰能达到理想的效能指标，成本低廉，制造方法简单、容易使用且研发周期快，能对多个方向、工作频率、模式和类型的多部雷达产生干扰，并且不需要雷达系统的参数值。

箔条的回波计算是一个非常复杂的问题。一方面，大量箔条在空中的展开过程受大气密度、风速、气流、抛离状态等因素的影响；另一方面，箔条回波特性是由数量巨大的箔条云共同组成的，计算复杂，难以获取精确结果。自箔条诞生以来，各国科研人员提出了多种不同的方法，从不同的角度来研究分析箔条的干扰机理和建模方法，研究其扩散特性、回波特性、动力学特性、统计特性等。在此，给出一种基于箔条云回波信号产生机理的箔条干扰回波信号计算方法，更多方法参考相关专业书籍和文献。

1）箔条云回波信号的有效反射面积计算

箔条干扰的实质：箔条在交变电磁场的作用下感应交变电流，根据电磁辐射理论，该交变电流要辐射电磁波，使雷达导引头接收到类似噪声的杂乱回波，从而掩盖目标回波，对雷达造成无源干扰的效果。在进行干扰建模时，假设箔条云是大量随机分布的箔条振子的响应总和。箔条总的有效反射面积等于箔条数乘以单根箔条的平均有效反射面积。

假设箔条为半波长的理想导线，则单根箔条的有效反射面积为

$$\sigma = 0.86\lambda^2 \cos^4\theta \tag{9-82}$$

考虑箔条在三维空间的任意分布，则箔条的平均有效反射面积为单根箔条的面积在空间立体角中的平均值，即

$$\bar{\sigma} = \int_\alpha \sigma_1 W(\alpha)\mathrm{d}\alpha = \int_0^{2\pi}\int_0^\pi \frac{1}{4\pi}\sin\theta\mathrm{d}\theta\mathrm{d}\varphi = 0.17\lambda^2 \tag{9-83}$$

设在雷达分辨单位中箔条数为 N，在箔条散开的理想情况下，每个雷达分辨单位中箔条的有效反射面积是单根箔条平均有效反射面积 $\bar{\sigma}$ 的 N 倍。但在真实情况中，箔条散开有一个过程，箔条之间的遮挡效果明显，通过引入一个遮挡系数来描述其有效反射面积，此时，可以认为箔条有效反射面积计算公式为

$$\sigma = \bar{\sigma}N/(1.3 \sim 1.5) \tag{9-84}$$

2）箔条云回波信号的时域特性

箔条投放到空中后受大气密度、风速、气流等影响，严格意义上箔条干扰统计特性具有非平稳性，这种情况异常复杂。为了便于计算，做出如下假设：

- 箔条在空中充分分散开，处于缓慢下降过程，并且进入接收天线波束的箔条数和退出波束的箔条数近似相等。
- 在箔条间隔 2 个波长以上时，可忽略偶极子间的互耦作用。
- 散射信号的振幅和相位互不相关，偶极子随机取向。

在上述假设条件下，可把箔条云散射信号看成平稳信号，且为各偶极子回波矢量和，合成回波信号为

$$S = \sum_{k=1}^N A_k \exp(\mathrm{j}\varphi_k) = u\exp(\mathrm{j}\theta) \tag{9-85}$$

式中，u 为合成干扰信号幅度；θ 为合成干扰信号相位；A_k 为第 k 个箔条回波信号幅度；φ_k 为第 k 个箔条回波信号相位。

当 N 很大时，可以认为箔条云回波信号的相位 θ 为 $(0,2\theta)$ 的均匀分布，而幅度 u 为瑞利分布，其描述为

$$P(u) = \frac{u}{\sigma_\mathrm{m}^2}\exp\left(-u^2/2\sigma_\mathrm{m}^2\right) \tag{9-86}$$

式中，σ_m^2 等于箔条云有效反射面积 σ。

3）箔条云回波信号的多普勒效应

箔条从弹体内被抛散出去的一瞬间只有水平移动，速度很快，能产生较大频移，但时间很短。随后箔条随风速平移且下降，下降过程由于重量的不均衡和空气阻力作用以一定倾角绕重力线旋转，不同箔条的倾角和转速具体数值也不同。所以单根箔条的运动形式是平动和转动的组合。箔条云可以看成一种随机介质，其整体运动方式是在垂直下降运动上附加了一个风速。

因此，可以假设箔条降落过程在风速的作用下沿一定的斜角下落，其在雷达轴线方向的运动分量产生一个频移量：

$$f_\mathrm{d} = \frac{2v_\mathrm{a}\cos\alpha}{\lambda} \tag{9-87}$$

式中，v_a 为箔条云运动的平均速度；α 为 v_a 方向与雷达轴线的夹角；λ 为雷达信号波长。

$$v_\mathrm{a} = \sqrt{v_\mathrm{wind}^2 + v_\mathrm{down}^2} \tag{9-88}$$

箔条云中的箔条在下降过程中，由于互相碰撞和分布的不均匀，以及自身的转动运动使得箔条的平动速度不断起伏，这个速度的变化使其在观测方向的速度分量也不断变化，从而导致箔条和观测点之间的距离不断变化，因此回波频谱有一定展宽，其速度 v_c 满足高斯分布：

$$P(v_\mathrm{c}) = \frac{1}{\sqrt{2\pi}\sigma_\mathrm{c}}\exp\left(-v_\mathrm{c}^2/2\sigma_\mathrm{c}^2\right) \tag{9-89}$$

根据上述 2 点可认为箔条云回波频谱是具有频移和一定展宽的高斯型函数。

4）箔条云回波信号的功率谱密度

假设箔条偶极子各向运动等可能，偶极子速度分布在麦克斯韦函数 $q(v)$ 的条件下，箔条回波电压的自相关函数可表示为

$$g(\tau) = \int_0^\infty q(v)\frac{\sin(4\pi v\tau/\lambda)}{4\pi v\tau/\lambda}\mathrm{d}v = \exp\left\{-\left[2\pi/(a\lambda)\right]^2\tau^2\right\} \tag{9-90}$$

式中，$q(v) = 4a^3 v^2 \exp(-a^2 v^2)/\sqrt{\pi}$；$\lambda$ 为雷达工作波长；a 为同箔条偶极子质量、玻尔兹曼常数和绝对湿度有关的常数。

箔条回波功率的协方差函数为

$$I(\tau) = g^2(\tau) = \exp\left\{-\left[2\sqrt{2\pi}/(a\lambda_0)\right]^2\tau^2\right\} \tag{9-91}$$

对其进行傅里叶变换得：

$$s(f) = \left(a\lambda_0/2\sqrt{2}\pi\right)\exp\left\{-\left[a\lambda_0 f/\left(2\sqrt{2}\pi\right)\right]^2\right\} \tag{9-92}$$

式（9-92）表明，箔条回波功率的功率谱密度具有高斯函数形式，且当偶极子速度具有麦克斯韦分布率时，若偶极子运动各向同性，则偶极子在雷达电波方向的径向速度分布具有高斯函数形式，即与箔条云回波频谱为一定展宽的高斯分布函数相符。

5）箔条云回波信号建模

根据箔条云回波信号为各偶极子回波信号矢量和的产生机理，设雷达分辨单元内有 k 根箔条，入射雷达信号 $s(t) = \exp(\mathrm{j}2\pi f_0 t)$，则对每根箔条其回波信号有以下变化。

箔条平动引起多普勒频移：

$$f_\mathrm{d1} = \frac{2v_\mathrm{a}\cos\alpha}{\lambda_0} \tag{9-93}$$

箔条云内部互相碰撞及箔条转动的径向速度分量 v_r 引起多普勒频移 f_d2。v_r 服从高斯分布：

$$P(v_\mathrm{r}) = \frac{1}{\sqrt{2\pi}\sigma}\exp\left(-\frac{v_\mathrm{r}^2}{2\sigma^2}\right) \tag{9-94}$$

式中，$\sigma=1/(\sqrt{2}a)$。

根据上述数学模型，对箔条云回波信号进行模拟。

令 v_r 为一服从 $N(0,\sigma^2)$ 分布的随机向量，其包含 K 个元素 v_{ri}，$i=1,2,\cdots,K$，则第 i 根箔条的径向速度分量引起的多普勒频移为 $f_{d2i}=2v_i/\lambda_0$；第 i 根箔条的多普勒频移为 $f'_{di}=f_{d1}+f_{d2i}$，其中 f_{d1} 为箔条云运动的平均速度 v_a 引起的多普勒频移；第 i 根箔条的回波信号为 $s'_i(t)=\exp\left[j2\pi(f_0+f'_{di})t\right]$；总的箔条云回波信号为 $s'(t)=\sum_{i=1}^{K}s'_i(t)$。

9.3.5 大气传输损耗计算

大气中各种气体、水蒸气、悬浮颗粒等元素会对射频信号产生吸收和散射作用，造成雷达发射信号到目标、目标发射或反射信号到雷达的过程中会发生能量衰减。这种在大气中射频信号传递的能量衰减规律称为大气传输损耗。大气传输损耗的影响可以分为两个方面，一个是大气对雷达信号的传输损耗，另一个是各种天气下的传输影响。在进行信号回波影响计算时，需要根据天气类型和弹目距离，完成不同情况下的大气传输损耗的计算。

9.3.5.1 大气对雷达信号传输影响

从地面上升 20km 的区域称为对流层，多云、降雨、起雾、降雪等天气均发生在其中部以下，精确制导武器对空作战和对地打击，基本也在这个高度。在此，主要考虑对流层大气对于雷达信号传输的影响。在传输距离、发射天线、发射功率和工作频率相同条件下，信号接收点的自由空间功率 P_0 和实际功率 P 之比，定义为大气传输损耗因子（单位为 dB），即

$$L_{Atm}=10\lg\frac{P_0}{P} \tag{9-95}$$

大气对雷达信号的传输影响主要通过计算大气传输损耗因子来确定，该参数与雷达工作频率、传输距离、传输方式、传输时间、大气分布、地球点参数和地形起伏等有关。经分析，对流层对雷达信号的影响主要包括对流层折射和对流层吸收两部分，其中，对流层中氧气和水蒸气是吸收电磁波的主要因素。

1）对流层折射损耗影响

在对流层中，随着高度的增加，雷达波的折射指数逐渐减小。在此，假设该指数与高度呈单调减小的函数关系。为了便于仿真运算，通常采用三阶多项式拟合的对流层折射模型，其表达式为

$$L_{len}=c_3R^3+c_2R^2+c_1R+c_0 \quad 0km<R<600km \tag{9-96}$$

式中，多项式的系数大小与雷达的仰角有关。当仰角为 0° 时，三阶多项式系数为 $c_0=-3.63334811624\times10^{-3}$、$c_1=2.8474816222\times10^{-4}$、$c_2=3.79474576\times10^{-6}$、$c_3=-3.38974\times10^{-9}$；当仰角为 2° 时，三阶多项式系数为 $c_0=-4.3375\times10^{-3}$、$c_1=3.9281430413\times10^{-4}$、$c_2=1.12093379\times10^{-6}$、$c_3=-1.59422\times10^{-9}$。

2）氧气吸收损耗影响

氧气对于电磁波的吸收是众多谐振线吸收的总和，当温度为 20℃时，对流层氧气的吸收参数可由下式得到（频率 $f<57GHz$），其单位为 dB/km：

$$a_{O_2} = \left(\frac{6.6}{f^2 + 0.33} + \frac{9}{(f-57)^2 + 1.96} \right) f^2 \times 10^{-3} \quad f < 57 \text{GHz} \tag{9-97}$$

3）水蒸气吸收损耗影响

水蒸气的吸收参数由下式得到，其单位为 dB/km：

$$a_{H_2O} = \left(\frac{0.067 + \dfrac{2.4}{(f-22.3)^2 + 6.6} + \dfrac{7.33}{(f-183.5)^2 + 5} +}{\dfrac{4.4}{(f-323.8)^2 + 10}} \right) f^2 \rho \times 10^{-4} \quad f < 350 \text{GHz} \tag{9-98}$$

式中，ρ 为水蒸气密度，一般取 $1 \text{g} \cdot \text{m}^{-3}$。

4）对流层大气综合损耗

综上所述，对流层对电磁波信号的综合损耗主要由对流层的折射消耗，以及氧气与水蒸气的吸收损耗构成，其综合损耗计算公式为

$$L_{\text{Atm}} = L_{\text{len}} + \int_{r1}^{r2} \left(a_{O_2} + a_{H_2O} \right) \mathrm{d}r \tag{9-99}$$

9.3.5.2　气象因素对雷达信号传输影响

雷达发射信号在多云、降雨、起雾、降雪等天气下，会出现一定程度的衰减，与晴好天气下的衰减有所差异。在工程实践中，各种天气对于雷达信号的衰减主要通过天气衰减系数来进行描述。假设某种天气下的单程传播损耗为 δ，其单位为 dB/km，则距离为 R 的雷达接收机所收到的回波功率 P_r' 与没有衰减时的回波功率 P_r 的关系为

$$\frac{P_r'}{P_r} = \mathrm{e}^{0.46\delta R} \tag{9-100}$$

下面，给出不同天气下的衰减损耗系数模型。

1）降雨天气下雷达传播衰减模型

降雨导致的能量衰减与雷达工作载频、雨量和雨滴大小等因素有关。雨量通常用降雨速度或雨强来表示，单位是毫米每小时，即 mm/h。

要得出降雨导致的损耗，先需要得到降雨损耗率 γ_{rain}，对于工程来说，通常用以下公式计算：

$$K_{\text{rain}} = aR_{\text{rain}}^{\,b} \tag{9-101}$$

式中，K_{rain} 为降雨损耗率，单位为 dB/km；R_{rain} 为降雨的速率；a、b 为影响系数，其大小与降雨的温度、降雨不同部位的尺寸和雷达发射信号的载频有关。

温度为 0℃ 时常数 a、b 的估算公式为

$$a = G_a f^{E_a} \tag{9-102}$$

式中，f 为雷达发射信号的载波频率，单位为 GHz；当 $f < 2.9 \text{GHz}$ 时，$G_a = 6.39 \times 10^{-5}$，$E_a = 2.03$；当 $2.9 \text{GHz} \leqslant f < 54 \text{GHz}$ 时，$G_a = 4.21 \times 10^{-5}$，$E_a = 2.42$。

$$b = G_b f^{E_b} \tag{9-103}$$

式中，当 $f < 8.5 \text{GHz}$ 时，$G_b = 0.851$，$E_b = 0.158$；当 $8.5 \text{GHz} \leqslant f < 25 \text{GHz}$ 时，$G_b = 1.4$，$E_b = -0.0779$；当 $25 \text{GHz} \leqslant f < 164 \text{GHz}$ 时，$G_b = 2.63$，$E_b = -0.272$。

由参数 a、b 可以计算出电磁波在雨中的传输损耗率，继而得到电磁波在雨中的传输损耗。

2）多云天气下雷达传播衰减模型

在云层里信号的衰减是水汽和冰粒导致的，数学模型为

$$K_{\text{Cloud}} = K_{\text{Cloud}} M_{\text{Cloud}} \tag{9-104}$$

式中，K_{Cloud} 为云中电磁波损耗系数，其单位为 $(\text{dB/km}) \cdot (\text{g/m}^3)$；$M_{\text{Cloud}}$ 为水或冰的常数，对于水云，$M_{\text{Cloud}} = 1 \sim 2.5\text{g/m}^3$，对于冰云，$M_{\text{Cloud}} < 0.1\text{h/m}^3$；假设云层厚度为 h，可得最终信号的传递损耗值。

表 9-3 给出了不同云层下雷达电磁波损耗系数。

表 9-3　不同云层下雷达电磁波损耗系数

温度/℃		单程损耗系数/$(\text{dB}/\text{km}) \cdot (\text{g}/\text{m}^3)$			
		电磁波波长/cm			
		0.9	1.24	1.8	2.2
水云	20	0.647	0.311	0.128	0.0483
	10	0.681	0.406	0.179	0.0630
	0	0.99	0.532	0.267	0.0858
	-8	1.25	0.684	0.340	0.1120
冰云	0	0.00874	0.00635	0.00436	0.00246
	-10	0.00293	0.00211	0.00146	0.00819
	-20	0.002	0.00145	0.001	0.00563

3）起雾天气下雷达传播衰减模型

在起雾天气下，单程吸收系数和两个因素有关：一个是雾气中的含水量；另一个是射频信号的波长：

$$K_{\text{fog}} = \frac{0.438 M_{\text{w}}}{\lambda^2} \tag{9-105}$$

式中，K_{fog} 为雾气衰减吸收系数，单位为 dB/km；M_{w} 为空气中单位体积的含水质量（g/m^3），λ 为射频信号的波长。一般地，薄雾含水量为 $0.032\ \text{g/m}^3$ 左右，大雾含水量为 $0.32\ \text{g/m}^3$ 左右，浓雾含水量为 $2.3\ \text{g/m}^3$ 左右。

4）降雪天气下雷达传播衰减模型

降雪天气下，射频信号的衰减系数主要与下雪速度和射频信号波长有关。下面给出不同程度的降雪天气下，电磁波衰减的数学模型如下：

$$K_{\text{snow}} = \frac{0.00349 r^{1.6}}{\lambda^4} + \frac{0.0022 r}{\lambda} \tag{9-106}$$

式中，K_{snow} 为降雪的天气下的信号衰减率，其单位为 dB/km；r 为下雪速度，单位为 mm/h；λ 为射频信号波长。

9.4　射频场景模拟器技术

射频场景模拟器作为数字信号处理技术、雷达技术和仿真技术相结合的产物，是一项复杂的大系统，涉及控制、计算机、机械、微波等各个学科的内容，其核心任务是以射频形式复现雷达导引头接收的射频信号，不仅能够模拟目标的空间属性（包括弹目距离、距离变化率、相对角度、相对角度变化率等）和射频特征（包括信号幅度、相位、频率、幅度起伏、角闪烁、极化等），还应模拟出自然环境杂波信号（如地杂波、海杂波和气象杂波等）和电子战作战中的电子干扰信号（如各类有源欺骗干扰、有源压制干扰、箔条干扰等），从而在实验室内以射频辐射的方式逼真地复现被试雷达导引头在真实作战环境下所面临的雷达电磁环境，为射频制导武器系统提供实验室条件下的系统仿真、系统性能测试、系统性能验证与技术指标评估、系统和分系统开发，以及故障诊断等手段。

典型的射频场景模拟器，主要包括射频信号生成系统、天线阵列及馈电系统、校准系统等相关设备，下面就对各个分系统进行介绍。

9.4.1　射频场景模拟器的分类

在辐射式射频场景模拟器的仿真过程中，需要模拟射频信号特征和目标空间属性。其中，除目标相对于雷达导引头的空间角度和角度变化率外，基本都是用电路的形式来实现的。因此，可以按照实现角度运动的模拟方法来对射频目标模拟器进行分类，主要有机械式射频场景模拟器和阵列式射频场景模拟器两大类。

9.4.1.1　机械式射频场景模拟器

机械式射频场景模拟器又包括轨道式和紧缩场式，主要通过伺服系统来驱动机械装置上的目标模拟信号辐射单元，利用机械运动来模拟目标与雷达导引头间的空间角度运动。

1）轨道式

轨道式射频场景模拟器是一种最简单，也是早期普遍采用的一种射频场景模拟器。一种典型的结构是采用两个做成弧形并相互垂直的导轨，其中水平导轨一般是固定不动的，垂直导轨可以在水平导轨上面移动；垂直导轨上安装有辐射天线，该天线能够沿垂直导轨运动；这样垂直导轨在水平导轨上的运动和辐射天线沿垂直导轨的运动组合就能够模拟目标在空间的二自由度运动。轨道式射频场景模拟器的优点是结构简单，成本较低，被广泛用于产品测试等工作中；其缺点在于无法复现目标的角闪烁现象，并且无法实现多目标、复杂背景的信号模拟，难以满足目前复杂电磁环境的仿真需求。目前主要用于导弹雷达导引头的测试和维修。

2）紧缩场式

紧缩场式射频场景模拟器基于准直仪原理，采用两个可以相互垂直运动的二自由度框架，这两个框架上带有一个抛物面反射镜，模拟目标的射频信号通过波导及同轴电缆馈送到一条喇叭天线，该喇叭天线位于一条抛物面天线的焦点上，通过反射形成平面波模拟电磁波在自由空间的传播环境，这被称为"紧缩场"技术。这样导引头就可以安装在距离抛物面反射镜较近的位置上。紧缩场式射频场景模拟器，不需要建立很大的微波暗室和天线阵列，整个仿真系统结构紧凑，形式简单，使用方便，但该系统对于多个目标、干扰和背景下的复杂电磁环境的模拟难度较大。

9.4.1.2 阵列式射频场景模拟器

阵列式射频场景模拟器是一种电子控制式的目标模拟器，是由数百条辐射天线按一定规律排列组成的一个天线阵，每相邻的两条/三条天线组成一个子阵，称为组元。通过控制组元中不同天线辐射信号的相对幅度和相位，从而改变它们合成信号的视在位置，模拟目标相对于导引头的视线运动。其主要优点是可以实现目标角度的快速电控模拟，缩短测试时间，利用微波高速开关和高速衰减器，通过分时复用可以实现多目标、动态场景、复杂干扰的模拟能力，从而更为逼真地模拟雷达导引头工作场景，实现复杂电磁环境下的射频设备性能考核，但其技术复杂，设备量大，成本高。

随着战场电磁环境的日趋复杂，对射频场景的仿真提出了多目标、多干扰、多波段等仿真需求，因此，阵列式逐渐成为射频目标仿真的主要发展趋势，本书主要围绕阵列式射频场景模拟器展开相关介绍。

9.4.2 射频信号生成系统的设计

在注入式射频仿真和辐射式射频仿真中，射频信号生成系统作为射频仿真系统的核心，包含一系列软件和硬件，主要根据仿真中各项设置条件和仿真状态（导弹参数、目标类型、弹目距离、自然环境、弹道参数），产生目标回波信号、环境信号，以及各种自然和人为的干扰信号。其中目标回波信号再现了目标的速度、距离、RCS 特征；模拟各种杂波环境，包括高度线杂波、主瓣杂波和副瓣杂波，应用统计性模型进行统计性杂波模拟；产生各种干扰信号，包括各种欺骗式干扰、压制式干扰等。要求系统具备多目标的仿真能力，并具备标定校准功能。

9.4.2.1 射频信号生成系统的类型

射频信号生成系统具有多种参数的目标回波、杂波、噪声、干扰等射频信号的模拟功能，以便能够适应仿真、调试和测试等任务。随着电子信息、集成电路、计算机技术的迅猛发展，射频信号生成系统出现了多种类型。

1）基于全硬件模式的射频信号生成系统

基于全硬件模式的射频信号生成系统采用全部硬件形式来实现，首先实时计算出符合分布要求的每一时刻的目标回波信号、杂波、干扰强度，然后通过 D/A 输出形成模拟信号。该方案硬件量大、重复性小、仿真度好；但灵活度较低，更改难度较大，且人机交互困难。因此，主要用于固定内容的射频信号测试。

2）基于通用仪器的射频信号生成系统

基于通用仪器的射频信号生成系统采用通用仪器设备来完成信号的接收与生成，如射频矢量信号发射器、实时信号分析仪等设备。采用这种灵活、仪器化的方法，能够大大减少成本的投入，但在射频导引头的半实物仿真中，无法实时根据目标类型和弹目关系，生成期望的动态变化的射频信号，因此主要用于射频设备的测试。

3）基于计算机+D/A 插卡结合的射频信号生成系统

基于计算机+D/A 插卡结合的射频信号生成系统是基于计算机强大的运算能力，首先通过计算目标、杂波、干扰等数据，生成相应的文件，然后数据通过 DMA（直接内存存取）方式输出至 D/A 模块；经过一系列处理后形成所需的射频模拟信号。该方案能够实现信号的动态计算，并解决数据存储受限的问题，但其数据传输速率受到限制，难以保证各项传输的实时性。

4）基于计算机+FPGA/DSP 结合的射频信号生成系统

基于计算机+FPGA/DSP 结合的射频信号生成系统同样依靠计算机强大的运算能力，首先完成各种射频信号的计算，通过各种标准总线与 DMA 结合的方式将数据传送至存储器中；然后，基于 FPGA/DSP 对数据的实时处理性，实现多型回波和杂波信号的实时模拟。该方案具有灵活性、可扩充、大存储等特点，可用于多雷达体制、多杂波、多干扰信号的模拟，是目前射频模拟生成系统的主流。

9.4.2.2　射频信号生成系统的组成

射频信号生成系统主要由一系列软件和硬件组成，按照功能模块，可以进行如下划分。

1）射频信号时域延迟模块

射频信号时域延迟模块完成射频信号的时域延迟，对阵列上前向波接收的信号加入时间信息，即完成目标回波信号的时延，包括微波开关组合、微波光调制解调器、光纤组合链路、上下变频滤波电路、控制逻辑等子模块。

2）射频信号本振源产生模块

射频信号本振源产生模块用于产生系统基准频率和高精度的点频率，包括微波点频率源和系统基准频率源。

3）射频通道及幅度形成模块

射频通道及幅度形成模块对阵列上前向波接收的信号加入幅度信息，即完成目标回波信号的 RCS 特性变化的信息，完成目标回波信息的生成，包括混频器、程控衰减器、滤波器等组成。

4）射频信号频率处理模块

射频信号频率处理模块在阵列上前向波接收的信号中加入频率信息，即完成目标回波信号的多普勒频率，并加入杂波信息，主要包括 DDS 多普勒频率合成器、数字正交调制器、中频基准信号和正交基准信号产生器、中频信号合成等子模块。

5）干扰信号处理模块

干扰信号处理模块在射频段上生成各类有源压制噪声信号，通过信号参数可设可调，在空间形成具有多种压制噪声干扰样式及组合干扰样式的有源压制式干扰信号。

6）计算机控制及接口模块

计算机控制及接口模块主要完成整个射频信号生成系统的控制，包括数控器件的所有二级寄存控制接口、任意波形合成电路、干扰控制电路及全系统状态的检查和显示电路。

7）计算机软件及射频计算模型模块

计算机软件及射频计算模型模块主要包括人机交互框架程序、底层控制程序、统计杂波模型、统计型目标模型软件。

9.4.2.3 射频信号生成系统的工作原理

下面以某型主动雷达导引头的射频信号生成系统为例，简要介绍一下其工作原理。

来自目标阵列前向波接收装置接收到的参试雷达导引头发出的稳幅发射脉冲信号，经功分器分成四路（4 个目标通道），进入射频信号生成系统。首先加入微波锁相本振进行下变频，得到光纤延时器所需的 2～3GHz 的频率，然后把这个基带信号输入光纤延时器，通过计算机控制完成系统要求的各类时间延时功能。

在时间延时后，基带信号通过同样的本振上变频恢复到雷达工作频率，此时信号已加入时域上的信息；上变频滤波后，对信号进行上下混频，加入直接数字式频率合成（Direct Digital Synthesis，DDS）、基带直接正交射频调制（Direct Quadrature Modulation，DQM）频域信息；该射频信号经过下变频组合，中频基准被抵消，同时调制上了杂波信号。至此，雷达发射脉冲信号在频域上调制了应有的目标、杂波和干扰信号特征。

在完成时域、频域信息的叠加后，发射脉冲信号再通过幅度电平处理电路（程控衰减器组合）得到具有一定幅度变化规律的发射脉冲信号，加入幅度信息，这一变化规律是距离、目标 RCS、天线方向图调制等因素变化带来的。

最后产生目标回波信号，经射频通道输出到阵列及馈电系统。

9.4.2.4 射频信号生成系统的关键技术

射频信号生成系统主要围绕信号处理的相关内容进行展开，涉及诸多关键技术。

1）宽带捷变频雷达目标回波信号模拟

信号捷变是导弹末制导雷达对抗电子干扰的有效手段之一。捷变频状态下雷达目标回波信号模拟的难点主要有两个：一个是射频频率引导信号的获得。捷变频雷达发射的射频频率在任意相邻两个脉冲间都在变化，因此射频源的频率必须要在极短的时间内稳定在雷达的工作频率上，并且要保证较高的频率精度。否则，雷达接收机将接收不到模拟目标回波信号。另一个是捷变频状态下目标角位置的精确控制。在射频仿真系统中，移相器、衰减器是系统中比较关键的器件。随着器件水平的不断提高，移相器、衰减器已经可以在比较宽的频带下工作，满足了对带宽的要求。但是，正因为移相器、衰减器的宽带特性，使得在不同频率下移相器、衰减器的工作特性发生变化，即采用相同的控制码在不同的工作频点将产生不同的相移和幅度变化。这就给频率快速变化的系统仿真带来了影响，必须采取相应解决措施。目前，工程上可以采用高速幅相控制技术完成宽带捷变频雷达目标回波信号模拟。

高速幅相控制技术的基本原理是在开始试验前的目标角位置精度校准阶段，以一定步进频率进行程控衰减器和程控移相器的控制表格测试，并事先加载到存储器中。存储器中的表格按照频率作为一维查找变量。在试验进行过程中，当频率捷变时，由瞬时测频输出的频率码引导进行表格查询，产生相应的控制码，控制程控衰减器和程控移相器产生相应的幅度和相位变化。

2）目标回波多普勒频率信息模拟

PD 体制雷达采用多普勒技术在频域上检测和跟踪目标，因此目标回波的多普勒信号模拟质量将直接影响雷达的检测跟踪性能。在工程上，多普勒频率模拟精度要求一般为 Hz 级，普通的频率综合器很难达到指标要求。目前主要采用高精度 DDS 技术实现该任务。

直接数字式频率合成（DDS）具有频率分辨率高，频率切换时间快，相位、幅度、频率均可调等优点，其工作原理实质上是以参考输入时钟为基础对其相位进行等间隔采样的。典型 DDS 的基本结构包括 N 位相位累加器、正弦值查找表 ROM （Read-Only-Memory）、DAC、低通滤波器和参考时钟五个组成部分。

N 位相位累加器和正弦值查找表 ROM 构成一个数控振荡器（Numerically Controlled Oscillator，NCO）。当 DDS 工作时，N 位相位累加器在每一个时钟周期都累加一次频率控制字以更新表示相位（n）的二进制码，首先通过正弦查找表 ROM，得到相应的幅度编码，然后经 DAC 实现数字向模拟的转换得到模拟信号，最后 DAC 输出的阶梯信号再经低通滤波器（Low-Pass Filter，LPF）滤除谐波噪声和杂散信号变成的正弦信号。

9.4.3　天线阵列及馈电系统的设计

天线阵列及馈电系统作为射频仿真系统的重要组成部分，主要用于辐射目标及背景的模拟信号，并实现对目标及背景模拟信号的角度位置控制。通过接收、放大与传输来自射频信号生成系统的目标射频信号和射频干扰，将具有幅度特性、相位特性和频率特性的信号，经过馈送到指定的天线单元，从目标阵列和干扰阵列的适当位置发射出去，模拟目标及干扰信号。其主要任务包括：

- 模拟射频目标的视线角位置及其运动轨迹。
- 模拟分布式的面杂波信号。
- 模拟辐射电子干扰信号。
- 接收主动雷达导引头的发射信号。

天线阵列及馈电系统主要包括天线阵列、馈电系统、阵列支撑结构、工作平台等设备。其中，天线阵列是由许多微波喇叭组成的一系列二元组/三元组阵列系统，负责将馈电系统传输的信号转换为真实的辐射信号发射出去；而馈电系统包括诸多射频信号处理器件，将射频信号生成系统输出的辐射信号进行放大、功率分配、幅相控制后，由开关矩阵送到相应的三元组或二元组天线上辐射出去。阵列支撑结构通常由球面圆盘和支撑框架两部分组成，圆盘可采用薄钢板或玻璃钢板拼接结构，用螺钉连接，以便阵列进行局部改装。维护工作平台的功用是便于工作人员对阵列进行调整、检查和维护，同时可安放阵列的馈电控制设备。

9.4.3.1　天线阵列及馈电系统的工作原理

射频仿真系统天线阵列通常采用三元组或二元组空间合成的工作方式，用于模拟产生雷达信号，并模拟各种信号平台相对被试设备的空间运动，即实现雷达信号在天线面阵上移动。

通常情况下，二元组天线阵列的辐射单元分成 A、B 两组，即采用两组微波喇叭来模拟一个目标位置；三元组天线阵列的辐射单元分成 A、B、C 三组，即采用三组微波喇叭来模拟一个目标位置。不同目标位置采用高速微波开关矩阵转换，根据角闪烁方程，散射点的方位取决于三元组的 3 个辐射单元的馈电电压相对幅度相位关系。在战术导弹射频制导仿真实验室中，通常采用三元组面阵模拟产生空间运动的目标，模拟目标在水平和俯仰两个方向下的运动。而当反舰导弹对付海上目标时，导弹末制导雷达大多采用单平面跟踪体制，即只存在一条方位跟踪支路，没有俯仰跟踪支路。因此，对于专门用于掠海飞行的飞航导弹射频仿真试验的阵列天线可以设计成二元组线阵，而不必设计成三元组面阵，这样可以降低整个射频仿真系统的研制费用。二元组/三元组双目标线极化馈电系统示意图如图 9-15 所示。

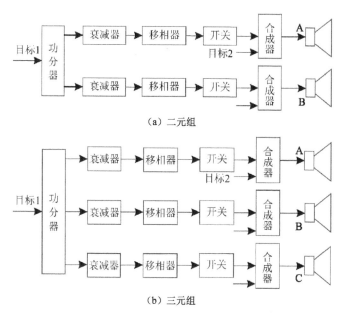

图 9-15　二元组/三元组双目标线极化馈电系统示意图

二元组线阵的等效辐射中心位置的计算公式为

$$\beta = \frac{\varepsilon}{2}\left(\frac{1-a^2}{1+a^2+2a\cos\varphi}\right) \tag{9-107}$$

式中，β 为合成目标偏离两辐射单元中点的位置角；ε 为两辐射单元相对于接收天线的夹角；a 为两辐射单元辐射信号的幅度比；φ 为两辐射单元辐射信号的相位差。

利用数控衰减器和数控移相器分别控制辐射信号的幅度比 a 和相位差 φ，就可以控制模拟目标在阵列天线上移动。

三元组面阵的基本工作原理与二元组线阵的基本工作原理相同，但它需要同时控制三个辐射单元辐射信号的幅度和相位。假设三个辐射单元的相位相同，则三元组天线的角闪烁方程由下式表示：

$$\varphi = \left(E_1\varphi_1 + E_2\varphi_2 + E_3\varphi_3\right)/\left(E_1+E_2+E_3\right)$$
$$\theta = \left(E_1\theta_1 + E_2\theta_2 + E_3\theta_3\right)/\left(E_1+E_2+E_3\right) \tag{9-108}$$

式中，(φ,θ) 是等效辐射中心在方位角和高低角坐标系中相对于基准方向的坐标差；(φ_1,θ_1)、(φ_2,θ_2) 和 (φ_3,θ_3) 是三元组的三个天线在方位角和高低角坐标系中相对于基准方向的坐标差；E_1、E_2 和 E_3 为三个辐射信号的幅度。

等效辐射中心位于三元组的振幅重心上。当射频目标仿真信号在三个辐射单元构成的三角形范围内运动时，可以由三套数控衰减器和数控移相器来控制。对于由多个辐射单元组成的面阵来说，模拟目标位置的控制必须包括粗位控制和精位控制。

粗位控制，就是靠高速微波开关转换阵列天线上的辐射单元的。通过阵列馈电网络内的开关矩阵来实现三元组之间的移动，过程是先将天线阵面上的 A、B、C 三条支路所对应的天线单元按照一定的规范进行编号，再将所有的三元组所对应的编码存入控制计算机，在使用时选通某三元组控制相应的控制码，送给开关矩阵以选通三元组的 A、B、C 三条支路，实现三元组之间的移动，达到目标粗位控制的目的。

精位控制，是用数控衰减器和数控移相器来控制各单元辐射信号的幅度和相位的。通过球面阵上相邻 3 个天线构成的三元组，通过三元组辐射的信号模拟被试设备目标回波信号，辐射的信号对着球面阵的球心位置，合成的辐射信号中心与被试设备天线口面中心的连线可等效为设备与目标的视线路径，通过改变 3 个辐射信号相对的幅度和相位关系来实现目标信号在三元组内的位置在空间的移动。

在射频仿真系统中，通常希望各辐射通道辐射信号的相位差为零，合成相位中心仅仅只与相对幅度比的大小有关，只需要控制各辐射单元相对幅度比的变化，就可模拟目标的运动。但在实际情况中，很难保持相位差为零，因为当数控衰减器改变衰减量时，总伴有一定的相位变化，这个附加的相位变化，将使模拟目标位置的指向发生偏差。因此，必须加入数控移相器进行补偿调节，而数控移相器改变相位时也会带来附加的衰减量的变化，所以需要反复调节。

9.4.3.2 天线阵列的设计

天线阵列作为射频信号的生成装置，通常由一系列微波喇叭及其安装平面构成。其设计主要包括天线阵列的形状、间隔，以及喇叭形状的设计。

1）天线阵列的形状设计

按照天线阵列的形状，可以将其分为圆形、六角形、带状形和混合形，其形状示意图如图 9-16 所示。

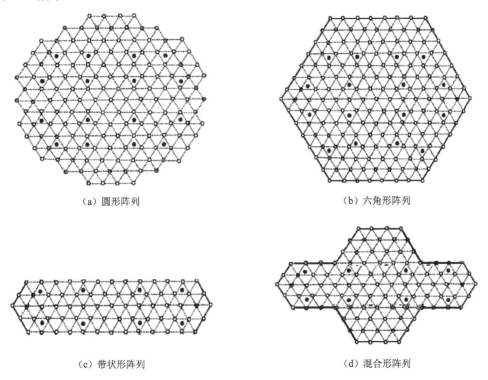

（a）圆形阵列　　　　　　　　　　　　　　　（b）六角形阵列

（c）带状形阵列　　　　　　　　　　　　　　（d）混合形阵列

图 9-16　不同形状的天线阵列示意图

- 圆形阵列：一种基本的阵列形式，它所提供的方位视场角和高低视场角相等。圆形阵列适用于地空导弹和空空导弹的仿真。在最大尺寸相同的情况下，圆形面阵的视场角最大。

- 六角形阵列：由于辐射单元是按等边三角形排列成三元组的。因此，在保持阵面单元排列的对称情况下，当单元数目不多时，六角形阵列最为合理。随着单元数的增加，六角形阵列便可以由圆形阵列来取代。

- 带状形阵列：至少要由两排单元构成，以便形成三元组。对于反舰导弹或反坦克导弹的仿真系统，由于目标限制在一个平面上运动，高低方向的视场角不大，因此可以采用水平方向的带状形阵列。另外，带状形阵列常常作为一种节省经费的过渡性阵列形式，这样可以暂时以少量的单元，在一个方向上提供较大的视场角。以后，随着条件的改善，带状形阵列便可逐步扩展成面阵列。

- 混合形阵列：一种节省投资的折中方案。一般在小视场角内采用六角形阵列或方形阵列，而在大视场角范围内采用带状形阵列。

2）天线阵列的间隔设计

天线单元之间的距离在很大程度上决定了整个系统的角度模拟精度，在模拟视场角度确定的前提下，天线间隔距离决定了天线单元数目，这就在很大程度上决定了系统的复杂程度和成本。相关理论分析表明，当间隔为d的两个辐射器的电磁波在被试雷达天线口面上的照度变化不超过±0.5dB时，单元间隔应满足下列条件：

$$d \leqslant \frac{R\lambda}{3.337D} \tag{9-109}$$

式中，d为天线阵列以长度为单位的单元间隔；R为天线阵列曲率半径；D为被试雷达天线口径；λ为雷达工作波长。

实际上，天线阵列单元间隔的取值并不严格，可在很大的范围内变化。单元间隔取小一点，可以提高仿真系统的目标定位精度。但单元间隔也不宜太小，过小的单元间隔不仅元器件的设备量大大增加，仿真系统的研制费用提高，而且各天线单元之间容易产生互耦效应而影响系统正常工作。通常为了减少成本及调整方便，应尽量减少单元数，即增大单元间隔。随着单元间隔的增大，相邻两辐射器的电磁波在被试雷达天线口面上的照度变化必然增加，为此要进行近距修正。

在进行近距修正时，应满足这样一个条件：等效相位中心的移动随辐射单元之间的相对幅度变化是单调的，不出现多值性，其数学表达式为$D\varphi < \lambda$，φ为阵列天线以角度为单位的单元间隔。

3）天线阵列的喇叭形状设计

天线阵列的喇叭形状有圆形和矩形两种，用得比较普遍的是四脊双极化圆形天线。这类天线不仅性能较好，而且调整方便，它可十分方便地发射水平极化、垂直极化和左旋圆或右旋圆极化射频信号。喇叭天线单元的两个极化端口的相互隔离度大于20dB，驻波比在整个工作频段不大于2.5dB。在用作线极化发射时，每个天线单元上都装有匹配负载，以避免能量泄漏到空间，形成电磁干扰。

9.4.3.3 馈电系统的设计

馈电设备包括天线馈电控制系统与信号源控制系统，主要用于模拟目标的视场角位置及其运动轨迹，模拟分布式的面杂波和辐射电子干扰信号；同时，根据电气校准中制作的校准表格和补偿算法，对目标定位的系统误差进行补偿。天线馈电控制系统主要包括与粗略控制模拟目标位置相关的开关选择矩阵，以及与精确控制相关的衰减器和移相器，还包括功率分配器、功率放大器和功率合成器等微波器件。

1）高速微波开关矩阵

高速微波开关矩阵用于转换天线辐射单元，进行模拟目标角度位置的粗选择。用在天线阵列馈电系统中的高速微波开关可有两类开关供选择：一类是机电式同轴开关；另一类是 PIN 二极管开关。机电式同轴开关的特点是承受功率大，缺点是开关速度慢。PIN 二极管开关的特点刚好相反，即功率容量小，开关速度快。根据各自的特点，在目标阵列中通常使用 PIN 二极管开关达到高速转换的目的，而在干扰阵列中使用机电式同轴开关以保证获得高功率输出。

2）微波可编程衰减器

在三元组面阵的馈电系统中，每个目标通道至少需要三个可编程衰减器。在二元组线阵的馈电系统中相对简单些，每个目标通道只需要两个微波可编程衰减器。微波可编程衰减器与微波可编程移相器共同构成二元组阵列的幅相控制系统，主要功能用于对二元组阵列单元合成的目标在两单元中的位置进行精细调节。典型的微波可编程衰减器，主要由驱动电路和 PIN 二极管衰减器组成。

3）微波可编程移相器

微波可编程移相器用来调节两个微波馈电支路之间的相移，通过计算机编程进行控制。早期的仿真系统普遍采用铁氧体移相器。这类移相器的优点是功率容量大，但其主要缺点是转换速度慢。从 20 世纪 80 年代起，已广泛使用 PIN 二极管移相器取代铁氧体移相器。PIN 二极管移相器由射频矢量调制器和驱动器组成，驱动器又由 D/A 转换器和电压缓冲器构成。

4）功率放大系统

功率放大系统是由行波管放大器或固态放大器组成的射频功率放大链。该放大链具有双模工作能力，能工作在脉冲波与连续波双模状态，脉冲工作状态下射频输出通断比大于 80dB，早期的射频仿真系统大都采用行波管放大器作为射频信号的末级功放。该类放大器的特点是功率大，技术上也比较成熟，其主要缺点是噪声大、动态范围小、工作寿命短，此外，行波管放大器的电源电压高达数万伏，对使用和维护带来不便。由于存在上述问题，行波管放大器在射频仿真系统中已逐步被固态放大器取代。只有在某些干扰通道中，为了模拟特别强的干扰，而其动态范围又无特殊要求的场合，仍然采用行波管放大器。

射频功率放大系统要求具有过压、过流保护器和故障告警系统，以免设备损坏。

5）射频功率增强系统

射频仿真系统中普遍存在射频信号功率受微波馈电系统功率容量限制的问题。为了满足仿真室所需大功率和大动态的要求，射频仿真系统中采用射频功率增强技术，设计了功率增强系统。该系统加装在高速微波电子开关之前，数控移相器与数控衰减器之后，由计算机控制台进行控制与补偿。

功率增强系统由固态放大器与快速 DAGC 控制系统组成，后者用于控制与补偿固态放大器相位、幅度的非线性及系统增益的突变，扩大系统的动态范围。

9.4.3.4 阵列支撑结构及维护工作平台的设计

阵列支撑结构及维护工作平台主要用于支撑天线阵列,保证系统的正常运行。

1)阵列支撑结构

阵列支撑结构是一个大型钢质框架,通常安装在微波屏蔽暗室内靠墙一边,框架中心区域通常采用球面金属圆盘,这样能够保证天线阵列中各个微波喇叭与雷达导引头的距离相同,从而保证系统精度和通道的一致性。天线阵列安装在球面阵的前面(凹面),馈电系统、六自由度调整机构、射频馈线等安装在球面阵的后面(凸面)。

由于面阵结构尺寸较大,因此圆盘应采用薄壳结构,尽量避免采用桁架结构,从而保证有足够的刚度与强度,并便于工作人员接近每个器件进行调整和维护。圆盘背面的器件应分区配置,并采用树状分区馈电,从而缩短馈线的长度。辐射单元是通过六自由度调整机构安装在阵列圆盘上的,六自由度调整机构可以保证辐射单元在六个自由度(上下、左右、前后、俯仰、偏航、滚转)上进行精细调整,这样可以放宽对阵列支撑结构的精度要求。

为了保证喇叭单元位置精度,要求整个面阵结构、整个暗室的顶棚和墙面都不接触,防止任何设备和人员的移动影响目标定位精度,其地基也应采取隔振措施。

需要说明的是,部分阵列支撑结构也可以采用平面结构,这样的优点是阵列结构简单,易于加工安装和后期维护。但平面阵列需要后期进行大量的校准修正,从而保证系统精度和通道的一致性。

2)阵列维护工作平台

对于一个大型的阵列,必须为工作人员提供一个便于进行操作和维护的工作平台。工作平台是一个大型钢架结构。它应与阵列很接近,但不能相互接触,以免由于工作人员在工作平台上走动而造成阵列振动。工作平台要有足够的空间,因为它上面还要放置一些馈电控制器件的机柜,如程控衰减器、移相器,及其电源和控制电路。当阵列系统需要采用末级功率放大时,这些功率放大部件及其电源装置也都应该放置在工作平台上。为了保证模拟目标位置的精度,避免温度变化对馈电控制器件性能的影响,因此需要在阵列维护区采用空调措施,至少要对馈电控制器件机柜采取局部空调。

9.4.3.5 前向波接收装置的设计

在进行抗干扰仿真试验时,射频仿真系统首先需要对末制导雷达的发射脉冲进行接收,然后进行存储转发,末制导雷达发射脉冲的获取是射频仿真系统的前提。目前,获得末制导雷达发射载频的方法主要有信号注入方式和空间接收方式。

信号注入方式为在半实物仿真试验系统的输入端可以得到幅度平稳的信号,便于系统对信号进行处理,但该方式在一定程度上要破坏末制导雷达的整体结构,而且有些雷达并不具备信号的输出端口。由于末制导雷达与目标模拟系统之间距离一般较远,因此注入信号要采用波导传输,以减少功率损耗。

空间接收方式具有普遍适应性,但需要在系统中增加前向波接收装置。前向波接收装置的目的是通过空间耦合的方式,实时接收雷达的发射信号,基本功能是提供一个稳幅的信号给接收装置,从中提取出射频引导信号,主要包括机械移相器、合成器、检波器、稳幅电衰减器等。

接收喇叭选用阵列上四个天线单元喇叭，利用环行器加上收发开关，采取收发共用的方式接收雷达信号。信号经过移相和衰减后，调整至四路同相，经功率合成，再稳幅，以保证接收信号的相位连续，幅度稳定，从而满足射频信号生成系统对接收信号的要求。

需要注意的是，如果末制导雷达发射功率较高，在面阵喇叭处功率密度相当大，为保证通过接收喇叭的信号不会导致目标模拟系统的器件损坏，则需要在接收喇叭的后端加装反向隔离装置。

9.4.3.6　干扰阵列的设计

在射频仿真模拟器中，需要根据仿真任务要求来完成干扰信号的模拟。对于大功率压制式辐射干扰信号，通常采用设置电子干扰阵列的方式来进行单独模拟。由于干扰信号的方向性要求较低，干扰阵列的定位只需要粗位控制。试验时以单个天线来辐射干扰信号，辐射位置的选择通过干扰阵列的开关矩阵完成。

对于欺骗式干扰信号，可以通过一个目标通道来实现，由欺骗干扰模拟器产生的欺骗式干扰信号可由阵列上任意位置发射出去。

9.4.4　射频信号校准系统的设计

校准系统是对射频仿真系统中射频信号生产单元的性能进行标定、校准、演示、测试和监视的工具性系统，主要对阵列天线进行位置校准、对阵列及馈电控制系统的电气参数进行校准，并可以对射频仿真系统的目标位置精度进行校准和演示。

为了保证射频仿真系统的目标定位精度符合精度要求，需要对其进行校准。其主要任务包括：

- 辐射信号视场角位置的校准。此角位置是指从三轴转台回转中心向阵列方向看，辐射信号在阵列球面坐标系的两个角度坐标。
- 对各单元通道长度和通路损耗进行校准，制作通路长度/通路损耗的表格。
- 对可编程移相器和电控衰减器的移项量和衰减量进行校准，制作校准表格。
- 自动测试阵列等效辐射中心的方向和位置，验证近场校正表格的正确性。
- 与三轴转台构成校准、测试回路，实现校准、测试过程自动化。

校准分为机械校准与电气校准两个环节，机械校准主要对天线阵列的安装位置进行校准。电气校准通过接收装置对天线阵列发出的信号进行接收，完成对射频馈电系统电气性能的校准。

9.4.4.1　机械校准的方法及设备组成

机械校准的目的是对目标天线阵列的机械安装位置进行测量，并对每个天线逐一进行手动调整，使得天线的机械安装位置和天线的指向性满足系统设计要求，从而降低各天线单元辐射界面的各路辐射信号的幅相特性间的差异，便于电特性的精细调整，达到机电特性的一致性。

机械校准通常采用光学校准的方案，主要包括激光测距仪、图像采集系统、计算机控制与通信系统等内容。其中，图像采集系统包括望远镜和电子目镜，计算机控制与通信系统包括主控机、远程通信计算机、转台控制计算机，计算机之间通过局域网连接。

在进行校准时，激光测距仪安装在转台中心，根据需要实时控制转台的方位角和俯仰角，对目标天线阵列上的天线进行测量，可以得到转台中心与天线罩的距离；图像采集装置获取实时的测量状态，便于测试人员及时观测数据和调整参数；计算机控制完成转台和校准设备的通信与同步。

9.4.4.2 电气校准的方法及设备组成

电气校准的作用对射频仿真系统中天线阵列和射频馈电控制系统的性能进行测试、标定和校准，并最终完成对射频仿真系统的目标位置精度进行校验和演示，它依靠射频馈电控制系统计算机存储校准表格，实现修正算法。具体工作包括：

- 幅度相位一致性校准，对各个频道、各个通道下全阵列各单元的信号幅度和相位进行校准，制作幅度相位一致性校准表格，并验证修正结果。
- 数控射频器件校准，对数控衰减器、数控移相器的幅度相位特性进行扫描，制作校准表格。
- 近场修正，测试近场误差，设计修正算法。
- 目标定位精度的校验和演示，得到最终的系统精度。

电气校准装置主要由射频信号生成装置、校准接收机装置、数据处理及控制装置三部分组成，如图 9-17 所示。其中，校准接收机装置主要由接收天线、微波开关、混频器、功分器、中放、矢量网络分析仪等组成。

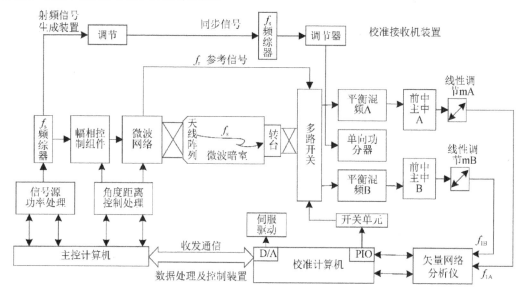

图 9-17 射频场景模拟器的电气校准系统组成框图

9.4.4.3 电气校准的工作原理

为了完成校准系统的各项功能，可以采用干涉仪方法，其优点主要是测角精度高、功能多、设备简单。干涉仪校准系统的基本工作方法有两种：比相法和比幅法。对于天线阵列相位中心高低角、方位角和 Z 轴坐标的标定，通过比相法来测角，也就是通过比较两路信号的相位进行标定。对于天线阵列的本身姿态（俯仰、偏航和滚动），采用比幅法进行标定。对路径长度、路径损耗和衰减器、移相器的校准也分别采用了比幅法和比相法。

1）电气校准中的比幅法工作原理

比幅法采用了两个相同且对称的波束，两波束的对称轴称为等信号线。当天线阵列最大辐射方向偏离等信号线时，两波束收到的信号强度不等，可以通过校准装置 1、2 两通道的信号强度差来判断辐射天线是否偏离等信号线，以及偏离的大小。

用比幅法可以校准辐射单元的姿态角，如果辐射单元方向图是轴对称的，则当干涉仪与辐射单元方向图轴线一致时，干涉仪通道 1、2 的信号幅度相等。比幅法主要还是用于校准阵列各辐射单元之间的幅度一致性，此时在校准系统的两个通道中，一个通道是由喇叭天线接收被校辐射单元的辐射信号，另一个通道是用馈线连接射频信号源，以提供基准信号。

2）电气校准中的比相法工作原理

比相法主要用于通过相位测量实现校准功能，定义 A、B 是水平方向的校准系统接收喇叭天线，垂直方向的两条天线的测量原理与水平方向的一样，它们的中心距离为 d，O 为 A、B 的中点，α 为阵列辐射方向与接收喇叭轴线方向的夹角。

射频场景模拟器的电气校准系统的比相法测向原理图如图 9-18 所示。

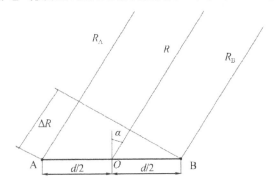

图 9-18　射频场景模拟器的电气校准系统的比相法测向原理图

考虑被校准的辐射单元天线对 A 和 B 的距离远远大于 d，即辐射源与接收点所处的位置是满足远场条件的。若辐射源偏离校准装置基线的法线方向角度为 α，则天线 A、B 距离辐射源的距离差为

$$\Delta R = R_A - R_B = d\sin\alpha \tag{9-110}$$

式中，R_A、R_B 分别为 A、B 两条天线到辐射源的距离。

在两条天线收到的辐射信号中，由 ΔR 波程差而引起的相位差为

$$\theta = \Delta R \times 2\pi/\lambda = 2\pi d\sin\alpha/\lambda \tag{9-111}$$

A、B 两条天线接收到的辐射源信号进入混频器后，与功分器输出的射频本振信号混频，输出中频信号，放大后加到网络分析仪中，取出角度误差信息 θ；得到阵列辐射方向与接收喇叭轴线方向的夹角 α：

$$\alpha = \arcsin(\theta\lambda/2\pi d) \tag{9-112}$$

9.4.4.4　校准系统的校准内容及操作步骤

根据校准系统的主要任务，校准系统的主要校准内容包括通道相位一致性校准、辐射信号视场角位置校准、接收机灵敏度和动态范围测试、移相器特性校准测量、衰减器特性校准测量等。

1）通道相位一致性校准

通道相位一致性校准也被称为各通路路径长度一致性校准，主要测出各个阵列目标辐射天线开关在不同位置后的射频电缆通路的相对损耗值。由于多个天线的辐射信号经过的路径电气长度不同，因此衰减量不同，路径的相位也不同，从而反映在阵列面上的幅度特性不均匀。致使在仿真试验时雷达导引头不能正确寻到目标、捕获跟踪目标，所以在使用前必须测出差值，并经过多路不同的移相补偿和幅度衰减补偿使幅相特性达到均匀一致，其差值要在允许的双目标阵列控制系统及其校准装置的设计误差范围内。

校准程序补偿各通路损耗和相移量制成相应存储表格，通过各个天线支路中的移相器和衰减器控制指令，使其幅度-相位相对基准信号相同，直至所有天线的各个射频传输路径中的幅相特性一致符合技术参数要求为准。

2）辐射信号视场角位置校准

辐射信号视场角位置校准的过程是通过接通校准接收机的水平两条天线和垂直两条天线，调整天线阵列的方位角和俯仰角，使天线的最大辐射方向对准校准装置的轴线，这时校准天线收到的两路信号应该幅度相等。辐射信号视场角位置的校准精度直接影响目标模拟信号的位置精度，当发现辐射单元的辐射信号视场角位置的误差超过规定的要求时，应通过阵列上的六自由度调节器对辐射单元的机械位置进行微调。每一个辐射单元都有一个六自由度调节器，可以进行上下、左右、前后三维线位移，以及俯仰、偏航、滚转三维角位移。在校准系统用于进行辐射信号视场角位置校准之前，应对校准系统进行零位校准。

3）接收机灵敏度和动态范围测试

通过网络分析仪和校准计算机数据处理后测出目标阵列天线辐射信号的相对功率，可由校准计算机求出相应幅度和相位的均方根值，并可对应辐射天线多种不同大小信号功率数值，验证接收机部分工作灵敏度和线性动态范围。

4）移相器特性校准测量

理想的移相器当数控改变时，不会引起衰减值的附加变化，而实际的移相器由 PIN 二极管制成，数控相位改变时，伴随着幅度的变化，而且该变化随相位变化大小不同而变化，因此在各个传输路径中由于相移不同，故必须把相移变化覆盖范围内衰减变化值测出来，制成相应曲线，提供迭代补偿以不影响各个射频传输路径中的幅相特性为准。

5）衰减器特性校准测量

衰减器在数控衰减变化时，也会附加引起移相变化，因此也需要制成相应衰减变化覆盖范围内的移相量变化曲线，提供移相-衰减相互迭代，达到稳定收敛补偿，以各射频传输路径中幅相特性一致为目的。

9.4.5　射频场景模拟器的主要指标

射频场景模拟器作为射频场景生成的核心器件，主要用于产生包含目标、干扰、诱饵、杂波等因素在内的期望雷达回波信号，如何评价该类设备的性能优劣，就需要一些指标来进行考核。下面介绍几个重要的射频场景模拟器的评价指标。

射频场景模拟器的技术指标主要包括模拟能力、射频信号等指标内容。

9.4.5.1　射频场景模拟器的模拟能力指标

射频场景模拟器的模拟能力指标，主要用于描述系统对于雷达信号的仿真能力，包括适用对象体制、模拟目标特征、杂波及干扰类型、工作频段、模拟目标数目等，其要求不仅体现在硬件能力方面，也体现在软件功能要求方面。在选择该项指标时，需要根据仿真系统的任务和参试对象来确定。

1）适用对象体制

雷达导引头具有主动式、单脉冲、多普勒等工作体制，因此，射频场景模拟器应针对不同的雷达导引头的工作体制，开展相关的设计研究工作。

2）模拟目标特征

模拟目标特征决定了射频目标模拟器能够模拟的目标类型，如战斗机、轰炸机、无人机、大型舰船等特征。不同的目标类型决定具备不同目标类型的 RCS 模型。另外，目标特征也包括系统能够模拟目标的速度范围和距离范围。

3）杂波及干扰类型

系统应根据试验任务需求，明确系统能够模拟的杂波及干扰的类型，包括宽带噪声、窄带噪声、各种欺骗式干扰及杂波等背景干扰。

4）工作频段

工作频段是指系统接收和处理的射频信号频率范围。在进行射频仿真设计时，应首先根据参试导引头的工作频段来确定整个仿真系统的工作频段，该指标主要与阵列天线与微波馈电系统的工作频率相关，也与微波暗室吸波材料的尺寸及射频信号源的频率范围等因素有关。典型频段包括 X 波段（8～12GHz）、Ku 波段（12～18GHz）、K 波段（18～26.5GHz）、Ka 波段（26.5～40GHz）、毫米波波段（80～100GHz）等。

5）视场角度范围

在进行射频仿真系统设计时，应根据典型作战任务的飞行弹道，明确视场角范围，该指标决定了微波暗室的尺寸和阵列天线的范围。在进行设计时，应综合考虑仿真试验任务需求和建设成本规模，在两者之间进行平衡选择。

6）模拟目标数目

模拟目标数目是指射频仿真系统能够同时模拟的目标数目，在设计时应根据作战试验任务进行选择，该项指标直接影响了射频目标模拟器和天线阵列及馈电系统的选择。目前，一些先进的射频仿真模拟器，具备 4 通道的模拟能力，能够同时模拟 1 个主要目标和 1～3 个次要目标或欺骗干扰。

7）阵列形式

针对不同的仿真试验任务，需要选择合适的阵列形式，如二元组阵列或三元组阵列。同时，根据视场范围和微波暗室的尺寸，确定阵列的形状。

9.4.5.2　射频场景模拟器的射频信号指标

射频场景模拟器作为一个射频信号生成设备，对于其产生的频率信号，在幅值范围、相位精度、功率大小等方面，均有一定的指标要求。

1）信号动态范围

信号动态范围是指系统正常工作时允许的输入信号强度范围，通常用能检测到的最大信号强度与最小信号强度之比表示。如果输入信号强度超出动态范围，那么系统会出现过载，为了保证对强弱信号均能正常接收，可以采用对数放大器或自动增益控制电路等技术。在射频仿真环节中，通常要求系统的信号动态范围超过一定范围，如≥80dB。

2）输出信号功率

输出信号功率是指模拟的射频信号的功率要求，主要包括输出信号功率范围和输出功率控制精度等。

3）系统信号带宽

系统信号带宽用于描述仿真系统产生射频信号的带宽大小，主要包括工作带宽和瞬时带宽等。

4）信号精度

信号精度主要用于考核射频场景模拟器生成的射频信号精度，主要包括杂散电平、射频通断比、通道隔离度、模拟信号带内平坦度等指标。在进行系统设计时，通常要求杂散电平低于某一指标，通道隔离度不低于某一指标，模拟信号带内平坦度的幅度起伏不超过某一范围。

5）极化方式

极化方式主要有水平、垂直线极化和圆极化。大多数末制导雷达采用的是线极化，而干扰机一般具有圆极化功能。对于射频仿真系统来说，为了节省研制费用，不仅目标通道采用线极化，干扰通道也可采用线极化。

6）更新率

天线阵列模拟目标角位置的更新率必须大于全系统目标更新率的要求，这个要求通常能得到满足整个仿真系统的目标位置更新时间，一般要求小于 3～5ms，而天线阵列馈电系统目标位置更新时间可达到 1ms 左右。

7）阵面曲率半径

阵面曲率半径是由远场条件初步估算得到的，它与被试导引头的工作频率范围有关。阵面曲率半径一旦确定后，微波暗室的有效长度也就确定了。从仿真试验的效果来看，希望阵面曲率半径大一些好，但却需要有结构庞大的微波暗室。因此，在进行系统设计时，需要根据对象特点和任务经费进行综合考虑。

9.5　微波暗室技术

微波暗室是一种广泛用于雷达测试、导弹导引仿真等系统中的半物理仿真设备。微波暗室作为射频环境模拟设备，在射频仿真试验中发挥着至关重要的作用。微波暗室利用内壁上贴敷的吸波材料可以模拟电磁波自由传播的空间环境，主要完成精确测量雷达、通信设备的天线参数和导弹及各种飞行目标电磁散射特性等任务，同时可进行微波电路、元器件的网络参数测量和高频场仿真等任务，被广泛应用在天线通信、射频辐射计算、射频对抗仿真等领域。

9.5.1　微波暗室的任务及发展

微波暗室是一个能够屏蔽外界电磁干扰、抑制内部电磁多路径反射干扰、对来波几乎能够全部吸收的相对寂静的电磁测量环境。

微波暗室的主要任务包括两个方面，一方面是完成外部信号的电磁屏蔽，防止其污染外部环境和发生反射而影响测量精度；另一方面是模拟内部电磁信号在空旷空间的自由传播的过程，避免由于墙壁、天花板、地面等因素对于信号的折射和反射等影响。

9.5.1.1　微波暗室的国外发展及典型代表

微波暗室技术出现于 20 世纪 50 年代初，最开始主要用于天线方向图的远场测量，随后扩展到飞机、舰船等的雷达散射特性测量，以及电子设备的电磁兼容测试等。国际上第一个将吸波材料应用于微波暗室的是美国麻省理工学院的辐射实验室，通过在房间的各面墙壁上铺设角锥形吸波材料来吸收发射源向外辐射的电磁波。微波暗室自问世以来，在国外得到了迅速的发展和应用，世界各军事强国建设了一大批微波暗室，用于信号通信测试、目标特性计算、电子战对抗研究。世界上著名的微波暗室包括洛克希德·马丁公司位于得克萨斯州沃斯堡的微波暗室、爱德华兹空军基地的贝尼菲尔德微波暗室等。

洛克希德·马丁公司位于得克萨斯州沃尔斯堡的微波暗室，早在 1987 年就开始运转，该实验室主要用于航电设备射频整合。例如，两种型号的 F-111、多种型号的 F-16、F-35A 等飞行器系统都曾在该实验室进行电磁评估。在 F-35A 的测试过程中，开展了飞机在定位、导航、卫星通信、语音通信、数据链、着陆等任务下的射频信息性能评估。

美国空军贝尼菲尔德微波暗室位于加利福尼亚州爱德华兹空军基地，是一个测试与评估射频电子战系统，由美国空军第 412 试验联队电子战大队第 772 试验中队负责该设施的运营和维护。其微波暗室长 264 英尺（约 80 米）、宽 250 英尺（约 76.2 米）、高 70 英尺（约 21.3 米），是目前世界上最大的微波暗室之一，拥有一个非常先进的仿真/激励系统，可以逼真地模拟真实的电子战/信息作战任务环境，能够进行几乎所有的美国军用飞机和盟友飞机的目标特性测试，以及电子战性能评估，服务对象包括 F-35、F-22、F/A-18 和 F-15 攻击机/战斗机；C-17 运输机；KC-46A 加油机；AH-64 攻击直升机；英国"台风"和"狂风"战斗机等设备。飞行器在微波暗室中的测试试验如图 9-1 所示。

（a）F-35A 战斗机在微波暗室中进行测试

（b）B2 轰炸机在微波暗室中进行测试

图 9-19　飞行器在微波暗室中的测试试验

（c）全球鹰无人机在微波暗室中进行测试

图 9-19　飞行器在微波暗室中的测试试验（续）

9.5.1.2　微波暗室的国内发展及代表

我国在微波暗室方面的研究开始于 20 世纪 60 年代，由于当时受技术及社会条件的限制，其发展并不理想。近几十年来，随着国家综合实力的增强，以及各种航空、航天、电子等行业的迅速发展，对高性能及多功能雷达天线的需求更大，对电子设备的电磁散射及电磁兼容要求更严格，因此很多企业、研究所及一些电子类的院校，都相继开始了微波暗室的研究和建造。

在二十世纪七八十年代，大连中山化工厂、南京 14 所、南京紫金山天文台等一些单位相继研制出了高性能的吸波材料，在 X 波段吸收达到-60dB，在 S 波段吸收达到-50dB，在 L 波段吸收达到-45dB，为国内高性能微波暗室的建造提供了条件。特别是 21 世纪以来，随着国家综合国力的增强，形成了一股建设军用和民用微波暗室的热潮，如南京 14 所建成了 26m、18m、16m 的大型微波暗室，内部铺设 500mm 和 800mm 高的角锥形聚氨酯吸波材料，微波暗室内配备了平面近场和压缩场两套测试设备；西安电子科技大学也于 20 世纪末建设完成了专用于低副瓣天线测量的小型微波暗室；为了进一步研究飞行器的隐身性能，西北工业大学、南京航空航天大学、北京航空航天大学也相继建造了专门用于不同无人机、飞行器雷达散射截面测试的微波暗室。

如今，国内已经有不少从事吸波材料生产和微波暗室建造的公司，如大连东信微波吸收材料有限公司主要经营微波暗室的集成，天线及天线罩测试系统、材料测试系统的生产、设计和建造；北京艾姆克科技有限公司主要建造用于辐射发射和辐射敏感性的符合测试的标准测试环境的微波暗室，能够测试电信、多媒体、家用电器、汽车元件、工科医疗、信息技术等设备，满足中国、欧洲、美国等国的国际标准；南京南大波平电子信息有限公司在航空、航天、电子、船舶、学校等研究生产领域，设计建造了国内诸多大规模的复杂电磁环境仿真、目标特性 RCS、锥形汽车天线、洁净天线系统等国内及世界领先的微波暗室，积累了非常丰富的工程经验。

目前，随着微波技术的快速发展，对微波暗室的要求越来越高，我国微波暗室在空间范围和高端性能上，与国外还存在一定差距。

9.5.2　微波暗室的工作机理

微波暗室的主要工作机理是根据电磁波在介质中从低磁导向高磁导方向传播的规律，利用高磁导率吸波材料引导电磁波，通过共振大量吸收电磁波的辐射能量，再通过耦合把电磁波的能量转变成热能。

通过大学物理知识可知，投射到材料的电磁波能量有反射、吸收和透射三种去向。电磁屏蔽过程基于将投射到材料表面的电磁波能量反射，同时将进入材料内部的电磁波通过介质转化成热能或其他形式的能量，以达到衰减电磁波的目的。下面介绍一下典型的微波暗室的损耗机理，包括反射损耗、磁损耗和介电损耗等形式。

9.5.2.1　微波暗室的电磁波反射损耗机理

反射损耗过程主要通过对电磁波的反射来达到屏蔽的目的，有效的反射屏蔽需要材料能反射大部分入射电磁波。反射损耗是导体材料中的带电粒子（自由电子和空穴）与电磁场相互作用的结果，损耗能量与材料相对于真空的磁导率 μ_r 和材料相对于理想铜的电导率 σ_r 的大小有关，一般情况下屏蔽材料的电导率越大，磁导率越小，电磁波通过反射损耗的比例就越大。对电导率高的介质，如银、铜等材料，在介质表面形成的连续导电通路会对电磁波形成有效的反射损耗，反射屏蔽起主要作用；对于磁导率高的介质，如铁和射钢等材料，吸收屏蔽起主要作用。通过反射损耗进行电磁屏蔽时，会产生一系列实际应用问题，如反射出去的电磁波对外界电子器件及器件内部的正常工作带来影响，产生二次电磁波辐射干扰。根据电磁波理论及材料与电磁波的交互作用原理，更有效的方法是增强屏蔽材料对电磁波的吸收效能，使电磁辐射能量尽可能地损失在材料内部，减少对周围器件的干扰。

9.5.2.2　微波暗室的电磁波磁损耗机理

磁损耗主要通过磁滞损耗、涡流损耗和剩余损耗等磁极化机制来吸收、衰减电磁波。在较低的频率范围和磁通密度下，磁损耗可以用列格（Legg）方程来表示：

$$\frac{2\pi tg\delta_m}{\mu} = ef + \alpha B + c \tag{9-113}$$

式中，e 为涡流损耗系数；α 为磁滞系数；c 为剩余损耗；μ 为磁导率；$tg\delta_m$ 为磁损耗因子；f 为频率；B 为磁通密度。在低频阶段，磁损耗主要由磁滞、涡流及剩余损耗引起，随着频率升高，磁损耗吸收峰主要由畴壁共振、尺寸共振和自然共振引起，在高频阶段，主要是畴壁谐振与自然谐振损耗。

9.5.2.3　微波暗室的电磁波介电损耗机理

当电磁波作用于介电材料时，介电材料中含有的导电粒子，在外加电场的作用下产生导电电流，消耗部分电能，而电能通过耗散转换成热能，从而形成介电损耗。介电损耗的机理包括电导损耗（$tg\delta_c$）、介电弛豫损耗（$tg\delta_{rel}$）、共振损耗（$tg\delta_{res}$）和其他形式的损耗。其中，具有一定导电性的电磁波吸收材料能够在交变电场中产生导电电流，在电场中会发生极化现象，如果极化速度低于电场变化速度，就会产生介电弛豫损耗。共振损耗起源于共振效应，是吸波材料内部的原子、离子或电子震动引起的。

9.5.2.4　微波暗室的电磁波吸收机理

电磁波吸收材料的吸波性能主要取决于其复磁导率 $\mu_r = \mu_r' - j\mu_r''$ 和复介电常数 $\varepsilon_r = \varepsilon_r' - j\varepsilon_r''$ 的大小，这两个参数决定了材料的反射特性（匹配特性）和衰减特性。介质中单位体积内吸收的电磁波能量（τ）为

$$\tau = \frac{1}{2} \times \frac{1}{4\pi}\left(\varepsilon_0 \varepsilon_r'' |\boldsymbol{E}| + \mu_0 \mu_r'' |\boldsymbol{H}|^2\right) \tag{9-114}$$

式中，ε_0 为真空介电常数；μ_0 为真空磁导率；ε_r'' 为吸波剂复介电常数 ε_r 的虚部；μ_r'' 为吸波剂复磁导率 μ_r 的虚部；$\boldsymbol{E}$ 为电磁波电场矢量；$\boldsymbol{H}$ 为电磁波磁场矢量。

通过式（9-113）可以得出，ε_r'' 和 μ_r'' 的大小对材料的电磁波吸收能力起决定性作用，通过增大吸波材料的 ε_r'' 和 μ_r''，可以提高其电磁波吸收能量。目前，评价电磁波吸收能力的大小常用反射损耗 RL 表示。反射损耗与有效输入阻抗 Z_{in} 和自由空间阻抗 Z_0 有关：

$$RL = -20\log\left|(Z_{in} - Z_0)/(Z_{in} + Z_0)\right| \tag{9-115}$$

其中，自由空间阻抗 Z_0 可以表示为

$$Z_0 = \sqrt{\frac{\mu_0}{\varepsilon_0}} \tag{9-116}$$

有效输入阻抗 Z_{in} 可以表示为

$$Z_{in} = \sqrt{\frac{\mu_r' - j\mu_r''}{\varepsilon_r' - j\varepsilon_r'' - j\sigma/(\omega\varepsilon_0)}} \cdot \text{th}\left(jd\frac{\omega\sqrt{(\mu_r' - j\mu_r'')(\varepsilon_r' - j\varepsilon_r'' - j\sigma/(\omega\varepsilon_0))}}{c}\right) \tag{9-117}$$

式中，μ_r'、μ_r'' 分别为复磁导率的实部、虚部；ε_r'、ε_r'' 分别为复介电常数的实部、虚部；ε_0 为真空介电常数；σ 为电导率；ω 为入射电磁波的周期，$\omega = 2\pi f$（f 为入射电磁波频率）；d 为吸波材料厚度；c 为光速。利用公式计算出自由空间阻抗 Z_0 和有效输入阻抗 Z_{in}，从而得出给定频率和吸波层厚度下的电磁波反射损耗 RL。

9.5.3　微波暗室的类型分类

经过多年的发展，微波暗室已经发展成很多类型和形式。下面给出微波暗室的典型分类。

9.5.3.1　按模拟对象对微波暗室进行分类

微波暗室根据其模拟对象的不同，可以分为半电波暗室和全电波暗室。

1）半电波暗室

半电波暗室五面贴吸波材料，主要模拟开阔试验场地，即电波传播时只有直射波和地面反射波。半电波暗室主要用于电磁兼容测量，包括电磁辐射干扰测量和电磁辐射敏感度测量，典型性能指标用归一化场地衰减和测试面场均匀性来衡量。

2）全电波暗室

全电波暗室六面贴吸波材料，主要模拟自由空间传播环境，而且可以不带屏蔽，把吸波材料贴于木质墙壁，甚至建筑物的普通墙壁和天花板上。全电波暗室主要用于微波电线系统的指标测量，暗室性能用静区尺寸大小、反射电平静度、交叉极化等参数表示。

虽然半电波暗室和全电波暗室看上去很相似，两者都贴有大量的吸波材料，但两者的用途、性能指标大不相同，所以设计上也有各自不同的标准。在本书中，主要介绍的是全电波暗室。

9.5.3.2　按用途对微波暗室进行分类

微波暗室按用途分类，可分为天线系统实验室、电磁兼容性实验室、电子对抗实验室、目标模拟与模型缩比实验室。

1）天线系统实验室

天线系统实验室主要用于测量天线的有关系统，如用于测量天线的方向图振幅与相位、极化性能、增益系数、辐射阻抗和天线相互间的耦合与匹配，并确定其有关性质。除常规的测试外，还可以结合矢量网络分析仪测量天线罩驻波比和透波率，以及加上天线罩后的天线方向图的变化，运用紧缩场与近场的方法来测量天线与天线罩的参数，为天线罩的理论研究提供依据。

2）电磁兼容性实验室

电磁兼容性实验室主要用于电磁兼容测试和对整体的机械及电子设备系统性能的测试与评估，如传导干扰、辐射干扰、干扰灵敏度、有效辐射功率、有关定向系统的校准、传输随动系统的误差等方面的试验；同时，用于测量手机、计算机和其他通信设备电磁波的辐射模型及对人体和周围环境的影响，包括飞机、汽车、舰船、导弹、卫星等的整机辐射与散射模型的测量。随着电子技术的发展，飞机、舰船本身均安装了大量的电子设备，不同电子设备之间的电磁兼容性必须在实验室内进行精确测量和深入分析。

3）电子对抗实验室

随着电子设备的发展，敌我双方均采用了大量的电子对抗手段，为了考核射频对抗设备的性能和对抗手段的效果，需要在实验室环境下，开展电子对抗设备的试验与多种目标散射特性的测量，模拟在实战情况下不同设备在电磁干扰情况时的工作状态。

4）目标模拟与模型缩比实验室

隐身作为第四代战斗机的典型特征，随着 F-22、F-35、歼 20 的不断服役，隐身技术在这些年中得到迅猛发展。为了验证隐身目标的电磁辐射的特性，需要在实验室环境下，开展飞机、舰船等实际部件或缩比模型的 RCS 计算和研究。

9.5.3.3　按形状对微波暗室进行分类

微波暗室在其发展过程中，曾出现过以下几种主要结构形式，如喇叭形、矩形、锥形、纵向隔板形、横向隔板形、孔径形、半圆形、扇形与复合形等形状。每一种形状的微波暗室都有其优点与不足。目前国际上微波暗室的主流设计是以矩形和锥形为主的，也有少量特殊用途的喇叭形及其他外形的暗室。下面就主要介绍这几种类型。

1）喇叭形微波暗室

喇叭形微波暗室采用圆形的横截面，能够保证在测试空间相当的条件下，有更小的内表面积，屏蔽层内所需要的吸波材料也会相应减少很多；但缺点也很明显，随着吸波材料长度的增加，微波暗室内部的测量空间会急剧减小，通用性较差，同时由于其受结构的限制，其固有的有效散射面较大，在进行天线测量时，待测天线（AUT）只能放在特定的位置，而不能像另外两种暗室那样可以自由移动，因此其应用范围与发展受到限制。

2）锥形微波暗室

锥形微波暗室能够避免来自侧墙、地板和天花板大角度镜面反射，因而低频特性比矩形微波暗室好；同时，在设计时，可以将激励源所在方向设计成角锥喇叭形状，其锥角一般取 26°，在静区的方向上保持为矩形（可以保证静区的均匀性），这样的设计可以缩小发射端不必要的空间，减小了微波暗室的表面积，也就直接减少了所需吸波材料的数量，从而降低微波暗室的建造成本。其缺点在于：①由于空间传输损耗与自由空间不一样，因而只能用比较法测量天线增益；②锥顶形状决定了其只能放置一个单元天线，不能用来测量场强绝对值，也不适合测量雷达散射截面。

3）矩形微波暗室

矩形微波暗室由于对称性的结构设计，激励源经过天花板和地板，以及左右侧墙反射的电磁波能够相互抵消，有效地提高了微波暗室的性能，在静区性能相当的情况下，其交叉极化度、多路径损耗和场幅均匀性要比锥形微波暗室强很多，也使得矩形微波暗室在高频及低频上的通用性更好。随着新材料的不断问世，已经能够在不改变总体结构的情况下，通过在屏蔽层内部反射较强的部分铺设吸波性能更好的吸波材料就能够实现相同的吸波性能，尽管锥形微波暗室在低频段时更廉价，但由于矩形微波暗室的通用性更好，人们更希望能够用一个微波暗室就能实现各个频段的测量任务，这种需求正好推动了矩形微波暗室的发展。

近年来，国内外新建造的微波暗室以矩形微波暗室为主。

不同用途、不同类型的微波暗室照片如图 9-20 所示。

（a）平面近场测量微波暗室

（b）天线远场测量微波暗室

（c）综合测量微波暗室

（d）球面近场测量微波暗室

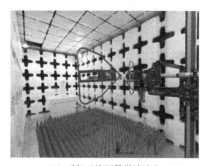
（e）手机天线测量微波暗室

（f）舰船电子战装置性能测试微波暗室

图 9-20　不同用途、不同类型的微波暗室照片

9.5.4　微波暗室的组成

微波暗室为电磁环境内场仿真试验提供传播电磁波的自由空间，能够有效地屏蔽外界电磁信号对于微波暗室内部空间的影响，吸收内部用于测试的电磁波，防止其污染外部环境和发生反射而影响测量的精度。

微波暗室是由内表面贴吸波材料的屏蔽结构大厅组成的，大厅的形状可以是矩阵截面的立方体或柱形多面体。除了内部参试的射频设备，微波暗室本身的组成主要包括屏蔽结构和吸波材料，以及屏蔽门、通风波导窗、电缆接口板等一系列辅助设备。

9.5.4.1　微波暗室的屏蔽装置

微波暗室的一个重要任务就是能够有效地屏蔽外界电磁信号对于微波暗室内部空间的影响。因此，在完成实验室房屋建设后，必须对其进行大规模改造，增加屏蔽壳体，从而达到阻止电磁信号传播的目的。屏蔽壳体通常采用金属材料构造，一方面能够防止外界电磁波对微波暗室内的测量环境造成干扰，另一方面能够将吸波材料没有完全吸收的能量反射回去，经过吸波材料的再次吸收，防止内部的电磁波外泄，使测量结果更准确、可靠，也更利于保密。

1）屏蔽装置的作用

射频仿真试验用的微波暗室都必须严格地进行电磁屏蔽，屏蔽结构的作用如下。

- 防止外界各种电磁干扰影响仿真试验。由于射频仿真试验通常是在小功率情况下进行的，特别是在进行系统校准时，射频信号变化的动态范围很大，极其微小的电磁干扰就可能影响到仿真精度。

- 防止仿真试验时射频信号外泄，特别是导引头的工作频率及其他有关参数的外泄将会引起泄密。

- 防止参试设备相互间的干扰。除被试导引头安装在暗室内的转台上外，其余参试设备均安装在独立的屏蔽室内，与微波暗室分隔开。

- 保护参试人员不受微波辐射的伤害。特别是当被试导引头进行主动全功率开放性发射时，脉冲功率达 50kW 左右，到达天线阵列处的功率密度达 45dBm/cm² 以上。因此，在进行仿真试验时，所有参试人员必须撤离微波暗室，以免受到电磁波辐射影响，也是为了防止人员走动影响微波暗室的静区性能。

2）屏蔽装置的组成

微波暗室的屏蔽结构是在原有建筑体内部加装金属屏蔽部件，实现对外部电磁信号的屏蔽。目前，屏蔽结构主要采用比较薄的钢板材料，其搭建方法主要包括组合型和焊接型，其中，组合型由墙板和使墙板连接的夹具组成，墙板可以采用两面覆盖镀锌薄层的胶合板或镀锌的钢板，夹具使墙板安装成一个整体，并保证了墙板的导电连续性。焊接型是由钢板或铜板经焊接而成的密封体，要求焊接工艺精密，且造价较高，但屏蔽性更好，是目前高性能微波暗室的主要形式。

下面主要介绍焊接型的组成，焊接型屏蔽结构主要由钢结构框架、屏蔽壳体和屏蔽口等部件组成。

- 钢结构框架是对屏蔽材料等所有负荷的承载主体，该承力结构是由主立柱和顶部主梁焊接后形成的框架结构,主立柱支承在底圈梁之上。各个侧墙由立柱、圈梁和梁间短柱栓接形成侧面网格,顶部由主梁、次梁栓接构成顶部网格,底骨架是由矩形管栓接成的网格,整个六面体由上述六个面的网格骨架构成空间整体。

- 屏蔽壳体采用钢板焊接式壳体结构形式。屏蔽主体四侧面及顶面为优质冷化钢板,均经屏蔽密封形成屏蔽壁板,现场焊接在钢结构框架上。地面部分为优质热化钢板通过屏蔽密封连接在一起构成屏蔽壁板,采用塞焊工艺将地面壁板同底骨架焊接在一起。

- 在微波暗室中,需要对外进行信号传输和通信,这些接口是屏蔽微波暗室的关键部件,是屏蔽微波暗室电磁泄漏的主要部位。屏蔽微波暗室的屏蔽指标取决于屏蔽口性能的好坏,为了提高屏蔽口的屏蔽效能,应确保屏蔽口缝在频繁活动情况下仍具有良好的电接触。对于两扇屏蔽口,要保证闭合时能有效地形成电磁密封腔,内外口板为双层绝缘结构,保证电磁密封可靠。

9.5.4.2 微波暗室的吸波材料

微波暗室的另外一个重要任务是吸收内部的电磁波信号,形成一个近似无反射的自由空间。微波暗室使用吸波材料作为衬里,通过吸收电磁波,达到减小或消除电磁波的反射与散射的效果。微波暗室的性能好坏与吸波材料本身的吸波性、频带特性、形状、厚度及种类密切相关,若材料对电磁波吸收得越多,则反射越小,周围环境越接近自由空间,其微波暗室性能也就越好。

1)吸波材料的分类

经过多年的发展,吸波材料的种类逐渐增多,根据不同的分类方法,可以进行不同类型的划分。

- 按材料成型工艺和承载能力可分为涂覆型和结构型。涂覆型将黏结剂与金属、合金粉末、铁氧体、导电纤维等吸波剂混合后形成吸波涂层。其中,具有特定电磁参数的吸波剂是涂层的关键所在,直接决定了吸波涂层的吸波性能;而黏结剂是涂层的成膜物质,可以使涂层牢固附着于被涂物体表面上形成连续膜,这种黏结剂必须是良好的透波材料,才能使涂层的吸收效率最大化。涂覆型的特点是吸收频带宽,反射衰减率高,使用寿命长。结构型具有承载和吸波的双重功能,具备复合材料质量轻、强度高的优点,是现代隐身材料的重要发展方向,通常将吸波剂分散在层状材料中,或用透波性好、强度高的高聚物复合材料作为面板,采用夹芯蜂窝状、波纹状或角锥体结构。

- 按吸波原理又可分为吸波型和干涉型。吸波型通过自身材料对于电磁波的自身损耗,对电磁波产生吸收作用;干涉型是基于干涉相消原理,利用表层和底层两列反射波相互干涉抵消,具有多层结构的特点。

- 按材料损耗机理可分为磁损耗型和电损耗型。磁损耗型的损耗机理为磁自然共振损耗和磁滞损耗。磁损耗型吸波材料主要是铁氧体材料,利用铁氧体的高磁导率可以把较低频段的电磁波束缚在材料内,铁氧体对低频有很好的吸波性能,一般在600MHz以下吸波性能明显,当频率高于1GHz时,铁氧体就基本失去了吸波作用。铁氧体吸波材料可以做成瓦片、栅格等形状,常用的铁氧体瓦片厚度一般在 0.5~0.8cm,因此,最适合用在空间小、频率低的测试环境。电损耗型主要通过介质电子、离子极化和界面极化来吸收、衰减电磁波，它又可分为电介质型和电阻型两类。其中，电介质型吸波材料的损耗机理为介质极化弛豫损耗；电阻型吸波材料的损耗机理为电阻损耗吸收。常用的电损耗型吸波材料大多是由聚氨酯角锥渗入一定浓度的碳粉制成的。为取得最佳的反射率，应根据吸波材料的高度和形状调整含碳量。

2）常见的吸波材料

下面介绍一下几种常见的吸波材料。

- 角锥形吸波材料：由聚氨酯类泡沫塑料在碳胶溶液中渗透而成，将其制作成角锥形的原因是该形状能够形成入射波的多次反射，使其能量在多次反射中耗散掉。它的发射率与尖劈长度和使用频率有关，尖劈愈长，频率愈高，反射率愈小。一般情况下，角锥长度应至少大于或等于最低吸收频率的四分之一波长。因为这种类型的吸波材料能减少前向散射，并提供良好的后向散射性能，所以它适合用在暗室的所有位置。另外，为了减轻重量和减少成本，可以制作空心聚氨酯角锥吸波材料。为提高吸波材料低频段的吸波性能，并且避免吸波材料的高度过高，可将高的吸波材料的尖部剪去做成钝口，其特点是低频信号的吸收性能较好，缺点是高频信号的吸收性能较差。
- 尖劈形吸波材料：泡沫吸波材料的另一种形式，在一般情况下，与同样高度的角锥形吸波材料具有相同的反射率。一般用在锥形微波暗室和进行 RCS 测试的紧缩场暗室。
- 铁氧体吸波材料：最早是由 TDK 公司开发成功的，在低频段（30MHz～100MHz），它可以替代泡沫吸波材料。它一般用在进行电磁兼容测试的微波暗室内。铁氧体吸波材料吸收电磁波的主要机理是自然共振，指铁氧体在不加恒磁场的情况下，由入射交变磁场的角频率和晶体的各向异性等效场决定的本征角频率相等时产生共振，从而大量吸收电磁波的能量。

微波暗室典型吸波材料示意图如图 9-21 所示。

（a）角锥形吸波材料

（b）钝口角锥形吸波材料

（d）尖劈形吸波材料

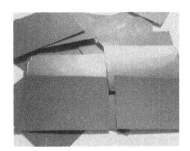

（d）铁氧体吸波材料

图 9-21　微波暗室典型吸波材料示意图

3）吸波材料的施工

吸波材料的铺设有两种方式：粘贴方式和挂接方式。粘贴方式是用胶水直接将吸波材料粘在屏蔽壳体上，挂接方式是先在屏蔽体上焊上钢架，然后将吸波材料一件一件挂上去。但不论采用哪种方式进行铺设，都要求吸波材料间不要留空隙，而且吸波材料顶端要对齐。另外，对于一些特殊地方还需要进行特殊处理，如拐角处可以采用一些比较矮的泡沫吸波材料来处理。

因为微波暗室内存在主反射区和次反射区。因此，在设计时，分析不同区域对于吸收性能的需求，然后根据计算结果来改进吸波材料的布置，可以在各面的实效反射区内铺设吸波性能较好的材料，而其他区域选用较廉价的材料，从而用较少的资金获得较好的效果。

对于许多大型微波暗室，粘贴方式是主要的施工工艺，下面给出角锥形吸波材料的施工流程。

- 以屏蔽室轴线为基准，按吸波材料底部尺寸，找出垂直点、水平点，用木斗弹出分路线，检查验收合格后，再进行吸波材料粘贴。先粘贴顶部，然后安装从上往下进行，这样能防止连接时少量黏剂滞漏吸波材料表面上，影响整体美观。
- 粘贴前先将墙体上残余物体清除干净，提前 24h 准备粘接。
- 粘贴先在墙体上刷一次强力胶，待一段时间后刷第二次强力胶；同时，将吸波材料底部清除干净后刷强力胶，根据室内温度待强力胶基本干后同墙体粘接。
- 粘贴时，每块吸波材料均粘到方格线内，用专用工装辅助定位，使吸波材料安装后排列整齐美观。
- 屏蔽门内壁的施工流程与墙体相同，注意铰链处要完全用吸波材料覆盖好。
- 拐角与棱边的处理，暗室中拐角及棱边虽不在主要位置上，但处理不当，同样会影响吸波性能。应选用均匀过渡式的锥形材料以减少对静电区特性的影响。

9.5.4.3 微波暗室的辅助设备

微波暗室除了屏蔽体和吸波材料，还需要一系列辅助设备，主要包括屏蔽门、通风波导、滤波装置、接地装置、消防装置和其他辅助装置等。

1）屏蔽门

屏蔽门是人员、物品进出微波暗室的唯一通道，既要轻松方便，又要结构可靠。因此，屏蔽门是微波暗室的关键部位，必须精心设计加工，有些材料还需要经过特殊工艺处理，如镀银等。小型屏蔽门通常采用手动结构，大型屏蔽门通常采用电动结构或气动结构。不管大小，都必须使门、门框与屏蔽室体紧密接触，防止电磁波在门缝处外泄。

2）通风波导

通风波导又称为截止波导。微波暗室作为一个金属封闭体，室内的通风问题是通过通风波导来解决的。通风波导具有隔离电磁波的特性，能使空气流通。通风波导的孔径、深度等几何尺寸需要根据微波暗室的屏蔽效能来确定，即在要求的截止频率以下能提供与屏蔽效能相适应的隔离度。空气的流量是按屏蔽室体的空间大小、温度调节范围来进行计算的。一个微波暗室一般包含多个通风波导，分进风波导和出风波导。

3）滤波装置

滤波装置的作用是滤除线路中传输的高频信号分量。由于微波暗室内部的照明、仪器设备用电和室外的设备控制、通信联系，均需要通过电缆来完成，这些电缆在传输控制信号和供应电力的同时，往往携带高频无线电干扰信号，从而影响微波暗室对电磁场的隔离作用。因此，进出微波暗室的电源线、信号线、控制线等所有电缆，均需要通过滤波装置，以滤除其中无用的高频分量。其中，接到电源线上的滤波器称为电源滤波器，与信号线、控制线连接的滤波器称为信号滤波器。

滤波器的种类有很多，根据其电路工作原理分有源滤波器和无源滤波器。根据滤波性能又可分为低通滤波器、高通滤波器和带通滤波器。每个微波暗室都需要装备一定数量和各种型号的滤波器。滤波器对高频信号的抑制性能用"插入损耗"来衡量。插入损耗不仅取决于滤波器本身的电路结构参数，而且取决于与它相连的端接阻抗、负载电流、负载电压及其他一些因素。滤波器在安装时，其外壳必须与屏蔽室良好接触，一方面要防止滤波器外壳与屏蔽室连接处有缝隙，引起电磁波外泄，同时滤波器需要与大地保持很小的接地电阻。滤波器除了要有适当的"插入损耗"，以适应屏蔽室的总体隔离要求，还必须注意其电流容量和电压范围。

4）接地装置

接地装置将微波暗室与大地用低电阻导体连接起来，根据任务的不同，接地装置可以分为三类：避雷接地，防止雷电影响；电气接地，与电网的地连接，保护设备和人身安全；高频接地，使高频信号与大地构成通路。三类接地的目的用途不同，其接地要求也不一样。

5）消防装置

微波暗室所用的吸波材料是一种易燃物体，它在燃烧时，释放出的气体具有毒性，人呼吸后很容易中毒，必须分别采用烟火、温度、有害气体三种不同的报警装置及与之相配套的消防措施。消防系统作为微波暗室的重要组成，包括消防报警设备规格、布局及级联状态等内容。

6）其他辅助装置

另外，为了保证微波暗室的安全运行和试验的顺利进行，还需要构建一系列辅助装置，包括配电系统、照明系统、视频监控系统等。配电系统包含强电配电设计、弱电配电及布局、滤波装置等；照明系统包含照明灯具选型、数量配置、布局及照度实现等；视频监控系统包括摄像机、云台等设备。

9.5.5　微波暗室的主要指标

微波暗室的设计要根据使用对象任务的要求、工作频带、吸波材料的性能和经费情况等方面进行综合考虑。为了评价微波暗室的性能，可以通过若干指标进行考核。

9.5.5.1　微波暗室的工作频率范围

工作频率范围通常是指微波暗室的静区范围满足其性能参数的某一技术指标的工作频率范围。工作频率的下限主要取决于暗室的宽度和材料的厚度，上限取决于暗室的长度和所允许的静度。

在精确制导武器制导控制半实物仿真试验中，微波暗室的工作频率范围必须大于被测导引头的频率范围。工作频率的下限越低，所需吸波材料的高度尺寸越大；而工作频率范围的上限越高，则所需暗室的尺寸越大。所以，在确定微波暗室的工作频率范围时应根据实际需要而定，并非越大越好，过高的要求会造成很大的浪费。

9.5.5.2 微波暗室的屏蔽效能要求

微波暗室对于外界信号的屏蔽能力主要通过屏蔽效能来评价，以保证微波暗室内有良好的静区环境，能很好地模拟自由空间测试环境。屏蔽效能是在特定频率的信号作用下，屏蔽体安装前后的电场强度、磁场强度或功率的比值，通常以分贝（dB）表示。

$$SE_E = 20\lg\left(\frac{E_0}{E_1}\right) 或 SE_H = 20\lg\left(\frac{H_0}{H_1}\right) \tag{9-118}$$

式中，SE_E 为电场屏蔽效能；SE_H 为磁场屏蔽效能；E_0 和 H_0 分别为没有屏蔽体时空间某点的电场强度和磁场强度；E_1 和 H_1 分别为有屏蔽体时被屏蔽空间在该点的电场强度和磁场强度。

一般来说，对于近区，电场和磁场的近区波阻抗不相等，电场屏蔽效能（SE_E）和磁场屏蔽效能（SE_H）也不相等；对于远区，电场和磁场是统一的，电场和磁场的远区波阻抗是一个常数，因此，电场屏蔽效能和磁场屏蔽效能相等。

微波暗室屏蔽效果的好坏不仅与屏蔽材料的性能有关，更主要的是与壳体上可能存在的各种不连续的形状和孔洞有关，如屏蔽材料间的焊缝、微波暗室的通风窗、屏蔽门、微波暗室的滤波器等。因此，微波暗室屏蔽效能可按下式计算：

$$SE = -10\lg\left[\left(\frac{1}{B_1}\right)^2 + \left(\frac{1}{B_2}\right)^2 + \left(\frac{1}{B_3}\right)^2 + \cdots + \left(\frac{1}{B_n}\right)^2\right] \tag{9-119}$$

式中，$B_1 = 10^{\frac{SE_1}{20}}, B_2 = 10^{\frac{SE_2}{20}}, B_3 = 10^{\frac{SE_3}{20}}, \cdots, B_n = 10^{\frac{SE_n}{20}}$，$SE_1$ 为屏蔽金属板或屏蔽金属网的屏蔽效能（dB）；SE_2 为电源滤波器的屏蔽效能（dB）；SE_3 为信号滤波器的屏蔽效能（dB）；SE_4 为通风截止波导管的屏蔽效能（dB）；SE_5 为缝隙的屏蔽效能（dB）；SE_6 为门的屏蔽效能（dB）；SE_n 为其他进入屏蔽体管道的屏蔽效能（dB）。

9.5.5.3 微波暗室的形状尺寸要求

在微波暗室的使用任务中，一个重要的任务就是模拟电磁波自由传播的空间。这个空间范围主要指静区的大小。静区是指微波暗室内受杂散波干扰最小，电磁信号和电磁背景杂波均能满足被测设备性能测试的空间区域。

静区大小主要取决于微波暗室的结构大小、微波暗室的工作频率和吸波材料的电性能等因素，对于形状规格、结构对称、吸波材料唯一的微波暗室，静区的形状一般为柱状，并处在微波暗室的中间位置。静区的性能好坏将直接影响微波暗室特性的优劣与使用价值，静区也是测试用的一定空间体积，所以也称为测试区。它的大小应该大于或等于被测天线或者装备所占据的空间范围。

由于该项指标直接影响了被测设备所能使用的空间大小，因此，必须根据仿真试验任务和参试设备的性能指标，来确定该项指标的大小。例如，在开展精确制导武器射频导引头半实物仿真中，必须根据弹道特点和导引头性能，计算出需要模拟目标相对于导弹的视线角大小，从而决定射频目标模拟器天线阵列的尺寸大小，也就决定了微波暗室的长度和高度。

9.5.5.4 微波暗室的静区性能指标

在微波暗室中，如何评价电磁波自由传播的性能，是通过一系列静区性能指标来实现的，主要包括静区反射率电平、交叉极化特性、场幅度均匀性和多路径损耗等，它们反映的是微波暗室静区的性能，从而保证试验结果的精确性。

1）静区反射率电平

反射率电平是微波暗室性能最基本的参数，其是指该处的等效反射场与直射场之比的对数值。等效反射场是指室内反射、绕射和散射等杂散波的总干扰场。微波暗室内部不同位置的静区反射率电平不一样，与吸波材料的特性、暗室的结构、收发天线的方向性、工作频率、极化状态等特性有关。该项指标的大小会直接影响天线、天线罩等方面的测试精度。

静区反射率电平是反映微波暗室性能好坏的最主要的指标之一，静区反射率电平越低，微波暗室本身引入的测试误差越小，微波暗室的性能就越好。因此，其数值大小直接影响着仿真系统的射频目标位置的精度。对于质量较好的仿真系统，静区反射率电平应取-60dB左右。

2）交叉极化特性

微波暗室形状不规格、结构不严格对称、吸波材料对不同极化方向的波吸收不一致，导致电磁波在暗室传播过程中会出现极化方向偏转的现象，微波暗室中使用交叉极化指标来评价该问题的影响大小。交叉极化是指电磁波在暗室传输过程中，产生的与原极化分量相正交的极化分量。通常用交叉极化分量和原极化分量的比值来表示暗室交叉极化的大小，比值的大小反映了电磁波的极化纯度。评估交叉极化隔离度的目的在于保证发射天线自身极化隔离度足够，使水平极化和垂直极化两个方向上的测量结果互不影响。为了保证一定的测试精度，该值一般应小于-25dB。

3）场幅度均匀度

在微波暗室的试验过程中，激励源辐射的电磁波在到达静区时必须近似为平面波，而实际上由于微波暗室各面墙壁的反射，测试天线或导引头接收到的电磁波的场幅和相位必然会受到严重影响，从而形成不均匀平面波，驻波场幅度起伏使得静区内的场幅度均匀性发生变化。微波暗室采用场幅度均匀性来描述该问题的影响。

场幅度均匀性指的是在规定区域内测试信号电磁场强度和相位分布的一致性。微波暗室中驻波场幅度起伏使得静区内的场幅度均匀性发生变化。场幅度均匀性反映的是被测天线周围的场均匀程度，它关系到测试结果的有效性。如果场幅度均匀性出现问题，在水平方向旋转被测天线进行远场测量时，从不同方向接收到的电磁波就会出现一定的波动，待测天线口面上入射场幅度不均匀，使得天线方向图的副瓣测量出现误差，造成增益实测值减小，测得的天线方向图就会起伏不定，影响天线性能分析。

对于典型的微波暗室，要求在暗室静区空间内，沿轴线移动待测天线，要求接收信号起伏不超过±2dB；在暗室静区的横截面上，水平和上下移动待测天线，要求接收信号起伏不超过±0.25dB。

4）多路径损耗

微波暗室内几何结构的不对称、吸波材料性能不一致及安装不当等各种原因，导致电磁波在微波暗室内传播时多路径损耗不均匀，造成极化面发生旋转，对极化的测量结果产生影响。

微波暗室采用多路径损耗来描述该问题的影响。多路径损耗指的是以来波方向为轴旋转待测天线，接收信号强度的起伏程度。多路径损耗均匀性是静区反射电平在收发天线绕微波暗室纵轴同步旋转时的反映。收发天线为参照系，收发天线（接收天线处于微波暗室静区中）绕微波暗室纵轴同步旋转时，微波暗室内的主反射面在变化。此时，各位置反射能量对直射能量的扰动即微波暗室静区多路径损耗均匀性。

对于典型的微波暗室，要求在微波暗室静区空间内，收发天线对准电磁波的辐射方向并旋转，要求接收信号最大差值不超过±0.25dB。

9.5.6 微波暗室的设计过程

随着通信技术、仿真试验技术、隐身技术和各种电子战武器装备的发展，微波暗室受到普遍关注与重视，并广泛应用于通信、雷达、微波技术、导弹、航空等领域。微波暗室可以节约人力、物力，缩短产品的试验周期，具有明显的经济价值和社会意义。

微波暗室的设计流程复杂、难度大、涉及专业众多，通常情况下，可以将设计过程分为结构尺寸计算、屏蔽结构设计、吸波材料设计和静区特性仿真等内容。下面以比较常见的矩形微波暗室为例，介绍一下微波暗室的设计过程。

9.5.6.1 微波暗室结构尺寸计算

微波暗室的尺寸大小直接影响微波暗室的性能指标，因而也就影响射频目标的定位精度。通常首先确定微波暗室的长度，然后根据长度尺寸和视场角等要求，确定微波暗室的宽度及高度。

微波暗室的长度是指微波暗室的有效长度，即从天线阵列至导引头接收天线间的距离，也就是天线阵列的曲率半径。微波暗室的有效长度 R 应满足电磁波传播的远场条件。远场条件可表示为

$$R \leqslant \frac{K(D+d)^2}{\lambda} \tag{9-120}$$

式中，R 为微波暗室的有效长度（m）；D 为接收天线口径（m）；d 为发射天线口径（m）；λ 为工作波长（m）；K 为常数。对于制导系统仿真试验用的微波暗室，通常要求 K 值大于 1.4。

微波暗室的宽度根据有效长度确定，假设微波暗室具有矩形截面，其平面尺寸示意图如图 9-22 所示。

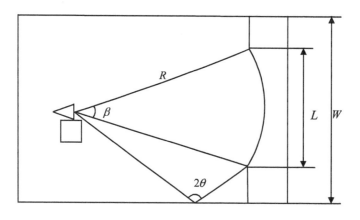

图 9-22　微波暗室的平面尺寸示意图

图 9-22 中，R 为天线阵列的曲率半径，L 为天线阵列的口径，W 为微波暗室宽度，β 为视场角，θ 为电磁波在暗室侧壁上的最大入射角。根据图 9-22 中的几何关系可得到微波暗室的宽度 W 为

$$W = R\cos\left(\frac{\beta}{2}\right)\cot\theta + \frac{L}{2} \tag{9-121}$$

式（9-121）表明，微波暗室的宽度 W 与微波暗室的有效长度 R、天线阵列口径 L、视场角 β 及电磁波在微波暗室侧壁上的最大入射角 θ 有关，微波暗室宽度窄，入射角 θ 就增大，吸波材料的吸波性能就降低。通常 θ 在 50°左右时微波暗室的性能较好，微波暗室的高度与宽度尺寸在设计上方法相同。

9.5.6.2　微波暗室屏蔽结构设计

微波暗室建造的目的就是防止自然环境中的电磁干扰，也防止微波暗室内的电磁波泄漏出去，于是建立微波暗室和室外空间之间的屏蔽层是必须的。电磁场在空间介质中的传播既有电场的传播，又有磁场的传播，在设计屏蔽体时，要综合考虑二者的影响。为了定量的说明屏蔽层对电磁场的隔绝效果，屏蔽效能 SE 常常用来定量计算，可以通过多种理论方法计算得出，一般用相对简单明了的谢昆诺夫公式来计算，将电磁波入射到物体上的能量损耗可分为反射损耗、吸收损耗和多次反射损耗等形式，这种计算方式适用于平板均匀型的电磁隔离材料计算：

$$SE = SE_A + SE_R + SE_M \tag{9-122}$$

式中，SE_A 为屏蔽材料的吸收损耗；SE_R 为屏蔽体表明的单次反射损耗；SE_M 为屏蔽体内部的多次反射损耗，单位均为 dB。计算公式为

$$SE_A = 131.43 \times t \times \sqrt{f\mu_r\sigma_r}$$

$$SE_R = \begin{cases} 186.2 + 10\times\lg\left(\dfrac{\sigma_r}{f\mu_r}\right) & \text{平面波} \\[2mm] 20\times\lg\left(5.35\times r\times\sqrt{\dfrac{f\sigma_r}{\mu_r}} + 0.354 + \dfrac{0.0117}{r}\times\sqrt{\dfrac{\mu_r}{f\sigma_r}}\right) & \text{磁场} \\[2mm] 3.217 + 10\times\lg\left(\dfrac{\mu_r}{f^3 r^3 \sigma_r}\right) & \text{电场} \end{cases} \tag{9-123}$$

$$SE_M = 10\times\lg\left(1 - 2\times10^{-0.1SE_A}\cos(0.23SE_A) + 10^{-0.2SE_A}\right)$$

式中，f 为工作电磁波频率，单位为 Hz；t 为屏蔽材料的厚度，单位为 m；r 为场源至屏蔽材料的距离，单位为 m；μ_r 为屏蔽材料的相对磁导率；σ_r 为屏蔽材料的相对电导率。

在发射天线的远场处，可以采用平面波计算，但是有的面并没有在远场处，且微波暗室外部的电磁环境复杂，场源的特性不能确定，则采用磁场屏蔽效能计算：

$$SE = 131.43\times t\times\sqrt{f\mu_r\sigma_r} + 20\times\lg\left(5.35\times r\times\sqrt{\frac{f\sigma_r}{\mu_r}} + 0.354 + \frac{0.0117}{r}\times\sqrt{\frac{\mu_r}{f\sigma_r}}\right) \tag{9-124}$$

$$t=\frac{SE-20\times\lg\left(5.35\times r\times\sqrt{\dfrac{f\sigma_r}{\mu_r}}+0.354+\dfrac{0.0117}{r}\times\sqrt{\dfrac{\mu_r}{f\sigma_r}}\right)}{131.43\times\sqrt{f\mu_r\sigma_r}}$$　（9-125）

在 400MHz～40GHz 的频率范围内，计算的厚度是比较小的，容易满足，所以在建造微波暗室时主要考虑电磁方面的一些特点和性能。

9.5.6.3　微波暗室吸波材料设计

吸波材料作为微波暗室的关键部分，主要用来减少或者消除微波的反射与散射。微波暗室的性能好坏在很大程度上取决于吸波材料的吸波性、形状、厚度、频带特性、种类等。吸波材料的吸收率越高，则反射性越小，周围环境也就越接近自由空间，微波暗室的作用效果也就越明显。目前微波暗室中使用的吸波材料大都为锥体吸波材料。锥体的设计主要有三个参数：锥体高度、锥体顶角和锥体底座。

1）吸波材料锥体高度的设计

吸波材料的锥体在设计时要求锥体具有一定的高度，主要目的是让电磁波在相邻锥体之间来回反射，由于每次反射的同时伴随着大量折射，进入锥体的电磁波在传播过程中与材料相互作用而损耗。因此，锥体越高，电磁波在锥体之间反射次数越多，折射损耗就越大。锥体高度的最小值应设计为最低频率处的一个波长，对于测试频段在 1GHz～18GHz 时，锥体高度应该达到 300mm。由于高频段电磁辐射对人体及环境危害较大，因此低频段电磁波的发展和使用越来越受到人们关注，对测试微波暗室锥体材料高度的要求也越来越高。

2）吸波材料锥体顶角的设计

电磁波（垂直入射情况）到达锥体表面会发生反射和折射，如图 9-23 所示。其中，锥体顶角的大小决定了波在锥体之间的反射次数。顶角越小，反射次数越多，电磁波消耗得就越多。但是，如果锥体高度一定，顶角 2α 越小，锥体就越小，而且数量也越多，既降低了锥体的强度，又增加了工作量。锥体顶角的设计是决定锥体材料吸波性能和强度的综合指标，是确定锥体形状最重要的参数，所以设计时要综合考虑各种因素。由于计算过程相对复杂，在此不进行过多赘述，设计人员可以参考相关文献进行求解计算。

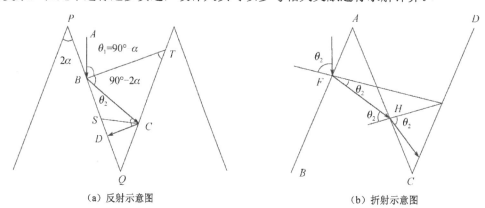

（a）反射示意图　　　　（b）折射示意图

图 9-23　吸波材料电磁波反射、折射过程示意图

3）吸波材料锥体底座的设计

锥体的底座设计对于吸波锥体的性能有比较大的影响。一方面，锥体的底座吸波剂含

量较高，能够最大限度地吸收到达锥底的电磁波；另一方面，底座对整个锥体重心的位置有很大影响。底座的高度如果太小，则一部分电磁波得不到充分的衰减，影响吸收性能，且重心在底座之外，对横向安置时的黏接强度带来影响；但也不宜太大，否则既增加重量，又失去锥体的意义。在设计时，一般取总高度的 1/3～1/4 为宜。

9.5.6.4　微波暗室吸静区特性仿真

评价微波暗室性能的核心指标是静区反射电平，在完成结构尺寸、屏蔽结构和吸波材料的设计后，需要开展静区特性的建模仿真计算，评判相关指标是否满足设计要求。只有满足设计要求后，才可以进行实验室的施工。

其仿真计算思路：首先确定微波暗室的工作频率、尺寸及所使用的吸波材料；其次确定激励源类型（高频时采用标准增益的喇叭天线，低频时采用半波振子和 LPDA）；然后计算激励源直射到微波暗室内任意一点的直射场，以及经过微波暗室六面墙壁反射后的反射总场；最后计算预先确定的静区位置的反射电平，或者直接计算微波暗室内反射电平低于预设值的区域，并选择合适区域作为该微波暗室的静区。

目前，对于微波暗室静区特性的仿真计算，主要采用几何光学法和时域有限差分法。

1）微波暗室静区特性分析的几何光学法

全面描述在相对任意的环境中传播的电磁场是一个极端复杂的问题。对于高频场，研究发现波的传播和散射只取决于该表面的某一有限部分。从初始表面的这一部分到观察点之间的能量传输，是通过传播轨迹周围的一个有限体积的空间连续进行的，这个轨迹就是射线追踪的射线路径。高频场的属性局部地表现为平面波特性，即局部场的波前被认为是垂直于射线路径的平面，场的振幅在一个波长量级距离上的变化可以忽略。因此，可以采用几何光学法计算其静区的反射电平大小。

几何光学法的设计思路：设定发射源天线的方向图模拟函数（以实际提供的发射天线参数为依据）、吸波材料的性能模拟函数（吸收性能随入射角变化），按照几何光学的传播原理，计算微波暗室各面墙壁反射电场在静区内叠加后的总反射电场值，并据此得到静区内的反射电平分布。

几何光学法的计算简单、程序开发周期短，能够方便快捷地完成一些非规则暗室的静区计算。

2）微波暗室静区特性分析的时域有限差分法

时域有限差分法最早在 1966 年由 K.S.Yee 提出，它是一个从时域的 Maxwell 方程出发，将其进行离散化处理，建立离散系统来计算时域电磁场的数值方法。该方法以差分原理为基础，将 Maxwell 旋度方程转换成电磁场的差分迭代形式，其中电场和磁场分量在计算空间中依次相差半个空间步交叉排列，以保证匹配层边界处的切向电场和磁场的连续条件得到满足。该方法不用借助先进复杂的数学工具和其他衍生定理公式，可以直接在时域进行计算，通过计算机仿真，能够方便地模拟一些复杂的目标和随时查看计算空间的电磁场分布，是一种非常方便、快捷和直观的计算方法。

时域有限差分法的设计思路：从 Maxwell 方程入手，将其以差分方式离散化，并推导出电磁场随时间变化的表达式，然后在计算空间中通过改变相关变量和参数，并给出特定的激励，由上面推导出的电磁场迭代方程就能依次计算出下一时刻激励源周围的电场与磁场值，同时为了节约计算时间和计算机内存，还需要在计算空间周围设置吸收边界。通过设置理想的吸收边界，可以得到吸收边界以内任意位置的直射电场幅值，而改变吸收边界属性，使其与微波暗室实际的吸收性能一致，则可以得到经过吸收边界反射后的反射场。

时域有限差分法广泛运用于各种电磁辐射和散射模型中，对于色散、各向异性、非均匀、非线性等媒质都能做到精确模拟。

9.5.7 微波暗室的性能测试方法

在构建微波暗室时，室内吸波材料铺设的不均匀和相关参试设备（如转台），都会影响到微波暗室中的性能大小，对后续的仿真试验带来相关误差。因此，微波暗室建成后，必须对整个实验室进行测试，评价其性能指标要求。目前，经过大半个世纪的发展，国际上对微波暗室已经做过很多设计与研究，各国也制定了一系列国际标准，如 GJB 6780—2009、EN61000—4—3—2010（国际标准）、ANSI C63.4—2014（美国国家标准）等，用于保证微波暗室建造的统一性和准确性。其中，最重要的指标测量就是静区内的最大反射电平，一般采用自由空间驻波比法或天线方向图比较法进行测量。

9.5.7.1 测量反射电平的自由空间驻波比法

自由空间驻波比法测试原理是将发射天线置于微波暗室一端的前端，而将接收天线置于微波暗室待鉴定的静区内。在不同视角情况下连续移动接收天线，根据记录的驻波曲线求出反射电平。这种方法测量微波暗室反射电平的依据是，借用波导测量线测试终端负载反射电压驻波比的概念，把微波暗室视为波导测量线，测试天线视为探针，铺设的吸波材料视为负载，发射天线视为激励源。不同的是，这里可以用有方向性的测试天线作为"探针"，用三维空间代替测量线的一维空间，从而可测量任意方向墙壁反射波的强弱及到达角。移动接收天线，到达接收天线的直射信号与反射信号的相对相位将会改变。接收天线收到的信号幅度将产生波动，由此即可得到反射电平的大小。

9.5.7.2 测量反射电平的天线方向图比较法

天线方向图的测试原理是假设在理想无反射自由空间内，当入射场和接收天线间的几何关系保持相同时，则任意两个实测方向图一定相同；而在实际过程中，微波暗室由于受反射电平的影响，不同位置所测得的天线方向图略有差异，根据差异的大小和位置就可以确定等效反射信号的大小和方向。这种方法对方向图宽角副瓣的变化特别敏感。因此，当测量天线旁瓣时，就能通过测得的两个或多个方向图的差异值对反射率电平做出计算。

天线方向图比较法的一般测试步骤：首先使记录的零点对应于接收天线的主瓣，在静区各离散位置点，分别旋转接收天线，记录天线方向图。由于测试点是离散的，接收天线接收的最大电平不一致，记录天线方向图时，应调整接收机的增益，因此记录的天线方向图最大值保持相同。然后把所有的方向图重叠，在各个角度找出所测方向图与标准方向图之间的幅度差，即可用类似的计算方法，求出相应的反射电平。该方法相对简单，但只能测试离散点的反射，容易漏掉最大反射点。

9.5.7.3 微波暗室其他指标的测量方法

对于微波暗室静区的其他指标，如交叉极化特性、场幅度均匀度、多路径损耗等，可以采用如下方法进行测量。

1）微波暗室场的幅度均匀度测量方法

为了测试静区的场强幅度均匀性，将一个具有一定增益的线极化天线作为发射天线，其方向图主瓣沿微波暗室主轴照射微波暗室的静区；接收天线放在静区的中心，主瓣沿微波暗室主轴指向发射天线，经过静区的中心进行对称的穿越移动，包括沿微波暗室的主轴纵向移动、横向水平移动、横向垂直移动；通过对测量数据进行处理，获取场幅度的均匀度大小。

2）微波暗室场的交叉极化特性测量方法

在进行交叉极化度测量时，首先将接收天线置于静区中心，收发天线对准，二者取相同的极化方向，记录接收的场强，然后将接收天线旋转 90°，记录这时测得的场强值。二次取值之比即交叉极化度。

3）微波暗室场的多路径损耗测量方法

多路径损耗一般要求在静区内任一路径上，在 0°～360°的路径损耗都应限制在±25dB以内。将接收天线置于静区中心，收发天线极化方向一致，0°以上的功率电平为参考电平。以微波暗室的主轴方向为轴线，同步旋转发射和接收天线，在 0°～360°每隔 15°记录一次功率电平，各点之间的电平差即多路径损耗。

9.6　射频场景仿真技术的未来发展趋势

随着军事技术的发展，精确制导武器面临着日益恶劣的作战电磁环境，一方面不断推进射频制导技术的快速发展，另一方面对射频场景仿真技术也提出了更高的要求。

9.6.1　提高模拟射频信号的性能要求

近年来，随着雷达性能的快速提升，其探测波段范围和探测精度也越来越高。为了考核各类雷达和精确制导武器在复杂场景下的作战性能，要求射频场景仿真设备具有更加逼真的信号模拟能力。一方面，要求系统具备更高的工作带宽；另一方面，要求系统输出的射频信号更加精确。

9.6.2　提升模拟射频场景的复杂程度

随着战场环境的日趋恶劣和作战任务的日趋多样，要求射频模拟场景具有复杂作战场景的模拟能力。一方面，要求射频场景具备更加真实的杂波能力；另一方面，要求射频场景具备多通道、多目标的模拟能力。

1）分布式杂波的仿真

杂波（地杂波或海杂波）的射频仿真是射频仿真技术的重要研究课题。由于杂波具有以下特点：在空间上是分布式的，在频谱上是具有时变性、非对称性的连续扩展谱。杂波的上述特点与射频仿真的实时性相互矛盾。

2）多通道、多目标的仿真

随着雷达导引头朝着智能化程度发展，先进雷达导引头将具有多目标的智能识别能力，这就对射频场景的模拟能力提出了要求，要求系统能够同时模拟多种类型的目标的射频特征能力。

9.6.3 扩展模拟射频场景的波段范围

近年来，随着射频器件的能力不断提升，射频仿真从微波向毫米波扩展是一种必然趋势。频段扩展带来了许多技术难题。它体现在仪器、器件和馈线三方面。特别是当频率提高到 3mm 波段以上时，使得器件和馈线的矛盾尤为突出。例如，精密程控衰减器及移相器，大功率、高频谱纯度的毫米波锁相信号源，大动态范围、低噪声的线性功率放大器，低损耗、高稳定性的柔性馈线（软波导或电缆）。上述问题可能使原先微波仿真的某些技术方案在毫米波段变得难以实现。因此，需要寻找新的仿真方案，研制新的仿真设备。

9.6.4 开展射频场景的复合仿真

现代导弹越来越多地采用复合制导体制，复合制导体制有多种类型。对于射频仿真来说，需要解决的是寻的制导体制的复合，其中代表包括射频/红外复合、雷达半主动/主动式复合、主动/被动式复合、微波/毫米波复合等。

不同体制的探测器的需求信号存在较大差异，使得同时模拟目标的不同特征具有极大的挑战。这涉及仿真系统的总体方案、信号融合处理等内容，是新形势下对于仿真技术的一个全新挑战。

9.7 本章小结

现代战争中，射频制导武器面临日益严重的对抗手段和日趋复杂的战场环境。为了在实验室环境下，验证雷达导引头的信号处理能力，评估导引头抗干扰性能、检验电子战装备的作战能力，需要针对作战环境，为射频导引头或电子战装置提供一个逼真的射频环境。这一方面要求能够产生期望的射频回波信号，另一方面要求在实验室内提供射频信号"自由传播"的空间。

在本章中，首先简要介绍了雷达导引头的类型、分类、组成及工作原理；然后，对射频电磁环境仿真技术的发展、任务、分类及组成进行了介绍。

针对射频场景仿真中的信号计算模型问题，将其分为目标、杂波和诱饵三种类型进行介绍。在目标信号方面，介绍了目标雷达散射面积的概念，给出了几种目标散射面积的计算方法，包括统计性建模计算、确定性建模计算和试验测量建模；在杂波信号方面，从等效介电参数模型、典型杂波幅度分布模型、典型杂波功率谱模型和常用杂波信号生成方法等方面进行介绍；在诱饵信号方面，将其分为有源压制干扰、有源欺骗干扰和无源箔条干扰三种类型，详细介绍了其数学模型和信号调制方法。

首先，围绕生成射频回波信号的射频场景模拟器，介绍了其基本分类；然后，针对射频信号生成系统、天线阵列及馈电系统、射频信号校准系统三个主要装置，介绍了各自的工作原理、系统组成和设计方法；最后，给出了射频场景模拟器的典型性能指标。

围绕提供射频信号"自由传播空间"的微波暗室，首先介绍了工作原理、分类和组成；然后给出了微波暗室的主要指标；最后给出了微波暗室的设计流程和性能指标常用测试方法。

最后，对射频场景的未来发展趋势进行了展望。

第10章 卫星导航信号仿真技术

卫星导航系统作为一种具有全能性（陆地、海洋、航空及航天）、全天候、连续性和实时性的无线电导航定位系统，能够提供高精度的导航、定位和授时信息，其应用涉及国民经济和社会发展的各个领域，已成为全球发展最快的信息产业之一。

目前，卫星导航系统在各类飞行器和精确制导武器中得到了广泛应用。为了考核各类卫星导航误差及信号电磁干扰对于导航精度的影响，验证导航算法的有效性，需要在实验室环境内模拟出期望的卫星导航信号，这就是卫星导航信号仿真技术。

在本章中，首先介绍一下卫星导航系统的基本组成、定位原理和仿真需求；其次，给出卫星导航信号仿真的概念、分类、发展历程和技术指标等相关内容；然后，针对卫星导航仿真系统中的总体架构、空间星座计算、信号传输影响、终端信号计算、载波信号编码、射频信号合成等关键技术进行详细介绍；最后，给出几种主流的卫星导航信号模拟器，并对卫星导航信号仿真技术的未来发展趋势进行展望。

10.1 卫星导航技术简介

自 1957 年 10 月苏联成功发射了世界上第一颗人造地球卫星以来，人类便跨入了空间科学技术迅速发展的崭新时代，利用卫星进行导航和定位的研究引起了世界各国的高度重视。由于卫星导航技术具有高效、快速、全天候、高精度、操作方便等特点，因此，卫星导航被广泛应用于导航、定位、气象、遥感等领域。为了开展卫星导航信号的仿真研究，需要首先了解卫星导航系统的类型、组成、定位原理等内容。

10.1.1 全球导航卫星系统发展概况

全球导航卫星系统（Global Navigation Satellite System，GNSS）能够为各类用户提供连续、实时、精确的位置、速度和时间信息，在当今和未来社会发展中发挥着基础性和关键性作用。世界上的主要航天大国不惜巨资发展全球导航卫星系统，目前已经形成了美国 GPS、俄罗斯 GLONASS、中国 BDS 和欧洲 Galileo 四大全球导航卫星系统的格局。

10.1.1.1 美国的全球定位系统（GPS）

GPS（Global Positioning System，全球定位系统）是 20 世纪 70 年代由美国陆、海、空三军联合研制的新一代空间卫星导航定位系统。其主要是为陆、海、空三大领域提供实时、全天候和全球性的导航服务，并用于情报收集、核爆监测和应急通信等一些军事目的。GPS 的开发过程可分为三个阶段，即可行性研究阶段、研制试验阶段和发展与完成阶段。

1995 年，美国宣告 GPS 正式进入全面运行状态。

GPS 空间星座部分由 24 颗卫星组成，分布在 6 个轨道上，每个轨道有 4 颗卫星。每个轨道面相对地球赤道面的夹角约为 55°，相邻轨道面升交点赤经相差 60°，相邻轨道上卫星的升交点角距相差 30°。卫星轨道平均高度约为 20200km，卫星运行周期为 11 小时 58 分钟。卫星采用码分多址技术在 L1（1575.42MHz）、L2（1227.60MHz）两个频点上广播测距码和导航数据。GPS 系统针对不同等级用户提供了两种服务方式：标准定位服务（Standard Positioning Service，SPS）和精密定位服务（Precise Positioning Service，PPS）。SPS 采用 C/A 码（粗码）调制载波信号，面向民用；PPS 采用精度较高的 P 码（精码）调制载波信号，主要服务对象涉及美国军事部门和经美国政府批准的特许用户。

10.1.1.2　俄罗斯的全球导航卫星系统（GLONASS）

GLONASS 是 Global Navigation Satellite System 的简称，最早开发于苏联时期，后由俄罗斯继续该计划。该系统主要服务内容包括确定陆地、海上及空中目标的坐标和运动速度信息等。空间星座由 24 颗卫星构成，分布在夹角为 120°的三个轨道面上，每个轨道上有 8 颗卫星，同平面内的卫星之间相隔 45°，轨道高度为 23600km，运行周期为 11 小时 15 分钟，轨道倾角为 64.8°。GLONASS 卫星在 L1 频段发射两类信号：标准信号（CT）和高精度信号（BT），相应的服务分为标准导航服务和高精度导航服务。与 GPS 导航系统不同的是，GLONASS 导航系统采用了不同的坐标体系和时间标准，并且采用频分多址体制，卫星靠频率不同来区分，每组频率的伪随机码相同，因此具有更强的抗干扰能力。

10.1.1.3　欧洲伽利略导航系统（Galileo）

伽利略卫星导航系统（Galileo Navigation Satellite System）是欧洲独立自主建设的全球多模式卫星定位导航系统，用于提供高精度、高可靠性的定位服务，实现完全非军方控制、管理，可以进行覆盖全球的导航和定位功能。该计划于 1999 年 2 月由欧洲委员会公布，欧洲委员会和欧洲航天局共同负责。按照规划，空间卫星系统由轨道高度为 23616km 的 30 颗卫星组成，其中有 27 颗工作星，3 颗备份星。卫星轨道高度约为 24000km，位于 3 个倾角为 56°的轨道平面内。该导航系统能够和美国的 GPS、俄罗斯的 GLONASS 系统实现多系统内的相互合作，任何用户将来都可以用一个多系统接收机采集各个系统的数据或者各系统数据的组合来实现定位导航的要求。

10.1.1.4　我国的北斗卫星导航系统（BDS）

北斗卫星导航系统（BeiDou Navigation Satellite System）是我国着眼于国家安全和经济社会发展需要，自主建设独立运行的卫星导航系统，是为全球用户提供全天候、全天时、高精度的定位、导航和授时服务的国家重要空间基础设施。我国自 20 世纪 80 年代开始探索适合国情的卫星导航系统发展道路，形成了"三步走"发展战略：2000 年年底，建成北斗一号系统，向中国提供服务；2012 年年底，建成北斗二号系统，向亚太地区提供服务；2020 年 7 月 31 日，北斗三号全球卫星导航系统正式开通。北斗卫星导航系统的全球星座由 35 个卫星构成，其中包括 5 个地球赤道静地（GEO）卫星、3 个地球同步倾斜轨道（IGSO）卫星和 27 个地球中轨道（MEO）卫星，能够为精密用户提供分米、厘米级别的定位服务，测速精度为 0.2m/s，授时精度为 10ns。

10.1.2　卫星导航系统的组成

　　尽管卫星导航系统存在多样化发展的趋势，但是卫星导航系统的组成及其运行原理大体相似。卫星导航系统一般包括空间卫星部分、地面控制部分、用户接收部分，如图 10-1 所示。这三大部分各自有独立的功能和作用，又互相配合形成一个有机的完整系统。

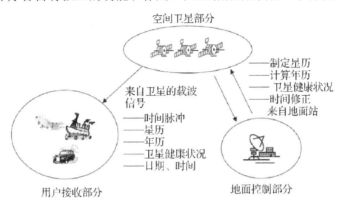

图 10-1　卫星导航系统组成示意图

10.1.2.1　卫星导航系统的地面控制部分

　　地面控制部分主要由主控站、注入站、监测站、地面天线和通信辅助系统等组成。

　　1）主控站

　　主控站的主要任务包括：收集整个系统的工作状态和环境数据，计算各个卫星的星历、卫星钟差改正数、状态数据和大气改正数，并且按一定的格式编辑生成导航电文再传送到注入站；设定全球卫星导航系统的时间基准；负责管理、协调所有地面监测站和注入站系统，通过诊断地面系统和空间卫星的健康状况，保障系统运行；调整卫星的运动状态，启用备用卫星运行，从而保证系统的正常运行。

　　2）监测站

　　每个全球定位系统都设有数量不等的监测站，各监测站配备精密的原子时间标准和可以连续测定到所有可见卫星伪距的接收机，监测站在主控站的控制下，可持续不断地对卫星进行跟踪测量，并自动对采集伪距观测量、气象数据和时间标准等进行处理，再传送到主控站。

　　3）注入站

　　注入站可将主控站传送的卫星星历、原子钟差信息、导航电文及控制指令注入卫星存储器中，使卫星的广播信号具有更高的精度，能够满足用户的需求。

　　4）地面天线和通信辅助系统

　　监测站中安置有专用的地面天线，地面天线中配置了将命令和数据发送到卫星，并能接收卫星的遥测数据和测距数据的设备。

10.1.2.2　卫星导航系统的空间卫星部分

　　卫星导航系统的空间卫星一般运行在距离地面 20000km 左右的太空，通常由 24～30 颗卫星组成卫星星座，根据轨道设计分布在 3 个或 6 个轨道平面上，且相邻轨道间的夹角是相同的，并持续发送设定的导航信号，供用户根据该星座的卫星进行测距测量。卫星星座的设计就是要选择合适的轨道参数，优化星座的功能。此外，为了保证系统可以正常、连续运行，一般在每个轨道上还存在一颗备份卫星，一旦有卫星发生故障，就可以立即将其替代，以保证整个空间卫星正常而高效的工作。

10.1.2.3　卫星导航系统的用户接收部分

用户接收设备通常称为接收机，用于处理从卫星发射出的信号，从而确定用户位置、速度和时间。主要包括接收天线、信号接收处理单元、显示输出装置等。

1）接收天线

接收天线主要用于接收导航卫星发出的电磁波导航信号，主要为右旋圆极化的并提供近于半球形的覆盖。通常情况下，接收天线的设计需要考虑的因素有增益、传输响应和抗干扰能力，此外，还要求具有较高的灵敏度。

2）信号接收处理单元

信号接收处理单元是接收机的核心单元，它首先将天线接收到的射频信号变频到中频波段（IF），然后对中频信号进行采样和数字化，将采样值送到处理器中，实现对信号的跟踪、捕获和测量，并由跟踪环路重建载波解码得到广播电文，从而获得定位信息。根据需要，在接收机的处理器中可以设计 1~12 个通道，每一个通道在某一时刻只能跟踪一颗卫星，当卫星被锁定之后，便占用这一通道。随着技术的发展，现代接收机广泛采用并行多通道技术或相关型通道技术。相关型的接收机主要由码延迟锁定环和载波相位锁定环组成。

3）显示输出装置

显示输出装置是接收设备和用户之间的接口，允许用户输入数据，并显示状态和导航解参数。

10.1.3　卫星导航系统定位原理

由于各国国情的差异，以及不断增长的用户需求，当代卫星导航系统在工作体制、定位原理、集成功能、主要性能指标等方面向多样化、高需求发展，不但有工作在卫星无线电导航业务（Radio Navigation Satellite Service，RNSS）下的 GPS、GLONASS，还有工作在卫星无线电测定业务（Radio Determination Satellite Service，RDSS）与 RNSS 集成方式下的 BDS。功能也从单一的定位功能向导航、通信、识别高度集成方向发展。由于体制不同，系统定位解算的算法不尽相同，但其基本定位原理都是三球交会定位原理。

10.1.3.1　三球交会定位原理

三球交会定位原理是以位置已知的点为球心，以观测边长为半径绘制大球，当有三个这样的大球时，就可交会出用户的位置坐标。如图 10-2 所示，S_1、S_2 和 S_3 为三颗位置已知的卫星，ρ_1、ρ_2 和 ρ_3 为用户观测各卫星所得的对应边长。

对每个大球可列出方程：

$$\rho_i = \sqrt{\left(X_u - X^{S_i}\right)^2 + \left(Y_u - Y^{S_i}\right)^2 + \left(Z_u - Z^{S_i}\right)^2} \quad i = 1,2,3 \qquad (10-1)$$

式中，(X_u, Y_u, Z_u) 是待求的用户坐标，$\left(X^{S_i}, Y^{S_i}, Z^{S_i}\right)$ 为已知的卫星坐标。三个观测值联立得到三个方程，故可求得用户坐标。

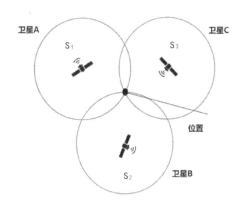

图 10-2　三球交会定位原理

为兼顾全面性，下面分别介绍 RDSS 和 RNSS 体制下的基本定位原理。

10.1.3.2　RDSS 体制下的基本定位原理

采取 RDSS 体制的卫星导航系统，其工作原理图如图 10-3 所示。首先由测量控制中心（Measurement Control Center，MCC）向两颗卫星同时发送询问信号，经卫星转发器向服务区内的用户广播。用户响应其中一颗卫星的询问信号，并同时向两颗卫星发送响应信号，经卫星转发回 MCC，MCC 接收解调用户发送的信号，测量出用户所在点至两颗卫星的距离，然后根据用户的申请服务内容进行相应的数据处理，MCC 通过卫星 S_1 发射用于询问的标准时间信号，如图 10-3 中实线所示，当用户接收机接收到该信号时，发射应答信号，经卫星 S_1、S_2 分别返回 MCC，如图 10-3 中虚线所示。

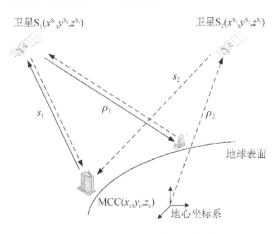

图 10-3　RDSS 体制下系统工作原理图

MCC 分别获得两组观测量，也就是信号在两条路径上的传播距离，即

$$\begin{cases} L_1 = 2(s_1 + \rho_1) \\ L_2 = s_1 + \rho_1 + s_2 + \rho_2 \end{cases} \tag{10-2}$$

式中，L_1、L_2 是 MCC 的两组观测量；s_1、s_2 是 MCC 到两个卫星的距离，均为已知量；ρ_1、ρ_2 为两颗卫星分别到用户的距离。

$$\begin{cases} \rho_1 = L_1/2 - s_1 \\ \rho_2 = L_2 - L_1/2 \end{cases} \tag{10-3}$$

根据三球交会定位原理，若再得到一组观测量，就可计算出用户的坐标。在 RDSS 实际定位中，通常借助用户所在点的大地高数据 h 进行解算，如图 10-4 所示。

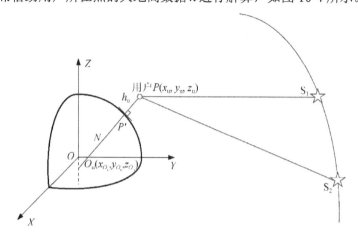

图 10-4　三点交会解算法

过用户点 P 作大地椭球面的法线，与地球短轴交 O_u，O_u 到用户点 P 的距离为

$$PO_u = N + h_u = \sqrt{\left(X_u - X_{O_u}\right)^2 + \left(Y_u - Y_{O_u}\right)^2 + \left(Z_u - Z_{O_u}\right)^2} \tag{10-4}$$

式中，N 为曲率半径，$N = \dfrac{a}{\sqrt{1 - e^2 \sin^2 B}}$；$h_u$ 为用户接收机所在点的大地高；$\left(X_{O_u}, Y_{O_u}, Z_{O_u}\right)$ 为 O_u 在空间的直角坐标，值为 $\left(0, 0, -Ne^2 \sin B\right)$。

因此可得：

$$N + h_u = \sqrt{\left(X_u\right)^2 + \left(Y_u\right)^2 + \left(Z_u + Ne^2 \sin B\right)^2} \tag{10-5}$$

将 h_u 视为第三观测量 L_3，则

$$L_3 = \sqrt{\left(X_u\right)^2 + \left(Y_u\right)^2 + \left(Z_u + Ne^2 \sin B\right)^2} - N \tag{10-6}$$

根据 L_1、L_2、L_3 的求解进行联立，即可得到三个方程，进而求解用户坐标。

但在实际定位解算过程中，考虑到卫星 S_1 在转发询问信号时刻与转发应答信号时刻存在时间差，且受到设备转发延迟的影响，时间差的量级可达几百毫秒，在此期间，卫星 S_1 的位置必然发生变化，因此将图 10-3 改进为图 10-5。MCC 发送的询问信号，被卫星 S_1 在 t_1 时刻接收并向服务区域广播；用户接收机在 t_2 时刻响应了询问信号，并发出应答信号，应答信号分别被卫星 S_1 在 t_3 时刻和卫星 S_2 在 t_4 时刻接收并转发给 MCC。

则 MCC 测得的两组观测量可表示为

$$L_1 = D_{c1}(t_1) + c\delta t_{s1}(t_1) + D_{1u}(t_1) + c\delta t_u(t_2) + d_{u1}(t_3) + \\ c\delta t_{s1}(t_3) + d_{1c}(t_3) + c\delta t_{c1out} + c\delta t_{c1In} \tag{10-7}$$

$$L_2 = D_{c1}(t_1) + c\delta t_{s1}(t_1) + D_{1u}(t_1) + c\delta t_u(t_2) + d_{u2}(t_4) + \\ c\delta t_{s2}(t_4) + d_{2c}(t_4) + c\delta t_{c2out} + c\delta t_{c2In} \tag{10-8}$$

式中，t_1 为卫星 S_1 接收地面 MCC 询问信号并转发信号的时刻；t_2 为用户机接收到卫星 S_1 的询问信号的时刻；t_3 为卫星 S_1 转发用户应答信号的时刻；t_4 为卫星 S_2 转发用户应答信号的

时刻；$D_{c1}(t_1)$ 为 MCC 至卫星 S_1 的距离；$D_{1u}(t_2)$ 为卫星 S_1 至用户的距离；$d_{u1}(t_3)$ 为用户至卫星 S_1 的距离；$d_{1c}(t_3)$ 为卫星 S_1 至 MCC 的距离；$d_{u2}(t_4)$ 为用户至卫星 S_2 的距离；$d_{2c}(t_4)$ 为卫星 S_2 至 MCC 的距离；$\delta t_{s1}(t_1)$ 为卫星 S_1 在 t_1 时刻的转发器设备时延；$\delta t_u(t_2)$ 为用户接收机在 t_2 时刻的转发信号时延；$\delta t_{s1}(t_3)$ 为卫星 S_1 在 t_3 时刻的转发器设备时延；$\delta t_{s2}(t_4)$ 为卫星 S_2 在 t_4 时刻的转发器设备时延；δt_{c1out} 为 MCC 至卫星 S_1 出站链路设备时延；δt_{c1In} 为 MCC 至卫星 S_1 入站链路设备时延；δt_{c2out} 为 MCC 至卫星 S_2 出站链路设备时延；δt_{c2In} 为 MCC 至卫星 S_2 入站链路设备时延；c 为光速。

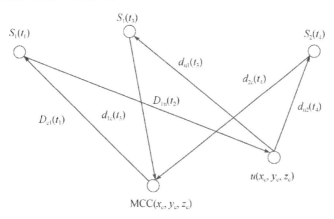

图 10-5　RDSS 体制下系统工作改进图

假设 MCC 坐标为 $R_c=(x_c,y_c,z_c)$，用户在 t_2 时刻的坐标为 $\left(X_u(t_2),Y_u(t_2),Z_u(t_2)\right)$，卫星 S_1 在 t_1、t_3 时刻的坐标为 $r^{S_1}(t_1)=\left(X^{S_1}(t_1),Y^{S_1}(t_1),Z^{S_1}(t_1)\right)$ 和 $r^{S_1}(t_3)=\left(X^{S_1}(t_3),Y^{S_1}(t_3),Z^{S_1}(t_3)\right)$，卫星 S_2 在 t_4 时刻的坐标为 $r^{S_2}(t_4)=\left(X^{S_2}(t_4),Y^{S_2}(t_4),Z^{S_2}(t_4)\right)$，则 $D_{c1}(t_1)$、$D_{1u}(t_2)$、$d_{u1}(t_3)$、$d_{1c}(t_3)$、$d_{u2}(t_4)$、$d_{2c}(t_4)$ 等用点坐标表示如下：

$$
\begin{cases}
D_{c1}(t_1)=\sqrt{\left[X^{S_1}(t_1)-X_c\right]^2+\left[Y^{S_1}(t_1)-Y_c\right]^2+\left[Z^{S_1}(t_1)-Z_c\right]^2}\\[4pt]
D_{1u}(t_1)=\sqrt{\left[X^{S_1}(t_1)-X_u(t_2)\right]^2+\left[Y^{S_1}(t_1)-Y_u(t_2)\right]^2+\left[Z^{S_1}(t_1)-Z_u(t_2)\right]^2}\\[4pt]
d_{u1}(t_3)=\sqrt{\left[X^{S_1}(t_3)-X_u(t_2)\right]^2+\left[Y^{S_1}(t_3)-Y_u(t_2)\right]^2+\left[Z^{S_1}(t_3)-Z_u(t_2)\right]^2}\\[4pt]
d_{u2}(t_4)=\sqrt{\left[X^{S_2}(t_4)-X_u(t_2)\right]^2+\left[Y^{S_2}(t_4)-Y_u(t_2)\right]^2+\left[Z^{S_2}(t_4)-Z_u(t_2)\right]^2}\\[4pt]
d_{1c}(t_3)=\sqrt{\left[X^{S_1}(t_3)-X_c\right]^2+\left[Y^{S_1}(t_3)-Y_c\right]^2+\left[Z^{S_1}(t_3)-Z_c\right]^2}\\[4pt]
d_{2c}(t_4)=\sqrt{\left[X^{S_2}(t_4)-X_c\right]^2+\left[Y^{S_2}(t_4)-Y_c\right]^2+\left[Z^{S_2}(t_4)-Z_c\right]^2}
\end{cases}
\tag{10-9}
$$

理论上对 MCC 而言，MCC 坐标 R_c 和卫星 S_1、S_2 在任意时刻坐标 $r^{S_1}(t_1)$、$r^{S_1}(t_3)$、$r^{S_2}(t_4)$ 均可知，且信号在设备中的传输时延 $\delta t_{s1}(t_1)$、$\delta t_u(t_2)$、$\delta t_{s1}(t_3)$、$\delta t_{s2}(t_4)$、δt_{c1out}、δt_{c1In}、δt_{c2out}、δt_{c2In} 等均可以精确测定。式（10-7）、式（10-8）与式（10-6）联立，构成用户定位求解方程组。使用线性化方法在用户近似坐标 R_u^0 处展开，得：

$$\begin{cases} e_x^{S_1}(t_3)\delta_x + e_y^{S_1}(t_3)\delta_y + e_z^{S_1}(t_3)\delta_z + F\left[r^{S_1}(t_1), r^{S_1}(t_3), R_c, R_u^0, \delta_t^{S_1}(t_1), \delta t_u(t_2), \delta_t^{S_1}(t_3)\right] - L_1 = 0 \\ e_x^{S_2}(t_4)\delta_x + e_y^{S_2}(t_4)\delta_y + e_z^{S_2}(t_4)\delta_z + F\left[r^{S_1}(t_1), r^{S_2}(t_4), R_c, R_u^0, \delta_t^{S_1}(t_1), \delta t_u(t_2), \delta_t^{S_2}(t_4)\right] - L_2 = 0 \\ \dfrac{\hat{x}_u}{h_u^0}\delta_x + \dfrac{\hat{y}_u}{h_u^0}\delta_y + \dfrac{Ne^2\sin B + \hat{z}_u}{h_u^0}\delta_z + F\left[R_u^0\right] - L_3 = 0 \end{cases}$$

$$(10\text{-}10)$$

式中，$e_x^{S_1}(t_3)$ 为 t_3 时刻卫星 S_1 对 x 轴的方向余弦；$e_y^{S_1}(t_3)$，$e_z^{S_1}(t_3)$，$e_x^{S_2}(t_4)$，$e_y^{S_2}(t_4)$，$e_z^{S_2}(t_4)$ 以此类推；B 为用户机所在位置的经度；N 为卯酉圈曲率半径；δ_t 为按其上角标含义所代表设备的传输延迟；$F[C_1, C_2, \cdots, C_n]$ 为以参数 C 为参变量的表达式。

根据式（10-10）可解用户机的坐标，经简化为

$$\begin{cases} e_x^{S_1}(t_3)\delta_x + e_y^{S_1}(t_3)\delta_y + e_z^{S_1}(t_3)\delta_z + (F_1 - L_1) = 0 \\ e_x^{S_2}(t_4)\delta_x + e_y^{S_2}(t_4)\delta_y + e_z^{S_2}(t_4)\delta_z + (F_2 - L_2) = 0 \\ \dfrac{\hat{x}_u}{h_u^0}\delta_x + \dfrac{\hat{y}_u}{h_u^0}\delta_y + \dfrac{Ne^2\sin B + \hat{z}_u}{h_u^0}\delta_z + (F_3 - L_3) = 0 \end{cases}$$

$$(10\text{-}11)$$

或

$$Ax - L = 0 \qquad (10\text{-}12)$$

式中，

$$A = \begin{bmatrix} e_x^{S_1} & e_y^{S_1} & e_z^{S_1} \\ e_x^{S_2} & e_y^{S_2} & e_z^{S_2} \\ \dfrac{\hat{x}_u}{h_u^0} & \dfrac{\hat{y}_u}{h_u^0} & \dfrac{Ne^2\sin B + \hat{z}_u}{h_u^0} \end{bmatrix}, \quad L = \begin{bmatrix} L_1 - F_1 \\ L_2 - F_2 \\ L_3 - F_3 \end{bmatrix}, \quad X = \begin{bmatrix} \delta_x \\ \delta_y \\ \delta_z \end{bmatrix} \qquad (10\text{-}13)$$

$$X = A^{-1}L \qquad (10\text{-}14)$$

通过式（10-11）迭代计算，即可计算出用户坐标。

10.1.3.3　RNSS 体制下的基本定位原理

RNSS 体制下卫星导航定位的基本原理如图 10-6 所示，是基于运行在指定轨道上的导航卫星，在卫星时钟控制下，连续发射无线电导航信号；用户接收机接收至少 4 颗卫星的导航信号，恢复导航测距码，与本地时钟推动的测距码相比较，完成用户对每个卫星的伪距测量；并从导航信号中解调出卫星星历和卫星钟参数，得到卫星位置和卫星钟差。用户接收机根据已知的卫星位置和测得的至少 4 个伪距，建立定位方程，由接收机自主计算用户位置。

设用户坐标为 (x_u, y_u, z_u)，接收机时钟钟差为 Δt_u，接收到的第 i 颗卫星的坐标为 $(x^{S_i}, y^{S_i}, z^{S_i})$，卫星钟差为 Δt^i，对空间任意一颗卫星进行伪距测量，得到如下方程：

$$\rho_i = \sqrt{(x^{S_i} - x_u)^2 + (y^{S_i} - y_u)^2 + (z^{S_i} - z_u)^2} + c(\Delta t_u - \Delta t^i) \qquad (10\text{-}15)$$

式中，ρ_i 为伪距观测值，为已知值；卫星坐标 $(x^{S_i}, y^{S_i}, z^{S_i})$ 和卫星钟差 Δt^i 可根据卫星星历和导航电文计算得出，也是已知值。因此 ρ_i 可以记为

$$\rho_i = f(x_u, y_u, z_u, \Delta t_u) \qquad (10\text{-}16)$$

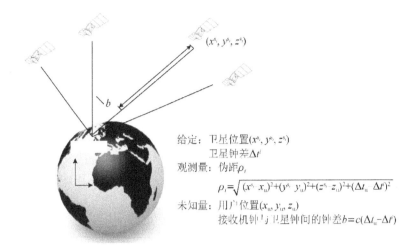

给定：卫星位置(x^s, y^s, z^s)
　　　卫星钟差Δt^i
观测量：伪距ρ_i
$$\rho_i = \sqrt{(x^s - x_u)^2 + (y^s - y_u)^2 + (z^s - z_u)^2 + (\Delta t_u - \Delta t^i)^2}$$
未知量：用户位置(x_u, y_u, z_u)
　　　接收机钟与卫星钟间的钟差$b = c(\Delta t_u - \Delta t^i)$

图 10-6　RNSS 体制下卫星导航定位的基本原理

设接收机的近似位置为$(\hat{x}_u, \hat{y}_u, \hat{z}_u)$，近似位置与真实位置的偏差为$(\delta x_u, \delta y_u, \delta z_u)$，将式（10-15）在近似位置进行泰勒级数展开，并且去掉高次项，可得：

$$
\begin{aligned}
\rho_i &= f(x_u, y_u, z_u, \Delta t_u) \\
&= f(\hat{x}_u + \delta x_u, \hat{y}_u + \delta y_u, \hat{z}_u + \delta z_u, \Delta \hat{t}_u + \delta \Delta t_u) \\
&= f(\hat{x}_u, \hat{y}_u, \hat{z}_u, \Delta \hat{t}_u) - \frac{x^{S_i} - \hat{x}_u}{\hat{R}_u^{S_i}} \delta x_u - \frac{y^{S_i} - \hat{y}_u}{\hat{R}_u^{S_i}} \delta z_u - \frac{z^{S_i} - \hat{z}_u}{\hat{R}_u^{S_i}} \delta z_u + c\delta t_u - c\Delta t^i
\end{aligned}
$$

（10-17）

式中，

$$\hat{R}_u^{S_i} = \sqrt{(x^{S_i} - \hat{x}_u)^2 + (y^{S_i} - \hat{y}_u)^2 + (z^{S_i} - \hat{z}_u)^2} \tag{10-18}$$

将式（10-16）整理得：

$$\frac{x^{S_i} - \hat{x}_u}{\hat{R}_u^{S_i}} \delta x_u + \frac{y^{S_i} - \hat{y}_u}{\hat{R}_u^{S_i}} \delta z_u + \frac{z^{S_i} - \hat{z}_u}{\hat{R}_u^{S_i}} \delta z_u -$$

（10-19）

$$c\delta t_u + \rho_i - f(\hat{x}_u, \hat{y}_u, \hat{z}_u, \Delta \hat{t}_u) + c\Delta t^i = 0$$

当观测 4 颗卫星时，式（10-19）可以写为

$$AX - L = 0 \tag{10-20}$$

式中，

$$
A = \begin{pmatrix}
\dfrac{x^{S_1} - \hat{x}_u}{\hat{R}_u^{S_i}} & \dfrac{y^{S_1} - \hat{y}_u}{\hat{R}_u^{S_i}} & \dfrac{z^{S_1} - \hat{z}_u}{\hat{R}_u^{S_i}} & -1 \\
\dfrac{x^{S_2} - \hat{x}_u}{\hat{R}_u^{S_i}} & \dfrac{y^{S_2} - \hat{y}_u}{\hat{R}_u^{S_i}} & \dfrac{z^{S_2} - \hat{z}_u}{\hat{R}_u^{S_i}} & -1 \\
\dfrac{x^{S_3} - \hat{x}_u}{\hat{R}_u^{S_i}} & \dfrac{y^{S_3} - \hat{y}_u}{\hat{R}_u^{S_i}} & \dfrac{z^{S_3} - \hat{z}_u}{\hat{R}_u^{S_i}} & -1 \\
\dfrac{x^{S_4} - \hat{x}_u}{\hat{R}_u^{S_i}} & \dfrac{y^{S_4} - \hat{y}_u}{\hat{R}_u^{S_i}} & \dfrac{z^{S_4} - \hat{z}_u}{\hat{R}_u^{S_i}} & -1
\end{pmatrix}, X = \begin{bmatrix} \delta x_u \\ \delta y_u \\ \delta z_u \\ c\delta t_u \end{bmatrix}
\tag{10-21}
$$

$$L = \begin{bmatrix} f(\hat{x}_u, \hat{y}_u, \hat{z}_u, \Delta\hat{t}_u) - \rho_1 - c\Delta t^1 \\ f(\hat{x}_u, \hat{y}_u, \hat{z}_u, \Delta\hat{t}_u) - \rho_2 - c\Delta t^2 \\ f(\hat{x}_u, \hat{y}_u, \hat{z}_u, \Delta\hat{t}_u) - \rho_3 - c\Delta t^3 \\ f(\hat{x}_u, \hat{y}_u, \hat{z}_u, \Delta\hat{t}_u) - \rho_4 - c\Delta t^4 \end{bmatrix}$$

未知参数 X 的解为

$$X = A^{-1}L \qquad (10\text{-}22)$$

当观测的卫星数多于 4 颗时，方程组的个数超过 4 个，利用最小二乘法求解方程组，其解为

$$X = (A^{\mathrm{T}}A)^{-1}A^{\mathrm{T}}L \qquad (10\text{-}23)$$

10.1.4 卫星导航系统导航信号组成

卫星导航是一种无线电导航定位系统，用户的接收设备接收导航卫星信号，经过相关处理后测定由卫星到接收设备之间的信号传播延迟，或测定卫星载波信号相位在传播路径上的变化周期，解算出接收设备到卫星之间的距离（因含误差而被称为伪距 ρ），从而基于测距交汇原理实现导航定位功能。

卫星导航信号通常由以下三部分组成。

- 载波信号：指未受调制的周期性振荡信号，它可以是正弦波，也可以是非正弦波（如周期性脉冲信号）。载波调制就是用调制信号去控制载波参数的过程，载波调制后称为已调信号。例如，GPS 含有两个载波信号 L_1 和 L_2，频率分别为 1572.42MHz 和 1227.60MHz。
- 导航数据：指由一组二进制的数码序列组成的导航电文，包含多种导航有关的信息，如卫星的星历、卫星钟的钟差改正参数、测距时间标志及大气折射改正参数等内容。
- 扩频序列：指一种信息传输技术，是利用与传输信息无关的码对被传输信号扩展频谱，使之占有远远超过被传输信息所必需的最小带宽，也称为伪随机序列或地址码。

卫星导航信号的产生、构成和获取均涉及现代通信理论中的复杂问题，不同的卫星导航系统，其信号体制也有所不同，在进行导航信号仿真时，必须针对模拟对象体制，开展相关的信号处理。

10.1.5 卫星导航信号中的噪声及干扰

随着卫星导航系统及其应用的发展，卫星导航系统已经成为重要的、不可或缺的空间基础设施，在保障国家安全与促进经济发展中发挥着不可替代的作用。但作为一种导航定位系统，一方面，其在定位过程中不可避免地受到各种噪声和偏差的影响，使得其定位测量结果与真实位置存在一定误差；另一方面，卫星导航信号面临愈加复杂的电磁环境，各种干扰压制和欺骗使得卫星导航系统出现精度下降或无法工作，严重时会提供虚假的导航授时信息。

10.1.5.1 卫星导航信号的误差分析

用户利用导航卫星所测得的自身地理位置坐标与其真实的地理位置坐标之差称为定位误差，它是卫星导航系统最重要的性能指标。根据各种误差的来源，可以将其分为三类：

与卫星相关的误差、信号传播误差，以及观测误差和接收设备误差。

1）与卫星相关的误差

与卫星相关的误差来源主要包括两个方面：卫星时钟和卫星星历。卫星时钟是指星载时钟与 GPS 标准时钟之间存在的偏差和漂移。地面检测站的测试误差和卫星在空中运行受到多种摄动力的影响，使得卫星实际位置和星历之间存在一定偏差。

2）信号传播误差

卫星导航信号在传播过程中，存在电离层、对流层折射和多路径等误差因素影响。

3）观测误差和接收设备误差

用户终端设备在信号接收过程中，受到自身的电子器件、热噪声、软件精度、通道时延等因素的影响，也会引起定位导航误差。

10.1.5.2　卫星导航信号的干扰分析

由于卫星导航信号在经过遥远距离的传播后，到达地面的信号强度一般为-160dBW，比较容易受到各种电磁干扰的影响。目前，针对卫星导航信号的干扰大致可分为压制式和欺骗式两种干扰方式。

1）卫星导航信号面临的压制式干扰

压制式干扰主要是指利用大功率压制干扰机发射单频、扫频、伪码等强功率压制信号，使得目标接收机失锁无法正常工作，其首要目标在于使卫星导航终端精度下降甚至不可用。根据干扰频谱宽度与有用信号频谱宽度的比值又可以将其分为瞄准式干扰、阻塞式干扰和扫频式干扰。压制式干扰操作直接，但是持续一定时间后接收机就能排除自然因素影响的可能，从而察觉出压制式干扰，而且压制式干扰源功率大、隐蔽性太差，容易被定点打击。

2）卫星导航信号面临的欺骗式干扰

欺骗式干扰主要利用与卫星信号相同或相似的干扰信号来诱导欺骗卫星接收机。欺骗式干扰具有很强的隐蔽性，对特定用户更具有破坏性和威胁性。根据欺骗信号的产生方式，欺骗式干扰可分为生成式欺骗干扰和转发式欺骗干扰。其中，生成式欺骗干扰利用与目标信号具有相同的调制模式、调制参数和载波频率的信号作为干扰信号，并在干扰信号中提供虚假的导航信息；转发式欺骗干扰则是先将真实的卫星信号捕获，通过增加时延或改变其他参数的方式将信号转发给卫星接收机。欺骗式干扰不仅可以导致受害接收机产生错误的定位结果，而且攻击方式更为隐蔽。同时，相对于传统的以功率覆盖为主的非相干干扰，欺骗式干扰具有设备规模小和干扰效率高等优势。2011 年，伊朗防空部队在该国东部边境俘获的一架美国"RQ-170"无人侦察机，就是利用欺骗式干扰技术完成的。

总之，随着未来作战定位需求的逐渐提升，以及未来作战电磁环境的愈加恶劣，对导航系统的定位精度和抗干扰能力均提出了更高的要求。卫星导航信号仿真技术，能够在实验室环境下，完成预定卫星导航场景的导航信号模拟功能，以其可控性、可重复性、通用性等特点，被广泛运用在卫星导航算法、体制加密认证、多传感器信息融合、多接收机信息交换、接收机天线性能分析等研究中。

10.2　卫星导航信号仿真的概念及分类

卫星导航信号仿真技术是对真实卫星导航系统的高精度模拟，涉及卫星轨道运算、电磁信号传输、导航电文结构、精密信号合成、高精度测量与标校、自动化测试等学科理论与技术。由于它是卫星导航系统和各种接收设备，尤其是高动态接收机研制的关键测试与测量仪器，一直受到军事和工业部门的密切关注。

10.2.1　卫星导航信号仿真的任务

卫星导航信号仿真能够产生一个导航系统或多个导航系统兼容的全星座卫星导航信号，能够根据系统设定完成指定导航体制的信号计算。卫星导航模拟器既能够根据预先设定的轨迹信息，生成卫星导航模拟信号；也能够接收半实物仿真计算机传输的载体的位置、速度、加速度、姿态等信息，模拟多颗卫星在轨的位置分布和运动，根据载体的姿态、接收机天线布置、天线方向图、接收机与卫星之间距离的远近等因素，模拟卫星导航接收机收到的不同导航卫星射频信号到达入射角的强弱和延时，进而模拟载体飞行过程中的卫星导航过程，实时或近实时地生成卫星导航模拟信号。信号模拟器所生成的卫星导航信号包含了卫星发射信号的特征，以及信号经过空间传播后到达终端设备处所附加的各种传播效应。

10.2.2　卫星导航信号仿真的组成及工作原理

目前，不同类型的卫星导航信号模拟器，其设计方案和类型存在一定差异，但归纳起来，其核心部件均可分为导航信号计算软件和射频信号生成硬件。

1）导航信号计算软件

导航信号计算软件的主要任务包括如下内容：根据设定的仿真时间、广播星历和载体信息进行计算，并考虑对流层延迟、电离层延迟和多路径效应等信息；根据这几种信息生成观测值；根据卫星位置信息、星历参数和卫星钟差，生成导航电文；根据设定或计算的通道信号功率，将观测值和导航电文，转换为射频信号生成硬件的输入信号。

2）射频信号生成硬件

射频信号生成硬件主要是围绕FPGA/DSP而构造的硬件系统，根据接收到的导航电文和射频信号（如延迟τ、动态ω、幅值A等）等参数，连续生成期望的卫星导航无线电信号。

卫星导航信号模拟器需要模拟卫星导航用户终端接收到的射频信号，卫星导航信号模拟器基本工作原理如图10-7所示。卫星导航信号模拟器对多颗导航卫星组成的星座进行仿真，形成某个逻辑时刻的卫星在世界大地坐标系（World Geodetic System，WGS）中的实时位置；据此产生星历数据，用导航电文形式调制到下发信号中；开展不同频点的射频信号在电离层、对流层内的传播特性建模；考虑导航信号传播时的空间路径延迟、幅度衰减、多路径效应，以及载体和卫星相对运动引起的多普勒效应等影响因素，将其影响叠加在射频信号上。

卫星导航信号模拟器实际上是一种高精度的多通道专用信号源。与通用信号源相比，卫星导航信号模拟器具有更多的通道数、更高的伪距控制精度、更高的通道一致性和零值稳定性等，以满足不同位置、不同状态用户的实时同步仿真要求。卫星导航信号模拟器综合利用电子仪器与测量技术、软件无线电技术精确模拟卫星导航信号（BDS、GPS、GLONASS、Galileo等）格式、不同场景的空间传播过程（包括用户动态特性），以保证在实验室环境和指定测试条件下完成对导航信号接收机的联调测试和验证，检验接收机的捕获跟踪和导航定位性能；作为比较标准，检验导航接收机的动态测量精度。

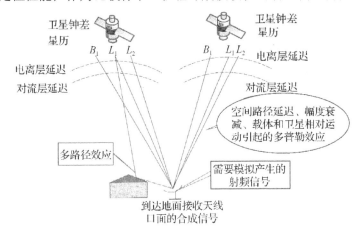

图 10-7　卫星导航信号模拟器基本工作原理

10.2.3　卫星导航信号仿真的发展历程

卫星导航信号仿真技术是卫星导航领域的热点技术之一。国内外已有多家公司和科研机构开发了卫星导航仿真系统和卫星导航信号模拟器。

10.2.3.1　国外卫星导航信号模拟器发展历程

国外较早开展了卫星导航信号模拟器技术研究工作，已研制出多种型号的卫星导航信号模拟器并投入使用。美国的 GPS 作为最早开发和使用的卫星导航系统，已经成功运行几十年，在卫星导航信号模拟器的研制方面拥有大量成熟的技术。

随着国外卫星导航信号模拟器技术的继续发展，其生产的模拟器各项性能指标都已相当优异，不仅可以模拟提供简单定位功能的卫星信号，也可以模拟出部分复杂情况的卫星信号，如差分信号、姿态测量信号等。经过几十年的不断发展，国外市场已出现了许多成熟的模拟器产品，并在高校教学试验与高性能接收机测试中发挥了重要的作用。英国 Spirent 公司推出了 GSS 和 STR 系列模拟器产品，其中最为知名的为 GSS9000 多星座模拟器，可产生相对速度不大于 120 km/s 的高动态场景，并提供了一款名为 SimGEN 的软件，以方便用户配置任意测试场景。英国 Racelogic 公司的产品多星座 GNSS 录制回放模拟器 LABSAT 3 是一款便携式的多功能信号模拟器，靠着内部电池可实现长达两个小时的续航能力，其支持对 GPS L1 频段、GLONASS L1 频段、BDS B1 频段和 Galileo E1 频段等多星座卫星信号的模拟，甚至连 QZSS 和 SBAS 系统也支持，并且可选 1～3 个仿真星座。美国 Keysight 科技公司的 Signal Studio 软件模拟器十分先进，可依据存储的场景文件实现长达二十四小时的卫星信号模拟。它可以实现 GPS L1 频段、GLONASS L1 频段及 Galileo E1 频段的信号模拟，并支持在信号播发时动态添加设定的信号减损。这类模拟器主要依托计算机软件生成信号文件，硬件平台完成射频输出并支持场景多样化编辑。美国 Spectracom 公司的 GSG-6 系列 GNSS 模拟器提供了多种 GNSS 卫星星座的模拟，并扩展到了更多的频段，包括 GPS　L2C 和 L5 信号、GLONASS L2 信号、BDS B2 信号、Galileo E5 信号、IRNSS L5

信号等，其依托基于 DSP+FPGA 的硬件架构的平台实现了中频信号的实时参数运算和调制生成，而无仿真时长限制。

10.2.3.2　国内卫星导航信号模拟器发展历程

卫星导航模拟器对于国防建设有着重要作用，国外长期严格地技术封锁，使得国内关于卫星导航模拟器的研究工作开展较晚，并在信号模拟与仿真方面与国外相比存在相当大的技术差距。随着国家对北斗卫星导航系统的研究投入，卫星导航信号模拟器的研发越来越受到重视。目前，国内市场已出现了部分相对成熟的模拟器产品，如国防科技大学研发的 GNS8000 系列模拟器，可进行多模、多通道及多星座的高动态卫星信号模拟；湖南矩阵电子有限公司推出的 INS8000 系列组合导航模拟器与航天五院研制的 CSG-6000/7000 系列全星座导航信号模拟器；中国电子科技集团公司第 54 研究所研发的多体制卫星导航信号模拟器 CETC_NS8400，可实现四大全球卫星导航系统全部民用导航信号的模拟，具备北斗授权信号扩展能力；北京华力创通科技股份有限公司开发了目前功能全面的 HWA-GNSS-8000 卫星导航信号模拟器；东方联星公司研制的 NS600/700 系列多模 GPS 模拟器也表现出较好的性能。虽然国内部分卫星导航信号模拟器可以支持多系统全星座组合导航信号的模拟，但在多频段覆盖、伪距精度、算法优化及高动态场景支持等方面距离西方国家仍有较大差距。而随着我国北斗卫星导航系统的不断发展，国内导航模拟器也将进入崭新的蓬勃发展时期。

伴随着 BD 卫星星座的建立、GPS 体制的更新、GLONASS 系统的出现，卫星导航信号精密模拟器也从单通道到多通道、从模拟合成到数字合成、从中频数字合成到基带数字合成、从单一系统仿真到多系统混合仿真、从专用向通用、从系统仿真向片上仿真发展。

10.2.4　卫星导航信号仿真的主要技术指标

卫星导航信号模拟设备主要根据参试的卫星导航接收的设备指标和轨迹特征，模拟生成实时变化的全球卫星导航信号，为了评价其功能任务和性能指标，需要构建其技术指标评价体系，主要包括功能指标和性能指标。其中，功能指标主要针对模拟器基本功能的验证，性能指标着重于模拟器模拟的射频信号的性能，具体包括导航信号的频段特征、动态性能、模拟精度和信号质量等内容。

10.2.4.1　卫星导航信号仿真的功能要求

卫星导航信号仿真的功能要求主要用于评价卫星导航模拟器是否具备以下功能。

1）实时仿真

卫星导航模拟器是否具备实时仿真功能，即能够根据当前的载体运动信息，实时生成卫星导航信号。

2）干扰能力

评价卫星导航模拟器是否具备导航干扰信号和各种噪声的模拟能力，包括欺骗信号、多路径效应、环境传输效应等。

3）接口要求

卫星导航模拟器的对外硬件接口数目和类型。

10.2.4.2　卫星导航信号仿真的频段特征

卫星导航信号仿真的频段特征，用于描述该模拟器能够模拟的导航星座类型、载波频率、伪码类型和通道数目，主要由参试的导航设备和预期的仿真场景决定。

1）导航星座类型

导航星座类型主要用于描述该模拟器能够模拟全球卫星导航系统，主要由参试的卫星导航接收机类型和仿真试验需求所决定。目前，先进的卫星导航模拟器能够同时模拟多个导航系统，如 GPS+北斗或 GPS+GLONASS。

2）载波频率

载波频率是根据需要模拟对象的载波而确定的。例如，GPS 模拟器的载波频率可能是 L1 频段或 L1+L2 频段，北斗卫星导航模拟器可能支持 B1、B2、B3 频段。

3）伪码类型

卫星模拟器的伪码类型主要由模拟对象的伪码类型决定，如 GPS 模拟器能够模拟其 C/A 码或 C/A 码+P 码；北斗卫星导航信号模拟器能够模拟其 C/A 码或 C/A 码+P 码。

4）通道数目

通道数目是指卫星导航信号模拟器能够同时仿真卫星射频信号的数目，常见的有 12 通道，即能够同时模拟生成 12 颗导航卫星信号。

10.2.4.3　卫星导航信号仿真的动态性能

动态性能是指卫星导航模拟器能够允许用户载体的运动范围，由于星地相对运动和实际接收机的动态特性，射频信号存在时变的多普勒效应。这要求模拟器生成的卫星导航射频信号在相对速度、加速度、加加速度上分别满足指标要求。

1）速度范围

速度范围是指卫星导航信号模拟器能够模拟的载体运动速度大小。该指标的影响因素主要包括中频滤波器带宽和直接数字信号合成时相位累加器的长度。

2）加速性能范围

加速性能范围是指卫星导航信号模拟器能够模拟的载体运动加速度大小和加加速度大小。该指标的影响因素主要由频率累加器的字长和加速度分辨率/加加速度分辨率决定。

3）分辨率

动态用户的加加速度、加速度和速度分别对应导航信号生成系统输出信号相位的三次项、二次项和一次项。根据直接数字信号合成的基本原理，需要用三级相位累加器来实现这种相位关系。

10.2.4.4　卫星导航信号仿真的模拟精度

卫星导航信号仿真的模拟精度主要受限于模拟器硬件设备延迟及时钟抖动，实质上是信号时延精度与稳定性的反映。主要指标包括伪距控制精度、伪距变化率精度、载波相位精度、通道间一致性、载波与伪码相干性等内容。

1）伪距控制精度

伪距误差是指卫星导航信号模拟器对所模拟生成的各颗导航卫星信号伪距的控制误差，其控制精度直接影响卫星导航接收机的定位精度。依据卫星导航信号模拟器中信号的生成原理，伪距控制实质上反映在对信号的时延控制上。由于是通过数字信号处理的方法实现延迟的，理论上可以达到任何延迟精度，但在实际系统中，由于计算能力和字长等限制因素，延迟精度实际上是有限的。

2）伪距变化率精度

伪距变化率精度也称为多普勒频率精度，是单位时间内模拟器的伪距控制误差的衡量指标。在实际情况中，由于卫星与导航接收机的相对运动，接收机接收到的测距码的值不断变化，即解算出的伪距值也是在不断变化的。

3）载波相位精度

载波相位是指在同一接收时刻基准站接收的卫星信号相位相对于接收机产生的载波信号相位的测量值。载波相位精度即模拟器能够模拟的导航信号载波相位的精度偏差大小。

4）通道间一致性

伪距控制精度针对一路信号进行分析，然而实际接收机在对导航信号进行处理时，需要多个通道同时进行。为保证整个模拟器系统的信号一致，对于不同通道的相位和载波的一致性提出一定的约束。模拟器导航射频信号的通道一致性的偏差将直接影响卫星接收机定位的精确性。其中，码相位通道间的一致性偏差指的是各个通道间信号延迟的不一致性，实质上是对各个通道时延的测量。

5）载波与伪码相干性

载波与伪码相干性受随机误差和不确定性的影响。由于码时钟和载波时钟来自同一频率源，所以通过频点设计可以消除载波与伪码相干性随机误差。

6）I、Q相位正相交性

I、Q相位正相交性主要用于评价射频信号调制后I、Q两个支路载波相位的正相交程度，能够有效反映模拟的射频信号质量。

10.2.4.5 卫星导航信号仿真的信号质量

卫星导航信号仿真的信号质量是影响导航接收机灵敏度测试的主要因素，因此模拟器的射频信号在相位噪声、稳定度、谐波功率和杂波功率等方面有一定的要求。

1）相位噪声

射频信号是由中频信号与本振混频得来的，由于本振频率远高于中频频率，所以输出信号的相位噪声主要由本振相位噪声决定；而本振相位噪声的来源是基准时钟相位噪声和倍频造成的相位噪声恶化。使用外时钟，卫星导航信号模拟生成系统可以达到指标要求的相位噪声指标。

2）稳定度

系统输出的射频信号的稳定度完全取决于基准时钟的稳定度指标，系统可以采用内基准时钟，也可以从外部输入基准时钟。

3）谐波功率

发射信号的谐波功率来源于混频器和放大器的失真，系统输出功率较小，输出级采用低失真的线性功率放大器，具有很好的谐波特性。同时，在输出级采用滤波器抑制带外谐波和杂波。

4）杂波功率

杂波的来源包括混频过程的交调失真和直接数字信号生成过程中引入的杂散。带外的杂波可以通过滤波器进行有效抑制；为保证带内信号的杂波抑制性能，通过合理的频点设计，避免混频过程的交调失真信号落入信号频带内。

10.2.5　卫星导航信号仿真技术的优点

卫星导航信号仿真系统可以通过单一设备实现对全球卫星系统星座和全球测试环境的控制，相对于外场试验，具有如下特点。

- 可控性：可以实现星座信号的完整可控，打开或关闭任意一颗导航卫星的信号；对环境信号影响和多路径效应可以进行定量设置；能够屏蔽无意的干扰信号，并产生规定的干扰模式和误差信号。
- 可重复性：可以在同样的环境条件下进行多次重复测试，从而进行定位性能比对，定量分析导航终端的定位效果。
- 全面性：可以仿真任意时间、任意地点、任意姿态的导航终端运动状态；可在静态、低动态、高动态的环境下进行导航终端测试。
- 灵活性：可以根据场景设置，方便快捷地满足用户不同任务的仿真需求。
- 安全性：能够在实验室可控环境下进行，避免敌方对相关信号进行监视获取。
- 低成本：利用卫星导航信号模拟器进行测试，可以节约在实测过程中的大量人力和设备成本，在确保产品质量的前提下提高效率，节约开发和测试周期。

10.3　卫星导航信号仿真的系统实现

卫星导航信号仿真技术是对真实卫星导航系统的高精度模拟，是在受控实验室环境中为卫星导航接收设备和导航算法的研制、生产、测试、检验、评估、训练等环节提供关键性的测试与验证支持，涉及卫星轨道运算、电磁信号传输、导航电文结构、精密信号合成、高精度测量与标校、自动化测试等学科理论与技术。

利用卫星导航信号仿真技术，可以实现对卫星信号及其环境条件的完全模拟和控制，用户能够针对不同类型的仿真需求，便捷地生成和运行多种不同的场景，并且对导航系统全链路环节提供完全的测试能力，具有非常重要的理论意义和工程价值。

10.3.1　卫星导航信号仿真系统的总体架构

卫星导航是利用导航接收机观测到的卫星导航信号，确定观测载体当前的位置、速度和时间等信息。为了实现导航接收机产品实物的闭环接入，验证导航算法的有效性和抗干扰性，需要根据设定要求，产生期望的卫星导航射频信号。为了实现这个功能，首先需要完成期望导航星座和卫星轨道的仿真计算，生成全部星座卫星的轨道数据和卫星时钟数据；然后，根据观测载体的轨迹信息和时间信息，完成包括电离层延迟、对流层折射和多路径效应等因素在内的导航信息传输影响计算；再次，根据导航星座和轨道、空间环境、差分与完好性等因素，生成下行导航电文信息，以及包括伪距、伪距变化率、载波相位等信息在内的载体观测数据；最后，根据导航电文和载波信息，生成载体接收机在设定位置受到的射频无线电导航信号。

卫星导航信号模拟器的内部工作流程示意图如图 10-8 所示。

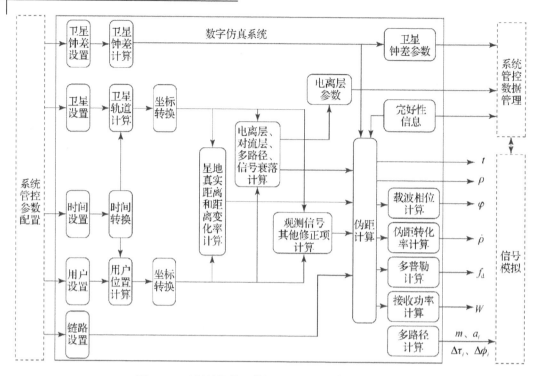

图 10-8　卫星导航信号模拟器的内部工作流程示意图

根据卫星导航信号的生成步骤，可以将卫星导航信号的仿真组成分为五项关键内容，分别是空间星座计算、信号传输影响、终端信号计算、载波信号编码和射频信号合成。

- 空间星座计算：主要用于构建全球导航卫星系统空间卫星部分的建模，对导航卫星星座轨道及其摄动力因素、空间信道传输损耗完成整个系统的时空计算。
- 信号传输影响：主要根据完成导航信号传输过程中受到环境因素的影响，包括电离层延迟、对流层折射和多路径效应，分析计算载体在不同位置下的信号传输影响。
- 终端信号计算：主要根据卫星空间位置和接收载体的空间位置，考虑信号传输影响，完成卫星可见性计算、伪距信息计算和信号功率计算等工作。
- 载波信号编码：主要根据地面接收机的相关参数和模式，完成导航电文的计算，包括用户观测数据、伪码设计、导航电文编排及编码方案设计等工作。
- 射频信号合成：主要根据导航信号的电磁特征要求，基于硬件板卡和相关电路，通过射频信号调制生成期望的导航信号。

卫星导航信号的仿真技术，涉及多个专业学科，包括航天器轨道动力学、航天器姿态控制理论、大气物理学、无线电传播学、高精度数字信号处理等。下面针对相关技术进行简要介绍。

10.3.2　卫星导航信号仿真中空间星座计算

卫星导航信号仿真中空间星座计算主要包括星座仿真、轨道仿真、导航卫星及载荷仿真，以及时空转换模型等基础模块的仿真计算。卫星导航模拟测试空间段是全球卫星导航系统地面与用户段的连接节点，涉及轨道仿真模型、钟差仿真模型、星座仿真模型等内容。同时包含卫星导航模拟测试时所需要的常数与参数库，以及常用的时间系统变换模型、空间系统变换模型,完成卫星导航模拟测试时各类不同时间系统、空间坐标系统之间的转换。下面就针对空间计算中的时间体系、坐标体系、轨道模型、钟差模型等内容进行简要介绍。

10.3.2.1　卫星导航信号仿真中空间星座计算的时间体系

根据卫星导航定位原理可知,时间信息是关系着卫星导航精度的重要环节,因此,研究卫星导航信号仿真的首要环节就是建立时间体系。基于地球自转、地球公转、原子振荡等不同的周期性过程,可以建立不同的时间体系。对于不同的全球卫星导航系统,采用的时间体系各不相同。在卫星导航系统中,时间体系主要包括世界时、国际原子时、协调世界时和各个导航系统所采用的时钟设置。

1)世界时

1928 年,国际天文联合会将格林尼治平时作为世界时(Universal Time,UT),即从午夜起算的、在格林尼治地方的平太阳时。该时间是基于天文观测得到的,是以地球自转为基准得到的时间尺度,其精度受到地球自转不均匀变化和极移的影响。为此,1955 年,国际天文联合会定义了 UT0、UT1 和 UT2 三个时间系统。

UT0 是通过天文观测直接获得的格林尼治平太阳时,没有考虑极移造成的天文台地理坐标变化。UT1 是在 UT0 的基础上,加入了极移改正 $\Delta\lambda$,修正地轴摆动的影响,UT1 是目前使用的世界时标准,被作为目前协调世界时的参考基准。UT2 是对 UT1 进行地球自转速度季节性变化的修正后得到的时间。UT2 比 UT1 更均匀,但 UT2 仍未消除地球自转的长期变化和不规则变化,因而仍然是不均匀的。

2)国际原子时

原子时(Atomic Time,AT)是基于原子的量子跃迁产生的电磁振荡定义的时间,国际单位制(SI)时间单位秒定义为铯-133 原子基态的两超细级间跃迁辐射 9 192 631 770 周期所经历的时间。国际原子时(International Atomic Time,TAI)是国际时间局(Bureau International de Heure,BIH)于 1972 年 1 月 1 日引入的,原子时的原点为

$$AT = UT2 - 0.0039(s) \tag{10-24}$$

3)协调世界时

原子时虽秒长均匀,稳定度高,但它是物理时而不是天文时,不能确定每天开始的零时刻。由于世界时 UT1 有长期变慢的趋势,其秒长与原子时不等,世界时和国际原子时的差距会越来越大。为避免由此造成的不便,1972 年引入了协调世界时(UTC)。UTC 的秒长与原子时的相同,通过在 12 月 31 日或 6 月 30 日的最后一秒在 UTC 中引入闰秒或跳秒,使 UT1-UTC 的绝对值小于 0.9s。UTC 是均匀但不连续的时间尺度,被国际科学和商业界广泛采用为时间和频率标准。

4)GPS 时间

GPS 时间(GPS Time,GPST)采用原子时系统,以美国海军天文台维护的协调世界时(Universal Time Coordinated,UTC)作为基准。GPS 时间与国际原子时 TAI 名义上相差一个常数,即 19s。

GPST 的时间原点为 1980 年 1 月 6 日 0 时,即 GPST 在这时是与 UTC 一致的。GPST 是连续且均匀的系统时间,随着时间的积累与 UTC 的差别增大,其差异在 GPS 卫星导航电文中发布。

5）Galileo 系统时间

Galileo 系统时间（Galileo System Time，GST）是一个连续的原子时系统，它与国际原子时（TAI）有一个标准常数偏差（整数秒）。GST 相对于 TAI 的偏差，在任何一年间隔的 95% 时间内，偏差值都小于 50ns（2σ），这个偏差的不确定度为 28 ns（2σ）。

6）GLONASS 时间

GLONASS 通过一组氢原子钟构成的 GLONASS 中央同步器来维持系统时间。GLONASS 时间与 UTC 时间联系紧密，但有一个 3h 的常数偏移，即莫斯科时间和格林尼治时差。这种联系隐含了 GLONASS 时间的跳秒。除了常数偏差，由于采用不同时钟维持时间尺度，GLONASS 时间和 UTC 时间之间的偏差应该小于 1ms。导航电文通过发布参数 Tc 来解决这种时间差异。

7）北斗系统时间

北斗卫星导航系统采用的时间是北斗系统时间（BDT），它是一个连续的时间系统，以国际标准秒（SI）为单位，不跳秒。BDT 的起始历元为协调世界时 2006 年 1 月 1 日 00：00，BDT 与 UTC 的偏差保持在 100ns 以内，它们之间的跳秒信息会在导航电文中播报。

10.3.2.2 卫星导航信号仿真中空间星座计算的坐标体系

在开展卫星轨道计算时，必须明确卫星在空间中的位置，因此，需要建立一系列的坐标体系。下面给出卫星导航系统的常用坐标系和各个全球卫星导航系统的坐标体系。

1）卫星导航系统坐标系定义

在卫星导航系统中，为了完成接收设备和星历之间的定位，首先需要定义多个坐标系，主要包括地心地固坐标系、大地坐标系、地面坐标系等。

- 地心地固坐标系（Earth-Centered，Earth-Fixed，ECEF）：基于地球参考椭圆模型建立，是一种右手笛卡尔坐标系，记作（X, Y, Z）。其原点与地球质心重合，XY 平面与地球赤道平面重合。但 X 轴指向平均格林尼治子午线，Z 轴垂直于赤道平面指向地理北极，Y 轴与 X 轴、Z 轴形成右手坐标系。
- 大地坐标系：以参考椭球面为基准面建立起来的坐标系，坐标位置用大地经度、大地纬度和高度表示。它以参考椭球面的起始子午面与赤道的交点作为原点。在计算位置时，大地经度是该点所在的子午面与起始子午面的二面角，由起始子午面起算，向东为正，称为东经（0°～180°），向西为负，称为西经（0°～180°）；大地纬度是经过该点作椭球面的法线与赤道面的夹角，由赤道面算起，向北为正，称为北纬（0°～90°），向南为负，称为南纬（0°～90°）；大地高是地面沿椭球面的法线到椭球面的距离。
- 地面坐标系：以参考运动物体的初始位置或者终止位置为坐标原点，使用右手笛卡尔坐标系来定义，如东北天（ENU）坐标系，三个坐标轴分别是相互垂直的东向、北向和天向，东向和北向组成水平面。这种坐标系也称为当地水平坐标系，主要用于计算空间点相对于坐标原点观测矢量的方位角和仰角。

2）GPS 采用的 WGS-84 坐标系框架

GPS 采用的地球参考系为 1984 年世界大地坐标系（WGS-84）。该地心系最初由约 1500 个地面站的坐标实现，并形成表示该地心系的参考框架。这些坐标由子午卫星定位系统的观测值推算。根据 ICD-GPS-200 对 WGS-84 坐标系的定义如下。

- 坐标原点位于地球质心。

- Z 轴平行于指向 BH 定义的国际协议原点（Conventional International Origin，CIO）。
- X 轴指向 WGS-84 参考子午面与平均天文赤道面的交点，WGS-84 参考子午面平行于 BIH 定义的零子午面。
- Y 轴满足右手坐标系。

3）Galileo 系统采用的 ITRF-96 坐标系框架

Galileo 系统采用地心直角坐标框架，定义为伽利略地面参考框架（Galileo Terrestrial Reference Frame，GTRF）。GTRF 将与国际地球参考框架（International Terrestrial Reference Frameword，ITRF）相固连，ITRF 由国际地球自转服务（International Earth Rotation Service，IERS）建立与维持。

4）GLONASS 系统采用的 PZ-90 坐标系框架

GLONASS 系统采用的坐标系框架为 PE-90（Parameters of the Earth 1990），有时也称为 PZ-90（Parametry Zemli 1990）。PZ-90 参考框架是一个地心系统，与地心系统相关的笛卡儿坐标通常表示为地心地固坐标。为了实现地心地固坐标系统，利用对大地卫星的观测、多普勒观测、激光测距、卫星测高等技术，以及通过 GLONASS 和 Etalon 卫星的垫子，以及激光测距等方法建立了 26 个地面站。

5）北斗系统采用的 CGCS2000 坐标系框架

北斗系统采用 2000 年国家大地坐标系（China Geodetic Coordinate System 2000，CGCS2000）。CGCS2000 实际上是 ITRF2000 在我国的扩展或加密，其与国际地球参考框架的相似性很高，它们的差异约为 5cm。CGCS2000 属于地心地固坐标系，其定义如下。

- 坐标原点位于地球质心。
- Z 轴指向 IERS 组织定义的参考极（IRP）方向。
- X 轴为 IERS 组织定义的参考子午面（IRM）与通过原点且同 Z 轴正交的赤道面的交线。
- Y 轴满足右手坐标系。

6）不同导航系统坐标参考框架的转换

不同的坐标参考框架导致不同的卫星坐标，在进行导航信号解算时，可能需要进行一系列的坐标转换。不同坐标系统之间的转换参数按照赫尔默特变换模型给出。由于参考系统的相似性，坐标转换可以采用各种不同的方式。

不同全球卫星导航系统的坐标框架相关参数如表 10-1 所示。

表 10-1　不同全球卫星导航系统的坐标框架相关参数

卫星导航系统	BDS	GPS	Galileo	GLONASS
坐标系统	CGCS2000	WGS-84	ITRF-96	PZ-90
参考椭球长半轴/m	6378137	6378137	6378136	6378136
地球引力常数/（m³/s²）	$3.986004418 \times 10^{14}$	3.986005×10^{14}	$3.986004418 \times 10^{14}$	3.9860044×10^{14}
椭球扁率	1/298.257222101	1/298.25723563	1/298.25645	1/298.257
地球自转角速度/（rad/s）	7.2921150×10^{-5}	$7.2921151467 \times 10^{-5}$	$7.2921151467 \times 10^{-5}$	7.292115×10^{-5}

10.3.2.3　卫星导航信号仿真中空间星座计算的轨道模型

在卫星导航信号仿真系统中，需要根据星历文件，完成当前卫星位置的计算，用于确定载体的卫星可见性。卫星广播星历文件是地面上卫星信号观测点记录下的一段时间内的星历参数，基于卫星星历参数的 6 个开普勒参数、6 个调谐参数、1 个轨道倾角速率改正参数、1 个升交点赤经速率改正参数、1 个平均角速度改正参数和 1 个参考时刻星历数据，能够进行卫星瞬时位置和速度的仿真计算。

下面根据轨道参数，给出 t 时刻时的卫星空间位置的计算步骤。

1）计算规划时间 t_k

卫星星历给出的轨道参数是以星历参考时间 t_{oe} 为基准的，为了得到各轨道参数在 t 时刻的值，需要先求出 t 和 t_{oe} 之间的时间差 t_k：

$$t_k = t - t_{oe} \tag{10-25}$$

2）计算卫星的平均角速度 n

首先计算理想的平均角速度 n_0，卫星的平均角速度为 $2\pi / T$，根据开普勒第三定律 $T^2 / a^3 = 4\pi^2 / GM$，可以得：

$$n_0 = \sqrt{GM/a^3} \tag{10-26}$$

然后，计算校正后的卫星平均角速度。

3）计算平近点角 M_k

平近点角 M_k 由下式进行计算：

$$M_k = M_0 + nt_k \tag{10-27}$$

4）计算偏近点角 E_k

卫星的偏近点角 E_k 由 M_k 和轨道偏率 e_s 代入 $E = M + e_s \sin E$ 进行迭代计算，E_k 的迭代初始值置为 M_k。

5）计算真近点角 θ

真近点角 θ 的计算公式为

$$\theta = 2\arctan\left(\sqrt{\frac{1+e_s}{1-e_s}} \cdot \tan\frac{E_k}{2}\right) \tag{10-28}$$

6）计算 t 时刻的升交点角距 Φ_k

t 时刻的升交点角距由下式进行计算：

$$\Phi_k = \theta + \omega \tag{10-29}$$

7）计算摄动校正项

升交点角距校正项 δu_k，轨道径向校正项 δr_k 和轨道倾角校正项 δi_k 的计算公式如下：

$$\begin{cases} \delta u_k = C_{us}\sin(2\Phi_k) + C_{uc}\cos(2\Phi_k) \\ \delta r_k = C_{rs}\sin(2\Phi_k) + C_{rc}\cos(2\Phi_k) \\ \delta i_k = C_{is}\sin(2\Phi_k) + C_{ic}\cos(2\Phi_k) \end{cases} \tag{10-30}$$

8）计算校正后的升交点角距 u_k、轨道径向校正项 r_k 和轨道倾角校正项 i_k

校正后的升交点角距 u_k、轨道径向校正项 r_k 和轨道倾角校正项 i_k 由下式求得：

$$\begin{cases} u_k = \Phi_k + \delta u_k \\ r_k = a\left(1 - e_s\cos E_k\right) + \delta r_k \\ i_k = i_0 + it_k + \delta i_k \end{cases} \tag{10-31}$$

9）计算卫星在升交点轨道直角坐标系中的坐标 x_k、y_k

卫星在升交点轨道直角坐标系中的坐标如下：

$$\begin{cases} x_k = r_k \cos u_k \\ y_k = r_k \sin u_k \end{cases} \tag{10-32}$$

10）计算升交点经度 Ω_k

地心地固坐标系中的升交点经度 Ω_k 计算公式为

$$\Omega_k = \Omega_0 + \left(\dot{\Omega} - \omega_e\right)t_k - \omega_e t_{oe} \tag{10-33}$$

11）计算卫星在地心地固坐标系中的空间直角坐标

对部分卫星系统中地球轨道和倾斜地球同步轨道卫星，其坐标换算如下：

$$\begin{bmatrix} X_k \\ Y_k \\ Z_k \end{bmatrix} = R_3\left(-\Omega_k\right) R_i\left(-i_k\right) \begin{bmatrix} x_k \\ y_k \\ z_k \end{bmatrix} \tag{10-34}$$

式中，$R_3\left(-\Omega_k\right)$ 和 $R_i\left(-i_k\right)$ 取值参考式（10-34）和式（10-32），代入展开得：

$$\begin{cases} X_k = x_k \cos \Omega_k - y_k \cos i_k \sin \Omega_k \\ Y_k = x_k \sin \Omega_k + y_k \cos i_k \cos \Omega_k \\ Z_k = y_k \sin i_k \end{cases} \tag{10-35}$$

在进行卫星星座计算时，根据卫星星历中每个卫星的轨道参数，按照上述步骤，即可解算得到在指定时刻，每颗卫星在空间的坐标位置，继而可以进行卫星传播信号的延迟计算与可见性计算等内容。

10.3.2.4　卫星导航信号仿真中空间星座计算的钟差模型

卫星导航定位的基本原理是利用伪随机噪声码进行时间比对，得到测距信号的时间延迟。因此，精确的位置测量实际上就是精确的时间测量。星载原子钟作为导航卫星的时间基准，也是卫星导航系统有效载荷的核心，其性能直接决定着定位、导航与授时的服务质量。目前，导航卫星上普遍采用的是高精度的原子钟，但是这些钟与卫星导航系统标准时间仍然会有偏差和漂移，随着时间的推移，这些偏差和漂移也会随之发生变化。因此，为了产生高精度的卫星导航信号，必须对卫星导航的时钟偏差进行分析研究。

钟差就是地面操控系统测得的星载原子钟的值与实际原子钟的值之间的差值，也可以认为是被测原子钟与参考钟之间的差异，这种偏差是由很多原因引起的，如原子钟本身的特性，太空环境的复杂性等。目前，导航系统钟差预报模型主要包括多项式模型、灰色模型和时间序列模型等。

1）多项式模型

多项式模型作为一种简单的数据拟合预测模型，被大规模应用于钟差预报领域，其中使用最多的就是线性多项式（Linear Polynomial，LP）模型与二次多项式（Quadratic Polynomial，QP）模型。而多项式模型自使用以来，一直因其计算方便简单、物理意义明确而广泛应用于短期钟差预报。

以二次多项式为例，其计算公式如下：

$$\Delta t_i = a_0 + a_1\left(t_i - t_0\right) + a_2\left(t_i - t_0\right)^2 + \int_{t_0}^{t_s} f(t)\mathrm{d}t \tag{10-36}$$

式中，Δt_i 为 t_i 时刻的时钟误差，t_i 为历元，t_0 为初始的参照时刻；a_0、a_1、a_2 为待估参数，分别为在 t_0 时刻的卫星钟差（相对于系统时间的偏差）、钟速（相对于实际频率的偏差系数）和卫星钟的频漂（频率漂移的 1/2）；$\int_{t_0}^{t_s} f(t)\mathrm{d}t$ 为随机误差，采用卫星钟的稳定性来描述其统计特性。该模型采用最小二乘计算方法解出三个待估参数后，就可以对任意历元的钟差进行预报。

2）灰色模型

由于卫星钟对自身和外界的影响十分敏感，对其变化规律很难掌握，所以可以将其变化规律视为灰色系统，建立灰色模型进行研究。在灰色系统模型中，GM（1.1）是最为常见的灰色模型，其原理是对相同时间间隔的时间序列进行累加得到的新的时间序列，由于该序列具备指数增长规律，故构建一阶微分方程，对微分方程进行求解，对其结果进行一次累减，得出预报序列。

设已知钟差数据组成序列为

$$X^{(0)} = \left\{ X^{(0)}(1),\ X^{(0)}(2),\ X^{(0)}(3),\cdots,X^{(0)}(n) \right\} \tag{10-37}$$

为了弱化原始时间序列的随机性，在建立灰色模型之前应对原始数列进行一次累加处理，有 $X^{(1)} = \left\{ X^{(1)}(1),\ X^{(1)}(2),\ X^{(1)}(3),\cdots,X^{(1)}(n) \right\}$，则序列响应值为

$$\hat{x}^{(1)}(k+1) = \left(\hat{x}^{(0)}(1) - \frac{u}{a} \right)\mathrm{e}^{-ak} + \frac{u}{a} \tag{10-38}$$

对式（10-37）进行累减处理后得到最终的灰色模型表达式为

$$X^{(0)}(k+p) = (1 - \mathrm{e}^a)\left[X^{(0)}(1) - \frac{u}{a} \right]\mathrm{e}^{-a(k+p-1)} \tag{10-39}$$

式中，k 为样本数据个数；$p \geqslant 1$ 为预报点；记参数 $\hat{a} = [\hat{a}\ \hat{u}]^\mathrm{T}$，根据最小二乘法有：

$$\hat{a} = \left(A^\mathrm{T}A \right)^{-1} A^\mathrm{T}L \tag{10-40}$$

式中，

$$A = \begin{bmatrix} -\dfrac{1}{2}\left[X^{(1)}(1) + X^{(1)}(2) \right] & 1 \\ -\dfrac{1}{2}\left[X^{(1)}(2) + X^{(1)}(3) \right] & 1 \\ \vdots & \vdots \\ -\dfrac{1}{2}\left[X^{(1)}(n-1) + X^{(1)}(n) \right] & 1 \end{bmatrix} \tag{10-41}$$

将两个未知参数求解后代入式（10-42），即可预报任意历元的钟差值。

$$L_i = a_0 + a_1 t_i + a_2 t_i^2 + \sum_{m=1}^{n} A_m \cos(w_m t(i)) + B_m \sin(w_m t(i)) + v(i) \tag{10-42}$$

灰色模型在钟差预报中的应用较为广泛，在短期和长期的钟差预报中都有很好的效果。

3）时间序列模型

时间序列分析根据系统观测得到的时间序列数据，通过曲线拟合和参数估计来建立数学模型的理论和方法。它一般采用曲线拟合和参数估计方法（如非线性最小二乘法）进行，主要包括 ARMA 模型和 ARIMA 模型。ARMA 模型的全称为自回归移动平均（Auto Regression Moving Average）模型，它是目前比较常用的拟合平稳序列的模型，又可细分为

AR 模型（Auto Regression model）、MA 模型（Moving Average model）和 ARMA 模型（Auto Regression Moving Average model）三大类。ARIMA 模型又称自回归求和移动平均模型，是将自回归模型和滑动平均模型有机结合起来的一种综合模型，适合进行短期预报，其模型表达式为

$$x_t = \varphi_1 x_{t-1} + \varphi_2 x_{t-2} \cdots + \varphi_p x_{t-p} + \varepsilon_t + \theta_1 \varepsilon_{t-1} + \theta_2 \varepsilon_{t-2} \cdots + \theta_q \varepsilon_{t-q} \qquad (10\text{-}43)$$

式中，φ_i 为自回归系数；θ_i 为滑动平均系数；p、q 分别为自回归阶数、滑动平均阶数；ε_t 为白噪声。ARIMA 模型中的 d 表示差分阶数，是 ARMA 模型经过差分得来的，当 $d=0$ 时，ARIMA 模型即 ARMA 模型；当 p、q 分别为 0 时，ARIMA 模型则变为 MA 模型和 AR 模型。

使用 ARMA 模型的关键是确定合理的模型和阶数，这可以通过自相关和偏相关函数表示出来，其中自相关函数公式为

$$r_k = \frac{\sum_{t=k+1}^{n} (x_t - \overline{x})(x_t - k - \overline{x})}{\sum_{t=1}^{n} (x_t - \overline{x})^2} \qquad (10\text{-}44)$$

偏相关函数可以表示为

$$\begin{cases} \phi_{rr} = r_1, \quad k=1 \\ \phi_{kk} = \dfrac{r_k - \sum_{j=1}^{k-1} \phi_{k-1,j} r_{k-i}}{1 - \sum_{j=1}^{k-1} \phi_{k-1,j}}, \quad k=2,3,\cdots \\ \phi_{kj} = \phi_{k-1,j} - \phi_{k,k} \phi_{k-1,k-j}, \quad j=1,2,\cdots,k-1 \end{cases} \qquad (10\text{-}45)$$

式中，r_k 为自相关函数，x_t 为钟差序列，$\overline{x}$ 为钟差序列的平均值，ϕ 为偏相关函数。确定模型以后，使用赤池信息量准则（AIC）来确定模型的阶数，其表达式为

$$\text{AIC}(k,j) = \ln\left(\hat{\sigma}_k^2(k,j)\right) + \frac{2(k+j)}{N} \qquad (10\text{-}46)$$

式中，k、j 分别为 ARMA（p，q）中的 p、q 估计，$\hat{\sigma}_k^2(k,j)$ 为白噪声方差，$N=k+1$。确定了模型及其阶数之后，可通过已有数据求解参数，一般采用最小二乘法进行估算，即残差达到最小，残差的计算公式为

$$\sum_{t=1}^{n} \varepsilon_t^2 = \sum_{i=1}^{n} \left(x_t - \hat{a}_1 x_{t-1} - \cdots - \hat{a}_p x_{t-p} - \hat{b}_1 \varepsilon_{t-1} - \cdots - \hat{b}_q \varepsilon_q\right)^2 \qquad (10\text{-}47)$$

式中，$\hat{a}_i$、$\hat{b}_i$ 为要求的待估参数。

10.3.3　卫星导航信号仿真中信号传输影响

卫星导航信号仿真中信号传输影响主要包括电离层、对流层和多路径延迟，用于描述信号从卫星端传播到接收机端的传输影响。导航信号在传播过程中，受到大气层影响信号的传播，产生大气延迟；同时，接收机所在的不同地点会受到不同程度的多路径延迟，从而影响接收机前端的卫星信号。

10.3.3.1　卫星导航信号仿真中信号传输影响的电离层延迟

受太阳紫外线、X 射线辐射和高能粒子的影响，地面上空数十至数千千米范围内的大气被部分电离，形成了电离层。电离层会反射、折射、散射、吸收无线电信号。它的存在

及其时空变化对各类无线电通信产生很大的影响，如导致无线电观测信号的延迟，以及相位、振幅的不规则变化等情况。对于卫星导航定位系统而言，来自电离层的影响主要表现为地面站接收到的卫星载波和伪距信号的附加时延效应。这种时延效应误差最大可达到几十米，将严重削弱卫星导航定位的精度和准确度，是卫星导航定位中的主要误差源之一。

在卫星导航信号仿真中，为了生成高精度的卫星导航信号，需要开展电离层延迟的仿真计算。电离层延迟仿真的主要任务是根据给定的时间和测站坐标，以及卫星轨道利用多种电离层模型和 GNSS 双频实测 TEC 计算出信号路径上的电离层延迟，进行时间系统、坐标系统的转换和高度角、方位角的计算。

1）电离层延迟效应的产生机理

卫星导航信号在穿过电离层时会被折射、吸收、反射，对信号的传播产生干扰，在电离层区域传播时调制码信号产生群路径，被称为电离层传播延迟，主要与传播路径上的电子密度有关，即与路径上的总电子含量 TEC（Total Electronic Content）有关。电离层延迟是影响卫星导航系统导航性能的一种主要误差源。

对于卫星导航信号而言，其在电离层中的传播相速度 v_0 与电离层的相折射率 n_0 的关系为

$$v_0 = \frac{c}{n_0} \tag{10-48}$$

$$n_0 = 1 - k_1 N f^{-2} - k_2 N (H_0 \cos\theta) f^{-3} - k_3 N^3 f^{-4} \tag{10-49}$$

$$\begin{cases} k_1 = \dfrac{e^2}{8\pi^2 \varepsilon_0 m} \\[2mm] k_2 = \dfrac{\mu_0 e^3}{16\pi^3 \varepsilon_0 m^2} \\[2mm] k_3 = \dfrac{e^4}{128\pi^4 \varepsilon_0^3 m^2} \end{cases} \tag{10-50}$$

式中，c 为真空中的光速；N 为电子密度，常用单位为电子数 $/\text{m}^3$；m 为电子质量，值为 $9.1096\times10^{-31}\text{kg}$；$e$ 为电子所带电荷值，值为 $1.6021\times10^{-19}\text{C}$；$\varepsilon_0$ 为真空介电常数，值为 $8.8542\times10^{-12}\text{F/m}$；$\mu_0$ 为真空的磁导率，值为 $12.57\times10^{-7}\text{H/m}$；$\theta$ 为地磁场方向与电磁波信号传播方向间的夹角；f 为电磁波信号的频率。

由于 f^{-3} 和 f^{-4} 的值一般为 $10^{-10}\sim10^{-9}$。因此，n_0 的近似公式如下：

$$n_0 = 1 - k_1 \frac{N}{f^2} = 1 - 40.3\frac{N}{f^2} \tag{10-51}$$

$$V_0 = \frac{c}{n} = c\left(1 + 40.3\frac{N}{f^2}\right) \tag{10-52}$$

式中，V_0 为电磁波相位在电离层中的传播速度。

当卫星利用测距码进行测量时，不同频率的信号是作为一个整体以群速度 v_1 在电离层中传播的。同样，在忽略 f^{-3} 和 f^{-4} 的情况下，群折射率 n_1 和群速度 v_1 的近似公式如下：

$$n_1 = 1 + 40.3\frac{N}{f^2} \tag{10-53}$$

$$v_1 = \frac{c}{n_1} = c\left(1 - 40.3\frac{N}{f^2}\right) \tag{10-54}$$

在电离层外，电子密度 N 几乎为零，因此信号传播速度仍是光速（忽略对流层影响）。
卫星到用户接收机的几何距离 ρ 为

$$\begin{aligned}
\rho &= \int_{\Delta t} v_1 \mathrm{d}t = \int_{\Delta t} c\left(1 - 40.3\frac{N}{f^2}\right)\mathrm{d}t \\
&= c \cdot \Delta t - \frac{40.3}{f^2}c\int_{\Delta t} N\mathrm{d}t \\
&= \rho' - \frac{40.3}{f^2}\int_s N\mathrm{d}s
\end{aligned} \tag{10-55}$$

式中，ρ' 为实际观测的伪距观测量；s 为信号传播路径；$\int_{\Delta t} N\mathrm{d}t$ 为信号传播路径上的总电子含量，通常用 TEC 来表示。

基于不同观测量计算电离层延迟改正，计算时忽略了电离层高阶项的影响，可以得到电离层延迟的计算公式。

根据伪距观测量计算实际星地距时，需要进行的电离层延迟改正如下：

$$I_1 = -\frac{40.3}{f^2}\int_s N\mathrm{d}s = -\frac{40.3}{f^2}\mathrm{TEC} \tag{10-56}$$

而利用载波相位观测量计算星地距时，需要进行的电离层延迟改正如下：

$$I_0 = \frac{40.3}{f^2}\int_s N\mathrm{d}s = \frac{40.3}{f^2}\mathrm{TEC} \tag{10-57}$$

相关研究表明，在 TEC 计算精确的条件下，利用上述公式计算的电离层延迟的精度在 99% 以上。因此，导航信号的电离层延迟计算就转换为如何高精度求取 TEC 的问题。

2）典型的全球电离层延迟模型

TEC 作为电离层最重要的特点参数之一，受到多种因素的影响，不能用精确的理论公式表示，而只能通过处理测量数据进行建模，相应的电离层传播延迟也只能用模型表示。在卫星导航定位研究中，电离层延迟的修正模型主要有以下三种。

- 基于导航电文的电离层延迟预报模型，典型代表是 Klobuchar 模型。该模型可以消除 60% 左右的电离层延迟误差，模型的总体精度不高。
- 电离层经验、半经验物理参数模型，如国际参考电离层（International Reference Ionosphere，IRI）模型、ESA 的 NeQuick 模型、欧洲定轨中心的 CODE-GIM 模型。该模型是由国际上的电离层研究组织根据大量的地面观测资料和多年积累的电离层研究成果，编制开发的全球电离层模型，能够很好地描述全球电离层形态。
- 广域差分系统采用的格网电离层模型，如美国广域差分系统（Wide Area Augmentation System，WAAS）、欧盟广域差分系统（European Geostationary Navigation Overlay Service，EGNOS）等采用的格网电离层模型。格网电离层模型精度高，但其数据量较大且有效区域受限，因此使用范围受到一定限制。

目前，在四大卫星导航定位系统中，GPS 采用 Klobuchar 八参数电离层模型，在地磁坐标系下利用八参数余弦函数表达式进行计算，反映电离层周日振幅和相位变化。BDS 基于 Klobuchar 模型进行相关改进，采用日固地理坐标系，其地理经度与时间具有良好的一致性，在计算系数限值上进行了部分修改，能够更好地反映电离层的周日变化。Galileo 采用 NeQuick 三维电离层电子密度半经验模型，该模型基于电离层剖面公式，将电离层分为底部和顶部两个部分。由于模型涉及路径电子含量数值积分运算，在公式及计算时效性上比 Klobuchar 模型复杂。GLONASS 接口文件和导航电文中均没有提供可用于估算电离层时延量的数学模型及其参数，一般借助 GPS 的 Klobuchar 电离层时延来估计 GLONASS 测量值的电离层时延量。

下面介绍几种典型的全球电离层延迟模型。

（1）Klobuchar 模型。

Klobuchar 模型是由 Bent 经验模型演变而来的，最先由美国科学家 J.A.Klobuchar 等人于 1987 年提出，经过多年的研究与验证，目前已被 GNSS 单频用户广泛应用于电离层的延迟改正中。该模型利用接收机至卫星连线与电离层交点 M（被称为电离层穿刺点）处的地磁纬度和多个模型参数计算垂直方向的电离层延迟，并通过投影映射函数转换为传播路径上的电离层延迟。根据模型参数的个数不同，Klobuchar 模型可以分为多种形式。目前，GPS 和 BDS 均采用 Klobuchar 八参数电离层模型。

Klobuchar 八参数电离层模型计算电离层垂直延迟改正 $I_Z(t)$ 的公式如下：

$$I_Z(t) = \begin{cases} A_1 + A_2 \cos\left[\dfrac{2\pi(t - A_3)}{A_4}\right] & |t - A_3| < \dfrac{A_4}{4} \\ A_1 & |t - A_3| \geqslant \dfrac{A_4}{4} \end{cases} \tag{10-58}$$

式中，$I_Z(t)$ 为垂直方向延迟（单位为 s）；t 为接收机至卫星连线与电离层交点 M 处的地方时（取值范围为 0～86400），单位为 s；$A_1 = 5 \times 10^{-9}$ s 为夜间值的垂直延迟常数；A_2 为白天余弦曲线的幅度，由广播星历中的 α_n 系数求得。A_3 对应于余弦曲线极点的地方时，一般取值 50400s。A_4 为余弦曲线的周期，根据广播星历中的 β_n 系数求得。A_2 和 A_4 的计算公式为

$$A_2 = \begin{cases} \alpha_1 + \alpha_2 \varphi_M + \alpha_3 \varphi_M^2 + \alpha_4 \varphi_M^2 & A_2 \geqslant 0 \\ 0 & A_2 < 0 \end{cases} \tag{10-59}$$

$$A_4 = \begin{cases} \displaystyle\sum_{n=0}^{3} \beta_n \varphi_M^n & A_4 \geqslant 72000 \\ 72000 & A_4 < 72000 \end{cases} \tag{10-60}$$

式中，α_1、α_2、α_3、α_4、β_0、β_1、β_2、β_3 为 8 个参数；φ_M 为电离层穿刺点 M 处的磁纬，单位为半圆（180°），表达式为

$$\varphi_M = \varphi_i + 0.064 \cos(\lambda_i - 1.617) \tag{10-61}$$

式中，φ_i 和 λ_i 为 M 处的大地纬度（单位为半圆）和大地经度（单位为弧度）。其中：

$$\lambda_i = \lambda_\mu + \frac{\psi \sin A}{\cos \phi} \tag{10-62}$$

$$\varphi_i = \begin{cases} \varphi_\mu + \psi \cos A & |\varphi_\mu| \leqslant 0.416 \\ 0.416 & \varphi_\mu > 0.416 \\ -0.416 & \varphi_\mu < -0.416 \end{cases} \tag{10-63}$$

式中，λ_μ 为接收机处的大地经度（单位为半圆），φ_μ 为接收机处的大地纬度（单位为半圆），ψ 为接收机和 M 处的地心夹角（单位为半圆），A 为卫星的方位角（单位为弧度），其计算公式为 $\psi=0.0137/(E+0.11)-0.022$，$E$ 为卫星高度角（单位为半圆）。

在北斗导航系统的民用系统中，同样采用了 Klobuchar 八参数电离层模型。其中，A_1 和 A_3 与 GPS 计算方法相同，A_2 与 A_4 的计算方法相同，A_4 的计算表达式如下：

$$A_4 = \begin{cases} 172800 & A_4 \geqslant 172800 \\ \sum_{n=0}^{3} \beta_n \varphi_M^n & 172800 > A_4 \geqslant 72000 \\ 72000 & A_4 < 72000 \end{cases} \tag{10-64}$$

式中，M 表示的是电离层穿刺点的地理纬度的绝对值，单位为弧度。参数 β_i 是根据中国区域网的 GNSS 双频观测数据解算得到的，每两小时更新一次。

Klobuchar 模型是三角余弦函数形式，其参数设置考虑了电离层周日尺度上振幅和周期的变化，直观简洁地反映了电离层的周日变化特性。其中，模型中的振幅 A_2 和周期项 A_3 均考虑了不同纬度上的差异。因此，Klobuchar 模型基本上反映了电离层的变化特性，从大尺度上保证了电离层预报的可靠性。但是，它主要从全球应用角度来考虑，是 GPS 系统的预报模型，其改正效果一般在 60% 左右。这主要受两方面因素制约，一是电离层延迟改正全球尺度的考量降低了 Klobuchar 模型的有效性，二是 Klobuchar 模型自身参数设定的限制。为了提高 Klobuchar 模型精度，相关学者在研究过程中提出了以下几种具有不同参数数目的模型精化方法，包括九参数、十参数、十四参数等形式。

（2）NeQuick 模型。

NeQuick 模型是一种随时间变化的三维电离层电子密度模型，是基于爱普斯顿（Epstein）公式的加和公式，可以计算给定时间和位置的电子密度，由意大利第里雅斯特的萨拉姆国际理论物理中心的超高层大气流体物理学和无线电传播实验室与奥地利格拉茨大学的地球物理、气象和天体物理研究所联合研究得到。该模型是一种半经验模型，可以计算监测站与卫星，以及卫星与卫星之间任意给定时间、位置的电子密度及给定路径的电子含量，并提供了一种描述电离层三维剖面的新方法。

由于 NeQuick 模型是一种半经验模型，随着伽利略系统的不断完善，其电离层延迟改正模型也在不断更新，目前最新的版本是 NeQuick2。与 NeQuick1 的版本相比，其最大的变化特点是对底部和顶部的电离层相关参数和解析式进行了改进，采用了与月份无关的经验参数，其计算效率较之前有很大提高。

NeQuick 模型所给出的电离层垂直剖面利用三个临界点：E 层电子密度峰值点（固定高度为 120km），F_1 层电子密度峰值点和 F_2 层电子密度峰值点。该模型主要由高度低于 F_2 层峰值的底部公式和高度在 F_2 层峰值以上的顶部公式两部分组成。

底部模型主要由 E 层、F 层（包括 F_1 层、F_2 层底部）组成，由 5 个半 Epstein 层计算的这些层底部、顶部的电子密度和构成底部模型：

$$N_{\text{bot}}(h) = N_{F_2}(h) + N_{F_1}(h) + N_E(h) \tag{10-65}$$

式中，

$$N_E(h) = \frac{4N_m*E}{\left[1 + \exp\left(\dfrac{h - h_m E}{B_E}\xi(h)\right)\right]^2} \times \exp\left(\frac{h - h_m E}{B_E}\xi(h)\right)$$

$$N_{F_1}(h) = \frac{4N_m*F_1}{\left[1 + \exp\left(\dfrac{h - h_m F_1}{B_1}\xi(h)\right)\right]^2} \times \exp\left(\frac{h - h_m F_1}{B_1}\xi(h)\right) \tag{10-66}$$

$$N_{F_2}(h) = \frac{4N_m*F_2}{\left[1 + \exp\left(\dfrac{h - h_m F_2}{B_2}\xi(h)\right)\right]^2} \times \exp\left(\frac{h - h_m F_2}{B_2}\xi(h)\right)$$

其中，

$$N_m*E = N_m E - N_{F_1}(h_m E) - N_{F_2}(h_m E)$$
$$N_m*F_1 = N_m F_1 - N_E(h_m F_1) - N_{F_2}(h_m F_1)$$
$$N_m*F_2 = N_m F_2 \tag{10-67}$$
$$\xi(h) = \exp\left(\frac{10}{1 + 1|h - h_m F_2|}\right)$$

式（10-65）～式（10-67）中，$N_m E$、$N_m F_1$、$N_m F_2$ 分别为电离层 E 层、F_1 层和 F_2 层的电子密度峰；$h_m E$、$h_m F_1$、$h_m F_2$ 分别为上述三层的电子密度峰值点的高度参数；B_E、B_1、B_2 分别为相应的厚度参数；h 为所求点的高度参数。当 $h > h_m E > 0$ 时，$B_E = B_{Ebot}$；当 $h < h_m E$ 时，$B_E = B_{Ebot}$，B_1 和 B_2 的样式类同。

顶部模型由一个半 Epstein 层描述，在顶部模型中引进了一个新的厚度参数 H：

$$N(h) = \frac{4N_m F_2}{\left(1 + \exp\left(\dfrac{h - h_m F_2}{H}\right)\right)^2} \exp\left(\frac{h - h_m F_2}{H}\right) \tag{10-68}$$

式中，

$$H = H_0\left[1 + \frac{rg(h - h_{max}F_2)}{rH_0 + g(h - h_{max}F_2)}\right] \tag{10-69}$$

NeQuick 模型的基本输入参数为信号传播路径上点的地理坐标、高度、月份、世界时，以及太阳活动参数 $F_{10.7}$（太阳光波长为 10.7cm 的射电辐射流量）或 R12（太阳黑子数月均值），其他输入 F_2 层临界频率和转换因子参数需要从输入文件 CCIR-XX.ASC 中获取，地磁纬度需要从文件 MODIP.ASC 中获取。根据 NeQuick 模型，能够直接计算得到卫星信号传播路径上的电子含量或电子密度，以及任何指定路径上的电子密度剖面分布及按路径积分得到相应的电离层电子总含量 TEC，再沿高度进行数值积分得到传播路径上的电离层延迟，由倾斜因子计算天顶方向的电离层延迟。经过优化后的 NeQuick 模型电离层延迟改正精度 RMS 可达 75%，是 GPS 提供的电离层延迟改正精度的两倍。

（3）IRI 模型。

国际参考电离层模型（IRI 模型）是在国际著名的地球物理学家 Karl Rawer 教授的推动下，由国际空间研究委员会（Committee On SpaceResearch，COSPAR）和国际无线电委员会（International Union of Radio Science，URSI）的联合资助下，从 1960 年开始由 IRI 工作组通过 30 多年的努力，利用可以得到的所有数据资料（包括 ionosondes、非相干散射雷达、卫星资料、探空火箭资料）建立的标准经验模型。它融汇了多个大气参数模型，引入了太阳活动和地磁 Ap 指数的月平均参数，描述了无极光电离层在地磁宁静条件下特定时间、特定地点上空 50～2000km 的电子密度、电子温度、离子（O^+、H^+、He^+、NO^+、O_2^+）温度、离子成分、电子含量等月平均值。该模型至今已发布了多个版本。从 2000 年开始，IRI 工作组研究如何把全球电离层模型（Global Ionosphere Model，GIM）和其他空间无线电探测技术的观测结果导入 IRI 模型，以提高其精度。同时考虑增加离子漂移、极光和极区电离层、磁暴效应等模型成分。

COSPAR 建立 IRI 模型的主要目的是研究作为空间环境部分的电离层对在太空中的飞行器和其他科学实验的影响，其发布的 CCIR 系数主要是计算地球陆地上空的电离层参数，而 URSI 的主要目的是研究电离层中的电子密度对电波传输的影响，URSI 系数用来计算海洋上空的电离层参数。IRI 作为经验电离层模型，其最大特点是不依赖电离层中等离子体的形成理论就可以直接计算相关参数；另外一个特点是建立在大量数据基础上，一般在电离层 F_2 峰值以上的部分采用卫星数据，在 E 层到 F_2 层则采用电离层探测仪数据，而 D 层的数据来源于火箭探测，其他关于温度、电子速度等探测则来源于为数不多的非散射雷达数据。需要注意的是，由于不同地区的实测数据数量不同，也导致 IRI 模型在不同地区的参数精度存在一定差异，在北半球中纬度地区，模型精度较高。

3）典型的电离层延迟映射函数算法

通过前面建立的各种电离层延迟模型，可以获得较为精确的电离层天顶延迟值，但卫星导航信号从卫星到接收机并不是只沿天顶方向传播，而是从不同的倾斜角度到达接收机。因此，需要利用映射函数，将天顶延迟值投影到信号传播的斜方向上。

电离层映射函数 $F(z)$ 联系了天顶方向的电子总含量（Vertical Total Electron Content，VTEC）和信号传输路径的电子总含量（Slant Total Electron Content，STEC），借助投影函数可以实现电离层倾斜延迟到天顶方向延迟之间的转换，从而实现倾斜观测量到电离层模型的参数化计算。电离层投影函数一般视为卫星高度角 z 的函数，定义为斜距电离层电子含量与垂直电离层电子含量的比值：

$$F(z) = STEC/VTEC \tag{10-70}$$

电离层映射函数与卫星仰角、卫星方位角、地面站纬度、太阳活动和季节相关。下面给出几种典型的电离层延迟映射函数。

（1）标准单层映射函数。

标准单层映射函数是一种基于单层电离层模型（Single Layer Model，SLM）的映射函数。单层电离层模型假定自由电子在空间上是均匀分布的（见图 10-9），等同于所有的自由电子都集中在电离层质心高度（取 $H=350km$）上的一个厚度无限小的薄层上。其投影映射函数可表示为

$$F(z) = \frac{1}{\cos z_{ip}} = \frac{1}{\sqrt{1-\sin^2 z_{ip}}} \tag{10-71}$$

$$\sin z_{ip} = \frac{r}{r+H}\sin z \tag{10-72}$$

式中，z 为接收机天顶方向和卫星视线的夹角；z_{ip} 为穿刺点处的卫星天顶角；r 为地球的平均半径；H 为单层电离层模型的电离层薄层高度。

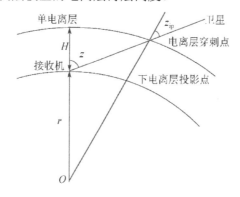

图 10-9　卫星导航电离层映射函数的单层电离层映射

（2）广播星历映射函数。

广播星历映射函数是标准单层映射函数的一种近似公式，如下：

$$F(e) = 1.0 + 16.0(0.53 - e)^3 \tag{10-73}$$

式中，e 为卫星高度角（单位为 π 弧度），它与 z 的关系为

$$e = 0.5 - z \tag{10-74}$$

（3）几何映射函数。

假设自由电子的均匀分布与高度相关，那么可以得到几何映射函数：

$$d\rho = dHF \tag{10-75}$$

式中，ρ 和 H 分别为电离层路径延迟和天顶延迟。

几何映射函数是基于双层电离层模型的一种函数，电离层的高度起于 50km 止于 750km。几何映射函数为

$$F(z) = \frac{\rho}{H} = \frac{\sqrt{r^2\cos^2 z + 2r(H+h) + (H+h)^2} - \sqrt{r^2\cos^2 z + 2rh + h^2}}{H} \tag{10-76}$$

式中，ρ 为视线在上、下电离层上的投影点间的距离；H 为双层电离层模型上、下电离层高度差；h 为下电离层的高度。当 r 为常量时，式（10-76）所得的几何映射函数是球近似，可以采用 $r = 6378.137$km，$H = 700$km。

（4）椭球映射函数。

在几何映射函数中，将 r 视为一个常量，得到的是球近似。当考虑到半径 r 随着纬度变化时，可以得到椭球映射函数。根据 Torge 的研究有：

$$r^2 = a^2\cos^2 \beta + b^2\sin\beta, \quad \tan\beta = (b/a)\tan\varphi \tag{10-77}$$

式中，r 为旋转椭球体的半径；a 和 b 分别为旋转椭圆的长、短半轴；β 为与大地纬度 φ 有关的角度。通过三角变换可得：

$$r^2 = \frac{a^2}{2}\left(1 + \frac{a^2 - b^2\tan^2\varphi}{a^2 + b^2\tan^2\varphi}\right) + \frac{b^2}{2}\left(1 - \frac{a^2 - b^2\tan^2\varphi}{a^2 + b^2\tan^2\varphi}\right) \tag{10-78}$$

在椭球体的情况下，式（10-76）变为椭球映射函数，即

$$F(z) = \frac{\sqrt{r_s^2 \cos^2 z + 2r_s(H+h) + (H+h)^2} - \sqrt{r_i^2 \cos^2 z + 2r_i h + h^2}}{H} \qquad (10\text{-}79)$$

式中，r_s 和 r_i 分别为下电离层投影点和视线下投影点的地心半径。它们可用 φ_s 和 φ_i 代替式（10-79）中的大地纬度 φ。

（5）Q 因子映射函数。

Q 因子映射函数的表达式为

$$F(z) = \sum_{i=0}^{3} a_i \left(\frac{z}{90°} \right)^{2i} \qquad (10\text{-}80)$$

式中，α_i 为多项式系数，取值分别为 $a_0=1.0206$，$a_1=0.4664$，$a_2=3.5055$，$a_3=-1.8415$。需要注意的是，当 $z=0°$ 时，$F(z)=a_0 \neq 1$，此时与 STEC/VTEC=1 不符。

（6）欧氏映射函数。

欧氏映射函数是在投影映射函数的基础上乘以一个侵蚀因子 P，P 为一个分段函数，其表达式为

$$P = \begin{cases} \sin 60° & z > 85° \\ \sin(145° - z) & 50° < z \leqslant 85° \\ 1 & z \leqslant 50° \end{cases} \qquad (10\text{-}81)$$

10.3.3.2　卫星导航信号仿真中信号传输影响的对流层折射

对流层位于大气层的底部，其顶部离地面约 40km，集中了大气层 99%的质量，并且各种气象现象主要发生在这一层。当卫星导航信号穿过对流层时，与大气介质之间发生相互作用，从而导致卫星导航信号出现延迟，卫星信号在对流层介质中的传播距离与其在真空介质的传播距离差值称为对流层延迟。由于对流层是非弥散性介质，其特性对卫星导航信号造成非色散性折射，该折射与信号频率无关，故不能利用双频观测值进行改正。对流层延迟误差在天顶方向可达 2.5m，而在斜路径方向上甚至超过 20m，且极易受天气变化的影响。

下面就首先分析一下对流层折射效应对于卫星导航信号的影响机理；然后，分析对比不同的影响修正方法；最后，针对几种典型的对流层天顶延迟模型和对流层延迟映射函数进行介绍。

1）对流层折射效应的产生机理

对流层延迟主要表现在两个方面：一方面，卫星信号通过对流层时传播速率变慢；另一方面，大气折射使得信号的传播路径发生弯曲。其中，由于路径弯曲造成测距误差较信号延迟而言影响很小，一般可忽略不计。

卫星导航信号经过地球外部的大气层传播至地面上的接收机时，无线电信号会受到中性大气层的影响。其影响是速度和传播射线曲率的函数，可表示为

$$S = \int c\mathrm{d}t = \int \frac{c}{v}\mathrm{d}s = \int_s n(s)\mathrm{d}s \qquad (10\text{-}82)$$

式中，S 为电磁波传播距离；s 为电磁波传播路径；c 为光速；$v = \mathrm{d}s/\mathrm{d}t$ 为传播速度；$n = c/v$ 为折射指数。

如果将卫星和接收机之间的几何距离写为

$$L = \int_l \mathrm{d}l \tag{10-83}$$

式中，l 为几何路径。

那么，对流层大气对信号传播所产生的影响可表示为

$$\Delta L = S - L = \int_s n(s)\mathrm{d}s - \int_l \mathrm{d}l = 10^{-6}\int_s N(s)\mathrm{d}s + \int_s \mathrm{d}s - \int_l \mathrm{d}l \tag{10-84}$$

式中，$N(s)=(n-1)\times10^6$，称为大气折射指数。ΔL 为中性大气层引起的斜方向路径延迟，可以分为对流层干、湿延迟两部分，并将大气弯折效应归算到干延迟中，则有卫星信号在传播路径上的延迟量为

$$\Delta L = \Delta L_{\mathrm{dry}} - \Delta L_{\mathrm{wet}} \tag{10-85}$$

在计算卫星导航信号中对对流层延迟造成的影响时，通常用测站天顶方向的对流层延迟与其高度角上的投影函数的乘积表示。其中包括由干燥气体造成的干延迟量（约 90%）和水汽引起的湿延迟量（约 10%）。在数据处理时，只对天顶方向延迟模型化，通过投影函数转换到斜路径方向上的延迟量，即

$$\Delta L = M_{\mathrm{dry}}(E)Z_{\mathrm{dry}} + M_{\mathrm{wet}}(E)Z_{\mathrm{wet}} \tag{10-86}$$

式中，Z_{dry} 和 Z_{wet} 分别为天顶方向的干、湿延迟，M_{dry} 和 M_{wet} 分别为干、湿映射函数，E 为卫星高度角。

2）典型的对流层天顶延迟修正模型

目前，针对卫星导航信号对流层延迟改正的主要方法包括外部修正法、参数估计法和模型改正法。

- 外部修正法：利用特定设备来实际测量 GNSS 信号传播路径上水汽辐射对信号传播的干扰，常用的仪器为水汽辐射仪（Water Vapor Radiometer，WVR）和 Raman 激光雷达。该方法具有较高的精度，但设备的使用成本较高，且携带不便。

- 参数估计法：将对流层延迟作为待估参数进行求解，其中包括单参数估计法、多参数估计法、随机过程法和分段线性法，其计算精度可达到毫米级。其中，单参数估计法是指在整个 GNSS 历元中设置一个未知参数进行解算，但各历元中的对流层延迟变化较大，故而单参数法不能有效反映真实对流层延迟数值；多参数估计法是指在不同历元间设置多个未知参数，共同参与平差计算，以此得到更准确的对流层延迟信息；随机过程法是在各个历元上随机设置参数；分段线性法是在不同历元间隔间设置未知参数。尽管参数估计法的精度较高，但存在较多限制，并且仅适用于长基线的情况。

- 模型改正法：通过研究对对流层延迟造成作用效果的因素，并分析对流层延迟的时空变化规律，在试验与统计下，归纳建立一种可以描述对流层延迟的函数关系式，包括需要气象参数的模型和不需要气象参数的模型。其中，气象参数模型基本采用采集地面气象参数并模拟天顶方向气象参数的方法，包括 Saastamoinen 模型和 Hopfield 模型等。在无法采集地面气象参数的条件下，常采用标准气象参数，但会使模型精度大大降低，难以满足高精度的 GNSS 定位需求。无气象参数的模型包括 EGNOS 模型和 UNB 模型等，使用简便，利于实时定位，但它们的空间分辨率、时间分辨率并不高，整体精度有待加强。

总的来说，模型改正法的使用最为简便，且无较多经济成本，在卫星导航信号仿真中，

主要采用模型改正方法来完成对流层折射效应的分析计算，在相关研究中，将对流层延迟分成天顶延迟和投影函数两部分是目前研究对流层折射最有效的方法。目前存在的天顶延迟和投影函数模型有很多种，并且各个模型的特性及其所适用的领域也不尽相同。

下面就介绍一下常用的对流层延迟模型和相关投影函数。

3）典型的对流层天顶延迟修正投影模型

在研究卫星导航信号仿真中的对流层延迟效应时，一般不会直接计算斜路径上的对流层延迟，而是先求出测站天顶方向的对流层延迟，再通过映射函数投影到斜路径上进行对流层延迟改正。

（1）Hopfield 模型。

Hopfield 模型认为对流层大气温度 T 下降率为一个常数，大气压 P 和水汽压 e 的变化率与大气密度 ρ 和重力加速度 g 有关，具体采用下列公式描述 T、P、e 随高度的变化。

$$\begin{cases} \dfrac{\mathrm{d}T}{\mathrm{d}h} = -6.8°/\mathrm{km} \\ \dfrac{\mathrm{d}P}{\mathrm{d}h} = -\rho g \\ \dfrac{\mathrm{d}e}{\mathrm{d}h} = -\rho g \end{cases} \tag{10-87}$$

将天顶总延迟分为干延迟和湿延迟两部分，Hopfield 模型顾及气态方程推导的模型如下：

$$\begin{cases} Z_{\mathrm{dry}} = 1.552 \times 10^{-5} \times \dfrac{P_\mathrm{s}}{T_\mathrm{s}} \left(h_{\mathrm{dry}} - h_\mathrm{s}\right) \\ Z_{\mathrm{wet}} = 1.552 \times 10^{-5} \times \dfrac{4810}{T_\mathrm{s}^2} e_\mathrm{s} \left(h_{\mathrm{wet}} - h_\mathrm{s}\right) \end{cases} \tag{10-88}$$

式中，T_s 为测站温度（K）；P_s、e_s 分别为测站的大气压和水汽压，均以 mbar 为单位；h_s 为测站高程（m）；h_{dry}、h_{wet} 分别为干、湿大气的层顶高度（m），采用以下经验公式：

$$\begin{cases} h_{\mathrm{dry}} = 40136 + 148.72\left(T_\mathrm{s} - 273.16\right) \\ h_{\mathrm{wet}} = 11000 \end{cases} \tag{10-89}$$

Hopfield 模型的经验参数是用全球 18 个台站一年的平均资料得到的，有实测气象元素输入时，其干延迟精度为 2cm，湿延迟精度为 5cm。

（2）Saastamoinen 模型。

Saastamoinen 模型依然将天顶对流层延迟分为干、湿两个分量。对干分量的两层（对流层和平流层）分别积分，对流层（11～12km）的温度递减率为常数，平流层（>50km）的温度为恒定值；湿分量为水汽压基于回归线的气压轮廓线对折射指数的湿分量的积分。模型的干延迟和湿延迟用下式表示为

$$\begin{cases} Z_{\mathrm{dry}} = 10^{-6} \dfrac{R_{\mathrm{dry}} k_1}{g_\mathrm{m}} P_\mathrm{s} \\ Z_{\mathrm{wet}} = 10^{-6} \left(k_2' + k_3/T_\mathrm{m}\right) \dfrac{R_{\mathrm{dry}}}{(\lambda+1) g_\mathrm{m}} e_\mathrm{s} \end{cases} \tag{10-90}$$

式中，$k_1 = 77.642\ \mathrm{K/mbar}$，$k_2 = 64.7\ \mathrm{K/mbar}$，$k_3 = 371900\ \mathrm{K^2/mbar}$，$k_2' = k_2 - 0.622k_1$；干空气气体常数 $R_{\mathrm{dry}} = 287.04^2\ \mathrm{m^2/s^2}$；水汽压下降率 $\lambda = 3$；平均重力加速度 $g_\mathrm{m} = 9.78\ \mathrm{m/s^2}$；

T_m 为水汽平均温度，与测站温度关系如下：

$$T_m = \left(1 - \frac{\beta R_{dry}}{(\lambda+1)g_m}\right) T_s \qquad (10\text{-}91)$$

式中，β 为温度递减率，取 $0.0062\,\text{K/m}$。

将参数代入式（10-90）中，并考虑 g_m 随测站纬度 φ 和高程 h_s（km）的变化，得 Saastamoinen 模型如下：

$$\begin{cases} Z_{dry} = 2.277 \times 10^{-3} P_x / f(\varphi, h_s) \\ Z_{wet} = 2.277 \times 10^{-3} \left(\dfrac{1255}{T_s} + 0.05\right) e_s / f(\varphi, h_s) \\ f(\varphi, h_s) = 1 - 2.66 \times 10^{-3} \cos 2\varphi - 2.8 \times 10^{-4} h_s \end{cases} \qquad (10\text{-}92)$$

（3）UNB 对流层天顶延迟模型。

美国广域增强系统应用的 UNB 模型是基于 Saastamoinen 模型进行开发的，与 Saastamoinen 模型不同的是该模型不需要实测的气象元素，而是事先建立起气象元素的时空域变化模型，而后通过模型给出的气象元素代入 Saastamoinen 模型计算天顶对流层干、湿延迟，具体计算公式如下：

$$\begin{cases} Z_{dry} = 10^{-6} \dfrac{R_{dry}k_1}{g_m} P_0 \left(1 - \dfrac{\beta h_s}{T_0}\right)^{\frac{g}{R_{dry}\beta}} \\ Z_{wet} = \dfrac{10^{-6}(T_m k_2' + k_3)R_{dry}}{(\lambda+1)g_m - \beta R_{dry}} \cdot \dfrac{e_0}{T_0} \cdot \left(1 - \dfrac{\beta h_s}{T_0}\right)^{\frac{(\lambda+1)g}{R_{dry}\beta}-1} \end{cases} \qquad (10\text{-}93)$$

式中，g 取 $9.806665\,\text{m/s}^2$；T_m 按式（10-92）计算，T_s 通过 T_0 求得，即 $T_s = T_0 - \beta h_s$，k_1、k_2'、k_3 分别取 $77.60\,\text{K/mbar}$、$16.6\,\text{K/mbar}$ 和 $377600\,\text{K}^2/\text{mbar}$。

其中，UNB3 模型给出了纬度间隔为 $15°$ 的海平面上 5 个气象参数 $(P_0, T_0, e_0, \beta, \lambda)$ 年均值（Avg）和气象参数随时间变化的年振幅（Amp）。用户首先根据纬度确定需要计算的两个纬圈，然后按式（10-93）计算对应年积日（day of year，doy）两个纬圈上的气象参数，最后在两个纬圈之间进行线性内插可得具体纬度和年积日对应的气象参数。

$$\zeta(\varphi) = \text{Avg}_\zeta(\varphi) + \text{Amp}_\zeta(\varphi) \cos \frac{2\pi(\text{doy} - 28)}{365.25} \qquad (10\text{-}94)$$

（4）EGNOS 模型。

EGNOS 模型是欧盟的 EGNOS 所采用的对流层天顶延迟改正模型，其特点是计算天顶延迟时不需要实测的气象数据。该模型提供计算对流层天顶延迟所需的气压、温度、蒸汽压、温度梯度、蒸汽梯度 5 个气象参数，它们在平均海平面上的时空变化仅与纬度和年积日有关，且其年变化呈余弦函数，每个参数余弦函数的相位固定（最小值的年积日北半球为 28 日，南半球为 211 日），余弦函数的振幅和年平均值由气象资料拟合求得。

接收机的对流层天顶延迟计算：首先由接收机的纬度和观测日期求得平均海平面的 5 个气象参数，则可计算相应的平均海平面的天顶延迟；然后由接收机的高程计算接收机处的对流层天顶延迟。EGNOS 模型能较好地描述平均对流层延迟。

由平均海平面的天顶延迟计算接收机高度处的天顶延迟为

$$d_{\text{dry}} = Z_{\text{dry}}\left[1 - \frac{\beta H}{T}\right]^{\frac{g}{R_{\text{dry}}\beta}}$$

$$d_{\text{wet}} = Z_{\text{wet}}\left[1 - \frac{\beta H}{T}\right]^{\frac{(\lambda+1)g}{R_{\text{dry}}\beta}-1}$$

（10-95）

式中，$g=9.80665\,\text{m/s}^2$；H 为接收机的高度（m）；T 为平均海平面的温度（K）；Z_{wet} 为平均海平面的天顶湿延迟；Z_{dry} 为平均海平面的天顶干延迟；$R_{\text{dry}} = 287.054\text{J}/\text{kg}\cdot\text{K}$。

平均海平面的天顶干延迟为

$$Z_{\text{dry}} = \frac{10^{-6}k_1 R_{\text{dry}} P}{g_m}$$

（10-96）

式中，$k_1 = 77.604\text{K}^2/\text{mbar}$；$g_m = 9.784\text{m/s}^2$；$P$ 为平均海平面的气压（mbar）。

平均海平面的天顶湿延迟为

$$Z_{\text{wet}} = \frac{10^{-6}k_2 R_{\text{dry}}}{g_m(\lambda+1)-\beta R_{\text{dry}}}\times\frac{e}{T}$$

（10-97）

式中，$k_1 = 38200\text{K}^2/\text{mbar}$；$e$ 为平均海平面的蒸汽压（mbar）。

平均海平面的气象参数 P、T、e、β、λ 的计算公式为

$$\xi(\varphi,\ D) = \xi_0(\varphi) - \Delta\xi(\varphi)\times\cos\left(\frac{2\pi(D-D_{\min})}{365.25}\right)$$

（10-98）

式中，$\xi(\varphi,D)$ 为 5 个气象参数，仅与接收机的纬度 φ 和观测的日期 D（年积日）有关；$\xi_0(\varphi)$ 为各气象参数的年平均值；$\Delta\xi(\varphi)$ 为各气象参数的季节变化值；$D_{\min}$ 为各气象参数的年变化的最小值的日期（北半球 $D_{\min}=28$，南半球 $D_{\min}=211$）。

$\xi_0(\varphi)$ 和 $\Delta\xi(\varphi)$ 可由在纬度范围 $(\varphi+\Delta\varphi,\ \varphi-\Delta\varphi)$ 内的全球（或某区域）平均海平面的各气象参数拟合求得。

4）典型的对流层延迟映射函数算法

对于映射函数，有关专家已经做了大量的研究工作，提出了多种映射函数模型，主要分为两类：一类是把大气折射积分的被积函数按天顶距三角函数进行级数展开，利用一定的大气模型进行逐项积分而求得大气折射延迟，如 Hopfield 模型和 Saastamoinen 模型；另一类是连分式形式的映射函数，如 Chao 映射函数、Marini 映射函数、CFA2.2 映射函数和 Niell 映射函数。下面介绍几种典型的对流层延迟映射函数。

（1）Hopfield 映射函数。

Hopfield 从全球平均资料中总结出干、湿大气层高度，以及大气折射率误差模型后，把映射函数简单地表示为

$$\sec z(d) = \frac{1}{\sqrt{d^2 + d_0^2\sin z_0}}$$

（10-99）

式中，d 为信号路径上某点的地心距离；z_0 为测站点的天顶距。

实际上，式（10-99）并不反映大气轮廓线的规律，比较精确的改进模型为

$$M(E) = \frac{1}{\sin\sqrt{E^2+\theta^2}}$$

（10-100）

式中，E 为卫星高度角；$\theta = 2.5°$（干分量），$\theta = 1.5°$（湿分量）。Hopfield 模型对投影函数的处理是将干分量高度角 E_{dry} 按随机量加 $2.5°$，而湿分量高度角 E_{wet} 加 $1.5°$。

（2）Saastamoinen 映射函数。

Saastamoinen 映射函数是建立在斯涅耳定律的基础上的，它需要知道大气的折射廓线、湿温对流层和干平流层各层的边界值。最后斜方向总延迟 D^s 为

$$D^s = 10^{-6} k_1 \frac{R_{dry}}{g_m} \sec z_0 \left[P_0 + \left(\frac{1255}{T_0} + 0.05 \right) e_0 - B(r) \tan^2 z_0 \right] \tag{10-101}$$

式中，z_0 为卫星天顶距。

Bauersima 给出如下改进模型：

$$D^s = 0.002277 \sec z_0 \left[P_0 + \left(\frac{1255}{T_0} + 0.05 \right) e_0 - B(r) \tan^2 z_0 \right] + \delta R \tag{10-102}$$

式中，$B(r)$ 取决于测站高程；δR 与测站高程及卫星天顶距有关。

（3）Niell 映射函数。

在 Saastamoinen 模型发展的同时，Marini 利用余弦误差函数的连分式展开式得出与高度角有关的经验性映射函数。其模型为

$$M(z_0) = \cfrac{1}{\cos z_0 + \cfrac{a}{\cos z_0 + \cfrac{b}{\cos z_0 + \cfrac{c}{\cdots}}}} \tag{10-103}$$

式中，a、b、$c\cdots$ 为在经验资料的基础上获得的，反映了射线在较低高度角下的弯曲程度。该模型的主要局限是没有很明显的物理意义，也不能随意改变以适应不同的地区和季节。许多学者在此基础上进行了一些改变，得出了不同的形式，其中，Niell 映射函数的应用较为广泛。

Niell 模型是基于随时间周期性变化的大气层分布，采用美国标准大气模式中北纬度的一些地区（$15°$、$30°$、$45°$、$60°$、$75°$）冬季（1 月）和夏季（7 月）的温度和相对湿度轮廓线得出的。Niell 考虑了南北半球的季节性和非对称性，发展了新的映射函数。映射函数中干投影项还包括与地理测站高程有关的改正，反映了大气密度随高度增加而减少的变化率。该模型与各种气象参数变化无关，适用于气象参数不精确或者不可靠的情况。对于低高度角（$3° \sim 12°$）卫星，Niell 模型的精度优于 4mm，至少不低于甚至高于其他模型的精度。

Niell 干延迟映射函数模型为

$$m_{dry}^{Niell} = \cfrac{1 + \cfrac{a_{dry}}{1 + \cfrac{b_{dry}}{1 + c_{dry}}}}{\sin E + \cfrac{a_{dry}}{\sin E + \cfrac{b_{dry}}{\sin E + c_{dry}}}} + \left(\cfrac{1}{\sin E} - \cfrac{1 + \cfrac{a_{dry}}{1 + \cfrac{b_{dry}}{1 + c_{dry}}}}{\sin E + \cfrac{a_{dry}}{\sin E + \cfrac{b_{dry}}{\sin E + c_{dry}}}} \right) \times \frac{h}{1000}$$

$$\tag{10-104}$$

式中，E 为卫星高度角；h 为用户高程；$a_{dry} = 2.53 \times 10^{-5}$、$b_{dry} = 5.49 \times 10^{-3}$、$c_{dry} = 1.14 \times 10^{-3}$。

系数 a_{dry}、b_{dry}、c_{dry} 按照 Niell 干延迟映射函数的格网系数采用内插即可计算得到。

Niell 湿延迟映射函数模型为

$$m_{wet}^{Niell} = \frac{1 + \dfrac{a_{wet}}{1 + \dfrac{b_{wet}}{1 + c_{wet}}}}{\sin E + \dfrac{a_{wet}}{\sin E + \dfrac{b_{wet}}{\sin E + c_{wet}}}} \qquad (10\text{-}105)$$

式中，a_{wet}、b_{wet}、c_{wet} 按照 Niell 湿延迟映射函数的格网系数采用内插即可计算得到。

（4）VMF1 映射函数。

VMF1 映射函数是目前精度高、可靠性好的映射函数模型之一，其模型形式为

$$MF(e) = \frac{1 + \dfrac{a}{1 + \dfrac{b}{1 + c}}}{\sin e + \dfrac{a}{\sin e + \dfrac{b}{\sin e + c}}} \qquad (10\text{-}106)$$

VMF1 映射函数采用的是欧洲中尺度天气预报中心（ECMWF）40 年的观测数据资料，系数 b、c 的值是通过重新估计得出的，系数 a 的值则是利用射线追踪法获得的。VMF1 模型的干分量系数 a_{dry} 和湿分量系数 a_{wet} 的事后格网列表文件可以从奥地利维也纳理工大学大地测量研究所网站下载，$b_{dry}=0.0029$，$d_{wet}=0.00146$，$c_{wet}=0.04391$。而干分量系数 c_{dry} 采用内插公式进行插值得到，内插公式为

$$c = c_0 + \left\{ \left[\cos \left[2\pi (doy - 28)/365 + \psi \right] + 1 \right] \cdot c_{11}/2 + c_{10} \right\} \cdot (1 - \cos \varphi) \qquad (10\text{-}107)$$

在北半球，内插系数 c_0、c_{10}、c_{11}、ψ 分别为 0.062、0.001、0.005 和 0；在南半球，内插系数 c_0、c_{10}、c_{11}、ψ 分别为 0.062、0.002、0.007 和 π。

10.3.3.3　卫星导航信号仿真中信号传输影响的多路径效应

卫星导航信号在发射和传播过程中，受环境因素影响而导致地面接收机用户接收信号中掺杂反射信号或绕射信号。这种信号畸变会使卫星导航信号的极化和延迟发生变化，从而产生定位偏差甚至信号失真，构成卫星定位与导航的定位误差，产生多路径效应误差。相关研究表明，由于多路径信号影响而产生的伪距误差可达米级，实用中的大地型 GPS 接收机在水平面上的伪距多路径误差可达 7m，危及系统的定位精度和可靠性，直接影响如快速静态定位、飞机进场着陆、航天器对接、精密形变监测和板块运动监测等研究项目的顺利进行，因此多路径误差成为现阶段卫星导航系统的主要误差之一。

1）卫星导航信号多路径效应的概念及产生机理

多路径效应是指接收机在接收到卫星发射的直射信号的同时，还接收到来自测站周围地物的反射信号，两种信号干涉叠加，引起附加时间延迟或相位延迟，从而使观测值偏离真值，产生多路径效应误差。这种由于卫星导航信号经多种反射路径进入接收机而引起的干涉时延效应被称为"多路径效应"。

多路径信号按照产生机理可以分为镜面反射多路径和散射多路径。根据电波传播理论，

来自卫星的信号在传播过程中遇到两种不同媒质的光滑界面，而当界面的尺寸又远大于波长时，就会发生镜面反射。由于卫星与反射面的距离很远，则可以应用平面波的反射定律；但在实际环境中，理想的光滑界面不存在，反射面总是起伏不平的。根据瑞利准则：若反射面最大起伏程度 $\delta \leqslant \lambda/(16\cos\beta)$（其中，$\lambda$ 为信号波长，β 为信号相对反射面的入射角），则可看成光滑地面。

研究表明，散射多路径信号往往表现为附加在直达信号上的低频噪声，对于测距精度的影响程度小于镜面反射多路径信号中的测距精度的影响程度。一般情况下，对于水泥地面、广阔水面这类反射物，多路径信号主要为镜面反射多路径；而对于深林、山地或城市这类地物，没有明显的镜面反射多路径信号，以散射信号为主。

2）卫星信号多路径效应的误差特点

多路径误差是由于反射信号进入接收机与直射信号产生干涉引起的，其大小取决于反射信号的相位延迟量和反射系数。反射信号的相位延迟量由 GNSS 卫星、接收天线和反射体之间的几何关系决定，而反射系数则取决于反射物本身的性质和反射体与接收天线之间的距离。另外，卫星空间分布、接收设备硬件性能也是影响多路径效应的重要因素。

相比于导航信号中其他误差，多路径效应误差较为复杂，具有如下特点：

- 多路径误差可分成常数部分和周期性部分，其中常数部分在同一地点将会日复一日地重复出现，即使延长观测时间，也无法消除或削弱，而周期性部分可通过延长观测时间加以削弱。
- 多路径效应影响对伪距观测值和载波相位观测值均有影响，相对而言，伪距观测值的多路径影响更为复杂，其误差值在米级波动，但在理论上最多不会超过一个码元的宽度，载波相位观测值的多路径误差在厘米级波动，但理论上也不会超过四分之一的载波波长。
- 多路径效应与接收机的环境特性和时空特性密切相关，它与卫星相对位置、测站周围地物位置、地物反射性质等环境因素密切相关。其中，多路径效应影响与卫星仰角成反比，随仰角的减小而增大；接收机周围多路径环境的优劣决定了反射信号的多少，也就决定了多路径效应的强弱。
- 多路径效应与接收机的性能有关，由于自身硬件性能的差异，不同的接收机对多路径效应及观测噪声的抵抗能力也存在较大差异。

综上所述，多路径误差是一种比较特殊的误差，它与信号本身特性、接收环境、天线性能和接收机处理算法密切相关，呈现较大的随机性和不确定性，因此无法用差分的方法消除，对不同的接收场景进行建模也是不切实际的。

目前，在多路径效应延迟建模方面，主要有基于几何模型和基于函数拟合两种处理方式。

3）基于几何模型的多路径延迟模型

某颗卫星的多路径延迟在本质上是由直接来自视线方向和经反射到达接收天线的卫星信号叠加构成的。多路径误差不同于其他类型的观测误差，不仅与接收机天线周围反射物体的材质和距离远近有关，也与卫星星座有关，会随时间发生改变。因此，多路径延迟误差具有时变得复杂多样性，实际应用中很难用统一的模型进行精确描述。下面给出几种常用的基于几何关系的多路径延迟模型。

（1）常数模型。

在一些简单应用中，直接设置星地之间的伪距和多路径伪距之差为固定常数，范围可以设置为 0～150m。

（2）随机过程模型。

随机过程模型假设星地之间的伪距与多路径伪距之差为服从二阶马尔可夫模型的随机数，其中，时间常数参数范围为 10～360s，标准偏差范围为 0～20m，初始值范围为 0～50m。另外，由于多路径效应与卫星仰角有密切关系，所以引入系数因子：设定卫星仰角为 0°～5°时，系数取 2.5；仰角为 5°～10°时，系数取 2.0；仰角为 10°～15°时，系数取 1.5；仰角为 15°～75°时，系数取 1；当仰角大于 75°时，认为无多路径效应，系数取 0。

（3）一般接收环境的多路径延迟模型。

一般情况下，可以假设接收天线周围的环境中存在地面、建筑物等反射物体，忽略散射情况，可以给出镜面反射多路径效应下的卫星导航信号计算公式为

$$r(t) = As(t-\tau_0)\cos(\varphi_0) + \sum_{i=1}^{m} Aa_n s(t-\tau_0-\Delta\tau_i)\cos(\varphi_0+\Delta\varphi_i) \qquad （10-108）$$

式中，$s(t)$ 为播发信号；A 为直达信号幅值；τ_0 为直达信号传输时延；φ_0 为直达信号载波初始相位。多路径效应可以用四个参数来描述，m 为多路径延迟通道的数目，a_i 为每路多路径信号的信号功率与直达信号功率的幅度比（Multipath-to-Direct Ratio, MDR），$\Delta\tau_i$ 为每路多路径信号相对于直达信号的额外时延，$\Delta\varphi_i$ 为每路多路径信号相对于直达信号的载波相位差值。

（4）动态环境的多路径延迟模型。

在简单环境下，可以根据已知的反射物位置和反射系数完成多路径延迟计算，但随着反射物体数目的增加，其计算量会呈现显著增加。同时，当接收机目标处于动态变化时，难以精确描述物体与接收机之间的环境变化。为此，可以采用统计模型进行描述，下面给出一种基于高斯-马尔可夫过程的统计模型：

$$X_{k+1} = \mathrm{e}^{-\beta(t_{k+1}-t_k)} X_k + w_k \qquad （10-109）$$

式中，X_k 为多路径误差；$1/\beta$ 为高斯-马尔可夫过程的时间常数，依赖于用户的动态特性，动态特性越高，时间常数越短；w_k 为高斯白噪声，其计算公式为 $w_k = \sigma^2\left[1-\mathrm{e}^{-2\beta(t_{k+1}-t_k)}\right]$，$\sigma^2$ 为多路径误差的方差。

4）基于函数拟合的多路径延迟模型

多路径效应与导航卫星的仰角、方位角具有相关性，其以波动的形式变化，因此，可以采用球谐函数或三角级数对多路径效应进行仿真。根据高度角将多路径效应数据分为两部分，采用分段方法进行建模仿真。

（1）基于球谐函数的多路径效应分段仿真模型。

利用球谐函数模拟多路径效应的变化：

$$M_\mathrm{P}(\theta,\varphi) = \sum_{n=0}^{N}\sum_{k=0}^{n}\left(A_n^k\cos(k\varphi)+B_n^k\sin(k\varphi)\right)P_n^k(\cos\theta) \qquad （10-110）$$

式中，$M_\mathrm{P}(\theta,\varphi)$ 为多路径数据；φ 为卫星的方位角；θ 为卫星的高度角；N 为模型阶数；$P_n^k(\cos\theta)$ 为完全规格化的勒让德函数；A_n^k、B_n^k 为球谐函数模型系数，即待求的多路径效应模型系数。

根据高度角建立多路径效应的分段球谐函数模型：

$$M_{\mathrm{P}}(\theta,\varphi)=\begin{cases}\sum_{n=0}^{N_1}\sum_{k=0}^{n}\left(A_n^k\cos(k\varphi)+B_n^k\sin(k\varphi)\right)P_n^k(\cos\theta) & \theta_1\leqslant\theta<\theta_2 \\ \sum_{n=0}^{N_2}\sum_{k=0}^{n}\left(A_n^k\cos(k\varphi)+B_n^k\sin(k\varphi)\right)P_n^k(\cos\theta) & \theta_2\leqslant\theta<\theta_3\end{cases} \tag{10-111}$$

式中，θ_1、θ_3分别为卫星在可见时段内高度角的最小值、最大值；θ_2为设定的高度角分段值。在各分段区间内，利用多个历元的多路径数据及其对应的高度角、方位角，建立球谐函数的观测方程：

$$\boldsymbol{M}_{\mathrm{P}}=\boldsymbol{M}_{\mathrm{sphere}}\boldsymbol{X} \tag{10-112}$$

$$\boldsymbol{M}_{\mathrm{p}}=\begin{bmatrix}M_{\mathrm{P}_1}\\M_{\mathrm{P}_2}\\\vdots\\M_{\mathrm{P}_t}\end{bmatrix}_{t\times1} \tag{10-113}$$

$$\boldsymbol{M}_{\mathrm{sphere}}=\begin{bmatrix}M_1(\theta_1,\varphi_1) & M_2(\theta_1,\varphi_1) & \cdots & M_{(N+1)^2}(\theta_1,\varphi_1)\\M_1(\theta_2,\varphi_2) & M_2(\theta_2,\varphi_2) & \cdots & M_{(N+1)^2}(\theta_2,\varphi_2)\\\vdots & \vdots & & \vdots\\M_1(\theta_t,\varphi_t) & M_2(\theta_t,\varphi_t) & \cdots & M_{(N+1)^2}(\theta_t,\varphi_t)\end{bmatrix}_{t\times t} \tag{10-114}$$

$$\boldsymbol{X}=\begin{bmatrix}X_1\\X_2\\\vdots\\X_{(N+1)^2}\end{bmatrix}_{(N+1)^2\times1} \tag{10-115}$$

式中，$\boldsymbol{M}_{\mathrm{p}}$为$t$个历元的多路径数据；$\boldsymbol{M}_{\mathrm{sphere}}$为球谐函数模型的系数矩阵；$\boldsymbol{X}$为待求系数。因相邻历元间高度角和方位角变化很小，系数矩阵$\boldsymbol{M}_{\mathrm{sphere}}$的数据间有一定的相关性，导致求解过程存在严重的病态问题。一种解决方法是采用岭估计的方法解决这一问题。

针对上述模型，岭估计计算方法为

$$\boldsymbol{X}=\left(\boldsymbol{M}_{\mathrm{sphere}}^{\mathrm{T}}\boldsymbol{M}_{\mathrm{sphere}}+K\boldsymbol{I}\right)^{-1}\boldsymbol{M}_{\mathrm{sphere}}^{\mathrm{T}}\boldsymbol{M}_{\mathrm{P}} \tag{10-116}$$

式中，K为岭参数，取1×10^{-9}；$\boldsymbol{I}$为和$\boldsymbol{M}_{\mathrm{sphere}}$同维数的单位矩阵。

（2）基于三角级数的多路径效应分段仿真模型。

采用三角级数建立多路径效应模型：

$$M_{\mathrm{P}}(\theta,\varphi)=a_1+a_2\cos\theta+\sum_{i=1,j=2i+1}^{N}\{a_j\cos(i\varphi)+a_{j+1}\sin(i\varphi)+\}+a_{2n+3}\cos\theta\cos\varphi \tag{10-117}$$

式中，a_j为三角级数模型的系数，即待求的多路径模型系数。

同球谐函数仿真模型的计算过程类似，建立多路径效应的三角级数分段模型。在各分段区间，利用多个历元的多路径数据及其对应的高度角、方位角，分别建立三角级数模型的观测方程：

$$\boldsymbol{M}_{\mathrm{P}}=\boldsymbol{M}_{\mathrm{trigon}}\boldsymbol{X} \tag{10-118}$$

$$\boldsymbol{M}_{\mathrm{p}} = \begin{bmatrix} M_{\mathrm{P}_1} \\ M_{\mathrm{P}_2} \\ \vdots \\ M_{\mathrm{P}_t} \end{bmatrix}_{t \times 1} \tag{10-119}$$

$$\boldsymbol{M}_{\mathrm{trigon}} = \begin{bmatrix} M_1(\theta_1,\varphi_1) & M_2(\theta_1,\varphi_1) & \cdots & M_{2N+3}(\theta_1,\varphi_1) \\ M_1(\theta_2,\varphi_2) & M_2(\theta_2,\varphi_2) & \cdots & M_{2N+3}(\theta_2,\varphi_2) \\ \vdots & \vdots & & \vdots \\ M_1(\theta_t,\varphi_t) & M_2(\theta_t,\varphi_t) & \cdots & M_{2N+3}(\theta_t,\varphi_t) \end{bmatrix}_{t \times (2N+3)} \tag{10-120}$$

$$\boldsymbol{X} = \begin{bmatrix} X_1 \\ X_2 \\ \vdots \\ X_{(N+1)^2} \end{bmatrix}_{(2N+3) \times 1} \tag{10-121}$$

式中，$\boldsymbol{M}_{\mathrm{p}}$ 为 t 个历元的多路径数据；$\boldsymbol{M}_{\mathrm{trigon}}$ 为三角级数模型的系数矩阵；$\boldsymbol{X}$ 为待求系数。多路径效应三角级数模型的解算过程也存在病态问题，其分段及解算与球谐函数模型类似。

10.3.4 卫星导航信号仿真中终端信号计算

卫星导航信号仿真中的终端信号设计，主要根据前面的空间星座计算结果和载体位置，考虑信号传输影响结果，完成卫星可见性计算、信号伪距计算、信号功率计算等工作。

10.3.4.1 卫星导航信号仿真中空间星座计算的卫星可见性计算

对地面用户来讲，一般可以同时接收 5 颗以上卫星信号，模拟器需要首先根据用户位置和历书参数从中选出可见卫星，然后产生这些卫星的信号。对大多数用户而言，如果用户终端接收天线周围没有明显遮挡且载体姿态变化不大，则只需要在测量坐标系内判断卫星相对用户的仰角。如果卫星仰角大于选定的可见卫星最低仰角，则视为可见卫星，模拟器产生该卫星的导航信号。

1）卫星仰角方位角计算

以用户终端接收天线位置为原点建立测量坐标系，在该坐标系内计算卫星的仰角、方位角，如图 10-10 所示。其步骤如下。

（1）计算卫星在测量坐标系的位置。

$$r_{\mathrm{sS}} = R_Y(-90°) R_X(B_{\mathrm{u}}) R_Z(-90° + L_{\mathrm{u}})(r_{\mathrm{sE}} - r_{\mathrm{uE}}) \tag{10-123}$$

式中，r_{sS} 为卫星在测量坐标系的坐标；r_{sE}、r_{uE} 分别为卫星和用户在地固坐标系的坐标；L_{u} 和 B_{u} 分别为用户的经度和纬度。

（2）计算卫星的仰角、方位角。

$$\begin{cases} E_{\mathrm{s}} = \arctan\left(y_{\mathrm{sS}} / \sqrt{(x_{\mathrm{sS}})^2 + (y_{\mathrm{sS}})^2} \right) \\ A_{\mathrm{s}} = \arccos\left(x_{\mathrm{sS}} / \sqrt{(x_{\mathrm{sS}})^2 + (y_{\mathrm{sS}})^2} \right) + \begin{cases} 0, z_{\mathrm{sS}} \geqslant 0 \\ \pi, z_{\mathrm{sS}} < 0 \end{cases} \end{cases} \tag{10-124}$$

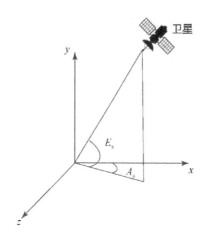

图 10-10 卫星的仰角和方位角示意图

2）终端卫星可见性判断

对于姿态变化不大的载体，可以不考虑载体姿态影响判断卫星的可见性，即认为用户终端天线水平放置。此时，接收机可以接收视野内全部可见卫星信号，天线增益随卫星仰角和方位角不同而有一定变化，对很低仰角尤其是负仰角时，天线增益下降，导致接收到的信号信噪比降低。如果 $E \geqslant E_{\min}$，则为可见卫星，否则为不可见卫星。由于当卫星仰角低于 5° 时，电波引起的测距误差较大，所以卫星最低仰角一般设为 5°。

而对姿态变化较大的载体，如火箭、飞机等，需要在天线坐标系内判断卫星是否可见。在飞行过程中，因受飞行器姿态影响，天线方向图在空间各个方向不断变化，尤其当飞行器姿态变化剧烈时，天线对空中卫星不能形成较好的覆盖，可能导致高仰角卫星信号接收中断，即飞行器姿态变化对信号接收造成的影响不可忽视。因此，如不考虑载体姿态，仿真结果将与接收机实际搜星情况产生较大差别，造成信号模拟器试验结果不可信。

（1）弹（箭）载用户终端可见卫星判断。

已知卫星在地固坐标系内的位置，判断天线是否能接收到该星信号，需要计算卫星在弹上天线坐标系的位置，为此需要借助弹体姿态角，进行地心坐标系到发射坐标系、发射坐标系到弹体坐标系、弹体坐标系到天线坐标系的转换。

第一步，计算卫星在发射坐标系的坐标。由于导弹的姿态角是相对发射系定义的，因此计算导航卫星在弹体坐标系的位置需要借助发射坐标系进行转换。设卫星在地固坐标系的坐标为 r_{sE}，卫星在发射坐标系的坐标为 r_{sL}，则

$$r_{sL} = R_Y\left(-90° - A_m\right) R_X\left(B_m\right) R_Z\left(-90° + L_m\right)\left(r_{sE} - r_{mlE}\right) \tag{10-125}$$

式中，A_m、B_m、L_m 为导弹发射点的射向角、经度和纬度；r_{mlE} 为导弹发射点在地固坐标系下的坐标。

第二步，计算卫星在弹体坐标系的坐标。得到导航卫星在发射坐标系的坐标 r_{sL}，且通过测量可以得到导弹在发射坐标系的坐标 r_{mL}，导航卫星在弹体坐标系的坐标为

$$r_{sB} = R_X\left(\gamma\right) R_Y\left(\psi\right) R_Z\left(\phi\right)\left(r_{sL} - r_{mL}\right) \tag{10-126}$$

式中，ϕ、ψ、γ 分别为导弹在发射坐标系的俯仰角、偏航角和滚转角。

第三步，计算导航卫星在天线坐标系的坐标。定义天线坐标系与弹体坐标系之间角度偏差为 θ，则卫星在天线坐标系的坐标为

$$r_{\text{sA}} = R_X\left(-\theta\right)r_{\text{sB}} \qquad (10\text{-}127)$$

第四步，计算导航卫星在天线坐标系的 α 角、β 角和卫星的仰角、方位角。已知卫星在天线坐标系的坐标为 x_{sA}、y_{sA}、z_{sA}，则

$$\begin{cases} \alpha = \arccos\left(x_{\text{sA}} / D\right) + \begin{cases} 0, z_{\text{sA}} \geqslant 0 \\ \pi, z_{\text{sA}} < 0 \end{cases} \\ \beta = \arccos\left(y_{\text{sA}} / R\right) \end{cases} \qquad (10\text{-}128)$$

式中，$D = \sqrt{x_{\text{sA}}^2 + z_{\text{sA}}^2}$，$R = \sqrt{x_{\text{sA}}^2 + y_{\text{sA}}^2 + z_{\text{sA}}^2}$。

第五步，判断卫星的可见性。如果 $\beta \leqslant \beta_{\max}$ 且 $E \geqslant E_{\min}$，则认为该卫星为可见卫星，产生该卫星的信号；否则，认为该卫星为不可见卫星，不产生该卫星的信号。

（2）机载用户终端卫星可见性判断。

对机载用户终端，能否接收到某颗卫星的信号，不仅取决于卫星相对飞机的仰角，还取决于卫星在机载天线坐标系的位置，需要综合判断。步骤如下。

第一步，计算卫星在飞机当地地理坐标系的坐标。设卫星在地固坐标系的坐标为 r_{sE}，则卫星在飞机当地地理坐标系的坐标为

$$r_{\text{sG}} = R_Y\left(-90°\right)R_X\left(B_{\text{p}}\right)R_Z\left(-90° - L_{\text{p}}\right)\left(r_{\text{sE}} - r_{\text{pE}}\right) \qquad (10\text{-}129)$$

式中，L_{p}、B_{p} 分别为飞机在当地地理坐标系的经度、纬度；r_{pE} 为飞机在地固坐标系的坐标。

第二步，计算卫星在机体坐标系的坐标。已知卫星在当地地理坐标系的坐标为 r_{sG}，飞机的俯仰角 φ、偏航角 ψ、滚动角 γ，则卫星在机体坐标系的坐标为

$$r_{\text{sB}} = R_X\left(\gamma\right)R_Y\left(\psi\right)R_Z\left(\varphi\right)r_{\text{sG}} \qquad (10\text{-}130)$$

第三步，计算卫星在机载天线坐标系的坐标。天线坐标系与机体坐标系之间角度偏差为 θ，则卫星在天线坐标系的坐标为

$$r_{\text{sA}} = R_X\left(-\theta\right)r_{\text{sB}} \qquad (10\text{-}131)$$

第四步，计算卫星在天线坐标系的 α、β 角和卫星的仰角、方位角。已知卫星在天线坐标系的坐标为 x_{sA}、y_{sA}、z_{sA}，则

$$\begin{cases} \alpha = \arccos\left(x_{\text{sA}} / D\right) + \begin{cases} 0, z_{\text{sA}} \geqslant 0 \\ \pi, z_{\text{sA}} < 0 \end{cases} \\ \beta = \arccos\left(y_{\text{sA}} / R\right) \end{cases} \qquad (10\text{-}132)$$

式中，$D = \sqrt{x_{\text{sA}}^2 + z_{\text{sA}}^2}$，$R = \sqrt{x_{\text{sA}}^2 + y_{\text{sA}}^2 + z_{\text{sA}}^2}$。

第五步，判断卫星的可见性。如果 $\beta \leqslant \beta_{\max}$ 且 $E \geqslant E_{\min}$，则认为该卫星为可见卫星，产生该卫星的信号；否则，认为该卫星为不可见卫星，不产生该卫星的信号。

10.3.4.2　卫星导航信号仿真终端信号设计的信号伪距计算

在卫星无线电导航系统中，由于信号发射位置距离接收位置很远，用户接收机接收到的导航信号经过空间传播后，其伪码时钟频率、载波频率与卫星发射时刻状态相比发生了较大改变，实际测量出的距离并非卫星到接收机的几何直线距离，因此将实际测量出的距离称为伪距。为了开展导航信号的计算和伪随机噪声信号的计算，需要根据载体位置和卫

星空间位置，完成伪距数值计算和载波相位计算等。

1）卫星导航信号的伪距数值计算仿真模型

根据卫星的位置、速度、加速度和加加速度，以及接收机的位置、速度、加速度和加加速度，可以得出卫星和接收机之间的伪距、伪距一阶导数、二阶导数和三阶导数等信息。

伪距数值计算仿真模型的数学表达式为

$$\rho = \sqrt{(x_s - x_u)^2 + (y_s - y_u)^2 + (z_s - z_u)^2} + c \cdot (\delta t_u - \delta t_s) + d_{ion} + d_{trop} + \varepsilon_\rho \quad (10\text{-}133)$$

式中，ρ 为伪距；(x_s, y_s, z_s) 为卫星的位置坐标；(x_u, y_u, z_u) 为用户接收机的位置坐标；c 为光速；δt_u 为接收机钟差；δt_s 为卫星钟差；d_{ion} 为电离层延迟；d_{trop} 为对流层延迟；ε_ρ 为所有未直接体现在上述伪距表达式中的其他各种误差的总和。

伪距一阶导数计算公式为

$$\dot{\rho} = \frac{\Delta v_x \cdot \Delta r_x + \Delta v_y \cdot \Delta r_y + \Delta v_z \cdot \Delta r_z}{\sqrt{\Delta r_x^2 + \Delta r_y^2 + \Delta r_z^2}} + c \cdot \dot{\delta t} \quad (10\text{-}134)$$

式中，

$$\begin{aligned}(\Delta v_x, \Delta v_y, \Delta v_z) &= (\dot{x}_s - \dot{x}_u, \dot{y}_s - \dot{y}_u, \dot{z}_s - \dot{z}_u) \\ (\Delta r_x, \Delta r_y, \Delta r_z) &= (x_s - x_u, y_s - y_u, z_s - z_u)\end{aligned} \quad (10\text{-}135)$$

伪距二阶导数计算公式为

$$\ddot{\rho} = \frac{\Delta a_x \cdot \Delta r_x + \Delta a_y \cdot \Delta r_y + \Delta a_z \cdot \Delta r_z + \Delta v_x^2 + \Delta v_y^2 + \Delta v_z^2}{\sqrt{\Delta r_x^2 + \Delta r_y^2 + \Delta r_z^2}} - \frac{(\Delta v_x \cdot \Delta r_x + \Delta v_y \cdot \Delta r_y + \Delta v_z \cdot \Delta r_z)^2}{(\Delta r_x^2 + \Delta r_y^2 + \Delta r_z^2)^{3/2}} + c \cdot \ddot{\delta t}$$

$$(10\text{-}136)$$

$$(\Delta a_x, \Delta a_y, \Delta a_z) = (\ddot{x}_s - \ddot{x}_u, \ddot{y}_s - \ddot{y}_u, \ddot{z}_s - \ddot{z}_u) \quad (10\text{-}137)$$

伪距三阶导数计算公式为

$$\dddot{\rho} = \frac{3(\Delta v_x \cdot \Delta a_x + \Delta v_y \cdot \Delta a_y + \Delta v_z \cdot \Delta a_z) + \Delta \dot{a}_x \cdot \Delta r_x + \Delta \dot{a}_y \cdot \Delta r_y + \Delta \dot{a}_z \cdot \Delta r_z - 3(\dot{\rho} - c \cdot \dot{\delta t})(\ddot{\rho} - c \cdot \ddot{\delta t})}{\sqrt{\Delta r_x^2 + \Delta r_y^2 + \Delta r_z^2}}$$

$$(10\text{-}138)$$

$$(\Delta \dot{a}_x, \Delta \dot{a}_y, \Delta \dot{a}_z) = (\dddot{x}_s - \dddot{x}_u, \dddot{y}_s - \dddot{y}_u, \dddot{z}_s - \dddot{z}_u) \quad (10\text{-}139)$$

得到伪距变化率之后，就可以计算多普勒频移 f_d，即

$$f_d = \frac{\dot{\rho}}{c} f_{sF} \quad (10\text{-}140)$$

式中，c 为光速，f_{sF} 为发射信号的频率。

2）卫星导航信号的载波相位计算仿真模型

载波相位测量的观测量是接收机所接收的卫星载波信号与本地参考信号的相位差。它不使用码信号，不受码控制的影响。一般的相位测量只给出一周以内的相位值（以周为单位，计量周的小数部分）。如果对整周进行计数，则从某一初始采样时刻，就可以取得连续的相位测量值。

当接收机第一次捕获到卫星信号时，只能获得不足整周的小数部分 $\delta\varphi(t_0)$，存在一个整周模糊度 N_0 不能确定。当接收机锁定卫星信号获得连续观测数据时，第 i 次观测量包括相对第一次观测量的整周变化 $\Delta N(t_i)$ 和不足整周的小数部分 $\delta\varphi(t_i)$：

第 1 次为 $\varphi(t_0) = N_0 + \delta\varphi(t_0)$；

第 i 次为 $\varphi(t_i) = N_0 + \Delta N(t_i) + \delta\varphi(t_i)$。

当导航信号失锁后再捕获时，载波相位观测值就归零到第一次捕获状态，存在一个新的整周模糊度。

载波相位与伪距之间存在关系如下所示：

$$\varphi = \frac{\rho}{\lambda} = N + \delta\varphi \tag{10-141}$$

式中，N 为伪距与载波取整操作后得到整周周数，$\delta\varphi$ 为载波相位偏差。

利用下式来计算载波测量空间传播延迟：

$$\tau_\varphi = \frac{R(T_{rece} - \tau, T_{rece})}{c} - \delta t_{Ion} + \delta t_{Tro} + \delta t_{Rel} + \delta t_{Off} + \delta t_{Noise} \tag{10-142}$$

式中，τ 为信号传播延迟，T_{rece} 为接收机接收导航信号的系统时刻，δt_{Ion}、δt_{Tro}、δt_{Rel}、δt_{Off}、δt_{Noise} 分别为由于电离层、对流层、相对论效应、相位中心偏移和噪声引起的延迟，c 为光速，$R(T_{rece} - \tau, T_{rece})$ 表示 $T_{rece} - \tau$ 时刻卫星位置至 T_{rece} 时刻接收机位置的几何距离。

从而，载波测量伪距为

$$\rho'_\varphi = c(\delta t_k + \tau_\varphi - \delta t_s) \tag{10-143}$$

式中，c 为光速，δt_k 为接收机自身时钟与导航系统标准时钟之间存在的钟差，δt_s 为卫星星座时钟与导航系统标准时钟之间存在的钟差。

当首次（t_0 时刻）捕获导航信号时，载波观测量为

$$\begin{cases} \delta\varphi(t_0) = \dfrac{\rho'_\varphi(t_0)}{\lambda} - \left[\dfrac{\rho'_\varphi(t_0)}{\lambda}\right] \\ N_0 = \left[\dfrac{\rho'_\varphi(t_0)}{\lambda}\right] \end{cases} \tag{10-144}$$

式中，$\rho'_\varphi(t_0)$ 为 t_0 时刻载波测量伪距；λ 为载波波长；[·] 为取整运算符。

当第 i 次（t_i 时刻）捕获导航信号时，载波观测量为

$$\begin{cases} \delta\varphi(t_i) = \dfrac{\rho'_\varphi(t_i)}{\lambda} - \left[\dfrac{\rho'_\varphi(t_i)}{\lambda}\right] \\ \Delta N(t_i) = \left[\dfrac{\rho'_\varphi(t_i)}{\lambda}\right] - N_0 \end{cases} \tag{10-145}$$

如果信号出现失锁，则引入新的整周模糊度，整周计数从零开始重新计数。

10.3.4.3　卫星导航信号仿真射频信号生成的信号功率计算

卫星导航信号在空间传播过程中，受到各种传播路径中环境因素的影响，引起信号幅度、相位、极化和下行波束入射角的变化，从而导致信号传输质量下降和误码率上升。因此，在进行卫星导航信号仿真时，必须考虑导航信号电波在空间传输过程中的损耗，根据卫星位置、用户机位置和卫星发射功率，计算用户终端接收到的卫星信号功率强度。

其中，信号衰减主要包括自有空间衰减和大气环境衰减，其中大气环境衰减主要包括以大气吸收、降雨效应、云雾效应和大气闪烁等方面。

1）导航信号功率计算中信号接收模型

为了提高信号的发射效率，卫星天线在设计上通常使其信号发射具有一定的指向性，即原本散发到天线四周各个方向上的信号功率被集中起来朝向地球发射，而天线的这种指向性即增益，不同方向上的天线有着不同大小的增益。如图 10-11 所示，假设某一卫星信号的发射功率为 R_T，卫星天线在某一方向上的增益为 G_T，那么在此方向上与该卫星 S 相距为 d 的接收机 R 处，接收天线单位面积所拦截的卫星信号功率等于发射功率 R_T 除以球面积 $4\pi d^2$ 再乘以增益 G_T，即

$$\psi = \frac{P_T G_T}{4\pi d^2} \tag{10-146}$$

式（10-146）中的单位面积上的接收功率 ψ 即功率流密度。

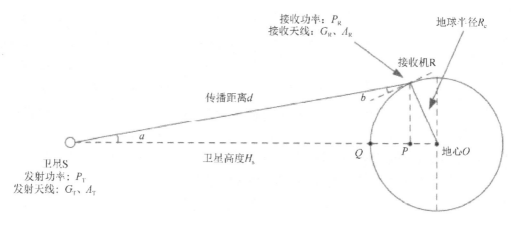

图 10-11　卫星导航信号的自由空间传播

同样，用来接收信号的接收天线通常也呈一定的指向性。若接收天线在某一方向上的有效接收面积为 A_R，则该接收天线的相应增益 G_R 为

$$G_R = \frac{4\pi A_R}{\lambda^2} \tag{10-147}$$

式中，λ 为信号的波长。在信号发射端，卫星发射天线的有效面积 A_T 与其增益 G_T 之间也有类似的关系，即

$$G_T = \frac{4\pi A_T}{\lambda^2} \tag{10-148}$$

接收天线与发射天线的工作原理是相同的，它们之间所不同的只是相反的能量传递方向。天线的有效接收（或发射）面积与其物理尺寸的大小和形状有关。

根据在接收机 R 处的卫星信号功率流密度 ψ 和有效接收面积 A_R，可得在接收机 R 处的接收天线所接收到的卫星信号功率 P_R 为

$$P_R = \psi A_R = P_T \frac{G_T G_R \lambda^2}{(4\pi d)^2} = P_T \frac{A_T A_R}{(\lambda d)^2} \tag{10-149}$$

式（10-149）即自由空间传播公式，它表明了信号发射功率 P_T 与接收功率 P_R 之间的关系。通常将式（10-149）等价成以分贝为单位的形式，即

$$P_R = P_T + G_T + G_R + 20\lg\left(\frac{\lambda}{4\pi d}\right) - L_A \tag{10-150}$$

式中，等号左、右两边的 P_R 与 P_T 应该有相同的功率单位，如同为 dBm 或 dBW，等号右边倒数第二项为自由空间传播损耗；L_A 为大气损耗，包括大气吸收、降雨衰减、云雾衰减和大气闪烁等。信号接收功率 P_R 反映着信号的绝对强度，通常用接收机所支持的最低接收信号功率值来衡量接收机的信号捕获与跟踪灵敏度。

2）导航信号功率计算中大气吸收模型

大气吸收衰减与多方面因素有关，但主要源于氧气、水蒸气的吸收和散射。而氧气吸收和水蒸气吸收的衰减率与导航信号频率、大气温度、水蒸气密度、大气压强等参数有关，并在某些频段存在吸收峰值。

氧气的吸收损耗主要与温度和气压有关。国际电信联盟无线电通信组（ITU-R）给出了倾斜路径下氧气吸收损耗的表达式：

$$A_{o_2} = \begin{cases} (h_{o_2}/r_{o_2})/\sin\theta, & \theta > 10° \\ \dfrac{r_{o_2}\sqrt{R_e h_{o_2}}}{\cos\theta} F\left(\tan\theta\sqrt{R_e/h_{o_2}}\right), & \theta \leq 10° \end{cases} \tag{10-151}$$

式中，r_{o_2} 为氧气损耗系数（dB/km）；h_{o_2} 为干燥空气的有效高度（km）；θ 为仰角；R_e 为等效地球半径；$F(x) = 1/\left(0.661x + 0.339\sqrt{x^2 + 5.51}\right)$。

水蒸气的吸收损耗主要与温度有关，ITU-R 给出了相应的水蒸气吸收损耗表达式：

$$A_w = \begin{cases} (h_w/r_w)\sin\theta, & \theta > 10° \\ \dfrac{r_w\sqrt{R_e h_w}}{\cos\theta} F\left(\tan\theta\sqrt{R_e/h_w}\right), & \theta \leq 10° \end{cases} \tag{10-152}$$

式中，r_w 为水蒸气损耗系数（dB/km）；h_w 为水蒸气的有效高度（km）；θ 为仰角；R_e 为等效地球半径；$F(x) = 1/\left(0.661x + 0.339\sqrt{x^2 + 5.51}\right)$。

测量数据表明，由于水蒸气和氧气引起的大气吸收为

$$A_g = A_{o_2} + A_w \tag{10-153}$$

3）导航信号功率计算中降雨衰减模型

降雨对信号主要产生吸收散射和辐射作用，具体衰减值与地球站的位置降雨强度和信号的频率及极化方式有关。测量数据表明，降雨衰减是载波频率和系统可行性的函数，即

$$\begin{cases} A_r = C_1\exp(\delta_1 f) + C_2\exp(\delta_2 f) - (C_1 + C_2) & \theta > 10° \\ A_r(\theta) = A_r(\theta_0)\sin\theta/\sin\theta_0 & \theta \leq 10° \end{cases} \tag{10-154}$$

式中，f 为载波频率（GHz）；C_1、C_2、δ_1、δ_2 为系统的可行性函数；θ 为地球站仰角；θ_0 为参考仰角。

4）导航信号功率计算中云雾衰减模型

无线电信号沿着传播路径的云雾将使信号受到衰落，该衰落量的大小与液体水的含量及温度有关。云和雾引起的衰减比雨引起的衰减小得多，但是对于低仰角的高纬度地区或波束区域边缘，云和雾的影响是不可忽略的。ITU-R 给出云雾衰减损耗的表达式为

$$A_c = 0.4095 fL\left[\varepsilon''(1+\eta^2)\sin\theta\right] \tag{10-155}$$

式中，L 为云雾厚度（近似为 1 km）；ε'' 为水介电常数虚部；f 为载波频率（GHz）；

$\eta = (2+\varepsilon')/\varepsilon''$（$\varepsilon$ 为水介电常数实部）；θ 为仰角。

5）导航信号功率计算中大气闪烁模型

闪烁是指由电波传播路径上小的不规则性引起的信号幅度和相位的快速起伏。对流层闪烁通常发生在低仰角并处在湿热气候条件下的卫星导航系统中。

ITU-R 将以上各因素分为三类：慢变因素 A_{o_2}，快变因素 A_r，中间因素 A_w、A_c、X（大气闪烁引起的衰落）。总衰落值用下式表示：

$$A_t = A_{o_2} + \sqrt{(A_w + A_c + X)^2 + A_r^2} \tag{10-156}$$

在低仰角必须考虑多源同生大气衰减的效应。

6）导航信号功率计算中总功率计算

由于雨、水蒸气、云雾、氧气和闪烁带来的各种额外衰减，卫星系统设计中的自由空间传播公式应该进行如下修正：

$$P_R = (P_T A_T A_R / c^2 L^2) \times (f^2 / A_t) = (P_T A_T A_R / c^2 L^2) \times (f / P_0) \tag{10-157}$$

式中，P_R、P_T 分别为接收和发送载波平均功率（W）；f 为载波频率（GHz）；L 为卫星至终端的距离（m）；c 为真空中的光速（m/s）；A_T、A_R 分别为接收和发射天线的有效面积（m^2）；A_t 为链路总衰减；P_0 为系统不可用率。

10.3.5 卫星导航信号仿真中载波信号编码

在卫星导航仿真系统中，卫星在完成终端信号计算后，需要根据体质类型，将数据码与伪码异或相加，从而完成伪码对数据码的调制，使数据码的频带被展宽，实现扩频，从而生成导航信号。

一个典型的卫星导航信号分量可以表示为

$$s(t) = D(t) \sum_{-\infty}^{+\infty} c_n h(t - nT_c) \tag{10-158}$$

式中，$D(t)$ 为数据信息；c_n 为扩频信息；$h(t)$ 为载波波形。

从式（10-158）可以看出，卫星导航信号一般由载波波形、扩频码（测距码/伪随机噪声）和数据码三部分组成，扩频码和数据码通过各种不同的调制方式依附于载波波形上，它们在时间上有严格的对应关系，一位数据信息对应整数个周期的扩频码。其中，测距码包括普通测距码和精密测距码，数据码是卫星以二进制码流形式发送给用户的导航定位数据，通常又称为导航电文。

不同体系的导航系统包含不同的频点和不同的导航电文格式。在进行终端信号设计时，需要根据模拟的导航系统体系，完成终端信号的编码与生成。下面对载波信号体制、测距编码计算、导航电文编码、信号调制方法等内容进行介绍。

10.3.5.1 卫星导航信号仿真终端信号设计的信号体制类型

对于不同的导航系统，其型号体制和频点设计各不相同。因此，在模拟生产卫星导航信号时，必须根据选择的导航系统形式，选择不同的信号体制。

1）GPS 导航信号体制

GPS 现在使用 3 个频段，分别为 L1 频段、L2 频段和 L5 频段。其中，L1 频段中心载波频率为 1575.42MHz，主要为民间使用提供服务，L1 频段信号由 C/A 码和 P（Y）码进行调制；L2 频段中心载波频率为 1227.60MHz，此频段为军事使用提供服务，L2 频段信号由 P（Y）码进行调制；L5 频段作为民用频段是和 L2 频段配合使用的，L5 频段的载波中心频率为 1176.45MHz。

随着 GPS 现代化的开展，GPS 系统使用新型 M 码调制，M 码具有频谱分裂特性，在频谱上位于更外侧的位置，避免受 C/A 码和 P（Y）码信号的干扰。随着 GPS 与 Galileo 系统兼容性的建设，GPS 系统在 L1 频段上又采用 TMBOC 调制方式。GPS 信号体制主要特征如表 10-2 所示。

表 10-2　GPS 信号体制主要特征

频段/信号	载波频率/MHz	带宽/MHz	调制方式	码速率/Mcps	符号速率/sps
L1 C/A	1575.42	30.69	BPSK(1)	1.023	50
L1 C			BOC(1,1)+TMBOC(6,1,4/33)		100
L1 P			BPSK(10)	10.23	50
L1 M			BOC(10,5)	5.115	0/50/200
L2 C	1227.60	30.69	BPSK(1)	1.023	50
L2 P			BPSK(10)	10.23	
L2 M			BOC(10,5)	5.115	0/50/200
L5	1176.45	24	QPSK(10)	10.23	100

2）Galileo 系统导航信号体制

Galileo 系统作为可与 GPS 兼容的导航定位系统，其载波频率与 GPS 的载波频率相近。Galileo 导航信号分布在 4 个频带上，分别是 E1、E5a、E5b 和 E6。

Galileo E1 频段载波频率为 1575.42MHz，与 GPS L1 频段中心频率相同；Galileo E1 频段载波频率采用 CBOC(6,1,1/11) 和 BOC(10,2.5) 调制，其中 Galileo E1 B 为数据通道，Galileo E1 C 为导频通道。Galileo E5 a 频段载波频率为 1176.45MHz，与 GPS L5 信号处在同一频段上；Galileo E5 b 频段载波频率为 1207.14MHz。Galileo E5 信号采用 AltBOC(15,10) 调制，其码速率为 10.23Mcps，E5 信号也分为数据通道和导频通道。Galileo E6 频段载波频率为 1278.75MHz，与 GPS L2 信号处在同一个频段。Galileo E6C 采用 QPSK(5) 调制，Galileo E6 P 采用 BOC(10,5) 调制，其中 Galileo E6 B 为数据通道，Galileo E6 C 为导频通道。Galileo 系统信号体制主要特征如表 10-3 所示。

表 10-3　Galileo 系统信号体制主要特征

频段/信号	载波频率/MHz	带宽/MHz	调制方式	码速率/Mcps	符号速率/sps
E5 a	1176.45	92.07	AltBOC(15,10)	10.23	50
E5 b	1207.14				250
E6 C	1278.75	40.92	QPSK(5)	5.115	1000
E6 P			BOC(10,5)		N/A
E1 F	1575.42		CBOC(6,1,1/11)	1.023	250
E1 P			BOC(15,2.5)	2.5575	N/A

3）GLONASS 导航信号体制

GLONASS 使用的是频分多址技术，这造成了导航定位系统客户接收端结构较为复杂庞大。GLONASS 信号分布在 L1、L2、L3 和 E1/L1 频段上，其中 L1 和 L2 频段只有数据通道没有导频通道，L1 信号的载波频率约为 1602MHz；L2 信号的载波频率约为 1246MHz；L3 信号的载波频率约为 1201MHz，与 L1 和 L2 信号不通，L3 信号分为同相 I 支路和正交 Q 支路。与 GPS、Galileo 信号不同的是 GLONASS 信号主要采用 BPSK(R) 方式调制。E1/L1 信号载波频率为 1575.42MHz，这与 GPS L1 和 Galileo E1 信号处于同一频段，其调制方式也采用类似的 BOC(2,2) 和 MOBC 调制。GLONASS 信号体制主要特征如表 10-4 所示。

表 10-4　GLONASS 信号体制主要特征

频段/信号	通道	载波频率/MHz	调制方式	码速率/Mcps	符号速率/sps
L1	数据	$1602+0.5625K$，$K=-7\sim6$	BPSK(0.511)	0.511	50
			BPSK(5.11)	5.11	
L2	数据	$1246+0.4375K$，$K=-7\sim6$	BPSK(0.511)	0.511	50
			BPSK(5.11)	5.11	
L3	I	$1201+0.4375K$，$K=-7\sim8$	BPSK(4)	4.092	100
			BPSK(8)	8.184	125
	Q		BPSK(4)	4.092	N/A
			BPSK(2)	2.046	
E1/L1		1575.42	BOC(2,2)	2.046	N/A
			MBOC		

4）北斗系统导航信号体制

北斗系统的导航信号采用了三频信号，能够有效减少信道环境对信号造成的影响，提高动态速度定位，相比单频或双频定位更为可靠，能组成超宽带组合，进而提高模糊度解算的速度，且抗干扰能力更强。北斗卫星的三个频段为 B1、B2、B3。在 B1 频段中，B1I 频段的信息已公布，其主要作为民用导航来使用，频率范围为 1559.052MHz～1591.788MHz。B2 频段主要用于测绘和施工等对定位精度要求较高的部门使用，频率范围为 1166.220MHz～1217.370MHz。B3 频段频率能进行快速长距离的高精度定位，通常是军方使用，其频率范围为 1250.618MHz～1286.423MHz。目前，北斗信号采用正交相移键控的调制方式，每个频点的信号又分为 I 路信号和 Q 路信号，I 路信号主要为用户提供免费的民用服务，而 Q 路信号因为具有更长的编码，因此抗干扰能力更好，需要授权才能使用。北斗系统信号体制主要特征如表 10-5 所示。

表 10-5　北斗系统信号体制主要特征

频段/信号	载波频率/MHz	调制方式	码速率/Mcps	符号速率/sps
B1-C_D	1575.42	MBOC(6,1,1/11)	1.023	50/100
B1-C_P				N/A
B1$_D$		BOC(14,2)	2.046	50/100
B1$_P$				N/A

续表

频段/信号	载波频率/MHz	调制方式	码速率/Mcps	符号速率/sps
B2a$_D$	1191.795	AltBOC(15,10)	10.23	25/50
B2a$_P$				N/A
B2b$_D$				50/100
B2b$_D$				N/A
B3	1268.52	QPSK(10)	10.23	500/500
B3-A$_D$		BOC(15,2.5)	2.5575	50/100
B3-A$_P$				N/A

10.3.5.2　卫星导航信号仿真终端信号设计的测距编码计算

扩频码，又称为测距码或伪随机噪声（Pseudo Random Noise，PRN）码，是一组有限长度重复循环的随机序列，有确定的码速率和码周期，其主要功能是基于扩频码对导航信号进行直接序列扩频调制，在频域上具有扩频效应，降低信号功率谱密度，有利于信号隐藏和降低信号间干扰，使得信号在时域上具有良好的相关性。

在卫星导航系统中采用扩频码的主要目的包括：一是码分多址，每颗卫星的每种信号都分配有唯一的 PRN 码，由于不同 PRN 码的互相关均为 0，因而能够很好地实现与其他信号的区别；二是伪距测量，伪码的相关结果可以看出码的相对位移，码的相位差代表了传输时间在码相位上产生的位移，与传输时间成正比，可以利用伪随机码的自相关性实现测距的功能。因此，在卫星导航系统中，测距模糊度、测距精度、信息数据隐蔽和保密、抗干扰、抗噪声、多径保护和抗衰落、多址通信、同步与捕获等性能指标上都与伪随机码的设计密切相关，伪随机码序列对系统性能具有重要作用。

1）GPS 的测距编码

在 GPS 中，每颗卫星都在同一频率上以码分多址（CDMA）格式发射一个独特的 PRN 码对（粗测距码 C/A 和精测距码 P（Y））。其中，L1 频段由 C/A 码和 P 码两个 PRN 码（外加导航电文数据）调制，L2 频段在任何时刻只用一种 PRN 码调制。

C/A 码是用于跟踪、锁定和测量的伪随机码。它是由 m 序列优选对组合码形成的 Gold 码（G 码）。G 码是由两个长度相等且互相关极大值最小的 m 序列码逐位进行模 2 相加构成的。通过改变产生它的两个 m 序列的相对相位，就可以得到不同的码。对于长度为 $N = 2^N - 1$ 的 m 序列，每两个码可以用这个方法产生 N 个 G 码。在这 N 个 G 码中，任何两个互相关的最大值等于构成它们的两个 m 序列的互相关最大值。

GPS C/A 码是序列长度为 1023bit 的 Gold 码，基码速率为 1.023MHz，重复周期为 1ms。每颗卫星独特的 C/A 码是 G1 直接输出序列和经过时延的 G2 输出序列异或的结果。G1 和 G2 序列由 10 级线性移位寄存器产生，其生成原理图如图 10-12 所示，生成的多项式如下：

$$G1 = 1 + x^3 + x^{10}$$
$$G2 = 1 + x^2 + x^3 + x^6 + x^8 + x^9 + x^{10}$$

（10-159）

G1 和 G2 序列由 P 码的 X1 历元初始化，初始状态为 1111111111，码速率为 1.023MHz。

P 码由两个伪随机码 PN1 和 PN2 相乘而产生，其码速率为 10.23MHz。PN1 的周期为 1.5s，码片数 $N1$ 为 15345000，PN2 与 PN1 相同，但码片数比 PN1 多 37 个。因此，由 PN1

和 PN2 相乘得到的 P 码，其序列长度约为 2.3547×10^{14}，其发送周期约为 266.41 天。由于序列在星期末尾被截断，每颗卫星只用该序列的一个星期，因此有 38 个独特的一个星期伪随机序列可用。截断到 7 天的周期后，每个 P 码的序列长度为 6.1871×10^{12} 码片。在不知道 P 码序列的情况下，是无法对 P 码进行捕获跟踪的。同时，美国国防部在 P 码的基础上又增加了加密码，禁止了非特许用户的使用。因此，P 码常用于军事用途或精密测量。

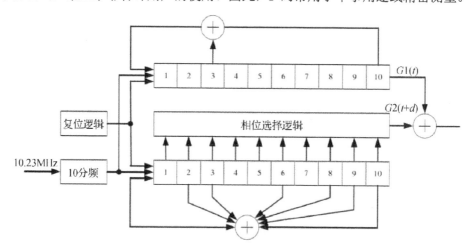

图 10-12　GPS 中 C/A 码的生成原理图

2）Galileo 系统的测距编码

Galileo E1 信号有 E1 B 和 E1 C 两个通道，每颗 Galileo 卫星都拥有两组不同的扩频码，二者通过良好的相关特性实现互不干扰。根据 Galileo ICD 可知，两个通道的扩频码速率均为 1.023MHz，主码长度相等，均为 4092 个码片。二者码周期与组成方式存在一定差异，其中 E1 B 数据通道不含辅码，码周期为 4ms；而 E1 C 导频通道包含长度为 25bit 的辅码，每个辅码码片对应一个主码周期，总的码周期为 100ms。

传统的扩频码一般由 LFSR 产生，但 Galileo ICD 未说明 E1 频段扩频码的寄存器生成方式，而直接给出了原始序列的十六进制文件。因此，只需要完成十六进制到二进制的数据转换，即可得到各颗卫星的扩频码主码序列。E1 C 通道因加入了辅码，需要采用分层码结构将主码与辅码合并。E1 C 通道中辅码长度为 25bit，内容为 0011100000001010110110010，分层码周期是主码周期的 25 倍。

3）GLONASS 的测距编码

GLONASS 伪随机码是由一个 9 级的移位寄存器产生的 m 序列，码频为 0.511MHz，周期为 1ms，字符速率为 0.511Mbit/s，码宽为 1/511ms。m 序列具有良好的自相关性，具有确定的编码规则，良好的周期性和易复制性。

GLONASS 伪随机码序列采用一个 9 级反馈式移位寄存器产生，其生成原理图如图 10-13 所示，生成的多项式为

$$F(x)=1+x^5+x^9 \qquad (10\text{-}160)$$

式中，初始化时所有寄存器均置为 1，伪随机码输出端为第 7 级移位寄存器。

4）北斗卫星导航系统的测距编码

北斗卫星导航系统使用了 CDMA 技术来区分每颗卫星，所以北斗卫星的信号能共享频

率段，这使得卫星频率的利用率大大提高。其测距码生成原理图如图 10-14 所示，基本过程和原理与 GPS 类似，但结构有所不同。B1 和 B2 频点采用码长为 2046 个码片的普通测距码，B3 频点采用码长为 10230 个码片的普通测距码。其中，B1 频点同相支路的信号测距码，简称为 CB1I 码，是对两个 11 级移位寄存器输出模 2 相加所产生的平衡 G 码进行截位（1bit）形成的，码速率为 2.046Mcps，码周期为 1ms。其计算公式如下：

$$G1 = 1 + x + x^7 + x^8 + x^9 + x^{10} + x^{11}$$
$$G2 = 1 + x + x^2 + x^3 + x^4 + x^5 + x^8 + x^9 + x^{11}$$

（10-161）

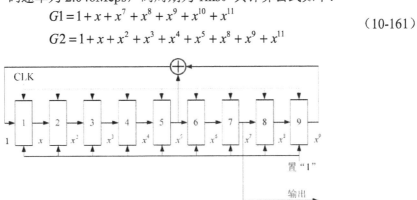

图 10-13　GLONASS 中 C/A 码的生成原理图

G1 的初始序列为 01010101010，G2 的初始序列为 01010101010。G1 序列将第 11 级移位寄存器结果直接输出，G2 序列对不同卫星采用不同的相位选择器，以此来区分各颗卫星。

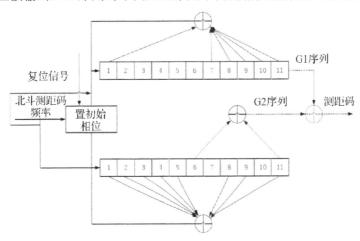

图 10-14　北斗卫星导航系统测距码生成原理图

另外，北斗卫星导航系统中 MEO/IGSO 卫星的 D1 导航电文上还调制了 NH（Neumann-Hoffman）码，NH 码二进制表现形式为 00000100110101001110，码速率为每秒 1KB，NH 码可以通过查找表的方法来实现。

10.3.5.3　卫星导航信号仿真终端信号设计的导航电文编码

在卫星导航信号仿真中，导航电文生成模块的主要功能就是根据卫星的星历信息和仿真起始时间按照导航信号接口控制文件中规定的电文格式产生二进制的导航电文，包括系统时间、星历、历书、卫星时钟的修正参数、导航卫星健康状况和电离层延迟模型参数等。

为了生成与真实信号一致的导航信号，必须对不同导航系统的导航电文的结构和编码形式进行了解。下面就介绍一下卫星导航信号仿真中的导航电文编码问题和各个星座的导航电文类型，具体的格式编码及编码字节含义，参考相关专业书籍或卫星导航系统官方材料。

1）卫星导航信号中导航电文的基本特征

目前，随着导航定位技术的发展，GPS 逐步推出了 NAV、CNAV、CANV-2 等类型的导航电文，以适应不同频点的服务需求。Galileo 也根据服务类型、电文内容的不同，设计了 F/NAV、I/NAV、C/NAV 等类型的导航电文。北斗卫星导航系统的空间段是由 MEO/IGSO/GEO 三种卫星组成构成的混合星座，且采用了正交相移键（QPSK）调制方式。不同体质的导航电文，其结构组成和播发方式也各有不同。

（1）导航电文数据结构。

导航电文可以采用固定帧结构，也可以采用数据块结构，或者采用固定帧和数据块结构相结合的模式。

固定帧结构的优点是用时仅需按照导航电文格式要求直接解析即可，大大方便了用户使用，早期电文设计时大多采用了固定格式、固定播发频度的帧结构，且各子帧播发内容也是基本固定的。该方案有利于简化地面系统和接收机的设计，与当时的技术水平是相适应的，但其缺点是导航电文内容及其具体播发位置固定，更改或优化导航电文参数的过程烦琐，系统扩展性差、通信资源利用率低。Galileo 系统虽继承了这种层次结构，但还采用了以页为独立单位的页流结构，用户只需要识别页的类型即可进行快速反应，有效地减少了固定帧结构带来的弊端。

数据块结构优点是当系统功能扩展需要增添新的数据类型时，可以通过定义一个新的数据块类型来解决，在系统功能扩展和增强方面具有很好的灵活性，如 GPS CNAV 导航电文首次采用了数据块结构；其缺点是用户需要增加时间等辅助信息。

因此，兼具帧结构和数据块结构优势的组合方式拥有数据内容扩充灵活、播发类型随机等优点，成为现代卫星导航系统电文设计时值得考虑的方式。GPS CNAV-2 则率先采用了帧结构和数据块结构相结合的编排格式，以数据帧为基本格式，每个数据帧又由 3 个长度不同的子帧组成。

（2）导航电文播发方式。

导航电文播发方式涉及每颗卫星上导航电文的绝对播发顺序和星间、频间导航电文的相对播发顺序等内容。

单星播发方式一般分为固定帧、数据块和混合帧三种形式。以子帧 / 页为单位的导航电文，一般按照子帧号/页面号顺序播发，使得各类别信息能够按照固定周期播发，但重复播发预留的空白数据段势必造成通信资源的浪费。以数据块为单位的导航电文可根据用户需求随机播发相关数据块，而预留数据块不需要播发。以混合帧结构为代表的现代化导航电文结构固定各子帧的播发顺序，随机进行子帧页面的播发，既能保证基本定位信息的固定播发周期，又能满足其他信息的可变播发周期。

星间和频间导航电文的相对播发顺序：通常导航电文在不同卫星、频点上播发的时间起点相同，当导航电文数据内容相同时，用户接收机存在数据冗余问题。Galileo F/NAV、I/NAV 导航电文分别采用星间和频间交叉播发的方式进行了优化。星间交叉播发将每颗卫星并行播发相同历书，改进为多组卫星并行播发不同历书，从而减少用户端冗余数据、缩短接收一组历书的时间。星间和频间导航电文内容的交叉播发能灵活满足数据内容的时效性需求，改善常温启动时信号捕获能力、提升信号完好性等方面。

（3）导航电文信道编码。

信道编码是在信源编码之后，作为一种差错控制码嵌入与信息序列有关联的冗余码元，来监测和纠正衰落、噪声干扰、多普勒频移等带来的误码，使码字具有一定的检错、纠错能力，可有效提高信息传输的可靠性。卫星导航系统通常采用前向纠错（FEC）方式对导航电文在信道传输中的随机错误和突发错误进行控制。随着接收机和通信技术的发展，用于控制随机错误的码从最初的汉明码、BCH 码等线性分组码，发展到后来的卷积码、LDPC 码等；对抗突发错误的码有 CRC 码、交织码等。

现代导航电文信道编码设计一般采用多重差错控制方法：先进行 CRC 校验，随后将纠错码和交织码结合进行纠错编码。

2）卫星导航信号中的导航电文内容组成

卫星导航电文是由导航卫星播发给用户描述导航卫星运行状态参数的电文。时间、轨道、电离层、设备时延等信息均可通过数据模型参数向用户播发，进而估算用户的位置坐标和速度。

按照具体参数和用途进行划分，导航电文主要包括以下几种。

- 星历：卫星电文中表示卫星精确位置的轨道参数，为用户提供计算卫星运动位置的信息。
- 时间系统：包括导航系统的系统时间，为用户提供导航系统的时间信息。
- 历书：卫星导航电文中所有在轨卫星的粗略轨道参数，有助于缩短导航信号的捕获时间。
- 修正参数：包括钟差修正参数、电离层改正参数、设备延迟参数，为用户提供修正参数。
- 服务参数：包括卫星标识符、数据期号、导航数据有效性、信号健康状态等参数。

按服务类型来分，导航电文的内容可以分为基本导航信息、扩展导航信息和增强导航信息三大类信息类型。

- 基本导航信息：一般包括卫星位置信息、卫星钟差改正信息、卫星基本完好性信息（包括卫星健康信息和信号精度信息）、UTC 时间偏差信息、卫星通道时延信息等。此类信息主要用于满足最基本的导航服务的需求，即单频、双频单点定位服务或多频单点定位服务等。
- 增强导航信息：一般包括卫星广播星历差分改正、钟差差分改正、电离层格网、差分完好性等信息。此类信息主要用于满足单频或多频的广域增强服务需求，主要包括中等精度历书信息、星历差改正信息、卫星钟差改正信息、电离层格网信息、差分完好性信息等。
- 扩展导航信息：一般包括卫星历书信息、卫星健康信息、电离层修正模型参数信息（Clock&Ephemeris Differential Corrections，CDC&EDC）、地球定向参数（Earth Oriented Parameters，EOP）、GPS/GNSS 间的时间偏差（GPS/GNSS Time Offset，GGTO）等信息，主要用于满足除基本导航服务和增强服务外的其他服务需求。

按信息发送频率来分，导航电文的内容主要包括即时信息和非即时信息。

- 即时信息：一般包括卫星时间、卫星时间与系统时间的偏差、卫星频率偏差、广播星历、群延迟参数、系统及卫星工作状态信息等。

- 非即时信息：一般包括卫星历书、卫星状态、电离层模型参数等。

3）GPS 导航电文结构

GPS 信号主要包括 GPS NAV、GPS CNAV、GPS CNAV-2 等导航编码格式，其主要特征如表 10-6 所示。

表 10-6　GPS 导航电文主要特征

电文种类	符号速率	组成结构	播发方式	数据内容	编码方式
GPS NAV	50sps	固定帧结构：基于子帧（页面）、主帧和超帧。其中，主帧为 1500sps，子帧为 300sps	以子帧为单位，按照子帧号和页面号在每颗卫星上顺序播发	基本导航信息（包含广播星历、系统时、星钟、测距精度指示、电离层、健康信息等）、UTC、历书	扩展汉明码(32,26)
GPS CNAV	50sps (L2C) 100sps (L2)	数据块结构：基于信息类型的数据块结构，每个数据块为 600sps	以数据块为单位，在规定的最大播发间隔内或根据用户需求随机播发	基本导航信息、UTC 参数、历书、CDC、EDC、GGTO、EOP、UTC、文本信息	CRC 码+卷积码(600,300)
GPS CNAV-2	100sps	混合帧结构：基于 3 个长度不同的子帧组成的主帧，主帧为 1800sps，子帧 1 为 52sps，子帧 2 为 1200sps，子帧 3 为 548sps	前 2 个子帧按照固定周期播发，子帧 3 的不同页面按照系统需求随机播发	基本导航信息、UTC 参数、历书、CDC、EDC、GGTO、EOP、文本信息	BCH(51,8)码+CRC 码+LDPC 码+交至码(46×38)
WASS	500sps	数据库结构：基于信息类型的数据块结构，每个数据块为 500sps	以数据块为单位，在规定的最大播发间隔内	快变改正数、完好性信息、GEO 位置信息、CDC、EDC 等	CRC 码+卷积码(500,250)

4）Galileo 导航电文结构

Galileo 不同数据信号分量上调制的 F\NAV、I\NAV、C\NAV、G\NAV 四种类型。其中，公开电文包括 F\NAV 和 I\NAV。它们的结构组成均为帧与子帧，子帧由页组成，页是基本结构单元。其主要特征如表 10-7 所示。

表 10-7　Galileo 导航电文主要特征

电文种类	符号速率	组成结构	播发方式	数据内容	编码方式
Galileo F/NAV	50sps	固定帧结构：基于页面、子帧和主帧；主帧为 30000sps，子帧为 2500sps，页面为 500sps	以子帧为单位，按照子帧号和页面号在每颗卫星上顺序播发	基本导航信息、与 UTC/GPS 时间转换、历书、GGTO、完好性	CRC 码+卷积码 (488,244)+ 交织码（61×8）
Galileo I/NAV	250sps	固定帧结构：基于页面、子帧和主帧；主帧为 90000sps，子帧为 3750sps，页面为 250sps	E5B-I 和 E1-B 采用同样的页面规划，频间奇偶页面交叉播发	基本导航信息、与 UTC/GPS 时间转换、历书、GGTO、完好性、搜救服务数据	CRC 码+卷积码 (240,120)+ 交织码（30×8）

5）GLONASS 导航电文结构

由于 GLONASS 仅由 MEO 卫星组成，因此其导航电文文件只有一种格式，GLONASS 以超帧与帧的结构形式编排数据码，每一超帧由 5 个帧组成，每一帧由 15 串二进制数据码组成，每一串长由数据位、校验位及时间标记组成。其主要特征如表 10-8 所示。

表 10-8　GLONASS 导航电文主要特征

电文种类	符号速率	组成结构	播发方式	数据内容	编码方式
GLONASS	50sps	固定帧结构：基于串、帧和超帧的帧结构；超帧为 7500sps	以串为单位，按照串号和帧号在每颗卫星上顺序播发	基本导航信息、卫星工作状态参数、历书、时间系统参数	汉明码(84，76)

6）北斗卫星导航系统电文结构

由于北斗卫星导航系统由 MEO、GEO、IGSO 三种类型的轨道卫星组成，不同轨道卫星有不同的码率，因此导航电文格式也不一致。MEO/IGSO 卫星 B1I 播发 D1 码，GEO 卫星 B1I 播发 D2 码。其主要特征如表 10-9 所示。

表 10-9　北斗系统导航电文主要特征

电文种类	符号速率	组成结构	播发方式	数据内容	编码方式
北斗 D1	50sps	固定帧结构：基于子帧、主帧和超帧；超帧为 36000sps，主帧为 1500sps，子帧为 300sps	以子帧为单位，按照子帧号和页面号在每颗卫星上顺序播发	基本导航信息、与其他卫导系统时间转换、历书	BCH(15，11，1) 码＋交织码
北斗 D2	500sps	固定帧结构：基于页面、子帧和超帧；超帧为 180000sps，主帧为 1500sps，子帧为 300sps	以子帧为单位，按照子帧号和页面号在每颗卫星上顺序播发	基本导航信息、与其他卫导系统时间转换、历书、完好性及差分信息、格网点电离层信息	BCH(15，11，1) 码＋交织码

10.3.5.4　卫星导航信号仿真终端信号设计的信号调制方法

载波波形是指卫星导航信号在一个扩频码码片内的形状，在很大程度上决定了信号的自相关函数和功率谱密度，进而也决定了信号在测距精度、抗多径、抗干扰和射频兼容性等方面的性能。由于不同的信号码片波形代表着不同的信号调制方法，因而，信号调制方法设计已成为卫星导航信号设计的关键所在，每一代调制方法的提出，对卫星导航系统的发展都会产生很大的推动作用。

在卫星导航终端信号的模拟中，必须根据导航系统的类型，选用不同的信号调制方法，对导航电文和扩展码进行调制，生成终端导航信号。

1）BPSK 调制方法和 QPSK 调制方法

二相相移键控（Binary Phase Shift Keying，BPSK）调制，是导航系统中普遍采用的信号调制方法，第一代 GPS 的 C/A 码信号、P(Y)码信号、GLONASS 信号和北斗卫星导航系统的 B1 信号等，均采用了这种调制方法。BPSK 调制信号通常用 BPSK(n)来表示，其中参数 n 表示扩频码速率 f_s 的大小为 $n×1.023MHz$，如 BPSK(1)、BPSK(2)、BPSK(3)等。

BPSK(n)调制信号的表达式都可以用下式表示：

$$s_{\text{BPSK}}(t) = \sqrt{2P}D(t)c(t)\cos(2\pi f_c t + \varphi_0) \tag{10-162}$$

式中，P 为信号功率；$D(t)$ 为数据码；$c(t)$ 为扩频码；$D(t)$、$c(t)$ 取值为±1，$c(t)$ 的码片宽度为 $1/(n\times1.023\text{MHz})$；$f_c$ 为信号的载波频率；φ_0 为载波初相。

在一些导航体制中也采用了 QPSK（Quadrature Phase Shift Keying，正交相移键控）调制方法，实际上就是额外包含一路与数据通道相位完全正交的导频通道，数据通道为 I 支路，导频通道为 Q 支路。其生成表达式为

$$s_{\text{QPSK}}(t) = \sqrt{2P}\left[D(t)c_{\text{I}}(t)\cos(2\pi f_c t + \varphi_0) - c_{\text{P}}(t)\sin(2\pi f_c t + \varphi_0)\right] \tag{10-163}$$

式中，$c_{\text{I}}(t)$ 为数据通道扩频码；$c_{\text{P}}(t)$ 为导频通道扩频码。对于 QPSK 信号，通常将其作为两路 BPSK 信号分别处理。

载波信号被基带扩频码调制之后，信号功率谱从基带转移到载波频率中心频点，则 QPSK 调制方法的导航信号功率谱形状与基带扩频码功率谱形状相同，其为单主峰谱。

2）BOC 调制方法

BOC 调制方法是一种使用了副载波的扩频调制技术。这种技术通过将一个方波形式的副载波与 BPSK 扩频信号相乘，将原来的 BPSK 信号的频谱二次调制转移到中心频点的两侧。近年来，BOC 调制方法广泛应用于 GNSS 的建设中，如现代化的 GPS、建设中的 Galileo 系统和北斗卫星导航系统均考虑采用 BOC 调制方法。BOC 调制信号通常用 BOC(m,n) 来表示，其中 m 表示再调制的副载波频率 f_b 为 $m\times1.023\text{MHz}$，n 表示扩频码速率 f_s 为 $n\times1.023\text{MHz}$。

与传统的 BPSK 调制方法相比，BOC 调制方法可以视为在 BPSK 调制方法之上又调制了一级二进制副载波信号，通常使用正弦或者余弦的符号函数（二进制方波）与传统 BPSK 调制信号相乘得到 BOC 调制信号。BOC 调制信号表达式为

$$s_{\text{BOC}}(t) = s_{\text{BPSK}}(t)\text{sign}\left[\sin(2\pi f_b t + \varphi_{b0})\right] \tag{10-164}$$

式中，φ_{b0} 为副载波的初始相位，两个常用值是 0 和 $\pi/2$，对应正弦相位和余弦相位，相应的 BOC 调制信号分别称为正弦相位 BOC 和余弦相位 BOC。

与传统的 BPSK 调制信号相比，BOC 调制信号具有更优的测距性能和更好的频谱兼容性。在扩频码速率相同的情况下，BOC 调制信号的自相关函数比 BPSK 调制信号更加尖锐，从而具有更优的测距性能和抗多径性能。传统 BPSK 调制信号功率谱密度的主瓣位于中心频点处，而 BOC 调制信号的两个主瓣分别位于中心频点两侧，避免了与 BPSK 调制信号的频谱混叠，保证了频谱兼容性。

3）MBOC 调制方法

MBOC 调制方法是为了满足 GPS 和 Galileo 系统的互操作，在 BOC 调制方法的基础上衍生出的调制方法。MBOC 调制信号的功率谱由高副载波分量 BOC(m,n) 的功率谱和低副载波分量 BOC(n,n) 的功率谱按一定比例组成，表示为 MBOC(m,n,r)，r 表示 BOC(m,n) 分量的功率占总功率的比例，如 1/11 表示信号中高副载波占总功率的 1/11。MBOC 调制方法通过高副载波分量将更多的能量分配给高频分量，可以提高 MBOC 调制信号的 Gabor 带宽，从而提高信号的测距能力。

欧盟和美国在 2007 年 6 月最终达成一致，将 MBOC(6,1,1/11) 作为 GPS 和 Galileo 系统的互操作信号，即信号功率中 1/11 为 BOC(6,1) 信号，10/11 为 BOC(1,1) 信号。

MBOC 调制方法只定义了频域形式，时域实现方式并不唯一，根据 GNSS 升级和建设的需要，目前已提出了三种不同的实现方式，分别为 CBOC、TMBOC 和 QMBOC。其中，

TMBOC 是 MBOC 在 GPS 中的时域实现方式；CBOC 是 MBOC 在 Galileo 系统中的实现方式；QMBOC 调制被应用于 BDS B1C 频点的导频通道中，从而实现未来中国北斗卫星导航系统在 B1 频点也能实现与其他两大系统的互操作。

4）AltBOC 调制方法

交替二进制偏移载波（AltBOC）调制方法是一般 BOC 调制方法的一种新形式，现在在"伽利略"导航系统 E5 频段和我国"北斗二代"导航系统 B2 频段中使用。其实现类似于一般的 BOC 信号；如果使用一般的 BOC 信号，其两个主瓣所含信息一致；而使用 AltBOC 信号，不同主瓣可以携带不同的信息。与 BOC 信号一样，AltBOC 信号也记为 AltBOC(m,n)，其中，m 表示副载波频率 f_b 为 $m\times1.023\mathrm{MHz}$，n 表示扩频码速率 f_s 为 $n\times1.023\mathrm{MHz}$。

10.3.6　卫星导航信号仿真中射频信号合成

卫星导航信号是调频、调相、调幅的扩频信号，其中，频率调制是因为仿真卫星信号的多普勒频移，而且理论上为连续频率调制；相位调制来源于卫星信号初始相位；卫星扩频码和导航信息的二相键控调制；幅值调制是因为卫星信号传播衰减模型而引入的。在完成卫星导航信号计算与编码后，选定的硬件形式，完成导航射频信号的生成与合成。在合成过程中，如何严格保证导航信号的高精度、大范围动态变化和各通道间信号的一致性，是本系统的关键技术问题。

为了降低系统成本并保证通道间一致性，导航信号生成首先采用数值计算的方法将多路导航信号在数字域相叠加，得到多颗卫星的合成数字信号，再用 DAC 将其转换为基带模拟信号；然后，根据不同信号的特征，对其进行射频调制，实现导航信号射频的生成。

10.3.6.1　卫星导航信号仿真射频信号合成的基带信号生成

卫星导航信号模拟器基带信号生成由基带模块和秒脉冲及时差测量模块组成，具体由 DSP 芯片或 FPGA 芯片及相关硬件电路实现。卫星导航信号合成中信息的传递和相互作用流程图如图 10-15 所示。

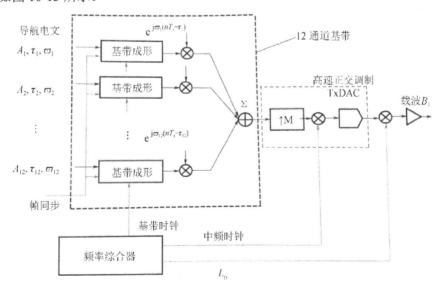

图 10-15　卫星导航信号合成中信息的传递和相互作用流程图

卫星导航信号包括载波、测距码和数据码三种信息分量，其表达式为

$$S_{\mathrm{B}m}(t) = A_{\mathrm{cm}}C(t)D_{\mathrm{c}}(t)\cos\left(2\pi f_m t + \varphi_{\mathrm{cm}}\right) + A_{\mathrm{pm}}P(t)D_{\mathrm{p}}(t)\sin\left(2\pi f_m t + \varphi_{\mathrm{pm}}\right)$$

（10-165）

式中，m 为频点号；A 为振幅，A_{cm} 为 0 或 1，A_{pm} 为 1 或 2；$C(t)$、$P(t)$ 分别为测距码和精密测距码。

为方便推导，把式（10-165）变为

$$S_{\mathrm{B}m}(t) = A_{\mathrm{cm}}B_{\mathrm{c}}(t)\cos\left(2\pi f_m t + \varphi_{\mathrm{cm}}\right) + A_{\mathrm{pm}}B_{\mathrm{p}}(t)\sin\left(2\pi f_m t + \varphi_{\mathrm{pm}}\right) \quad (10\text{-}166)$$

式中，

$$B_{\mathrm{c}}(t) = C(t)D_{\mathrm{c}}(t), \quad B_{\mathrm{p}}(t) = P(t)D_{\mathrm{p}}(t) \quad (10\text{-}167)$$

用户终端接收到信号是经过延迟 τ 后的 $S(t)$，如果用户终端和卫星之间存在相对运动，则延迟 τ 也将随时间变化，用 $\tau(t)$ 表示为

$$\begin{aligned}S_{\mathrm{r}m}(t) = {} & A(t)A_{\mathrm{cm}}B_{\mathrm{c}}\left(t - \tau_1(t)\right)\cos\left(2\pi f_m\left(t - \tau_2(t)\right) + \varphi_{\mathrm{cm}}\right) + \\ & A(t)A_{\mathrm{pm}}B_{\mathrm{p}}\left(t - \tau_1(t)\right)\sin\left(2\pi f_m\left(t - \tau_2(t)\right) + \varphi_{\mathrm{pm}}\right)\end{aligned}$$

（10-168）

式中，$A(t)$ 为信号传输功率衰减量。

当考虑时钟钟差影响时，需要对上述结果进行修正。钟差的模型也由三阶运动模型给出，当存在钟差时，卫星星钟显示的时间为

$$t' = t - e(t) \quad (10\text{-}169)$$

由于 $e(t)$ 在信号表达式中的作用与 $\tau(t)$ 的作用相同，所以考虑钟差后的系统实现与原系统相同，不同的只是对相关的相位值进行初始值修正。

伪距的延迟为

$$\tau_1(t) = \frac{R(t)}{c_1} \quad (10\text{-}170)$$

载波的延迟为

$$\tau_2(t) = \frac{R(t)}{c_2} \quad (10\text{-}171)$$

用户动态可由三阶模型给出：

$$R(t) = R_0 + vt + \frac{1}{2}at^2 + \frac{1}{6}bt^3 \quad (10\text{-}172)$$

式中，R_0 为距离初值；v 为速度；a 为加速度；b 为加加速度。

在电路实现时，首先需要用直接数字合成方式产生基带信号，然后通过正交调制器直接上变频到导航频段。

整个卫星导航信号模拟生成系统通过秒脉冲进行时间校准之后，本地系统的 BDT/GPST 时间已经建立起来。仿真数据传输的频率可固定为 50 次/s，所以在系统工作过程中仿真参数应按照 20ms 更新一次。也就是说，传送的帧信息中包含 BDT/GPST 时间的最小单位为 20ms，并且固定每 20ms 来一帧仿真数据。当接收到第一帧仿真数据后将数据进行解包，解包后获得当前仿真数据的 BDT/GPST 时间。这将决定该帧的参数信息在哪个时刻起作用。将 BDT/GPST 时间信息送给 BDT/GPST 时基和时钟管理模块，同时将参数信息写入参数缓存 FIFO。当 BDT/GPST 时基和时钟管理模块接收到一个 BDT/GPST 时间时，则与本地时刻进行比较。当本地时间与接收到的 BDT/GPST 时间相同时，从参数缓存 FIFO

中读取参数数据，送到载波发生等单元，生成此时刻的对应参数的基带信号。

根据定时器产生的启动脉冲，将载波参数和码参数置入波形生成单元，产生正的基带信号，并调制 C 码、P 码及导航电文，并在复位、启动、停止等控制信号的作用下产生相应的输出。

10.3.6.2　卫星导航信号仿真射频信号合成的射频信号生成

射频信号生成的作用是生成能直接用于终端设备性能测试的射频卫星信号。射频信号生成分系统输出功率和基准频率可校准，输入可采用外频标，信号输出可采用无线发射方式或电缆直连方式。

射频信号的生成主要通过相关硬件实现，主要由中频滤波器、数控衰减器、频率合成器、混频器、射频滤波器、射频放大器等模块组成。不同单位的产品，其硬件原理和实现方法差异较大。

传统模拟器调制方法主要采用超外差上变频模式，即首先由数字处理部分产生中频信号，然后通过中频放大、滤波、射频变频等电路完成信号调制。因此，对于超外差上变频模式，在信号传输上存在多个模拟滤波器环节，主要包括射频前端的带外抑制滤波器、中频滤波器、通道选择滤波器。滤波器的中心频率越高、滤波器级数越小，滤波器的延迟就越小。通常射频滤波器的延迟比较小，延迟随温度的波动也比较小。而中频滤波器的频率比较低，是滤波器延迟的主要组成部分，70MHz 的中频滤波器导致的群延迟通常可达 50ns 以上。并且滤波器级数越多，延迟就越大，对元器件的参数变化也越敏感。当温度发生改变时，通常导致滤波器的元件参数发生一定程度的改变。

目前，一些先进的卫星导航模拟系统多采用基带直接正交射频调制（Direct Quadrature Modulation，DQM）技术，该技术直接将基带信号正交调制到射频频段裁减了中频放大、滤波、射频变频等电路，同时放宽了对射频变频器后滤波器的性能要求，从而保证了模拟器零值稳定性和载波一致性，极大地减小了模拟器发射机的体积、重量、功耗和成本，为多通道大规模导航信号的仿真创造了前提条件。

10.3.7　典型的卫星导航信号模拟器

下面给出某型卫星导航信号模拟器的技术指标。该卫星导航信号模拟器能够同时模拟 BDS、GPS、GLONASS 和 Galileo 多个全球卫星定位系统的卫星导航信号，能够实时接收外部的载体轨迹数据，并利用硬件触发事件与外部系统同步，低延迟、高准确度地完成星座与用户之间的相对运动的模拟、信号处理及生成，实时输出卫星导航模拟信号，实现系统的闭环测试。其可广泛应用于导航终端设备的研发、测试、验收，以及制导控制半实物仿真系统实时闭环测试。

10.3.7.1　典型卫星导航信号模拟器的功能要求

某型卫星导航信号模拟器的主要任务功能如下：

- 可在闭环仿真模式下，利用实时闭环模块接收外部实时控制指令，完成卫星信号模拟，实现载体的测试。
- 可在开环模式下，通过加载的人机交互界面完成导航场景的设置，以及导航信号控制参数的计算。
- 支持多种卫星导航系统，能够模拟产生 BDS 全星座 B1、B2、B3 频点民码（I 支路）

和 GPS 全星座 L1、L2 C/A 码的卫星导航信号，任选 1~4 个频点。

- 每频点 12 个通道，能够同时仿真 12 颗卫星的射频信号。
- 配置数据仿真软件，能够根据用户要求对仿真数据进行配置，如卫星轨道数据，电离层、对流层参数，用户轨迹等。
- 控制软件可对卫星导航信号模拟器输出进行信号中断、信号恢复、开关每一个可见星信号、调制方式选择和功率控制等。
- 卫星导航信号可通过电缆输出或通过天线输出。

10.3.7.2 典型卫星导航信号模拟器的性能指标

某型卫星导航信号模拟器的主要性能指标如表 10-10 所示，主要包括频段指标、动态范围、信号精度、信号质量等。

表 10-10 某型卫星导航信号模拟器的主要性能指标

序号	指标类型	指标内容	要求
1	频段指标	导航系统	GPS+北斗
2		频点	GPS：L1、L2 北斗：BD1、BD2、BD3
3		发生器通道数	12（每频点）
4		多路信号数	12（每频点）
5	动态范围	载体速度范围	0~36000m/s
6		载体加速度范围	0~3600m/s²
7		载体加加速度范围	0~5000m/s³
8	信号精度	伪距相位控制精度	优于±0.05m
9		伪距变化率精度	优于±0.005m/s
10		通道间一致性	0.3ns
11		载波与伪码初始相干性	<1°
12	信号质量	杂波功率（最大）	−50dBc
13		谐波功率（最大）	−40dBc
14		相位噪声	−80dBc/Hz 100Hz −85dBc/Hz 1kHz −90dBc/Hz 10kHz −90dBc/Hz 100kHz
15		频率稳定性	$\pm 5 \times 10^{-11}$/s
16	信号电平控制	功率调节范围	−145~−110dBm −65~−30dBm
17		功率分辨率	0.2dB
18		功率准确度	±0.5dB
19	实时性要求	更新周期	5ms
20	时钟稳定度	秒稳	$\leqslant \pm 1 \times 10^{-11}$
21		天稳	$\leqslant \pm 5 \times 10^{-10}$

续表

序号	指标类型	指标内容	要求
22	对外接口	射频输出口（N 型头）	1 个
23		实时轨迹通信方式	1 路反射内存
24		第三方控制接口	1 路千兆万
25		外部参考输入	1PPS 脉冲信号：1 路 10MHz 时钟信号：1 路
26		标准参考输出	1PPS 脉冲信号：1 路 10MHz 时钟信号：1 路
27		输出秒脉冲指标	输出电平：LVTTL 上升沿稳定度：0.1ns 高电平持续时间：大于 20ms
28		供电接口	交流电压 200～250V
29	运输要求	冲击	≤9g/s
30		振动	≤0.1g/（10～100Hz）
31		存储湿度	≤98%
32		存储温度	−45～+75℃
33	工作环境	工作温度	−10～+55℃
34		工作湿度	10%～75%（22℃），≥90%（45℃）

10.3.7.3　典型卫星导航信号模拟器的外观界面

多款典型卫星导航信号模拟器的实物图及软件界面如图 10-16 所示。

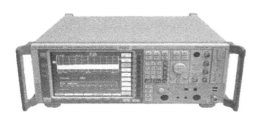

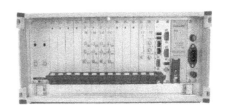
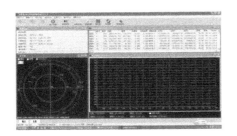
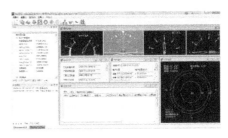

图 10-16　多款典型卫星导航信号模拟器的实物图及软件界面

10.4 卫星导航信号仿真的未来发展趋势

卫星导航信号仿真经过几十年的发展，积累了大量的技术及工程经验，对提升导航装备水平作用巨大。目前国际卫星导航信号仿真技术和相关装备发展表现出如下趋势。

1）多模多频化

随着多个全球卫星导航系统的不断成熟，为满足用户高精度定位需求和卫星覆盖率引起的导航定位问题，多模多频化是接收机未来发展的必然方向。因此，能够实现多系统、多频点卫星信号组合仿真的模拟器将成为必然趋势，这就要求同一台模拟器能够兼容多种导航系统仿真，模拟产生不同导航卫星系统中的多个频点的仿真信号，可实现多模多频定位。

2）精度提高化

随着电子元器件性能的提升、软件无线电理论的发展和新型模拟器架构的提出，卫星信号模拟器的精度和动态范围必将随之提高，以实现高性能接收机的算法和功能验证。

3）真实精确化

模拟器提供的仿真信号越接近实际卫星的信号就越能验证接收机的真实工作性能，这就需要建立更为精准的卫星信号误差模型，并将其融入仿真的信号中，如多径效应模型、信号衰减模型、电离层闪烁模型、天线方向增益模型等，使得模拟生成的导航信号更加逼近真实信号。

4）干扰实战化

随着卫星导航系统面临的日益复杂的干扰工作场景，这就要求模拟器能够根据设定，模拟不同的干扰信号。模拟器系统应能同时完成不同样式和频段范围的干扰信号，如脉冲干扰、噪声干扰等。

5）功能全面化

模拟器的功能愈加全面，增加惯导辅助功能，与卫星导航信号同步输出三维位置、三维速度、三维加速度，辅助接收机在高动态下捕获、跟踪和定位；完善天线建模，增加多天线模型对信号的影响、完善天线的方向和增益对接收机接收信号和定位的影响。

10.5 本章小结

随着我国北斗系统的交付使用和卫星导航精度的不断提升，卫星导航系统在飞行器的使用任务中不断扩展和提升。卫星导航系统能够根据设定参数和输入信号，产生一个导航系统或多个导航系统兼容的全星座卫星导航信号，在实验室环境下，为卫星接收设备和卫星导航算法的验证与测试提供一个虚拟的试验场景，是飞行器制导控制半实物仿真中的一个重要的仿真设备。

在本章中，首先简要地介绍了卫星导航系统，包括组成、定位原理、信号组成及其面临干扰和噪声影响；其次介绍了卫星导航信号仿真技术的组成、工作原理、发展历程和主要技术指标；然后针对卫星导航仿真系统的实现，从总体架构、空间星座计算、信号传输模型、终端信号设计、射频信号生成等方面入手，介绍了卫星导航信号仿真的关键技术实现；最后给出了典型卫星导航模拟器的指标及外观，并对其未来发展进行了展望。

第11章 制导控制半实物仿真系统研制、集成、试验与评估技术

制导控制半实物仿真系统的建设具有涉及专业广、投资费用多、建设周期长、研制难度大等特点。因此，仿真系统的研制与集成，对于仿真系统能否达到设计指标、完成预期仿真任务，显得尤为重要。

在经历一系列测试验收交付后，基于试验任务书的要求，结合参试设备工作原理和仿真系统具体组成，就可以开展半实物仿真试验。相较于数学试验，由于诸多产品部件和仿真设备的引入，半实物仿真试验具有设计难度大、试验周期长、涉及专业广、投入成本高、试验数据杂等特点，因此，需要科学合理地开展试验方案的设计、选取试验参数和试验类型，编制详细的试验大纲和操作细则，才能保证仿真试验的顺利执行和仿真目的的预期实现。

而在半实物仿真试验后，会形成大量的试验数据，数据来源多样、数据形式复杂，因此，必须按照试验大纲规定的相关方法，对试验数据进行处理和分析，从而形成试验分析报告；并开展仿真结果的校核、验证与评估，确保仿真试验达到预期要求。

在本章中，首先对制导控制半实物仿真系统的研制过程和总体集成注意事项进行介绍；然后对试验方案设计内容和试验过程管理项目进行展开；最后对仿真试验数据的处理分析方法进行介绍，并给出典型的试验评估分析方法。

11.1 制导控制半实物仿真系统的项目研制过程

精确制导武器制导控制半实物仿真系统实验室的建设，是一项任务复杂、专业众多、烦琐的工作。在项目的研制过程中，必须按照系统工程的方法，基于系统建设的任务需求，分步骤、分阶段地开展相关的研制工作。

在进行项目研制时，必须以用户的仿真应用需求为出发点，深入分析参试对象的工作原理、信号流向和性能特点，明确参试设备的对象类型和半实物仿真系统中需要实现的相似关系；结合仿真需求和设备工作机理，初步确定各分系统的技术实现路线；在系统建设投资规模、试验场地限制等条件的约束下，综合分配系统的性能指标，从而初步完成系统总体方案的详细设计；经过大量的调研，初步确定相关分系统的供应商及软硬件选型，形成各分系统的任务书或招标文件；经过一系列商务谈判和设备购置，完成各个分系统、硬

件设备、仿真软件等分系统的开发和研制；在各分系统的研制过程中，系统总体需要对各个分系统的研制进度进行把关，明确各系统的接口关系和调度方式，并通过研制节点的验收，确保各分系统的顺利研制；在分系统研制完成后，需要将各个设备集中在实验室环境下，开展总体集成联调联试工作，考核系统性能指标；经过一系列验收测试和商务管理工作，来确保半实物仿真试验系统能够满足项目研制目标。

制导控制半实物仿真系统的典型研制过程如图 11-1 所示。

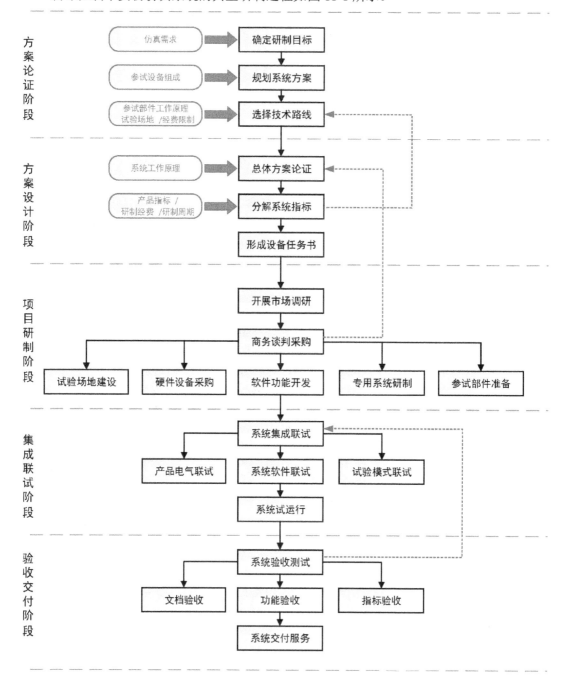

图 11-1　制导控制半实物仿真系统的典型研制过程

从图 11-1 中可以看出，制导控制半实物仿真系统的研制主要分为方案论证阶段、方案设计阶段、项目研制阶段、集成联试阶段和验收交付阶段。在研制过程中，需要综合考虑仿真需求、参试设备的组成，以及参试部件工作原理、试验场地、经费限制等各项影响因素。在方案论证阶段和方案设计阶段，需要根据相关的情况，对系统方案进行不断的迭代优化；在集成联试阶段和验收交付阶段，需要根据试验模式和联试结果，对操作流程、软件功能等内容进行优化完善。

11.1.1　制导控制半实物仿真系统的方案论证阶段

在方案论证阶段，主要任务是根据系统研制需求，确定半实物仿真系统的研制目标；基于参试设备的组成原理，规划半实物仿真系统的构成方案；并考虑项目经费和场地限制，选择半实物仿真系统的技术路线；最终形成系统的初步建设方案。

11.1.1.1　确定半实物仿真系统的研制目标

在进行半实物仿真系统研制前，必须确定半实物仿真系统的目的和任务。对于精确制导武器的制导控制系统半实物仿真试验而言，就是要在实验室条件下，针对在制导控制系统建模困难或不精确的情况下，通过模拟实际的飞行环境和工作状态，考核那些对制导控制系统动态特性和制导精度有直接影响的实际制导部件和子系统的性能，为武器性能的考核和评定提供依据。对于典型的半实物系统，其研制目的主要有以下几点。

- 验证方案：通过仿真试验，验证控制系统设计方案是否合理。
- 考核系统连接关系：检验各子系统和部件工作的协调性，考核各分系统的连接和通信是否正确。
- 考核干扰和拉偏的影响：考核控制系统在各种实战条件下或极限偏差下的抗干扰性和鲁棒性。
- 评估指标：通过参试部件的引入和各种条件的仿真，评估控制和制导系统的性能指标，为系统优化和方案改进提供试验依据和优化方向。
- 暴露设计问题：通过全系统闭环回路下的半实物仿真试验，提早暴露软件或硬件中的设计问题。
- 完善数学模型：校核和完善各分系统的数学模型，并为研究复杂部件及其交联影响的数学模型提供充分的试验数据。
- 辅助打靶试验：为飞行试验条件的确定和试验模式的规划提供数据。
- 故障定位归零：能够在实验室环境下，精确可控地复现飞行故障出现的环境与状态，为产品故障定位提供试验条件，从而开展故障归零的相关工作。

11.1.1.2　规划半实物仿真系统的构成方案

在确定系统研制目标后，根据飞行器制导控制系统的组成，考虑项目研制经费，确定参试对象。在此，给出一些系统实物部件接入半实物仿真系统的基本原则。

- 控制计算机作为制导控制系统的中枢，通过运行相关的弹载软件，完成信息汇总处理、制导指令生成、控制指令计算、安全策略执行等工作，因此，应尽可能将制导控制系统的飞控计算机引入仿真回路中。
- 对于制导控制或导航精度有重大影响的产品部件特性，应当接入仿真回路，通过仿真试验，考核产品实物部件特性对于系统总体性能的影响。

- 对难以用数学模型精确描述或物理特性尚未明确的产品部件，需要接入仿真回路，通过仿真试验，复核校准数学模型，评估部件特性对于系统的影响。
- 根据系统建设目的和实验室定位来选择产品实物，如红外导引头研制单位，实验室建设的目的是考核红外导引头的抗干扰性能，因此，引入设备就以红外导引头为主，其他弹上产品可以用数学模型的形式引入。

在确定参试对象后，就可以遵循相似性理论，根据制导控制回路的信号流向和引入设备的工作原理，完成仿真系统相关设备的规划。

在遇到系统研制经费有限的情况时，可以采用两种方法进行方案实现。一种方法是对部分仿真系统的任务功能进行综合集成，如将数据记录功能集成在仿真管理或产品通信接口子系统中，或者删去一些不影响仿真系统核心任务的功能节点，如三维视景节点。另一种方法是采用分阶段建设，根据参试设备规划，将整个建设任务分解为若干阶段。例如，在建设初期，围绕弹载计算机的闭环仿真来构建相关设备，完成最小系统的实现，此时建设成本较小，研制周期较短；在建设中期引入惯导、舵机、卫星导航等部件，在原有系统上增加成本较大的三轴转台、负载模拟器和卫星导航模拟器；建设后期完成导引头的闭环引入，需要建设五轴转台+红外场景模拟器或微波暗室+射频场景模拟器，此时需要巨大的建设经费。但需要注意的是，在进行分期建设的过程中，必须考虑到后续规划，在场地布局、通信架构、供电用气等方面为后续仿真设备有所预留。

11.1.1.3 选择半实物仿真系统的技术路线

在完成半实物仿真系统构成方案之后，需要根据仿真试验的建设任务和参试设备的性能指标，选择不同设备的技术路线和类型。

- 建模工具：根据仿真任务和前期基础，选择合适的建模工具，即采用 C 语言方案和 MATLAB/SIMULINK 方案，该选项在很大程度上决定了实时仿真机的类型，以及后期使用的便捷程度。建议选择与前期数学仿真一致的建模工具，从而减少工作量和模型转换过程中的出错概率。
- 飞行转台形式：根据飞行器的典型弹道和姿态变化范围，选择转台为立式转台还是卧式转台。一般情况下，立式转台适用于偏航角范围较大的飞行器，卧式转台适用于俯仰角范围变化较大的飞行器。另外，根据参数设备的负载重量和尺寸大小，并考虑飞行器的姿态变化动态范围，选择转台能源为电动转台还是液压转台，如果选择液压转台，则还需要考虑实验室内的油路管线问题。
- 负载模拟器形式：根据负载力矩大小，选择负载模拟器的能源形式，是电动加载还是液压加载；根据舵机的布局，选择负载模拟器为"一"字布局还是"十"字布局。
- 红外场景模拟器类型：根据红外导引头的工作波段和场景需求，确认红外目标模拟器的技术路线，从而选择 MOS 电阻阵列、DMD 微反射镜阵列或 IR-CRT 等模拟器类型。
- 卫星导航体制：根据参试的卫星导航设备的星座体制和仿真任务要求，从 BD、GPS、Galileo 等导航星座体制中进行选择，确定卫星导航模拟器的星座，明确是否包含单一导航体制和多个导航体制。
- 射频天线的波段：根据雷达导引头的工作波段，确定射频天线阵列和微波暗室的工作波段。

11.1.2　制导控制半实物仿真系统的方案设计阶段

在完成半实物仿真系统的初步论证后，需要开展方案的详细设计，这也是仿真系统研制中的重要环节。其主要内容就是根据系统的初步论证方案，针对用户具体的仿真需求和投资规模，从系统的实用型、先进性、兼容性、扩展性、经济性、便利性等维度出发，完成总体方案的设计，提出仿真系统各仿真设备、接口、软硬件的技术要求，分析论证关键设备的技术指标、技术方案与可行性，最终形成详细方案的设计和各分系统的任务书或招标文件，便于指导后期开展采购工作或招标工作。

在进行总体方案设计时，应重点考虑系统的调度机制、运行流程、设备指标、工作模式等内容。

11.1.2.1　设计半实物仿真系统的布局方案

在开展半实物仿真系统设计时，特别是全新的实验室，一个重要的任务就是开展实验室布局的设计，对仿真系统设备安装现场和实验室环境进行整体规划、设计和专门的施工建设，保证试验现场场地和环境条件满足系统仿真设备运输存储、安放调试和试验运行的安全性和可靠性，同时要考虑试验现场人员的安全性和舒适性要求。根据系统总体组成方案，完成试验设备区域的布局设计、供电设计、线路设计和环境设施设计。

- 布局设计：根据试验设备的组成和任务，完成试验设备区域的划分、设备的摆放、地基规划等任务。在进行设计时，首先要考虑安全性，如转台等大型机电设备的操作与其他设备进行隔离，不同区域之间可以采用防碎复合材料隔离门来进行隔断，防止设备异常时对人员的损伤，并具备良好的观察视角和降噪的效果；其次，要考虑操作的便捷性和信号的传输性，各个参试部件产品的位置应相对紧凑，避免由传输线缆带来的误差影响；最后，还要考虑设备的入场问题，一些大型设备的尺寸和重量较大，在进行总体设计时，必须考虑设备安装时的入场路线和安装方案。
- 供电设计：实验室应安装专门设计的隔离变压器，可以有效使系统与市电隔离，缓冲外电网大电流冲击，保护仿真系统的用电安全；另外，按照国家相关标准，具备良好的地线要求。
- 线路设计：半实物仿真实验室中主要包括供电电缆与信号电缆，为了有效防止人身触电事故与线缆损坏，设计专门的走线槽，所有的电缆均通过走线地沟进行铺设，地面上无电缆摆放。在进行走线设计时，注意强电信号和弱电信号的隔离，减少信号的电磁干扰。
- 环境设施设计：实验室基建过程中，设计专门的新风系统，保证实验室的空气流动性，同时放置消防灭火装置，预防火灾的发生。另外，对于一些湿度较大的地区，必须配置除湿装置，使得实验室保持恒温恒湿状态。

11.1.2.2　设计半实物仿真系统的调度方式

对于一个分布式仿真系统，需要根据任务总体要求，完成网络通信调度方式和网络数据交换地址的分配，从而保证整个系统的整体性和交互性。

- 根据参试对象的工作流程，结合仿真设备特性，规划合理可行的仿真过程阶段和调度流程，制定仿真系统及设备工作时序和交互逻辑。

- 基于工作任务时序，制定系统的同步交互方式和消息响应机制，从而保证系统在仿真管理节点的调度下，按照统一的节拍执行仿真任务。
- 根据系统组成及扩展性和可重构性要求，完成仿真系统中信号流向的规划，制定所有设备的电气接口连接方式和通信时序，完成各个节点数据的网络地址分配。

11.1.2.3 设计半实物仿真系统的工作模式

为了便于仿真系统交付后的使用，最大限度地发挥半实物仿真系统的设备效能，可以在系统详细方案设计时，对系统的工作模式和仿真使用方式进行规划和设计。因此，在完成半实物仿真系统的构成方案和技术路线之后，根据仿真要求和构成方案，规划完成半实物仿真试验的工作模式；同时，考虑到半实物仿真系统建设投入较大，通常情况下会要求部分设备在完成闭环仿真要求的前提下，具备一定的测试功能。但需要注意的是，半实物仿真系统的核心任务还是完成参试部件的闭环仿真试验，开展部件性能指标的测试和考核，应该是仿真系统的附加功能，因此在系统设计时，切忌削足适履、舍本逐末。

常用半实物仿真系统的工作模式：

- 惯组性能测试试验。
- 舵机性能测试试验。
- 卫星导航测试试验。
- 全数字闭环仿真验证。
- 飞控在回路的闭环试验。
- 舵机在回路的性能影响分析试验。
- 惯导在回路的性能影响分析试验。
- 飞控+惯导在回路的闭环仿真。
- 飞控+舵机在回路的闭环仿真。
- 稳定回路全系统闭环仿真。
- 制导回路全系统闭环仿真。

……

11.1.2.4 确定半实物仿真系统的指标要求

在完成系统构成规划后，就需要根据系统的建设目标和研制经费等因素，分配和确定各个仿真设备子系统的研制指标，从而形成各个设备的系统研制任务书。

仿真设备性能指标的分配，应当遵循适用与匹配的原则，典型要求如下：

- 性能指标能够实现仿真系统的设计指标。分析设备的性能指标，判断其能否实现仿真目标，完成仿真系统集成和仿真试验任务等。
- 性能指标是否合适。在确定能够满足需要后，应判断其参数是否合适。仿真设备指标不宜追求过高，在保证一定的兼容性、安全性和扩展性的要求下，适用即可，过高的指标要求会造成研制经费的大量浪费。
- 不同设备的性能指标之间、同一设备的不同性能指标之间必须相互匹配。例如，仿真步长与设备的控制周期必须匹配；仿真步长必须与数据通信速率和更新周期相匹配；转台的转速与转台的频带指标相匹配；目标模拟器的视场与其分辨率相匹配。

11.1.3　制导控制半实物仿真系统的项目研制阶段

在完成系统总体设计方案和分系统任务书后，就可以根据系统组成和项目建设预算，确定系统软硬件设备配置清单及投资方案，开展相关设备的招标与采购。在招标和采购的过程中，可能会根据设备具体情况，对详细方案进行调整和优化。研制阶段的主要工作包括开展系统的市场调研和商务谈判、评估半实物仿真系统的成本周期、实施半实物仿真系统的项目研制，同时开展实验室的基建工作和参试产品的准备工作。

11.1.3.1　开展系统的市场调研和商务谈判

在系统总体方案的基础上，对系统进行梳理和分解，明确采购外协的分系统清单。对于外协设备，通过广泛的市场调研，选择若干合适的承研单位或供货商；可以以邀标的形式，开展商务谈判，与各个用户开展详细的沟通与交流，分析对比不同承研单位的技术方案、关键技术、相关业绩、项目报价、研制周期和后期服务，综合对比各个承研单位的综合实力和产品性能，按照"性能—质量—成本"相结合的原则进行选择，切忌唯低价中标的情况。

在商务谈判过程中，根据项目预算，最大限度地维护自身及用户的实际利益，保证半实物仿真系统项目的建设成果，努力达到共赢的局面。

11.1.3.2　评估半实物仿真系统的成本周期

在确定各个参试设备后，还需要估算整个半实物仿真系统的研制成本和研制周期。

- 研制成本：系统研制成本包括建设成本、使用成本和维护成本等。在确定系统构成和指标后，就可以根据各分系统的构成和指标，计算出其研制成本。在设计初期，必须考虑到后续的维修和升级等因素，使得其使用成本和维护成本降低。
- 研制周期：一般指仿真任务需求确定、签订研制任务书或合同，到系统验收、交付使用的全部过程。研制周期取决于仿真任务需求、时间任务节点和性能需求的制约。需要注意的是，在进行研制过程中，必须考虑单位的具体情况和系统的复杂难度，需要预留足够的周期进行系统集成和产品匹配联试。

11.1.3.3　实施半实物仿真系统的项目研制

半实物仿真系统的项目研制不仅是一项技术性工作，也是包含大量管理、商业等事务性的工作，需要对系统建设的任务分工、质量、进度、人员等进行管理。项目研制主要包括试验场地建设、硬件设备采购、专用软件开发、外协设备采购和参试部件准备等工作。

- 试验场地建设：按照总体方案规划，并结合重要大型机电设备的建设需求，完成实验室房屋的建造和改装、设备地基和电缆地沟的施工、供电线路的建设和改造、照明/通风/环控/监控等设备的安装与调试等一系列准备工作。
- 硬件设备采购：主要指系统中计算机、投影、相关板卡等通用设备的采购。在采购过程中，在选择产品型号时，兼顾性能指标和产品报价；当选择供应商时，应选择正规和大型的供应商，保证产品质量和售后服务。
- 专用软件开发：仿真系统专用软件一般为自行开发或外协定制的，其设计依据是在系统设计阶段确定的软件研制任务书或软件需求规格说明书。当进行软件开发时，需要从系统工程的角度出发，按照系统使用和工作要求，确保系统整体性能的同时，充分发挥系统软件的作用，改善仿真系统运行的安全性、可靠性和使用的灵活性、便捷性，并且要及时与总体设计人员和后期使用人员进行沟通交流，改进软件使用流程和人机交互方式。

- 外协设备采购：半实物仿真系统中的转台、目标模拟器、负载模拟器等设备通常为定制化设备，需要由专门的设备制造商进行定制开发。在采购过程中，首先根据市场调研和商务谈判结果，与设备研制商签订研制合同；然后开展详细方案的评审，评估其性能指标是否满足需求，并提出相关修改意见进行完善；在研制过程中，通过一系列进度检查，保证设备质量和进度要求；研制完成后，双方讨论形成设备验收大纲，开展出厂验收；最后在用户现场进行集成联试，并根据联试结果进行优化和完善，最终开展设备性能指标测试和设备验收工作。

- 参试部件准备：根据设备研制进度，协调相关部门，确保参试产品的状态和使用时间。

11.1.4　制导控制半实物仿真系统的集成联试阶段

在完成试验场地建设后，就可以逐步安装相关的采购硬件和外协设备，并与产品一起，结合仿真系统的后续使用需求，对整个系统的设备进行联调联试，使之能彼此协调工作，相互配合，形成一个设备整体。集成联试主要包括系统电气联试、仿真软件联试和试验模式联试等内容。在集成联试的最后，按照系统规划的试验运行方案，开展全系统试运行，相关调试结果和运行结果作为系统后续验收的依据。

关于集成联试的目标、联试内容和联试步骤，在 11.2 节中进行详细介绍。

11.1.5　制导控制半实物仿真系统的验收交付阶段

在完成系统集成联试和试运行后，就可以根据项目研制要求，开展人员培训，功能测试，准备全系统的验收交付工作。

11.1.5.1　开展试验人员的培训工作

在实验室试运行完成后，需要根据合同要求，对试验管理人员和设备操作人员进行专业的培训和操作指导，确保半实物仿真系统的运行安全性和工作效率。人员培训内容如下。

- 系统功能、原理、工作模式及仿真运行操作流程。
- 各个设备的检测方法、检测工具及检测流程。
- 各个设备的保养和维护操作流程。
- 系统常见故障及处理方法。
- 系统安全及其他注意事项。

11.1.5.2　开展仿真设备的验收工作

根据合同要求，需要开展仿真设备的验收工作，确保设备的功能、性能各项指标满足研制任务书要求。

在进行验收测试时，由设备用户或系统集成方按照研制任务书要求，参考相关标准和规范，经讨论后形成相关指标的验收测试大纲，共同组成验收测试小组，借助一系列标准仪表和专用工具，对设备的功能要求和性能指标进行测试。

对于验收中出现的、研制任务书中未规定的各种情况，深入分析其引起原因，以不影响半实物仿真系统性能为前提，对系统进行整改和完善。

11.1.5.3　开展文档资料的检查工作

按照合同规定的交付清单，对系统的文档进行检查，包括文档清单是否齐备、文档格式是否规范、文档内容是否完整。一个大型的半实物仿真系统，文档交付资料通常包括：

- 系统详细设计报告。
- 系统研制总结。
- 系统验收大纲。
- 系统验收报告。
- 系统使用说明。
- 系统维护校准说明。

11.2　制导控制半实物仿真系统的设备总体集成

作为一个典型的分布式仿真系统，精确制导武器的制导控制半实物仿真系统通常包含多个专用仿真设备，会由多家供应商进行提供，并且与参试产品进行深度交联。因此，在各分系统研制完毕后，必须进行集中联调联试，保证仿真系统的顺利交付和后续试验的顺利进行。

总体集成联调联试是以系统功能测试为主、基于需求规范的测试，必须满足充分性原则，确保系统相关的功能属性和设计属性在试验过程中得到完全验证。通过全系统的总体集成联调联试，考核仿真系统总体指标，验证仿真系统研制任务，相关结果是仿真系统验收的重要依据。

11.2.1　制导控制半实物仿真系统的集成联试目标

集成联试是指在系统工程科学方法的指导下，根据用户需求和总体设计方案，优选各种技术和方法，将各个相互关联的子系统连接成一个完整可靠经济和有效的整体，并使之能彼此协调工作，相互配合，共同完成一个整体目标。对于制导控制半实物仿真系统，包含多个仿真节点和参试设备，通过全系统的集成联试，完成仿真系统集成和系统功能测试，主要任务和目标如下。

1）完成系统整体通信调度联试

制导控制半实物仿真系统中的各个仿真分系统，通过实时网络进行通信，为保证试验部件的闭环仿真，要求各个分系统必须在统一的调度下，执行相关的操作和试验。因此，仿真系统集成联试的首要工作就是完成仿真系统的通信调度调试，验证各分系统的通信链路正确性，考核仿真主控管理系统对于分系统的推进过程，测试全系统的时钟同步性能。

2）完成参试产品接入兼容调试

由于半实物仿真需要引入制导控制系统产品实物，因此，必须对参试产品的接入性进行测试和考核。评估参试数学模型的解算周期与一致性问题，检测产品与部件的通信链路，测试产品部件的安装位置与仿真方式，评估分析产品与设备的电磁兼容性等问题。

3）完成仿真试验工作模式调试

通过对参试部件进行组合，可以实现不同的仿真试验模式，用于实现不同的仿真试验目的。因此，系统集成联试需要完成不同试验模式的组合。

4）完成试验系统总体指标测试

通过集成联试，完成涉及系统总体指标的测试，包括时钟同步性、最长工作时间、仿真步长大小、试验数据存储能力等相关总体指标的测试，为后续系统总体验收测试提供依据。

5）完成试验系统操作运行细则

集成联试的一个重要工作，就是完成试验系统操作运行细则的编写。根据联调联试的具体结果，形成系统操作运行手册，为后续仿真试验的顺利执行提供保障条件。

11.2.2 制导控制半实物仿真系统的集成联试内容

制导控制半实物仿真系统的总体集成联调联试，应以仿真系统的建设目标和功能需求为依据，主要开展不同分系统与分系统之间、仿真系统与产品之间的通信测试、过程调度、总体指标等内容的调试。相关集成联试的工作要能全面反映系统的工作环境和工作状态，能够全面考核系统的性能和功能。

1）系统网络通信联调联试

制导控制半实物仿真中的各个节点通过实时网络进行通信连接，因此，进行集成联试的首要任务，就是检查各个节点的网络通信是否正常。确保各个节点的地址和板卡节点 ID 没有冲突，检查光纤收发端口的连接是否正确。

2）系统调度推进联调联试

在完成网络通信测试后，需要按照总体方案规定的系统推进机制和同步策略，检查仿真主控管理系统与各个仿真节点的调度控制。通过测试时钟推进机制和控制消息响应，检测系统全局推进响应机制是否正确，评估系统时钟同步误差的大小及影响，考核异常情况处理策略是否完备。

3）仿真模型兼容联调联试

在半实物仿真系统中，仿真模型完成飞行器数学模型的解算，并为其他节点提供数据信号激励。因此，仿真模型的正确性和一致性显得尤为重要。在进行系统集成联试时，必须开展仿真模型的兼容性调试。根据实时仿真机的要求，对原有的数学模型进行修改和补充，增加相关的数据显示模块和硬件驱动模块，并且开展模型一致性测试，确保数学模型转换前后的解算结果一致。

4）电气接口通信联调联试

在半实物仿真系统中，需要按照产品实物部件的具体要求，完成电气接口的测试。在进行联试时，必须严格检查相关电缆的接线是否正确，特别是供电接口，防止电缆接线错误导致产品部件损伤。对于数字信号通信的连接方式，检查其通信协议和解码程序，从而保证仿真系统与产品部件的通信正常。

5）产品部件安装联调联试

惯性测量组件、舵机、导引头等实物部件在进行半实物仿真试验时，需要安装在转台和负载模拟台等物理效应设备上。因此，需要检查相关部件与工装的连接是否正确可靠，防止出现安装干涉。另外，在安装惯导和导引头时，必须特别注意产品部件的安装方向，保证产品的坐标系与转台的旋转方向一致。在安装舵机部件时，需要注意四路舵机通道的安装顺序，保证舵机通道和加载通道一致。

6）试验数据存储联调联试

在仿真系统中，需要根据仿真试验目的，对试验数据的存储及显示进行调整，检查试验数据的存储格式和存储内容是否满足需求，过程显示数据是否直观。

7）三维视景效果联调联试

根据试验目的，基于标准弹道的仿真数据，对三维视景的显示效果进行联调联试，检查三维视景驱动引擎的显示效果，调整视景观察者的角度和位置，评判其显示帧频是否流畅。

8）系统仿真模式联调联试

在各项内容基本调试完成后，需要根据试验目的，完成参试部件的闭环仿真试验，并根据试验目的，设计不同部件组合的试验模式，并通过联调联试，完成试验模式的测试，形成详细的操作细则。

11.2.3　制导控制半实物仿真系统的集成联试步骤

半实物仿真系统的集成联试，需要根据试验目的、设备特点、被试设备状态和仿真系统组成，在确保人员和设备安全的基础上，以循序渐进的方式，由简到难，由静态到动态，由开环到闭环，先分系统后全系统的顺序进行集成。

制导控制半实物仿真系统集成联试步骤如图 11-2 所示。

从图 11-2 中可以看出，整个集成联试过程大致可以分为 4 个阶段：系统静态联试、模型闭环联试、部件闭环联试和系统闭环联试。

1）系统静态联试

在系统静态联试阶段，主要完成仿真系统各设备之间的集成联试，以及仿真系统与参试部件之间的集成联试，其中，仿真系统各设备之间的集成联试主要包括网络通信联试和调度推进联调联试，主要用于检验系统通信和网络调度方案，测试系统的实时性和同步性。而参试部件和仿真系统的检查主要检查系统机械、电气和通信接口的正确性，完成参试部件和数学模型与仿真系统的接口匹配性和兼容性。

2）模型闭环联试

在完成仿真模型的适应性修改后，可以开展分布式的全数字仿真，对比分析数学模型修改调整后，与原有仿真模型的解算一致性。同时，可以通过分布式的全数字仿真运算，考核数据记录的完备性，调整仿真曲线的显示内容，优化三维视景的显示效果。

3）部件闭环联试

在完成全数字仿真后，就可以根据仿真目的的要求，逐一引入各个参试部件。在引入的过程中，先进行开环的随动试验，即依然使用数学模型进行闭环解算，但相关数据会输出给相应的物理效应设备，从而激励各参试部件，使其进行随动运行。通过开环随动试验，对比相关部件的输出状态与对应数学模型的输出状态的变化趋势，检查相关部件在物理效应设备的安装极性，验证数据通信和信息解码的正确性，评估导航算法和控制律计算的正确性。

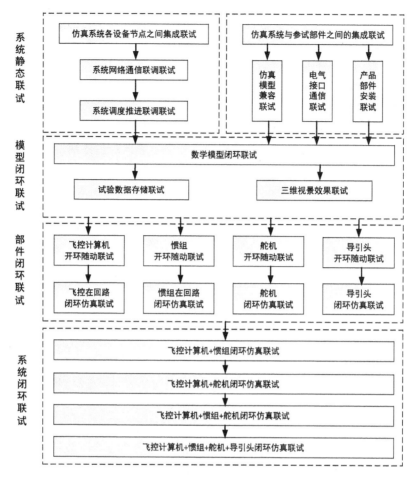

图 11-2　制导控制半实物仿真系统集成联试步骤

4）系统闭环联试

在完成各试验部件的闭环接入后，就可以开展系统的闭环联试。在闭环联试时，依然要按照由简到难的原则，逐一引入产品部件。在每次增加参试产品的前后，需要对仿真结果进行深入分析，评估部件引入的影响大小，对于引入后出现的异常，需要分析其产生原因，排除仿真试验设备引起的弹道异常。

11.3　制导控制半实物仿真系统的试验方案设计

制导控制半实物仿真系统交付完成后，就可以根据任务需求，开展半实物仿真试验。在开展试验之前，一个重要的工作就是完成试验方案的设计。其主要任务是根据试验目的和任务要求，在确定试验模式、试验内容类型和拉偏参数的基础上，运用统计学原理，研究如何合理选取试验样本，控制试验中各种因素及其水平的变化，制定出一个优化的可行试验方案，使之以尽可能少的试验次数来获取足够有效的试验信息，有助于对试验结果做出有用的推断得出比较可靠的试验结论。

试验设计是把试验方法变成一个有效的试验方案，以保证收集正确的试验信息和可行试验的实施，它是试验方法的具体工程化，又是试验方法研究的重要内容。

试验设计人员必须深刻了解参试武器制导控制系统的工作原理和设计结果，熟悉试验工程方法中的试验法、测量法、评定法之间的相互关系，要从制导控制系统的性能指标评定需求出发，在接近参试装备实际使用的条件下，选择和控制影响试验的各种因素及其水平，合理选取试验样本，使得能够从获取的试验数据中评价制导控制系统的总体性能，确保能够完成试验目标。

在本节中，首先介绍制导控制系统半实物仿真试验的内容，然后对偏差参数进行重点分析，接下来，对试验设计的基本原理和主要过程进行介绍，最后给出常用的试验设计方法。

11.3.1　制导控制半实物仿真系统的试验内容设计

半实物仿真试验的内容必须按照试验对象状态、试验任务和试验目的进行制定。总的说来，试验内容应满足以下两方面的要求。

（1）试验条件全面反映系统的工作环境和工作状态，如武器系统的各种作战使用条件，包括正常范围、边界条件、干扰条件等。

（2）试验内容必须能够全面考核系统的性能和功能，如静态性能、动态性能、抗干扰性能、制导精度、命中概率、落点散布、毁伤效果等。

11.3.1.1　制导控制半实物仿真系统的试验类型规划

在精确制导控制半实物仿真试验中，试验内容主要包括器件影响仿真、参数拉偏仿真、抗干扰能力仿真、故障影响仿真、边界条件仿真等。

1）器件影响仿真试验

在精确制导武器的半实物仿真试验中，器件影响仿真试验的主要目的是考核不同弹上部件对于制导控制性能指标的影响。

在进行仿真试验时，主要基于标准弹道或部分拉偏弹道，逐一引入相关弹上器件，分析对比引入真实产品前后的弹道曲线和仿真结果，用于完成性能影响大小分析和弹上器件的模型校核，验证弹上软件流程的正确性，检查各个设备的电气连接情况和器件的匹配情况。

2）参数拉偏仿真试验

气动计算、安装误差等原因，飞行器的实际参数与数学模型存在一定差异，这些差异会导致被控对象模型与设计模型存在一定偏差，从而影响控制性能和制导精度。因此，在半实物仿真试验中，一个重要的内容就是开展参数拉偏仿真试验，评估控制结构和控制参数在数学模型不精确的情况下的适应性和鲁棒性。

3）抗干扰能力仿真试验

飞行器在飞行过程中，会受到各种各样的外在干扰和内在噪声的影响，对控制性能、制导精度、抗干扰能力产生影响，其中，外在干扰包括环境干扰和人为干扰等。因此，需要通过半实物仿真，验证系统控制能力控制性能，考核系统的抗干扰能力。

4）故障影响仿真试验

飞行器在半实物仿真试验中，需要通过开展一系列故障仿真，如舵机卡死、信号异常等情况。一方面评估飞行器故障情况下的弹道曲线，另一方面考核飞控软件中故障处理策略的正确性和有效性。

5）边界条件仿真试验

飞行器在半实物仿真中需要开展一系列边界条件仿真，评估飞行器在极限情况下的控制能力，确定飞行器的边界性能指标。

11.3.1.2 制导控制半实物仿真系统的试验模式分析

在半实物仿真试验内容设计时，需要针对不同的研制阶段，规划若干仿真模式，从而实现不同的试验目的。下面介绍几种主要的仿真系统工作模式。

1）全数字闭环仿真试验

全数字闭环仿真是将数字仿真模型通过修改、分割、编译、链接，在实时仿真系统中生成实时代码，并在仿真主控的调度推进下，开展实时仿真解算。通过开展分布式数学仿真，对比分析数学模型修改前后的仿真一致性；检验系统的推进机制、运行状态、数据存储和视景演示效果；并可以作为评价基准，对比分析不同弹上部件对于性能的影响。

在这种仿真模式下，参与设备主要包括仿真主控管理子系统、模型实时解算子系统、试验数据记录子系统、三维视景显示子系统等。

2）飞控在回路的闭环仿真试验

针对飞控计算机的信号接口定义，基于弹载软件的工作流程，按照相似性原理，通过对数学模型进行修改，将飞控计算机引入仿真回路中。通过飞控在回路的闭环仿真试验，全面验证导航算法、制导算法和控制算法的有效性，检验弹载软件的工作逻辑和任务时序，考核电气设备的连接情况。该仿真模式是半实物仿真系统的主要工作，大量的信号调试工作和弹载软件测试是通过该模式来完成的。

在这种仿真模式下，参与设备主要包括仿真主控管理子系统、模型实时解算子系统、惯组模拟器子系统、电气通信接口子系统、试验数据记录子系统、三维视景显示子系统等。

3）舵机性能影响的闭环仿真试验

舵机作为飞行器最主要的执行器件，其性能优劣直接影响系统的控制性能；同时，舵机作为一个典型的机电液一体化的部件，难以构建精确的数学模型。因此，在进行飞行器半实物仿真试验时，一个重要的模式就是评估在各种仿真条件下，真实舵机对于控制回路的影响。通过修改数学模型，将数学模型中的舵机模块用真实的舵机系统来代替，开展舵机在回路的闭环仿真试验，用于校验修正舵机模型，考核舵机性能对于飞行器控制算法的性能影响。

在这种仿真模式下，参与设备主要包括仿真主控管理子系统、模型实时解算子系统、气动负载模拟台子系统、试验数据记录子系统、三维视景显示子系统等。

4）导航性能影响的闭环仿真试验

陀螺作为重要的导航器件，用于敏感飞行器的姿态变化，其温漂、零偏等误差因素直接影响飞行器的导航结果。因此，通过修改数学模型，将陀螺模型的输出用真实信号来代替，借助三轴转台子系统将惯导中的陀螺引入仿真回路，考核惯导器件误差和导航算法对于系统的导航精度和制导性能的影响；同时，还可以通过卫星导航模拟子系统，将卫星导航接收机设备引入仿真回路，考核组合导航算法的正确性和有效性，评估卫星导航信号异常（丢星或干扰）情况下的组合导航输出结果。

在这种仿真模式下，参与设备主要包括仿真主控管理子系统、模型实时解算子系统、三轴转台子系统、卫星导航模拟子系统、试验数据记录子系统、三维视景显示子系统等。

5）稳定控制回路的闭环仿真试验

稳定控制回路闭环仿真主要用于考核飞行器的稳定控制回路。通过将飞控、惯导、陀螺、卫星导航等弹上设备引入闭环回路，考核整个制导控制系统的稳定性和控制响应，检查不同弹上部件之间的电气连接通信的正确性，评估不同弹上部件之间的性能指标匹配性和适应性。

在这种仿真模式下，参与设备主要包括仿真主控管理子系统、模型实时解算子系统、三轴转台子系统、卫星导航模拟子系统、试验数据记录子系统、三维视景显示子系统等。

6）制导控制回路的闭环仿真试验

制导控制回路仿真是精确制导武器的制导控制系统的全回路仿真，通过半实物仿真实验室所有设备的共同参与，将导引头、陀螺、卫星导航、飞控、舵机等弹上设备全部引入仿真回路。能够在最大限度上考核和验证制导控制系统的抗干扰能力、导航精度和控制性能，全面评价弹上设备和策略算法在各种干扰和偏差状态下的工作性能。

在这种仿真模式下，参与设备包括全部的仿真子系统。

11.3.2　制导控制半实物仿真系统的偏差参数分析

飞行器是一个非常复杂的系统，大攻角、非线性、强耦合等特点决定了飞行器制导控制系统的设计结果必须要经过严格考核。一方面，由于计算误差和加工工艺的因素，飞行器实际的气动系数、质量特性、推力状态不可避免地与数学模型存在一定的差异，从而导致控制性能下降；另一方面，飞行器在飞行过程中，不可避免地会受到环境干扰、级间分离、人工诱饵、器件噪声等因素的干扰，使得飞行器偏离预定弹道，影响飞行特性和制导精度。因此，在半实物仿真中的重要内容，就是针对飞行器在飞行过程中受到的各种偏差和干扰，开展一系列验证仿真试验，评估飞行器中实际部件和飞控软件在各种偏差和干扰下的控制性能。

为了评判制导控制系统在各种偏差和干扰情况下的工作性能，必须对飞行器在飞行过程中所面临的各种偏差和干扰情况进行分析。根据偏差和干扰产生的原因，可以将其分为动力系统偏差、气动参数偏差、弹体参数偏差、环境干扰影响、人工干扰影响、器件噪声影响和发射边界影响等类型。

11.3.2.1　飞行器动力系统偏差分析

动力系统作为飞行器的推力来源，其主要任务是将飞行器推到一定速度或维持在一定速度。在实际工程中，受到生产工艺、工作环境、燃料特性等影响，使得飞行器实际推力与数学模型存在一定差异，主要包括由安装工艺引起的推力偏心和由燃料特性引起的推力偏差。

1）推力偏心

对于大多数飞行器而言，理想状态下的发动机推力作用线应与弹体几何纵轴重合，推力作用线通过弹体质心。但在实际飞行中，从喷管排出的燃气流产生的推力矢量与发动机的理论轴线不重合，使得推力矢量偏离质心一个微小距离，此距离是一个空间矢量，其大小和方向均可能会随时间变化，从而引起发动机推力偏心的变化。

推力偏心一般由几何推力偏心和燃气流推力偏心两部分组成，几何推力偏心是由于发动机壳体、喷管等部件的几何尺寸和安装工艺引起的偏差，燃气流推力偏心是由发动机装药燃烧异常导致排出的燃气流不均匀造成的，并且随着燃药不断消耗，全弹质心和燃气流推力偏心均在不断变化。

在描述推力偏心的影响时，通常用推力线偏斜角度和推力线作用点位置偏差来描述。其中，推力线偏斜角度用于描述发动机推力矢量与弹体纵轴的偏差角度，可以采用直角坐标描述或极坐标描述；推力线作用点位置偏差用于描述发动机推力作用点与弹体质心的位置，通常包括三个方向的位置偏差。

2）推力偏差

在飞行器实际飞行过程中，受到环境温度、喷口压力等状态的变化，以及燃料特性的差异，使得发动机的实际推力大小与标准的推力模型存在一定偏差，从而影响飞行器的速度和射程。因此，在半实物仿真试验时，需要考虑推力大小的偏差的影响。

在描述推力偏差时，通常设定一个推力偏差范围，认为推力在该范围内均匀分布或正态分布，对其进行随机分布拉偏，也可以按照极值进行拉偏。例如，可以认为实际推力为标准推力的±5%或±10%。

11.3.2.2 飞行器气动参数偏差分析

弹体动力学模型使用的空气动力系数来源于风洞吹风数据或气动理论计算，然而在风洞吹风过程和数据处理过程，以及气动理论计算中，不可避免地会由于设备、方法等因素给数据带来误差，降低气动数据的置信度。因此，有必要对使用的气动系数进行拉偏，考查在气动计算存在偏差下的控制性能。

1）气动参数拉偏内容

典型的气动力拉偏项包括阻力系数、升力系数、侧向力系数、俯仰力矩系数、偏航力矩系数、滚转力矩系数，以及气动导数等内容。

2）气动参数拉偏方法

在进行拉偏试验时，通常认为在气动力系数为基准值的一个偏差范围内，按照正态分布或均匀分布进行选择，也可以按照极限进行选择。

11.3.2.3 飞行器弹体参数偏差分析

飞行器在生成和制造过程中，受工艺和装配等因素的影响，部分弹体实际参数会与设计值或仿真模型的设置值存在一定偏差，从而导致仿真结果与实际情况不一致。弹体参数偏差主要表现在质量特性和结构安装等方面。

1）质量特性偏差

受设计与制造等因素的影响，实际飞行器的质量及转动惯量会与模型中飞行器的质量及转动惯量存在一定差异，从而直接影响到导弹的总体参数和性能，尤其是质心的偏差，会直接影响到控制力矩的大小。因此，在仿真中需要考虑质量特性的偏差。飞行器的质量特性偏差主要可以分为质量偏差、转动惯量偏差和质心位置偏差。在仿真时，可以认为实际值在基准值上下一定范围内浮动。

对于一些以固体火箭为动力的飞行器，随着产品的逐步定型，其质量和转动惯量的测量会愈加准确，其偏差就会越来越小。但对于一些运载火箭之类的需要现场加注燃料的飞行器，其飞行器的质量特性偏差通常会与推力系统的偏差耦合在一起。目前，运载火箭的起飞质量中90%左右均为推进剂质量,加注质量偏差是火箭起飞质量偏差的最主要组成部分。一般推进剂加注总质量会超过数百吨,如此大的加注质量没有办法进行质量称量,只能通过控制加注容积来控制加注质量。受到环境温度、加注流量测量偏差和推进剂加注过程升温导致燃料密度变化等因素的影响,加注总质量和理论质量会产生一定的偏差。

2)结构安装偏差

结构安装偏差主要指由于受安装工艺的影响,弹上部件的安装位置和设计值存在一定的偏差。结构安装偏差主要包括舵面和翼面等的安装角误差和安装反角误差。这些偏差的具体量值与导弹结构设计和工艺水平有关。

11.3.2.4 飞行器环境干扰影响分析

飞行器在飞行过程中的环境因素是一个复杂变化动态过程,其大气密度、风速等影响气动力大小的环境参数在不同的经纬高和季节存在显著变化,因此,在仿真中必须考虑各种大气环境偏差对于制导控制系统性能的影响。

1)大气密度偏差

在制导控制系统设计时,通常采用标准大气模型计算飞行器所在位置的大气密度数值,而这个数值通常与实际大气密度存在一定的差异。通过对多个地区不同季节大气密度变化的对比分析,大气密度与标准大气的差异在不同季节或高度最高可达10%~15%。而密度偏差直接改变飞行器气动力和气动力矩的大小,影响飞行器的控制性能和战技指标。因此,需要通过对大气密度的数值进行拉偏,考核不同大气密度条件下的制导控制系统性能的影响。

在工程实践中,大气密度偏差可以采用对标准大气密度进行拉偏,或者采用目标区域指定月份的气象统计数据来进行考量。

2)大气风场影响

在进行制导控制系统设计时,通常假设大气为静止状态,即忽略大气风速对飞行器运动特征产生的影响。但真实世界的大气始终处于复杂的运动状态,对飞行器的气动力和气动力矩产生影响,因此,在进行仿真验证时必须考核各种风场条件下的控制性能。根据大气风速的运动类型,可以将其分为由大气环流引起的稳态常值风场、大气紊流引起的湍流、阵风等风场模式。其中,稳态常值风场会影响飞行器的气动参数大小,继而影响其飞行轨迹和射程范围;而湍流、阵风等瞬态风场会对飞行器姿态控制性能产生影响。在进行仿真验证时,可以根据任务需求,添加指定地区和季节随高度变化的稳态常值风场,或者添加指定幅值的阵风影响,考核飞行器在不同大气风场影响下的制导控制性能或相关战技指标。

3)海浪影响

在一些反舰导弹飞行过程中,通过无线电高度表来测量导弹距海面的高度,送入惯导回路,计算得到组合高度,与装订高度进行比较,再根据高度控制方程进行高度控制。由此可见,当海面波动时,无线电高度表的测量高度会因测量面的变化而变化,从而对导弹的高度控制产生影响,特别是在较大风浪时,导弹有可能因触浪而导致反舰导弹掉海,因而必须对海浪进行模拟。在工程上,一般把海浪看成一种具有各态历经性的平稳正态随机过程,利用频谱方法来进行研究。

11.3.2.5 飞行器人工干扰影响分析

在现代战争中,敌我双方作战单元在被攻击时均会采用逃逸机动或诱饵干扰等对抗形式，以便提高自身生存概率。因此，在仿真中需要对目标机动或诱饵干扰进行仿真，分析目标机动/干扰影响下的制导精度和脱靶量变化。

1）目标机动影响

在分析目标机动影响时，可以根据目标类型设置不同的机动方式、机动过载大小、机动时刻等因素，考核制导控制系统在各种目标机动影响下的平均脱靶量。机动方式分为正常运动和规避机动。以飞机为例，正常运动表征目标正常飞行或行驶的状态，主要包括匀速平飞和匀加速/匀减速机动；而规避机动用于描述目标在告警装置警告后，不断改变飞行方向或行驶方向、高度和速度，以降低敌方武器的攻击效果，典型动作包括转弯机动、战斗转弯机动和蛇形机动等模式。

2）目标干扰影响

现代作战装备在被敌方武器锁定后，通常会释放各种类型的干扰和诱饵，来欺骗或压制敌方武器的探测系统，降低被打击概率，主要干扰类型包括红外诱饵和雷达诱饵。两者的详细建模可以参考前文。在进行仿真验证时，根据参试状态不同的制导方式和目标类型，设置多种干扰方式和干扰释放时间，通过大量仿真试验，考核制导控制系统的抗干扰性能。

11.3.2.6　飞行器器件噪声影响分析

在飞行器的实际飞行过程中，制导控制系统通过导引头、陀螺、加速度计等部件，获取飞行器及目标的相关信息，按照设定的制导控制方案形成控制指令。这些产品部件作为一个传感器件，均包含不同形式的测量噪声，这些噪声会直接影响陀螺、加表等部件的测量精度和分辨率，继而对制导控制系统的性能产生影响。在进行仿真试验时，通常考虑测量器件的实际工作特性，引入相关形式的测量噪声或随机误差。

器件噪声的产生根源按噪声源分为内部噪声和外部噪声，其中，内部噪声来自传感器件和电路元件的噪声，主要包括热噪声、放大器的噪声、散粒噪声；外部噪声是由传感器电路外的人为或自然干扰造成的，主要原因就是电磁辐射。在进行半实物仿真试验时，如果某些产品部件不引入仿真回路，则需要考虑其各项噪声和测量误差对系统性能的影响。

11.3.2.7　飞行器发射边界影响分析

在分析制导控制系统性能时，需要考核不同发射条件下的弹道特点和落点散布，通过仿真验证，评估各种发射条件对于飞行性能的影响，获取飞行器的边界性能和攻击区大小。

1）发射初始条件影响

对于舰载武器和机载武器而言，其发射时的姿态和速度随着平台的运动情况而在一定范围内变化起伏。为了考核不同发射条件下对于武器性能的影响，需要对发射时的姿态、速度，以及经纬高和射向进行仿真验证。在仿真时，根据发射平台的运动特征，选取一定的取值范围，在取值范围内进行仿真。

2）分离冲击扰动影响

部分精确制导武器在飞行过程中，会受到各种冲击干扰，包括弹体分离冲击、发动机点火冲击等，这些冲击会使得在武器分离时产生较大的姿态扰动，严重时会导致扰动过大而发生翻滚失控的情况。因此，需要根据气动计算结果和历史经验数据，设置分离冲击干扰的大小。

3）武器边界性能仿真

武器边界性能仿真主要考核武器的最大边界和最小边界，主要通过设置不同的弹目距离、发射时的高度信息、目标的最大速度，来评估武器的边界性能。

综上所述，飞行器在飞行过程中，各种偏差和干扰噪声对弹道特性、控制性能和制导精度产生影响。在实弹飞行试验中，受到试验条件的限制，相关偏差和干扰内容具有不可控性和不能预见性，难以定量评估各项偏差内容对于飞行器的影响。而在半实物仿真环境内，可以定量地设置各项偏差和干扰的引入时刻和量级大小，从而精确地评估偏差和干扰对于性能的影响。

11.3.3　制导控制半实物仿真系统的试验设计原理

飞行器在飞行过程中不可避免地受到各种偏差、噪声和干扰的影响，对制导控制性能指标产生影响。因此，半实物仿真试验设计的重要任务就是分析影响因素的统计特性，设计合理可行的试验方案。其理论基础就是统计学原理。

统计学以概率论为理论基础，根据试验或观察得到的数据来研究随机现象，对研究对象的客观规律做出种种合理的估计和推断。在统计分析中，可用的信息包括总体信息、样本信息和验前信息。总体信息是总体分布或总体所属分布族带来的信息。样本信息是从总体中抽取的样本所提供的信息。验前信息是在抽样之前有关战术技术指标统计分析的相关信息。验前信息主要来源于经验、历史资料、仿真分析等。在统计推断中，按照是否使用验前信息分为经典统计学和贝叶斯统计学。统计学原理主要包括抽样理论、估计理论和检验理论。

11.3.3.1　制导控制半实物仿真中统计原理的抽样理论

通过对制导控制半实物仿真试验内容和偏差参数的分析可知，制导控制半实物仿真的试验内容多样，影响因素众多。为了全面了解制导控制系统的控制性能、制导精度、作战能力和作战适应性，评估分析每种参数对于系统性能的影响，则需要的试验弹道规模庞大。因此，试验设计的主要目的，就是从各种试验参数组合中选择有限的弹道条件进行试验，从而对总体性能进行推断。

在统计学中，研究对象的全部元素组成的集合称为总体，在制导控制半实物仿真中的各项影响因素和参数构成的集合就是总体。总体是由许多个别事物组成的，组成总体的每一个个别事物称为个体。例如，在制导控制系统中，本次试验内容的影响因素全部组合为总体，每个试验弹道为一个个体。在总体 X 中按抽样原则抽取的 n 个个体 $X_1, X_2, \cdots, X_n$ 就称为总体的容量为 n 的样本，它构成一个 n 维随机变量。n 称为样本大小或样本量。

抽样试验也称为抽样检验，按照一定的试验设计原则和规定的抽样方案从总体中抽取少量产品作为样本，对样本进行试验，并根据样本的试验结果对制导控制系统性能指标做出推断。这样利用抽样观察得到的结果来分析推断总体的某些特性就是统计推断。统计推断又可以分为两类问题，即参数估计和假设检验。

由于统计推断是基于样本的采样数据（样本值），而采样数据又不能包含研究对象的全部资料，因而，由此获得的结论必然包含了不确定性，这与样本大小有着直接的关系。样本大小决定统计推断的精确度，可信度样本量越大，统计推断的精确度和可信度就越高。

为了提高统计推断的精确度和可信度，一方面要改进统计分析方法使得能够充分运用样本提供的信息来对总体做出估计和推断；另一方面要在一定的资源条件下，为获取更多有用的信息，选择合适的抽样方法和样本量。

11.3.3.2　制导控制半实物仿真中统计原理的估计理论

统计分析的基本任务是利用样本的试验结果推断总体参数的指标值。指标的估计就是根据从总体中抽得的样本所提供的信息，对总体分布中包含的未知参数做出数值上的估计，包括点估计和区间估计。

制导控制半实物仿真试验的一些试验结果是为了得到系统的某一性能参数，一般通过多次试验，获得该参数对应的武器装备技术性能和使用性能的试验值，再用这些值来估计参数的准确值，这在统计学中称为参数的点估计问题。显然，估计的精度与试验次数（样本量）有密切的关系。点估计又称为点值估计、定值估计。估计的过程：首先根据总体参数的性质构造一个统计量，然后由样本数据计算出统计量的值，并直接作为相应的总体参数值替代。点估计是用来估计参数的一个统计值，但由于样本的抽取具有不确定性，所以造成点估计值也具有随机性，可能会有波动，这就是抽样误差。因此，指标的估计通常采用数理统计中的区间估计方法。区间估计方法可以给出参数的一个波动范围，并且一般可以给出在该范围包含参数真值的概率是多少。

11.3.3.3　制导控制半实物仿真中统计原理的检验理论

参数估计的主要任务是对总体参数取值或真值所处的区间进行估计，而假设检验则用于判定总体参数是否有可能等于、小于或大于某一个值。假设检验主要研究参数大小的比较判断。

假设检验是在总体的分布函数完全未知或只知其形式，但不知其参数的情况下，为了推断总体的某些性质，先提出某些关于总体的假设，然后对提出的假设进行检验，通过对试验结果的统计分析做出接受或拒绝原假设的决策。假设检验又称为统计检验，其主要依据是小概率原理：在总体的分布函数完全未知或只知其形式，但不知其参数的情况下，为了推断总体的某些性质，提出关于总体的假设。如果对总体的某种假设是真实的，那么不利于或不能符合这一假设的事件 A（小概率事件）在一次试验中是几乎不可能发生的。如果在一次试验中事件 A 竟然发生了，那么就有理由怀疑该假设的真实性，因此，应当"拒绝"这一假设。

11.3.4　制导控制半实物仿真系统的试验设计

在半实物仿真试验设计过程中，需要根据试验任务，首先确定参数内容和数据范围，然后采用一定的试验设计方法，确定试验数目和试验方案，最终形成试验大纲和试验方案。在整个过程中，必须科学地组织，有计划、分步骤、分阶段地进行试验的相关工作。

11.3.4.1　制导控制半实物仿真试验设计中的任务明确

明确试验任务是试验设计的首要步骤，要根据试验的性质、目的和总任务，确定试验的具体任务或试验项目，否则，试验设计将无从下手。

试验任务与制导控制半实物仿真系统具体需求有关。在每轮仿真试验开始前，根据总体研究进展，明确本次的试验任务目标。例如，仿真试验的目的是考核飞行器的控制性能，主要考核各项干扰和偏差对于系统控制性能的影响；仿真试验的目的还是为实弹靶试提供研制依据，试验内容就应围绕实弹靶试条件和可能出现的故障干扰进行展开。

11.3.4.2　制导控制半实物仿真试验设计中的确定参数

制导控制半实物仿真试验的核心任务就是考核弹上实物部件和控制算法在各种干扰和偏差下的控制性能。因此，当试验任务明确后，必须对影响该任务的偏差和干扰内容进行整理和归纳，明确试验总体所涉及的变量因子；通过查阅相关资料和总体数据，确定各项因子的概率分布特征和分布参数；基于相似性原理，分析各项影响因素在模型中的影响机理，从而提出包含各项误差和干扰在内的数学模型。

11.3.4.3　制导控制半实物仿真试验设计中的样本确定

一般来说，制导控制系统的影响因素众多，每一个因素的变化范围也很大，在试验任务中，由于受到人力、物力、财力和时间的限制，不可能对所有的变量和每个变量的所有变化范围都进行试验，试验设计人员只能在其作战范围内选择部分有代表性的变量及变量变化范围内的若干水平。试验设计的任务就是要合适地选择试验变量和变量范围，利用在这些变量上进行试验所得出的结果，来推断总体的性能。由于受经费、时间等限制，半实物仿真试验也存在一定限制，需要在有限的试验样本下充分考核制导控制系统的控制性能和制导精度，在试验变量及其水平选择过程中要充分考虑制导控制系统的边界性能使用条件。

在按照一定规则给出试验样本的设计基础后，还有一个重要的工作就是确定试验数目。试验样本量的确定首先要满足制导控制系统性能指标的充分考核，在此前提下，采用贝叶斯或序贯截尾假设检验方法，减少试验样本量，从而减少研制周期，提升研制进度。

11.3.4.4　制导控制半实物仿真试验设计中的方案设计

在完成试验样本和试验弹道后，就可以根据试验任务完成试验规划，开展相关试验文档的编写。其中，试验大纲是试验方案和试验保障要求的全面、概括表述，它是试验执行单位组织实施试验任务的指导性文件，是试验人员在试验中共同遵守的技术规范，也是制定试验方案的依据。试验方案是试验大纲内容和要求的细化，是组织实施试验活动的依据。试验方案的内容包括试验任务中每个项目的详细试验方案和具体试验保障方案。

11.3.5　制导控制半实物仿真系统的试验设计方法

在完成仿真参数的选择和参数范围设置之后，就可以开展半实物仿真试验内容的设计。由于制导控制系统的参数众多，如果全部进行遍历组合的话，仿真试验弹道几乎是一个天文数字。而受试验部件和试验能力的限制，半实物仿真试验的弹道数目是有限的。因此，在半实物仿真试验时，必须对仿真试验参数设置进行设计，选取适当的试验参数。

在试验方案设计中，应考虑到战术技术指标评价中的风险、精度或置信水平要求，以及试验中的各类因子与因子水平要求，选择和控制影响试验的各种因子及其水平，合理选取试验样本，制定出一个优化可行的半实物试验方案。一个优化的试验方案，既要满足对被试装备战术技术指标评价的要求，还要考虑试验周期、试验设施等条件，以较小的代价获取最大的试验效益。

下面介绍几种常用的试验设计方法，包括单因子试验设计、多因子试验设计、统计验证试验设计和序贯试验设计。

11.3.5.1 单因子试验设计方法

单因子试验设计是只考虑一个对试验目标影响的因子，其他因子保持不变，而在估计的包含最优试验点范围内寻求最合适试验点的试验方法。单因子序贯试验设计是对单因子影响的试验条件进行优选。通常包括黄金分割法、平分法、均分法等。

1）黄金分割法

黄金分割法又叫 0.618 法。这种方法是在试验范围内首先安排两个试验点，再比较这两个试验点的试验结果，留好舍坏，确定下一个试验点的所在范围，再迭代直到找到最优点为止。该方法适用于试验因素是连续物理量的对象。

2）平分法

平分法又叫对分法、取中法。要求每次试验对试验点的选取都是上两次试验因素取值的中点。平分法适用于有以往经验（有关参考资料）及每次试验后能解决下一次试验方向的试验。

3）均分法

均分法是在试验区间内，根据精度要求和实际情况均匀地排开试验点，在每个试验点进行试验并相互比较，以求得最优点的方法。均分法应用于在预期目标没有把握的情况下进行的"普查"，适合同时安排试验、试验周期短的场合。

11.3.5.2 多因子试验设计方法

精确制导武器半实物仿真试验的条件非常复杂，影响试验的各种因素很多，试验设计必须考查各个因子对试验结果的影响。在多因子、多水平试验中，如果对每个因子和每个水平都相互搭配进行试验，需要做的试验次数就会非常多，试验周期和试验经费无法保障。

在试验设计中，应当寻求各种不同试验变量和不同水平之间的合理搭配，在保证试验效果的前提下，应尽可能地减少试验次数。国内外对于多因子组合下的试验设计方法进行了大量的研究，提出了正交试验设计、均匀试验设计、拉丁超立方试验设计等设计方法。

1）正交试验设计

正交试验设计简称正交设计，它是利用正交表科学地安排与分析多因子试验的方法，具有"均匀分散，整齐可比"的特点。它适用于因子数和水平数都较少或因子数和水平数都较多，但试验实施简单的试验项目，其非重复试验次数一般为水平数的平方。

正交试验设计的主要优点表现在如下几个方面：
- 能在所有试验方案中均匀地挑选出代表性强的少数试验方案。
- 通过对这些少数试验方案的试验结果进行统计分析，可以推出较优的方案，而且所得到的较优方案往往不包含在这些少数试验方案中。
- 对试验结果进行进一步分析，可以得到试验结果之外的更多信息。例如，各试验因子对试验结果影响的重要程度、各因子对试验结果的影响趋势等。

2）均匀试验设计

20 世纪 80 年代，王元和方开泰利用数论中的一致分布理论提出了一种试验设计方法——均匀设计（Uniform Design，UD）。均匀设计就是考虑试验点在试验范围内均匀散布的一种试验设计方法，它和正交设计相似，也是通过一套精心设计的均匀设计表来进行试验设计的。由于均匀设计只考虑试验点的"均匀散布"，而不考虑"整齐可比"，因而可以大大减少试验次数，这是它与正交设计的最大不同之处。当试验因素变化范围较大时，均匀设计可以极大地减少试验次数。

3）拉丁超立方试验设计

20 世纪 70 年代，三位学者（M. D. Mckay，R. J. Beckman，W. J. Conover）提出了"拉丁超立方抽样"（Latin Hypercube Sampling，LHS）方法和"拉丁超立方设计"（Latin Hypercube Design，LHD）方法，并立即得到广泛应用，形成了一个独立分支。一批学者对其理论和方法进行了系统研究和发展，提出了结合正交设计发展基于正交的 LHD 方法、结合正交设计和均匀设计发展低偏差正交 LHD 方法和正交表型均匀 LHD 方法，基于熵准则和总均方差准则形成了最优 LHD 方法等。虽然拉丁超立方抽样与均匀设计形成于不同的学派，但两种方法有异曲同工之处，主要表现如下。

- 两种试验设计方法均将试验点均匀散布于输入参数空间，属于"充满空间的设计"，LHS 方法给出的试验点具有随机性，故称为抽样；LHD 方法给出的试验点不具有随机性，故称为设计；UD 方法通过均匀设计表来安排试验，不具有随机性。
- 两种方法最初理论均来自"总均值模型"，LHS 方法希望试验点对输出变量的总均值提供一个无偏估值，且方差较小；而 UD 方法希望试验点给出输出变量的总均值离实际总均值的偏差最小。
- 两种设计均属于 U 型设计。
- 两种设计均能应用于多种多样的模型，并对模型变化具有稳健性。

正交试验设计利用正交性来挑选因子的水平组合，而均匀设计利用均匀性来挑选因子的水平组合。正交性希望每个因子的水平之间分配均衡，任两个因子的全部水平组合也分配均衡，这种均衡性在本质上也是均匀性，因此正交设计和均匀设计有许多共性，正交设计可视为均匀设计的特例。拉丁超立方设计不受设计表、变量数和变量因子的限制，试验设计次数与每一变量的因子数相同，实现起来非常方便，在计算机仿真试验设计中得到了成功应用。

11.3.5.3　统计验证试验设计方法

进行参数的置信区间估计，当置信水平一定时，随着样本量的增加，置信区间会变小。同样基于半实物仿真试验对弹体性能指标进行相关假设检验，增加样本容量可以降低研制方风险与使用方风险。然而在实际中，由于受到试验经费、试验周期等影响，样本容量不能无限增加，到底选择多大的样本容量才能满足制导控制系统半实物仿真的试验鉴定要求，这就是试验设计需要解决的问题。

统计验证试验设计就是基于试验鉴定中的置信水平和两类风险要求，对试验所需的样本容量进行计算。统计验证试验设计分为以下三种情况。

1）给定置信水平要求的试验设计

给定置信水平要求的试验设计，就是通过计算分析选择满足置信区间估计精度要求的最小样本容量或者最短试验时间（针对寿命试验），即在给定置信水平 γ（$\gamma = 1 - a, a$ 为显著性水平)、置信区间 $\left[\hat{\theta}_{\mathrm{U}}, \hat{\theta}_{\mathrm{L}}\right]$ 宽度要求或者置信上(下)限 $\hat{\theta}_{\mathrm{U}}\left(\hat{\theta}_{\mathrm{L}}\right)$ 要求下,对试验所需的样本量或者试验时间进行设计。

- 给定置信区间的宽度要求,其目的是要求区间估计的精度达到要求值,确保战术技术指标估计的准确性,即选择满足下式要求的最小样本容量:

$$P\left(\hat{\theta}_{\mathrm{U}} - \hat{\theta}_{\mathrm{L}} \leqslant d\right) = \gamma \qquad (11\text{-}1)$$

式中,d 为置信区间的宽度要求。

- 给定置信上(下)限要求的试验设计,是针对合同或研制任务书规定的战术技术指标的最低可接受值,设计试验方案,给出判断性能技术指标是否满足要求的判断准则。

在上述两种要求下,需要首先选择不同分布条件下参数置信区间的计算公式,给定相关的抽样要求,然后通过求解关于置信区间计算的公式,给出抽样方案。

2)给定两类风险要求的试验设计

在制导控制系统的战术技术指标的假设检验中,可以将研制方风险与使用方风险固定为某一特定值,通过计算选择同时满足假设检验中两类风险要求的最小样本容量或者最短的试验时间,这就是给定两类风险要求的试验设计。

3)给定联合要求的试验设计

对于上述两种情况的联合要求(如对产品的可靠性验证试验,选用假设检验与置信水平相结合的途径来描述产品的可靠性真值),当选择试验方案时,通常在可选择的试验方案中选择同时满足两类要求的最小样本数的试验方案。

11.3.5.4 序贯试验设计方法

统计验证试验设计方法是在试验前确定所需要的样本量,在试验中对选择出的样本个体进行全数试验,得出试验数据。这种方法的优点是便于试验的计划和组织。但在有些情况下使用这种方法会造成浪费。序贯试验设计方法的特点是在抽样时不预先指定子样容量,而是要求给出一组停止采样的规则。每新抽一组子样后立即考查一下,按给定的停止规则决定是采样还是停止采样,即样本量是一个随机变量。采样一旦停止,就按此时所给出的 n 个观察作为一个固定子样容量的问题进行统计推断。

一般而言,采用序贯试验设计方法可以达到以下两个目标。

- 在相同的鉴定精度要求下,减少试验次数。该方法可以在拒绝区域和接收区域之间划出一个缓冲区域,避免因一次试验的失败而产生截然不同的判决,这就在一定程度上弥补了假设检验的不足。可以设想,用序贯试验设计方法进行试验设计,比原来的固定子样 (n, c) 抽样方案优越,它可以节约抽样的数目,从而节约抽样检验的费用。
- 可以根据当前的检验效果调整抽样次数,从而可以恰当地选取子样容量,使所得到的估计具有预定的精度,或者在给定的抽样费用前提下,使风险最小。

序贯试验设计方法需要明确两个法则:一是停止法则,即在对总体进行逐次抽样的过程中何时停止下来;二是判决法则,即根据停止时得到的序贯样本对总体应如何做出判断或选择。

11.4　制导控制半实物仿真系统的试验过程管理

制导控制半实物仿真试验具有技术难度大、试验周期长、涉及专业广、投入人力物力大、试验数据多等特征。因此，在开展仿真试验时，必须按照相关标准和规范，制订一系列研制计划和管理文档；在试验文档和规范的指导下，科学有序地开展试验过程，保质保时地完成试验任务。对于试验中可能出现的异常状态，必须提前分析，做好相关预案。

11.4.1　制导控制半实物仿真系统的试验管理文档

在开展半实物仿真试验时，以试验设计、准备、实施与总结整个工作流程为主线，实施全过程控制，强化精细化、规范化、定量化、表格化管理。为了确保各阶段仿真试验正常有序地开展，必须编制一系列试验管理文档，用于指导和规范整个试验过程。

参考相关标准和规范，根据试验阶段的不同，整个试验过程管理文档可以分为若干内容，如图 11-3 所示。

需要说明的是，不同的研制单位的仿真试验管理方案，可以根据本单位的管理标准进行制定，如可以将试验方案和试验大纲进行合并；或者将试验分析报告和试验总结报告进行合并。

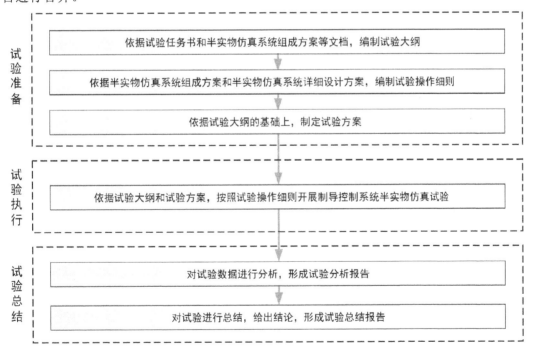

图 11-3　半实物仿真试验管理文档流程

11.4.1.1　制导控制半实物仿真系统中的试验大纲编写

制导控制半实物仿真系统中的试验大纲是由试验实施人员编写的技术文件，是对仿真试验的目的、要求和程序所做出的纲领性规定，是制订具体实施计划和细则、检查任务进展情况的依据性文件，其内容介于试验任务书和试验方案之间。编写试验大纲是为了做好半实物仿真试验的组织、管理和具体实施工作，在进行编写时，应根据参试设备的状态和仿真试验设备的组成情况进行编写。

试验大纲应通过评审方可用于指导试验的进行。试验大纲要明确编写依据、试验目的、试验环境、试验产品技术状态、试验内容、试验步骤、试验组织、试验安全规范、试验结果评价等内容，具体内容如下。

- 编写依据：主要说明编制试验大纲的依据，如研制总要求、试验任务书、相关标准和规范等资料性文件。
- 试验目的：主要说明研制试验的目的和性质，如研制试验的目的通常是验证产品研制方案在某个方面的设计是否能够实现研制总要求规定的技术性能指标。
- 试验环境：试验时的外部环境条件，具体包括温度、气压、湿度、洁净度、电源品质、接地要求等。
- 试验产品技术状态：参试产品的技术状态、批次、数量和产品的质量要求，以及仿真设备的硬件状态信息、软件版本信息、数学模型版本信息、设备标检信息等。
- 试验内容：根据系统试验计划和试验目的，根据干扰拉偏方式、故障引入方式、试验模式，最终确定试验内容。
- 试验步骤：主要包括试验准备、试验实施、试验中各阶段的步骤和程序等。
- 试验组织：主要包括根据需求设置相应的岗位，并明确相应岗位人员的分工和职责，试验操作人员必须经过岗前培训，具备操作能力和应急处理能力。
- 试验安全规范：主要明确试验过程中的质量要求、安全措施，提出具体要求及相关标准。
- 试验结果评价：主要包括试验数据的处理方法和分析内容，明确仿真结果合格性的判据。

11.4.1.2 制导控制半实物仿真系统中的试验方案制定

制导控制半实物仿真系统中的试验方案是试验大纲内容和要求的细化，是试验执行单位组织实施试验活动的依据。试验方案的内容包括试验任务中每个项目的详细试验方案和具体试验保障方案。既可以单独编制，也可以纳入试验大纲中。

试验方案的内容如下。

- 方案编写依据：主要说明编制试验方案的依据，如试验大纲、仿真设备文档、相关标准和规范等资料性文件。
- 试验弹道规划：根据试验大纲规划的试验内容，明确仿真试验弹道的数目，按照试验内容设计方法，确定每条弹道的拉偏、干扰的方式和数值大小。
- 试验进程安排：根据规划的试验弹道数目，考虑试验耗时和硬件设备连续工作时间研制等因素，合理安排试验项目顺序，规定试验时间，完成试验进程安排。
- 试验人员部署：针对仿真系统和参试设备的具体情况，以及仿真试验和数据分析工作的需求，确定工作岗位的人员名单，确定试验人员的排班表。
- 试验安全事项：针对试验中人员安全、产品安全和设备安全制定相应的保障措施。人员安全方面要做好用电安全、液压气压系统安全、重物坠落安全，做好防止物体飞出等方面的安全防护；产品安全主要包括过电压、过载、碰撞的防护；设备安全主要包括电气和机械接口的防错、接地、放置的安全等内容。

- 试验结果处理：对试验数据的分析内容和处理原则，给出具体操作步骤和处理方法，确定详细的试验结果判断依据。

11.4.1.3　制导控制半实物仿真系统中的试验操作细则

制导控制半实物仿真系统中的试验操作细则通常是由半实物仿真设备研制人员和试验人员共同制定的，其目的是指导和约束试验人员的操作步骤，是保证试验顺利执行的重要规范。它应包括所需实施的具体试验的一般步骤（试验前、试验中和试验后的检测，试验异常情况的处理等）和详细步骤。试验步骤应与试验程序中规定的每一个具体试验项目一一对应编写，操作步骤应按具体操作顺序的先后一一明确列出。

试验操作细则的内容如下。

- 编写依据：主要说明编制的依据，如仿真系统设计方案，仿真系统使用维护说明，试验大纲等文件。
- 操作细则：主要明确每种试验模式下的操作步骤，试验步骤应以图文的形式，细化到试验准备、观察、实施的具体操作步骤（如将某一连线接入某检测设备的某个接线柱上、为测试某一试验参数而将某一开关扳到反映特定试验状态的某一位置，单击仿真软件的某个按钮等）。
- 异常处理：主要给出各种可预见的故障进行分类，给出故障原因分析方法及异常处理方法。
- 数据处理：主要明确各种数据的处理规则，明确数据的存储顺序、存储格式、单位含义，数据处理方法、判断依据等。

11.4.1.4　制导控制半实物仿真系统中的试验分析报告

在半实物仿真试验的每条试验弹道完成后，需要对每组试验数据进行统计分析，评判该组试验结果，形成试验数据分析报告。主要内容如下。

- 试验概况：包括试验目的、试验时间、试验地点、环境条件、产品状态、试验周期、设备的工作时间、试验拉偏参数、试验人员等信息，便于其他人员直观地掌握本组试验概况。
- 试验数据：试验中主要数据的变化曲线，以及主要性能参数的统计结果，便于其他人员能够直接查看弹道曲线和状态变化过程。
- 故障现象：对本次试验中出现的故障现象进行描述，分析故障原因。
- 分析结果：根据仿真对象特点和试验内容，对数据进行分析，报告中应该包含各项分析结果和试验误差分析内容。

11.4.1.5　制导控制半实物仿真系统中的试验总结报告

在一轮试验完成后，需要对本轮试验数据进行统计分析，根据试验中记录的各类数据、曲线、音像资料、产品状态、环境条件、使用设备、仪器仪表、工装、试验运行情况、故障处理情况及参试人员等信息进行试验总结，编写试验总结报告，从而提交专家进行评审，评估本次试验是否达到预期目标。

试验总结报告的内容如下。

- 试验概况：包括本轮试验的数目、试验时间范围、试验地点、环境条件、产品状态、设备的工作时间、试验结果统计、排除故障试验、故障的统计与分析、设备的更换和返修情况、试验人员等信息，便于参会评审专家掌握本轮试验的相关情况。
- 试验数据：本轮试验中主要数据的变化曲线汇总，以及主要性能参数的统计结果，评估主要性能指标的散布情况。
- 故障现象：对本轮试验中出现的故障现象进行描述，分析故障原因，开展归零工作。
- 分析结果：根据仿真对象特点和试验内容，对本轮数据进行分析，分析总体参数对于拉偏参数的敏感性和适应性。
- 试验结论：给出仿真试验结论，明确本轮试验是否达到目的，该组产品性能和设计结果是否满足性能要求，并对后续改进提供建议和方向。

11.4.2　制导控制半实物仿真系统的试验过程操作

制导控制半实物仿真系统的试验过程，主要可以分为三个阶段：试验准备阶段、试验进行阶段和试验完成阶段。在试验过程的不同阶段，试验人员必须严格按照试验操作细则进行操作，保障试验的顺利进行。

11.4.2.1　制导控制半实物仿真系统中的试验准备阶段

制导控制半实物仿真的试验准备阶段，主要工作就是按照试验大纲和试验操作细则，开展试验环境检查、参试部件检查、仿真设备检查、连接状态检查、试验人员准备、安全措施检查等工作。

1）试验环境检查

对试验场地、信号地线、环境温度进行检查，确保试验环境满足试验大纲的要求。

2）参试部件检查

对参试部件的检查主要检查参试产品的性能是否合格，技术状态是否明确，产品编号和状态是否正确。

3）仿真设备检查

试验设备的检查是试验准备工作的核心，主要功能是检查各个设备的状态是否良好，仿真软件和仿真模型的版本是否正确，调理机箱供电电源等设备是否启动。需要注意的是，相关仿真设备应按照有关规定进行定期校核和检定，在使用有效期内，其检定应能追溯到相关计量标准检测结构且具有合格结论。

4）连接状态检查

连接状态检查主要用于检查仿真设备内部，以及仿真设备和参试部件之间的连接情况是否正常。主要检查包括电缆接插件连接是否可靠、光纤网络通信是否正常、产品安装关系是否正确、部件安装螺栓是否紧固等内容。

5）试验人员准备

在开始试验前，必须对试验操作人员进行岗前培训，使其能够知晓岗位职责，熟练掌握试验步骤和操作规程，熟悉异常应急处理措施。

6）安全措施检查

安全措施检查主要是按照试验大纲的要求，检查系统故障应急处理装置是否具备，相关安全措施是否完善。

11.4.2.2　制导控制半实物仿真系统中的试验进行阶段

在参试产品和试验部件准备完毕后，就可以按照操作细则，开展仿真试验。在开展仿真试验前，一定要再次确定本次仿真试验的试验模式和参数设置是否正确。

在试验过程中，一定要有条不紊地按照试验方案中的试验规划开展相关工作，切忌贪功冒进，不按规章执行。

在每组试验进行时，必须高度关注弹道特征和试验运行情况，通过主控管理子系统或试验数据子系统监控各个节点的运行情况，一旦发现节点异常或弹道有发散的趋势，就需要立刻终止仿真，保证人员、产品和设备的安全。

试验过程中及时全面地记录试验中各种信息，包含数据、曲线、音像资料、产品状态、环境条件、使用设备、仪器仪表、工装、试验运行情况、故障处理情况参试人员等内容。

在试验中出现故障时应予以记录，同时分析故障的原因，属于非产品故障且对试验产品没有影响的，在排除故障后经双方认可后继续进行试验，出现产品故障时需要对该质量问题进行归零，完成归零后方可继续进行试验。如果故障原因是人为操作失误，那么应该在完成相关记录后，在检查确保产品和设备没有损伤的情况下，继续进行相关试验任务。

11.4.2.3　制导控制半实物仿真系统中的试验完成阶段

在半实物仿真试验完成后，需要遵循试验操作细则和试验大纲，对参试产品和试验设备进行复原。对试验数据进行整理和归纳，开展数据的处理分析工作，从而形成相关试验报告。

1）试验设备复原

在仿真完成后，为保证参试产品的安全，以及后续试验的顺利进行，一定要将相关参试部件和试验设备进行复原。例如，将电气信号复位、参试产品下电、机械台体回零、液压系统泄压、仿真软件重置等操作。

2）试验数据整理

由于半实物仿真试验中可能会产生多种试验数据，如弹道仿真数据、弹载遥测记录数据、设备运行状态数据、试验过程监控数据等。不同的试验数据，存储位置和格式各不相同，因此，在试验完成后，需要对试验数据开展整理工作，完成试验数据的归纳、整理、命名、备份等操作。

3）试验结果分析

试验完成后，需要首先按照试验大纲规定的数据处理方法，对仿真结果、弹道曲线、关键参数进行统计处理和对比分析，评判本次试验数据是否满足试验目标。然后，按照试验大纲的要求，形成试验分析报告和试验总结报告。

11.4.3　制导控制半实物仿真系统的异常处理设计

制导控制半实物仿真系统作为一个大型的分布式仿真设备，在使用运行过程中，由于设备故障、操作失误、极限弹道等，因此会出现一系列异常状态。

下面针对异常现象的引起原因、典型设备故障类型、异常预防设计和异常分析原则进行简要介绍。

11.4.3.1 制导控制半实物仿真系统中的异常引起原因

在半实物仿真中，经常会出现一些故障现象，导致不能顺利完成试验任务，不能实现预期的仿真目的。根据引起异常故障的原因，可以将半实物仿真系统的异常状态分为仿真设备故障、人员操作失误、参试部件因素等类型。

1）仿真设备故障

仿真设备故障是指由于半实物仿真系统相关设备引起的故障异常。在半实物仿真系统中，包含诸多仿真设备，由于不同的系统组成和不同的工作原理，因此，发生故障的现象和类型也较为繁杂。主要包括网络通信、电气老化、软件异常、电缆损坏等因素。

2）人员操作失误

人员操作失误作为系统异常中的人为因素，主要是试验操作人员未按照操作细则进行操作，导致试验中止或异常的。通常包括电缆连接错误、设备操作顺序错误、输出参数异常、数据处理分析出错等类型。

3）参试部件因素

参试部件因素主要是指仿真系统中的参试试验部件引起的系统异常，通常包括部件故障和设计结果两种情况。其中，部件故障是指系统中的软硬件功能异常、电缆损坏、接插件虚焊等因素；而设计结果原因通常是指控制结构和参数不能满足设计指标、抗干扰策略未能达到预期效果等类型。

在这些故障因素中，仿真设备故障是引起系统异常的主要因素，要求在进行系统设计时充分考虑，同时，在试验前进行充分检查，最大限度地避免设备异常对于人员、产品和设备损害；人为操作失误，应通过一系列操作来重点避免，在试验人员上岗前，必须经过详细的岗前培训，操作时严格按照操作大纲执行；而参试部件因素则应该重点关注，因为半实物仿真的重要目标就是通过实物在回路的仿真试验，暴露出系统设计的不足和软硬件的异常问题。

11.4.3.2 制导控制半实物仿真系统中的设备故障类型

半实物仿真系统作为一个分布式大型设备，包含计算机、电气、机械、光电等专业，涉及专用软件、网络通信、电气信号、机械结构等技术和环节。因此，故障类型和原因也会多种多样，主要可以分为软件程序故障、网络通信故障、电气接口故障、机械结构故障等。

1）软件程序故障

不同的产品和用户对于仿真设备的需求各不相同，使得半实物仿真系统中众多仿真软件均为定制开发。不同研制人员的水平不一致，导致仿真软件会因程序设计问题，在某些情况下出现运行异常，导致设备运行故障。

2）网络通信故障

由于分布式仿真系统各个节点之间采用基于光纤的实时网络进行通信，因此，网络通信故障轻则造成各个节点无法通信，严重时会因异常数据导致设备损坏。光纤是一种由玻璃或塑料制成的纤维，在具体使用中，受到外力因素或环境因素，使得光纤线缆发生弯曲、挤压、断裂等现象，光纤接口发生松动、进灰等问题，使得传输信号质量变差直至通信中断。

3）电气接口故障

电气接口故障主要是指仿真系统内部和仿真系统与产品之间的电气连接故障。引起原因主要包括三个方面：一是电气设计问题，造成的设备在运行中频繁跳电、频繁烧保险、电气器件频繁烧毁等问题；二是工艺焊接问题，导致元器件虚焊、线路连接错误、接插件松动等问题；三是环境因素，导致元器件老化、信号接触不良、电气电缆损坏等问题。

4）机械结构故障

在半实物仿真系统，包含转台、负载模拟台等大型机电液一体化设备。由于设备中的机械设计、润滑、老化、机械部件松脱等问题，造成设备在运行中机械部件的损坏或者产品质量问题都可以归类到设备的机械故障。

11.4.3.3　制导控制半实物仿真系统中的异常预防设计

仿真系统的异常处理机制应是一种设计属性，而不能作为一种补救性行为。只有在系统设计之初把系统的功能实现和异常处理结合起来，才能尽量避免或减少故障的发生，同时能在出现异常时更好地查找故障原因。

在进行仿真系统设计时，可以从系统总体规划层面、软件设计层面、硬件设计层面和使用维护层面入手。

1）系统总体规划层面的异常预防设计

在仿真系统总体规划层面，为了避免异常故障导致人员、产品和设备的损失，一方面，要求仿真主控管理系统在运行过程中实时监控各个节点的运行状态，一旦出现异常就立刻中止仿真试验；另一方面，要求各个分系统在设计时，针对可能的异常处理状况，开展相关的安全保护设计。一些可以采用的措施如下。

- 在实时网络通信架构设计方面，应充分考虑系统监控管理的设计需求，设计出合理可行的故障反馈和状态监控的通信协议。
- 主控管理软件应及时监控各个节点的运行状态，当监控到节点出现异常状态时，及时通知其他正常节点进入应急处理模式，从而保证各个设备的安全。
- 一些重要的大型机电液一体化仿真设备，除了软件停止操作，还需要具备硬件急停按钮，防止软件死机导致设备无法制动停止。
- 对于包含一些电气信号的弹上产品，应设置合理的异常处理逻辑顺序，根据产品供电要求，完成电气复位、设备下电等操作，从而避免损伤产品部件。
- 仿真系统应具备强壮的数据存储功能，当仿真系统出现异常时，依然能够正常完成试验数据的记录和存储。
- 仿真转台和负载模拟台作为一个大型的机电液一体化设备，对其安全性设计尤为重要。一方面，要求这些设备具备软件、电气、机械等多重保护措施；另一方面，设计合理的应急中止策略和操作逻辑，如可以采用先角速度归零、角度安全复位、电动机断开、设备下电等顺序操作，保证设备在异常中止情况下的安全性。

2）软件设计层面的异常预防设计

在软件设计层面，仿真软件应该按照软件工程的设计思想进行开发和研制，在代码编写过程中，应遵循相应的规范或标准，如 SJ 21141.1—2016《军用软件 C/C++编程要求第 1 部分：总则》等。一些常用的注意事项如下。

- 在软件设计阶段，应按照软件编程要求，开展软件结构设计、软件函数、接口的命名工作。
- 各个仿真软件的设计、编程风格应保持一致，软件编程的函数、模块、变量的命名规则应基本一致。

- 软件的编写过程应遵循模块化思想，面向对象思想的设计。
- 源代码变量命名遵循相关规范，保证每一个变量及函数的命名能体现出其具体作用及功能，名称的意义清楚规范，容易区分。
- 代码注释应详细、准确，能够反映整个代码工作的流程、原理和算法。
- 在软件生存期内，通过完善文档规范，包括软件需求分析、软件详细设计和总结报告等文件的编写和控制，来消除设计人员对软件状态的随意更改，确保软件状态，提高软件可靠性。
- 在软件开发过程中，通过一系列严格测试来进一步提高软件可靠性，测试过程中详细记录试验现象和出现的问题。

3）硬件设计层面的异常预防设计

在硬件设计层面，应重点关注硬件的可靠性和容错性设计，同样遵循相关的规范和标准开展设计。常用的注意事项如下。

- 元器件是电路设计的基础，在设计中要注意压缩和限制元器件的品种、规格和数量，选用合格的供应单位的元器件且均为工业级产品，严格测试、筛选和老化。
- 对电路进行详细分析计算，对每一个器件的工作电流、电压、机内温升、使用环境等应力进行设计，并根据可靠性要求，合理地确定元器件降额准则和安全系数。
- 线性电路尽量采用集成电路，对数字电路应尽量采用中、大规模集成电路，提高单元、分机的集成度、减小体积、降低功耗。
- 采用模块化、简单化设计，在满足任务要求情况下，尽量采用成熟的、现有的技术成果，减少开发风险。
- 采用必要的冗余技术，如整件热备份技术，对接插件、开关等增加冗余接点，实行多点并接等提高可靠性指标。
- 在设计时，对元器件特别是半导体器件、电容器、电感器等在瞬态过程中的承受能力进行分析，并采取相应措施，抑制过载发生。

4）使用维护层面的异常预防设计

在系统使用维护层面的设计，主要是要求在仿真系统的试验操作和日常维护中，应加强相关内容的检查，最大限度地避免异常故障的发生。一些常见的注意事项如下。

- 仿真试验前，应重点检查仿真参数设置、仿真模型选择、弹载软件版本等信息，防止因人员操作失误带来的故障问题。
- 仿真试验前，应检查各个节点的网络通信情况，可以通过查看反内存网交换机的状态灯，初步判断网络的连接状态。
- 仿真试验前，应检查仿真系统与产品部件的电缆连接情况，防止出现脱插状态；同时，检查产品供电电源和信号调理机箱的供电是否正常。
- 仿真试验前，检查产品部件在转台、负载模拟台的机械安装情况，查看螺钉、接插件、连接件的牢固情况，防止运行过程中出现断裂、飞出等情况。
- 在仿真试验过程中，试验人员应高度关注仿真过程曲线和转台运行情况，当预判出系统出现严重振荡，有可能超出设备运行范围时，应及时手动中止仿真运行。
- 在设备日常维护过程中，应注意仿真实验室的环境干净整洁；同时，注意实验室的恒温恒湿，从而减缓仿真设备的老化程度。

11.4.3.4　制导控制半实物仿真系统中的异常分析原则

由于半实物仿真的主要目的就是考核制导控制部件的性能，暴露其内部存在的软硬件问题。因此，在半实物仿真试验过程中，当出现仿真异常时，一定要进行深入分析，按照相关策略调查分析确认的异常定位，从异常现象、异常机理两方面进行问题复现；从异常现象消失和异常根源治理两个层面进行改进措施。如果故障原因是参试部件原因，则需要针对故障原因，对控制参数、系统机构、软件代码进行优化和改进；如果故障原因是仿真设备或人员失误，则要对仿真系统设计错误进行修改，对操作细则进行完善，从而避免故障再次发生。

对于一些较为复杂的异常现象，可以由仿真系统研制单位和参试部件研制单位联合工作小组，从对象接口、仿真机理、信号传输等方面入手，通过对比分析仿真试验数据和弹载遥测数据，提出合理可行的故障原因和异常机理，并开展一系列相关的假设验证试验，评估故障定位是否准确；针对定位结果，开展相关的故障修复和优化设计，并通过试验验证，检查系统异常是否再次出现。在进行异常分析定位时，在一定程度上可以借鉴我国航天系统质量问题"归零"中"技术归零"的原则（见表 11-1）开展相关工作。

表 11-1　我国航天系统质量问题"归零"中"技术归零"的基本内容和相互关系

归零要求	基本内容	相互关系	关系说明
定位准确	准确地确定问题发生的部位	前提	处理质量问题的基本条件
机理清楚	通过分析、试验，查清问题产生的根源	关键	查清质量问题根本所在
问题复现	通过对故障状态的试验、验证，确认问题发生的现象	手段	验证定位准确与否、机理清楚与否的尺度
措施有效	制定并实施有针对性的纠正措施，确保问题彻底解决	工作核心	要清除现在的不合格或缺陷，还应保证不再重复发生
举一反三	将发生问题的信息反馈，进行排查，防止出现同类问题	延伸	达到全面根除质量问题重复发生的可能性

11.5　制导控制半实物仿真系统的试验数据分析技术

飞行器研制、设计、试验过程中均需要进行大量的半实物仿真试验。在仿真过程中，通过试验数据记录系统和产品接口系统，记录飞行器在飞行过程的各个时间点上的位置、高度、速度、加速度等弹道特征，以及飞控计算机工作状态、遥测信息等弹上信号，通过对仿真试验相关数据开展一系列数据整理、分析对比和统计工作，进而判断飞行器制导控制系统是否符合设计目标。制导控制系统半实物仿真试验数据的分析处理统计工作，对于分析试验任务完成情况、评估制导控制系统性能、进行故障定位分析、优化改进制导控制系统等均具有重要意义。

11.5.1　制导控制半实物仿真系统的试验数据分析内容

在完成制导控制半实物仿真试验后，会产生海量的仿真数据和遥测数据，按照试验大纲规定的数据分析方法，对仿真数据进行统计分析，考核飞控系统性能，并形成数据分析报告。

制导控制半实物仿真试验中主要包括以下内容。

11.5.1.1　飞行器弹道特征统计

在进行控制系统设计时，飞行器总体部门会根据飞行任务要求，对飞行器弹道特征中某些参数提出要求，规定这些参数在全程飞行过程中或部分飞行阶段的数值范围，如导弹的速度、位置、姿态角、角速率、气动角和过载等。因此，必须分析不同扰动条件下的试验数据，对各项参数在指定的时间段进行统计分析，判断数据是否超出范围。在处理时，主要通过对各参数的试验数据进行统计分析（如均值、方差、最大值、最小值等），判断各参数的特征是否满足要求。

11.5.1.2　飞行器战技指标统计

导弹的脱靶量是指在靶平面内，导弹的实际弹道相对于理论弹道的偏差，即靶平面内的制导误差，表示导弹命中目标的误差大小，或称为命中精确度。脱靶量是考核导弹命中精确度等战术技术指标的重要参数，在导弹试验中占有重要地位，可作为导弹飞行快速判决分析的依据。对于导引头的半实物仿真，必须对攻击目标的脱靶量进行分析。通过对不同拉偏弹道的统计，获取对脱靶量影响重大的因素。在处理时，可以采用点估计、区间估计等统计分析方法对指标的特征进行估值。

11.5.1.3　飞行器任务时序分析

时序分析是以分析时间序列的发展过程、方向和趋势，预测将来时域可能到达目标的方法。此方法运用概率统计中时间序列分析原理和技术，利用时序系统的数据相关性，建立相应的数学模型，描述系统的时序状态。在飞行过程中考核相应时序，并与设定值进行对比，判断控制时序指令是否正常。

11.5.1.4　制导控制抗干扰性能分析

在攻击敌方目标时，敌方经常会实施各项干扰措施，随着针对导引头的干扰设备的迅速发展，对导引头抗干扰性能的要求也日益提高。抗干扰试验是检验和改进导引头抗干扰性能的关键手段，因此，为了评估导引头的抗干扰性能，必须对不同干扰条件下的导引头跟踪效果进行评估分析。

11.5.1.5　飞行器弹道曲线对比分析

为了验证半实物仿真方法的准确性和有效性，需要进行仿真结果的曲线对比。通过曲线显示的方法了解参数的变化曲线和其特征点，检验飞行器参数是否与设计一致。在处理时，通过同一试验相关参数绘图与联合分析，以及不同试验间相同参数绘图与联合分析，判断不同试验条件或不同控制参数对于飞行弹道或系统性能带来的影响。

以上几点只是典型半实物仿真试验的数据分析内容。由于武器类型多种多样，半实物仿真系统也各有不同，因此，在工程实践中，数据分析的具体内容必须根据仿真对象特点和仿真试验内容进行编制。

11.5.2　制导控制半实物仿真系统的试验数据处理方法

在制导控制半实物仿真试验过程中，产生庞杂的试验样本数据。试验数据的杂乱性、重复性和不完整性，会造成数据分析效率低下，严重时甚至会导致分析结果的不准确和不可信。因此，在获得试验数据后，通常会对试验数据进行预处理，完成数据的归纳和整理。

常用的试验数据的预处理方法主要包括数据清理、数据集成、数据变换和数据归约等，通过这些数据处理技术能够大大提高数据分析的质量，缩短实际分析所需要的时间。数据清理主要通过补充缺失的值、光滑噪声数据、识别或删除离群点等操作，来解决数据不一致性，完成"清理"数据任务，进而清除野值点数据和重复数据；数据集成是将多个数据源中的数据结合起来并统一存储；数据变换通过平滑聚集、数据概化、规范化等方式将数据转换成适用于数据分析的形式；数据规约通过数值聚集、删除冗余特性的办法压缩数据，提高数据分析的质量，降低时间复杂度。

试验数据的处理方法和内容很多，在此，仅仅介绍若干常用的试验数据处理方法。

11.5.2.1　制导控制半实物仿真试验数据中的野值剔除

在制导控制半实物仿真试验中，需要通过遥测接口记录弹载计算机的相关下传数据，在接收过程中，受到数模转换、电气传输等因素的影响，接收数据会产生异常跳变点；而数据记录在接收记录仿真试验数据时，可能由于网络读写冲突等，也会产生数据异常跳变点。在试验数据处理中，把这种偏离正常信号变化规律的数据点称为野值。为了正确处理分析试验数据，需要对试验数据中的野值进行剔除。常用的野值剔除方法包括均方值法、肖维涅法、一阶或二阶差分方法、时域微分方法、自适应变系数的莱特准则和小波变换等方法。

1）均方值法（莱特准则判据）

按下式将选段数据求方差：

$$\sigma^2 = \sum_{i=1}^{N}(x_i - \mu)^2 / (N-1) \tag{11-2}$$

式中，$\mu = \sum_{i=1}^{N} x_i / N, i = 1, \cdots, N$。如果 $|x_i - \mu| > 3\sigma$，则判断 x_i 为奇异点，剔除。

均方值法从原理上看，在使用时需要掌握预处理数据的基本情况，选取 N 值作为门限。由于要根据选段的方差进行判断，若 N 的选段中包含成片野值，则会对判断的准确性存在一定干扰。对于端部数据的处理，只是在假设选段中的其他数据非野值时才能进行准确判断，所以端部数据的野值剔除也存在一定的不确定性。

2）肖维涅法

如果 $|x_i - \mu| > K_s \sigma$，则判断 x_i 为奇异点，剔除。其中 K_s 按肖维涅判据取值。该方法在原理上与均方值法存在同样的不足之处。K_s 的取值作用使得 N 的选取范围略有不同。

3）一阶或二阶差分方法

一阶差分预测表达式：$\hat{x}_i = 2x_{i-1} - x_{i-2}$；二阶差分预测表达式：$\hat{x}_i = 3x_{i-1} - 3x_{i-2} + x_{i-3}$。式中，$\hat{x}_i$ 为 t_i 时刻预测值；$\hat{x}_{i-1}$ 为 t_i 时刻前一点的实测值；$\hat{x}_{i-2}$ 为 t_i 时刻前两点的实测值；$\hat{x}_{i-3}$ 为 t_i 时刻前三点的实测值。

求出 t_i 时刻预测值后与实测值 x_i 比较。当 $|x_i - \hat{x}_i| > W$ 时，则 x_i 为奇异点应去掉。W 是

误差窗口，W 值的选取视具体参数值变化情况决定。

4）时域微分方法

设时间序列为 $x(t_i), i=1,\cdots,N, \Delta t = 1/f_s$，$f_s$ 为采样频率。$x(t_i)$ 的时域微分记为 $x(t_j), j=1,\cdots,N-1$，计算方法如下：

$$x(t_j) = \left[x(t_{j+1}) - x(t_j) \right] / \Delta t \tag{11-3}$$

由测量参数的性质可知，参数变化梯度较小，而奇异点导致计算梯度突变，因此，可以通过求出参数的时域微分，再判断微分值与设定的门限值的大小关系，找出奇异点。

5）自适应变系数的莱特准则

设计思想如下：将莱特准则判据的 3σ 变为 3σ，将系数 k 的值分成两个变量来考虑，即 $k = h + h_1$。

h_1 为初值，由用户根据参数不同而选取的一个初始编码值。h 为一个固定步长值，由程序模块自动设置。它的作用：当发现滤波时，h_i 的"窗口"值过小，使得某些正常值也被滤掉，则应逐次扩大"窗口"，每次使 $k = h + h_1$，直到使滤波后正常值的采样点数大于滤波前的采样点数为止。其判断公式如下：

$$\sigma = \sqrt{\frac{1}{N-1} \sum_{n=1}^{N} \left(x_n - \bar{x} \right)^2} \tag{11-4}$$

式中，σ 为标准误差；$\bar{x}$ 为采样点的算术平均值；N 为采样点个数；x_n 为第 n 个采样点的数值。

$V_i = |x_i - \bar{x}|$，当 $V_i > k\sigma$ 时，第 i 点对应的 x_i 值为野值，加以剔除。

自适应变系数的莱特准则使用时需要考虑两个方面：一是 h_1 如果过大，则滤波"窗口"过大，某些野值点难以剔除；二是 h_1 如果过小，则滤波速度太慢，所以需要考虑选取适中。

6）小波变换

信号 $x(t)$ 的连续小波定义为

$$W_x(a,b) = \int_{-\infty}^{\infty} x(t) \psi_{a,b}^*(t) \mathrm{d}t \tag{11-5}$$

式中，$W_x(a,b) = \frac{1}{\sqrt{a}} \left[\frac{t-b}{a} \right]$ 为小波基函数，a 为尺度因子，b 为平移因子。工程中为了计算方便，将其简化为离散小波变换，常用的离散方法是将 a 按幂级数离散，b 在尺寸内均匀离散，即 $a = a_0^j$，$b = nb_0a_0^j$（$a_1 \neq 1$，$b_0 > 0$，j、n 为整数）。通过对信号进行分解和重构，可将小波变换相当于一组带通滤波器，近似分量为分解出的信号低频成分，细节分量则对应信号的高频成分。

为了检测出不同频率成分需要一组滤波器来实现，针对不同记录情况的参数又需要对应的小波变换，而小波基函数的选取直接关系到滤波的效果，所以当参数众多时所需的计算量大，操作效率低。

上面只是简要介绍了几种常用的野值点剔除方法，需要注意的是，几种方法各有优缺点，在使用时应根据具体情况进行分析。另外，用不同的方法检验同一组试验数据，由于检验方法不同，即便在相同的显著性水平上，也可能会出现不同的结论，此时试验人员要对结果进行更加深入的分析。

在制导控制半实物仿真试验工作中，对于可疑数据进行取舍和处理一定要慎重。在试验进行中，若发现异常数据，则应立即停止试验，分析原因并及时纠正错误；当试验结束后，在对数据进行取舍时，应先找原因，不能任意地抛弃和修改。因为样本中的异常数据往往是由于参试部件的某些异常引起的，而暴露和发现这些部件中的硬件或软件异常问题，正是进行半实物仿真试验的主要目的之一，也是制导控制系统后续改进和完善的重要依据。

11.5.2.2　制导控制半实物仿真试验数据中的数据清洗

在仿真试验数据和遥测试验数据的记录过程中，可能存在数据输入错误、格式、拼写上存在差异等各种问题，导致不能正确识别出标识同一个实体的多条记录，使得在仿真试验数据仓库中同一实体对象可能对应于多条记录。重复记录会导致错误的分析结果，因此，在对试验数据进行预处理时，需要对重复记录进行清洗。清洗重复记录的首要问题是判断两条记录是否重复。这就需要比较记录各对应的属性，计算其相似度，再根据属性的权重，进行加权平均后得到记录的相似度，如果两记录相似度超过了某一阈值，则认为它们是重复记录的，否则，就认为它们不是重复记录的。对相似重复记录进行检测的主要算法有合并—排序算法、基本相邻比较算法、多趟近邻排序算法等。

1）合并—排序算法

合并—排序算法是检测数据库中完全重复记录的标准方法，其基本思路是将数据集排序后，两两进行比较，检测数据是否完全相同。该算法的算法复杂度很大，对于一个大小为 N 的数据集，需要比较 $N \times (N-1)/2$ 次。对相似重复记录的检测也有以这种思路为基础的方法，但计算过于复杂。

2）基本相邻比较算法

相较于合并—排序算法，基本相邻比较算法的算法复杂度大大降低。算法首先从数据各属性中选出一个关键字，大小为 N 的数据集按照关键字进行排序，设定大小为 f 的滑动窗口，仅比较新进入滑动窗口内的数据与前 $f-1$ 条数据之间的相似程度，该算法只需要比较 $N \times f$ 次，算法的有效性取决于关键字的选取和滑动窗口的大小。

3）多趟近邻排序算法

多趟近邻排序算法进行独立的多趟检测，每趟检测选取不同的关键字进行排序，使用较小的滑动窗口检测相似重复记录，基于相似重复记录的传递性，将每趟检测出的相似重复记录进行合并处理。与基本相邻比较算法相比，本算法较少受到滑动窗口大小的限制，并且检测范围更全面。

11.5.2.3　制导控制半实物仿真试验数据中的数据插补

在记录试验数据时，由于软件响应或存储问题，有可能导致部分数据缺失。为了便于对试验结果进行统计分析，需要对缺失数据进行插补。常用的插补方法包括随机插补法、多重插补法，还有期望最大化法等基于统计的插补方法，这一类方法根据分布、各属性的关系规律实现。还有基于机器学习算法原理的缺失值插补方法，如决策树插补法、K 最近邻插补法、随机森林插补法等，这一类方法大都基于样本个体之间的联系和规律来进行估计插补。

1）随机插补法

随机插补法多应用于样本近似正态分布且样本属性值随机缺失的情况，它的原理是从缺失变量的已知数据中随机抽取一些值来插补，随机抽取的优点是插补值的分布与缺失属性的真实值分布比较相似，方法计算简单易行，常应用于插补与样本分布相关的参数，但插补的准确性依赖于样本的分布情况。

2）多重插补法

多重插补法通过多次插补产生多个完整数据集，综合每个数据集的结果得到缺失值的估计值，它的性能优于简单插补法，能够在样本分布正态性假设不成立的情况下进行插补，但计算复杂，性能依赖于样本的缺失值比率。

3）期望最大化法

期望最大化法是基于回归理论进行拓展的，通过期望步和最大化步不断迭代，直至估计值收敛。该方法稳定，算法逻辑可靠，在估计回归参数时，当缺失值比率增加至25%时，算法性能优异，但如果缺失值比率继续增大，那么算法收敛率很低，且收敛速度很慢。

4）决策树插补法

决策树的构建过程是每一次树节点在最大信息增益的属性处分裂，直至每一个叶子节点只有唯一的分类或唯一的数值。决策树插补法首先对属性值完整的数据集合构建决策树，然后将属性含有缺失值的数据代入决策树中，根据属性对应各节点的位置，推测缺失值属性的真实值。

5）K 最近邻插补法

K 最近邻插补法根据属性含缺失值的样本中完整属性与其他样本对应属性之间的最小距离找到 K 个满足要求的样本，由距离函数根据含缺失值样本与这 K 个样本的距离为它们赋予不同的权值，含缺失值属性的插补值是这 K 个样本含缺失值属性上的值与权值相乘之和。

6）随机森林插补法

随机森林插补法是基于决策树的算法，基于随机森林的插补法首先从属性值完整的数据集合中抽取 n 个与完整数据集合大小相同的子数据集，对每个子数据集分别随机选取分裂属性构建决策树，使用示性函数对 n 个决策树的输出进行汇总，然后将属性含缺失值的数据输入随机森林，汇总输出即缺失值的估计值。

11.5.2.4 制导控制半实物仿真试验数据中的数据修正

在制导控制半实物仿真试验中，不同试验数据一般由多个仿真设备输出和采集，为了便于进行统计分析和曲线对比，需要对试验数据进行修正，主要修正内容包括时间修正和坐标转换。

1）试验数据时间修正

在制导仿真试验中，数据传输延迟和设备时间差异等原因，使得不同来源的试验数据时间零点出现不一致现象。为了在同一时间维度下开展对比分析，需要对试验数据进行修正，使得其所有的仿真试验数据零点统一。目前，工程上可以采用三点拉格朗日插值方法进行时间修正，其基本思想：首先获得系统的延时误差，取定观测时间点 t 和该时间点的观测值，然后取以该时间点为中心的三个时间点和它们对应的观测值，利用拉格朗日插值公式计算出 t 时刻的真实值。

设 t_{n-1}、t_n、t_{n+1} 三个时刻的观测数据为 V'_{n-1}、V'_n、V'_{n+1}，其实际对应的目标时刻为 t'_{n-1}、t'_n、t'_{n+1}，则由拉格朗日插值公式得到：

$$V_n = \frac{(t_n - t_n')(t_n - t_{n+1}')}{(t_{n-1}' - t_n')(t_{n-1}' - t_{n+1}')}V_{n-1}' + \frac{(t_n - t_{n-1}')(t_n - t_{n+1}')}{(t_n' - t_{n-1}')(t_n' - t_{n+1}')}V_n' +$$

$$\frac{(t_n - t_{n-1}')(t_n - t_n')}{(t_{n+1}' - t_n')(t_{n+1}' - t_{n-1}')}V_{n+1}' \tag{11-6}$$

式中，V_n 为 t_n' 时刻目标的真实观测数据；$t_n' = t_n - \Delta t$，Δt 为总的延时。

2）试验数据坐标转换

在制导控制半实物仿真试验中，不同设备和弹道器件的坐标系定义可能会存在一定差异，使得不同来源的俯仰角、偏航角的数值出现偏差。因此，在对数据曲线进行对比分析时，需要将不同坐标系下的数据转换为同一坐标系。例如，遥测数据中的东北天坐标系下的导航姿态角，与仿真模型中发射系姿态角，两者并不一样，在分析时，应进行坐标转换后再进行曲线对比分析。

11.5.3　制导控制半实物仿真系统的试验数据分析方法

在完成制导控制半实物仿真试验数据的预处理后，就可以按照统计学的相关原理和方法，对本轮 N 次仿真试验得到的随机变量应用数理统计理论进行统计，并对统计估计值进行精度评定，给出置信区间。仿真结果分析可分为静态数据和动态数据两种情况，分析的前提是仿真系统输出数据与原系统输出数据必须是相容的。

11.5.3.1　制导控制半实物仿真静态试验数据分析方法

设 $x_1, x_2, \cdots, x_n$ 为对某个变量 X 进行仿真所得的结果，为独立、同分布子样，并且与原系统试验结果是相容的。对半实物仿真试验数据的静态分析方法主要包括置信水平估计、假设检验、方差分析、回归分析等方法。

1）置信水平估计

置信水平是指总体参数值落在样本统计值某一区内的概率；而置信区间是指在某一置信水平下，样本统计值与总体参数值间误差范围。置信区间越大，置信水平越高。置信水平在抽样对总体参数做出估计时，由于样本的随机性，其结论总是不确定的。因此，采用一种概率的陈述方法，也就是数理统计中的区间估计法，即估计值与总体参数在一定允许的误差范围以内，其相应的概率有多大，这个相应的概率称为置信度。

2）假设检验

假设检验是推论统计中用于检验统计假设的一种方法，其基本思想是小概率反证法，即先提出假设（检验假设 H_0），再用适当的统计方法确定假设成立的可能性大小，若可能性小，则认为假设不成立。假设检验的种类包括 t 检验、Z 检验、卡方检验、F 检验等。

3）方差分析

方差分析是用于两个及两个以上样本均数差别的显著性检验，其基本思想是通过分析研究不同来源的变异对总变异的贡献大小，从而确定可控因素对研究结果影响力的大小。根据资料设计类型的不同，有以下两种方差分析的方法：①对成组设计的多个样本均值进行比较，应采用完全随机设计的方差分析，即单因素方差分析；②对随机区组设计的多个样本均值比较，应采用配伍组设计的方差分析，即两因素方差分析。方差分析的主要用途为均数差别的显著性检验；分离各有关因素并估计其对总变异的作用；分析因素间的交互作用；方差齐性检验。

4）回归分析

回归分析是确定两种或两种以上变量间相互依赖定量关系的一种统计分析方法，应用十分广泛。回归分析按照涉及的变量的多少，可分为一元回归分析和多元回归分析；按照自变量的多少，可分为简单回归分析和多重回归分析；按照自变量和因变量之间的关系类型，可分为线性回归分析和非线性回归分析。在大数据分析中，回归分析是一种预测性的建模技术，它研究的是因变量和自变量之间的关系。这种技术通常用于预测分析，分析研究时间序列模型和发现变量之间的因果关系。

11.5.3.2　动态仿真数据分析

对于动态仿真数据的特性分析，常用的方法是时间序列建模、系统辨识和系统预测等内容。

1）时间序列建模

时间序列建模是根据对系统观测得到的时间序列数据通过曲线拟合和参数估计或谱分析等来建立系统的数学模型的理论和方法，它的理论基础是数理统计学。时间序列建模分为时域建模和频域建模两类。一般采用时域建模，需要分析系统的频率特性时则采用频域建模。时域建模采用曲线拟合和参数估计的方法（如最小二乘法等），频域建模采用谱分析法。谱分析法在仿真试验结果分析中被广泛应用，如对仿真系统输出的数据进行谱估计，分析在特定频率处能量的大小；比较两个时间序列谱的差异，进行可信性分析等。时间序列建模主要决定于被观测序列的性质、可用观测值的数目和模型的使用情况等因素。

2）系统辨识

系统辨识是根据系统的输入/输出时间函数来确定描述系统行为的数学模型。系统通过辨识建立数学模型的目的是估计表征系统行为的重要参数，建立一个能模仿真实系统行为的模型，用当前可测量系统的输入和输出来预测系统输出的未来演变。对系统进行分析的主要问题是根据输入时间函数和系统的特性来确定输出信号。系统辨识包括两个方面：结构辨识和参数估计。在实际的辨识过程中，随着使用的方法不同，结构辨识和参数估计这两个方面并不是截然分开的，而是可以交织在一起进行的。

3）系统预测

系统预测是指根据现有系统或拟建系统的过去和现在发展规律，借助科学的方法和手段，对系统未来的发展进行估计和测定，形成科学的假设和判断。它是系统工程的重要内容，无论是系统规则、系统分析、系统设计，还是系统决策，都以系统预测为前提。系统预测的步骤如下：首先是输入阶段，主要包括收集初始信息与数据，有关专家咨询等；其次是分析计算阶段，选择或建立一个模型，进行各种方案试验，找出最佳的系统性模型；最后是输出阶段，根据获得的模型，求出预测结果，分析预测误差，使预测结果尽可能与实际符合，为仿真试验结果评定提供参考。

11.6　制导控制半实物仿真系统的试验结果评估技术

半实物仿真试验的结果评估技术是对得到的仿真试验数据进行整理、分析研究，对得到的结果进行分析推断，确保所得到试验数据的一致性、可信度和有效性。通过仿真数据分析，及时发现系统仿真模型和试验实施过程中存在的其他方面问题，提出修改和完善系统模型及改进试验方法等反馈意见。

11.6.1　制导控制半实物仿真系统的试验一致性评估方法

制导控制半实物仿真试验表现出规模大、实体多、组成异构、时间长等特点，根据试验任务的不同，针对同一个试验任务，会产生不同模式、不同角度、不同来源的试验数据。因此，开展不同状态下的试验数据一致性评估，是评价试验数据正确性和仿真结果置信度的重要工作。

试验数据一致性评估就是在相同的试验条件下，对比分析不同试验模式和来源下的数据一致性，主要目的是检查试验数据的有效性，找出试验数据的不合理处及自相矛盾的数据，这些数据在处理的过程中尽量不予采用。常见的分析方法有时域一致性分析方法、频域一致性分析方法、时频域一致性分析方法等。

11.6.1.1　试验数据一致性评估的时域一致性分析方法

时域一致性分析方法主要包括 TIC 法、灰色关联分析方法、统计误差分析方法等。

1）TIC 法

TIC 法是在相同的输入条件下，将参考样本数据和仿真样本数据所得的 TIC 系数作为检验指标，衡量参考样本与仿真样本的数据差异大小，以此判断仿真结果是否正确。

TIC 系数 $\rho(x,y)$ 计算公式如下：

$$\rho(x,y)=\frac{\sqrt{\dfrac{1}{N}\sum_{i=1}^{N}(x_i-y_i)^2}}{\sqrt{\dfrac{1}{N}\sum_{i=1}^{N}x_i^2}+\sqrt{\dfrac{1}{N}\sum_{i=1}^{N}y_i^2}} \tag{11-7}$$

式中，x_i 为相同条件下仿真模型输出动态数据；y_i 为相同条件下真实系统输出动态数据；N 为样本总数。

TIC 系数的取值为 0～1；TIC 系数越趋近于 0，表示两个数据动态一致性越好。

2）灰色关联分析方法

灰色关联分析方法是根据因素之间发展趋势或形状的相似或相异程度，来衡量两组试验数据因素之间关联程度的一种方法，其算法核心是计算关联度。灰色关联度是用来描述两组数据之间相似程度或密切程度的量，是系统变化态势的一种度量。

x_0 与 x_i 的关联度为 $\gamma(x_0,x_i)$，其计算公式为

$$\gamma(x_0,x_i)=\frac{1}{N}\sum_{k=1}^{N}\gamma\big(x_0(k),x_i(k)\big) \tag{11-8}$$

式中，x_0 为仿真特征行为序列；x_i 为真实行为序列；N 为样本总数。

$$\gamma\big(x_0(k),x_i(k)\big)=\frac{\min\limits_{i}\min\limits_{k}\big|x_0(k)-x_i(k)\big|+\rho\max\limits_{i}\max\limits_{k}\big|x_0(k)-x_i(k)\big|}{\big|x_0(k)-x_i(k)\big|+\rho\max\limits_{i}\max\limits_{k}\big|x_0(k)-x_i(k)\big|} \tag{11-9}$$

式中，$x_0(k)-x_i(k)$ 为 k 时刻 x_0 与 x_i 的绝对差；$\min\limits_{i}\min\limits_{k}\big|x_0(k)-x_i(k)\big|$ 为两极最小差；$\max\limits_{i}\max\limits_{k}\big|x_0(k)-x_i(k)\big|$ 为两极最大差；ρ 为分辨系数，$\rho\in[0,1]$，通常取 0.5。

根据计算得到的灰色关联度，判断仿真数据与参考数据是否一致。一般认为当取较小的分辨系数 ρ，且灰色关联度大于某一个临界数 y_{ref} 时，则认为两组曲线相似性较好，可取 $y_{\text{ref}} = 0.5$。

3）统计误差分析方法

在相同或近似相同的输入条件下，采集仿真模型和真实对象的输出数据序列，且要求这两组数据序列必须具有相等的采样点数 N 和相同的采样时间，计算误差序列：

$$e_n = x_n - y_n \tag{11-10}$$

式中，x_n 为相同条件下飞行试验数据序列；y_n 为相同条件下半实物仿真试验观测序列；n 为样本序列。

设样本总数为 N，则相关指标计算如下。

均方差为

$$N_1 = \frac{1}{N}\sum_{n=1}^{N} e_n^2 \tag{11-11}$$

平方和误差为

$$N_2 = \sum_{n=1}^{N} e_n^2 \tag{11-12}$$

规一化平方和误差为

$$N_3 = \sum_{n=1}^{N} \left(\frac{e_n^2}{x_n} \right)^2 \tag{11-13}$$

最大误差为

$$N_4 = \max(e_n) \tag{11-14}$$

11.6.1.2 试验数据一致性评估的频域一致性分析方法

对于随机序列样本来说，动态一致性验证不仅可以在时域中进行，还可以在频域中进行。近年来，在武器系统仿真输出特性分析中，谱分析方法已成为一种重要手段。谱分析方法主要是比较相同条件下的两个时间序列样本在频域中的相容性。

平均功率谱是随机序列的重要频域特征。记随机过程 $X(t)$ 的谱密度为 $S_X(\omega)$。对于任意随机过程 $X(t)$，其自相关函数 $R_X(t_1,t_2)$ 的时间均值与过程的功率谱密度互为傅里叶变换，即

$$S_X(\omega) = \int_{-\infty}^{\infty} A_X(\tau) e^{-j\omega\tau} d\tau \tag{11-15}$$

$$A_X(\tau) = \frac{1}{2\pi} \int_{-\infty}^{\infty} S_X(\omega) e^{-j\omega\tau} d\omega \tag{11-16}$$

其中，

$$A_X(\tau) = \lim_{T \to \infty} \frac{1}{2T} \int_{-T}^{T} R_X(t,t+\tau) dt \tag{11-17}$$

定义：

$$S_X(\omega) = \sum_{m=-\infty}^{\infty} \left\{ \lim_{T \to \infty} \left[\frac{1}{2T+1} \sum_{n=-T}^{T} R_X(n,n+m) \right] \right\} e^{-j\omega\tau} \tag{11-18}$$

如果 $S_X(\omega)$ 收敛，则称 $S_X(\omega)$ 为随机序列，$\{X_n\}$ 为谱密度。

谱分析应用的前提是假定过程是平稳的，宜采用平稳化预处理方法，如零均标准化处理、提取趋势项、季节差分等。通常首先根据试验数据特点选择相应的谱估计方法，如窗谱、最大熵谱等；然后采用假设检验的方法来判断仿真输出序列谱密度与真实系统输出序列谱密度在统计意义下是否相容。

11.6.1.3　试验数据一致性评估的时频域一致性分析方法

典型的时频域一致性分析方法是小波变换方法。小波变换在信号处理中具有适用于非平稳性、非独立性时间序列的优势，是一种在时域和频域上都有良好局部化性质及多分辨特性的分析方法，可以自适应地调节时域和频域窗口，适用于参数变化剧烈、非平稳性时变动态过程分析。

小波变换分析法的主要步骤如下。

- 选取小波基：不同的小波基对信号的描述是不同的，在信号处理中应用情况比较好的小波基系列主要有 Dbs 系列、Bior 系列、Coif 系列及 Syms 系列，在应用中需要根据小波基的性质和形状结合具体的需求进行选择。
- 小波分解尺度的确定：利用小波分解变换可以分别得到时间序列的低频近似分量和高频细节分量，高频部分的特征随着分解层数的增大逐渐显露并增强。但是随着小波分解尺度的增大，低频部分边缘效应越来越明显，这是由于小波变换是原始时间序列与相应的滤波器进行卷积得到的，因此势必会产生边缘失真的情况，一般选择 4～5 层分解为最佳。
- 一致性分析：低频部分是连续的原时间序列的近似，包含原时间序列的趋势部分和绝大部分能量；而高频部分则表现为离散的脉冲分量，是原时间序列的细节部分。可以采用相应分析方法，在低频部分一致的基础上，比较高频部分的特性点（脉冲）的一致性，进而完成一致性分析。

11.6.2　制导控制半实物仿真系统的试验可信度评估方法

制导控制系统的复杂性，仿真开发人员对仿真对象知识获取的不完整性，以及半实物仿真设备和仿真方法自身的局限性，使得半实物仿真系统本质上只是仿真对象的一个近似系统，这就必然存在一个可信度问题，即仿真系统在特定的仿真目的下能否有效反映仿真对象。因此，开展半实物仿真试验的可信度评估工作，可以实现对半实物仿真系统研发过程的全程监控，及时解决各研发阶段所暴露出的问题，从而保证半实物仿真结果的可信度与正确性，降低半实物仿真系统的应用风险。

在工程实践中，评估半实物仿真系统的可信度往往要综合运用多种方法和手段，一般来说，评估手段不同，得到的评估结论也可能不同，有时甚至大相径庭。所以，要想给出一个可操作的、适用于任何仿真的、能够综合反映仿真各个方面性能的评估模型几乎是不可能的。在开展具体实践时，必须针对半实物仿真系统的特点，结合系统工程领域相关的理论和方法，科学合理地开展可信度评估工作。

目前，常用的可信度评估方法主要包括层次分析法、模糊综合评判法、模糊层次分析法和相似度法。下面就简要介绍一下常用的可信度评估方法。

11.6.2.1　基于层次分析法的半实物仿真系统可信度评估方法

层次分析法（Analytic Hierarchy Process，AHP）是定性与定量相结合的决策分析方法，能把定性因素定量化，使评价趋于定量化，它体现了人们决策的基本思维特征，即分解—判断—综合。它的基本思想：根据问题要求对待评价的系统进行层次化，形成一个多层次的评价指标体系；通过比较两两因素（目标、准则、方案）的相对重要性，给出相应的比例标度；构造上层某要素对下层相关元素的判断矩阵，以给出相关元素对上层某要素的相对重要程度序列。

层次分析法的主要步骤如下。

1）评价指标体系的构造

首先对待评价的系统进行层次化，形成一个多层次的评价模型。构造的评价指标体系模型应是递阶层次结构，由最高层、若干中间层和最底层排列而形成。最终形成的单一最高层就是评价要达到的目标—系统总体可信性的评估。

2）判断矩阵的构造及比例标度的选取

建立系统的层次模型后，构造每一层判断矩阵，判断矩阵的元素是判断该层某两个元素相对上一层某元素的重要性比值。判断矩阵 A 可写成：

$$A = \begin{bmatrix} W_1/W_1 & W_1/W_2 & \ldots & W_1/W_n \\ W_2/W_1 & W_2/W_2 & \ldots & W_2/W_n \\ \vdots & \vdots & & \vdots \\ W_n/W_1 & W_n/W_2 & \ldots & W_n/W_n \end{bmatrix}$$

目前，常用的方法为1～9标度方法和指数标度方法等。由 AL Satty 提出的1～9标度方法，在用于确定事物的排序上基本合理、可靠，但用它得出的权值计算系数往往不可靠。因此，建议可以采用指数标度法。在理论上可以证明指数标度方法具有较好的衡量标度。

3）计算权重

根据判断矩阵，计算出该判断矩阵的最大特征根及特征向量，该特征向量为某层次因素相对于上一层中的某一因素的相对重要性权值，这是层次单排序，依次沿递阶层次结构由上而下逐层计算，可计算出底层因素相对于最高层的重要性权值。

求最大特征根和特征向量计算步骤如下。

由特征根的定义有：

$$AW = \lambda_{max}W \tag{11-19}$$

式中，λ_{max} 为判断矩阵 A 的最大特征根，W 为最大特征根所对应的特征向量。

计算判断矩阵 A 的每一行元素的乘积 M_i，其公式为

$$M_i = \prod_{j=1}^{n} a_{ij} \quad i=1,2,\cdots,n \tag{11-20}$$

计算 M_i 的 n 次方根：

$$W_i = \sqrt[n]{M_i} \quad i=1,2,\cdots,n \tag{11-21}$$

向量 $\boldsymbol{W} = \begin{pmatrix} W_1 & W_2 & \dots & W_n \end{pmatrix}^{\mathrm{T}}$ 为正规化向量，其中：

$$W_i = \frac{W_i}{\sum\limits_{i=1}^{n} W_i} \tag{11-22}$$

计算判断矩阵最大特征值 $\lambda_{\max}$，其公式为

$$\lambda_{\max} = \sum \frac{(AW)_i}{nW_i} \tag{11-23}$$

式中，$(AW)_i$ 表示向量 $\boldsymbol{AW}$ 的第 i 个元素。

4）判断矩阵的一致性检验

判断矩阵需要进行一致性检验，以检验人们的判断是否一致。定义矩阵一致性指标 CI，即

$$\mathrm{CI} = \frac{\lambda_{\max} - n}{n - 1} \tag{11-24}$$

为了判断不同阶矩阵是否具有满意的一致性，用判断矩阵的一致性指标 CI 与同阶平均随机一致性指标 RI 之比来进行判断。RI 值可查表得到。若满足条件：

$$\mathrm{CR} = \frac{\mathrm{CI}}{\mathrm{RI}} < 0.10 \tag{11-25}$$

则判断矩阵具有满意的一致性。

11.6.2.2　基于模糊综合评判法的半实物仿真系统可信度评估方法

在影响仿真可信度的诸多因素中，既有确定性因素、随机性因素，也有模糊性因素。模糊数学是研究不确定性系统的常用方法之一，适合于具有"内涵明确，外延不明确"特点的对象和对系统进行评估。模糊综合评判法是应用模糊数学中的模糊变换原理和最大隶属度原则，考虑与被评价事物相关的各个因素，对其所做出的综合评价。其基本思想是，对于影响可信度的确定性因素和随机性因素，通过测量和测试进行单因素评判；对于模糊性因素，进行单因素模糊评判。最后将上述单因素评判结论通过适当的模糊算法综合起来，得到总体的评估结论。

模糊综合决策的数学模型由三个要素组成：

因素集 $U = \{u_1, u_2, \cdots, u_n\}$；评判集（或评价集）$V = \{v_1, v_2, \cdots, v_m\}$；单因素评判 $f : U \to \zeta(V), u_i \to f(u_i) = (r_{i1}, r_{i2}, \cdots, r_{im}) \in \zeta(V)$，进而由模糊关系 $R_f \in \zeta(U \times V)$ 得出模糊

矩阵 $\boldsymbol{R} = \begin{bmatrix} r_{11} & r_{12} & \cdots & r_{1m} \\ r_{21} & r_{22} & \cdots & r_{2m} \\ \vdots & \vdots & & \vdots \\ r_{n1} & r_{n2} & \cdots & r_{nm} \end{bmatrix}$，也称为单因素评判矩阵，称 (U, V, R) 构成一个模糊综合决策

模型，U、V、R 是此模型中的三个要素，最后进行综合评判，即综合评判 $B = A \circ R \in \zeta(V)$，其中 A 为权重 $A \in \zeta(U)$，"$\circ$"表示算子。运算的方法评价算子模型有四种，如表 11-2 所示。

表 11-2　模糊综合决策中的评价算子模型

模型	算子	计算公式	类型
$M(\wedge,\vee)$	$\wedge\vee$	$b_j = \overset{n}{\underset{i=1}{\vee}}\left(a_i \wedge r_{ij}\right)$	主因素决定型
$M(\bullet,\vee)$	$\bullet\vee$	$b_j = \overset{n}{\underset{i=1}{\vee}}\left(a_i \wedge r_{ij}\right)$	主因素突出型
$M(\wedge,\oplus)$	$\wedge\oplus$	$b_j = \overset{n}{\underset{i=1}{\oplus}}\left(a_i \wedge r_{ij}\right) = \sum_{i=1}^{n}\left(a_i \wedge r_{ij}\right)$	主因素突出型
$M(\bullet,\oplus)$	$\bullet\oplus$	$b_j = \overset{n}{\underset{i=1}{\oplus}}\left(a_i \bullet r_{ij}\right) = \sum_{i=1}^{n}a_i \bullet r_{ij}$	加权平均模型

模糊数学有两种运算：上确界"$\vee$"与下确界"$\wedge$"，$a\vee b = \sup\{a,b\}, a\wedge b = \inf\{a,b\}$，并满足下列运算性质。

幂等律：$a\vee a = a,\ a\wedge a = a$；

交换律：$a\vee b = b\vee a,\ a\wedge b = b\wedge a$；

结合律：$(a\vee b)\vee c = a\vee(b\vee c),\ (a\wedge b)\wedge c = a\wedge(b\wedge c)$；

吸收率：$(a\vee b)\wedge a = a,\ (a\wedge b)\vee a = a$。

其中，模型 $M(\wedge,\vee)$ 的着眼点考虑主要因素（先取小后取大运算），其他因素对结果影响不大，容易出现决策结果不易分辨的情况。在实际应用中，主因素（权重最大的因素）在综合评判中起主导作用时，可采用前三种模型，而第四种模型是对所有因素依权重大小均衡兼顾，适用于整体指标的优化。

因素集 U 相当于评价指标集，其中 u_i 表示具体的指标，如对仿真系统进行评价，因素集可定义为 $U = \{$可靠性，可维护性，可信度，使用性能，…$\}$。

评判集 V 是对因素等级或等次的可能评估值或评估描述。例如，按四级评价 $V = \{$优秀，良好，及格，不及格$\}$，相应可以将其量化为 $V = \{0.90,\ 0.80,\ 0.60,\ 0.25\}$。

明确因素集和评判集之后，将其进行模糊转换可以得到模糊评判矩阵，最后进行模糊综合评判。

模糊评价法是在层次分析法的基础上，增加模糊判断思想，从理论上讲更加贴近实际、更加完善。但要求评价人员的专业素质比较高，操作更加复杂。

11.6.2.3　基于模糊层次分析法的半实物仿真系统可信度评估方法

在仿真可信度评估中，经常将上面两种方法综合使用，以解决单独使用时出现的问题。通过研究分析，模糊层次分析法的典型步骤如下。

1）建立层次结构

建立层次结构主要通过层次分析法将待评估仿真系统的各个影响因素层次化，建立因素集。

2）构造单因素评判矩阵

构造单因素评判矩阵是通过模糊变换原理，选择可信性评估的基本因素，进行单因素评判，包括建立单因素评判决策集、构造重要性两两比较矩阵、计算权重向量、进行一致性检验和计算单因素评判的可信度 5 个环节。

3）初级综合评判

初级综合评判主要用于基本因素评判结果的综合。

4）高级综合评判

在高级综合评判中，把低一层的评判结果向量作为一个模糊向量，多个低层模糊向量的综合可构成高一层的模糊评判关系矩阵，对关系矩阵进行模糊合成运算从而求得高一层的综合评判值。

5）结果分析

结果分析是对得到的模糊向量进行数据处理，采用的方法有最大隶属度原则、模糊分布法、加权平均法和评判集决策法等工作。

模糊层次分析法在于具有 AHP 方法本身的优点，因为模糊数的应用，不但发挥了专家经验的作用，而且尽量减少了人为主观臆断带来的弊端，所以所计算的权重更加科学合理且易于实现。

在采用模糊评判法时，由于要满足归一性，每一因素分得的权重必然很小，无论采用哪种算子，经过模糊运算后都会淹没许多信息，有时甚至得不出任何结果，模糊层次分析法可以较好地解决这一问题。此外，针对因素权重的分析可以利用模糊数学中的三角模糊数来构造两两构造矩阵，该方法试图从数学方法上避免人为因素对判断矩阵产生的影响，以使评估更客观。

11.6.2.4　基于相似度法的半实物仿真系统可信度评估方法

根据相似理论，仿真系统可信度评估就是考查仿真模型的输出与实际系统的输出之间的相似度。系统的相似度是刻画系统间相似程度的度量，是相似单元的相似性对系统总体相似程度的总体反映。

1）系统相似度的定义

仿真系统的相似度是相似单元的数量、相似单元的数值和每个相似单元对系统相似度影响权系数等因素的函数。设系统 A 由 K 个要素组成，系统 B 由 L 个要素组成，系统 A、B 间存在 n 个相似要素，构成 n 相似单元，每个相似单元的值记为 $q(u_i)$。每一个相似单元对相似系统相似程度的影响权重为 β_i，则系统 A 与 B 的相似度可以定义为

$$Q(A、B)=\frac{n}{K+l-n}\sum_{i=1}^{n}\beta_i q(u_i) \tag{11-26}$$

2）利用层次分析来确定权重

把相似单元作为评价因素，建立评价因素 U，$U=\{u_1,u_2,\cdots,u_n\},u_i\in U,i=1,2,\cdots,n$。$u_{ij}$ 表示 u_i 对 u_j 的相对重要性的数值，$j=1,2,\cdots,n$。根据数值标度方法，得到以下判断矩阵：

$$P=\begin{bmatrix} u_{11} & u_{12} & \cdots & u_{1j} & \cdots & u_{1n} \\ u_{21} & u_{22} & \cdots & u_{2j} & \cdots & u_{2n} \\ \vdots & \vdots & & \vdots & & \vdots \\ u_{i1} & u_{i2} & \cdots & u_{ij} & \cdots & u_{in} \\ \vdots & \vdots & & \vdots & & \vdots \\ u_{n1} & u_{n2} & \cdots & u_{nj} & \cdots & u_{nn} \end{bmatrix}$$

在 P 中，有 $u_{ii}=1$，$u_{ij}=u_{ji}^{-1}$，$u_{ij}=\dfrac{u_{ik}}{u_{kj}}$，$i=1,2,\cdots,n$，$j=1,2,\cdots,n$，$k=1,2,\cdots,n$。

权重系数大小，反映每一相似单元对系统相似度影响的重要程度大小，根据上述判断

矩阵，权重数值大小确定方法步骤如下。

将判断矩阵 $\boldsymbol{P}$ 每一列进行归一化，得到：

$$\bar{u}_{ij} = \frac{u_{ij}}{\sum_{k=1}^{n} u_{ik}}, i,j = 1,2,\cdots,n \tag{11-27}$$

将列归一化后的矩阵按行相加：

$$\beta_i = \sum_{j=1}^{n} \bar{u}_{ij}, \quad i = 1,2,\cdots,n \tag{11-28}$$

将列向量 $\boldsymbol{\beta} = \begin{pmatrix} \beta_1 & \beta_2 & \cdots & \beta_n \end{pmatrix}^{\mathrm{T}}$ 归一化处理：

$$\beta_i = \frac{\beta_i}{\sum_{k=1}^{n} \beta_k}, i = 1,2,\cdots,n \tag{11-29}$$

由上述分析得到特征向量 $\boldsymbol{\beta} = \begin{pmatrix} \beta_1 & \beta_2 & \cdots & \beta_n \end{pmatrix}^{\mathrm{T}}$，即权值。

3）一致性判断

在判断矩阵的构造中，并不要求判断具有一致性，这是由客观事物的复杂性与认识多样性所决定的，但要求判断具有大体的一致性却是应该的，如果出现甲比乙极端重要，乙比丙极端重要，而丙比甲极端重要的情况一般是违反常识的。排序权向量计算结果作为决策依据还需要进行一致性检验。

4）计算相似单元的值

设仿真数值为 y_s，实际值为 y_r，则相似单元的值为

$$q(u_i) = \frac{y_r - |y_r - y_s|}{y_r} \tag{11-30}$$

将式（11-29）和式（11-30）代入式（11-26）即可得到系统的相似度值，可以证明相似度也是可信度。

相似度法的最大局限在于相似单元的相似度值不好确定，因为每一个型号都是创新产品，没有绝对的可参照性，况且相似度方法的本质还是层次分析法的基本思想。

11.6.3 制导控制半实物仿真系统的试验误差影响分析

制导控制系统的半实物仿真，通过采用多个大型复杂专用仿真设备，与导引头、舵机等弹上部件协同工作，构成制导控制系统的闭环回路。作为一个用于特定研究目的的试验和测试系统，各类仿真设备和物理效应设备，都不是一个理想的传递环节，均具有一定的幅值相位偏差等动态特性和装配测量等误差因素。这些因素直接影响了半实物仿真的试验精度，从而导致天地试验结果出现不一致的情况，降低仿真结果的可信度水平，加大依据仿真结果进行分析与决策的风险性，也限制了高精度制导控制技术的进一步发展。

因此，深入研究和分析系统中内在和外在的误差因素及其联系，找出影响仿真结果的主要误差源，建立各仿真设备的误差模型，并采取相应措施尽可能消除各类误差，是进行半实物仿真集成与联试中的重要环节，对于提高仿真系统的置信度和精度具有十分重要的意义。

11.6.3.1　制导控制半实物仿真系统的误差组成

在半实物仿真系统的设计和试验过程中，影响仿真精度的因素包含诸多方面，包括试验方法误差、仿真设备误差和试验操作误差。

- 试验方法误差主要指系统设计方案的可行性、仿真设备选择的针对性和合理性、软件运行环境的可靠性等不能完全达到试验技术指标要求而造成的误差。
- 仿真设备误差主要是由仿真设备的动态性能和精度性能引起的仿真误差，包括软件算法、机械加工精度、电气转换精度、设备通信延迟等因素。
- 试验操作误差主要是指系统分析和设计过程中由于参加人员主观因素而引起的误差，包括人为操作、数据处理等因素。在本书中，重点关注仿真设备引起的误差因素。

根据设备误差对仿真精度的影响方式，可以将设备误差分为设备动态特性和设备精度误差。设备动态特性反映了仿真设备跟踪系统指令的响应特性，主要出现在仿真系统运行过程中，包括设备的固有非线性、设备频带限制和运转性能等。设备精度误差描述了设备的系统精度，通常无法精确地获取误差大小，只能通过一系列精度指标来限定其误差范围。根据仿真过程中变化规律可将其分为系统精度误差和随机因素误差，其中，系统精度误差由仿真设备特性决定，在仿真设备制造后或每次仿真运行时，误差参数和影响情况基本固定，主要包括制造工艺误差、安装误差等；而随机因素误差在运行过程中呈现随机性，通常情况下可认定为服从正态分布或均匀分布，包括系统控制精度、测量噪声、时钟抖动等。

下面给出不同仿真设备的误差因素和影响内容。

1）实时模型解算的误差因素及影响分析

实时模型解算系统主要用于完成飞行器动力学运动学的实时解算，存在的仿真误差主要包括仿真模型误差和系统定时误差。其中，仿真模型误差主要包括建模误差和模型解算误差。一方面，数学模型的建立与真实对象之间存在一定误差；另一方面，仿真解算算法的差异、模型实时编译处理等操作，也可能造成实时代码模型与原有数学模型存在一定差异，因此，必须在模型修改编译前后，对仿真结果进行对比分析。

系统定时误差主要是指实时系统定时精度引起的误差。如果模型解算的定时周期不准确，则会导致仿真模型与产品实物部件在进行通信时存在频繁的错拍，从而大大影响仿真结果的一致性和可信度。

2）实时通信网络的误差因素及影响分析

网络通信误差主要是指由通信网络耗时引起的动态延迟，其本质是在制导控制回路的不同位置，引入了随机的延迟误差，直接影响系统的动态响应特性。

3）电气接口设备的误差因素及影响分析

电气接口设备的误差主要是产品设备和部件之间的电气信号采集和通信引起的误差，包括采样/输出的频率误差、数据同步误差、信号量化误差和传输误码率误差，还包括电磁环境引起的信号误差。在分析电气接口设备对系统的影响时，一定要区分该电气信号误差是制导控制系统本身自带的误差还是由仿真设备引入的误差。

4）飞行仿真转台的误差因素及影响分析

飞行仿真转台通过驱动台体框架的转动，复现飞行器在空中的飞行姿态变化或弹目相对运动关系。其中，三轴转台相当于在弹体响应和陀螺输入之间串联了一个非固有的动力学环节和误差环节，改变了整个系统的动力学结构；五轴转台相当于在弹目相对运动关系计算中引入一个误差环节，直接影响制导指令的计算。

飞行转台作为一个大型的机电液一体化设备，包含诸多精度指标和动态因素，不同类型的指标对仿真结果的影响机理各不相同。其中，转角范围、最大角速度、频率响应等指标主要用于描述转台的动态响应，其作用相当于在输入信号和输出信号之间串联一个动态环节；不相交度、不垂直度和安装误差等指标主要用于描述由于制造、加工、安装等因素引起的机械安装误差，其作用相当于在信号转换中引入的坐标转换误差，导致模拟的姿态角或视线角出现偏差；角位置控制精度、最小平稳角速度等指标主要用于描述系统的控制精度，其影响可以认为是在输出信号中引起的随机噪声。

5）气动负载模拟设备的误差因素及影响分析

气动负载模拟设备完成弹体飞行过程中的舵面气动负载的动态加载，设备特性和误差使得加载力矩不能准确地复现空中的力矩变化过程。气动负载模拟设备对仿真结果的影响与舵机的工作方式密切关联，对于位置反馈式舵机而言，力矩加载偏差相当于干扰的形式影响舵机的工作性能；但对于力矩平衡式舵机而言，气动负载模拟设备的加载力矩作为舵系统的主反馈，直接影响舵机工作性能，从而直接影响制导控制回路的稳定裕度等指标。

在气动负载模拟设备的性能指标中，力矩加载范围、转角范围、频率响应、零位死区等指标用于描述负载模拟设备力矩加载的动态响应；力矩加载精度等指标用于描述力矩加载的控制精度大小；安装误差、测角精度等指标直接影响了负载模拟设备的测量舵偏角大小，可以认为在测角输出中引入了随机噪声。

6）卫星导航模拟设备的误差因素及影响分析

卫星导航模拟设备的性能误差包括卫星轨道计算误差、路径因素计算误差、导航信号计算误差、导航射频信号误差等因素。由于产生方式差异较大和计算方法较为复杂，因此，在分析影响大小时，可以将卫星导航信号中的各个误差项，综合为其模拟的位置误差和速度误差，进行统一考虑。

7）光学目标模拟设备的误差因素及影响分析

光学目标模拟设备的误差因素包括目标图像生成误差、辐射能量模拟误差、图像不均匀性等误差，各项因素的交叉耦合，引起红外成像质量与真实导引头测量结果的不一致，从而引起目标识别性能和视线角误差。

8）射频目标模拟设备的误差因素及影响分析

射频目标模拟设备的误差引入主要包括目标功率信号的计算误差、射频信号的模拟误差、天线阵列的角度控制误差、微波暗室的信号传输误差。与红外图像模拟一样，各项因素交叉耦合，导致射频导引头接收到的目标辐射信号与期望的不一致，从而导致其输出的视线角存在误差和视线角速度存在误差。

11.6.3.2 制导控制半实物仿真系统的误差影响计算方法

对于精确制导武器的半实物仿真系统而言，其系统组成包含多种类型的仿真设备，不同设备的误差类型和产生机理存在较大的差异，并且各类仿真设备与参试产品的工作机理和系统性能密切关联，两者相互影响、相互作用，处于一种紧耦合状态，使得设备引起的仿真误差和制导控制系统本身的精度偏差难以有效剥离。目前，对于闭环耦合系统中误差影响机理的研究方法，主要包括解析法、仿真计算法和试验分析法。解析法需要建立各个误差源与武器系统精度的总体函数关系，通过误差传递函数得到各个误差源对最终精度的影响；试验分析法受到研制成本、试验环境等限制，不能全面覆盖误差及干扰的变化范围。

目前，分析半实物仿真设备对于仿真精度的影响，主要采用仿真计算方法。针对各个设备的工作特点和性能指标，建立相关的设备的误差模型和性能模型，根据设备在制导控制半实物仿真闭环回路中的作用位置，引入参试对象的数学模型中，通过大量的数学仿真，定量计算不同设备引入仿真回路后，对于仿真精度的影响大小。常用的仿真计算方法包括蒙特卡罗（Monte Carlo）方法、协方差分析描述函数（Covariance Analysis Describing Function Technique，CADET）法和统计线性化伴随法（Statistical Linearization Adjoint Method，SLAM）。

1）蒙特卡罗方法

蒙特卡罗方法又称为统计试验法，它利用随机数进行统计检验，以求得统计特征值（如均值、方差、概率等）作为待解决问题的数值解。具体而言，是借助于概率化的数学模型和被研究实际问题的物理过程的统计特征值计算以复现该过程的方法。国内外广大学者采用蒙特卡罗方法求解航空、航天、武器等方面的精度分析问题。

蒙特卡罗方法可以在不对模型进行线性化的情况下，直接对导弹制导精度进行分析，保证了分析的可信度。但其缺点是工作量大，并且需要对结果进行统计分析；并且蒙特卡罗在处理宽灵敏度问题和不同的重要系统参数的统计问题上，存在一定缺陷。

2）协方差分析描述函数法

为了更加高效地分析闭环非线性系统中分系统性能的影响，美国分析科学学会的A. Gelb 和 R. S. Warren，将伯托姆的描述函数法与协方差分析结合，提出了协方差分析描述函数法（CADET）。协方差分析描述函数法是一种直接确定具有随机输入的非线性系统的解的统计特性的方法，它结合了描述函数理论和协方差分析理论，在假设系统的随机状态变量为正态分布的基础上，通过数值计算给出每一时刻弹道的均值和方差。它是应用现代控制理论，对复杂闭环系统进行设计和分析的一种新方法，并已在导弹系统性能统计分析中得到了实际应用。

协方差分析描述函数法可以快速有效地分析具有外部干扰的不确定系统精度，但该方法无法对具有内部参数摄动的系统进行精度分析；并且不能用于某些具有高度非线性或严重非高斯性质的系统。

3）统计线性化伴随法

统计线性化伴随法是由 Paul Zarchan 提出的一种对具有随机输入的非线性时变系统进行统计分析的方法，在协方差描述函数法的基础上，应用伴随理论得出系统参数的均方根散布。在精确制导武器设计中得到了实际运用。

统计线性化伴随法是协方差描述函数法的发展，需要协方差分析描述函数法求出非线性描述函数的增益值，在此基础之上，从而求出其均方根，应用统计线性化伴随法分析系统的精度和协方差分析描述函数法几乎一致。统计线性化伴随法不仅能够得到整个闭环系统的仿真精度大小，还可以得出单一误差参数对于闭环系统精度的影响趋势。

11.7　本章小结

由于制导控制半实物仿真系统涉及专业众多、技术难度大，因此，如何有条不紊地开展制导控制半实物仿真系统的研制工作和系统总体集成，如何科学合理地设计试验方案和开展试验工作，如何准确可靠地处理试验数据和评估试验结果，是摆在制导控制半实物仿真系统设计人员和使用人员面前的一个重要难题。

在本章中，第一，给出了典型半实物仿真系统的研制过程；第二，从目标、内容和步骤三个方面，系统地介绍了半实物仿真系统的总体集成技术；第三，详细分析了半实物仿真试验的内容设计和偏差干扰参数，给出了试验设计原理、设计步骤和典型的试验设计方法；第四，针对试验过程管理，介绍了试验管理过程文档的组成和编写要求，对仿真试验的三个过程阶段中的注意事项进行了详细说明，并给出了半实物仿真系统常见的异常故障及其处理方法；第五，围绕半实物仿真试验数据结果，分析了仿真试验数据的分析内容，给出了常用的数据预处理方法和数据分析方法；第六，对于半实物仿真的评估工作，介绍了试验数据一致性分析方法和仿真系统可信度评估方法，并对仿真设备误差影响进行了深入分析。

参考文献

[1] 符文星，于云峰，黄勇，等．精确制导导弹制导控制系统仿真[M]．西安：西北工业大学出版社，2010．

[2] 单家元，孟秀云，丁艳．半实物仿真[M]．北京：国防工业出版社，2008．

[3] 赵育善，吴斌．导弹引论——高等学校教材[M]．西安：西北工业大学出版社，2002．

[4] 赵善友．防空导弹武器寻的制导控制系统设计[M]．北京：中国宇航出版社，1992．

[5] 张望根．寻的防空导弹总体设计[M]．北京：中国宇航出版社，1991．

[6] 刘兴堂，刘宏，柳世考，等．导弹制导控制系统分析、设计与仿真[M]．西安：西北工业大学出版社，2006．

[7] 樊会涛．空空导弹方案设计原理[M]．北京：航空工业出版社，2013．

[8] 王少锋．空面导弹制导控制系统设计[M]．北京：航空工业出版社，2017．

[9] 杨军，朱学平，袁博．现代防空导弹制导控制技术[M]．西安：西北工业大学出版社，2014．

[10] 杨军．弹道导弹精确制导与控制技术[M]．西安：西北工业大学出版社，2013．

[11] 杨军．现代导弹制导控制系统设计[M]．北京：航空工业出版社，2005．

[12] 卢晓东，周军，刘光辉．导弹制导系统原理[M]．北京：国防工业出版社，2015．

[13] 黄柯棣．系统仿真技术[M]．长沙：国防科技大学出版社，1998．

[14] 李铁才，李西峙．相似性和相似原理[M]．哈尔滨：哈尔滨工业大学出版社，2014．

[15] 周美立．相似系统论[M]．北京：科学技术文献出版社，1994．

[16] 徐迪．基于相似理论的系统仿真方法[J]．系统工程理论与实践，2001，2（02）：113-116．

[17] 郭齐胜．仿真科学与技术导论[M]．北京：国防工业出版社，2014．

[18] 吴重光．系统建模与仿真[M]．北京：清华大学出版社，2008．

[19] 穆歌，李巧丽，孟庆均，等．系统建模[M]．北京：国防工业出版社，2013．

[20] 刘兴堂，吴晓燕．现代系统建模与仿真技术[M]．西安：西北工业大学出版社，2001．

[21] 闫杰，符文星，张凯，等．武器系统仿真技术发展综述[J]．系统仿真学报，2019，31（09）：1775-1789．

[22] 齐欢，王小平．系统建模与仿真[M]．北京：清华大学出版社，2004．

[23] 刘延斌，金光．半实物仿真技术的发展现状[J]．光机电信息，2003，（01）：27-32．

[24] 蒋继军．鱼雷仿真技术[M]．北京：国防工业出版社，2013．

[25] 薛定宇．控制系统仿真与计算机辅助设计[M]．北京：机械工业出版社，2005．

[26] 徐军．飞行控制系统：设计、原型系统及半物理仿真实验[M]．北京：北京理工大学出版社，2015．

[27] 闫晓东，许志．飞行器系统仿真实训教程[M]．西安：西北工业大学出版社，2013．

[28] 戴维·阿勒顿．飞行仿真原理[M]．刘兴科，译．北京：电子工业出版社，2013．

[29] 刘晓宁．远程空空导弹半实物仿真中的关键技术探讨[J]．航空兵器，2006，（04）：36-37．

[30] 袁子怀，钱杏芳．有控飞行力学与计算机仿真[M]．北京：国防工业出版社，2001．

[31] 中国系统仿真学会. 2018—2019 仿真科学与技术学科发展报告[M]. 北京：中国科学技术出版社，2020.

[32] 范世鹏，徐平，吴广，等. 精确制导战术武器半实物仿真技术综述[J]. 航天控制，2016，34（03）：66-72.

[33] 郑国，杨锁昌，张宽桥. 半实物仿真技术的研究现状及发展趋势[J]. 舰船电子工程，2016，36（11）：8-11.

[34] 方辉煜. 防空导弹武器系统仿真[M]. 北京：中国宇航出版社，1995.

[35] 王恒霖，曹建国. 仿真系统的设计与应用[M]. 北京：科学出版社，2003.

[36] 刘兴堂，刘力. 精确制导武器与仿真技术研究[J]. 系统仿真学报，2006，（S2）：919-922.

[37] 王子才，张勇，马萍. 分布交互仿真系统支撑软件框架[J]. 哈尔滨工业大学学报，1998，30（01）：80-83.

[38] 徐享忠，郭齐胜，张伟，等. 先进分布仿真[M]. 北京：国防工业出版社，2013.

[39] 伍智锋，唐硕. 武器系统分布仿真研究[J]. 系统仿真学报，2001，13（02）：244-246.

[40] 符文星，孙力，于云峰，等. 导弹武器系统分布式半实物仿真系统研究[J]. 系统仿真学报，2009，21（19）：6073-6076.

[41] 伍智锋. 分布式飞行仿真技术研究[D]. 西安：西北工业大学，2003.

[42] 常晓飞，符文星，闫杰. 空空格斗导弹仿真平台的研究[J]. 弹箭与制导学报，2007，27（02）：42-44，49.

[43] 常晓飞，李萌萌，符文星，等. 某型导弹飞控计算机半实物仿真系统的设计[J]. 西北工业大学学报，2010，28（03）：318-322.

[44] 姜波. 实时分布仿真平台下的异构系统集成技术研究[D]. 西安：西北工业大学，2004.

[45] 符文星，彭勤素. 程控试飞器半实物仿真系统研究[J]. 固体火箭技术，2009，32（02）：127-130.

[46] 王朝辉. 面向实时分布系统的实时网络技术研究[D]. 西安：西北工业大学，2003.

[47] 伍智锋，唐硕，杜承烈. 基于共享内存机制的分布式飞行仿真研究[J]. 计算机仿真，2002，19（06）：18-21.

[48] 洪蓓，符文星，闫杰. VMIC 实时网络在导弹半实物仿真中的应用[J]. 飞行器测控学报，2009，28（01）：68-72.

[49] 吴根水，屠宁，赵松庆，等. 红外成像制导空空导弹半实物仿真技术研究[J]. 航空科学技术，2011，（03）：58-61.

[50] 东瑞，董国才，沈猛. 红外成像制导半实物仿真系统研究[J]. 系统仿真学报，2008，20（08）：2027-2029.

[51] 王建华，符文星，闫杰. 空空导弹系统仿真模型验证平台[J]. 系统仿真学报，2003，15（06）：791-792+813.

[52] 董敏周，孙力，闫杰. 导弹飞控系统快速控制原型开发及半实物仿真系统方案研究[J]. 计算机测量与控制，2009，17（04）：703-705.

[53] GJB 6091—2007. 弹道导弹导引雷达抗干扰内场仿真试验方法[S]. 北京：中国人民解放军总装备部军标出版发行部，2007.

[54] GJB 3566—1999. 空空导弹仿真试验方法[S]. 北京：中国人民解放军总装备部军标出版发行部，1999.

[55] 张有济. 战术导弹飞行力学设计[M]. 北京：中国宇航出版社，1998.

[56] 王明光. 空地导弹制导控制系统设计[M]. 北京：中国宇航出版社，2019.

[57] 钱杏芳，林瑞雄，赵亚男．导弹飞行力学[M]．北京：北京理工大学出版社，2013．

[58] 肖业伦．大气扰动中的飞行原理[M]．北京：国防工业出版社，1993．

[59] 贾沛然，陈克俊，何力．远程火箭弹道学[M]．长沙：国防科技大学出版社，2009．

[60] 李新国，方群．有翼导弹飞行动力学[M]．西安：西北工业大学出版社，2005．

[61] 邹汝平．多用途导弹系统设计[M]．北京：国防工业出版社，2018．

[62] 肖业伦.航空航天器运动的建模：飞行动力学的理论基础[M].北京：北京航空航天大学出版社，2003．

[63] 彭冠一．防空导弹武器制导控制系统设计[M]．北京：中国宇航出版社，2006．

[64] 程云龙，丘淦兴．防空导弹自动驾驶仪设计[M]．北京：中国宇航出版社，1993．

[65] 闫杰，于云峰，凡永华．吸气式高超声速飞行器控制技术[M]．西安：西北工业大学出版社，2015．

[66] 方洋旺，伍友利，魏贤智，等．航空装备作战建模与仿真[M]．北京：国防工业出版社，2012．

[67] GEORGE M S．导弹制导与控制系统[M]．张天光，王丽霞，宋振峰，等，译．北京：国防工业出版
社，2010．

[68] 周文祥，黄金泉，黄开明．基于试验数据的发动机实时模型研究[C]．中国航空学会发动机自动控制
学术会议．2004．

[69] 梁晓庚．近距格斗空空导弹技术[M]．北京：航空工业出版社，2018．

[70] 葛致磊，王红梅，王佩，等．导弹导引系统原理[M]．北京：国防工业出版社，2016．

[71] 王敬丽．雷达导引头多粒度建模与仿真[D]．西安：西安电子科技大学，2014．

[72] 孟秀云．导弹制导与控制系统原理[M]．北京：北京理工大学出版社，2003．

[73] 廉筱纯．航空发动机原理[M]．西安：西北工业大学出版社，2005．

[74] 宁津生．地球重力场模型及其应用[J]．冶金测绘，1994，（02）：1-8．

[75] 宁津生，王正涛．地球重力场研究现状与进展[J]．测绘地理信息，2013，38（01）：1-7．

[76] 郑伟，许厚泽，钟敏，等．地球重力场模型研究进展和现状[J]．大地测量与地球动力学，2010，30
（04）：83-91．

[77] 李臣明，张微，韩子鹏，等．地球重力偏心对远程弹箭射程的影响[J]．兵工学报，2007，（08）：919-
922．

[78] 许惠平，HAAGMANS R H N，BRUIJNE A J T，等．地球重力模型及中国大陆重力场的计算[J]．长
春科技大学学报，2001，31（01）：84-88．

[79] 多米尼克·J·迪斯顿（DOMINIC J D）．飞机及其环境的建模与仿真 第1卷：平台运动学和综合环
境[M]．薛红军，张晓燕，译．北京：航空工业出版社，2015．

[80] 刘卫华，王行仁，李宁．综合自然环境（SNE）建模与仿真[J]．系统仿真学报，2004，16（12）：2631-
2635．

[81] 董志明．战场环境建模与仿真[M]．北京：国防工业出版社，2013．

[82] 胡世祥．西昌发射场风场模型[M]．北京：国防工业出版社，1997．

[83] 季蓉芬．地球扰动大气模型[J]．航天返回与遥感，1995，16（01）：66-81．

[84] 张小达，张鹏，李小龙．《标准大气与参考大气模型应用指南》介绍[J]．航天标准化研究所，2010，
（3）：8-11．

[85] 王文龙．大气风场模型研究及应用[D]．长沙：国防科学技术大学，2009．

[86] 崔锋．航空器运行典型大气环境建模与仿真[D]．北京：中国民航大学，2016．

[87] 符文星，尚妮妮，常晓飞，等．离散阵风幅值计算的方法研究[J]．西北工业大学学报，2014，32（05）：
822-827．

[88] 孙磊，廉璞，常晓飞，等. 临近空间大气环境建模及其对飞行器影响[J]. 指挥控制与仿真，2016，38（05）：107-111.

[89] 李文清，符文星，闫杰，等. 某型导弹几种典型干扰的建模与仿真[J]. 计算机测量与控制，2011，19（08）：1932-1935.

[90] 孟中杰，黄攀峰，闫杰. 高超声速巡航飞行器振动建模及精细姿态控制[J]. 西北工业大学学报，2011，29（03）：481-485.

[91] 史丽楠，符文星，闫杰. 导弹舵机非线性因素对高精度姿态控制影响的研究[J]. 飞行器测控学报，2010，29（01）：55-59.

[92] GJB 366.2—1987 大气风场（0~25km）[S]. 北京：国防科学技术工业委员会，1987.

[93] GJB 365.1—1987 北半球标准大气（-2~80km）[S]. 北京：中国人民解放军军标出版发行部，1987.

[94] GJB 5601—2006 中国参考大气（地面~80km）[S]. 北京：中国人民解放军军标出版发行部，2006.

[95] GJB 7868—2012. 建模与仿真海洋环境数据通用要求[S]. 北京：中国人民解放军总装备部军标出版发行部，2007.

[96] GJB 1172.14—1991. 军用设备气候极值 空中风速[S]. 北京：中国人民解放军总装备部军标出版发行部，1991.

[97] 王行仁. 飞行实时仿真系统及技术[M]. 北京：北京航空航天大学出版社，1998.

[98] 廖瑛，梁加红. 实时仿真理论与支撑环境[M]. 长沙：国防科技大学出版社，2002.

[99] 杨涤，李立涛，杨旭，等. 系统实时仿真开发环境与应用[M]. 北京：清华大学出版社，2002.

[100] 游景玉. 实时仿真技术及其应用[M]. 珠海：珠海出版社，1999.

[101] 苏金树，卢锡城. 仿真计算机的发展前景[J]. 计算机仿真，1991，8（04）：1-5.

[102] 苏金树. 试论实时仿真计算机系统性能评价[J]. 计算机仿真，1992，9（02）：36-40.

[103] 姚新宇，黄柯棣. 半实物仿真系统的实时性分析[J]. 计算机仿真，1999，16（04）：51-54.

[104] 姚新宇，黄柯棣. 仿真中的时间和实时仿真[J]. 系统仿真学报，1999，11（06）：415-417，422.

[105] 曹建国，张红宇. 导弹武器系统开发中的仿真机系统综述[J]. 计算机仿真，2004，21（04）：1-4.

[106] 徐德华. 实时半实物仿真系统关键技术的研究[D]. 哈尔滨：哈尔滨工程大学，2005.

[107] 申文彬，刘宏立. 实时仿真系统的时间特性分析与控制[J]. 中国科技信息，2005，（24）：9，13.

[108] 黄振全. 实时数字仿真算法的研究[D]. 南京：东南大学，2006.

[109] 李兴玮，曹娟. 仿真计算机的过去、现在和未来[J]. 系统仿真学报，2009，21（S2）：106-111.

[110] 马民. 分布式交互仿真中容错和实时技术研究[D]. 长沙：国防科学技术大学，2006.

[111] 潘玉林. 多层次并行与分布实时仿真平台关键技术研究[D]. 长沙：国防科学技术大学，2010.

[112] 卿杜政. 高效能仿真计算机：复杂系统建模与仿真的技术关键[C]. 新观点新学说学术沙龙文集58：复杂系统建模仿真中的困惑和思考，中国科学技术出版社，2011：94-107，118.

[113] 陈永春. 从 MATLAB/SIMULINK 模型到代码实现[M]. 北京：清华大学出版社，2002.

[114] 常晓飞，符文星，陈康. MATLAB 在飞行器制导控制系统研制中的应用[M]. 北京：电子工业出版社，2020.

[115] 刘树锋. 小型化无人机实时飞行仿真系统软件设计与研究[D]. 南京：南京航空航天大学，2014.

[116] 穆洪. 实时系统可调度性分析和仿真工具的研究与实现[D]. 成都：电子科技大学，2017.

[117] 姚刚. 分布式作战仿真系统实时互联关键技术研究[D]. 长沙：国防科学技术大学，2010.

[118] 陈瑞杰. 实时操作系统 RTOS 发展概述[J]. 通信电源技术，2016，33（04）：199-200.

[119] KRISHNA C M. 实时系统[M]. 戴琼海，郑东，陈曦，译. 北京：清华大学出版社，2004.

[120] 吴讯，马媛，董勤鹏. 实时操作系统实时性能测试技术研究[J]. 系统仿真学报，2013，25（02）：313-316.

[121] 刘峰. 基于 Windows 的控制系统实时性研究[D]. 洛阳：河南科技大学，2012.

[122] 王简. 实时操作系统任务调度算法的硬件化研究[D]. 哈尔滨：哈尔滨理工大学，2016.

[123] 许燕萍. Windows 下的实时控制研究[J]. 电子技术，2011，38（7）：45-46.

[124] 何雪松，王旭永，冯正进. 基于 Windows 系统实时控制的工程实现方法[J]. 自动化与仪表，2003，（1）：54-57.

[125] JANE W S L. 实时系统：翻译版[M]. 姬孟洛，李军，王馨，等，译. 北京：高等教育出版社，2003.

[126] 陈晗斐. 实时操作系统的若干关键问题研究[D]. 杭州：浙江大学，2004.

[127] BOGER T J. Rhealstone benchmarking of FreeRTOS and the Xilinx Zynq Extensible Processing Platform.[D]. Philadelphia: Temple University，2013.

[128] 赵立业，张激，游夏. 实时操作系统的性能分析和评估[J]. 计算机工程，2008，（08）：283-285.

[129] 熊丹. 常见的嵌入式操作系统[J]. 电子世界，2011，385（10）：36-37.

[130] 朱迪. FreeRTOS 实时操作系统任务调度优化的研究与实现[D]. 南京：南京邮电大学，2015.

[131] 秦玉华. 嵌入式操作系统实时性的分析与研究[D]. 青岛：青岛理工大学，2010.

[132] 孙鲁毅. 四种流行的嵌入式实时操作系统的比较研究[J]. 计算机应用与软件，2007，（08）：196-197.

[133] 殷红珍，唐硕，黄勇，等. 组合导航系统快速原型设计[J]. 计算机辅助工程，2008，（03）：45-48.

[134] 张克非. 嵌入式实时操作系统分析[J]. 计算机工程与设计，2005，（8）：2020-2022，2063.

[135] 李青松. 基于 VxWorks 的四旋翼飞行器实时仿真[D]. 成都：电子科技大学，2017.

[136] 周瑞雨. 基于 VxWorks 操作系统的 SAR 实时成像及舰船目标检测算法实现[D]. 西安：西安电子科技大学，2014.

[137] 李艳军，高华，顾欣莉. 实时嵌入式操作系统 VxWorks 设备驱动程序的设计[J]. 电子设计工程，2011，19（5）：130-133.

[138] 马超，尹长青. VxWorks 嵌入式实时操作系统的结构研究[J]. 电脑知识与技术，2006，（2）：133-134.

[139] 风河公司. VxWorks 产品简介手册[EB/OL]. http://www.windriver.com.cn/products/vxworks/，2021-09-04.

[140] Ardence 公司. RTX 技术白皮书[Z]. 北京航天捷越（美斯比）科技有限公司，译. 2004.

[141] 刘正雄，黄攀峰，闫杰. RTX 下高分辨率精确授时系统设计[J]. 计算机测量与控制，2011，19（07）：1755-1757.

[142] 杨建. 基于 RTX 系统的实时并行处理技术研究[D]. 长春：中国科学院研究生院（长春光学精密机械与物理研究所），2015.

[143] 许志，唐硕. 基于 RTX 实时环境的快速原型系统设计[J]. 西北工业大学学报，2010，28（02）：176-181.

[144] 单勇. 实时半实物仿真平台关键技术研究与实现[D]. 长沙：国防科学技术大学，2010.

[145] 董晓霞. 基于 QNX 实时操作系统的编程应用[J]. 现代电子，2000，（03）：34-39.

[146] 王斑. 基于 QNX 实时操作系统的测试系统[D]. 西安：西北工业大学，2006.

[147] 殷代宗. 基于 QNX 实时操作系统的嵌入式测试系统的开发[D]. 西安：西北工业大学，2007.

[148] 赵磊. QNX 实时操作系统及其应用分析[J]. 软件导刊，2009，8（05）：22-24.

[149] 李存. QNX Neutrino 实时操作系统性能分析[J]. 微型电脑应用，2014，30（03）：35-37.

[150] 杨丹. 基于 xPC Target 的伺服系统半实物仿真平台开发[D]. 哈尔滨：黑龙江大学，2015.

[151] 陆献标. 基于 xPC 目标的实时仿真系统验证平台开发[D]. 长春：吉林大学，2013.

[152] 李丁夏. 基于 xPCTarget 的数据采集系统开发 [D]. 长春：吉林大学，2013.

[153] 胡磊，宗鸣. dSPACE 的电磁轴承控制系统半实物仿真研究[J]. 单片机与嵌入式系统应用，2016，16（05）：61-64.

[154] 郎鹏飞. 基于 dSPACE 的硬件在回路仿真系统研究[D]. 广州：华南理工大学，2013.

[155] 周永健，张向文. 基于 dSPACE 的 EV 电机系统 SPS 测试平台设计[J]. 计算机仿真，2020，37（01）：131-137，169.

[156] 金晓华. 基于 dSPACE 半实物仿真的电机测试平台研究[D]. 南京：东南大学，2006.

[157] dSPACE 公司.dSPACE 产品系列手册[EB/OL]. https://www.dspace.com/zh/zho/home/products.cfm.2021-09-06.

[158] 陈韵，马清华，王根，等. 基于 dSPACE 的"硬件在回路"导弹控制系统设计与仿真[J]. 弹箭与制导学报，2019，39（02）：64-68.

[159] 常晓飞，符文星，闫杰. 基于 RT-LAB 的某型导弹半实物仿真系统设计[J]. 系统仿真学报，2009，21（18）：5720-5723.

[160] 常晓飞，符文星，闫杰. RT-LAB 在半实物仿真系统中的应用研究[J]. 测控技术，2008，27（10）：75-78.

[161] 万士正，常晓飞，闫杰. 基于 RT-LAB 的飞控系统快速原型开发[J]. 电子测量技术，2012，35（10）：115-118+122.

[162] 胡宽鹄. 基于 RT-LAB 的主动配电网数字仿真平台开发[D]. 长沙：湖南大学，2016.

[163] 胡晚. 基于三联供系统的内燃机 RT-LAB 模型研究[D]. 上海：上海工程技术大学，2018.

[164] 洪蓓，常晓飞，闫杰，等. 基于 RT-LAB 的 PCI 板卡驱动开发[J].计算机测量与控制，2009，17（04）：776-778.

[165] 常越萌. EAST 快控电源 RTLAB 半实物仿真研究[D]. 合肥：合肥工业大学，2016.

[166] 陈宇宙. 实时仿真平台 RT_LAB 及其在飞行器设计上的应用研究[D]. 长沙：国防科学技术大学，2007.

[167] 任利民. 基于 iHawk 平台和飞行动力学模型实时仿真系统设计[D]. 沈阳：沈阳航空航天大学，2016.

[168] 陶岳. 柔顺操作机械臂设计与控制关键技术研究[D]. 西安：陕西科技大学，2019.

[169] 李兴玮. 仿真软件的现在和未来[J]. 计算机仿真，2003（z1）：46-51.

[170] 张治，谢峰，董敏周，等. 基于 RaspberryPi 的飞控系统快速原型设计[J]. 兵器装备工程学报，2020，41（09）：182-186.

[171] 柴娟芳，高文，郝恩义，等. 复杂系统实时仿真平台关键技术探讨[J]. 上海航天，2019，36（04）：56-64.

[172] GJB 1188A—1999，飞机/悬挂物电气连接系统接口要求[S]. 北京：中国人民解放军总装备部军标出版发行部，1999.

[173] GJB 3694—1999，地面电光对抗系统接口要求[S]. 北京：中国人民解放军总装备部军标出版发行部，1999.

[174] 王丹丹，陈小军.《飞机/悬挂物电气连接系统接口要求》的分析及应用[J]. 北京宇航系统工程研究所，2009，（02）：18-21.

[175] 舒振杰，王旭峰，严涵，等. 飞机/悬挂装置/悬挂物接口标准贯彻实施研究[J]. 航空标准化与质量，2010，236（02）：5-8，56.

[176] 王克义. 微机原理与接口技术[M]. 北京：清华大学出版社，2012.

[177] 孙晓云. 接口与通信技术原理与应用[M]. 北京：中国电力出版社，2007.

[178] 陈相宁. 网络通信原理[M]. 北京：科学出版社，2014.

[179] 沈金龙. 计算机通信与网络[M]. 北京：北京邮电大学出版社，2002.

[180] 李宏胜，李凡，赵岚. 基于 RT-TCP/IP 的实时网络通信实现[J]. 工业仪表与自动化装置，2016，（02）：26-30.

[181] 杨红松，杜承烈，尤涛，等. 基于 RT-TCP/IP 的虚拟试验通信平台研究[J]. 测控技术，2009，28（03）：60-63，67.

[182] 皇甫祯，陈怀民，吴成富，等. 基于 RTX 的实时网络应用研究[J]. 测控技术，2008，27（01）：67-69.

[183] 周林雪. RTX 平台下半实物仿真系统实时性能研究[D]. 长春：中国科学院研究生院（长春光学精密机械与物理研究所），2012.

[184] 李锋. 基于光纤反射内存网的实时数据传输研究[D]. 北京：中国科学院研究生院（光电技术研究所），2014.

[185] 张宪彪. 基于 RTX 与反射内存网的实时仿真技术研究[D]. 北京：北京理工大学，2016.

[186] 肖忠祥. 数据采集原理[M]. 西安：西北工业大学出版社，2001.

[187] 王骥，王立臣，杜爽. 模拟电路分析与设计[M]. 北京：清华大学出版社，2012.

[188] 范世贵. 电路基础[M]. 西安：西北工业大学出版社，2007.

[189] 童诗白，华成英主编. 模拟电子技术基础（第四版）[M]. 北京：高等教育出版社，2006.

[190] 阎石. 数字电子技术基础（第五版）[M]. 北京：高等教育出版社，2006.

[191] 杨全胜，胡友彬. 现代微机原理与接口技术（第 2 版）[M]. 北京：电子工业出版社，2007.

[192] 张金. 模拟信号调理技术[M]. 北京：电子工业出版社，2012.

[193] 李玉明. 串行总线接口仿真系统的研究[D]. 大连：大连交通大学，2008.

[194] 陈曦. CAN 总线实时性和可靠性若干问题的研究[D]. 天津：天津大学，2010.

[195] 熊贤超. CAN 总线测试与仿真平台的系统设计[D]. 上海：上海工程技术大学，2016.

[196] 赵忠文，曾峦，熊伟. LVDS 技术分析和应用设计[J]. 指挥技术学院学报，2001，（06）：90-93.

[197] 魏丽丽. LVDS 技术及其在高速 PCB 设计中的应用[J]. 电子质量，2007，240（03）：78-81.

[198] 张东亮. 高速 LVDS 串行接口发送端设计[D]. 湘潭：湘潭大学，2017.

[199] 宣栋. 基于 FPGA 的 LVDS 高速数据通信卡的设计与实现[D]. 南京：南京航空航天大学，2012.

[200] 孙晓辉，马秋，黄勇，等. 基于 1553B 总线某型导弹测试系统设计[J]. 航空计算技术，2011，41（04）：82-84+88.

[201] 常晓飞，符文星，闫杰. 便携式应变采集分析系统的设计[J]. 测控技术，2011，30（05）：98-100+105.

[202] 马秋，黄勇. 基于 LXI 总线导弹测试系统设计[J]. 航空计算技术，2012，42（06）：111-113+117.

[203] 朱苏朋，符文星，孙力. 导弹分布式低成本地面测发控系统设计[J]. 弹箭与制导学报，2009，29（03）：30-32.

[204] 常晓飞，符文星，王民钢，等. 基于 LabWindows/CVI 的引信测试系统的设计[J]. 电子测量技术，2008，31（08）：89-91+125.

[205] 陈康，黄勇，孙力，等. 基于 PXI 体系结构的红外图像采集系统设计[J]. 西北工业大学学报，2008，26（04）：458-462.

[206] 陈凯，闫杰，苗睿锋. MIL-STD-1553B 总线测试仪软件开发[J]. 弹箭与制导学报，2005，（S9）：264-266.

[207] 王新亮，陈凯，薛琪琪，等. 基于 1553B 总线的飞控软件测试仿真平台设计[J]. 计算机测量与控制，

2020，28（11）：12-15+20.

[208] 许江宁，马恒，何泓洋. 陀螺原理[M]. 北京：科学出版社，2019.

[209] 王威. 光纤陀螺误差处理及初始对准技术研究[D]. 南京：东南大学，2019.

[210] 张红磊. 陀螺随机误差的分析、建模与滤波研究[D]. 哈尔滨：哈尔滨工业大学，2018.

[211] 白俊卿，张科，卫育新. 光纤陀螺随机漂移建模与分析[J]. 中国惯性技术学报，2012，20（05）：621-624.

[212] 胡志强. 激光陀螺误差模型研究[D]. 西安：西北大学，2008.

[213] 巫大利. 激光陀螺随机误差分析与处理[D]. 郑州：解放军信息工程大学，2011.

[214] 吉训生，王寿荣. MEMS 陀螺仪随机漂移误差研究[J]. 宇航学报，2006，27（04）：640-642.

[215] 张娜. 基于 MEMS 陀螺仪随机漂移误差补偿的研究[D]. 太原：中北大学，2017.

[216] 霍元正. MEMS 陀螺仪随机漂移误差补偿技术的研究[D]. 南京：东南大学，2015.

[217] 倘亚朋. 五轴仿真转台关键技术研究[D]. 北京：北京理工大学，2017.

[218] 管伟民. 某型电动飞行仿真转台的建模、控制与仿真[D]. 西安：西北工业大学，2007.

[219] 位文明，吕盾，张俊，等. 转台轴承静刚度建模及其影响因素分析[J]. 西安交通大学学报，2014，48（12）：8-14.

[220] 李尚义，赵克定，吴盛林，等. 三轴飞行仿真转台总体设计及其关键技术[J]. 宇航学报，1995，16（02）：63-66，105.

[221] 李碧政. 大型五轴仿真转台的总体机械结构设计与分析[J]. 内燃机与配件，2018，261（09）：1-5.

[222] 庞广胜. 大型高精度双轴气浮转台设计及关键技术研究[D]. 哈尔滨：哈尔滨工业大学，2014.

[223] 符文星，孙力，朱苏朋，等. 仿真转台频率响应指标的确定方法研究[J]. 弹箭与制导学报，2009，29（04）：69-71.

[224] 王鑫，闫杰，冯冬竹. 高速飞行器转台测试设备研制关键技术[J]. 计算机测量与控制，2011，19（02）：354-355+358.

[225] 李亮，孙力，闫杰. 两轴转台控制系统设计[J]. 电子测量技术，2009，31（02）：4-8+17.

[226] 曾攀. 有限元分析及应用[M]. 北京：清华大学出版社，2004.

[227] 李秋红. 三轴转台有限元结构分析[D]. 哈尔滨：哈尔滨工程大学，2007.

[228] 李秋红. 双半轴式转台结构振动传递特性研究[D]. 哈尔滨：哈尔滨工程大学，2012.

[229] 赵汝嘉，曹岩. 机械结构有限元分析及应用软件[M]. 西安：西北工业大学出版社，2012.

[230] 杨帅. 电液三轴飞行转台控制系统硬件设计[D]. 哈尔滨：哈尔滨工业大学，2012.

[231] 柴晓辉. 三轴转台伺服系统设计[D]. 哈尔滨：哈尔滨工程大学，2007.

[232] 周耀兵. 三轴转台伺服控制研究[D]. 哈尔滨：哈尔滨工程大学，2007.

[233] 张顺忠. 转台伺服系统的设计与实现[D]. 南京：南京理工大学，2007.

[234] 陈丽娟. 三轴转台控制系统设计[D]. 哈尔滨：哈尔滨工业大学，2010.

[235] 孙培栋. 单轴高精度转台控制系统设计[D]. 西安：西安电子科技大学，2019.

[236] 夏斯. 三轴测试转台精度特性分析和控制系统设计[D]. 哈尔滨：哈尔滨工业大学，2010.

[237] 陶建峰，王旭永，刘成良. 五轴飞行仿真转台及其关键技术研究[J]. 机床与液压，2006，（06）：78-82.

[238] 魏春光. 转台测角系统的研制[D]. 哈尔滨：哈尔滨工业大学，2006.

[239] 陈凯，董凯凯，陈朋印，等. 半实物仿真中三轴转台姿态运动相似性研究[J]. 机械科学与技术，2016，35（12）：1950-1955.

[240] 陈康. 转台系统通用软件的研究[D]. 西安：西北工业大学，2004.

[241] 刘巍. 三轴仿真转台控制系统及其软件设计[D]. 哈尔滨：哈尔滨工业大学，2014.

[242] 孔洁. 电液三轴飞行转台控制系统软件设计[D]. 哈尔滨：哈尔滨工业大学，2012.

[243] GJB 1801—1993，惯性技术测试设备主要性能试验方法[S]. 北京：中国人民解放军总装备部军标出版发行部，1993.

[244] JF 1210—2008，低速转台校准规范[S]. 北京：中国标准出版社，2008.

[245] JJF 1669—2017，三轴转台校准规范[S]. 北京：中国标准出版社，2018.

[246] 刘学峰. 转台校准设备研究[D]. 哈尔滨：哈尔滨工业大学，2014.

[247] 耿晓玉. 惯导转台校准装置的研制[D]. 长沙：国防科技大学，2018.

[248] 杨华晖，冯伟利，刘福. 转台角位置误差校准技术[J]. 火力与指挥控制，2017，42（01）：159-161，165.

[249] 宋浩. 微小型无人直升机三轴飞行仿真转台设计研究[D]. 杭州：浙江大学，2006.

[250] 张倩. 伺服转台的非线性建模方法与控制策略研究[D]. 合肥：安徽大学，2014.

[251] 付兴武，苏东海，赵克定，等. 三轴飞行姿态仿真转台高性能指标及其实现[J]. 中国惯性技术学报，1998，（02）：62-66.

[252] 赵晓蓓，闫杰. 导弹舵面动态加载系统的性能分析及其对半实物仿真大回路的影响[J]. 航空兵器，1998，（03）：26-30.

[253] 王婷，张昆峰，武飞. 基于模型的舵机非线性因素补偿控制研究[J]. 航空兵器，2018，（02）：34-37.

[254] 张开敏，余久华. 舵机结构非线性因素建模与影响研究 [J]. 航空兵器，2013，（04）：48-53.

[255] 徐耀华. 导弹技术词典导弹系统[M]. 北京：宇航出版社，1991.

[256] 闫天，杨尧，孙力，等. 基于 AD2S83 对电动舵机低速及动态性能的改进[J]. 西北工业大学学报，2012，30（05）：752-756.

[257] 郭栋，李朝富. 反操纵负载力矩对电动舵机性能的影响分析[J]. 航空兵器，2014，280（02）：9-11.

[258] 黄宗波. 舵面铰链力矩低速特性研究[D]. 绵阳：中国空气动力研究与发展中心，2007.

[259] 许建元. 舵机性能测试系统中的加载控制技术研究[D]. 哈尔滨：哈尔滨工业大学，2019.

[260] 罗浩浩，陈少松. 舵面形状对铰链力矩的影响分析[J]. 弹道学报，2019，31（04）：50-56.

[261] 刘昆华. 被动式气动负载仿真[M]. 北京：航空工业出版社，2015.

[262] 闫杰，孙力，杨军，等. 动态负载仿真系统研制中的关键技术问题[J]. 航空学报，1997，（01）：23-26.

[263] 闫杰. 动态负载仿真系统中非线性因素的分析和抑制[J]. 西北工业大学学报，1998，（02）：266-270.

[264] 符文星，孙力，于云峰，等. 电动负载模拟器控制系统设计[J]. 西北工业大学学报，2008，26（05）：621-625.

[265] 符文星，孙力，于云峰，等. 大力矩电动负载模拟器设计与建模[J]. 系统仿真学报，2009，21（12）：3596-3598，3602.

[266] 黄勇，孙力，闫杰. 连接刚度对电动负载模拟器性能的影响[J]. 弹箭与制导学报，2004，（S7）：170-173.

[267] 黄勇，孙力，闫杰. 电动负载模拟器的同步控制研究[J]. 弹箭与制导学报，2010，30（02）：42-44.

[268] 黄勇，于云峰，孙力. 基于遗传算法的电动负载模拟器 ITAE 控制器设计和仿真[J]. 宇航学报，2008，29（05）：1521-1525.

[269] 张广春，符文星，闫杰. RTX 在负载模拟器控制软件中的应用[J]. 计算机仿真，2009，26（08）：287-290.

[270] 符文星，朱苏朋，孙力．弹簧杆刚度对电动负载模拟器的性能影响研究[J]．弹箭与制导学报，2009，29（02）：286-288.

[271] 池谷光栄 ．油压式模拟负荷系の有用性评価[J] ．航空宇宙技術研究所报告．1975，424：1-18.

[272] CARTER W J，LEE D C，SIMEONE V A，et al．Aeroload Torque Simulator [R]．DEPARTMENT OF THE ARMY WASHIN-GTON DC，1979．Uspto Patent Full-Text and Image Database.

[273] 刘晓东．电液伺服系统多余力补偿及数字控制策略研究[D]．北京：北京交通大学，2008.

[274] 焦宗夏，华清，王晓东，等．负载模拟器的评价指标体系[J]．机械工程学报，2002，38（11）：26-30.

[275] 苏东海，耿心一，谢群．高精度电液负载仿真台的设计[J]．机械设计与制造，2003，（3）：71-72.

[276] 朱伟．电动负载模拟器控制方法研究[D]．西安：西北工业大学，2005.

[277] 崔浏．电液负载模拟器的鲁棒控制策略研究[D]．哈尔滨：哈尔滨工业大学，2006.

[278] 杨智．电液舵机负载模拟器多余力矩消除的研究[D]．秦皇岛：燕山大学，2012.

[279] 李运华，盛志清．电液加载系统的多余力抑制方法[J]．液压与气动，2015，（8）：1-9.

[280] 方强．被动式力矩伺服控制系统设计方法及应用研究[D]．哈尔滨：哈尔滨工业大学，2006.

[281] 李成功，靳红涛，焦宗夏．电动负载模拟器多余力矩产生机理及抑制[J]．北京航空航天大学学报，2006，（02）：204-208.

[282] 曹东．加载电机驱动器的结构及控制方法的研究[D]．哈尔滨：哈尔滨工业大学，2006.

[283] 郭晓乐，杨瑞峰，贾建芳．电动负载模拟器的研究进展[J]．传感器世界，2012，18（11）：7-11.

[284] 司丹丹，赵晓蓓，符文星．应用多路前馈和负反馈提高电动加载系统性能研究[J]．测控技术，2008，27（05）：90-93.

[285] 张彪．电液负载模拟器多余力矩抑制及其反步自适应控制研究[D]．哈尔滨：哈尔滨工业大学，2009.

[286] 吴自豪．负载模拟器建模与控制研究[D]．西安：西北工业大学，2017.

[287] 李建府．电动负载模拟器建模与控制系统设计[D]．西安：西北工业大学，2011.

[288] 李瑞，贾建芳，杨瑞峰．负载模拟器控制策略的研究综述[J]．液压与气动，2012，（10）：12-16.

[289] 杨宇．飞行模拟器动感模拟关键技术研究[D]．哈尔滨：哈尔滨工业大学，2010.

[290] 王帅．高速飞行器舵机负载力矩仿真技术研究[D]．哈尔滨：哈尔滨工业大学，2013.

[291] 倪志盛．被动式力矩伺服系统关键技术研究[D]．哈尔滨：哈尔滨工业大学，2014.

[292] 李明．力矩负载模拟器研究现状与发展[J]．黑龙江科技信息，2014，（11）：34.

[293] 王哲．被动式力矩伺服系统加载策略研究[D]．哈尔滨：哈尔滨工业大学，2015.

[294] 张强．某舵机负载模拟系统关键技术研究[D]．太原：中北大学，2016.

[295] 刘志凯．电动负载模拟器的结构设计与仿真分析[D]．太原：中北大学，2016.

[296] 杨雪松．电动负载模拟器的等效分析和消扰策略研究[D]．北京：北京交通大学，2016.

[297] 黄静．空气舵负载模拟器加载系统的控制策略研究[D]．北京：北京交通大学，2017.

[298] 张菊丽．舵机动态加载系统控制仿真研究[D]．西安：西北工业大学，2007.

[299] 陈晨．电动舵机负载模拟器研究[D]．西安：西北工业大学，2017.

[300] 潘景朋．电动舵机负载模拟系统研究与设计[D]．西安：西北工业大学，2017.

[301] 张宏波．电动负载模拟器的研究与设计[D]．西安：西北工业大学，2014.

[302] 王茂．电动负载模拟器控制系统设计与设计[D]．西安：西北工业大学，2016.

[303] 程希．电动负载模拟系统控制技术研究[D]．西安：西北工业大学，2019.

[304] 于丽娜．负载模拟器的设计与分析[D]．西安：西北工业大学，2018.

[305] 常青，闫杰，孙力. 电液伺服动态负载仿真系统中多余力矩的测量及抑制[J]. 机床与液压，2001，（03）：16-17+2.

[306] 邹海峰，孙力，闫杰. 飞行器舵机电动伺服加载系统研究[J]. 系统仿真学报，2004，16（04）：657-659.

[307] 闫杰. 电液伺服加载系统的自适应 PID 控制[J]. 西北工业大学学报，1998，16（01）：62-66.

[308] 闫杰，赵晓蓓. 电液伺服加载系统数学模型的建立及有效性分析[J]. 航空学报，1998，19（01）：51-54.

[309] 王鑫，孙力，闫杰. 应用复合前馈提高加载系统性能的实验研究[J]. 系统仿真学报，2004，16（07）：1539-1541.

[310] 陈康，黄勇，孙力. 电动直线舵机方波加载系统研究[J]. 宇航学报，2008，29（05）：1515-1520.

[311] 尉建利，汤柏涛，董斌，等. 直线气动舵机加载测试系统设计与实现[J]. 飞行器测控学报，2010，29（04）：58-62.

[312] 周明广，于云峰，闫杰. 直线舵机加载台控制系统建模与设计[J]. 测控技术，2011，30（06）：53-56+60.

[313] 顾文娟，刘涛，朱战霞，等. 位置比例加力补偿电动负载模拟器的研究[J]. 科学技术与工程，2013，13（23）：6960-6963+6969.

[314] 王聪，孙力，闫杰. 基于跟踪式 R-D 转换器在舵伺服系统中的应用[J]. 计算机测量与控制，2013，21（09）：2512-2514+2517.

[315] 郭行，陈康，孙力，等. 一种引入位置比例控制提高电动负载模拟器性能的控制系统设计方法[J]. 西北工业大学学报，2014，32（02）：235-239.

[316] 朱乐，刘梁，牛禄，等. 直线模拟加载系统的研究进展与发展趋势[J]. 上海航天，2020，37（6）：30-39.

[317] 兰婉昆. 飞机舵机电液负载模拟器控制算法优化设计[D]. 天津：中国民航大学，2020.

[318] 康硕. 电液式负载模拟器耦合特性及非线性加载控制策略研究[D]. 北京：北京交通大学，2020.

[319] 郑志伟，白晓东，胡功衔. 空空导弹红外导引系统设计[M]. 北京：国防工业出版社，2007.

[320] 贾晓洪，梁晓庚，唐硕，等. 空空导弹成像制导系统动态仿真技术研究[J]. 航空学报，2005，（04）：397-401.

[321] 王为奎，田戎，吴华，等. 国外红外导弹导引系统发展与特点[J]. 飞航导弹，2017，（11）：33-37.

[322] 叶本志，蔡希昌，邱娜，等. 红外制导技术的发展[J]. 红外与激光工程，2007，（S2）：39-42.

[323] 隋起胜，史泽林，饶瑞中. 光学制导导弹战场环境仿真技术[M]. 北京：国防工业出版社，2016.

[324] 范晋祥. 精确制导对红外成像探测的新需求和新挑战[C]. 2018 年光学技术与应用研讨会暨交叉学科论坛论文集，2018.

[325] 谷峰. 图像匹配技术及图像捕控指令制导半实物仿真系统研究[D]. 吉林：吉林大学，2006.

[326] 黄曦. 高真实感红外场景实时仿真技术研究[D]. 西安：西安电子科技大学，2014.

[327] 王莹. 图像末制导仿真技术的研究[D]. 长春：中国科学院研究生院（长春光学精密机械与物理研究所），2014.

[328] JAMES J B，OLESON J，BRYANT P，et al. MIRAGE:Development in Emitter Array Fabrication And Performance[J]. Proc of SPIE. 2002，4717：91-99.

[329] 徐根兴. 目标和环境的光学特性[M]. 北京：中国宇航出版社，1995.

[330] 阮日权. 空中目标场景红外多波段仿真研究[D]. 西安：西安电子科技大学，2013.

[331] 范梦萍，张瑜，徐华，等. 地面坦克目标红外仿真方法研究[J]. 红外，2016，37（11）：18-23.

[332] 宣益民，韩玉阁. 地面目标与背景的红外特征[M]. 北京：国防工业出版社，2004.

[333] 彭明松. 地面复杂环境与典型目标光学特性的数字仿真[D]. 北京：北京理工大学，2016.

[334] 颜轶. 空中背景下目标与干扰红外场景仿真系统[D]. 武汉：华中科技大学，2015.

[335] 陆志沣. 红外环境建模与仿真研究[D]. 长沙：国防科学技术大学，2006.

[336] 夏雄风，李向春，明德烈. 复杂地面场景的红外特性建模及仿真效果研究[J]. 计算机与数字工程，2016，44（10）：2007-2010.

[337] 艾敏. 海洋场景的红外成像仿真与实现[D]. 西安：西安电子科技大学，2014.

[338] 毛佳晨. 海洋背景下舰船目标的红外成像特征研究[D]. 西安：西安电子科技大学，2019.

[339] 王章野. 地面目标的红外成像仿真及多光谱成像真实感融合研究[D]. 杭州：浙江大学，2002.

[340] 陈彬. 海面背景下舰船目标红外辐射特性研究[D]. 哈尔滨：哈尔滨工业大学，2015.

[341] 柴华. 海面舰船尾迹实时动态红外仿真研究[D]. 西安：西安电子科技大学，2017.

[342] 陈翮，林春生，杨立. 海面舰船开尔文尾迹红外特征与探测的模拟[J]. 红外技术，2017，39（08）：717-721.

[343] 杨东升，慕德俊，戴冠中. 机载红外诱饵运动特性仿真技术研究[J]. 西北工业大学学报，2009，27（06）：781-785.

[344] 童奇，李建勋，方洋旺，等. 面源红外诱饵对抗成像制导导弹的仿真研究[J]. 红外与激光工程，2015，44（04）：1150-1157.

[345] 李永，尹庆国. 面源红外诱饵辐射特性测试研究[J]. 光电技术应用，2015，30（03）：74-78.

[346] 李韬锐，童中翔，黄鹤松，等. 空战对抗中面源红外诱饵干扰效能仿真[J]. 红外与激光工程，2017，46（09）：81-88.

[347] 岳贤军. 红外烟幕遮蔽条件下军用目标热像图的增强与判别[D]. 南京：南京理工大学，2003.

[348] 夏仁杰. 基于物理模型的红外烟幕仿真方法研究[D]. 西安：西安电子科技大学，2019.

[349] 蔡方伟. 实时红外辐射传输与成像仿真技术研究[D]. 北京：中国科学院大学（中国科学院国家空间科学中心），2017.

[350] VAITEKUNAS D A. Validation of ShipIR（V3.2）：methodology and results[C]. Targets and Backgrounds XII：Characterization and Representation，2006，6239：1-12.

[351] LATGER J，CATHALA T，DOUCHIN N，et al. Simulation of active and passive infrared images using the SE-WORKBENCH[C]. Proc SPIE，2007，6543：1-15.

[352] The DIRSIG User's Manual. Digital Imaging and Remote Sensing Laboratory[Z]. 2006.

[353] GARTLEY M G. Polarimetric Modeling of Remotely Sensed Scenes in the Themal Infrared[D].Dissertation for Doctor of Philosophy in Rochester Institute of Technology.2007.

[354] NELSSON C，HERMANSSON P，NYBERG S，et al. Optical signature modeling at FOI[C]//Electro-Optical and Infrared Systems：Technology and Applicaton III，Proc of SPIE，2006，6395，639508-1-639508-12.

[355] JEAN L，THIERRY C，NICOLAS D，et al. Simulation of active and passive infrared images using the SE-WORKBENCH[C]//Infrared Imaging Systems：Design，Analysis，Modeling，and Testing XVIII，Proc of SPIE，2007，6543，6543-1-6543-15.

[356] JAMES S，CHARLES C，DAVE E，et al. Irma 5.1 multi-sensor signature 54 prediction model[C]//Targets and Backgrounds XII：Characterization and Representation. Proc of SPIE，2006，6239，62390c-1-62390C-12.

[357] 黄有为，金伟其，王霞，等. 红外视景仿真技术及其研究进展[J]. 光学与光电技术，2008，35（06）：91-96.

[358] 陈海燕，赵松庆，吴根水. 红外动态场景模拟器发展现状及其在半实物仿真中的作用[C]. 第十届中国科协年会论文集（一），河南省科学技术协会：中国科学技术协会学会学术部，2008：243-252.

[359] 董言治，周晓东. 红外成像半实物仿真中景像投影方式的研究[J]. 激光与红外，2004，34（04）：243-246.

[360] 范永杰，金伟其，朱丽红. 红外场景辐射模拟技术发展[J]. 红外技术，2013，35（03）：133-138.

[361] 高教波，王军，骆延令，等. 动态红外场景投射器研究新进展[J]. 红外与激光工程，2008，37（S2）：351-354.

[362] 张励，田义，李奇. 动态红外场景投影器的研究现状与展望[J]. 红外与激光工程，2012，41（06）：1423-1431.

[363] 侯德鹏，冯云松，路远，等. 动态红外景像仿真技术综述及帕尔贴效应的应用[J]. 光电技术应用，2007，24（05）：75-80.

[364] 杨盛. 动态红外目标模拟系统的设计与实现[D]. 南京：南京理工大学，2014.

[365] 靳文平，符文星，肖堃，等. 红外导引头半实物仿真中红外图像注入器设计[J]. 电子设计工程，2014，22（02）：159-160+164.

[366] 黄勇，吴根水，李睿. 注入式红外成像仿真系统设计[J]. 测控技术，2012，31（02）：123-126.

[367] 汪昊. 红外场景仿真技术研究及仿真系统开发[D]. 北京：北京理工大学，2016.

[368] 曲兆俊. 双模仿真关键技术分析与设计[D]. 哈尔滨：哈尔滨工业大学，2007.

[369] 李晓阳. 红外目标模拟器标定技术研究[D]. 西安：西安电子科技大学，2011.

[370] 高辉，赵松庆. 红外成像目标模拟器的应用探索[J]. 红外技术，2014，36（05）：409-414.

[371] 周琼，闫杰. 红外导引头动态场景仿真技术（英文）[J]. 红外与激光工程，2009，38（02）：226-231.

[372] 孙嗣良，陈韧，孙力，等. 2D/3D红外坦克目标仿真对比应用[J]. 红外与激光工程，2011，40（12）：2339-2344.

[373] 孙嗣良，陈韧，孙力，等. 基于VP的三种思想下实现红外坦克目标的仿真对比研究[J]. 系统仿真学报，2011，23（05）：1032-1038.

[374] 孙嗣良，陈韧，孙力，等. 虚拟地球场景的可视化建模与仿真[J]. 系统仿真学报，2010，22（12）：2877-2881.

[375] 孙嗣良，陈韧，孙力，等. 基于3dsMAX/Creator/VP的复杂坦克建模关键技术研究[J]. 系统仿真技术，2010，6（03）：241-246.

[376] 花文波，杨东升. 飞行对抗场景中云红外图像仿真研究[J]. 科学技术与工程，2012，12（05）：1042-1045.

[377] 王刚，孙嗣良，张凯. 飞机目标的红外建模与探测器成像[J]. 科学技术与工程，2012，12（02）：377-380.

[378] 杨东升，戴冠中. 红外诱饵辐射特性仿真技术研究[J]. 科学技术与工程，2011，11（21）：5104-5110.

[379] 杨东升，孙嗣良，戴冠中. 基于三维模型的飞机红外图像仿真研究[J]. 西北工业大学学报，2010，28（05）：758-763.

[380] 蔡本睿，冯江琼. 红外点源目标模拟器[J]. 北京理工大学学报，2012，32（08）：815-817.

[381] 柏微. 点源红外目标模拟器方案设计[D]. 哈尔滨：哈尔滨工业大学，2010.

[382] 马斌，程正喜，翟厚明，等．国产电阻阵列技术的发展趋势[J]．红外与激光工程，2011，40（12）：2314-2322，2327．

[383] 高辉，赵松庆，吴根水，等．基于电阻阵列的红外场景生成技术[J]．航空学报，2015，36（09）：2815-2827．

[384] 张凯，黄勇，孙力，等．MOS 基于电阻阵列的红外场景生成技术[J]．西北工业大学学报，2007，25（01）：108-112．

[385] 黄勇，吴根水，赵松庆，等．256×256 元 MOS 电阻阵驱动方法研究[J]．航空兵器，2013，（06）：39-42．

[386] 陈韧，王建华，孙嗣良，等．128×128 像元 MOS 电阻阵非均匀性校正算法研究[J]．红外技术，2010，32（2）：68-72．

[387] 张凯，马斌，黄勇，等．256 分辨率电阻阵性能测试及非线性校正方法[J]．红外与激光工程，2012，41（11）：2921-2926

[388] 董敏周，王建华，孙力，等．基于 MOS 电阻阵的红外目标模拟生成系统[J]．红外与激光工程，2008，37（03）：411-415．

[389] 吴志红，孙力，闫杰．高速红外图像实时采集存储与显示技术[J]．红外技术，2003，25（05）：56-59．

[390] 黄明，孙力．基于双端口 RAM 的 MOS 电阻阵控制器的设计[J]．航空兵器，2001，（03）：9-12．

[391] 孙嗣良，黄勇，马斌，等．基于回路的 MOS 电阻阵单像素红外模型建模方法研究[J]．红外与激光工程，2019，48（12）：283-292．

[392] 杨超军，黄勇，郑可旺．基于电阻阵拼接的红外场景生成方法研究[J]．红外技术，2014，36（06）：491-495．

[393] 张凯，黄勇，孙力，等．动态红外场景仿真的灰度调制成像技术[J]．红外与激光工程，2012，41（09）：2283-2287．

[394] 马斌，张凯，高蒙，等．256×256 高帧频及 128×128 高占空比电阻阵列的性能测试结果[C]．第十届全国光电技术学术交流会论文集，2012：120-126．

[395] 胡浩宇，董敏周，孙力，等．基于 MOS 电阻阵的红外热图像生成控制系统[J]．计算机测量与控制，2010，18（09）：2085-2087．

[396] 张冬阳．红外成像系统模拟器研制及其在系统性能评估中的应用[D]．西安：西安电子科技大学，2016．

[397] 张传雨．多目标红外视景仿真技术研究[D]．哈尔滨：哈尔滨工业大学，2013．

[398] 张凯，孙嗣良．红外动态场景目标模拟器系统设计[J]．红外与激光工程，2011，40（01）：12-16．

[399] 张凯，孙力，闫杰．基于 DMD 的红外场景仿真器设计及测试[J]．红外与激光工程，2008，37（S2）：369-372．

[400] 张凯，马骏，孙嗣良．红外动态目标模拟器驱动及控制系统设计[J]．激光与红外，2011，41（01）：58-62．

[401] 韩庆．数字微镜器件在红外目标场景仿真器中的应用研究[D]．长春：中国科学院长春光学精密机械与物理研究所，2017．

[402] 李鹏，林奕，张凯，等．基于微反射镜的红外半实物仿真系统设计[J]．电子测量技术，2008，（11）：50-53．．

[403] 梁勇，赵晓蓓，马骏，等．基于 DMD 的红外场景仿真器硬件系统设计[J]．红外技术，2011，33（12）：683-686．

[404] 边疆．基于 DMD 动态红外景象模拟控制系统的研究[D]．长春：长春理工大学，2013．

[405] 庞广宁. 基于 DMD 的红外目标模拟系统关键技术研究[D]. 长春：长春理工大学，2018.

[406] 李双庆. 国防科技名词大典：航天[M]. 北京：原子能出版社，2002.

[407] 李云芳. 浅水海浪谱的实验研究[D]. 青岛：中国海洋大学，2007.

[408] 雷虎民. 导弹制导与控制原理[M]. 北京：国防工业出版社，2007.

[409] 汤晓云，樊小景，李朝伟. 相控阵雷达导引头综述[J]. 航空兵器，2013，（03）：25-30.

[410] 夏晓雷. 雷达制导技术发展现状与趋势[J]. 机械管理开发，2012，（05）：125-126.

[411] 高烽. 弹载无线电寻的装置的基本体制（第一部分 主动寻的体制）[J]. 制导与引信，2006，（01）：1-8.

[412] 高烽. 弹载无线电寻的装置的基本体制（第二部分半主动寻的体制）[J]. 制导与引信，2006，（02）：1-5，39.

[413] 高烽，任志成. 弹载无线电寻的装置的基本体制（第三部分被动寻的体制）[J]. 制导与引信，2006，（03）：1-4，13.

[414] 高烽. 雷达导引头概论[M]. 北京：电子工业出版社，2010.

[415] 樊会涛，崔颢，天光. 空空导弹 70 年发展综述 [J]. 航空兵器 ，2016，（01）：3-12.

[416] 尹德成. 弹载合成孔径雷达制导技术发展综述[J]. 现代雷达，2009，31（11）：20-24.

[417] 邓瑞静. 反辐射导引头系统仿真及关键技术研究[D]. 西安：西安电子科技大学，2019.

[418] 车梦虎. 反辐射导弹导引头关键技术及发展趋势研究[J]. 航天电子对抗，2008，109（04）：5-8.

[419] 吴兆欣. 空空导弹雷达导引系统设计[M]. 北京：国防工业出版社，2007.

[420] 郭玉霞，刘功斌，崔炳喆，等. 空空导弹雷达导引头信息处理智能化思考[J]. 航空兵器，2020，（05）：23-27.

[421] 刘佳琪，吴惠明，饶彬，等. 雷达电子战系统射频注入式半实物仿真[M]. 北京：中国宇航出版社，2016.

[422] 刘烽，初昀辉，许家栋，等. 一种 PD 雷达半实物仿真系统的研究[J]. 西北工业大学学报，2002，20（01）：58-61.

[423] 隋起胜，袁建全. 反舰导弹战场电磁环境仿真及试验鉴定技术[M]. 北京：国防工业出版社，2015.

[424] 隋起胜，张忠阳，景永奇. 防空导弹战场电磁环境仿真及试验鉴定技术[M]. 北京：国防工业出版社，2016.

[425] 杨帆，董正宏，尹云霞，等. 战场复杂电磁环境计算与仿真技术研究[M]. 北京：国防工业出版社，2019.

[426] 李修和. 战场电磁环境建模与仿真[M]. 北京：国防工业出版社，2014.

[427] 安红，杨莉. 雷达电子战系统建模与仿真[M]. 北京：国防工业出版社，2017.

[428] 张伟. 雷达系统仿真的理论、方法与应用研究[D]. 成都：电子科技大学，2004.

[429] 刘宇，顾振杰. 阵列式射频仿真系统中目标特性仿真与实现[J]. 火控雷达技术，2013，42（03）：52-56，65.

[430] 郭高卉子. 典型复杂目标的精确建模与散射特性分析[D]. 北京：北京理工大学，2016.

[431] 李佳欢. 雷达目标模拟系统中环境特性的建模与分析[D]. 长春：长春理工大学，2013.

[432] 陈芸. 弹载雷达杂波干扰建模与仿真技术研究[D]. 西安：西安电子科技大学，2018.

[433] 王战雷. 典型目标和环境建模仿真技术研究[D]. 成都：电子科技大学，2014.

[434] 姜通. 雷达半实物仿真系统若干问题研究[D]. 西安：西北工业大学，2009.

[435] 徐仁香. 基于高频方法的 RCS 建模及应用[D]. 南京：南京理工大学，2013.

[436] 李魁山. 机载雷达目标和环境建模仿真方法研究[D]. 成都：电子科技大学，2020.

[437] 许畅. 复杂电磁环境下干扰的仿真与识别[D]. 哈尔滨：哈尔滨工业大学，2020.

[438] 渠立永，刘君，秦建飞，等. 箔条云干扰模型及仿真分析[J]. 现代防御技术，2015，43（03）：98-101，130.

[439] 魏媛. 复杂电磁环境下制导雷达系统仿真[D]. 西安：西安电子科技大学，2018.

[440] 姚远. 雷达抗箔条干扰技术的研究[D]. 西安：西安建筑科技大学，2012

[441] 勾儒渊. 飞行模拟训练中的电磁环境仿真系统实现[D]. 成都：电子科技大学，2016.

[442] 郑建锋. 机载雷达目标与干扰模拟技术研究[D]. 成都：电子科技大学，2020.

[443] 张长隆. 杂波建模与仿真技术及其在雷达信号模拟器中的应用研究[D]. 长沙：国防科学技术大学，2004.

[444] 何志华. 分布式卫星 SAR 半实物仿真关键技术研究[D]. 长沙：国防科学技术大学，2011.

[445] 王凡. X 波段机载相控阵雷达目标模拟器射频前端研究[D]. 成都：电子科技大学，2007.

[446] 梁军. 多功能机载雷达中频回波模拟器设计与实现[D]. 上海：上海交通大学，2017.

[447] 吴会刚. 弧形轨道目标模拟器控制系统研究[D]. 哈尔滨：哈尔滨工业大学，2012.

[448] 胡小川. 机载相控阵雷达模拟器系统设计与实现研究[D]. 成都：电子科技大学，2003.

[449] 颜昌浩. 宽带雷达目标回波和干扰模拟器设计[D]. 南京：南京理工大学，2009.

[450] 解东亮. 宽带雷达目标模拟系统关键技术研究[D]. 南京：南京航空航天大学，2017.

[451] 高建栋，韩壮志，何强，等. 雷达回波模拟器的研究与发展[J]. 飞航导弹，2013，（01）：63-66.

[452] 倪虹，路军杰，倪汉昌. 射频仿真系统天线阵设计方案评述[J]. 战术导弹技术，2010，（04）：104-109，119.

[453] 潘忠堂，周德兴. 射频仿真系统阵列结构设计综述[J]. 雷达与对抗，1999，（04）：43-48.

[454] 刘晓斌，赵锋，艾小锋，等. 雷达半实物仿真及其关键技术研究进展[J]. 系统工程与电子技术，2020，42（07）：1471-1477.

[455] 安丰增，吴兆欣，王海锋，等. 雷达型空空导弹半实物仿真系统方案[J]. 航空兵器，2004，（03）：38-40.

[456] 王雪松，肖顺平，冯德军，等. 现代雷达电子战系统建模与仿真[M]. 北京：电子工业出版社，2010.

[457] 王国玉，汪连栋，等. 雷达电子战系统数学仿真与评估[M]. 北京：国防工业出版社，2004.

[458] 孙军，高红友. 射频仿真系统馈电网络设计与分析[J]. 舰船电子对抗，2015，38（06）：85-88，108.

[459] 张章，宋海峰，张志利，等. 微波暗室综合性能论述[C]. 2011 年全国通信安全学术会议论文集，国防工业出版社，2011：27-31.

[460] 詹海兵. 微波暗室的综合设计[D]. 西安：西安电子科技大学，2017.

[461] 崔升，沈晓冬，袁林生，等. 电磁屏蔽和吸波材料的研究进展[J]. 电子元件与材料，2005，（01）：57-61.

[462] 李高升，刘继斌，何建国. 微波暗室设计原理的研究与应用[J]. 电波科学学报，2004，19（z1）：285-288.

[463] 孔静，高鸿，李岩，等. 电磁屏蔽机理及轻质宽频吸波材料的研究进展[J]. 材料导报，2020，34（09）：9055-9063.

[464] 史印良. 微波暗室设计评估与验证方法的研究[D]. 北京：北京交通大学，2017.

[465] 许洪岩. 吸波材料模型及暗室性能研究[D]. 北京：北京交通大学，2007.

[466] 李力. HL 微波暗室建设项目质量控制研究[D]. 哈尔滨：哈尔滨工程大学，2017.

[467] 李淑华. 一种经济型小型微波暗室的设计方案[J]. 科学技术与工程, 2009, 9（13）: 3844-3846.

[468] 李华民. 暗室静区的仿真和测试[D]. 北京: 北京邮电大学, 2006.

[469] 刘顺华. 电磁波屏蔽及吸波材料[M]. 北京: 化学工业出版社, 2014.

[470] CHUANG B K, CHUAH H T. Design and Construction of a Multipurpose Wideband Anechoic Chamber[J]. IEEE Antennas and Propagation Magazine. 2003, 45（6）: 41-47.

[471] 吕述平. 微波暗室用谐振型角锥吸波材料的研究[D]. 大连: 大连理工大学, 2006.

[472] 刘十一, 卢安平, 李渊. 尖劈吸波体的研究和微波暗室的模拟[J]. 数学的实践与认识, 2012, 42（14）: 122-133.

[473] 胡青林. 微波暗室的分析设计[D]. 西安: 西安电子科技大学, 2017.

[474] 赵雷. 微波暗室静区反射率电平的设计仿真[D]. 西安: 西安电子科技大学, 2006.

[475] 崔浩. 暗室静区反射率电平的仿真[D]. 西安: 西北工业大学, 2004.

[476] 李想, 张锐, 赵金龙, 等. 基于几何光学法和惠更斯原理的微波暗室性能分析[J]. 数学的实践与认识, 2012, 42（14）: 192-201.

[477] 师建龙, 全厚德, 甘连仓, 等. 微波暗室静区反射电平计算方法研究[J]. 舰船电子工程, 2010, 30（10）: 92-94.

[478] GJB 6780—2009, 微波暗室性能测试方法[S]. 北京: 中国人民解放军总装备部军标出版发行部, 2009.

[479] 蒋庆平, 刘晓宁, 闫杰. 射频仿真模拟目标位置精度及误差修正[J]. 弹箭与制导学报, 2006, （S1）: 282-285.

[480] 王惠南. GPS 导航原理与应用[M]. 北京: 科学出版社, 2006.

[481] 刘海颖, 王慧南, 陈志明. 卫星导航原理与应用[M]. 北京: 国防工业出版社, 2003.

[482] 谭述森, 杨俊, 明德祥, 等. 卫星导航终端复杂电磁环境仿真测试系统理论与应用[M]. 北京: 科学出版社, 2018.

[483] 杨俊. 卫星导航信号模拟源理论与技术[M]. 北京: 国防工业出版社, 2015.

[484] 李冰. 导航信号模拟源的研究与实现[D]. 西安: 西安电子科技大学, 2013.

[485] 陈莉华. GNSS 卫星模拟信号产生技术的研究与实现[D]. 北京: 北京邮电大学, 2014.

[486] 眭晨阳. 欺骗干扰式 GNSS 卫星导航信号产生技术研究[D]. 南京: 南京航空航天大学, 2019.

[487] 张骏杨, 楚鹰军. 卫星导航授时信号的抗干扰和欺骗检测技术综述[J]. 现代传输, 2020, （02）: 56-65.

[488] 任鹏飞. 浅谈卫星导航信号模拟器的应用[J]. 卫星与网络, 2010, （09）: 58-59.

[489] 朱伟刚. 卫星导航系统的信息仿真[D]. 郑州: 中国人民解放军信息工程大学, 2005.

[490] 侯博, 谢杰, 刘光斌. 卫星信号模拟器的发展现状与趋势[J]. 电信技术, 2011, 51（05）: 127-132.

[491] 韩春好, 刘利, 赵金贤. 伪距测量的概念、定义与精度评估方法[J]. 宇航学报, 2009, 30（06）: 2421-2425.

[492] 汤震武. 卫星导航信号模拟源关键指标测量校准及溯源方法研究[D]. 长沙: 中南大学, 2013.

[493] 杨腾飞. GPS 卫星导航信号仿真研究[D]. 杭州: 浙江理工大学, 2016.

[494] 潜成胜. 多星座组合卫星导航系统仿真分析[D]. 南昌: 江西理工大学, 2014.

[495] 黄观文, 王浩浩, 谢威, 等. GNSS 实时卫星钟差估计技术进展[J]. 导航定位与授时, 2020, 7（05）: 1-9.

[496] 代桃高. GNSS 精密卫星钟差实时解算及实时精密单点定位方法研究[D]. 郑州: 中国人民解放军信息工程大学, 2017.

[497] 谭畅. GNSS 轨道、钟差产品综合及性能分析[D]. 武汉：武汉大学，2017.

[498] 肖阳. GNSS 星载原子钟短期钟差预报模型研究[D]. 桂林：桂林理工大学，2019.

[499] 孙菲浩. Galileo 卫星钟性能分析与钟差预报算法研究[D]. 北京：中国矿业大学，2019.

[500] 向淑兰，何晓薇，牟奇锋. GPS 电离层延迟 Klobuchar 与 IRI 模型研究[J]. 微计算机信息，2008，24（16）：200-202.

[501] 章红平，平劲松，朱文耀，等. 电离层延迟改正模型综述[J]. 天文学进展，2006，24（01）：16-26.

[502] 张静，刘经南，李丛. 国际参考电离层模型的研究与探讨[J]. 桂林理工大学学报，2017，37（01）：114-119.

[503] 刘宸. GNSS 导航电离层模型精化研究[D]. 郑州：中国人民解放军信息工程大学，2017.

[504] 陈秀德. 电离层延迟改正模型算法的研究与探讨[D]. 西安：长安大学，2017.

[505] 毛悦，朱永兴，宋小勇. 全球系统广播电离层模型精度分析[J]. 大地测量与地球动力学，2020，40（09）：888-891.

[506] 马永超. 高精度对流层延迟建模与应用研究[D]. 西安：西安科技大学，2020.

[507] 刘江涛. 区域精密对流层延迟改正模型研究[D]. 兰州：兰州交通大学，2020.

[508] 刘中流. 中国地区 GNSS 对流层延迟建模与研究[D]. 桂林：桂林理工大学，2018.

[509] 朱国辉，张大鹏，戴钢，等. GPS 定位系统中的几种对流层模型[J]. 全球定位系统，2006，31（04）：36-38

[510] 宋佳. GNSS 区域对流层实时建模及应用研究[D]. 武汉：武汉大学，2018.

[511] 丁晓光. 对流层延迟改正在 GPS 数据处理中的应用与研究[D]. 西安：长安大学，2009.

[512] 朱响. GNSS 多路径效应与观测噪声削弱方法研究[D]. 西安：长安大学，2017.

[513] 付娟. GPS 导航信号的质量评估研究[D]. 西安：西安电子科技大学，2018.

[514] 郭超云，路辉. 多路相干导航卫星信号模拟方法[J]. 导航定位学报，2017，5（02）：65-71.

[515] 张利云，黄文德，明德祥，等. 多路径效应分段仿真方法[J]. 大地测量与地球动力学，2015，35（01）：106-110.

[516] 罗益鸿. 导航卫星信号模拟器软件设计与实现[D]. 长沙：国防科学技术大学，2008.

[517] 陈振宇. 基于 BOC 调制的导航信号精密模拟方法研究[D]. 长沙：国防科学技术大学，2011.

[518] 辛洁，王冬霞，郭睿，等. 卫星导航电文设计研究[J]. 数字通信世界，2018，（03）：11-13.

[519] 李杰强. GPS 和 Galileo 系统导航电文分析及联合解算技术研究[D]. 北京：北京邮电大学，2015.

[520] 黄智刚，王陆潇，梁宵. 导航电文设计与评估技术研究综述[J]. 数据采集与处理，2015，30（04）：747-759.

[521] 杨薛涛. BDS/GLONASS 双系统组合定位关键技术研究[D]. 西安：西安电子科技大学，2018.

[522] 王梦兰. 卫星导航电文协议一致性测试方法研究[D]. 长沙：国防科技大学，2018.

[523] 孔月明. 北斗导航电文数据处理关键技术研究[D]. 天津：中国民航大学，2017.

[524] 刘利，时鑫，栗靖，等. 北斗基本导航电文定义与使用方法[J]. 中国科学：物理学 力学 天文学，2015，45（07）：62-68.

[525] 张锐. GALILEO 卫星信号模拟器的研究[D]. 哈尔滨：哈尔滨工程大学，2007.

[526] 陈星全. 新体制卫星导航系统的软件接收机的研究与实现[D]. 成都：电子科技大学，2020.

[527] 张馥臣. 导航信号生成及捕获方法研究[D]. 西安：中国科学院研究生院（国家授时中心），2013.

[528] 刘桢. 新一代 GNSS 信号复用与处理方法研究[D]. 郑州：中国人民解放军信息工程大学，2017.

[529] 谢树伟. 高动态 GNSS 卫星信号模拟器研究与设计[D]. 太原：中北大学，2011.

[530]彭鸣. GNSS 卫星信号模拟器的研究与实现[D]. 北京：北京邮电大学，2010.

[531]张春明. 防空导弹飞行控制系统仿真测试技术[M]. 北京：中国宇航出版社，2014.

[532]张清东. CTCS-3 级列车运行控制系统联调联试及典型案例分析[D]. 北京：中国铁道科学研究院，2014.

[533]董国才，张翔，唐同斌. 导弹半实物仿真系统通用设计规范研究[J]. 火控雷达技术，2013，42（04）：87-92.

[534]赵世明，徐海，张旗. 导弹仿真模型验证技术与平台设计[J]. 舰船电子工程，2012，32（09）：101-103，129.

[535]刘新爱，张磊，王素平. 导弹命中精度仿真试验及评估方法研究[J]. 战术导弹技术，2009，（05）：79-83.

[536]单永海，程永生，白洪波. 装备试验过程质量管理研究[J]. 装备指挥技术学院学报，2008，19（04）：107-111

[537]梁芝贤. 远动数据通道故障及处理流程[J]. 电力系统通信，2005，（05）：79-80.

[538]孙贤明，樊晓光，丛伟. 综合航电系统故障处理机制研究[J]. 测控技术，2016，35（10）：146-149.

[539]张陶，朴忠杰，刘智卿，等. 航天型号重大质量事故调查处理程序探索与研究[J]. 质量与可靠性，2015，（03）：22-24.

[540]杨颖辉，杨群亭，高铁杠. 光纤通信网络的故障信号采集研究[J]. 激光杂志，2018，39（09）：119-122.

[541]韩涛，崔媛媛. 光纤通信工程中常见故障及其处理措施分析[J]. 信息通信，2019，（03）：212-213.

[542]范春萍. "双归零"与负责任创新：中国航天质量保障案例研究[J]. 工程研究-跨学科视野中的工程，2017，9（05）：465-473.

[543]侯成杰. 航天器 C 语言软件常见编程错误分析及检测方法研究[J]. 空间控制技术与应用，2013，39（06）：53-57.

[544]李文清，符文星，闫杰. 典型干扰对导弹弹道参数的影响研究[J]. 弹箭与制导学报，2011，31（04）：144-147.

[545]沙建科，徐敏，施雨阳. 导弹级间分离干扰动力学仿真研究[J]. 应用力学学报，2014，31（03）：364-369，488.

[546]万士正，常晓飞，闫杰，等. 某导弹半实物仿真系统误差建模及影响分析[J]. 指挥控制与仿真，2014，36（01）：117-120.

[547]高先德. 某弹道导弹弹道仿真及其误差源分析[D]. 西安：西安电子科技大学，2010.

[548]高显忠. 战术导弹概率设计与蒙特卡罗方法研究[D]. 长沙：国防科学技术大学，2009.

[549]尚磊云，唐硕. 基于方差分析的 Monte Carlo 制导精度分配方法研究[J]. 飞行力学，2009，27（3）：93-96.

[550]淮士杰. 高精度加速度计信息采集及噪声误差处理[D]. 哈尔滨：哈尔滨工程大学，2017.

[551]金振中，李晓斌. 战术导弹试验设计[M]. 北京：国防工业出版社，2013.

[552]徐享忠，汤再江，于永涛，等. 作战仿真试验[M]. 北京：国防工业出版社，2013.

[553]QJ 2281—1992. 地（舰）空导弹半实物仿真试验规范[S]. 中华人民共和国航空航天工业部，1992.

[554]QJ 2634—1994. 自动驾驶仪仿真试验方法[S]. 北京：中国航天工业总公司，1994.

[555]QJ 1659A—1989. 控制系统仿真试验要求[S]. 北京：国防科学技术工业委员会，2008.

[556]肖滨，黄文斌，陆铭华. 作战仿真实验的研究与实践[J]. 军事运筹与系统工程，2010，（01）：28-33.

[557] 孙毓凯，孙斐，任宏光，等．直升机载空空导弹工程验证试验与鉴定技术研究[J]．弹箭与制导学报，2020，40（03）：60-64.

[558] 丁其伯．关于试验分类和试验文件编写问题[J]．航空标准化与质量，2001，（02）：9-12.

[559] 霍玉倩．航天产品试验通用文件编制要求研究[J]．航天标准化，2015，（04）：17-21.

[560] 张培跃，钱思宇．航空类军工产品设计定型环境鉴定试验概述[J]．电子产品可靠性与环境试验，2016，34（05）：57-60.

[561] 黄济海．武器装备设计定型试验标准化工作探析[J]．国防科技，2015，36（03）：40-44.

[562] 王建军，鄂炜，王嘉春，等．航天器地面大型试验质量管理研究[J]．航天工业管理，2020，（10）：3-8.

[563] 甄诚．飞行器半实物仿真数据管理系统的设计与实现[D]．哈尔滨：哈尔滨工业大学，2020.

[564] 李晓菲．数据预处理算法的研究与应用[D]．成都：西南交通大学，2006.

[565] 谷阳阳，赵圣占．遥测数据野值剔除方法的对比与分析[J]．战术导弹技术，2012，（02）：60-63.

[566] 陈俊，查亚兵，焦鹏，等．制导仿真数据仓库研究[J]．计算机仿真，2011，28（07）：100-104.

[567] 郑雅诗．数据清洗在多雷达数据融合算法中的研究与应用[D]．北京：北京邮电大学，2018.

[568] 程进，刘金，等．半实物仿真技术基础及应用实践[M]．北京：中国宇航出版社，2020.

[569] 谢丁丁．数据一致性的测量与评估[D]．长沙：湖南大学，2018.

[570] 张明国，焦鹏．导弹仿真系统试验结果的可信性评估[J]．计算机仿真，2008，25（02）：83-86.

[571] 豆建斌，王小兵，单斌，等．制导武器半实物仿真试验可信度评估研究[J]．系统仿真学报，2017，29（12）：3023-3029.

[572] GJB 9226-2017．军用建模与仿真模型校核、验证与确认通用要求[S]．北京：中国人民解放军总装备部军标出版发行部，2017.

[573] 张忠．仿真系统可信度评估方法研究[D]．哈尔滨：哈尔滨工业大学，2014.

[574] 张淑丽，叶满昌．导弹武器系统仿真可信度评估方法研究[J]．计算机仿真，2006，23（05）：48-52.

[575] 王炜强，贾晓洪，杨东升，等．制导武器效能评估试验设计方法综述与应用探讨[J]．航空兵器，2015，（06）：46-48+54.

[576] 张凯，张邵宇，杨东升．红外制导导弹抗干扰能力仿真鉴定评估技术[J]．上海航天，2019，36（04）：83-89.

[577] 符文星，朱苏朋，陈士橹．空地导弹制导精度分析及仿真[J]．弹箭与制导学报，2005，（SD）：833-835.

[578] 王建华，符文星，董敏周，等．最大熵谱估计在空空导弹仿真模型验证中的应用[J]．弹箭与制导学报，2005，（SD）：848-850.

[579] 王少峰，章惠君，闫杰．空空导弹精度分析的数字仿真方法研究[J]．弹箭与制导学报，2006，（S4）：695-697.

[580] 郑立峰．数学仿真系统可信性评估[D]．长沙：国防科学技术大学，2006.